中国传统设计思想史纲

OUTLINE OF TRADITIONAL CHINESE DESIGN THOUGHT HISTORY

卷下

民生八维

王强 著

人民美術出版社
北京

国家社科基金艺术学重点项目
“十四五”国家重点出版规划图书项目
2023 年度国家出版基金资助项目

目 录

民生八维

第一章
衣冠中的礼与俗

第一节　深衣的礼与俗

第二节　男子冠帽与人生礼俗

第三节　深描浅画的历代女性容妆

第四节　唐代女装中的胡化风尚

第五节　西风东渐影响下的女性袍服

衣冠服饰是人类社会演进发展的重要外在表征。从中华祖先用兽皮护身御寒转变为新石器时代通过养蚕缫丝、纺麻等技术手段纺织毛、麻、丝布，缝制衣服，从而由原始的裸态生活进步为穿衣的文明生活。进入封建社会，从统治阶层而言，奴隶主阶级把服饰作为“礼”的外化，将其视作“别等级、明贵贱”的工具，服饰之“礼”成为统治层面用以维持等级制度的工具；从普通民众出发，服饰之“俗”贯穿百姓个体的完整生命历程，王朝的更替与社会思潮的变迁不断改变着服饰的样貌，加之在民族多样化背景下受各民族独特的衣着习惯与生活方式影响，古代服饰愈加呈现出丰富性和区域性。可见服饰在实践过程中从维持基本生存逐渐演变为文明的表征，最终上升为人们观念中的象征与社会组织的符号，被赋予礼制、宗法、审美、文化交融与互鉴等社会含义和精神意蕴。

综观国内外对中国传统服饰礼与俗的探讨：一方面依托古籍遗存与典制，立足经学、民俗学视角，对礼俗及服饰进行文献学研究；另一方面依托考古与传世服饰，对服饰的类别、形制、艺术特征等展开分类研究。基于此，从衣冠礼俗的本质与渊源出发，可进行以下发问：如何从形制、裁剪方式、款式细节等方面探究奠定中华服饰文明的基础的深衣所蕴含的道德规范与伦理准则？礼俗如何借助服饰起到教化与约束男性行为规范的作用？与服饰相配的女性容妆在社会文化、流行审美影响下呈现出怎样的变化？不同民族与地域间的文化交融在服饰上有何显现？中华文化受西方思潮影响，在服饰上产生了哪些重大变革？

基于上述考量，首先从“深衣的礼与俗”“男子冠帽与人生礼俗”“深描浅画的历代女性容妆”三个方面，探究我国传统服饰渊源与礼俗形成的关系，窥探服饰形成及演变的历史脉络。

深衣是将上衣、下裳分开裁剪并缝合在一起完全覆盖整个身体，且具有一定制作规范的服装，其款式设定与裁剪方式、制作流程与规格礼制是我国古代服饰形成的基础。第一节为“深衣的礼与俗”。探讨中国传统服饰“深衣”的设计沿革及礼俗内涵。深衣在先秦时期萌发并定型，逐渐成为符合儒学礼制的服装款式。秦汉时期，深衣的影响达到顶峰，成为彼时的服饰主体，随着“裈”的出现，曲裾深衣遮羞功能逐渐降低，出现直裾深衣。魏晋时期，袍、衫等穿着更为简便的服饰登上历史舞台，深衣逐渐淡出人们的视线。深衣其形与意均合于礼，具体表现为：深衣袖式“袂圆、袷方”，象征“天、地”，亦即自然界所遵循的“圆满”和“方正”；深衣后背一条直缝贯通上下，称为“负绳”，以此对地位尊贵者的行为加以规范最终形成道德准则。

“冠”与“衣”在汉语体系中密切相连，如“衣冠楚楚”“衣冠蓝缕”“弹冠振衣”等。冠帽也称为“首服”，与服饰相辅相成，共同构建了我国历代服饰制度。特别对男性而言，冠帽的象征意义远远超越实用功能。第二节为“男子冠帽与人生礼俗”。中国古代男子在冠礼、婚礼、丧礼等不同的人生礼仪场合需要佩戴不同式样的首服：其一，冠礼在中国的贵族及士人阶级中流行，通过三种冠饰——缁布冠、皮弁和爵弁，按其材质的变化象征男性由家庭中毫无责任的“孺子”转变为正式跨入社会的成年人。其二，婚礼中，先秦至唐宋时期的男子首服主要有爵弁和梁冠，明代新郎流行戴乌纱帽并在帽子的左右两侧各插一朵金花，清代贵族男子戴朝冠或吉服冠，民间男子戴插赤金色花饰的暖帽或瓜皮帽等，婚礼中以使用超越身份的器物的“摄盛”现象来表达对美满生活的向往。其三，冠礼和婚礼属于嘉礼，丧礼属于凶礼，丧礼中男子冠帽多为粗糙的棉布和麻布，以服饰的简易、粗糙程度显示与亡人的亲疏关系以及悲伤的心情。冠帽是象征男性身份地位、长幼尊卑，以及能否参与或主持社会活动的主要标志，承载了重要的礼俗符号寓意。

容妆主要包含发式、面妆，如眉形、胭脂、唇形等，与服装一同构成个人的整体形象。女性容妆作为一种独特的视觉符号，呈现了人类在认识自然、认知自我中逐步成熟的过程。第三节为“深描浅画的历代女性容妆”。从时间脉络上梳理了容妆的发展演变过程。原始社会质拙粗犷的绘面文身，反映了人们的原始信仰和祖先崇拜。随着社会等级与礼制的出现，女性通过粉白黛黑的装饰基调与自然之美，形成阶层区别。秦汉之际，修仙炼丹之风加速了冶炼技术的发展，铅粉与胭脂传入中原。魏晋南北朝时期，受佛教的影响女子面妆喜额黄，容妆风格较前代大胆明艳。隋唐时期，与异域文化的交流，促进了女性容妆大放异彩，尽显包容多样的唐代气象。宋代女性妆容清秀浅淡与文人风尚息息相关。明清女子容妆以清丽娇弱为美，面部尚淡粉修饰，眉妆细长，喜好点唇。历代女子容妆的形成与发展受到所处时代诸多因素的影响，个体审美在与礼俗规制、宗教信仰、物质材料的博弈下呈现渐进式发展。

其次，文化交流与传播是服饰发展变迁的重要因素之一，本章从“唐代女装中的胡化风尚”“西风东渐影响下的女性袍服”两个方面，通过唐代中华民族内部服饰的交融与民国时期西方文化对中国传统服饰的影响两个视角，探讨异域文化影响下服饰的演变路径。

各民族有着独特的生活方式和衣着理念，在相互交流、接触的过程中相互影响和融合。赵武灵王胡服骑射，成为胡服引入中原的重要标志，唐代服饰受胡风的影响达到顶峰。第四节为“唐代女装中的胡化风尚”。胡风在隋唐初期女性服饰中得以继承发展，主要表现为三个阶段：其一，“拿来胡服”，即将胡服中羃䍦、帷帽、波斯裤直接拿来穿用。其二，“选择性接受与改造胡服”，表现为胡服元素在唐代原有服饰中的融合与再创造，如将胡帽延伸改造为“鸟形帽”、胡服袒领等服装形制的借鉴及以异域装饰元素如狮纹、绶鸟纹、大象纹的融合应用等。其三，安史之乱以后，受政治与战乱的影响，服饰胡化风尚逐渐消失。唐代女装中的胡化现象受到自魏晋以来胡汉文化在上层礼制与法令上的交流的影响，更来源于华夷杂居的世俗生活。唐代服制一方面受制于礼制的约束与限制，另一方面因着装人群与场域的差异又呈现出多元发展的态势。

袍服始于秦汉时期，继曲裾深衣之后，领型、袖口、襟、裾相承迭代，服饰形制延续至民国。第五节为“西风东渐影响下的女性袍服”。从整体演变来看，袍服经历了由上下分裁到连体通裁，使袍服形成一体。形制特征上，民国时期的袍服从裁剪方法和服装结构两方面的改良，使袍服变得更加适体。装饰上，由于蕾丝花边、多样的印花、提花面料出现，使得袍服一改繁缛之风，变得典雅简洁。材质上，化纤等面料的引入以及纺织技术的进步带来了如镂空和具有透明质感的面料，薄、露、透的隐约之美打破了传统礼制要求的保守与含蓄。传统袍服对外来文化、工艺技术的吸纳，打破了传统的服饰文化理念，形成近代中国独有的“旗袍”文化，使中国现代性与女性主体性之间开始建立共生关系。

本章以古代服饰为依托，一方面，通过归纳衣着与礼俗的关系，服饰通过“形制”“纹样”“材质”“行序”的划分，制造符号差序，成为治世之“器”；而“礼”为治世之“道”，服制与礼制共同建构了古代社会为人、治家、处世、为臣等的内在逻辑，进而形成社会治理、道德约束、民族认同，共建古代社会核心价值。另一方面，从民族与文化交流的角度出发，归纳了民族内部与外部主动或被动的服饰交流差异。民族内部服饰交流是在大统一的儒家思想或汉化思想影响下选择性吸收与发展的，随着重大政治事件的影响，中原服饰恢复了汉民族服饰的主体性面貌。而民国以降，中华服饰发生巨变，特别是受到面料织造、印染技术、西式制衣工艺的影响，女性袍服装饰纹样、材质面料更加丰富，制作工艺得到简化，呈现出不可逆转的西化趋势，延续至今。

无论蒙昧的原始时期还是现代文明社会，服饰始终与人相伴，并构建了社会的秩序差异。我们从整个服饰历史的发展过程中可以看到，其变革与社会政治、经济、文化等因素存在着密切的关联。服饰既能够反映出人类审美观念、思维形式和设计能力的进步，又折射出王朝的更迭、时代的进步与文化的交流。观照当下，传统服饰所蕴含的艺术价值，即可丰富我国服饰遗产资源，一方面促进纺织服装行业发展，另一方面对增强民族与文化自信具有重要的时代意义。此外，衣冠中包含的礼俗文化与民间信仰、地域文化，共同构建了我国基层社会的生活秩序，其对当代社会秩序重构与审美引导，具有重要的学术价值。

第一节 深衣的礼与俗

深衣是具有深刻华夏文脉的服饰之一。据西汉礼学家戴圣编著的经典著作《礼记》中的《深衣》和《玉藻》两篇所述，深衣是一种上衣下裳相连、完全覆盖整个身体的服装，又称“绕衣”“中衣”和“长衣”。古代诸侯和大夫等阶层将此作为家居服穿着，同时也用作庶人百姓的礼服，男女通用。虽谓连衣裳，但制作时犹上下分裁，中有缝连属为之。随着纺织技术和缝纫技艺的进步，先民们最大限度地利用了布料，使得上衣和下裳相连。

通过文献资料的回顾与分析，发现对有关深衣的起源，众多学者都做过一定程度的研究，但各方说法不一。有一种比较普遍的观点是深衣产生于服装萌芽的周代，发展于服装成熟的战国。周代以前出现的“上衣下裳”的形制只是深衣的雏形，真正的深衣是到周代时才出现的。无论起源如何，深衣盛行于战国时期和西汉时期是毋庸置疑的。春秋战国时期，各学派坚持自家理论，竞相争鸣，其间以儒家学派的“克己复礼”思想影响最广，这也促使人们在观念中形成了新的思想，着装观念也随之发生变化。在人们追求更有新意的着装形式过程中，深衣无疑代表了新的观念而由此产生。春秋战国时期，开放的外部环境为深衣的产生打下了思想基础。秦汉时期，汉武帝实行“罢黜百家，独尊儒术”，深衣在服饰上的礼制地位最终确立。起初，男子深衣形制以曲裾、直裾为主，服饰“裈”的出现满足人体下身遮蔽的需求，曲裾深衣的遮掩功能逐渐弱化，并被直裾深衣所取代，其逐渐趋于女性专有。魏晋时期，深衣逐渐走向衰落，男子已不着此类服饰，而在女装中仍然可见。这一时期的深衣，已明显别于前朝。“杂裾垂髾”服即杂裾深衣，自腰部围裳以下增加了状如倒三角的、层层叠叠的轻薄织物装饰带，服饰已由自然质朴的基本功能属性转向了奢华雕琢的装饰属性。

以古深衣为代表的衣裳连属制经过周初的制礼之后演变成深衣制，不仅对我国后世历朝服饰产生了深远的影响，还扩大至亚文化圈。本节旨在厘清古代文献中有关深衣文字和图像资料与真实出土的实物之间的关系，以历史脉络为主轴，阐释深衣的起源与发展、形制与裁制以及深衣制度蕴含的礼文化。

一、起源于先秦时期的深衣

深衣作为中国传统服饰的代表一直是华夏民族服饰传承发展的母体。先秦时期萌芽并最终定型，后续一度成为秦汉时期的主流服饰。魏晋时期深衣开始没落，被其他服装款式所取代，但奠定了后世服装的形制基础，对中华服饰文明的起源与发展产生了深远的影响。

(一) 礼制初创时期的先秦曲裾深衣

先秦时期，深衣开始萌芽并逐渐盛行，尤以战国时期最有代表性。《礼记•深衣》："古者深衣，盖有制度，以应规矩，绳权衡。短毋见肤，长毋被土。续衽，钩边，要缝半下。袼之高下，可以运肘，袂之长短，反诎之及肘……故可以为文，可以为武，可以摈相，可以治军旅，完且弗费，善衣之次也。"[1]既说明了深衣的形制，也说明了深衣被广泛采用的盛况。深衣上身合体，下裳宽阔，长至足踝或长曳及地，可作内衣，可作外套。与复杂森严的上衣下裳相比，深衣的形制与穿法都相对简便，故被各阶层人士所喜爱。

战国时期的深衣形制已比较完善，据其大襟下摆形式的差异分为曲裾深衣与直裾深衣两类。其中曲裾深衣下面衣裙为曲，展开是一个大的三角形，穿时绕身盘旋而上，终角刚好系于腰。一般这种深衣都以阔锦镶边，花纹精细、色调典雅；特别是绕身而上的裙边，将下裙幻化为螺旋状，造成一种视觉层叠感，美得厚重但却不显繁杂拙巧。据湖南长沙子弹库楚墓出土的帛画来看，可以直观地看到曲裾深衣的外形特点，即所谓"续衽钩边"，不开衩，衣襟加长，使其形成三角绕至背后，以丝带系扎（图 1-1-1、图 1-1-2）。

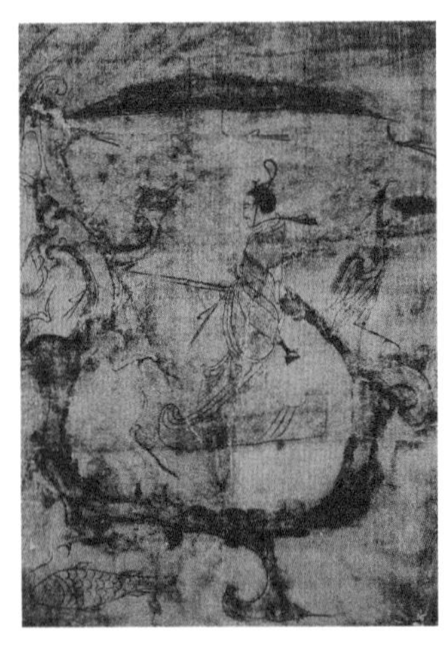

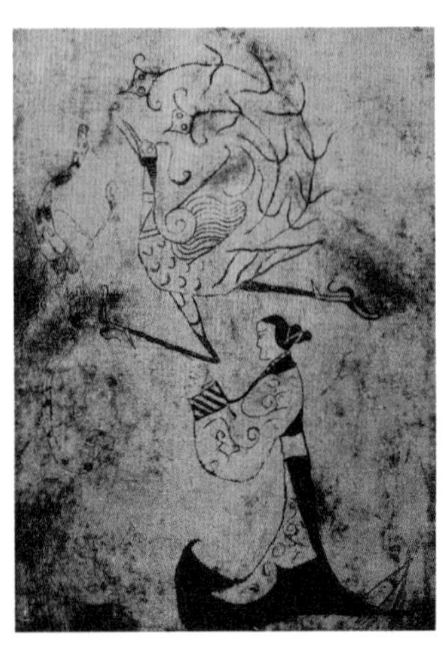

图 1-1-1（左） 帛画中的曲裾深衣 战国[2]

图 1-1-2（右） 帛画中的曲裾深衣 战国[3]

[1]〔汉〕戴圣：《礼记》，北方文艺出版社，2013，第397页。

[2] 沈从文编著《中国古代服饰研究》，商务印书馆，2011，第51页。

[3] 同上。

先秦时期，深衣的形制以曲裾深衣为主。这主要源于春秋战国时期，群雄并起，逐鹿中原，周王室东迁后名存实亡，地位一落千丈，在此礼崩乐坏之际，涌现出一批思想大家，出现百家争鸣的局面，其间以儒家学派的“克己复礼”思想影响最广。而当时人们所穿的裤子还是开裆的，被称为“绔”的裤子只有两只裤管，分别套在膝盖以下小腿部分，无腰无裆，也称“胫衣”，如《说文•系部》所称：“绔，胫衣也。”[4]穿着这种内衣的主要目的是遮护腿部，外面穿着深衣。日常行走跪坐的时候深衣下摆边缘处偶尔露出小腿，有胫衣则不至于露出肌肤，在冬天寒冷时还可以起到保暖的作用。但是这种无裆的胫衣不能遮羞，深衣为了遮蔽下体，所以多层缠绕。上层人士尤其是妇女，为了使身体不外露，下襟处没有衩口，但为了不影响行动，就采取了这种曲裾的服式。因为曲裾深衣的掩襟叠门更宽，具有较强的包裹性，再辅以丝带、革带固定，可保万无一失。

（二）秦汉时期内衣的发展推动深衣曲裾向直裾转变

汉代男子服制还是曲裾、直裾两种。曲裾深衣继续沿袭战国时期流行的样式，但多见于西汉早期，东汉时期就渐渐淡出人们的视线，深衣以直裾样式为主。直裾深衣与曲裾深衣的区别在于其自交领至下摆衣襟直上直下，没有续衽（图1-1-3）。“裈”的出现打破了曲裾深衣盛行的局面。裈是一种有裆的裤装。[5]在汉代，合裆长裤已经逐渐被世人所接受，大多数人把它作为贴身衣物穿在里面，为了显示与开裆裤的不同，取名为“裈”。隋末唐初的大文豪颜师古在《急就篇》专门作过解释说：“合裆谓之裈，最亲身者也。”[6]所谓“亲身者”，是指贴着皮肤，穿在最里面的意思。如此曲裾深衣的遮掩功能就失去了实用价值，被直裾深衣所取代；直裾深衣继承了楚袍的形式，从而展现出大汉的雄伟大气之风，在东汉时期广为流行。

汉代曲裾深衣发展逐渐趋于女性专有，据《后汉书 • 志第三十》记载：“太皇太后、皇太后入庙服，绀上皂下，蚕，青上缥下，皆深衣制，隐领袖缘以绦。”[7]说明女性以深衣作为朝服，通过不同的色、质地、纹样和佩绶等区分身份。后期礼制对女子的规范日益增多：在形式上，曲裾不仅衣襟延长，还在腰节处缠绕数圈；在外观上，通身紧窄，领、袖、襟等部位更注重装饰性，以特色图案花纹彩锦镶边。底摆富于变化，长可曳地，宛如盛开中的喇叭花遮掩住双足。衣领处很有特色，领口开得很低，从西汉窦太后陵随葬坑出土的汉彩绘跽坐女俑（图1-1-4）可以看出几层里衣，极富层次感。因里衣最多可达三层，故称“三重衣”。

[4]〔汉〕许慎：《说文解字：附音序、笔画简字》，〔宋〕徐铉校定，中华书局，2013，第276页。
[5]华梅：《中国服装史》，中国纺织出版社，2018，第28页。
[6]张传官：《急就篇校理》，中华书局，2017，第173页。
[7]〔南朝宋〕范晔：《后汉书》，中华书局，2007，第1046页。

图 1-1-3（左）　绛红纱地印花敷彩直裾式丝绵袍　汉[8]

图 1-1-4（右）　彩绘跽坐女俑　汉[9]

（三）魏晋时期逐渐没落的深衣

魏晋时期，社会动荡不安，百姓流离失所，纷纷迁移，人口流动的同时带来了服装服饰上的交流。传统礼教的分崩离析，以儒学为主体的礼制的瘫痪，使得饱学之士们思治而不得，终从循规蹈矩走到离经叛道，追求老庄的清静无为与养生之道，隐隐带有颓废的隐士之风。

这时的深衣逐渐走向衰落，男子已不着深衣，女装以大袖衫为时尚，深衣多见于跳舞时歌舞伎的表演服。清代学者任大椿在《深衣释例》中曰："袿乃缕缕下垂如旌旗之有旒，即所谓杂裾也。"司马相如在《子虚赋》中提道："于是郑女曼姬，被阿緆，揄纻缟，杂纤罗……蜚襳垂髾。"唐颜师古在他所注的《汉书》中道："襳，袿衣之长带也。髾，谓燕尾之属。皆衣上假饰也。"[10] 此类深衣已明显别于前朝。"杂裾垂髾"服即杂裾深衣（图 1-1-5），自腰部围裳以下增加了状如倒三角的、层层叠叠的轻薄织物装饰带，走路时垂髾随风轻扬，摇曳生姿，似仙人踏云而至，人们的审美观念已由自然质朴转向了奢华雕琢。

图 1-1-5　《列女传》（局部）　木板漆画　北魏[11]

[8] 天津人民美术出版社编《中国织绣服饰全集 · 3 · 历代服饰卷》上，天津人民美术出版社，2004，第 113 页。

[9] 陕西历史博物馆，https://www.sxhm.com/collections/detail/9614.html，访问日期：2023 年 7 月 22 日。

[10]〔东汉〕班固：《汉书》，〔唐〕颜师古注，中州古籍出版社，1991，第 419 页。

[11] 山西博物院，http://www.shanximuseum.com/sx/collection/detail/id/910，访问日期：2023 年 7 月 22 日。

深衣虽然于魏晋时期逐渐被袍、衫等服装所替代，但是对后世服装影响深远。历代服装形制都曾出现过类似或仿制的样式，如从周到清的历朝龙袍，唐朝的袍下加襕、长裙，元朝的质孙服，明朝的曳撒，清朝的满族旗袍，民国的改良旗袍，20世纪50年代的布拉吉，蒙古族和藏族的袍服，日本的和服，以及时下的连衣裙、睡袍等。

二、深衣之制

研究深衣的文字材料繁多，纯粹由文字出发而做出的说明和图解，与墓葬中出土的深衣实物、人形俑、壁画像、石画像等差距较大，容易讹谬相承。深衣大体上是上衣下裳分裁而又相连缀的一种服装形制，后世博学鸿儒对古籍深衣形制做了多种版本的注疏，对形制的争议点主要体现在上衣下裳的结构上，对裁法、幅数、尺寸等有不同的解释，大致以“正、斜裁”“斜裁”“八幅”等为焦点。通过对当前具有代表性的说法进行整合，并与《礼记》之《深衣》《玉藻》两篇进行综合对比，在此探究其差异所在。

《礼记》之《深衣》《玉藻》二篇所记深衣多为基本形制，具体细节不完全清楚，后代学者以这两篇为基础对深衣形制做了解读。由于《礼记》的翻译著作甚多，在本节中，对《深衣》和《玉藻》两篇的解释主要参考杨天宇先生所撰的《十三经译注・礼记译注》上、下两册释义进行归纳整理。通过对《深衣》和《玉藻》两篇文章中描述的深衣形制，整理得出：深衣的整体长度为短不会露出身体的皮肤，长不会拖到地面上；衣背的后中缝线直到脚后跟，应该是一条垂直的线，以此来与垂直相应；深衣下裳的底摆线应该齐平，就像锤和秤杆一样，以此来与水平相应；袖子像圆规，象征着举手行揖时礼让的姿态；衣袖腋下与衣身的缝合处的宽度，可以运转胳膊肘；背缝线垂直，领子呈方形，这两处象征着政教不偏，义理公正；下裳裁制用12幅布，这是为了与一年12个月相呼应；深衣的腰围是下裳长度的1/2，腰围是袖口长度的3倍。

（一）朱熹《家礼》中深衣之制

《家礼》中记载：“裁用白细布，度用指尺。中指中节为寸。衣全四幅，其长过胁，下属于裳。用布二幅，中屈下垂，前后共为四幅，如今之直领衫，但不裁破腋下。其下过胁而属于裳处，约围七尺二寸，每幅属裳三幅。裳交解十二幅，上属于衣，其长及踝。用布六幅，每幅裁为二幅，一头广，一头狭，狭头当广头之半。以狭头向上而联其缝，以属于衣，其属衣处约围七尺二寸，每三幅属衣一幅。其下边及踝处约围丈四尺四寸，圆袂。用布二幅，各中屈之，如衣之长，属

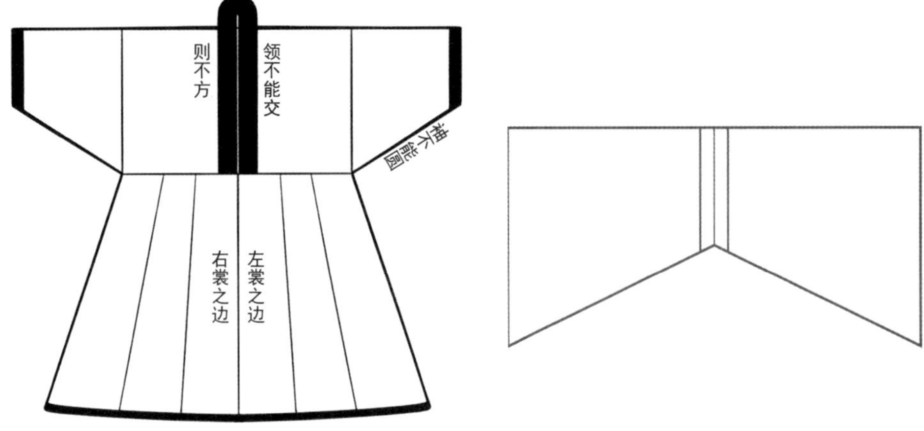

图 1-1-6（左）《家礼》中的深衣形制

图 1-1-7（右）《家礼》记载作揖时袖型形制

于衣之左右，而缝合其下，以为袂。其本之广如衣之长，而渐圆杀之，以至袂口，则其径一尺二寸。方领。两襟相掩，衽在腋下，则两领之会自方。曲裾。用布一幅，如裳之长，交解裁之，如裳之制。但以广头向上，布边向外，左掩其右，交映垂之，如燕尾状。又稍裁其内旁太半之下，令渐如鱼腹，而末为鸟喙，向内缀于裳之右旁。黑缘。缘用黑缯，领表裹各二寸，袂口裳边表裹各一寸半，袂口布外，别此缘之广。”[12]

相较于《深衣》《玉藻》两篇记载，朱熹《家礼》原文中未具体规定深衣的长度尺寸，且《家礼》深衣的背中缝线直到脚后跟为一条与地面垂直的线，但下摆呈圆弧形，不与地面平行（图 1-1-6），这与《礼记》两篇中的描述深衣下裳的底摆线应该齐平有所不同。上衣用布 2 幅，其长过肋。袂为圆袂。衣的 1 幅与裳的 3 片相连属。衣裳连属后，衣襟左右相掩，在下裳的布幅裁剪中均采用斜裁，用布 6 幅，交解为 12 片，成为上窄下宽的布片，窄头相连，虽然有别于《礼记》下裳裁制用 12 幅布，但在礼制蕴意上却有异曲同工之妙。《家礼》原文中，袖片的宽度与衣身的长度相等，都是 73.3 厘米，而肩膀到手肘是 40 厘米，运转胳膊符合《礼记》所载，但《家礼》缺少“袼”的概念，《礼记》原文中有“袼之高下，可以运肘”一句，就是为了规定袖窿的宽度。在袖子的形制裁剪中，从《家礼》的“圆袂”一词中可以看出，袖子符合《礼记》规定的圆形的袖型，但朱熹《家礼》中描述的袖型，作揖时的样子，下摆成一个角（图 1-1-7），其不符合《礼记·深衣》中对袖型的规定。《家礼》原文中以“两襟相掩，衽在腋下，则两领之会自方”来规定方领，这与《礼记》深衣的领子应当像画直角或方形用的角尺，与方正相应有所区别，但领型的样式都为方领。

（二）清代黄宗羲《深衣考》中深衣之制

据《深衣考》中记载：“‘衣二幅，各二尺二寸，屈之为前后四幅，自腋而下杀

[12] 朱傑人、严佐之、刘永翔主编《朱子全书》第七册，上海古籍出版社、安徽教育出版社，2002，第 879 页。

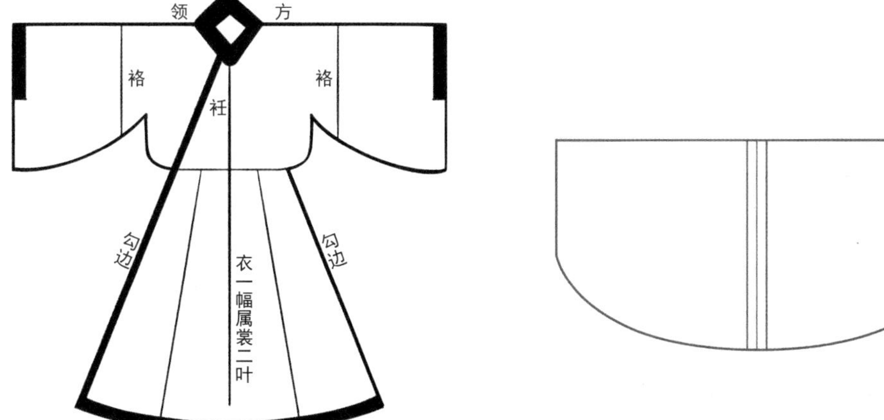

图 1-1-8（左）　《深衣考》深衣形制

图 1-1-9（右）　作揖时深衣袖型形制

之，各留一尺二寸，加衽二幅，内衽连于前右之衣，外衽连于前左之衣，亦各一尺二寸，其要缝与裳同七尺二寸，盖衣每一幅属裳狭头二幅也。'今以其说推之，前后四幅，下属裳八幅，外右衽及内左衽亦各下属裳二幅，则裳之属乎外右衽者势必掩前右裳，裳之属乎内左衽者势必受掩于前左裳，故其图止画裳四幅，盖其后四幅统于前图，其内掩之四幅则不能画也。"[13]

《深衣考》原文中具体规定了领到腰的尺寸为73.3厘米，大约占深衣长度的1/3，故深衣全长约为220厘米。相较于《礼记》所载，这种衣长的制定相对刻板，人体身高参差不齐，不一定都能符合此制度，衣长应该因人制宜。深衣的背中缝线直到脚后跟为一条与地面垂直的线，但下摆呈圆弧形，不与地面平行（图1-1-8），这与《家礼》中所载相同，有别于《礼记》所载。《深衣考》中描述了袖型作揖时的样子，下摆呈圆弧形（图1-1-9），其符合《礼记》中对袖型的规定。上衣用布2幅，袂为圆袂，衣的左右襟各续一衽，则衣实为6片。衣每幅与裳的两片相连属。裳6幅均为斜裁，在下裳的裁剪中，用布6幅，裁剪为12片，成为上窄下宽的布片，窄头相连，此种说法与《家礼》所载完全相同，并有别于《礼记》中的下裳裁制用12幅布。深衣腰围及下摆长度分别为：腰围240厘米，下裳低摆长480厘米，袖口长80厘米，与深衣的腰围是下裳长度的1/2、是袖口长度的3倍完全相符。在深衣袖子部位，不论衣袖腋下与衣身缝合处的宽度、袖子的长度、袖口宽度抑或深衣的袖型皆与《礼记》中记载相吻合。

（三）江永《深衣考误》及戴震《深衣解》中深衣之制

戴震所著的《戴震全集》中有《深衣解》，此篇是研究深衣的专篇，与其师江永所著的《深衣考误》中对深衣的研究理解大致相同，因此在这里把两篇著作放在一起研究。

《深衣考误》中未具体规定深衣的长度尺寸，深衣的背中缝线直到脚后跟为

[13]〔清〕黄宗羲：《黄宗羲全集·附录》第二十二册，浙江古籍出版社，2012，第174页。

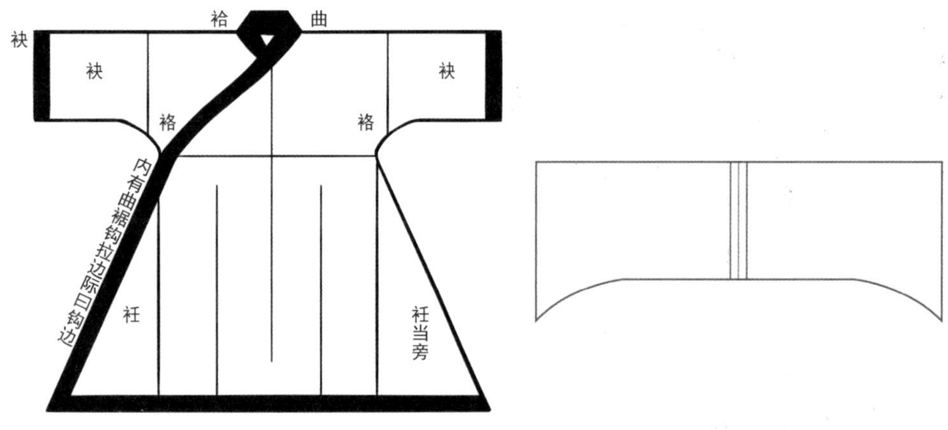

图 1-1-10（左）　《深衣考误》中的深衣形制

图 1-1-11（右）　作揖时深衣袖型形制

一条与地面垂直的线，下摆也与地面平行（图1-1-10），与《礼记》记载相符。有关袖型的描述为，作揖时下摆基本是一条直线，直到腋下才有弧度（图1-1-11），其大体形制与《礼记·深衣》中对袖型的描述不符合。上衣用布3幅，在朱熹的裁法之外，其中一幅斜裁成前右外襟。衣的每幅与裳的两片相连属（衣的右内襟不与裳相连，斜裁成的右外襟与裳相连）。袂为窄袂。裳中间以4幅布正裁为8幅，旁2幅则斜裁为4幅，也合12幅之数。布幅阔73.3厘米，正裁则每幅阔36.6厘米，各去边缝为3.3厘米，得到8片上下皆宽30厘米的布片，相连共为240厘米。旁2幅斜裁，一头6.7厘米，一头66.7厘米，各去边缝，则一头为尖角，一头为60厘米，整个下齐为480厘米。

深衣的腰围是下裳长度的一半，腰围是袖口长度的3倍。《深衣解》原文中虽未明确规定腋下弧线的角度及高度，但规定了袖宽为40厘米，而腋下线是与腰线相连的弧线，故此处符合《礼记》原文。臂骨上下各40厘米，手臂总长80厘米，《礼记·深衣》中"袂之长短，反诎之及肘"，其意为袖与手臂等长，而《深衣解》原文中规定袖长为73.3厘米，也就是袼到袖口的距离为73.3厘米，故而得出其袖子稍短。原文中袖子为窄袖，腋下为弧线，从袖片的整体形状来看，呈向上弧的圆形。

综上所述，通过把朱熹的《家礼》、黄宗羲的《深衣考》、江永的《深衣考误》和戴震的《深衣解》这4本书中描述的深衣分别与最初规定深衣制度的《礼记》中的深衣对比，得出：朱熹《家礼》中的深衣上衣裁制用布2幅，每幅布从中间劈开，成均等的4片；黄宗羲《深衣考》中记载的深衣由于上衣前片左右各连1片衽，因此上衣实际为4幅，共6片；而江永《深衣考误》与戴震《深衣解》中的深衣上衣裁制都是用布3幅，2幅从中间劈开为4片，1幅斜裁，1片接在上衣的前左片上，共5片。在下裳裁制方法中，朱熹《家礼》与黄宗羲《深衣考》中的深衣下裳均采用斜裁的方式，用布6幅，裁剪为12片，成为上窄下宽的布片，窄头相连；而江永《深衣考误》、戴震《深衣解》中的深衣下裳用布4幅，正裁为8片，前后各4片，前后裳两边各连1片衽，下裳实际为12片。

在袖型的裁制上，三种深衣虽都符合《礼记》中对圆形袖型的规定，袖线均为不同弧度的曲线，但朱熹《家礼》中深衣袖型从腋下到袖口逐渐变小变圆，黄宗羲《深衣考》中深衣袖型从腋下到袖口逐渐变大变圆，江永《深衣考误》和戴震《深衣解》中深衣袖型是窄袖子，腋下为弧形，因此，黄宗羲《深衣考》中的深衣袖型最符合《礼记》中双手作揖时呈圆形的规定。

在上下连属制度与缝合方法上，三种深衣不尽相同。朱熹《家礼》中深衣的上衣每1片连接下裳的3片，黄宗羲《深衣考》中深衣的上衣每片连接下裳的2片，而江永《深衣考误》和戴震《深衣解》中的深衣上衣的左前片、左后片、右后片及左前片连接的斜裁布片，此4片每片连接下裳的2片。

三、深衣之礼——藏礼于器、意合于礼

（一）天人合一的深刻内蕴

深衣象征天人合一、恢宏大度、公平正直、包容万物的东方美德。袖口宽大，象征天道圆融；领口直角相交，象征地道方正；背后一条直缝贯通上下，象征人道正直；腰系大带，象征权衡；分上衣、下裳两部分，象征两仪；上衣用布4幅，象征一年四季；下裳用布12幅，象征一年12月。身穿深衣，自然能体现天道之圆融，怀抱地道之方正，身合人间之正道，行动进退合权衡规矩，生活起居顺应四时之序。

我国古代尚以12月配卦，名为“十二月辟卦”。“十二月辟卦”便是以12个月中的每个月为时间坐标，配以与之相符应的一卦，形成“十二月辟卦”，从而在神秘色彩笼罩下的奇妙诡谲的推演中，来卜卦、解释自然界和人类社会的万事万物。《礼记》中的《深衣篇》记载，“深衣”之“制”“十有二幅，以应十有二月”[14]，从某种意义上来讲，正是以物化的形式隐喻或象征着“十二月辟卦”所蕴含的天地间运动和变化着的一切。

“深衣”之“制”的“十有二幅”，不仅体现着“十二月辟卦”，同时以“十二月”为媒介与个体生命相关——岐黄之术的“十二脉”相匹配。相传黄帝常与岐伯、雷公等臣子坐而论道，探讨医学问题，对疾病的病因、诊断以及治疗等原理设问作答，予以阐明，其中的很多内容都记载于《黄帝内经》这部医学著作中。医家

[14]〔汉〕戴圣：《礼记》，北方文艺出版社，2013，第397页。

辨证论治的所谓“十二脉”，载于医学经典《素问》之中。黄帝问曰：“人有四经、十二从，何谓？”岐伯对曰：“四经应四时，十二从应十二月，十二月应十二脉。”唐代医家王冰注解云：“十二脉，谓手三阴、三阳，足三阴、三阳之脉也。”显然“深衣”之“制”的“十有二幅”所隐喻的是作为个体生命人的身体的“十二脉”，这里包含着朴素的唯物论和辩证法的中国古代医学的经络理论。

（二）深衣之制的美学内涵

深衣制作规律中“袂圆应规”“曲袷应方”，“袂圆”“袷方”隐喻或象征着“天圆、地方”，亦即中国哲学思想所归纳的“圆满”和“方正”理念。毋庸置疑，这里感性显现的“天、地”或自然界，在古人的眼里，往往是“天”“神”“帝”等人格神的替身。民间俗语曰“没有规矩，不能成方圆”，“规矩”“方圆”在中国百姓的生活哲学或日常语境中，便是“天地”间客观存在的自然规律，亦即事物的内部联系或事物的本质特征的一种特定的指向。这也正是深衣之“袂圆”和“袷方”所要昭示的深刻意蕴之一。[15]

深衣之“负绳及踝以应直”，是指深衣束腰的绳带，自腰际绾结之后下垂及踝。深衣这种绳带自腰及踝的“直”，无疑是一种颇为直观乃至十分引人注目的感性形式之美。首先“直”便是“不弯曲”，《诗经・小雅・大东》中所吟咏的“周道如砥，其直如矢”，意为西周的大道像砥石那样平整，像箭一样端直。“负绳及踝以应直”的“笔直”而不屈，是一种不屈不挠的品质象征。其次“直”为“公正”“正直”之义，荀子所说的“是谓是、非谓非曰直”。此外，“直”还有“坦率”之义，如“率直”“直爽”均为此义。由于“直”具有以上诸如“正直”“直率”“耿直”的多种伦理道德含义，因此成为中国古代道德品质的重要典范之一。

深衣下摆“下齐如权衡以应平”，其中的“齐”和“平”这两个具有感性直观或审美意义的伦理学范畴，体现了一种“寓杂多于统一”或者说“寓变化于整齐”的形式美规律。深衣的下摆，虽随步履而摆动，但总能“权衡”如同“秤杆”一样平齐如一。其间也包含了深衣的形制所造成的悬垂感和飘逸感的审美效果，而这种悬垂而飘逸的变化，最终归结于平齐划一之上。所以，深衣之形制的下摆本身既具有形式美原则，又蕴含着伦理学的深刻命题——孔子道德修养的一个重要伦理态度和道德行为，即“见贤思齐焉”。这里的“齐”便是“与之相等，与之一致”的意思。

此处“平”也是孔门仁学特别是儒家伦理道德的重要范畴。《礼记・射义》载：“故心平体正，持弓矢审固。”这里的“平”即为此义。“细大不逾曰平”的“平”也

---

[15] 蔡子谔：《中国服饰美学史》，河北美术出版社，2001，第160页。

是此义。“平”有“调和”之义，是注重情绪、心境乃至道德进行内在调整的一种方法或者状态。“神气乃平”的“平”即为此义。“平”还有“平均”之义，是一种对待利益持公平的伦理态度和价值观念。《尚书·尧典》载：“平秩东作”之《传》曰：“平，均也。”《礼记·乐记》载：“将以教民平好恶。”此外“平”还有“太平”之义。《大学之道》载：“国治而后天下平。”此处的“平”即为此义。这是深衣之“制”体现的“比德”，德行、德教可与之比拟的社会理想和审美理想，也是“比德”审美意蕴所昭示的伦理规范或道德准则指向的最终目的。

结语

深衣变革了中国上衣下裳的服饰传统，采用衣分制而又上下相连属的新形制。作为礼服，其色、形与意合于礼，继而身体动作合于礼，容貌自然有威可畏、有仪可象。从深衣的发展来看，先秦时期渐次萌发并定型，受思想大家的影响，逐步形成符合儒学礼制的服装款式，并且由于当时下身未有成熟的裤装出现，盛行曲裾深衣。至秦汉时期，深衣成为当时服饰之主流。随着下身服饰形制“裈”的出现，改变了裤装无裆的局面，对遮羞的要求降低使得曲裾深衣走向没落，并被直裾深衣替代。魏晋时期，深衣被袍、衫等服装代替，彻底走下历史舞台。尽管深衣在中国服装历史中穿用时间有限，但对后世服饰的形制演变却有着深刻的影响，之后的历代服装中都曾出现过类似或仿制的样式。

礼是人的身体凭借器物（礼器）将“事神致福”之事表演出来的行为规范。深衣作为礼服，以其形与意合于礼，从其袖口宽大、领口直角相交、背后一条直缝贯通上下，可以看出深衣所具有的天道圆融、地道方正、人道正直的礼俗文化。深衣之“袂圆”“袷方”，隐喻或象征着“天、地”，亦即自然界所遵循的自然规律的“圆满”和“方正”。深衣之负绳及下摆边缘，通过“象德”审美意蕴体现出了伦理规范或道德准则。如今因社会环境和人文环境全面变迁，深衣不太可能成为今日人们的常服，但古礼深衣依然有它的设计学与社会学意义。其形制与符号经过历代能工巧匠的改造，不断产生出新的创意元素，从中延伸出了许多服饰新形式，丰富着我国的服饰文化。

第二节 男子冠帽与人生礼俗

中国自古以"衣冠礼仪"闻名于世，其中"冠"指首服。首服与服饰相辅相成，与国家建制、民间礼俗、个人身份等直接相关，其象征意义与社会价值功能超越了实用功能。特别对于男性来讲，首服是古代贵族男子成年的标志和身份等级的象征。

冠主要为古代贵族男子所用，不以防寒保暖为主要功能，一般用于祭祀、朝会、加冠、婚丧等礼仪性场合。以冕冠、爵弁、皮弁等为代表的古代汉族男子冠制，自先秦时期形成，流传至明代。在千年文明更替中，冠的形制、材质及礼仪行序发生演变，或被弃用，或衍生出新制。清代以降，中国古代冠服体系发生了较大变革，开始使用朝冠、吉服冠、常服冠等满族冠制。与冠相比，帽更注重实用性功能。追溯帽的起源，其主要是为了满足人们防寒保暖的基本需求。目前出土的最早古帽实物大多位于中国北方地区，由此推测帽最初多为中国北方百姓所佩戴，后伴随着中原汉族与北方少数民族接触渐多，帽作为胡服的代表饰物流入中原，逐渐被汉人所接纳。经过改良，以帢帽、风帽、瓜皮帽等为代表的帽饰成为中原百姓服饰的重要组成部分。汉族男性不仅形成了冬季戴帽的风尚，同时将其使用在重要的人生礼仪场合中。

本节以历史脉络为主线，以古代男性冠与帽两类首服为研究对象，采用文献、图像、实物三重证据法，对冠与帽的类别、形制、装饰等进行系统性的梳理。此外，将首服置于古代重要的人生礼俗行序中，阐释冠帽在男子的成年、婚嫁、丧葬这三项重要人生礼仪活动中起的作用以及传递的民俗信息。

一、男子冠服类别与发展

古代的"冠"，有广义与狭义之分。广义上讲，冠是中国古代首服的总称。西汉史游撰字书《急就篇》卷三："冠帻簪簧结发纽。"《尚书正义》："冕是在首之服，冠内之别名，冠是首服之大名。"[1] 狭义上讲，东汉刘熙作《释名》曰："冠，

[1]〔汉〕孔安国传，〔唐〕孔颖达正义《尚书正义》，上海古籍出版社，2007，第313页。

贯也。所以贯韬发也。”东汉许慎《说文解字》：“冠，絭（juàn）也，所以絭发。”[2]由此可知，早期冠为固发的工具。至汉代，冠服制度逐渐完善，已不单用作絭发，而成为昭名分、辨等级的一种标识。西汉刘安《淮南子》中也提到“冠履之于人也，寒不能暖，风不能障，暴不能蔽也”[3]，可见冠本身的实用价值并不强，更多的是起到装饰和身份象征作用。汉代的冠式形制繁缛，仅收入《后汉书·舆服志》中的冠名，就有冕冠、爵弁冠、长冠、委貌冠、通天冠、远游冠、高山冠、进贤冠等十几种之多，有些是沿袭古制，有些则属于新创。[4]明代方以智《通雅》卷三十六《衣服》云：“古冠制三，曰冕者朝祭服，所谓十二旒九旒而下是也。惟有位者得服之。曰弁，亚于冕，所谓夏收、殷冔、周弁是也。曰冠，亚于弁，所谓委貌、毋追、章甫是也。弁与冠，自天子至士，皆得服之。”[5]可见，冠可分为三类，冕、弁与冠，其中冕冠、爵弁及长冠为代表性祭冠。

冕冠是古代帝王、诸侯、卿、大夫在重大的礼祀场合所戴的礼冠，是各类礼冠中最为尊贵的一种冠式。据《仪礼·士冠礼》[6]和《礼记·王制》[7]等古籍记载，冕冠在夏代被称为“收”，在商代被称为“冔”（xǔ），在周代被称为“弁”或“冕”。汉代沿用了“冕”这个名称，但周代以前的冕冠形制至汉代已经失传。汉初祭祀时采用刘邦创制的长冠，至东汉明帝时为了整饬礼制，重新厘定了冕冠制度，此后历代相袭沿用至明代[8]。据推测，建于东汉晚年的山东沂南北寨石墓[9]，其中着冕冠的人物画像是目前发现较早的冕冠图像（图1-2-1）。

图1-2-1 汉墓出土人物画像中的冕冠[10]

[2]〔汉〕许慎：《说文解字：附检字》，中华书局，1963，第156页。

[3]〔汉〕刘安：《淮南子》第十八卷《人间训》，陈广忠译注，中华书局，2012，第1059页。

[4] 高春明：《中国服饰名物考》，上海文化出版社，2001，第195页。

[5]〔明〕方以智：《通雅》卷三十六《衣服》，影印本，中国书店，1990，第431页。

[6]〔汉〕郑玄注，〔唐〕贾公彦疏《仪礼注疏》卷三，十三经注疏本，中华书局，1980，第958页。

[7]《礼记》，商务印书馆，1914，第49页。

[8] 高春明：《中国服饰名物考》，上海文化出版社，2001，第196页。

[9] 曾昭燏、蒋宝庚、黎忠义：《沂南古画像石墓发掘报告》，文化部文物管理局，1956，第52—67页。

[10] 根据山东沂南北寨汉墓画像绘制。

从形制上看，冕冠的顶部盖一木板，被称为“延”或“冕版”。冕版多制成长形，前低于后约一寸，略呈前倾之势，表面多裱以细布，上用玄色，下用纁（xūn）色。在冕版的前后两端分别垂挂数串玉珠，被称为“旒”。穿旒的丝绳以五彩丝线编织而成，称为“藻”。旒的多寡是辨别身份的重要标识，帝王为十二旒，以下分别有九旒、七旒、五旒、三旒等，依照等级递减，一旒即指一串珠玉。据《礼记·礼器》记载：“天子之冕，朱绿藻，十有二旒；诸侯九，上大夫七，下大夫五，士三。”[11]唐代又增设了八旒及六旒。旒的颜色，不同朝代也有不同的规定，商周时通常在每串垂旒中分别相间着赤、白、青、黄、黑5种颜色的玉珠，汉代则统一采用单色玉珠。旒的质料早期有白玉、翡翠、珊瑚，后来还用料珠。冠用几旒，便用几颗珠子，藻的长度也是相应的几寸，如图1-2-2所示，九旒的冠每旒贯穿九珠，藻长九寸。冕版的下部即为冠身，以铁丝、细藤编成圆框，外蒙缟素、漆缅等织物，这种冠身被称为“武”或“玄武”或“冠卷”。冠卷的两侧各有一个对穿的小孔，用以贯穿玉笄，名“纽”。佩戴冕冠时将冠卷扣覆在头顶，插入玉笄，使冠身和发髻固结。冕冠还有一条冠缨，一头系于笄首，另一头绕过颔下，再上系于笄的另一端，颔下则不系结也无缨蕤垂下，这种冠缨被称为“纮”。图1-2-3为创建于初唐后被不断修缮的敦煌莫高窟第220窟人物像，将冠纮加长，上横于冕版，下垂于胸前，名“天河带”。

爵弁也是古代男子用于祭祀的一种礼冠，其形制与冕冠相似，但无前倾之势，也不用垂旒。冠顶以木板为之，外裱细布，布用赤黑色，如雀头之色，因古时“雀爵”二字相通，故名“爵弁”或“雀弁”。冠身做成弁形，下广上锐，如两手相合。周代已有其制，士阶男子随王祭祀则戴之，参加祭祀时奏乐的乐人也可用此冠。与冕冠之制一样，周代爵弁之制也一度失传，至东汉恢复，形制略有损

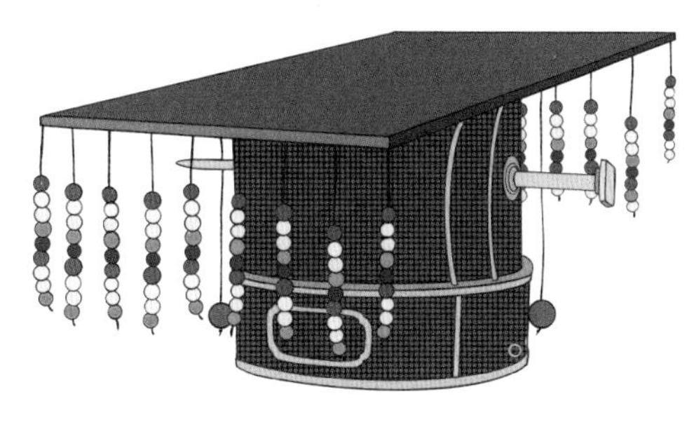

图1-2-2（左） 明墓出土冕冠[12]

图1-2-3（右） 唐代人物画像中的冕冠[13]

[11]《礼记》，商务印书馆，1914，第87页。

[12]根据《发掘明朱檀墓纪实》中的冕冠照片绘制。

[13]根据甘肃敦煌莫高窟第220窟壁画绘制。

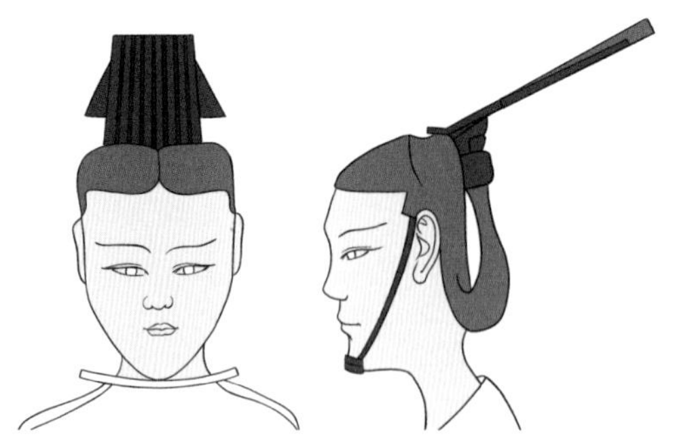

图 1-2-4（左） 汉墓出土陶俑戴的爵弁[14]

图 1-2-5（右） 汉墓出土木俑戴的长冠[15]

益，如图1-2-4所示，山东济南汉墓出土的陶舞乐俑中有戴这种冠式者。据《隋书·礼仪志》[16]和《新唐书·车服志》[17]记载，隋唐时期爵弁是专用于六至九品官吏的祭祀服饰，均无旒，冠缨颜色为玄色或黑色，宋代之后少见此类形制爵弁图像与文字记载。

长冠因冠顶扁且细长而得名，以竹皮为骨架，也是一种祭冠。汉初将长冠定为斋冠，专用于宗庙等祭祀场合。《后汉书·舆服志》记载："长冠，一曰斋冠，高七寸，广三寸……祀宗庙诸祀则冠之。"[18]如图1-2-5所示，湖南长沙马王堆一号汉墓出土的木俑所戴之冠长、扁、平，形如鹊尾，可视为长冠的雏形。至隋代，长冠和委貌冠等一些旧的冠服被废止。[19]

除了祭祀场合，古代贵族在朝会、庆典、燕飨、出征等礼节性场合也都以冠饰首，并根据各人的身份选用不同的冠式。朝会之冠有皮弁、委貌冠、通天冠、远游冠、进贤冠等。皮弁是最古老的朝冠，东汉刘熙《释名·释首饰》记载："以鹿皮为之，谓之皮弁。"[20]皮弁在制作时先将鹿皮分割成数瓣，呈瓜棱形，然后用针线缝合，其式上锐下广，似两掌相合（图1-2-6）。天子和百官均可使用皮弁，在不同历史时期，皮弁的形制与材料发生着变化，隋代之后在制作材料上用漆纱代替了鹿皮，同时在冠上加以簪导[21]（图1-2-7）。委貌冠造型与皮弁相类。"委"，即安定，"貌"，即正容，"委貌"即礼仪之道。又因委貌冠以黑色丝帛制成，故又称为"玄冠"。其制上锐下丰，状如覆杯，使用时以冠缨缚系，不用簪导，是公卿、诸侯、大夫等穿朝服时佩戴的冠饰[22]（图1-2-8）。通天冠是皇帝专用的

[14] 根据山东济南汉墓出土陶俑绘制。
[15] 根据湖南长沙马王堆1号汉墓出土木俑绘制。
[16]〔唐〕魏徵等：《隋书》卷十二，中华书局，1973，第257页。
[17]〔宋〕欧阳修、宋祁：《新唐书》卷二十四，中华书局，1975，第520页。
[18]〔南朝宋〕范晔：《后汉书》，中华书局，1965，第3664页。
[19]〔唐〕魏徵等：《隋书》卷十二，中华书局，1973，第276页。
[20]〔汉〕刘熙：《释名》卷四，商务印书馆丛书集成初编本，商务印书馆，1939，第72页。
[21]〔唐〕魏徵等：《隋书》卷十二，中华书局，1973，第266页。
[22]〔唐〕孔颖达：《礼记正义》卷二十六，中华书局，1980，第1455页。

图 1-2-6(左) 南朝人物画像中的皮弁[23]

图 1-2-7(中) 隋代人物画像中的皮弁[24]

图 1-2-8(右) 晋代人物画像中的委貌冠[25]

首服，主要用于郊祀、明堂、朝贺及宴会场合(图1-2-9)。据《后汉书·舆服志》记载，通天冠“高九寸，正竖……直下为铁卷梁，前有山，展筩为述”[26]，山是指附缀于冠前的牌饰，因形状类似山而得名；述是一种鹬形饰物，以细布制成。远游冠则是一种形制与通天冠相同的男子冠，但不用山、述等装饰，由诸王所佩戴。《后汉书·舆服志》记载：“远游冠，制如通天，有展筩横之于前，无山述，诸王所服也。”[27](图1-2-10)进贤冠也源于汉代，《后汉书·舆服志》中提道：“进贤冠，古缁布冠也，文儒者之服也。”[28]汉代文官和儒士在朝会时戴进贤冠，其通常以铁丝为骨，外蒙细纱，使用时加在介帻之上，与介帻合为一体。整个冠式前高后低，前柱倾斜，后柱垂直。进贤冠上的梁柱是区别等级的重要标识，有一梁、二梁、三梁数等，以三梁为贵[29](图1-2-11)。《新唐书·车服志》记载：

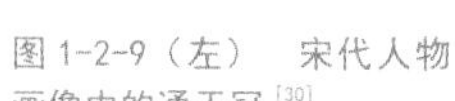

图 1-2-9(左) 宋代人物画像中的通天冠[30]

图 1-2-10(中) 魏晋人物画像中的远游冠[31]

图 1-2-11(右) 汉墓出土人物画像中的进贤冠[32]

[23] 根据唐代阎立本《历代帝王图》绘制。

[24] 同上。

[25] 根据东晋顾恺之《列女仁智图》绘制。

[26]〔南朝宋〕范晔：《后汉书》，中华书局，1965，第3665页。

[27] 同上书，第3666页。

[28] 同上。

[29] 高春明：《中国服饰名物考》，上海文化出版社，2001，第206页。

[30] 根据宋人《九歌图》绘制。

[31] 根据东晋顾恺之《洛神赋图》绘制。

[32] 根据山东沂南北寨汉墓画像中的前室东壁横额线图绘制。

图 1-2-12 清代朝冠形制图[33]

"进贤冠者，文官朝参、三老五更之服也。"唐宋文官朝会时仍有保留，但其形制不断变化，明朝演变为梁冠，清代以后其制被废。

至清代，周、秦、汉、唐世代相承的冠冕之制被废弃。清代的冠服自成体系，具有鲜明的满族服饰特点。据《大清会典》记载，清代的冠主要有朝冠、吉服冠、常服冠、行服冠、雨冠等，分别对应不同的服用场合，其中朝冠的礼仪级别最高，用于祭祀、庆典等重大礼仪场合。朝冠、吉服冠和常服冠的主要区别在于冠上的顶饰：朝冠之顶多用三层，上为尖形宝石，中为圆形顶珠，下为金属底座；吉服冠顶则比较简便，只有顶珠和金属底座；常服冠则用红绒编织成一个圆珠附缀于顶。每种冠制又可分为冬、夏二式（图 1-2-12）。冬季所用者以貂鼠、海獭、狐皮等制成圆形，帽檐翻卷；夏季所用者以藤竹、篾席或麦秸等编成锥形，状如覆锅，外裹白色、湖色或黄色绫罗。[34]

二、男子帽服类别与发展

帽，亦作"冒"，又称"帽子"。东汉刘熙《释名·释首饰》："帽，冒也。"宋代王得臣《麈史》卷一载："古人以纱帛冒其首，因谓之帽。"可见，帽乃布帛覆盖于人首之意。帽类首服是在巾的基础上演变而成的，其标志特征为扣戴遮覆。由于戴帽在使用上比扎头巾方便省事，遂取而代之。相比冠服，帽的种类更为丰富，使用范围更广。东汉许慎编著的《说文解字》中称帽子为"小儿、蛮夷头衣"[35]，可见此前中原地区的百姓除了给孩童御寒保暖通常不戴帽。而至汉末，

[33] 根据《大清会典》及光绪《大婚图》绘制。
[34] 高春明：《中国服饰名物考》，上海文化出版社，2001，第215—216页。
[35]〔汉〕许慎：《说文解字：附检字》，中华书局，1963，第156页。

汉族士人已经像少数民族一样，冬季以戴帽为尚。[36]

三国两晋时期，戴帽之风更加盛行，世人多称“帽”为“帢”，或混称为“帢帽”（图1-2-13）。南北朝时期，帽的种类增多，此时有礼帽、便帽、暖帽、凉帽、大帽、小帽、草帽、乌纱帽等多种类别，使用人群更为广泛，上自王侯将相，下至普通百姓均戴各式帽子。其中风帽是一种常见的暖帽，因戴在头上能御挡风寒而得名，通常用厚实的布帛制作，做成双层，中间纳入棉絮，也有的用皮毛制作而成。这种暖帽的显著特点是被制作成布兜状，帽身后部及两侧有长长的帽裙垂下，戴时兜住双耳，披及肩背（图1-2-14）。之后在风帽的基础上演变出突骑帽，此帽也用质地厚实的锦、罽（jì）及皮毛制作，帽后缀裙，戴时覆首而下，垂裙于背。和风帽的差别在于戴这种帽子需要在头顶系结布带将发髻缚住。突骑帽在南北朝时期的北方居民中较为流行，北周时由于皇帝的推崇而风行一时，甚至可以戴着它参加朝会（图1-2-15）。北朝之后，这类帽的形制就不多见了。两晋时期另一种较为流行的暖帽是合欢帽。此帽用两片或多片织锦缝合而成，因其颜色鲜艳多用于青年人（图1-2-16）。“合欢”一词是汉魏时期流行于民间的吉语，通常用来形容两相交互、左右对称之物，取和合欢乐的吉祥寓意。隋唐时期的男子承袭南北朝遗风也有戴风帽的习俗，所戴风帽基本沿用北朝旧制，只在帽顶上有些变异，帽顶更为尖耸（图1-2-17）。宋明时期，男子冬季外出多戴絮帽，帽式以圆顶为主，两侧装有毛皮护耳，用时放下，不用时则朝上翻起，因在帽中纳入絮棉而得名。同时风帽仍被沿用，以居士、隐者所戴为多（图1-2-18）。清代男子也有戴风帽的习俗，通常和斗篷配套使用（图1-2-19）。此外，清代男子服从满族剃发习俗，因此帽就显得格外重要，士庶男子流行戴“小帽”，又称“瓜皮帽”，制作时六瓣合缝，再加以宽阔的沿边（图1-2-20）。[37]

图1-2-13（左）　晋墓出土陶俑戴的帢帽[38]

图1-2-14（中）　北魏墓出土漆棺彩绘人物戴的风帽[39]

图1-2-15（右）　北齐墓出土陶俑戴的突骑帽[40]

[36] 高春明：《中国服饰名物考》，上海文化出版社，2001，第231—232页。

[37] 同上书，第233—247、271页。

[38] 根据湖南长沙晋墓出土陶俑绘制。

[39] 根据宁夏固原北魏墓出土漆棺彩绘绘制。

[40] 根据山西太原圹坡北齐张肃俗墓出土陶俑绘制。

图 1-2-16（左） 北魏墓出土刺绣佛像供养人戴的合欢帽[41]

图 1-2-17（中） 唐墓出土陶俑戴的尖顶风帽[42]

图 1-2-18（右） 北宋墓出土瓷俑人物戴的尖顶风帽[43]

图 1-2-19（左） 清代人物画像中的风帽[44]

图 1-2-20（右） 清代人物画像中的小帽[45]

通过对文献、图像和实物资料整理，归纳男子冠帽外观、构成与用途，可见冠服标志特征为系缨贯笄，多被皇室、贵族、官员所戴，用于祭祀和朝会等官方场合。帽类的特征标志为扣戴遮覆，多用于公服和便服，为御寒之用。除了装饰与御寒的功能，冠帽之于男性更多的是代表“容体正”“颜色齐”“辞令顺”“辨身份”的符号与象征意义。从民生维度出发，在百姓冠、婚、丧等人生重要的礼仪场合，冠帽成为人伦教化、社会身份界定的符号。

三、男子冠帽与人生礼仪

中国古代有五礼之说，《周礼》分“吉、凶、宾、军、嘉”之礼，这一结构代表国家体系的分类。《仪礼》涵盖“冠、婚、丧、祭、射、乡、朝、聘”8项，以个人的一生为核心，以人的各种关系为半径而形成的结构，代表着人生体系的分类。以冠、婚、丧为代表的人生礼仪是贯彻个体生命历程的通过仪式与民间信仰、地方文化，共同构建了我国基层社会的生活秩序，有着高度的社会治理价值。“男子二十而冠”，冠礼属于嘉礼，成人社会的通过仪式；婚嫁礼为人伦之始，万物之

[41] 根据敦煌莫高窟出土北魏刺绣佛像供养人绣品绘制。

[42] 根据河南博物院藏唐代陶俑绘制。

[43] 根据四川广汉北宋墓出土瓷俑绘制。

[44] 根据清代吴友如的《满清将臣图》绘制。

[45] 根据《点石斋画报》中的清代人物画像绘制。

基；丧葬礼凝聚着宗族关系与人情薄厚，既关乎个人修养，也指向家国建构，是道德、宗教、审美的统一。我国民间普遍意识中"首"代表人的尊严，是人最重要、最醒目的部位，首服是等级与礼仪区分的主要标志之一。男子冠帽作为礼仪活动开展的主要载体，发挥了重要的文化中介作用，同服饰、礼仪行序、空间场域等共同实现了人一生关键节点的身份转化，将普罗大众与庞大、复杂和多元的社会维系起来。

（一）冠礼中的三种冠服

《仪礼》中的《士冠礼》一文记载了士子举行冠礼的详细仪节。《礼记》中的《冠义》一文解释了冠礼的含义。中国古代男子二十而冠，冠礼之后表示成年。对于为什么要举行成年仪式以及这个仪式暗含了怎样的意义，《冠义》中提道："成人之者，将责成人礼焉也。责成人礼焉者，将责为人子、为人弟、为人臣、为人少者之礼行焉。将责四者之行于人，其礼可不重与？"[46]可见举行这一仪式是要提示行冠礼者从此将由家庭中毫无责任的孺子转变为正式跨入社会的成年人，只有能履践孝、悌、忠、顺的德行，才能成为合格的儿子、弟弟、臣下、晚辈，做好各种合格的社会角色，这样才能称为人，也才有资格去治理别人。因此，冠礼就是"以成人之礼来要求人的礼仪"[47]。古代男子在行加冠之礼时，需要根据各人的身份来选择相应的首服，士以上的尊者可以戴冠，平民百姓则裹头巾。

冠礼的主体部分就是加冠仪式。根据《仪礼》记载，加冠仪式由正宾依次将缁布冠、皮弁、爵弁等三种冠加在行冠礼者的头部（图1-2-21）。首先加的是缁布冠。缁布冠是与常服配套的冠饰，其由黑布制成，相传在太古时代人们平常以白布为冠，若逢祭祀就把它染成黑色，所以称之为缁布冠。行冠礼时先加缁布冠是为了教育青年人不要忘记先辈们创业的艰辛。除了冠礼场合，周代的贵族们

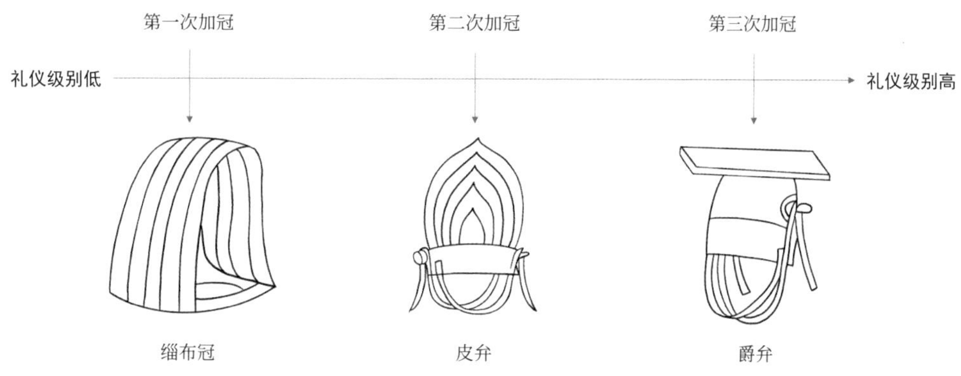

图1-2-21　加冠仪式中三种冠的形制图[48]

[46] 张延成、董守志编著《四书五经详解·礼记》，金盾出版社，2010，第611页。

[47] 彭林：《中国古代礼仪文明》，中华书局，2013，第112页。

[48] 根据北宋聂崇义的《新定三礼图》绘制。

在日常生活中已不戴这种首服[49]。其次加的是皮弁。皮弁属于朝冠，与朝服配套穿戴，其地位要比缁布冠尊。最后加的是爵弁。爵弁是一种用于祭祀的礼冠，在各类首服中其地位仅次于冕冠。给成年男子三次加冠时，将地位最卑的缁布冠放在最前，将地位稍尊的皮弁放在其次，而将爵弁放在最后，每加愈尊，是隐喻冠者的德行能力与日俱增，所以《冠义》中说："三加弥尊，加有成也。"[50]传统冠礼以严谨周密的仪式程序，喻志于礼，通过三次加冠的仪式感加深冠者对自己身份角色转变的认知。三次加冠的不同冠服也有特定的用意，涵盖了朴素的缁布冠、朝服的皮弁及祭服的爵弁，体现出对男子不忘本、能事君、常进取的期盼，也使冠者意识到其在成人后应担负的家庭及社会责任。

（二）婚礼中的礼冠与礼帽

古代男子在行冠礼后就有了婚配的资格。为了约束与引导百姓适度把控男女之情、夫妇之义，儒家制定了婚姻之礼，认为对成年男子而言，只有与之经过婚姻之礼的女子，才能成为其配偶。《礼记·经解》中说道："昏姻之礼，所以明男女之别也……故昏姻之礼废，则夫妇之道苦，而淫辟之罪多矣。"[51]婚礼是中国古代非常重要的一项礼仪，是关乎家族传宗接代的大事，从双方家庭议婚到男女双方成婚之间需要经过种种复杂的程序，完成纳彩、问名、纳吉、纳征、请期、亲迎等6个主要仪节。新郎和新娘在婚礼当天穿着的服装与冠饰有相对固定的样式，在不同的朝代婚礼服饰也有所演变。

先秦时期的婚礼服采用交领大袖的服制，使用玄纁之色，在中国古代的婚服史上独具特色。据《仪礼·士昏礼》记载："主人爵弁，纁裳缁袘……女次，纯衣纁袡。"[52]婚礼仪式中新郎穿着爵弁玄端的礼服，头戴的爵弁为赤黑色，身着的玄端为上衣下裳的服装形制，其中上衣为黑色，下裳为镶有黑色边的纁色；新娘头戴假髻，身着纁色衣缘的黑色衣裳。此时期的婚礼服以黑色为主色调，连新郎和新娘所乘马车的车帏也是黑色的，这与明代以后确立的以红色为婚礼场合主要色彩的风气完全不同。新郎穿着的爵弁玄端礼服从天子到士大夫都可以使用，新郎头戴的爵弁是祭祀用的礼冠，也即冠礼中第三次加的冠，其代表的礼仪级别较高。

秦朝的婚服依旧以爵弁玄端为主，至汉代，新郎的服饰则采用了深衣制，颜色遵循周制的玄纁之色。不同于玄端的上衣和下裳不相连属，深衣的上衣与下裳是相连在一起的，但制作时先上下分裁再缝合起来。从使用范围上看，深衣的

[49] 彭林：《中国古代礼仪文明》，中华书局，2013，第116页。

[50] 张延成、董守志编《礼记》，金盾出版社，2010，第610页。

[51] 同上书，第511页。

[52] 杨天宇：《仪礼译注》，上海古籍出版社，2004，第48—50页。

穿着人群更为广泛，玄端是天子至士人阶级的服饰，而深衣自天子至庶人皆可穿着。[53] 此时在婚礼场合新郎穿着梁冠礼服，新娘穿着重缘袍。梁冠实际上是进贤冠的异名。[54] 进贤冠是文官的朝冠，梁越多则表明佩戴者的身份越尊贵，其从汉代一直沿用至明代，在造型上发生了一些演变（图 1-2-22）。

到了唐代，婚礼服的色彩变成了男服绯红、女服青绿。此时，新郎礼服的基本款式类似于梁冠礼衣，圆领袍，宽袖大裾，头戴幞头，腰束革带，脚穿长鞠靴；新娘服饰为花钗礼衣，形制上为深衣制，头戴发簪金翠花钿，身穿大袖衫长裙，配帔帛（图 1-2-23）。宋代的婚礼服色彩与唐代相同，此时的新郎礼服是圆领袍，头戴由幞头演变而来的冠帽，腰束革带，脚蹬长鞠靴；新娘头戴花冠，贵族妇女戴凤冠，穿着大袖和霞帔。

明代之后，婚礼时男女皆穿大红礼服。在科举制度影响下，明代男子娶妻被称为“小登科”，当时贵族子孙在婚娶时可以使用冕服或弁服，平民男子亲迎也可假借穿青绿色有补子图案的九品官服。此时的新郎婚服是圆领窄袖长袍，头

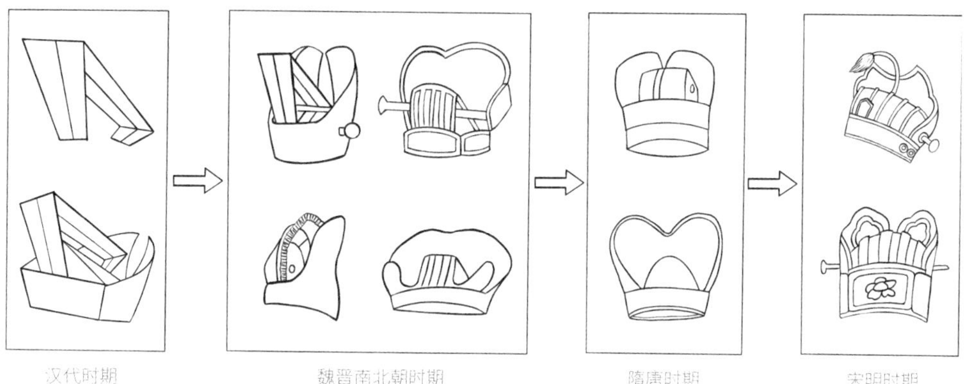

图 1-2-22 进贤冠（梁冠）形制演变图[55]

图 1-2-23 敦煌莫高窟第 116 窟中婚礼场景

[53] 周锡保：《中国古代服饰史》，中国戏剧出版社，1984，第 48—49 页。
[54] 高春明：《中国服饰名物考》，上海文化出版社，2001，第 209 页。
[55] 贾玺增：《中国古代首服研究》，博士学位论文，东华大学，2007，第 254 页。

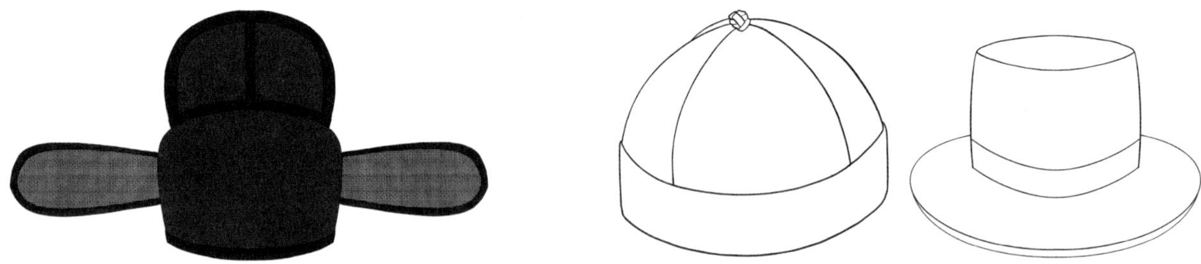

图 1-2-24（左） 明朝平翅乌纱帽形制图

图 1-2-25（右） 瓜皮帽及礼帽形制图

戴乌纱帽，束革带，腰系绶带，足蹬乌靴；新娘头戴凤冠，身穿大红袖衫、长裙、褙子，配以霞帔。乌纱帽是明代典型的官员冠服之一，也是明代男子婚娶时的首服，在婚礼场合佩戴时需在乌纱帽的左右两侧各插一朵金花，称“簪花”。图1-2-24为山东博物馆藏明朝平翅乌纱帽，其与明朝婚娶时男子所戴的乌纱帽一致。该乌纱帽前边扣于头部，较低，后部偏高，其中间是空的，可以罩住发髻。乌纱帽从外向内共分六层，每层所用材质不同。帽体最外层为第一层，裱覆黑纱；第二层为经纬竹篾织物；第三层、第四层为斜纹织物；第五层为纬藤篾织物；第六层在帽口内侧，衬皮革。[56]

到了清代，满族贵族男子结婚时大多身着朝服，头戴朝冠或吉服冠，脚穿鹿皮靴，平民男子结婚时多穿长袍马褂，头戴瓜皮帽或西式礼帽（图1-2-25）；新娘常穿绣有吉祥图案的旗装，头梳大拉翅，脚穿盆底鞋。其中满族贵族男子所戴的朝冠或吉服冠均可分为夏、冬二式，夏款也称凉帽，冬款则属于暖帽。图1-2-26为清末一对满族新婚夫妇的合影，照片中新郎头戴的首服即为夏吉服冠，属于凉帽的一种。清代的汉族新郎则通常穿着青色长袍，外罩黑中透红的绀色马褂，戴暖帽并插赤金色花饰，清后期流行戴瓜皮帽或西式礼帽，拜堂时身披红帛；汉族新娘依旧着凤冠霞帔或上衣下裙。图1-2-27记录了清末汉族的婚礼仪式，照片中新郎手中拿着西式礼帽。

在中国古代婚礼场合中，男子所着的婚服及冠帽常出现“摄盛”现象，即依据区分等级的车服制越级一等，以示贵盛。就冠帽而言，先秦时期新郎所戴的爵弁为贵族男子随王祭祀时使用的礼冠，而汉代以后流行起来的梁冠则是文官的朝冠，明代的婚礼更是出现了“小登科”的现象，平民男子在结婚时也可佩戴官员所用的乌纱帽。至清代，满族贵族男子在结婚时多戴朝冠，而满族平民及汉族男子多戴瓜皮帽。清末中国的传统婚礼逐渐简化与西化，此时新郎所戴的冠帽既有中国本土的瓜皮帽，又有来自西方的礼帽等，体现出满族和汉族的礼俗文化、中国和西方的礼俗文化之间的交流与融合。

[56] 李俞霏：《明清时期山东礼仪服饰研究》，博士学位论文，江南大学，2020，第36页。

图 1-2-26（左）　金西厓夫妇结婚照（摄于 1908 年）[57]

图 1-2-27（右）　清末汉族婚礼仪式[58]

（三）丧礼中的斩衰冠与帢帽

在我国古代的礼仪中，有“礼莫重于丧”之说。一般的礼仪一天或几个时辰就结束了，而丧礼的时间前后长达3年之久，且仪节极为复杂，内涵十分丰富。丧服制度是丧礼的重要组成部分，它与古代宗法制度相为表里，是古代社会生活中非常突出的文化现象之一。[59]《仪礼》中的《丧服》篇是古代丧服制度的原典文献，相传为子夏所传。《礼记》中则有《杂记》《丧服小记》《大传》《丧大记》《问丧》《服问》《三年问》《丧服四制》等多篇文章讨论丧服的礼义。

礼的表现形式是与人的内心情感相一致的，古人根据亲疏、恩情不同为家族内不同亲属关系制定了不同的丧服。5种等次的丧服由重到轻依次为斩衰、齐衰、大功、小功、缌麻。在这五服之内又有细分，一共有11种服丧的情况。在不同的服丧等级中，丧服的帽、缨带、鞋等的样式、质地等也各有区别。其中，斩衰是五等丧服中最重的一等，斩衰衣、斩衰裳及斩衰冠的样式如图1-2-28所示。斩衰冠与冠礼中使用的缁布冠相比，两者的基本形制类似，差别主要在于丧冠的材质较为粗糙。具体来看，材质上缁布冠是用细布制成的，而斩衰冠是用粗布制成的；形制上斩衰冠比缁布冠的冠梁上多绕了麻绳；颜色上缁布冠为黑色，而斩衰冠则为白色。

从文献记载来看，最晚在春秋时期，丧服就已经在各个区域普及，当时被称为“衰绖”。古人称上衣为“衣”，下衣为“裳”。丧服上衣的前襟缝有一块称为“衰”的布条，所以通常又用“衰”来指代丧服。“绖”是用麻绳做的带子，有首绖和腰绖之别。古代男子戴冠，围在丧冠之外的称为首绖。古人平时穿衣，腰间有大带和革带。大带用来束衣，革带是用皮革做的，用来系挂小刀等物件。穿丧服时大带和革带都不用，而是另外用两条麻绳代替，其中一条由苴麻（或牡麻）制

[57] 图为湖州市南浔区档案局收藏，金西厓先生女儿金允臧捐赠。

[58] 清末汉族婚礼仪式，http://www.163.com/dy/article/EBU7TI95054451DN.html，访问日期：2023年9月13日。

[59] 彭林：《中国古代礼仪文明》，中华书局，2013，第213页。

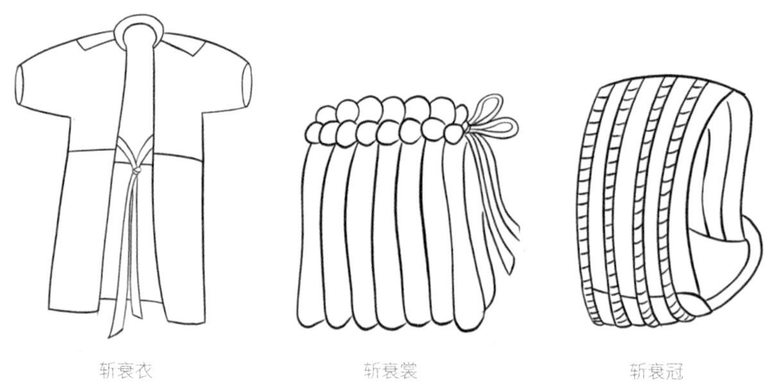

图 1-2-28 斩衰服饰形制图[60]

作，称为腰绖；另外一条称为绞带。腰绖像大带，绞带像革带。古代男子重首，女子重腰，故尤其看重绖。绖是最重要的丧饰之一，所以"衰""绖"连用以指代丧服。古代男性的丧服通常用粗糙的白棉布或者未漂白的粗布制成，并将亚麻布条缠在帽子上，称作"披麻"。记载丧服帽的文献与图像不多见，如图1-2-29为清代男子着丧服图像，男子手中物品为葬礼上引导逝者的灵幡，头戴圆帽，帽上有白色绒花。一般来讲，与死者关系越亲密，丧服越粗糙，丧帽也如此。此外，男子帽中有一类"帢帽"，因其一直以白色为多，与丧服的颜色一致，后来也被用于丧服之中。东晋晚期有人提出这种白帢戴在头上颇类丧帽，有不祥之兆，据《隋书・礼仪志》记载："白帢，……盖自魏始也。《梁令》，天子为朝臣等举哀则服之。今亦准此。"[61]

结语

中国古代男子在冠礼、婚礼、丧礼等不同的人生礼仪场合需要佩戴不同式样的首服，即使是戴同一种形制的冠帽，在不同的场合其颜色、装饰及内涵也有所区别。清代之前，冠礼在中国的贵族及士人阶级中流行，男子在20岁成年时需行冠礼。先秦时期的礼制规定，男子在完成加冠礼的过程中要依次戴上缁布冠、皮弁和爵弁这三种冠饰，在后续朝代的传承中加冠的仪式、对象及首服形制有所演变。在婚嫁仪式中，先秦至唐宋时期的男子首服主要有爵弁和梁冠，明代新郎流行戴乌纱帽，并在帽子的左右两侧各插一朵金花，清代贵族男子戴朝冠或吉服冠，民间男子戴插赤金色花饰的暖帽或瓜皮帽等，清末则有戴西式礼帽者。参加丧礼时，根据不同的服丧情况男子戴斩衰冠或其他粗布帽，并将亚麻布条缠在帽子上。

[60] 根据北宋聂崇义的《新定三礼图》绘制。

[61]〔唐〕魏徵等：《隋书》卷十二，中华书局，1973，第267页。

图 1-2-29　清代男子丧服[62]

《周礼》将纷繁的礼仪归为吉礼、凶礼、军礼、宾礼、嘉礼五大类，其中丧礼属于凶礼，婚礼和冠礼属于嘉礼。凶礼和嘉礼中的男子冠饰存在着一定的区别。从冠的颜色上来看，嘉冠的颜色以黑色系为主，而丧冠则多以白色为主。从冠的材质上来看，凶冠和嘉冠所用布料的精密程度不同，丧冠虽然依据服丧的等级所使用的布精密程度不一，但一般都为较粗糙的棉布或麻布，而嘉冠所用的布料则更为精细、顺滑，一般用经过二次加工处理的布。总体来说，人生礼仪贯穿个体生命的整个历程，与民间信仰、地方文化等共同建构了基层社会的生活秩序，有着高度的社会治理价值。男性是中国古代礼俗活动的主要参与者和组织者，中国重礼仪、男子重首，以男性冠帽为代表的服饰作为礼仪活动的载体发挥了重要的文化中介作用，承载了重要的礼俗符号意义。

[62]〔英〕乔治·亨利·梅森：《遗失在西方的中国史——中国服饰与习俗图鉴》，吴志远编译，吉林出版集团有限责任公司，2016，第170—171页。

第三节 深描浅画的历代女性容妆

容妆即容貌装饰，容指容貌、容颜等，妆为修妆打扮，如妆点、妆饰。《说文解字》："妆，饰也。"[1] 容妆同衣冠一样定有制度，如礼容之法则荣典、荣则等，历来受到统治阶级的重视。女性容妆主要包含其头、面部的妆饰形式，如面妆、胭脂、眉妆、唇妆、发型等，往往与服饰、言语、身体构成容止进退的礼仪规范。

从梳理容妆所表现出的外观形态与装饰形式来看，不难发现其产生的原始动机与遮羞护体、装饰美化、原始巫术、部落标志等多种因素都有一定的关系，且受到社会环境、宗教信仰、民间习俗等诸多因素的影响。最早的容妆可追溯至受祖先与神灵崇拜等信仰观念影响的原始面部描绘；先秦时期妆面总体风格比较素雅，可见礼制初创影响下粉白黛黑的审美发端；秦汉修仙炼丹之术的盛行使得铅粉的装饰作用凸显出来，影响了女子妆粉质的转化，此外，这一时期同域外的文化交流促进了化妆用品种类的发展；魏晋南北朝时期，受到宗教信仰的影响，出现"额黄贴面"这类装饰形式，丰富了女性面容装饰手法；唐代是我国女性容妆发展的高峰时期，尤其受到外来民族服饰装扮的影响，人们追求粉黛、唇形、眉式和发式的变化，容妆奇巧多样；宋代妇女保留了唐代粉白红妆的样式，但相较于唐代，容妆逐渐趋于清丽端庄，材质多样的面饰成为整体容妆的点睛之笔；辽（契丹）、金（女真）、元（蒙古）均为北方少数民族入主中原，容妆方面既有少数民族的特征，又融合了中原汉民族的文化；明代妇女容妆较前期趋向秀丽、雅致，商品手工业的发展，促进了化妆用品种类的多样，明清唇妆尚点唇之风，清雅面妆上的朱红一抹更添袅袅婷婷和怅然娇弱之态。历代女子发型形式多样、名目繁多，并常用假髻或各类簪钗、冠巾等装饰打造各式发型，具有明显的阶级差异。至明清时期，女子发髻较前代逐渐缩小并从头顶移至脑后。

女性容妆是社会地位、个性传达和财富的象征，从审美意识的觉醒到化妆用品的逐步产生，其演变伴随着物质资料的丰富、信仰文化的转变、社会主导力量的制约，以及女性自身对美的渴望。本节通过对考古发掘报告与文献资料的梳理，结合历代绘画作品以及文学描述，探究古代女性容妆变化过程，窥见不同

[1]［汉］许慎：《说文解字：附音序、笔画简字》，［宋］徐铉校定，中华书局，2013，第263页。

历史时期的民生百态。

一、祖神崇拜与粉白黛黑的审美发端

（一）原始信仰下的面部描绘

在原始社会，人类对身体的装饰行为被认为出现于服装之前，将象征部落和世族的图腾描画在身上，这些身体装饰传达着复杂的社会信息，成为一种特殊的群体标识，希望以此保护自身并与神灵和祖先相互感应。遵循易见原则且因当时人们认为头颅为灵魂的栖所，对人体头部的描绘是拥有超自然力量的象征，因此原始社会人们对身体的装饰——头部是首选。

在原始社会，岩画及出土陶器上（图1-3-1），多见当时社会用头部指代身体全部的形象，如宁夏西北部旧石器时期贺兰山岩画、江苏连云港西南部锦屏山马耳峰南麓将军崖新石器时代岩画以及内蒙古自治区阴山岩画。人像面部均有线条刻画，考古及岩画研究专家李洪甫教授提道："这些线条刻画杂乱，似与五官无关，像是面部斑驳的各种图案花纹，使人联想到东方民族那'断发文身'的古代习俗。"[2] 出土于陕西省汉中市南郑龙岗寺仰韶文化半坡类型遗址中的彩绘人面尖底瓶亦可见早期人头崇拜的痕迹。器表为黑色彩绘，瓶身用平行线分为上下两部分。面部形态均以几何形表示，用黑色作色块填充。我国现存最早的绘面文物为甘肃广河出土的马家窑文化时期彩绘陶塑人头像，距今约6000年。[3] 这些头像的面部、颈部和肩部绘有规则的条状花纹，其中脸颊处为竖条纹，下颌处

贺兰山岩画人面像（距今3万年前后）

连云港将军崖岩画中的文面人形（距今1万年前后）

马家窑文化出土的彩陶人像（距今约6000年）

内蒙古自治区阴山文面人（前2000年）

旧石器时代 新石器时代

图1-3-1 岩画、陶器人面像统计图[4][5]

[2] 李洪甫：《论中国东南地区的岩画》，《东南文化》1994年第4期。

[3] 王育成：《仰韶人面鱼纹与史前人头崇拜》，《江汉考古》1992年第2期。

[4] 李芽：《脂粉春秋：中国历代妆饰》，中国纺织出版社，2015，第8页。

[5] 许星、廖军主编《中国设计全集·卷8·服饰类·容妆篇》，商务印书馆、海天出版社，，2012，第4—5页。

为类似胡须的放射状条纹。人们为了在炎热的环境中免受蚊虫的侵扰，在身体上涂抹特制的涂料，或将部落中供奉的图腾绘制在身体上，成为区分异族和群体认同的标识，或为方便采集狩猎，伪装成环境的一部分，并用树叶、羽毛等装扮。此时的绘面习俗与原始文明的服饰和发饰有紧密的联系。部分少数民族中依然保留了此风俗，如古代黎族人认为身体图腾是宗族认同的重要凭证，反之则“上世祖宗不认其为子孙。”[6]

早期的面部描绘带有祖先崇拜和原始信仰的意识，包括绘面在内的身体装饰成为先民们安身立命的重要手段。绘面纹样常以几何形态出现，其变化是由繁至简再到繁、由具象到抽象再到具象的过程。人们最开始将动植物的部分形态描绘在身体上，后演变为具有图腾意义的简化形态，后世随着原始信仰的消失，又转向具象图案[7]，并随着物质文明的丰富将装饰行为由面部描绘转向面部容妆和发型。

（二）以礼制欲的容妆审美风尚

先秦是中华文明起源和华夏文化形成的重要起始时期，也是我国古代女子化妆用品开始出现的历史节点。商周是我国社会早期文明形成特别是中华文明“礼制”初创时期，重视女子之“德”，即才能和品质符合礼仪和道德规范，此时女性的容妆和审美观念深受当时社会礼制的约束。春秋战国道家提倡自然与无为，推崇“大巧若拙”的自然之美，儒家强调“重德轻色”和“以礼制欲”，因此，社会各阶层对女子的容貌之美持开放、多元和宽容的心态，追求女子容颜自然健康之美、身姿和顺秀雅之美以及性情才德兼备之美。从《诗经》中对女子的描绘可窥见当时黄河流域各诸侯国上层女性的审美风尚。例如卫人赞美卫庄公夫人庄姜的诗《诗经·卫风·硕人》：“手如柔荑，肤如凝脂，领如蝤蛴，齿如瓠犀，螓首蛾眉，巧笑倩兮，美目盼兮。”[8]当时对女子美丽容貌的概括为：手指纤细像草木的嫩芽，皮肤光滑像凝固的油脂，脖颈似蝤蛴般白净修长，牙齿像瓠籽一样洁白又整齐，额头宽阔额角方正，眉毛细弯，微微一笑有酒窝，眼睛顾盼之间可以传情。《楚辞》则记载了当时的女乐、歌伎等女子的形象，如“朱唇皓齿，嫭以姱只”“嫮目宜笑，娥眉曼只”“粉白黛黑，施芳泽只”“青色直眉，美目媔只”“靥辅奇牙，宜笑嘕只”[9]，时人以脸部洁白，朱唇皓齿，眉毛黑直或细弯为美，且赞美了女子的个性特征，如两耳顺和，脸颊有酒窝，牙齿不整齐也殊异美好。

---

[6]原中国科学院民族研究所广东少数民族社会历史调查组、原中国科学院广东民族研究所主编《黎族古代历史资料》下册，南海出版社，2015，第638—639页。

[7]徐一青、张鹤仙：《信念的话史：文身世界》，四川人民出版社，1988，第145页。

[8]〔春秋〕孔丘编著《诗经诠解》，孟依依译注，开明出版社，2018，第55页。

[9]〔战国〕屈原：《楚辞》，中华文化讲堂注译，团结出版社，2018，第210—213页。

先秦时期出现女子用于化妆的面脂和粉黛并开始普及。殷墟墓出土发掘了一套研磨朱砂用的玉石臼和杵，在这些用具上还附着了残留的朱砂，说明当时人们已经使用朱砂、铅粉等美容材料。此时，女性妆面总体风格比较素雅，面脂为一种透明的无色油膏，以植物或动物的油脂为原料，辅以香料调配，有养颜护肤的功效。粉黛主要以敷面用的“白粉”为主，《战国策·楚策三》中张仪对楚王说：“彼郑、周之女，粉白墨黑，立于衢闾，非知而见之者，以为神。”[10]其中的粉主要用米制作，贾思勰所著《齐民要术》中记载了米粉的制作方法[11]：在原料的选用上，以粱米为上，粟米次之，去除米中杂质后研碎并用冷水浸泡。春秋季节需浸泡一个月，夏季20天，冬季两个月，中途不易水。日满后清洗数遍至无醋气，然后放入砂盆中研磨成米浆，用三重布贴在米浆上，以粟糠和灰吸水，干燥后得到粉饼。去除粉饼四周没有光润的部分，中心处为粉英，令其干透后揉成细粉末即为敷面用米粉，也可在粉盒中加入丁香等香料增加芬馥之气。女子面部之墨黑又称为黛黑，是画眉所用的黑色颜料，多取材于天然的矿物。在我国各地的古代墓葬中都曾出土可用于研磨黛黑的石板。战国时期以女子皮肤粉白、眉发黝黑为美，即以白粉敷面，用青黛画眉，这也开启了后世粉白黛黑的女子容妆基调。

二、宗教信仰影响下的女性面妆

（一）秦汉冶炼技术及文化交流与铅粉和胭脂的诞生

秦汉时期是女性面妆用品改良和推广时期，此时道家修仙炼丹之术盛行，冶炼技术的发展为铅粉的诞生提供了技术条件，使其逐步替代米粉成为女子面妆的重要用品。五代马缟编写的《中华古今注》中记载了铅粉的加工过程：“自三代以铅为粉。秦穆公女弄玉，有容德，感仙人箫史，为烧水银作粉与涂，亦名飞云丹。”[12]铅粉分为固体状和糊状两种形态，固态状铅粉常作瓦当之用，糊状铅粉用于涂面，为人的容貌增神提色。因铅粉呈晦暗的青白色，经加工处理后调以豆粉或蛤粉则细腻洁白，较米粉有更强的附着力，且光泽度和增白效果更胜一筹。但铅粉除含铅外，还包含锡、锌、铝等化学物质，其重金属成分对人体有害，长期使用会使毒素侵入人体，导致面色转青，后世面妆用粉在此基础上多有改进。

[10]〔西汉〕刘向：《战国策》，江西教育出版社，2014，第192页。
[11]〔后魏〕贾思勰：《齐民要术（白话全译）》，梁乐、许蘋译，郭声波、祝尚书审定，巴蜀书社，1995，第98页。
[12]〔五代〕马缟：《中华古今注》，李成甲点校，辽宁教育出版社，1998，第21页。

汉代在秦大一统的基础上开辟了通往西域的商路，促进了异域香料和化妆用品在中原的传播，极大丰富了汉代容妆用品的种类。汉与匈奴的文化交流使女子面妆用的胭脂传入中原地区，成为汉代及后世女子面妆增色的必需品。胭脂亦作燕脂、燕支等，是一种用红蓝等植物的花汁为主要原料制作而成的化妆之物，因产自燕国而得名。《中华古今注》载："以红蓝花汁凝作燕脂。以燕国所生，故曰燕脂。涂之作桃花妆。"[13] 胭脂相传最早为匈奴女子所用，汉武帝时霍去病率兵击败河西匈奴，使得匈奴多次归附于汉，在与外族的文化交往中，令胭脂等化妆用品逐渐传入。胭脂的制作过程较为复杂，以红蓝花为例，一般在每年花开且天气凉爽时采摘，用特制的汁水绞花，并反复淘、捣花朵，后用蒿等植物的草木灰水揉花，淋取灰汁十余次，最后用布袋绞取淳汁晾晒。[14] 胭脂可用于脸部或唇部，使用时通常先于手掌处晕开，再匀涂于装饰部位。

秦汉时期的女性喜好用粉将面部涂白，唇妆薄施，长眉细弯。此时的女子妆饰多局限在贵族阶层及其家中女眷。两汉时期贵族在家中蓄养了一批擅歌舞的奴仆，有宾客宴饮必歌舞助兴，因此汉墓中也出土了大量的歌舞俑和奏乐俑，如长沙马王堆汉墓出土的歌舞俑可见当时的女性形象及容妆审美（图 1-3-2），面部线条流畅，丹凤眼，薄朱唇，面敷白粉，眉毛细长，头梳盘髻，神情端庄自然。

（二）魏晋南北朝明艳大胆的佛妆贴染

魏晋南北朝是我国历史上动乱和分裂的时期，也是玄学兴起、佛道二教再兴的阶段。佛教思想渗入社会生活的各个领域，游牧民族的自由洒脱也对中原文化产生了巨大的冲击，女性容妆也较前代色彩明艳、装饰大胆，记载出现了白

图 1-3-2　长沙马王堆 1 号汉墓出土的歌舞俑[15]

[13]〔五代〕马缟：《中华古今注》，李成甲点校，辽宁教育出版社，1998，第21页。
[14] 张睿丽：《中国古代的胭脂》，《华夏文化》1998年第2期。
[15] 湖南博物院数学资源，http://61.187.53.122/list.aspx?id=19&lang=zh-CN，访问日期：2023年7月19日。

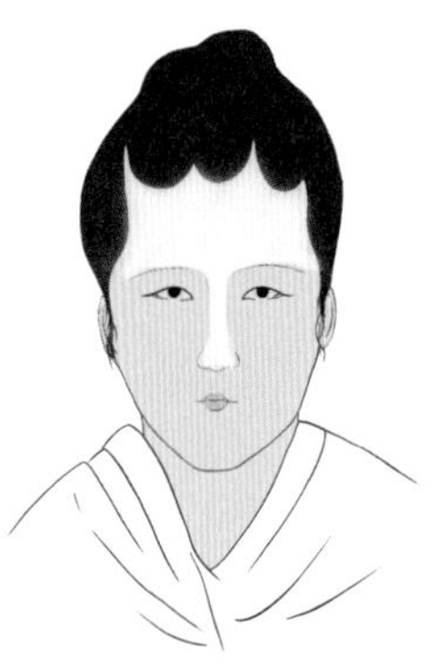

图 1-3-3 北齐杨子华《北齐校书图》局部及人物妆容示意图[16]

妆、墨妆、红妆、紫妆、额黄等形式。在女子面妆方面，“额黄”最为流行，用黄色颜料涂抹于额间，又称“鹅黄”“贴黄”“约黄”等（图 1-3-3）。南北朝时期佛教寺庙，以及以佛教文化为题材的雕塑和壁画数量激增，相传这一化妆手法是受到佛像金面的启发，故“额黄”也谓之“佛妆”。额黄又分为贴画和染画两种手法，贴画法是指将金箔或金纸裁剪成花鸟、星月等花样再贴于额头；染画法是指用画笔蘸取黄色颜料涂抹于额间，可用松花粉等作为材料，有平涂法、半涂法和蕊黄画法三种画法。[17] 平涂法即整个额部全部涂黄；半涂法为将额头分为上下两部分，只涂其中一半，并将其边缘用水晕染过渡；蕊黄画法为在额头绘出花蕊等形状，纹饰多样。额黄这一容妆形式起自南北朝，在唐、辽等朝代兴盛。

三、胭脂、眉黛从浓重富丽至薄淡端庄的审美转向

（一）唐代浓艳热烈的红妆晕染

唐代容妆吸收了异域文化之美，自信开放的文化心态为容妆的多元发展创造了有利条件。我国古代女性容妆的审美至唐代全面走向繁华富丽，唐代女子妆饰呈现出初唐时期清丽质朴、盛唐时期雍容华贵、晚唐时期华丽奢靡的特征。

唐代女子追求面部容妆的完整，面部化妆步骤如图 1-3-4 所示，首先在面部施白粉，后用胭脂使脸颊红润，其次画各式眉妆，增添花钿、面靥、斜红等面饰，最后涂唇脂完成整体造型。唐朝初年面妆尚红，用胭脂薄涂在两颊作桃花妆。唐代宇文士及《妆台记》载：“美人妆面既傅粉，复以胭脂调匀掌中，施之两颊，浓者为‘酒晕妆’，淡者为‘桃花妆’，薄薄施朱以粉罩之，为‘飞霞妆’。”[18]

[16] 陈履生、张蔚星主编《中国人物画 · 魏晋卷》，广西美术出版社，2000，第 132—134 页。

[17] 李芽编著《中国古代妆容配方》，中国中医药出版社，2008，第 42 页。

[18] 转引自文怀沙主编《四部文明 · 隋唐文明卷（五十）》，陕西人民出版社，2007，第 39—40 页。

唐代女子面部化妆步骤

（1）敷粉

（2）抹胭脂

（3）画眉

（4）贴花钿

（5）贴面靥

（6）描斜红

（7）涂唇脂

初唐　**初唐—盛唐**　**盛唐**

《弈棋仕女图》局部
佚名

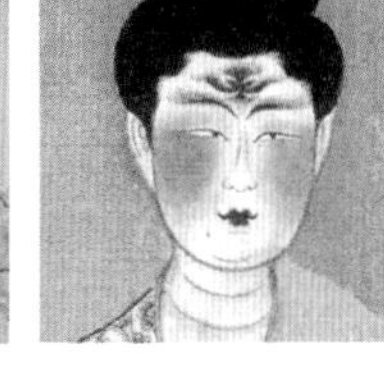
《舞乐屏风图》局部
佚名

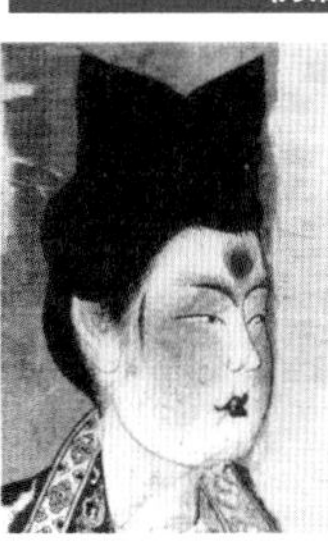
《胡服美人图》局部
佚名

《伏羲女娲图》局部
佚名

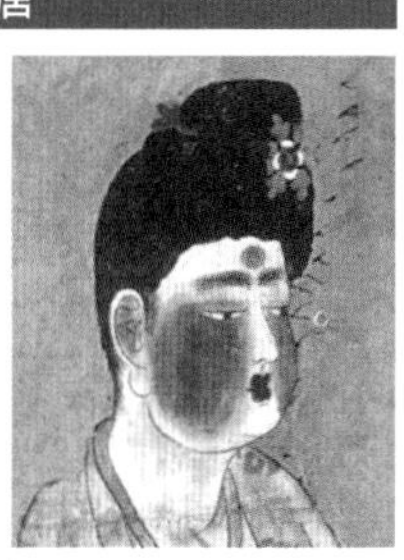
《双人仕女图》局部
佚名

图1-3-4（上）　唐代女子面部化妆步骤[19]

图1-3-5（下）　唐初至盛唐女子面妆[20]

唐代女子的面妆多用胭脂等有彩之物将整个面颊涂红，并晕染至眉眼及耳朵处，谓之红妆，图1-3-5为唐初至盛唐女子代表性面妆。如1972年在新疆吐鲁番阿斯塔那古墓群中发现的唐代张氏家族绢画《弈棋仕女图》，描绘了家庭日常生活中的玩乐场面。其中的女性形象代表了初唐时期的女子妆饰，整体造型丰满，头梳高髻，面颊涂以大面积的红妆，红唇娇艳欲滴，眉间饰以花钿。酒晕妆在桃花妆的基础上更为浓艳，并将晕染的范围扩大至眼睛和耳朵，如《舞乐屏风图》所示，胭脂的色彩纯度更高，呈现为鲜艳且热烈的红色，上妆后犹如醉酒之态。这一时期的仕女图的人物形象较初唐更为丰满，展现了盛唐时期富贵雍容的形象。

唐代女子的面妆还盛行描画斜红，斜红也称为“晓霞妆”或“伤痕妆”，多描画在颧骨的斜上侧靠近太阳穴的位置，左右各画一道。斜红一般为长条形，用红色颜料绘制，如《胡服美人图》中的唐代舞伎，面颊丰腴，两鬓处画细长的斜红，额间饰有花钿，嘴唇娇小红艳，反映了初唐末期至盛唐初期女性形象的审美标准及妇女容妆的流行时尚。斜红除细长状外，还有半月形、新月形、弦月形，也有不规则的花卉状、卷曲状、伤痕状等，如《伏羲女娲图》中的人物斜红即为卷曲状，这一面部妆饰流行于初唐和盛唐时期，晚唐逐渐消失。

[19] 周汛、高春明：《中国历代妇女妆饰》，学林出版社，1988，第141页。

[20] 刘凌沧：《刘凌沧讲中国历代人物画简史》，郭菡君整理，天津古籍出版社，2014，第70页；杨宪金、全显德主编《中国传世名画》，西苑出版社，1998，第70页；刘玉成主编《中国人物名画鉴赏（一）》，九州出版社，2002，第68页；周菁葆、孙大卫主编《西域美术全集·2·绘画卷》，天津人民美术出版社，2016，第37—59页。

（二）宋代素雅清丽的面花点睛

宋元女性的面妆不再如唐代艳丽多彩，倾向浅淡的薄妆，称为素妆、淡妆。这一时期的女性身材苗条纤瘦，加之理学思想的盛行，容妆一改唐代的雍容华贵，趋于保守端庄，凸显素雅之风。宋代女子在淡雅的面妆之上常装点各式的面花，如面靥和花钿等。其中梅花形花钿最受女性欢迎，此容妆称梅妆、落梅妆、寿阳妆、花额、额妆等，是指妇女在眉额上点画或粘贴梅花形花钿。魏晋南北朝时期即出现额花、花钿等额间与眉间饰物，用以打造“梅花妆”。这一容妆样式相传为宋武帝刘裕的女儿寿阳公主仰卧含章殿下时，殿前被风吹落的梅花落于公主的额上并留下花瓣的形状，宫中女子以此为新异竞相效仿，剪梅花形装饰物贴在额上，后传入民间。北宋李公麟《西岳降灵图卷》（图1-3-6）中描绘了道教中的众神仙，因神仙就隐迹于普通人中间，故以此来反映社会各个阶层的人物，包括贵族、商人、渔翁及乞丐等，其中的女性人物皆有花钿等额妆，可窥见当时这一容妆的盛行。

女子面花自秦即有之，在唐五代时期最为流行，又名“额花”“眉间俏”等。最为简单的花钿为红色的圆点，后发展为各式花卉、虫鸟、楼台等复杂图案，或将金箔、纸等更为丰富的材料裁剪贴于眉间。唐代《舞乐屏风图》中可见女子花钿（图1-3-7），图中仕女为舞伎，额描花钿，面涂红妆，樱桃红唇，头绾高髻，额上有鸟形花钿。唐代面妆尚红，眉间花钿、面颊斜红多选各式红色描画，突出艳丽之感。宋代女子面饰承唐代装饰风俗，在材质上更出新意，纸、金箔、鱼骨、珍珠、螺钿壳、云母片等皆可用于面部装点。宋代面妆多素雅清淡，女子面花成为整体容妆的亮点和点睛之笔。在宋代皇后画像中，诸多以珍珠装饰在鹅黄和斜红位置，如宋高宗皇后像（图1-3-8），珍珠温润淡雅，相比金银宝石更具儒雅之气，被宋代宫廷喜爱。

宋代以降，女子面妆再无盛唐之富丽浓重，至明代，面妆崇尚面部的自然之

图1-3-6 北宋李公麟《西岳降灵图卷》局部及人物妆容示意图[21]

[21] 刘文西总主编，陈斌主编《中国历代释道人物画谱》，三秦出版社，2014，第96页。

图1-3-7（左） 《舞乐屏风图》（局部） 佚名 唐[22]

图1-3-8（右） 《宋高宗皇后像》（局部） 佚名 南宋[23]

图1-3-9（左） 明唐寅《吹箫仕女图》局部及人物妆容示意图[24]

图1-3-10（右） 明唐寅《红叶题诗图》局部及人物妆容示意图[25]

美，突出简约清丽，如《吹箫仕女图》（图1-3-9）和《红叶题诗图》（图1-3-10），两幅均为明代唐寅所作仕女图，图中女子眉眼细长清秀，面部圆润无过分修饰，樱桃小口秀气得宜，展现了明代娇弱隽美的女子形象。这一时期的面妆先在脸上施白粉，后蘸取少量胭脂涂在两颊，妆粉开始从天然的植物花卉中提炼出化妆用粉，如紫茉莉、玉簪花等。在江浙一带，女子出嫁前还会请老人拔除脸部的汗毛，称开脸、开面、卷面等，使面部干净，鬓角修整美观。明代女子的面部少有面靥、花钿和斜红等各种面饰的装点，传世画像等作品中较为罕见，仅在小说中有些许面花的记载。

（三）造型各异、博采众长的唐宋眉黛

眉眼是面部传情达意的窗口，历代眉妆变化多样，眉形的长短、粗细、曲直和浓淡反映了社会审美风尚的转变。战国时期即崇尚女子眉发的黝黑，此时已出现用于画眉的黛黑。魏晋南北朝是女子眉妆多样发展的时期，眉形以长眉

[22] 杨宪金、全显德主编《中国传世名画》，西苑出版社，1998，第70页。

[23] 李芽：《脂粉春秋：中国历代妆饰》，中国纺织出版社，2015，第139页。

[24] 刘文西总主编，陈斌主编《中国历代仕女画谱》，三秦出版社，2014，第179页。

[25] 同上书，第183页。

为主，眉形较为浓阔，也称为广眉、阔眉。《中华古今注》载："魏宫人好画长眉。"[26]这种眉形的两个眉头距离较近，几乎相连，此外，还流行八字眉、出茧眉和蛾眉等。南朝何逊《咏照镜》诗云："朱帘旦初卷，绮机朝未织，玉匣开鉴影，宝台临净饰，对影独含笑，看花时转侧。聊为出茧眉，试染夭桃色，羽钗如可间，金钿畏相逼，荡子行未归，啼妆坐沾臆。"[27]从中可知当时流行的出茧眉，并染成了泛红的夭桃之色。其中长眉和八字眉多为贵族女性所喜好，蛾眉广泛流行于此时的社会各阶层。

唐代眉妆造型各异、博采众长。从唐高宗时期，妇女眉式由细眉向粗眉过渡，到武则天时期达到顶点，眉形粗阔。[28]图1-3-11显示了唐代女子眉妆演变过程。初唐时期，女子喜好宽而曲的月眉，眉形开阔。盛唐开元至天宝年间改为流行细长的眉形，如蛾眉、青黛眉和远山眉等，唐温庭筠《菩萨蛮》："小山重叠金明灭，鬓云欲度香腮雪。懒起画蛾眉，弄妆梳洗迟。"[29]其中就提到蛾眉。中晚唐时期，又有短而浓阔的桂叶眉以及眉尾向下的八字眉，《簪花仕女图》中的女子眉形即为桂叶眉（图1-3-12）。《宫乐图》为中晚唐贵族妇女的生活写照，图

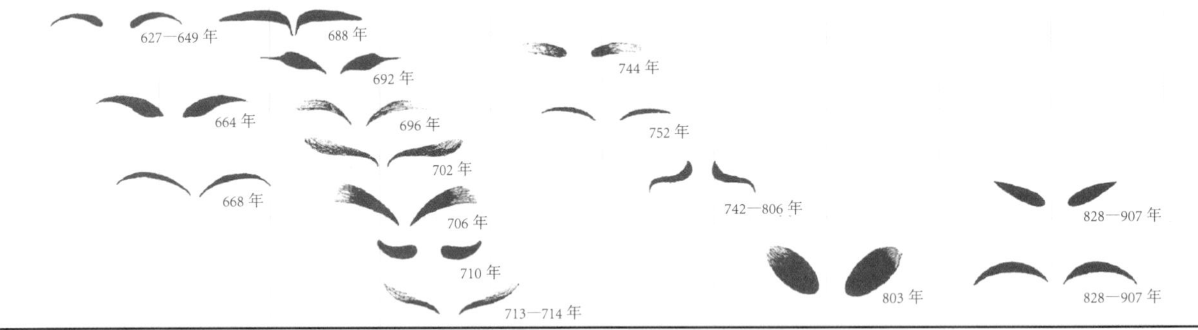

图1-3-11　唐代女子眉妆演变过程[30]

图1-3-12　《簪花仕女图》（局部）　周昉　唐[31]

[26]〔五代〕马缟：《中华古今注》，李成甲点校，辽宁教育出版社，1998，第20页。
[27]上海古籍出版社编《书韵楼丛刊·第11函·玉台新咏》，上海古籍出版社，2005，第5页。
[28]阮立：《唐敦煌壁画女性形象研究》，武汉大学出版社，2012，第164页。
[29]曾昭岷等编撰《全唐五代词》，中华书局，1999，第99页。
[30]周汛、高春明：《中国历代妇女妆饰》，学林出版社，1988，第131页。
[31]刘文西总主编，陈斌主编《中国历代仕女画谱》，三秦出版社，2014，第76—78页。

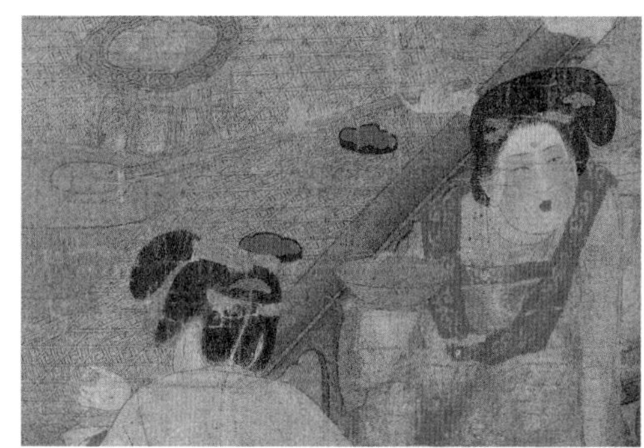
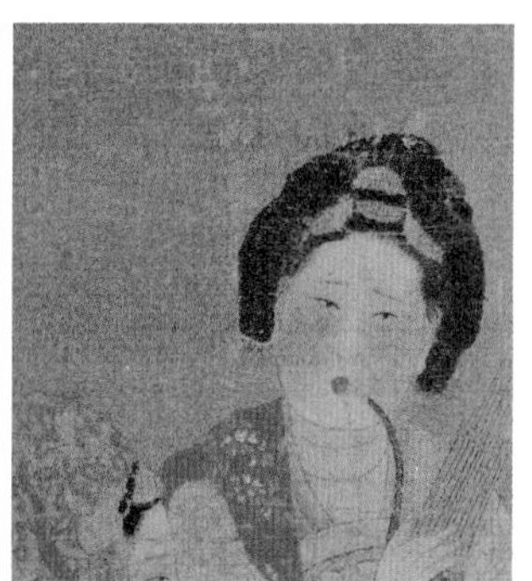

图 1-3-13　《宫乐图》（局部）　佚名　唐[32]

图 1-3-14（左）《宋仁宗皇后像》（局部）　佚名　北宋[33]

图 1-3-15（右）　北宋晋祠彩塑侍女像[34]

中仕女数人围长案而会，身后有乐伎和侍女，体态慵懒，面部施红妆画八字眉（图1-3-13）。

宋代女性用墨画眉，逐渐替代原有之“黛”，眉毛的颜色以黑色为主，其他如翠眉、青眉等则逐渐消逝。魏晋及隋唐时期的出茧眉在宋元时期也可见踪迹。此外，还较流行细长的蛾眉。蛾眉在《诗经》中就已出现，唐代也较为流行。又如广眉、浅淡的文殊眉和倒晕眉，其中倒晕眉多为宋代后妃及宫娥所画的眉妆样式，其状如宽月形，眉尖眉梢由深至淡，逐渐退晕画入鬓角，后与肤色融为一体，故得名。[35] 该眉妆在唐代已出现，唐玄宗曾令画工绘有《十眉图》，倒晕眉为其中眉式之一。《妆台记》载：“妇人画眉，有倒晕妆。”《宋仁宗皇后像》中的仁宗皇帝曹皇后的眉妆即为倒晕眉（图1-3-14），仁宗皇后居于画面中心，眉似宽月，宫女分别立于两旁，人物神态庄重肃穆。宋代侍女、宫女还常见有八字眉。八字眉源于汉代，又名愁眉，因形如八字而得名，如山西晋祠中的北宋时期彩塑侍女像（图1-3-15）眉头至眉尾为一条向下的斜线。

元代女子眉妆曾流行一字眉，眉毛细长、水平，常见于元代皇后容像画中

[32] 张婷婷编著《中国传世人物画》，中国画报出版社，2013，第56—57页。

[33] 刘文西总主编，陈斌主编《中国历代人物画谱》，三秦出版社，2014，第194页。

[34] 周汛、高春明：《中国历代妇女妆饰》，学林出版社，1988，第33页。

[35] 吴山、陆原主编《中国历代美容·美发·美饰辞典》，福建教育出版社，2013，第29页。

图 1-3-16　元世祖皇后像和顺宗皇后像[36]

图 1-3-17　清代禹之鼎《双英图》局部及人物妆容示意图[37]

（图 1-3-16）。一字眉在描画之前需先将面部的眉毛剃除，再在眉弓骨位置画一条水平的细长线，眉头和眉尾平齐，呈一字状。辽金元时期的女性如契丹族、女真族、蒙古族等脸型饱满圆润，面部较平，眼睛为细长的丹凤眼或圆润的杏仁眼，与细长的眉形较为适配。一字眉在元代宫廷女性中颇为流行。

明清时期，女子整体形象呈现娇弱妍丽、袅袅婷婷的姿态，在眉妆的描画上——眉形细长弯曲，眉尾低于眉头，无眉峰处转折，呈流畅圆顺的弧线形——也突出了这样的人物特点。如清代禹之鼎《双英图》（图 1-3-17），画中女子施淡妆浅粉，面容清丽，眉毛细长秀气。李渔在《闲情偶寄》中也记载了女子的眉妆审美："但有必不可少之一字，而人多忽视之者，其名曰'曲'。必有天然之曲，而后人力可施其巧。'眉若远山'，'眉如新月'，皆言曲之至也。既不能酷肖远山，尽如新月，亦须稍带月形，略存山意。或弯其上而不弯其下，或细其外而不细其中，皆可自施人力。最忌平空一抹，有如太白经天；又忌两笔斜冲，俨然倒书八字。"[38] 可见平直的一字眉和八字眉已受到诟病，眉毛的弯曲弧度是当时眉妆美观与否的关键。

[36] 杜文：《试析元代磁州窑绘画枕上的蒙元人物形象》，《收藏家》2015年第2期。
[37] 刘文西总主编，陈斌主编《中国历代仕女画谱》，三秦出版社，2014，第245页。
[38]〔清〕李渔：《闲情偶寄》，沈勇译注，中国社会出版社，2005，第6页。

四、明清妍丽清秀的娇弱之态

（一）明清朱红一抹的点唇之风

中国古代女子的唇妆由来已久，汉代唇脂已普及，以丹做之，后掺加动物油脂增加防水性。点唇之风自魏晋南北朝时期渐成，唇妆崇尚嘴唇的娇小红润（图1-3-18），为涂抹出需要的唇形，女子还先用米粉或铅粉将自然的唇形掩盖，再用唇脂画出需要的唇形。晋代文学家左思作《娇女诗》，描绘两个女儿日常生活的场景，记录了小女孩模仿大人画眉及画朱唇的情景："吾家有娇女，皎皎颇白皙。小字为纨素，口齿自清历。鬓发覆广额，双耳似连璧。明朝弄梳台，黛眉类扫迹。浓朱衍丹唇，黄吻烂漫赤。"[39]此时用作唇妆的唇脂加工技术已较为复杂，其中还混合有各种香料。后世唇妆式样繁多，至宋代，女子以鲜红的唇脂点染成各种形状，流行的有石榴娇、大红春、小红春、万金红等名目。唇妆色彩除了胭脂、朱砂本身的色调外，在化妆时又有浓淡之分，并喜用檀色。[40]秦观《南歌子》："香墨弯弯画，燕脂淡淡匀。揉蓝衫子杏黄裙，独倚玉阑无语点檀唇。"[41]如南宋《十八学士图》中的女子形象（图1-3-19），在脸部施淡粉，眉妆和唇妆轻描淡彩，整体容妆衬托出女子的端庄清丽。

明清时期女子面妆清雅，唇妆尚娇小的朱唇，尤其在下唇，仅涂中间区域，谓之点唇，追求樱桃小口之美。如清代焦秉贞《仕女图》（图1-3-20），代表了清代早期的女性审美，该画描写冬季妇人与侍女到庭院扫雪的形象，图中两女子的唇妆即为点唇，上唇浅淡似未施颜色，下唇中间一抹朱红。

图1-3-18（左）《女史箴图》（局部）　顾恺之　东晋[42]

图1-3-19（右）《十八学士图卷》（局部）　刘松年　南宋[43]

[39]〔南朝陈〕徐陵编《玉台新咏》，〔清〕吴兆宜注，程琰删补，尚成点校，上海古籍出版社，2013，第93页。

[40] 方建新、徐吉军：《中国妇女通史·宋代卷》，杭州出版社，2011，第512页。

[41] 周汝昌、唐圭璋、叶嘉莹等：《唐宋词鉴赏辞典·唐·五代·北宋卷》，上海辞书出版社，2011，第825页。

[42] 刘文西总主编，陈斌主编《中国历代仕女画谱》，三秦出版社，2014，第36—38页。

[43] 同上书，第208页。

图 1-3-20　清焦秉贞《仕女图》局部及人物妆容示意图[44]

皇后像

纯妃像

舒妃像

忻嫔像

循嫔像

图 1-3-21　清郎世宁《高宗帝后像》中部分嫔妃形象[45]

清代贵族女性的唇妆中也可见点唇，如清代郎世宁《高宗帝后像》（图 1-3-21），该画以卷本形式描绘乾隆皇帝及后宫妃子的画像，除皇帝外，共绘妃嫔等 12 人，其中人物容貌描画一丝不苟，除点唇外，还可见唇妆中只描画下唇，或依照原本的唇形将整个嘴唇涂满。

纵观历代女子唇妆的演变，除唇妆的形态和浓淡之外，更重要的是眉妆、唇妆与整体面部容妆的适配程度。秦汉至魏晋眉妆细长，眼形上扬，追求唇形的自然圆顺，搭配白色面妆，显女子仙风道骨之美。魏晋南北朝时期流行额黄，眉妆更为纤细，唇妆等面部妆饰简略，使额头部位成为容妆亮点。唐代审美雍容华贵，唇妆样式丰富，粗犷夸张，面部红妆晕染，增添明艳的视觉冲击力。至宋代，女子容妆趋于内敛素净，唇妆突出平顺的线条之美。明清两代文化交融频繁，女子容妆吸纳各民族特点，至明清日渐呈现娇弱之态，唇形趋小，封建统治对女性的束缚在容妆中进一步彰显。

（二）清代旗头发型融入的异域风尚

古代汉族女子有蓄发风习，以长发为美不敢毁伤。秦代女子为打造繁复的造型已开始使用假发，宫中女子流行望仙九鬟髻，将头发环绕成鬟，并在每鬟中

[44] 刘文西总主编，陈斌主编《中国历代仕女画谱》，三秦出版社，2014，第 239 页。
[45] 同上书，第 278—281 页。

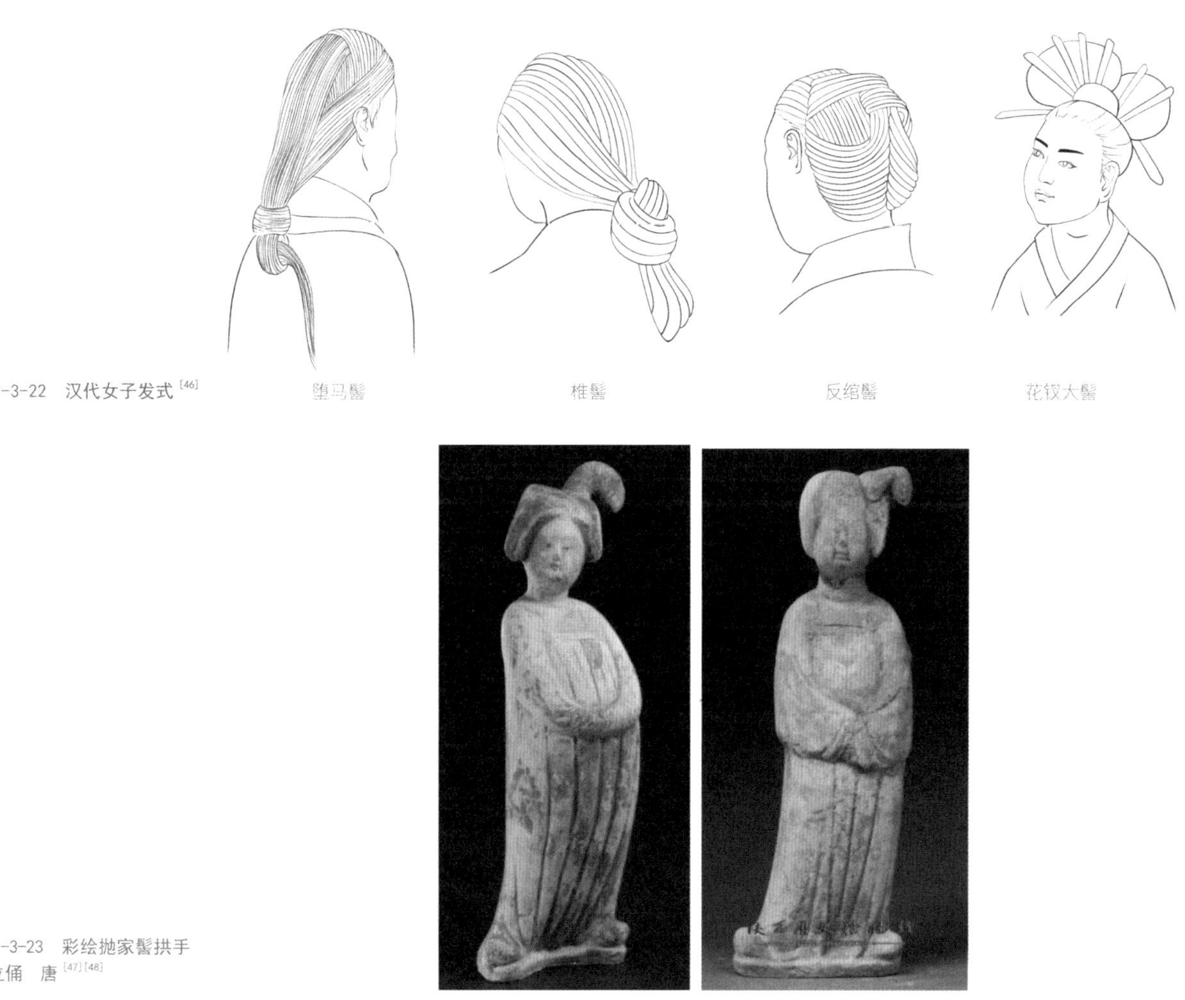

图 1-3-22　汉代女子发式[46]

图 1-3-23　彩绘抛家髻拱手女立俑　唐[47][48]

加入金属丝支撑造型，鬟上用金银等贵重头饰装饰。汉代女子发式可分为垂髻和高髻两大类[49]，一种梳在脑后，如堕马髻、椎髻等，其特点是整体发式下垂，简洁易梳，多流行于汉代社会下层女性；另一种盘在头顶，如反绾髻、花钗大髻等，往往在其中掺入假发实现发髻高耸的效果，为宫廷嫔妃、官宦女子等贵族阶层女性所喜爱（图 1-3-22）。唐代女子发式多样，唐初沿袭隋代风格，宫中女子发式多作云朵状，又有螺髻、惊鹄髻、双环望仙髻等；盛唐时期流行高髻，盛行佩戴假髻，使发髻格外硕大高耸，多披于耳际，并开始用珠翠装点；晚唐时期，世风渐奢，宫中女子流行堕马髻、乱髻、抛家髻等，呈现慵懒颓败的晚唐之态，如晚唐时期的彩绘抛家髻拱手女立俑（图 1-3-23）。宋代女子的发式丰富多样，如同心髻、流苏髻、朝天髻、包髻、盘福龙等。未出嫁的少女多梳鬟发。山西太原晋祠圣母殿彩塑宫中的女像发型中朝天髻居多，朝天髻的整体造型高耸，编

[46] 彭卫、杨振红：《中国风俗通史 · 秦汉卷》，上海文艺出版社，2002，第 146 页。

[47] 故宫博物院，https://www.dpm.org.cn/collection/sculpture/228343.html，访问日期：2023 年 7 月 19 日。

[48] 陕西历史博物馆，https://www.sxhm.com/collections/detail/8229.html，访问日期：2023 年 7 月 19 日。

[49] 李芽：《脂粉春秋：中国历代妆饰》，中国纺织出版社，2015，第 69 页。

结时多在头发内垫其他饰物，使发髻呈现饱满之形。元代周朗《杜秋娘图》中的女子头梳流苏髻（图1-3-24），是一种由同心髻演变而来的发式，发髻根部用流苏装点，流苏垂于肩部，发髻之上还装点各式金银珠玉的发饰。明清时期女子发式在整体形态上逐渐偏小，发髻位置从头顶移至脑后。图1-3-25为历代女性发型演变图。

图1-3-24 《杜秋娘图》（局部） 周朗 元[50]

图1-3-25 历代女性发型演变图

[50] 刘文西总主编，陈斌主编《中国历代仕女画谱》，三秦出版社，2014，第289页。

清代女子发型尚旗头，较常见的旗头有一字头和大拉翅。一字头又称为两把头，指将头发全部向上盘起，内用扁方支撑，梳成横向平直的发髻。在发髻的正面和背面还多用簪钗等金玉珠宝装点，显示女子的身份与地位。如图1-3-26中的两位梳一字头的满族女子，面妆素净，额角开阔，梳一字头，一字头两侧有簪钗装饰。

清末摄影技术传入中国，照片影像更加真实客观地记录了当时的人物形象。英国摄影师约翰·汤姆森在1862—1872年间游历了中国及周边国家，拍摄了大量的风土人情照片，其中满族女性形象展现了晚清时期的容妆和发型特点。如1871年拍摄的满族新娘像（图1-3-27），照片中的女子发型为大拉翅，五官清丽，面部圆润流畅，眉毛细弯浅淡，面妆似有似无。图1-3-28中为满族富商杨方家正在梳妆的满族妇女、孩子和女仆，从中可见不同阶层和年龄的女性发型，

图1-3-26 满族梳一字头的女子[51]

图1-3-27（左） 满族新娘容妆[52]

图1-3-28（右） 正在梳妆的满族女子[53]

[51] 卞修跃主编《西方的中国影像（1793—1949）·约翰·汤姆森卷》，黄山书社，2016，第165页。

[52] 同上书，第163页。

[53] 同上书，第158页。

除儿童外的两名女子均为梳妆后的长发，额前和鬓角无多余的碎发。在清中期以前，女子在成年之后不留刘海儿等额发，都将头发在头顶或脑后编结成发髻，额前光洁无发。光绪之后，女子发型才开始出现各式刘海儿。

结语

女性容妆是社会审美风尚和物质文明发展的独特反映。历代女性容妆大致可归纳为三个阶段。其一，为秦代之前朴素的自然原始之美。在生产力尚不发达的时期，面部妆饰在人类对自我的认知发展中逐渐形成，以原始信仰和祖先崇拜为主要目的；在社会等级制度形成之初，女性化妆用品出现了妆粉、面脂和眉黛，开启了礼制思想影响下粉白黛黑的装饰基调。其二，为秦汉至唐代化妆用品丰富、社会文化多元开放下大胆明艳的妆容之美。秦汉的炼丹技术促进了面妆之铅粉的诞生，异域文化的交流使胭脂传入中原地区；至隋唐，我国妆饰文化迎来繁荣时期，各式面妆浓重娇艳，眉妆大胆新颖、造型多变。其三，为宋至清代社会文化保守阶段妆容的清丽娇弱之美。宋代开始，女子容妆以浅淡的薄妆为主；明清面妆皆淡粉修饰，眉妆细长，追求清丽娇弱，喜好面靥、花钿、点唇等精小点缀。

女性容妆受到历代社会政治经济发展水平、宗教习俗信仰、材料和技术进步等多种因素的影响。同时，妆容又与服装配饰、妇容妇德等息息相关，历代女性容妆的变迁可窥见传统礼教对女性的要求，即由等级制度出现早期崇尚自然之状，发展至封建社会鼎盛时期推崇开放多元之姿，最后转变为封建社会末期日益拘谨保守之态。

第四节 唐代女装中的胡化风尚

我国古代把北方、西域各民族人民以及外国人统称为“胡人”。具有“胡式”元素的服装则被称为“胡服”[1]。“胡化”是泛指汉族或者汉族政权由于长期受到异族的影响而在思维方式、行为特征、生产模式、风俗文化等诸多方面产生与异族趋同的现象[2]。女性服饰胡化现象在唐代成为女性服饰的一大标签，是塑造唐代女性服饰风尚的重要一环。陆上和海上丝绸之路共同促进了长安在唐代成了多民族文化甚至世界文化交流的中心，造就了唐代女性服饰“女着男装”“服妖”“袒领”“时世妆”等极具特色的异域之风。

通过对文献资料的回顾与分析，本节将唐代女子服装的胡化风尚归纳为三个阶段。其一，借用模仿胡服，即直接穿用未经改造的胡人服装，主要表现在首服、身服、足服和配饰上，如以幂䍦、帷帽、胡帽为代表的首服。初唐时期，幂䍦和帷帽由于可用来遮挡风沙尘土成了当时女性专门的出行着装，至盛唐时期胡帽成为这一时期女性主流首服。而在身服中，常见的胡服有波斯形制翻领袍、回鹘装、吐蕃装、波斯裤。在足服上，透空软底锦鞠靴是其代表，是受到西域或波斯影响的典型胡服。从配饰上，蹀躞带是其代表，随着女着男装的盛行，蹀躞带开始应用到女装当中，仅饰以多条下垂的小革带，或是用以佩挂香囊、铃铛等配饰做装饰，审美功能大大增加。其二，选择性吸收融合胡服，即选择性接受、融合胡化元素，主要表现在首服、领部及装饰纹样上。在首服中，以胡帽为基础延伸而来的鸟形帽成为风尚。在领部的胡化上主要变化为唐初的各种形状的翻领，以及初唐晚期至盛唐时的袒领。这种开放的着装形态与胡文化密不可分。在纹样上，来源于胡地的图案题材则频繁地出现在女性服饰当中，主要以动植物为主，且纹样的构图方式亦受影响，联珠式和花环式是典型的胡风图案结构，在唐代尤为盛行。其三，“安史之乱”的爆发使百姓由此对胡人滋生出抵触的情绪，对胡文化采取抗拒的态度，女性又开始重视汉族本民族的服装，不再以穿胡服为美。唐代流行的胡服渐渐消失在大众的视野。

---

[1]〔后晋〕刘昫：《旧唐书》卷四十五，中华书局，1975，第1957页。

[2] 赵贞、高正亮：《“汉化·胡化·洋化：新出史料中的中国古代社会生活”国际学术研讨会综述》，《史学史研究》2015年第2期。

本节将通过文献、图像及实物等资料，考鉴唐代女子服饰借用、模仿、选择性接受以及摒弃胡化风尚的过程，探讨异质文化交流过程中，精神文化与物质文化融合与变化所呈现的不同面貌。

一、唐代女子着装与时代背景

618年唐高祖李渊建立了唐王朝，开始了唐朝长达200多年的统治。唐朝是我国封建社会政治、经济、文化的高度发达时期，并且出现了“贞观之治”“开元盛世”的繁荣景象。唐代统治者实施开明的政策，各国、各民族之间往来频繁，经济、文化交流密切，这些无疑促进了服装的更新与发展。服装作为精神与物质的双重产物，与唐代文学、艺术等共同构成了大唐全盛时期的灿烂文明。

唐代的妇女服饰多姿多彩，雍容华贵，在中国古代服饰史上独树一帜。隋、唐、五代妇女常服主要由襦、裙、半袖和帔构成，在各个时期显示出不同的特征。隋代和初唐妇女都穿窄袖襦和长裙，显示出体态苗条。初唐至盛唐初期（700年前后）流行条纹裙，盛唐开始妇女服饰显示出奢靡的风气，裙襦向宽肥的趋势变化，这种对宽肥的喜好一直持续到五代。同时，服饰的各种颜色争相媲美，金银点缀其中，更显夺目。服饰的装饰图案充满了生趣，鸟兽成双，花团锦簇，流光溢彩。

唐代服装之所以绚丽多彩，有多方面的原因。首先，隋代奠定了丝织业的基础。虽然隋王朝统治时间较短，但丝织业取得了长足的进步。文献中记载隋炀帝喜欢盛装以显示他的奢靡，不仅让臣下嫔妃穿着华丽的衣冠，甚至连运河上船队所用的绳索都是用丝绸制成的，两岸的柳树也用绿丝带装饰，花朵则用彩丝绸扎制，可见丝织品的产量之惊人。到了唐代，丝织品产地遍及全国，产量和质量都远超过前代，甚至超过了西晋时期以斗富闻名于世的石崇、王恺。这为唐代服饰的新颖和富丽提供了坚实的物质基础。

其次，唐代与各国、各民族的广泛交往也促进了服装的创新和发展。中国当时对各国文化采取广泛吸收和融合的态度，使得外来文化与本土服饰相互融合，推出了许多新奇的冠服和配饰。此阶段最突出的服装风格，除了以上所述，特别要关注到对外来文化的广收博采，如胡服之热遍及全国，男女老幼争以胡服为新颖。直至安史之乱以后，随着中原人对安禄山等胡臣的反感，才逐渐摒弃胡服，恢复宽袍大袖。但胡服遗韵难消，其影响已渗透于汉族习尚之中。这次的服饰文化碰撞与融合不同于魏晋南北朝，唐代引进胡服是积极的，是在温和的环境中主动吸取的，这正说明唐人的自信与相当宽松的政治氛围。

总体上看，唐代国力强盛，对外经济、文化交流广泛而又活跃，加之丝绸之路至唐结出硕果，因而可以说唐代服饰的发展是多民族共同努力的结果。

二、唐代女子服饰中的胡化风尚表现

唐代是中国历史上文化融合和民族交流频繁的时期，不同地域和民族之间的文化互动影响了服装风格。如中原地区与北方的胡族、西方的吐蕃等地区都有着较为密切的交流和往来，这些不同文化之间的交流和融合造就了女子服饰的胡化风尚。

（一）唐代女子胡服中的“拿来主义”

胡化风尚中最直观的表现为女着胡服，即直接穿着胡服。唐代胡服有两种特点：第一种是与汉服差异明显的服饰，仅为胡人穿着，如敦煌莫高窟第9窟、12窟、103窟、156窟、220窟等，维摩诘经变壁画中的各国王子听经图；第二种为唐代外来服饰，未经改造，汉人亦服，如帷帽、幂䍦等。由于唐代女性服饰中胡服类型多样，自上而下地渗透各个维度中。胡服本身作为一个庞大系统，类型庞杂，且唐代距今久远，部分资料缺乏，因此选取典型胡服代表，从首服、身服、足衣及配饰等维度归纳唐代女性胡服装扮的表现。

在首服中，以幂䍦、帷帽、胡帽为代表。《旧唐书》载：“武德、贞观之时，宫人骑马者，依齐、隋旧制，多著幂䍦，虽发自戎夷，而全身障蔽，不欲途路窥之。王公之家，亦同此制。永徽之后，皆用帷帽，拖裙到颈，渐为浅露。”[3]幂䍦作为巾的一种，来源于西域地区，是西北少数民族外出时为了抵御风沙而穿戴的大幅方巾。史学家认为其从吐谷浑、阿拉伯等地区传入，是一种典型的胡服，初唐时期成了唐代女性专门的出行着装。在日本东京国立博物馆的初唐帛画《树下人物图》中对幂䍦有所呈现（图1-4-1），画面主体人物头戴黑色幂䍦，形似斗篷，

图1-4-1　树下人物图[4]

[3]〔后晋〕刘昫：《旧唐书》卷四十五，中华书局，1975，第3778页。

[4]天津人民美术出版社编《中国织绣服饰全集·3·历代服饰卷》上，天津人民美术出版社，2004，第12页。

将人头部包裹较为严实。

帷帽又被称为“席帽”，用藤席编成斗笠状，又在其四周的骨架上垂之以丝织物，下垂的丝织物长度仅可以遮蔽面部和颈部。[5] 较之羃䍦，它的遮蔽功能薄弱，但都可用于遮挡风沙尘土。图 1-4-2 为初唐时期燕妃墓中的壁画，侍女手中的帷帽清晰可见，帽顶为斗笠状，帽檐四周有轻薄通透的织物用来遮盖，从长度来看，其织物遮盖处应该达到人物臀部左右。而在新疆阿斯塔纳 187 号唐墓中出土的头戴帷帽的女性陶俑（图 1-4-3），身穿高腰襦裙，头戴帷帽，是典型的胡服与汉族服饰混搭。值得注意的是，该女俑所戴帷帽帽顶为方形，帽檐四周所围织物长度较短，仅能遮盖到人物下颌之处。由此可见，唐代女性帷帽的形制种类较为多样化，帽顶形状不定，并且帽檐所围织物的长度也不一，短至面颈之处，长及臀腰之处。

盛唐时期进一步发展，此时首服发生了改变。《旧唐书》记载："开元初，从驾宫人骑马者，皆著胡帽，靓妆露面，无复障蔽。士庶之家，又相仿效，帷帽之制，绝不行用。"由此可知初唐时期的羃䍦与帷帽此时不再流行，胡帽成为这一时期女性主流首服。胡帽为统称，指西域胡人所戴之帽，囊括多种帽型，有珠帽、毡帽、浑脱帽、搭耳帽、卷檐虚帽等，材料多为织锦、貂毛、裘皮、羊毛、毡、藤等材质。其中浑脱帽是用动物皮或厚锦缎制成的毡帽，高顶，尖而圆。卷檐虚帽则可能来自当时流行的柘枝舞，是一种高顶、帽檐上卷，以锦缎或毛毡制成的帽子。在西安金乡县主墓中出土了一批戴有胡帽的唐代女俑（图 1-4-4）。女乐俑所戴之帽帽檐上卷，顶部圆润较高，应为卷檐虚帽。而从新疆阿斯塔纳 230 号唐

图 1-4-2（左） 燕妃墓壁画中的捧帷帽侍女[6]

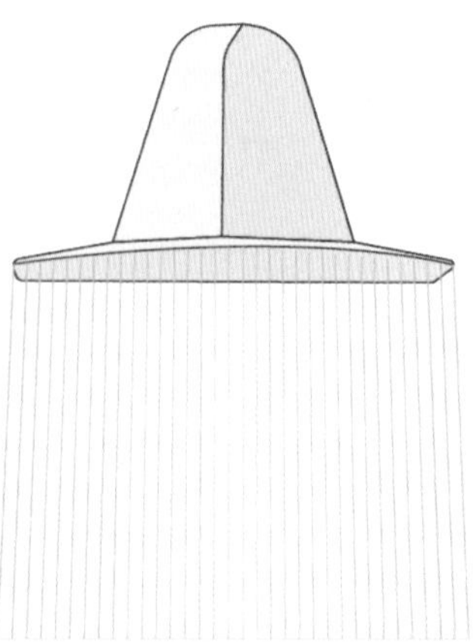

图 1-4-3（右） 彩绘泥塑戴帷帽骑马仕女俑[7]

[5] 王绍军：《唐代妇女服饰研究》，博士学位论文，武汉大学，2014。

[6] 同上。

[7] 天津人民美术出版社编《中国织绣服饰全集·3·历代服饰卷》上，天津人民美术出版社，2004，第 333 页。

图 1-4-4（左）　彩绘骑马吹筚篥女乐俑局部线描图[8]

图 1-4-5（中）　《乐伎图》局部线描图[9]

图 1-4-6（右）　《明皇幸蜀图》局部线描图[10]

图 1-4-7　波斯形制胡服形象[11]

墓出土的一幅绢画《乐伎图》中的西域女子形象上可以看到，她头上戴着的高帽子是胡帽中的搭耳帽，这种帽子的主要特征是左右护耳与帽子连为一体，冬季时可保护耳朵不受寒风侵袭（图 1-4-5）。在唐代画家李昭道所绘的《明皇幸蜀图》中亦有胡帽形象的出现，帽顶高耸圆润（图 1-4-6）。由此可见，帽顶圆润、高耸、上部较小应该是唐代胡帽较典型的特征。

在身服中，现有资料显示，常见的胡服有波斯形制服饰、回鹘装、吐蕃装。波斯形制的门襟交叠形似现代大衣，一般在腰间系有蹀躞带，上面悬挂小刀等常用物品（图 1-4-7）。波斯裤，外观特征是一种双色相间的条纹裤，腰部采用绳子系扎，裤子整体上部宽阔，下部窄小，裤口收紧，形似萝卜裤，部分波斯裤裤脚外翻。昭陵墓中就出土过一件波斯裤，在墓道壁画和陪葬陶俑中也出现过很多波斯裤的服饰形象。波斯裤是全套胡服装束的重要组成部分，常与软锦的透

[8] 西安市文物管理委员会：《西安唐金乡县主墓清理简报》，《文物》1997 年第 1 期。
[9] 杨宪金、全显德主编《中国传世名画》，西苑出版社，1998，第 70 页。
[10] 杨新：《胡廷晖作品的发现与 < 明皇幸蜀图 > 的时代探讨》，《文物》1999 年第 10 期。
[11] 沈从文编著《中国古代服饰研究》，上海书店出版社，2011，第 310 页。

图 1-4-8 回鹘服饰[12]

空靴搭配穿着。此种胡服流行极广，朝廷的官员、仕女阶层都纷纷穿着，这一形制在现存文物资料中是最为普遍的胡服形象。[13]

回鹘装即古代回鹘族人的传统服饰（图 1-4-8），回鹘族是我国西北地区维吾尔族的前身。传统的女性回鹘装袖子、腰身窄小，翻领，曳地长袍，颜色以暖色为主，材料多采用质地厚实的织锦，领、袖均镶有宽阔的织金锦花边，弧形的大翻领有对襟、斜襟之分。领口与袖口作为装饰重点，常饰以忍冬纹、凤鸟衔枝花纹等金色显花，由金线刺绣而成，或采用泥金银绘的制作工艺绘制而成，纹样具有浅浮雕的立体、肌理感。袍服内部一般搭配襦衫和紧口裤，足穿翘头软锦鞋，头饰梳椎状的回鹘髻，头戴缀满珠玉的桃形金冠。[14]这一华丽富贵的回鹘装束在中晚唐时期的宫廷女性中十分流行，花蕊夫人之《宫词》即记录下了当时“回鹘衣装回鹘马”的风行现象。

吐蕃装，其中典型代表是左衽翻领袍。敦煌莫高窟壁画第 158 窟、159 窟、231 窟、360 窟中绘制的人物形象，多身穿左衽翻领袍（图 1-4-9）。这种左衽翻领袍，领部翻折量较大，呈现大盘领形态，前领翻折到越过肩线，使后领亦呈现翻折状态。大翻领造型多样，从图像来看有三角尖领、直领交领、圆领、如意形等不同形态，领面装饰大量图案。衣袖宽大，袖长及地，且袖口具有较宽边缘装饰，与领面呼应。在袍身两侧及后中均开衩，衩及腰部。衣身整体宽大，呈现厚重之感。面料主要为毛织物，厚重保暖。

[12] 天津人民美术出版社编《中国织绣服饰全集·3·历代服饰卷》上，天津人民美术出版社，2004，第 316 页。
[13] 陈筱娇：《中国古代设计中的“胡化”与汉胡融合现象研究》，博士学位论文，南京艺术学院，2018。
[14] 孙恩熙：《唐代胡服元素在现代女装设计中的创新应用研究》，硕士学位论文，四川师范大学，2020。

图 1-4-9　敦煌莫高窟第 159 窟《吐蕃赞普礼佛图》局部 [15]

在足服上，除透空软底锦鞠靴外，从西域传入的还有“吉莫靴”，在唐人张鷟所著的《朝野佥载》卷三中就有与“吉莫靴”相关的记载：“宗楚客造一新宅成……磨文石为阶砌及地，着吉莫韡（靴）者，行则仰仆。”[16] 现代学者考证吉莫靴是由产于陕西、甘肃等西北地区的吉莫皮制作而成的一种高级皮靴，流行于唐朝。吉莫皮又名“皱纹吉莫皮”“皱纹皮”，从命名看，吉莫皮大约是北齐时期西北地区的突厥语，具体语源已无从探究。结合吉莫皮有皱纹的特征和进贡数量少、唐代流行鹿皮靴的习俗等信息，学者推断吉莫皮是一种野生鹿皮，即“吉莫靴”为一种鹿皮靴。

总体来说，唐代服饰发展进程中，女性服饰借用模仿胡服的原因，除了南北朝以来胡汉民族文化交融与流变的直接结果，也与李唐皇室的胡人血统有关。陈寅恪先生指出：“若以女系母统言之，唐代创业及初期君主，如高祖之母为独孤氏，太宗之母为窦氏，即纥豆陵氏，高宗之母为长孙氏，皆是胡种，而非汉族，故李唐皇室之女系母统杂有胡族血胤，世所共知。”[17] 天生的异族血统和固有的胡人心态使李唐皇室对所谓的“华夷之辨”相对淡薄，而对胡族习俗却有一种天然的亲切感和认同感。其中统治者对胡舞的垂青是当时胡服流行的直接原因。“在以皇室为中心的宫廷主导文化强大辐射力影响下，贵族女性从对胡舞的喜爱发展到对充满异域风情的胡服的模仿，从而使胡服在唐代迅速流行。”[18]

---

[15] 李其琼老师 1960 年临摹作品，成都博物馆藏，https://www.cdmuseum.com，访问日期：2023 年 7 月 19 日。

[16]〔唐〕张鷟、范摅：《朝野佥载·云溪友议》卷三，恒鹤、阳羡生校点，上海古籍出版社，2012，第 36 页。

[17] 陈寅恪：《唐代政治史述论稿》，上海古籍出版社，1982，第 3 页。

[18] 李怡、潘忠泉：《唐人心态与唐代贵族女子服饰文化》，《中华女子学院学报》2003 年第 4 期。

（二）胡风汉韵：唐代女子服饰中的胡汉融合之道

随着胡风的影响愈加深入，唐代女性服饰在形制结构上开始发生变化，将胡服的形制结构与传统汉族服饰的形制结构进行融合，在“汉”的基础上融入“胡”，使其形制结构中也呈现出胡汉交融。通过梳理相关文献，结合出土文物等资料发现，唐代女装的胡汉交融主要体现在首服、领部、纹样及配饰上，故本文从以上维度展开阐述唐代女装的胡化之风。

其中首服以胡帽基础上延伸而来的鸟形帽为代表。鸟形帽是唐代女性首服中一种特殊的形态，呈现鸟形帽顶，以禽鸟为主体造型。洛阳涧西矿山厂出土的M6戴鹦鹉冠女俑、西安长安区出土的韦十七妹石椁椁门线刻仕女、西安金乡县主墓出土的骑马伎乐女俑、故宫博物院藏唐代三彩女俑、美国波士顿美术馆藏戴鸟形冠三彩女坐俑都有此形象的体现。学者推断鹦鹉冠女俑所处墓葬年代应为武则天晚期或稍后时期。如图1-4-10所示，该帽为一只鹦鹉形状，鹦鹉低头，帽檐与鹦鹉巧妙融合，并且向上翻卷，形似卷檐虚帽，帽檐后部较长，可遮盖后颈及背部。在金乡县主墓陪葬品中的骑马伎乐女俑则戴孔雀帽（图1-4-11），与前者鹦鹉帽造型角度较为相似，翅膀皆与帽檐融合，微微上卷。故宫博物院藏唐代三彩女俑（图1-4-12），所戴之帽与前两者的帽形结构极为相似，皆为圆底，帽顶的造型更加独立写实，鸟的翅膀不与帽子结构相结合，更加自由。从帽形结构可以看出，鸟形冠帽与胡帽在结构形态上十分相似，是胡帽在进入中原地区之后与中原鸟纹等装饰风格的融合[19]，在武则天参政和主政时期的一系列有关凤鸟的“祥瑞”氛围之下，最后发酵孕育出的新的帽型，是首服结构中胡汉交融的重要体现。

图 1-4-10（左） 戴鹦鹉冠的女俑[20]

图 1-4-11（中） 骑马伎乐女俑[21]

图 1-4-12（右） 唐代三彩女俑[22]

[19] 尚刚主编《隋唐五代工艺美术史》，人民美术出版社，2005，第237页。

[20] 洛阳市文物工作队：《河南洛阳涧西谷水唐墓清理简报》，《考古》1983年第5期。

[21] 西安市文物管理委员会：《西安唐金乡县主墓清理简报》，《文物》1997年第1期。

[22] 故宫博物院，https://www.dpm.org.cn/Home.html，访问日期：2023年7月19日。

图 1-4-13（左） 张礼臣墓中《舞乐屏风图》中的翻领襦裙服形象[23]

图 1-4-14（中） 乾陵永泰公主墓《宫女图》中袒领装[24]

图 1-4-15（右） 章怀太子墓壁画中袒领装[25]

在领部造型中，胡风依旧影响着襦裙服等女性常服。襦裙服除了有交领、方领、圆领，还有各种形状的翻领、鸡心领等，其中翻领是一种典型的胡服要素。在初唐时期张礼臣墓中《舞乐屏风图》就有此形象（图 1-4-13），该女性身穿襦裙，外罩半臂，领部翻起，具有浓郁的胡风特征。

初唐晚期至盛唐时，出现了袒领短襦，一般可见到胸前乳沟，这是中国古代服饰演变中比较少见的服饰和穿着方法。袒领，即里面不穿内衣，把整个前胸都袒露出来，可见女性胸前的乳沟。“粉胸半掩疑晴雪”“胸前如雪脸如莲”等诗句都是对这种美艳大胆着装的描绘。有学者对初唐时期墓室壁画资料的分析研究得出，袒领在初唐末期就已出现，并盛行于武周和玄宗时期。[26]初唐燕妃墓中的十二屏风图中就有一袒胸女子，说明初唐时期就有袒领。图 1-4-14 为乾陵永泰公主墓的《宫女图》，图中的裙装多为袒领装，胸部半露。而在章怀太子墓壁画中侍女也是身着袒胸装（图 1-4-15）。这种开放的着装形态与胡文化密不可分，也反映出唐人在观念、气质等方面受到西域胡人风气浸染的程度之深。胡文化没有久远厚重的传统文化的包袱，更没有束缚人思想的清规戒律，它充溢着原始的豪爽刚健的气息，是唐代女性形成开放着装形态的重要原因之一。

唐代女性服饰图案极具特色，种类繁多，对唐代女性服饰风格的形成有着举足轻重的作用。在唐代诗词中有众多关于其图案的描写，如“透迤罗水族，琐细不足

[23] 天津人民美术出版社编《中国织绣服饰全集·3·历代服饰卷》上，天津人民美术出版社，2004，第 325 页。

[24] 陕西省文物管理委员会：《唐永泰公主墓发掘简报》，《文物》1964 年第 1 期。

[25] 陕西省博物馆、乾县文教局唐墓发掘组：《唐章怀太子墓发掘简报》，《文物》1972 年第 7 期。

[26] 张珊：《从图像资料看唐代女装常服的变迁》，《艺术设计研究》2015 年第 2 期。

表 1-4-1　唐代女性服饰图案题材类型

序号	种类	唐代女性服饰中常见纹样题材	来源于胡文化的题材
1	植物类	宝相花、卷草、石榴、葡萄、牡丹，以及各式杂花、花树等	宝相花、葡萄等
2	动物类	四灵、麒麟、天马、狮子、辟邪、有翼的狮虎、孔雀、仙鹤、鸡、鹧鸪、鹦鹉、粉蝶、鹅、雁、羊、鹿、豹、熊、猪、狮子、含绶鸟、大象等	狮子、含绶鸟、大象等
3	其他类	龟甲、水波、双胜、盘绦、樗蒲等，狩猎人	狩猎人等

名”“弄帐鸾绡映”“锦帐芙蓉向夜开”“水波文袄造新成”“龟甲屏风醉眼缬”，这些诗词描绘不同题材的纹样，显示出唐代图案的多样化。国力的强大、经济的发达、文化的繁荣、织造业的进步、贸易的交融、民族的融合等一系列因素共同造就了唐代女性服饰图案的丰富多彩，其中胡汉交融是其重要的一项影响因素。因此，这里从图案的题材、结构等维度分析唐代女性服饰图案中的胡汉交融表现。

首先在图案的题材上，由表 1-4-1 可知唐代女性服饰的主要纹样以动植物为主要题材类型[27]，而来源于胡地的图案题材则频繁地出现在女性服饰当中。植物纹样中的宝相花、葡萄等可认为是胡风带来的题材。宝相花是唐代女性服饰中典型的植物纹样，宝相花并非真实花卉，其吸收多种吉祥花卉融合而成，包括佛教的莲花、富贵的牡丹、多子的石榴花等，是唐人吸收了佛教文化、域外文化、本土文化，兼容中西多种纹样于一体[28]，向圆满和繁复华丽的方向发展而创作出来的纹样，是胡汉交融下的产物。而葡萄这种植物本身就来源于西域，《汉书・西域传・大宛国》载：“汉使采蒲陶、目宿种归。”这里的“蒲陶”与“葡萄”同义，由此可见，葡萄来源于西域。

在动物纹样中，狮纹、含绶鸟、大象纹是其中代表。狮子为外来物种，唐代西域各国有向唐王朝多次进贡狮子的记录，《后唐书》中对此均有记载，图 1-4-16 为狮纹。狮纹是多种文化综合作用的结果，它与中国早期神兽崇拜思想中的辟邪和麒麟有着关联，又与印度佛教文化、波斯文化相关[29]。印度佛教文化中的狮子作为释迦牟尼的护卫者，而波斯文化中，狮子则代表了帝王，是王权的象征。可见，狮纹是一种中外文化双向互动的产物，即外来的“异域狮纹”直接影响本土狮纹的创作，在之后传播的过程中，唐代经过吸收融合又加入本民族的特色，最后形成胡汉交融的狮纹。含绶鸟这一形象出现在中原地区，可以溯源到丝绸之路重

[27] 陈霞主编《在场之关中：唐代服饰研究与活化设计》，中国纺织出版社，2021，第 80 页。
[28] 同上书，第 85 页。
[29] 谈维榕：《唐代纺织品中狮纹研究》，硕士学位论文，武汉纺织大学，2021。

图 1-4-16 团窠联珠对狮纹锦[30]

图 1-4-17 红地瓣窠对鸟纹锦[31]

图 1-4-18 方格狮象纹锦[32]

要的节点之一新疆克孜尔石窟中。初唐年间丝绸之路沿线贸易频繁，含绶鸟纹等域外胡风纹样随着萨珊、安息银器、波斯锦等手工艺产品逐渐渗透至中原地区，并在应用过程中逐渐进入了中国装饰纹样体系，直至运用到女装当中。在现有出土的唐代文物当中可见大量喙衔绶带的立鸟纹饰（图 1-4-17），以丝绸之路沿线为多。此后，随着佛教文化的渗透，大象又作为印度佛教中重要的代表形象之一，也逐渐被人们所接受。佛教与朝贡的双重影响，使得大象成了唐人的重要装饰纹样题材，并逐渐引入纺织品当中（图 1-4-18）。

此外，由人物和动物共同组成的“狩猎纹”，是迥异于汉民族传统纹样的一类题材。骑射主题在古代西亚、中亚具有特别的意义，这类题材通常是为了歌颂英

[30] 中国丝绸博物馆，https://www.chinasilkmuseum.com/zggd/info_21.aspx?itemid=2367，访问日期：2023 年 7 月 19 日。

[31] 中国丝绸博物馆，https://www.chinasilkmuseum.com/zggd/info_21.aspx?itemid=2290，访问日期：2023 年 7 月 19 日。

[32] 成都蜀锦织绣博物馆，http://www.sjzxmuseum.com/collection/collectionList/1，访问日期：2023 年 7 月 19 日。

勇或炫耀力量，更符合西域胡人游牧民族的特征。唐代的狩猎纹样基本保持了波斯萨珊风格，具有更强的装饰性，样式表现也具有一定的程式化特征。[33]其人物形象也是标准的“波斯射”，即帝王骑马转身回首射箭的样式，而马和其他装饰也具有浓重的外域风情。狩猎纹不仅是人与马的组合，往往会根据场景的呈现，也将猎物在图案中表现出来，如图1-4-19所示的狩猎纹，其中还出现了狮子、飞鸟等动物。

其次在结构上，纹样又有联珠式和花环式之分（图1-4-20、图1-4-21），亦可称为联珠团窠、花环团窠。其中的联珠式由域外传入，是典型的胡风图案结构。联珠式，以大小相同的圆点排列成纹样，有直线、弧线或环形等。在以圆形为骨骼的联珠圈内，填以人物、动物、花卉等不同主纹。联珠式这种纹样结构在波斯萨珊王朝常见，隋唐时期传入中国，并逐渐盛行与普及。联珠式结构在唐代丝织品中，不仅数量多、样式多元，而且最具独特性，很多丝织品，无论是构图还是内容，都有很强的波斯风格。

在胡汉交融的进一步发展中，联珠式逐渐退出，取而代之的是花环式。8世

图1-4-19　烟色地狩猎纹印花绢[34]

图1-4-20（左）　联珠式结构[35]

图1-4-21（右）　花环式结构[36]

[33] 陈欣：《唐代丝织品装饰研究》，硕士学位论文，山东大学，2010。

[34]https://weibo.com/u/2358998162，访问日期：2023年7月20日。

[35] 唐黄地联珠团窠对马锦，首都博物馆2019年“锦绣中华——古代丝织品文化展”展出，http://www.biftmuseum.com/oldpic/cfjs-detail?sid=15985，访问日期：2023年7月19日。

[36]https://history.sohu.com/a/634699171_121119014，访问日期：2023年7月19日。

纪初，随着阿拉伯帝国的强盛，阿拉伯装饰艺术对花草的偏爱促使以花朵形成的环状团窠纹样日渐兴盛，这种流行趋势逐步影响到此时中亚地区的团窠装饰，如在8—9世纪的粟特织锦中可以见到不少花环团窠纹样。新的艺术偏爱随着东西文化交流被传入中国，而原本的联珠团窠纹逐渐淡出了中原地区的装饰，取而代之的是花环团窠。虽然唐代花环式是受到胡人影响而形成的，但是唐代花环式团窠纹样中的花环与西亚纹样并不相同，更加中国化。

除了在服装形制和纹样上的借鉴和改变，对胡化风尚的追逐更多地表现在对胡服中某些元素的吸收，如“蹀躞七事”配饰。从《新唐书·五行一》中“高宗尝内宴，太平公主紫衫、玉带、皂罗折上巾，具纷砺七事，歌舞于帝前。帝与武后笑曰：‘女子不可为武官，何为此装束？’”[37]来看，这一时期女着男装并未被广泛接受，地位较高的女性不宜穿着男装。唐墓室壁画中穿袍绔、翻领胡服的女性，大多居于着裙衫者之后、队列的中部或后部，身份显然较低。从未见过由袍绔或着胡服的女子牵头的。唐墓室壁画中胡服女性身份主要有侍女（宫女）和乐舞伎两类。在太子、公主等皇族墓中着胡服或着男装袍绔的女性应是宫女，出现在一般大臣墓中应是侍女。侍女或宫女一般是手持各种物品以表示为墓主提供某种服务，手中不持物的胡服宫女和侍女可能表示待召唤。总之，从考古实物中所见着胡服或男装的女性多为身份较低人员的现象说明，因胡服便于劳作和活动，主要流行于社会的下层。此外，蹀躞带作为胡服配饰出现在诸多唐代壁画中，是一种可以将许多配饰戴于腰间的革带（图1-4-22）。从高宗上元年间至玄宗开元年间，朝廷五品以上武官官服遵行“蹀躞七事”制度。“七谓佩刀、刀子、砺石、契苾真、哕厥、针筒、火石袋等也。”已有研究考证“蹀躞七事”主要由粟特人构成的突厥“柘羯精骑”传入唐军，使其成为唐军与朝廷武官的必备配饰。[38]随着“女着男装”的盛行，

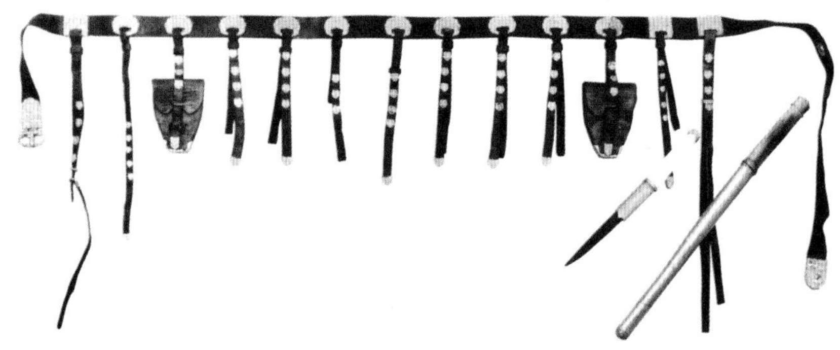

图1-4-22　蹀躞带[39]

[37]〔宋〕欧阳修、宋祁：《新唐书》卷二十四，中华书局，1975，第1502页。

[38]王志炜、罗丹：《隋唐时期新疆地区草原石人所佩戴刀剑器名考》，《山西档案》2017年第2期。

[39]内蒙古博物院，http://www.nmgbwy.cn/，访问日期：2023年7月19日。

蹀躞带成为女性服饰当中典型的胡服配饰。但在其使用过程中，蹀躞带的实用功能逐渐被忽略，仅饰以多条下垂的小革带，或是用以佩挂香囊、铃铛等配饰做装饰，审美功能大大增加。

综上所述，唐代社会发展与文化环境是多元复杂的，一方面处于社会规制形成与礼制逐步儒化的过程中，另一方面，又处于多元文化交流融合的繁荣时期。士大夫文化以及上层人士作为唐代拥有主流话语权的人群，面对异域文化在中原的广泛传播，表现出选择性接受的态度。一般来说，他们接受的异域文化大多属于物质文化范畴，如胡马、胡食、胡服、胡帐、琵琶、胡笳、胡箜篌等，表现为强烈的欣赏与接受兴趣。面对类似胡乐、胡舞等介于物质与精神之间的文化现象，则往往表现出一种欲拒还迎、半推半就的矛盾态度。在唐政权力量不断融合南北，不断修订儒家礼仪制度的背景下，以唐代文人士大夫为接受主体与其代表的中原农耕文化，也在西北游牧文化的影响之下表现出强烈的胡化趋势。面对西北游牧文化的飞速传播，选择性地接受了其中的物质文化与部分精神文化。

此外，唐代底层人民的猎奇心理导致了人们吸纳胡风元素。舆服制度是礼制发展中变化最快的部分，是衡量礼制重要的标尺。宗法社会强调礼制，服制正是礼制的重要组成部分，上层人士的着装仍是身份的表征，不容轻易改变。[40]胡服在唐代不受唐朝礼法的约束，服饰没有严格的等级制度，无须琐细地区分尊卑身份，因此穿胡服不受越级僭用的刑法管制。面对异域文化在中原地区的广泛传播，底层民众的态度具有强烈的从众心理，他们对异域文化的接受与追捧，纯粹出于新奇的感官体验，由于阶层出身与知识层次的局限，他们既缺乏维护统治秩序的使命感，也缺乏对异域文化泛滥的理性思考，只是一味地追随所谓的时尚潮流。

（三）安史之乱：胡风的排斥与摒弃

服饰作为社会文化的一面镜子，能对社会变迁做出适时的反应。“华夷之辨”“华夷之别”，传统“华”“夷”观念下，文化转化是单向的，认为只能以“华”化“夷”。唐代在建立之初，由于唐初统治者具有胡人血统，使其不过分强调“华夷之辨”。随着唐朝相继征服周边的少数民族势力，外族不断归附来降，唐王朝势必要做出合理的安置，这样才有利于维护政权和国家的稳定。于是，胡汉相融就成为王朝追寻的目标。唐太宗开明地认为“夷狄亦人耳，其情与中夏不殊”。此时在统治者层面认为“华”“夷”文化具有平等性，这是对华夏文化优越感的转变。服饰一向为夷夏之防的重地，服饰的优劣与否关乎国人的文化自信与文

[40] 王永莉：《唐代胡汉文化交融与异域文化接受管窥》，《西北大学学报（哲学社会科学版）》2017 年第 5 期。

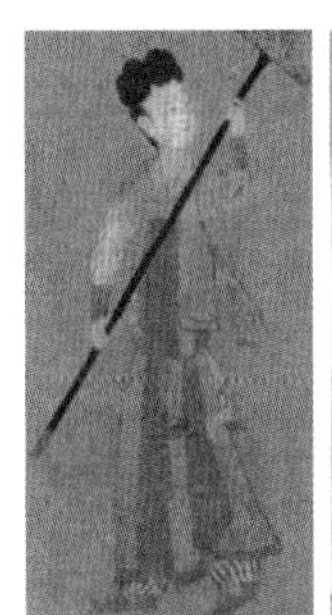
《步辇图》（局部） 阎立本

《托盘仕女图》（局部） 李爽墓室西壁壁画

《虢国夫人游春图》（局部） 张萱

《捣练图》（局部） 张萱

《托盆景仕女图》（局部） 章怀太子墓壁画

《挥扇仕女图》（局部） 周昉

《簪花仕女图》（局部） 周昉

《女供养人像》侍女 莫高窟第9窟东壁壁画

初唐 盛唐 中唐 晚唐

图1-4-23 唐代女子着装演变

明自觉。唐代女性服装中大量胡风的融入，胡风大盛，是一种以“夷”变“华”的转化方式，与传统以“华”化“夷”的关系相悖。盛唐时期，唐朝国力强盛，在对外关系中处于主导地位。胡汉交融风气日益繁盛，华夷杂居成为常态。频繁的民族交往使得唐人对夷族及其文化由陌生变得习以为常。“华”“夷”观念得到了彻底的转变。

中晚唐时期，唐朝爆发了由安禄山和史思明策划的安史之乱，给黎民百姓带来深重的灾难。两人都是胡人，出身西域史国。百姓既怨恨统治者的腐朽无能，又憎恨贼子的叛国行径。在遭受七年之余的苦难后，乱事终于得以平定，但“路不拾遗，夜不闭户”的社会情形难以复原。百姓由此对胡人滋生出抵触的情绪，对胡文化采取抗拒的态度。从唐朝壁画可以得知，唐初流行的胡服在中晚唐时期渐渐消失在大众的视野，女性又开始重视汉族本民族的服装，不再以穿胡服为美（图1-4-23）。

结语

胡风盛行是唐代前期女性服饰中一个独特的现象。胡风在隋唐初期女性服饰中得以继承发展，后受到丝绸之路胡人服饰的影响再加以创造，安史之乱后胡化风尚逐渐消失，这一现象和过程既受到自魏晋以来胡汉文化在上层礼制与法令上交流的影响，又来源于华夷杂居的世俗生活。历史学家庞朴认为：“当两种异质文明在平等的或不平等的条件下接触时，首先容易互相发现的，是物的层面或外在的层面；习之既久，渐可认识中间层面即理论、制度的层面。”唐代服制受到礼制的约束与限制，同时因着装人群与场域的差异又呈现出多元发展的态势，一旦社会政治发生重大变革，服饰中异质元素就会被逐渐摒弃，这与唐代特殊的民族与历史环境密切相关。唐代服制充分体现出在主流文化汉化和儒化的基础上，以一种包容、自信的姿态吸收外来文化，在传承的基础上借鉴与融合的特点。

近代以来，我国服饰深受西方服饰形制与文化的影响，同样可以从唐代的经验中汲取灵感。应该保持独立思考，不忘传承和发扬我国优秀的古代传统服饰文化，将其有机地融入现代女装的设计之中，实现我国时尚产业的独特发展。只有坚定的文化自信，才能推动中华民族的伟大复兴，增强民族凝聚力，传承时代精神，这对于现代的服装设计和艺术文化领域具有深刻的启发和指导意义。

第五节 西风东渐影响下的女性袍服

袍服是我国古代最基本的服装形制之一，先秦时已出现，并随着朝代的更迭和社会的发展逐步演化。周锡保先生在《中国古代服饰史》中指出："袍其形制不分衣裳，衣长较长，里面实以棉絮，用新棉装其里面的名襕，杂用旧絮的叫做袍。"[1] 袍服的主要特征即为上下相连的服装，最初作为内衣穿着，而后逐步发展为礼服，并在东汉时期被定制为朝服，直至清代。

总览袍服的演变，从其形制来讲，其雏形为汉代的曲裾袍、直裾袍，唐代袍服受少数民族影响，元代出现腰部具有特殊褶裥的辫线袄、衣式紧窄且下裳较短的质孙服，且对明代袍服形制产生了深远的影响。清代，满族旗人袍服与明代汉人袍服相交融，更加明确了袍服长至脚踝、通身裁剪、宽身窄袖的基本形制。领型和袖型是左右袍服形制演变的要素。袍服的领型秦汉时期多为交领、唐代为圆领、宋代为直领、明代为盘领以及清末民国为立领，或袒露或遮蔽，高低变化多样。袖型最初宽大平直，袖口呈收缩或散状，后逐渐变为合体适中。民国以来，随着面料织造、印染工艺、西式裁剪等技术的引入，袍服形制结构与装饰工艺发生巨大变革，男女袍服衣身差异逐渐拉大，分化明显。因借鉴了西式裁剪中"省道"的形式，使得女性袍服一改往日宽松廓形，变得适体。领型及衣襟开合方式的变化丰富了女性袍服的设计语言，袖型有中袖、短袖、倒大袖等多种形式，袖子渐至于无，出现了裸露双臂的无袖旗袍。条纹、格子、印花等多种几何与自然题材纹样逐渐取代以往女性服饰中具有吉祥寓意的刺绣或镶绲装饰，材料丰富而装饰逐步简化。

本节通过对文献资料回顾与分析，比对大量实物及图像资料，从形制、功能、技术与工艺、装饰及材质等方面梳理了袍服由古代向近代演变的规律。特别探究了近代以来，女性袍服由平面到立体、图案由具象到抽象、装饰技艺由繁复到简洁的过程，可见我国传统服饰在外来文化影响下由传统走向现代的历程。

---

[1] 周锡保：《中国古代服饰史》，中国戏剧出版社，1984，第51页。

一、以领、袖、襟为核心的女性袍服形制演变

在中国数千年的历史发展进程中，袍服受到地域、文化以及经济因素的影响产生了不同的形制特点。纵观袍服整体形制的改变，领、袖、襟是影响袍服形制变迁的重要因素。此外，连体通裁的技术使袍服腰线消失，上下彻底成为一体，打破了上衣下裳分开并在腰间缝为一体的局面，并一直沿用到民国，最终以旗袍之名为众人所熟知。

（一）“高低窄宽”引首之余芳——女性袍服领型演变

古代袍服领型随时代发展呈现多元变化。唐代之前，袍服领型主要以交领为主，唐代至清代中期，圆领和直领逐步流行并被广泛应用，直领尤其在宋代使用更为普遍。清末民国时期，领型逐渐升高，变为立领和高立领的形制。总览袍服的领型变化，早期的领型基本呈现出无明显领子结构的特征，随着服装制作技艺的进步，领子的造型及结构也逐渐明确起来，并逐步细致丰富起来。

交领是最早被称为“有领”的领型，也是领缘最早依附的领型，在史料中将直纱领缘的交领称为“直领”“方领”“曲袷”等。《礼记·深衣》对交领形制的记载为“曲袷如矩以应方”[2]，“袷”指交领形式，而“如矩”则是因为交领的领缘是由直纱面料裁剪而成的矩形长条，其形成交领时，“乂”字形在颈侧的折角即为古人所称的“如矩”之状。交领是帝王服饰中显示皇权与礼仪制度的重要符号，领之上即为首，臣子目之所及不能过领，表示对皇帝的敬仰。《礼记》曰：“天子视不上于袷，不下于带。”东汉郑玄解释道：“袷，交领也。天子至尊，臣视之目不过此。”[3]衣着交领，被视为正直的体现，受到各个阶层人士的普遍欢迎，特别受到历代文人的尊崇（图1-5-1）。

早期社会生产力低下，人的衣着主要是交领，穿层叠少，具有保暖、蔽体等

图1-5-1　湖北江陵马山1号墓出土战国交领素纱绵袍[4]

[2] 袁祖社主编《四书五经》，北京线装书局，2002，第1924页。

[3] 同上书，第1621页。

[4] 天津人民美术出版社编《中国织绣服饰全集·3·历代服饰卷》上，天津人民美术出版社，2004，第43页。

基本功能。随着生产力的发展和礼仪规制的不断深化，衣服内外层层叠穿着的情况增多，在上层社会服饰上表现得更为突出，原本最外层直纱矩形的交领解带敞襟向开襟的穿用方式过渡，至此直领对襟应运而生（图 1-5-2）。直领对襟袍服盛行于宋代，具有流畅与程式化的形式，与宋代文人审美取向相吻合，边缘装饰精美，成为男女服装普遍使用的一种服饰。

明代立领的出现成为袍服领型走向立体的开端，标志着我国传统服饰的立体造型意识开始出现。立领也称为竖领、高领等，直立连接衣身并包裹脖颈。立领在明代是由交领发展而来的，从明墓出土的一件立领女衣（图 1-5-3）可以看出对襟式门襟之上，领缘独立于衣身之上，围绕脖颈而在门襟处截止并相交，领口较窄，往后逐渐增宽。这时衣领的结构形制已和立领大体相同，但是立领领缘尚未与衣身彻底分离，仍然具有交领领型的基本特征，衣身领窝还是一条直线，由此可以看出直领向立领过渡的趋势。江西明代益宣王夫妇合葬墓随葬服饰立领的形态已经十分明确（图 1-5-4），领缘结构呈矩形长条，安装在衣身上弧形

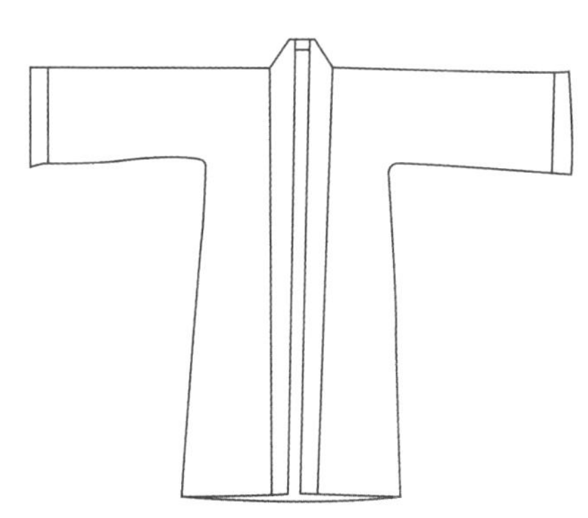

图 1-5-2　湖北江陵马山 1 号墓出土战国对襟衣[5]

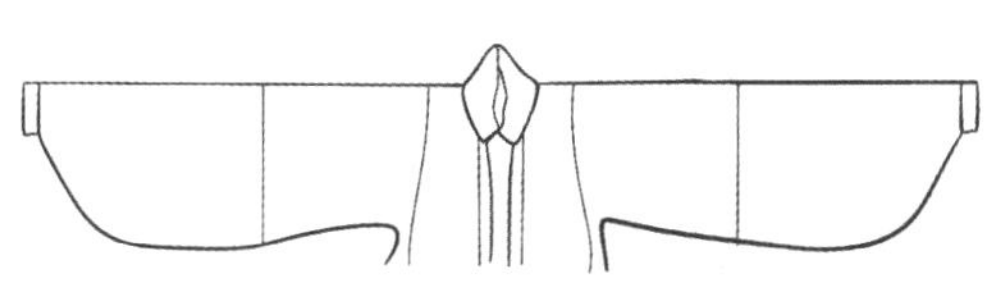

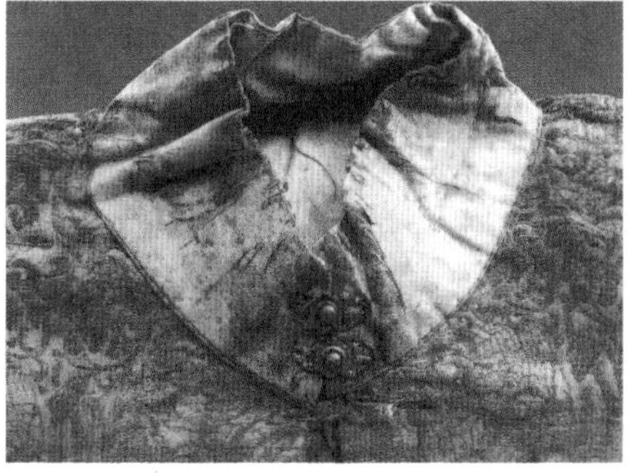

图 1-5-3（左）　北京南苑苇子坑明墓出土立领女衣[6]

图 1-5-4（右）　江西明代益宣王墓葬出土立领服饰[7]

[5] 成都博物馆，https://www.cdmuseum.com/linzhan/202206/2764.html，访问日期：2023 年 7 月 22 日。

[6] 首都博物馆，https://www.capitalmuseum.org.cn/jpdc/content/2013-04/02/content_54200.htm，访问日期：2023 年 7 月 22 日。

[7] 江西省博物馆等编《江西明代藩王墓》，文物出版社，2010。

领窝上方，立领的开口和对襟的边缘成直线，从领口至下摆通过扣饰封闭，成为当时社会上比较流行的一种服装样式。

清代立领结构在沿袭明代的基础上有所改进。相较于明代立领，清代服饰中的立领形式最为突出的是领角、领片的纹饰：明朝立领，领角多为直角，纹饰少且格调朴素；清代立领领角多为圆角，领片装饰丰富且具有装饰性。明清立领多以假领子的形式佩戴在圆领袍服上，假领不但便于清洗，可以延长服装的使用寿命，天气寒冷时替换为毛领还可防寒保暖。立领的领片中间夹以较硬的内衬，穿着时挺拔立整，直至清末民初，立领才被真正固定于袍服之上。

清末，领子的高低起伏变化成为领型设计的重要元素。立领在承袭前世基础上，将前领不断拔高，创造出领子两端（领角处）高耸且后领较低，即前领高于后领的新式立领，因形似中国银元宝，俗称“元宝领”（图1-5-5）。张爱玲曾评价此领之优势，在于其“适宜”的角度斜斜地切过两腮，“不是瓜子脸也变了瓜子脸”。“五四运动”前后，女性解放浪潮愈盛，一场服饰上的变革也开始酝酿。当时女性在服饰风格上力求简朴、自然。显然高领衣阻碍了脖颈的转动，囚禁着肉体的自由。为了摆脱这种束缚，她们开始尝试打破传统的衣式和领型。不久，新女性就把解放自己的思想落到实处，对衣领做了大改革，直接去掉领子，展露出完整的脖颈。19世纪20年代初，开展了声势浩大的废领运动，同时，也遭到了不少女性的抗议，人们认为中国女子大多身材消瘦，健美不足，领子的废除使脖颈露出，尽显不雅之风。因此无领服装风行一时之后领型便恢复至低领状态。19世纪20年代末，一种新奇的审美出现，时兴束颈式高领，高挺的硬领紧紧包住颈部，使当时的时髦女性陷入了高领的禁锢之中，并一直持续到19世纪30年代中期。当时人们

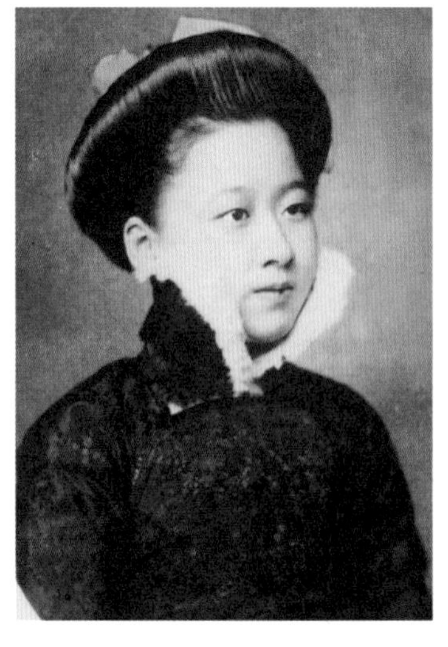

图1-5-5　元宝领[8]

[8] 民影照相馆摄影：《怡情别墅小影》《新惊鸿影》，上海有正书局，1914年，第6、87页。

认为束颈与束胸一样，是一种陋习，穿着这笔直硬朗的高领，就像被束缚的枷锁，不但呼吸不好，女人头和脖子更不能动了。追逐时尚的女孩们即便是大暑也执意要穿，脖子上经常勒出青痕，对娇弱脖颈造成了极大痛苦，因此强烈呼吁衣领改良。19世纪30年代中后期，衣领又开始降低，但依然维持高领的样式。随着战争的爆发，服装的功能开始由装饰性向实用性过渡，一切以实用为主，因此华而不实的高领再次被降低，长度不足一寸高。1950年前后，立领的样式最终稳固下来，多为"半高领"，即领型高度标准在一寸至一寸二分之间，视觉上更为流畅，沿用至今。

（二）长短互动、遮裹袒露的女性袍服袖型变迁

中国古代袍服尚有礼服、常服之分，具体表现为袖型上有宽窄之差异。一般礼服袖型宽而广，这也与古代礼仪文化息息相关，如在宴会饮酒、品茶等场景下，需用大袖遮挡他人视线，以此来表示对他人的尊敬。而常服主要使用场合为劳作、居家，因此袖型相对窄而小，方便日常穿用。总览历代袍服的袖型演变，其变化与袍服的大身形制息息相关，从视觉上的平衡性以及服装整体构成的均衡性出发，袍身越是宽大，袖子也会随其宽大，反之则窄小。

袖型变化较为突出的阶段主要集中在民国时期。民国初期，袍服的袖型多为宽大的连肩袖。20世纪20年代中叶，一种新式的旗袍样式出现。王宇清先生在《旗袍里的思想史》一文中写道："旗袍，这后来流行大半个世纪的女装，却原来，竟是'新潮'，女子们'争女权''争平等'的副产品。"此时的旗袍已不再是单纯的服装，而是变成了女性追求思想独立和解放女权的符号。这时的女子渴望男子所具有的权力，因此开始出现女着男子长袍的现象。与鲁迅同时代的民国文人成仿吾在1926年写道："现在她们为第一步的革命，先把旗袍的两袖不要，这是中华民国的女国民一年以来的第一大事业，第一大功绩。"在这种嘲讽的舆论中便诞生了无袖式的马甲旗袍（图1-5-6）。这种旗袍并不是单独穿着的，而是穿在短袄的外面，衣长相较于普通旗袍略短，一般过膝，其造型和清代的长袍加马甲相似。

在旗袍的发展史上，去除袖子这一改良方式持续的时间并不算长。1927年前后，旗袍的袖子又被再次安装到旗袍上，且款式上也有了一些变化。这种变化主要表现在旗袍袖子的造型呈现倒喇叭状，称为"倒大袖旗袍"（图1-5-7、图1-5-8）。倒大袖的流行使袖口显露出手臂的下半部，这在当时的社会环境中具有一定的突破性，可以称为女装由传统"遮盖"到近代"显露"的开端。由于袖子重新被装上，使得旗袍内不用穿着短袄，层次的减少使穿着更加方便快捷，整体风格趋向简洁。

图 1-5-6 20 世纪 20 年代马甲旗袍[9]

图 1-5-7（左） 鹅黄色方格卷草纹提花绸侧开立领倒大袖旗袍[10]

图 1-5-8（右） 黑色暗花缎倒大袖夹旗袍[11]

20 世纪 30 年代，旗袍的变革进入了黄金时代，这一时期的旗袍局部呈现出中西合璧、变化多端的特点。装袖技术的引入打破了传统的肩袖连裁的手法，使衣身和袖子可作为两个部分分别对应处理。袖片单独裁剪后与衣身缝合，袖型呈现出立体的状态，袖窿腋下点的位置可以根据舒适程度进行调整，通常是以胸围线为基准，立体切面呈现出椭圆形的袖窿弧线，使得旗袍肩部及腋下更为合体。袖片与衣身单独缝合为“绱袖”，也称“装袖”，源于西方服装造型方法，袖片单独裁剪，使得服装的整体造型受面料幅度限制较少，出现了更为丰富的造型，如改良旗袍相继出现过荷叶袖、开衩袖、镶蕾丝袖等。

（三）开启交合、蜿蜒多样的女性袍服衣襟形制

《尔雅·释器》：“衣眥谓之襟”[12]，即衣襟为衣服的开启交合之处，是为了方便穿着而设置的一种开口形式。一般是指从领圈处开口，至下摆结束，对造

[9] 中国丝绸博物馆，https://www.chinasilkmuseum.com/zz/info_17.aspx?itemid=26319，访问日期：2023 年 7 月 22 日。

[10] 北京服装学院民族服饰博物馆，http://www.biftmuseum.com/collection/info?sid=16043&colCatSid=2，访问日期：2023 年 7 月 22 日。

[11] 同上。

[12] 转引自顾廷龙、王世伟：《国学大讲堂：尔雅导读》，中国国际广播出版社，2008，第 88 页。

型结构起着重要的作用。[13]夏商时期，随着人类服饰的发展，服饰逐渐被赋予“礼”的内涵，服饰制度也逐渐完善。甲骨文中“衣”字的笔画形似交叠的门襟，从安阳殷墟出土的十余个服装形制较为清晰的人俑可知，当时出现的门襟领组合形制有交领右衽大襟、直领对襟及圆领对襟等，通常还搭配有腰带和腰绳，起到固定作用。

袍服衣襟形制以大襟、对襟居多，其中大襟有两种形式，即左衽和右衽。左衽是指左前襟掩向右腋系带，将右襟掩覆于内；右衽是指右前襟掩向左腋系带，将左襟掩覆于内。而对襟是一种对称的衣襟形式，即衣服胸前左右两襟对开，用搭袢、纽扣或绳带在开口处系连。清代以后，门襟样式变得丰富起来，一度盛行琵琶襟、偏襟及一字襟等样式。琵琶襟又称为“缺襟”，前襟下摆分开，右边裁下一块，比左边略短一尺。在《扬州画舫录》中也有描述：“……每着蓝藕布衫，反纫钩边，缺其衽，谓之琵琶衿。”起初多用作行服，方便骑射，所以一般马甲和马褂多为琵琶襟。偏襟的上半部分与大襟一致，只是比大襟稍微短一些，但不到腋下就直接转折至衣襟下摆处。偏襟多被女袄采用，与坎肩或马褂组合穿着。一字襟是指衣服的前襟于胸部横开，外观呈“一”字形，其襟线与摆缝处横列13颗一字扣，俗称“十三太保”。这种开襟方式常见于清代至民国时期的坎肩上，男女老少皆穿用。

民国时期，门襟出现单双之别。单襟是旗袍门襟中最基本的式样，使用比例也最多，形制简洁干净，线条多变，主要包含斜襟、方襟、曲襟等。其中斜襟（图1-5-9）是从领部斜线直接到腋下的门襟形态，其特点为造型简洁、线条流畅。方襟（图1-5-10）是从领部至腋下为近似方形，折线接近90°的门襟形态。曲襟（图1-5-11）是从领部至腋下为“S”曲线的形态门襟。早期门襟轮廓线为方直的折线，随着旗袍的发展，门襟轮廓成为设计的一个要素，不仅丰富了旗袍设计语言，同时各种形式的弧形门襟，也使得旗袍更加贴合人体。

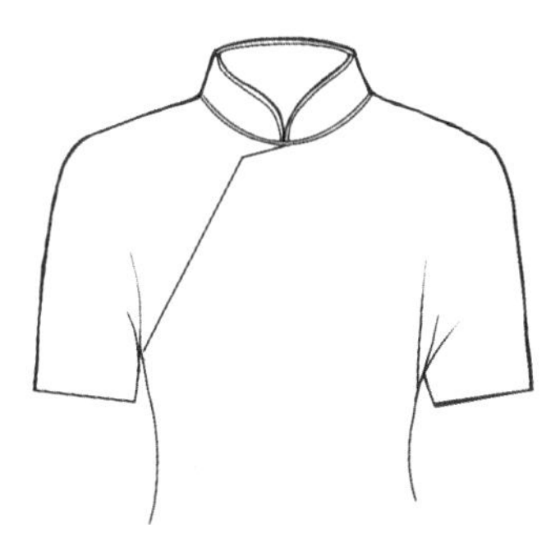

图1-5-9 斜襟

[13] 杜力、陈研、张竞琼：《近代服装门襟与扣袢的形制组合与审美表达》，《装饰》2012年第6期。

图 1-5-10　方襟

图 1-5-11　曲襟

图 1-5-12　八字襟旗袍

双襟形制为在旗袍胸部上开了两边的襟，然后把其中一个襟缝合，缝合的襟只作为装饰，以未缝合的襟进行穿脱系合，其主要样式有八字襟和一字襟两种。八字襟为从领部左右两侧为“八”字形至腋下的门襟形式（图 1-5-12）。八字襟早在20世纪30年代就已经出现，在30年代中后期及40年代颇为盛行。其

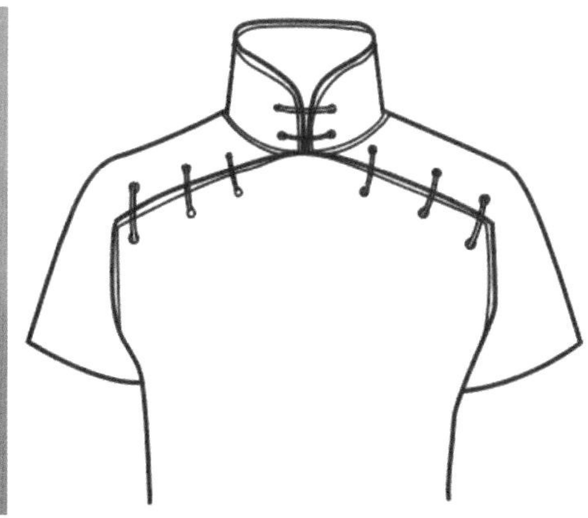

图 1-5-13　一字襟旗袍 [14]

轮廓线也有曲直之差，形式上更强调对称的美感，凸显女性的温柔、婉约和优雅。女性旗袍中的一字襟使用频率低于八字襟，与满族男女老少马甲上的一字襟在形制上并无太大差异，由领部至腋下，左右两侧为“一”字形的门襟形式。一字襟的平行与盘扣的垂直，构成强烈对比，一般会以多枚盘扣装饰，颇具韵律与节奏感（图 1-5-13）。

二、西式制衣技术对传统袍服制作技艺的影响

在中国传统的袍服中，裁剪方式主要采用平面直线裁剪，袍服总体呈现出直线条和宽松的造型，将人们的身体隐蔽起来。如林语堂所言 ：“大约中西服装哲学上之不同，在于西装意在表现人身形体，而中装意在遮盖身体。”新文化运动时期提倡“人的文学”，将人性、人道作为首要目标，这种以平面裁剪为核心的传统服饰，无法呈现出人体美的效果。随着西式裁剪技术的引进，运用西式服装技术的改良旗袍便应运而生。张爱玲在《更衣记》中便对改良旗袍提出了自己的观点 ：“要紧的是人，旗袍的左右不外乎烘云托月，忠实地将人体轮廓曲曲勾出。”袍服在服装技术和工艺上革新主要体现在 ：一是省道技术的引入与应用，二是肩部和袖部的技术处理（图 1-5-14）。

（一）袍服制作工艺技术西化

省道技术出现在中世纪哥特时期，人们发明了类似省道形制的三角形插片裁剪方法，使服装由原本前后两片叠合所构成的二维平面性的结构转变为具有三维空间的立体结构，反映在服装上则表现为衣服造型凹凸有致，更加贴合人体曲面结构。在 20 世纪 30 年代末，改良旗袍从裁剪方式与服装结构两方面借鉴了西式裁剪技术，通过省道减少女性胸腰差，使得袍服变得更加适体和实用。

[14] 宋路霞、徐景璨 ：《中国望族旗袍宝鉴》，王逸、米凯利译，上海科学技术文献出版社，2017，第 49 页。

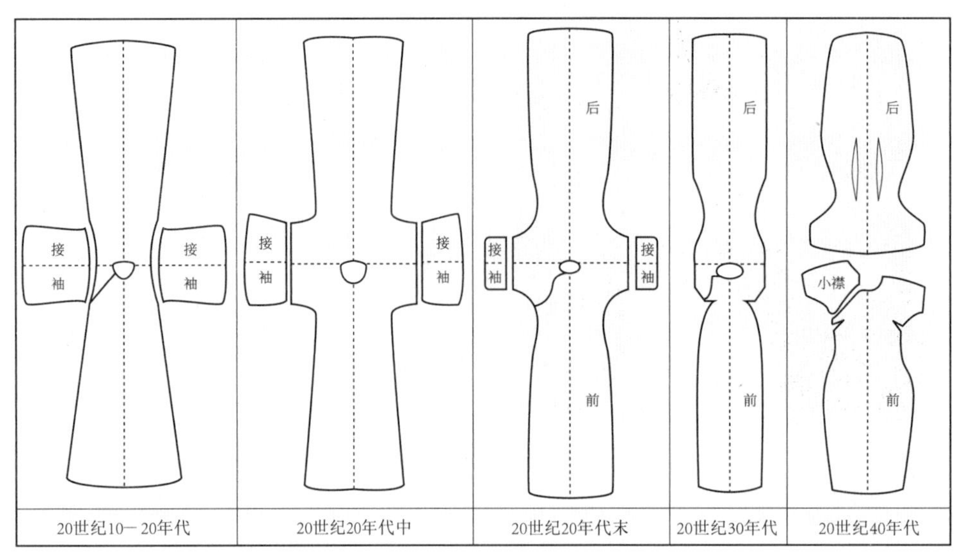

图 1-5-14 旗袍制作工艺革新图

在我国古代服饰平面裁剪技术作用下，为满足人体活动需求，肩部和袖部造型往往余量较大，而人体在处于静止状态时，多余的量会显露出来。西式裁剪通过肩部分片、形成肩缝、分片配袖、加装垫肩以及腋下收量等技术解决了肩部及腋下面料余量的问题。并且这一系列西式裁剪方法与制作技术的应用，改良了旗袍的结构，使肩袖部位造型愈加合体，全方位地展示身体的曲线之美。

（二）袍服缘饰工艺的简化与革新

清朝以前，装饰较多的袍服多为帝王或官宦穿着，而平民百姓的袍服基本没有装饰。帝王袍服面料上按照设计好的位置布局图案，多以提花织锦或刺绣工艺完成图案设计，制作周期较长，装饰精美。清初，边饰成为袍服显著的装饰工艺之一，宫廷至民间广泛流行，装饰主要集中在领部、衣襟、袖端等部位，在色彩上较为素雅。乾隆后期，繁缛的镶绣装饰手段受到极力推崇，普遍应用。咸丰、同治年间，贵族妇女服装镶绲花边的数量越来越多，边饰也呈现出逐渐加宽之势，由最初的三镶三绲发展至十八镶绲，导致衣服本身的材质都被镶绲所覆盖。更有在衣襟及其下摆部位使用不同颜色的珠宝，盘制成各种花朵进行装饰。

民国旗袍相比以往袍服镶绲装饰逐渐减少，人们开始趋向使用简洁的装饰方法替代费工费时的多层镶绲。20世纪30年代旗袍工艺趋于讲究，崇尚细绲边，在领部、门襟、开衩和底摆等处，采用做工精良的细镶绲，造型简洁流畅，同色或对比色，典雅精致。

绲边装饰又分为单绲边装饰、多绲边装饰和宽绲边装饰。其中单绲边装饰是只有一条的绲边，宽窄均可，民国时多使用“线香绲”，又称为“细香绲”，其为非常细的类似“香”粗细的边饰，做工细致（图1-5-15）。多绲边装饰一般由

图 1-5-15（左）　单绲边缘饰[15]

图 1-5-16（右）　双绲边缘饰[16]

图 1-5-17（左）　印花图案宽绲边旗袍[17]

图 1-5-18（右）　素色宽绲边旗袍[18]

两条及以上绲边组成，根据绲边宽窄进行搭配组合，形式有两条同宽绲边、两条同窄绲边、外窄里宽绲边和外宽里窄绲边（图 1-5-16）。在色系上，两条绲边使用颜色不同，可弱对比和强对比使用，绲边色彩选择一般与面料色彩相呼应。

宽绲边装饰是民国时期旗袍绲边衍生出的个性、夸张的装饰手法，逐步淡化甚至摒弃了清代女装“十八镶绲”身份地位的象征意味，仅为了达到纯粹的装饰效果。不同的面料搭配不同花色与质地的绲边变成展现旗袍风格、彰显个性的方法。民国时期常见的宽绲边有印花图案宽绲边（图 1-5-17）和素色宽绲边（图 1-5-18）两种，前者多用于面料素雅的袍身，装饰效果较为明显，给人以活泼、时髦、有个性的视觉感受。素色宽绲边用途恰恰相反，袍身面料上有图案且较为夸张时，则绲边的颜色就会选择相对素雅的。

近代上海作为中国最大的通商口岸，深受西方文化与纺织工业技术发展的

[15] 江南大学民间服饰传习馆藏。

[16] 北京服装学院民族服饰博物馆，http://www.biftmuseum.com/collection/info?sid=16036&colCatSid=2，访问日期：2023 年 7 月 22 日。

[17] 江南大学民间服饰传习馆藏。

[18] 同上。

图 1-5-19 蕾丝花边旗袍[19][20]

影响。工业革命后，丰富的面料材质为旗袍面料选择与制作工艺演变提供了更多可能性。蕾丝边最早出现在旗袍的衬裙底摆上，也可作为贴边装饰在领围、袖口等边缘处（图 1-5-19）。随着西方文化影响越来越剧烈，旗袍对人体形态的塑造与裸露程度由含蓄隐约变得直白大胆，蕾丝花边的应用变为由内到外、由暗到明，衬托出女性的柔美、精致和高雅的格调。以上变革不仅丰富了旗袍的装饰语言，也使旗袍的制作过程得以简化，烦琐的绲边装饰被蕾丝花边所代替，既简便又效果非凡，深受当时明星、名媛和富家太太小姐们的极大追捧。[21]

三、纺织及印染技术变革对女性袍服装饰纹样的影响

我国传统服饰向来注重以纹样作为重要的装饰语言，特别是吉祥纹样的运用，所谓“有图必有意，有意必吉祥”，以此来满足人们对美好愿景的期望。近代以来，受到纺织、化学印染等技术的影响，服装面料图案越来越丰富，袍服上以织造和印花代替了以往绣花为主要手段的图案装饰手法，图案题材也由具象的吉祥纹样向抽象简洁的现代图案转变。

（一）别于传统的花卉纹样

民国时期的旗袍纹样在布局方式上相较于传统袍服纹样更加灵活、简洁，一改传统纹样的程式化、秩序化的构图方式。纹样的元素体量变小，花样色彩与肌理感也较为纯粹，这使得旗袍整体较传统女装更简洁，凸显出年轻女性清新活泼的一面，也摆脱了传统服饰对称、呆板、沉闷的纹样特点。这一时期传统的

[19] 江南大学民间服饰传习馆藏。

[20] 北京服装学院民族服饰博物馆，http://www.biftmuseum.com/collection/info?sid=679&colCatSid=2，访问日期：2023年7月22日。

[21] 张丹栎：《民国旗袍的装饰研究及现代设计创新》，硕士学位论文，北京服装学院，2012，第28页。

图 1-5-20（左） 花卉纹样旗袍[22]

图 1-5-21（右） 大花纹样旗袍[23]

缠枝花卉不常出现，取而代之的是更多单独花卉纹样排列重组，图案布局具有形式美感（图 1-5-20）。20 世纪 30 年代末至 40 年代初，女装纹样中的元素体量变大，大块的满地大花取代了之前的清地碎花，给人夸张对比和强烈的视觉感受，与同时期西方兴起的波普艺术风格相得益彰（图 1-5-21）。

在题材选择上，20 世纪 20 年代之前的旗袍纹样还或多或少沿袭了清末传统服饰纹样题材，自民国以后，牡丹、芙蓉等寓意吉祥的传统富贵之花在女性日常着装纹样中很少出现，而一些典型的西式花卉元素如百合、郁金香、玫瑰等开始流行。此外，叶形元素一改往日附属衬托的地位，在旗袍的纹样设计中变成主角。20 世纪初，旗袍中开始大量出现满地碎花式的叶形图案，至 20 世纪 30 年代，叶形纹样在构图上开始逐渐向满地散点发展。20 世纪 30 年代后期至 40 年代，叶形元素在构图上的体量逐渐变大，向满地大花的形式发展。

（二）广为流行的几何纹样

通过对 20 世纪 30 年代的《良友》杂志以及广告月份牌的图像分析，不难发现几何纹样在旗袍上的使用非常普遍，这与同时期西方的艺术运动有着密不可分的关系。立体主义作为艺术运动的一个流派，它所推崇的直线造型、简单的几何图形和单纯的原色系对于这个时期的艺术产生了很大影响。20 世纪 20 年代兴起的装饰艺术运动对曲线与直线、抽象图形、几何图形做了详细的诠释，这种风格的艺术形式刚好与机械化大生产的生硬的冷线条不期而遇。此外，从审美角度来看，20 世纪 30 年代开始，女装的制作重视表现女性的曲线美，以贴合身线的剪裁为美，而几何纹样尤其是竖形条纹，穿衣上身后条纹随身体曲线弯折，从而在视觉上可以起到修饰曲线、拉长比例的作用。其主要有条形纹（图 1-5-22、

[22] 江南大学民间服饰传习馆藏。

[23] 同上。

图 1-5-22（左） 横条纹样旗袍[24]

图 1-5-23（中） 竖条纹样旗袍[25]

图 1-5-24（右） 圆点状图案旗袍[26]

图 1-5-23）和圆点状图案（图 1-5-24）。

四、轻薄露透的新型面料拓展了女性袍服浪漫风格

中国对桑蚕的养殖和麻的应用非常早，因此在民国之前，服装材质主要以丝和麻为主，丝织品种类繁多，如锦、绸、缎、绫、罗、绮、纱、绢等。贵族穿丝织品，以锦为贵，以纳有丝绵的袍御寒。百姓贫者则只能以粗麻为衣料，纳乱麻等为絮来御寒。民国时期，西方工业化生产的化学纤维面料传入中国，丰富了服装制作的原材料。

民国旗袍的面料十分丰富，纱、绸、缎、棉等应有尽有，随着西式纺织品源源涌入，各种新颖的服装面料也随之而来，凡立丁、塔夫绸、金丝绒、尼龙绸、乔其纱等，成为都市女性的首选。这一时期，在妇女解放运动影响下，女性走出家门，走向社会，参与社会生活与流行文化活动，特别在外来文化作用下，开始追逐性感之美。强调轮廓与曲线的西式内衣受到潮流女性的追逐，同时，透明纱质面料出现在旗袍中。透明的纱质面料下隐隐透出一截前胸和臂膀，性感的意味浓烈。这些洋面料质地柔软，富有弹性，制作的旗袍特别合身适体，轻盈飘逸，广受青睐（图 1-5-25、图 1-5-26）。

蕾丝在欧洲是一种传统工艺，精致细腻，作为服装装饰材料最早出现在文艺复兴时期。工业革命以后，机器生产取代手工制作，蕾丝的生产力提升，成为民国时期旗袍中的一类新型面料。蕾丝面料镂空，能透出里衬的色彩，人们将蕾丝旗袍制作为单层与双层。双层蕾丝旗袍的里衬可为顺色或撞色，不同色彩的

[24] 江南大学民间服饰传习馆藏。
[25] 同上。
[26] 同上。

图 1-5-25（左）　轻薄透面料旗袍

图 1-5-26（右）　轻薄透面料旗袍

图 1-5-27（左）　黑色车骨蕾丝中袖旗袍[27]

图 1-5-28（右）　暗红花叶蕾丝单旗袍[28]

搭配可以呈现丰富的视觉效果。单层蕾丝面料制成的旗袍，面料质感丰富，款式则较为简单，只需在领口加一个小蝴蝶结即可。单层蕾丝旗袍不需要里衬，要配吊带衬裙，形成薄透的朦胧美。而今，蕾丝所呈现的华丽精致、镂空的艺术魅力，使其成为现代服饰设计中不可或缺的面料，广泛应用于女性服饰中（图 1-5-27、图 1-5-28）。

五、由内向外、由常服到礼服的女性袍服功能性转化

《后汉书・舆服志》载："袍者，或曰周公抱成王宴居，故施袍。"[29] 这说明在周代，帝王将袍服作为常服穿着。此外，《释名・释衣服》载："袍，苞也。苞，内衣也。"[30] 由此可以看出袍服发展初期，主要作为内衣或常服穿着。随着封建

[27] 北京服装学院民族服饰博物馆，http://www.biftmuseum.com/collection/info?sid=16039&colCatSid=2，访问日期：2023 年 7 月 22 日。

[28] 东华大学纺织服饰博物馆，https://web.dhu.edu.cn/mtc/2012/0320/c4074a29748/page.htm，访问日期：2023 年 7 月 22 日。

[29]〔南朝宋〕范晔：《后汉书》，中华书局，2012，第 1043 页。

[30]〔东汉〕刘熙：《释名》，上海辞书出版社，2009，第 71 页。

体制的逐步发展，服装在一定程度上成了权力与等级的象征。东汉时期建立了儒家学说体系的官服制度，据《后汉书·舆服志》载："今下至贱更小吏，皆通制袍，单衣，皂缘领袖中衣，为朝服云。"[31]由此可见，自东汉起，袍服开始被定制为朝服，其功能也由之前的内衣、便服转变为朝服。

袍服作为朝服穿用一直延续至清朝灭亡，清末民国袍服在形制与装饰上，从以前男女通用的功能性袍服分离出来，开始越来越注重适体性、机能性与装饰性。"五四运动"，掀起了一场反帝反封建的革命运动，各种新的思潮涌入中国，对近代女性服饰影响颇为显著。民国时期的《妇女杂志》中刊登的《女子服装的改良》中记述："我国女子的衣服，向来是重直线的形体，不像西洋女子的衣服，是重曲体形的。所以我国的衣服，折叠时很整齐，一到穿在身上，大的前拖后荡，不能保持温度，小的束缚太紧，阻碍血液流行，都不合于卫生原理。"从此文可以看出传统女子袍服的弊端所在。而在随后的旗袍改良中，便对衣身没有曲线造型以及过于宽大的问题进行调整，吸收了西方收省技术，袍身出现胸省和腰省，使袍服变得略显修身，增加曲线线条。袍身一改宽大变为合身适体，并删繁就简，使袍服开始凸显女性曲线之美，袍服的适体性改良也增强了服装的机能性。

结语

我国袍服有着悠久的历史和深厚的文化传统，承载着千年以来的文化精髓，对其他服饰形态的发展产生着深远的影响，体现了中国传统服饰文化的独特价值。袍服在我国传统服饰历史中的重要价值体现在实现了由上下分裁到连体通裁的转变，奠定了袍服这一典型的服饰形制基础。近代以来，受到外来文化影响，袍服从形制、装饰、裁剪技艺、材质等多方面发生了诸多变革，特别对女性袍服而言，由传统袍服演变为近现代旗袍。这一演变过程不仅凸显了中国袍服文化的持久生命力和适应性，还代表着中国传统服饰与现代时尚相互融合的有益探索。

随着近年来中国政治经济的快速发展，我国传统服饰文化受到了广泛的瞩目。旗袍作为中国女性服饰的典型代表，引发了许多国际知名时尚设计师的浓厚兴趣，成为中国服饰文化的标志性元素。旗袍的典雅和独特设计，以及它所体现的中国传统美学理念，吸引了世界各地的时尚大师们。他们纷纷将旗袍的元

[31]〔南朝宋〕范晔：《后汉书》，中华书局，2012，第1043页。

素融入自己的设计中，从而为中国服饰文化赋予了全新的国际影响力。旗袍的复兴和传承，不仅让中国服饰成为全球时尚的焦点，也为中国的国际形象增添了独特的文化内涵。袍服的历史发展，既是中国服饰文化的传承，也是中国文化与时尚的交融，为全球学术界提供了研究中国文化和时尚发展的有趣范例，展现了中国的独特魅力和文化自信。

第二章 民以食为天

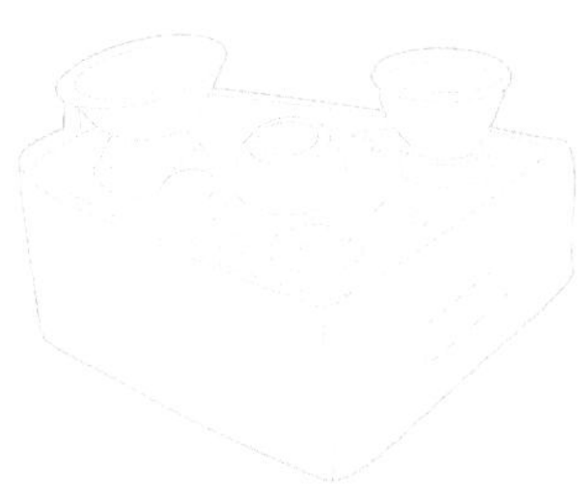

“食者，万物之始，人事之本。”饮食是人类生存与发展的根本，也是文化生发的重要源头之一。中国饮食文化素以历史传承悠久，流传地域广阔，食用人口众多，烹饪技术精湛，文化底蕴深厚而享誉世界。饮食在维系华夏民族的繁衍昌盛，促进生产力发展，推动社会进步和文明等方面都发挥着重要的作用。“民以食为天”充分强调了“食”在人们生活中的重要地位。“钟鸣鼎食”的饮食礼仪与“治大国如烹小鲜”的治国安邦之道，寓意中国饮食丰富的文化内涵。以农立国是中国传统社会的基本国策，围绕粮食开展的选育、种植、加工、烹调以及饮食器具制作等活动，成为中国传统文化中的一个重要组成部分。中国传统饮食加工精细、风味多元、膳食结构合理，逐渐构成了独具特色的东方美食体系，而与医药保健、器物设计、礼仪习俗、审美体验结合产生的饮食文化也为中华优秀传统文化的延续与传承提供了丰厚滋养。

中国传统饮食的产生与发展主要受到独特的地理气候环境、物产资源、食物加工技术与社会文化思想等多重因素的共同影响，数千年的创造与积累逐渐形成一种深层次、多角度、高品位的区域饮食文化，惠及并影响着中国及周边国家和地区的众多人口。回溯中国传统饮食的历史，特别是对菜肴烹饪、炊具以及饮食器具的研究，是深入了解中国传统饮食及其文化的重要途径。譬如，鲁菜为何被视为地方菜系的源头？其相对完整的加工体系对其他菜系产生了哪些影响？新石器时代的鬲、甗（yǎn）等器物如何逐渐演变为体系化的灶具？中国人素来崇尚美食与美器，唐宋时期华美贵重的金银饮食器具反映了怎样的时代审美风尚？简便的筷子为何成为中国传统器具中的经典？其独特的使用方式又如何折射了中国人的思维方式？明清时期流行的紫砂壶为何成为中国饮茶习俗中最为典型的器具？

菜肴及其烹调方法和加热设施是饮食加工的核心内容，对天然食材的精细处理和火的有效利用，彰显了中国人认识自然、利用自然、改造自然以实现可持续发展的生存智慧。由于中国不同地域自然环境和气候条件等差异，中国饮食逐渐形成了鲁菜、粤菜、川菜等风味各异的八大菜系。鲁菜被列为八大菜系之首，其历史最为悠久、技法最为丰富，较为完整地体现了儒家文化思想。第一节为“齐鲁风味”。鲁菜始于春秋时期齐国与鲁国的宫廷饮食，在追求精细的食材搭配与文化体验的过程中，形成口味咸鲜、五味调和、色香味形艺有机统一的地方菜系。鲁菜在政权更迭和饮食烹调水平等因素的影响下，逐渐由宫廷走向民间，形成鲁中、胶东、鲁南等六种区域性风味，并对京津和东北地区的饮食产生了重要的影响。当今餐饮行业中重油、重糖、重辣等复合风味的饮食，在满足人们味觉刺激的同时，对身体健康也带来了一定的危害。中正平和、口味不偏激以及蕴含深厚文化属性的鲁菜佳肴重新回到大众视野，焕发出新的生机活力。

中国热食传统与烹饪技术的形成主要源于新石器时代人们对火的应用，鬲、甗和灶等炊具的发明，使人们的饮食从原始的茹毛饮血走向精致的佳肴美馔。灶具因易于控火、结构合理和功能完备等优势，逐渐形成多元化的发展，对饮食加工方式、家庭功能性空间划分以及人们的精神需求都产生了重要影响。第二节为“灶具的变迁”。中国古代灶具起源于新石器时代的篝火和火塘，经商周时期的单体陶灶再到秦汉时期复合灶具的定型，灶具成为中国每个家庭中的核心设施，不仅满足了人们日常的饮食需求，而且与祭祀、精神信仰相结合形成独具特色的灶神信仰。灶具烹调从饮食滋味到文化品位，味觉享受的物质文化生活向心理体验的精神文化生活延伸，集中体现了中国古代社会物质富足与精神富有的双重属性，也成就了中国饮食文化繁荣发展的历史局面。炊烟袅袅中的美食味道是每个中国人内心深处的人生体验，这种弥漫在家庭、民族与国家之间的气息，不仅具有强烈的归属感与认同感，也是中华文明延续的不竭动力。

饮食是人类日常生活中最基本的生存需求之一，盛食、进食与饮用是人们从各类食物中获取能量、补充营养的基本途径，由此产生的饮食器具是中国古代延传时间最长、数量和形制最多的器物，它们共同参与并见证了中国古代饮食发展演进的恢宏历程，也映射出实用性与审美性协调统一的造物思想与审美观念。

中国古代饮食文化素来崇尚以美食配美器，两相谐和的饮食体验既抚慰肠胃又赏心悦目。由于材料加工、器物制作技术与审美风尚的时代差异，中国古代饮食美器不断推陈出新与交替发展，大致形成了新石器时代质朴陶器、商周时期庄重青铜器、秦汉时期秀逸漆器、唐宋时期清雅瓷器和华丽金银器。美器材料的丰富性、制作技术的多元化和造型的多样性，综合反映出中华民族特有的审美意趣和高雅追求。第三节为“唐宋金银饮食器具”。以金银盘、碗、杯为代表的饮食美器为中国古代饮食增添了无穷魅力。其器物形制由唐早期外来特征明显转变为晚唐至南宋时期的本土特征，审美风尚由唐代的雍容华贵转变为宋代的内敛含蓄，其使用人群由贵族阶层扩展到平民阶层，符合中国审美的饮食器具成为主流并不断得到强化。金银器在营造美食配美器的饮食体验中，充分释放了食材的美味，展现了美食的色相，食色相合使得筵席生辉，引领人们探寻和形成精致、典雅的生活方式。在人们普遍追求高品质生活的今天，由唐宋金银饮食器具提炼出的高雅情趣和生活美学依旧符合当下人们对美好生活的想象。

筷子是中国人发明的进食器具，简约成对的筷子不仅凸显了中国传统设计思想的简明实用的特征，也蕴含着中华民族崇尚“和”的价值理念。第四节为“实现手指延伸的筷子”。起源于新石器时代的筷子，选材简易、结构简洁、装饰简朴、使用简便，通过手指、胳膊和肩膀的灵活协调控制即可完成对各类形态食物的进食。实现手指延伸的筷子也折射出中国人化繁为简的思维方式。筷子是兼具工具性和传播性的进食用具，随着时代的发展不断拓展成为包容性极强的筷食文化圈，也被中国人赋予礼仪道德和文明教化的特殊功能，最终演化为象征中国文化的典型符号。中国传统饮食与筷子须臾难离，作为中国传统器具中的经典设计，数千年来其形制未有明显的改变，其延传历史悠久、使用阶层广泛，深刻影响着中华民族饮食习俗、幼学教育、文化传播以及设计传统。一双筷子作为中国传统文化的具体体现，在带给人们美好口感和美食享受的同时，牵动并联结着中华民族的味觉记忆、乡土情结和历史文脉。

中国的饮茶生活方式，从汉代的以茶做羹汤到唐代的煎茶法，从宋代的点茶法到明代以来的泡茶法，不仅内化为中国人最为日常的饮食内容之一，也在与本土文化的互动过程中，发展出既平易亲切又精美雅致的饮茶文化。第五节为“五色土与茗壶雅韵”。选取中国饮茶文化中具有代表意义的器具——紫砂壶为研究对象，通过解构器物的外在设计特征，进而理解其背后蕴藏的生活智慧。纵观紫砂壶的发展轨迹，可以明晰一项经典设计得以形成的原因。古人竭尽巧思，或从动物、植物和器物等各种视觉素材中提取出抽象形态，或从诗词意象中寻找造物灵感，与茶壶的基本结构进行有机的结合，创造出功能性与艺术性俱佳的紫砂壶。从制陶技艺对紫泥材料的引入到紫砂加工技艺的成型，再到与宫廷技艺、文人艺术的融合碰撞，紫砂壶的发展脉络展现出一条为日常生活用品附加设计美学的清晰路径。精致美好的器物，既可以是极致工艺的体现，也可以是智慧与巧思的产物。

饮食为民生之本，其在漫长的历史进程中，形成了极具中国本土特色的菜系、炊具与饮食器具。炊食、进食与饮食等关键环节经过不断地发展与完善，持续影响着中国人的生理体质、膳食结构与饮食观念。中国传统饮食的礼仪规范强调对食物与他人的尊重，有助于提升个人修养，树立正确的价值观念，促进人际关系的和谐与社会的稳定发展，更连接起传统文化记忆、文明礼仪和中国人的文化精神。回望浩荡的饮食文化源流，品味舌尖上的中华文明，我们发现饮食文化在物质与精神的统一交融中，不断滋养着一代代中国人的健康与成长。中国人热爱美食的文化已深深融入人们的日常生活中。饮食及其文化的不断延伸与丰富也体现了中国社会的不断进步与发展，同时成为具有国际影响力的重要因素。

中国餐饮市场规模的快速增长与西方饮食的涌入，使饮食种类及加工方法不断革新，也导致饮食结构和消费习惯发生转变——高转化、高热量和高营养的现代食品带来诸如肥胖人数增多、营养过剩和健康状况恶化等问题。中国传统饮食注重天然应季的食材选用，讲究色香味的合理搭配，强调饮食结构的均衡和培养良好的饮食习惯，更加符合人们饮食、健康和文化消费需求。随着食品工业化发展进程的持续加快，中国传统美食应因时、因地制宜地与现代化加工技术有机融合，这有利于推动传统美食现代化，为世界饮食贡献中国众多特色鲜明的食材、美食和美器。

第一节 齐鲁风味

饮食是人类生存必备的要素，在人类历史的早期，“吃”的问题更是每天生产生活中需要解决的头等大事，所谓“民以食为天”，更是对饮食重要性的直观表达。食物因其物质特性不能长久保留，但是从诸多古代绘画中的饮食场景中可以发现古人对于饮食的重视，其中的菜品丰富程度更是与印象中物资相对匮乏的古代生活大有不同（图2-1-1）。饮食所涉及的范畴较为广泛，本节主要讨论鲁菜的发展脉络以及地方菜文化方面的内容，对于炊具、餐具等方面不在本节的讨论范围之内。饮食受地理、气候、物产等自然条件以及政治、经济、交通、习俗等人文条件的影响，通常以“菜系”来区分不同的饮食体系。中国的饮食体系在清代形成了鲁、川、粤、苏四大菜系，后来随着其他地方菜的崛起，形成了鲁、川、粤、苏、闽、浙、湘、徽八大菜系，而鲁菜由于历史最为久远、文化内涵最为丰富，因此在相当长的时间里都是作为八大菜系之首而存在的。鲁菜从时间的跨度、影响范围的广度上均对中国饮食产生了深远的影响。[1]

鲁菜作为地方菜雏形的时间大概为先秦时期，在清代正式命名为“鲁菜”。在此之前，齐鲁地区的地方菜仅是以地域概念存在，大致为今天山东省所辖范围，而历朝历代均有对鲁菜的不同称呼。例如南宋时期所说的“北菜”指的就是鲁菜。先秦时期受限于当时生产水平较低、物质条件匮乏，民间饮食往往简单而粗糙，因此所谓的鲁菜雏形，是指齐国与鲁国的宫廷或上层阶级的饮食。从历史

图 2-1-1 古代绘画中的饮食场景

《文会图》（局部） 赵佶 宋

《韩熙载夜宴图》（局部） 顾闳中 五代

[1] 赵建民、曲均记主编《中国鲁菜文脉》，中国轻工业出版社，2016，第1页。

上看，“齐”和“鲁”也有不同之处，齐国重视手工，故而其生活消费方面较为发达奢侈；鲁国本为周公之封域，因而保留了周礼正统，是对周礼传承较为完整的地区。[2]至于为何称为“鲁菜”而非“齐菜”，或许与生于鲁国的孔子在饮食文化上的重要影响有关。[3]“食不厌精，脍不厌细”[4]是孔子在饮食方面的重要论述，这一观点从字面上似乎体现了孔子倡导的是一种精美奢侈的饮食方式，仿佛圣人高高在上不识人间疾苦，但是结合当时民间百姓的饮食状况不难发现，孔子的言论反对的是粗制低劣的食材和简陋的烹饪手法。先秦时期的食物供给并不充足，普通百姓对饮食的要求仅仅是不饿死，为了生存往往以带壳的谷物、未成熟的蔬菜水果充饥，这种情况下确实需要提升饮食的“精”和“细”，从而在有限的物质条件下尽可能保证身体的健康。通俗来讲，就是要认真处理食材后方可食用。可以说，孔子是倡导人们在饮食方面脱离动物属性，寻求人文属性。鲁菜能够长时间占据菜系之首的位置也不仅仅依靠圣人的光环，其自身所具备的特点才是鲁菜长盛不衰的重要保证。鲁菜的内涵在于一个“和”字。所谓“和”，是指鲁菜的包容性，一方面受儒家文化的影响，另一方面则是其所处的地理环境造成的。齐鲁地区兼具内陆饮食文化和海洋饮食文化的特点，隋朝后又加入了古运河饮食文化圈，因此鲁菜在食材的选择面上较为自由，外加厨师对于食材的开发能力较强，兼具各地之所长，能够充分利用不同食材的优势，因此逐渐形成了鲁菜“和”的特点。不过时至今日，这种博采众长的方式反而使得鲁菜在与类似川菜、粤菜等特征鲜明的地方菜系的竞争中缺少了突出的味觉刺激，在现代人的饮食习惯中逐渐有了式微的趋势。

一、鲁菜的地域性风味划分

鲁菜是基于齐鲁地区形成的地方菜系，《中国鲁菜文化》一书中将鲁菜风味总结为“纯正平和，原汁原味，脆嫩滑爽，清香淡雅”[5]，其最主要的口味特点就是“咸”和“鲜”，这是鲁菜菜系的共性特点。《黄帝内经》有云：“东方之域，天地之所始生也，鱼盐之地。海滨傍水，其民食鱼而嗜咸，皆安其处，美其食。”[6]这也印证了齐鲁地区的人民自古就喜爱“咸”和“鲜”，并且延续至今。在鲁菜体系内部菜品的口味存在些许差异，受地理条件、食材选择和文化内涵的影响大

[2] 刘德龙、李志刚、赵建民：《鲁菜文化的历史源流》，《民俗研究》2006 年第 4 期。

[3] 姚吉成：《齐鲁饮食文化形态中的儒学思想》，《管子学刊》2008 年第 4 期。

[4]《论语》，中华书局，2006，第 86 页。

[5] 孙嘉祥、赵建民主编《中国鲁菜文化》，山东科学技术出版社，2009，第 3 页。

[6] 姚春鹏译注《黄帝内经》，中华书局，2010，第 115 页。

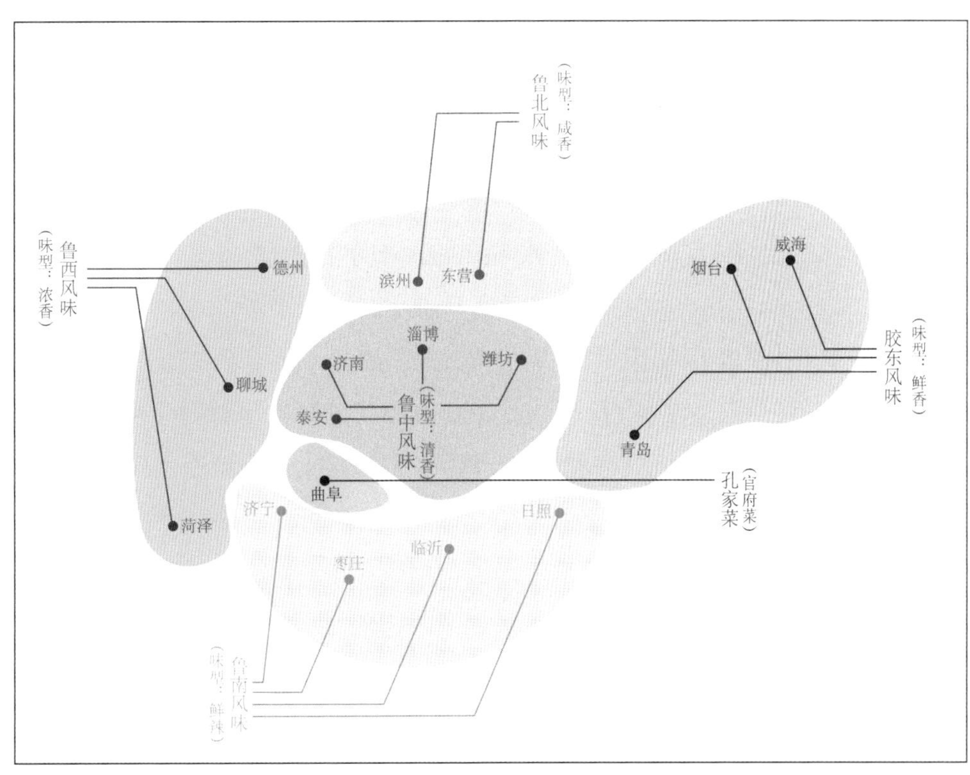

图 2-1-2 鲁菜地域性风味分布图

致可分为六种区域性风味：鲁中风味、胶东风味、鲁南风味、鲁西风味、鲁北风味和自成一派的孔家菜（图2-1-2）。

齐鲁地区的不同风味饮食在鲁菜的大背景下具有一定的共性，但是也保有各自的特色。以济南菜为代表的鲁中地区以精心熬制的清汤作为提鲜的重要原料，这与沿海胶东地区提鲜之法存在明显差异。胶东地区靠海吃海，海鲜是这一区域重要的食材来源，并且海产自带的鲜香无须过多加工就可以带来极致的味觉享受，因此胶东地区的饮食制作中善于保留食材本身的鲜味，无须像鲁中地区特意熬制提鲜的汤底，烹饪时也不需要借助过多的调料，口味清淡，崇尚原味。鲁南地区受独特的地理因素影响口味兼具南北之长，京杭运河从中穿过，使得鲁南地区不仅以本地食材为原料，同时便利的运输条件也为厨师提供了更为丰富的食材。南北的人员流动，使得鲁南地区是鲁菜吸纳外来饮食文化的重要窗口，同时鲁南地区依靠丰富的湖河资源对于淡水水产的加工也颇具特色。鲁西地区的口味具有浓重的西北色彩，口味浓重、醇厚。因其毗邻京杭运河，故具有活跃的商业环境，南北通商频繁，商人往来密集，饮食具有商人气——商人对饮食的消费能力较强，因此鲁西风味对饮食的精细程度颇为讲究。鲁北地区靠近黄河出海口，地形属冲积平原，物产丰富，同时具有丰富的淡水水产和海产资源，口味咸香。“孔家菜”特指孔府内厨所做美食，口味基于鲁菜的咸、鲜，主打饮食文化特别是官方宴请。

综上所述，鲁菜具有“和而不同”的口味特征，以咸、鲜为调味基础，根据各地物产、运输等条件的不同，充分运用地域优势或特点，在统一的风味基调下发展出具有地方特色的口味差别。

二、从宫廷饮食到地方菜代表的鲁菜历史沿革

鲁菜的发展大致经历了三个阶段。首先是先秦时期齐国、鲁国的宫廷饮食形成了齐鲁地区的地方菜雏形。其次从秦代至宋代随着生产力的逐步发展，社会层面的物质水平逐步提升，各类食材、厨具、烹饪技术等逐步进入普通百姓的生活，鲁菜由宫廷贵族饮食向民间饮食转变的物质积累完成；同时汉末至南北朝时期的分裂与战乱也为宫廷饮食进入民间创造了条件，随后的隋唐宋相对稳定的统一局面为鲁菜形成地方菜体系提供了稳定的社会环境，因此在分裂重组与稳定统一洗礼过后，鲁菜体系逐渐成熟。最后在明清时期“鲁菜”这一称谓才正式得以确立，不仅在齐鲁地区形成了完整的地方菜体系，而且深刻影响了如北京的宫廷菜、东北的民间饮食等更为广泛的地方饮食。

（一）“烹”的概念与地方菜体系萌芽

黄河流域作为中华文化的发源地之一，很早就存在人类活动的痕迹，如仰韶文化、大汶口文化、龙山文化、齐家文化以及后来的夏商周的都城选址，都在黄河流域。齐鲁地区作为黄河流域的入海口，在春秋战国时期主要是齐国和鲁国的疆域范围，而齐鲁地区也正是由此得名。鲁菜的形成正是依附于黄河流域的中原文化之上，而中原文化的骨架就是儒家文化，齐鲁地区作为儒家文化的发源地，深受儒家中庸之道的影响，文化方面强调敦厚淳朴、堂堂正正、不走偏锋，这种思想同样也映射到鲁菜的发展当中。

鲁菜与其他地方菜的区别除了受自然资源影响的食材差异，最重要的就在于烹饪的手法。张起钧曾将烹饪归纳为烹、调、配三个部分，其中他对“烹”的定义是：“把可吃的东西用特定的方式做熟了，就叫做烹。”[7] 这一定义中特定的方式指的是对食材的加工，“做熟了”指的是由食材到食物的状态变化，基于这一定义我们发现先秦时期的鲁菜是具有明显的二分性的。由于受礼制影响，社会等级森严，什么阶层吃什么东西都是有明确规定的，例如《礼记·内则》中说：“大夫燕食，有脍无脯，有脯无脍；士不二羹、胾；庶人耆老不徒食。”[8] 民间饮食无论是从加工手法还是从成熟状态来说都是粗陋的，孔子也是针对这一现象才发出了“食不

---

[7] 张起钧：《烹调原理》，中国商业出版社，1999，第3页。

[8]〔清〕孙希旦：《礼记集解》，沈啸寰、王星贤点校，中华书局，1989，第748页。

厌精，脍不厌细”的呼吁。而与民间粗陋的饮食形成鲜明对比的是，先秦时期的宫廷饮食已经具备了相当程度的烹饪技巧，虽然没有任何实物证明这一时期的烹饪水平究竟达到何种程度，但是从晏子以烹饪过程中对菜品的口味调和为例解释君臣之间应是“和”而不是“同”的话语就可以看出，贵族阶层对日常饮食的要求已经绝不是果腹的问题了。左丘明的《晏子对齐侯问》中记载：“和如羹焉，水、火、醯、醢、盐、梅，以烹鱼肉，燀之以薪，宰夫和之，齐之以味，济其不及，以泄其过。”此段描述的本意并非讨论饮食，但是其中描述烹饪过程中的诸多讲究已然体现了宫廷饮食不仅局限于将食物加工至成熟这样的简单工序，而是开始强调食材配料之间的比例搭配，这与民间饮食的差异已经不单单停留在物质条件上，烹饪手法上的差异可能更为巨大。同时，宫廷饮食不再局限于对吃饱、吃好的追求上，而是具有更高层次的追求，《礼记•礼运》有云：“夫礼之初，始诸饮食。”[9]这里已经将饮食的过程看作一个人遵守“礼”的初始条件。《管子•弟子职》中更是有一段学生与老师吃饭时的礼仪描述：“至于食时，先生将食，弟子馔馈。摄衽盥漱，跪坐而馈。置酱错食，陈膳毋悖。凡置彼食，鸟兽鱼鳖，必先菜羹。羹胾中别，胾在酱前，其设要方。饭是为卒，左酒右浆。告具而退，捧手而立。三饭二斗，左执虚豆，右执挟匕，周还而贰，唯嗛之视。同嗛以齿，周则有始。柄尺不跪，是谓贰纪。先生已食，弟子乃彻。趋走进漱，拚前敛祭。先生有命，弟子乃食。”[10]上述描述中，老师和学生因身份不同在饮食过程中的程序也有很大差异，此时的饮食已不再仅是生理层面的需求，而是上升为道德层面的高度。综上所述，饮食的发展同样遵循事物发展的基本规律，即从低层次向高层次、从简单事物向复杂事物发展。饮食虽然不是劳动工具或实用性器物，但是饮食本身是具有功能属性的，并且其功能性是存在层次关系的，这里依照古籍中对于先秦时期的饮食描述，将饮食的功能性分为三个层次，即生理功能、健康功能、心理功能（图 2-1-3）。

讨论饮食的功能属性势必离不开人的需求层次。人对饮食的最低层次需求就是果腹以求生存，这对应了饮食的生理功能，通俗来讲就是能吃就行。生理功

图 2-1-3　饮食功能属性层次图

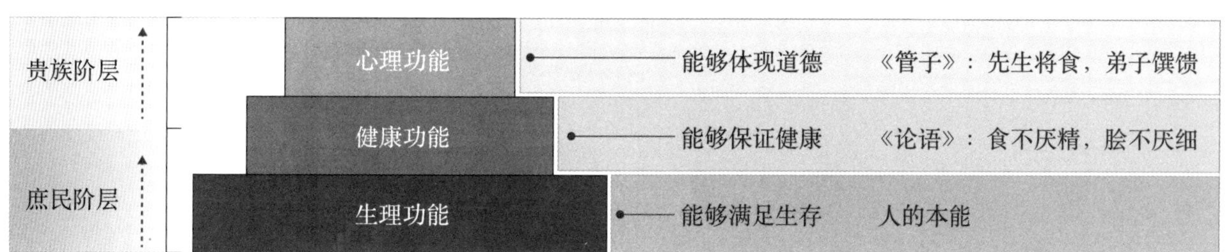

[9]〔清〕孙希旦：《礼记集解》，沈啸寰、王星贤点校，中华书局，1989，第 586 页。
[10] 李山、轩新丽译注《管子》，中华书局，2019，第 820 页。

能是饮食功能属性的基础，也是追求更高层次功能的前提。春秋时期的思想家已经具备了需求层次的意识。例如管仲在《管子·牧民》中提到"仓廪实而知礼节，衣食足而知荣辱"[11]，这说明早在先秦时期人们就意识到物质文明是精神文明的前提保证。在满足生理功能之后，健康功能成为人们追求的目标。食材需要经过适当的加工，从自然产物转变为搭配合理的食物，从而让人们吃得更加健康、均衡，这就对烹饪的技艺提出了更高的要求，也是孔子提出"食不厌精，脍不厌细"的目的。心理功能就是在食物本身足够充足、营养足够均衡的基础上，通过饮食本身或是饮食的过程影响人的饮食体验，在心理层面让人在进食过程中得到享受或感受文化。在先秦时期，这种心理功能主要是道德层面的，符合"礼"的饮食行序是对一个人社会评价的重要标准。

结合上述三个层次的划分，先秦时期齐鲁地区饮食（鲁菜）的二分性就十分明显了，民间的饮食停留在生理功能向健康功能过渡的阶段，而宫廷贵族的饮食已经开始追求心理功能的满足。由此可见，先秦时期的齐鲁地区饮食已经具备了相当高的水准，至少是在宫廷贵族阶层内部，饮食不仅以追求生存或物质享受为目的，而且向着精神文化属性发展，鲁菜作为地方菜的雏形已经出现。

（二）以"和"为特征的社会饮食

由秦朝至宋朝，鲁菜由宫廷饮食逐渐走向社会饮食。先秦时期，齐鲁地区的宫廷饮食仅能看作鲁菜的萌芽阶段，严格意义上讲未能在民间普及的饮食并不能算作地方菜系。从秦朝完成统一之后，随着生产力的持续发展，特别是土地私有制的产生，食材短缺问题较先秦时期有所好转，鲁菜由宫廷走向社会具有了基本的物质保证。自耕农和自由工商业者的出现为社会生产生活注入了活力，民间饮食市场快速发展。一方面，民间活跃的商业环境造就了一批富裕的平民、商人，原本精美的宫廷菜肴在民间也存在了消费群体；另一方面，随着烹饪技艺的发展，各类民间小吃的制作水平不断提高，扩充了鲁菜的种类，鲁菜不再只是宫廷贵族享受的"阳春白雪"，也融入了民间饮食的"下里巴人"。在秦汉大一统时期，齐鲁地区的烹饪水平究竟如何，可以从汉代庖厨图画像石中窥得一二。目前汉代庖厨图画像石出土近40幅，山东地区20余幅，说明了汉代齐鲁地区的饮食发展较为发达。从汉代画像石可以看出，当时齐鲁地区的烹饪活动已经具备了明确的组织与分工。以诸城前凉台庖厨画像石为例（图2-1-4），从场面上看应是较为重大的宴席准备工作，其中工序繁杂、参与者众多，然而从各种食材的准备到食物的烹饪却井井有条、配合默契，体现了十分娴熟的烹饪技巧与高

[11]〔汉〕司马迁：《史记》，〔宋〕裴骃集解，〔唐〕司马贞索隐，〔唐〕张守节正义，中华书局，1999，第1696页。

图 2-1-4　诸城前凉台画像石中的庖厨图[12]

效的后厨组织能力。

随后的魏晋南北朝时期，社会动荡、国家分裂，看似是对鲁菜在民间的发展产生了负面影响，但是随着人口的大迁移、大融合，南北饮食交融为鲁菜的发展注入了新的活力，原本服务于上层阶级的技艺精湛的厨师随着朝代更替、王朝覆灭，有一部分流落至民间，同时将烹饪的技艺下沉到平民阶层，进一步推动了鲁菜社会化转变的速度。到唐宋时期，鲁菜由宫廷饮食向社会化饮食的转变基本完成，鲁菜真正形成了具有齐鲁地区特点的地方菜系（图 2-1-5）。鲁菜在社会层面的发展加强了其流通性和开放性。民间的饮食发展不受宫廷中的诸多教条规范限制，融合南北、异族饮食的诸多技巧、习俗，结合不同食材的特征，发展出诸多性价比较高的民间小吃。这些小吃不似宫廷饮食成本高昂，也不似以往简陋、粗鄙的饮食，对于鲁菜在社会层面的推广起到了重要作用。值得注意的是，从秦代至宋代经历了多次的政权交替，其中更是有数次的分裂与统一，许多地区的饮食体系由于统治阶级的更替或是文化传统的交融都产生了巨大的变化，鲁菜在这漫长的时间中不仅没有逐步被取代，反而融合了不同饮食文化的优秀基因逐渐壮大自身，一步一步走向成熟。在这一历程中，鲁菜来源于儒家中庸之道

[12] 杨爱国：《汉画像石中的庖厨图》，《考古》1991 年第 11 期。

	先秦	秦汉	魏晋南北朝	唐宋
宫廷贵族饮食	• 宫廷饮食已经开始追求精神需求 • 鲁菜萌芽	• 随着烹饪工具和烹饪技艺进步持续发展精细饮食 • 持续推进饮食文化		
		由宫廷饮食逐渐过渡到社会饮食		地方菜体系成熟
社会百姓饮食	• 饮食粗陋、简单 • 缺少烹饪技巧	• 商业阶层崛起 • 民间饮食消费能力增加 • 饮食文化向民间渗透	• 南北饮食融合 • 宫廷厨艺下沉	• 京杭运河加速南北饮食交流 • 融合异族饮食文化 • 地方菜体系成熟

图 2-1-5 由宫廷饮食转变为地方菜体系

的“和”的概念起到了重要的作用。当然，在鲁菜逐渐向社会饮食转变的过程中，宫廷饮食依然也保持着超脱于民间的高要求。例如宋朝的宫廷宴席就遵循着一套固定的程序：首先餐桌上须有装饰物，用来欣赏而非食用，或是枣、油饼，或是捆扎成束的肉类，从而营造一种丰盛之感；其次须有餐前开胃小菜，如各类水果、肉脯等；接下来就是宴席的正餐环节，美酒加下酒菜，宫廷御酒须一盏一盏地喝，每喝一盏须搭配不同的下酒菜，在下一盏之前需要更换新的下酒菜[13]。由此可见，宫廷的饮食更强调进食过程和对美食的享受，绝非社会饮食能够达到的水平。鲁菜能够从宫廷饮食走向社会饮食需要一个漫长的改良过程。

鲁菜能够由宫廷走向社会离不开其“和”的特征。鲁菜所具有的“和”的特征可以从两个层面进行解读。第一个层面是思想上的。儒家思想所谓的“和而不同”，不仅是治国的智慧，更是鲁菜经久不衰的原因。政治、经济、技术等领域的发展和变革都可能带来饮食习惯上的改变，齐鲁地区深受儒家思想的熏陶，对“和”的理解深入生活的方方面面，饮食也是如此。鲁菜以“和”为指导思想的烹饪理念在内部保证了鲁菜旺盛的生命力，面对外部新食材、新文化的冲击时，更是兼收并蓄，将新鲜事物转化成自身与时俱进的动力。

第二个层面是实践层面。烹饪从实践过程上看大致分为两个步骤：食材选择和菜品制作。从食材选择角度来看，齐鲁地区地处半岛，三面环海，内陆为丘陵平原地形，因此自身所产食材十分丰富，飞禽走兽、海鲜河鲜、蔬菜水果一应俱全，特别是齐鲁地区不仅有陆地几乎所有的五谷果蔬、水陆杂陈，还有内陆极度匮乏的鱼盐海味[14]，这使得齐鲁当地的厨师处理不同类型食材的经验相当丰富，即使面对外来的新食材，也可根据以往经验依照鲁菜的烹饪手法进行处理，哪怕新食材更加高产、更加经济、更加美味，成为大量采用的食材，也不会打破原有的鲁菜体系，而是融入进去，此乃食材之“和”。

[13] 徐鲤、郑亚胜、卢冉：《宋宴》，新星出版社，2018，第 6 页。

[14] 赵建民、曲均记主编《中国鲁菜文脉》，中国轻工业出版社，2016，第 2 页。

菜品制作就是烹饪的过程，对厨师而言烹饪过程大致可分为烹饪技法和调味。烹饪技法的多样性为鲁菜“和”的烹饪理念提供了技术支撑。北朝时期贾思勰所作《齐民要术》中记载了酿、蒸、煮、炙、焖、炒、炸、腊等多种烹饪方法，说明当时厨师在制作菜肴时，可供选择的烹饪方式已经相当多样。齐鲁地区多样的食材加上不同的烹饪方式，可以创造出丰富的菜肴。将现代鲁菜与《齐民要术》中的烹饪方法进行对比，不难发现许多制作手法依然有所关联（表 2-1-1）。鲁菜最擅长的还是调味，口味醇正，不走极端，这与川菜以“辣”刺激味蕾的做法截然不同。由于需要调和不同食材、调料，因此过于刺激的味道势必破坏不同味道之间的平衡，所谓“大味必淡”，是鲁菜制作过程中所追求的至高境界。各种食材通过厨师加工依然会保持具有齐鲁地方特色的风味。例如鲁菜精于制汤，《齐民要术》中记载了制作清汤调味的方法：“买新杀雉煮之，令极

表 2-1-1　现代鲁菜与《齐民要术》烹饪方法对照表[15][16]

现代鲁菜			《齐民要术》
分类	部分菜品名称	部分菜品图例	部分菜品制作方法
冷菜	珊瑚菜卷 凉拌海蜇 罗汉肚 五香小肘花		作酱法（酱汁） 蒸缹法（蒸煮） 饼法
鸡鸭类	烧扒鸡 神仙整鸡 烩全鸭加糟 蒸扒神仙鸭		蒸缹法（蒸煮） 炙（烤）
肉类	红焖肘子 蒸元宝扣肉 葱烧脱骨蹄 香糟蒸肉		作酱法（酱汁） 蒸缹法（蒸煮）
鱼虾蟹类	奶汤炖白鳝 干㸆大虾 糖醋脆片鱼 炸烹螃蟹		羹臛法（肉汤） 蒸缹法（蒸煮）
山珍海味	葱烧海参 金燕归巢 海蛎子羹 扒云片熊掌		脂（烩） 煎（炒、炸）
蔬菜类	锅塌小白菜 松子茄子 干烧扁豆 炸素菜卷		作酱法（酱汁） 煎（炒、炸）
甜菜类	拔丝山药 蜜炙金枣莲子 八宝江米梨 核桃酪		作酱法（酱汁） 煎（炒、炸）

[15]〔北朝〕贾思勰著，缪启愉、缪桂龙译注《齐民要术译注》，上海古籍出版社，2009，第 460—598 页。
[16] 王义均：《鲁菜精萃：中国烹饪大师王义均经典之作》，大众文艺出版社，2002，第 1—6 页。

烂，肉销尽，去骨取汁，待冷解酱。”[17] 而这种清汤是现代味精、鸡精等调味料出现之前的重要提鲜手段，以汤调味可以在保留食材本身口味特征的基础上使不同的味道在菜品之中融合。以上为菜品制作之“和”。

搭配、调和、交融，鲁菜在发展当中处处透露出“和”的特征。这一特征使鲁菜不仅受到统治阶级的喜爱，在民间也能够迅速普及，由宫廷走向市肆，再由市肆走向更为底层的市井。

（三）鲁菜体系的成熟与外延性特征

鲁菜体系成熟之后又经历了一次较大的外族饮食文化的冲击。元朝的建立结束了宋、辽、夏、金割据的局面，中原地区再次进入大一统的状态，其中较为明显的是回族清真菜的崛起以及北方食材在中原地区的推广。例如醍醐、麆沆、野驼蹄、鹿唇、驼乳糜、天鹅炙、紫玉浆、玄玉浆在传入中原后被称为“迤北八珍”[18]。由于元朝存在时间并不长，随着明朝的建立，汉族中原饮食文化又迅速成为主流，元朝对中原的饮食文化影响快速被汉化，鲁菜的发展又回归了以儒家文化指导的正统路线。

明清时期，鲁菜的发展达到顶峰。明朝末期中国资本主义开始萌芽，社会上的生产贸易活跃，商品经济开始冲击几千年封建社会的价值观。鲁菜在商品经济的影响下进一步深入民间，从市肆饮食逐渐转变为市井饮食，鲁菜的消费真正进入寻常百姓家。但是，民间对于较为讲究的鲁菜需求还是集中在过年过节，例如过年时水饺就是北方最为重要的饮食，天天吃水饺对百姓而言还是负担不起的，民间日常的饮食还是以相对便宜的面食小菜为主[19]，这也造成了明清时期齐鲁地区的民间小吃发展迅速。虽然民间小吃所用食材相对简单，但是这一时期民间小吃的制作已经达到相当精细的水平，袁枚在《随园食单》中就描写了山东薄饼精湛的制作技艺：“山东孔藩台家制薄饼，薄若蝉翼，大若茶盘，柔腻绝伦。”[20] 除了蕴含市井气息的各类小吃快速发展，以孔家菜为代表的“官府菜”也成为鲁菜在齐鲁地区的特色饮食。孔家菜的形成基于孔子个人对于饮食的相关论述并以鲁菜为基础，在后世的不断完善与发展之下逐渐形成鲁菜当中主打文化的菜系。孔家菜实际上并非孔子及其后人所创，而是融入了大量孔府厨师的智慧和创造。对于孔家菜的挖掘始于20世纪80年代，因此很多菜品已经过创新，难以追溯其来源，目前可以确定的是明清时期孔府厨师多来自曲阜、济宁、济南等地，也就是以齐鲁当地厨师为主。然而，孔家菜的出现与孔子的关系十分

[17]〔北朝〕贾思勰著，缪启愉、缪桂龙译注《齐民要术译注》，上海古籍出版社，2009，第468页。

[18]〔元〕陶宗仪：《南村辍耕录》，中华书局，1959，第109页。

[19] 李芳菲、姚伟钧：《明清山东运河区域饮食文化的嬗变》，《美食研究》2022年第3期。

[20]〔清〕袁枚著，陈伟明编著《随园食单》，中华书局，2010，第228页。

表 2-1-2　鲁菜对外传播的主要路径

	地区	饮食类别	主要传播方式	造成的影响
鲁菜	京津地区	宫廷饮食	鲁菜名厨进宫	鲁菜成为明清时期宫廷饮食的重要风味选择
		民间饮食	山东人开设酒肆、菜馆	出现大量山东菜馆，鲁菜成为民间主要饮食，影响了北京菜
	东北地区	民间饮食	大量山东人移民到东北	在鲁菜的基础上结合东北的物产与气候逐渐发展成东北菜

密切，孔子的思想一直被中国封建统治阶级奉为治国思想准则，因此各朝各代均少不了各级官员去孔府祭拜，这也使得孔府需要时常招待不同等级的官员，针对这类活动衍生出的各类菜肴逐渐形成了孔家菜[21]。

明清时期，鲁菜发展的最明显趋势是向外部扩张，鲁菜开始广泛辐射到全国其他地区，最主要的影响地区是京津地区和东北地区（表 2-1-2）。这种外延性特征使得鲁菜的影响力逐渐增强，为日后成为地方菜之首打下了基础。

鲁菜向外传播的第一条路径是京津地区，特别是影响了北京的宫廷饮食。鲁菜发源于齐鲁宫廷，千年之后又回归宫廷，足见鲁菜的生命力之旺盛。北京自辽金以来700余年都是中国政治、经济、文化中心，鲁菜进入京城宫廷说明鲁菜的烹饪水平受到了中国生活水平、文化水平最高的人群的认可与青睐。清代是中国历史上又一个由少数民族统治的时期，与以往受少数民族饮食文化冲击不同，清代的王公贵族将鲁菜纳入清宫御膳，如满汉全席、千叟宴等高规格宴席均有鲁菜的身影，鲁菜发展至鼎盛时期。清末王爷溥杰之妻爱新觉罗浩在《食在宫廷》一书中介绍了清宫饮食的三个主要风味：其一为山东菜，即鲁菜；其二为满族的固有饮食；其三为苏杭的烹调[22]。其中山东菜承自明朝的宫廷，因此明清时期的宫廷饮食中鲁菜的主体地位显而易见。鲁菜不仅在宫廷内有较大的影响，在京津地区的民间也发展迅速，大量山东地区的厨师在京津地区开设饭馆、酒楼，甚至有人认为所谓的北京菜就是鲁菜。张友兰先生在《北京菜》一文的开头就写道："五六十年前，在北京，有名的大饭店，什么堂、楼、居、春之类，从掌柜到伙计，十之七八是山东人；厨房里的大师傅，更是一片胶东口音。不只是大饭店，就连一般菜馆，甚至街头的小饭铺，也是山东人经营的。"[23] 由此可见鲁菜已经深入北京的各个阶层。

[21] 赵建民、金洪霞主编《中国鲁菜·孔府菜文化》，中国轻工业出版社，2016，第 31 页。
[22]〔日〕爱新觉罗浩：《食在宫廷：增补新版》，王仁兴译，生活·读书·新知三联书店，2012，第 39 页。
[23] 转引自赵建民、曲均记主编《中国鲁菜文脉》，中国轻工业出版社，2016，第 18 页。

鲁菜的另一路传播方向是中国的东北地区。上文提到元朝北方饮食南下影响了中原饮食，而随后的明清时期，鲁菜向东北地区进行了反向输出。造成这一现象的原因是明清时期山东人向东北地区的移民潮，就是广为人知的闯关东[24]。随着山东人在东北地区的逐渐聚集，饮食文化、饮食习俗自然也在东北地区传播开来。但是，由于东北地区的气候、物产与山东有所区别，鲁菜也相应做出了符合当地需求的改变。可以说，目前的东北菜是对鲁菜的延续与发展，其在国内餐饮行业发展迅猛[25]的背后离不开鲁菜的贡献。

总体来说，鲁菜的外延性主要影响的还是中国北方。由于中国北方是中华民族的主要发源地，并且是明清时期中国的政治文化中心，因此鲁菜在明清时期达到发展的高峰，影响之广泛、接受程度之高，被誉为众多地方菜系之首也就不足为奇了。时至今日，随着市场经济快速发展，人们在日常饮食中的需求发生变化，开始追求具有特色的风味[26]。例如有人喜好辛辣刺激的川菜，有人偏好口味清淡的粤菜，像鲁菜这种追求中正平和的地方菜系，因为缺少特色而逐渐在餐饮市场中出现了颓势，但是这千年以来，鲁菜对中国人饮食发展所起到的推进作用是毋庸置疑的。

结语

中国传统饮食有着完整的烹饪体系以及具有地方特色的菜系划分。中国八大菜系基于气候、物产、习俗等因素各具特色，同时相互交流、共同发展。其中鲁菜作为中国地方菜系之首有着悠久的历史，其发展脉络就社会层面来看有着较高的起点：鲁菜源自宫廷，在初期就有着除果腹之外更为高层次的要求，虽然鲁菜在民间不能复现贵族的精细饮食，但是其高超的烹饪技艺仍然得到体现；就文化层面来看，鲁菜对孔子所提出的饮食思想与饮食观念的继承最为直接，是孕育于儒家思想土壤中的典型代表；就烹饪技艺而言，鲁菜在漫长的发展过程中兼收并蓄南北之长，所用食材海陆山珍皆有，且能兼顾不同食材的口感、口味，厨师烹饪技术在继承与创新中形成了“应季”“应材”“应人”的技术体系。

鲁菜文化的发展绵延且悠长，并未因气候变化、政权交替等发生明显的改变，这与鲁菜“和”的思想有着密切关系。首先，鲁菜强调“和而不同”，不排挤

[24] 顾秋实、张海平、周星星等：《中国传统八大菜系的地理分布及其扩散效应——基于大数据视角的实证分析》，《浙江学刊》2019 年第 5 期。

[25] 李江龙、吴小菊、符佳慧等：《中国语境下的饮食文化：由语言、信仰表征的清真饮食》，《美食研究》2020 年第 1 期。

[26] 张守立：《鲁菜历史发展研究》，《东方企业文化》2013 年第 6 期。

外来饮食文化，这使得鲁菜能够适应王朝更替与不同文化的冲击；其次，鲁菜在制作过程中强调不同口味的搭配和协调，让更多的人能够接受，有助于鲁菜的推广。鲁菜“和”的理念一方面为其注入了源源不断的生命力，新食材、新技术都可以为其所用，并且都可以通过调和使新的菜式融入鲁菜体系当中；另一方面鲁菜的中正柔和也使其失去了个性，特别是在现代社会随着人口流动更为频繁，人们的饮食口味更为多元，中国菜系之间的边界开始变得模糊。

总体来说，以鲁菜为代表的中国传统饮食对于食材的运用以及烹饪的方式，在世界范围内是独具特色的。与西方饮食相比，中国传统饮食对于食材的开发和利用更为充分，烹饪的技法更为多样，更为注重饮食的感官享受。中国传统饮食的价值已经不只是生存的必需品，更是文化的载体。

第二节 灶具的变迁

灶是指土坯、砖石或其他材料砌筑而成的一种加热设备，其主要用途为饮食烹饪，个别地区兼具食盐熬制或金属冶炼之用。灶具可以有效地保护和保存火种，为火种进入人类居所提供了可能。其发明与使用终结了人们茹毛饮血的原始饮食状态，是人类饮食走向卫生、文明的重要标志之一。同时，灶具也为人类定居环境提供了必要的照明及取暖等功能，进一步提升了人类生活的总体质量。随着人们对美好生活的不断追求，灶具由结构与功能相对简单的火塘向着更为复杂的火灶发展，其在居住环境中的重要性也得到不断巩固。时至今日，灶具依旧是每个家庭中必备的生活设施之一。

中国古代灶具通常设置在房屋之内，尽管其形体较大却难以留存。在古代“事死如事生”的丧葬观影响下，作为饮食之源的灶具常被制作为微缩模型进行陪葬，这成为了解我国古代不同历史时期的灶具形制、功能及其饮食习俗的重要实物资料。中国古代复合型灶具在商周时期萌生，秦汉时期获得较大发展并逐步定型。因不同的地域特点，在汉代以后形成北方半圆形与南方三角形两大灶具系统，二者在后世长期保持着一定的独立性发展。中国古代独有的灶具形态与功能直接催生了釜、甑、锅和蒸笼等厨具的产生，对应形成了以煮、蒸、炒为主要手段的烹饪方式，以及羹、粥和各类面食等特色美食。这些以灶为核心的炊事、饮食器具与饮食习惯，塑造了中国独特的饮食文化，对中国社会结构的形成、发展与维系起到十分重要的推动作用。

本节第一部分对中国原始灶具的产生与发展进行溯源，阐述了新石器时代开放式燃烧的篝火、火塘向半封闭与封闭式燃烧的单体陶灶的重要转变；第二部分主要论述复合灶逐渐成为传统厨房核心设施的演变历程；第三部分聚焦灶神文化，从精神需求、祭祀礼仪两个方面解读其身份、司职与习俗的历史变迁和社会成因。本节通过对中国古代灶具的发展演变、功能价值以及设计特征等影响因素的分析，探求中国独特的饮食文化。

一、从篝火、火塘到火灶的演进

中国传统文字以象形文字为基础，其图式符号与字形字意直观显现出造物与造字之间的内在关联。“灶”的本字目前可追溯至春秋时期《秦公簋》上的金文“竈”字，东汉《说文解字》将其释为“炊，竈也。从穴，鼀省声”[1]，清代段玉裁对其注解为“炊者，爨也。竈者，炊爨之处也”[2]。“爨竈”一词即指生火做饭的炉灶。从象形文字中的图式符号与字形字意来看，“爨”与“竈”二字均包含了我国早期灶具的历史信息。“爨”为会意字，上方为双手持甑安放于灶口，下方为送柴加薪进灶门。《说文解字系传》中记载“取其进火谓之爨，取其气上谓之炊”[3]，正是利用灶具生火热蒸食物的生动写照。“竈”，从穴从鼀，造字本义为掘地成灶坑，应为烹饪食物的较早灶具之一。“鼀”在表音之外，也有学者认为是炉灶熄火后喜欢寄居其中的某种昆虫。东汉《释名•释宫室》中记载“竈，造也，造创食物也”[4]，表明灶具是加工与创造食物的必要设施。随着灶具的日益完善与普及，至迟在北朝时期的魏碑中出现了更为简单的“灶”字。该字从火从土，说明了当时的灶具一般为简便易得的土砌筑而成，后世遂沿用此字。

（一）开放式燃烧的篝火与火塘

远古人类在旧石器时代已经发现并学会使用火，而摩擦生火的发明对人类的生产生活产生了深刻的影响。人类早期应用篝火的形式将不同种类的食材烤制为熟食。新石器时代，人们逐渐过上了定居的生活，利用火烹饪熟食的技能得到继承，并在居住空间中逐步形成一个便于烹饪的单独区域。目前我国考古发现较早的原始灶具为火塘，即在住所中的某处下掘形成一定形制的灶坑，内部及口沿用泥土、石块构筑巩固，坑内放置柴草以便生火做饭，其由来应是篝火搬入居所后不断下掘而形成。此类实证见于河南新郑新石器时代早期的裴里岗文化房址，其中已有固定位置的篝火遗迹。同时期在陕西临潼白家村文化居址内还发现了下掘成浅穴的灶坑，显示出从篝火到火塘的过渡性特征。同时，二者四周几乎未有遮挡，火的燃烧方式均为开放式，也进一步说明了它们之间的演进关系。

新石器时代晚期的龙山文化、马家窑文化和齐家文化的房址中央陆续发现火塘遗迹，火塘逐渐取代篝火成为室内固定的灶具。其中甘肃东乡林家遗址中，大多数半地穴式房址均发现双联或三联的圆形火塘，部分为瓢形或方形火塘，

[1]〔汉〕许慎：《说文解字：附检字》，中华书局，1963，第210页。

[2]〔汉〕许慎撰，〔清〕段玉裁注《说文解字注》，许惟贤整理，凤凰出版社，2007，第601页。

[3]〔南唐〕徐锴：《说文解字系传：附音序、笔画、四角号码检字》，中华书局，2017，第53页。

[4]〔汉〕刘熙：《释名：附音序、笔画索引》，中华书局，2016，第83页。

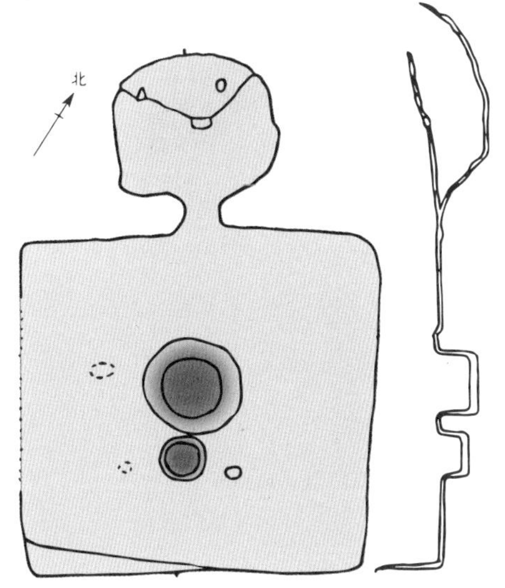

图 2-2-1（左） 新石器时代晚期火塘

图 2-2-2（右） 云南省陇川县户撒乡芒俄村奘房火塘[5]

其边上通常埋有一个贮存火种的陶罐（图 2-2-1）。[6] 这些单间房屋面积狭小而简陋，但火塘却处于迎门正中的重要位置，其在整体居住空间中有着核心且崇高的地位。同时期在广东韶关走马冈两个新石器时代晚期的房址中也发现同类型火塘，其中 T5 中的 2 号灶坑含有大量竹木炭屑、红烧土和夹砂粗陶片等物质。[7] 夏商周时期的河南二里头文化、郑州商城、安阳殷墟以及周代都邑的房屋遗址中仍然保留有火塘，与新石器时代的火塘没有明显区别。这一方面反映出火塘在我国早期文明中有着长期、普遍的运用，另一方面体现了当时人们利用火塘内燃烧的竹木炭，对陶质炊具进行外加热的真实生活情境。

火塘结构简单、制作简便，不仅在我国一些偏远的农村地区保留使用，而且在当地文化中将其视作最为神圣的场所，不能跨越。如图 2-2-2 所示，在云南省陇川县户撒乡芒俄村奘房中设置一处火塘，专用于僧侣的起居生活，正是这种原始灶具重要文化功能的真实写照。篝火与火塘作为原始形态的灶具，四周敞开而未有遮挡，热能散失严重，室内燃烧所产生的烟雾难以消散，如何将炉火有效地利用与控制成为亟待解决的难题。

（二）半封闭与封闭式燃烧的单体陶灶

陶器烧造为灶具的进一步发展提供了新的材料与方法，其优良的耐火性与可塑性，成为我国古代灶具制作的主流材料。陶灶的出现是人们在寻求火能控制的具体实践中，逐步将灶具底部的燃烧空间保留并固定下来的产物，也是最早实现火能控制以及食材炊煮的专业灶具。其制作促使火的燃烧形式由原始的

[5] 作者拍摄。

[6] 段小强编著《马家窑文化》，文物出版社，2011，第 168—169 页。

[7] 广东省文物管理委员会、华南师范学院历史系：《广东曲江鲶鱼转、马蹄坪和韶关走马冈遗址》，《考古》1964 年第 7 期。

a 仰韶文化陶灶[8]

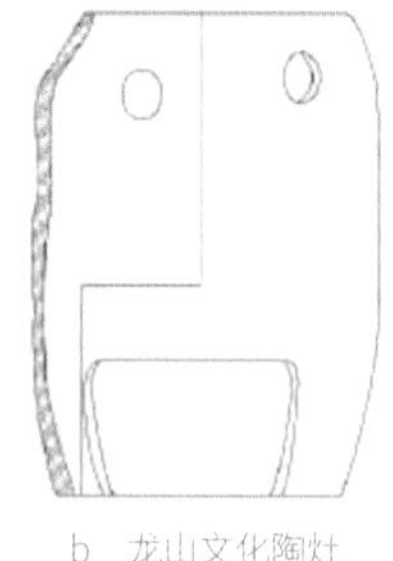
b 龙山文化陶灶

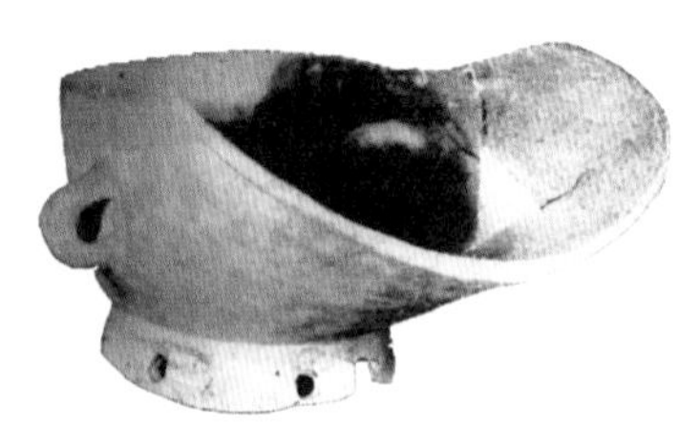
c 河姆渡文化陶灶[9]

图 2-2-3 三种文化中的陶灶

开放式转变为半封闭或封闭式，不仅集中热能为食物烹饪提供了更为便利的条件，而且较大程度克服了烟熏火燎的难题，人们的烹饪方式相应也进入了一个新的历史阶段。这类陶灶形制大小与生活实用器物相当，灶门与灶眼内外联通，有着一体化的发展特征。其设计既可以起到燃烧、添柴与排烟的作用，又适应定居下日常炊事活动，因而成为当时较为流行的灶具。

我国的陶灶在南北方多地的新石器时代遗址中均有发现，其中在北方所见为多，主要集中在黄河中下游的仰韶文化和龙山文化等地区，南方以长江下游的河姆渡文化为主。这些文化地区出土的陶灶已经摆脱火塘的基本形制，整体呈现出独立、单体与可移动的发展特征，相应也形成造型丰富、结构多样的灶具形制。如图 2-2-3 所示，三种文化中的陶灶呈现出三种各不相同的形制。仰韶文化的陶灶（图 2-2-3a）时间较早，其形制多为矮小的圆形，敞口，顶部设有烟口，上可置釜，一侧开窗为灶门，便于点火送柴。[10] 龙山文化的陶灶（图 2-2-3b）时间较晚，其形制多为高筒形，敛口，烟口、灶门的设置与仰韶文化的陶灶相近，另在口沿下方开有相对的两个圆孔，可能起到支架作用。[11] 南方河姆渡文化的陶灶（图 2-2-3c）多为舟形，敞口，双耳，带圈足，烟口、火门与灶体融合为一体。这些单体陶灶尽管形制有所不同，但在不同地区均有出现，显示出灶具发展具有一定的同步性。

二、复合灶的定型、分类与发展

（一）从单体灶到复合灶的演变与定型

商周时期，人们住所的建筑形式以夯土墙和木构架为主体，出现了院落组

[8] 王仁湘：《珍馐玉馔：古代饮食文化》，江苏古籍出版社，2002，第 30 页。

[9] 同上书，第 31 页。

[10] 同上书，第 30 页。

[11] 陕西省考古研究所、延安地区文管会、甘泉县文管所：《陕北甘泉县史家湾遗址》，《文物》1992 年第 11 期。

合的形式，定居的生活方式得到进一步巩固[12]。同时期较为发达的青铜冶铸技术，生产出硬度高、可塑性强且导热性好的青铜材料，为灶具的发展带来了新的可能。我国考古发现该时期的灶具十分稀少，其中河南安阳殷墟商代晚期妇好墓中出土的青铜三联甗（图2-2-4），在一定程度上反映了当时灶具的发展特征。该甗通高68厘米、长103.7厘米、宽27厘米，由上部蒸食物的三个甑与下部煮水的一个鬲两部分组成，中间以箅相隔可通蒸汽。鬲下生火，三个甑内可同时蒸煮食物，既最大化地利用了热能，又节省了操作时间，增加了食品的品类和总量。从中可以看出，青铜三联甗已具备“高灶台、多灶眼”等发展特征，将不同功能的器物进行组合，并逐步形成整体配套设计的概念。从底部开放式生火燃烧来看，青铜三联甗的设计尚处于探索阶段。

春秋战国时期，青铜灶具的设计得到不断强化，其形制、结构与功能相应得到进一步的整合。如山西太原金胜村赵卿墓出土一件春秋晚期青铜虎形灶（图2-2-5），由灶体、釜、甑以及四节烟筒等部分组成，通高162厘米，灶体高22厘米、长46厘米、宽38厘米。灶体顶部有一圆形灶眼，上置釜与甑，灶眼后有上下套接的圆形烟筒，两侧有提携的提链。灶体内有小凸齿用于搪灶挂泥，这样既可达到热量集中与保温的效果，又可节省柴薪。相较于早期单体陶灶来看，春秋晚期青铜虎形灶有着更为复杂的形制、精巧的结构以及多重的功能，体现出集约化的发展特征，成为这一时期灶具发展的重要物证。

随着灶具的日益普及与烹饪技术的不断提高，至秦汉时期灶具获得了较大的发展，随着砌筑技术的发展，出现了用土坯或砖石砌筑的灶台。由于历代居所营建的兴衰，灶具难以长久保存。在辽宁抚顺莲花堡发现两处西汉初期的土灶遗址，是反映当时灶具发展为数不多的例证。两处灶具相距约430厘米，二者均为圆形，膛底尚存较厚的烧灰和木炭渣。其中保存相对完整的1号灶灶膛直径为

图2-2-4（左）　商代晚期青铜三联甗[13]

图2-2-5（右）　春秋晚期青铜虎形灶[14]

[12] 刘米、吴志军：《中国灶具形态的演变历程探析》，《家具与室内装饰》2017年第7期。

[13] 郑鑫、李丽主编《中国设计全集·第11卷·餐饮类编·厨具篇》，商务印书馆，2012，第48页。

[14] 山西博物院，http://www.shanximuseum.com/sx/collection/detail.html?id=650，访问日期：2023年5月14日。

52厘米，留存的一截横向方筒状烟道高30厘米、长18厘米、宽12厘米，这不仅为了解当时灶具的基本规格与尺寸提供了重要的实证参考[15]，而且结合同出土的农具与铸币来看，灶具也存在着从中原向东北地区的传播路径。在生活所用的灶具之外，这一时期的墓葬中出土了大量不同材质、大小与形制的灶具模型，其数量与种类远超先秦时期，并逐步取代了鼎、簋等具有烹饪功能的器物。这些随葬灶具主要集中分布在陕西、河南、江苏、湖北、山东、山西、广东、河北和湖南等省份，另在江西、内蒙古、青海、甘肃、四川、安徽、北京、辽宁、浙江、广西、宁夏、天津和重庆有零星分布，显示其使用范围日益扩大的发展趋势，其中又以陕西和河南比重最大。陕西西安和河南洛阳分别为西汉与东汉的都城，而灶具的地区分布特点充分表明了政治经济因素对文化的影响。陶质灶具作为这些墓葬中的主流随葬品，与釜、甑、罐等器物形成较为固定的炊具组合，一方面生动还原了当时的烹饪活动是围绕着灶具渐次展开的，另一方面表明了灶具在地下空间有着同等重要的作用，意味着为逝者继续制作美味佳肴。

目前我国考古资料显示，至迟在秦代已经流行将陶灶作为主要随葬品的做法，随着秦统一六国，其他地区也陆续开始仿效。陕西凤翔出土的陶灶整体呈前方后圆样式，前有灶门后设烟筒，灶台上分布有三个灶眼，已经具备了复合型灶具的主要形制特征。秦汉时期的复合型灶具通常包含灶门、灶台、灶膛、灶眼、烟筒、挡火墙以及围屏等部分，其特征主要表现在灶膛空间增大，灶台、灶眼相应增多，在满足多种食材烹饪的同时，也开始注重各部分的合理布局，以追求完善的功能和美观整洁的外形。这类灶具从形态上可分为方形、圆形、椭圆形、半椭圆形、三角形及曲尺形等几何形。其中方形和曲尺形的数量相对较少，其余形态的灶具数量较多。灶具绝大多数为单灶门，灶膛的空间整体均较前期灶具增大了许多，使得灶膛内部的冷热空气形成对流，使柴薪充分燃烧，较好地利用了热量[16]。根据灶眼数量，其又可分为单眼灶、二眼灶、三眼灶、四眼灶和五眼灶等。其中单眼灶、二眼灶、三眼灶最为常见，其他形制相对较少，五眼灶十分稀少，目前仅在山西地区的太原南郊[17]与尖草坪[18]的西汉墓、孝义张家庄东汉墓[19]出土了三件五眼灶具（图2-2-6），其上置有不同数量的陶甑与陶釜，其余地区未见此类灶具。使用时一般将火力的位置、大小以及蒸煮器物的体积大小相匹配，在灶门最近且火力最大的灶眼上置甑，在火力较小的灶眼上置釜，在离

[15] 王增新：《辽宁抚顺市莲花堡遗址发掘简报》，《考古》1964年第6期。
[16] 王强、白羽：《中国古代灶具设计演变研究》，《装饰》2010年第11期。
[17] 山西省文物管理委员会：《太原西南郊清理的汉至元代墓葬》，《考古》1963年第5期。
[18] 山西省博物馆：《太原市尖草坪汉墓》，《考古》1985年第6期。
[19] 山西省文物管理委员会、山西省考古研究所：《山西孝义张家庄汉墓发掘记》，《考古》1960年第7期。

灶门最远的灶眼处置罐，这体现了人们对整座灶台科学合理的设计。该时期灶具的烟筒较前期有了较大的改进，曲尺形烟筒得到较为广泛的使用。相较于秦汉时期以前易于造成火灾的直筒形烟筒，曲尺形烟筒不仅可以有效防火排烟，而且可以提升抽力，进而提高烹饪效率和质量。如江苏徐州西汉墓出土的曲尺形烟筒灶具[20]（图2-2-7），后端设有曲尺方柱形烟筒和曲尺形挡风矮墙，烟筒上附有四面坡顶，四面有孔与烟道相通，这样设计还对外形有一定的考量。

此外，汉代灶具围屏逐步与周围家具有机组合，形成功能更为完善的集成式灶具。如北京平谷汉墓中出土的陶灶（图2-2-8），灶台背面和左侧围合成屏并将烟筒整合其中，简洁的灶台也方便人们烹饪食物。[21]河南安阳出土了一件带橱柜的长方形陶灶（图2-2-9），灶面右侧敞开，其余三个边沿均有挡风遮烟墙，墙的高度均不相同。前墙最低，呈阶梯状“山”字形，后墙最高，中部附一方管形烟筒。后墙向左连接一竖长方体橱柜。橱柜用挡板分为四层，最底层较高直接落地，第二、三层高低尺寸几乎一致，第四层前有挡板、无顶，应放置粮食、碗、盆、盘等餐具，以及调料的瓶状器物。[22]河南武陟汉墓出土的一件长方形陶灶和竖长方形分层橱柜（图2-2-10）与之大体相同，但在两面挡风遮烟墙上均有覆瓦形成的坡顶，应是当时人们仿造露天灶台所做的模型。[23]上述两灶较好地反映出汉代家庭垒砌固定灶台的真实情形。

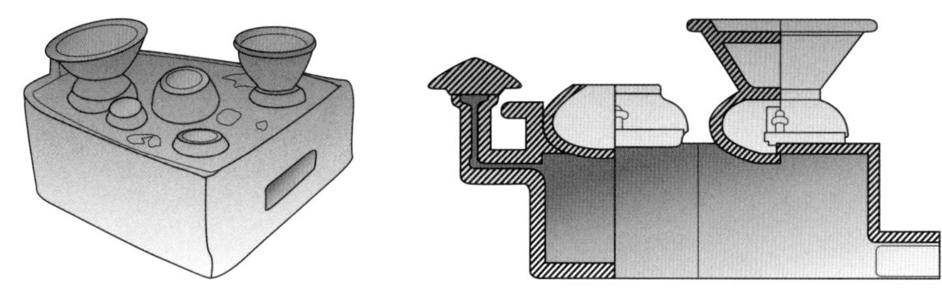

图2-2-6（左）　西汉五眼灶具

图2-2-7（右）　西汉曲尺形烟筒灶具

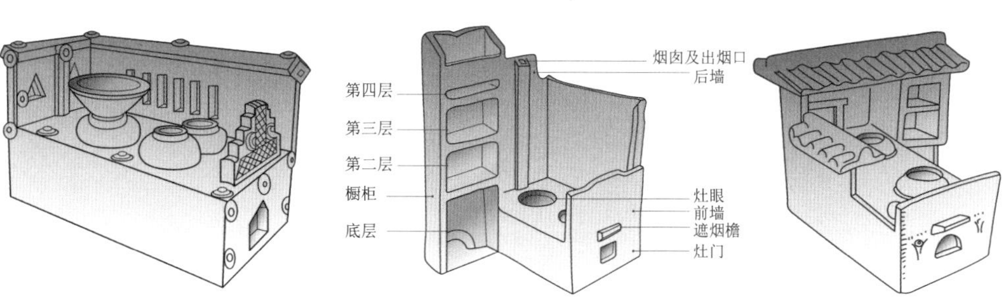

图2-2-8（左）　西汉带围屏陶灶

图2-2-9（中）　汉代带橱柜陶灶

图2-2-10（右）　汉代带坡顶陶灶

[20] 徐州博物馆：《徐州后楼山西汉墓发掘报告》，《文物》1993年第4期。

[21] 北京市文物工作队：《北京平谷县西柏店和唐庄子汉墓发掘简报》，《考古》1962年第5期。

[22] 张勇：《豫北汉代陶灶》，《中原文物》2007年第5期。

[23] 郭灿江：《河南出土的汉代陶灶》，《中原文物》1998年第3期。

秦汉时期的复合型灶具有较为完善的功能性和可操作性，其形制基本定型，此后灶具的设计与制作多在此基础上进行局部革新。特别是多眼灶的普及，为高效利用能源，一灶多用完成诸如煮饭、做菜与烧水等炊事，提供了行之有效的烹饪设备。这也从另一个侧面反映出秦汉时期稳定供应、种类丰富的食材是灶具大发展的必要前提。

（二）北方半椭圆形与南方三角形复合灶的分类发展

汉代以后，灶具仍然是一些较大规模墓葬中的必备随葬品，其地域分布得到进一步扩展，但其数量与种类逐渐呈现出不断下降的发展趋势。从考古发现的随葬灶具模型来看，北方与南方地区的灶具形制逐渐分野，并形成半椭圆形与三角形两大系统[24]。这种因不同地域情况而产生的新变化，早在东汉时期已有显现，在三国两晋南北朝至唐宋时期的差别开始日趋明显。其中，北方灶具以半椭圆形为主，灶门上端多增设有阶梯式的挡火墙，且高度日渐提升，使得在锅台前烹饪的人免受烟熏火燎之苦，同时改善了饮食制作过程中的卫生状况。典型如内蒙古呼和浩特北魏墓[25]、河北磁县东魏墓[26]、河北磁县北齐高润墓[27]山西的北齐韩裔墓[28]（图2-2-11）和甘肃敦煌五凉时期的墓葬[29]中均有出土。南方地区的灶具以三角形为主，由大到小逐渐向尾部收缩并翘起，上有烟孔。在湖北鄂城[30]、安徽南陵[31]、江苏镇江[32]和金坛[33]、浙江绍兴[34]等地的东吴至两晋墓葬，均有此类样式的陶灶出土（图2-2-12）。南北朝时期，南方部分灶

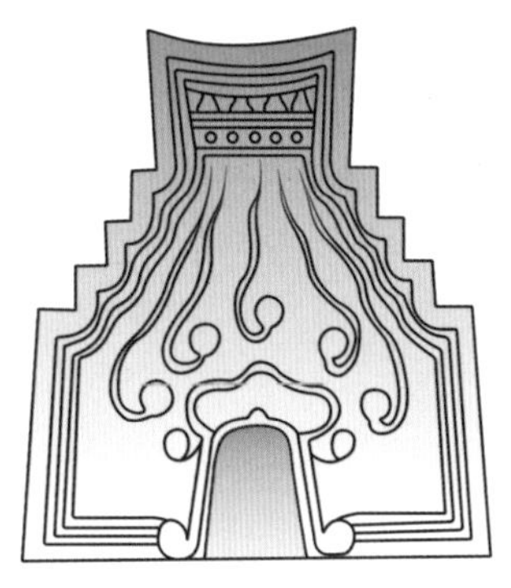

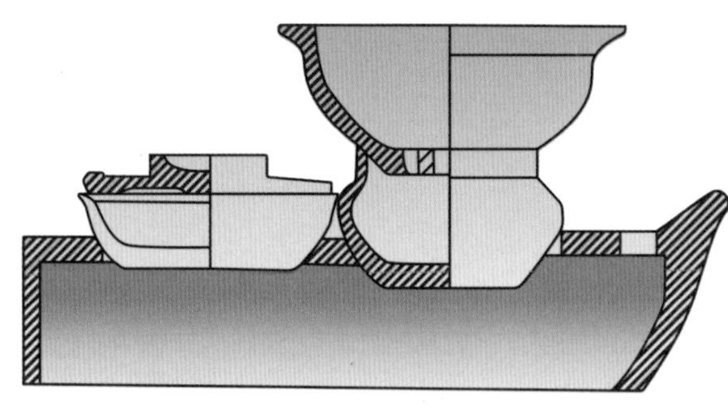

图2-2-11（左）　北齐时期陶灶

图2-2-12（右）　东吴时期陶灶

[24] 王仁湘：《炊烟8000年——从火塘到火灶》，《大众考古》2013年第4期。
[25] 郭素新：《内蒙古呼和浩特北魏墓》，《文物》1977年第5期。
[26] 磁县文化馆：《河北磁县东陈村东魏墓》，《考古》1977年第6期。
[27] 磁县文化馆：《河北磁县北齐高润墓》，《考古》1979年第3期。
[28] 陶正刚：《山西祁县白圭北齐韩裔墓》，《文物》1975年第4期。
[29] 甘肃省敦煌县博物馆：《敦煌佛爷庙湾五凉时期墓葬发掘简报》，《文物》1983年第10期。
[30] 鄂城县博物馆：《湖北鄂城四座吴墓发掘报告》，《考古》1982年第3期。
[31] 安徽省文物工作队：《安徽南陵县麻桥东吴墓》，《考古》1984年第11期。
[32] 镇江博物馆：《镇江东吴西晋墓》，《考古》1984年第6期。
[33] 常州市博物馆、金坛县文管会：《江苏金坛县方麓东吴墓》，《文物》1989年第8期。
[34] 沈作霖：《浙江绍兴凤凰山西晋永嘉七年墓》，《文物》1991年第6期。

具受到北方的影响，在灶门上端加上了阶梯式挡火墙，如江西高安南朝墓出土的一件青瓷灶[35]。此外，无论南北方不同形制的灶具，其表面都较以前更富于装饰性，灶台面上刻着不同种类的肉、蔬菜等食材图形，还有烹饪时所用的刀、钩、盘、碗等厨具的图形，部分还刻画或塑造有庖厨、家禽等生动形象，集中展现了当时饮食丰盛的社会生活景象。

（三）不断完善的灶具及其配套用具

唐代以来，各地不同类型的遗址中有零星的灶具模型出土，其形制与南北朝时期相差不大。部分遗址尚保存有实际大小的灶具，如江苏扬州唐城手工业作坊遗址发现了7个椭圆形土灶，为平地挖坑而成。该类灶距地表55至70厘米，口径在40至110厘米、残高11至33厘米、灶壁厚7至8厘米，灶内填有草木灰，表明有生活实用的痕迹，这与近现代灶具的尺寸、规格也基本接近。[36]另外，在北京南郊辽墓的右前室内发现一处砖砌的灶具，长68厘米、宽44厘米、高103厘米，灶上放置铁锅、石锅、玉碗和铜勺等器物[37]，较好地还原了当时的灶具与厨房的实际场景。

明代多眼灶具设计有多个灶门，其形制与近代的灶十分相似。典型如河北阜城明代廖纪墓出土的灶具，整体灶台呈长方形，长22厘米、宽9.5厘米、高17.5厘米。灶台上开有三个灶眼，对应设有三个灶门，后壁仍然延续阶梯状的山字挡火墙，正中包裹方柱状烟筒（图2-2-13）[38]，若按此比例放大与近代灶具的尺寸近乎一致。此前灶台均为低矮灶台，这与人们生活坐姿的顺势改变有密切关联。与此相近，奥斯曼帝国时期的灶台呈方形（图2-2-14），台上有两个方形灶眼，下设两个锥形灶门，灶眼上分别有烧烤和煎炸的食物。此外，16世纪德国的木刻版画中描绘有一个方形灶台（图2-2-15），台上有两个圆形灶眼，分

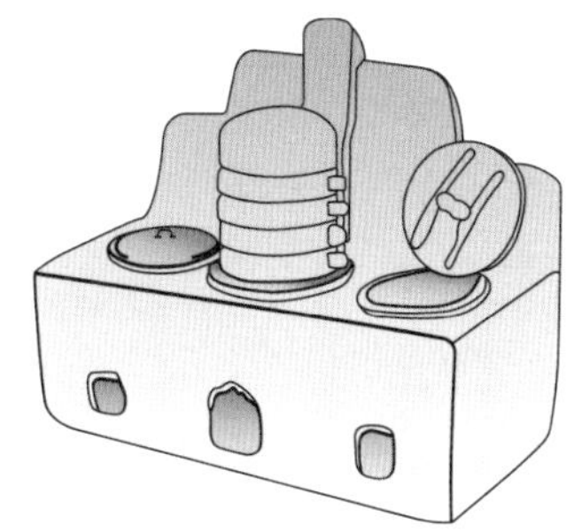

图2-2-13（左） 明代三灶门灶具

图2-2-14（中） 奥斯曼帝国时期游行彩车中的灶台[39]

图2-2-15（右） 16世纪德国木刻版画中的灶台[40]

[35] 高安县博物馆：《江西高安清理一座南朝墓》，《考古》1985年第9期。

[36] 南京博物院：《扬州唐城手工业作坊遗址第二、三次发掘简报》，《文物》1980年第3期。

[37] 北京市文物工作队：《北京南郊辽赵德钧墓》，《考古》1962年第5期。

[38] 天津市文化局考古发掘队：《河北阜城明代廖纪墓清理简报》，《考古》1965年第2期。

[39] 王琥主编《中国传统器具设计研究》卷三，江苏美术出版社，2010，第341页。

[40]〔美〕埃伦·加尔福特等：《人类文明史图鉴·家庭的进化》，董小川译，吉林人民出版社、吉林美术出版社，1999，第130页。

别置一提梁锅。与中国相比，西方的灶台形制与结构均相对简单，未发现有烟筒、挡火墙、鼓风器和橱柜等设施。对于灶台空间的布置和最大化利用，则是中西方共同追求的目标。

明代发明了风箱，通过设置自动开闭活门与拉杆，利用活塞运动的原理，加大空气压力并产生连续风流，为灶膛内充分燃烧提供了重要的动能来源。明代晚期《天工开物》卷十四“五金·银”条中首次记载了“风箱”之名：“风箱安置墙背，合两三人力，带拽透管通风。”[41]同书中《倭国造银钱》一图有着直观的表现（图2-2-16），风箱与白银冶炼的灶具相连，为其提供高效的风力，提升冶炼的效率。该风箱的形制和工作原理与现今民间所用的风箱几乎一致，可能是由金属冶炼逐步推广至民间炊事所用，时至今日仍有一些农村地区使用这种高效的拉杆活塞式木风箱。典型如江苏启东地区的农户目前仍在使用三眼灶，如图2-2-17所示，三眼灶具由灶台、灶壁、烟筒、灶门、风箱等主要部分，以及汤罐、锅、锅盖、灶面等一些具有附加功能的部分组成。灶台整体似一个扇形，集中安放了三个铁锅以及两只汤罐。整个灶台的高度为80厘米，灶面的边缘至铁锅的边缘不少于25.5厘米。风箱同样采用的是活塞式双向连续鼓风的风箱，高50厘米、宽16厘米、长86厘米。[42]根据人体尺度和放置物的种类、数量、大小、形状及物品存放方式，在灶壁正面左上方有一个长50厘米、高25厘米的凹进的槽，可以存放油、盐、酱、醋等日用生活品。该地区灶具的功能集成程度高、空间占地少、操作简便，大大提升了人们的烹饪效率，其细微之处的人性化设计也体现了以人为本的设计思想。

人类学会用火之后逐渐开始制作并食用熟食，食物来源有狩猎获取的肉食

图2-2-16 明代《天工开物》中的《倭国造银钱》[43]

[41]〔明〕宋应星：《天工开物》，涂伯聚原刊本，明崇祯十年（1637），第115页。
[42] 王强：《薪尽火传——江苏启东地区灶具设计研究》，《装饰》2008年第9期。
[43]〔明〕宋应星：《天工开物》，涂伯聚原刊本，明崇祯十年（1637），第6页。

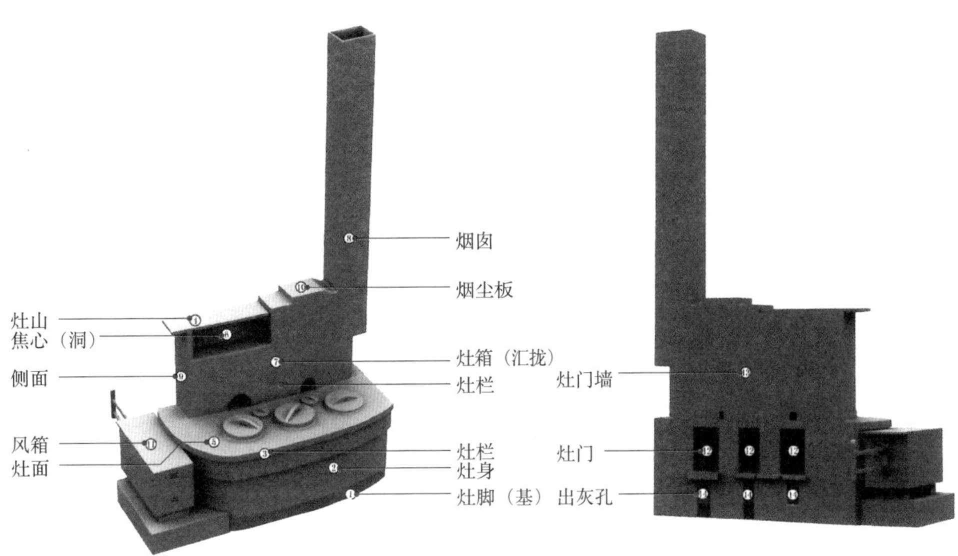

图 2-2-17　江苏启东地区传统灶具

与人工种植的各类农作物。为了将不同的食材加工为熟食，人们开始制作一些便于底部加热的鼎和鬲等器物。火塘出现以后，与之相适应的炊具转变为受热面积更大的圜底深腹的釜，主要利用不断加热的沸水煮制各类食物。[44]夏商周时期开始形成釜、甑的器物组合，二者之间用镂空篦子相连，底部薪柴燃烧的热能将釜中的水及食物煮沸，生成的热气进而蒸熟甑中的食物。这种以煮、蒸为重要技术特征的烹饪方法一直沿用至今[45]，陆续产生了羹、粥、面条、馒头、包子和饺子等特色美食。各地区间在民族、文化的不断交流与融合中，烹饪所用的器具逐渐由多样化趋于统一。[46]随着灶具与烹饪技术的不断进步，釜、甑逐步又被更为简约而高效的锅和蒸笼所取代。汉代釜的口部不断扩大，成为釜向锅演变发展的转折点。至北魏时期已有铜锅炝炒鸡蛋的记载，可见此时的锅已成为一种重要的烹饪用具。灶具、锅与炝炒的烹饪方法三者之间相互影响、共同发展。宋元时期炒菜逐渐成为人们日常饮食中的一种重要熟食类别。蒸笼为甑演变而来，早在河南新密打虎亭汉墓出土的画像石中便出现了蒸笼，及至宋元时期才逐步在各地得到普及。如山西屯留宋村金代壁画墓东墓室壁画《庖厨图》，长方形灶台上放8层蒸笼，厨房中一人和面，一人在察看笼罩中的食物（图2-2-18）。[47]另外，在陕西宝鸡元墓出土的圆形灶具，灶眼置锅，锅上置4层蒸笼，顶端有盖[48]，充分显示出锅、蒸笼与灶三者组合使用的密切关系（图2-2-19）。

[44] 王仁湘主编《中国史前饮食史》，青岛出版社，1997，第22页。
[45] 俞为洁：《中国食料史》，上海古籍出版社，2011，第145页。
[46] 张景明、王雁卿：《中国饮食器具发展史》，上海古籍出版社，2011，第128页。
[47] 山西省考古研究所、长治市博物馆：《山西屯留宋村金代壁画墓》，《文物》2008年第8期。
[48] 刘宝爱、张德文：《陕西宝鸡元墓》，《文物》1992年第2期。

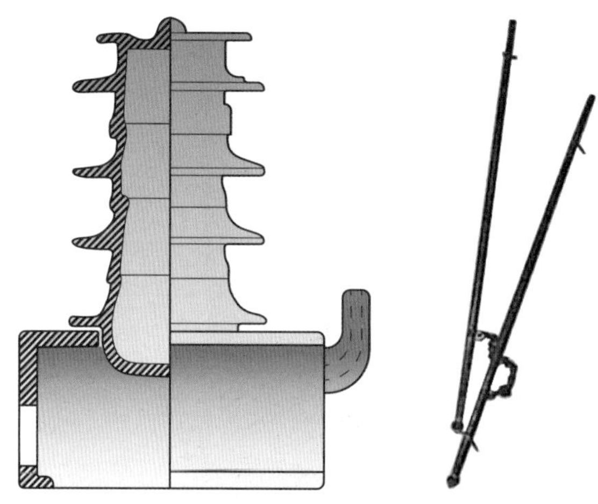

图 2-2-18（左） 金代壁画墓东墓室壁画《庖厨图》[49]

图 2-2-19（中） 元代灶具、锅与蒸笼

图 2-2-20（右） 唐代银火筷

除以上烹饪用具之外，古代还发明有火筷、火钳，二者均是用于夹取柴火（炭）与挑拨火势的专用器具。火筷由两根金属细棍构成，火钳一般由手柄、钳肩、钳臂组成，两根金属细棍在钳肩处相互交叉嵌套活动连接。典型如陕西临潼唐代庆山寺舍利塔基精室出土的银火筷（图 2-2-20），通长 23 厘米、直径 0.2 至 0.5 厘米，上粗下细，呈圆柱形。筷首为圆润饱满的水滴形，中间以链条连接，可避免将火筷落入火中，用完后，也可将火筷挂于固定位置。[50]火筷、火钳的出现与使用延长了人的手臂，人们在添加燃烧的柴薪或炭火时不容易被灼痛烧伤，能够较为轻松地处理灶膛内部的燃烧物，并使其充分燃烧。

三、由灶具发展而来的灶神信仰

灶具是家庭日常生活的必要设施，也被视为火的“居所”，与人们的精神生活有着密切的联系，灶神由此衍生而来。灶神又称为“灶王爷”“司命灶君”“护宅天尊”等，是中国民间信仰中最为流行的神祇之一，历来被视作掌管一户之平安与福运的家神，寄托了人们驱灾辟邪、迎祥纳福的美好愿望。这种信仰观念的产生与流行，一方面体现了灶具在家庭日常生活中举足轻重的作用，另一方面也反映了人们在满足物质需求之后的某种精神需求。

（一）从神圣走向世俗的家宅灶神

关于灶神的起源，学界有“上古圣贤演化说”和“动物化生说”，多数学者认为灶神源自炎帝、祝融或黄帝。[51]三位上古圣贤均与火有着密切的关联，可能是先民对自然火的崇拜进而产生的神祇信仰。其中炎帝或为最古老的灶神，《说

[49] 山西省考古研究所、长治市博物馆：《山西屯留宋村金代壁画墓》，《文物》2008 年第 8 期。

[50] 临潼县博物馆：《临潼唐庆山寺舍利塔基精室清理记》，《文博》1985 年第 5 期。

[51] 杨福泉：《灶与灶神》，学苑出版社，1995，第 35—48 页。

文解字》中认为“炎，火光上也。从重火”[52]，民间尊奉炎帝为“南方火德之帝”。汉代《淮南子·泛论训》与《论衡·祭意》中均记载“炎帝于火，而死为灶”[53]。高诱注：炎帝因火德而作为天下的王，死后以灶神的身份享受祭祀。祝融为炎帝的后裔，至周代成为新的灶神，《周礼》记载祝融“祀以为灶神”。此外，也有较多民间传说指出黄帝也是远古的灶神之一。三位上古圣贤走入家宅并被赋予了灶神的身份，其发展与开放式燃烧、半封闭与封闭式燃烧的灶具发展几乎同步，显示出精神信仰与器物功能之间相互依存的关系。《礼记》中“五祀”和“七祀”的祭俗中都包含有灶神，进一步确立了灶神在祭祀礼仪中的重要地位。

我国传统灶具的形制在汉代逐渐发展定型，灶神的身份也开始向着人格化、世俗化的方向演进。从古代文献记载来看，灶神的形象不仅有男有女，还组建了家庭。《后汉书·阴识传》中注引《杂五行书》曰：“灶神名禅，字子郭，衣黄衣。”东汉许慎《五经异义》中记载灶神为夫妇二人的传说：灶神……姓苏，名吉利。妇姓王，名抟颊。唐代《酉阳杂俎》则记载了“灶神名隗，状如美女。又姓张名单，字子郭。夫人字卿忌，有六女，皆名察洽”[54]。此外，灶神有时也指女性，如宋代《太平御览》引《五经异义》：“灶神非祝融，是老妇。”[55]民间关于灶神的传说，事迹不断增多，其身份来历多变不定，其中流传最广的灶神是张单，其妻忌卿，也被尊为灶王奶奶。在世俗身份之外，灶神还与早期祭祀文化中的“司命神”结合形成“司命灶君”，同时被道教吸纳形成“司命真君”“护宅天尊”“香厨妙供天尊”等多元称谓，灶神的影响力和传播范围得到进一步的扩大。

（二）灶神司职演化与祭祀习俗变迁

世俗化的灶神在家宅中的司职由主管饮食逐步扩展为监察人间的功过是非，统管一家福祸。汉代开始有灶神监察人间罪恶并向上天报告的记载，如《淮南万毕术》曰：“灶神晦日归天，白人罪。”[56]东汉经学家郑玄也称灶神是“小神居人之间，司察小过，作谴告者尔”[57]。“小神”对人世间“小过”的揭发，也透露出当时人们对灶神的鄙夷心态。灶神恩威并重的形象深入人心，其信仰在民间流播的范围也日益扩大。清光绪年间《灶王真经》尚有“灶王爷司东厨一家之主，一家人凡作事看的分明。谁行善谁作恶观察虚实，每月里三十日上奏天

[52]〔东汉〕许慎：《说文解字：附检字》，中华书局，1963，第210页。

[53]杨有礼注说《淮南子》，河南大学出版社，2010，第476—477页；〔东汉〕王充：《论衡》，上海人民出版社，1974，第392页。

[54]〔唐〕段成式：《四库全书荟要·乾隆御览本》子部《酉阳杂俎》，吉林人民出版社，2002，第70页。

[55]〔清〕陈寿祺：《五经异义疏证》，曹建墩点校，上海古籍出版社，2012，第80页。

[56]〔宋〕李昉等：《太平御览·二》，上海古籍出版社，2008，第766页。

[57]〔汉〕郑玄注，〔唐〕孔颖达正义《礼记正义·下》，吕友仁整理，上海古籍出版社，2008，第1799页。

庭”[58]的记载。因此，人们怀着感恩、敬畏又愤恨的复杂情感，从而对灶神产生了讨好、讥讽或愚弄等毁誉不一的行为。

周代既已形成祭灶习俗，《礼记·月令》记载："孟夏之月，……其祀灶，祭先肺。"[59]郑玄注解："夏，阳气盛热于外，祀之于灶，从热类也。"初夏祭灶，炎热的天气与灶火相似，也符合早期灶神与太阳及火的自然崇拜的历史情形。西汉宣帝时期，一位名叫阴子方的人一夜暴富，世人将此附会为腊月祭祀灶神的作用[60]。虔诚祭灶，灶神显形并使其富贵，从此改变了祭灶的时间。腊日的时间尚不固定，晋代《风土记》中称："腊月廿四日夜祀灶，谓灶神翌日上天，白一岁时事，故先一日祀之。"[61]南朝梁《荆楚岁时记》中记载："十二月八日为腊日……其日，并以豚酒祭灶神。"[62]至宋代确立了腊月二十四日祭灶，诗人范成大《祭灶词》曰："古传腊月二十四，灶君朝天欲言事。云车风马尚留连，家有杯盘丰典祀。"时至今日，中国大部分地区的人们依旧延续着这一传统，南方祭灶多集中于腊月二十四日，北方则受到清代皇家提前祭灶的影响，选择在腊月二十三日完成祭祀，因而也流传着“官三民四”的说法。

历代祭灶的供品不尽相同，宋代以前多宰杀牲畜进行荤祭，宋代开始荤素搭配或纯以素食进行祭祀。如宋代《祭灶词》记载荤素搭配的供品“猪头烂熟双鱼鲜，豆沙甘松粉饵圆”。《梦粱录》中有“蔬食、饧、豆祀灶”，包括蔬菜、糖、萁豆等供品。为了讨好灶神，筹备丰富多样的供品使其“上天言好事，下界降吉祥”。同时，人们也采取“酒糟醉灶神”“糖糊灶神口”等特殊手段来愚弄灶神，使其上天无法说恶言。这些多元的祭灶手段充分显现出人们对灶神既感恩又恐惧的复杂心理，更加说明灶神已融入世俗生活，成为一个人间化、社会化的家神。除了供奉食物，民间还制作了大量描绘灶神的木版年画，典型如天津杨柳青博物馆所藏的套色木版年画《灶神》（图 2-2-21）。灶神在画面中央端坐，双眼一闭一睁，四周官仆紧簇，前方有聚宝盆以及狗、鸡等供品，表现出世人祈求福寿安康、少言恶事的心态。

灶神年画通常张贴在灶台之上，待到每年腊月二十三（四）祭灶时焚烧，即所谓的“送灶神上天”，之后再张贴新画，寓意迎新灶。同为天津杨柳青套色木版年画《上天降福新春大喜》（图 2-2-22），生动再现了传统社会中人们腊月祭灶的场景。画面描绘了家宅中的灶台、灶神年画以及供品的具体位置，男主

[58]〔清〕佚名《灶王真经》，光绪二十七年（1901）重刻本，第 1—2 页。

[59]〔元〕陈澔注《礼记》，金晓东校点，上海古籍出版社，2016，第 182 页。

[60]〔南朝宋〕范晔：《后汉书》第四册卷二五至卷三三，〔唐〕李贤等注，中华书局，2011，第 1133 页。

[61] 转引自于石编著《中国传统节日诗词三百首》，广东人民出版社，2004，第 249 页。

[62]〔梁〕宗檩：《荆楚岁时记》，姜彦稚辑校，岳麓书社，1986，第 53—54 页。

图 2-2-21（左）　杨柳青套色木版年画《灶神》[63]

图 2-2-22（右）　杨柳青套色木版年画《上天降福新春大喜》

人已将年画取下准备焚烧祭灶迎接新的年景。今天的灶神年画尽管已经更换了更为轻便低廉的工业材料，但灶神的张贴与祭祀依旧是很多家庭不可或缺的供奉对象。

结语

中国古代灶具的发明、发展与演进源于人们对食物烹饪的不懈追求。先秦时期烹饪技术的持续进步相继产生了篝火、火塘与火灶，对火的控制相应完成了从开放式、半封闭式再到封闭式的发展历程。秦汉时期功能完善、操作简便的复合型灶具已成为广大家庭主流的烹饪设备。汉代以后灶具延伸形成大灶膛、多灶眼、曲尺形烟筒以及挡火墙等部分，一直延续至近现代。中国古代灶具的演进整体呈现出复合型、卫生型、高效化的发展特征，营造出简、净、实用的炊事环境，一灶多用的烹饪功能满足了人们日常生活的多重需求。中国古代灶具的连续性与创新性发展，造就了中国独特、丰富的美食文化，也成为中西方饮食文化差异的关键所在。

灶具是中国饮食文化生成发展的重要源头，它不仅有力地推动我国烹饪方式、特色美食的推陈出新，塑造特有的东方膳食结构和饮食习惯，而且成为人们在家庭环境中寄托精神的主要对象。由灶具发展而来的灶神信仰正是中国人由

[63] 鲁忠民、蒲松年：《灶神》，《科技与经济画报》1994 年第 6 期。

物质生活走向精神生活的真实写照。灶神身份从纯粹的自然神或圣贤转变为具备多重宗教属性的世俗人物，其家庭司职从烹饪饮食拓展为监察人们的是非功过，人神关系也由敬畏尊重转变为讨好、愚弄的世俗情感和行为。随着灶具的日渐完备与普及，灶神成为中国最流行的民间神祇之一，灶神信仰及其祭祀习俗的不断发展为灶具注入了生生不息的精神力量。

第三节　唐宋金银饮食器具

食品是维持人体生存的重要物品，为便于盛放、移动与进食，饮食器具应运而生。新石器时代就已经出现盘、碗、钵、盆等生活器具，随着新材料与新技术的不断发明及运用，饮食器具的器型与种类也相应增多。其不仅可以单独使用，也可以组合使用，主要用于盛放固态、液态或半液态的食物和饮品。不同时期、不同材质、不同种类的饮食器具通过技术、器型、纹饰等因素相互模仿与借鉴。

饮食器具是唐宋金银器中最为丰富的一类，常在筵席活动中使用[1]，宋代称为馔器[2]。“假借外物以自坚固”[3]是中国古代先民的一种造物观，他们认为使用黄金可以使人长生不老、延年益寿，使用白银可以确保食品安全、强身健体。战国早期的长江中下游地区流行金质饮食器具，战国晚期的西北地区流行银质的饮食器具，从而实现了从尚金到尚银的转变。三国两晋南北朝时期，外来饮食器具输入的同时引进了金银加工技术，至唐早期金银饮食器具的制作水平较为成熟，使用更为流行。唐中叶至南宋时期，金银器物的加工技术与饮食器具基本完成了本土化转变，金银饮食器具的使用也更为普及。

唐宋时期金银饮食器具的流行是中国饮食文化中的一个重要而又特殊的历史现象。盘、碗、杯是留存数量最多、使用最为频繁的器物。早期的金银饮食器具有些模仿陶器的造型与装饰，而陶瓷技术的发展，使得有些陶瓷饮食器具仿制金银器的造型与装饰。这种不同等级材料之间的模仿与借鉴，在器物上呈现出“同形异质”的现象。

一、起源于战国早期的金银饮食器具

（一）从尚金到尚银的转变

战国早期金质饮食器具较为流行，其造型与装饰较为简洁，并出现了系列组合的用具。目前考古发现最早的金质饮食器具是浙江绍兴狮子山306号战国

---

[1] 扬之水：《中国金银器》，生活书店出版有限公司，2022，第674页。

[2]〔宋〕欧阳修、释惠洪：《六一诗话·冷斋夜话》，黄进德批注，凤凰出版社，2009，第100页。

[3] 张松辉译注《抱朴子内篇》，中华书局，2011，第526页。

初期墓出土的一件玉耳金舟（图2-3-1）[4]，据推测该器具可能是一件酒器。湖北随州曾侯乙墓也出土了金盏、金杯、镂空金勺各一件[5]，可能是目前最早的成套的饮食器具。

战国晚期银质饮食器具开始流行，造型规整流畅，部分器具有装饰，且多为成组成套的用具。目前考古发现最早的银质饮食器具是甘肃张家川马家塬战国晚期墓M1L、M16出土的两件形制较为相近的银杯（图2-3-2）。[6]山东临淄商王村一号墓出土了三件银匜、两件银耳杯，以及银盘、银勺、银匕各一件[7]，这构成了一套较为完整的银质饮食器具，其中银盘出土数量较多。山东青州西辛村战国墓[8]、四川成都羊子山战国第173号墓[9]与山东淄博西汉齐王墓中均有发现，尽管银盘大小不一，但形制较为接近，也有鎏金刻花的装饰。

秦汉时期存在一定程度的中外文化交流，延续了尚银习俗，出土的银质饮食器具较多，尚未发现出土的金质饮食器具。银质饮食器具多出土于南方地区的墓葬之中，类型较早期更加丰富。湖南长沙地区出土有深腹圜底的银碗，如新莽时期M007和M009墓各出土一件银碗。江苏盱眙江都王陵一号墓出土的裂瓣纹银盘两件[10]，一般认为产自西亚的安息帝国，经海路转运至中国[11]。同类型的银盘、银盒在江苏盱眙江都王陵一号墓[12]与安徽巢湖一号墓[13]均有出土。

图2-3-1（左）　战国初期玉耳金舟[14]

图2-3-2（右）　战国晚期银杯[15]

[4]浙江省文物管理委员会、浙江省文物考古所、绍兴地区文化局、绍兴市文管会：《绍兴306号战国墓发掘简报》，《文物》1984年第1期。

[5]湖北省博物馆编《曾侯乙墓》，文物出版社，1989，第393页。

[6]早期秦文化联合考古队、张家川回族自治县博物馆：《张家川马家塬战国墓地2008—2009年发掘简报》，《文物》2010年第10期。

[7]淄博市博物馆：《山东临淄商王村一号战国墓发掘简报》，《文物》1997年第6期。

[8]山东省文物考古研究所、青州市博物馆：《山东青州西辛战国墓发掘简报》，《文物》2014年第9期。

[9]四川省文物管理委员会：《成都羊子山第172号墓发掘报告》，《考古学报》1956年第4期。

[10]南京博物院、盱眙县文广新局：《江苏盱眙县大云山西汉江都王陵一号墓》，《考古》2013年第10期。

[11]孙机：《建国以来西方古器物在我国的发现与研究》，《文物》1999年第10期。

[12]南京博物院、盱眙县文广新局：《江苏盱眙县大云山西汉江都王陵一号墓》，《考古》2013年第10期。

[13]安徽省文物考古研究所、巢湖市文物管理所编著《巢湖汉墓》，文物出版社，2007，第107—108页。

[14]石超主编、浙江省博物馆编《错彩镂金：浙江出土金银器》，浙江人民美术出版社，2016，第206页。

[15]甘肃省文物考古研究所编著《西戎遗珍：马家塬战国墓地出土文物》，文物出版社，2014，第110页。

（二）外来饮食器具的输入及金银制造技术的引进

魏晋时期文献记载与出土的金银饮食器具比较稀少，南北朝后期逐渐增多，并出现了新的造型与装饰，系列、体量较前期更为丰富。《魏书·食货志》记载前凉威王张祚“和平二年（355）秋，诏中尚方作黄金合盘十二具，径二尺二寸，镂以白银，钿以玫瑰”[16]。《杨昱传》中也有“桓州刺史杨钧造银食器十具”的记载。[17]北魏宫廷正殿“前施金香炉、琉璃钵、金碗，盛杂食器”[18]。北魏河间王元琛常常“陈诸宝器，金瓶银瓮百余口，瓯檠盘盒称是”[19]。

1. 外来器物的输入

魏晋南北朝时期饮食器具造型与装饰多呈现出鲜明的西域特征。《西域记》中记载：“疎勒王致魏文帝金胡瓶二枚，银胡瓶二枚。”“西胡致金胡瓶，皆拂菻作奇状，并人高，二枚。”[20]这些“胡瓶”产自欧洲的拜占庭帝国，曾一度在中国流行。目前考古出土的外来器物不仅包含多曲长杯、花瓣形碗、高足杯等器型，也有浮雕式的国外人物形象，如山西大同南郊两处北魏遗址出土的鎏金刻花银碗（图 2-3-3）[21]、八曲银长杯（图 2-3-4）[22]以及广东遂溪南齐末期金银窖藏出土的十二莲瓣银碗等[23]。出土地点呈现出自西向东的分布特征，主要在新疆焉耆、甘肃靖远、陕西西安、山西大同与河北赞皇等地（广州地区也偶有出土），这与陆上丝绸之路的路线高度吻合。这不仅表明了外来的金银器数量有较明显的增加，也表明了其传入的主要路径。

图 2-3-3（左） 北魏鎏金刻花银碗[24]

图 2-3-4（右） 北魏八曲银长杯[25]

[16]〔北齐〕魏收：《魏书》卷一〇八至卷一一四（志），中华书局，1997，第2851页。
[17]〔北齐〕魏收：《魏书》卷五一至卷六八（传），第1292页。
[18]〔梁〕萧子显：《南齐书》卷五十七，中华书局，1974，第986页。
[19]〔北魏〕杨衒之著，杨勇校笺《洛阳伽蓝记校笺》，中华书局，2006，第179页。
[20]转引自〔北宋〕李昉等：《四部丛刊三编·子部·太平御览》一七，上海书店出版社，1936，第237—238页。
[21]山西省考古研究所、大同市博物馆：《大同南郊北魏墓群发掘简报》，《文物》1992年第8期。
[22]陕西历史博物馆编，侯宁彬、申泰雁主编《大唐遗宝：何家村窖藏》，文物出版社，2021，第375页。
[23]遂溪县博物馆：《广东遂溪县发现南朝窖藏金银器》，《考古》1986年第3期。
[24]山西省考古研究所、大同市博物馆：《大同南郊北魏墓群发掘简报》，《文物》1992年第8期。
[25]山西博物院，http://www.shanximuseum.com/sx/collection/detail/id/913，访问日期：2023年5月14日。

2. 锤揲技术与沥青等材料的引进

范铸法是中国早期金属成型工艺，魏晋南北朝时期锤揲工艺的传入提升了中国传统金银加工水平，进一步丰富了金银器物的种类与纹饰。锤揲工艺充分利用金银材料质地柔软、延展性强的特点，通过锤击工具，反复对金银坯料的正面进行锤击展开，背面进行揲收延长拔高，实现器具的精工细作又节省了材料。西亚地区拥有较为丰富的沥青资源与天然有机焊料胡桐泪。沥青具有良好的防水防潮和防腐特性，以其为底模，通过不断地热熔与冷却固定金属工件，进而完成各类金银器物的锤揲成型与细节刻画。胡桐泪自汉代传入中国后，便“可以汗（焊）金银也，今工匠皆用之”[26]，来焊接各种不同形态的部件。

（三）金银饮食器具的本土化发展

1. 唐中叶以前的引进与吸收

唐中叶以前体积小、价值高的金银器不断地输入中国，主要分布在陕西西安、河北宽城、内蒙古呼和浩特与赤峰等北方地区。陕西西安何家村唐代窖藏出土的器物，学界普遍认为是唐中叶以前的外来品，也可能是域外匠人在汉地制作或本土匠人的仿制品。这些器物在造型、纹饰上都有着明显的中亚粟特、西亚萨珊与地中海东岸的罗马—拜占庭等地区的设计风格。

西方银器对唐代金银工艺的影响，以粟特地区影响最大，西亚各国的影响也多间接来自粟特[27]。中亚粟特器型主要有八棱形与筒形带把杯、多瓣碗、长杯等，如陕西西安何家村窖藏出土的盛唐晚期鎏金伎乐纹八棱银杯（图2-3-5）和鸳鸯莲瓣纹金碗（图2-3-6）及内蒙古赤峰李家营子出土的辽代早期银长杯（图2-3-7）。

西亚萨珊地区有着发达的金银制作技术，流行有各类日用银器与银币。[31]其器型差异较大，主要有多曲长杯、高足碗、带把壶等器型，纹饰多有鎏金，其

图2-3-5（左） 盛唐晚期鎏金伎乐纹八棱银杯[28]

图2-3-6（中） 盛唐晚期鸳鸯莲瓣纹金碗[29]

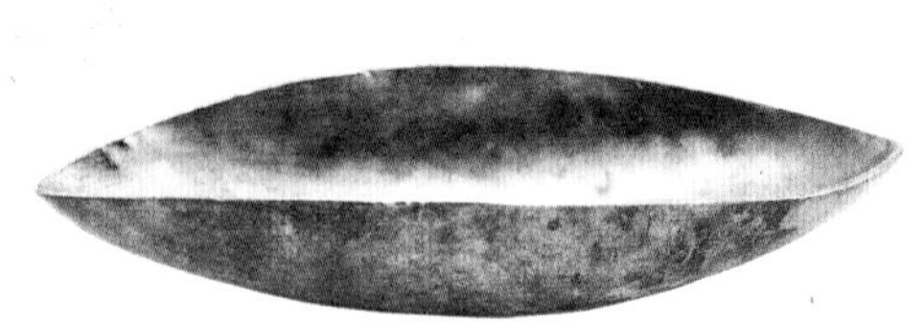

图2-3-7（右） 辽代早期银长杯[30]

[26]〔汉〕班固：《汉书》，〔唐〕颜师古注，中华书局，1997，第984页。
[27]齐东方：《西安市文管会藏粟特式银碗考》，《考古与文物》1998年第6期。
[28]金维诺总主编，齐东方卷主编《中国美术全集·金银器玻璃器·一》，黄山书社，2010，第108页。
[29]同上书，第113页。
[30]张景明：《中国北方草原古代金银器》，文物出版社，2005，第101页。
[31]夏鼐：《近年中国出土的萨珊朝文物》，《考古》1978年第2期。

图 2-3-8（左） 唐代缠枝纹鎏金银多曲长杯[32]

图 2-3-9（右） 盛唐晚期鎏金双狮纹银碗[33]

图 2-3-10 唐代狩猎纹高足银杯[34]

造型与纹饰更显繁复、华丽。如日本白鹤美术馆藏唐代缠枝纹鎏金银多曲长杯（图 2-3-8）与鎏金双狮纹银碗（图 2-3-9），这些器型与纹样被引进以后，逐渐被中国传统金银器吸收与改造。

欧洲罗马—拜占庭地区金银器种类丰富，主要包括盘、高足杯、人物雕像等器物，造型生动写实，纹饰立体感强。金银器物及工艺随着亚历山大东征逐渐传入中国，至罗马—拜占庭帝国时期达到高峰。其中典型的器型有高足杯[35]，如陕西西安何家村窖藏出土的唐代狩猎纹高足银杯（图 2-3-10）。

这一时期中国与印度、贵霜、嚈哒以及大食等国家和地区也有着频繁的多边交往，这些外来文化相互交织、融汇，使得中外金银饮食器具在器型与装饰等方面相互融合，也促进了中国传统金银工艺的革新。

2. 唐中叶至南宋时期的本土化进程

中央官营作坊的工匠是强制征召、匠籍世袭的社会群体。唐代规定“其巧手供内者，不得纳资，有阙则先补工巧业作之子弟。一入工匠后，不得别入诸色”[36]。严格的管理与专业的训练是其重要特征，“细镂之工，教以四年……教作者传家技，四季以令丞试工，岁终以监试之，皆物勒工名”[37]。中晚唐时期宫廷内设“文思院”，专为皇宫制作各类金银器物，此后一直沿袭。宋代文思院拓

[32] 白川静监修《白鹤英华》，白鹤美术馆，1978，第 79 页。

[33] 侯宁彬、申秦雁主编，陕西历史博物馆编《大唐遗宝：何家村窖藏》，文物出版社，2021，第 78—81 页。

[34] 金维诺总主编，齐东方卷主编《中国美术全集·金银器玻璃器·一》，黄山书社，2010，第 105 页。

[35] 齐东方：《唐代银高足杯研究》，载自北京大学考古系编《考古学研究》，北京大学出版社，1994，第 215 页。

[36]〔唐〕张九龄等：《唐六典全译》，甘肃人民出版社，1997，第 234 页。

[37]〔唐〕欧阳修、宋祁：《新唐书》卷三七至卷四九（志），中华书局，1975，第 1269 页。

展形成以金银珠玉高等级复合材料为主的匠作体系，制作"金银、犀玉工巧之物，金采、绘素装钿之饰"[38]，进一步推动金银工艺的本土化进程。陕西西安及耀州区柳林背阴村窖藏出土的银注壶与莲瓣纹银碗，从工匠与各级督造官员的刻铭推测应为唐代中央官营作坊院制作。

地方官营作坊是唐中叶以后才出现的。镇江丁卯桥唐代窖藏出土的极具本土特色的银酒瓮、鎏金银龟负"论语玉烛"酒令器具与银箸等[39]，这些优质、成套的饮食器具应为镇江地方作坊所做，丰富的金银器型也体现了本土大众化的发展倾向。同时期在安徽宣州[40]、浙江绍兴[41]与江西南昌[42]等地也制作有类型相近的器物，并刻有进奉官员铭文，表明唐代地方官营作坊随着经济重心南移，本土化发展的程度也在不断加深。

晚唐时期始现民间私营作坊，至南宋时期逐渐成为主流。个体金银工匠和私营金银作坊不断增多，如河北"定州安嘉县人王珍，能金银作。曾与寺家造功德，得绢五百匹"[43]。同时期在经济发展相对较为稳定的苏州和扬州已"有金银行首"[44]，说明晚唐南方民间私营作坊已有一定数量，逐步形成了专业的行作组织。宋代民间私营金银作坊得到快速发展。南宋都城临安"自五间楼北至官巷南街，两行多是金银、盐钞引交易铺……纷纭无数"[45]。宋代出现了独创的夹层技法，运用锤揲技术在器物外层以高浮雕进行装饰，内层以素面片材衬托，后将两层拼合而成，在节省工料的同时，也保证了器体的强度，如福建邵武故县村出土的南宋鎏金银八角杯（图2-3-11）。[46]

图2-3-11　南宋鎏金银八角杯

[38]《百衲本二十四史·宋史》，商务印书馆，1937，第25页。
[39]丹徒县文教局、镇江博物馆：《江苏丹徒丁卯桥出土唐代银器窖藏》，《文物》1982年第11期。
[40]喀喇沁旗文化馆：《辽宁昭盟喀喇沁旗发现唐代鎏金银器》，《考古》1977年第5期。
[41]李长庆、黑光：《西安北郊发现唐代金花银盘》，《文物》1963年第10期。
[42]保全：《西安出土唐代李勉奉进银器》，《考古与文物》1984年第4期。
[43]〔宋〕李昉等编《太平广记》卷一百三十四，哈尔滨出版社，1995，第977页。
[44]〔宋〕李昉等编《太平广记》卷二百八十，哈尔滨出版社，1995，第2473页。
[45]上海师范大学古籍整理研究所编：《全宋笔记·第8编·5》，大象出版社，2017，第219页。
[46]金维诺总主编，齐东方主编《中国美术全集·金银器玻璃器·2》，黄山书社，2010，第295页。

二、唐宋时期盘的分类及形制演变规律

敞口浅腹的金银盘是唐宋时期典型的饮食器具，通过对收集到的267件盘来分析，纯金的盘仅5件，多件银盘都是运用整体或局部鎏金的方式，来模仿金器的质感。唐宋时期的金银盘形制与尺寸差异较大，根据盘平面形态的不同，可分为几何形盘、花瓣形盘和不规则形盘三大类。

（一）几何形盘的分型分式及形制演变规律

几何形盘数量最多，形制最为丰富。根据盘底结构可分为无足的Ⅰ式与有足的Ⅱ式两类，根据盘的形态分为圆形、椭圆形、矩形与多边形四种类型（表2-3-1、表2-3-2）。

ⅠA式无足平底窄沿圆形银盘以陕西何家村唐代窖藏出土的雀鸟纹小银盘[47]与安徽无为宋墓出土的银盘[48]为代表。ⅠB式无足平底折沿圆形银盘以陕西曲江池村出土的南宋中期素面银圆盘[49]为代表。ⅠC式无足圜底窄沿圆形银盘以陕西西北工业大学出土的黄鹂折枝花纹银盘[50]为代表。

有器足圆形银盘多为浅腹，口沿部分有折沿，盘足多为圈足或多足。

ⅡA式圈足圆形银盘以陕西何家村唐代窖藏出土的圈足银盘与内蒙古李家营子辽墓出土的鎏金猞猁纹银盘[51]为代表。

表2-3-1　几何形盘分型分式表

分型 分式	A型 圆形	B型 椭圆形	C型 矩形	D型 多边形
Ⅰ式	盛唐时期鎏金雀鸟纹小银盘	南宋晚期鎏金云龙纹银椭圆盘	晚唐时期万字花卉纹金方盘	南宋时期六边形金盘
Ⅱ式	辽代早期鎏金猞猁纹银盘		辽代中期束腰形银托盘	南宋晚期鎏金狮戏绣球纹八边银盘

[47]陕西省博物馆革委会写作小组、陕西省文管会革委会写作小组：《西安南郊何家村发现唐代窖藏文物》，《文物》1972年第1期。

[48]何福安：《安徽无为县发现一座宋代砖室墓》，《考古》2005年第3期。

[49]保全：《西安市文管会收藏的几件唐代金银器》，《考古与文物》1982年第1期。

[50]同上。

[51]敖汉旗文化馆：《敖汉旗李家营子出土的金银器》，《考古》1978年第2期。

表 2-3-2 圆形盘分型分式表

A型 圆形盘				
IA式 无足平底窄沿	IB式 无足平底折沿	IC式 无足圜底窄沿	II A式 圈足	IIB式 多足
盛唐时期鎏金雀鸟纹小银盘	南宋中期素面银圆盘	中唐时期黄鹂折枝花纹银盘	盛唐晚期圈足银盘	唐代桃形忍冬花结狮纹银盘
北宋中后期银盘			辽代早期鎏金猞猁纹银盘	南宋中期三足银盘

IIB式多足圆形银盘以美国克利夫兰艺术博物馆所藏的唐代桃形忍冬花结狮纹银盘[52]与四川彭州窖藏出土的南宋中期三足银盘[53]为代表，该类型银盘的盘足皆为三足。

椭圆形银盘多为浅腹，沿多为敞口且有折沿，盘底多为平底，以福建泰宁窖藏出土南宋晚期鎏金云龙纹椭圆银盘[54]为代表。

矩形银盘多为浅腹，口沿多为敞口，盘底多为平底。

I式正方形的矩形银盘以唐代“黑石号”沉船出水的万字花卉纹金方盘[55]为代表，其中盘四角多作委角处理，为其代表性特征。

II式长方形的矩形银盘以内蒙古出土的辽代中期束腰形银托盘[56]为代表。

多边形银盘多为浅腹，口沿多为敞口且具有宽折沿，盘底多为平底，边长数量由少到多分为六边形与八边形两种形式，且均在南宋时期。

I式六边形盘仅见安徽休宁县南宋朱晞颜墓出土的六边形金盘一件。II式八边形银盘现存两件，分别见于福建邵武故县村出土的南宋鎏金狮戏绣球纹八边银盘与福建泰宁窖藏出土的南宋鎏金八边银盘[57]。

几何形盘的形制演变主要体现在盘底与口沿两个部分，其中盘底由唐代平

[52] 韩伟编著《海内外唐代金银器萃编》，三秦出版社，1989，第82、203—204页。

[53] 成都市文物考古研究所、彭州市博物馆编著《四川彭州宋代金银器窖藏》，科学出版社，2003，第74—75页。

[54] 李建军：《福建泰宁窖藏银器》，《文物》2000年第7期。

[55] 上海博物馆编《宝历风物：“黑石号”沉船出水珍品》，上海书画出版社，2020，第262、264页。

[56] 内蒙古自治区文物考古研究所、哲里木盟博物馆编《辽陈国公主墓》，文物出版社，1993，第42—43页，图版八，4。

[57] 李建军：《福建泰宁窖藏银器》，《文物》2000年第7期；中国金银玻璃珐琅器全集编辑委员会编，杨伯达本卷主编《中国金银玻璃珐琅器全集·2·金银器（二）》，河北美术出版社，2004，第75、126页。

底、圜底与带足盘并存转变为宋代以平底与圈足盘为主的形制特征，盘沿为窄沿与折沿并存转变为以折沿为主的形制特征。

（二）花瓣形盘的分型分式及形制演变规律

花瓣形盘器型较为丰富，根据曲瓣的形状分为菱花形、葵花形、海棠花形、芙蓉花形与菊花形等五种类型（表2-3-3）。

菱花形银盘以多曲尖状连弧组成的菱花形为主要盘体特征，造型多为浅腹，口沿多为敞口且具有宽折沿，盘底多为平底，根据盘底有无器足可分为二式。

Ⅰ式无器足菱花形银盘，盘体为多曲连弧等分，以山西繁峙唐代窖藏出土的葵口银盘[58]为代表。根据曲瓣数量，分为四曲、五曲、六曲、八曲与十曲五种形式。

Ⅱ式有器足菱花形银盘，盘体特征与前者相同，根据盘底器足特征可分为圈足菱花形银盘与多足菱花形银盘二式。圈足菱花形银盘口沿多为宽平折沿且沿两侧有边棱凸起、器足多为下接外撇的高圈足，以江苏丁卯桥唐代窖藏出土莲瓣形花口银盘[59]为代表。多足菱花形银盘口沿多为宽平折沿，器足多为盘底等距分布的三足，以河北大野峪村出土的鎏金菱花形鹿纹三足银盘[60]与甘肃二夹皮村出土的吐蕃折叠高足鎏金银盘[61]为代表。

表2-3-3 花瓣形盘分型分式表

分型 分式	A型 菱花形	B型 葵花形	C型 海棠花形	D型 芙蓉花形	E型 菊花形
Ⅰ式	晚唐时期葵口银盘	晚唐时期鹦鹉团花纹银盘	晚唐时期海棠式银碟	南宋中期芙蓉花形银盘	南宋中期菊花形银盘
Ⅱ式	盛唐晚期莲瓣形花口银盘 盛唐时期鎏金菱花形鹿纹三足银盘	晚唐时期鎏金刻花银盘 唐代鎏金狮纹三足银盘	盛唐晚期素面海棠形银盘		

[58] 李有成：《繁峙县发现唐代窖藏银器》，《文物季刊》1996年第1期。

[59] 丹徒县文教局、镇江博物馆：《江苏丹徒丁卯桥出土唐代银器窖藏》，《文物》1982年第11期。

[60] 宽城县文物保护管理所：《河北宽城出土两件唐代银器》，《考古》1985年第9期。

[61] 甘肃省博物馆编《甘肃丝绸之路文明》，科学出版社，2008，第150页。

表 2-3-4 葵花形盘分型分式表

B型 葵花形盘		
I式 平底	II A式 圈足	II B式 三足
晚唐时期昆虫花卉纹金圆盘 晚唐时期鹦鹉团花纹银盘 盛唐晚期鎏金熊纹六曲银盘 北宋末期银盘	晚唐时期鎏金刻花银盘 辽代早期鎏金卷草纹银盘 北宋时期海水龙纹花口高足银盘	唐代鎏金狮纹三足银盘

葵花形银盘以多曲漫圆连弧组成的葵花形为主要盘体特征，造型多为浅腹，口沿多为敞口且部分具有折沿，盘底多为平底，根据盘底有无器足可分为二式。

I 式无器足葵花形银盘，盘体为多曲连弧等分，曲瓣数量由少到多分为四曲、五曲、六曲、八曲四种形式，以陕西杨家沟村唐代窖藏出土的鹦鹉团花纹银盘[62]为代表（表 2-3-4）。

II 式有器足葵花形银盘盘体特征与前者相同，曲瓣数量由少到多分为四曲、五曲、六曲、八曲与十二曲五种形式，根据盘底器足特征可分为圈足葵花形银盘与多足葵花形银盘二式。II A 式圈足葵花形银盘以陕西柳林背阴村出土的鎏金刻花银盘[63]与陕西杨家沟村唐代窖藏出土的鸳鸯绶带纹银盘[64]为代表。辽宋时期带圈足的葵花形盘则多有宽平折沿且有较高的圈足，以内蒙古阿鲁科尔沁旗辽墓出土的鎏金卷草纹银盘与广西小厂乡出土的海水龙纹花口高足银盘[65]为代表。II B 式多足葵花形银盘口沿多为宽平折沿，器足多为盘底等距分布的三足，目前仅发现三件唐代葵花形银盘，足部均为卷叶形，以日本正仓院所藏的中唐时期平角鹿纹三

[62] 樊维岳：《陕西蓝田发现一批唐代金银器》，《考古与文物》1982 年第 1 期。

[63] 陕西省博物馆：《陕西省耀县柳林背阴村出土一批唐代银器》，《文物》1966 年第 1 期。

[64] 樊维岳：《陕西蓝田发现一批唐代金银器》，《考古与文物》1982 年第 1 期。

[65] 中国金银玻璃珐琅器全集编辑委员会编，杨伯达本卷主编《中国金银玻璃珐琅器全集 · 2 · 金银器（二）》，河北美术出版社，2004，第 63、105 页。

足流苏银盘[66]与陕西八府庄出土的唐代鎏金狮纹三足银盘[67]为代表。

海棠花形银盘以多曲长短连弧组成的海棠花形为主要盘体特征，整体呈菱形，多为浅腹，口沿多为敞口且部分沿两侧有边棱凸起，盘底多为平底，根据盘底有无器足可分为二式。

Ⅰ式无器足海棠花形银盘盘体为多曲连弧等分，以陕西柳林背阴村出土的海棠式银盘[68]为代表。Ⅱ式有器足海棠花形银盘盘体特征与前者相同，下有圈足，以江苏丁卯桥唐代窖藏出土的鎏金双凤纹海棠形银盘[69]为代表。

芙蓉花形银盘以多曲漫圆连弧组成的芙蓉花形为主要盘体特征，造型多为浅腹，口沿多为侈口，盘底中心凸鼓，以四川彭州窖藏出土的南宋中期芙蓉花形银盘[70]为代表。

菊花形银盘以多曲漫圆连弧组成的菊花形为主要盘体特征，造型多为浅腹，口沿多为侈口，盘底多为平底，以四川彭州窖藏出土的南宋中期菊花形银盘为代表，其口部呈三十二曲形[71]。

花瓣形盘整体呈现出由唐代少曲瓣、带足向宋代多曲瓣、平底的演变特征。具体表现为唐代花瓣形盘尖状连弧与漫圆连弧并存，曲瓣数量一般在十曲以下；宋代则以漫圆连弧为主，曲瓣数量不少于十曲，个别多达三十二曲，曲瓣数量的增多一定程度上体现了制作工艺水平的提升。

（三）不规则形盘的分型分式

不规则形的金银盘，根据盘的形状可大致分为桃形与叶形两种类型（表2-3-5）。

桃形银盘以尖状连弧组成的桃形为主要盘体特征，根据桃形数量分为单桃形、双桃形二式。Ⅰ式单桃形银盘以单个桃形为主要造型，目前仅见陕西何家村唐代窖藏出土鎏金龟纹桃形银盘一件。Ⅱ式双桃形银盘以两个桃形相连组合为主要造型，目前也仅见于何家村所出鎏金双狐纹双桃形银盘一件。

叶形银盘以多曲连弧组成的叶形为主要盘体特征，根据叶子形态又可分为树叶形、荷叶形二式。Ⅰ式树叶形银盘以首窄尾宽的流线叶形为主要盘体特征，目前仅见美国大都会博物馆所藏的晚唐时期“C”状卷草纹叶形盘一件[72]。Ⅱ式荷叶形银盘以左右对称的荷叶翻卷形为主要盘体特征，目前仅见陕西西安征集

---

[66]〔日〕正仓院事务所编《正仓院宝物·南仓》，朝日新闻社，1987，第122—125页。

[67]金维诺总主编，齐东方卷主编《中国美术全集·金银器玻璃器·一》，黄山书社，2010，第137页。

[68]陕西省博物馆：《陕西省耀县柳林背阴村出土一批唐代银器》，《文物》1966年第1期。

[69]丹徒县文教局、镇江博物馆：《江苏丹徒丁卯桥出土唐代银器窖藏》，《文物》1982年第11期。

[70]成都市文物考古研究所、彭州市博物馆编著《四川彭州宋代金银器窖藏》，科学出版社，2003，第92—93页，图版八,8—9，彩版二七。

[71]同上书，第88、92页，彩版二六，2。

[72]韩伟编著《海内外唐代金银器萃编》，三秦出版社，1989，第87、205页。

表 2-3-5 不规则形盘分型分式表

分型分式	A型 桃形	B型 叶形
Ⅰ式	盛唐晚期鎏金龟纹桃形银盘	唐代“C”状卷草纹叶形盘
Ⅱ式	盛唐晚期鎏金双狐纹双桃形银盘	唐代荷叶形双鱼鎏金银盘

的唐代荷叶形双鱼鎏金银盘一件[73]。不规则形盘的数量较少，形制差异较大，且多为孤例，相互之间无明显的演变关系。

三、唐宋时期碗的分类及形制演变规律

大口、深腹、小底的金银碗是唐宋时期重要的饮食器具，通过对收集到的154件碗来分析，纯金的仅有7件，多件银碗有整体或局部的鎏金。唐宋时期金银碗的形状多为半球形，底部或有圈足，极少方形。根据碗口、碗腹与碗底的形态特征，一般可将其分为几何形碗与花瓣形碗两大类。

（一）几何形碗的分型分式及形制演变规律

几何形碗数量最多，形制最为丰富。根据碗腹和碗底等外部形态的不同，可分为圆形折腹、圆形弧腹、圆形斜直腹、圆形圜底及平底、椭圆形弧腹五种类型（表2-3-6）。

圆形折腹碗以圆形为主要碗体特征，造型多为深腹且腹中部有一周横折棱，碗底多为圜底且下有圈足，以陕西何家村唐代窖藏出土的素面折腹金碗为代表。

圆形弧腹碗以圆形为主要碗体特征，造型多为弧腹且腹部深浅不一，口沿部分有卷沿，碗底多为圜底且下有圈足，根据弧腹的形态与装饰可分为六式。Ⅰ式圆形弧腹碗典型特征为喇叭形圈足，部分碗的外壁锤出双层花瓣或曲线，以陕西何家村唐代窖藏出土的鸳鸯莲瓣纹金碗为代表。Ⅱ式圆形弧腹碗典型特征为深弧腹且下腹部略向外鼓，圈足无外撇，外壁均锤出莲瓣形。此类碗均为银质鎏金且都流失海外，以美国弗利尔美术馆所藏的唐代十三莲瓣纹银碗[74]为代

[73] 保全：《西安市文管会收藏的几件唐代金银器》，《考古与文物》1982年第1期。
[74] 韩伟编著《海内外唐代金银器萃编》，三秦出版社，1989，第43、192—193页。

表 2-3-6 几何形碗分型分式表

分型 分式	A型 圆形折腹	B型 圆形弧腹	C型 圆形斜直腹	D型 圆形圜底/平底	E型 椭圆形弧腹
Ⅰ式	盛唐晚期素面折腹金碗	盛唐晚期鸳鸯莲瓣纹金碗	南宋中期斗笠银碗	盛唐时期银碗	盛唐晚期椭圆形银碗
Ⅱ式		唐代十三莲瓣纹银碗		唐代五曲鎏金银碗	
Ⅲ式		唐代怪兽蔓草纹银碗			
Ⅳ式		盛唐时期银碗			
Ⅴ式		盛唐晚期鎏金双鱼纹银碗			
Ⅵ式		北宋末期银碗			

表。Ⅲ式圆形弧腹碗典型特征为深弧腹，圈足无外撇，以美国纽约私人所藏的晚唐时期怪兽蔓草纹银碗[75]为代表，宋代也有类似的银碗，如四川成华区花果村宋墓M1出土的银碗[76]。此类碗在唐代配有带盖，以陕西何家村唐代窖藏出土的鎏金折枝花纹银盖碗为代表。Ⅳ式圆形弧腹碗典型特征为浅弧腹，圈足较小，部分碗口为卷沿，以陕西唐代李倕墓出土的银碗[77]为代表。Ⅴ式圆形弧腹碗典型特征为浅斜弧腹、圈足，以陕西何家村唐代窖藏出土的鎏金双鱼纹银碗为代表，同批窖藏还出土有鎏金小簇花纹银盖碗。辽代也有类似的鎏金银盖碗出土，如内蒙古吐尔基山辽墓出土的鎏金双鱼纹银盖碗一件[78]。Ⅵ式圆形弧腹碗典型特征为弧腹内收、圈足，目前仅见四川成华区花果村宋墓M1出土的银碗一件。

[75] 韩伟编著《海内外唐代金银器萃编》，三秦出版社，1989，第61、198页。

[76] 成都市文物考古工作队：《成都市成华区三圣乡花果村宋墓发掘简报》，载成都市文物考古研究所编著《成都考古发现(2001)》，科学出版社，2003，第200—235页。

[77] 陕西省考古研究院：《唐李倕墓发掘简报》，《考古与文物》2015年第6期。

[78] 内蒙古文物考古研究所：《内蒙古通辽市吐尔基山辽代墓葬》，《考古》2004年第7期。

圆形斜直腹碗以上大圆下小圆形似倒置斗笠的圆锥形为主要碗体特征，造型多为斜直腹，碗底多为小圈足。此类碗多在北宋后期出现，四川彭州窖藏曾出土七件[79]，福建福州茶园山南宋许峻墓也出土鎏金银碗一件[80]。

圆形圜底及平底碗以平面近圆形为主要碗体特征，碗口、碗型、腹壁的形态多有不同，且大多为孤例，难以从形态上区分出时代特点。根据碗底形态，大致可分为二式。Ⅰ式圆形圜碗平面多为圆形，敞口，浅腹，圜底。部分有卷沿，腹壁较深，如河南偃师杏园村唐墓出土的两件圜底银碗[81]。Ⅱ式圆形圜碗平面多为圆形，敞口，浅腹，圜底。部分为花口、卷沿，或腹部有分曲，如陕西黄堡镇出土的一件唐代五曲鎏金银碗[82]。

椭圆形弧腹碗以椭圆形为主要碗体特征，造型多为敞口弧腹且腹部较浅，碗底多为圜底且下有喇叭形矮圈足。该形与圆形弧腹碗基本相同，区别在于碗口形态，目前仅在陕西何家村唐代窖藏中发现两件。

几何形碗的形制演变主要体现在碗腹、碗底两个部分，具体表现为唐代以折腹、弧腹与圜底或平底碗并存转变为宋代以弧腹、斜直腹碗为主的形制特征。

（二）花瓣形碗的分型分式及形制演变规律

花瓣形碗数量较为稀少但器型相对丰富。根据曲瓣的形状分为葵花形、海棠花形、莲花形与菊花形四种类型（表2-3-7）。

葵花形碗以多曲漫圆连弧组成的葵花形为主要碗体特征，腹部深浅与弧度多有差异，碗底均有圈足。根据曲瓣数量多少又可分为四曲、五曲、六曲与八曲共四式。Ⅰ式葵花形碗碗体为四曲连弧等分，侈口，深弧腹，喇叭形圈足。此类碗目前发现共计4件，均为鎏金银碗，分别出自我国陕西、山西以及印度尼西亚等地，另有一件为私人所藏。这些银碗集中出现在晚唐时期，唐以后的辽宋时期均未见诸报道。典型如陕西柳林背阴村出土的晚唐时期鎏金刻花四曲银碗[83]。Ⅱ式葵花形碗碗体为五曲连弧等分，侈口，弧腹，腹部深浅不一，喇叭形圈足，圈足高低不一。此类碗集中出现于盛唐至晚唐时期，唐以后的辽宋时期均未见诸报道。典型如江苏丁卯桥唐代窖藏出土的鎏金五曲形鹦鹉纹银碗[84]。Ⅲ式葵花形碗碗体为六曲连弧等分，喇叭形圈足，目前仅见陕西枣园村出土的晚唐时期六瓣素面银碗[85]。Ⅳ式葵花形碗碗体为八曲连弧等分，圈足较高，目前仅见两件，

[79] 成都市文物考古研究所、彭州市博物馆编著《四川彭州宋代金银器窖藏》，科学出版社，2003，第36—38页。
[80] 福建省博物馆：《福州茶园山南宋许峻墓》，《文物》1995年第10期。
[81] 中国社会科学院考古研究所河南第二工作队：《河南偃师杏园村的六座纪年唐墓》，《考古》1986年第5期。
[82] 卢建国：《铜川市黄堡镇出土唐代金花银碗》，《文物》1980年第7期。
[83] 陕西省博物馆：《陕西省耀县柳林背阴村出土一批唐代银器》，《文物》1966年第1期。
[84] 丹徒县文教局、镇江博物馆：《江苏丹徒丁卯桥出土唐代银器窖藏》，《文物》1982年第11期。
[85] 保全：《西安东郊出土唐代金银器》，《考古与文物》1984年第4期。

表 2-3-7　花瓣形碗分型分式表

分型 分式	A型 葵花形	B型 海棠花形	C型 莲花形	D型 菊花形
Ⅰ式	晚唐时期鎏金刻花四曲银碗	盛唐时期海棠形鹦鹉纹金花银碗	晚唐时期仰莲瓣银水碗	南宋中期三十二曲菊花金碗
Ⅱ式	盛唐晚期鎏金五曲形鹦鹉纹银碗			
Ⅲ式	（银碗破损无图） 晚唐时期六瓣素面银碗			
Ⅳ式	盛唐时期八曲葵花形鎏金银碗			
Ⅴ式	唐代九曲葵花形银碗			

其一为陕西西安出土的盛唐时期八曲葵花形鎏金银碗，直腹，圈足边饰联珠一周[86]，另一件为安徽无为宋墓出土的北宋中期八曲葵瓣形银碗，有较高的垂直圈足[87]。Ⅴ式葵花形碗碗体为九曲连弧等分，侈口，深弧腹，碗体与圈足相应分曲，分曲较为明显，目前仅见陕西沙坡村出土的唐代九曲葵花形银碗两件[88]。

海棠花形碗以多曲长短连弧组成的海棠花形为主要碗体特征，造型整体呈菱形且多为弧腹，碗底有圈足，以陕西西安出土的盛唐时期海棠形鎏金鹦鹉纹金花银碗[89]为代表。

莲花形碗以多曲等距尖状连弧组成的莲花形为主要碗体特征，造型多为弧

[86] 保全：《西安市文管会收藏的几件唐代金银器》，《考古与文物》1982年第1期。

[87] 何福安：《安徽无为县发现一座宋代砖室墓》，《考古》2005年第3期。

[88] 西安市文物管理委员会：《西安市东南郊沙坡村出土一批唐代银器》，《文物》1964年第6期。

[89] 保全：《西安市文管会收藏的几件唐代金银器》，《考古与文物》1982年第1期。

腹，碗底有圈足，外壁也为莲瓣形，目前仅见陕西法门寺地宫出土的晚唐时期仰莲瓣银水碗两件[90]。

菊花形碗以多曲等距漫圆连弧组成的菊花形为主要碗体特征，造型多为弧腹，碗底有圈足。此类碗目前集中出现于南宋中期，典型如四川彭州窖藏出土的南宋中期三十二曲菊花金碗[91]。

花瓣形碗的形制整体呈现出由唐代少曲瓣向宋代多曲瓣的演变特征。唐代花瓣形碗多曲尖状连弧与漫圆连弧并存，曲瓣数量一般在九曲以下；宋代则以多曲漫圆连弧为主，曲瓣数量一般在二十曲以上。

四、唐宋时期杯的分类及形制演变规律

敞口深腹、小底的金银杯是唐宋时期典型的饮食器具，通过对收集到的239件杯来分析，纯金杯有20件，多件银杯有整体或局部的鎏金。唐宋时期的金银杯形制与尺寸差异较大。根据杯体形态的不同，可分为高足杯、带把杯、长杯、圈足及无足杯4大类。

（一）高足杯的分型分式及形制演变规律

高足杯数量最多，形制最为丰富。根据杯体形态可分为筒形高足、碗形高足、花瓣形高足与多棱形高足4种类型（表2-3-8）。

筒形高足杯以筒形为主要杯体特征，造型多为深直腹，口沿多为敞口，杯底多为圜底，且下接托盘和带有算盘珠节的细高足。根据腹部装饰与算盘珠节可分为三式。Ⅰ式筒形高足杯是外腹多有尖瓣，高足中部有珠节，足底外撇。目前所见两件均流失海外，以美国弗利尔美术馆所藏的唐代狩猎莲瓣纹高足杯[92]为代表。Ⅱ式筒形高足杯外腹近口沿处多有一周凸棱，高足与Ⅰ式基本相同，以陕西何家村唐代窖藏出土的狩猎纹高足银杯为代表；Ⅲ式筒形高足杯外腹无尖瓣与凸棱，足部外撇且无珠节，目前所见两件均流失海外，以日本藤井有邻馆藏的唐代“C”状卷草纹高足银杯[93]为代表。

碗形高足杯以碗形为主要杯体特征，造型多为深腹，口沿多为敞口，杯底多为圜底且下接承盘与高足。根据腹部、承盘与算盘珠节的形态可分四式。Ⅰ式碗形高足杯的外腹多有横向折棱与尖状莲瓣，杯底下接花瓣形承盘与带有算盘

[90] 陕西省考古研究院等编著《法门寺考古发掘报告》，文物出版社，2007，第113页，彩版四四，1，2、四五，1，2。

[91] 成都市文物考古研究所、彭州市博物馆编著《四川彭州宋代金银器窖藏》，科学出版社，2003，第4页，彩版一，图版一二，1。

[92] 韩伟编著《海内外唐代金银器萃编》，三秦出版社，1989，第3、177页。

[93] 同上书，第6、178页。

表 2-3-8 高足杯分型分式表

分型 分式	A型 筒形高足	B型 碗形高足	C型 花瓣形高足	D型 多棱形高足
Ⅰ式	唐代狩猎莲瓣纹高足杯	唐代蔓草花鸟纹高足银杯	晚唐时期素面高圈足银杯	南宋中期绶带纹八角形银杯
Ⅱ式	盛唐晚期狩猎纹高足银杯	唐代莲瓣花鸟纹高足银杯	辽代晚期荷叶敞口银杯	
Ⅲ式	唐代“C”状卷草纹高足银杯	唐代折枝花纹高足银杯	宋代重瓣菊花形银杯	
Ⅳ式		盛唐时期素面银杯	宋代六曲菱花形银杯	

珠节的高足，以陕西韩森寨出土的唐代蔓草花鸟纹高足银杯[94]为代表。Ⅱ式碗形高足杯的外腹多有尖状莲瓣，器足特征与Ⅰ式相同，以陕西沙坡村出土的唐代莲瓣花鸟纹高足银杯[95]为代表。Ⅲ式碗形高足杯的外腹分曲多由口沿及至杯底，承盘多与杯腹融为一体，高足无珠节，以陕西沙坡村出土的唐代折枝花纹高足银杯为代表。Ⅳ式碗形高足杯外腹无折棱与莲瓣，高足无珠节，以河南宝丰小店唐墓M1出土的素面银杯[96]为代表。

花瓣形高足杯以花瓣形为主要杯体特征，腹底多接粗壮的喇叭形高圈足。根据杯体形态的不同可分葵花形高足杯、莲花形或荷叶形高足杯、菊花形高足杯与菱花形高足杯四式。Ⅰ式花瓣形高足杯杯体均为五曲葵花形，以浙江淳安唐代窖藏出土的素面高圈足银杯[97]为代表。Ⅱ式花瓣形高足杯杯体为莲花形或荷叶

[94中国金银玻璃珐琅器全集编辑委员会编，杨伯达本卷主编《中国金银玻璃珐琅器全集·2·金银器（二）》，河北美术出版社，2004，第3页。

[95]西安市文物管理委员会：《西安市东南郊沙坡村出土一批唐代银器》，《文物》1964年第6期。

[96]郑州大学历史学院、河南省文物局南水北调文物保护办公室、平顶山市文物局：《河南宝丰小店唐墓发掘简报》，《文物》2020年第2期。

[97]浙江博物馆：《浙江淳安县朱塔发现唐代窖藏银器》，《考古》1984年第11期。

形，以内蒙古巴林右旗滓尔爱里辽代窖藏出土的莲花口银杯和荷叶敞口银杯[98]为代表。Ⅲ式花瓣形高足杯杯体为菊花形，目前仅见四川孝泉清真寺出土的宋代菊花形银杯一件[99]。Ⅳ式花瓣形高足杯杯体均为六曲菱花形，目前仅见四川孝泉清真寺出土的宋代六曲菱花形银杯两件。

多棱形高足杯以多棱形为主要杯体特征，腹底多接粗壮的喇叭形高圈足。此类杯多在南宋中晚期出现，以福建泰宁窖藏出土的南宋晚期鎏金夔龙狮球纹八角银杯[100]和四川彭州窖藏出土的南宋中期绶带纹八角形银杯[101]为代表。

高足杯的形制演变主要体现在杯腹与高足两个部分，杯腹由唐代花瓣形向宋代几何形演变，高足由唐代细高足向宋代矮粗高足演变。同时，连接杯腹与高足的托盘也由唐代花瓣形、圆形向宋代无托盘演变。

（二）带把杯的分型分式及形制演变规律

带把杯数量较为稀少，但器型相对丰富。根据杯体形态分为八棱形、筒形、碗形与罐形4种类型（表2-3-9）。

八棱形带把杯以八棱形和环形把为主要杯体特征，造型多为深腹且器壁内

表2-3-9　带把杯分型分式表

分型 分式	A型	B型	C型	D型
Ⅰ式	盛唐晚期鎏金伎乐纹八棱银杯	盛唐晚期金筐宝钿团花纹金杯	盛唐晚期鎏金仕女狩猎纹银杯	盛唐晚期带把罐形银杯
Ⅱ式	盛唐晚期鎏金伎乐纹八棱银杯	唐代葡萄卷草叶形环柄金杯	宋代带把金杯	
Ⅲ式	唐代蔓草花鸟纹八棱鎏金银杯	南宋时期螭首金杯		
Ⅳ式	唐代凤鸟纹八棱杯			

[98] 巴右文、成顺：《内蒙昭乌达盟巴林右旗发现辽代银器窖藏》，《文物》1980年第5期。

[99] 沈仲常：《四川德阳出土的宋代银器简介》，《文物》1961年第11期。

[100] 李建军：《福建泰宁窖藏银器》，《文物》2000年第7期。

[101] 成都市文物考古研究所、彭州市博物馆编著《四川彭州宋代金银器窖藏》，科学出版社，2003，第59—62页。

弧呈束腰状，口沿多为敞口，杯体下部有横向折棱，圜底下接圈足。根据环形把的形态又可分为四式。Ⅰ式八棱形带把杯的环形把由联珠组成，把顶带有指垫，目前仅见陕西何家村唐代窖藏出土的鎏金伎乐纹八棱银杯一件。Ⅱ式八棱形带把杯的环形把顶部与底部多带有指垫与指鋬，部分指鋬简化融合为叶芽形，以陕西何家村唐代窖藏出土的人物纹金杯和唐代"黑石号"沉船出水的鎏金伎乐纹八棱银杯[102]为代表。Ⅲ式八棱形带把杯的环形把顶多带有指垫，以陕西韩森寨出土的唐代蔓草花鸟纹八棱鎏金银杯[103]为代表。Ⅳ式八棱形带把杯的环形把为叶芽形且无指垫与指鋬，目前仅见国外私人收藏的唐代凤鸟纹八棱杯一件[104]。

筒形带把杯以筒形和带把为主要杯体特征，造型多为深腹，口沿多为敞口，杯底下接圈足。根据杯把形态可分为三式：Ⅰ式筒形带把杯的腹壁内弧呈束腰状，杯体下部有横向折棱，叶芽状环形把，以陕西何家村唐代窖藏出土的金筐宝钿团花纹金杯和沙坡村出土的唐代忍冬平錾环柄银杯[105]为代表；Ⅱ式筒形带把杯的杯体与Ⅰ式基本相同，杯把为卷草叶形，此类杯大多流失海外，以美国弗利尔美术馆的唐代葡萄卷草叶形环柄金杯[106]为代表。Ⅲ式筒形带把杯多为深弧腹、双杯把且无指垫与指鋬，以贵州遵义出土的南宋时期螭首金杯[107]为代表。

碗形带把杯以碗形和带把为主要杯体特征，造型多为深腹、圜底、器下接粗壮矮圈足。根据杯体形态又可分为二式。Ⅰ式碗形带把杯的杯体为花瓣形，环形把顶带有指垫，以陕西何家村唐代窖藏出土的鎏金仕女狩猎纹银杯为代表。Ⅱ式碗形带把杯的杯体多为碗形且不分曲，以浙江费垄口村南宋墓出土的带把金杯[108]为代表。

罐形带把杯以罐形和环形把为主要杯体特征，造型多为小口束颈，溜肩鼓腹，圜底圈足，以陕西何家村唐代窖藏出土的两件带把罐形银杯为代表。

带把杯的形制整体呈现出由唐代复杂的杯体与杯把造型向宋代简洁的杯体与杯把造型的演变特征。其杯体由唐代多棱形、罐形向宋代筒形、碗形演变，杯把由唐代联珠环形、叶芽环形和卷草叶形单杯把向宋代环形双杯把演变。

（三）长杯的分型分式及形制演变规律

长杯的数量与器型都相对较少，且多集中于唐代。根据杯体分曲与器足分为多曲圈足形、无曲平底形两种类型（表2-3-10）。

[102]上海博物馆编《宝历风物："黑石号"沉船出水珍品》，上海书画出版社，2020，第258—259页。

[103]中国金银玻璃珐琅器全集编辑委员会编，杨伯达本卷主编《中国金银玻璃珐琅器全集·2·金银器（二）》，河北美术出版社，2004，第2页。

[104]韩伟编著《海内外唐代金银器萃编》，三秦出版社，1989，第19、185页。

[105]西安市文物管理委员会：《西安市东南郊沙坡村出土一批唐代银器》，《文物》1964年第6期。

[106]韩伟编著《海内外唐代金银器萃编》，三秦出版社，1989，第18、184页。

[107]成都金沙遗址博物馆、成都文物考古研究院编《金色记忆——中国出土14世纪前金器特展》，四川人民出版社，2019，第236页。

[108]兰溪市博物馆：《浙江兰溪市南宋墓》，《考古》1991年第7期。

表 2-3-10 长杯分型分式表

分型 分式	A型 多曲圈足	B型 不分曲平底
Ⅰ式	唐代鎏金瑞鸟萱草纹八曲银长杯	盛唐晚期鎏金鸳鸯纹银羽觞
Ⅱ式	盛唐时期双鱼纹海棠花形金杯	
Ⅲ式	唐代高足银杯	

多曲圈足形杯以多曲漫圆连弧组成的葵花形为主要杯体特征，长径一般为短径的两倍或更多，口部多为敞口且近似椭圆形，浅腹，圜底下接较高的圈足。根据杯体分曲的程度可分三式。Ⅰ式多曲圈足杯的典型特征为杯体多曲，杯体两侧的曲线不及杯底，分曲内凹明显，矮圈足，以日本白鹤美术馆所藏的唐代鎏金瑞鸟萱草纹八曲银长杯[109]为代表。Ⅱ式多曲圈足杯的典型特征为杯体多为四瓣分曲并及至杯底，分曲内凹不明显，矮圈足，部分足边饰有联珠纹，以河南杜沟村唐墓出土的双鱼纹海棠花形金杯[110]为代表。Ⅲ式多曲圈足杯的典型特征为杯体多曲，分曲内凹不明显，有喇叭形高圈足，部分足边为上卷荷叶形，以陕西陈炉镇林场出土的唐代高足银杯[111]为代表。

无曲平底形杯以杯体不分曲为主要杯体特征，无圈足，有长方形的片状双耳，器形如同汉代流行的耳杯或羽觞。目前仅见陕西何家村唐代窖藏出土的鎏金鸳鸯纹银羽觞两件，形制大小较为一致。

长杯的形制整体呈现出由唐早期多横向分曲的几何形多曲瓣、圈足向中晚唐时期竖向分曲的写实形少曲瓣、高足的演变特征。唐早期曲瓣内凹明显且不及杯底；中晚唐时期内凹不明显但下及杯底，曲瓣数量减少，多数为四曲，其高足渐与卷曲的荷叶相融合，体现出植物写实化的发展倾向。无曲平底长杯数量

[109] 韩伟编著《海内外唐代金银器萃编》，三秦出版社，1989，第21、186页。
[110] 洛阳市第二文物工作队：《伊川鸦岭唐齐国太夫人墓》，《文物》1995年第11期。
[111] 中国金银玻璃珐琅器全集编辑委员会编，杨伯达本卷主编《中国金银玻璃珐琅器全集·2·金银器（二）》，河北美术出版社，2004，第22、32页。

表 2-3-11 圈足及无足杯分型分式表

分型 分式	A型 圈足	B型 平底	C型 圜底
Ⅰ式	盛唐时期银杯	盛唐晚期线刻花鸟纹平底银杯	盛唐晚期素面圜底银杯
Ⅱ式	南宋末期葵花形圈足金杯	晚唐时期五曲葵花平底银杯	南宋中期六曲葵口圜底杯
Ⅲ式	南宋末期八角形银杯		南宋晚期鎏金寿比仙桃银杯

稀少，整体造型变化不大，仅有单双耳之分。

（四）圈足及无足杯的分型分式及形制演变规律

圈足及无足杯的数量与器型都相对较少。根据足部的不同分为圈足杯、平底杯与圜底杯三种类型（表 2-3-11）。

圈足杯以敞口、深腹、矮圈足为主要杯体特征，根据杯腹形态又可分为圆形圈足杯、葵花形圈足杯和八角形圈足杯三式。Ⅰ式圆形圈足杯造型多为深弧腹，圈足多为外撇，以河南洛阳唐墓出土的银杯[112]和四川彭州窖藏出土的龙纹夹层银杯为代表。Ⅱ式葵花形圈足杯造型为葵花形，目前仅见福建故县村出土的南宋时期葵花形圈足金杯一件[113]。Ⅲ式八角形圈足杯造型为八棱形、杯腹斜直，对应分曲并及至杯底，目前仅见浙江王家公社南宋墓出土的八角形银杯一件[114]。

平底杯以敞口、弧腹、平底为主要杯体特征，根据杯腹形态又可分为圆形平底杯和葵花形平底杯二式。Ⅰ式圆形平底杯造型多为深腹、圆形口沿，以陕西何家村窖藏出土的线刻花鸟纹平底银杯为代表。Ⅱ式葵花形平底杯造型多为多曲漫圆连弧组成的葵花形，杯腹对应分曲并及至杯底，以浙江淳安窖藏出土的晚唐时期五曲葵花平底银杯为代表。

圜底杯以敞口、深弧腹、圜底为主要杯体特征，根据杯腹形态又可分为圆形圜底杯、花瓣形圜底杯和瓜果形圜底杯三式。Ⅰ式圆形圜底杯造型为圆形，目前

[112] 洛阳市第二文物工作队：《洛阳涧西区唐代墓葬发掘简报》，《文物》2011年第6期。

[113] 王振镛、何圣庠：《邵武故县发现一批宋代银器》，《福建文博》1982年第1期。

[114] 衢州市文管会：《浙江衢州市南宋墓出土器物》，《考古》1983年第11期。

仅见陕西何家村窖藏出土的素面圜底银杯一件。Ⅱ式花瓣形圜底杯造型为多曲漫圆连弧组成的葵花形，分曲至杯底渐收为圜底，目前仅见四川彭州窖藏出土的南宋中期六曲葵花形圜底杯一件。Ⅲ式瓜果形圜底杯造型为平剖的桃形或瓜形，以福建泰宁窖藏出土的南宋晚期鎏金寿比仙桃银杯和福建茶园山南宋许峻墓出土的瓜果形圜底金杯[115]为代表。

圈足与无足杯的数量相对较少，形制差异较大，且多为孤例，相互之间无明显的演变关系。其中葵花形的平底杯与高足杯的杯身高度相似，可能是简化过渡的杯型。

结语

金银盘、碗、杯的形制集中反映了唐宋时期日常饮食器具由外来风格到本土风格的重要转变过程，这是对外开放政策影响下的结果。唐中叶以后，金银饮食器具的本土化进程加快，至宋代已经较少受外来文化的影响。西方金银加工技术、关键材料以及工匠间的交流，促成中国金银器的制作由铸造成型转变为锤揲成型，器物数量由少转变为多、种类由单一转变为多元，器体由厚重转变为轻薄，器形由质朴转变为华美。

金银盘分为几何形盘、花瓣形盘和不规则形盘三大类。几何形盘的形制由唐代平底、圜底、带足的窄沿或折沿盘向宋代平底、圈足的折沿盘转变；花瓣形盘的形制整体呈现出由唐代少曲瓣、带足向宋代多曲瓣、平底的演变特征；不规则形盘形制差异较大，且多为孤例，相互之间无明显的演变关系。金银碗分为几何形碗与花瓣形碗两大类。几何形碗的形制由唐代折腹、弧腹、带盖、圜底或平底碗向宋代弧腹、斜直腹碗转变；花瓣形碗的形制整体呈现出由唐代少曲瓣向宋代多曲瓣的演变特征。金银杯分为高足杯、带把杯、长杯、圈足及无足杯四大类。高足杯的形制由唐代花瓣形杯腹、细高足向宋代几何形杯腹、矮粗高足转变；带把杯的形制由唐代多棱形、罐形杯腹及联珠环形、叶芽环形和卷草叶形单杯把向宋代筒形、碗形杯腹及环形双杯把转变；长杯的形制由唐早期多横向分曲的几何形多曲瓣、圈足向中晚唐时期竖向分曲的写实形少曲瓣、高足转变；圈足与无足杯形制差异较大，且多为孤例，相互之间无明显的演变关系。

在与外来文化不断接触、吸收与消化的过程中，唐宋金银饮食器具的整体发展风貌由唐代外向开放向宋代内敛含蓄的方向转变。伴随着宋代城市商品经济的蓬勃发展，以盘、碗、杯为代表的金银饮食器具逐步适应了中国社会不同阶

[115] 福建省博物馆：《福州茶园山南宋许峻墓》，《文物》1995年第10期。

层的新需求，金银器的商品化成为一种新的趋势。宋代民间私营金银作坊制作的产品成为主流，逐步走向平民社会，成为富庶人家的日常生活用品。金银饮食器具的大众化和商品化，同时也引发陶、瓷等同类饮食器具的仿制行为。唐宋时期金银饮食器具的风行及其产生的仿效现象，给中国传统饮食文化与造物活动带来了新的活力。

第四节　实现手指延伸的筷子

筷子，古代称“箸”，又称 “梜”“筯”，由两根细长的棍构成，是中国特有的进食用具。上述古称均带有“竹”或“木”的偏旁部首，表明竹、木材质应该是制作筷子最原始、最普及的材料，尽管骨质的筷子在新石器时代也有出土，但尚未形成较大规模的使用，金属、玉石等特殊材质筷子的产生与使用相对较晚。由“箸”到“筷”称谓的转变，学者多认为始于明代的吴中地区。陆容《菽园杂记》记载：“民间俗讳，各处有之，而吴中为甚。如舟行讳‘住’、讳‘翻’，以‘箸’为‘快儿’。”[1]李豫亨在《推篷寤语》记载：“有讳恶字而呼为美字者……立箸讳滞，呼为快子……今因流传之久至有士夫间亦呼箸为快子者，忘其始也。”[2]后在“快”字上方添加竹字偏旁，并加助词构成“筷子”一词而流传至今。

筷子的发明使用与中国独特的食物烹饪方式及食物形态有着直接的关系。新石器时代的先民已经学会用火对食材进行加工的方法，中原地区特有的气候与地理环境，逐步形成了“尚热食”的饮食习惯。为了安全、方便地从蒸煮器皿中夹取过烫的熟食，故具有夹取功能的筷子便应运而生。汉代以前，筷子多作为羹类热食的专用食具，汉代以后中原地区流行面食与炒菜，南方地区形成了以米饭为主食的生活习俗，经过精细加工形成条块分明的热食，均可由一双筷子完成进食。至宋元时期以筷食为主的饮食方式已经较为普及，这不仅在后世得到不断发展与流行，也辐射影响了我国周边少数民族以及东（南）亚等国家和地区，最终形成独特的筷食文化圈，同时有效地促进了各地区饮食文化的交流。

筷子的制作由较为单一的竹木自然材料，逐渐扩展为漆木、金属、玉石以及象牙等特殊材料，其造型与纹饰也由通体简素的圆柱形演变为首繁足简的复合形式。筷子有效地实现手指功能的延伸，其发展历程不仅可以反映我国粮食作物与食物烹饪的历史变迁，也生动诠释了先民在品鉴美味佳肴时独特的生活智慧。

---

[1]〔明〕陆容：《菽园杂记》，中华书局，1997，第 8 页。

[2]〔明〕李豫亨：《推篷寤语》，李氏思敬堂刻本，明代隆庆五年（1571），第 102 页；王仁湘：《中国古代进食具匕箸叉研究》，《考古学报》1990 年第 3 期。

一、羹类热食催生出的筷子

人类饮食文化的真正发展以用火加工、烹饪熟食为显著标志。旧石器时代晚期原始农业、原始畜牧业和制陶业陆续出现，先民逐步过上了定居生活，稳定而充足的粮食供给，为食物烹饪方式的创新提供了良好的物质条件。中国早期聚居的中原地区，气候类型介于干旱和半干旱之间，夏季之外的其他季节，均有着干燥、寒冷的气候特征，这些客观因素促使我国逐步形成了“尚热食”的饮食偏好。[3] 在此背景下，食物加工方式逐步实现了由生食加工到熟食烹饪的转变，由此防止烫伤、可翻挑烹饪、夹取进食的筷子应运而生。

筷子与羹类食物相伴而生，从我国出土大量带有烟炱痕迹的陶鬲与“羹”字形来看（图2-4-1），早在新石器时代，由陶鬲煮制羔羊肉的羹汤食物，开始成为先民饮食结构中的一种重要熟食。陶鬲为古代最为常见的陶制炊器之一，其形制多为敞口、鼓腹，下有三个袋状足，部分颈部设有双耳，其底部中空，便于在器底生火加热。在烹饪过程中，筷子可以用来搅拌、检视与品尝陶鬲内的食物。目前我国考古发现最早的筷子是江苏高邮新石器时代龙虬庄遗址出土的多双骨质筷子（图2-4-2）[4]，由麋鹿骨或角磨制而成，平首尖足，上大下小。整体长度为11.2至13.6厘米，最宽处为0.6厘米，从形态、尺度等特征来看，应为日常烹饪及用餐时插取熟食的一种助食用具。此外，在陕西临潼新石器时代中晚期姜寨遗址也曾发现50件骨质筷子，长度7.5至12.8厘米[5]，由此表明筷子在新石器时代已经出现在人们的日常生活中。

春秋战国时期，筷子的用途依旧局限于羹类食物的熟食品种，尚未成为主要的进食用具。《礼记・曲礼上》中记载“共饭不泽手”“饭黍毋以箸”与“羹之有

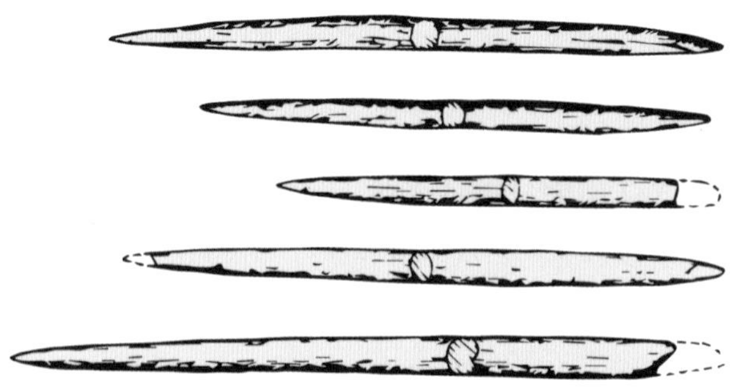

图2-4-1（左）　《说文解字》中“羹”的字形

图2-4-2（右）　新石器时代的骨箸

[3]〔美〕王晴佳：《筷子：饮食与文化》，汪精玲译，生活·读书·新知三联书店，2019，第45页。
[4] 龙虬庄遗址考古队编著《龙虬庄：江淮东部新石器时代遗址发掘报告》，科学出版社，1999，第187—189页。
[5] 西安半坡博物馆、陕西省考古研究所、临潼县博物馆：《姜寨——新石器时代遗址发掘报告》，文物出版社，1988，第98、205页；王志俊：《中国新石器时代人类的食物与进食用具》，转引自西安半坡博物馆编《史前研究》，三秦出版社，2000，第440—450页。

菜者用梜，其无菜者不用梜”[6]，唐代孔颖达注解“有菜者为铏羹是也，以其有菜交横，非梜不可”，可知当时的主食是为蒸煮的黍子，人们一般用手抓取而食，只有夹取热羹中的肉菜才使用筷子。

目前考古发现先秦时期的筷子十分稀少，其出土地点零星散布在中原、西南以及华东等地区，多由骨质或青铜材质制作。我国最早关于筷子的文献记载出自战国晚期成书的《韩非子》：“昔者纣为象箸而箕子怖。”[7]商纣王使用象牙筷子，其臣子箕子就担忧天下将有大祸降临，这不仅表明箕子见微知著的性格，也从侧面反映了当时使用象牙筷子是极其奢靡的。

二、食材加工的多样化与筷食方式的进化

（一）面食蒸煮促进筷子的普及

秦汉时期随着中原地区水利灌溉与谷物加工技术的持续革新，使得小麦的产量与粮食加工水平大为提高，小麦逐渐取代了过去以粟、黍为主的主食地位。其粮食加工延续了蒸煮烹饪的方法，但小麦种皮粗糙、坚硬，口感较差。汉代改良杵臼为磨盘，为小麦的精加工创造了良好的发展条件。河北满城汉墓中出土圆形石磨[8]以及东汉桓谭《新论》中记载磨臼“用驴骡牛马及役水而舂，其利乃且百倍”[9]，这些出土实物及文献记载表明碾磨已经成为重要的粮食加工技术。小麦经过舂臼破壁研磨成粉再进行蒸煮，不仅口感良好，而且可制作成饼和面条等各类面食。北魏末期农学家贾思勰在其著作《齐民要术》中收录了十几种饼的做法，其中就有今天的烧饼、馅饼，有时也指馄饨、面条等食物。如“煮饼”（即面条）“……挼如箸大，一尺一断，盘中盛水浸，宜以手临铛上，挼令薄如韭叶，逐沸煮”[10]。其做法是先将面团揉制搓捻为如筷子般粗细、长短，后压扁再煮沸，即可食用。这些面食虽然与羹类食物的食材大为不同，但加工过程同属热食烹饪，食用方式也必须借助某种工具来完成进食，因而促进了筷子的使用频率。

东汉《说文解字》中记载“箸，饭攲也”，指斜持筷子夹取饭食，也称为“饭攲”。尽管此处的主食饭不知由何种谷物制成，但用筷子吃饭已经打破先秦时期的饮食礼制。这些变化一方面促使主食由粟、黍为主的粒食逐步转变为以小麦为主的面食，另一方面表明先秦时期作为助食用具的筷子至秦汉时期已成为主

[6]〔元〕陈澔注《礼记》，金晓东校点，上海古籍出版社，2016，第18、20页。

[7] 高升平、王齐洲、张三夕译注《韩非子》，中华书局，2010，第231页。

[8] 中国社会科学院考古研究所、河北省文物管理处编《满城汉墓发掘报告》上册，文物出版社，1980，第143—144页。

[9]〔汉〕桓谭：《新辑本桓谭新论》，朱谦之校辑，中华书局，2009，第50—51页。

[10]〔北魏〕贾思勰：《齐民要术》，李立雄、蔡梦麒点校，团结出版社，1996，第366页。

图 2-4-3（左）　山东嘉祥东汉画像石《邢渠哺父图》[11]

图 2-4-4（右）　甘肃嘉峪关魏晋墓出土砖画[12]

要进食餐具。图2-4-3为山东嘉祥地区出土的东汉时期画像石《孝子图》中的《邢渠哺父图》，邢渠左手持筷给其父喂食。甘肃嘉峪关魏晋墓中所出的砖画上，一女子手执筷子，在整理笼架上的食物（图2-4-4），反映了筷子在日常生活中较为普遍的使用情景。

（二）热菜煎炒增加筷食的食物种类

南北朝时期炒菜的出现与普及，进一步促使筷子成为主流进食器具。炒是借助铁（或铜）锅，将一定比例的动植物油、调味品和肉蛋蔬菜等食材进行混合炝炒，其制作过程常将各类食材切削、剁制成较小的条、块等形态，以提升食物炒制的效率和各类食材混合的味道。《齐民要术》中最早记载了炝炒鸡蛋和煎炒鸭肉的做法："炒鸡子法：打破，著铜铛中，搅令黄白相杂。细擘葱白，下盐米、浑豉，麻油炒之，甚香美。……鸭煎法：用新成子鸭极肥者，其大如雉，去头，烂治，却腥翠、五藏，又净洗，细锉如笼肉。细切葱白，下盐、豉汁，炒令极熟。下椒、姜末食之。"[13]这两道热菜的烹饪方法都是利用旺火热油快速炒熟，不仅品尝时鲜嫩爽口，而且较好地保留了食材中的营养物质。炒菜的出现与流行，一方面丰富了中国传统的烹饪方式，菜肴种类与膳食结构更为多元，另一方面增加了筷食的食物种类，为筷子的进一步普及奠定了良好的基础。

（三）米饭蒸煮扩大筷子的使用范围

唐宋时期，水稻种植逐渐由南向北推广，米饭的普及进一步完善了我国的主食结构，更易夹取米饭的筷子也相应扩大了其使用的范围。水稻自古以来是我国南方地区种植的重要粮食作物之一，唐代开始种植范围扩大至北方地区，特别是关中平原与华中平原有着较大的种植规模。宋代则更为普遍，除更好的口感之外，水稻品种多、成熟周期快、亩产量高等品种优势，能够满足更多人口的粮食需求。稻谷脱壳成为大米，再经过蒸煮便是米饭，作为主食较北方地区的

[11] 中国画像石全集编辑委员会编《中国画像石全集·1·山东汉画像石》，山东美术出版社，2000，第43页。

[12] 徐光冀主编《中国出土壁画全集·9·甘肃·宁夏·新疆》，科学出版社，2011，第101页。

[13]〔北魏〕贾思勰：《齐民要术》，李立雄、蔡梦麒点校，团结出版社，1996，第246页。

粟、黍和小麦更具黏性。使用筷子可将其精准、成块地夹取，而使用勺子则容易产生粘连、糊口等问题。伴随着主食米饭由南向北逐步推广，筷子的使用范围也进一步得到扩大。

小麦、肉蛋时蔬与稻米的大规模种植和饲养是我国农业生产发展的主要路径，对其烹饪继承了自古以来的热食加工传统，针对不同食材分化为“蒸煮”和“煎炒”两大烹饪技术。其中小麦与稻米等主食采用蒸煮的方式，通过较长时间的加热完成制作；肉蛋时蔬采用煎炒的方式，通过较短时间的加热完成制作。小麦、肉蛋时蔬与稻米在秦汉至宋元时期交错发展，互为补充，在全国各地不断演化为丰富多样的食物种类，成为千家万户的主要食材。这些不同种类、不同形态的新型热食，更适宜用一双筷子夹取进食，就餐时筷子的使用频率获得了较大提升。宋代孟元老《东京梦华录》中记载当时的人们品尝面、肉、菜混合的食物，“旧只用匙，今皆用箸（筷）矣”[14]，可见筷子的重要性在日常饮食中日渐提升。

明清时期，材料名贵、制作考究的工艺筷逐渐增多。如明代《天水冰山录》中记载，内阁首辅严嵩抄家时得27169双名贵材料制作的筷子[15]，清代《御膳房库存金银玉器皿册》记载了当时宫中所用的筷子有：金两镶牙筷6双、金镶汉玉筷1双，紫檀金银商丝嵌玉金筷1双，紫檀金银商丝嵌玛瑙筷1双，紫檀金银商丝嵌玉镶牙筷16双，紫檀商丝嵌玉银镶牙筷2双，银镀金两镶牙筷1双，包金两镶牙筷2双，铜镀金驼骨筷8双，铜镀金两镶牙筷2双，银镀金筷2双，银两镶牙筷大小35双，紫檀商丝嵌玉金筷1双、象牙筷11双，银三镶筷10双，银两镶绿秋角筷10双，乌木筷14双[16]。由此可见，普及性的筷子向着更为精细化、艺术化的方向发展，其贵重程度可视为一份特殊财产。

三、筷子的设计特征与使用方式

（一）筷子从单一材质到多元材质的发展

中国古代筷子的材料总体由单一向多元的方向发展，其制作也相应由简单易制向复杂加工过渡。从目前出土的筷子实物来看，其材质主要有骨质、木质、金属、玉石以及多材质组合等五类，其中又以单一材质的加工为主，复合材质的加工较为少见。骨质筷子包括麋鹿骨和象牙两种，分别在新石器时代和元代出现，其材料稀缺，数量也相对稀少。木质筷子是我国使用范围最为广泛的一类，

[14]〔宋〕孟元老撰，伊永文笺注《东京梦华录笺注》，中华书局，2006，第430页。
[15]〔清〕鲍廷博：《天水冰山录》，知不足斋丛书，第23、68、96、101、256页。
[16] 王慧：《美食须美器——清宫藏御用饮食器皿》，《紫禁城》2015年第2期。

但久埋地下，难以保存。此类筷子目前发现最早均为汉代，主要包括竹子、木和漆木三种，其中竹筷的数量较多，分布相对集中。在自然气候与墓葬环境的共同影响下，竹筷集中分布于华中地区的湖南、湖北等地的西汉墓葬中，其数量少则一双，多则十余双。随其出土的常有漆案、漆盘及耳杯等配套的饮食器具，而少有匕、叉等其他进食用具。其中江陵凤凰山一六七号汉墓中还发现有盛放竹筷的特有容器竹筲（筷筒），遣策竹简对应有“杝箸筲一”的记载，表明就地取材的竹质筷子在当时的饮食活动中正发挥着越来越重要的作用。竹子资源较少的地区多用各类木材制作筷子，因其所处环境及气候一般难以保存。在今天新疆民丰、甘肃武威以及河南商丘等气候较为干燥的地区出土有少量的木筷。与普通的竹、木筷子相比，漆筷又具有耐潮、耐高温和耐腐蚀等优势，这样有效地延长了筷子的使用寿命。其表面髹饰有天然可食用的漆料，也能保障安全、放心地进食。漆筷的制作成本相对较高，因而使用人群及出土分布也相应较少。

金属筷子包括青铜、铜、铁、银、金、锡六种，目前已知最早的金属筷子是河南安阳殷墟西北冈祭祀坑出土的三双商代晚期青铜筷子[17]，采用坚硬的合金材料制作，也体现其重要性正在逐步提升。春秋至西汉时期，陆续出现铜筷和材质更为坚硬的铁筷，金属筷子的种类日益多元。其中铜筷在后世时有出现，四川阆中南宋窖藏出土122双铜筷[18]，足见其流行之广。银筷是所有材质中保存数量最多，也是造型与装饰最为丰富的一类。目前已知最早的银筷出自江苏南京仙鹤观东晋墓，筷首设有环纽并以银链相连，如此设计不易造成单支筷子的遗失。北周与隋代各有一双银筷遗存，至唐宋元时期银筷开始分布在更为广泛的地区和不同类别的遗址当中，成为当时较为普遍的社会现象。这些遗址常有成批的银筷出现，如江苏镇江丁卯桥银器窖藏出土中晚唐时期银筷15双[19]，江西乐安银器窖藏出土南宋时期银筷22双[20]以及安徽合肥金银器窖藏出土元代银筷55双，少数银筷作鎏金处理[21]。其出土分布总体呈现出自西北向东南与东北地区双向延伸的发展态势，主要包括陕西、河南、河北、湖北、安徽、江苏、浙江、江西、福建以及天津与辽宁等地区，南方地区的银筷数量要远多于北方地区。这与唐、宋、辽、元等朝代的地缘政治格局高度吻合，更与唐宋之际中国主要政治、经济中心的南移密切相关。古人认为银制品不仅具有试毒、消炎甚至延年益寿的医疗保健功效，且多通过窖藏的形式对其进行财富贮藏，故而使其成为流行物品。

[17] 中国科学院考古研究所编辑《梁思永考古论文集》，科学出版社，1959，第156页。

[18] 张启明：《四川阆中县出土宋代窖藏》，《文物》1984年第7期。

[19] 丹徒县文教局、镇江博物馆：《江苏丹徒丁卯桥出土唐代银器窖藏》，《文物》1982年第11期。

[20] 杨厚礼：《江西乐安窖藏银器》，《江西历史文物》1980年第3期。

[21] 吴兴汉：《介绍安徽合肥发现的元代金银器皿》，《文物参考资料》1957年第2期。

此外也有数量较少的金筷与锡筷存世，金属筷子相较于木质筷子更为坚固耐用，其表面还可雕琢精细复杂的装饰图案。玉石筷子以及多材质组合的筷子在明清时期的宫廷多有发现，这既是皇家身份的象征，也是工艺集大成的显著表现。

（二）历代筷子的形制与装饰

1. 长短适宜、方圆得当的筷子形制

纵观历代筷子的尺度演变图（图2-4-5），可以发现筷子的尺度长短不一，其直径也大小有别。在收集的353双筷子中有数据的为334双，经统计筷子的平均长度约为25厘米，现代筷子的长度为23至25厘米，古代筷子与此相差不大。目前我国考古发现最短的筷子为宁夏固原北周李贤夫妇墓出土的银筷，长度仅为9.2厘米，最长的筷子为内蒙古昭乌达盟小刘杖子辽墓出土的铁筷，长度为38.5厘米。铁筷发现时置于火盆之上，其长度也是为了夹取火炭时避免烫伤而设计的。此外，部分筷子可通过组接的方式，进一步延长其长度。如河南安阳殷墟西北冈祭祀坑出土六件青铜筷头，通长为25.9至26.1厘米，其下可组接木质筷身。学者认为，此筷可能是用于烹饪搅拌热食、控制火势，或是作为冶金之用。

筷子上下宽度并不一致，较粗的上端一般称为筷首，较细的下端称为筷足。中国历代筷子的筷首直径为0.25至0.7厘米，筷足直径为0.15至0.5厘米（图2-4-5），同样与现代筷子的筷首、筷足直径较为接近，表明筷子形制具有较强的稳定性。根据筷子整体形态可以分为“首粗足细”与“中粗首足细”两种类型（图2-4-6）。“首粗足细”型为主流形态，上粗下细的设计便于使用者快速分辨筷首与筷足。“中粗首足细”型仅在战国、北周、隋唐时期的个别金属筷子中出现，这可能是一种双头筷的设计探索。“首粗足细”型的形态特征在新石器时代的筷子上已有体现，从高邮龙虬庄遗址的骨筷来看，筷足细长而尖锐，便是为了扎取肉类食物而进行的切削。筷首较粗且有棱角，其截面有圆形、方形、六边形

图2-4-5　中国历代筷子的形制演变图

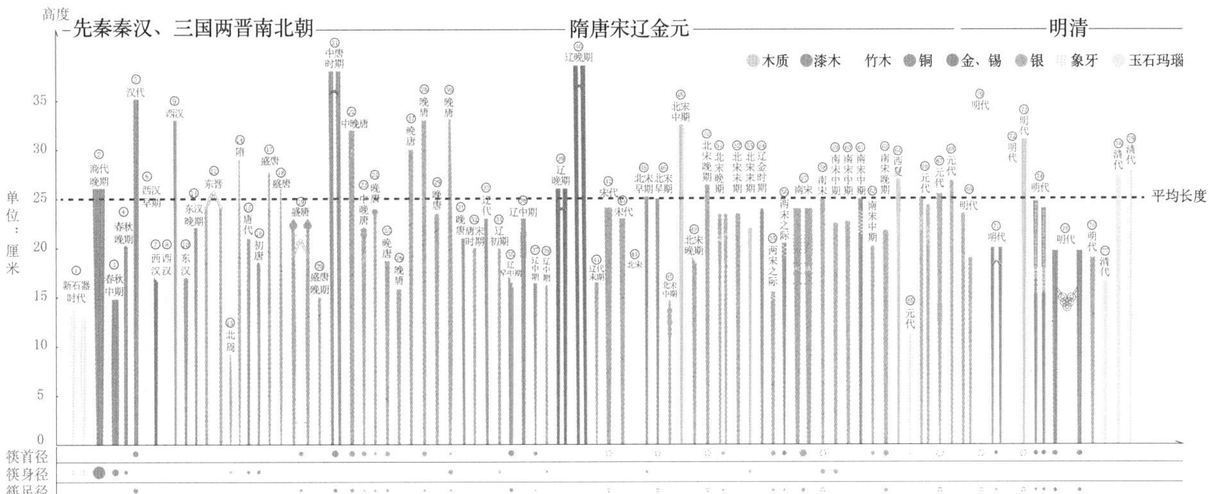

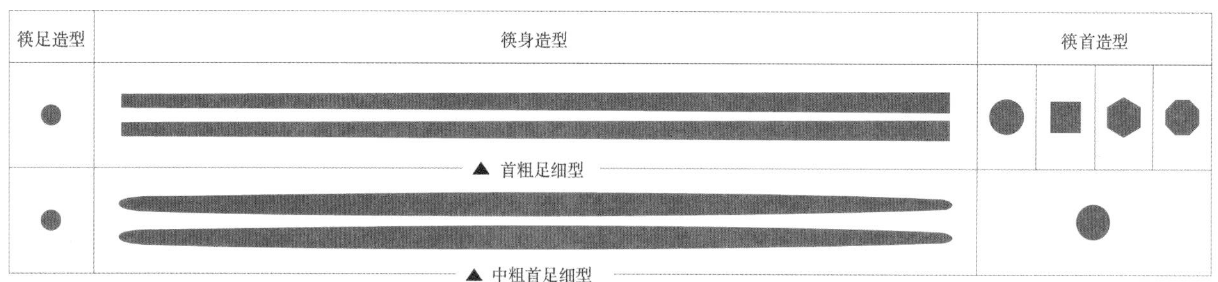

图2-4-6 “首粗足细”与“中粗首足细”两种筷型

和八边形四种，造型较为丰富，便于用餐者的手部持握。筷足较细且圆润，其截面均为圆形，方便用餐者分拣、夹取食物并送入口中。筷足与筷首造型不同的情况下，二者之间一般在形态上有自然过渡。随着筷子的日益普及与使用频率的提高，人们更多关注筷子设计的合理性，后世筷子的形态就是在此基础上不断革新的结果。

2. 首繁足简的筷子装饰

在筷子演变为主要进食工具的历史进程中，筷首与筷足的形态与功能也产生了相应的变化。筷首体形较大，也无须入口，逐渐演化成为艺术装饰的部分。从出土实物来看，唐代以前的筷首顶部少有装饰。唐代以来，特别是银筷首部的装饰日益多元，新出现四棱形、六棱形和竹节形等造型，多边形筷首的造型设计可增大筷子的摩擦，但棱角越多持握舒适感越低，故而以四棱形为主。其设计有三大优点：其一，持握时不易滑落，便于夹取食物；其二，将其置于饭碗或桌案的平面上，不易滚落；其三，筷身上部四个平面，有较大面积进行雕饰与刻字，通过装饰以提升其艺术审美价值。其表面一般錾刻有莲瓣纹、弦纹和联珠纹等纹饰，有的在空白处饰以细密的鱼子纹，部分筷子表面还加刻有铭文。如江西乐安南宋窖藏的22双银筷，每根皆刻有正楷体的“仁”或“德”字，摆放或用餐时每双筷子即可组成“仁德”一词，以此传达出特定的道德追求。筷首顶部还雕刻有葫芦、宝珠与莲花等细微造型，筷身收束为锥形。其优点在于可有效防止竹、木纤维组织长时间使用而产生的劈裂现象。在清洗倒置时，筷上的水分可以顺流而下，以免加速筷子腐朽或出现霉斑等问题。相较于造型纹饰丰富的筷首部分，筷足则长期维持相对单一的细圆形，表面也无纹饰，这主要由食物形态与进食口感两方面决定。中国种类丰富的饮食多注重前期精细加工，细圆形的筷足设计既可以将细小条块的食物固定、夹取，也便于将其顺利、舒适地送入口中，因此，其形态演变程度较小，只在筷足的直径上面略有变化。商周时期的筷足以将底部切削打磨为圜底状。

筷子是人手的延伸，其尺度与人以及餐饮环境有着直接的关系。筷子的长短、粗细以及重量都受到人手的制约，不合适的尺度与重量都会影响使用者的持握与进食。现代人机工程学的研究表明，成年人的手掌平均长度为18厘米，

图 2-4-7　西安市长安区南里王村唐墓东壁壁画《宴饮图》（局部）[22]

握筷时手指弯曲，手掌收拢呈爪形，长度约为12厘米。古代筷子的平均长度为25厘米，握筷时尚有约13厘米长的部分可以夹取食物。筷子的尺度同样也受到餐饮环境的影响，无论是采取席地而坐一人一案的分餐制，还是垂足而坐两人或多人一桌的合餐制，面对餐桌前的各类美食佳肴，人们都需要一双足够长的筷子，通过俯身或探身才能夹取进食。典型如陕西省西安市长安区南里王村唐墓东壁壁画《宴饮图》（图2-4-7），虽然餐制正由分餐向合餐过渡发展，但筷食的方式却一如既往地发展了下来。

（三）钳形与剪刀形的两种用筷方式

筷子的持握方式同样具有浓厚的东方特色，其使用不仅是各个关节协调活动的结果，也是良好的神经控制和手指灵活配合的体现。根据握筷手势的造型，可将其分为钳形和剪刀形两种握筷方式（图2-4-8）。钳形握筷主要由大拇指、食指和中指配合完成，食指与中指夹持筷子上部，无名指支撑筷子下部，大拇指按压双筷。剪刀形握筷主要由大拇指和食指配合完成，利用虎口支托双筷，食指活动筷子上部，中指支撑筷子下部，大拇指按压双筷。两种握筷方式除手指功能的区别之外，其握筷位置也有所差别，钳形握筷一般靠后，而剪刀形握筷接近中间部分。从效率、习惯、美感三个角度来看，钳形更具有稳定性与精确性。

从世界范围来看，筷子属于一种形制独特的餐具，其设计折射出中国人化繁为简的哲学智慧。筷子尽管只有两根结构简单的细棍构成，使用起来却可以

[22] 赵力光、王九刚：《长安县南里王村唐壁画墓》，《文博》1989年第4期。

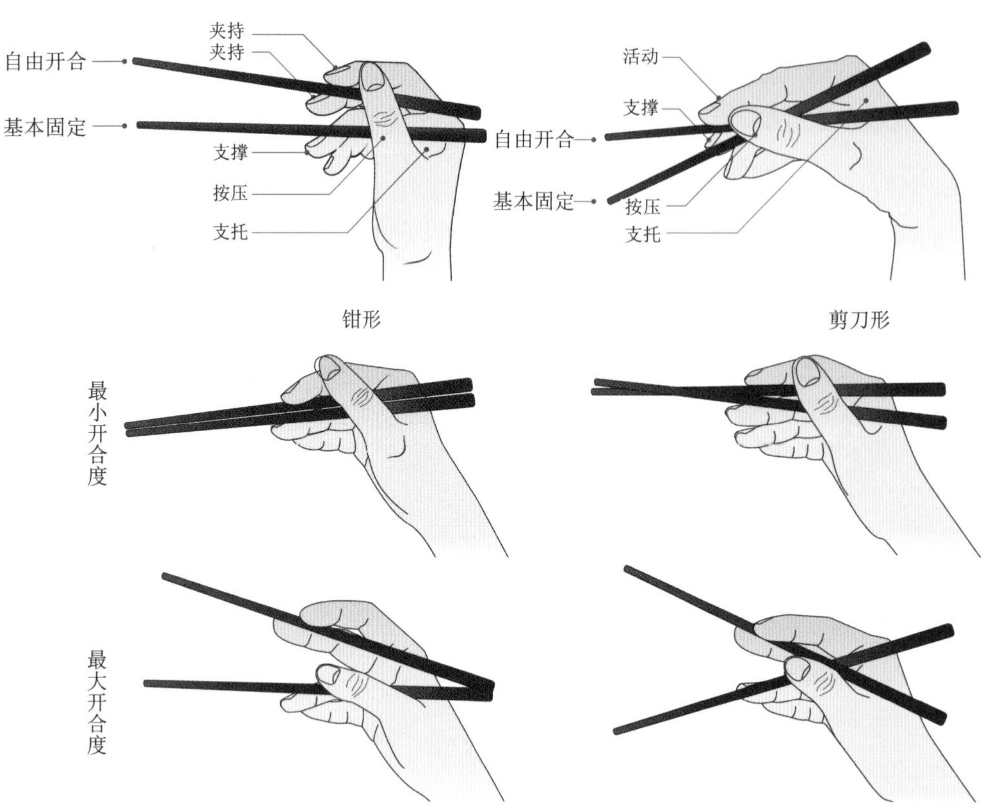

图 2-4-8 筷子的常见持握方式图

达到灵活多变的效果。通过与人手的配合可同时完成夹、拨、挑、扒、撮、撕等多种动作，除流质食物之外，几乎可以完成所有其他形态食物的进食，故而在饮食以及烹饪活动中占据越来越重要的位置。

四、礼让启智的筷食礼仪及其文化圈的形成

（一）礼让启智的筷食礼仪

筷食文化的形成不仅取决于我国先进的烹饪技术与饮食器具的发展，也承载着饮食礼仪道德和文明教化的重要功能。古代礼制遍及人们日常生活的各个方面，《礼记・礼运》中便记载“夫礼之初，始诸饮食”。中国传统礼制的发端源于人们在饮食活动中的行为规范，这种由最基本的日常生活中产生的文化思想，是中华民族顺应自然的一种创造。筷子由助食用具逐步跃升为主流餐具，其礼仪属性也相应增强。特别是在文人主导的宋代社会中，多人围坐合餐，逐渐增强了筷子的用餐礼仪。宋代理学家程颢、程颐兄弟在《二程集》中认为“不席地而倚卓，不手饭而匕筯，此圣人必随时，若未有当，目作之矣”[23]，即认为用刀筷等专用餐具

[23]〔宋〕程颢、程颐：《二程集》，王孝鱼点校，中华书局，1981，第 155 页。

进食，才符合圣人的行为。这样便将个人饮食的行为赋予社会性的礼仪约束。由此，进食器具的使用方法也成为评判“明礼”与“失礼”的标准。

在此基础上逐步形成了多种不成文但却约定俗成的用筷礼仪，如不宜用筷子在候餐或进食中发出异响，不宜用筷子在公共饮食器具中翻腾、挑拣、刺戳喜欢或厌恶的食物，不宜用筷子竖插在饭碗中等不文明行为。这些容易破坏他人正常的食欲和心情的就餐行为，往往被视为缺乏基础教养的表现。筷子不仅是表达人们情感的一种特殊方式，也是改善和维系同餐人群友好关系的有效途径。在饮食行序中，只有长者优先动筷夹菜后，晚辈才可以动筷，以表达对长辈的尊重，这也成为中华民族敬老尊老的传统美德。席间，长辈也会教导孩童必要的用筷方法和饮食礼仪，体现了长幼之间的爱护与责任。

此外，筷子在民俗活动和日常家庭教育中也扮演着越来越重要的角色。如《东京梦华录》中记载北宋都城汴梁民间婚俗时说：“凡娶媳妇，……女家以淡水两瓶，活鱼三五个，筯一双，悉送在元酒瓶内，谓之‘回鱼筯’。”“回鱼箸”是订婚时女方回赠的一种礼仪，其中鱼和筷子是重要的回赠祈子吉祥物，“鱼”谐音“如”，有“如意”之意，“箸”谐音“注”，有“注定”之意。宋元时期元宵节有筷子祭祀活动，如《续博物志》中记载：“正月望祭门，……以酒脯饮食及豆粥，插筯祭之。”元宵节时用酒肉及筷子竖插在豆粥中来望日祭门。

筷子作为中国每餐必备的用具，也是文明教化的重要工具之一。使用筷子与说话、走路并列成为中国幼儿启蒙教育的三大基础方法。中国特色的饮食方式和烹饪方式，造就了精致复杂的美食文化，这也为幼儿生活技巧的培养带来了新的挑战。正确使用筷子不但涉及幼儿独立进食、减轻抚养者负担，还涉及肢体和心智的初级启蒙和深度开发。[24] 在抚养者的耐心教导和不断鼓励下，幼儿通过眼、手、心的协调配合，并充分调动肢体关节才能习得使用筷子的技能。经过长年累月的练习，可以逐渐完成对颗粒、线性、固态和半流质等不同形态食物的夹取进食。筷子的教育是生存物资、身体机能和心理活动的综合运用，某种意义上是中国人对幼儿实行格物教化的最佳也是最简便的途径，潜移默化地塑造了精致造物的民族品格。

（二）筷食文化圈的形成

中国筷食与欧美地区刀叉进食的方式形成鲜明的对比，二者的差异反映出饮食文化和思想观念的不同，对进食器具的研究是了解其文化的重要途径。中国的筷食，食材处理、食物烹饪在厨房既已完成，餐桌之上无须加工，直接夹取

[24] 王琥：《设计史鉴：中国传统设计思想研究——思想篇》，江苏美术出版社，2010，第162页。

进食即可。反观欧美地区的饮食烹饪，大多采用烘烤、煎炸及水煮的方法，其间对食材少有加工和混合，也缺乏调味品的使用，因而烹饪的菜品相对简单，因此进食时需使用进食器具对其做进一步的“加工”，方能食用。刀叉的产生与延续，即为满足这种饮食习惯下的产物，人们一般左手持叉，右手持刀，通过叉子固定和插取食物，再用刀将其切割为小块，以便于进食。从筷子与刀叉的对比来看，二者既反映出东西方食材处理、烹饪方法和饮食习惯的不同，也折射出人类饮食发展史上两种不同的进食器具设计思维。

筷子是了解中国传统饮食文化的最佳载体之一，其传播与使用代表着不同地区、不同民族、不同文化之间的友好交流和文明互鉴。随着汉文化的影响力不断扩大，边疆少数民族以及周边国家，如越南、马来西亚、蒙古、朝鲜、韩国、日本等国的饮食器具与用餐习俗皆由中国传入。汉代筷子远播至新疆民丰地区[25]，当地一处贵族住宅遗址中发现一双长短不一的木筷子，可能是对中原地区进食方式的新尝试。匈奴人也学着汉人用甑蒸制主食，并使用骨头制作的筷子夹取餐食。[26]越南是亚洲稻的起源地之一，其稻作体系和饮食习惯与中国长江、珠江流域高度一致，主要以大米为主食。秦至五代十国时期，越南的广大地区长期处在中国各朝代政权的直接管辖下，其进食方式也不断受到中国文化的浸润，而多以筷食为主。因此越南是今天东南亚地区唯一一个主要依靠中式烹饪方法以及筷子进食的国家。[27]

随着民族交融与中外交流程度的进一步加深，至唐宋元时期筷子得到更为广泛的传播和使用。唐代先后有21位和亲公主远嫁边疆民族地区，主要包括吐蕃、吐谷浑、突厥、契丹、回纥与南诏等地，带去了中原地区多种先进的生产技术和文明的生活方式，其中也包括烹饪及筷食的饮食文化。唐代樊绰在《蛮书》“蛮夷风俗”中就记载了云南地区“南诏家……贵者饭以筯不匙，贱者抟之而食”。只有贵族才能用筷子进食，将其视为社会上层阶级的文明行为。伴随着文化交流与互动，促使筷食文化在多民族之间传播。以蒙古族为例，筷子的引进使其进食用具由原来较为单一的刀具扩展为刀筷并用，其饮食文化也逐渐告别了以肉食为主的饮食结构和进食方法。《元史·祭祀志》中记载皇帝丧葬“凡宫车晏驾……殉以金壶瓶二，盏一，碗碟匙筯各一”，也说明筷子已被纳入文化礼仪当中。时至今日，蒙古族传统进食用具依旧保留着刀筷并用的方式（图2-4-9）。两种用具以鞘收纳，筷身、刀柄与刀鞘上多镶嵌有不同造型的银饰。此外，蒙古族

[25] 史树青：《新疆文物调查随笔》，《文物》1960年第6期。

[26] 贺菊莲：《天山家宴——西域饮食文化纵横谈》，兰州大学出版社，2011，第145—146页。

[27]Q. Edward Wang, Chopsticks: A Cultural and Culinary History,London, 2015,p. 75.

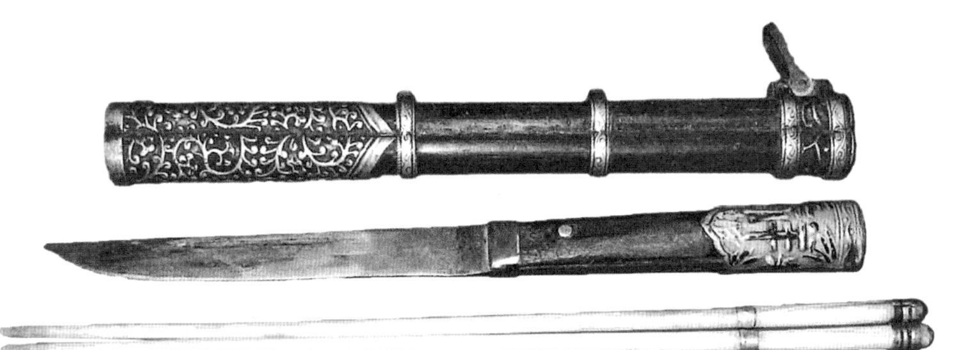

图 2-4-9 蒙古族传统刀筷用具[28]

还在宴会上双手各持一束成组捆扎的筷子，配合舞姿打击筷子，形成清脆利落、节奏感强的筷子舞，这些变化正是长期文化交流融合的必然结果。

唐至宋元时期与周边国家和地区往来密切，筷子随着文化交流得以传播开来，带有显著东方特色的筷食文化圈逐步形成。朝鲜半岛与中国山水相连，较早受到中国筷食文化的影响。考古证据表明，朝鲜半岛在6世纪以前主要使用勺子进食，如朝鲜平壤乐浪地区出土一件漆木勺子，时间在公元前313年至前108年[29]。目前在朝鲜半岛地区发现最早的筷子，出土于韩国忠清南道公州百济国武宁王陵中，时间为6世纪初。筷子由青铜制成，首粗足细，首部由链条连接，通长约21厘米[30]。作为中国饮食文化传播的证据，其设计上与当时的中国筷子相当。此外，唐代《酉阳杂俎·境导》中记载新罗地区有一岛，“满岛悉是黑漆匙箸”，可见筷子已深入到朝鲜半岛不同地区的饮食文化中。7世纪初，日本圣德太子先后两次派遣隋使学习并引进“中国箸食法”[31]，唐代又传入了馄饨、面条等食物的烹饪方法。筷子在日本逐渐普及，有时也称为“唐箸”，表明源于中国之意。《酉阳杂俎·忠志》中还记载唐玄宗对“安禄山恩宠莫比，锡赍无数，其所赐品目”中列有“金平脱犀头匙箸”。自魏晋至元代，大量中亚、西亚及东欧民族在中国从政经商或传法，其活动进一步扩大了筷食文化的影响范围。

结语

筷子是中国人独特的进食用具，其产生与发展是人们延伸人体功能，适应自然生存环境并从中摄取营养物质的结果。蒸、煮为主的热食烹饪传统和食材

[28] 阿木尔巴图编著《蒙古族工艺美术》，内蒙古大学出版社，2007，第270页。

[29]Mukai Yukiko, Hashimoto Keiko, Hashi (Chopsticks), Tokyo, 2001, pp. 14-20.

[30]Office of Cultural Properties, Muryeong Wangneung Balguljosa Bogoseo Excavation Site Report of the Tomb of King Muryeong, Seoul, 1973, p. 58.

[31] 刘云主编《中国箸文化史》，中华书局，2006，第250页。

精细化加工，筷子由助食用具跃升为主流的进食用具，也促成中国饮食习俗的形成。筷子就地取材、制作简易、结构简单、装饰简朴、操作简便，集中体现了中国传统造物简明实用的设计特征。在烹饪方式、食材种类的多样化发展和持续进步中，防烫、卫生又灵活的筷子其材质选取、造型种类与装饰风格也日渐多元。作为中国传统典型的设计范例，筷子具有鲜明的承传性和统合性特征，是中国早期设计事物之一，也是中国传统思想重要的源头。

筷子是东方文明演化发展的标志性器物，其重要性还体现在礼仪道德和文明教化等层面。“食而有礼，不乱其序”，筷子参与构建的饮食礼仪，通过用餐行为将其内化融汇在人际交往和启蒙教育中，总体实现了由温饱需求向礼仪需求的关键转变。数千年以来，一双筷子从品尝美味到寄托情感，不仅作为中国文化的象征性符号之一，也有别于西方饮食体系。在与我国各民族及其他国家地区的跨文化交往中，筷子连同我国特有的饮食文化、礼仪制度和设计思想不断进行对外传播，筷食文化圈的形成为增进区域及中外文化交流发挥了重要的作用。

第五节　五色土与茗壶雅韵

紫砂壶是一种紫砂泥材质的泡茶工具。紫砂造物文化兴起于明代中期宜兴境内的丁蜀镇，它既源自宜兴制陶技艺的历史沉淀，又是源远流长的中国饮茶文化发展至明代的典型物质体现。首先，宜兴自古以出产陶器闻名，有与景德镇"瓷都"齐名的"陶都"之称。据考古证明，这里的制陶历史可追溯到6000年前的新石器时代。[1]"陶穴环蜀山"，宜兴蕴藏丰富的陶土矿源，其泥盆系石英砂岩上部的原生沉积型黏土质岩，是其制陶业兴盛的物质基础，而紫砂泥料的发现及其作为一种新材料被引入制陶工艺中，是紫砂壶诞生的契机。其次，"茶至明代，不复碾屑和香药制团饼"[2]，明代茶叶形态由"团茶"转变为"散茶"，这使得饮茶方式由"点茶法"转变为"泡茶法"，并衍生一系列与之相适应的茶具形态。"泡茶法"是将散装茶叶以沸水冲泡的方式激发出茶叶的风味，从而形成香气四溢、清新可口的茶汤。其中，茶壶是实现散茶冲泡步骤的关键器具，也是专为"泡茶法"而设计的新兴茶具。经过茶人的实践与筛选，紫砂材质的茶壶登上了历史舞台。

《阳羡茗壶》载："近百年中，壶黜银锡及闽豫瓷，而尚宜兴陶，又近人远过前人处也。陶曷取诸？取诸其制以本山土砂，能发真茶之色、香、味，不但杜工部云'倾银注玉惊人眼'，高流务以免俗也。"[3]《茗壶图录》中也提到"茗注不独砂壶，古用金、银、锡、瓷，近时又或用玉，然皆不及于砂壶"[4]。又《长物志》载："茶壶以砂者为上，盖既不夺香，又无熟汤气。"[5]从这些记载来看，紫砂材质的茶壶以其优良的材料属性，在各种材质的茶壶中脱颖而出成为绝对主角，并逐渐产生实用功能外的艺术价值，成为文人雅士钟爱的清赏雅玩之一。名家制作的紫砂壶甚至与稀有金属器物等价，"至名手所作，一壶重不数两，价重每一二十金，能使土与黄金争价，世日趋华"[6]。《台阳百咏注》中记载"一具用之

[1] 卢嘉锡总主编，李家治分卷主编《中国科学技术史：瓷卷》，科学出版社，1998，第448页。
[2] 〔明〕周高起、〔清〕吴骞著，赵菁编《阳羡茗壶》，金城出版社，2011，第2页。
[3] 同上。
[4] 转引自高英姿选注《紫砂名陶典籍》，浙江摄影出版社，2000，第88页。
[5] 转引自〔明〕周高起、〔清〕吴骞著，赵菁编《阳羡茗壶》，金城出版社，2011，第82页。
[6] 同上书，第2页。

数十年，则值金一笏”[7]，表明紫砂壶所承载的价值已经远超其本身的原料与实用价值。其附加价值一方面来源于紫砂工匠不断探索紫砂壶精致感与手作感的平衡，形成难以复制的个人化的手作技艺，另一方面来源于历代文人雅士赋予紫砂壶的人文精神和情怀投射，或寄人生理想于紫砂壶的造型设计，或以诗文书画在紫砂壶表面直抒胸臆，“工艺”与“人文”两者共同塑造了紫砂壶别具一格的面貌，成为中国古代造物中少有的承载艺术品位的生活器具。

本节第一部分基于搜集的222例紫砂壶实物案例，主要从“结构、造型、尺度和装饰”等方面阐释紫砂壶的设计特征。第二、三部分着眼于紫砂壶的发展脉络，首先叙述明代中期紫砂技艺的成型过程及主要内容，其次探讨清代紫砂壶与其他技艺的融合及艺术化表现，最后着眼于紫砂壶在近代的商业化普及。质言之，本节通过对紫砂壶的整体设计面貌和发展脉络的归纳与梳理，探讨紫砂壶由一种日常饮食器具发展为一种兼具艺术和商业价值的产品类型的范本意义。

一、紫砂壶的设计特征

紫砂壶的泡茶功能决定了其主要由壶身、壶纽、壶盖、壶嘴、壶把、壶底等结构组成。泡茶法的具体操作步骤是：第一，以提梁壶烧水；第二，揭开壶盖，将适量散茶置于壶身中；第三，将烧开的沸水注入壶身中；第四，盖上壶盖静置一段时间；第五，一手握住壶把，一手按住壶盖，倾斜壶身使茶汤由壶嘴缓缓流入茶杯中（图2-5-1）。

壶身为放置茶叶、冲泡茶水的关键部位，是整个器身体积最大的结构，主要有球体、方体、多棱体、复合几何体等样式。相较于酒壶修长的壶身，紫砂壶的壶身大多低矮，是因为这种低矮的壶身能使茶叶与沸水的接触更加均匀，以更好地实现泡茶功能。壶纽为人手操持壶盖的部件，主要有球形、桥形、圆柱形、水滴形、仿生形等样式。紫砂壶的壶纽造型大多与壶身造型有所呼应，以形成视

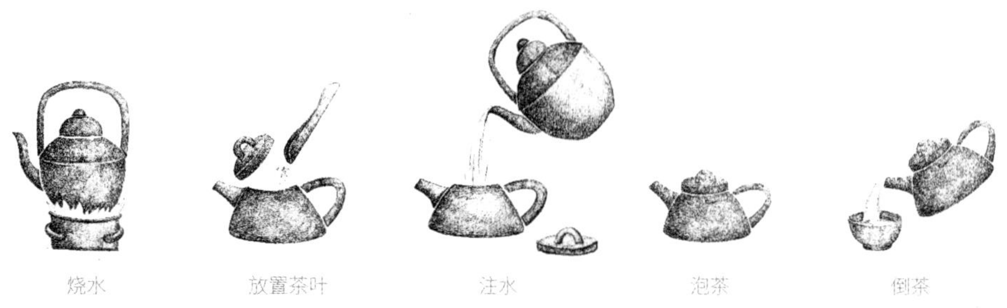

图2-5-1 泡茶方法示意图

[7] 转引自〔明〕周高起、〔清〕吴骞著，赵菁编《阳羡茗壶》，金城出版社，2011，第99页。

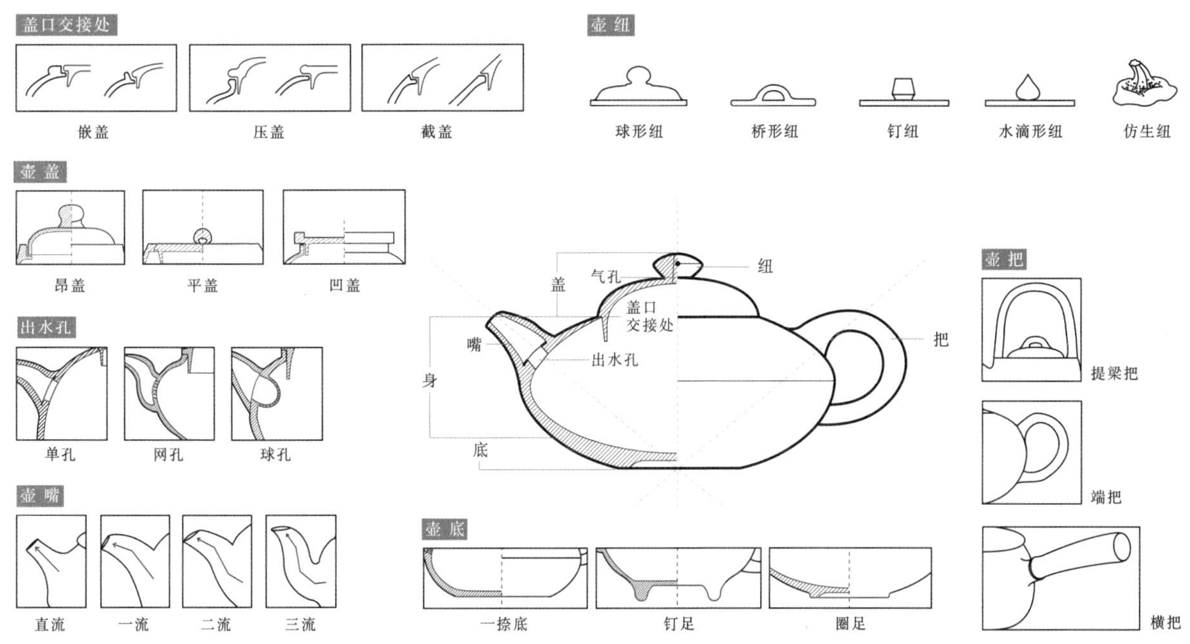

图 2-5-2　紫砂壶结构示意图

觉风格的统一。壶盖为壶身的开合部件，有壶盖高于壶身的昂盖，有壶盖与壶身平齐的平盖，也有壶盖低于壶身的凹盖。壶盖样式的选择主要取决于紫砂壶的造型题材。盖口相接处为壶盖与壶口相接位置，主要有压式、截式、嵌入式等样式。盖口相接处的契合程度是评价一把紫砂壶好坏的重要标准之一。壶嘴是倾注茶水的部件，有直流、一流、二流、三流等样式，壶嘴内部的出水口有单孔、网孔和球孔等样式。紫砂壶注水时，水流的流畅程度则是考验壶嘴好坏的标准。壶把是操持壶身的部件，有端把、提梁把、横把等样式。壶把的设计直接决定了人手操持紫砂壶的舒适度，壶把粗细和内部空间都是需要考量的尺度问题。壶底为支撑整个壶身的部件，有一捺底、钉足、圈足等样式（图 2-5-2）。

（一）题材多样的造型

在茶壶的基本功能结构上，紫砂壶发展出题材丰富、形式多样的造型。如《茗壶图录》载："式有数样，曰小圆、曰菱花、曰水仙、曰束腰、曰花鼓、曰鹅蛋，他如汉方、扁觯、小云雷、提梁卣、分裆索耳、美人肩、西施乳、莲方、垂莲、大顶莲、平肩莲子、一回角、六子、六方、扇面、僧帽、合菊、竹节、橄榄、冬瓜段、分蕉、蝉翼、柄云索耳、番象鼻、沙鱼皮、天鸡、篆耳之类，皆变体也。今所辑有合此者，则图样之，其他略之……形状不一，或圆或方，或棱或匾，或平或直，或崇或卑，或大或小，而如蛋者不得不圆，如斗者不得不方，如觚者不得不棱，如鼓者不得不匾，如砥者不得不平，如筒者不得不直，试品骘之。温润如君子者有之，豪迈如丈夫者有之，风流如词客、丽娴如佳人、葆光如隐士、潇洒如

图 2-5-3 几何类紫砂壶

少年、短小如侏儒、朴讷如仁人、飘逸如仙子、廉洁如高士、脱尘如衲子者有之。鉴赏好事家深爱笃好，然后始可与言斯趣也已。”[8] 可见紫砂壶取材之广泛、样式之多变。据所收集的实物案例，考虑其造型题材与形制特征，可将紫砂壶分为几何、仿生和仿物三个类型。

几何类紫砂壶：由抽象几何体组合而成，整体造型简洁大方。按壶身几何体类型，可细分为圆型、方型和复合型（图 2-5-3）。

圆型，有显著圆形造型的紫砂壶。该类型包含球式、扁圆式、上张下收式、上收下张式、半球式、直筒式、多棱式等。

方型，有显著方形造型的紫砂壶。该类型包含正方式、长方式、上张下收式、上收下张式、多棱式、鼓腹式等。

复合型，壶身由多个几何体组合而成。该类型包含台柱结合式、合斗式、合欢式、高颈式、多棱式等。

仿生类紫砂壶：提取动物、植物或自然形态的形象特征为造型语言，整体造型灵活生动，细节丰富。按取材对象的不同，可细分为仿植物型、仿动物型和仿非生命自然形态型（图 2-5-4）。

仿植物型：包含竹节式、树段式、花卉式、瓜果式等。

仿动物型：包含鸡式、象式、豹式等。

仿非生命自然形态：包含却月式、横云式、山石式等。

仿物类紫砂壶：借鉴其他器具的造型语言结合紫砂壶基本结构而成，造型题材广泛，壶型多样。按借鉴物品类型的不同，可细分为仿青铜礼器型、仿生活器具型和仿建筑构件型（图 2-5-5）。

[8] 转引自高英姿选注《紫砂名陶典籍》，浙江摄影出版社，2000，第 87—88 页。

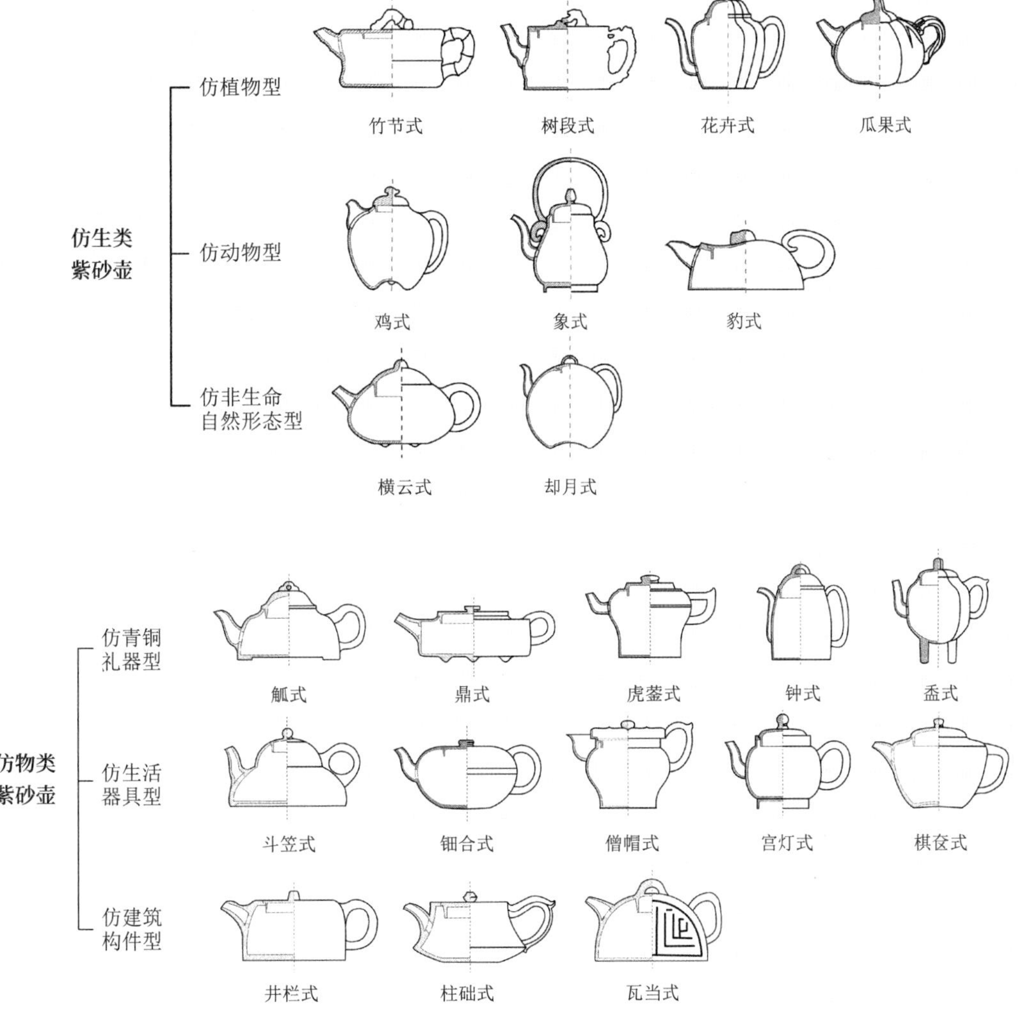

图 2-5-4（上）　仿生类紫砂壶

图 2-5-5（下）　仿物类紫砂壶

仿青铜礼器型：包含觚式、鼎式、虎鋆式、钟式、盉式等。

仿生活器具型：包含斗笠式、钿合式、僧帽式、宫灯式、瓷壶式、香炉式、鼓式等。

仿建筑构件型：包含井栏式、柱础式、瓦当式等。

（二）适人的尺度设计

紫砂壶的尺寸设计以人为尺度，遵循以人为本的原则，也考虑泡茶功能最大限度的实现，具有实用主义色彩。“往时邦人吃茗者，大概用大壶以相夸称，间虽有小壶可观者，不相顾。近日则不然，贱大如奴隶，爱小如妻妾，亦时好之变耳。屠隆《考槃余事》曰：‘凡瓶要小者，易候汤。’冯可宾《茶笺》曰：‘茶壶以小为贵。’《阳羡茗壶》曰：‘壶宜小不宜大。’则今人之爱小者，盖据于此欤。”[9]

[9] 转引自高英姿选注《紫砂名陶典籍》，浙江摄影出版社，2000，第 89 页。

这些记载表明，无论是出于实用还是审美目的，古人都更偏好小巧精致、尺寸合适的紫砂壶。本节对所收集的紫砂壶实物案例进行尺寸测量与统计，并分别计算各部件尺寸总平均值和各阶段平均值，以更细致地还原紫砂壶的尺寸面貌。

紫砂壶的通身高度与宽度数据，可反映其空间体量。在所选案例中，紫砂壶通身高度平均值为10.8厘米，其中清代紫砂壶最高，均值为11.4厘米，近现代其次，均值为10.8厘米，明代紫砂壶最矮，均值为10.3厘米。紫砂壶通身宽度平均值为16厘米，其中近现代紫砂壶最宽，均值为16.9厘米，明清两代差别微弱，均值分别为15.5厘米和15.7厘米。紫砂壶把内高度与宽度，可反映手在操持紫砂壶时的状态。在所选案例中，紫砂壶把内高度平均值为4厘米，其中清代紫砂壶把最长，均值为4.7厘米，明代其次，均值为3.9厘米，近现代最短，均值为3.4厘米。紫砂壶把内宽度平均值为3厘米，其中，清代最宽，均值为3.4厘米，明代其次，均值为3.1厘米，近现代最窄，均值为2.7厘米。可见清代紫砂壶把内空间最大，近现代紫砂壶把内空间最小。紫砂壶的壶纽直径或长度，决定操持壶盖时手与壶纽的关系。在所选案例中，紫砂壶的壶纽径平均值为1.46厘米，其中明清两代的紫砂壶壶纽较宽，均值都为1.5厘米，近现代较窄，均值为1.4厘米。紫砂壶的壶口直径或长度，决定投放茶叶的可用面积。在所选案例中，紫砂壶的口径长度均值为5.6厘米，其中清代紫砂壶壶口最敞，均值为6.4厘米，明代其次，均值为5.8厘米，近现代紫砂壶壶口最窄，均值为4.7厘米。紫砂壶的壶底直径或长度，决定其与桌面的接触面积。在所选案例中，紫砂壶的壶底直径或长度均值为7.9厘米，其中明代壶底较大，均值为8.1厘米，近现代其次，均值为8厘米，清代最小，均值为7.5厘米。紫砂壶的壶嘴直径和壶嘴长，决定其倾倒茶水的状态，壶嘴过细、过长会影响出水的流畅度，过粗、过短则会减少茶壶的精致感并影响其美观。在所选案例中，紫砂壶壶嘴直径均值为0.83厘米，其中清代壶嘴最大，均值为1厘米，近现代其次，均值为0.8厘米，明代壶嘴最小，均值为0.7厘米。在所选案例中，紫砂壶壶嘴长度均值为3.9厘米，其中清代壶嘴最长，均值为4.2厘米，明代与近现代差别微弱，分别为3.8厘米和3.7厘米（图2-5-6）。

通过对案例进行尺寸数据收集与整理，发现紫砂壶尺寸设计遵循实用性原则，如为防止茶渣堵塞壶嘴，紫砂壶的壶嘴较酒壶壶嘴更短、嘴径更大；再比如为最大限度留存茶叶清香，紫砂壶的壶身容量多小于宋代煮水用茶壶。紫砂壶的尺寸设计暗含以人为本的理念，各阶段操持部件的尺寸差异较小，均在方便人手操持范围内做细微变动。

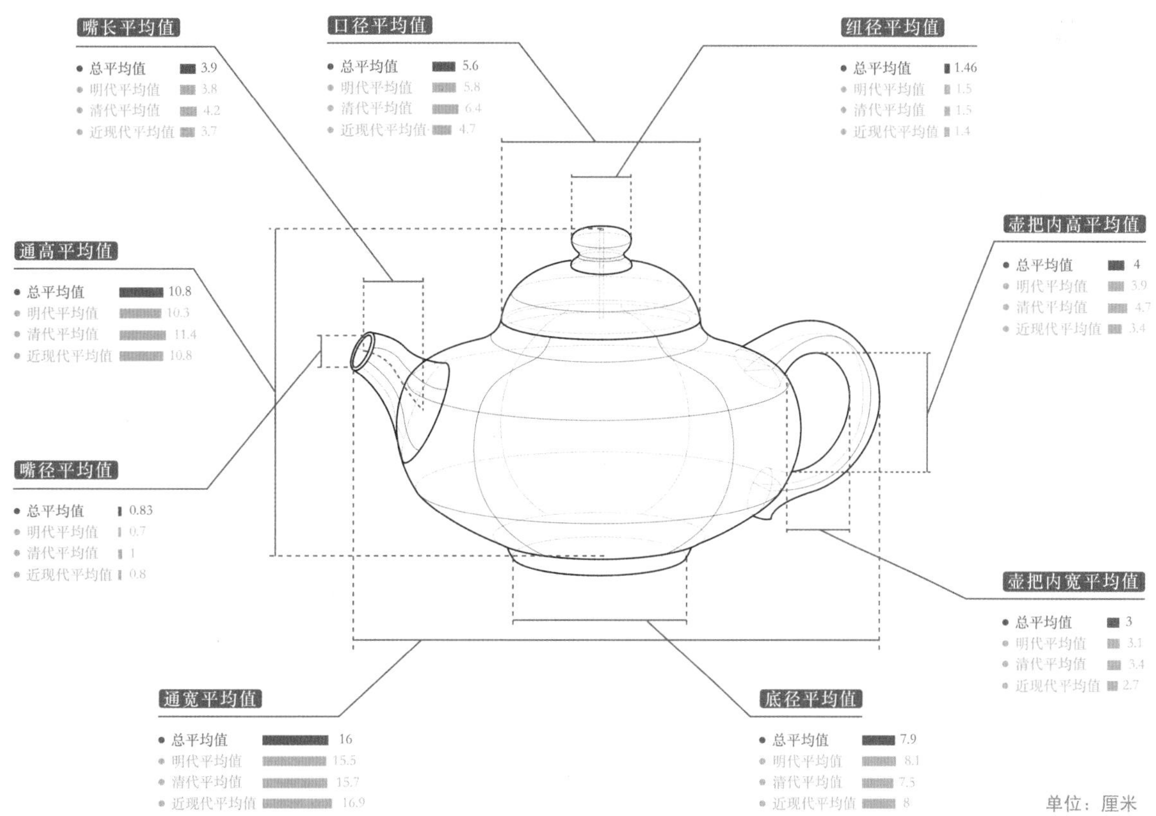

图 2-5-6 各阶段紫砂壶尺寸均值图

（三）简洁质朴的装饰面貌

在紫砂壶表面施加装饰的手法较为多样，但遵循适度的原则，多以简洁质朴为美。《茶余客话》提到"近时宜兴砂壶复加饶州之鎏，光彩射人，却失本来面目"[10]，即批判清乾隆时矫饰的现象。在所选的231个紫砂壶案例中，添加装饰的共173个，占74.9%。其中，在35个明代案例中，有19个具有装饰，占比54.3%；在140个清代案例中，有108个具有装饰，占比77.1%；在56个近现代案例中，有46个具有装饰，占比82.1%（图2-5-7）。总体上看，添加装饰的紫砂壶比无明显装饰的紫砂壶更多，可见装饰设计是紫砂壶的重要组成部分。就各阶段而言，明代至近现代施加装饰的紫砂壶，呈现出逐渐增多的趋势。

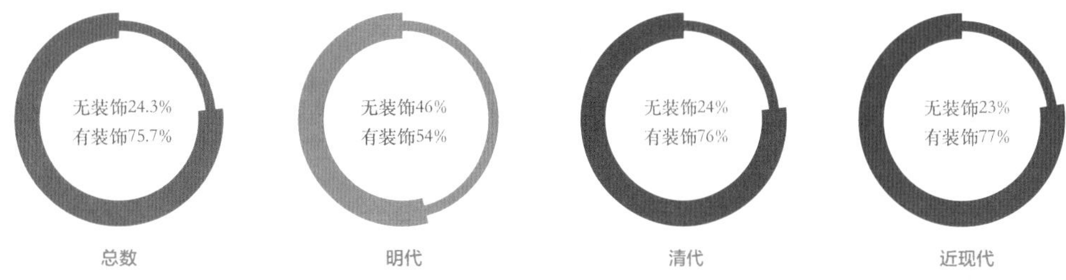

图 2-5-7 施加装饰紫砂壶占比图

[10] 转引自〔明〕周高起、〔清〕吴骞著，赵菁编《阳羡茗壶》，金城出版社，2011，第96页。

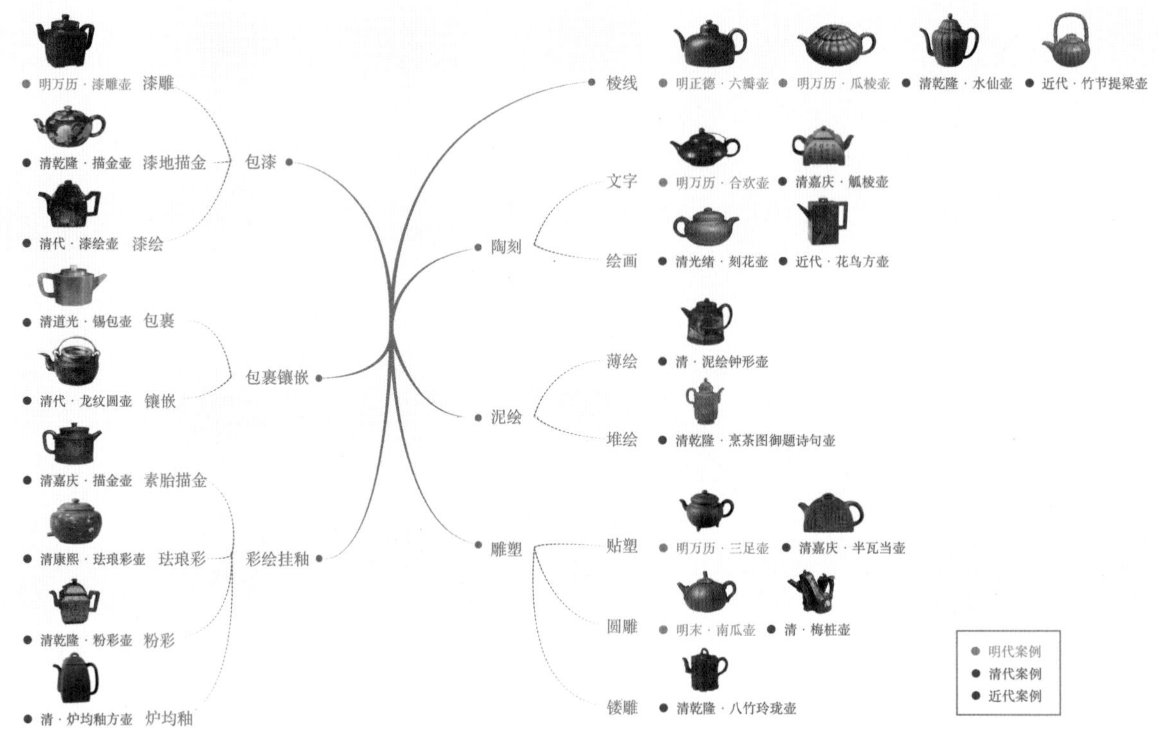

图 2-5-8 紫砂壶装饰分类图 [11][12][13]

紫砂壶的装饰工艺多样，有棱线、陶刻、泥绘、雕塑、绞泥、包漆、镶嵌包裹、施彩挂釉等，其中以简洁朴素的陶刻和棱线装饰手法运用最广泛，也常有综合使用多种装饰手法的紫砂壶（图 2-5-8）。各阶段紫砂壶装饰面貌差异较大。明代紫砂壶装饰较简单大方，使用的装饰手法最少，主要为陶刻与棱线装饰，也有少量贴塑、圆雕和漆雕装饰手法出现。清代对装饰的探索较全面，或与其他工艺、材料结合竭尽工艺之精深，或与书法绘画结合触探艺术之深度，主要的装饰手法有棱线、文字铭刻、陶刻绘画、薄泥绘、堆泥绘、贴塑、圆雕、镂雕、漆地描金、漆绘、包锡镶玉、锡铜镶嵌、素胎描金、珐琅彩、粉彩、炉均釉等。近现代则摒弃了一部分烦琐耗时的装饰工艺，保留了棱线、陶刻、泥绘、雕塑等经典装饰手法，也创新出绞泥的装饰手法。

二、紫砂技艺体系的成型

明代中期是紫砂技艺的成型时期，以时大彬为代表的紫砂艺人的技艺探索，

[11] 耿宝昌主编《故宫博物院藏文物珍品大系：紫砂器》，上海科学技术出版社，2008，第 4、20、32、66、88、98 页。
[12] 韩其楼编著《紫砂壶全书》，华龄出版社，2006，第 22、27、29、34、35、38、41、42、43、47、49、73、75 页。
[13] 梁白泉编《宜兴紫砂》，文物出版社、两木出版社，1991，第 50、108 页；黎淑仪主编《书画印壶：陈鸿寿的艺术》，上海博物馆、南京博物院、香港中文大学文物馆，2005，第 242、269 页。

让紫砂造物技术及流程趋近成熟并影响至今。《阳羡砂壶图考》载："盖配土、造工、窑火并皆佳妙，乃为上品，三者缺一便非全美矣。"[14] 可见材料制备、坯体成型和烧制技术是陶器制作的三个关键步骤，随着紫砂泥料被引入制陶技艺中，这三个环节也分别根据紫砂泥料的特性衍生出特定的技术细节。

（一）紫砂矿土开采与养土练泥

泥料制备技术是指将存在于山川矿脉中的天然矿土加工为可供工匠捏制塑型的泥料。明代对于该技术的创新主要包括新矿土的发掘和泥料加工技术的完善两个方面。紫砂泥料具体的发现时间尚不明确，仅见《阳羡茗壶》中的一段传说对此有所涉及，"相传壶土初出用时，先有异僧经行村落，日呼曰：'卖富贵。'土人群嗤之，僧曰：'贵不要买，买富何如？'因引村叟，指山中产土之穴去。及发之，果备五色，烂若披锦。"[15] 该文指出，宜兴人对紫砂矿土的开采是受到一位异地僧人的指引，虽然这只是一段传说，不具备史实意义，但从其中对"富贵土"的描述可以看出紫砂矿土区别于普通陶土的珍贵性和稀缺性。该文还对这种"富贵土"进行了分类，记载了几种主要的紫砂矿土并分别对其色泽、产地、属性和用法等进行了介绍："嫩泥，出赵庄山，以和一切色土，乃黏脂可筑，盖陶壶之丞弼也。石黄泥，出赵庄山，即未触风日之石骨也，陶之乃变朱砂色。天青泥，出蠡野，陶之变黯肝色。又其夹支有梨皮泥，陶现梨冻色。淡红泥，陶现松花色。浅黄泥，陶现豆碧色。蜜泥，陶现轻赭色。梨皮和白砂，陶现淡墨色。山灵腠络，陶冶变化，尚露种种光怪云。老泥，出团山，陶则白砂星星。按若珠琲，以天青、石黄和之，成浅深古色。白泥，出大潮山，陶瓶盎缸缶用之。此山未经发用，载自吾乡白石山江阴秦望山之东北支峰。"[16] 图 2-5-9 为中国紫砂博物馆藏紫砂泥矿土原料。

《阳羡茗壶》也点明了紫砂矿土发掘时间远远迟于陶土矿料的原因："出土诸山，其穴往往善徙，有素产于此，忽又他穴得之者。"[17] 紫砂矿源分散，多位于甲泥泥层之中，有深有浅，厚度在几十厘米到100厘米之间，矿源稳定性较差，具有较高的开

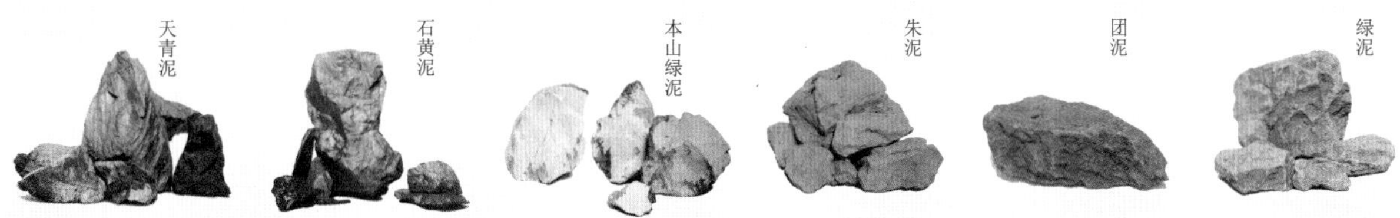

图 2-5-9 中国紫砂博物馆藏紫砂泥矿土原料

[14] 高英姿选注《紫砂名陶典籍》，浙江摄影出版社，2000，第 232 页。

[15]〔明〕周高起、〔清〕吴骞著，赵菁编《阳羡茗壶》，金城出版社，2011，第 25 页。

[16] 同上。

[17] 同上。

采难度。可考最早的紫砂器具是出土于宜兴羊角山窑址的紫砂残片，经考古鉴定该标本年代为明代中期[18]，《阳羡茗壶》中提到的紫砂技艺的创始者金沙寺僧是明正德年间人[19]，结合实物与文献记载，故推测紫砂矿土被引入制陶工艺中的时间应不晚于明代中期。

“造壶之家，各穴门外一方地，取色土筛捣，部署讫，弇窑其中，名曰‘养土’。取用配合，各有心法，秘不相授。”[20]从天然的紫砂矿土转变为可供造型的泥料，还需经过“养土练泥”的加工过程，具体包括选料、风化、粉碎、筛分、提纯、陈腐、练泥等工序。在紫砂壶创始之初，紫砂泥料的加工方法沿袭陶土加工的经验，如金沙寺僧“习与陶缸瓮者处，抟其细土，加以澄练”[21]。到了时大彬这一代的紫砂工匠，对紫砂泥料的制备方法做了更多尝试，“或淘土，或杂硇砂土，诸款具足，诸土色亦具足”[22]，即通过配土和掺砂技术使紫砂壶的色泽多样化，并优化其质地。“配土之妙，色象天错，金石同坚。”[23]配土是指将两种或两种以上紫砂泥料按不同比例进行混合，既可通过不同的泥料配比形成丰富的壶色，也可调和各种泥料的优势与缺陷，获得性质更好的泥料。“时乃故人以砂，炼土克谐。”[24]掺砂工艺则是在练好的泥料中加入砂料，以改变壶坯烧成后的质感和强度。掺入的砂料或为与基泥相同的未经加工的砂砾，或为源自不同矿料的砂砾，或为经素烧并碾碎的颗粒物。时大彬在制陶技艺中养土练泥的基础上，借助更精细化的配土和掺砂技术，发展出更适合紫砂材料的泥料加工方法。

（二）泥片成型法的使用

成型是指将泥料塑造成特定造型的技艺，明代紫砂壶成型技艺经历了泥坨成型法到模制法再到泥片成型法的演变。早期的金沙寺僧“捏筑为胎，规而圆之，刳使中空，踵傅口、柄、盖、的”[25]，使用的是泥坨挖空法，即先将泥料揉成泥团，然后在泥团上开洞并挖空内部泥料，再反复修整成型。这种成型方法可以较大程度地保留手作感，但器型较单一且不规整。其后的供春在金沙寺僧泥坨挖空法的基础上加入了一些辅助成型的工具，“供春，学使吴颐山公家青衣也。颐山读书金沙寺中，供春于给役之暇，窃仿老僧心匠，亦淘细土抟坯，茶匙穴中，指掠内外，指螺文隐起可按。胎必累按，故腹半尚现节腠”[26]。他还做过“更斫木为模”的尝

[18] 张浦生等：《中国古代名窑·宜兴窑》，江西美术出版社，2016，第15、17页。

[19] 转引自高英姿选注《紫砂名陶典籍》，浙江摄影出版社，2000，第135页。

[20]〔明〕周高起、〔清〕吴骞著，赵菁编《阳羡茗壶》，金城出版社，2011，第25页。

[21] 同上书，第2页。

[22] 同上书，第8页。

[23] 同上书，第15页。

[24] 高英姿：《因穷得变，意至器生——由〈宜兴瓷壶记〉探究紫砂艺术的工具设计与运用理念》，《创意与设计》2012年第2期。

[25]〔明〕周高起、〔清〕吴骞著，赵菁编《阳羡茗壶》，金城出版社，2011，第2页。

[26] 同上书，第8页。

试，即先将木头雕成特定造型的模具，再结合制作陶器的方法，将泥料以泥条盘筑或泥片围合的方式包裹在模具外面，逐渐捏制成型，可以使器型有更多样式且规整可控。[27]中国国家博物馆藏有一例传为供春制作的树瘿壶（图2-5-10a），器身为模仿树木的仿生造型，其表面的纹理应是以树木为模具压制而成。

时大彬以泥片成型法制作的紫砂壶"制作之敦朴妍雅，实兼其长"[28]。他整合前两者优势，放弃模具回归手工成型的同时，保留了拍打泥片的手法和木转盘、木拍子、木搭子、尖刀和明针等成型工具，这使得时大彬制作的紫砂壶兼具金沙寺僧派的朴拙感和供春派的研巧感。如1984年7月出土于江苏无锡明华师伊夫妇墓的一例时大彬制三足圆壶（现藏无锡博物院），器身仿香炉造型，球形壶身，压式圆形微昂壶盖，圆珠壶纽，三流中长壶嘴，端把，三足壶底，壶盖上有中心对称的四瓣柿蒂纹浮雕装饰，壶把正下方有阴刻楷书款识"大彬"二字（图2-5-10b）。该壶器表平整光洁，通身褐色，掺有零星浅黄色细砂，是时大彬的代表作品之一。另有收藏于故宫博物院的一把六棱壶也是时大彬的代表作（图2-5-10c）。泥片成型法是一种利用打制好的泥片围合成型的方法，分为打身筒与镶身筒两种，分别适用于制作圆器和方器。拍打手法可让紫砂泥料的颗粒结构更均匀致密，烧成后质地更坚硬，能较大程度保留紫砂泥料的优势。实际上，早在新石器时代泥片成型法就已出现，但由于其费时费力，未能在日用粗陶的制作中普及[29]，直到紫砂这种珍贵材料的发现才被广泛运用。

a　树瘿壶　供春（传）　明[30]

b　三足圆壶　时大彬　明[31]

c　六棱壶　时大彬　明[32]

图2-5-10　明代紫砂壶

[27] 高英姿：《因穷得变，意至器生——由〈宜兴瓷壶记〉探究紫砂艺术的工具设计与运用理念》，《创意与设计》2012年第2期。

[28] 高英姿选注《紫砂名陶典籍》，浙江摄影出版社，2000，第140页。

[29] 杨永善主编《中国传统工艺全集·陶瓷》，大象出版社，2004，第43页。

[30] 韩其楼编著《紫砂壶全书》，华龄出版社，2006，第22页。

[31] 梁白泉编《宜兴紫砂》，文物出版社、两木出版社，1991，第51页。

[32] 故宫博物院，https://www.dpm.org.cn/collection/ceramic/227650，访问日期：2023年6月19日。

（三）龙窑烧制与匣钵装窑

明代紫砂烧造技术沿袭前代龙窑烧造陶器的技术基础，针对紫砂泥料特性调整烧造温度与气氛并创造性地使用匣钵装窑。龙窑烧造流程分为装窑、烧窑和冷却三步。紫砂器初创时，装窑方式与其他日用粗陶一致，“当时所造茗壶，附于烧缸坛之窑，与缸坛相混而已”[33]。明万历时期开始将紫砂坯装入匣钵后再进窑烧制，“自此以往，壶乃另作瓦囊，闭入陶穴，故前此名壶，不免沾缸坛油泪”[34]。匣钵的保护可让坯体避免与明火直接接触，维持烧造温度的稳定，也可避免坯体沾染窑炉内的灰尘和釉料，呈现均匀的壶色。匣钵装烧技术始于东晋后期，到了隋唐时期，匣钵装烧工艺得到较大程度的发展[35]，但更多是运用于瓷器烧造。紫砂器区别于日用粗陶的精致化诉求，使这项技术被引用到紫砂烧造中。如清代王致诚（传）绘《陶冶图手卷》中有一处描绘了烧制陶瓷所需的匣钵（图2-5-11）。

温度控制是烧造过程中的重要技术环节，“过火则老，老不美观；欠火则稚，稚沙土气。若窑有变相，匪夷所思，倾汤贮茶，云霞绮闪，直是神之所为，亿千或一见耳”[36]。紫砂壶烧造的温度高于陶器低于瓷器，区间为1170至1200℃。窑工需通过观看火势判断窑内温度，通过封堵和开启各部位燃烧口及增减燃料来控制窑内温度。《骨董琐记》载“时朋传子时大彬，毁甓以杵舂之，使还为土，范为壶，燀以熠火，审候以出”，说明时大彬制壶会亲自审辨和控制火候。

图2-5-11 《陶冶图手卷》(局部） 王致诚（传） 清[37]

[33] 高英姿选注《紫砂名陶典籍》，浙江摄影出版社，2000，第232页。

[34] 〔明〕周高起、〔清〕吴骞著，赵菁编《阳羡茗壶》，金城出版社，2011，第5页。

[35] 熊寥：《中国古代制瓷工程技术史》，山西教育出版社，2014，第214页。

[36] 〔明〕周高起、〔清〕吴骞著，赵菁编《阳羡茗壶》，金城出版社，2011，第25页。

[37] 中华珍宝馆，http://g2.ltfc.net/view/SUHA/608a61acaa7c385c8d944132，访问日期：2023年6月19日。

紫泥作为一种新材料，经历了与传统制陶技艺在材料制备、坯体成型和烧造技术上的磨合，于明代中期发展出紫砂造物独立的技艺体系。在这一过程中，时大彬充当了重要角色，他参与养土练泥、泥片成型和控制窑温等紫砂壶制作的各个重要环节，主导多项技术革新。古代学者将他奉为紫砂"大家"，认为"前后诸名家并不能及，遂于陶人标大雅之遗，擅空群之目矣"[38]。当代学者评价他"传至大彬，始蔚然大观，故推壶艺正宗"[39]。时大彬不仅自身精于壶艺，还广收门徒，将自己的手艺传给后人，后世诸多紫砂壶艺大师都曾在其门下求学，或为再传弟子。《阳羡砂壶图考》记载时大彬门下的紫砂艺人有明代李仲芳、徐友泉、欧正春、邵文金、邵文银、蒋伯荂、陈信卿、陈光甫、陈俊卿、沈君盛、陈子畦，以及清代陈鸣远等。时大彬培养出一众壶艺大师，使其所探索的紫砂技艺体系得以传承和发扬，为清代紫砂壶的艺术升华提供了基础。

三、紫砂艺术升华与商业普及

清代是紫砂壶的艺术升华期，紫砂造物开始与其他工艺门类及艺术形式相结合，诸多文人为它著书立说，甚至亲自参与设计制作。该阶段围绕紫砂壶的一系列技术突破和创作尝试，为紫砂壶带来了更多样的面貌和更深邃的人文内涵，使紫砂壶开始产生艺术层面的价值。

（一）紫砂技艺与宫廷造办的结合

在明代基础上，紫砂技艺在清代得到继续发展，形成了一定的生产规模。清代诗人陈维崧有诗句"白甄家家哀玉响，青窑处处画溪烟"[40]，以及清嘉庆二年的《重刊荆溪县志》中"商贾贸易廛市，山村宛然都会"的记载，都是对当时宜兴民间紫砂生产之盛的描述。随着宜兴紫砂壶在民间的兴盛，紫砂壶也受到皇家贵胄的青睐，紫砂技艺被"自下而上"地引入到宫廷造办中，开始与髹漆、珐琅彩、泥塑等高水平的宫廷工艺相结合，使紫砂壶呈现出崭新的、精致华丽的装饰面貌。在与清宫造办的结合中，需奉行严格的造办制度，即先由皇帝提出构想，再由宫廷造办处根据皇帝设想绘制图纸，通过皇帝审核后送至宜兴指派紫砂名匠制作完成。宜兴窑虽未曾设置过御窑厂，但同众多"官搭民烧"的官窑器具一样，但凡进贡宫廷，必选当地最出色的陶工和最优质的陶土，不惜工本代价制作完成。紫砂器在入宫前通常不加任何装饰，入宫后首先由如意馆画

---

[38]〔明〕周高起、〔清〕吴骞著，赵菁编《阳羡茗壶》，金城出版社，2011，第8页。

[39] 韩其楼编著《紫砂壶全书》，华龄出版社，2006，第400页。

[40] 熊寥主编《中国陶瓷古籍集成：注释本》，江西科学技术出版社，2000，第469页。

紫砂胎珐琅彩壶[41]　紫砂胎包漆描金圆壶[42]　烹茶图御题诗句壶[43]

图 2-5-12　清代宫廷紫砂壶

师设计装饰图稿，在经皇帝核准之后，再在造办处以珐琅、髹漆、泥绘、描金、镌刻等工艺施加装饰，最终于宫中完成复烧，是典型的“一器两造”模式下的产物。如现藏于故宫博物院的紫砂胎珐琅彩壶、紫砂胎包漆描金圆壶和烹茶图御题诗句壶，分别是紫砂壶与珐琅、髹漆、泥绘工艺的结合，都是极致精巧之作（图 2-5-12）。

御用物品与其他种类物品的一个重要区别在于，御用品中具有显著的贵族身份所指性，即其中包含凸显使用者尊贵地位的明确意图。这就表明设计者在创制宫廷物品时，不再仅从物品基本的使用功能出发，也要考虑物品是否具有与使用者身份相匹配的样式。这种设计思维的转变，表现在紫砂的制作中即运用绝对领先的工艺技术、耗费大量的人力财力以及使用象征皇权的视觉符号。清代的宫廷紫砂壶类似于当代市场经济中的奢侈商品，它们都超出了人们基本生存所需的范畴，与同类物品相比具有强烈的技艺差距，是具有独特、稀缺、珍奇等特点的非生活必需品。

宫廷紫砂壶附加的奢侈属性，不仅匹配了皇室贵族的身份，也会给人们对紫砂壶这一物品的价值认知带来升华，即人们对于皇家权力与威严的崇敬，转化为对紫砂壶的价值认同。这种潜移默化的认同让人们对紫砂壶趋之若鹜，具有较高人文艺术修养的文人阶层也不例外。这也是紫砂壶得以进入艺术领域的一个重要认知基础，即紫砂壶的价值升华使其由一个普通的生活用具转变为可以进行艺术创作的新土壤。在这种语境下，清代出现了大量与诗、书、印、画等艺术结合的紫砂壶。这种艺术与造物的结合，将传统意义上的高雅审美艺术与功能化的生活器具相结合，衍生出具有艺术气质的生活用品，不仅为紫砂壶创造出艺术维度的价值，也为传统的诗、书、印、画艺术范畴寻得不同的表达载体。

[41] 耿宝昌主编《故宫博物院藏文物珍品大系：紫砂器》，上海科学技术出版社，2008，第 4 页。

[42] 同上书，第 32 页。

[43] 同上书，第 20 页。

（二）文人对紫砂的书写与创制

清代人们对紫砂技艺的关注也体现于相关著述的涌现。最早的紫砂壶专著《阳羡茗壶》由明代周高起所撰，其以谱系化的写作思路梳理了紫砂壶问世以来的传承演变。该书直至清康熙年间才得以问世，收录于王晫、张潮编著的《檀几丛书》中。清代吴骞的《阳羡名陶录》是第二部重要的紫砂专著，其上卷在《阳羡茗壶》的基础上细加审辨、填补扩充，下卷收录了当时紫砂壶相关诗文辞赋，是后世紫砂壶研究的重要文献库。清末日本学者撰写的《茗壶图录》则以考据、图录视角呈现紫砂壶，角度新颖，论述全面，收录了不少珍贵的紫砂壶图像资料。此外，清代还有《阳羡名陶说》《阳羡茗壶赋》等紫砂壶相关著述。在这些紫砂典籍中，明清两代的文人雅士考辨紫砂壶的发展历史，发表自身对紫砂审美的不同见解，也以紫砂为主题进行文学创作，这些都促使紫砂文化得到系统的整理和有效的传承，也赋予紫砂壶不同于日用陶器的文化与艺术价值。

清嘉庆到光绪年间（18世纪初到19世纪末），宫廷紫砂逐渐式微，而由文人参与制作的“文人壶”开始出现，崭露头角。清代文人结社的活跃以及工匠身份的解放使文人与工匠开始有了对话，加之紫砂壶气质与文人身份的天然契合，使得文人壶这种依托文人与工匠合作的产物得以诞生。文人的艺术修养为紫砂壶塑造出高雅的审美范式并注入人文精神，文人的社会地位也进一步促使紫砂壶完成价值升华，开始成为象征社会地位和审美品位的艺术品。

由文人陈曼生创式制铭，紫砂工匠杨彭年、杨凤年制作的“曼生壶”即为文人壶中最具代表性的作品之一（图2-5-13）。曼生壶的造型设计与装饰内容皆体现了文人的艺术修养和审美趣味。首先，陈曼生将学术层面的金石学研究，转化为造物范畴的复古意识，并以仿古手法体现于紫砂壶的设计中。在艺术创作的范畴中，复古意识以仿古作为创作手法而得以体现，但仿古不是对“古”一模一样地模仿，而是以“古”为素材进行创造性的重塑。曼生壶的形制和装饰设计既包含对古代造物语言的继承，也具有对清代中期紫砂壶形态的突破，是一种“汲古造新”的创作理念。例如模仿古代礼器造型的觚棱壶、乳鼎壶，其中觚棱壶的仿古对象是古代青铜礼器——觚，但觚棱壶对于觚的模仿不是照搬觚的造型，而是抽象出觚器“方”“棱线”的特征，并尝试将这些造型特征与紫砂壶这一创作媒介进行有机的结合。其次，受到袁枚文学审美理论“性灵说”的影响，陈曼生形成了“天趣”的艺术观。他在《桑连理馆集》中写道：“凡诗文书画，不必十分到家，乃见天趣。”即指在艺术创作中不必过于追求技法的纯熟和工艺的精深，略带拙感的艺术表达反而更有天然的趣味，而这种天趣的审美观也体现在曼生壶的创制中。在表达的内容上，曼生壶的题材多贴近作者的日常生活，如模仿植物的匏瓜

觚棱壶 陈曼生 清[44]

乳鼎壶 陈曼生 清[45]

匏瓜壶 陈曼生 清[46]

斗笠壶 陈曼生 清[47]

图 2-5-13 清代文人紫砂壶

壶和模仿日常生活用品的斗笠壶。在表达的形式上，与当时技术纯熟的紫砂工艺相左，曼生壶抛弃“精工细作”的创作模式，反而追求并不完美的作品形态，意在呈现作品浑然天成的意味。再者，曼生壶上的铭文多为陈曼生亲自构思，这一结合使他在诗词创作上的才情与紫砂壶产生碰撞，产生了紫砂壶审美全新的感官维度——听觉。使用者在使用曼生壶饮茶时，可以一边欣赏曼生壶的视觉形态，一边吟读曼生壶的铭文产生听觉体验，而这种听觉体验又可转化为读者的想象。清代开始盛行“碑意”的书法审美观，陈曼生与其友人将他们在书法领域的实践也融入曼生壶的铭文装饰中。紫砂壶艺术与书法艺术的这一结合，既为紫砂壶寻得不同的装饰内容，也为书法艺术寻得异样的表达媒介。继陈曼生之后，清代中后期陆续还有梅调鼎、瞿子冶、朱坚、吴大澂、端方、吴昌硕、胡公寿、任伯年等诸多文人雅士，不断参与到紫砂壶的制作之中[48]，创作出众多文人壶艺术佳品。

清代紫砂壶与宫廷工艺的结合，使其突破茶具普通生活器具的局限，成为具有奢侈内涵的器具和艺术表达的载体。而文人与紫砂的互动，不仅初步构建起紫砂造物文化的知识体系，为后世的造物传承提供依据，也使得紫砂壶的艺术升华最终以“文人壶”的形态实体化并得到广泛的艺术实践。

---

[44] 芝加哥艺术博物馆，https://www.artic.edu/artworks/89829/guleng-teapot，访问日期：2023 年 6 月 19 日。

[45] 黎淑仪主编《书画印壶：陈鸿寿的艺术》，上海博物馆、南京博物院、香港中文大学文物馆，2005，第 287 页。

[46] 梁白泉编《宜兴紫砂》，文物出版社、两木出版社，1991，第 133 页。

[47] 同上书，第 135 页。

[48] 何岳：《“玉成”雅集：清末“玉成窑”紫砂艺术考略》，《创意与设计》2014 年第 1 期。

图 2-5-14 《太平春市图》（局部） 丁观鹏 清[49]

至此，紫砂壶成为一种艺术化生活的物质载体，人们借紫砂壶表达艺术，也通过饮茶这一日常生活方式品位与鉴赏艺术，如清代丁观鹏《太平春市图》为我们描绘出一幅清代文人在户外饮茶、交谈的惬意场景（图 2-5-14）。

（三）紫砂壶的商业化普及

近代为紫砂壶的普及期，19 世纪末到 20 世纪中叶，商号主导的紫砂壶造物使紫砂壶开始向商品化、平民化的方向发展。社会各界关于紫砂造物技艺、商业和学术等层面的探索、拓展和研究，为其在当下社会中的扎根和传播起到了不可忽视的作用。近代紫砂工艺的技术革新主要围绕工业化这一主题，生产力逐渐由机器替代大部分人力，生产方式由以家庭为单位的作坊式生产，转变为以公司为单位的流水线生产。批量化、标准化的生产使紫砂壶能够以相对低廉的价格进入大众生活中。商业层面，一方面，近代的紫砂壶作为一种在市场上流通的商品，借助商业品牌的建立和市场化运作，横向扩大紫砂壶的受众群；另一方面，依托紫砂工艺大师的艺术成就，纵向提升紫砂壶的器物价值。学术层面，近代由李景康和张虹合编的专著《阳羡砂壶图考》较为典型，兼具广度与深度。近代的技术变革带来的工业化生产，为紫砂壶的批量化生产提供技术基础，商业活动带来的商品化转换，为紫砂壶的流通提供市场经济助推力，学术研究带来的知识建构，为紫砂壶的传承提供源源不断的生命力。

[49] 中华珍宝馆，http://g2.ltfc.net/view/SUHA/60d5bc0b1376494a7ff87cfe，访问日期：2023 年 6 月 19 日。

结语

饮茶文化起源并发展于中国，与饮茶相关的生活方式、造物文化沉淀了深厚的中国文化内涵。紫砂壶作为饮茶文化显著的物质载体，以其独特的人文与禅意气质，受到古今茶人的喜爱，并逐渐成为中国饮茶文化的代表性符号之一。纵观紫砂壶的设计演变脉络，从紫砂矿土的发现到紫砂技艺体系的成型，再到紫砂壶与其他技术和艺术的碰撞，以及紫砂壶在当代商业与文化语境下的融合，古今紫砂工匠和学者在紫砂造物上倾注的劳动与智慧，使紫砂壶从日用陶器中脱颖而出，跻身艺术雅玩的行列，并形成其独立的产品形态和审美范式。在这一过程中，紫砂壶与诗、书、印、画等其他艺术形式的融合，紫砂工匠与文人的互动，紫砂技艺与陶瓷、漆器、珐琅等其他技术的结合，为普通生活器具的产品价值提升提供了一种典型。

第三章
栖居之所

早期的居住空间满足了人类遮风避雨、躲避野兽袭击的生存需求。旧石器时代，人们根据季节变化选择住所——“冬则居营窟，夏则居橧巢”，以适应不同的气候条件。新石器时代，南北方先民构木为巢、凿穴而居，拥有了固定的居住空间，并从流动的、居无定所的生活方式转变为定居的生活方式。先商时期的居住空间划分了开敞空间与私密空间，以满足主人会客、起居等不同生活需求。商周时期，室外的院落成为居住空间的一部分，丰富了人们的休闲生活。战国时期，传统居住空间的形制结构已基本形成。

中国人的居所受到了礼法、宗教、习俗、思想观念等多重因素的共同影响。传统家族聚落以血缘关系来排布居所，反映了中国古代居住文化中强调的血亲关系和尊卑观念。中国的家庭空间必须包括寝卧饮食的房与厨、供奉祖先的堂以及休闲娱乐的院三个部分，这些设计反映了人与生活、人与信仰、人与自然的和谐观念。

中国幅员辽阔、民族众多，各地区自然条件、地理环境、人文传统与生活习俗的差异，造就了具有鲜明地方特色、浓厚民族风格的居住空间。这些空间凝结着古代匠人的构建之术，形成了独特多元的居住方式，承载着不同民族的文化之源。居住空间与居住方式不仅折射出“百里不同风，千里不同俗”的文化记忆，还承载着“一方水土养一方人”的乡土之情。

对中国传统居住空间构造、居所部件与陈设的研究，旨在探求中国传统居住文化形成的规律。明清时期北京四合院的结构布局与建筑形制形成了怎样的居住伦常？文人园林何以成为隐逸文化的典范？移动式蒙古包独特的结构体现了游牧民族怎样的造物思想与宗教观念？作为体现古代建筑精神的门窗，是如何实现从连通内外的实用功能向虚实相生的审美对象转变的？作为室内空间区隔的屏风如何构成似隐非隐的文化空间？

在地理环境与气候等因素的影响下，中国古代居住空间的形制种类十分丰富，结构差异较大，其中前堂后室的北京民居、移步易景的文人庭院与草原上的居所分别代表了不同地域、人群的居住方式，以及不同的居住文化与伦理秩序，是我国传统民居中较为典型的居住空间。

四合院是由房屋、围墙围合而形成的内院式住宅，在西周初具雏形。北京四合院在辽代初成规模，至明清时期形成了较为固定、程式化的空间格局，成为我国北方最基本、最常见的住宅形式。第一节为“前堂后室的北京民居”，介绍北京四合院的发展。北京四合院经历了从前窄后宽的单跨二进院，到“丁”字形、“工”字形、“王”字形的二跨多进院，再到三进式、四进式的单跨多进院的发展历程。北京四合院通过房房相离的平面布局和错落有致的立面布置，为居住者提供了采光良好、温暖舒适的居住空间。北京四合院四周封闭、中轴对称、前后有序的院落形式，以及大家族与小家庭的居住方式，展现了宗法制度下的居住观念，体现了人们对于和睦团聚家庭生活的向往。北京四合院方正的矩形形态，是中国传统自然观“天圆地方”具体的体现，其注重人际关系、强调社会秩序，讲求顺应自然、追求人与环境的共生等观念，展现了中国传统居住文化内涵。如何将四合院进行当代转译与重构，以服务于现代人的居住，实现四合院在新的历史条件下的可持续发展，是当前亟待解决的问题。

园林起源于新石器时代畜养动物的囿圃，商周时期的苑囿以狩猎为主兼顾游赏，先秦时期出现了以自然环境为基础，辅以人造景观与游赏建筑的宫苑。魏晋南北朝时期产生了不同于皇家宫苑的私人园林。囿、苑、园分别代表中国古代园林发展史上的几个重要的阶段。第二节为“移步易景的文人庭院”。江南园林泛指发端于东汉时期，地处苏南、浙北地区的私家园林，明清时期发展到了前所未有的盛况。江南园林中的厅、堂、斋、室、房、楼、阁、亭、舫、廊等建筑不仅为文人群体提供了会客宴请、文事起居、游乐休憩的活动空间，也满足了文人对隐逸、恬淡生活的精神需求。闹中取静的选址、效法自然的手段、疏密得当与虚实相衬的表现，展现了江南园林曲径通幽、移步换景的造园理念，体现了文人对于自然之美的偏好，满足了文人对寄情山水的心理需求。尽管当代园林景观在材料、工艺与形式上与传统的江南园林相比有了较大的变化，但其集理性的秩序与浪漫的人文精神于一体的设计思想，仍对当代园林设计具有重要的启示作用。

北方草原民族的帐幕式移动居所蒙古包，由旧石器时代的半穴居演变而来，经历了棚屋、穹庐、毡帐和毡包四个时期，延续了匈奴和鲜卑毡帐的特征，通过不断改良于清代形成了当今意义上的蒙古包。第三节为“草原上的居所”。由采光透气的天窗、构建帐顶的木椽与围合支撑的壁架组合而成的架木结构，使蒙古包具备了可拆卸、易组装的优势。由覆于天窗、木椽与壁架的幪毡、顶棚与围毡共同构成的苫毡组合，使蒙古包具有遮风避雨、保温降噪等功能的同时，其轻量化的特征也助力了牧民轻便快捷的运输与迁徙，架木结构与苫毡组合则最大限度地拓展并完善了蒙古包的安居功能。蒙古包内部以火灶为中心布置陈设，以南北、东西轴线划分世俗与神圣、男性与女性空间，以及喜用白色与蓝色进行装饰，这些都展现了蒙古族独特的居住方式与尚白尚青的审美偏好。蒙古包承载了蒙古草原游牧文化的精神内核，尽管今天牧民以定居的生活方式为主，蒙古包不再是牧民主要的居住空间，但其已经演化为蒙古族文化符号与象征，广泛存在于广阔的大草原中。

门窗与屏风是居所外部立面与内部空间主要空间区隔物，是居住空间中的重要陈设，主要起到通行、遮挡与装饰作用。门窗与屏风彰显了居所主人的社会地位，刻录了不同时代的审美风尚。

门窗不仅具有采光、通风、防寒、避暑、降噪、保私密等基本功能，也是关联居所的内外空间的重要媒介。自人类开始使用固定的居所就出现了门窗。第四节为“凿窗启牖”，从门窗通行与采光功能的分流，到多种门窗辅助配件的创制，再到对门窗装饰作用的重视，以及门窗应用场域的拓展作介绍。门窗在连通居所内外空间的同时装点了居所。形制多样、装饰丰富的门窗，不仅满足了不同地域人的居住需要，也将居所、人、自然进行串联，给予了居住者舒适的居住环境。随着其实用功能的衰退与装饰功能的提升，在某种程度上，门窗成为建筑风格和造型辨别的重要元素。具有丰富文化意蕴与审美情调的门窗，拓展了居所的设计语言，反映了本土居所的设计理念，传播了中国传统居住文化思想。

早期的屏风主要用于营造宫廷端严整肃的氛围，后逐渐广泛和普遍地应用于居住空间，成为室内重要的区隔性家具。这种似隐非隐的空间隔断暗合了古人讲究含蓄、不事张扬的处世哲学与文化心态。第五节为“守拙藏景的空间隔断”。屏风设计遵循隔断空间和象征身份的双重功能，从屏扇与底座不可装卸的独扇座屏，发展到构成落地式围合空间的折叠围屏，再到曲屏和书画屏风，屏风的形式和装饰都逐渐趋向精细化。此后榫卯连接工艺的成熟催生出插屏，家具装饰性的提升发展出挂屏，使其逐渐脱离实用家具的范畴，成为纯粹的陈设品。在现代室内空间设计中，屏风“舍则潜避，用则设张”，既增强了空间的使用弹性，又满足了人们“藏风得水”的精神需求，与其他家居设施共同装点舒适宜居的生活空间。

居住是从占据空间开始的，空间是居住真正的主角。居住空间与人们的日常生活休戚相关，它呈现了历代中国人的居住方式，是中国传统文化的重要组成部分。自新石器时代人们便拥有了固定居所。为了适应不同的自然环境，中国南北方衍生出两种居住方式，一种是以河姆渡为代表的南方居住方式，其经历了从巢居、半巢居到地面的演进，它是自上而下的改变。另一种是以半坡为代表的北方居住方式，它经历了从穴居、半穴居到地面的演变，是由下至上的转变。定居生活方式的形成，推动了从采集与渔猎到农耕的转变。中国古代居住文化中的礼制观念在商周时期初见端倪，居住空间通过轴对称的平面布局彰显了礼制精神。人们用四方对应、内外有别的观念来分隔居住空间，以择中思想来排布住宅布局，这种择中思想使中国传统文化保持着中庸、平衡与包容性，符合国人的中庸心态。中国人把家又称为家园，因为家除了有供人居住的房屋，还有可供种植草木的院落。秦汉时期的贵族们将偌大的自然，以艺术的形式引入院落，形成了园林，在满足游乐玩赏需求的同时，也能让他们感受到自然的气息与土地的亲切，这体现了国人的恋土品格。随着商品经济的繁荣、城市规模的扩大，居住文化着力追求经济实用，出现了前铺后居、前院后坊的居所。居所不再局限于单一的居住功能，而是向多元化的功能发展。伴随着木作、冶金等技术的进步，居住空间中的构件与陈设获得了丰富与精进，古代匠人通过凿削穿剔在装点了居住空间中的梁架、檐下与门窗的同时，也使窗户具备了开合启闭的功能。家庭制度在中国传统文化中占据着重要位置，明清时期以轴线延伸的合院式居所与父子延续型家族形态相一致。在以家族、家庭为基本单位的居住文化中，派生出了长幼有序的伦理观念与和睦团圆的家庭精神，中国居住文化的演变对于社会的进步、思想观念的形成、居住方式的转变、家庭制度的发展都具有重要意义。

居住空间与居住方式是难以分割、互为表里的，生活的丰富性和家庭的形成与发展，使居住空间的发展呈现出复杂化趋势，形态多样的居住空间改善了人们的居住方式，丰富了饮食起居、婚丧祭祀与社交娱乐等生活内容。围绕居住形成的行为准则、价值观念、生活方式与艺术形态倾向构成的居住文化，反映了中华民族的精神风貌与民族性格。中国传统居住文化是根植于自然环境、家庭生活与社会观念中的，人们通过择中、和谐的方式，解决了各种居住问题，蕴含于其中的智慧和方法仍然影响着当代的人居生活。面对全球文化的冲击，中国传统居住文化不应是一成不变的，人们在注重文化精神、文脉延续的同时，需要对传统居住文化的观念、意识与心理进行甄别与转换，让中华民族优秀的居住文化继续薪火相传，助力实现人们对美好人居环境的向往。

第一节　前堂后室的北京民居

四合院是指在庭院的四周构筑房屋围合形成的合院式住宅。合院式住宅是我国北方通用的民居形式，北京四合院是北方合院式住宅体系中最为规范化的代表，是合院式住宅的典型形式。

新石器时代，先民们的住宅已经采用了前堂后室的平面布局，对室内空间进行了功能划分。至迟于商代，古人的宅院也已经采用了合院式的空间体系，在建筑空间的基础上规划出院落空间，至此四合院初具雏形。隋唐时期，四合院已经是我国主流的住宅形式，院落布局多是前窄后宽的二进四合院。宋元时期，在空间布局方面利用穿廊形成“丁”字形、“工”字形或“王”字形平面，将各个建筑空间相互串联。明清时期，通过改变前后院的院落布局、转变正房与厢房建筑空间，使北京四合院在占地面积缩小的情况下，有效拓展了居住面积。

本节以明清时期的北京四合院为切入点，围绕北京四合院的发展脉络、院落类型与建筑空间，梳理了四合院的历时性特征，探析了明清时期北京四合院的院落布局，以及该时期北京四合院的居住伦常。首先，本节阐明了自西周起四合院便具备了前堂后室的平面布局与合院式的空间体系，精细的室内空间划分和高效的院落规划使其逐渐成为我国的主流住宅形式。其次，阐述了一进式、二进式与三进式四合院等多种四合院的基本形制与院落布局，明晰了四合院的进行路线，并指明了各类型四合院所对应的受众人群。最后，以北京三进式四合院为例，分析了大门、影壁、倒座房、垂花门、正房、厢房、耳房、游廊与后罩房等建筑空间的形制结构与功能划分，并通过探讨北京四合院的居住伦常与居住方式，明晰了北京四合院的文化释义与民俗内涵。

一、源起于合院式住宅的北京四合院

四合院在西周时期已经形成[1]，该时期四合院有两个基本特征，即前堂后室的平面布局与合院式的空间体系。前堂后室的平面布局最早可追溯至新石器

[1] 中国大百科全书出版社编辑部编《中国大百科全书：建筑、园林、城市规划》，中国大百科全书出版社，1988，第327页。

时代。发现于半坡遗址的方形房屋，已经采用了前堂后室的平面布局（图 3-1-1），前堂为一个大空间，后室为三个小空间。而合院式空间体系至迟于商代出现，在偃师二里头商代遗址中发现的房屋遗址（图 3-1-2），也已经采用了合院式空间体系，在北侧宫殿的周围用庑廊环绕，形成了围合的庭院空间。四合院前堂后室的平面布局与合院式空间体系的形成，为此后中国规整式院落民居的空间布局奠定了基础。迄今发现最早的四合院是陕西岐山的凤雏村西周建筑遗址[2]，该组建筑的中轴线上依次排列影壁、大门、前堂、穿廊、后室，两侧为通长的厢房和檐廊，整组建筑呈两进院布局（图 3-1-3）。至秦汉时期四合院已经较为普遍，在画像砖中可知诸多汉代住宅院落采用了四合院的布局，如成都住宅画像砖中刻绘了当时四合院住宅内的生活图景（图 3-1-4），住宅平面呈“田”字形分布，住宅四周庑廊环绕围合出院落空间，西侧沿轴线依次排列门、堂、室，东侧前部为杂物院，仆人在后部院内清扫，后部院内还建有望楼[3]。

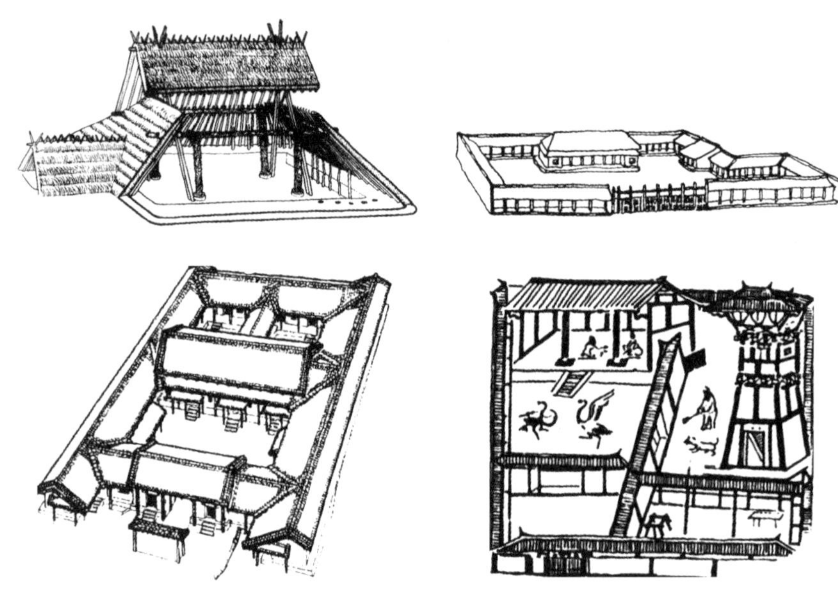

图 3-1-1（左上）　半坡遗址房屋复原图[4]

图 3-1-2（右上）　二里头遗址房屋复原图[5]

图 3-1-3（左下）　陕西岐山凤雏村西周建筑遗址复原图[6]

图 3-1-4（右下）　四川成都住宅画像砖[7]

隋唐时期四合院已经成为我国主流的住宅形式，四合院的院落布局已经稳定，此时的四合院多是前窄后宽的二进四合院，这种布局在上承两汉的同时下启宋元。直至唐末，廊院式院落已是四合院主流形式，即院子中轴线的建筑为主体，周围由回廊围合，并连接院落各处，而非后期在四周建房进行围合[8]。

[2] 傅熹年：《陕西岐山凤雏西周建筑遗址初探——周原西周建筑遗址研究之一》，《文物》1981 年第 1 期。

[3] 陈明达：《关于汉代建筑的几个重要发现》，《文物参考资料》1954 年第 9 期。

[4] 建筑科学研究院建筑史编委会组织编写，刘敦桢主编《中国古代建筑史》（第二版），中国建筑工业出版社，1984，第 23 页。

[5] 中国科学院考古研究所二里头工作队：《河南偃师二里头早商宫殿遗址发掘简报》，《考古》1974 年第 4 期。

[6] 傅熹年：《陕西岐山凤雏西周建筑遗址初探——周原西周建筑遗址研究之一》，《文物》1981 年第 1 期。

[7] 陈明达：《关于汉代建筑的几个重要发现》，《文物参考资料》1954 年第 9 期。

[8]《隋唐长安里坊荐福寺小雁塔文史宝典》编委会：《隋唐长安里坊荐福寺小雁塔文史宝典》，西安出版社，2016，第 72 页。

如唐代敦煌莫高窟85窟描绘的住宅院落（图3-1-5）。宋代四合院的布局仍然沿用前堂后室的空间规划，但在接待宾客和日常起居的厅堂与后部卧室之间，用穿廊连成“丁”字形、“工”字形或“王”字形平面，堂、室两侧设耳房或附院[9]，如《千里江山图》中所绘制的工字形平面（图3-1-6）。

图3-1-5（左）　敦煌莫高窟85窟南顶住宅院落壁画[10]

图3-1-6（右）《千里江山图》中的“工”字形平面[11]

至元代，进入了北京传统四合院住宅大规模形成时期。目前能够考证的北京四合院，最早只能追溯到北京安定门附近的元代后英房遗址[12]。后英房东院的主体建筑呈“工”字形（图3-1-7a），由南房、北房与连廊组成，“工”字形建筑两侧有东西厢房，院落则分布于主体建筑的北端。元代北京四合院是两宋时期传统民居形式的延续，将元代后英房遗址平面图（图3-1-7b）与宋代《千里江山图》中的住宅进行比较，可知在院落布局方面，两者都为纵向院落，纵向院落有对称关系。堂室关系上，厅堂与寝室均位于住宅的中轴线上，且呈“工”字形布局。在位置上，厢房也都位于前院或堂室两侧。综上可知，元代北京后英房遗址与宋代民居在建筑总体布局上是一致的，整个遗址的平面布局，充分展现了宋元时期向明清时期过渡的住宅形态[13]。

a　复原图　　b　平面图

图3-1-7　元代后英房遗址东院复原图与平面图（杨鸿勋绘）[14]

[9] 建筑科学研究院建筑史编委会组织编写，刘敦桢主编《中国古代建筑史》（第二版），中国建筑工业出版社，1984，第183页。

[10] 敦煌研究院主编《敦煌石窟全集·建筑画卷》，商务印书馆（香港）有限公司，2001，第223页。

[11] 故宫博物院，https:// minghuaji.dpm.org.cn/paint/appreciate?id=b0a15b3767a5c12089ec45563741112b，访问日期：2023年6月13日。

[12] 中国科学院考古研究所元大都考古队、北京市文物管理处元大都考古队：《北京后英房元代居住遗址》，《考古》1972年第6期。

[13] 同上。

[14] 业祖润：《北京民居》，中国建筑工业出版社，2009，第33页。

明代定都北京并进行的大规模都城规划建设，以及清朝定都北京后对汉文化的大量吸收，使四合院逐渐定型。明代标准式的北京四合院有前、中、后三进院落，建筑依次由大门与倒座房、正房与厢房、后罩房组成，清代北京四合院的形制变化不大。明清时期的北京四合院与元代北京四合院相比，在形制上发生了三点变化，一是占地面积的缩小，明清北京城市人口的大量激增，使北京四合院的占地面积大幅缩小，元代每户四合院面积规定为 8 亩，而到了明清时期四合院一般占地 4 亩，也有占地 1 亩的四合院，甚至占地半亩的宅子也不在少数[15]。二是院落布局的改变，在元代后英房遗址中前院的占地面积远大于后院，而明清北京四合院则相反。前院与后院的布局转变，是将前院的室外空间化零为整集中在后院，以利于后院居住空间的采光与通风。三是“工”字形平面的消失，明清北京四合院取消了前堂、穿廊、后堂连成“工”字形的布局，取而代之的是以倒座房、正房、厢房等建筑围合的“口”字形布局。“口”字形布局的出现，扩大了四合院的室内居住空间，使四合院的空间面积得到了充分利用。

二、多种类型的北京四合院

院落是传统空间的基本组成单位，北京四合院是以重重院落组合而成的。中国古代院落的基本单位是“进”与“跨”，进表示前后串联的关系，跨代表左右并联的关系。因为等级的差别，存在着不同规模的四合院，表现出的院落形式也不尽相同。

常见的北京四合院为单跨多进院，主要类型有一进式四合院、二进式四合院与三进式四合院。一进式四合院是形制最为简单、级别最低的四合院，只有一个庭院。一进式四合院多为普通住宅，宅院整体呈方形，由正房、厢房、倒座房围合而成。如民国时期乃兹府某号住宅，宅院南边为联排倒座房，东南角设大门，宅院的东西两侧置厢房，北面为正房，两侧附耳房（图 3-1-8）。二进式四合院是北京四合院中较为常见的类型，多为商贾宅第。整个宅院由内外两组院落组成，第一进院落（外院）主要有大门、倒座房、影壁等，第二进院落（内院）由正房、厢房、耳房，以及游廊组成，二进式四合院的内外两院用二门相连接。如北京东城区南竹杆胡同 82 号便是典型的二进式四合院（图 3-1-9），该宅院的二门是等级较低的屏门，二门门式的设置与户主的社会地位相关。一进式与二进式四合院虽然规模较小，但它们确实是清代北京最主要的民居形式。

[15] 陆翔、王其明：《北京四合院》第二版，中国建筑工业出版社，2017，第 9 页。

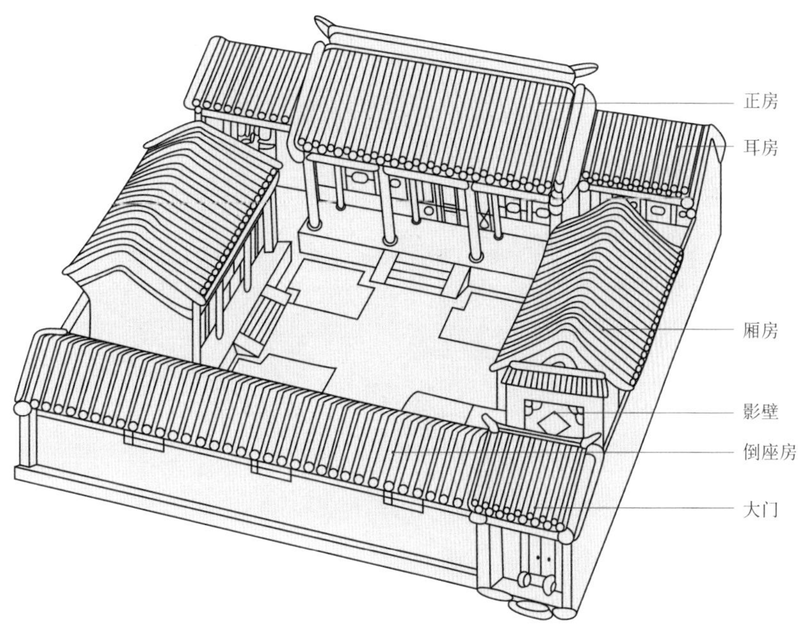

图3-1-8 一进式四合院鸟瞰图（乃兹府某号住宅）[16]

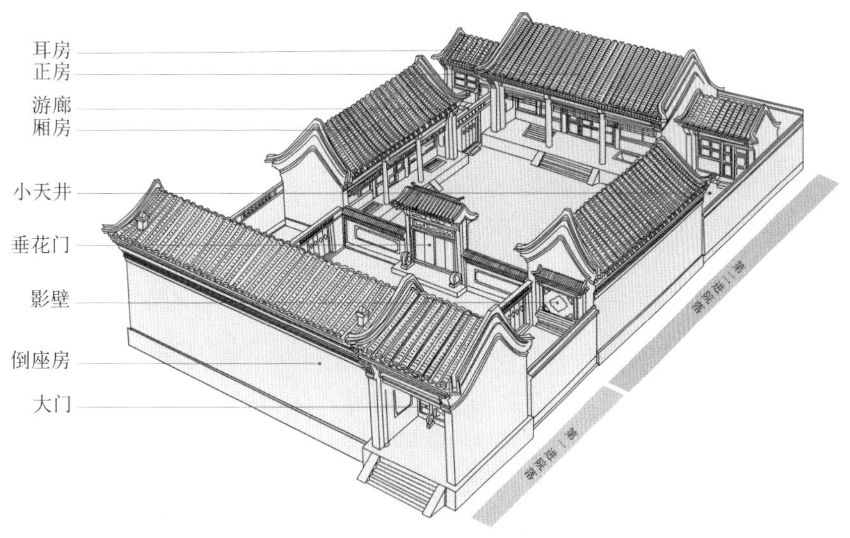

图3-1-9 二进式四合院鸟瞰图（北京东城区南竹杆胡同82号）[17]

三进式四合院通常被认为是标准式的北京四合院[18]，多为官宦府宅。三进式四合院分别由第一进院落（外院）、第二进院落（内院）、第三进院落（后院）三部分组成。外院是四合院的起点，呈东西狭长的状态，有大门、影壁、门房、倒座房、垂花门等建筑，垂花门作为二门位于外院北端的中轴线，用以连通内外院。内院作为四合院的中心开阔而宽敞，由正房、厢房、耳房，以及联系各房的抄手游廊围合而成。后院位于四合院最隐蔽的位置，较外院更为宽敞但又窄于内院，由后罩房、院墙围合而成。如刘敦桢绘制的典型三进式四合院（图3-1-10）。

[16]陆翔、王其明：《北京四合院》第二版，中国建筑工业出版社，2017，第109页。
[17]郑希成绘画撰文《老北京民居宅院》，学苑出版社，2012，第103页。
[18]陆翔、王其明：《北京四合院图集》，中国建筑工业出版社，1996，第68页。

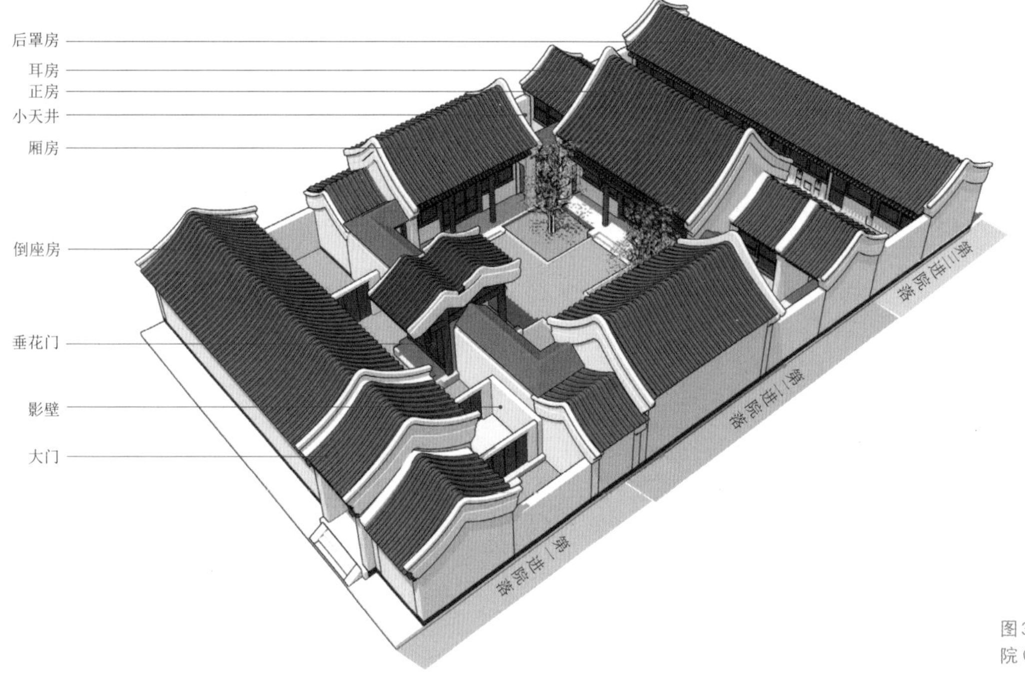

图3-1-10　典型三进式四合院（刘敦桢绘）[19]

虽然三进式四合院已有相当的规模，但一些贵族官宦在三进式四合院的基础上继续拓展，增加院落的纵深，形成四进式四合院。常见的方式是外院与后院不变，在纵向上增加一到数个内院，形成五进式、六进式甚至七进式四合院。四进及以上的四合院属于大型四合院，在功能、地形等方面较为复杂，组合方式也比较多。在四进式四合院中，联系前后两个内院的过道一般设在东耳房，不过有时也会将前一个内院正房的明间打通作为过厅，可以对外使用，后一个内院的正房则变为了对内的正房。多进院落的规模扩展受到胡同的限制，当需要更大规模时，已不可能在纵深方向继续拓展，从而转向横向发展，因此就出现了多跨度的复合型四合院，有的四合院可能会并列几个院落或者带有私家花园。而带花园的宅院是等级最高的四合院，这种格局的四合院多为王府。如恭王府就是由院落与花园两部分组成的，院落采用三跨度五进式布局，而花园则位于四合院的北侧。

三、遵循礼制的居住空间与居住伦常

住宅在任何时代都是主人身份地位的象征。即使是同一类型的宅院，因主人的身份地位不同，其建筑空间的样式也会有所差异。北京四合院无论是规模体量，还是建筑形制都体现了礼制等级观念。四合院作为一组建筑的概念，是

[19] 建筑科学研究院建筑史编委会组织编写，刘敦桢主编《中国古代建筑史》（第二版），中国建筑工业出版社，1984，第319页。

由多座单体建筑构成的。由于三进式四合院被认为是标准式的北京四合院，因此本节以三进式四合院为例来详细分析四合院院落的空间构成。三进式的北京四合院建筑空间，按照游览的先后次序主要分为3个部分：第一部分是用于外事活动的外院部分，其功能区有家塾、门房、外客厅、仆役房（男仆）与厕所等；第二部分是家庭起居的内院部分，主要起居空间有堂屋、书房、居室、卧房等；第三部分作为女眷居住、服务供应的后院部分，该部分由女眷居室、仆役房（女仆）与储藏间组成（图3-1-11、图3-1-12）。

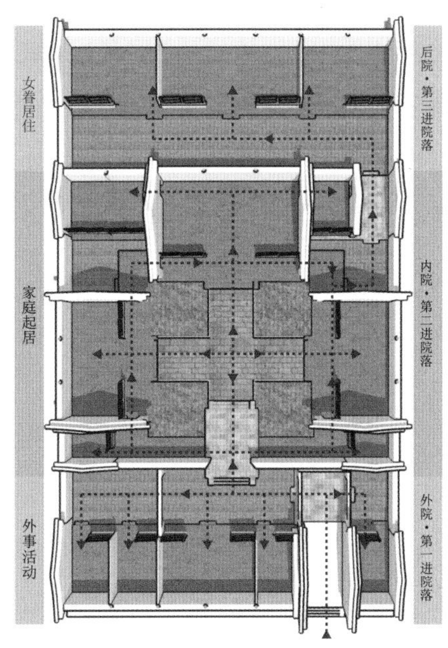

图3-1-11 四合院空间分布图[20]

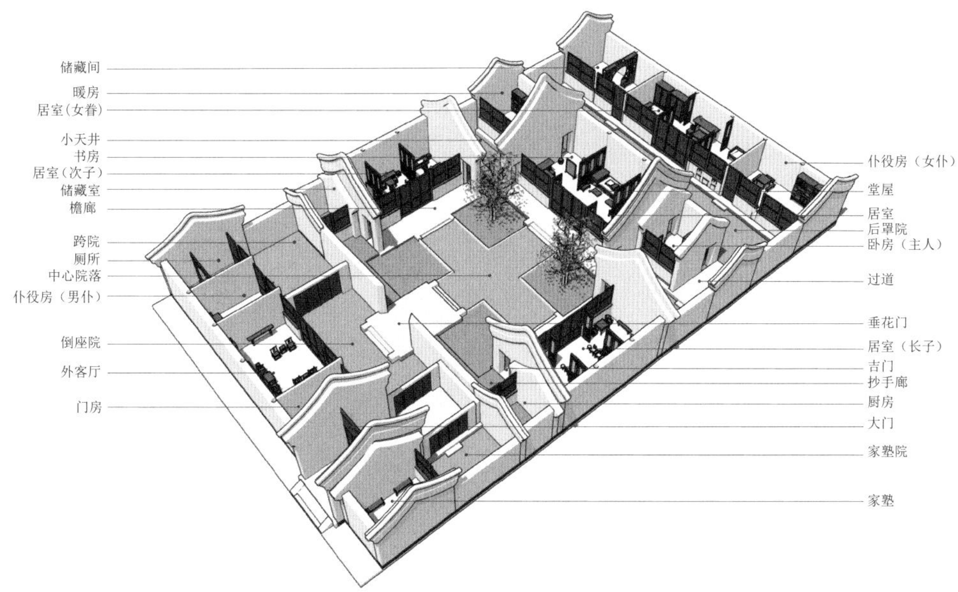

图3-1-12 四合院空间布局效果图

[20] 马炳坚编著《北京四合院建筑》，天津大学出版社，1999，第17页。

（一）外事活动的外院空间

宅院的东南角是北京四合院的起点——大门，大门是四合院中最重要的单体建筑，其不仅是院落出入的通道，还是户主社会地位的象征。大门的形式多种多样，按照规制划分有王府大门、广亮大门、金柱大门、蛮子门、如意门等。王府大门不同于其他门式，是北京四合院中等级最高的大门，王府大门位于王府中路的轴线上，位置居中。王府大门本身亦根据门第的高低而有所区别，清代的制度规定亲王五间、郡王三间（图 3-1-13a），其余所有的府宅和普通的四合院大门都只设一间[21]。广亮大门是贵族官宦宅院的大门，清代使用广亮大门的四合院多是一、二品级别的官员或勋戚的宅院[22]。广亮大门上的雀替则是官级品位的标志。广亮大门是北京宅邸大门中最基本的样式，其余的几种大门均可视为它的沿承与发展。区别大门等级高低的关键在于门扇安设的位置，广亮大门的门扇安设在脊檩下（图 3-1-13b），门前的空间最为宽阔，显得敞亮。而把门扇向外移动至金檩下（图 3-1-13c），这便是金柱大门，其规格仅次于广亮大门，多为达官富贾宅院的大门。比金柱大门再低一级的是蛮子门，门扇则外移至檐檩下（图 3-1-13d），这导致蛮子门的门前进深较小，空间较为局促。“蛮子”是封建时期北方人对南方人的贬称，据说蛮子门这种宅门形式来源于南方，由来京的南方商人首先引用。如意门是比蛮子门等级更低的门式，其具体形制是在两根檐柱之间砌筑墙砖（图 3-1-13e），中央留出门洞安装门扇，由于门额上常雕刻“如意”二字或如意形图案，因此被称为“如意门”。

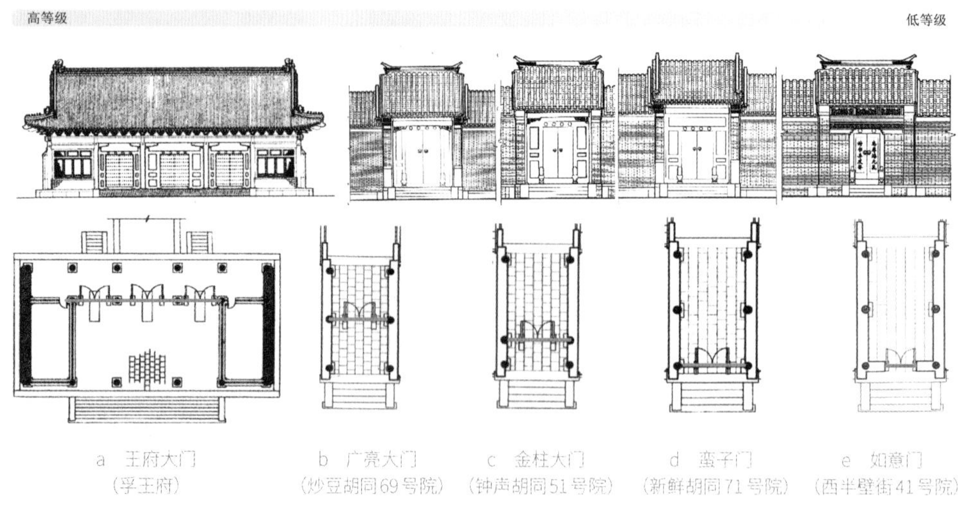

a　王府大门（孚王府）　b　广亮大门（炒豆胡同69号院）　c　金柱大门（钟声胡同51号院）　d　蛮子门（新鲜胡同71号院）　e　如意门（西半壁街41号院）

图 3-1-13　北京四合院大门门式图[23]

[21] 贾珺：《北京四合院》，清华大学出版社，2009，第74页。

[22] 王佳桓编著《京华通览·北京四合院》，北京出版社，2018，第61页。

[23] 北京市建筑设计标准化办公室：《建筑构造通用图集 88J14-2 居住建筑》，2001，第40页。

通过分析北京四合院的各式大门可知，其一，由于受北派风水学说的影响，北京四合院的大门不能设于中轴线上，而东南方位又被认为是最吉利的方向[24]，因此在北京无论是普通民宅、商贾宅第，还是贵族府邸，其大门都位于东南角。其二，比较王府大门、广亮大门、金柱大门、蛮子门、如意门等门式，发现等级越高的门式，其大门的进深越大，反之则越小。

进入大门后，迎面便是影壁。中国传统居住空间追求“庭院深深”的意境，忌讳平铺直叙、一览无余的空间。因而在传统建筑空间中常使用影壁来分割空间、阻隔视线。影壁按照安装位置可分为三种。其中一种设置在大门内部，而另外两种则位于大门的外部。

第一种影壁位于大门内处于入口的正对面，从平面看整体呈“一”字形。这种影壁的形式还受到前院空间大小的影响，前院较为宽敞时，影壁可独立于厢房与隔墙，称为独立影壁（图 3-1-14a）。独立影壁是从地面另起的一面砖墙，也是级别较高的影壁形式。而当前院较为狭窄，没有足够的空间设置独立影壁时，可以在厢房的山墙上挑出屋檐做出影壁的形状，该影壁被称为借山影壁（图 3-1-14b）。借山影壁只用于普通民宅的一进或二进四合院，因此借山影壁级别较低。

第二种影壁位于大门外正对宅门，只出现于王府大门或广亮大门外，因此该影壁级别最高。从平面看该类型影壁分为两种，一种整体呈“一”字形（图 3-1-14c），另一种整体呈“冖”字形（图 3-1-14d）。这两种形式的影壁既可以独立于对面宅院的墙壁，又可以紧贴对面宅院墙壁。

第三种影壁设置于宅门两侧，斜切于宅门并与宅门形成一定夹角，被称为

图 3-1-14　北京四合院影壁类型图[25]

[24] 刘敦桢：《中国住宅概说·传统民居》，华中科技大学出版社，2018，第97页。

[25] 赵倩、公伟、於飞编著《北京四合院六讲》，中国水利水电出版社，2012，第38页。

撇山影壁（图 3-1-14e），平面整体呈“八”字形。撇山影壁多与宅门对面的影壁配合使用，两者相互呼应，既拓展了入口空间，又强化了入口区域的整体感。

经过影壁折西，进入外院便是联排的倒座房。倒座房位于整个四合院的前端，与大门相连，面向院内背邻街道。倒座房开间小，一般面阔六间，高度低于大门、正房与厢房，在整个四合院中属于等级较低的建筑。倒座房的门窗均朝向院内，临街的后檐墙极少开窗，这是为了增强防卫，如今所见的后檐墙的高窗多为近代所开[26]。在倒座房中，大门东侧的一间房屋是旧时用作私塾的空间，幼童可在此读书学习。大门以西的一间多用作门房，是家仆用于值班、宿卫的建筑用房。再向西的一两间用来接待非重要的客人。在倒座房的西面常用墙与屏门分隔出一个小跨院，东面的一间为男性仆役生活起居的空间。由于受北派风水学说的影响，院落的西南角被认为是凶方[27]，因此这间倒座房的西南角房屋常被设为厕所。

综上，外院中无论是各式大门与影壁的形制结构，还是倒座房的朝向，都是为了保障院内的私密性，使四合院与外隔绝、自成天地。另外，大门、影壁的形制结构都体现了中国封建社会的等级观念。

（二）家庭起居的内院空间

外院的最北端为四合院的二门，二门坐落在四合院的中轴线上，是连接外院与内院的通道。北京四合院的二门门式有垂花门、屏门等。垂花门一方面是主人社会地位的标志，另一方面，垂花门上的构件装饰则体现了户主的财力、家世与文化素养。垂花门有两种功能，一是防卫功能，因此在垂花门临外院的一侧，安置的第一道门是较为厚重的攒边门，白天开启供主人通行，夜间关闭有安全保卫作用；二是屏蔽功能，在垂花门临内院的一侧安置的第二道门为较薄的屏门，垂花门的屏蔽作用通过这道屏门完成。只有家中举行重大的家族仪式或接待贵客时才会将屏门打开，其余时间屏门都是关闭的，其作用类似仪门。即便垂花门的第一道门呈打开状，外院的人也不能直接看到内院的场景。此外，人们进出垂花门时不通过屏门，而是走屏门两侧的侧门或 直接通过垂花门两侧的抄手廊到达内院和各个房间。垂花门的这种功能充分起到了既沟通内外宅，又严格划分空间的特殊作用。

廊是四合院中的附属建筑，在四合院中廊有三类，一是从二门的东西两侧分别前进，转弯通向东西厢房的游廊，为抄手廊。二是从东西厢房向北，再分别转弯通向正房东西两侧的游廊，为窝角廊。三是正房与东西厢房房前所设

---

[26] 王佳桓编著《京华通览 · 北京四合院》，北京出版社，2018，第61页。

[27] 刘敦桢：《中国住宅概说 · 传统民居》，华中科技大学出版社，2018，第97页。

的檐廊，檐廊与抄手廊、窝角廊相连，将内院围合成一个环形半封闭空间（图3-1-15）。廊一方面作为四合院重要交通线串联着垂花门、厢房和正房，另一方面其环形的半封闭结构，使居住者在雨天可以自由行走。此外，游廊的柱根

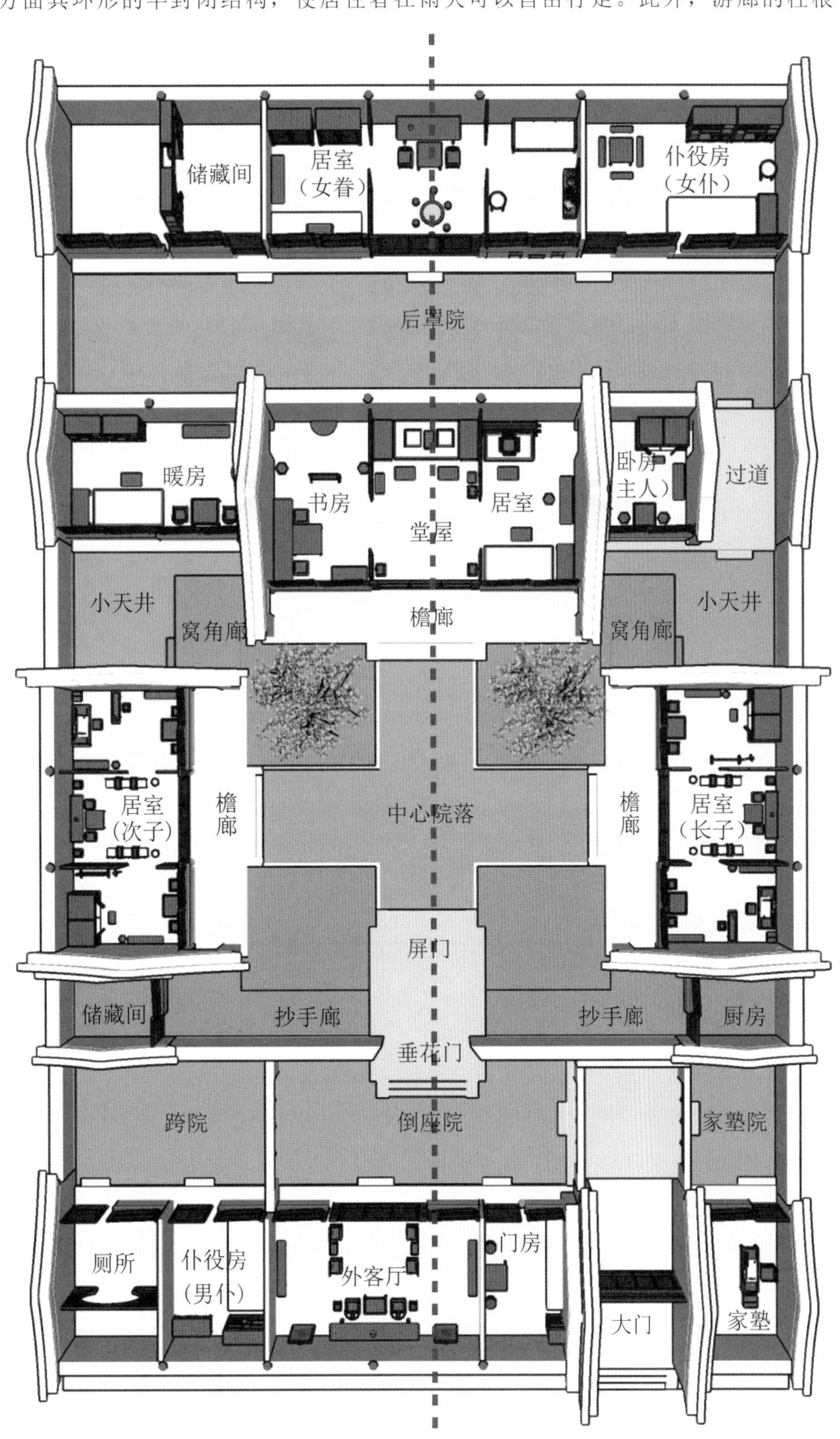

图3-1-15　四合院空间布局平面图

之间多安装坐凳，因而游廊既是内院观景与休憩的空间，其自身同样是内院重要的景观。

由廊向东西两侧前行，最先抵达的为东西两侧的厢房。厢房是位于内院两侧相向而建的房屋建筑，等级仅次于正房。北京四合院民居的布局强调中轴线的主导作用，以中轴线控制房屋布局和院落组合的次序，并按传统的“择中”观念，布置宅院中的房屋，组织有序的居住空间，以体现封建社会家庭中长幼、尊卑有序和男女、内外有别的伦理秩序。院落中的房屋布局讲究位居轴线上的居中者为主，侧为辅，左为上、右者下的等级秩序[28]。因而东西厢房虽相似，但并非完全一样，坐东朝西的东厢房地位较高，坐西朝东的西厢房地位较低，在建筑形制上东厢房略高于西厢房，面积稍大于西厢房，此设计体现了左为尊之意。东西厢房是户主子孙们的住房，一般大儿子与三儿子住东厢房，二儿子与四儿子住西厢房[29]。东西厢房的平面采用“一明两暗”式的格局，中间的明间开门，两侧的次间设窗（图 3-1-16）。明间用于起居做厅堂，置翘头案、方桌、扶手椅、花几，并设二几三椅以待客。北次间由于靠近小天井，环境更为幽静，因而常做书房，设琴、棋、书桌以供抚琴博弈、读书挥毫；南次间则做卧室，置架子床、脸盆架、衣架等私房家具。东西厢房的两侧也会增设耳房，作厨房或储藏用。

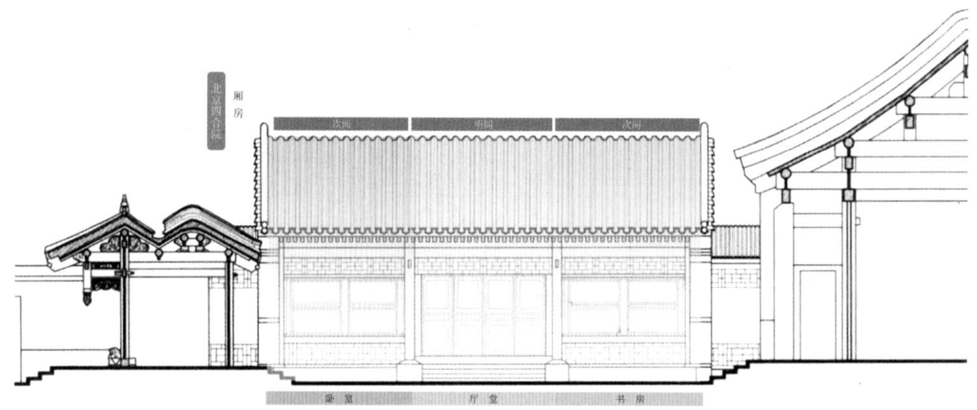

图 3-1-16　典型北京四合院厢房立面图[30]

经厢房沿窝角廊向北为正房，正房是四合院的核心，宅院内的所有房屋均簇拥着正房，无论是面宽、进深、高度，还是在工料、装饰等各个方面正房都是全宅中等级最高的。正房不仅是家庭生活的中心，还是家族精神的象征[31]。

[28] 陈平：《雕梁画栋·古代居住文化》，江苏古籍出版社，2002，第329页。业祖润：《北京民居》，中国建筑工业出版社，2009，第80页。

[29] 陈平：《雕梁画栋·古代居住文化》，江苏古籍出版社，2002，第329页。

[30] 过伟敏主编《中国设计全集·第1卷·建筑类编·人居篇》，商务印书馆，2012，第404页。

[31] 杨鸿勋主编《中国古代居住文化图典》，云南人民出版社，2007，第312页。

正房坐北朝南，采光很好，是户主或长者的居所（图3-1-17）。通过《明史·舆服志》中“一品、二品厅堂五间九架，三品、五品厅堂五间七架，六品至九品厅堂三间七架，庶民庐舍不过三间五架，不许用斗拱、饰彩色”[32]的记载，可知在旧时建筑等级制度的约束下普通民宅的正房面阔三间，高级官员的府宅正房可达五间。普通民宅即便可以建成多进的宅院，但每个院落的正房都不得大于三间。等级制度不仅体现在正房的开间上，连房屋的装修都有明确规定，平民的宅院房屋不能设斗拱、饰彩画。为了达到既不僭越等级，又要扩大正房规模的目的，一般正房的两侧接有一间或两间房屋，左右对称，规模明显小于正房，室内一般与正房相通，由于其布局颇似双耳，因此被称为耳房。

普通四合院的三开间正房只有中间一间朝外开门，称为堂屋。东西两侧次间朝堂屋设门，形成“一明两暗”式的空间格局。而两侧的耳房连接东西次间，扩大了正房的使用面积。堂屋具有起居、会客与礼仪的功能，开间稍大于东西两侧的次间。在四合院的正房内，堂屋的室内布置中心是北面的后檐炕，两侧配以成组成套的一几二椅或二几四椅以待客或供家中晚辈入座[33]。两侧次间以隔断或落地罩分隔。东侧次间为居室，是户主短暂休憩的空间，居室的前、后檐炕上分别置有座屏与炕桌，并附以条桌、墩等家具。西侧次间为书房，是主人挥毫泼墨的空间，书房的功能重心与视觉重心均为书桌，读书需要良好的光线，故书桌放置在西次间的南面窗下。西面设条案、方桌、座椅以供品茗清谈，北面以座屏区隔，座屏后挂画设半桌，半桌上常置香器以供焚香赏画。穿过两侧次间便是耳房，东侧耳房为卧房，其功能中心是架子床处，架子床常置于卧房的东北角，卧房两侧则置屏风、衣架、脸盆架等家具。西侧的耳房常作为暖阁

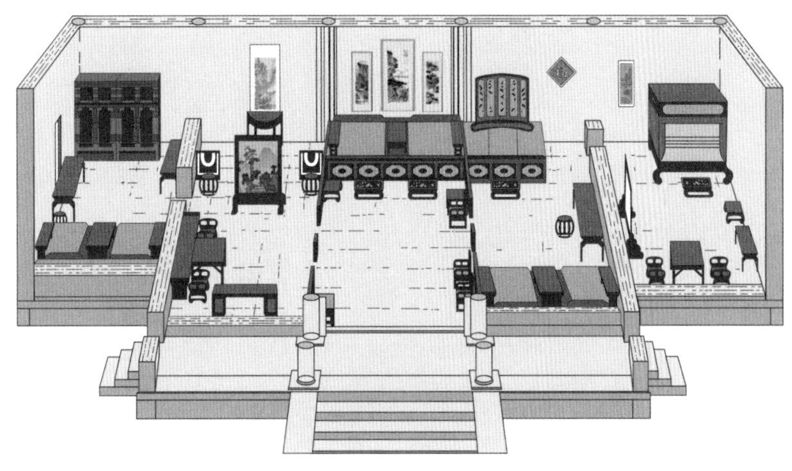

图3-1-17　典型北京四合院正房空间布局图[34]

[32] 戴逸主编，〔清〕张廷玉等撰《简体字本二十六史·明史》，吉林人民出版社，2006，第1071页。
[33] 王其明：《北京四合院住宅概说》，《室内》1993年第1期。
[34] 同上。

用于储藏，南面临窗处置前檐炕以供户主短暂休憩，后设闷户橱便于储藏。此外，东西两侧的次间也有尊卑之别，东次间为尊、西次间为卑。

（三）女眷居住的后院空间

从正房耳房的东侧通道步入后院后，映入眼帘的是位于四合院最北端的后罩房。后罩房坐北朝南，其面阔相当于整个院落的宽度，级别低于厢房，高度也比厢房稍矮。后罩房的形制和倒座房比较相似，也是前檐朝向院内、后檐墙临街。后罩房与倒座房一样，由于防卫和私密性的要求，多在院内的前檐墙设门开窗，临街的后檐墙一般不开窗。后罩房属于后院，与倒座房所在的前院相比私密性更强，朝向也较好。后罩房东北角的一间多作为女性仆役的集体起居室，居中的两三间则是家中女眷或未出嫁的女子居所，西北角的一间则为储藏室或其他辅助用房，有时也会开设后门，以便仆役外出采买。在礼教森严的封建社会，成年男女是不能随意接触的，他们的活动范围也受到严格的限制。上文提及外院是主人接待宾客、进行社交活动的场所，内院是主人家庭生活的场域，而女性的生活起居则主要围绕后院展开。垂花门以内便是内院，正房以北为后院，一般情况下外人不允许进入内院，女性成员不允许出内院，这一点在《家礼拾遗》中“男治外事，女治内事。男子昼无故不处私室，妇人无故不窥中门……妇人有故出中门必拥蔽其面”[35]得到验证。这里的中门便是二门，因而民间也针对女性有了“大门不出，二门不迈”[36]的礼法准则。

在北京四合院中，无论是正房、厢房、后罩房、倒座房的外部建筑形制与内部空间划分，还是居中者为主、侧为辅，左为上、右者下的位置布局，都是中国封建社会长幼有序、主从分明等伦理道德观的具体体现。

结语

中国四合院形制多种多样，基本分为三大体系：以北京四合院为代表的北方房房分离式四合院、南方天井式四合院、西南一颗印式四合院。它们都具有内向封闭的空间特点与主次分明的空间秩序。受地理环境、区域文化的影响，北京四合院较之天井式、一颗印式四合院，其更注重住宅的纳阳、保温功能，因而院落较为宽阔，院内建筑多为一层。传统北京四合院的空间关系讲求平面上的出入躲闪，追求立面上的高低错落。出入躲闪的平面布局既遮挡了视线、

[35]〔清〕李文炤：《家礼拾遗》，岳麓书社，2012，第619页。

[36] 白维国主编《现代汉语句典》，中国大百科全书出版社，2001，第271页。

延展了空间，也为各房之间的生活起居预留了一定自由空间。高低错落的立面设计凸显了主体建筑，明确了等级，给人以错落有致的空间韵律感。北京四合院代表了中国封建社会的宗法礼制规范，是中国传统家庭制度的物质载体。在居住空间的分配上，长辈住正房，晚辈居厢房，女眷处后院，仆役置偏处，这种方式强调了尊卑等级的伦理秩序意识。同时，北京四合院中大集体与小自由的居住方式，表达了传统家庭对团圆的追求，体现了和乐团圆的家庭精神理想。

北京四合院作为北京历史文化的载体，充分体现了北京人的居住理念。在帝京文化的深刻影响下，北京四合院呈现出明显的中轴对称格局，这既是中国传统儒家思想的直接表达，也传达了北京人中正平和的生活态度。在现代城市发展与生活方式转变的大背景下，挖掘四合院传统文化基因并赋予其新功能，是确保四合院精神得以延续的关键。

第二节 移步易景的文人庭院

园林是指在特定区域内，通过塑造地形、种植花木、营造建筑以及布局景致等方式构成的一个具有游赏、休憩和居住等功能的综合性场域。园林的营造具有工程和艺术双重属性，其面貌受不同地区工程技术发展程度的影响，也是不同审美文化下的艺术表达，显示出地域化、多样化的园林面貌。中国古代园林多为山水主题的风景园林，以“本于自然，高于自然”的独特风格与艺术高度享誉世界。英国建筑师钱伯斯描述中国园林是“从大自然中收集最赏心悦目的东西，组成一个最动人的整体”。中国古代园林的发展历程从秦汉时期写实自然、规模宏大的帝王苑囿开始，转向魏晋南北朝开启审美艺术经营的贵族庄园，再演变为唐宋时期极致浪漫的文人写意山水园，直至明清时期可观可游的互动山水园林。在这一漫长的发展过程中，中国古代园林内部也分化出多种类型。依据园主身份或园林的主要功能，可将中国古代园林分为皇家园林、私家园林、寺观园林、公共园林、衙署园林和书院园林等类型，突出园林所属者的个人或群体意志对园林形态的塑造作用。依据园林所处地区，可将中国古代园林分为江南园林、北方园林、岭南园林和四川园林等类型，强调区域环境对园林面貌的塑造。中国古代园林的演进过程具有由写实到写意，由规模化到精致小巧发展的内在趋势，也呈现出早期以皇家苑囿为主导，中期皇家苑囿与私家园林共同发展，再到后期私家园林崛起并反哺皇家苑囿的发展特征。其中，江南地区的私家园林以其精湛的营造技艺和引领性的艺术审美屹立于中华园林艺术之林，而现存的江南园林主要营建于明清时期，主要分布于今苏南和浙北地区。

本节以明清时期的江南私家园林为切入点，梳理了江南园林的历时性特征，探析了明清时期文人在园林中的生活状态，以及江南园林的游玩体验。首先，阐明了江南私家园林发迹于春秋时期的皇家宫苑，私家园林的出现为文人参与造园提供了可能，文人的参与使园林从追求奢靡富丽转变为偏好朴素雅致，改变了中国园林的艺术形态。其次，阐述了厅、堂、斋、室、房、楼、阁、亭、舫、廊的形制结构，并明晰了文人在以上园林空间中会客宴请、文事起居、游乐休憩的生活状态。最后，以无锡寄畅园为例，不仅通过探讨寄畅园蜿蜒曲折的游园路径设计，考察了江南园林曲径通幽的游赏体验，还通过分析寄畅园层次丰富的景观节点，探讨了江南园林移步易景的视觉感受。

一、从皇家宫苑孕育而出的江南园林

中国古代园林的发端为先秦两汉时期，此阶段的园林以规模宏大的皇家苑囿为主流。此时江南地区已经出现少量的私家园林，但相关文献记载较少，尚未显现出显著的地域特色。“园林”一词的本源为“囿”，《诗经》“台之下有囿，所以域养禽兽也”[1]，记述了囿最早是用以畜养禽兽的围合地块。殷商时期，囿的形式开始丰富，《大戴礼·夏小正》中记录了“囿，有韭囿也”“囿有见杏”[2]，可见此时囿中开始种植树木、经营果蔬。此时囿中除了丰富的植物，还出现了“台”这类简单建筑物，《吕氏春秋》将台描述为“积土四方而高曰台”[3]，即用土堆筑造而成的方形高台，囿与台共同构筑起中国古代园林的雏形。江南地区造园的历史最早可追溯至春秋时期，《吴越春秋》的“巧工施校，制以规绳，雕治圆转……婴以白璧，镂以黄金，状类龙蛇，文彩生光”[4]，详细还原了春秋时期江南园林的雕刻、彩绘、镶嵌等营建艺术手法，然而其所描述的江南园林实则为皇家园林。春秋时期在吴越两国建造的一系列宫台苑囿中，已经出现了具备游赏功能的建筑、人工开凿的水体，以及丰富多样的草木植被，这些都为江南私家园林的出现奠定了基础。东汉时期出现了江南私家园林，在《吴门表隐》的“笮家园在保吉利桥南，古名笮里，吴大夫笮融所居”[5]中，记载了东汉士大夫笮融在苏州营建宅园的情况，其所营造的笮家园是已知最早的私家园林。

魏晋南北朝时期，一方面随着士族门阀阶层的崛起，地方贵族在发展庄园经济的同时开启了对园林艺术审美的经营，发展出不同于皇家苑囿的私家园林风格。另一方面，随着佛教在我国的广泛传播，出现了大量由国家出资兴建的寺庙，为了优化寺庙内外的景观环境，出现了相应的寺观园林。除了国家出资兴建的寺庙，佛教思想的盛行使“舍宅为寺”成为流行，以至于诸多宅邸转变为了寺观，宅园内的花木景观也由此带入寺观中。这一时期在江南地区类似的寺观园林众多，如司徒王殉与司徒王珉将其府宅转变为佛寺并修筑了虎丘别业，通过《游虎丘寺》的“尽把好峰藏院里，不教幽景落

[1]〔宋〕朱熹集传《典藏国学·诗经》，上海古籍出版社，2013，第354页。

[2]转引自周维权《中国古典园林史》，清华大学出版社，1990，第21页。

[3]〔汉〕高诱注《吕氏春秋》，上海书店，1986，第45页。

[4]张觉译注《吴越春秋译注》，上海三联书店，2018，第241页。

[5]〔清〕顾震涛：《吴门表隐》，江苏古籍出版社，1999，第3页。

人间”[6]，可见虎丘别业的规模之大。直至唐代中期，此类广府大院的豪奢绮丽一直是江南园林的主流。

隋唐时期，科举取士的推行带来地方贵族的没落和文士的崛起，文人成为引领社会文化的主力，这也导致贵族庄园的衰落和以文人为代表的私家园林的兴起。在唐代意气风发的文化背景下，文人凭借其诗意的感官和敏锐的艺术鉴赏能力，发掘各地自然山水的美景，借由花草树木、叠山理水等手法在园林中塑造其理想的、艺术的环境与景致，而富庶的江南地区更是文人园林兴起的典型区域。不同于以往对于奢靡富丽的审美追求，这一时期江南的私家园林更偏好隐逸山居的朴素与雅致，陆龟蒙用“不出郛郭，旷若郊墅”的诗句描绘了其隐逸的山居别业[7]。宋代时，文人造园已十分普遍，如苏舜钦的沧浪亭、朱长文的乐圃等，在《沧浪亭记》“前竹后水，水之阳又竹，无穷极。澄川翠干，光影会合于轩户之间，尤与风月为相宜”中[8]，苏舜钦描写了沧浪亭闲逸宜人的园林环境。

明代前期受时局动荡的影响，江南地区的造园活动未有较大发展。直至明代中期，社会的经济、文化获得了显著的恢复与发展，在江南地区出现了一批“有闲阶层”。这批有闲阶层的出现推动了明代中期造园活动向纵深发展，并且撰写了许多诸如《园冶》《闲情逸致》《长物志》等，探讨园林规划与设计的杂论、著述。这促使整个江南地区的园林发展，进入了一个前所未有的鼎盛时期。入清后，江南地区的造园热依然持续，据《同治苏州府志》统计，清同治年间仅江南私家园林就有130余处[9]。清中后期，尽管国势日衰，但对江南地区的影响并不太大，园林兴建仍时有所闻，只是入清后随着造园活动的普及，导致了江南园林风貌的雷同和程式化。

二、江南园林多样的空间形态

江南私家园林是文人雅士的居所或别苑，大多择城市或乡郊的风景优美之处而建。作为古代社会文人阶层日常生活的主要场所，园林中构筑了形制多样、数量丰富的园林建筑，以满足文人阶层对会客宴请、文事起居、游乐休憩等生活需要。江南园林的主要建筑类型有厅、堂、馆、轩、斋、室、房、楼、阁、亭、舫、廊等。此外，园林建筑不仅具备使用功能也具有审美功能，这是园林造景的重要元素。

---

[6] 朱水生：《诗咏姑苏》，古吴轩出版社，2018，第3页。

[7] 周正甫主编《唐诗宋词元曲全集 · 全唐诗》，黄山书社，1999，第4583页。

[8]〔宋〕苏舜钦著，傅平骧、胡问陶校注《苏舜钦集编年校注》，巴蜀书社，1990，第625页。

[9]〔清〕李铭皖、〔清〕谭钧培修，〔清〕冯桂芬纂《同治苏州府志》，江苏古籍出版社，1991，第6页。

（一）会客与宴请的厅堂馆轩

会客宴请是文人阶层重要的聚会活动，在聚会活动中文人或高谈阔论、或饮酒赋诗、或弹奏乐器。在《与吴至书》“昔日游处……丝竹并奏，酒酣耳热，仰而赋诗”中[10]，描写了文人在西园雅集时奏乐、畅饮、吟诗的聚会情境。园林中厅堂是文人进行会客、宴请、结社、交流等活动的行为中心，如《岁朝图轴》（图3-2-1）、《篠园饮酒图》（图3-2-2）、《青山雅集图》（图3-2-3）和《西园雅集图》（图3-2-4）中，皆描绘了文人在厅堂中会客与宴饮的场景。

图3-2-1（左）《岁朝图轴》[11]中描绘的宴客场景

图3-2-2（右）《篠园饮酒图》[12]中描绘的宴客场景

图3-2-3（左）《青山雅集图》[13]中描绘的宴客场景

图3-2-4（右）《西园雅集图》[14]中描绘的宴客场景

在“居中为贵，左右为次”的传统礼制观念的影响下[15]，“厅堂”成为园林中等级最高、最重要的建筑，《园冶·立基》记叙“凡园圃立基，定厅堂为主。先乎取景，妙在朝南”[16]，由此可知在营建施工方面，园林的定基以厅堂为主。在景观布置方面，厅堂是全园主体景象的重要观赏点。在朝向布局方面，厅堂一般

[10] 周啸天主编《古文鉴赏》，四川辞书出版社，2019，第558页。

[11] 故宫博物院，https:// www.dpm.org.cn/collection/paint/232129.html，访问日期：2023年6月13日。

[12] 美国纽约大都会艺术博物馆，https:// www.metmuseum.org/art/collection/search/49254，访问日期：2023年6月13日。

[13] 中华珍宝馆，http://g2.ltfc.net/view/SUHA/642660362a95b77c962d3a20，访问日期：2023年8月17日。

[14] 中华珍宝馆，http://g2.ltfc.net/view/SUHA/60d5bb8e6155e14a09d16653，访问日期：2023年8月17日。

[15] 居阅时：《中国建筑与园林文化》，上海人民出版社，2014，第131页。

[16]〔明〕计成著，李世葵、刘金鹏编著《园冶》，中华书局，2011，第60页。

“坐北朝南”来保障室内良好的采光与通风效果。此外，“馆”与“轩”也属于厅堂，只是尺度小于厅堂。《说文解字》中描述馆为“馆，客舍也”[17]，但在江南园林中，馆更多的是会客的场所，如留园的林泉耆硕之馆（图3-2-5）。林泉耆硕之馆的建筑形式是典型的鸳鸯厅，鸳鸯厅是两面开放、有两个空间的厅堂，厅内分南北两厅，厅内南、北两部分的结构与装修互不相同，似两进厅堂合并而成，因而被称为“鸳鸯厅”。鸳鸯厅的北厅无阳光直射，较为凉爽，常于夏秋使用。南厅阳光充足、较为温暖，常于冬春使用。在《园冶》“轩式类车，取轩轩欲举之意，宜置高敞，以助胜则称”中[18]，轩被定义为适用于地处高旷的建筑物。如苏州留园中的闻木樨香轩为三跨的敞轩，位于园内西部山岗的至高处，地势高敞，视野开阔，是园林内的主要观景点。

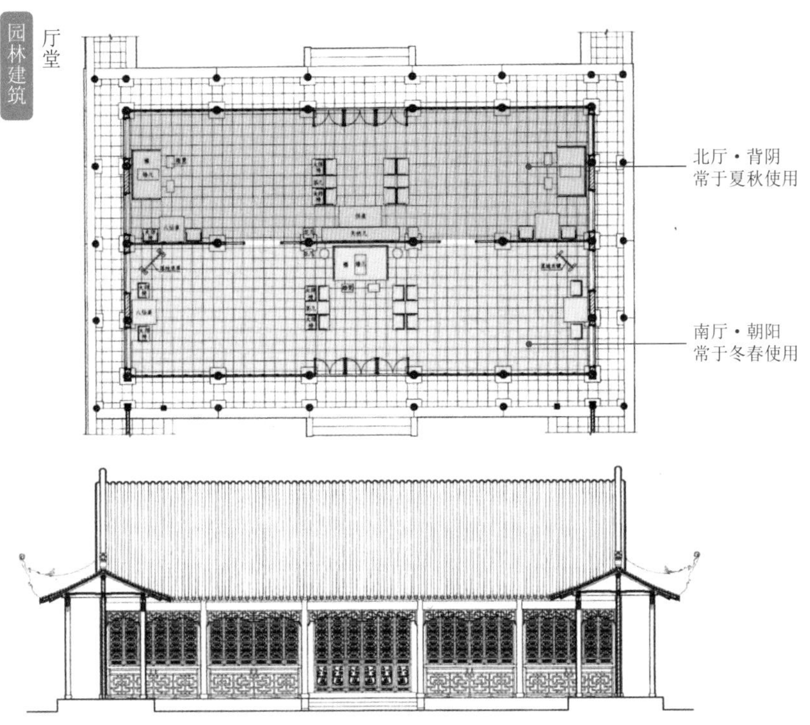

图3-2-5　林泉耆硕之馆[19]

（二）文事与起居的斋室楼阁

在中国古代文人的日常生活中，琴棋书画等文事活动是文人生活的重要组成部分[20]。正如伍绍棠在《〈长物志〉跋》中写道：“有明中叶，天下承平，士大夫以儒雅相尚，若评书品画，瀹茗焚香，弹琴选石等事，无一不精。”[21]可见明清时期的文人活动十分丰富，有赋诗挥毫、品茗博古、焚香抚琴等。

[17]〔汉〕许慎：《说文解字》，〔宋〕徐铉等校，上海古籍出版社，2007，第249页。

[18]〔明〕计成著，李世葵、刘金鹏编著《园冶》，中华书局，2011，第91页。

[19]侯洪德、侯肖琪：《苏州园林建筑做法与实例》，中国建筑工业出版社，2016，第88页。

[20]〔日〕青木正儿：《琴棋书画：中国文人的生活》，李景宋译，浙江人民美术出版社，2020，第27页。

[21]〔明〕文震亨：《长物志》，陈剑点校，浙江人民美术出版社，2016，第423页。

园林中的斋、室是文人雅士进行文事活动的重要场域，在其中赋诗挥毫、品茗博古、抚琴对弈均无不可，因而斋、室在使用功能方面的区别并不严谨，在称谓上常常混用。又因为斋、室在布置上处于次要位置，所以它们在个体营造、布局方式，以及建筑与环境的结合方面都具有较大的灵活性。斋在园林中主要作为学舍书斋使用，陈从周先生提到“园成则必有书斋、吟馆，名为园林，实作读书、吟赏、挥毫之所”[22]，指出书斋是文人吟诗挥毫之地。《秋窗读易图》（图3-2-6）、《真赏斋图卷》（图3-2-7）等绘画作品中也描绘了文人在园林书斋中读书写作的场景。此外，《逸园纪略》的“旁有斗室，曰‘宜奥’。每春秋佳日，主人鸣琴具中”[23]，记叙了每逢节庆，主人会在逸园名为宜奥的斗室中抚琴的情境。文人抚琴时常常选择空间狭小的斗室，以便声音形成共振，使琴声更为悠扬，如《琴德簃图》（图3-2-8）、《猗兰室图》（图3-2-9）中描绘的琴室。

图3-2-6（左上）《秋窗读易图》[24]中的读书场景

图3-2-7（右上）《真赏斋图卷》[25]中的读书场景

图3-2-8（左下）《琴德簃图》[26]中的读书场景

图3-2-9（右下）《猗兰室图》[27]中的琴室

[22] 陈从周：《中国诗文与中国园林艺术》，《扬州师院学报》（社会科学版）1985年第3期。

[23] 转引自陈从周、蒋启霆选编《园综·新版·上册》，赵厚均注释，同济大学出版社，2011，第208页。

[24] 历代名画集，https://www.lidaiminghuaji.com/songdai/liusongnian/qiuchuangduyitu，访问日期：2023年6月13日。

[25] 中华珍宝馆，http://g2.ltfc.net/view/SUHA/60d5bb8e6155e14a09d16653，访问日期：2023年8月17日。

[26] 中华珍宝馆，http://g2.ltfc.net/view/SUHA/647a11571d961a3c74504e72，访问日期：2023年8月17日。

[27] 故宫博物院，https:// minghuaji.dpm.org.cn/paint/appreciate?id=4b1011bf1d5e438e81c6a995ebd240da，访问日期：2023年6月13日。

房作为起居空间是附属于厅堂的辅助性用房，《园冶》将房描述为“房者，防也。防密内外以为寝闼也”[28]，由此可知房有隐蔽室内环境和分隔内外空间的功能，且多作卧室使用。除了房，楼与阁也是文人的起居空间。园林中楼主要用于居住，阁则多用于储藏书画与供奉佛像，如宁波的天一阁是范钦用于藏书纳卷的空间，也是我国最早的私人图书馆[29]。楼阁除上述功能之外，作为园林中的高层建筑，也有登眺之用，既可俯视园内之景，又可借园外之景色。楼与阁在形制上不易区分，《扬州画舫录·工段营造录》记述“楼与阁大同小异”[30]。江南园林中楼与阁的形制差异主要体现在开窗方面，在《园冶·楼》“言窗牖虚开，诸孔楼楼然也”中[31]，描述楼的窗户是排列整齐的。楼往往在朝向园内的一面开设一排长窗[32]。而《园冶·阁》中则描述阁的开窗是“阁者，四阿开四牖”[33]，即阁为四面开窗。在空间布局方面，楼一般位于园林的边界或后部作为背景处理，一方面保证了园林中部空间的完整，另一方面也便于借内外之景，俯览全园景色，如耦园双照楼。阁则常设在园林中的显要位置或在建筑群的中轴线上，成为园林的主景和空间序列的高潮，如留园远翠阁。由于楼与阁的形制较为相似，因此人们常将“楼阁”二字连用。楼阁与园林景观的配置组合，主要体现在两个方面，一是楼阁与山的结合，在山地建楼，常就山势的起伏变化和地形上的高差，组织错落变化的形体，因山就势将楼阁与园林环境协调融合。如沧浪亭的看山楼，沧浪亭高达三层，底层为借山石搭建的“印心石屋”，上两层为木结构。二是楼阁与水的组合，临水的楼阁体量与水面大小相协调且造型丰富。如苏州留园的明瑟楼位于池南，西面与涵碧山房相连，因水面较小明瑟楼面阔仅一个半开间，明瑟楼底层为敞庭，东西两面设凸出的临水平台，南面又隔出小庭，整体造型形成高低错落的变化。

（三）游乐与休憩的亭舫廊

游历山水、观赏自然是古代文人生活中最惬意的事[34]，郭熙在《林泉高致·山水训》中写道，“君子之所以爱夫山水者，其旨安在？丘园养素，所常处也；泉石啸傲，所常乐也”[35]，点明了文人对山水自然环境的喜爱之情。文人将寄情于山水之间的追求，融入游憩园林之中，因此园林景致存在的意义在于满足文

[28]〔明〕计成著，李世葵、刘金鹏编著《园冶》，中华书局，2011，第83页。

[29]冯钟平：《中国园林建筑》（第二版），清华大学出版社，2000，第293页。

[30]〔清〕李斗：《扬州画舫录》，周春东注，山东友谊出版社，2001，第471页。

[31]〔明〕计成著，李世葵、刘金鹏编著《园冶》，中华书局，2011，第85页。

[32]同上书，第86页。

[33]同上书，第87页。

[34]孙立群：《中国古代的士人生活》，商务印书馆，2014，第221页。

[35]转引自寿再生：《中国山水画史》，中国美术学院出版社，2017，第122页。

人游玩、休憩的需求[36]。

亭的主要功能是满足人们在游赏过程中的驻足休憩、纳凉避雨与纵目眺望。《释名》云："'亭者，停也'，所以停憩游行也。"[37]古人把亭与停通意，将亭定义为供人休憩停留的场所，如仇英所绘的《独乐园图》（图3-2-10）和《松亭试泉图》（图3-2-11）中，皆描绘了文人惬意地卧坐在小亭中休憩赏景的场景。亭是一种只有屋顶，没有墙壁的小屋，多置于山岗之上，或建筑之旁，或水池之畔，或路旁桥头，其位置的选择一方面是为了便于观赏，以供游人从不同角度观赏景观。另一方面，亭本身也有点景与引景的作用，在园林中起到画龙点睛的作用。亭的体量与样式需因地制宜地与四周环境相协调，且由于江南园林多建于城市中，空间范围的有限使得园中亭的体量一般较小。虽然亭的体量较小，但通过借助"对景""借景""框景"的设计手法来合理设置亭，使得咫尺园林中也能创造出多层次的景观，获得了小中见大的视觉效果。亭的造型丰富多样，如《园冶》中说，"亭……造式无定，自三角、四角、五角、梅花、六角、横圭、八角至十字"[38]，描述了多种造型的亭（图3-2-12）。

图3-2-10（左）《独乐园图》[39]中的亭

图3-2-11（右）《松亭试泉图》[40]中的亭

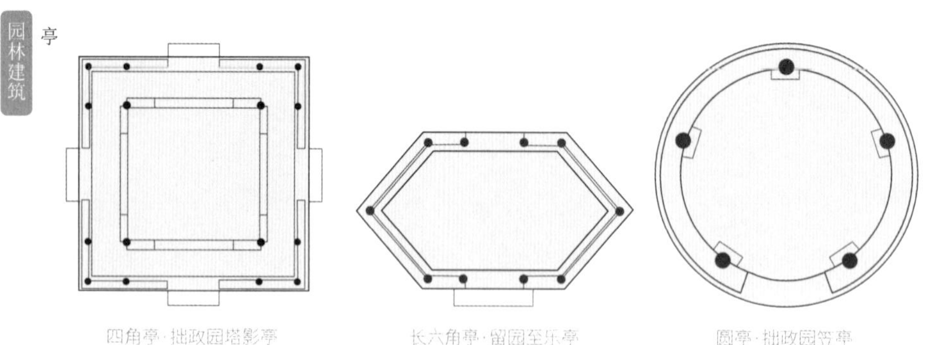

图3-2-12 亭的造型[41]

[36] 贾珺：《北京私家园林中的栖居游乐活动探析》，《装饰》2021年第2期。
[37] 王先谦：《释名疏证补》，龚抗云整理，湖南大学出版社，2019，第249页。
[38]〔明〕计成著，李世葵、刘金鹏编著《园冶》，中华书局，2011，第88页。
[39] 中华珍宝馆，http://g2.ltfc.net/view/SUHA/608a61a8aa7c385c8d943b32，访问日期：2023年8月17日。
[40] 中华珍宝馆，http://g2.ltfc.net/view/SUHA/608a6c11e11ca96100860664，访问日期：2023年8月17日。
[41] 侯洪德、侯肖琪：《苏州园林建筑做法与实例》，中国建筑工业出版社，2016，第200页。

舫的主要功能是供人游玩饮宴、观赏水景。《济舫观荷》"夏驾湖湮茂草稠……尚有三间屋似舟。（尚宝为文恪筑怡老园，枕夏驾湖。乱后湖湮园废，存屋三楹，题曰济舫，种荷池中）"[42]，记叙了夏日文人在济舫中观赏荷花的情境。舫是依照船的造型在园林的湖泊或岸边建造起来的一种船形建筑物，童寯先生在《江南园林志》中将舫定义为"形与舟类，筑于水滨，往往一部高起，有若楼船，为园林中最富兴趣之建筑物，或称为舸，亦曰不系舟"[43]，因而舫又称不系舟。舫的底部常用石材砌筑成船体，上部船舱为木构。舫的前部三面临水，后部则置于岸边。舫的平面分为平台、前舱、中舱与后舱四段，平台一侧设有平桥与岸边相连接供人上下，与船头跳板相似。前舱较高多为敞篷，具有亭榭的特征，可供观景清谈。中舱低矮，两侧设有通长的长窗，主要用以休憩。后舱一般为两层，类似楼阁，可以登临眺望。舫实际是集桥、台、亭、轩、楼等建筑形式的结合体，如拙政园的香洲（图3-2-13），三面临水，船头作台，前舱为亭，中舱为轩，后舱为楼。

园林建筑

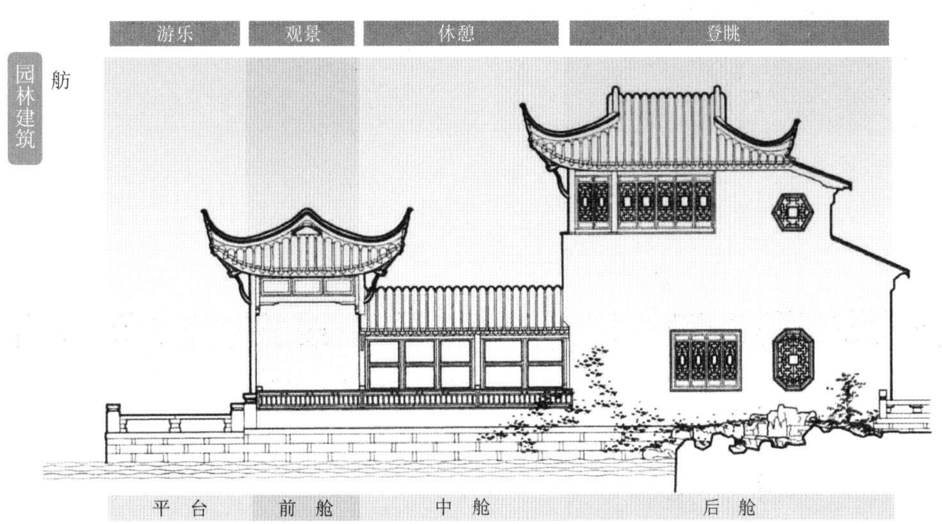

图3-2-13　拙政园香洲立面图[44]

廊的功能是多样的，概括起来主要有五项：一是避免游人在休憩、游乐时受到风雨侵袭。二是引导游人观景的游览导线，是联系各个园林空间的纽带。三是分隔园林空间、增强景观层次，使得园内景观达到深邃幽远的空间效果。四是作为一个建筑物，廊本身就具有造景的功能。五是作为室内外联系的过渡空间，廊具有过渡内外空间、衬托园林景观的功能。廊是一种结构独立、跨度较小且开间较多的狭长建筑。园林中廊的品类十分丰富，《扬州画舫录》中"板上甃砖，谓之响廊；随势曲折，谓之游廊；愈折愈曲，谓之曲廊；不曲者修廊；相向者对廊；

[42]〔清〕黄彭年：《陶楼诗文集》第1册，李华年点校，贵州人民出版社，2020，第112页。

[43]〔清〕童寯：《江南园林志》，中国工业出版社，1963，第11页。

[44]侯洪德、侯肖琪：《苏州园林建筑做法与实例》，中国建筑工业出版社，2016，第202页。

通往来者走廊；容徘徊者步廊；入竹为竹廊；近水为水廊”[45]。依据廊的造型及其所处的地形与环境，可将园林中的廊划分为响廊、游廊、曲廊、修廊、对廊、走廊、步廊、竹廊与水廊等。依据建筑形式，可将廊分为单面空廊、双面空廊、复廊与楼廊四类。单面空廊是依墙而建的廊，一面朝向主要景观，一面靠墙，墙面常设空窗或漏窗，如《松阴庭院图》中所绘廊的样式（图3-2-14）。双面空廊是两面开敞的廊，两边均可自由观景，如《休园图》中所绘廊的样式（图3-2-15）。复廊是在两廊中间以一墙为隔，形成两侧单面空廊的形式，中间作为分隔的墙上多设空窗或漏窗，通过窗口可使两边景观相互联系，相互流通、渗透（图3-2-16a）。楼廊由上下两层廊叠加而成，多与楼阁连接，亦用于假山与楼阁相连接，故而又称其为边楼（图3-2-16b）。

图3-2-14（左）《松阴庭院图》[46] 中的廊的样式

图3-2-15（右）《休园图》[47] 中的廊的样式

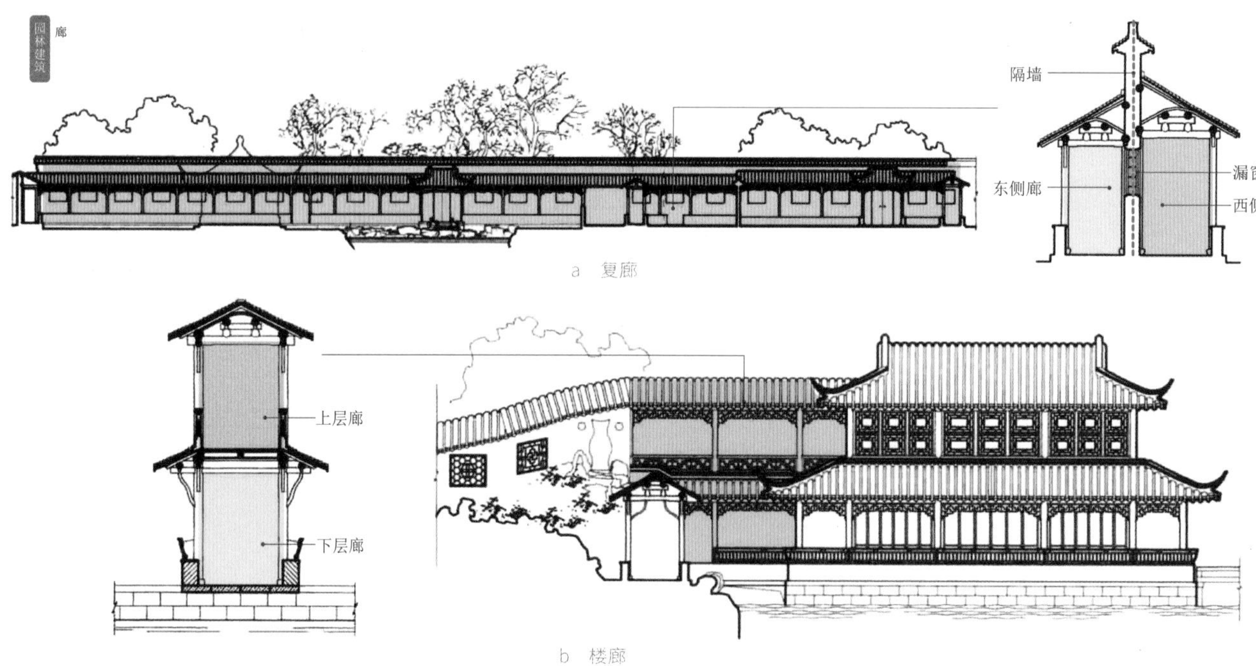

图3-2-16 廊的结构[48]

[45]〔清〕李斗：《扬州画舫录》，周春东注，山东友谊出版社，2001，第471页。

[46] 中华珍宝馆，https:// g2.ltfc.net/view/SUHA/623c01dee7a91c52a975e3e8，访问日期：2023年6月13日。

[47] 中华珍宝馆，https:// g2.ltfc.net/view/SUHA/609678ace2d4222ecd8c2d57，访问日期：2023年6月13日。

[48] 侯洪德、侯肖琪：《苏州园林建筑做法与实例》，中国建筑工业出版社，2016，第258页。

三、江南园林多元的游赏体验

园林是一种景观优美并富有自然气息和文化底蕴的人居环境，江南园林十分重视人的因素，其中园林的可游性是评判园林设计优劣的关键。由于园林的可游性与园林动态的游赏路径、静态的游赏景观休戚相关，因此从游园路径的组织与景观节点的构建两个方面，以江南园林的典型代表无锡寄畅园为例，以小窥大来考察江南园林的游赏体验。

(一) 回环曲折的游园路径

游园活动的开展需依靠路径，路径是园林景观结构关系的决定因素[49]。寄畅园体量较小，全园占地仅15亩。为了充分利用地段，游园路径在可能的范围内力争遍布全园，因此寄畅园的游园路径首尾衔接呈闭合环形结构。寄畅园从局部与全园两个方面，由主要流线与次要流线两条路径共同组织起了全园的景观序列(图3-2-17)，主要流线从南端的园门入口开始，进入园门后游者先来到一庭院，庭院之后为一座名为"凤谷行窝"的花厅，花厅西侧开一门，和秉礼堂庭院相通。穿过秉礼堂庭院北面的小门，是坐西朝东的含贞斋。含贞斋前有用太

图3-2-17　寄畅园游园路径

[49] 杨鸿勋、王贵祥：《中国江南园林访古》，中国展望出版社，1984，第117页。

湖石垒成的“九狮台”假山。向左行进进入八音涧，沿八音涧到达嘉树堂，在嘉树堂的平台可观赏开阔的锦汇漪，再经折桥向东经大石山房到涵碧亭后，沿着曲廊一路南下经知鱼槛、郁盘亭、凌虚阁，依石径向西南方行进登邻梵阁后，向西穿过花厅西侧门回到凤谷行窝。次要路线是在到达九狮台后，向右行进至鹤步滩，再沿锦汇漪的水岸，来到嘉树堂后，穿过七星桥到达知鱼槛，此后的路径与大回环重合。两条路径将寄畅园的各个景观节点进行串联，引导着游园活动的行进路线。

自然式山水风景园林必然产生不规则的山池、路径、墙垣等[50]，钱泳在《履园丛话》中提及“造园如作诗义，必使曲折有法”[51]。寄畅园的游园路径是迂回曲折的，而迂回曲折的路径也正是江南园林的重要特征。空间的轴线在很大程度上决定了路径的方向[52]，寄畅园通过扭转空间轴线来改变视觉观赏方向，以实现路线的曲折迂回。将寄畅园的空间轴线、观赏方向、游园路径叠合分析，可以发现由于空间轴线不断扭转，观赏方向不断改变，使路线也随之发生变化。寄畅园通过刻意经营空间轴线使路径更加曲折，景观更加生动有趣。曲折的路径不仅在寄畅园全园的大环境中运用，在园内的局部小环境也采用这样的路径设计，如八音涧，八音涧由黄石堆砌而成，从初入浅谷到渐向深壑，涧道蜿蜒曲折，路径忽窄忽宽，配合水体的引入，使游人在行进过程中可听见高低缓急不同的水声，这样富于变化的路径设置能够引起人们探幽的兴趣。曲折迂回的游园路径一方面增强了景观的观赏效果，达到了曲径通幽的游赏体验。另一方面，也延长了游园路线，使观赏的进度延缓，间接起到了拓展空间的作用[53]。

（二）参差错落的景观节点

江南园林多运用空间对比的手法来提升园林的观赏效果，达到移步易景的游赏体验。寄畅园主要通过景观的疏与密、藏与露、高与低、近与远的空间对比，来赋予园林多层次的视觉感受（图3-2-18）。

园林的整体布局要疏密得宜，柳宗元所述“游之适，大率有二：旷如也，奥如也，如斯而已”[54]，表明疏密得当的园林，才能提供一个舒适的游园体验。寄畅园作为典型的江南私家园林，其整体布局亦通过疏与密的空间对比进行规划。寄畅园的整体布局采用了内向布局的形式，园内厅堂、亭廊等众多建筑，沿园址

[50] 潘谷西：《江南理景艺术》，东南大学出版社，2001，第184页。

[51]〔清〕钱泳：《履园丛话》下，张伟点校，中华书局，1979，第545页。

[52] 丁歆、周宏俊：《安宁楠园游线空间分析》，《中国风景园林学会2019年会论文集》上册，中国建筑工业出版社，2019，第49—58页。

[53] 杨鸿勋：《中国古典园林艺术结构原理》，《文物》1982年第11期。

[54] 李敖主编《淮南子·论衡·柳宗元集》，天津古籍出版社，2016，第445页。

图3-2-18　寄畅园整体布局

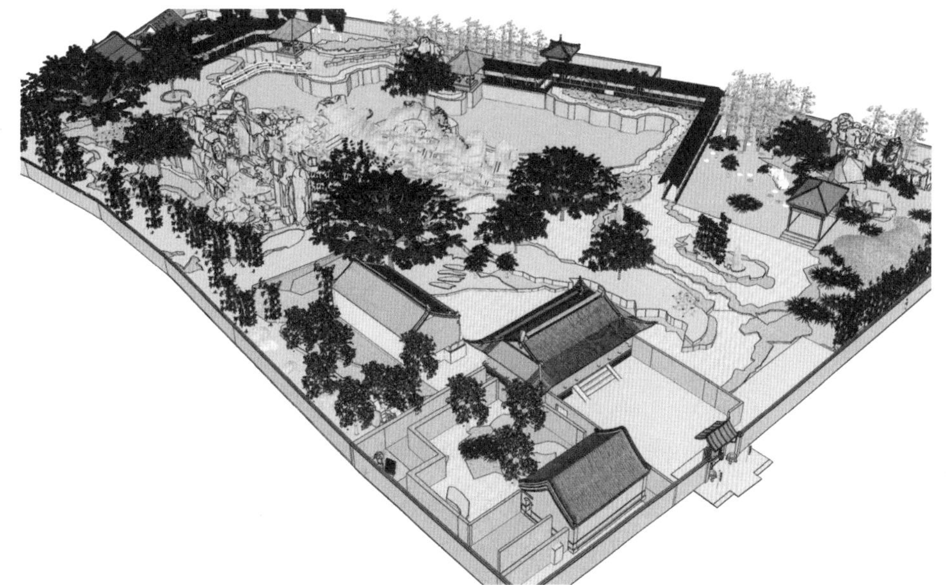

的周边集中布置，且都面向园内，形成了一个较为集中的园林空间，为园林的主体锦汇漪留出了足够的空旷空间。寄畅园内的建筑即便是排布于园址的四周，四个面的建筑也不是均匀分布的，南部最密集，东部次之，再次为北部，西部最稀疏。寄畅园每处的景观都本着疏密相间的原则布置，赋予观赏过程韵律感。

正如童寯所言“前后掩映，隐现无穷”[55]，景物的藏与露丰富了园林景观的层次，增加了园林的景深，并且调动起了游人的游赏兴致。寄畅园中藏与露的典型景观代表便是八音涧与嘉树堂，八音涧运用山石掩藏，并在周围种植草木，前方涧道只露一角，暗示路径之所在，这样的藏景使人产生幽邃深远之感。嘉树堂则恰恰相反，堂前的开敞平台，为游人提供了观赏全园的开阔视野。寄畅园将幽邃的八音涧与疏朗的嘉树堂直接连接在一起，在为游人营造出壅塞感后，又立即创造了开阔疏朗的视觉体验。

江南园林讲究高低错落的地形，陈从周言：“假山平地见高低。”[56]是说即便无天然地形可资利用，也要通过人工堆山筑石，引水开池来营造出高低错落的园林景观。而寄畅园则具有天然的地理空间优势，寄畅园依惠山东麓的山势，配合人工的叠石堆筑，在园址的西部构建起错落有致的山体。通过引入“二泉”，在园内的西部与东部汇注出八音涧与锦汇漪两处水景。西部的山体与东部的锦汇漪使寄畅园形成西高东低的整体地形，虽然园内西部的石峰和石山呈现出较高的地势，但八音涧保留了一些低洼地形。山体与水体的综合运用使寄畅园具有高低错落的节奏变化。

丰富的景观层次，可以达到增强游人观赏兴致的目的。园林近处的景多为

[55]〔清〕童寯：《江南园林志》，中国工业出版社，1963，第11页。

[56]陈从周著，张昌华选编《梓室随笔》，商务印书馆，2017，第17页。

园内的景观，而远处的景更多的在于借。正如《园冶》中描述的“巧于因、借，精在体、宜”[57]，园林借景的巧妙之处在于顺势，精妙之处在于得体。站在寄畅园嘉树堂前的平台上，远可眺望园外东南锡山上的龙光塔，近可品赏园内七星桥、知鱼槛、鹤步滩等景致，以及锦汇漪中龙光塔的倒影。园内近处的点景与园外远处的借景，共同为游人提供了多层次的游赏体验。

结语

东汉时期出现的江南私家园林源于对春秋时期的皇家苑囿改良。隋唐时期在文人造园运动的推动下，造园艺术与文人山水审美相结合，形成了山水式园林。明清时期江南园林无论在数量上还是规模上都达到空前的水平。

江南园林作为中国古典园林的典型，其反映了中国古代文人的生活方式与审美偏好。古代文人崇尚逍遥优游的隐士的生活方式，热衷于在山水间静思清谈，以隐逸为清高。江南园林为了满足文人对隐逸生活的向往，既需要为文人的生活所需提供一个理想的人居环境，还需要满足文人寄情山水的心理需求。江南园林通过形制多种多样、风格淡雅质朴的厅、堂、斋、室、房、楼、阁、亭、舫、廊等园林建筑，构筑起文人会客宴请、文事起居、游乐休憩的生活方式。江南园林大都置于城镇之中，通过观照自然、顺其自然的方式，采用曲径通幽、移步易景的手法，模拟了自然，描摹了山水，为文人提供了自由的感官体验，达到闹中取静的空间效果，为文人实现自然和谐的理想心态提供了助力。

以江南园林艺术为代表的中国古典园林艺术思潮，一方面深刻影响着越南、朝鲜、日本等亚洲国家的造园艺术，并在禅宗思想、宋明儒家理学思想的影响下，使他国的造园艺术在关注景象之外讲求意境之美。另一方面，江南园林的造园手法深深触动了英国、法国等欧洲国家的造园艺术，取法自然、叠石成山等造园手法的引入，直接推动了欧洲“自然式”园林流派的形成。尽管现代园林景观在内容和形式上与传统的江南园林存在一定的差异，但江南园林中所体现的造园观念仍然值得当代园林建设借鉴与吸取。

---

[57]〔明〕计成著，李世葵、刘金鹏编著《园冶》，中华书局，2011，第68页。

第三节　草原上的居所

中国北部和西北部的辽阔草原，是古代游牧民族赖以生存的主要空间，也是游牧民族移动居所建筑文化诞生的沃土。蒙古包是草原移动居所最为典型的建筑样式，也是由古代棚屋、穹庐、毡帐演变发展而来的成熟形态，是由起支撑作用的三段式架木结构、覆盖于外部的三层次苫毡和串联各部分部件的绳索组成的建筑营造体系，同时具有可移动、可拆卸、坚固、美观的特征。蒙古包既是游牧民族在适应草原气候和自然环境的过程中，将生活方式与生产方式相互协调之后诞生的特殊建筑形态，也是“以放牧为本、逐水草而居”的基本生态观念的集中体现。

蒙古包的原始形态为整体式壁架构成的锥形棚屋，随着对木材韧性的进一步熟知，增加了横向构建“木环”，并逐渐演变为半球形。对居住空间需求的增加推动了棚屋向弓形演变，同时在该形态基础上进行了壁架的分段式结构改良，逐渐衍生出圈壁、圆顶、圆形天窗等蒙古包建筑的重要形态。围覆材料也从织物纤维、动物皮毛转变为经过动物纤维加工处理的毛毡，为更加稳定的居住形态——穹庐的诞生奠定了基础。

在蒙古高原的狩猎文明向游牧文明转变的过程中，四季迁徙的生活传统促使穹庐逐渐成为蒙古族先民主要的流动性居所。畜牧业的不断发展和建筑材料、技术的提高，推动了穹庐壁架的网式结构改良，并与马车结合，诞生出“车庐”式移动居所。

汉代匈奴统一蒙古草原之后，建立了奴隶制政权，诞生了具有权力和阶级象征的“宫帐”。鲜卑崛起之后，对穹庐的棚顶形制进行了蒜头形的颈式天窗结构改良。

蒙古帝国的建立推动了部落式屯营方式向行宫式屯营方式的演进，进而推动了蒙古系毡包形制的成熟和宫帐形制的多样化发展。随着商业、宗教和政治的发展，古代城市逐渐形成，汉文化也被融入当地文化中，这成为蒙古高原生产方式由游牧向定居转变的契机，并产生了仿毡帐式土木建筑。

清代以后，蒙古族人宗教信仰的更替和生产方式的改变，引起了社会组织方式和居住方式“定居性”变革，带来了蒙古包形制的范式化和建造的模数制。

蒙古包的出现令居住在蒙古高原的蒙古部族的日常起居发生了重大的转变，从最初的半穴居转向符合人体工学的流动式毡包居住形式。网式壁架的出现，令蒙古包更加容易折叠迁移，木椽由弓转直令蒙古包的顶部结构得到进一步完善，计时功能的加入令蒙古包更具实用性。尽管今天蒙古族的生活方式和居住形态已经从游牧转向定居，但蒙古包依旧作为蒙古族文化的象征，广泛存在于内蒙古广阔的大草原中。

一、由棚屋向毡包演变的蒙古包形态

蒙古高原的游牧民族利用天然的草原牧放牲畜，经年累月流动的生产模式和生活方式诞生了四季营盘，也诞生了长久流行于中国北方蒙古高原上的蒙古部族之中的移动居所——蒙古包。蒙古包由旧石器时代的人工穴居演变而来，经历了棚屋、穹庐和毡包三个时期（图 3-3-1）。在蒙古包演进的过程中，匈奴和鲜卑等游牧民族的贡献不容忽视，这些民族的毡帐技术对蒙古包的改进产生了积极的影响。最终，在明清时期，蒙古包演变成了今天我们看到的散落在内蒙古草原上的形态。为了适应游牧民族随畜牧转移、逐水草而居的生产生活方式，蒙古包也具备了极强的流动性使用功能。

（一）狩猎文明时期的人工穴居和棚屋

蒙古包作为穹庐式建筑的代表之一，其起源可以追溯至旧石器时代处于狩猎文明背景下的人工穴居建筑“额入客”（图 3-3-1a），此类建筑一半是位于地下的巢穴，另一半是露出地面的锥形顶棚，支撑结构采用整体式直线形木材，是棚屋的原型。随着狩猎文明的兴起，蒙古高原的原始人类开始跟随猎物的季节

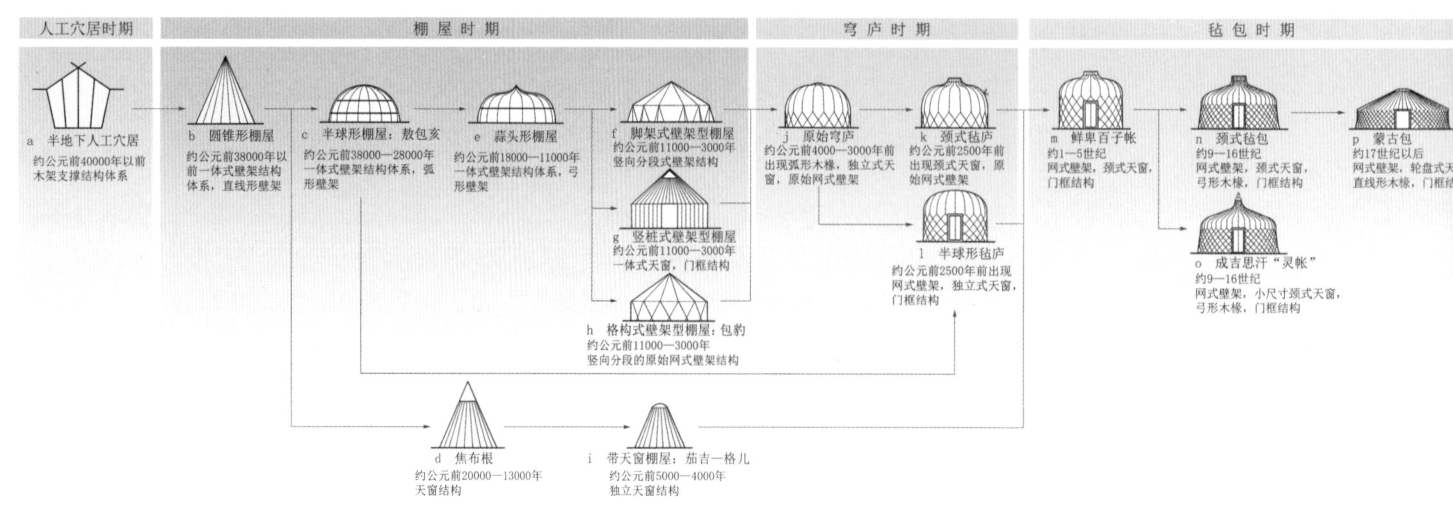

图 3-3-1 蒙古包演变的路径

性迁徙而发生远距离游动[1]，这种生活方式对他们的居住形态产生了影响。原始氏族公社制度下的母系氏族部落群居方式[2]要求迁徙时能够快速拆卸并移动的居所，这推动了居住形态由额入客逐渐转变为建于地面上的棚屋，即蒙古族建筑谱系中的圆锥形棚屋“肖包亥”[3]（图3-3-1b）。这种棚屋用未经加工的直线形枝条细端朝上进行捆扎，粗端朝下沿圆周等距斜插入地面围合成圆锥状。

随着蒙古先民对具有较高柔韧性枝条“不儿合孙”（红柳条）的认知和掌握，诞生了以红柳条作为木椽，并以芦苇或蒲草等植物纤维串联建造的半球形棚屋“敖包亥”（图3-3-1c）。敖包亥即将红柳条较粗的一端沿圆周等距插入地面，细端弯曲至顶部绑缚固定，利用红柳条的韧性和张力形成一个半球形空间。同时，增加了横向骨架“木环”进行分段圈固，与纵向骨架组成方格，令整体支撑结构更加牢固。随着狩猎文明的发展，蒙古先民对于居住空间的需求进一步提高，这促使棚屋的骨架形状发生改变。骨架由原本的弧形木椽演变为弓弧形，木椽位于颈部的位置出现二次弯曲，并聚集于正中，形成尖顶的弓形棚屋（图3-3-1e）。这种棚屋在蒙元文化中象征天宫，被称为“陶必—格儿”[4]。另外，为了解决采光和排烟的问题，锥形棚屋在延续了直线形纵向骨架的基础上，演变出原始的天窗结构，即在骨架上端增加横向结构木环，木环以下的部分披覆，以上的部分形成裸露的一体式天窗（图3-3-1d），这是蒙古包的木环结构天窗（陶脑）的原型。

新石器时代，随着动物驯养和畜牧业的兴起与发展，蒙古高原的狩猎文明逐渐向游牧文明转变。这种转变催生了区域性的文化特征，包括畜牲畜和逐水草的生活方式。同时，以图腾崇拜驱动下的血缘亲族关系连接的氏族部落以及以游牧为主要生产方式的自给自足的经济形态逐渐形成。蒙古高原先民的居住方式也因此发生了四个方面的变化。第一，在弓形棚屋的基础上，将整体式纵向骨架改良为竖向分段式。这种改良使得棚屋由直线形木椽构成上部的锥形顶棚结构和下部的圈形壁架结构组成。根据壁架的样式，可分为脚架式、竖桩式和格构式三种（图3-3-1f至图3-3-1h）。其中，格构式壁架是网状壁架的雏形。同时，壁架留出专门用于出入的缺口，构成原始的门框，内部还出现了辅助承重的支柱结构。第二，锥形棚屋的天窗结构由一体式演变成独立式（图3-3-1i）。这种变化使得纵向骨架与天窗边框可以插接和串联。这种改进使得蒙古高原先民

[1]〔苏〕莉·列·维克托罗娃：《蒙古民族形成史》，陈弘法译，内蒙古教育出版社，2008，第17页。

[2]同上书，第21页。

[3]〔乌〕达·迈达尔，伦·达苏伦：《蒙古包历史回顾》，乌兰巴托国家出版社，1976，第74页。

[4]其布尔其其格：《蒙古包与古代蒙古人的宇宙结构文化思维的初探》（旧蒙文版），硕士学位论文，中央民族大学蒙古语言文学系，2001，第15—16页。

可以更好地采光和通风，同时使他们的居住环境更加宽敞明亮。第三，随着畜牧的发展，动物皮毛产量增加，皮革、皮毛和动物毛纤维制作的毛毡成为披覆材料，取代了片状植物茎皮和叶片。这些材料同样呈现出明显的分段式结构。第四，棚屋结构的改良优化了蒙古高原先民的居住环境。这些改变包括能够采光、通风的高大宽敞的居住条件。这些条件的改善为穹庐的出现奠定了基础。

（二）穹庐结构构件的优化

穹庐是流行于蒙古高原的毡帐和拂庐的统称，由棚屋演变而来。其中蒙古系毡帐（图3-3-1j）的前身是弓形棚屋“陶必—格儿”，延续了竖向分段式基础骨架结构，在格构式壁架的基础上演变为结构较为简单的大菱形网式壁架，并结合了独立式天窗和沿天窗边框一周伞骨状展开的弧形木椽，构成了半球形顶棚，正如《汉书》中描述的“其形穹隆”[5]。这是先秦至魏晋以前匈奴式毡帐（图3-3-1l）的主要形制来源。

汉代以后，穹庐的形制出现三条演变路径，第一类延续了匈奴式毡帐的半球形顶棚，但在门框的部位增加了可上卷的软性毡门设计，这是蒙古包毡门的雏形，也是木门的替代物。如大同雁北师院北魏墓群2号墓的陶制蒙古包模型（图3-3-2a），是魏晋时期流行于蒙古高原的穹庐主要形制之一。游牧民族在融入农耕文明物质文化的过程中，也开放性地传播了游牧文明的传统文化和社会习俗，为汉族传统文化注入了新鲜的血液。东汉以降，汉族婚俗融入代北胡俗，并在北朝达到高峰[6]。穹庐与汉族传统婚俗相结合，衍生出敦煌地区专门用于新婚夫妇举行婚礼仪式的场所“青庐”（图3-3-2b），并逐渐传播至中原。“青庐”的体积较小，披覆通常为白色，是在婚礼期间临时搭建的用于夫妻洞房的居所，通常位于女方“宅上西南角”[7]，如《酉阳杂俎》“礼异”中记载：“北朝婚礼，青布幔为屋，在门内外，谓之青庐，于此交拜。”[8]

第二类是基于天窗结构改良的颈式天窗，其结构是由弓弧形的木椽向上支撑形成高耸天窗，穹庐整体呈现出蒜头形（图3-3-1k），是魏晋以后鲜卑“百子帐”（图3-3-1m）的主要形制来源之一。“百子帐”也被称为“青毡”，出现于南北朝时期，是继匈奴之后在蒙古草原崛起的游牧民族鲜卑部落之中流行的移动住所，最早见于《南齐书》所记载的“毡庐百子帐为行屋”[9]。鲜卑与匈奴同属于蒙古语族，两者的住所也有一定的继承关系。百子帐继承了匈奴毡帐的圈形壁，

[5]〔汉〕班固：《汉书》，〔唐〕颜师古注，中华书局编辑部点校，中华书局，2005，第2783页。

[6] 姜伯勤：《敦煌艺术宗教与礼乐文明》，中国社会科学出版社，1996，第435页。

[7] 宋雪春：《洞房、喜帐——唐人婚礼用“青庐”之再探讨》，《首都师范大学学报》（社会科学版）2011年第2期。

[8]〔唐〕段成式：《酉阳杂俎》，许逸民注评，学苑出版社，2001，第7页。

[9]〔梁〕萧子显：《南齐书》，中华书局，1972，第1025页。

图3-3-2　魏晋时期的半球形顶棚穹庐形制及其婚俗场景应用

a　大同雁北师院北魏墓群2号墓陶制蒙古包模型[10]

b　敦煌莫高窟148窟南壁壁画中的婚礼场景[11]

但对其半球形顶棚进行了改良，形成了中央高耸的蒜头形顶，其中骨架结构具备颈式天窗、弓形柳条木椽、网式壁架与门框，披覆部分由"羊毳"制成并染成蓝色的毛毡。正如《青毡帐二十韵》中对百子帐的描述："合聚千羊毳，施张百子卷。骨盘边柳健，色染塞蓝鲜……有顶中央耸，无隅四向圆。"蒙古高原属于温带大陆性气候，一年四季冷热温差极大，且寒冷的冬季长达半年，披覆毡毯能够起到密闭室内空间并保暖的作用，门框结构和可开合门的设计同样能够增加穹庐的保暖性能。帐内陈设有以"歌座"和"舞筵"为主的家具、以"毡毯"为主的家用纺织品、以"帘"为主的空间区隔设施、以"铁檠"（灯架）和"银囊"（香炉）为主的取暖照明器具，并以"管弦"为主的乐器演奏营造休闲的氛围。由于"百子帐"的名称寓有新婚祈子的美好意愿，因此在唐代逐渐取代了"青庐"，成为汉族传统婚俗中的"洞房"（图3-3-3a），这反映了当时人们多子多福的观念和心理，如《云安公主下降奉诏作催妆诗》中所描述的"催铺百子帐，待障七香车"[12]。

第三类形制为长方体毡帐（图3-3-3b）。长方体毡帐底部为矩形，侧壁微鼓并向上逐渐收圆。正面有门框和上卷的毡门，两侧各有一扇矩形窗；顶棚形如屋脊，似用毛毡覆盖，正面并列两扇方形天窗；背面有一绳索分叉固定于顶棚披覆下方，穿过一圆环向上绕过帐顶用以控制天窗毛毡的闭合。长方体毡帐仅见于大同地区，并不是蒙古系毡帐的主流形态。

蒙古高原上自然生产力的条件有限，游牧民族为了适应草原生态环境、保护草原脆弱的植被和珍贵的水源，依据不同的畜群的习性和特征诞生了"四季营盘"的轮牧传统和"古列庭"营地驻扎制度。"四季营盘"是分别发生于春、夏、秋、冬的季节性转场放牧，也被称为轮牧，以夏、冬季营盘最为重要。轮牧能够

[10] 大同市考古研究所编《大同雁北师院北魏墓群》，文物出版社，2008，彩版42—2页。
[11] 谭蝉雪主编《敦煌石窟全集·25·民俗画卷》，上海人民出版社，2001，第136页。
[12] 王启兴主编《校编全唐诗中》，湖北人民出版社，2001，第2420页。

a 敦煌莫高窟360南壁壁画中的百子帐[13]

b 大同雁北师院北魏墓群2号墓陶制方形帐房[14]

图3-3-3 魏晋时期的鲜卑百子帐和长方体穹庐形制

给草原充分的休养生息的时间。“古列庭”则是指“毡帐数面，列成环形，氏族长老的毡帐居于中央”[15]的环绕式屯营形式，是此后蒙古帝国“游牧宫廷制度”的基础，如内蒙古阿拉善右旗曼德拉村落岩画中的村落图（图3-3-4），由18个大小不一的毡帐构成的营盘，其中最大的毡帐便是古列庭的核心。

（三）游牧传统制度下形制多变的蒙古包

蒙古帝国建立后，统治阶层进一步加深了生态观念，从可汗诏令的层面禁

图3-3-4 内蒙古曼德拉村落岩画中的“古列庭”[16]

[13] 谭蝉雪主编《敦煌石窟全集·25·民俗画卷》，上海人民出版社，2001，第111页。

[14] 大同市考古研究所编《大同雁北师院北魏墓群》，文物出版社，2008，彩版42—1页。

[15] K.B.巴集列维奇等：《蒙古统治时期的俄国史略》下册，黄巨兴、姚家积译，科学出版社，1959，第17页。

[16] 范荣南、范永龙主编《大漠遗珍：巴丹吉林岩画精粹》，文物出版社，2014，第30、31页。

止对草原生态的破坏行为，如《成吉思汗大札撒》中指出牧民“不得损坏土壤，严禁破坏草场”[17]。与此同时，曳引游牧车辆的主要牲畜由马转变为形式更为安稳、耐力更强的犍牛。与马相比，牛更适合女性驾驭，甚至可以同时驾驭数十辆车。因此，这一转变促成新的劳动分工——“男子牧马、女子牧牛”的诞生和牛、马牧场的分离，推动了草原的重新分类和游牧半径的出现[18]。发达的造车业和蒙古包形制的逐渐成熟，更有利于蒙古族人的迁徙，既可以将蒙古包拆卸披覆之后折叠木椽和壁架放于车上，也可以将整座蒙古包安置于大型车辆上直接搬运。

迁徙的便利性也促使蒙元时期的蒙古包演变出众多形制，整体可以分为三大类。第一类为蒙古包。蒙古包在延续鲜卑百子帐的基础上增大了底部的面积，降低了壁架的高度，放缓了木椽的坡度。随着“游牧宫廷制度”的建立，蒙古包产生了居住之外的政治功能，具备了体现等级制度的阶级性。统治阶级使用的蒙古包衍生出“宫帐”，也被称为“斡耳朵”，意味中央[19]，装饰较普通蒙古包更加精美，分为具有卧寝功能的御帐（图3-3-5a）和具有起居功能的牙帐（图3-3-5b）两种。其中御帐体积较小，顶棚近似半球形，不设天窗，整体披覆，单卷毡门，内部陈设简单，通常作为牙帐的附属居所安置在牙帐附近，两帐之间有帷帐区隔，并留有出入口（图3-3-5f）。牙帐体型较大，形制分为单体式和连体式两种，单体式牙帐顶部正中有半球形天窗，天窗披覆上通常留有方向窗口。顶棚披覆常见棕褐色（图3-3-5b）和青色（图3-3-5d）两种。围毡分为两种，冬季使用毛毡，夏季则使用竹帘，毡门为两片式。连体牙帐通常在单体的门框外侧连接一个人字坡顶的矩形帐（图3-3-5c），形成一个厅室空间，连接后方牙帐的起居空间。

第二类为拂庐，同属于宫帐，由早期游牧民族行军或远距离迁徙过程中的临时简易居所演变而成，底部形状多为矩形，有敞开式和封闭式两种。敞开式拂庐也被称为“亭帐”，由顶棚和支撑的脚柱构成。顶棚的形制与脚柱的数量密切相关，单柱的亭帐顶棚为四角攒尖亭式，柱脚支撑顶棚正中（图3-3-5d）；双柱的顶棚为庑殿顶式，柱脚分别支撑正脊两端（图3-3-5e），顶棚的四角和边缘通常使用绳索固定于底面。亭帐通常有两种布置方式，一种是安置于牙帐的前端，另一种为单独布置在帷帐之中（图3-3-5g），下方铺设毡垫供人临时休憩。封闭式拂庐除连体式牙帐前段的矩形帐之外，还有一种人字坡形帷帐（图3-3-5h），

[17]〔瑞典〕多桑：《多桑蒙古史》，冯承钧译，中华书局，1962，第157页。

[18] 吉尔嘎拉：《游牧文明：传统与变迁——以内蒙古地区蒙古族为主》，博士学位论文，内蒙古大学，2008，第43、44页。

[19] 耿昇、何高济译《柏朗嘉宾蒙古行纪·鲁布鲁克东行纪》，中华书局，2013，第218、219页。

a 《文姬归汉图》·御帐

b 《文姬归汉图》·牙帐

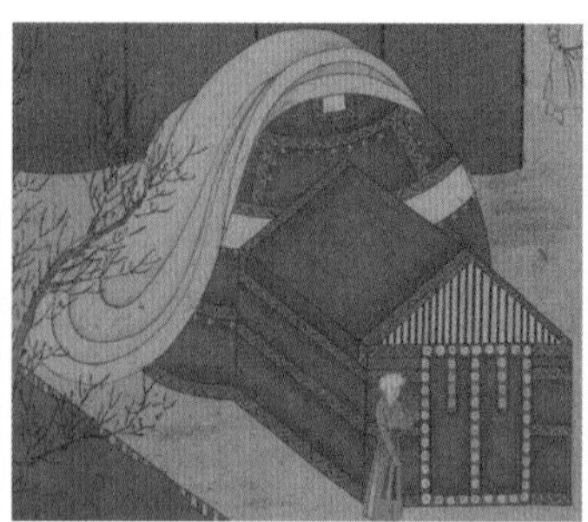
c 《胡笳十八拍》·连体牙帐

d 《文姬归汉图》·牙帐与亭帐组合

e 《文姬归汉图》·连体牙帐与亭帐组合

f 《胡笳十八拍》·宫帐布局

g 《文姬归汉图》·亭帐

h 《胡笳十八拍》·帷帐

图3-3-5 南宋《文姬归汉图》与《胡笳十八拍》中的各式宫帐[20][21]

整体由两面长方形网式壁顶端相接组成“人”字形，再将披覆每隔一段间距用绳索和木楔固定在地面。

第三类为车庐，最初由西亚传入蒙古高原，是双辕车与毡帐的结合，形制分为四种，第一种为“燕京之制”，是骨架可收缩折叠的移动毡帐式车庐，与带门框的网式壁架、颈式天窗的蒙古包形制相同，正如《黑鞑事略》中记载的“用柳木为骨，正如南方挂罳，可以卷舒，面前开门，上如伞骨，顶开一窍，谓之天窗，皆以毡为衣，马上可载”[22]。第二种为“草地之制”，是骨架不可收缩折叠的固定棚屋式车庐，与半球式棚屋“敖包亥”形制相似，正如《黑鞑事略》中记载的“用柳木织成硬圈，径用毡挽定，不可卷舒，车上载行”[23]。第三种为“帐舆”，也被称为行帐，是专供蒙古王公贵族使用的可移动式车载牙帐，其中蒙古可汗使用

[20] 中华珍宝馆，http://g2.ltfc.net/view/SUHA/631add03545e8b126da32e0c，访问日期：2023年6月13日。
[21] 中华珍宝馆，http://g2.ltfc.net/view/SUHA/6360bfbd5acc9970dc542a5a，访问日期：2023年6月13日。
[22] 上海师范大学古籍整理研究所编《全宋笔记》第七编二《黑鞑事略》，大象出版社，2016，第248页。
[23] 同上。

的帐舆被称为“格儿鲁格”[24]，通常将牙帐安置于数十头牛共同曳引的大型车辆上，并有专门的牧民站在毡门处驱使牛群，如《鲁布鲁克东行纪》中记载的“一辆车用二十二匹牛拉一座帐幕，十一匹牛排列成一横排，共排成两横排，在车前拉车”[25]。第四种为“灵帐”，即用于祭祀圣祖和先灵的丧葬用车，其形制多为象征天宫的尖顶弓形棚屋“陶必—格儿”，如《柏朗嘉宾蒙古行纪》中记载的存放“神灵的偶像”和“第一位皇帝的偶像”的车辆[26]。

清代以后，随着阶级的分化、游牧经济的发展和牲畜数量的增长，个体家庭单独活动能力逐渐加强；清代统治阶级实行的“齐政修教”的蒙古政策，将蒙古族牧民按“盟旗制”分旗治事，严令其在旗境内四季营盘，不得越旗驻牧，缩小了蒙古牧民的游牧范围；藏传佛教传入蒙古高原后，成为蒙古牧民的主要信仰之一，出现了具有定居性特征的喇嘛庙和以寺庙为核心构建的草原聚落，形成了特殊的僧侣阶层，最终导致以家庭为单位的较小范围的游牧方式“阿寅勒”开始取代以集体为单位较大范围的游牧方式“古列庭”[27]。蒙古包的形制也随之发展成熟，并在此前基础上发生四个方面的改良。第一，木椽均由弯弧形转变为直线形，以放缓屋面坡度增强了毡帐顶部的稳定性，以及便于游牧时的装包与运输。第二，增加了天窗的计时和纪年功能，通过日照于蒙古包中各部分构件的位置来明确时辰。第三，进一步降低了壁架的高度，使室内高度下降加强了毡帐的稳定性的同时，增强了毡帐的保温性能，并将双扇门改为了单扇门。第四，出现了由蒙元时期的连体牙帐和亭帐演变而来的“官帐”和“庙帐”，这些帐的门口处附加有木架构建筑。附加建筑常见牌楼式和木屋式两种，其功能是作为门廊，一定程度上属于固定式建筑。这些建筑标志着蒙古民族由游牧向定居方式的转变。

二、毡柳共筑的蒙古包

蒙古包建筑的名称最早可追溯至满族先人女真人与蒙古族频繁接触的南宋前后，由于满族称家为“博”，因此蒙古包最初被称为“蒙古博”。16世纪满人入关后，“蒙古博”一词在中原地区谐音化为蒙古包。蒙古包是整体由骨架和披覆构成的可移动式组合建筑，其中骨架是由天窗、木椽和壁架构成的三段式架木结构，材料以木材为主，连接处使用皮绳；披覆同样由覆盖天窗的幪毡、覆盖木

[24] 阿尔达扎布译注《新译集注<蒙古秘史>》，内蒙古大学出版社，2005，第216页。
[25] 耿昇、何高济译《柏朗嘉宾蒙古行纪·鲁布鲁克东行纪》，中华书局，2013，第182页。
[26] 同上书，第28、29页。
[27] 高文德、卢勋、史金波等主编《中国少数民族史大辞典》，吉林教育出版社，1995，第1216页。

椽的顶棚和覆盖壁架的围毡三段式结构组成，材料以毛毡为主。

（一）五位一体的架木结构

构成蒙古包骨架的架木结构主要由5个部分组成，其中采光透气的天窗（套脑、陶脑）、支撑天窗边缘连接壁架顶端的木椽（乌尼）和支撑蒙古包站立并决定其空间高度的壁架（哈那）是主要结构，自上而下分成三段；安装于壁架部分供人进出的门（乌德）和蒙古包内部支撑天窗下缘的支柱（巴根）是辅助结构（图3-3-6）。

天窗（陶脑）是蒙古包骨架的顶段，位于帐顶正中，整体为呈拱形的扁半球体，天窗起到采光通风的作用。天窗的形制共分为三种，第一种为"井"字形天窗（图3-3-7a），结构最为简单，也最为原始、轻便，由圆形木圈和两组"十"字形纵横交错的弓形木条架构而成，其中木圈是天窗底框，其直径决定天窗的整体尺寸，十字木架为柳条材质，多为三横三竖相交叉，正中形成田字格，交叠处用线绳捆绑固定，整体构成一个半球体。第二种为插孔式天窗（图3-3-7b），在井字形天窗的基础上发展而来，由十字木架、辐衬木与大小两个木圈构成。其中"十"字木架和辐衬木呈弓形，十字木架用来串联底部的大木圈和顶部的小木圈，令两个木圈形成同心圆；辐衬较十字木架长度更短，位于十字区间内的正中，起到辅助撑张连接木圈的作用。由于木架和衬木拱起的弧度要低于"井"字形，因此插孔式天窗的整体隆起幅度较低，形如覆盖的圆底锅。第三种为串联式天窗（图3-3-7c），结构最为复杂，按木材形状分为条材和圈材。其中条材呈弓形，最长的两根条材被称为主梁，位于天窗正中，贯穿东西方向，将圆形天窗一分为二，两条主梁相互拼合，将两个半圆合

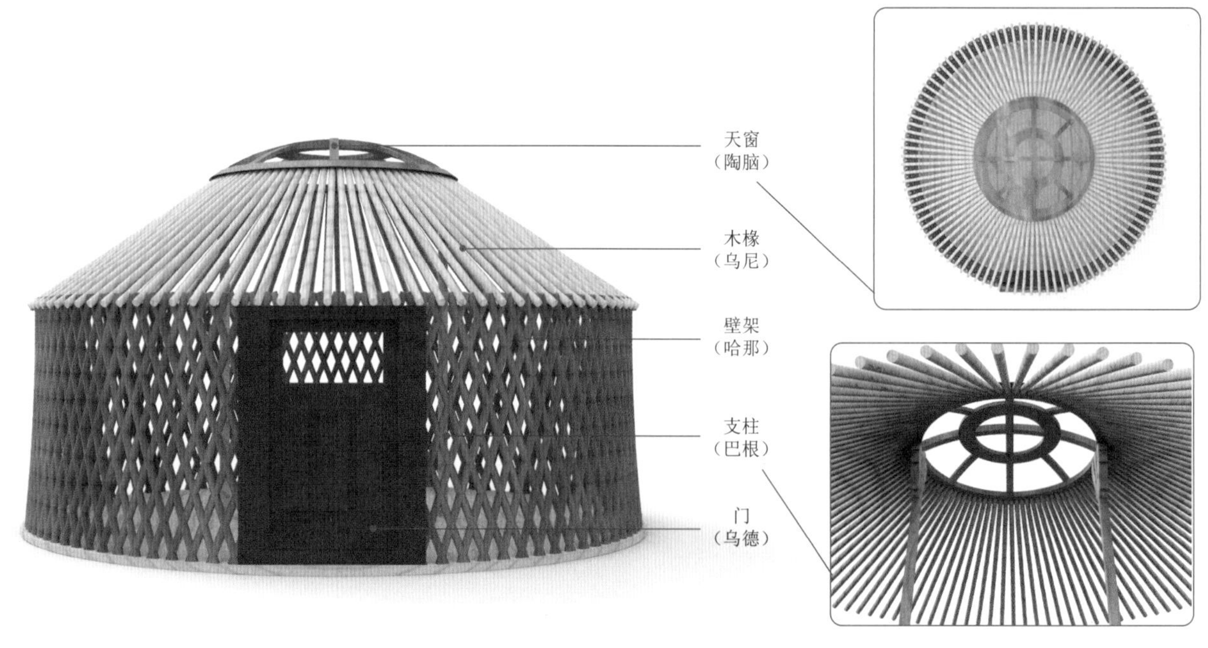

图3-3-6　蒙古包架木结构示意图

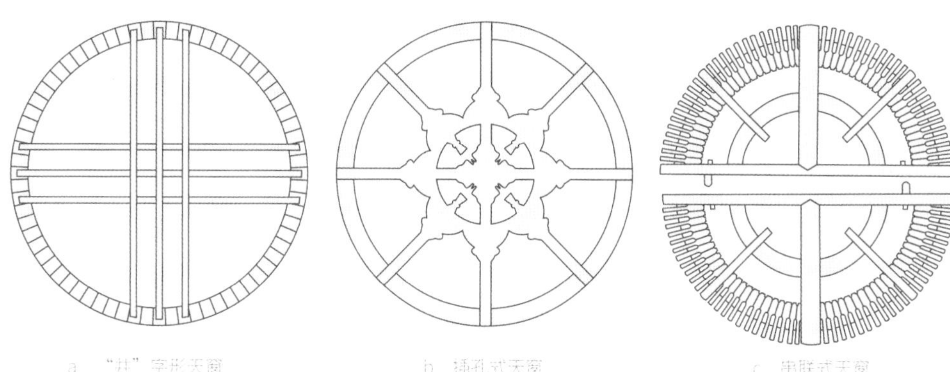

图3-3-7　常见的天窗结构　a　“井”字形天窗　b　插孔式天窗　c　串联式天窗

为一体；两根次长的条材（次梁）与主梁用“十”字形榫卯插接，靠中心处插接两个四分之一圆圈材，辐衬较次梁更短，位于主梁与次梁之间，榫卯插接于中心圈材外端。所有条材的末端由半圆形压圈串联，外缘还固定半圆形外圈，压圈和外圈用榫卯插接于主梁两侧，压圈和外圈的上面用线绳穿缀匙形木片，匙形木片数量较多，如同伞骨辐射展开排列于天窗外围，用来衔接木椽。天窗的直径直接决定了蒙古包的整体大小，如五片壁架大小的蒙古包（面积约12.6平方米），其天窗的直径约1米[28]。

木椽（乌尼）是构建蒙古包帐顶的伞状骨架，呈辐射状沿天窗外延展开，在蒙古包的架木结构中是承上启下的纽带，起着支撑帐顶的作用。单根木椽由粗细均匀、长短等齐的红柳条组成，上端扁平便于插入天窗外圈的插榫中，下端穿孔便于系扣卡设于壁架顶端的叉头中。木椽分为直线形和近天窗端平直、近壁架端弯弧的弧形两种，弧形木椽较直线形木椽能够进一步增加顶棚的高度，同时弧形的侧缘还能消减风力。木椽的长度由天窗的直径决定，一般木椽的长度是天窗的1.5倍，以五片壁架的蒙古包计算，直径约1米的天窗与其配套的木椽长约1.5米。木椽的数量由壁架的叉头决定，每片壁架有14至18个叉头，故而可知18个叉头的壁架需96根木椽（门框上需6根）。

壁架（哈那）是将长短不等、粗细均匀，具有柔韧性的柳条等距交叉排列，形成菱形网格状扇片。壁架的每根柳条均有拇指粗细，上面钻有等距离孔眼，通过皮钉将柳条两两相连，编成具有伸缩性的扇片。多扇壁架首尾相连构成蒙古包圆柱形围壁。柳条上的连接点越多伸缩性越小，其稳固性越强。壁架承接了源自木椽的荷载后，通过密集且柔韧的网格将其均匀传递并分散，并在整体约束下形成围合空间。壁架的片数决定了蒙古包的尺寸，小型的蒙古包为4片壁架合围，大型的蒙古包为6至8片壁架，统治阶层和寺庙建筑的壁架可达12

[28] 张彤编著《蒙古民族毡庐文化》，文物出版社，2007，第49页。

片[29]。壁架与门框的高度相同，两者衔接时，通常将侧壁（口）与门框密接，门框上镶嵌铁环，套在壁架头上，再用绳索将门框与壁架自上而下捆紧。

门框中的门早期为可悬挂卷起的毡帘，清代以后出现被称为架子门的木门（乌德），门不仅是人员出入蒙古包的通道，还在一定程度上起到支撑作用。门由门楣（陶特古）、门梃（哈其日）、门槛（包舒高）组成（图3-3-8），其中门梃的外侧挖有凹槽，搭建时将壁架头顶入槽内，使壁架与门框连接为一个整体。门框的高度由绑缚于一起的壁架决定，由于壁架的高度限制，蒙古包的门框高度较为低矮，在1.3至1.45米之间[30]，较为低矮的门框一方面稳定性较强，另一方面也增强了蒙古包的抗风能力。

辅助负荷的支柱（巴根）由一根圆形或矩形柱子、两片形似雀替的三角形构件，以及一块横向垫板组成。八片壁架以上的蒙古包由于天窗与木椽的负荷较大，一般会在天窗的外圈立两根或四根支柱作辅助支撑。同时，在拆卸蒙古包骨架时，也需要使用支柱支撑天窗，再拆卸木椽。

天窗、木椽、壁架、门框相互组合衔接，并附以支柱等辅助配件，共同构建了蒙古包的圈形壁架和钝锥形顶棚的结构，同时形成了便于拆卸的装配体系。这种构造使得蒙古包呈现出一种顽强的适应能力与鲜明的地域特征，能够有效适应北方草原冬季的暴风雪和夏季较大的早晚温差。

（二）三维立体的苫毡组合

苫毡是蒙古包架木上的覆盖物，其与三段式骨架一一对应，有覆于天窗的幪毡（乌日和），覆于木椽的顶棚（德格布日）和覆于壁架的围毡（图日格）。此外，

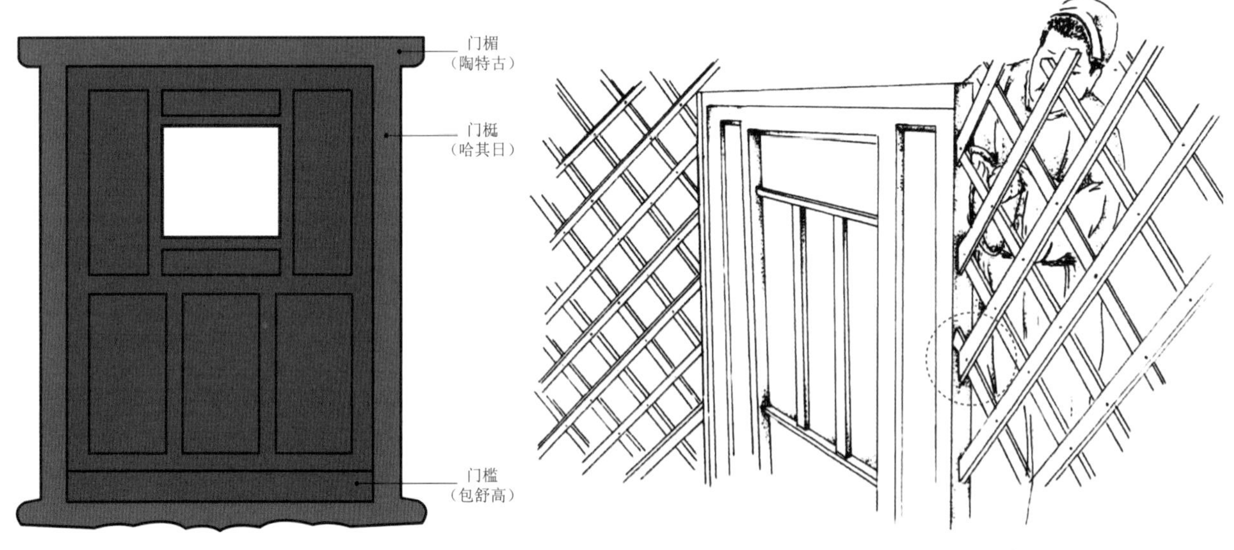

图3-3-8 木门（乌德）结构与安装细节示意图

---

[29] 郭雨桥：《细说蒙古包》，东方出版社，2010，第83页。

[30] 同上书，第87页。

还有两个苫毡的派生物，一是覆于围毡外侧与地面接缝处的底边围子（哈亚布其），二是披散于顶棚之上的顶部装饰外罩（呼勒图日格）（图3-3-9）。

覆于天窗的幪毡主要用于调节帐内的采光、通风与温度。其多为方形，四角各缝缀鬃绳（图3-3-10）。东、西、北三侧的鬃绳都固定于围绳上，南侧的鬃绳则是可活动的，白天天气晴朗时，牧民会把南边的鬃绳沿顺时针方向拉开，使方形的幪毡（乌日和）折叠为三角形，掀开露出半个天窗，以供蒙古包内部调温、调光与通风，夜晚或遇雨雪天气时，为了维持蒙古包内部的温度，以及达到遮风挡雨的目的，牧民将幪毡盖合呈四方形，故而在蒙古谚语中有“昼三夜四”的说法。

覆于木椽的顶棚由前后两片扇形毡片组成，后片较长可覆压前片，防止冷气从两片毡片的接缝处灌入。牧民通过系绳将顶棚固定于木椽上，一般前片顶棚不缀鬃绳，但会在四角各缀一环扣。后片顶棚则在四角各缀一鬃绳（图3-3-11），有的后片还会在每条直边上穿缀1至3根鬃绳。搭建时牧民将这些鬃绳斜向交

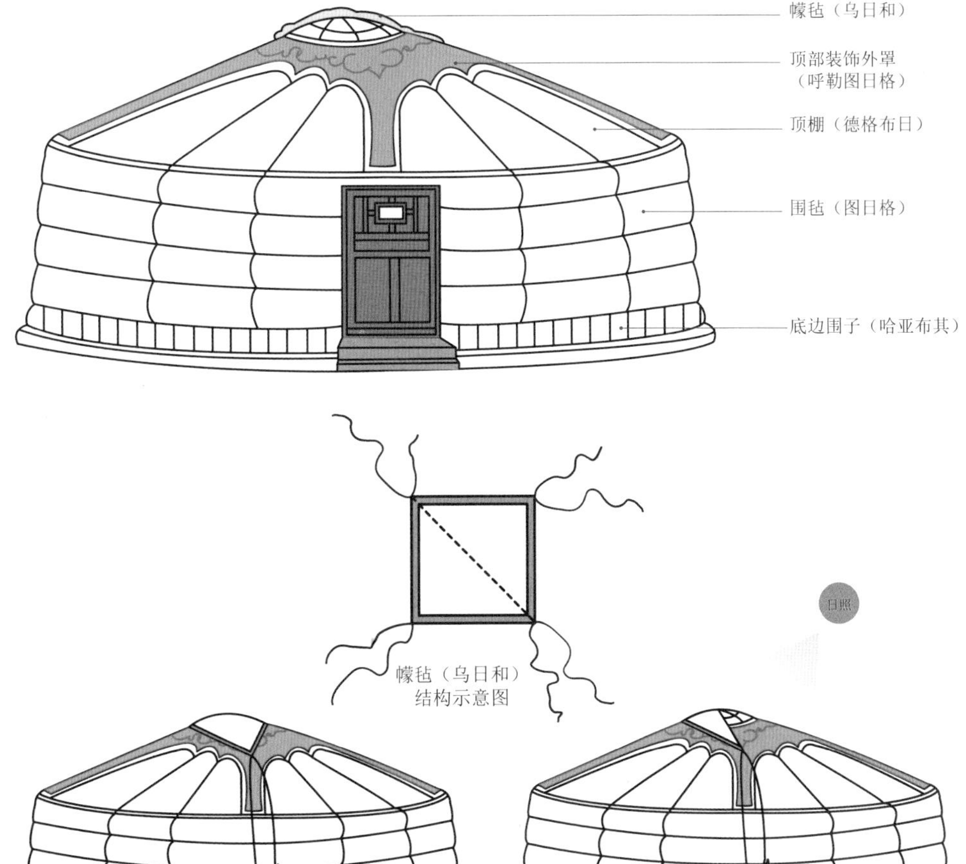

图3-3-9　蒙古包苫毡覆盖示意图

图3-3-10　幪毡（乌日和）结构与使用示意图

叉组成菱形图案，一方面是为了毡片覆盖的稳固，另一方面斜向组成的菱形图案形似盘长纹，表达了“福寿绵长”的美好寓意。

覆于壁架的围毡会依据蒙古包的大小，相应增减使用数量，通常为四片。围毡多为矩形，每片高不过1.8米，宽不过3米，上部缀有鬃绳用以绑缚于木椽。以四片围毡为例，苫盖时每片毡片的长度要大于壁架周长的四分之一，以保证接口处不留缝隙。西北侧的毡片为最外层，其下苫盖西南、东北侧毡片，东南侧毡片覆于东北侧毡片之下（图3-3-12a）。蒙古草原的西北风较为强劲，用上风处的毡片覆盖下风处的毡片起到了防风、防雨的作用。此外，围毡配合壁架建构的流线形体，使蒙古包与风向垂直接触减少，降低其在风雪中的阻力与摩擦（图3-3-12b）。冬季当西北方刮起风雪，风雪会顺着围毡围起的圆形蒙古包滑过，并在背风处堆积起新月形缓坡，缓坡的形成对蒙古包起到了保护作用，避免了在较强风雪荷载中坍塌的危险。围于地的底边围子为长条状，长度会依据蒙古包的大小而改变，宽度较为固定，约35厘米。夏日底边围子可以避免雨水沤烂围毡（图日格）且防蚊虫，通常由柳笆、木板、帆布等轻便材质做成，冬日的底边围子可阻隔冷空气从地面渗入毡帐，通常由几层毛毡共同构成。

饰于顶的装饰外罩是中间设圆孔的装饰毡，圆孔与幪毡重合，垂吊四角，角缘镶边并裁剪制成。顶部装饰外罩是蒙古包主人社会地位与身份的象征，故而多见于上层贵族，或是举行宗教、祭祀仪式的蒙古包。颜色多为红、蓝两色，其中王爷、喇嘛的顶部装饰外罩为红色，普通官员的为蓝色。造型有圆形、“十”字形、

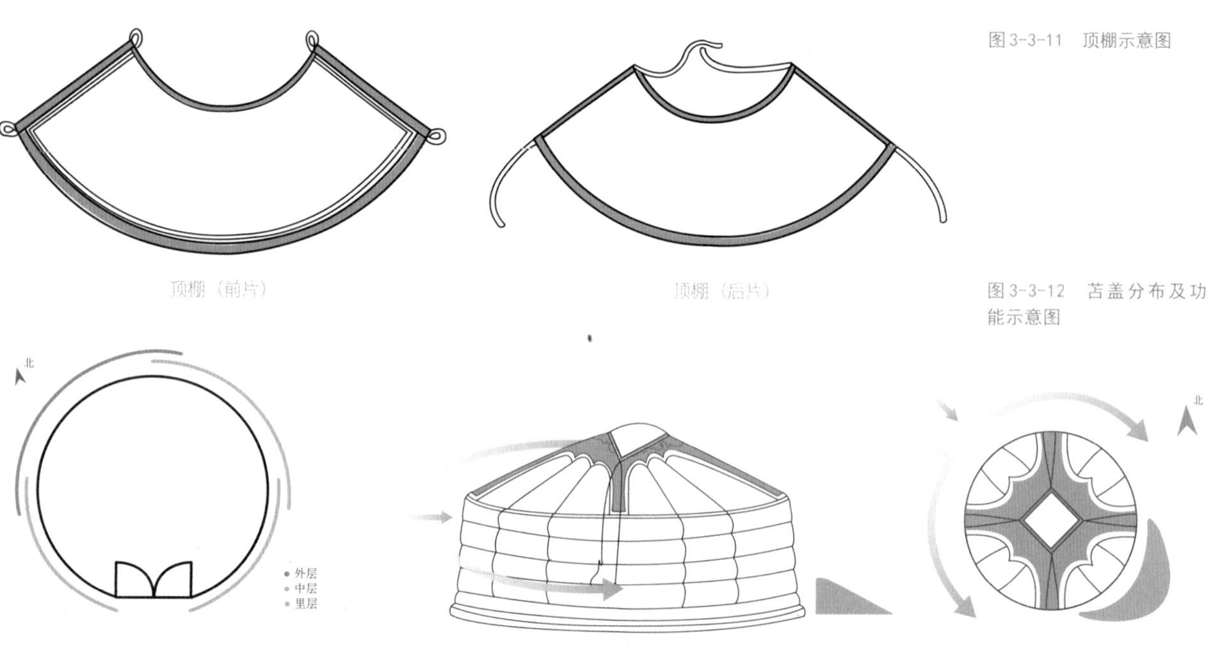

图3-3-11　顶棚示意图

顶棚（前片）　顶棚（后片）

图3-3-12　苫盖分布及功能示意图

a　苫盖围毡示意图　b　蒙古包抗风雪示意图

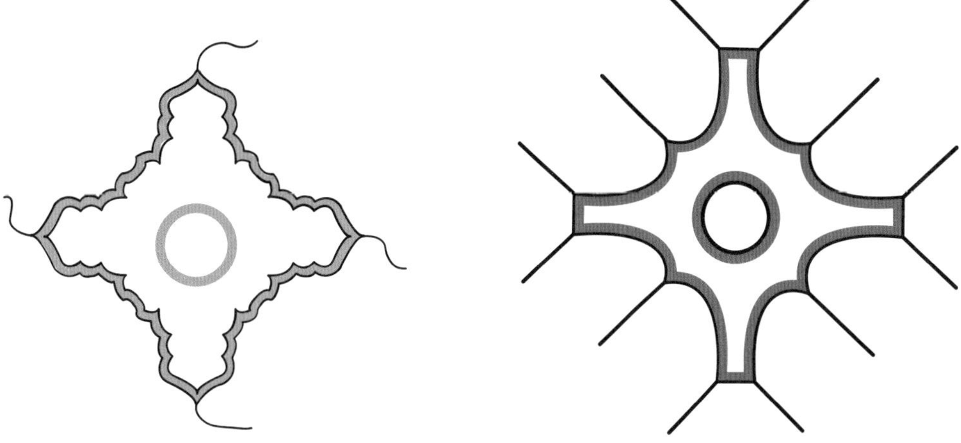

图3-3-13 顶部装饰外罩样式示意图

八角星形等（图3-3-13）。

蒙古包通过从天窗、木椽和壁架三个维度，层层覆盖幪毡、顶棚、围毡、底边围子与顶部装饰外罩，共同构成了蒙古包披覆体系，使得蒙古包内部在保障热稳定性的同时，也能起到一定的隔音降噪作用，为牧民提供了舒适的居住体验。披覆物的连接和固定需要使用以马的鬃毛搓制的毛绳压边，毛绳分为纵横结构，纵向的毛绳由顶棚向下延伸至围毡中下部，横向结构主要环绕围毡数道，纵横交错处盘结固定。

（三）环形排布的空间秩序与计时方式

蒙古包的室内空间为集中式的圆形布局，没有隔断。其空间的布局特征可概括为“一点”“一环”“一十字”。“一点”为蒙古包的圆心点，该处放置火灶；“一环”指围绕火灶的起居空间；“一十字”指以南北轴线与东西轴线，将蒙古包划分为四个不同的生活空间（图3-3-14）。

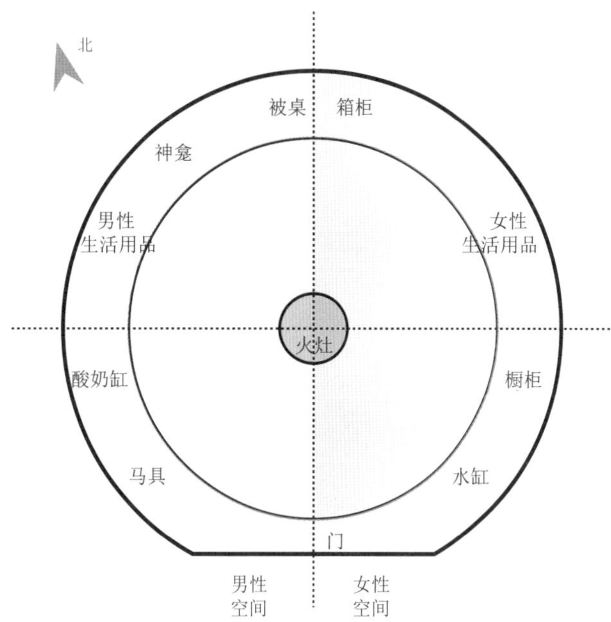

图3-3-14 蒙古包室内布局图

蒙古包中心的“一点”——火灶，在蒙古语中被称为“高勒木图”，有“起源地”的含义。因而火灶既是蒙古包的物理空间中心，也是蒙古族牧民的家庭生活中心。一方面，火灶为牧民在日常饮食与室内保温中提供了热量来源；另一方面，火灶也为牧民崇拜灶神、火神提供了物质载体。火灶安置后，牧民将家居陈设进行环形放置，自西南至东南依次为马具、酸奶缸、男性生活用品、神龛、被桌与箱柜、女性生活用品、橱柜、水缸等。为了便于搬动，帐内的家具主要是柜、橱、箱、桌、架等低矮型家具，其材质也多为草原上易得的榆、椴、桦等木材。在游牧民族的观念里，不同的方位有不同的含义。蒙古包的西北方是最为尊贵的位置，该方位多放置神龛，神龛的放置源于牧民对萨满教的信奉[31]。因而蒙古包内部空间被一横一纵两条轴线，十字分割为四个区间。横轴将蒙古包划分为一南一北两个部分，南部毗邻门户，多放置生活用品因而被看作世俗空间；北部是供奉佛像的空间，因而被看作神圣空间。此外，蒙古包南部为动态空间，故而南部多为晚辈的活动空间；北部为静态空间，因而北部多为长辈的活动空间。纵轴则将蒙古包划分为一东一西两个部分，西面放置畜牧、狩猎用具，这些物品均与男性的劳动相关，因而被看作男性空间；东面放置的则是女性相关的家务工具，因而被看作女性空间。通过对蒙古包室内空间的划分，游牧民族在观念上制定了关于神圣与世俗、长辈与晚辈、男性与女性的礼仪与规范。

蒙古包的天窗（陶脑）除了调节帐内采光与通风，其结构与木椽（乌尼）伞骨的结合还能够均衡地测量太阳光照在蒙古包内的时间，因此一个标准的蒙古包就是一个计时准确的时钟和日历。其计时功能主要体现在以下两个方面：一

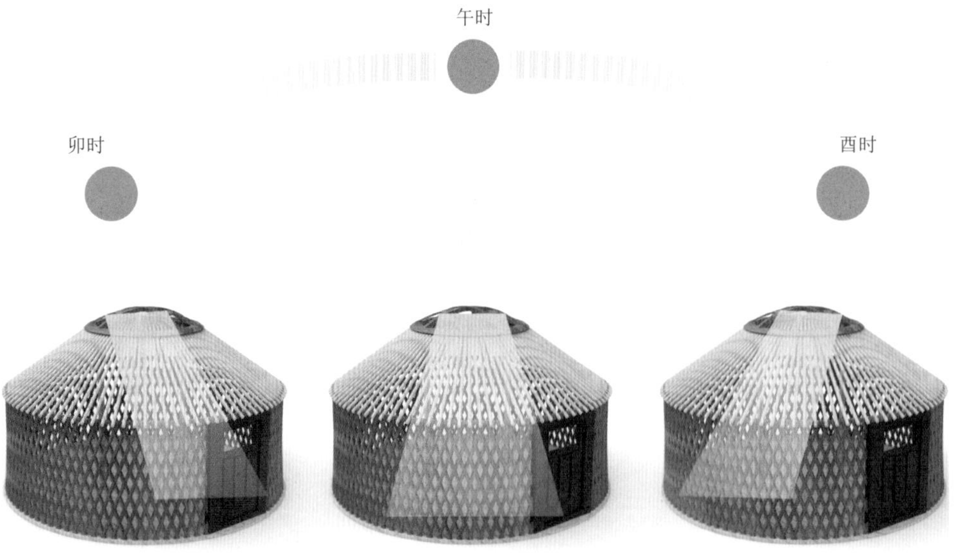

图3-3-15 蒙古包天窗的计时方式示意图

[31] 赵迪编著《蒙古包营造技艺》，安徽科学技术出版社，2013，第165页。

是计时功能，当阳光从帐顶天窗射入时，通过光线照射与位置关系的分析，便可推算出较为准确的时间节点（图3-3-15）。如当第一道晨曦照射在天窗上时便是卯时，此时妇女起床挤奶，男性收拢夜间放青的马群。之后牧民依照光照从事不同的活动，直至帐内的阳光消失（酉时）。二是纪年功能，蒙古族的纪年方法也使用六十干支，只是顺序有所差异。一圈六十根乌尼，正好代表六十年轮转。牧民利用乌尼结构标注干支纪年的计量与符号，从而长久有效地为牧民提供纪年服务。

结语

蒙古包是基于草原游牧民族独特生产、生活方式所形成的居住空间，是逐水草而居、流寓四方时最实用的移动居所。游牧民族对蒙古包的构建与使用，既体现了对于自然资源的充分利用，又折射了对于生态环境可持续发展的价值取向。蒙古包代表了游牧民族依托水草和畜牧，以“行居”为主体的草原居住文化。

蒙古包的三段式骨架为整体空间提供了“力”的支撑，外部披覆则为居住在空间中的人提供了“热”的保障。蒙古包由圈壁和圆顶构成的环形空间不但规定了“序”的安置，也编制了“时”的映射。蒙古包轻便、可拆卸的骨架与附着物在满足牧民居住需求的同时，也极大地便利了牧民流动性的游牧生活。蒙古包从外至内最大限度地拓展、完善了其安居功能，为牧民提供了科学、便捷、舒适的居住空间。与此同时，游牧文明的男女分工和宗教信仰形成了蒙古包内的生活圈，村落组织结构和长幼尊卑秩序则促成了蒙古包聚落的生活圈。

整体而言，蒙古包不仅是游牧生活流动性的物理凝结，也是蒙古高原游牧民族文化的精神凝聚。蒙古包上处处可见的装饰艺术是游牧民族审美观念和信仰崇拜的体现，并围绕着蒙古包衍生出各式各样的传统礼节和习俗。随着中华人民共和国的成立，等级制度被摧毁，蒙古族人民的社会地位和生活水平逐渐提高。随着生产、生活方式从游牧向定牧、定居的转变，在蒙古包形制影响下诞生了类蒙古包的土木建筑。蒙古包本身的骨架材质也发生了由木向铁的转变。近年来，随着对蒙古族传统文化保护的重视，蒙古包成为内蒙古旅游文化的重要载体。蒙古包呈现的传统装饰艺术和吉祥符号也成为当代蒙古包式风格建筑设计灵感的重要来源。

第四节　凿窗启牖

从人类开始使用固定居所，门窗就已经出现。在穴居时代，洞口不仅是与外界连接的重要通道，也具有了门和窗的功能。据目前我国的考古发现，最早的门窗造型位于陕西武功县，为圆形无檐的陶屋上的椭圆门洞[1]。中国古代的门与户所指的建筑部位存在一定的差异，《玉篇·门部》曰："门，人所出入也。在堂房曰户，在区城曰门。"[2]可知门是城池或宫殿群院落的入口，而居住建筑的房屋入口则被称为户。汉代《说文解字》中对"门"的解释为"门，闻也。从二户"[3]，而对"户"的解释为"护也。半门曰户"[4]，从以上两段文字可知，一是单开为户，双开为门，这一点在《故训汇纂》"一扉曰户，两扉曰门"[5]中也得到了印证。二是自汉代门与户开始统称为门。门除了具有区域与建筑入口的交通功能，还有防护作用。《释名》中提到的"门，扪也，为扪幕障卫也"[6]，进一步明确了门的防护功能，强调它作为抵御外部侵袭的屏障。作为建筑立面的出入口及其开合设备，门不仅满足使用功能，其规制与风格还展示了主人的身份等级和社会地位，这也是"门当户对"这一说法的由来。

早期的"窗"又称为"囱""向""牖"。《说文》曰："在墙曰牖，在屋曰囱，象形。"[7]由此可知"囱"是设于屋顶的窗，主要功能是排烟与采光。开于建筑物北侧的窗为"向"，《诗经·七月》中有一句"塞向墐户"[8]，意思是"北窗"在夏季凿开用于通风与降温，冬季则用土坯填砌封住以保温。开于建筑物南侧的窗为"牖"，《列子·汤问》"昌以氂悬虱于牖，南面而望之"[9]就记载了"牖"是朝南开设的。"牖"主要用于室内通风与采光，较之于"向"其采光更为明亮，且是全年使用。向与牖至汉代被统称为窗[10]。窗除了排烟、采光、通风、保

[1]西安半坡博物馆、武功县博物馆：《陕西武功发现新石器时代遗址》，《考古》1975年第2期。

[2]〔梁〕顾野王：《大广益会玉篇》，中华书局，1987，第55页。

[3]〔汉〕许慎：《说文解字》，〔宋〕徐铉等校，上海古籍出版社，2007，第593页。

[4]同上书，第592页。

[5]宗福邦、陈世铙、萧海波主编《故训汇纂》，商务印书馆，2003，第851页。

[6]〔宋〕李诫：《营造法式》，方木鱼译注，重庆出版社，2018，第28页。

[7]〔汉〕许慎：《说文解字》，〔宋〕徐铉等校，上海古籍出版社，2007，第506页。

[8]严明编著《<诗经>精读》，上海古籍出版社，2012，第135页。

[9]叶蓓卿译注《列子》，中华书局，2011，第143页。

[10]宋立民：《春秋战国时期室内空间形态研究》，博士学位论文，中央美术学院，2009，第94页。

温，还是划分区域与沟通室内外空间的媒介。谢朓《新治北窗和何从事》“辟牖期清旷，开帘候风景”[11]的诗句描绘了诗人透过窗来观赏自然景观的情景。

中国传统建筑的门窗不仅具有采光、通风、防寒、避暑、降噪、保私密等基本功能，也是关联居所的内外空间交换的重要媒介，门是外出与进入的通道，窗是内部与外界的交流渠道。门与窗作为建筑的重要组成部分，其形制、功能、装饰、位置及尺度等都深受建筑的影响，木作技术的进步促进门窗的不断革新。传统建筑是历史与文化的载体和表现形式，而在门与窗的设计与使用中这种历史与文化的体现则更为显著和集中[12]。门与窗的发展不仅是古代木作技术进步的具体体现，也是中国建筑历史文化发展的见证。从历史的演替梳理门窗的发展脉络，可知门窗的出现最初是为了满足人们在建筑中通行、采光等使用需求。随着营造技术与木作技术的持续精进，门与窗的组合方式受到了关注，匠人也在重视门窗实用性的同时，关注到门窗对于建筑的装饰作用。而金属冶炼技术的不断发展，助推了门窗辅助配件的大量出现，有效提升了门窗使用的便利性。此外，园林的空前发展与文人群体的壮大，将门窗的应用场域拓展至园林，并使门窗向着种类繁多、装饰繁复的方向发展。

一、初具雏形的门窗

门与户自周代出现，但在古代，门与户的意义有明显的差异。我国最早的门为衡门，其主要作为院落正门而存在。衡门的形制结构在《诗义》“横一木作门，而上无屋，谓之衡门”[13]中得以窥见，其由两根纵向门柱架一根或两根横梁构成（图3-4-1），故又称“横门”。《诗经》中的“衡门之下，可以栖迟”[14]，意为在简陋的门下可作短暂休息，这是关于门的最早的文字记录。古代衡门一般较为简陋，陶渊明就在“寝迹衡门下，邈与世相绝”[15]的诗句中，描绘了诗人隐居乡舍陋室与世隔绝的情境。衡门的组合框架为后期出现的所有门式提供了基本结构，由衡门演变而来的“乌头门”与“闾门”分别是私人的宅院门和公共的街巷门。乌头门在衡门的基础上，将两根立柱伸出横梁并染成墨色，两根立柱间增设可开合的门扇。《旧五代史》中“正门阀阅一丈二尺，二柱相去一丈，柱端安瓦桷

[11]〔清〕沈德潜选《古诗源》，中华书局，1998，第239页。
[12] 朱广宇编著《中国传统建筑：门窗、隔扇装饰艺术》，机械工业出版社，2008，第3页。
[13]〔宋〕李诫：《营造法式》，商务印书馆，1933，第31页。
[14] 严明编著《<诗经>精读》，上海古籍出版社，2012，第121页。
[15]〔晋〕陶渊明：《陶渊明全集》，龚斌校点，上海古籍出版社，2015，第64页。

黑染，号为乌头”[16]就描述了这种染成乌头的门，《营造法式》也绘制了乌头门的具体形制（图3-4-2）。由《唐六典》“五品以上得制乌头门”[17]可知乌头门是权贵住所的门，这与贫者之居的衡门相去甚远。乌头门虽然较衡门装饰更为华丽、气势更为宏大，但还未从宅院门中分离出来，仍是分隔院落与供人出入的屏障。周代除皇城外，居住区分为“国宅”“闾里”，乌头门是“国宅”里上层阶级彰显身份地位的标志，而闾门则是“闾里”中百姓用于划分街区的标识。闾门是在衡门的基础上，在门头加板、架椽防雨防腐。闾门不同于乌头门，其不再应用于私人宅院中，而是架设在公共居住区的交界处。《说文》中“闾，里门也”[18]明确了闾门是街道里巷的门。建于街巷的闾门被赋予了更多的功能，《荀子·大略》“武王始入殷，表商容之闾”[19]记载了周武王表彰商容就是以闾门为载体，官府通过在闾门上标揭诏书、旌表嘉行，并将政令告示居民、教化民众，以达到加强统治的目的。

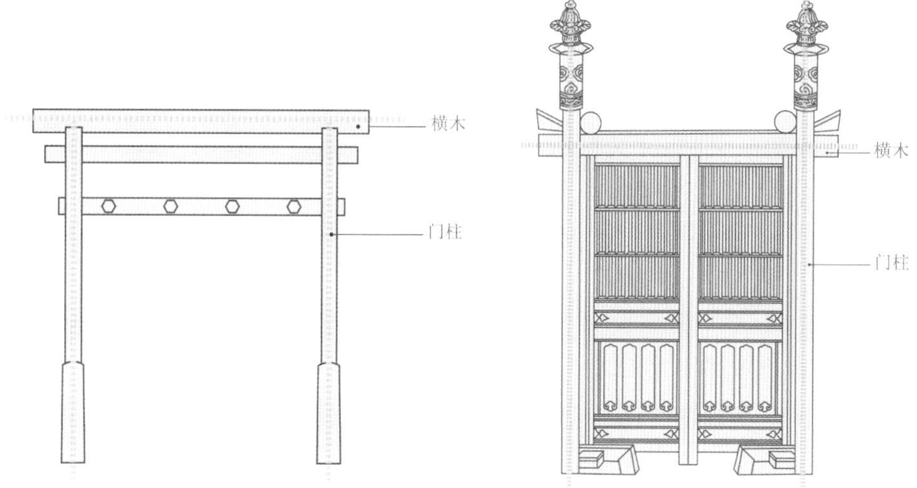

图3-4-1（左）　衡门结构图

图3-4-2（右）《营造法式》中的乌头门

衡门是先秦时期院落入口的门，而版门则是该时期房屋入口的户。商周时期版门的雏形已经出现[20]，版门由厚木板拼合而成，故其封闭性较强。西周的青铜器对当时的建筑结构、局部部件都有具体表现。如西周的刖人鬲（图3-4-3）与季贞鬲，两鬲下部的正面中央辟双扇版门，门扇中央设门把手，刖人鬲门扇四周饰回形纹样，季贞鬲门扇划分为上下二格，这些形象可能是版门作为房屋入口的最早写照[21]。

[16]〔宋〕薛居正：《旧五代史》，吉林人民出版社，1995，第654页。
[17]〔唐〕李林甫等：《唐六典》，陈仲夫点校，中华书局，1992，第596页。
[18]〔汉〕许慎：《说文解字》，〔宋〕徐铉等校，上海古籍出版社，2007，第593页。
[19]〔战国〕荀况原著，刘凯主编《荀子诠解》，线装书局，2016，第1177页。
[20] 刘叙杰主编《中国古代建筑史·第一卷·原始社会、夏、商、周、秦、汉建筑》，中国建筑工业出版社，2003，第179页。
[21] 容庚、张维持：《殷周青铜器通论》，科学出版社，1958，第102—120页。

图3-4-3（左） 刖人鬲[22]

图3-4-4（右） 伎乐铜屋[23]

新石器时代，古人通过在屋顶设“囱”来满足室内通风、排烟和采光的基本需求，但屋顶上的“囱”难以抵御雨雪的侵袭。当原始建筑的锥形屋顶演变为两坡式屋顶时，则通过在建筑墙面开设窗口来解决室内排烟排气与采光照明的需求，而这种开设在墙面的窗口被称为“牖”。“牖”的出现一方面解决了防水的问题，另一方面也将排烟功能与采光功能分离开，正是两者的分离才产生了真正意义上的窗。《周礼·考工记》记载的“四旁两夹窗”[24]是“窗”的第一次出现，也表明了窗是设置在墙壁上的。先秦时期的窗工艺质朴、形制单一，窗棂以田字或十字为主，该时期的窗已无实物可考，这里通过墓葬中的棺椁与明器上的窗来管窥先秦窗的形制结构。在曾侯乙墓墓主主棺的壁板上绘有复斗形田字窗，江陵溪峨山楚墓棺椁的隔板也制成了田字窗的样式，浙江绍兴越墓出土的战国伎乐铜屋两侧均设有落地式的“十”字形棂格窗（图3-4-4）。这些墓葬中的窗，模仿了现实房屋中常设的窗，从开设位置与开窗尺度上，可知汉代时期的窗在一定程度上丰富了建筑立面，室内的通风、采光也由此得以改善。

二、始于汉代的门窗装饰

《后汉书·梁冀传》也有载“窗牖皆有绮疏青锁”[25]。“绮疏”是指被雕刻成空心花纹的窗户，“青琐”是指装饰皇宫门窗的青色连环花纹。这也说明了汉代

[22] 故宫博物院，https:// www.dpm.org.cn/collection/bronze/234673.html，访问日期：2023年6月13日。

[23] 杭州博物馆，https:// www.zhejiangmuseum.com/Collection/ExcellentCollection/229zonghepingtaiexhibit/229zonghepingtaiexhibit，访问日期：2023年6月13日。

[24] 闻人军译注《考工记译注》，上海古籍出版社，2008，第112页。

[25]〔南朝宋〕范晔：《后汉书》，李立、刘伯雨选注，山西古籍出版社，2005，第115页。

门窗的装饰已经较为流行，不同规制建筑中的门窗色彩与纹样体现了一种尊卑的等级制度。

目前汉代时期的民居建筑尚无实物发现，能够展现汉代建筑的形制类型、平面布置与结构部件的载体，主要是墓葬出土的木椁、画像砖、明器陶屋等各类资料。汉代时期的建筑门多为版门，也有少量的栅栏门，前者多见于木椁墓门、明器陶屋中，后者常见于四川地区出土的住宅画像砖中[26]。汉代时期的门多开设在建筑立面的中部，或偏向一旁。在四川成都出土的画像砖（图3-4-5），砖面刻有住宅建筑，建筑的南垣西端置有双扇栅栏门，入内为前院。院子北面围墙中部有第二道门，住宅的西面有三层阁楼，底层中央设单扇门。通过画像砖、陶楼等实物资料，可知双扇门多应用于院落的围墙上，单扇门常设置于民居建筑物本体上。在汉代，建筑的窗常置于门的一侧或两侧，窗的形制以方窗、横窗为主[27]，三角形窗仅施于厕所或山墙，圆形窗在陶楼明器上较为少见[28]，但南乐县四层黄绿釉陶望楼的侧面就设有圆形窗。

此处收集12个出土的汉代陶楼，以期从中窥探汉代时期的门窗原貌。通过对主流陶楼形制典型性与广泛性的筛选，选取了博爱县1号墓七层彩绘连阁陶仓楼、洛阳龙门七层连阁陶仓楼两例为样本（图3-4-6、图3-4-7）。从两例陶仓楼样本可知，汉代时期建筑的门以版门为主，依据门扇的片数分为单扇版门与双扇版门。单扇版门形制较为简单，门洞的上部与两侧设门框，多为连通室内外的出入口。双扇版门上设门楣（上槛），下设门限（下槛），门限两侧设伏兔，中间有止扉石，其一般作为院落正门使用。通过以厘米为单位对陶仓门进行测量，测量陶仓楼正立面，并计算陶仓楼的整体面积与门面积，发现陶仓楼第一层、三层、四层、五层门的平均面积分别约为171.32平方厘米、53.75平方厘米、69.25平方厘米、43.97平方厘米（图3-4-8），这些数据表明门的尺度大体上呈逐层缩小的趋势。底层门的尺度大是为了彰显主人的社会地位，而高楼层门的尺度小是为了保护主人的隐私。从两例陶仓楼样本可知，汉代时期建筑的一层一般不设窗，主楼的二层、顶层与副楼的窗常为方窗，而横窗则一般设置于陶仓楼主楼的三层、四层、六层、七层。通过测量计算四座陶仓楼窗的开窗面积，可知陶仓楼第二层、三层、四层、五层、六层、七层窗的平均面积分别约为16.97平方厘米、11.55平方厘米、22.18平方厘米、16.19平方厘米、64.87平方厘米、8.29平方厘米，除顶层阁楼的窗较小外，窗的尺度大体上呈逐层增大的趋

[26] 刘叙杰主编《中国古代建筑史·第一卷·原始社会、夏、商、周、秦、汉建筑》，中国建筑工业出版社，2003，第537页。
[27] 梁思成：《中国建筑史》，百花文艺出版社，2007，第62页。
[28] 刘叙杰主编《中国古代建筑史·第一卷·原始社会、夏、商、周、秦、汉建筑》，中国建筑工业出版社，2003，第537页。

图3-4-5（左） 四川成都住宅画像砖[29]

图3-4-6（中） 博爱县1号墓七层彩绘连阁陶仓楼[30]

图3-4-7（右） 洛阳龙门七层连阁陶仓楼[31]

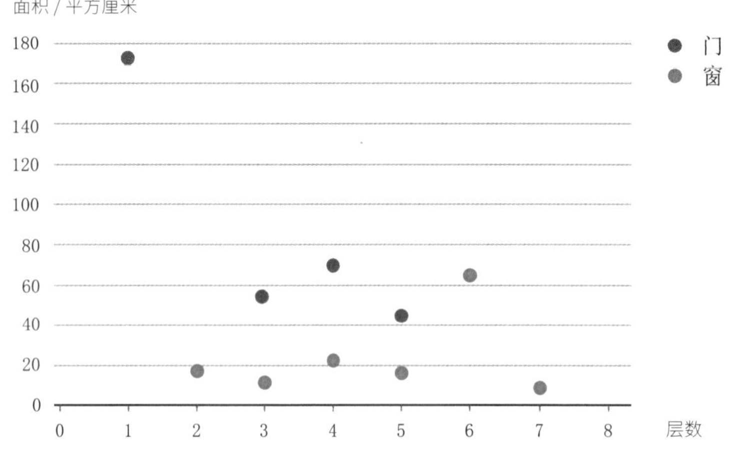

图3-4-8 陶仓楼门窗面积

势，这与门的尺度趋势正好相反。汉代时期越往底层窗开设得越小，是出于防御的考虑。

在装饰上，汉代时期建筑的门大多较为质朴，对于普通建筑，门的装饰至多于门扇推门、叩门的部位上饰铺首或在门框、门楣四周饰几何纹样。而宫殿建筑门的装饰则是在门扇上雕饰并绘制青色连锁纹，这样的装饰在《三辅黄图》记载的“青琐丹墀”[32]，以及颜师古所注的“……青琐者，刻为连环纹，而青涂之也”[33]，均能得到印证。

汉代出现了多种窗用配件，如窗棂、窗笼、窗用铰链，以及多种窗口的封闭材料等。该时期窗棂样式以正方格与斜方格为主，还有网纹、锁纹和十字交叉纹等几何纹样[34]，焦作李河汉墓出土的七层连阁彩绘陶仓楼的墙面上设有横竖相交的窗棂。可见汉代的建筑窗不仅有实用功能，还兼具了一定的装饰性，整体上汉代建筑窗的装饰仍较为拙朴。

[29] 陈明达：《关于汉代建筑的几个重要发现》，《文物》1954年第9期。

[30] 赵德才、罗火金、冯春艳：《河南博爱县一号汉墓》，《中国国家博物馆馆刊》2012年第11期。

[31] 焦作博物馆，https:// www.jzsbwg.cn/product/30_13，访问日期：2023年6月13日。

[32] 陈直校证《三辅黄图校证》，陕西人民出版社，1980，第35页。

[33] 詹杭伦、沈时蓉等校注《历代律赋校注》，武汉大学出版社，2009，第136页。

[34] 黄汉民：《门窗艺术》上，中国建筑工业出版社，2010，第2页。

窗笼是在横窗、方窗的外侧加设的笼形格子，这种在墙体外侧加设窗笼的窗又被称为“交窗”。《说文》中“穿壁以木为交窗也”[35]记载了交窗的形制，河南周口项城出土的绿釉陶榭上就设有一扇交窗[36]。上文提到的方窗、横窗与交窗都是不可开合的固定窗，而秦咸阳宫第一号遗址出土的窗用铜铰链[37]，说明了至迟在汉代就已经出现了可开启的窗，可开合窗的出现是门窗发展的重要节点。

汉代以前为抵御严寒常用泥土封堵窗口。在汉代的建筑中，窗口的封闭多使用琉璃、织物等材料，《西京杂记》中就有使用琉璃来提升采光效果的记述：“窗扉多是绿琉璃，亦皆达照。”[38]唐宋时期开始使用纸张裱糊窗口，而直至明清时期用纸张裱糊窗口才开始流行与普及。

三、门饰与直棂窗的普及

魏晋南北朝时期的建筑门仍以版门为主，形制上沿用了汉代版门的形制，不同的是魏晋南北朝时期的版门较汉代更加重视门的装饰，门扇上不仅出现门钉装饰，其铺首的形态也较汉代产生了更多的变化。《后汉书》描述了始建于北魏熙平元年（516）洛阳的“永宁寺”塔，“浮图有四面，面有三户六窗。并皆朱漆，扉上各有五行金钉，合有五千四百枚，复有金环铺首”[39]，是最早关于门钉的文字记录，门钉在装饰门板的同时，也起到固定门板的作用。文中记载“永宁寺”塔门的门扇上有门钉五行，每行各五枚。大同北魏宋绍祖墓石椁门扇上有门钉三行（图3-4-9），每行五枚，门钉的数量与礼制有关，等级最高者应用“九五”之数。文中除了对于“永宁寺”塔门饰有门钉的记载，还记录了铺首。魏晋时期常将铺首设计成兽首鼻下勾环的造型，在增强其装饰性的同时，也赋予了铺首镇宅护院之意。值得一提的是，隋唐时期铺首由鼻下勾环演变为了口中衔环[40]。除了对门扇进行装饰，门楣也是重要的装饰部分。魏晋南北朝时期建筑的门额上方，通常有半圆形或长方形门楣，并上雕“对凤”装饰。如山西大同南郊仝家湾北魏宋绍祖墓有一长方形门楣，门楣上施朱彩对凤[41]。

魏晋南北朝时期建筑在汉代的方窗、横窗的基础上，增设了不同形状竖向

[35]〔汉〕许慎：《说文解字》，〔宋〕徐铉等校，上海古籍出版社，2007，第336页。
[36]河南博物院编著《河南出土汉代建筑明器》，大象出版社，2002，第61页。
[37]陶复：《秦咸阳宫第一号遗址复原问题的初步探讨》，《文物》1976年第11期。
[38]吕壮译注《西京杂记译注》，上海三联书店，2013，第43页。
[39]闻人军译注《考工记译注》，上海古籍出版社，2008，第112页。
[40]傅熹年主编《中国古代建筑史·第二卷·两晋、南北朝、隋唐、五代建筑》，中国建筑工业出版社，2001，第612页。
[41]张庆捷、吕金才、冀保金等：《山西大同南郊仝家湾北魏墓（M7、M9）发掘简报》，《文物》2015年第12期。

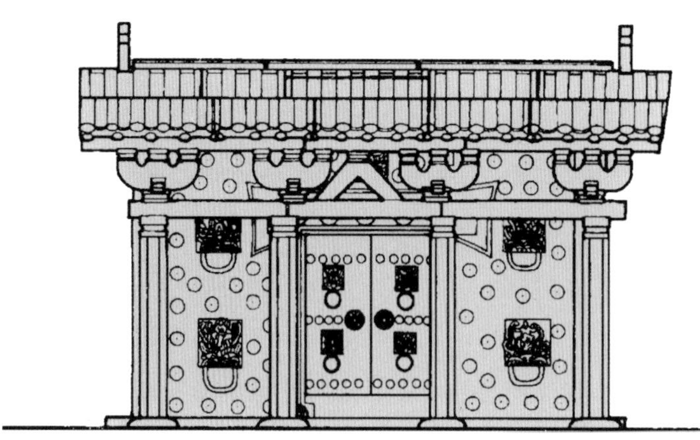

图3-4-9 大同北魏宋绍祖墓石椁[42]

排列的窗棂，这样的窗被称为“直棂窗”。直棂窗开始大量使用，这种窗是固定的，不能开启。直棂窗是由木棂条竖向排列形成的，按照窗棂棂木的形状，直棂窗分为版棂窗、破子棂窗与睒电窗（图3-4-10）。窗棂截面为矩形的直棂窗被称为版棂窗，版棂窗是魏晋时期应用最为广泛的窗，彭阳新集北魏墓出土的房屋模型，以及莫高窟303窟东坡壁画中均出现了版棂窗。直棂窗发展至唐代出现了破子棂窗与睒电窗，破子棂的棂条截面为三角形，安装时尖端向外利于光线射入室内，内里为平面以便糊纸，河南登封唐代净藏禅师塔饰有破子棂窗砖雕。在唐代还有一种与直棂窗相似的窗，棂条竖向平行排列，棂条呈曲线形或水波纹，该窗被称为睒电窗，睒电窗多被用于寺庙、宫殿等大型建筑，《五山十刹图》中的金山佛殿就描绘了睒电窗。

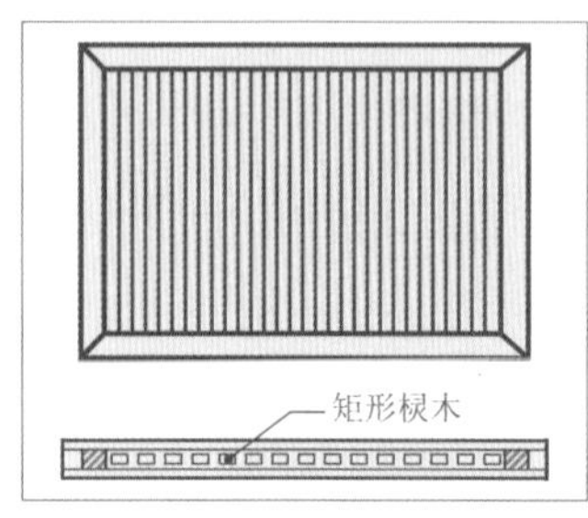

版棂窗

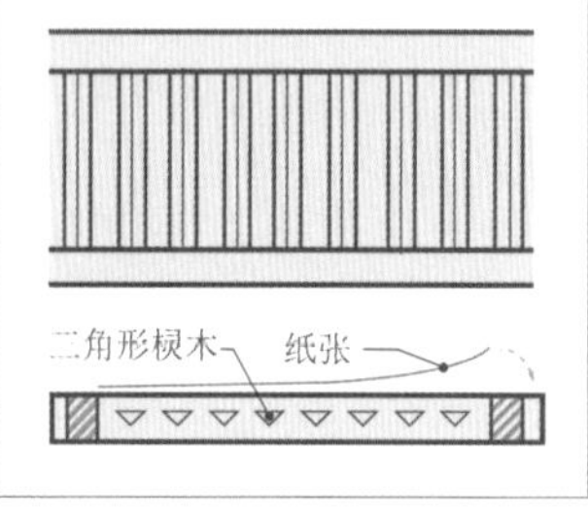

破子棂窗

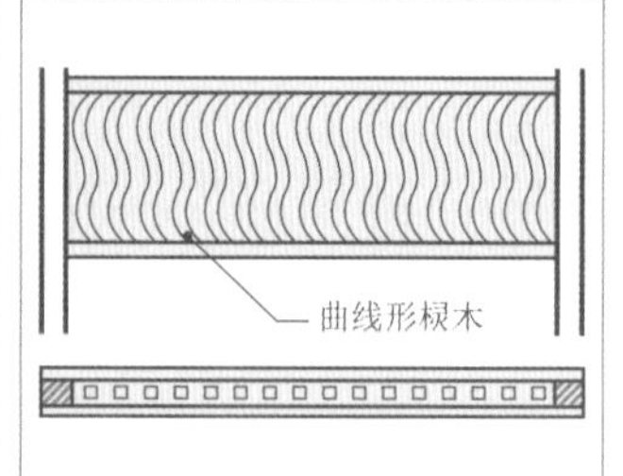

睒电窗

图3-4-10 直棂窗样式图

四、格子门与槛窗的流行

唐宋时期建筑中的小木作加工变得更加精细，对于木结构稳定性的掌握也日趋成熟。在这样的技术前提下，产生了透光性与装饰性俱佳的格子门。格子门是中国古代建筑中最为常用的门类型，它的出现标志着中国古代小木作加工技

[42] 王银田、曹臣民：《北魏石雕三品》，《文物》2004年第6期。

术的突破[43]。唐代格子门在形制上，装饰较为质朴，格芯多为直棂纹。宋代格子门开始大量使用，形制上在唐代格子门的基础上稍有改变，格芯有了拐子纹、菱花纹等新式纹样，格子门下部为无装饰的门板。元代格子门呈现出豪放简约的特征，格芯由单个矩形向两段、三段的形式演变[44]，纹样上出现了斜交菱花形纹样，下部门板分化出了绦环板与裙板，并有简洁的木线条装饰，如祥云纹、回字纹、如意纹等。明清时期格子门又被称为"隔扇门"，其格芯与裙板的装饰图案与工艺繁复多样。

格子门安装于建筑的金柱或檐柱之间，用于分隔室内和室外空间。格子门的基本形制是用木料制成木框，木框之内分作三部分，上部为格芯，下部为裙板，格芯与裙板之间为绦环板（图3-4-11）。三部分中以格芯为主体，该部分具有采光与通风的功能，格芯由木棂条形成的格网组成。格芯、绦环板、裙板三部分组成一扇格扇，若格子门需加高，则可在格芯之上或裙板之下加设绦环板。格子门可左右相连形成一组格子门，其数量由建筑物的开间尺寸决定，格子门数量多为偶数，以确保房屋中央可开启两扇格子门。实物遗存中，现存山西大同的北齐的悬空寺、天津蓟州区的辽代独乐寺观音阁与山西芮城的元代永乐宫三清殿，均设有成组的格子门。绘画作品中，唐代《京畿瑞雪图》、宋代《层楼春眺图》与元代《太平有象图轴》中也有格子门的形象。

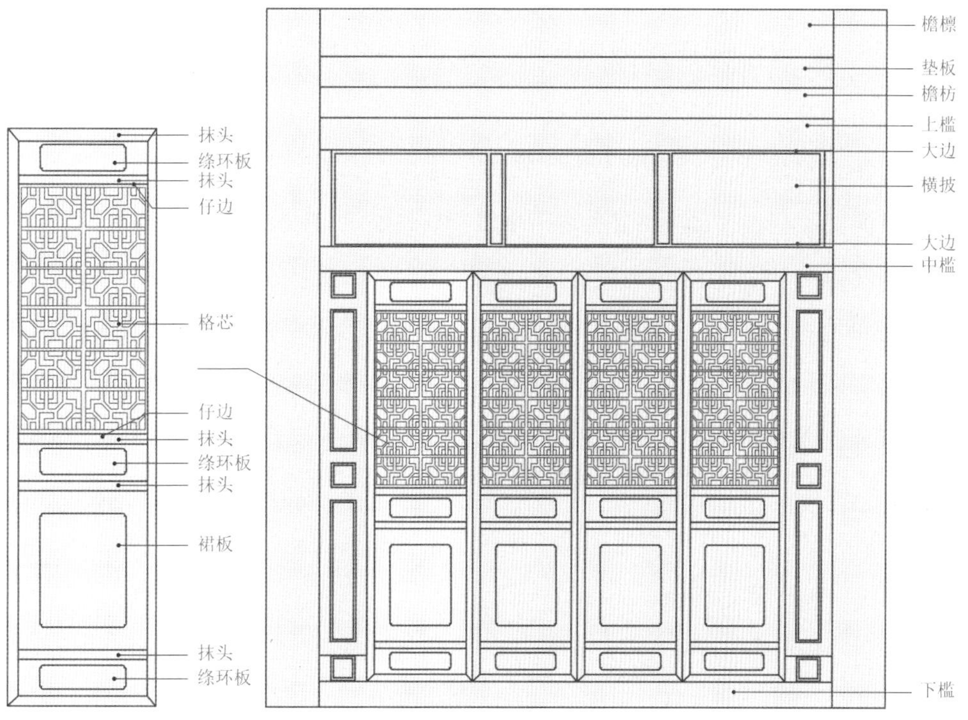

图3-4-11 格子门结构示意图

[43] 路玉章：《古建筑木门窗棂艺术与制作技艺》，中国建筑工业出版社，2008，第10页。
[44] 朱小平、朱丹：《中国建筑与装饰艺术》，天津人民美术出版社，2003，第134页。

槛窗与格子门形制较为相似（图3-4-12），只是将格子门裙板的对应位置改为了槛墙，槛墙通常高约1米，槛墙上铺10至14厘米厚的榻板，榻板上设有风槛，而槛窗就安装于风槛之上。宋代以槛窗为基础又发展出了阑槛钩窗，阑槛钩窗是在槛窗的基础上，外设阑槛形成复合式窗牖。宋代的建筑中，这种结合了槛窗和靠背栏杆的阑槛钩窗非常常见，人们可以打开窗户，坐在栏杆上，欣赏外面的景色。这种场景在宋代和元代的绘画作品中都有所体现，如宋代刘松年的《山馆读书图》、元代《荷亭对弈图》等。

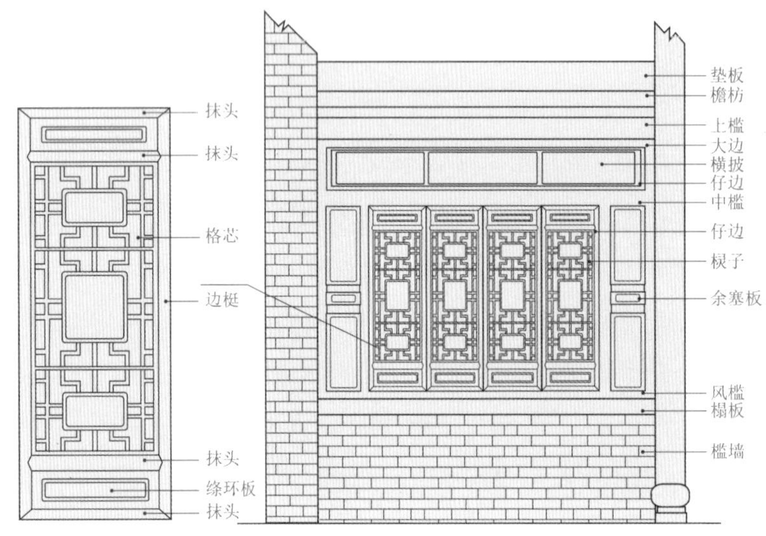

图3-4-12　槛窗结构示意图

五、多样与繁复的门窗

明清门窗在构造技术上取得了较大的进步，衍生出了诸多类型。明清的建筑门在前代版门的基础上，衍生出了实榻门、棋盘门、屏门、撒带门等多种门式。明清的建筑窗出现了南北地域之分，北方建筑窗以支摘窗为主，南方建筑窗以和合窗为主。此外，明清园林代表了中国古代园林艺术的巅峰，园林中的门窗不仅是观赏园景的重要装置，也是整个园林景观的重要组成部分。

实榻门是由数块厚料拼攒而成的，门板背后横向加设数根穿带木条进行串联（图3-4-13）。实榻门的门芯板与大边厚度一致，因此是各类版门中最厚重、形制最高大的大门。因其厚重坚实，具有较强的防卫功能，多应用于宫殿、坛庙、府邸、城垣等重要建筑中。

棋盘门扇是先用边梃大框做成框，门芯再用薄板穿带（图3-4-14），边梃之间的木板宽窄相同，板缝也整齐形似棋盘。一般棋盘门门芯板与外框都是平的，也有门芯板略凹于外框的做法。棋盘门较之实榻门小且轻，主要应用于一般的府邸和民宅。北京四合院中的院门多为棋盘门，棋盘门常与屏门共同组成四合院中第二道院门——垂花门。

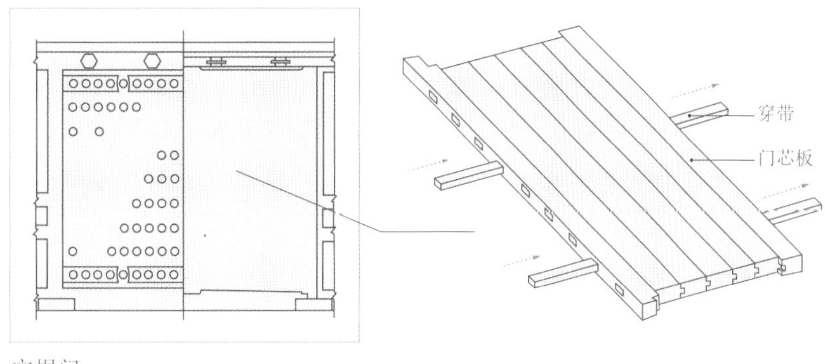

实榻门

- 多块厚木板拼装
- 应用于城门、宫殿、衙署等大门

图3-4-13　实榻门结构图

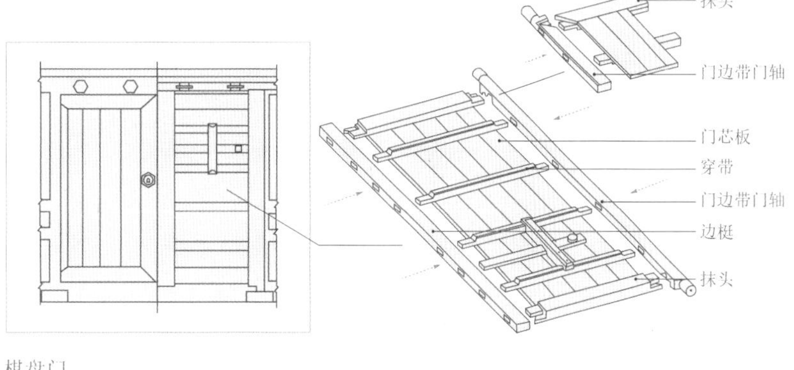

棋盘门

- 多块木板拼合，四抹边攒边
- 应用于民居民宅大门

图3-4-14　棋盘门结构图

撒带门的门板多用1至1.5寸木板制成，仅凭穿带锁合。穿带一端做榫，并在门边凿榫眼，将门芯板与门边相结合，穿带另一端撒头凭一根压带连接，其余三边不攒边，故称撒带门（图3-4-15）。撒带门多用作商铺、作坊等商家的街门，而在北方宅院中也常用作院门或屋门。

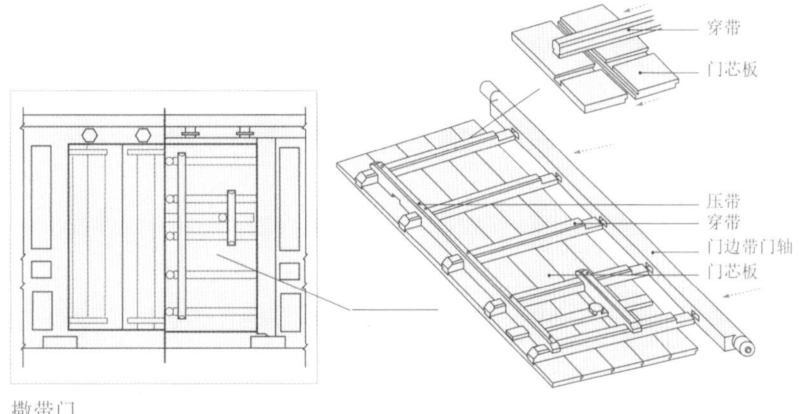

撒带门

- 多块木板拼合，门板穿带结合
- 应用于沿街建筑大门
- 版门

图3-4-15　撒带门结构图

屏门是用薄木板拼攒而成的镜面版门，多为四扇一组（图3-4-16）。因为屏门门扇体量较小，没有门边门轴，仅凭鹅颈、碰铁等铁什件做开合枢纽，所以其不具备防御功能，主要起到遮挡视线和分隔空间的作用。

此外，园林中的门也独具特色。明清时期园林获得了空前的发展，为了更好地组织和规划园林景观与空间的序列，除了外围墙，一般还会在内部设置一些院墙。洞门是设于内院墙上，既无门框也无门扇的门。内墙上开洞门不仅为了提供通道，而且也起到了观景、布置特定景点和指引游览路线的作用。明清园林中洞门的造型呈现出多样化的特点，计成在《园冶》中就绘制了诸多洞门样式（图3-4-17）。

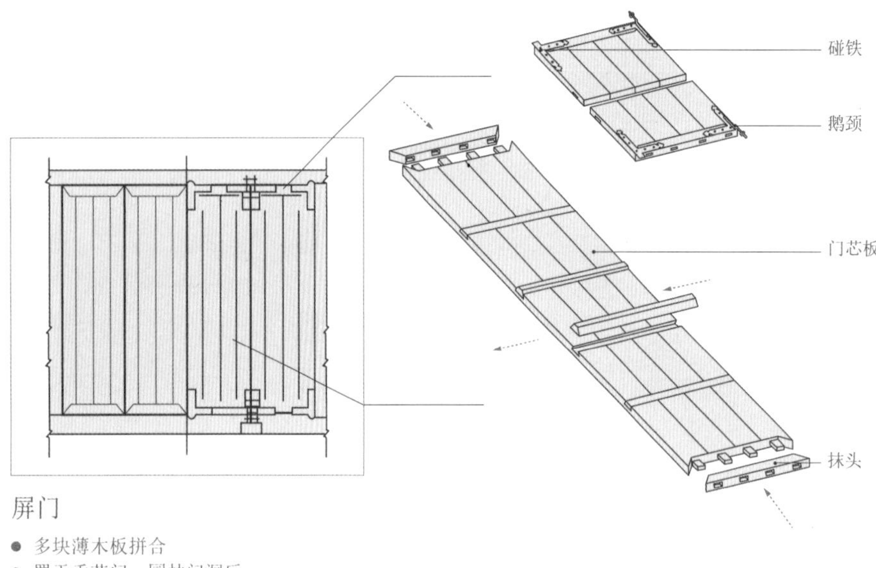

图3-4-16　屏门结构图

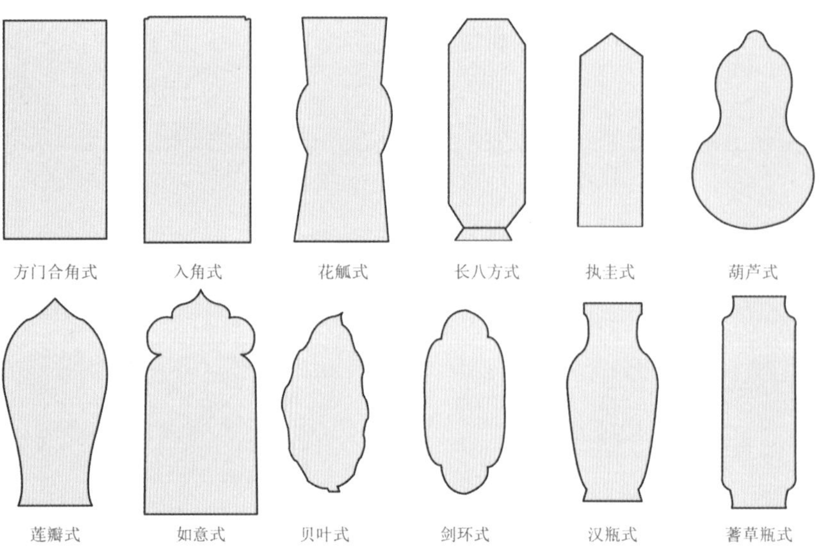

图3-4-17　《园冶》洞门样式[45]

[45]〔明〕计成著，李世葵、刘金鹏编著《园冶》，中华书局，2011，第136页。

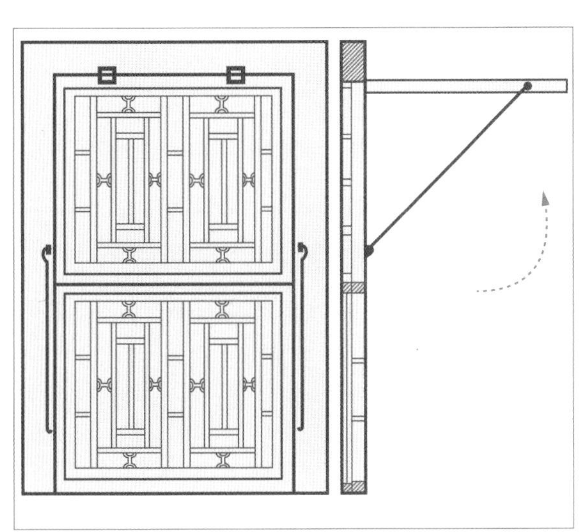

a　支摘窗

b　和合窗

图3-4-18　支摘窗样式

明清时期，窗的设计出现了可上下活动的支摘窗和和合窗。支摘窗由两段组成，上段窗扇可支起，下段窗扇可摘下（图3-4-18a），这种灵活的使用方式有利于遮阳、通风。北方支窗和摘窗的面积大小基本一致，如颐和园中的支摘窗，而在南方为了通风的需要，通常支窗所占的比例较大。支窗的花格种类繁多复杂，摘窗在花格中间留有大面积窗框便于糊纸窗花。此外，在南方民居与园林中，另有一类独特的支摘窗，即和合窗（图3-4-18b），这种窗的窗格设计更为精细，设有上、中、下三扇，上、下两扇窗固定，中扇窗可开合，如苏州退思园的石舫上就设有这种和合窗。

明清时期，不仅建筑用窗的种类繁多，园林空窗的造型也十分多样。空窗依据有无窗格可分为洞窗与漏窗（图3-4-19），北方园林的走廊与外墙上常设有无窗格的洞窗，洞窗的形制和比例与墙面和空间环境有关，走廊、院墙等处则多采用直长、圭角、长八角及其他尺寸较小的洞窗造型。轩馆亭榭的洞窗多用横长、直长、方形等简洁朴质的式样。走廊上连续排列的洞窗大多开窗不大，但式样却各不相同，以免重复单调，如颐和园乐寿堂中的洞窗。南方园林则常在走廊与外墙置漏窗，漏窗常以砖瓦拼接为窗棂形成各式图案，其高度一般在1.5米左右，与人眼视线平齐，透过漏窗隐约可观赏到窗外景物，有似隔非隔的效果。漏窗多用于面积小的园林，以避免小空间的闭塞感，如苏州沧浪亭中的漏窗。

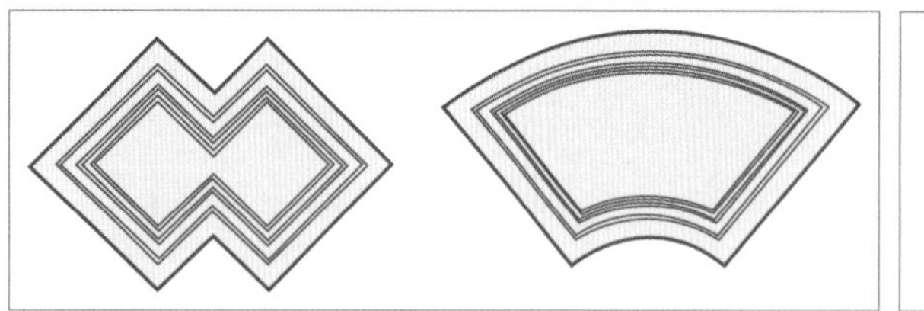

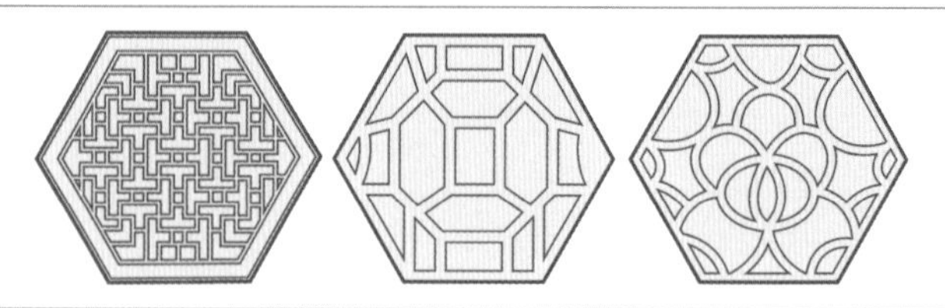

● 无窗格
● 北方园林

● 有窗格
● 南方园林

a 洞窗

b 漏窗

图3-4-19 空窗样式

明清门窗不仅样式丰富，其装饰手法与装饰纹样也十分多样。明清门窗的装饰按重要程度依次为格芯、绦环板、裙板，其中格芯是门窗装饰的重点部位，装饰手法繁多，有攒斗、攒插、插接、雕镂等（图3-4-20）。攒斗与攒插较为相似，两者均是以小拼大的构成方式，不同的是攒斗的榫卯咬合部位在木件的末端，而攒插的咬合部位可以在木件末端，也可以在木件中部。从最终制成的图案来看，攒斗制作而成的图形更加严谨整齐，如青海西宁湟中民居中的黻亚纹格芯；而攒插所制成的则多为不规则图形，如安徽黟县宏村民居中的冰裂纹格芯。正是由于这样的灵活性，攒插较攒斗工艺更为简单，成品更牢固。不同于攒斗与攒插的以小攒大，插接的构成方式是以大攒小，其以长条木件为基本元素，完全摒弃了攒斗与攒插的榫卯结构，以90°或60°槽口对接，插接工艺更为简单，同时其牢固性也较差，插接而成的格芯图案以柳条纹最具代表性。雕镂则完全不同于攒斗、攒插和插接，雕镂以整材为基础进行减法加工。雕镂工艺的优势是能够自由表现纹饰与图案，劣势则是由于整板雕出，木材纤维竖向，横向切断后易受潮开裂、卷翘变形。由于木材材质的限制，雕镂的格芯无法雕镂得过于细致，导致其中空面积比例较小，采光不如前面几种装饰手法。山西皇城相府中的卷草纹格芯采用的就是雕镂技法。

明清门窗的装饰最突出的体现就在棂格纹饰上。传统棂格的样式繁多，主要有自然符号类、植物符号类、文字符号类、动物符号类与器物符号类（图3-4-21）五大类，细分之下有冰裂纹、海棠花纹、卍字纹、龟背纹、灯笼纹等。实际上明清门窗的装饰很少为单一题材，多数情况下是多种题材组合，如昆明筇竹寺梅花、喜鹊格芯纹样，以及成都文殊院龟背、十字纹样[46]。不同的题材组合一

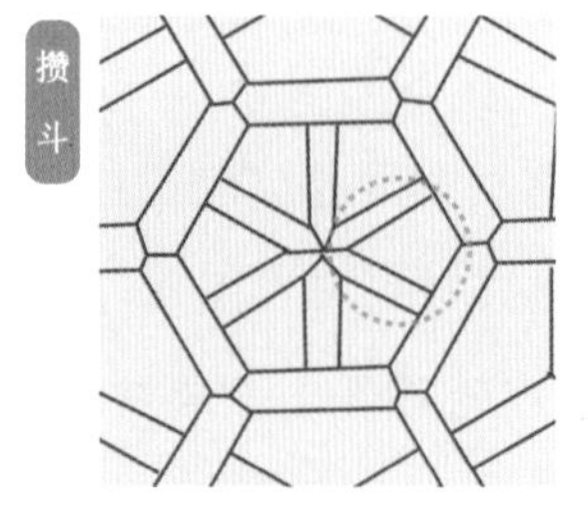

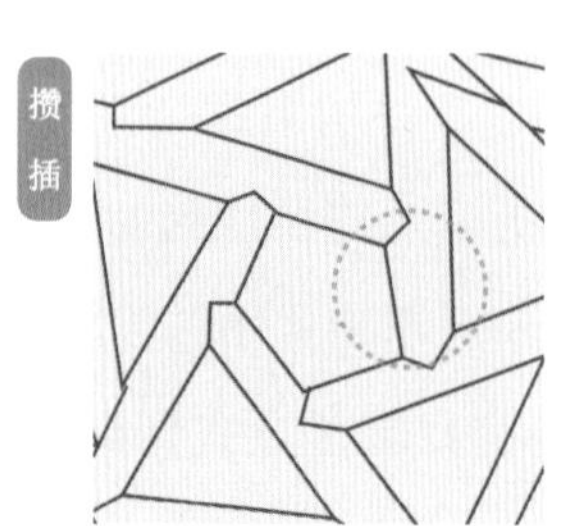

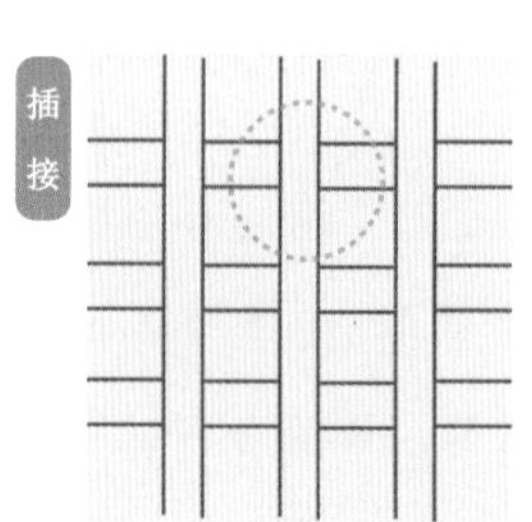

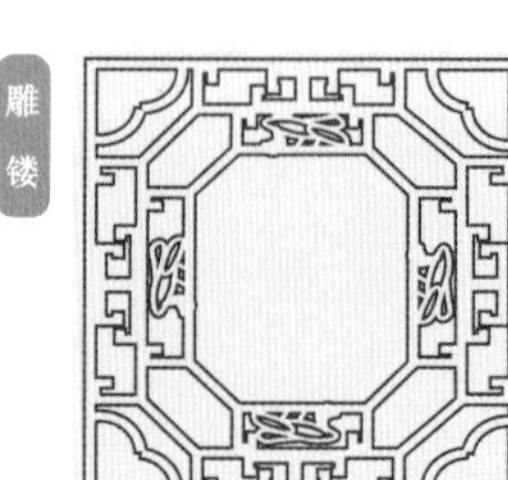

图3-4-20 门窗格芯装饰工艺图

[46] 楼庆西：《户牖之艺》，清华大学出版社，2011，第88、103页。

图3-4-21 格芯纹样分类图

方面是为了满足不同建筑环境的需要，另一方面装饰题材背后的文化内涵也寄托了人们对美好生活的向往。

结语

门窗不仅是居所中不可或缺的组成部分，也是居所重要的装饰部件。门窗一方面解决了居所通行、采光等实际应用需求，另一方面，由于中国传统建筑的木框架体系，使得门窗不需要具备受力支撑的功能。因而中国门窗可以通过丰富的格芯纹样与多样的雕饰手法来展现装饰之美。这些门窗渗透着深厚的文化意蕴与审美情调，并影响着居所的装饰风格与氛围。

门与窗不仅美化了居所立面，满足了不同地域的居住需求，还连通了自然环境与院落空间、居所空间，并彰显了居所等级。南北方窗样式的差异与开窗面积的不同，体现了不同自然环境条件下南北方民众对于居所保温与通风的不同需求。

在园林中，门窗通过借景的手法勾连了自然、院落与居所，既达到了人与自然的和谐相处，提升了生活空间的游赏性，也丰富了门窗的应用场域，使门窗的应用从室内空间拓展至院落空间。民居与府邸等不同居所的门窗样式选择，以及铺首、窗用铰链等金属配件的应用，反映了统治阶级制定的“法式”“则列”对于门窗样式与装饰的限制，折射了封建礼制下的等级制度。

居所作为一种物质文化，它既是物质功能的实体，也是文脉的传承路径。人们需要一个能够反映生活与文化的居住空间，中国传统门窗所具有的风土人情与文化内涵，正是国人对于居住需求的具体体现。当代居所设计在反映时代性的同时，也应该将本土传统文化与现代生活方式相结合，形成传统文化与现代居所设计的共生共赢。

第五节　守拙藏景的空间隔断

屏风是在公共场所和家居空间中起隔断和屏蔽作用的重要家具，通过将其放置在不同的位置，可以有效地划分空间并为其赋予不同的功用。

屏风种类繁多，按常见形制可划分为座屏、围屏、曲屏和挂屏四类。座屏为有底座而不能折叠的屏风，座屏形制可分为独扇固定座屏和底座可装卸座屏。在实际使用中，大型座屏常置于主席后，借以彰显主人身份。同时，在室内空间较大的建筑物入口处，也常用大型座屏作为陈设，借以遮挡视线。而小型座屏则多被文人雅士置于案头，与文房用具共同装点雅居空间。围屏即可围合使用的屏风，常与床榻或茵席组合使用，屏面为曲尺状二折或三折，高度与人席地而坐时半身高度接近，略低于人的头部，为汉代较为流行的屏风式样。曲屏为唐代所创屏风样式，由多扇屏面组合而成，呈曲尺形放置。与围屏相比，曲屏的折叠设计使其可以在空间中更加灵活多变，张开时遮蔽挡风，能够完全展示屏面上绘制的内容以供观赏，折叠时则减少了对空间的占用。挂屏在清代大量出现，为贴在有框木板上或镶嵌在镜框里供悬挂使用的屏条，由屏框、屏芯和挂环组成，屏芯为主画面，外镶板材，再置于边框内，与经过装裱的中国画作品近似。

在中国传统语境中，屏风内涵独特而外延丰富，既是可供近距离欣赏的以不同材料制成的家具，又是协助建构室内外空间的准建筑构件和极为重要的绘画媒材。作为守拙藏景的空间隔断，这一综合性的艺术创造是古代工匠精神和艺术家的深层思维共同作用的结晶。

一、礼制规约下的独扇座屏

（一）先秦"宗法制"助推"器以藏礼"观念的形成

《左传·昭公二十五年》载："夫礼，天之经也，地之义也，民之行也。"[1]先秦时期人们将礼视为生产生活中必须遵守的制度，屏风的产生正是礼制性规约的体现。以嫡庶为中心的"宗法制"形成于商代后期，其核心为由嫡长子继承

[1] 李梦生：《左传译注·下》，上海古籍出版社，2004，第1147页。

家族财产和地位，以保证奴隶主贵族的财富和权力的稳固。随着集权意识不断加深，这种在奴隶主家族中实行的宗法制逐渐沿用至王位的继承上，进而完善并确立为特定的国家制度，“周人嫡庶之制本为天子诸侯继统法而设，复以此制通之大夫以下，则不为君统而为宗统，于是宗法生焉”[2]。为巩固、强化等级尊严，并深化这种制度在人们心中的地位，势必要制定一套完备的器物使用准则来规约人们的行为。屏风的出现正是为了彰显身份尊贵者的特殊地位。从屏风的形制、装饰到摆放位置，都在某种程度上提示着坐者时刻注意自己的言行，从而为场所营造出一种庄重肃穆的氛围。

（二）彰显威仪的独扇座屏

屏风的主要功能为挡风和遮蔽，后汉李尤在《屏风铭》中扼要阐述了屏风的使用方法和功能：“舍则潜避，用则设张。立必端直，处必廉方。雍阏风雅，雾露是杭。奉上蔽下，不失其常。”[3] 在社会规约下，先秦时出现独扇座屏，置于天子背后以借物彰显天家威严。《礼记·曲礼下》云：“天子当依而立，诸侯北面而见天子，曰觐。”[4] 装饰有斧纹的座屏是天子所独有的礼器，在大型场合用来和各诸侯的位置形成区分。《周礼·春官宗伯第二·司几筵》中亦载：“司几筵掌五几、五席之名物，辨其用，与其位。凡大朝觐、大飨、射，凡封国、命诸侯，王位设黼依（图3-5-1），依前南乡设莞筵纷纯，加缫席画纯，加次席黼纯，左右玉几。祀先王昨席亦如之。”[5] 在周天子将其所处位置和屏风进行绑定的过程中，屏风也便具有了神圣的区分等级的象征功能，此功能一直沿用于整个封建时期。

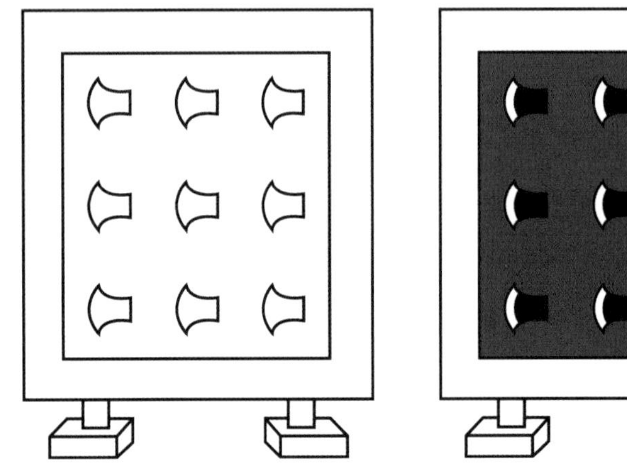

图3-5-1 《三礼图》中的黼依及色彩复原图[6]

[2] 北京大学中国传统文化研究中心编《北京大学百年国学文萃·史学卷》，北京大学出版社，1998，第8、9页。

[3]〔唐〕欧阳询：《艺文类聚》下，上海古籍出版社，2013，第1805页。

[4]〔西汉〕戴圣：《礼记》，陈澔注，金晓冬点校，上海古籍出版社，2016，第36页。

[5] 杨天宇：《周礼译注》，上海古籍出版社，2004，第303页。

[6]〔宋〕聂崇义纂辑《新定三礼图》，丁鼎点校、解说，清华大学出版社，2006，第236页。

先秦的独扇座屏作为地位尊贵者使用的器物，在用料、形制、装饰上皆有着严格的规定。用料上，屏风自创立之初即以木制为胎，木坯的制作常常对此类屏风的造型样式与功能起直接作用。木质胎屏表面多用漆进行髹饰，其制作工艺复杂，西汉桓宽《盐铁论·散不足》中就记载："一杯棬用百人之力，一屏风就万人之功。"髹漆不但保护木胎不受潮湿、虫蛀等侵害，而且漆绘等髹饰方式能装饰屏风表面，从而使其得到更高的艺术价值。形制上，此时期座屏由屏扇和底座两部分组成，不可装卸。其中天子背后座屏屏芯以木为框，内镶板芯，裱糊绛帛，固定于屏座之上，其尺寸长宽均为八尺，其他座屏体积较小，摆放于贵族身后。装饰上，从色彩的角度看，《周礼·天官·掌次》中郑玄注解有"其屏风邸，染羽象凤皇以为饰"。凤皇即凤凰，其羽"五采而文"，由此可以推断出其是仿照传说凤凰样貌将鸟羽加以染色。可见，在先秦严格的礼制规约下，屏风的主要色彩是以青、赤、黄、白、黑为代表的五正色，以此来彰显天家威严。湖北江陵望山1号墓出土的战国彩漆木雕小座屏在用色上就遵循了此种规约，用朱红、灰绿、黄等色彩绘凤鸟的羽毛纹、鹿的梅花斑和蛇鳞等图案，外框除顶部外，还用红、蓝、银灰等色绘勾连云纹、涡纹、兽头纹等图案（图3-5-2）；从纹饰来看，除望山1号墓长方形雕屏上透雕有鹿、凤、鸟、蛙、小蛇，并以双凤争蛇为中心组成图案外，江陵天星观1号楚墓所出两扇座屏两侧各透雕一龙和双龙，龙身相背，尾部相连，各龙瞪目吐舌、屈身卷爪，作欲腾跃状（图3-5-3）。可见此时期屏风以雕饰龙凤等神兽为主，彰显了使用者的身份威仪。

图3-5-2　湖北江陵望山1号墓出土战国彩漆木雕小座屏

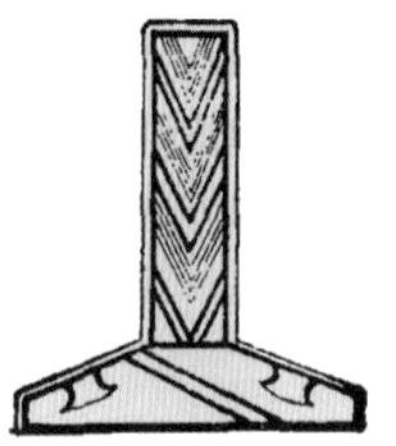

图3-5-3　湖北江陵天星观1号楚墓战国彩漆木雕小座屏线描图

二、起居方式带动下的折叠围屏

（一）围合空间的需求与围屏的产生

汉代出现折叠围屏，其形制为双面屏风，屏门两扇，翼障以折叠构建连接，翼障之下以托座承托（图3-5-4）。其设计原理体现了象征身份与隔断空间的双重功能。汉代人沿袭席地而坐的起居习惯，且建筑封闭性较差，因此在设置席位时，四周多安放屏风。为彰显其身份，上层贵族多选择形制较大的围屏。此时屏风直接落地，尚未与床榻榫合，是较独立的空间围合构件。《西京杂记》载："文帝为太子立思贤苑，以招宾客。苑中有堂隍六所。客馆皆广庑高轩，屏风帏褥甚丽。"[7] 文中说明了屏风帷帐的组合关系，更透露出除在建筑的公共空间使用座屏外，私人空间内也开始使用屏风，这为魏晋组合式围屏的出现奠定了基础。

图3-5-4　汉代折叠围屏线描图[8]

[7] 吕壮译注《西京杂记译注》，上海三联书店，2013，第143页。

[8] 巫鸿：《重屏：中国绘画中的媒材与再现》，文丹译，上海人民出版社，2009，第14页。

在材料工艺方面，以西汉南越王墓出土的屏风漆木为例，每个转角都采用通体鎏金的铜构件包护。外露构件表面贴以麻布，抹灰髹漆；而装入构件内起联系和稳定作用的枋木，则裹以较粗的麻纤维，再贯入竹钉。主体壁板插入边框凹槽内，间以象牙薄片填塞，使之紧固。在色彩选择上，屏风正背两面髹漆，于黑漆底上用红白二色描绘卷云纹，凸显了所有者尊崇的地位。与前代相比，汉代屏风最大的区别在于出现了画屏。出土实物以长沙马王堆汉墓的彩绘漆屏风最为典型。屏身黑面朱背，黑屏上彩绘云龙绿身朱鳞的图案，屏背则是朱地满绘浅绿菱形几何纹。其色彩不再局限于五正色，与先秦时期相比愈加多样，更显奢华富丽。

（二）休憩空间的拓展与榻屏的出现

魏晋南北朝出现上为幔帐、下为箱体的榻屏。这是由于随着社会经济的发展，汉代席所用竹、草、芦苇等材质已不能满足上层贵族的需求，而几案等家具形态的变化和高榻的出现，带动了人们起居生活方式的转变，由最初的席地而坐发展到以床榻为中心。在这一时期，床榻成为广泛使用的家具，并常与屏风组合使用，这体现了贵族对私密性和心理安全感的追求。

魏晋时期，屏风板面沿用汉代的漆木材料。从东晋画家顾恺之的作品《女史箴图》（唐摹本）中，可见床体宽大，四面设屏，前留活屏作为上下出口，一人坐于高榻，屏面可供倚靠，另一人坐于活屏口，双脚可垂足坐立。自魏晋始，随着各种坐具、床具加装足部，使座面、床面被抬离地面，人们开始将屏风上移，进行组合式安装，使得居住和休憩空间在高度上得到拓展，起居生活不再完全围绕地面展开，这是家具设计从低矮向高型过渡的转折时期。东魏时期的翟门生石床，包括子母阙2件、屏风4件、前后腿各1件、左右侧板各1件，石枕1件，共计11件。其中屏风共4块，根据石床的位置可以分为左后屏、右后屏、左侧屏和右侧屏，是我国目前发现的最为完整的双面屏风石床（图3-5-5）。由此可见，

北魏榻屏线描图

东魏翟门生石床

图3-5-5　榻屏呈现方式示意图[9]

[9] 巫鸿：《重屏：中国绘画中的媒材与再现》，文丹译，上海人民出版社，2009，第83页。

榻屏中的屏风实现了对坐榻的围合状包裹，提升了家具的舒适性，展现出了与前代不同的生活化特征。

装饰方面，此时期于屏上作画、题字已十分普遍，除继续沿用红色作为主体色，金色和黄色的比重也明显增加。以北魏司马金龙墓的漆画屏风为例，板面朱漆，题记黄底，以墨线勾勒，内填黄、白、青、橙红、灰蓝等色，绘制人物故事图案。正面绘画内容均为古代著名女子故事，如娥皇、女英、周太姜、周太任、周太姒、班婕妤等，这些故事均来源于西汉刘向所作《列女传》，而背面则多取材于《孝子传》。人物的描绘因色彩浓淡不同而展现出立体感（图3-5-6）[10]。翟门生石床每块屏风正面和背面都绘有左、中和右三幅画，有男女主人形象、牛车和备马出行图、孝子图以及荣启期和竹林七贤图等，内容多样，题材丰富。同时，新的装饰方法"绿沉漆"的出现，打破了传统漆器红黑二色为基调的格局，使色彩的呈现更加细致微妙。"绿沉漆"为暗绿色漆，如物沉于水中，其色深沉静穆。此种绿髹风靡一时，南朝宋《元嘉起居注》载，中丞刘祯弹劾广州刺史韦朗奢靡无度，命工匠制作"绿沉银泥漆屏风二十三床"，这可以作为此种绿髹方式存在的证据，体现出当时髹饰工艺的显著发展和进步。

图3-5-6 司马金龙墓彩绘人物故事漆屏风（局部）

三、文人推动下的书斋屏风

（一）可操控屏蔽空间与书画屏风

及至隋唐，曲屏的大量出现使其成为室内装饰中不可或缺的元素。曲屏由多扇纵向长方形屏板组成，因无屏座，分折放置时形如锯齿，一般为双数组合，

[10] 马自树主编《中国文物定级图典·一级品上卷》，上海辞书出版社，1999，第386页。

如四扇屏、六扇屏、八扇屏、十二扇屏等。李商隐《屏风》诗云："六曲连环接翠帏，高楼半夜酒醒时。掩灯遮雾密如此，雨落月明俱不知。"其中"六曲连环接翠帏"一句所指即为六折十二扇曲屏。

此时期多曲形制的屏风作为室内隔断，其优点在于打开至一定角度即可稳定站立。用则设，不用则收。与前代屏风相比，多曲的造型和高大的体量扩大了屏蔽的面积。其中，六曲屏风即由六扇屏面折叠而成，是唐代多曲屏风最常用的标准形制。多数屏风单扇尺寸为高五尺（约1.65米），宽一尺八寸（约0.6米）。据此推断，六扇屏风的标准尺寸约为高五尺（约1.65米），宽十一尺（约3.6米）。以日本正仓院所藏"鸟毛立女屏风"为例，这一唐代屏风的制作工艺在文献资料中有详细描述："鸟毛立女屏风"六扇（图3-5-7），高四尺六寸（1.53米），单扇宽一尺九寸一分（0.63米），用木材加工成斑竹状的框；每扇边框周缘以绯红色纱装裱，屏风背面的芯木与缘框用铁钉连接固定；缘框髹黑漆，并用黑漆钉固定芯木的纵材和横材以及底布。[11]六扇屏风以绯色构件接合，被称为"接扇"。屏风背面则用碧色丝绸托裱。此为唐代常见的六曲屏风的典型构造。

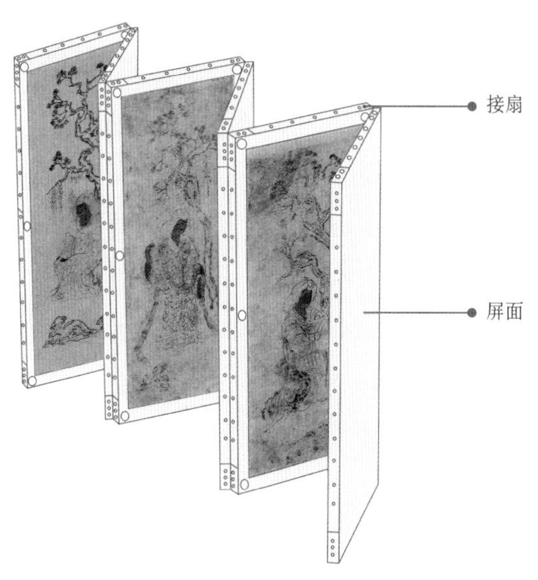

图3-5-7　鸟毛立女屏风结构复原图

同时，随着古典艺术的不断发展，文人雅士开始将屏风作为书画创作的载体，充分将艺术与其结合。张彦远在《论名价品第》中，论及诸家作品价格时都是以一片屏风为标准："董伯仁、展子虔、郑法士、杨子华、孙尚子、阎立本、吴道玄屏风一片，值金二万，次者售一万五千……"[12]由此可见，屏风在唐代不仅继续了魏晋的家具使用功能，亦是绘画作品的重要载体，使其自身也成为艺术品。从当时诗文、出土物以及壁画中可见，唐代屏风上的绘画题材几乎涵盖了所

[11] 冯慧：《正仓院文物所见唐日文化交流——以鸟毛立女屏风等文物为中心》，博士学位论文，南京大学，2014。
[12]〔唐〕张彦远：《历代名画记》，人民美术出版社，2004，第31页。

有画科，从人物题材到山水花鸟无所不包，如李白《观元丹丘坐巫山屏风》中“疑是天边十二峰，飞入君家彩屏里”[13]形象地说明了在十二曲屏上绘制山水画的情况；路德延《孩儿诗》中“展画趋三圣，开屏笑七贤”[14]进一步证明了七贤图屏风在当时实际生活的使用；而卢纶的《和马郎中画鹤赞》中“高高华亭，有鹤在屏”[15]则说明了鹤样屏风的流行。

此种书画屏风的盛行带动了花鸟人物屏风色彩艳丽且对比强烈的审美风尚。从出土的唐墓屏风画中可见，朱红、青绿、靛蓝、黑、白等色是常用色，而青绿、金碧与水墨山水技法也多运用于屏面绘画中。同时，绢帛面屏风除了可染缬纹样或刺绣，还能贴以鸟毛。此外，漆屏风上加以金银装饰的风气更盛，螺钿镶嵌工艺大量出现。至五代，屏风基本承袭唐代式样。《韩熙载夜宴图》中绘有水墨山水树石的落地屏风和榻上围屏即为该时期屏风的直观呈现。“唐代的装饰，一变以前以动物纹占主导地位的传统特色，开始面向自然，面向生活，富有浓厚的生活情趣。”[16]简言之，此时期屏风在实用与文化上并进发展，为宋元时期屏风艺术的雅致化发展奠定了基础。

（二）小木作技术的提升与屏风应用场景的多样化

宋元时期屏风的使用较前代愈加普遍，不但居室陈设立地屏风，日常家具如床榻、桌案也附设小屏风，甚至还将其引入室外环境中。这一现象的出现得益于商品经济的高度发展以及由庞大的文人士大夫阶层所引领的尚文风气的形成。同时，随着官营手工业和民间作坊手工业的迅速崛起，手工艺逐渐朝着精细化方向发展。宋代，木作工具中增加了手推刨的运用，南宋戴侗《六书故》记载：“刨皮教切治木器，状如铲，拘之以木而推之。”这种工具的使用使得屏风的制作更加便利，尤其是主要承重部件底座的装饰更加精致。屏风四角用金属拐叶包边的工艺也出现在此时期，金、银、铜的运用呈现出了黄、白、红色的对比，如河南白沙宋墓壁画中，墓主人夫妇身后即为蓝色屏芯、金黄色拐叶、内画水波纹屏风。

在宋元时期，屏风丰富多样的形制催生出了多样化的应用场景。其中以单扇座屏为大宗，其屏芯两面通常裱糊纸或丝织物，上面多绘风景人物图案。座屏的底座一般固定，由桥型底墩、桨腿站牙和窄长横木组合而成，形成了成熟的座屏造型。此种底座低窄、屏面宽大的屏风给人以平展、坚实和稳定之感，多放置于厅堂或室外。此外，座屏还衍生出流行于文人间的砚屏，这种小型屏风通常陈

---

[13]〔唐〕李白：《李太白全集》第三册，中华书局，1957，第1151页。

[14]张国风：《太平广记会校》，北京燕山出版社，2011，第2571页。

[15]〔唐〕卢纶著，刘初棠校注《卢纶诗集校注》，上海古籍出版社，1989，第267页。

[16]田自秉：《中国工艺美术史》，商务印书馆，2014，第166页。

设于书桌及画案的案头砚边，单纯用于赏玩。砚屏的材料常选用天然山水纹石与黑白大理石，色调朴素淡雅。文震亨在《长物志•卷六》中云："屏风之制最古。以大理石镶下座精细者为贵，次则祁阳石，又次则花蘂石。不得旧者，亦须仿旧式为之。若纸糊及围屏、木屏，俱不入品。"[17] 可见时人对石材的推崇。从南宋何荃所绘《草堂客话图》可以看出，有一人侧卧于凉亭榻上，亭下小溪潺潺。亭侧有怪石竹林、枯木溪泉。亭中书案上设有书籍、砚台、笔格、砚屏等，可见在宋代，砚屏已成为文人几案之上与文房用具并置之物，共同点缀书斋雅居空间（图3-5-8）。除砚屏外，还有一些放置于床头的枕屏和配合灯具使用的灯屏等，这些屏风均具有避风、避光、遮蔽卧态等功能。总体而言，在文人倡导"尚简抑奢"的背景下，这一时期的屏风艺术发生了明显的变化。人物仕女的题材内容不再流行，取而代之的是水墨与工笔重彩兼备的山水花鸟题材。水波纹屏成为此时期新兴的屏风主题。以山西晋祠圣母像后素地墨线的海水纹屏风为例，其色调追求自然隽永之美，与当时的主流审美相符。宋元时期的屏风设计整体上呈现出简约质朴的视觉形态，屏风在这一时期继续发挥着室内装饰的重要作用，同时也是书画艺术的重要载体。

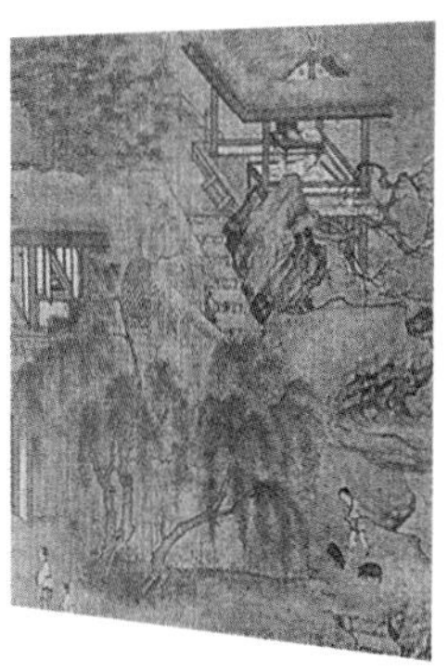

图3-5-8 陈设于案头的砚屏示意图

四、装饰观浸淫下的插屏与挂屏

（一）榫卯连接工艺的成熟与插屏的流行

明沈德符于《万历野获编》卷二载："今主上御门尝朝，黼扆之后，内臣执一有柄之物，若擎扇然。"[18] 这段文字说明了在明代，屏风依然是帝王朝堂的必

[17]〔明〕文震亨：《长物志》，陈剑点校，浙江人民美术出版社，2016，第57页。
[18]〔明〕沈德符：《万历野获编》上，杨万里校点，上海古籍出版社，2012，第57页。

备礼仪之物。除此之外，文人雅士对于屏风的设计和使用也颇为热衷。相比宋元时期，他们在继承传统样式的基础上，更加注重材料的选择和制作技巧。其中，出现了一种可装卸的座屏，即插屏。此种新样式的出现得益于榫卯连接工艺的成熟。一种常见的板框榫卯连接方式是“格角榫攒边”。这种方法是在一根板框的边沿抹头上开凿榫眼，然后在合口处将板框斜切角成45°，使得另一根板框的榫舌可以牢固地插入榫眼内，不会晃动（图3-5-9）。同时，插屏底座的制作工艺与多扇屏不同。它是在两个纵向木墩上各竖一根立柱，再用两道横杆连接两根立柱。在插屏底座的两墩中间，前后两面镶雕花披水牙，而在两横杆中间镶雕花绦环板。在立柱的前后两面立站牙，立柱顶端与绦环板上杆之间留有间隙，并在间隙内侧挖出凹槽，屏框的两竖边就插入这个凹槽内。插屏大小多依据室内陈设的家具及墙面宽窄而定，这样使得屏风在摆设过程中能充分发挥其作用。明中期以后，工匠们在屏座横木下沿设计出“披水牙子”，这是一种在屏风两脚与屏座横档之间带斜坡的长条花牙。这种牙子前后共有两块，呈现出“八”字形的斜坡，如同墙头上的披水，这使屏风的造型愈显秀丽（图3-5-10）。同时，底座设计不断出现加宽繁复的趋势，有的在屏座之间的横木上设计“矮老加绦环板”的形式，这种设计对清代的屏风形制产生了深远影响。

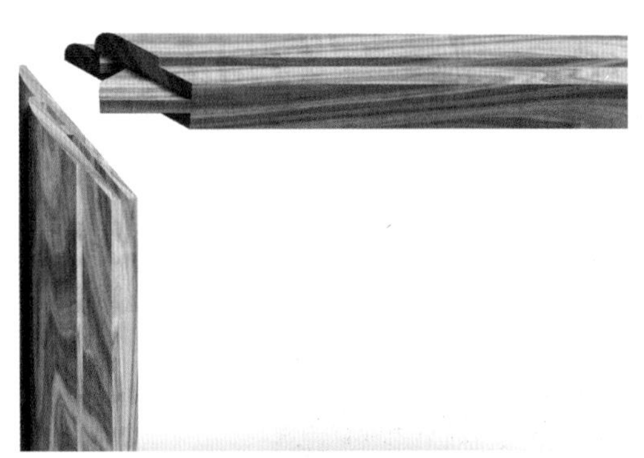

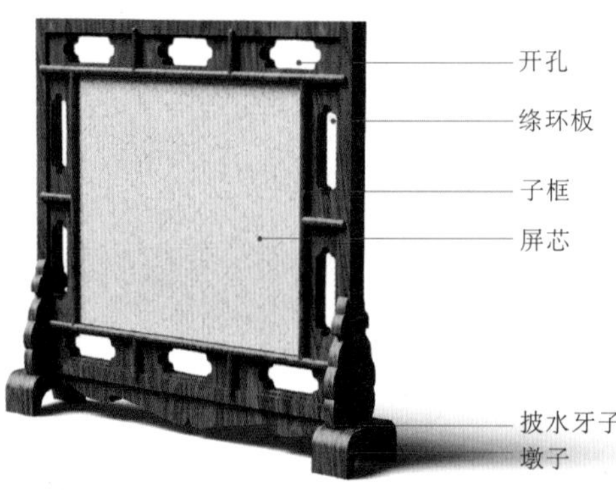

图3-5-9（左） 格角榫攒边结构示意图

图3-5-10（右） 榫卯连接工艺下插屏结构示意图

在明代，屏风艺术迎来了发展的鼎盛期。这一时期首创了雕漆屏风，即在屏风上髹漆后再雕刻图案。在色彩方面，仅漆色就有黑、朱、绿、金、黄、紫褐等多种颜色，但朱红漆髹饰的屏风仅能为皇家所用。较前代的工匠设计而言，文人士大夫直接参与的设计为明代屏风带来了新鲜血液，使屏风呈现出古雅清丽的审美情趣。宋代爱石之风至明代不减，明代画家文震亨认为屏风以镶石者最佳，其余皆不入品，而石又以水墨之色的大理石为最。整体而言，明代屏风材质与色彩呈现出奢华与雅致并行不悖的局面，体现出明代手工艺发展至材美工巧的高峰。李渔的“体制宜坚”[19]这一美学原则在屏风设计中得到了充分体现。屏风造型

[19] 杜书瀛：《李渔美学心解》，中国社会科学出版社，2010，第112页。

挺拔简洁，选材精良细腻，这些都反映了这一时期人们的审美需求。

（二）家具装饰性的提升与挂屏的发展

及至清代，随着家具风格转向追求雍容华贵和精巧奢靡，屏风在这一风气的影响下，在形制上出现了新的突破，这一时期发展出贴在有框木板或镶嵌于镜框里供悬挂用的屏条，即挂屏（图3-5-11）。挂屏通常由屏框、屏芯和挂环组成，成对或成套使用。四扇一组的称为四扇屏，八扇一组的则称八扇屏。各扇屏之间的图案具有情节上的联系。在装饰上，清代屏风力求华美，并注重与其他各种工艺品结合，大量使用金、银、玉石、珊瑚、象牙、珐琅、百宝镶嵌等不同材料，追求辉煌璀璨之貌。然而，由于过分追求奢侈，屏风在装饰上显得烦琐累赘，有流于庸俗之弊。由于镶嵌点翠工艺的长足发展，清代屏风的色彩种类更加丰富，青、蓝色的使用明显增加。整体色调趋于和谐，在对比中追求视觉上的统一性。挂屏此时已完全脱离实用家具的范畴，成为纯粹的装饰品与陈设品。这也符合中国古代家具“天有时，地有气，材有美，工有巧，合此四者，然后可以为良”[20]的设计追求。

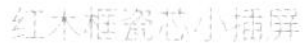

红木框瓷芯小插屏

红木边铜胎珐琅山水御制诗挂屏

图3-5-11 清代代表性插屏与挂屏示意图

[20]闻人君译注《考工记译注》，上海古籍出版社，2008，第4页。

结语

屏风既是分隔空间的设施，也是室内外装饰的重要构件。屏风设计以其放置灵活和守拙藏景的特性，成为生活空间中必不可少的陈设家具。大型屏风在形制上遵从象征身份与隔断空间的双重功能，从不可装卸的独扇座屏、以折叠构件连接的折叠围屏、上为幔帐下为箱体的榻屏，再到用则设不用则收的曲屏，体现出贵族对私密性和心理安全感的需求。而曲屏、砚屏、枕屏、挂屏等小型屏风富有较强的装饰感，风格渐趋雍容华贵、精巧奢靡。

在设计思想上，先秦至汉，崇德尚礼的思想使屏风被赋予权力和礼制象征的意味。魏晋时期，文人士大夫追求“简约玄澹、超然绝俗”的审美理想，他们在屏面上绘制山水以壮怀思物，映射出中国文人雅士对自然之美和隐逸之美的追求。随着唐代胡汉文化的碰撞交融，屏风审美更趋多样化。贵族中好雍容华贵者，往往为屏风饰以云母、水晶、琉璃等材料，镶嵌极尽奢华的象牙、玉石、珐琅、翡翠、金银等贵重配件；而青睐平淡素净之美者，则展现出多元开放的审美面貌。及至宋代，理学观念暗合文人清修之心，飘逸雅致的文人绘画也将屏风设计推向新的境界，追求质朴的造型和简洁的装饰。在思想高度凝练、追求繁缛的清代，诸种装饰小屏皆在空间中发挥着不同的妙用。

一言以蔽之，屏风由高大的落地式象征物转变为灵活的可随放置空间而动的家具样式，既是人们生活中具备实用功能的物品，也凝聚了中国几千年的文化内涵和礼仪传统。因其暗合古人讲究含蓄、奉行中庸、注重隐私、不事张扬的处世哲学与文化心态，也寄托着文人墨客的理想情趣，故历千年而不衰，成为当代家居空间的重要组成部分。

第四章
由此及彼的出行方式

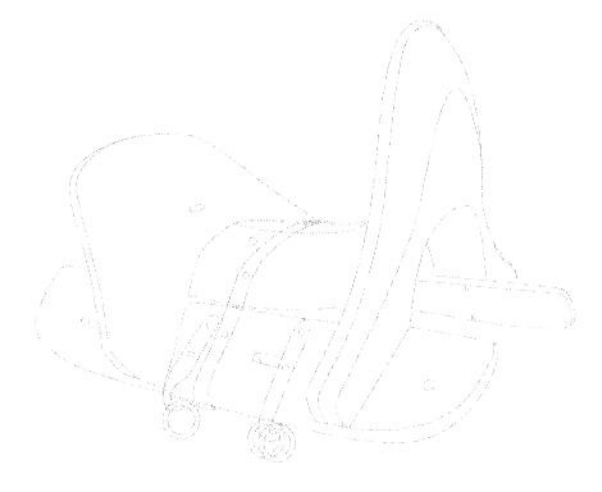

中国古代的出行方式和交通工具的设计体现了古代工匠对地理环境和社会需求变化的探索和考量。其发展过程呈现出形制多元化、技术整合化的路径，凝聚了“因地制宜”和“引重致远以利天下”的造物智慧。

从先秦开始，“陆行乘车，山行乘檋，水行乘船”和“服牛乘马”的出行方式就已经形成，并出现了独辀马车、软马鞍和独木舟等简单交通工具，展现出不同种类交通工具对不同地理环境的适应性。秦汉时期，舆轿的出现方便了社会主流群体的短途出行，标志着交通工具进一步向多元化发展。唐宋时期，交通工具的设计与加工技术趋向成熟，推动了车辆和船舶的类型及功能的多样化发展，出现了具有游幸功能的画舫。在北方游牧民族的影响下，马具的设计也更加注重安全性、稳定性和舒适性。元代以后，交通网络进一步发展，交通工具设计更加完备，尤其是大型远洋海舶的出现，不仅代表着中国古代船舶设计与制造技术的高峰，还促进了海上贸易和文化交流的繁荣。

古代交通工具的功能、形态与设计思想的历史演变，不只是技术革新的成就，更是社会文化、民众生活与技术创新等多种元素交织共融的产物，不仅反映了中国古代社会主流群体对自然环境的适应与改造，也体现了他们对移动、运输与速度概念的理解和追求。古代的出行工具是如何从原始的造物开始，逐步演变成为复杂的移动机械的？古代先民们在何种社会情境和生活背景下选择使用特定的车船？推动车船前行的动力和方法经历了哪些技术革新？鞍具的设计又反映了哪些生活方式和价值观的转变？各式交通工具的差异化与专门化又揭示了哪些社会分工与文明进步的印记？

在中国古代交通工具的历史发展过程中，陆地交通工具的设计深受古代地理环境的影响，形成了高度多样化和独具特色的交通体系。其中车辆、舆轿和鞍具是最主要的三种形制，它们按牵引驱动的动力来源可分为畜力和人力两大类，而“乘人”是三者共同的使用目的。不同种类的出行工具和牵引动力之间呈现出相互交叉的现象，如舆轿最初的形制来源于独辀马车，马既可以牵引车辆，又可以直接骑乘。

独辀马车作为连接人与远方、规范行驶路径、传承工艺技能、展现社会阶层的重要载体，体现了先秦时代陆地交通工具的技术与审美追求。第一节为“独辀轭軥”，描述了独辀马车由转承、曳引、乘载和系驾四大结构组成。在车体结构的演进过程中，通过不断改善车轮的设计和车身的结构，独辀马车提高了车辆的稳定性和负载能力。同时，对高质量的金属加工技术的掌握，如青铜和铁的铸造，促使重视负载能力、行驶速度和距离的车辆能够拥有更强的承载结构和更长的使用寿命。可以说，独辀马车的各个构件各司其职，其所在位置，所起功能、负重强度以及相互之间的搭配组合都对选材和工艺有着不同的要求，在结构上的平衡与协调渐趋合理，从形制上和技术上为秦汉时期双辕马车的产生和发展奠定了良好的基础。

古代舆轿的演化，是对社会等级秩序与出行文化精致化的直观体现，也是工匠技艺与设计创新的历史见证。舆轿通过构建空间容纳乘者，整体形制受建筑和家具的影响而变化多端，结构也受驱动方式的影响变得较为复杂。第二节为“肩负舆行”。无轮乘舆，即“舆轿”，自先秦时期诞生以来，最初作为统治者的出行工具，唐代以后的舆轿逐渐向民间普及，成为社会主流群体日常出行的主要交通工具之一。其形制由舆和杠两部分组成，根据身体负担杠的位置和舁抬方式，舆轿可分为肩舆、腰舆和襻舆三种类型；根据乘坐方式，可分为担舆（无椅）和椅轿两种；根据舆体外形，可分为屋式、伞式、亭式、榻式和椅式；根据使用者，又可分为官轿、民轿和仪礼轿。舆轿之形制多样化，从舆与杠的组合到乘坐方式的创新，再到外形样式的丰富，每次变革都是对建筑与家具艺术的一次巧妙借鉴。舆轿的形制、抬数和操持方式的变化主要受等级秩序的影响，等级越高，在同类型舆轿中体积就越大，装饰也更加华丽，舆夫数量也随之增加，其规格以皇帝乘坐的礼舆为最。

古代马具的演化，不只是对马术工艺与骑乘方便性的追求，更是对马背文化与功能美学的深入探讨。第三节的“马上驰骋之具”中，将中国古代马具分为五大类：一是用以乘坐的鞍具，二是用以驾驭的辔具，三是用于固定的带具，四是用于踩踏的镫具，五是用于遮防的护具。马鞍是其中重要的代表，每类马具的出现与发展，都与骑术的精进和社会文化的进步紧密相连。鞍具的设计通过鞍镫构成的三个承力点来支撑乘者。受马背体积和空间的制约，鞍具虽然整体形制和结构较为简单，但充分考虑到与马匹体型的适配性。尤其是兼具实用与文化功能的金银马鞍，作为马具中的精华，其工艺之精湛和形制之独特，体现了中国古代对马鞍美学与功能性的双重追求。

水上交通工具的设计则见证了古代造物者对水文和天文的深刻理解和探索的历程。船舶的设计和构造不仅是对船体结构的巧妙设计和材料的巧妙利用，还包含对航海技术的不断创新，令人们的生产生活空间从陆地扩展至江河湖海。船舶的类型多种多样，其中内河游船和大型海船是较为典型的代表。

画舫的演进是古代水上生活文化与技术创新的结晶，体现了对河湖之美的探寻与休闲方式的文化演化。第四节为“游幸的画舫”。画舫是中国古代社会主流群体用于内河观景、游玩的小型游船。画舫从最初的单体结构，经历双体的拓展，再归于改良后的单体，其形制变化不仅适应了河流的蜿蜒与湖泊的宽阔，也映射出中国古代船舶工艺的逐步成熟。画舫的形制演变经历了从独木舟、桴筏到木板船，再到木帆船的过程，展现了水上交通工具的演化史。尤其是船舱水密性的增强，提高了船舶在不同水文环境下的航行能力。画舫的动力和推进方式，经历了从篙、桨，到桨舵配合，再到桅帆驭风的变革，体现了古代工匠对动力学原理的深刻理解与应用。尤其是对船舶动力传输系统的改进，如利用流体力学原理来控制船舶方向的舵和利用风力来推动船舶前进的帆，提高了船舶的运行效率和可靠性。画舫的停泊工具也随着技术的进步而发展，从最初简单的石碇，演变成带爪石、木碇，最终定型于复杂的多爪铁锚，每步的改进都显现出对稳定性和安全性的不断追求。

郑和宝船是中国古代航海文化与技术交融的象征，在明初"互市"和"朝贡"的双重利益驱动下，不仅展示出明代高度发达的海船制造技术和远洋航行能力，还呈现出中国古代海洋探索方面的技术成就，成为连接东西文化、开拓国际贸易通道的历史见证。第五节为"'赍赐航海'背景下的郑和宝船"。郑和宝船是用于远海航行的福船中的重要代表，由船体、船舱和桅帆三大结构组成，以"V"形船底和多桅多帆的动力系统为标志。其中体现的技术创新，如龙骨防摇技术、水密隔舱技术、轴转舵技术、桅杆接长技术以及多种铁件组合紧固等，是对流体力学、材料力学、运动学、数学等领域理论的深入应用与实践，体现了科学技术的进步对海船制造技术强有力的推动作用。

中国古代出行方式和交通工具在世界交通历史的发展中扮演着重要的角色，展现了中国悠久而辉煌的出行文化，其发展水平可以衡量古代科技发展的水平和利用自然的尺度。深入研究中国古代交通工具的技术演进，可以发现，中国古代出行工具展现出"工聚一器"的造物特征。工匠对于不同材质特性的深刻理解和利用，令物质材料的选择、器形结构的设计和加工技术的实施呈现出一种多元化和综合性的技术发展路径，这不仅为本土的出行方式和交通工具带来了繁荣和进步，还通过技术的创新、交通网络的建设、思想文化的交流等多个维度，对其他国家产生了多元化和全方位的影响。

纵观古代车船的演变脉络可以发现，工艺技术的创新、材料科学的进步和动力系统的改进是中国古代交通工具发展的重要推动力，日益完善和成熟的交通工具体系影响了社会主流群体生活方式的变迁。在此过程中，科学技术的发展、社会生产力的进步、生活水平的提高、消费行为的革新，以及社会主流群体的审美需求，都显著影响了中国古代交通工具的形制和功能迭变。尤其是对金属、木材、竹材、纺织纤维等材料的不同物理特性的综合利用，以及对轮轴、杠杆、浮力、流体等力学知识的探索和实践，呈现出不同技术、知识和文化的交叉融合。交通工具上的精美装饰，如金银镶嵌、雕刻、髹漆和彩绘，还体现了儒家思想主导下社会主流群体的审美标准和价值观，彰显了等级秩序下的权利和地位。

除此之外，中国古代交通工具的发展在很大程度上推动了对外贸易和文化交流的繁荣。例如，马车和马具的发展和完善使得陆上贸易变得更为便捷和高效，为陆地丝绸之路的商业贸易开展提供了坚实的大宗货物流动基础；船舶工艺的演进，特别是大型海船的设计和构造的突破，极大地促进了海上丝绸之路的繁荣，不仅提升了货物运载量和海上贸易的安全性，还拓展了贸易的地理范围，形成了由亚洲和非洲北部、东部沿海56个国家和地区组成的海上贸易网络。在交通工具的进步和丝绸之路的外联功能共同作用下，极大地推动了文化、技术和知识的跨区域传播，促进了文化的交流和文明的互鉴。

第一节　独辀轭靷

从先秦文献的相关记载来看，车舆起源于史前的远古部落联盟时期，最初的功能在于负重长距离出行。先秦文献记载，“黄帝作车，至少昊始驾牛，及陶唐氏制彤车，乘白马”[1]，揭示了车舆从人力驱动逐渐演变为畜力驱动的历史过程。二里头时期至商代中期狭窄的轨距，进一步从侧面证明了车舆驱动方式的演进的确遵循了由人力向畜力演变的转变规律。这个转变并不是凭空出现的，而是与当时的社会、技术和经济条件紧密相连的。随着社会的进步和技术的发展，人们开始寻找更为高效和便捷的驱动方式，以替代原始的人力推动。畜力的引入，如马、牛等，为车舆的驱动提供了更大的动力和持久性。在这个转变过程中，独辀马车的整体结构得以确立。它由四部分组成：由轮、轴组成的转承结构，承担着车辆的转动和承载功能；由舆、盖构成的乘载结构，提供了乘坐和遮挡空间；由辀、衡构成的曳引结构，用于牵引和驾驭车辆；由轭构成的系驾结构，用于连接畜力和车辆。

安阳殷墟独辀马车的出土，表明最晚于商代晚期，中国古代的车舆形制和造车技术已经基本成熟，并且形成了一车二驾和一车四驾的车马陪葬制度。西周时期独辀马车被纳入统治阶层的礼制体系之内，车舆形制较此前有了较大的改善，车辀曲度增大，轮辐数量增加，舆前侧的轼基本普及，并且出现了伞盖，局部青铜构件也相对增多；春秋战国时期独辀马车的选材、加工和固连的方式更加规范化（图 4-1-1、图 4-1-2），一方面，出现中国最早的系统性车制规范文献《考工记》，统一了各部分构件的选材、技术和尺度；另一方面，在榫卯的基础上，拓展出半榫卯加绑扎方式。

本节共三部分，分别阐述独辀马车的转承、牵引和承载系统，其中由车轮和车轴组成的转承构件是独辀马车各部分结构中起运转和负荷作用的核心部分，以车轴向两外侧延伸固连双轮，并以轮辋接地。曳引结构中的辀、衡与系驾结构中的轭是传导马的拉力牵引独辀马车前行的重要构件，辀位于舆底的后段与轴上下交叠构成“十”字形承连机构，舆前段逐渐上曲，并于辀颈处以“十”字形固

[1]〔蜀汉〕谯周：《丛书集成续编 · 第一一零册 · 古史考一卷》，〔清〕章宗源辑，新文丰出版社，2008，第 466、467 页。

连衡，轭以辀为中心，对称安装在衡的两端，驾于马颈。由舆底、舆身和顶盖组成的舆体空间是独辀马车用来乘人载物的重要结构，位于轴、辀之上，三者之间的固连通过伏兔、当兔和挖槽来抵高度差，并增加减震的作用。

图4-1-1（左） 春秋战国时期独辀马车示意图

图4-1-2（右） 春秋战国时期独辀马车分解图

一、轮轴相承与毂軎加固

独辀马车的转承构件由车轮和车轴组成。车轮贯穿车轴的两端，起到运转和负荷的作用，是独辀马车最为核心的构件（图4-1-3），正如《考工记》云“车自轮始”[2]。车轮与车轴的形制自商代晚期就已经发展成熟，车轮整体为圆形，以能够在轴上灵活转动的毂为圆心，以牢固紧抱的辋为圆周，再以柔直的辐连接毂和辋；车轴整体为直木，两端贯穿毂身处的横剖面为圆形，并长出毂外。

图4-1-3 先秦独辀马车转承结构示意图

车轮的木构件均为功能件，包括毂、辐和辋。车轮的金属构件包括功能件的辖和装饰件的辖饰、牙片饰等。

毂为整幅车轮的核心结构，通常中部较粗，两端较细，常见枣核形和扁鼓形两种，中心需凿有贯穿前后、孔径较大且打磨光滑的圆孔，用来穿轴。毂身的贤端向内靠近舆体，轵端向外，中段需环绕一周穿孔，用以插接辐。

[2]〔清〕孙诒让：《周礼正义》，汪少华整理，中华书局，2015，第3777页。

西周早期毂的两端增加了青铜构件辖与辖踏，其中圆筒形的辖装于贤、轵两端，整体包裹住毂的口沿，管口用以容轴，起到保护和减少摩擦的作用；辖踏也被称为“笠毂”[3]，前端为圆筒形，后端扁平方形，单独装于贤端的辖后方，起到覆盖的作用。目前最早的辖与辖踏出土于西周早期的山东滕州前掌大墓地[4]。

西周中期出现了辖、軝、軧六节分铸，再依次接合的金属毂饰。辖套于最外端，向内依次为軝和軧。其中軝的整体呈窄条带圆箍状，表面中部有一周凸脊，背面相应为一周凹槽，与辖形成组合，其作用是进一步对毂进行加固，其中軧位于毂中部，有两种不同样式，分别为喇叭形状的横剖式（图4-1-4a）与直立葫芦形状的纵剖式（图4-1-4b），如平顶山应国墓地的M86应侯墓出土的金属毂饰[5]。

东周时期出现了金属辖与细绳捆缚的皮革軝、軧组合（图4-1-4c）。皮革軝、軧通常在出土时已腐朽，仅在毂面保留细线缠绕以加固皮革的篆痕[6]。使用皮条或麻绳紧绕加固时，需要先涂一层漆液，未干时用皮条或麻绳作螺旋式缠绕，绕一层后涂一层漆，如此循环缠绕二三层后再在表面髹漆而成（图4-1-5），如江陵九店东周墓的皮革毂饰[7]。

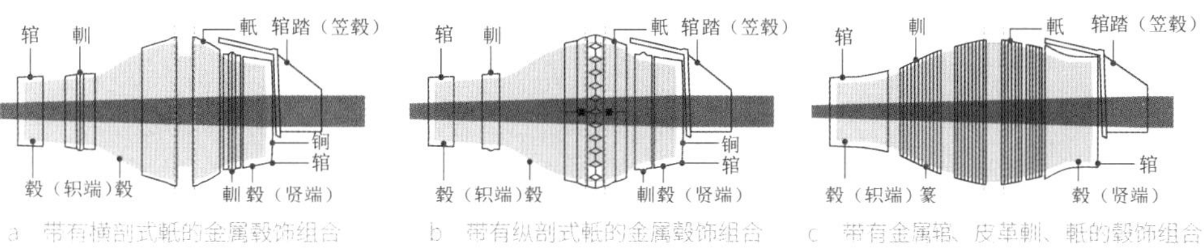

a　带有横剖式軧的金属毂饰组合　b　带有纵剖式軧的金属毂饰组合　c　带有金属辖、皮革軝、軧的毂饰组合

图4-1-4　三种毂饰类型示意图

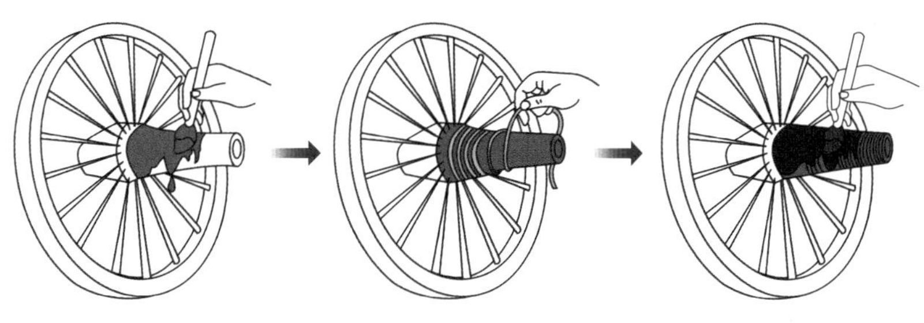

图4-1-5　毂施篆加固方法示意图

辐为轮的支柱结构，两端与毂及辋用卯榫接合，进毂端较细，被称为股；入辋端较宽，被称为骹；辐条进毂、进辋处均呈方形圆角状的凸榫。安装时，股端与骹端并不是保持垂直的，而是股端内隆的，与骹端保持一定端角度，如琉璃阁131墓4号车的辐[8]。商代晚期与西周时期辐条中部的截面大多为近似圆形，如

[3]〔清〕孙诒让：《周礼正义》，汪少华整理，中华书局，2015，第3848页。
[4]中国社会科学院考古研究所编《滕州前掌大墓地》，文物出版社，2005，第344页。
[5]河南省文物考古研究所、平顶山市文物管理局编《平顶山应国墓地》，大象出版社，2012，第461页。
[6]杨定爱：《湖北宜城罗岗车马坑》，《文物》1993年第12期。
[7]湖北省文物考古研究所：《江陵九店周墓》，科学出版社，1995，第140页。
[8]郭宝钧：《殷周车器研究》，文物出版社，1998，第16页。

山东滕州前掌大商周墓地4号车马坑MK4的辐条[9]；春秋时期出现了菱形、扁圆形、圆角长方形等多种样式，如上马墓地出土的辐条[10]；战国时期还出现了股端横截面为扁棱形，骹端横截面为圆柱形的辐条形制，如枣阳九连墩2号车马坑出土的辐条[11]。尽管一只车轮有多条辐，但是车轮无论是转动还是静止，同时起到承重作用的辐都只有垂直方向的两条，因此辐的材质需“料强、径细、材直”[12]，其尺寸需要“量其凿深以为辐广”[13]，才能“固足相持，重任不折”。战国时期，辐外侧近毂处增加了加固结构“辅”[14]，辅为两根直木条，平行夹于毂的两侧，两端插入轮辋，可以增加辐的支撑力。商代晚期辐条为16至26根，大多数为18根；西周时期为18至34根，大多数在20根以上；东周时期跨度较大，为14至36根，但大多数都集中在26至32根之间。单轮辐数呈现出逐渐递增的趋势。

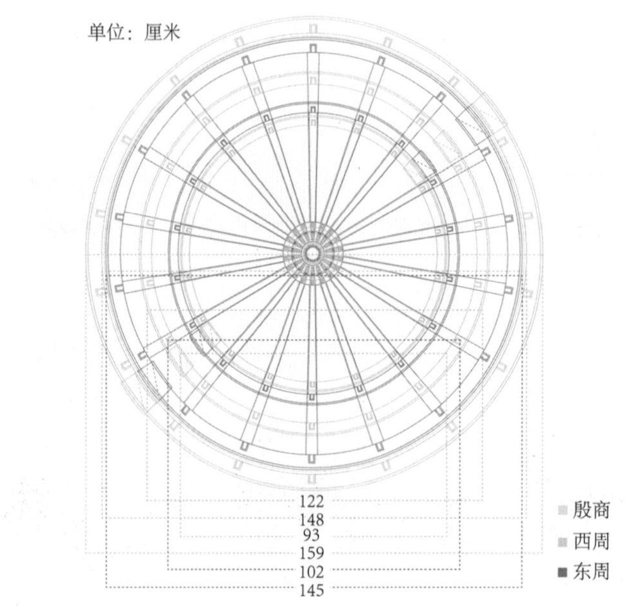

图4-1-6 先秦时期独辀马车车轮尺寸最大、最小值变化示意图[15]

辋为轮的接地结构，整体由一根或多根粗木条燥煣成圆曲，斜面相接处以牙片饰固定[16]，内侧卯接于辐，外侧接地周转摩擦，因此选材需强韧而坚固。辋的横剖面由商代晚期的方形、长方形、圆形和拱形四种，至东周时期增加了钵

[9] 梁中合、贾笑冰、王吉怀等：《山东滕州市前掌大商周墓地1998年发掘简报》，《考古》2000年第7期。

[10] 山西省考古研究所编《上马墓地》，文物出版社，1994，第241—249页。

[11] 李敦学等：《湖北枣阳九连墩2号车马坑发掘简报》，《江汉考古》2018年第6期。

[12] 郭宝钧：《殷周车器研究》，文物出版社，1998，第14页。

[13]〔清〕孙诒让：《周礼正义》，汪少华整理，中华书局，2015，第3816页。

[14] 杨定爱：《湖北宜城罗岗车马坑》，《文物》1993年第12期。

[15] 据先秦时期出土的较为完整的独辀马车轮径数值统计。

[16] 中国社会科学院考古研究所编著《安阳殷墟郭家庄商代墓葬》，中国大百科全书出版社，1998，第127—134页。

形[17]和梯形[18]。辋的直径决定了轮径的尺寸，先秦时期独辀马车的轮径普遍较大（图4-1-6），平均轮径达到1.35米[19]，商代晚期的轮径集中在122至148厘米之间，西周时期的轮径集中在93至159厘米之间，东周时期的轮径集中在102至145厘米之间。先秦时期独辀马车的轮径并没有形成标准制度，因此轮径与轨距的长短以及舆体的大小没有形成紧密的对应关系。

车轴主体为木构件，位于车舆底部中心处和辕下，两端横穿两毂而出，套以金属功能件軎和辖，与车舆承接处两侧装有木构件伏兔，与辀交叠处装有当兔。车轴的作用是持轮承舆，主要构件为一根圆直木。《考工记》中记载“轴有三理：一者以为媺也，二者以为久也，三者以为利也”[20]，可见车轴既需要中部粗壮，以有力地承驾车舆底部的车轸，又需要耐磨且表面光滑，使其贯入毂中能承受持续摩擦而不易损坏，同时能令车轮转动流畅。商代晚期轴的截面为圆形，两端渐细，至东周时期轴的截面出现了扁圆形，两端出现了锥形设计[21]。

马车的轴、舆和辀的结合是整车构造中最重要的部分，它们之间呈叠压式连接。其中轴为总承，辀居正中，靠末端处与轴十字相叠，舆的两侧同样必须落于轴上。由于先秦时期马驾车舆的辀截面高度约为4至12厘米，因此轴在支撑舆时，需要确保舆的左右两端平稳地接触轴，避免由于辀的高度突出导致舆两端无法平稳固定，出现左右摇晃的问题。早期为了降低辀的截面高度，人们在辀与轸、辀与轴叠压处挖槽。随着伏兔装置的普及，通过车舆底框两端接触车轴两侧正下方的伏兔，来抵消辀的截面高度（图4-1-7a）。伏兔位于轴上轸下，用于支撑车舆，起到稳固作用。伏兔与轴和轸通常以革带交叉缠绕绑扎固定，如淄河店二号战国墓的1号车[22]。商代晚期的伏兔外形为倒立“凹”字形木块，如大司空村出土的伏兔[23]；春秋时期伏兔的形态有了变化，出现了正面呈马鞍形和长方形两种，如上马墓地1号坑2号车的伏兔[24]；战国时期伏兔还出现了梯形设计，如九连墩2号车马坑5号车的伏兔[25]。战国时期当兔的出现改变了轴与辀之间的固连方式。当兔位于轴与辀相交的十字中心，与两者相交处均挖有凹槽，并通过凹槽抵消一部分当兔的厚度，这种设计不但能够令辀、轴的固连更加稳定，还能起到减震的作用（图4-1-7b）。

[17] 山西省考古研究所编《上马墓地》，文物出版社，1994，第241页。

[18] 李敦学等：《湖北枣阳九连墩2号车马坑发掘简报》，《江汉考古》2018年第6期。

[19] 孙机：《从胸式系驾法到鞍套式系驾法——我国古代车制略说》，《考古》1980年第5期。

[20]〔清〕孙诒让：《周礼正义》，汪少华整理，中华书局，2015，第3781页。

[21] 李敦学等：《湖北枣阳九连墩2号车马坑发掘简报》，《江汉考古》2018年第6期。

[22] 魏成敏：《山东淄博市临淄区淄河店二号战国墓》，《考古》2000年第10期。

[23] 中国社会科学院考古研究所编著《安阳大司空——2004年发掘报告》上，文物出版社，2014，第467页。

[24] 山西省考古研究所编《上马墓地》，文物出版社，1994，第243页。

[25] 李敦学等：《湖北枣阳九连墩2号车马坑发掘简报》，《江汉考古》2018年第6期。

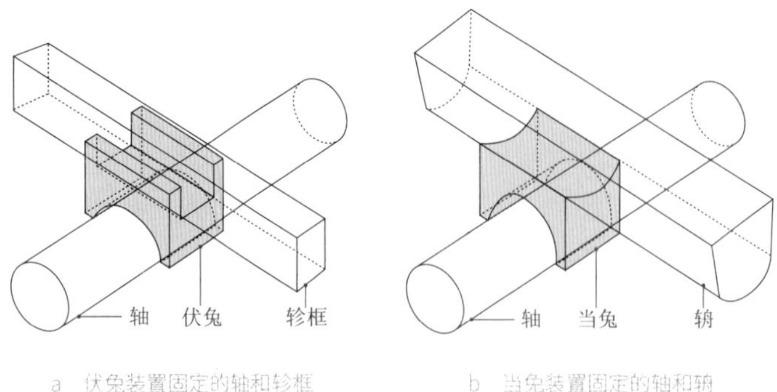

a 伏兔装置固定的轴和轸框　　b 当兔装置固定的轴和辀

图4-1-7 伏兔与当兔的固定方式示意图

为了阻止毂向外滑脱，轴两端通常各套一对金属组合构件軎和辖，軎多为长筒形，口端较粗，有两个对称的长方形辖孔，外端渐细且封闭。与軎配套使用的辖，起到了进一步固定的作用。商代晚期的辖整体为“T”形，由辖首与辖键两部分组成，其中辖首前端多为兽面形，后部为长方形，两侧有圆穿。辖键为木质，插入辖首腔内，使轮不向外脱落，除用插销固定之外，还使用皮条穿过辖首的穿孔将辖与軎进一步固定（图4-1-8）。西周时期的辖由分体转变为通体铜铸，进一步增加了车軎的牢固性，如山东滕州前掌大墓地出土的铜辖[26]。

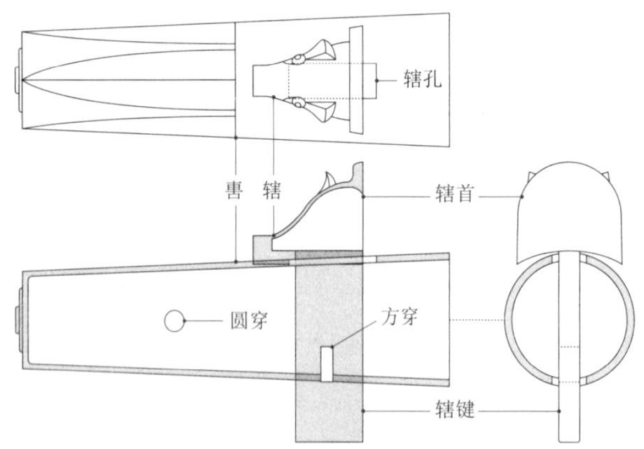

图4-1-8 车轴末端的軎辖组合

车轮的轨距相当于独辀马车的两轮之间的距离，轨距决定了车舆的最大宽度。随着时间的推移，独辀马车的轴长逐渐缩短，轴端径和中径也逐渐变细，轨距逐渐缩小（图4-1-9）。车辆整体宽度的减少，令行驶过程中的转向更加灵活，并可以在更加狭窄的道路中行驶。同时，轴长减少也使轴在承载重物时不易折断，承压性更强。

先秦时期，独辀马车的车轮由辐和毂构成，毂内外侧均有金属构件包裹加固。轴与车舆之间已经使用伏兔装置进行稳定，轴的两端也使用金属构件包裹加固。至东周，轮轴的形制发展成熟，为后来的双辕马车轮轴结构的组合方式和构件形制奠定了基础。

[26] 中国社会科学院考古研究所编《滕州前掌大墓地》，文物出版社，2005，第342页。

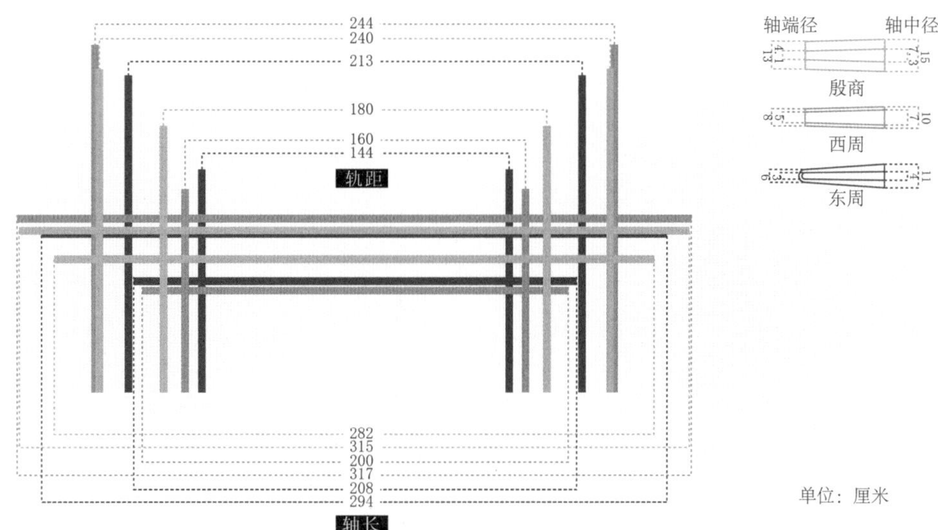

图4-1-9　先秦时期独辀马车车轮尺寸分析示意图

二、辀衡牵引与轭以控马

辀、衡与轭共同构成了独辀马车的牵引系统，其中辀与衡是独辀马车最为重要的曳引构件。辀位于轴正中，上承舆底，下接车轴。衡通常位于辀颈，两者以“十”字形相接，衡上辀下，两者靠捆缚固定。轭是独辀马车用来系驾马匹的唯一构件，通常位于衡的两端，与衡垂直捆缚固定。

辀专指独辀马车上的辕，前后贯通车舆。辀首又称为軏，位置最高，首后装衡处被称为颈，颈后向下弯曲处被称为胡。辀与前轸交接前的平直部分被称为軓，辀后段被称为尾，末端与后轸平齐或伸出后轸之外的部分被称为踵。辀的后段与下方的轴以“十”字形相接，交接处被称为钩心。

先秦时期的辀均以軓为转折点，前段向上弯折，后段保持平直（图4-1-10）。商代晚期辀的曲度整体较为平直，长度大多在3米以内，如安阳郭家庄M52车马坑出土的辀。辀的首部平直，颈部向下弯曲，过軓后平直。西周和东周时期辀的曲度有明显增加，长度大多超过3米，大多軓部以前向上弯曲，至颈部变平直，首部再向上弯曲，如虢国墓地1727号车马坑出土的3号车的辀。马体和车轸的位置高低，决定了辀“胡”的曲度。先秦时期驾车的马匹体高范围在1.33至1.43米之间[27]，而轸框的高度通常略高于轮的半径，由于先秦时期轮径大小的变化很大，因此早期辀的曲度并没有一个固定的标准。西周以后辀的曲度和形状发生较大变化的主要原因，还在于木材煣制技术的进步，一方面能够顺应纹理来煣制木材，令木材更易成型；另一方面，对于火候和温控的把握进一步增强，能够在适宜的温度下，令木材曲而不皱，坚固耐压。

[27]［日］菊地大树著，刘羽阳译《中国古代家马再考》，《南方文物》2019年第1期。

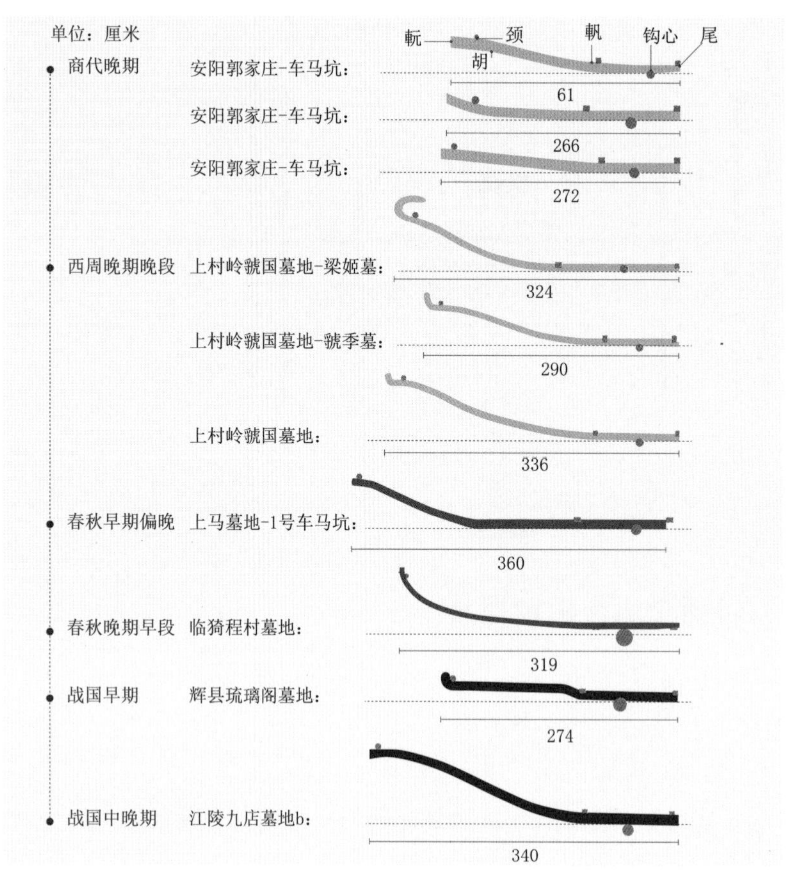

图4-1-10 先秦时期车辀形状变化示意图

辀是独辀马车中唯一同时传导拉力和承担重力的部件，因此它不仅需要有一定的长度，还必须在保持一定的曲度时确保其坚韧（图4-1-11）。马的拉力通过轭，经由衡传导至辀，再由辀带动车前进；马骤停和下行时，舆体在惯性和重力的作用下形成推力并经由辀向前传导，为防止前轸压迫马臀，轸前辀的长度通常超过2米[28]。由于舆低而马高，因此为了保证车舆平稳，辀在舆下方的一段要煣直，而舆前自“胡”开始的部分必须要煣曲形成上扬的弧形。但煣曲的程度要适中，弧度过深或过浅都会影响辀的受力。

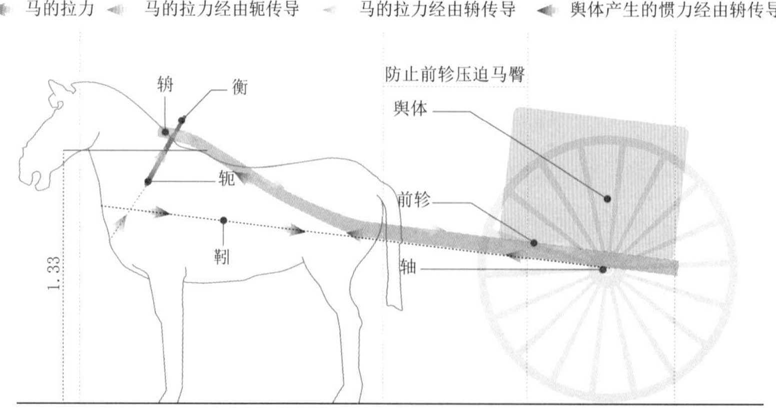

图4-1-11 独辀马车传导拉力与承担重力示意图

[28] 郭宝钧：《殷周车器研究》，文物出版社，1998，第31页。

按首尾截面，辀可分为首尾截面形状和粗细均相同、形状相同但首细尾粗，以及首尾截面形状均不同三种类型。其中，截面为梯形或上平下弧的辀尾端通常装有铜踵。铜踵的形制分为两类，一类为单套管，其形制为一段封闭的套筒连接一段凹槽；另一类由套管和“T”形板分铸组合而成。“T”形板的凹槽与马蹄形套管的凹槽宽度和高度的尺寸相同，在出土时两者通常紧密相接。

衡是用来连接曳引和系驾构件的关键装置，位于辀首两端，用于绑缚轭。先秦时期的衡有直衡和曲衡两种（图4-1-12）。直衡根据形状分为两种，一种为中间较粗两端渐细的，如临猗程村M1009-5的衡[29]；另一种为没有粗细变化的直圆木，如江陵九店M104-2的衡[30]。曲衡较少见，根据形状可将曲衡分为三种，第一种为弧形，中间较粗，两端渐细，且弧度较缓，如宜城罗岗M1CH-4的衡[31]；第二种为卧弓形，中部平直，两端先下折再上曲，水平方向安置，如安阳郭家庄M52的衡[32]；第三种为仰弓形，中部平直，两端先上曲再平直，垂直方向安置，如西安张家坡2号墓2号车的衡[33]。

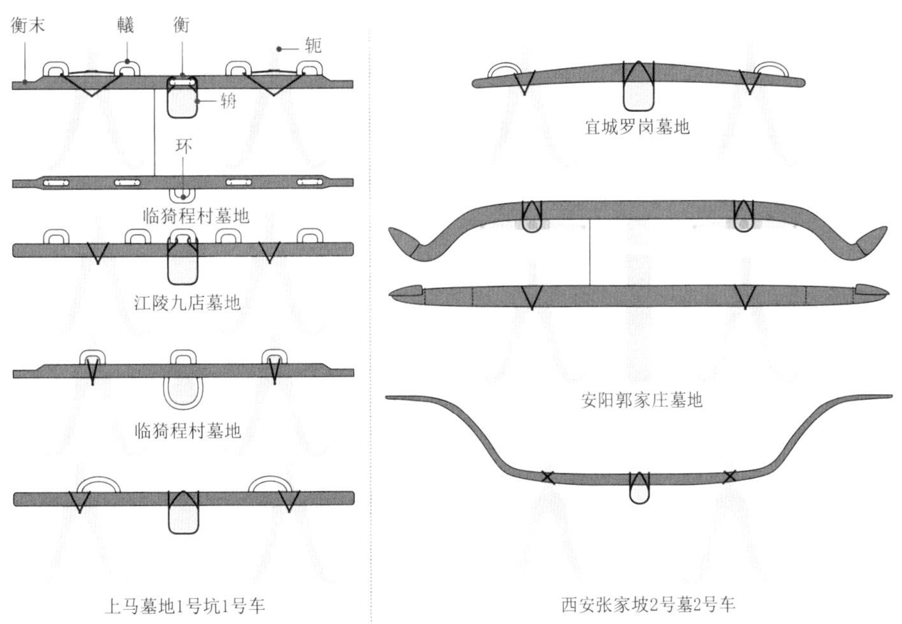

图4-1-12　先秦时期车衡形制种类及缚轭位置示意图

马驾的数量和衡端的装饰与衡的曲直有一定的关联。目前考古报告中的马驾数量多为二驾和四驾两种（图4-1-13），其中四驾马车的近辀侧为两匹服马，外侧则为两匹骖马。四驾马车仅见直衡，且直衡长度较二驾马车的短，如张家坡M2-1号四驾马车的衡仅长1.37米，而郭家庄M146坑的二驾马车的衡长达2.2

[29] 中国社会科学院考古研究所编著《临猗程村墓地》，中国大百科全书出版社，2003，第207页。

[30] 湖北省文物考古研究所编著《江陵九店东周墓》，科学出版社，1995，第139页。

[31] 杨定爱：《湖北宜城罗岗车马坑》，《文物》1993年第12期。

[32] 中国社会科学院考古研究所编著《安阳殷墟郭家庄商代墓葬》，中国大百科全书出版社，1998，第128页。

[33] 中国科学院考古研究所编《沣西发掘报告》，文物出版社，1963，第144页。

米。由此可见，衡的长度缩短，有利于外侧两匹骖马的行动。曲衡只见二驾马车使用，中部平直部分为固定軛的功能区域，弯曲的两端通常用来插下方垂坠装饰物的铜矛，如张家坡M2-2号车曲衡的铜矛，下方垂坠着贝和蚌串成的装饰物。此前有学者认为曲衡上翘的部分可以为骖马留出活动空间，但目前尚未发现考古报告中提到使用曲衡的四驾车辆。

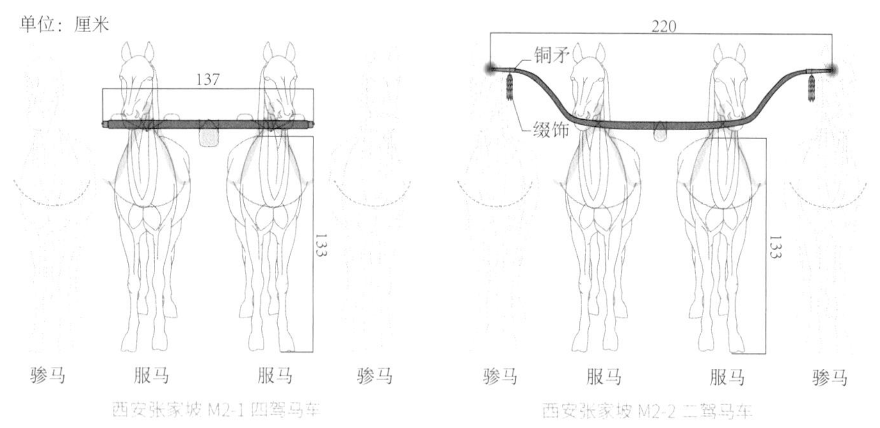

图4-1-13 衡制与驾制关系示意图

衡与辀、軛的安装方式通常为辀下衡上和衡前軛后。三者之间连接方式有两种，一种是直接用柔性结构，如绳带绑缚；另一种是先安装金属穿绳装置轙和环，再用绳带绑缚。轙位于衡两侧，环位于衡正中。较大的环用于套住辀颈，较小的环用于穿绳绑缚以固定辀。采用带有穿绳装置的衡能更有效地抑制衡和軛左右滑动，相较于仅靠柔性结构绑缚，这种方式牢固性和稳定性更强。

軛是装置在马车上的主要系驾构件，缚结在车衡左右两侧，軛肢用来夹住服马的颈部。根据軛的结构，可分为两类，一类为“人”字形独木軛，軛肢至軛足一段通过燥煣的工艺进行弯曲，如临猗程村M1009-5[34]（图4-1-14a）；另一类为分体式軛，由两个軛肢组合而成，首部使用铜軛首来嵌套固定，如三门峡虢国墓地M2001：266-1[35]（图4-1-14b）。

按照木軛外包裹的金属功能件和装饰件的数量及加工技术分类，可分为五类。第一类，木軛外无金属件包裹，这种最为常见。第二类，軛上仅有装饰性的軛首饰套，位于軛首的顶端（图4-1-14c）[36]。第三类，同时装有軛首饰和軛足饰“軥”（图4-1-14d）[37]。第四类，在前述基础上增加了铜制的軛肢饰（图4-1-14e至图4-1-14g）。这种軛肢饰通常是半圆形的，如覆瓦包裹在軛肢两外侧，

[34] 中国社会科学院考古研究所编著《临猗程村墓地》，中国大百科全书出版社，2003，第207页。
[35] 河南省文物考古研究所、三门峡市文物工作队编著《三门峡虢国墓》第一卷，文物出版社，1999，第100页。
[36] 湖北省文物考古研究所编著《江陵九店东周墓》，科学出版社，1995，第139页。
[37] 中国社会科学院考古研究所编著《安阳大司空——2004年发掘报告》上，文物出版社，2014，第474、475页。

而轭首顶端和轭肢体的足底端均为封闭的样式。第五类，轭的顶端装有仪饰性金属构件“銮铃”（图 4-1-14f）。

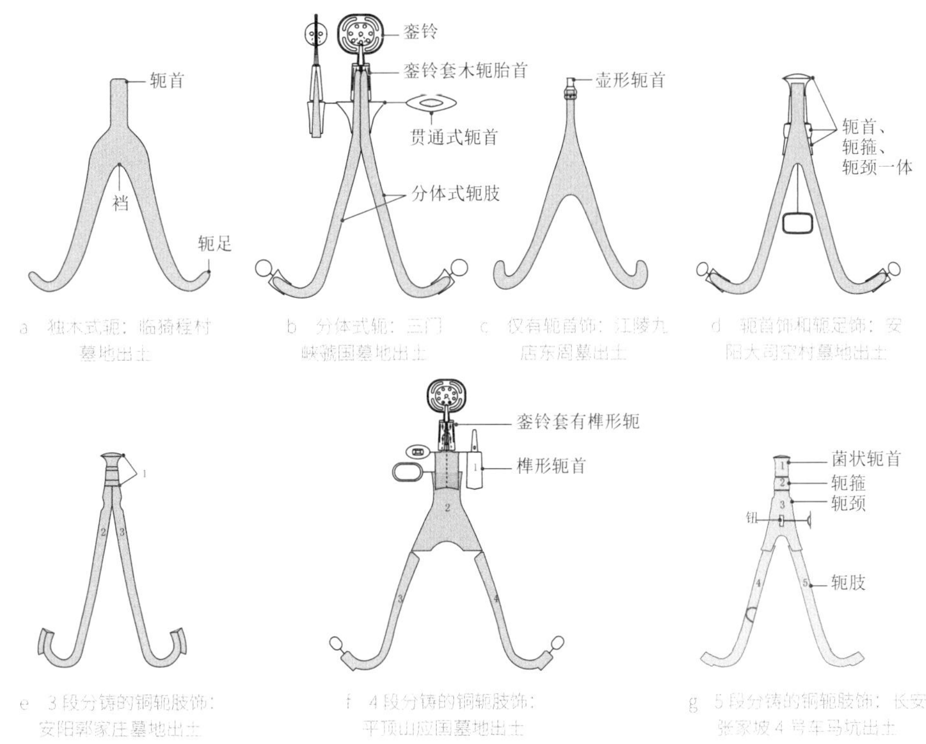

图 4-1-14　先秦时期车轭种类及形制示意图

两轭之间的间距是受马的身体宽度和活动范围影响的。以上马墓地 2 号车马坑 1 号车为例（图 4-1-15）[38]，单轭通高 53 厘米，轭首向下 15 厘米处开始分两肢，两轭足之间相距 58 厘米，档高 38 厘米，两轭之间相距 80 厘米。这样，马颈的活动范围就在由轭肢形成的三角形区域中。

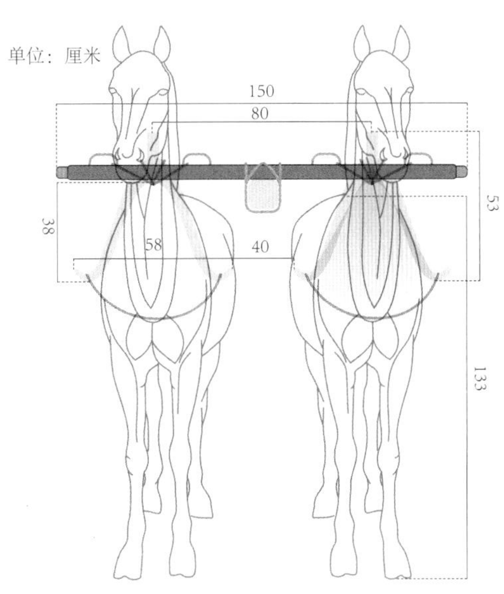

图 4-1-15　服马缚轭系驾示意图

[38] 山西省考古研究所编《上马墓地》，文物出版社，1994，第 248 页。

由辀、衡和轭共同构成的曳引与系驾系统最晚于商代晚期发展成熟，至东周时期日趋完善。战国时期，当兔装置的出现令辀与轴之间的结合更为稳固。辀体形制由最初的较为平直逐渐演变为弯曲形态，并在东周时期呈现出多样化的变化。超出后车轸的辀尾作为脚蹬，便于乘者上车时踩踏借力。衡和轭的形制自商代晚期就已经呈现出多样化的趋势，东周时期，轙和环等安装于衡上的金属穿的出现，令衡与辀、轭之间的柔性绑缚结构限定在穿孔位置之间，从而更为牢固且不会出现移位。轭的“人”字形肢体设计能够将马颈限制在一定的空间范围内，从而避免马匹活动范围过大造成马匹之间的相互碰撞。始于秦汉的双辕马车沿用了这种“人”字形轭的系驾结构设计。

三、轸以载荷与軨以容乘

舆体是马车用于乘人载物的重要构件，由舆底、舆身和顶盖构成。它安置于轴和辀之上。舆底与轴的交接处通常垫有伏兔，而与辀的交接处通常互相挖槽卯合。从车轴、辀拆卸下来之后，舆体仍旧是一个完整的整体。相较于商代晚期和西周时期，东周时期出土的车舆形制种类更为丰富，且车舆构件也增加了车轓，起到便于乘者扶持的作用。

轸框是舆底的主要构件，其形状也是制约舆身体积的重要条件。常见的轸框使用条状木材支撑，其组合通常有两种形式：一是由四条直木四面接合，二是由一条曲木环绕三面，再与一条直木接合。根据轸框形状的不同，衍生出矩形、梯形、多边形、椭圆形、苹果形、馒头形，以及上下不同形状组合等多种形状（图4-1-16）。其中，苹果形是由四条弧形曲木接合而成的，圆弧形是由独木煣曲或多段拼接后环围三面再与直木接合而成的，圆角矩形是将直木的两端燥煣弯曲后，榫卯接合而成的。

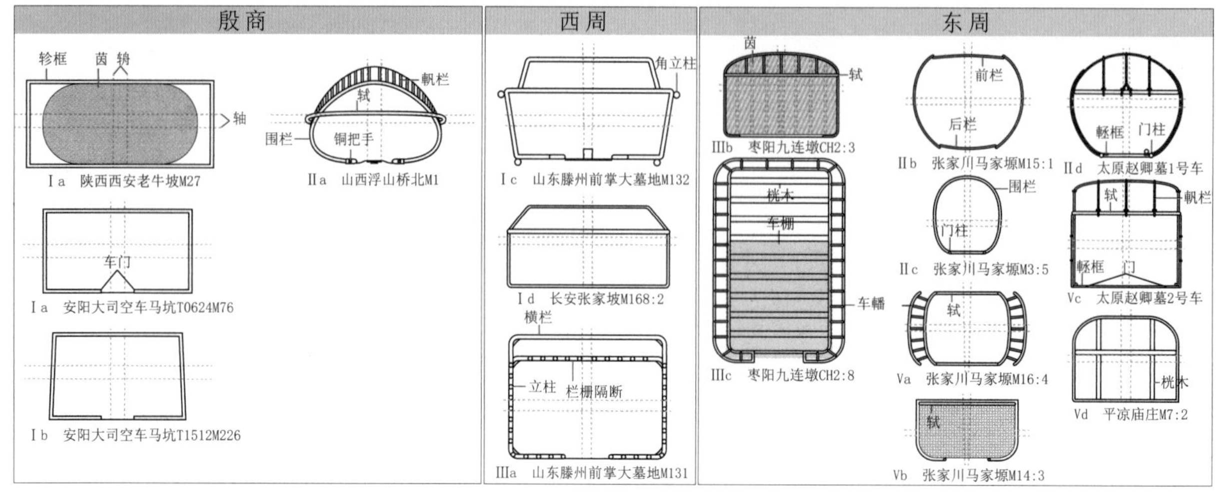

图4-1-16　先秦时期车舆舆体形制示意图

组成轸框的木材被称为轸木，常见的轸木截面有方形[39]、长方形[40]，以及上部为平面、下部略弧的"U"形[41]，其中以方材居多。轸框的接合方式通常为榫卯，轸木与轸木的衔接可归纳为三种常见的角接合方式（图4-1-17a），第一种为十字口榫，通常用于直角轸框，两条轸木相互垂直，一段互挖榫槽，上下相扣。第二种为方材角接合，类挖烟袋锅，通常用于圆角轸框，其中一段轸木为平直，另一段的两端燥煣弯曲。平直的轸木两端榫头突出，弯曲的轸木两端向内凿眼，榫头向榫眼内插合。第三种方式同样属于方材角接合，通常用于直角轸框或小圆角轸框，轸木的两端被斜切45°，两两相交，各出一榫一眼互相嵌纳。

大部分舆底会在轸框的基础上安装桄木，桄木的安装有两种常见方式，一种与两侧轸木平行，对称安装在辀两侧，且安装数量相等，如平凉庙庄出土的M7:2；另一种与前后轸框平行，铺装间距相等，如枣阳九连墩出土的CH2:8。舆底形制常见框内编革[42]、条材铺地、绑扎固定[43]，以及板上承茵[44]几种。前后轸框需要落于辀上，两者之间的固连方式通常为在辀上挖槽，再将轸框嵌入其中（图4-1-17b）。

车厢四周用以遮拦的部分，被称为軨，通常以木条或藤条连贯立柱，使栏杆形成规整的方格结构，一般分为前后左右四面，共有三种类型。第一种，整体采用杆栏式结构，各部分构件的衔接除榫卯结构之外，还在构件上钻透孔并穿皮条绑扎以增强立柱的牢固度和稳定性。部分车厢内有轼，如临猗程村M1076[45]。第二种，车厢的前侧为軓栏式结构，主要由立柱、轼和围栏两端下折

图4-1-17　常见的三种轸木榫卯接合方式与辀轸固连方式

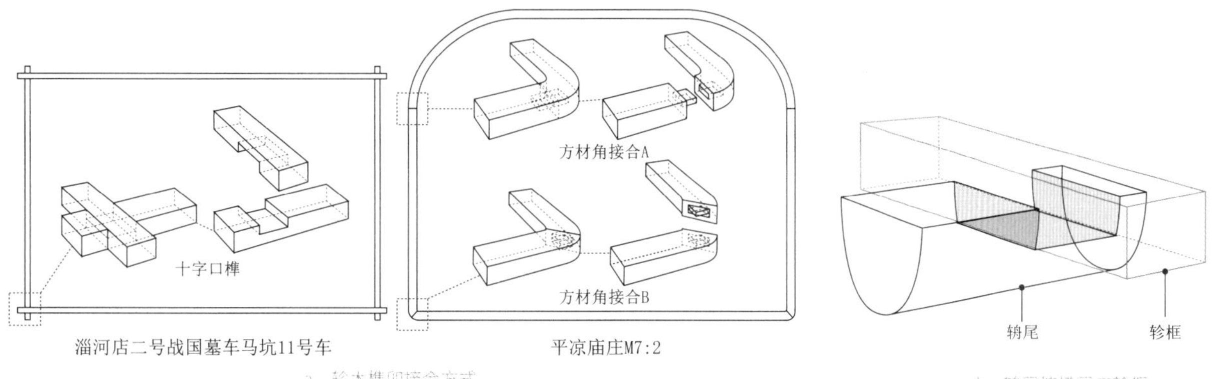

[39] 山西省考古研究所编《上马墓地》，文物出版社，1994，第243页。

[40] 李敦学等：《湖北枣阳九连墩2号车马坑发掘简报》，《江汉考古》2018年第6期。

[41] 中国社会科学院考古研究所编著《临猗程村墓地》，中国大百科全书出版社，2003，第199页。

[42] 魏成敏：《山东淄博市临淄区淄河店二号战国墓》，《考古》2000年第10期。

[43] 山西省考古研究所编《上马墓地》，文物出版社，1994，第244页。

[44] 同上书，第249页。

[45] 中国社会科学院考古研究所编著《临猗程村墓地》，中国大百科全书出版社，2003，第192—196页。

形成的栏柱组成。軓栏与轼相接，部分车厢有门扉，如九连墩CH2 ： 6[46]。第三种，为轓栏式结构，即车厢上部外侧设有轓型扶手，可以是环绕式或双耳式。为了增加乘坐的安全性和舒适度，部分车厢在輢上方会增设围栏或在车厢内侧加衬布帛，如凤翔八旗秦墓BS33车的车围，四周遮拦部分采用竹篾编结成六边形与等边三角形相间的网格，里面衬以朱红色平纹绢帛，并用皮条纵横加固[47]。此外，部分车厢的中部还装有座板，如上马墓地1号车马坑1号车[48]。

軨和轸的结合是基础组合方法的代表，常见的有三种不同的接合方式：第一种，绳带绑扎。不使用榫卯，仅用绳或革带将不同的构件捆绑，如宜城罗岗车马坑4号车[49]。第二种，榫卯结合。以立柱和轸框之间的衔接方式为例，立柱底部的榫头插入轸框相对应的榫眼中，穿插方式通常为半穿，如上马墓地2号车马坑5号车[50]。第三种，榫卯基础上的两侧捆绑加固。在柱与轸穿插卯合的基础上，额外使用绳或革带将构件两两绑缚，如上马墓地3号车马坑2号车[51]。

东周时期，门扉和车舆后輊接合处出现了能够灵活开合的合页装置（图4-1-18）。这是一种销轴连接的四穿夹形铜合页，多为素面，由夹体和夹页构成。夹体为长方形，外侧有双孔，孔为方形。夹体与夹页各有四穿，用销轴连接。夹页常见长方形[52]和“亚”字形[53]两种。使用时，将合页的夹体固定于輊框、后軨或后侧壁板边缘的适当位置，再将夹页固定于门扉需要连接的一侧。夹体与夹页之间使用销轴进行固定并实现开合动作。

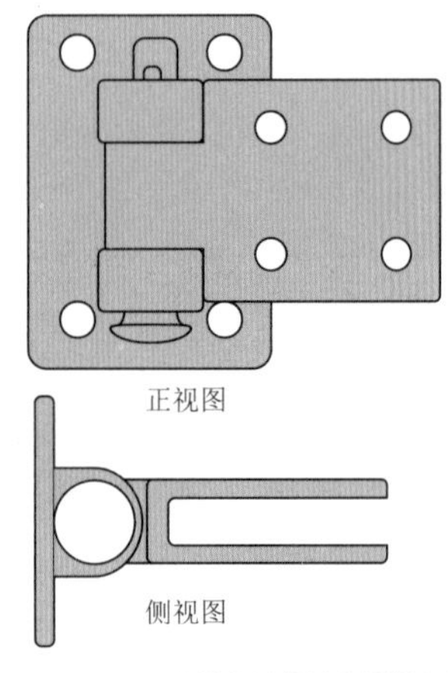

M0002 ： 14-山西临猗程村东周墓出土

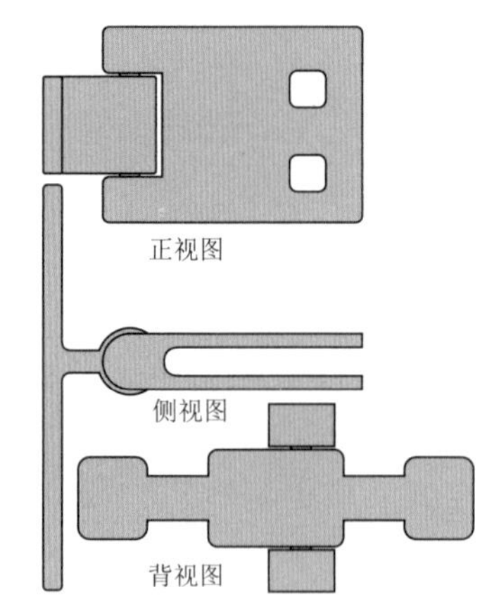

3号车马坑 ： 4-山西临汾上马墓地（春秋）出土

图4-1-18　四穿夹型铜合页

[46] 李敦学等：《湖北枣阳九连墩2号车马坑发掘简报》，《江汉考古》2018年第6期。
[47] 文物编辑委员会编《文物资料丛刊3》，文物出版社，1980，第77页。
[48] 山西省考古研究所编《上马墓地》，文物出版社，1994，第243页。
[49] 杨定爱：《湖北宜城罗岗车马坑》，《文物》1993年第12期。
[50] 山西省考古研究所编《上马墓地》，文物出版社，1994，第250页。
[51] 同上书，第256页。
[52] 赵慧民、李百勤、李春：《山西临猗县程村两座东周墓》，《考古》1991年第11期。
[53] 山西省考古研究所编《上马墓地》，文物出版社，1994，第256页。

东周时期，独辀马车的车舆上方开始加装伞盖，主要呈现方舆圆盖的形制。一个完整的伞盖由盖斗、盖弓、盖柄和盖面组成。

盖斗为中心，其上部通常凿有榫眼，榫眼形状与盖弓截面一致，用以插入盖弓。

盖弓作为伞盖的骨架，通常由木材或竹条制成，其形态为长圆条形或顶端长方形而末端尖锥状[54]，整体略弯曲呈弧形。其头部设有榫头，用以插入盖斗榫眼内。盖弓以盖斗为中心呈放射状展开。盖弓末端套盖弓帽，通过穿绳将所有的盖弓连接起来。

盖柄作为支撑，由多根柄组成，通常采用榫卯方式相互套接。

盖面通常覆盖在盖弓之上，制作时先用细绳编织成网格，再覆盖以丝麻质地的布帛，里外均需髹漆，并在外面彩绘装饰图案，如洛阳王城广场出土的伞盖[55]。

除圆形伞盖之外，还有长方形和椭圆形的车篷。长方形车篷通常有栏格式篷顶支架，形状类似四面坡屋顶，如琉璃阁131号墓出土的19号车[56]。这种车篷的支架使用细木制作，纵横交错绑成近似方格形或梯形的格子，然后用椭圆形、中有两孔的骨扣将席子缚在支架上，两扇梯形的席子向左右披下，两扇三角形的席则遮住两端。椭圆形车篷，通常有脊梁，两侧对称排列盖弓。盖弓的一端榫头插入脊的两侧的榫眼中，另一端套有盖弓帽。篷面覆盖在盖弓形成的支架上，如马鞍冢楚墓13号车[57]。

在先秦时期，独辀马车的舆体形制演变主要涉及舆底和车厢两个部位。在舆底构造方面，其平面轮廓呈现出圆形和方形的变化与组合。在车厢结构设计方面，大部分的变化都集中在軨与轼的结构设计上。同时，軨、壁和盖的结构变化和组合方式也导致了车厢空间的演变。从早期的四周仅有车軨围挡、后门仅有左右门框的开放式，逐渐过渡至东周时期的密封式四壁和闭合式门扉，最终发展成车軨与车篷紧密连合的完全封闭式车厢空间。综合来看，先秦独辀马车的舆体结构整体呈现出四周设有围栏、底部铺置软垫、后侧设计入口、上方保持开放或附加伞盖结构的箱形设计。内部空间设置使得乘者在车舆前端可以独自或并列跪坐，同时车轼与舆底的设计高度都旨在满足乘客的生理需求，确保其在乘坐和上下车时的舒适性与便捷性。

[54] 湖北省文物考古研究所：《湖北荆州纪城一、二号楚墓发掘简报》，《文物》1999年第4期。

[55] 洛阳市文物工作队编著《洛阳王城广场东周墓》，文物出版社，2009，第507页。

[56] 中国科学院考古研究所编著《辉县发掘报告》，科学出版社，2016，第51页。

[57] 曹桂岑、马全、张玉石：《河南淮阳马鞍冢楚墓发掘简报》，《文物》1984年第10期。

结语

独辀马车自古以来便具有“工聚一器”[58]的特征。转承、曳引、系驾和乘载四大结构中的每个部件所在位置、所起功能、负重强度，以及相互之间的搭配组合都对选材和工艺有不同的要求。独辀马车最初的设计目的是满足长距离负重出行的需求。因此，实用性，尤其是负重能力成为其设计思想的重要基础。古代工匠注重独辀马车的承载能力和稳定性，以确保其能够满足承载需求并进行长途行驶。

独辀马车的制造采用了以轮径为设计模数，以辀长为辅助基数的设计模数制[59]，并考虑人与车身高度的协调性来设定舆底的离地高度。每个部件的位置、功能和负重强度都经过精确计算，以确保整体结构的稳定性和平衡性，如《考工记》中记载的“轮崇、车广、衡长，参如一，谓之参称”[60]以及“人长八尺，登下以为节”[61]。轮的半径相当于舆底高度，轮径过大会影响登车，轮径过小又会影响前进速度。辐与辅并用，能够增加轮的强度，使用轮绠装置能够解决车舆重心平衡力问题。合适的轴长配合两端的毂，能够协调和稳定马车各部分构件之间的平衡力结构。由于独辀马车“辀深则折，浅则负”[62]，通过车辀合适的曲度设计来实现驱动力的传送，解决了马颈与车舆底部的高度差，在平衡前后重心的同时，发挥牵引力的惯性作用。轭靷式系驾法令马的受力点移至颈和胸前，轭的牵引力部分地抵消了车厢的重心分力[63]，能够减轻马的负荷。车舆的荷重能力是构成车辆重心力的基础，栏杆式軨结构能够减轻车舆的重量。轼的安装作为扶手装置能够在马车行进时增加人体的稳定性，榫卯结合的方式能够使车体更加稳固。

独辀马车各部分构件之间的接合方式，经历了三个方面的改良。第一，将建筑和家具中常用的榫卯结构运用于舆体的拼合，尤其是榫卯结构和柔性绑缚结构的综合运用，令舆体的结合更为牢固。第二，抵消轴、辀和轸框三者之间高度差的装置伏兔和当兔的使用，与早期相互挖槽嵌套相比，能够在稳定整体结构的基础上，增加减震的作用。同时，伏兔还能够增加舆底与轴接触点的稳固并阻止轮毂内侵，当兔能够平衡车辆的重心。第三，合页的运用，促使门出现了可开

[58]〔清〕孙诒让：《周礼正义》，汪少华整理，中华书局，2015，第3771页。

[59]周世德：《<考工记>与我国古代造车技术》，《中国历史博物馆馆刊》1989年第12期。

[60]〔清〕孙诒让：《周礼正义》，汪少华整理，中华书局，2015，第3850页。

[61]同上书，第3781页。

[62]同上书，第3207页。

[63]孙机：《中国古舆服论丛》，文物出版社，1993，第51页。

合的门扉，相较于早期无任何阻挡的空门，这种安全性更强。同时，独辀马车的设计思想还体现了对人体工学和舒适性的追求。另外，独辀马车的设计充分考虑了人的乘坐习惯，如舆底的离地高度便于乘者登车，轼的安装位置便于乘者手握，以确保乘坐者在出行中能够拥有更好的乘坐体验。

在先秦时期，独辀马车的结构变得更加平衡和协调，它们不仅是交通工具，还是严格礼仪制度中等级制度的象征，如车辀的曲度、轮辐的数量、舆前侧轼的装饰等，精工细作且长期形制稳定。尤其是统治阶层乘坐的礼仪车辆，其设计制作更加注重将艺术性与实用性相结合，通过精美的雕刻、华丽的装饰和独特的造型，使独辀马车成为兼具实用价值和审美价值的工艺品。由于战国时期常年战争，导致物质匮乏，节俭之风盛行，独辀马车作为礼制工具的属性逐渐被淡化，于秦汉之际开始向实用性转变，尤其是秦代颁布的“车同轨”和驰道、直道的修建，令交通系统逐渐完善，促使马车从独辀向双辕转变。独辀马车从形制上和技术上为双辕马车的产生和发展奠定了良好的基础。尤其是对于马力的率先利用，不仅促成了马车成为中国封建社会主流的交通工具，还间接地推动了先秦时期各地区之间的交通发展和经济繁荣。

整体而言，独辀马车在中国古代的出现和发展，对出行方式、交通效率、交通网络、城市经济、社会文化以及礼仪制度等方面都产生了深远的影响。它不只是一种交通工具的革新，更是推动了古代社会进步和发展的重要驱动力。独辀马车的出现改变了古代社会主流群体的出行方式，其精良的结构和稳固的构造，使得长途出行更加快速高效。相比于步行或骑行，独辀马车能够提供更快的移动速度，并能够携带更多的货物和乘客，大大提升了出行效率。独辀马车的普及也促进了古代交通网络的发展。为了适应独辀马车的行驶，道路和桥梁等基础设施得到了改善和兴建。这推动了交通路线的开辟和交通网络的完善，加强了各地之间的联系和交流，推动了城市的扩张和经济的发展。独辀马车作为一种高贵的交通工具，在重要场合和仪式中特定的装饰级别和使用规范，还彰显了古代社会的等级秩序和礼仪制度，成为社会主流群体权力的象征。

第二节　肩负舆行

人力舁抬的乘舆，也被称为舆或轿，其形制由舆和杠两部分组成，通过身体负担杠的位置和舁抬方式，依据产生的时间顺序，依次为肩舆、腰舆和襻舆；通过乘坐方式，可分为担舆（无椅）和椅轿；通过舆体外形，可分为屋式、伞式、亭式、榻式和椅式；通过使用者，又可以分为官轿、民轿和仪礼轿。

从考古实物来看，舆轿的诞生要晚于马车，其形制来源则一分为二，一脉来源于马车，呈现为建筑式的框架式结构，形制较为复杂；另一脉则来源于敞口的方筐，形制较为简单。其中肩舆出现的时间最早，腰舆出现于魏晋时期。唐宋时期是舆轿发展的重要转折点，在此之前，马车与舆轿的普及性几乎不分轩轾，唐宋时期高足坐具开始普及之后，舆轿逐渐成为人们日常短距离出行的重要交通工具，舆体外形在唐式建筑的影响下逐渐融入屋式、亭式、帐式，乘者坐姿从盘腿坐和跪坐转变为垂足坐。至宋代，在高足椅普及的背景下，形制向两个方向发展，一方面，融入椅式家具元素，在高足座椅两侧增加抬杠，舆杆与舆体的位置发生变化，从肩扛转为手挽；另一方面，仿建筑式样的遮蔽式舆体开始流行，内部配备高足座椅，舆体高度增加。明清时期出现了襻舆，其抬杠方式在腰舆的基础上增加了肩颈受力的绳襻。同时，舆轿重新纳入统治阶层礼仪体系内，官轿趋向制度化、仪式化和奢侈化；民轿则趋向单一化、大众化和朴实化。

舆轿是中国古代延续性最久的出行工具之一，使用的场合也随着礼制和礼俗的变迁而不断扩展，最初作为宫廷祭祀用途的礼仪工具，于魏晋之后开始用于日常代步。随着乘轿纳入统治阶级的舆服制度之后，舆轿也开始作为官轿成为士大夫群体出行的必备工具，南宋以后舆轿开始在民间普及，出现了轿子租赁行业，还诞生了专门用于婚礼场景下的花轿，抬轿成为一种新的职业，舆夫也成为一类新的劳动群体。

一、框架结构和起居方式共同作用下的舆轿形制变迁

舆轿是以人力抬扛的无轮乘舆，其产生与发展深受马车舆体形制的影响，并长期流行于中国古代社会主流群体之中。中国古代舆轿由乘载结构和舁抬结

构组成。乘载结构为舆体，由舆底、舆壁、舆盖和舆内家具组成；舁抬结构包含舆杆、横杠和抬杠，以及连接舆、杆、杠的绳襻组织。根据舆体类型，舆轿分为遮蔽式和非遮蔽式两种，其选材受到人力所能承受重量的限制，主要采用竹、木、藤、纺织纤维等较为轻便的材料。魏晋南北朝以前，舆轿的形制受马车的形制影响，主要呈现为简单的方框式、轺车式和屋式；唐代以后，舆轿的形制更多地受到建筑和家具的影响，呈现为亭式、屋式、帐式、椅式等多种形式。唐宋时期，坐姿的变革是促进舆轿形制发展变化的最主要因素，一方面促使遮蔽式舆体的高度和空间增加，并出现高座坐具，另一方面促使非遮蔽式舆体出现高足椅。

（一）受马车形制影响而诞生的早期舆轿

早期的舆轿是“去轮之舆”，其形制与马车的舆体十分相似。两者的不同之处在于，马车的轸框下方有由轮、轴构成的转承结构和由辀构成的曳引结构，门开在后侧；而舆轿的轸框两侧捆绑轿杆，两端由横杆连接，由绳襻绑缚抬杠，抬杠前后各一，门开在前侧。舆轿形制主要分为三种：第一种是受建筑形制影响而诞生的遮蔽式舆轿，最早出现于春秋时期，但此后较为少见；第二种是受独辀马车舆体形制影响而诞生的非遮蔽框架式舆轿，主要流行于汉代；第三种是在轺车舆体形制影响下诞生的非遮蔽轺车式舆轿，主要出现于魏晋南北朝。三类舆轿的共同之处在于都采用榫卯结合的长方形轸框作为舆底；不同之处在于舆盖的样式和舆壁的框架，框架有杆栏式和板壁式两种。

现存最早的遮蔽式舆轿的框架结构属于仿建筑式，舆体与舆盖为一体式，整体由底座、边框、立柱、栏杆、顶盖、轿杆和抬杠等部分组成，如河南固始侯古堆春秋古墓116号陪葬坑出土的漆木质肩舆[1]，其底座形制与马车舆体相同，舆壁也采用了由圆竹条纵横交错穿结而成的杆栏式小方格，顶盖是仿四面起坡的房屋建筑顶形式。主要构件采用榫卯接合方式，舆壁栏杆用竹丝打结绑缚，顶盖用铜管插衔接脊木，盖弓与脊木通过捆绑连接。

现存最早的非遮蔽式舆轿模仿了马车常见的上部敞开的框架式舆体结构，舆体形制如同由人抬着的马车舆，相比遮蔽式舆轿更为常见，如固始侯古堆春秋古墓91号陪葬坑出土的漆木质肩舆[2]（图4-2-1a）。舆体结构类似于带盖的马车车舆结构，即轸框上铺茵板，茵上乘人，四軨为栏杆结构，不设门与门扉，顶部有分体式舆盖，主要构件接合方式为铜插衔接，轸框、立柱均利用中空的铜插进行固定，围栏和轸框是使用钻孔后用竹丝穿孔绑扎的方法进行固定的，伞

[1] 郭建邦：《试论固始侯古堆大墓陪葬坑出土的代步工具——肩舆》，《中原文物》1981年第1期。

[2] 同上。

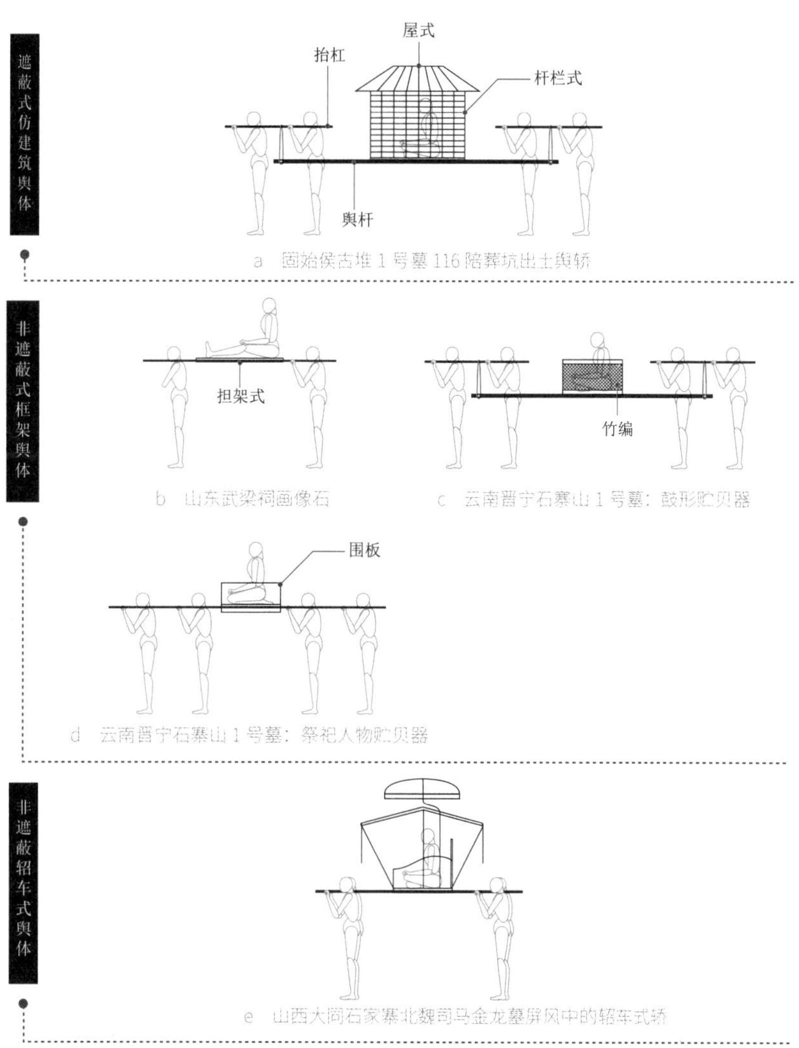

图4-2-1　建筑和马车形制影响下的肩舆种类[3]

盖的盖弓与盖顶为榫卯结构。

至汉代，舆轿在马车舆体的形制影响下，逐渐演变出了典型的去轮之舆的形制（图4-2-1b至图4-2-1d）。其中担架式舆体是最简单的形制，仅有轸框结构的底部。乘人之处使用革带编结成网，通常被称为“担子”或“舁床”。若舆底结构为木板拼接，则被称为“板舆”，如山东武梁祠画像石中出现过的肩舆就是板舆的代表。另外，框架式舆体的形制是在轸框之上增加四壁的敞口方形器。其中用竹编构成舆壁的舆轿被称为“竹舆”或“箯舆”[4]，如石寨山鼓形贮贝器中

[3] 李敦学等：《湖北枣阳九连墩2号车马坑发掘简报》，《江汉考古》2018年第6期；固始侯古堆一号墓发掘组：《河南固始侯古堆一号墓发掘简报》，《文物》1981年第1期；吴振禄：《山西侯马上马墓地3号车马坑发掘简报》，《文物》1988年第3期；孙机：《汉代物质文化资料图说》，文物出版社，1991，第116页；吴崇基等编著《古代铜鼓装饰艺术》，文物出版社，2018，第144页；易学钟：《晋宁石寨山1号墓贮贝器上人物雕像考释》，《考古学报》1988年第1期。

[4]〔汉〕班固：《汉书》，〔唐〕颜师古注，中华书局编辑部点校，中华书局，1962，第1841页。

的肩舆；而使用围板构成舆壁的舆轿被称为“担床”，如石寨山祭祀人物贮贝器中的肩舆。

在魏晋南北朝时期，舆轿在体型轻便的双辕轺车舆体形制的影响下，逐渐演变出轺车式舆轿（图4-2-1e）。这种舆轿的形制是在轺车的舆体上去掉了轮轴，形似一张无足四出头的椅。搭脑平直，扶手弯曲，舆底两侧绑缚舆杆。由于舆体略宽，因此需要四人分前后两组，各扛一侧的舆杆，如司马金龙墓中屏风上绘出的轺车式肩舆。

在马车的舆体影响下，早期的舆轿形制已经发展得较为成熟。舆体两侧各安装一根舆杆，舆夫多为双数，前后站立。肩担方式有两种：一是舆夫站在两舆杆之间，舆杆位于头两侧肩上，双手握杆向上抬举，此类舆体相应较窄；二是两舆杆之间用绳子捆绑一根抬杠，抬杠安置在舆夫一侧肩上，一手扶杠，一手扶杆，两人抬一杠，舆体前后各一组，此类舆体较宽，两舆杆之间能够让成年男子自由行走。由于日用坐具中尚未出现座椅，日常生活中以席地盘坐、跪坐为主，因此舆轿中乘客的坐姿也为席地而坐。

（二）坐具影响下的舆轿形制

舆轿形制在隋唐时期进入发展阶段，根据步行抬举的操持方式，它被称为“步舆”。在这个时期，坐具对舆体形制产生了深远的影响。受坐具影响，舆轿分为两种主要类型。一类舆体为榻式结构，舆足较矮，舆壁较低；另一类舆体为椅式结构，舆足较高，两侧舆壁较低，后壁较高。

榻式结构舆体出现在南朝以后的墓室画像砖和美术作品之中。在当时榻式坐具坐姿的影响下，乘坐方式延续了此前的席地盘坐方式。榻式舆体有四种样式，以围子榻样式居多。第一种榻式舆体有四足，局脚，围板较矮，沿两侧和后侧三面合围，前侧供乘者上下，如庄村南朝墓画像砖中的肩舆（图4-2-2a）。第二种榻式舆体也被称为“八輞舆”[5]，围板较前者高，同样三面合围，平台式榻，无足，围板为整板，前侧踏面上安置案几。抬轿方式较为特殊，舆夫站位并不是常见的前后数量相同，而是轿前6人，轿后2人。《女史箴图》中的肩舆（图4-2-2b）就是这种舆体的代表。第三种榻式舆体为板榻式，无围子，四足局脚或六足壸门，其抬杠方式为手挽。与前两者均不相同，如《古帝王图卷》中的板榻式腰舆和《过去现在因果经》中的壸门榻式腰舆（图4-2-2c、图4-2-2d）。第四种椅式腰舆的舆底为箱形结构的壸门椅式，底座四面各有一壸门装饰，形成四足，围板为攒框装板，版芯有镂空纹饰，背板略高于两侧，如五代周文矩绘制《宫中图》

[5] 沈从文：《中国古代服饰研究》，商务印书馆，2017，第245页。

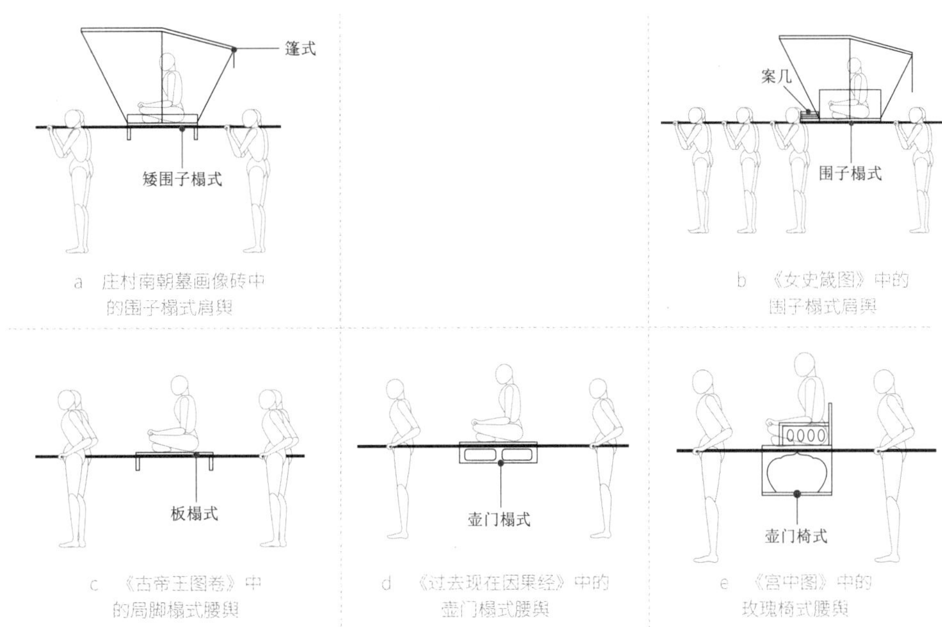

a　庄村南朝墓画像砖中的围子榻式肩舆

b　《女史箴图》中的围子榻式肩舆

c　《古帝王图卷》中的局脚榻式腰舆

d　《过去现在因果经》中的壶门榻式腰舆

e　《宫中图》中的玫瑰椅式腰舆

图4-2-2　魏晋南北朝至五代仿家具式肩舆和腰舆[6]

中的玫瑰椅式腰舆（图4-2-2e），图中乘者为盘膝坐姿，推测为盘膝坐姿的榻式舆体向垂足坐姿的椅式舆体的过渡样式。

宋代以降，高脚桌椅得到了广泛应用，这引起中国古代家具形制和生活用具的根本性变化。受到日常生活起居由低矮向高处发展变革的影响[7]，舆轿形制也进入成熟阶段。在此过程中，舆体形制和乘坐姿势发生巨大变化，其中高坐家具是对舆体形制影响最大的因素。

受各式扶手座椅的影响，产生的舆轿均为非遮蔽式，形成了椅面两侧夹舆杆的基本形制。其中，座椅的式样以官帽椅式和圈椅式居多。官帽椅式包括弯搭脑和直搭脑两种，坐屉多为矩形，椅腿以框架式直脚为主，也有两侧横枨上镶板的式样，如李彬夫妇墓中的腰舆和《明宣宗行乐图卷》中的襻舆（图4-2-3a、图4-2-3c）。圈椅式的靠背和扶手形成一个圆弧形整体，根据坐屉式样，圈椅可分为唐式圈椅和明式圈椅两种。唐式圈椅的坐屉为彭牙圆凳式样，较为少见，如《大明宫图卷》中的腰舆（图4-2-3b）；明式圈椅的坐屉为矩形，坐屉与足之间装有牙子，较为常见，如《鲁班经匠家镜》中的牙轿（图4-2-3d）和故宫博物院藏牙轿式肩舆（图4-2-4）。

除此之外，非遮蔽类舆轿还出现了构造更为简洁、外形更为轻巧的篮舆和抬椅（图4-2-5）。篮舆出现于北宋，舆体为矩形篮筐状，舆底有足，结构为四根

[6] 杨一、刘江生：《湖北襄阳麒麟清水沟南朝画像砖墓发掘简报》，《文物》2017年第11期；沈从文：《中国古代服饰研究》，商务印书馆，2017，第247页；陈斌主编《中国历代风俗画谱》，三秦出版社，2014，第111页。

[7] 邵晓峰：《中国宋代家具》，东南大学出版社，2010，第2页。

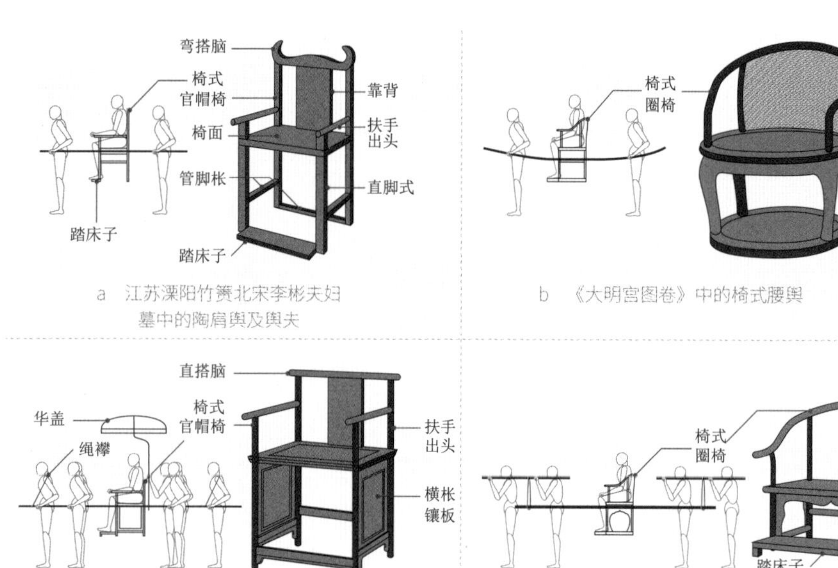

a　江苏溧阳竹箦北宋李彬夫妇墓中的陶肩舆及舆夫

b　《大明宫图卷》中的椅式腰舆

c　《明宣宗行乐图卷》中的椅式襻舆

d　《鲁班经匠家镜》中的牙轿

图4-2-3　宋代以后的椅式舆轿[8]

图4-2-4　故宫博物院藏明代牙轿式肩舆[9]

立柱，两两间横插横杆，构成框架，框架内夹竹编网格片状舆壁和舆底，立柱上端绑缚绳襻，吊于单根舆杆的正下方，乘者盘膝坐于其中，如《莲社图》中的肩舆。抬椅出现于元代，保留了椅式舆轿垂足而坐的姿态。它利用绳襻绑缚两块长方形木板，悬挂于舆杆正下方，一上一下，上方为坐板、下方为踏板。乘者后背依靠处固定一横杠，另有一长方形木板安置于乘者手肘下方，用以搭臂，并防止乘者向前倾出。这是椅式舆轿整体形制的简化，如《中山出游图》中的抬椅。

非遮蔽式舆轿的不同形制反映了不同的演进阶段。宋代以前，坐具以围子榻较为常见，因此三面合围的榻式舆轿是这个阶段的主流样式。宋代以后，带扶手的高座椅最为流行，因此舆轿的形制由模仿榻转为模仿椅，并在此阶段基本

[8] 刘兴、肖梦龙：《江苏溧阳竹箦北宋李彬夫妇墓》，《文物》1980年第5期；〔明〕午荣编《新刊京版工师雕斫正式鲁班经匠家镜》，李峰整理，海南出版社，2003，第162页。

[9] 原型来源于故宫博物院，https://www.dpm.org.cn/collection/gear/228956.html，访问日期：2022年11月16日。

定型，成为社会主流群体中较为普及的舆轿形制之一。与此同时，篮舆和抬椅逐渐在民间舆轿中出现并普及，是由于它们具有出行便捷和加工简单的特点。

《莲社图》中的篮舆

《中山出游图》中的抬椅

图4-2-5 非遮蔽类的篮舆和抬椅[10]

（三）建筑影响下的舆轿形制

受建筑样式影响，唐代出现了多种舆轿。这些舆轿被称为版舆和步担，其中，使用抬杠舁抬的舆轿被称为刚扛。此外，还出现了舆杆位置在舆夫腰部的腰舆和舆底位置在舆夫肩部的平肩舆。

舆体主要分为屋式、亭式和帐式三类。屋式舆轿的舆底平面为矩形，足为壶门式板箱结构，顶以模仿庑殿顶式居多，多为遮蔽式，如唐昭陵新城长公主墓东壁壁画《抬轿图》中的屋式肩舆（图4-2-6a）和敦煌莫高窟85窟窟顶南坡壁画中的八抬屋式肩舆（图4-2-6b）。亭式舆轿的舆底平面形态随着顶的形态而变化，足有平台式底座、壶门式底座和边棱设有连续的长方形框底座三种，顶以仿攒尖顶式亭和盏顶式亭为主。舆体分为非遮蔽的杆栏式和遮蔽的围板式两种，亭顶样式有四角攒尖式，如敦煌莫高窟186窟壁画中的肩舆（图4-2-6c）；六角攒尖式，如敦煌莫高窟156窟壁画中的肩舆（图4-2-6d）；六角盏顶式，如敦煌莫高窟8窟壁画中的肩舆（图4-2-6e）；八角盏顶式，如李茂贞夫妇墓庭院东西壁画中的肩舆[11]。帐式舆轿的舆底平面为方形，无足，帐顶为平顶四角的盝顶式样，多为非遮蔽式，如敦煌莫高窟323窟《隋文帝祈雨》图中的六抬帐式肩舆（图4-2-6f）。

自宋代以后，随着高坐家具的普及，屋式、亭式舆体的舆内家具出现了能够垂足而坐的坐床或座椅，并延伸出与之相配套的其他家具，增加了乘坐的舒适程度。其搭配方式由简单至复杂分为三种。第一种搭配方式是单独安置一个坐床或座椅[12]，这种搭配方式在社会主流群体中最为普及，如《清明上河图》中的肩舆（图4-2-7）；第二种搭配方式是在舆底正中安置底床，上方放置坐床或座

[10] 邵晓峰：《中国宋代家具》，东南大学出版社，2010，第17页；浙江大学中国古代书画研究中心：《宋画全集》第2卷第2册，浙江大学出版社，2009，第130页。

[11] 宝鸡市考古研究所编著《五代李茂贞夫妇墓》，科学出版社，2008，第46页。

[12]［元］脱脱等：《宋史》，中华书局，1985，第3489页。

椅，部分搭配脚踏具，同时搭配承具小案[13]；第三种搭配方式是在舆底正中安置三级底床，上方放置御床或御椅，坐具前下方搭配脚踏具，同时搭配承具曲几[14]。级别较高的舆轿内部家具通常使用各式织物进行装饰，其中坐床搭配床衣和褥垫，座椅搭配靠坐褥和椅裙，脚踏具搭配踏褥。

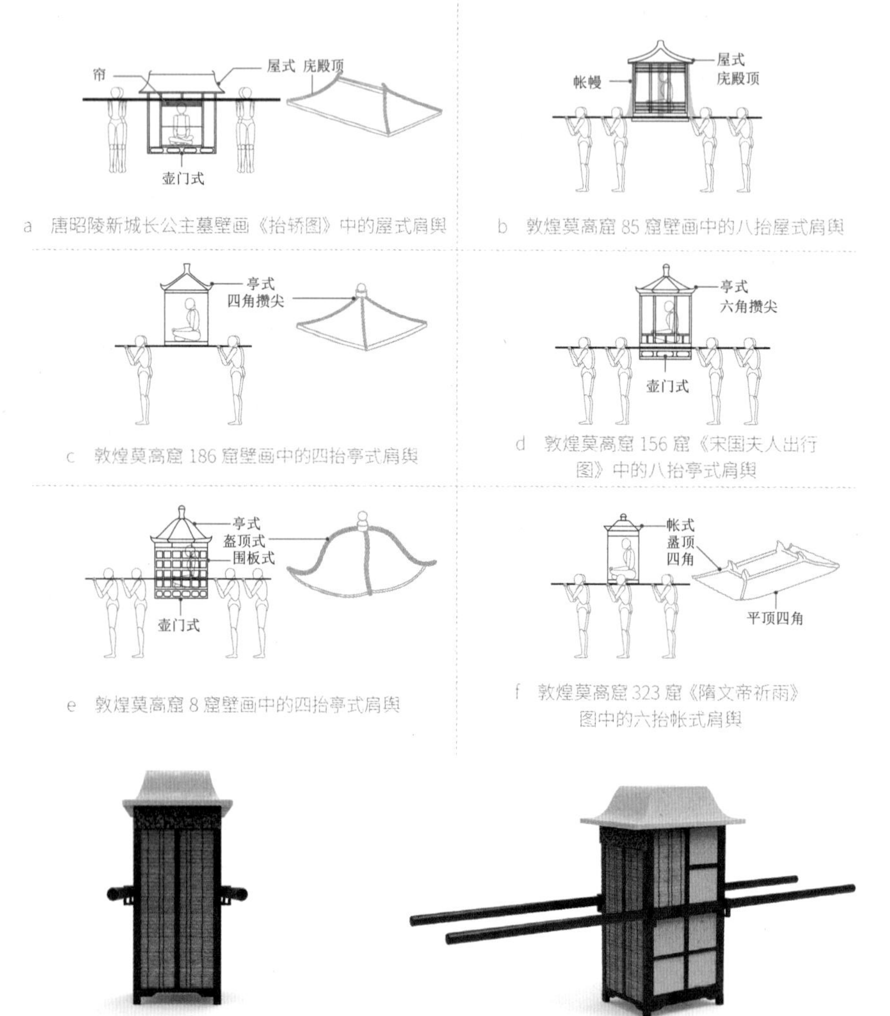

a　唐昭陵新城长公主墓壁画《抬轿图》中的屋式肩舆

b　敦煌莫高窟 85 窟壁画中的八抬屋式肩舆

c　敦煌莫高窟 186 窟壁画中的四抬亭式肩舆

d　敦煌莫高窟 156 窟《宋国夫人出行图》中的八抬亭式肩舆

e　敦煌莫高窟 8 窟壁画中的四抬亭式肩舆

f　敦煌莫高窟 323 窟《隋文帝祈雨》图中的六抬帐式肩舆

图 4-2-6　唐代仿建筑式肩舆形制示意图[15]

图 4-2-7　北宋《清明上河图》中的遮蔽式肩舆

与此同时，仿建筑样式的遮蔽式舆体逐渐流行，古代建筑常用的板壁、门窗和基座式样等元素被合理地运用于舆体的设计构建之中。仿建筑板壁式舆壁的主体结构分为三个部分：框架、填心和外覆。框架包括顶部的额、底部的地袱、四周的桯和柱、中间的若干心柱、中部横向分隔的横档。填心嵌于框架之中，有三种材质，分别为薄木板（图 4-2-8a）、编竹造（图 4-2-8b、图 4-2-8d）和布覆

[13]〔元〕脱脱等：《宋史》，中华书局，1985，第 3490 页。

[14]〔清〕张廷玉等：《明史》，中华书局，1974，第 1604、1605 页。

[15] 段文杰：《中国敦煌壁画全集 · 5 · 敦煌初唐》，天津人民美术出版社，2006，第 115 页；陕西省考古研究所等：《唐昭陵新城长公主墓发掘简报》，《考古与文物》1997 年第 3 期；马德主编《敦煌石窟全集 · 26 · 交通画卷》，上海人民出版社，2001，第 185 页。

面（图4-2-8e），其中薄木板有素面、平面起凸和花板三种，花板又分为浮雕和彩绘（图4-2-8c）。薄木板多用于礼舆、皇室成员和高级官员出行的官轿，编竹造和布覆面多用于日常出行的官轿和民轿。填心的镶嵌方式有两种。一种为在边框上开出嵌槽，将填心用板嵌入其中，另一种为依靠两面压条，即子桯，将板固定于框架上（图4-2-8b）。外覆通常指框架之外覆盖的帷帐，通常有三种。第一种是与盖顶覆盖的布帛缝合在一起的短幨，垂于盖檐下方，环围舆体一周，短幨分为单层（图4-2-8g）和多层（图4-2-8d）。第二种为宽度较窄的长条形帐幔，悬挂于轿顶檐下。第三种是在每面舆壁外均由上到下覆盖一整面布帷。常见的民轿有青帷、皂帏、绿帏。皇帝出行的轿辇覆盖黄帏、朱帘，花轿覆盖红帏或厚重的彩色提花织物。

a　李茂贞夫妇墓庭院西壁壁画中的肩舆：板壁

b　青阳镇里泾坝宋代墓葬石椁东壁下部石板画像中的肩舆：板壁

c　《出警图》中的肩舆：两侧四扇板壁（福扇）、后侧四扇板壁（槅扇）

d　《乾隆南巡图卷》中的礼舆：覆面壁

e　《清明上河图》中的椅轿：覆面壁

f　敦煌莫高窟85窟壁画中的肩舆：帐幔半遮蔽

g　《乾隆南巡图卷》第六卷“驻跸姑苏”中的椅轿：布帷

图4-2-8　舆壁、门、窗形制种类举要[16]

从古代美术作品中的舆轿图像来看，部分舆轿有窗。窗分为空窗、平开窗和固定窗三种。其中，空窗为外部有直棂固定的无填心格子（图4-2-8a），窗内悬挂布帘遮挡，乘者观望窗外时需要掀起布帘；平开窗是一侧以铰链与框固定，由内向外开启；固定窗大多出现于布帏上部，将布帏挖空成方形或长方形，内部再挂白纱或布帘，使用时将帘掀起。封闭式舆轿的门扉通常有对开门和门帘两种，前者通常为皇室成员使用的礼舆（图4-2-8d），《皇朝礼器图式》中描述为“前为双扉……启扉则举棂悬之”[17]；后者分为垂帘（图4-2-8e）和垂帏（图4-2-8g）两种，通常冬垂帏，夏垂帘。

[16] 宝鸡市考古研究所：《五代李茂贞夫妇墓》，科学出版社，2008，第47页；翁雪花、刁文伟：《江苏江阴市青阳镇里泾坝宋墓》，《考古》2008年第3期；《出警图》，中华珍宝馆，http://g2.ltfc.net/view/SUHA/608a61b3aa7c385c8d944984，访问日期：2022年11月16日；王宏钧主编《乾隆南巡图研究》，文物出版社，2010，第24页；《清明上河图》，故宫博物院，https://www.dpm.org.cn/collection/paint/228226.html，访问日期：2022年11月16日；马德主编《敦煌石窟全集·26·交通画卷》，上海人民出版社，2001，第185页；《乾隆南巡图卷》，中华珍宝馆，http://g2.ltfc.net/view/SUHA/608a61adaa7c385c8d9441dd，访问日期：2022年11月16日。

[17]〔清〕允禄等编《皇朝礼器图式》，广陵书社，2004，第554页。

明清时期，在沿袭前朝的遮蔽式舆轿式样之外，还出现了高台底座的御用轿辇。这种轿辇底座为四方形仿叠涩座式样，如明代《出警图》和清代《八旬万寿盛典图》中御辇的高台底座（图4-2-9）。明代御辇的正中为一层束腰，前后为三块板，两侧为两块板，叠涩莲瓣装饰。基座上方有勾栏。清代御辇的高度更高，上下枋、束腰均为彩绘花板。坐腰花板四面均为四块板，装饰性极强。两者都配有与底座等高的半桥形轿登，轿登两侧安置扶手，供帝王上下行走时扶持。明代御辇仅有登面和扶手，清代御辇的登面下方有栏杆支撑。

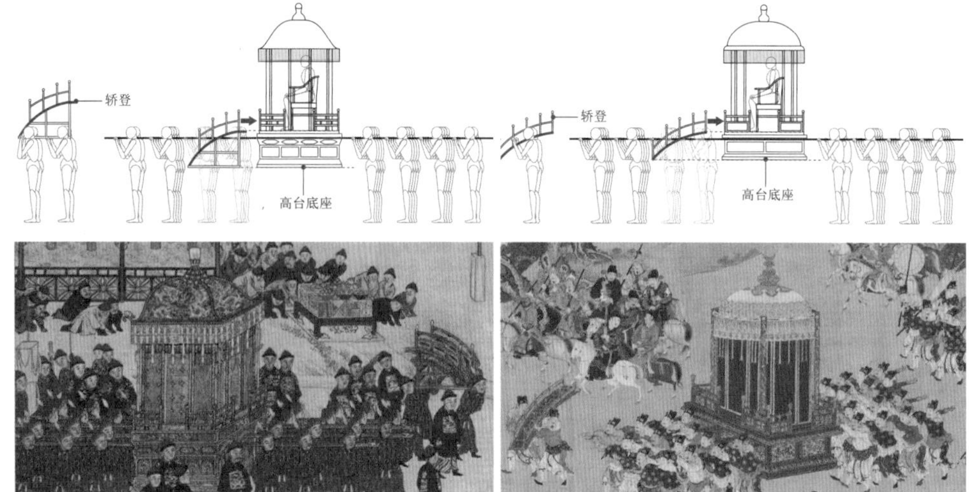

明代《出警图》中的高台底座式御辇　清代《八旬万寿盛典图》中的高台底座式御辇

图4-2-9　明清时期高台底座式御辇[18]

整体而言，舆轿形制的发展经历了三个阶段：隋代以前，舆轿的形制主要为仿马车车厢的非遮蔽式，隋代开始流行仿榻、椅的非遮蔽式舆体，唐代以后，仿建筑遮蔽式舆体成为社会主流的舆轿形制。中国古代舆轿的形制与建筑、家具的结构具有极大的相似之处，可以肯定的是，无论是仿建筑式舆体还是仿家具式舆体，纵横交错、线面结合的框架结构都始终贯穿于舆体的发展演变过程之中。舆体作为一个缩小的建筑或坐卧家具空间，其发展变革几乎与古代家具同步，由低坐家具上跪跽席坐转为高坐家具上垂足而坐，是中国古代家具史上的重大变革，垂足而坐的起居方式正是推动舆体形制变革形成的主要原因。

二、负舆乘轿与舁挈而行的古代舆轿操持方式

古代舆轿的操持运动主要依靠舁抬结构，由人力驱动。根据舁抬方式的不同，主要分为以肩部受力为主的肩舆、以腕部受力为主的腰舆以及以肩腕同时

[18]《出警图》，中华珍宝馆，http://g2.ltfc.net/view/SUHA/608a61b3aa7c385c8d944984，访问日期：2022年11月16日；故宫博物院：《清代宫廷绘画》，文物出版社，1992，封面。

受力的襻舆。由于舁抬舆轿时，两侧和前后施力的对称性，大多数情况下舆夫的站位采取前后对称或左右对称的方式，因此人数基本上是双数。

（一）舆轿的舁抬结构与杠杆的穿扣方式

舆轿的舁抬结构包含舆杆、横杆、抬杠和绳襻，其中舆杆是其中必不可少的构件，其余构件根据舁抬方式的变化而有所增减。在宋代以前，舆杆与舆体的连接位置多位于舆底，若舆底有足，舆杆则位于舆底足的上方。在极个别古代美术作品中，舆杆位于舆体下部、舆体上部、舆盖正中和坐屉下方。自宋代以后，由于乘者坐姿由低到高的改变以及高坐家具的加入，遮蔽式舆体的高度增加、空间变大成为最显著的变化之一，由此也带来了舆杆与舆体连接的位置变化。

对于形状窄而高的遮蔽式舆轿，舆杆从舆底、舆壁靠近舆底的位置开始向上移动，逐渐接近舆体中部。这是为了将轿子重心转移至抬杠下方，避免舆杆位置过低导致舆轿缺乏稳定性。而对于皇帝出行时使用的部分高底座式官轿，舆杆多插入底座上部进行固定。

非遮蔽式舆轿的舆体同样受高坐家具的影响，舆杆位置多位于椅子本身的中心，即坐屉下方的束腰处。仅有抬椅和篮舆以悬挂的方式位于舆杆下方。

舆体与舆杆相连的方式通常有两种，一种为穿杠锁扣，另一种为绳襻穿扣。穿杠锁扣是一种固定式锁扣，遮蔽式舆轿通常位于两侧舆壁中部或中上部（图4-2-10a），非遮蔽式舆轿通常固定于坐屉下方的双足外侧（图4-2-10b），舆杆横穿过两只锁扣，锁扣形状通常为环形，嵌入舆体牢牢固定。绳襻穿扣是使用活动式绳襻，绳襻本身与舆体分离。遮蔽式舆轿通常在帐帏垂檐处穿孔，同时在舆底边框上部的四角安装半圆环，上下穿绳共同固定中部的舆杆（图4-2-10c）；非遮蔽式舆轿通常将舆杆嵌夹在坐屉下方两侧的高束腰（图4-2-10d）或绦环板下的高束腰中，如故宫博物院所藏的黄花梨木雕夔龙纹肩舆。

（二）杠杆结构决定的舆轿舁抬方式

肩舆是最常见的舁抬方式，以肩为主要承重施力部位，直接承舆杆，并以手抬为辅助。根据舆夫数量的变化，其站姿和面向各有不同。整体而言，根据舆轿的舁抬结构，舁抬方式可分为四类。

第一类是单根舆杆。这种舆杆用于形制简单的舆轿，仅靠舆体上方的单根舆杆或舆体两侧各一根舆杆，即可直接扛于舆夫单侧肩上，进行舁抬行动（图4-2-11a）。

第二类是双根舆杆。其中，非遮蔽式舆轿仅需舆杆就能舁抬。舆夫站立方式有两种。第一种，舆夫为与舆杆顺向的单人队列，前后各两人（图4-2-11b）；

第二种，舆夫需要分立两舆杆外侧，靠舆杆单侧肩膀承杆，单侧手或双侧手辅助抬杆。其中4抬通常前后各两名舆夫（图4-2-11c），8抬有两种站位。一种是舆体前后人数相同的双人队列（图4-2-11d），另一种是舆前6人，舆后2人的双人队列（图4-2-11e）。16抬则需将8根抬杠分为四组，与舆杆之间使用横杠向两外侧延伸，4列舆夫也一并分立两舆杆外侧。这种站立方式通常用于舆体较窄、两舆杆之间无法站立两列舆夫的椅式舆轿（图4-2-11f）。

遮蔽式舆轿体积较大、较重。舆夫站立方式有四种。第一种，舆夫面对舆杆，站成前后两排，以前侧肩胸部承杆，双手辅助抬杆，此种站立方式较为少见（图4-2-11g）；第二种，需要在舆体的前后位置加装横杠，横向连接两根舆杆，起到加固的作用。舆夫通常站于两舆杆之间，双肩承杆，双手辅助抬杆（图4-2-11h）。

第三种是两侧较宽、级别较高的舆轿，需要在舆体前后的舆杆上方用绳襻分别连接一根或一组抬杠。在舆杆之上另加抬杠，可以通过连接两者的绳襻的均衡力，平衡每组舆夫的作用力，缓冲舆轿因前进产生的颠簸，起到一定的避震作用。其中，前后各一根抬杠需要4名舆夫共同操持，单根抬杠需要前后端各一人，以单侧肩承抬杠，承杠肩侧手辅助抬杠，另一侧手辅助挽抬舆杆（图4-2-11i）；前后各两根抬杠则需8名舆夫共同操持（图4-2-11j），

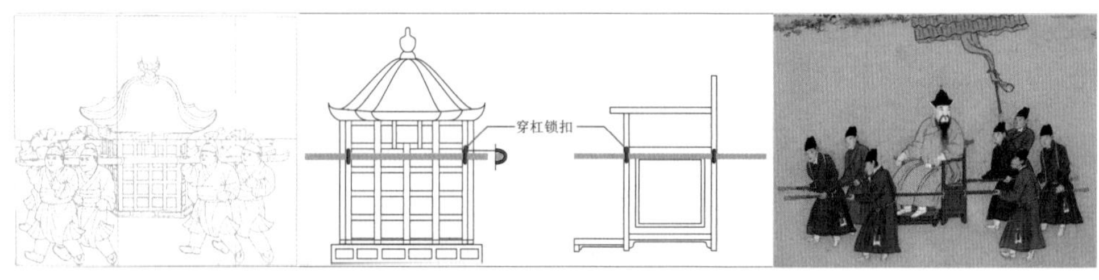

a　李茂贞夫妇墓庭院西壁中的肩舆　　b　《明宣宗行乐图卷》中的襻舆

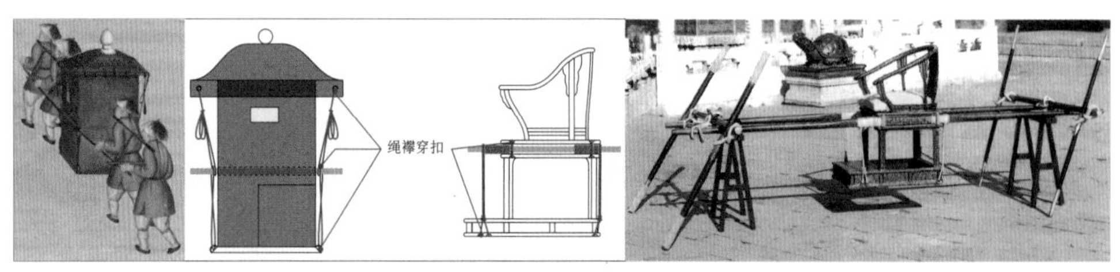

c　《清国京城市景风俗图》中的暖轿　　d　《清代衣食住行》中的椅轿

图4-2-10　常见的两种舆杆穿扣方式[19]

[19]宝鸡市考古研究所：《五代李茂贞夫妇墓》，科学出版社，2008，第47页；《明宣宗行乐图卷》，中华珍宝馆，http://g2.ltfc.net/view/SUHA/6298996f4712ecebc22728e，访问日期：2022年11月16日；《清国京城市景风俗图》，书格，https://www.shuge.org/ebook/jing-cheng-shi-jing-tu，访问日期：2022年11月16日；林永匡：《清代衣食住行》，中华书局，第190页。

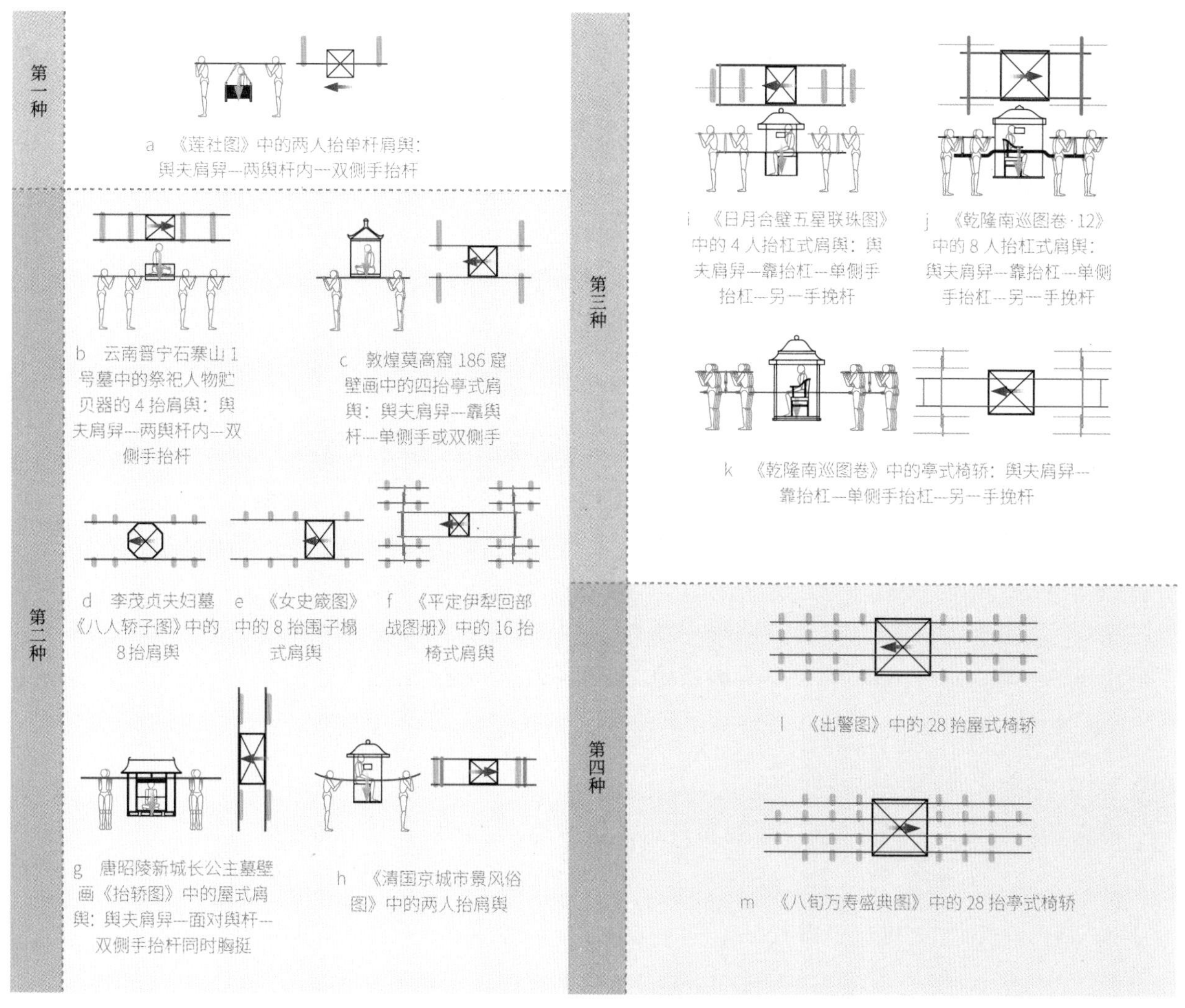

图4-2-11　肩舆的四种操持方式示意图[20]

明清时期御用轿辇甚至多达八根抬杠（图4-2-11k），需要16名舆夫共同舁抬。

第四种是清代出现的大型28抬御用轿辇。这种轿辇共有4根舆杆贯穿轿辇底座，舆夫用一侧肩膀承杆，双手辅助抬杆。前后舆夫均列4排，分为两种站位。第一种靠舆的前后两排舆夫数量为两人，且站于外侧两列（图4-2-11l），第二种远舆的前后两排舆夫数量为两人，且站于内侧两列（图4-2-11m）。

腰舆的操持方式以手腕为主要承重施力部位，直接担舆杆，也可分为两类。第一类通常用于两人抬腰舆，主要应用于非遮蔽仿榻、椅式舆轿。舆夫位于两舆

[20] 邵晓峰：《中国宋代家具》，东南大学出版社，2010，第17页；易学钟：《晋宁石寨山1号墓贮贝器上人物雕像考释》，《考古学报》1988年第1期；马德主编《敦煌石窟全集·26·交通画卷》，上海人民出版社，2001，第180页；宝鸡市考古研究所：《五代李茂贞夫妇墓》，科学出版社，2008，第47页；陕西省考古研究所等：《唐昭陵新城长公主墓发掘简报》，《考古与文物》1997年第3期；聂崇正：《清代宫廷绘画》，上海科学技术出版社、商务印书馆（香港）有限公司，1999，第258页；王宏钧主编《乾隆南巡图研究》，文物出版社，2010，第7页；故宫博物院：《清代宫廷绘画》，文物出版社，1992，封面。

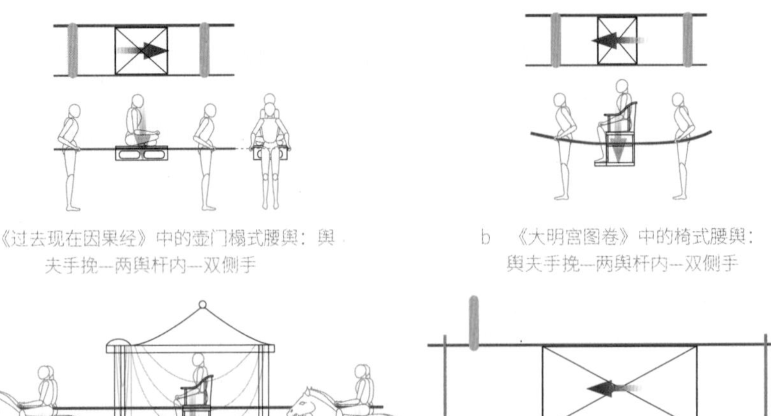

a 《过去现在因果经》中的壶门榻式腰舆：舆夫手挽—两舆杆内—双侧手

b 《大明宫图卷》中的椅式腰舆：舆夫手挽—两舆杆内—双侧手

c 《出警图》：骑士手挽—靠舆杆—单侧手挽杆

图 4-2-12 腰舆的两种操持方式示意图[21]

杆之间，双手下垂挽抬舆杆，这种方式较为常见（图 4-2-12a、图 4-2-12b）。第二类用于体型较大的御用轿辇。在这种舆轿中，舆杆左右两侧有 4 名舆夫骑于马上，再用靠舆一侧的单手挽抬舆杆，这种操持方式是人力与畜力结合的代表，出现于明代，较为少见（图 4-2-12c）。

襻舆的操持方式为以手抬杠，但在舆杆上系以襻绳，以肩承重[22]。这种舆轿的舁抬方式分为两类。第一类由两名舆夫一前一后站立于舆杆之间，肩襻同时手挽双杆，这种方式出现于唐代（图 4-2-13a）。第二类用于 6 抬腰舆，舆体前后各 3 人，组成六边形队列。除两舆杆之间站立的两名舆夫肩襻手挽之外，另

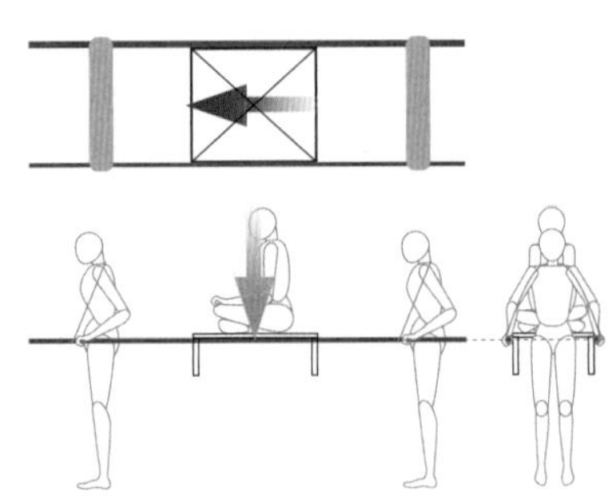

a 《步辇图》：手挽肩襻—两舆杆内—双侧手挽杆

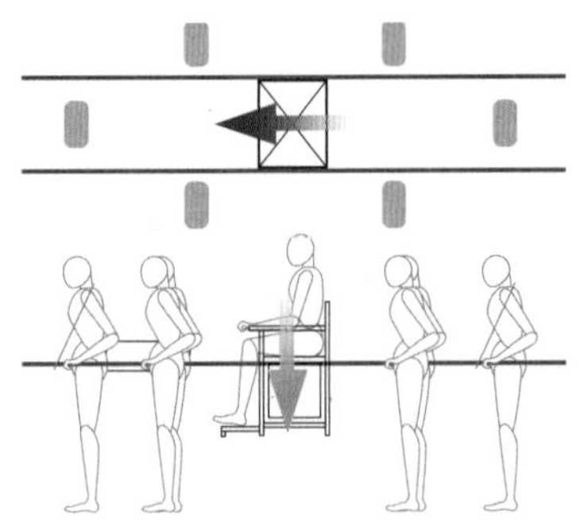

b 《明宣宗行乐图卷》中的椅式襻舆：首尾舆夫手挽肩襻—两舆杆内—双侧手／其他舆夫手挽—两舆杆外—双侧手

图 4-2-13 襻舆的两种操持方式示意图[23]

[21] 沈从文：《中国古代服饰研究》，商务印书馆，2017，第 247 页；

[22] 吴玉贵：《中国风俗通史 · 隋唐五代卷》，上海文艺出版社，2001，第 284 页。

[23]《步辇图》，中华珍宝馆，http://g2.ltfc.net/view/SUHA/608a619faa7c385c8d94305d，访问日期：2022 年 11 月 16 日；《明宣宗行乐图卷》，中华珍宝馆，http://g2.ltfc.net/view/SUHA/6298996f4712ecebc22728ef，访问日期：2022 年 11 月 16 日。

有4名舆夫分立两舆杆外侧，双手抓握舆杆辅助抬舆，这种方式出现于明代（图4-2-13b）。

（三）社会习俗驱动下舆轿功能的世俗化转变

自宋代以后，随着社会风气的转变，乘轿之风盛行，舆轿完成了从礼仪制度工具向一般代步工具的转变。至明清时期，严格的乘轿制度使得官轿和民轿出现了明显的差异。不同品级的官员所乘轿子的大小、帷帐用料、质地都有规定。例如，明代官员的轿子盖帏用青缦，轿顶为云头式样。具体来说，三品以上官员的轿子，用金饰银螭绣带；四品、五品官员的轿子，用素狮头绣带；六品至九品官员的轿子，用素云头青带。在清代，三品以上的汉官舆顶用银，盖帏用皂[24]。而民间用轿只能盖皂色缦布，轿顶为黑油齐头平顶[25]。

除此之外，舆夫的人数也是彰显等级秩序的重要标志，如16抬以上的舆轿均为御用轿辇，清代三品以上官员在京城内乘轿可以有舆夫4人，出京有8人，而民间舆轿的抬轿人数普遍为双人。唯一能够突破轿乘制度的花轿，是用于婚俗场景下的礼仪用轿，于宋代开始广泛流行于社会主流群体之中，如宋代《东京梦华录》中提到的"花檐子"[26]和《梦粱录》中提到的"棕檐花藤轿"[27]。由于花轿除了在婚嫁礼仪过程中抬新娘，还具有在婚礼仪式上被集体观看的潜在作用，因此花轿的形制通常较为奢丽。明清时期流行的花轿分为硬轿和软轿两种，花轿的规格高低能彰显使用者的身份地位。硬轿流行于南方，其中以朱漆铺底饰以金箔贴花的木雕彩轿规格最高，如浙江省博物馆藏清代万工轿，这顶轿子由几百片可拆卸的花板榫卯接合，采用圆雕、浮雕、透雕三种工艺手法自顶部向下进行装饰，呈现出具有民俗文化心理的吉祥图案。轿子需要8名舆夫抬轿，还有3人负责替换、扶轿和拆轿。软轿流行于北方，使用大红色盖帏，规格较高的软轿盖帏使用满地刺绣的红绸或红色织锦，多层轿顶色彩搭配明艳，顶沿四角通常悬挂花灯或彩球，如《姑苏繁华图》中的花轿。

由于各地民间抬轿风俗的差异，舆夫并不局限于普通男性劳动力。女子舁抬舆轿最早出现于唐代阎立本绘《步辇图》中，此后文献中也多有记载。宋代《鸡肋编》中记载："泉、福二州妇人轿子，则用金漆，雇妇人以荷。福州以为僧擎，至他男子则不肯肩也。"[28]清代《清稗类钞》中也记载："粤西乡村妇女，率多天

[24]［清］张廷玉等：《明史》，中华书局，1974，第3030页。

[25]同上书，第1611页。

[26]王莹译注《<东京梦华录>译注》，上海三联书店，2014，第110页。

[27]［宋］吴自牧：《梦粱录》，中华书局，1985，第187页。

[28]转引自徐吉军、方建新等：《中国风俗通史·宋代卷》，上海文艺出版社，2001，第261页。

足，肩挑负贩，与男无异。柳州、来宾一带，时有舁肩舆为生者。世以阴阳爻象譬之，如坐客为男，二女肩舆则似坎卦，坐客为女，前女后男肩舆则以震卦，以此类推，则八卦全矣。”[29]可见，虽然抬轿的舆夫以普通男性为主，但妇人和僧侣也会参与到抬轿劳动中。

结语

舆轿是中国古代延续性最久的出行工具之一，其发展演变深受礼制、礼俗影响。在逐渐被纳入统治阶级舆服制度的同时，舆轿还成为市民阶层日常出行的重要选择。先秦时期，社会主流群体的出行主要依靠以畜力牵引的独辀车。受马车形制影响而诞生的舆轿仅出现于祭祀和丧葬活动中，作为辅助性的礼仪车辆。魏晋以后，社会主流群体在出行时主要使用双辕车，其形制对舆轿产生了重要影响。隋唐之后，随着社会主流群体出行观念的改变、社会出行制度的完善，出行方式转为车、马和轿并行。同时，舆轿在轺车、家具和建筑形式的影响下趋于多样化。宋代之后，舆轿被纳入统治阶级的舆服制度之中。明清时期，舆轿逐渐成为社会主流群体近距离出行的主要交通工具。与马车相比，舆轿体积更小，更利于串街走巷，至明清时期，京城几乎“人人皆小舆”[30]，普及性极高。在乘轿之风盛行的背景之下，乘坐一定规格的轿子出行还成为统治阶级特殊形式的赏赐，成为封建等级制度的象征。

尽管不同时期的舆轿名称各有不同，但是由“舆体”与“杆杠”接合的整体结构和“肩舁”“手挽”组成的主要操持方式，自出现之时就已经定型。其发展演变主要体现在舆体形制的变化以及伴随舆轿体积和等级发生的抬数和操持方式的变化上。舆体的形制自出现之时就分为遮蔽式和非遮蔽式两种，充分体现了中国古代设计思想中的实用性和功能性，从简单的肩舆到复杂的亭式舆，从最初的祭祀使用到后来的日常出行，乘舆的设计不断演化以适应更广泛的社会功能。例如，舆杆与舆体位置的变化，以及高足座椅的加入，充分满足了不同场合和阶级的使用需求。除此之外，乘坐姿势从盘腿坐、跪坐到垂足坐的演变，也体现了设计逐步适应人体结构，注重乘坐的舒适性并开始应用人体工程学。

整体而言，舆轿是在中国古代社会出行文化影响下，礼仪习俗、政治制度和日常出行习惯交织的体现。舆轿在古代中国社会中的功能是多层次的，不仅局限于基本的交通工具角色，还渗透到社会结构、文化表达、经济活动和技术发

[29] 徐珂：《清稗类钞》第一三册，中华书局，2010，第6123页。
[30]〔明〕顾起元：《客座赘语》，谭棣华、陈稼禾点校，中华书局，1987，第231页。

展的各个方面。首先，舆轿是社会等级和权力象征的直观体现。中国古代儒家思想中对礼制和权力的重视是影响舆轿发展演变的重要因素。因此，舆轿的设计严格遵循礼制，不同等级的舆轿在规格、装饰、抬数和操持方式上都有严格的规定，以体现尊卑有序的社会秩序。作为身份和权力的象征，舆轿的豪华程度和精美程度都与乘坐者的地位密切相关。官轿与民轿的区别，以及不同等级官轿的体积、精美程度、抬杠的数量和舆夫数量等的显著差别，反映了严格的封建等级制度。例如，皇室和官员使用的官轿，作为统治阶层的权力象征，比普通民众出行乘坐的民轿规格更高。等级越高的舆轿，其体积越大，内部家具品质越高，种类越丰富，装饰也越复杂，杠杆和舆夫数量也相应增加，以皇帝乘坐的礼舆为最高规格。这些设计上的差异不仅体现了社会阶层的划分，还在视觉上强化了权力结构。

其次，舆轿的设计和功能随着社会需求和技术能力的演变而变化。尤其是宋代以后，随着城市化进程的加速，对能够适应狭窄街道的小型、灵活交通工具的需求增加，这促使日常出行类舆轿的设计变得更加紧凑。轿子的材料选择也表现出对轻质材料的偏好。竹材的应用很大程度上减轻了舆夫的负重，减少了抬轿的人数。由于灵活性和适用性，舆轿取代了传统的畜拉车辆，成为市民阶层更加便捷的出行选择。同时，舆轿上的装饰设计不仅反映了当时社会主流群体的文化审美和价值观，而且也成为文化传播的重要载体，在一定程度上令统治阶层的文化审美在市民阶层中得以广泛传播。

此外，舆轿的普及，使它逐渐成为社会经济活动的组成部分。舆夫成为一种新兴的职业，民间的舆轿租赁成为早期的“共享经济”形式，长途运营的出现也为古代城市和乡村提供了新的商业机会，促使城乡居民之间的交流变得更加频繁。舆轿的整个生产制造环节也催生了舆轿制造业、竹木材加工业和轿用家具制造业等相关行业，从而促进了职业的分化、手工业的繁荣、服务业的兴起以及市场经济的发展。

第三节 马上驰骋之具

马从驯化之初用于食肉和制器。母系社会向父系社会的过渡时期，马首部鞁具的出现令马匹开始产生拉车驮物的使用功能。至先秦时期，车辆普及，并适应统治阶层的需求向大型化发展，马匹逐渐取代人和羊、鹿等小型牲畜，广泛用于驾车出行。

东周时期，马开始用于骑乘，鞍具的出现令骑乘方式从裸骑于马背转变成坐骑于马鞍。早期的马鞍经历了从毯型鞍向两片式软马鞍的变革，软马鞍一方面满足了骑者骑乘的舒适性，另一方面转移了马背脊椎上承受的压力，可以说是最早的“普适性”设计考量。两汉时期，马鞍再次经历了软马鞍向硬马鞍的改良。早期的硬马鞍的形制为两桥垂直鞍，整体由鞍座和鞍桥构成，前者延续了软马鞍两片式的结构；后者位于鞍座首尾处，经历了由低向高的演变，主要用来方便骑者上下马时抓握，并限制骑者前后滑动的范围，增加了骑乘时的安全性。魏晋时期，“高桥鞍”[1]这样的专门名称遂见载于《魏百官名》一书中。鞍镫组合的出现，一方面增加了骑乘时的安全性和灵活性，另一方面增强了上下马时的便捷性，推动了骑乘在日常出行中的普及性。在马鞍的形制上对后鞍桥进行的改良，实现了从两桥垂直鞍向后桥倾斜鞍的转变，鞍座贴合马背的流畅曲线和后倒的后鞍桥较前者更加能够满足“适人性”和“适马性”。隋唐以后，骑马被纳入统治阶层的礼制体系之内，骑马之风逐渐普及，鞍具逐渐发展完备。完整的鞍具包含三个结构，主体骑乘结构为鞍、镫组合，辅助垫隔结构有鞯和障泥，辅助串联固定结构有攀胸、鞦带和肚带。后桥倾斜鞍成为社会主流马鞍形态，马镫在此前基础上缩短了镫柄，加宽了脚踏，增加了“适足性”。至明清时期，马鞍和马镫的形制趋向于多元化，尤其是马鞍，受辽、元马鞍形制的影响，发展出三型鞍座和三型鞍桥，两者组合出多样化的马鞍形态。

鞍具的出现令马的出行功能发生了重大转变，由驾驶车辆功能衍生出供人骑乘功能。鞍镫组合的形成和后鞍桥由垂直向倾斜的改变，令鞍具的整体形态得到进一步完善，从而将骑乘功能从最初服务于战争向服务于社会主流群体的日常出行转变。

---

[1]〔清〕杨晨：《三国会要》卷十七，中华书局，1956，第321页。

一、软马鞍始于驯乘

野生马匹被发现和捕捉后逐渐被驯养成家畜，这是软马鞍出现的先决条件。在原始社会时期，种植、采集、狩猎和畜牧相辅相成的生产方式促使中国形成了以农业为主、畜牧业为辅的经济文化类型。最早的家马骨骼出土于西安半坡农牧兼营的部落遗址[2]，此后家马逐渐成为中国古代的“六畜”[3]之一。

（一）裸骑：乘马的萌芽阶段

最晚于商代，人们逐渐意识到马匹除作为食物和加工骨器[4]的来源之外，还具有出行载重的重要价值。从早期的圈养而食，开始转变为有针对性地训练马匹，以满足驾车、骑乘等出行需要。战国时期的《左传》中有“左师展将以公乘马而归”[5]的文字，是最早关于马用于骑乘的记载。

在裸骑阶段，骑者直接骑乘在马背上，并通过马首部的鞁具来简单操控马匹，这是鞍具普及之前主要的骑行方式。在陕西咸阳窑店镇塔儿坡28057号墓出土的骑马俑和甘肃肩水金关遗址出土的西汉时期木板画《一吏一马图》中（图4-3-1），都可以看到使用鞁具的情景。

陕西咸阳塔儿坡出土的骑马俑

甘肃肩水金关遗址出土的木板画《一吏一马图》

图4-3-1 呈现鞁具骑行的陶俑及板画[6]

（二）由毯型鞍过渡而来的软马鞍

陕西眉县李村西周中期铜器窖藏中出土了一尊“盠”青铜驹尊，马背上有长方口，上置小盖，盖的弧度贴合马背，其形状如同一块鞍垫，这可能就是鞍具最早的艺术表现形式。一片式毯型鞍是鞍具从无鞍过渡到有鞍的中间形态。最早的毯型鞍出现于大英博物馆藏亚述巴尼拔时期的猎狮浮雕中，大约相当于春秋

[2] 谢崇安：《中国原始畜牧业的起源和发展》，《农业考古》1985年第1期。

[3]〔清〕孙诒让：《周礼正义》，汪少华整理，中华书局，2015，第1103页。

[4] 付仲杨：《丰镐遗址的制骨遗存与制骨手工业》，《考古》2015年第9期。

[5]〔清〕洪亮吉：《春秋左传诂》，李解民点校，中华书局，1987，第77页。

[6] 袁仲一、李星明主编《中国陵墓雕塑全集·史前至秦代》，陕西人民美术出版社，2011，第61页。

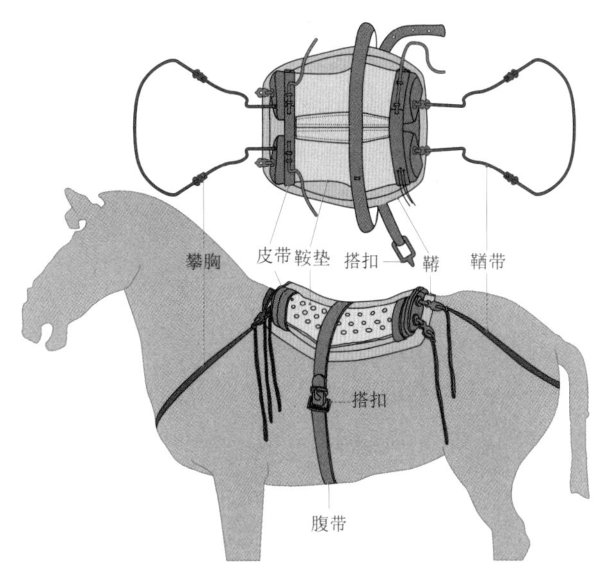

图4-3-2　软马鞍各部分名称示意图

早中期，它是马背上仅靠攀胸固定的大型软毯。毯型鞍存在的时间极为短暂，之后很快被战国时期出现的软马鞍取代。

战国至秦汉时期的软马鞍由鞍垫、鞯和用于固定绑缚的腹带、攀胸、鞧带等带具组成（图4-3-2）。马鞍为两片式，由两块对称的长条形鞍垫在正中用皮革缝合连接而成，可从中间缝合处对折。软马鞍没有鞍桥，形制简单，侧视轮廓的上曲线较为平缓，使其更容易贴合马的背部曲线。软马鞍内通常使用动植物纤维进行填充，填充物有一定的硬度和厚度，如苏贝希马鞍使用鹿毛，山普拉马鞍使用蒲草和芦苇的茎秆[7]。软马鞍安置于马背上时，正中连接处的表面会形成一道沟槽，与马背连接处的底面也会形成一个近似三角形的空间，可以避开脊椎，将压力转移到两侧的肋骨上。

现存最早的软马鞍出土于新疆鄯善县苏贝希遗址[8]（图4-3-3a），是早期鞍具的典型代表。这种两片式鞍垫采用穿透绗缝的方式固定鞍垫内部的填充物，表面用三条宽皮带进行连接。正中的皮带向下连接一条用羊毛编织的腹带，腹带用来绑缚于马腹。鞍下衬有一张毡鞯，以防止鞍直接摩擦马背。鞍的前后分别连接用皮革制成的攀胸和鞧带。秦汉时期的软马鞍延续了苏贝希鞍具的基本形制，但鞍首尾部的断面增高，说明人们已经开始解决软马鞍在骑乘时前后滑动的问题，开始了向低鞍桥式马鞍的过渡，如秦始皇陵二号坑出土的马俑（图4-3-3b）的鞍垫，其两端微微上翘，正视如月牙形；而陕西阳平关东汉墓出土的铜马马背上的软马鞍（图4-3-3c），其首尾上翘的弧度更高。

[7] 新疆维吾尔自治区博物馆、新疆文物考古研究所编著《中国新疆山普拉——古代于阗文明的揭示与研究》，新疆人民出版社，2001，第43页。

[8] 吕恩国、郑渤秋：《新疆鄯善县苏贝希遗址及墓地》，《考古》2002年第6期。

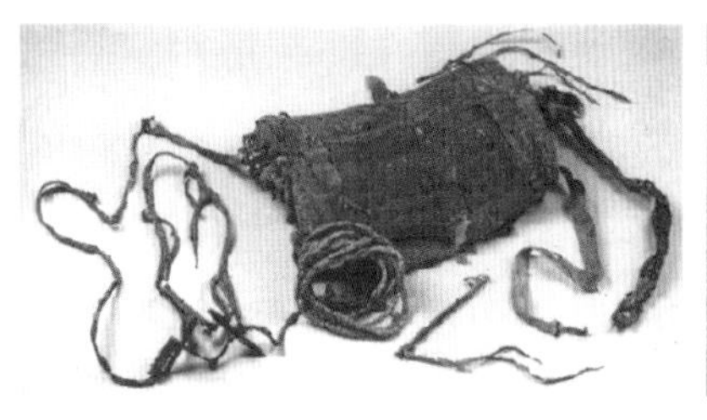

a 苏贝希出土的战国鞍具

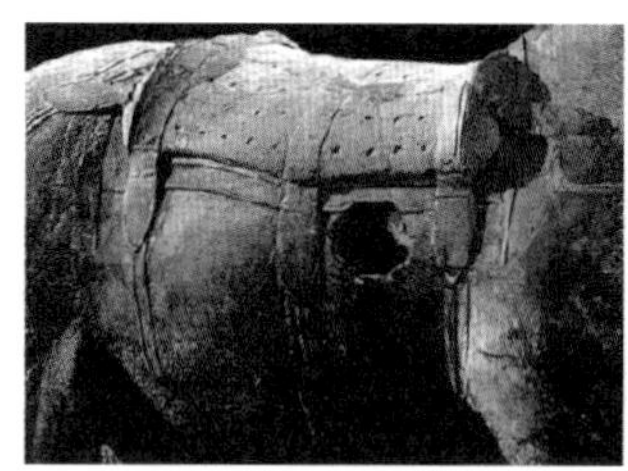
b 秦始皇陵出土的马俑

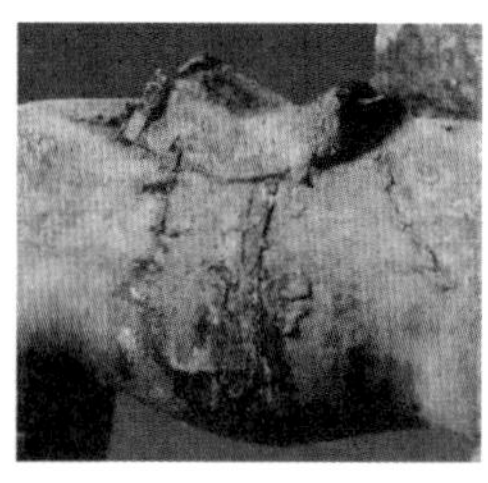
c 陕西阳平关出土铜马

图4-3-3 战国至秦汉时期无镫无鞍桥结构的软马鞍[9]

两片式鞍垫与鞯是战国至秦汉时期鞍具的常见组合。鞯铺垫在鞍垫和马背之间，通常宽出鞍垫四周，能够缓解鞍垫与马背和马腹直接接触产生的摩擦，起到一定的保护马腹的作用，同时能遮挡尘土。整体而言，鞯的形制演变体现在两个方面，一是面积由小到大，二是形状由单一趋向多样化。战国时鞯的面积较小，如苏贝希和秦始皇陵马俑上的鞯仅宽出鞍周边二指。西汉时期的鞯出现了椭圆形、蕉叶形和长方形，如杨家湾汉墓骑兵俑马背上的鞯（图4-3-4a）、香山汉墓彩绘陶马背上的鞯（图4-3-4b）和甘肃武威磨嘴子26号汉墓出土的木马马背上的鞯（图4-3-4c）。

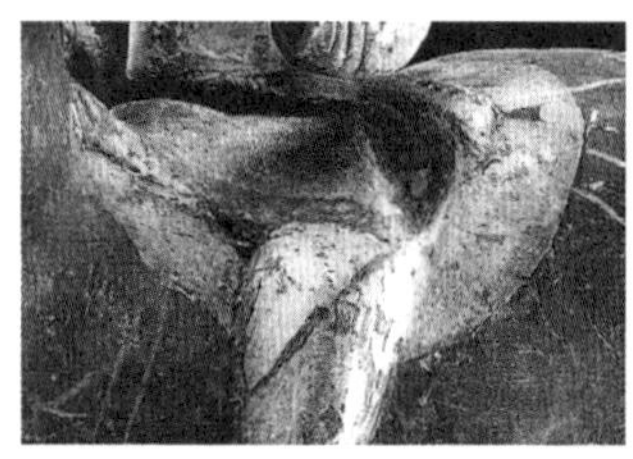
a 杨家湾汉墓出土的骑兵俑

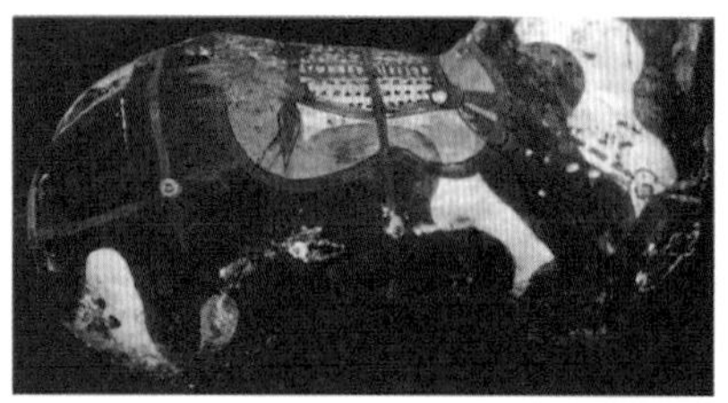
b 香山汉墓出土的彩绘陶马

c 武威磨嘴子出土的木马

图4-3-4 汉代软马鞍配备的鞯[10]

革带用于固定软马鞍，采用的是三向式固定方式，即前胸、中腹和后臀均使用带具固定。腹带将鞍垫和马腹整体环绕，中部与鞍垫重叠缝合固定。腹带的两端一端打孔，另一端装带扣，将打孔的一端穿过带扣进行固定。攀胸和鞧带通过环扣固定于马鞍的首尾断面，前后环绕马身，再用搭扣固定并调节长度。不同时期，腹带的数量有所不同。战国软马鞍主要使用正中的一条腹带和前后侧的攀胸、鞧带来进行固定，如苏贝希出土的软马鞍；而秦汉软马鞍的腹带可以有多条，如秦始皇陵马俑的腹带有三条，分别位于鞍的前后边缘和正中。

软马鞍的形制于汉代已经相当成熟，同时还展现出白鞍、蓝鞯、棕革带的鞍具色彩搭配。除骑马时垫坐之外，软马鞍还有铺垫在地面供人踞坐的功能，这点

[9] 新疆维吾尔自治区文物事业管理局等编《新疆文物古迹大观》，新疆美术摄影出版社，1999，第25页；秦始皇陵兵马俑博物馆编《秦始皇陵兵马俑》，文物出版社，1999，第40页；林通雁主编《中国陵墓雕塑全集·东汉三国》，陕西人民美术出版社，2009，第102页。

[10] 王晓谋编《彩绘兵马俑》，文物出版社，2001，第13页；国家文物局主编《2006中国重要考古发现》，文物出版社，2007，第121页；山西博物院等编著《陇右遗珍：甘肃汉晋木雕艺术》，山西人民出版社，2013，第76页。

在《史记》中有所记载，汉王刘邦曾“下马踞鞍”。[11] 但此时由于尚未出现能够预防坠马、增加骑者安全性的鞍桥装置，以及便于上下马和骑乘的鞍镫组合，因此直至魏晋时期，贵族阶层依旧“出则车舆，入则扶持，郊郭之内，无乘马者”[12]。尽管硬马鞍随后逐渐成为主流鞍型，软马鞍仍旧以其便于拆解、携带以及功能多样的特性，活跃于游牧民族的日常出行之中。直至今日，在青海牧区，仍能看到牧民使用不装配马镫的软马鞍骑行[13]。

二、硬马鞍的出现及鞍桥由低向高的演进趋势

在两汉时期，马鞍的形态发生了第一次重要的变化，主要表现在两个方面：一是马鞍的材质从软质转变为硬质，二是鞍桥结构的出现。硬马鞍是在软马鞍的基础上发展而成的。

硬马鞍的材质为硬质木胎，分为低鞍桥式硬鞍和高鞍桥式硬鞍两种（图4-3-5）。低鞍桥式硬鞍是在软马鞍两片式的基础上发展而成的三片式结构。整个鞍座的形状是贴合马背的圆弧形。马鞍桥竖立于鞍座的首尾两端，截面为月牙形，鞍桥与鞍座形成90°夹角，整体高度较为低矮，如定县铜马鞍、西林铜骑士俑和武威木马的马鞍。其中定县马鞍和武威木马马鞍的鞍座略呈凹弧形，且下方带有障泥，而西林马鞍则呈弧形，且前后长出鞍桥之外，无障泥。

软马鞍

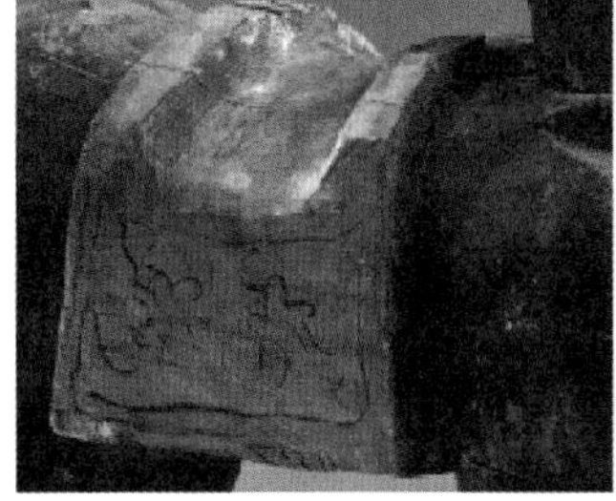

低鞍桥式硬鞍

高鞍桥式硬鞍

图4-3-5　两汉时期的马鞍形制种类[14]

两汉时期的高鞍桥式硬鞍是在低鞍桥式硬鞍的基础上发展而来的，其形制为两桥垂直鞍。此类马鞍的整体结构由一对鞍座和一对鞍桥组成，采用四片式设计（图4-3-6）。其中鞍座延续了软马鞍的两片式构造，左右对称，并使用独木

[11]〔汉〕司马迁：《史记》，〔宋〕裴骃集解，〔唐〕司马贞索隐，〔唐〕张守节正义，中华书局，1982，第2039页。

[12] 王利器：《颜氏家训集解》（增补本），中华书局，1993，第322页。

[13] 李云河：《中国古代“软马鞍”及相关问题》，《中国国家博物馆馆刊》2019年8月。

[14] 山西博物院等编著《陇右遗珍：甘肃汉晋木雕艺术》，山西人民出版社，2013，第77页；俄军主编《甘肃省博物馆文物精品图集》，三秦出版社，2006，第131页；中国国家博物馆编《中国国家博物馆馆藏文物研究丛书·陶俑卷》，上海古籍出版社，2015，第266页。

刳制而成，贴合马背的内侧根据马的肩隆和脊骨两侧的弧度进行曲面设计，使鞍座与马背之间的固定更加稳固。两片鞍座的顶部留有能够避开马脊骨宽度的空间，以便将压力转移至肋骨上方。鞍座的首尾面靠近内缘处均钻有卡带孔，直通鞍座内侧的两处凹槽，用来穿插连接攀胸和鞧带末端带扣的卡带；首尾面靠近外缘处均有直角切口，用来卡放鞍桥，同时，直角切口的两侧分别钻孔直通凹槽内。鞍桥的表面多采用马蹄形和月牙形设计，并垂直固定在鞍座的首尾部分，与鞍面形成直角，其内侧边缘的形状必须与鞍座首尾直角切口部分的形状完全吻合。此外，为了在固定鞍桥时实现精确对齐，需要在鞍桥的内侧边缘设计钻孔。这些钻孔的数量和位置必须与鞍座直角切口两侧的钻孔一一对应。将绳带通过鞍桥和鞍座结合处附近的钻孔，并于鞍座凹槽内打结，能够在确保鞍桥和鞍座之间牢固连接的同时串联固定卡带。这种结构设计使马鞍更稳固，在适配马体的基础上分散压力，并增加了马匹骑行时的稳定性和舒适度。

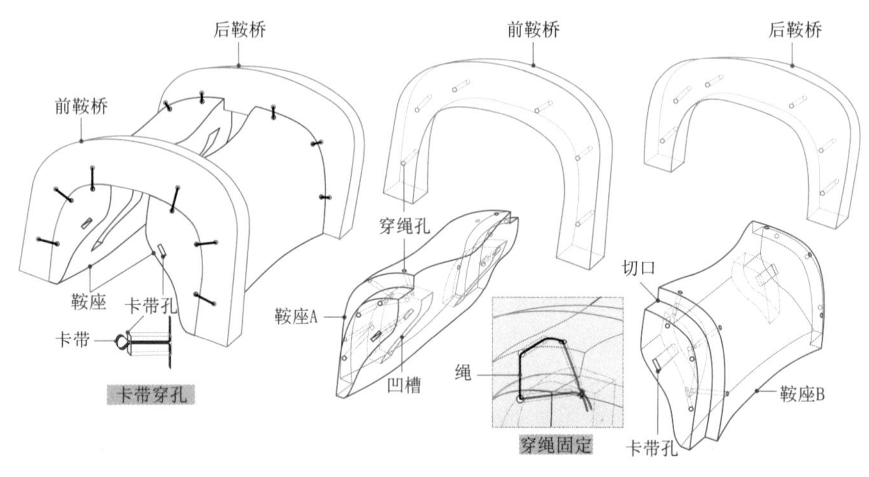

图4-3-6　两桥垂直鞍结构示意图[15]

与汉代相比，三国至西晋时期的两桥垂直鞍的形制发生了细微变化，主要体现在鞍的位置前移、鞍座表面的弧度增大和鞍桥的形状改变上。魏晋马鞍的位置较汉代前移，至马的肩隆处上方，令鞍座前侧抬高，弧度也发生明显的变化，正中的凹陷更加明显，首尾与鞍桥的衔接处隆起平滑的弧度。因外缘需要包边，鞍桥的顶部宽度缩小，截面呈三角形或顶部较窄的梯形。前桥的位置被马的肩隆处抬高之后，为了与后桥保持相同的高度，前桥整体变矮，后桥的高度明显高于前桥。这些变化在魏晋时期出土的陶马马鞍（图4-3-7）中有所体现。

在魏晋时期，马鞍的鞍桥与鞍座的连接方式沿袭了汉代，主要采用了钻孔绑扎或直接钉连。此外，为了增强鞍桥的稳固性，还使用了鞍桥包片。鞍桥包片通常由金属制成，包裹在前后鞍桥两侧。通过鞍桥内外侧边缘的槽型设计固定

[15] 李云河：《早期高桥鞍的结构复原及其发展脉络》，《中原文物》2016年第6期。

三国东吴墓出土的陶马马鞍

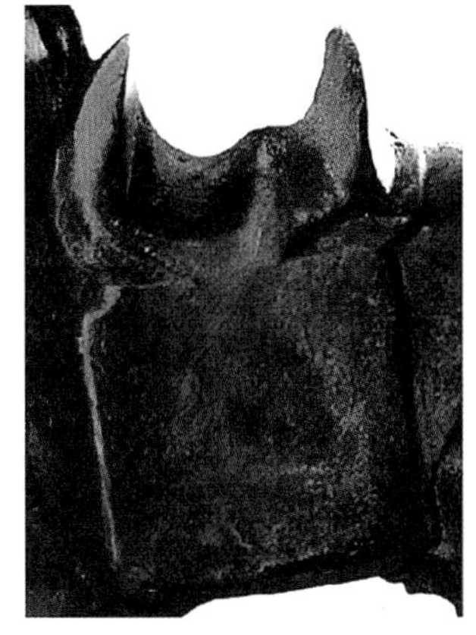
郑州出土西晋的陶马马鞍

图4-3-7　三国至西晋时期的两桥垂直鞍[16]

包片，再用铜铆钉将其钉连在木质鞍桥上，如殷墟孝民屯晋墓出土的鞍桥包片[17]。除此之外，部分鞍桥还配备了翼形片。翼形片通常固定于鞍桥内侧边缘下方的鞍座上，其主要作用是稳定鞍桥和鞍座，并作为连接攀胸和鞧带的中介。

两桥垂直鞍的木质硬胎较软鞍垫更有利于定型，是中国古代鞍具形制的第一次重要变革。整体而言，鞍座形制由一片式发展为两片式，更加贴合马背曲线；鞍桥形制也从上下等宽发展为三角形剖面，更加适合包边加固。同时，木鞍桥与鞍座的组合可以有效防止骑士在骑乘时前后滑动，鞍座向肩隆处前移后，也可以使鞍具和人的部分压力向肩隆处转移。但由于尚未有鞍镫组合的出现，直至魏晋南北朝之前，受先秦礼制的约束，骑乘仍旧服务于战争，始终未能普及到民众的日常出行中。

三、成熟时期形制多变的后桥倾斜鞍

魏晋南北朝以后，在中原与游牧民族频繁的文化交流中，以及唐代开始流行的“乘马朝服”仪礼制度的共同作用下，马鞍的形制逐渐走向成熟，由“两桥垂直鞍”转变为“后桥倾斜鞍”（图4-3-8）。元代以后，在契丹和蒙古族的影响下，后桥倾斜鞍的形制开始由单一向多元化发展。到了明清时期，这种马鞍形制多元化的趋势更为明显。

（一）乘马制度化影响下诞生的后桥倾斜鞍

唐代骑马之风盛行，在游牧民族生活方式的影响下，“乘马朝服”已经成为

[16] 孙秉根：《安阳孝民屯晋墓发掘报告》，《考古》1983年第6期。
[17] 林通雁主编《中国陵墓雕塑全集 · 东汉三国》，陕西人民美术出版社，2009，第261页；洛阳市文物考古研究院编著《偃师华润电厂考古报告》，中州古籍出版社，2012，第164页；杨泓主编《中国美术全集 · 墓葬及其他雕塑》，黄山书社，2010，第198页。

寿光贾思伯墓出土的鞍马

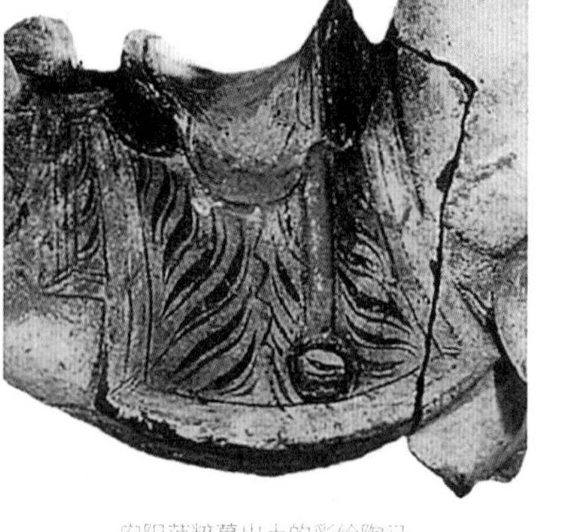

安阳范粹墓出土的彩绘陶马

图 4-3-8 魏晋南北朝时期的后桥倾斜鞍[18]

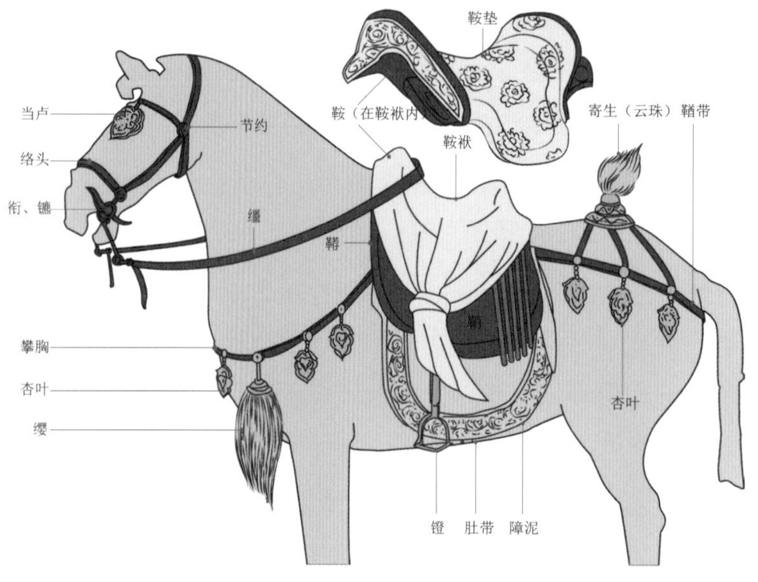

图 4-3-9 隋唐时期完备的马具

制度化的仪礼，鞍具形制发展成熟且完备。从出土陶马俑（图 4-3-9）来看，不但鞍、镫、鞯、袱、障泥、鞘、肚带等配件齐备，革带装饰的华丽程度也达到顶峰。以唐代马鞍为代表的早期后桥倾斜鞍前桥高于后桥，前侧架于马体的肩隆上方，整体沿肩隆后方脊骨的走势向下倾斜，与鞍面形成流畅的凹曲弧线，与马背形状相合。

隋唐时期的后桥倾斜鞍的鞍桥形制为月牙形，前桥与马颈垂直，高于后倾的后桥。唐代鞍座板明显长出前后鞍桥，长出部分如同翅状，通常用来钻孔直接穿带，或者镶钉金属环扣再用于穿带，如盐湖马鞍的鞍座后部左右两侧各有五个孔，四小一大，大的推测用于穿系鞦带，小的用于穿系鞘带[19]。辽代马鞍两鞍座之间的距离较唐代马鞍更大，两侧下缘的曲线也更为平坦。鞍座内侧靠前

[18] 张道一、李星明主编《中国陵墓雕塑全集 · 两晋南北朝》，陕西人民美术出版社，2007，第 181 页；罗世平主编《中国美术全集 · 墓室壁画》，黄山书社，2010，第 240 页；杨泓主编《中国美术全集 · 墓葬及其他雕塑》，黄山书社，2010，第 254 页。

[19] 孙机：《载驰载驱》，上海古籍出版社，2016，第 133 页。

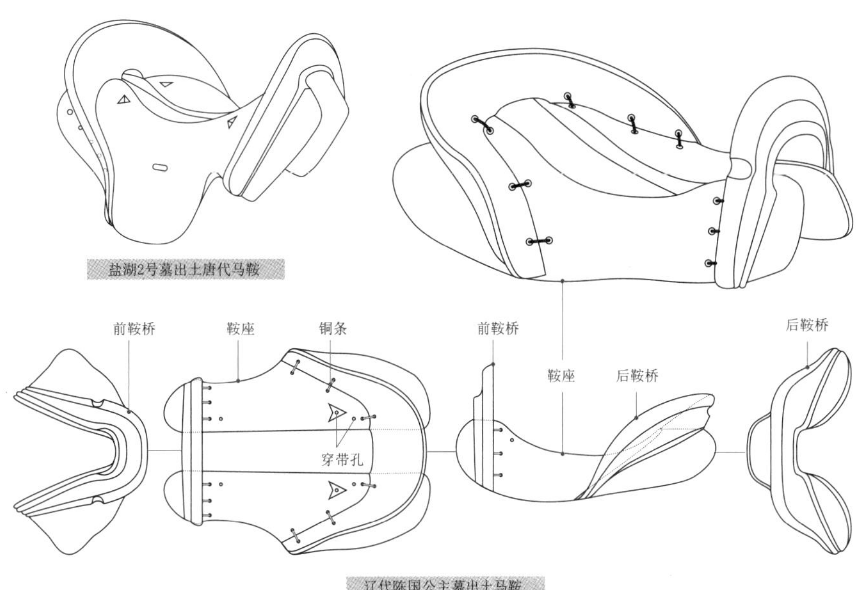

图4-3-10　唐、辽时期马鞍形制及结构示意图

鞍桥处钻有带孔，用于绑扎障泥，如陈国公主墓出土的马鞍[20]。鞍桥的形制也略有不同，盐湖马鞍的后鞍桥更偏向月牙形，前鞍桥的中部下缘拱起弧度较小；而陈国公主墓马鞍的后鞍桥更接近后世的大尾式后鞍桥，两侧的鞍翅更宽，前鞍桥中部下缘的拱起弧度更高（图4-3-10）。

唐代后桥倾斜鞍的鞍桥与鞍座组合方式经由中国古代木作技术的改良，出现了榫卯拼合与皮条系连相接合的新方式。辽代的后桥倾斜鞍延续了唐代的制作工艺，前后鞍桥与两侧座板采用榫卯拼合并铜条加固，加固方式为铜条穿过钻孔与鞍座下方拧合固定，与皮绳绑扎方法相似。

（二）多样化的鞍座形制与选材加工

后桥倾斜鞍的形制在契丹和蒙古族马鞍的影响下，至明清时期开始向多元化的趋势发展。从鞍桥的形制来看，可分为三种类型（图4-3-11），Ⅰ型为方脑大尾式，其特征为前后鞍桥整体较为宽阔，外缘弧度较为平缓，倾向圆角矩形或半圆形，如清嘉庆木镶铁錽金镂花纹马鞍[21]；Ⅱ型为尖脑小尾式，其特征为前后鞍桥下宽上尖，且高高翘起，其中前鞍桥的尖部多为圆弧，后鞍桥的尖部有半圆形和圆角矩形两种，如清康熙木镶铜镀金镂花纹马鞍[22]；Ⅲ型为尖脑大尾式，其特征为前鞍桥顶部尖耸，后鞍桥宽阔圆钝，如清乾隆木红漆描花纹乾隆帝御

[20] 内蒙古自治区文物考古研究所等：《辽陈国公主墓》，文物出版社，1993，第112页。

[21] 故宫博物院，https://www.dpm.org.cn/collection/defense/247428.html，访问日期：2022年10月18日。

[22] 故宫博物院，https://www.dpm.org.cn/collection/defense/247444.html，访问日期：2022年10月18日。

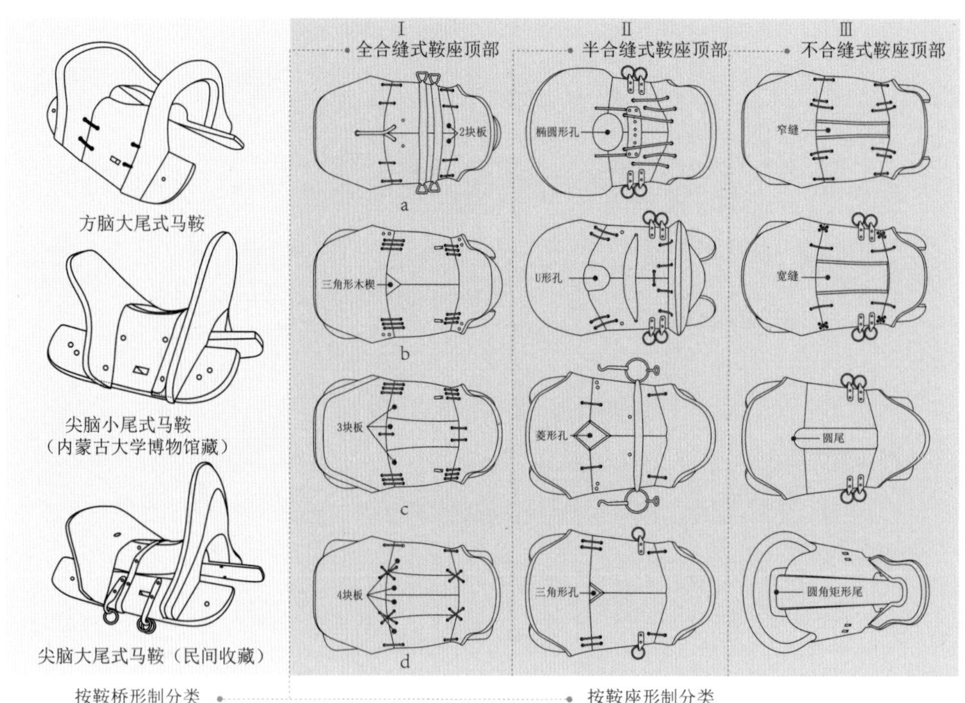

图4-3-11 明清时期的马鞍形制分类

用马鞍[23]。

从鞍座的形制来看，通过顶部是否合缝以及合缝的式样，同样可以分为三种类型：Ⅰ型为全合缝式，Ⅰ型又可细分为四亚型，Ⅰa型为两块板组成的鞍座，顶部拼合得严丝合缝，最为常见；Ⅰb型同样为两块板组成的鞍座，但在靠近后鞍桥处有一个三角形孔隙，并填以三角形木楔；Ⅰc型为三块板组成的鞍座，顶部正中一块，长度仅达前后鞍桥，两侧各一块，长度长出前后鞍桥；Ⅰd型为四块板组成的鞍座，顶部正中两块，长度仅达前后鞍桥，两侧与Ⅰc型相同。Ⅱ型为半合缝式，整体为两块板组成的鞍座，两鞍之间大部分顶部合缝，但靠近后鞍桥部分设计为孔隙，孔隙形状有椭圆形、“U”形、菱形和三角形，均以马鞍的中轴线对称。Ⅲ型为不合缝式，该形制延续自唐代马鞍，在民间同样较为常见，根据顶部缝隙的宽度以及跟后鞍桥结合的形状，又可分为窄缝式、宽缝式、圆尾式和圆角矩形尾式等。

从现存明清时期的马鞍取材来看，多选用楠木、核桃木、桦木、榆木、樟木等不易开裂且坚固耐磨的木料，但鞍座和鞍桥的取材部位有所不同。树根是鞍座的首选木材，其中带有瘿的树根由于纹理奇特，制成的鞍座更具审美价值。鞍座的加工工艺多采用切、砍、挖、锉等独木器方式，从整块木料中“砍”出鞍座的粗型，再仔细打磨。鞍桥的取材大多为枝干，其加工方法在古代文献中有记载，如《齐民要术》中所描述的“以绳系旁枝，木橛钉著地中，令曲如桥。十年之

[23] 故宫博物院，https://www.dpm.org.cn/collection/defense/247427.html，访问日期：2022年10月18日。

后，便是浑成柘桥”。[24]可见，鞍桥的选材多为树木旁枝，加工方式多为通过固定在地面的绳子长时间牵拉树枝，令其弯曲成桥状，耗时漫长。从现存蒙古族传统鞍桥的选材和加工方式来看，直接选择“Y”形树杈，再修整成型，耗时较少且工艺简单，如乌珠穆沁的鞍桥[25]。鞍座和鞍桥在清代以前通常使用皮绳绑扎或铜、铁片镶钉接合，清代以后多用胶粘合或胶、铆并用。绷固好的马鞍还需髹漆、钉鞍面、镶桥边，最后加以装饰，才能制成一副完整的马鞍。

四、适足性需求驱动下的马镫形制演变

由马鞍与马镫通过带具连接组成的鞍镫结构，分为单镫和双镫两种。单镫出现于魏晋时期，为马鞍左侧的单镫结构。马镫主要用于上马时踩踏借力支撑，而非骑行时踩踏，如甘肃武威南滩魏晋墓[26]出土的单件铁质马镫和湖南长沙金盆岭西晋墓出土的骑马陶俑上的鞍镫组合（图4-3-12a）。双镫出现于南北朝时期，为马鞍双侧马镫结构。它的功能由支撑上马发展为做骑行蹬踏的支撑，骑者将脚前掌踩入镫环之中。这样在骑行时，双侧脚下均有着力点，能更好地确保身体保持平衡和放松，同时可以减少在控制马匹时体力的消耗，并辅助双腿驾驭马匹，如娄睿墓墓室壁画中的《回归图》和集安洞沟舞踊墓墓室壁画中的骑行图像（图4-3-12b、图4-3-12c）中，都可以看到双镫的应用。

a 西晋墓骑马陶俑上的单镫鞍具

b 太原王郭村娄睿墓道东壁《回归图》

c 吉林集安洞沟舞踊墓西壁《狩猎图》

图4-3-12 魏晋时期的单镫结构和南北朝时期的双镫结构[27][28]

[24] 石声汉译注《齐民要术》，中华书局，2015，第522、523页

[25] 王赫德、高燕华：《乌珠穆沁马鞍具设计研究》，《装饰》2020年第1期。

[26] 钟长发：《甘肃武威南滩魏晋墓》，《文物》1987年第9期。

[27] 中国国家博物馆，https://www.chnmuseum.cn/zp/zpml/kgdjp/202111/t20211111_252088.shtml，访问日期：2022年10月18日。

[28]《中国墓室壁画全集》编辑委员会编《中国墓室壁画全集·汉魏晋南北朝》，河北教育出版社，2011，第131、160页。

双镫结构是中国古代长期存在的主要鞍镫组合形式，由马镫和革带两部分组成。双镫底部几乎与马腹下缘齐平，并通过上端的革带与马鞍相连。可以通过材质和形制将双镫的发展划分成早期和成熟时期两个阶段。早期，主要采用木芯包边的制作方式，金属铸造较为少见。此时，镫柄较长，并没有脚踏。到了成熟时期，主要采用通体金属制作方式，镫柄较短或无柄，并且出现了脚踏。

（一）以木芯包边为主的早期马镫

早期的马镫材质有三种。第一种以木芯为胎，金属包边，这是早期马镫的主流形态。木芯的制作方法有通过对天然形态的对生树种干枝进行绑扎、用具有柔韧度的木材进行煣曲，以及直接用独木切削而成。木芯采用四面包边的方式，将木芯的四个外立面分别包镶金属片，并以细小铜钉镶钉。然而，由于这种木芯包边马镫的加工工艺十分复杂，因此逐渐被板状铸制、一体成型的全金属马镫所取代，如北票喇嘛洞西区M266出土的木芯和铁片、铜片包边马镫[29]以及北燕冯素弗墓出土的桑木芯外包鎏金铜片马镫[30]。第二种为木芯外包皮革，如朝阳袁台子东晋墓出土的马镫[31]。第三种是整体铜铸的马镫，整体形制模仿木芯马镫，以板状铸制而成，如朝阳十二台乡砖厂88M1出土的马镫[32]。后两种材质的马镫较为少见。

早期的马镫结构较为简单，由镫柄和镫环构成。镫柄首部有用于穿革带的横穿（图4-3-13）。镫环的形制可分为四种类型：一为苹果形，这种形状最为常见。其特点在于环底内缘有明显的向上凸起。二为椭圆形，整体较扁。一个典型的例子是集安万宝汀出土的实物马镫，其镫环较大，但宽度较窄。三为近三角形，其尖角向上，底部较平，这种形状更适合鞋型。四为近矩形，整体也较扁。这种形制的马镫仅见于吐鲁番阿斯塔纳22号墓出土的彩绘木马上[33]。

（二）成熟时期的金属马镫与更“适足”的镫环形制

成熟时期马镫大多采用金属铸造，其他材质如铅、玉，十分少见。相较于之前，马镫的形制有所改进，长镫柄的特征逐渐减弱，演变出短柄型和无柄型两种（图4-3-14）。这两种类型的主要区别在于是否有柄及横穿的结构。在镫环形制上，两者是相同的，都出现了明显的踏板设计，相比早期的镫环更便于踩踏，具有更好的“适足性”。

短柄型马镫出现的时间较早，其镫柄的形状多为近矩形、圭首形或圆形，横

[29] 王宇、潘玲、万欣：《辽宁北票喇嘛洞墓地出土的马具》，《北方文物》2020年第2期。
[30] 杨泓：《冯素弗墓马镫和中国马具装铠的发展》，《辽宁省博物馆馆刊》2010年第00期。
[31] 李庆发：《朝阳袁台子东晋壁画墓》，《文物》1984年第6期。
[32] 张克举、田立坤、孙国平：《朝阳十二台乡砖厂88M1发掘简报》，《文物》1997年第11期。
[33] 白建尧主编《丝路瑰宝：新疆馆藏文物精品图录》，新疆人民出版社，2011，第138页。

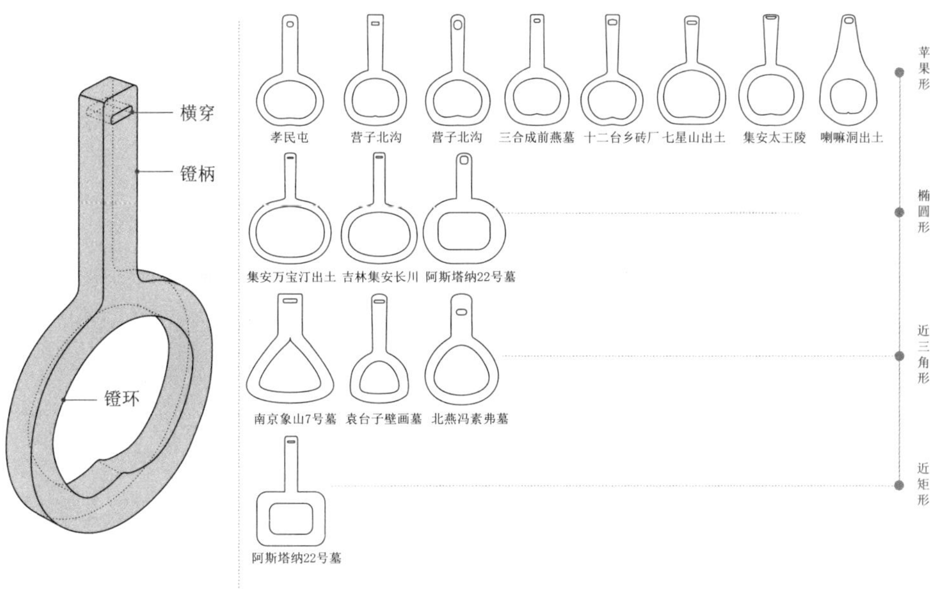

图4-3-13　早期马镫的形制分类

图4-3-14　成熟时期马镫形制分类

穿结构通常位于镫柄的中部。相比之下，无柄型马镫出现的时间较晚，其横穿的位置通常与环梁上部结合在一起，被称为吊钮。马镫镫环主体如宋代《黑鞑事略》所述“镫圆，底阔”。[34] 成熟时期的镫环可分为四种类型。第一种是近圆形，这种短柄圆马镫在唐代比较常见，其环梁剖面大多为圆形，踏板俯视形状近似柳叶形，厚度比环梁略薄，底部中央有一条纵向凸棱。例如，唐新城长公主墓出

[34] 上海师范大学古籍整理研究所编《全宋笔记》第七编二《黑鞑事略》，大象出版社，2016，第94页。

土的铜鎏金马镫[35]。相比之下，无柄圆马镫较为少见。这种马镫的环梁和踏板各占圆环的一半，踏板形状展开为长矩形。例如，中国国家博物馆藏的明代玉马镫[36]。第二种是近梯形，这种马镫在宋代以后的无柄型马镫中比较常见。其横穿位于镫环上部，两侧环梁有平直和外弧两种，前者如平凉市博物馆藏的铁马镫，后者如金代蒲峪路故城遗址的女真族铁马镫[37]。第三种是馒头形，这种镫环整体呈半圆形，可分为弧踏板和平踏板两种，前者如忽洞坝辽代墓葬出土的铁马镫[38]，后者如南京博物院藏的明代铁马镫[39]。另外，还有一些特殊的形状，如环梁内轮廓为馒头形，外轮廓顶部为尖角，如内蒙古元代墓葬出土的铁马镫[40]。第四种是马蹄形，这种形状较为少见，其梁环上部为半圆形，下部向内收缩，形状如同马蹄铁，如北周李贤墓出土的马镫[41]。

元代以前，环梁的截面多见矩形、圆形和三棱形三种形状。环梁在踏板以上的部分比较宽，而靠近踏板的部分逐渐收窄。元代以后，出现了侧视结构为“△”形的环梁，环梁中部以下的部分呈倒“U”形，如湖南祁阳县出土的元代铜马镫[42]。踏板通常宽出环梁之外，如翼状展开。踏板按底面形状可分为四种类型。第一种为柳叶形，这种踏板如两翼向环梁两侧展开，环梁位于踏板下方的形状如同起脊。第二种为纺锤形，踏板侧视呈平滑的弧状或平板式样，无起脊。也有少量的反弧形，无起脊。元代以前的马镫踏板多为此类形制。第三种为长矩形，踏板表面平整，底部两条长边各有一道矮足，侧视如凹槽状，这种类型多见于元代以后。第四种为椭圆形盘状，踏板周围有一圈凸沿，多见于明清时期，如南京博物院藏明代铁马镫[43]。踏板与环梁大多为一体合铸。但唐代以后也有两者分铸再接合的式样，如西安曲江唐博陵郡夫人崔氏墓出土的铅马镫[44]。

镫柄和镫环连接处可灵活旋转的马镫是较为特殊的马镫设计。此类马镫的镫环与镫柄是分铸的，之后再将镫柄下方的轴套入镫梁顶部。当镫柄被带具固定时，镫环可自由转动方向。最早的实物之一是辽代中期陈国公主墓出土的鎏金铜马镫[45]。此种样式发展至清代，形成了集可旋转镫柄、“△”形环梁和凹形

[35] 陕西省考古研究所、陕西历史博物馆、礼泉县昭陵博物馆：《唐新城长公主墓发掘报告》，科学出版社，2004，第55页。
[36] 中国国家博物馆，https://www.chnmuseum.cn/zp/zpml/201812/t20181218_24633.shtml，访问日期：2022年10月18日。
[37] 高义夫、赵里萌：《黑龙江克东县蒲峪路古城调查简记》，《北方文物》2021年第5期。
[38] 赵杰、谢芳：《乌兰察布市卓资县忽洞坝辽代墓葬》，《草原文物》2016年第1期。
[39] 南京博物院，https://www.njmuseum.com/zh/zoomPreview?id=7416&n=0，访问日期：2022年10月18日。
[40] 盖山林：《兴和县五甲地古墓》，《内蒙古文物考古》1984年第3期。
[41] 田立坤：《古镫新考》，《文物》2013年第11期。
[42] 杨仕衡：《湖南祁阳县出土元代马镫》，《考古》1997年第9期。
[43] 南京博物院，https://www.njmuseum.com/zh/collectionDetails?id=7416，访问日期：2022年10月18日。
[44] 杨军凯、郑旭东、辛龙、赵占锐：《西安曲江唐博陵郡夫人崔氏墓发掘简报》，《文物》2018年第8期。
[45] 内蒙古自治区文物考古研究所等：《辽陈国公主墓》，文物出版社，1993，第112页。

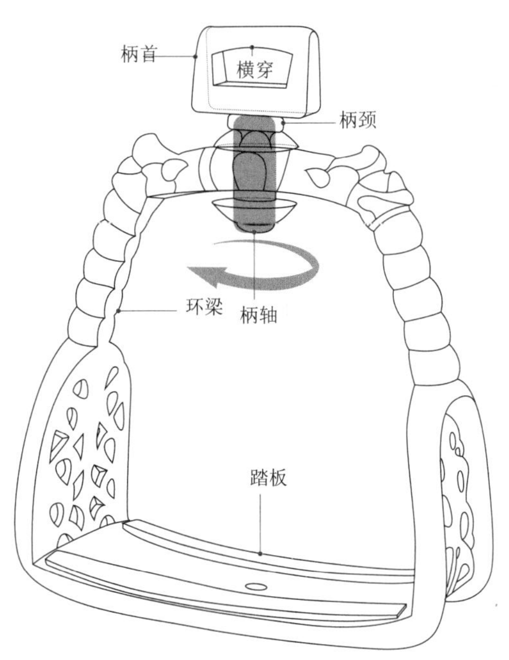

图 4-3-15　镫柄为活轴的马镫结构示意图

踏板于一体的马镫形制，如南京博物院藏清代铜马镫（图 4-3-15）[46]。

马镫与马鞍通常是通过带具衔接的。这些带具一般首尾相扣，形成一个闭环。带具材质多为皮带，需要用手揉制，并涂抹浸泡羊脂，以防止被水浸湿。这种做法在宋代《黑鞑事略》中有记载："缀镫之革，手揉而不硝，灌以羊脂，故受雨而不断烂。"[47] 除革带之外，贵族阶层还会使用金属带具来连接马鞍和马镫，如辽代陈国公主墓出土的银带具[48]。带具与马鞍的衔接方式有两种：第一种是主流的方式，即直接将带具与鞍座边缘的穿带孔或带扣穿连；第二种方式较为少见，它是先用带具穿好马镫，再与攀胸靠近马鞍两侧垂下的两条小带相连，如陈国公主墓出土的马镫。

鞍镫组合是伴随马鞍形制的改良而日趋成熟的主体骑乘结构。自魏晋开始，它从单镫结构演变为双镫结构。马镫的制作材质及工艺也由木芯包边逐渐转变为金属铸造，而形制上由长柄、无踏转向短柄或无柄、有踏的形式。鞍镫组合能帮助骑者灵活、快速地上下马，并在骑行的过程中为骑者提供支撑，从而降低骑乘难度，增强稳定性和控制性。因此，骑马出行逐渐在社会主流群体中普及。特别是马镫踏板加宽的设计，使骑者的靴子与马镫的接触面积更大，为骑者提供了更好的踩踏支撑。这种设计特点在历代的鞍马图、骑猎图中都有所体现，展现出宽踏板在骑行时的实用性。

[46] 南京博物院，https://www.njmuseum.com/zh/collectionDetails?id=9475，访问日期：2022 年 10 月 18 日。

[47] 上海师范大学古籍整理研究所编《全宋笔记》第七编二《黑鞑事略》，大象出版社，2016，第 94 页。

[48] 内蒙古自治区文物考古研究所等：《辽陈国公主墓》，文物出版社，1993，第 108 页。

五、“适人性”与“适马性”兼备的马鞍

从马鞍的初创到后桥倾斜鞍的成熟，经历了多次改进。软马鞍没有前后鞍桥来限制骑者臀部的移动，这使得在骑马时，骑者的臀部可能会在马鞍上前后滑动，增加了骑者撞向马颈或从马鞍后部滑落的风险。而两桥垂直鞍能够在一定程度上限制骑者的滑动，提高了骑行的稳定性，但其高耸的后桥在骑者上下马时会对腿部造成阻碍。最终，后桥倾斜鞍的设计解决了这些问题，既确保了骑者在骑行时的稳定性，又方便了上下马的动作。

后桥倾斜鞍在中国古代被视为均衡与和谐的马鞍设计，它完美地结合了“适人性”和“适马性”。从“适人性”的角度，它为骑者在行止和操控马匹时提供了协调且舒适的体验（图4-3-16），体现在以下三点。第一，从侧面看，后桥倾斜鞍的两鞍桥和鞍座之间呈流畅光滑的一条曲线。这种设计使骑者的身体重心均匀地分布在臀部和大腿根部上。鞍座的两侧同样以平滑的弧度向外向下弯曲，让骑者的双腿自然分开，骑者能以舒展的姿势骑行，确保了骑乘的舒适性。光滑流畅的曲线设计，在骑者前后左右晃动时能够减少摩擦，并在上下坡时防止骑者向前方扑倒或向后方滑落。第二，高耸的前鞍桥方便骑者在上马时稳固地抓握，助力骑者更容易地上马。而低矮的后鞍桥减少了骑者抬腿的高度，使上下马的动作更加连贯。后鞍桥的光滑表面能够减少腿部的摩擦，其向后近乎水平的

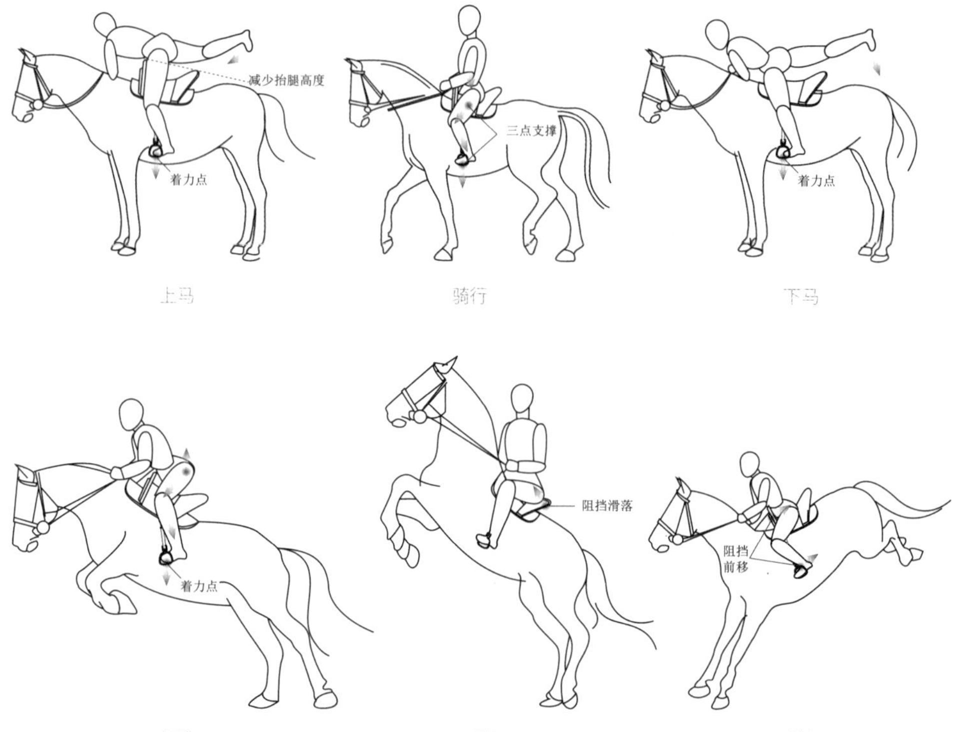

图4-3-16 马鞍“适人性”功能示意图

倾斜设计，还能够“折旋而髀不伤”[49]，即避免折弯、回旋马匹时后鞍桥对肘部的撞击。第三，马鞍和马镫的组合能够将骑者的重心由臀部的坐骨节延伸至双脚。在需要进行如跳跃等剧烈活动时，骑者可以完全离开马鞍，将身体重心转移至双脚，通过踩踏马镫抬起身体，以保护骑者腰椎和脊椎，减少颠簸对身体造成的伤害。

“适马性”体现在马鞍为马带来的舒适度以及在操控和保护马时的有效性上。第一，马鞍与马背接触的压力集中在鞍座下部两侧的长条形底板上，底板前窄后宽，符合马的背部生理结构。从侧面看，这两条底板呈“八”字形，宽度适中，恰好与马的脊椎两侧肋骨上方接触。这样的设计既不会因为接触面积过小令马背承受过大的压力，也不会因为接触面积过大而增加马鞍的重量，加重马的负担。第二，鞍板上部留有较宽的空隙，能够避开马的脊椎，将压力沿鞍座底板均匀地分散至马两侧的背阔肌、背侧锯肌和肋骨上。第三，鞍座的底板自身呈现出平缓的纵向下弧线，与马背的自然曲线相吻合，使得压力在马背的中部得到均匀分布。除了上述三点，鞍座下方柔软的鞍鞯在一定程度上能够起到减震和隔离的作用，防止鞍座与马背接触，从而避免了颠簸时硬鞍座对马背的撞击，同时减少了鞍座底板对马背皮毛的长期摩擦，有效地保护了马的身体。这些细节充分展现了马鞍设计中的“适马性”。

结语

马鞍和马镫是鞍具中最重要的组成部分。从有鞍无镫到鞍镫组合，中国古代鞍具的发展经历了漫长的演变过程。在从母系社会到父系社会的转变期间，马具的出现标志着中国先民开始利用马来拉车和负载。战国时期，软马鞍的出现是鞍具发展历程中的第一个分水岭，人们不再裸骑于马背，骑者与马之间拥有了真正意义上的骑行工具的区隔。软马鞍的用途多样，上马能骑乘，下马能铺垫，且取用便利，体现出鞍具的设计是随着社会结构和需求的转变而演进的。两汉时期，两桥垂直式硬马鞍的出现，是在软马鞍基础上的一次变革。这种硬马鞍在一定程度上限制了骑者在骑行时臀部的前后移动，令骑乘活动变得相对平稳，显示了鞍具设计中对骑乘安全性的重视。由于缺乏镫的辅助，此时的鞍具并不具备行止和操控的稳定性。

魏晋南北朝时期，马镫的出现是鞍具发展历程中的第二个分水岭。马鞍与

[49] 上海师范大学古籍整理研究所编《全宋笔记》第七编二《黑鞑事略》，大象出版社，2016，第94页。

双镫利用革带相连之后的组合式鞍具，增加了骑者双足下方的借力点，能够令骑者更好地稳定身体、操控马匹，并在行止之间自由折转，提高了骑乘的舒适性和安全性。鞍镫组合的形成，推动了骑乘在社会主流群体日常出行中的普及，充分体现了技术进步与人们日常生活的紧密联系。隋唐时期，后桥倾斜式硬马鞍的成熟，是基于两桥垂直鞍的一次重要改良。这种马鞍的设计更加符合人和马的解剖学要求，使得鞍具和马镫的设计变得更加精细和完整。倾斜的后桥和两桥之间过渡圆滑的鞍座曲面，一方面令骑者骑行更加舒适，另一方面也令鞍座更加适合马的背部曲线。无论是从骑者骑行时的安全性和稳定性、上下马的流畅性来看，还是从马体对骑者和鞍具重量的承受力和背负鞍具的舒适性来看，后桥倾斜鞍都在功能设计上发挥到了极致。

自宋代开始，后桥倾斜鞍与双镫的组合促使骑马之风盛行，并随着北方游牧民族的兴盛而发展至顶峰。在辽元时期北方民族骑乘文化的影响下，鞍具进一步多样化，出现了基于各种不同需求和偏好的马鞍和马镫设计，反映了鞍具设计在不同文化交融中的适应性和多样性，随之而来的文化交融也促进了游牧民族向农耕民族的转变。明清时期，尽管鞍具并没有完全走入市民阶层，但其高度完备的设计被广泛用于军事目的，特别是作为骑兵装备，提高了骑兵的战斗力，为骑手提供了更好的控制和机动性。完善的鞍具设计还考虑到马匹的舒适性和运动性能，提高了马匹的耐力和速度，从而能够在战斗中取得更好的表现。

整体而言，鞍具作为社会主流群体重要的日常交通工具之一，标志着社会功能和交互方式的重大转变，反映了中国古代骑乘出行文化和技术进步的交织。鞍具从简单到复杂的设计演变，不仅显示了对骑者和马匹的舒适性与安全性的人体工程学考量，也反映了骑乘成为权力和地位象征的社会动态的转变。马鞍设计随时间的发展展现了对材料、人类需求和动物解剖学的深刻理解。鞍具的设计不仅反映了骑乘技术的进步，也体现了它作为社会地位象征的功能，在骑乘被纳入统治阶层的礼制体系后，进一步凸显了鞍具设计在加强社会阶层和文化仪式中的作用。随着中国北方草原马背上民族的对外交流，中国式鞍具传播到世界各地。尤其是马鞍的发明，作为著名的“中国靴子”，对西方鞍具的变革产生了巨大影响。

第四节 游幸的画舫

画舫是中国古代常见的内河船舶形态，既承载了交通与运输的实际功能，又展现了中国古代审美和文化的特质。其命名由“画”与“舫”二字构成，“画”有描绘、设色、装饰之意，“舫”则指向其船舶属性。

画舫起源可以追溯到桴筏[1]和独木舟。桴筏是一种紧贴水面的平面器具，通常采用竹木编成一排，无干舷。人站于桴筏之上，需要用长竿撑水底施力令其前行。而原始的独木舟则是向内凹陷的单体材容器，有干舷，人可以坐于其中，用楫划拨水面产生前进力。

独木舟是通过刳制工艺制造出来的。首先需要将湿泥巴涂在树干上不需要挖凿的部位，其次用火烧焦要挖去的部位，最后凿挖被烧焦的碳木。汉代文献中记载的“併船”[2]，就呈现为筏的连并方式和独木舟的容器特征，可以被视为并舟式画舫的雏形。

随着木板船制造技术的发展，并舟式画舫走向成熟。这种画舫形制通常由两艘木板船并置而成，通过横跨两船的梁、板等横向结构榫接钉连。下部船体固定之后，再整体铺设甲板并搭建上层建筑。

唐代以后，画舫的形制发生了根本性的转变，从并舟式转变为单体式。唐宋时期的文献中正式出现了有关“画舫”的记载。其中对画舫外观的描述有“画舫烟中浅”和“参差画舸结楼台”[3]，对其装饰的描述有“缯彩”和“金银”[4]。这些描述表明，最晚于唐代，画舫已经成为一种具有观赏游幸功能的船舶统称，尽管对其形制描述不详，但是就唐代以后美术作品的物象呈现来看，应是一类外观装饰较为华丽的单体式舟船。

自宋代开始，随着经济的繁荣和都市文化的兴起，河流和湖泊成为都市生活的一部分，而画舫成为城市中上层社会进行社交、娱乐的主要场所。这个时期的画舫不仅拥有了更为精美的装饰，也具备了更为丰富的娱乐功能。它们不仅

[1]《十三经注疏》整理委员会整理，李学勤主编《十三经注疏·毛诗正义》上，北京大学出版社，1999，第53页。

[2]〔汉〕许慎：《说文解字注》，〔清〕段玉裁注，上海古籍出版社，1981，第404页。

[3]陶敏辑校《景龙文馆记·集贤注记》，中华书局，2015，第142页。

[4]〔宋〕李昉等：《太平御览》，中华书局，1960，第3416页。

是文人墨客聚会、饮酒的场所，也成为人们日常生活、娱乐习惯和文化审美的重要体现。

明清时期，画舫的造型和装饰变得更为宏大和精美。尤其是清代帝王巡游江南时乘坐的御用画舫，其装饰和造型均达到了前所未有的高度。同时，在市民文化兴起的背景下，画舫不再仅仅是富豪和文人的游乐场所，普通市民也开始参与其中。

画舫的形制无论是单体还是并舟，无论是简小的渔船还是高阔的楼船，都是以赏玩、游幸为主要使用功能的场所。它们不仅具有物质层面的基本的水上出行功能，而且通过本身或素雅或精美的外观装饰，勾连了湖光山色与时令市会，赋予了精神层面的休闲娱乐属性。

这些画舫不仅是中国古代社会主流群体的游乐习俗、游赏雅兴的重要体现，也是他们社交习惯和审美趣味的生动画卷。因此，画舫是明清都市风俗和社会主流群体社交习惯的重要反映。

一、唐代以前的并舟式画舫

自先秦开始，船舶就已经成为中国古代最为重要的出行工具之一，其地位与车并重，是衡量古代生产力和生产技术发展水平的尺度。先秦文献记载，约在六七千年前的黄帝、尧、舜时期，就已经出现了原始的独木舟。《易经》中的“刳木为舟，剡木为楫”这句话，正反映了这个事实。

在新石器时代，出现了陶舟和舟形陶壶造型。这一时期的独木舟由船头、船尾、船底和侧舷构成，平面如梭，侧视如半月，前如鸡胸，首尾部略翘（图4-4-1）[5]。这种原始的独木舟属于有干舷的单体材容器，人可以坐于其中，用楫划拨水面产生前进力。“干舷”的出现，使得独木舟呈现出向内凹陷的容器形态，这被视为古代画舫的真正雏形。

河姆渡第二期文化遗址出土的陶舟[6]

陕西宝鸡市北首岭出土的舟形陶壶[7]

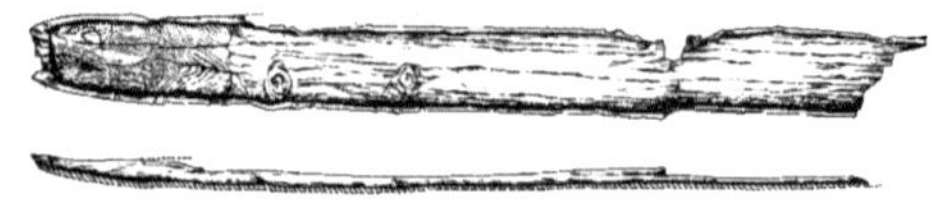
杭州萧山跨湖桥遗址出土的独木舟[8]

图4-4-1 新石器时代出土的独木舟形器和独木舟

[5] 吴玉贤：《从考古发现谈宁波沿海地区原始居民的海上交通》，《史前研究》1983年第1期。

[6] 浙江省文物考古研究所：《河姆渡：新石器时代遗址考古发掘报告》，文物出版社，2003，第253页。

[7] 王冠倬：《中国古船图谱》（修订本），生活·读书·新知三联书店，2011，第2页。

[8] 浙江省文物考古研究所编《跨湖桥》，文物出版社，2004，第42—48页。

由于独木舟由单体材料刳制而成，受树材体积和刳空部分的深浅局限，制成的浅舱容量有限，窄而长的船体航行不稳，易倾覆，因此木板船应运而生。木板船的出现不仅可以增加载重量，而且可以通过变化船体特征来改善性能。考古发现证实，在相当长的一个时期内，独木舟与木板船是同时使用并逐步发展的。而这种同步性导致了早期画舫出现了并舟式和单体式的形制分流。然而，随着时间的推移，并舟式画舫在唐代以后逐渐被单体式画舫所取代。

并舟式画舫最初由两艘独木舟并联而成，但在独木舟本身长、宽、高的局限性影响下，不断尝试向更大的舟体空间扩展，最终演变为双体木板船的形制。这个过程经历了三种阶段性的变化。

第一，原始隔舱设计区隔了舟体内部的功能性空间（图4-4-2）。胶东半岛毛子沟出土的商周独木舟存在最为原始的一体式隔舱设计，仅有的两道舱隔从舟体内部刳出，高度仅至两侧舷中部，将舟体分割为三个舱体空间[9]；而化州石宁村出土的东汉独木舟更进一步[10]，出现了活动隔舱板设计，舟体两侧舷被刳出7对对称的凸起卡槽，将厚木板作为隔舱板卡在槽中。隔舱设计在一定程度上起到增加舟体横向承压的作用，这个设计成为令独木舟船体的一体式空间初步产生功能分区的分水岭，同时为甲板上层建筑的出现奠定了基础。

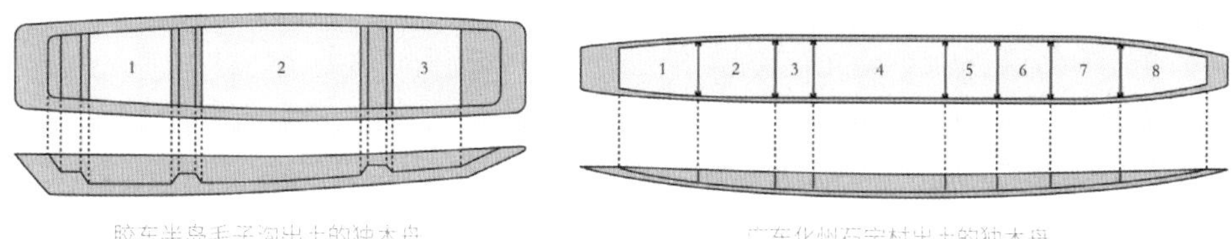

图4-4-2 独木舟原始隔舱设计示意图

第二，通过甲板设计延展舟体上方的功能性空间。福建连江独木舟的原始甲板设计，是通过在两侧船舷上凿出对称的凹槽，以插放横板[11]，一方面可以作为原始的横梁结构以支撑舟体的横向强度，另一方面可以区隔上下空间，开辟了甲板上人的活动空间。上层建筑是位于甲板上方的建筑物的统称[12]，也是功能性空间延展的进阶性产物。江苏如东出土的独木舟[13]，在舟尾上口铺板，并在四周挖有竖孔，用来安装支撑“篷”的支架结构，这是在原始甲板设计的基础上进一步对船体空间的拓展，篷盖作为简易的上层建筑，在船体形成半遮蔽空间的基础上增加了遮阳挡雨的功能，是后世画舫甲板上层建筑的萌芽。没有

[9] 王永波：《胶东半岛上发现的古代独木舟》，《考古与文物》1987年第5期。
[10] 阮应祺：《广东省化州县石宁村发现六艘东汉独木舟》，《文物》1979年第12期。
[11] 卢茂村：《福建连江发掘西汉独木舟》，《文物》1979年第2期。
[12] 魏莉洁主编《船体结构》，哈尔滨工程大学出版社，2005，第95页。
[13] 钱锋、李文明：《江苏如东发现古代独木舟》，《东南文化》1985年第0期。

甲板的船只在行驶时缺乏阻挡水浸入船舱的遮挡装置，同时舱底不够平整，船工和乘者均行动不便。甲板设计能够在解决上述问题的基础上，为上层建筑的搭建提供平整的基础平台，并将船只分隔成甲板下的底舱和甲板上的活动空间。

第三，通过舟板复合设计来增大舟体容积（图4-4-3）。在常州武进万绥出土的汉代木船中，先通过分段衔接的舟底来增加舟体的长度，然后在舟底两侧衔接侧舷板，来增加舟体的容积[14]。这种舟底分段榫接在一定程度上弱化了舱体功能，但加强了舟体中线的纵向强度，并逐渐衍生出龙骨的功能。而在上海浦东川沙县川扬河出土的复合舟[15]，是在前者基础上的进阶舟型。该舟型两侧舷由多块独幅板纵向衔接而成，突破单体材料的空间限制，扩大了舟体容量。其中最大的变革是出现了由侧舷靠近口沿处插接面梁构成的横梁结构，进一步加强了舟体的横向强度，初步具备了原始木板船的特征。

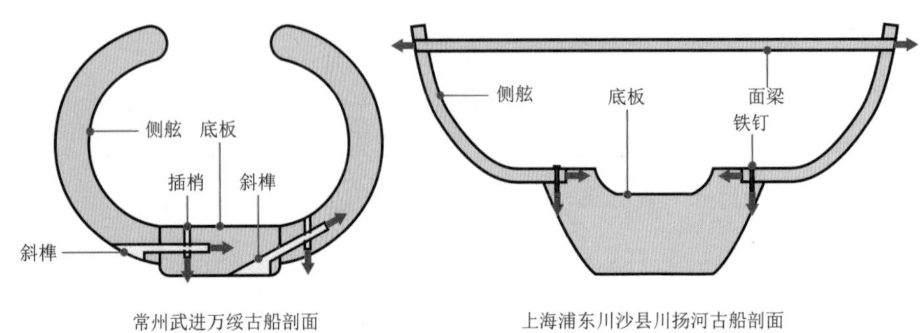

图4-4-3　加接侧舷板的复合舟剖面图

三个阶段性的变化为舟体创造了进一步发展甲板上层建筑的条件。以游幸、观赏为目的的乘舟活动成为并舟式画舫产生的契机。并舟式画舫属于双体复合舟形态，更接近于“连舟为舫”的定义[16]，但无论是在古代美术作品中还是在出土实物中，它们都极为少见。山东省平度县泽河东岸出土的隋代古船（图4-4-4）[17]以及温州西山出土的唐代古船[18]，是目前仅有的实物。这两种古船均为两条独木舟并联而成，但构造和连并方式有很大的差异。隋代古船体型大而狭长，长度约达23米，长宽比接近10 ： 1。单体舟宽约1米，呈梭形，底部较平，两头上翘，两侧舷上方向外衔接两块翼形板（舷伸甲板）以增加船体宽度。该船通过约20根面梁和3根伏梁横贯两只舟体，在构成横梁结构的同时将两舟连接并固定，两舟之间铺设连板。舟尾的3根伏梁上部用来铺设甲板并安装立柱

[14] 陈晶：《江苏武进县出土汉代木船》，《考古》1982年第4期。

[15] 王正书：《川扬河古船发掘简报》，《文物》1983年第7期。

[16]〔汉〕服虔撰，段书伟辑校《通俗文辑校》，中州古籍出版社，1993，第80页。

[17] 毕宝启：《山东平度隋船清理简报》，《考古》1979年第2期。

[18] 王刚：《浙江温州西山出土的唐代双体独木舟》，《中国科技史料》1991年第1期。

支架，顶部铺设篷盖，作为上层建筑。而唐代古船相对较小，长度仅有6至8米，长宽比接近4 ∶ 1，整体形制与隋代古船相似，它仅在舟艏和舟艉处船侧舷的相同位置上刳出凹槽，各嵌入一条横贯两舟体的伏梁，再将伏梁与附近的横梁用绳篾捆扎，将两舟连并。从舟体连接的牢固程度来看，隋代古船从艏至艉依次贯穿面梁，再以艉部伏梁加强的榫接方式更为牢固，航行时更加平稳；而唐代古船仅靠艏、艉两根伏梁连接，虽不够牢固，但更容易通过拆解绑扎的绳篾将舟体一分为二。从并舟式画舫的使用功能来看，只有牢固地连并两艘舟体，才能够建造稳固的甲板上层建筑，提供给游客舒适的乘坐空间，因而隋代古船那种稳固的舟体和连并方式更适合作为画舫，而唐代古船因其灵活的连并和拆解方式，更适合运输和战争。

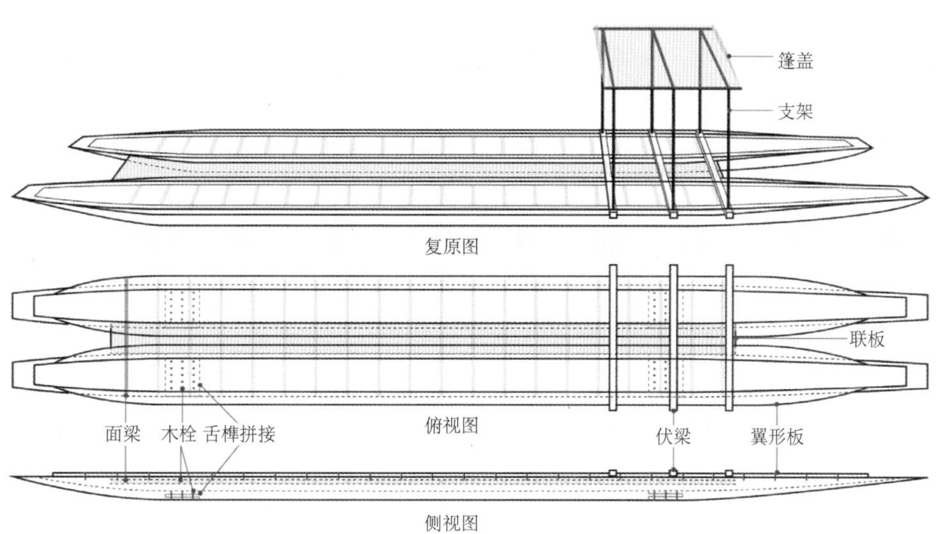

图4-4-4 山东平度隋代双体复合舟的结构示意图

木板船的连并设计最晚出现于东晋时期。木板船的出现是造船技术发展的一个里程碑，也为该时期双体画舫的形成奠定了重要基础。最早关于木板船的记载出现在甲骨文和金文中，从众多“舟”的象形文字中可以看出其纵横结构。纵向结构即两侧船舷，横向结构可以理解为横梁、隔舱或用于乘人的横板。单从“舟”的字形来看，已经能够看出早期木板船的简易结构。成熟时期的木板船纵向结构由独木舟简化而成的龙骨与分段排列的船壳板构成，横向结构由横梁、肋骨或隔舱板构成，甲板铺设在横梁上方。从顾恺之所绘《洛神赋图》中的并舟式画舫图像来看（图4-4-5），单体船只的船壳板由一列底板（龙骨）和四列侧舷板组成，船体两侧的舷伸甲板上能够清楚地看到17根横梁。由此可见，图中的并舟式画舫的单体基本形态已经演变为成熟的木板船。

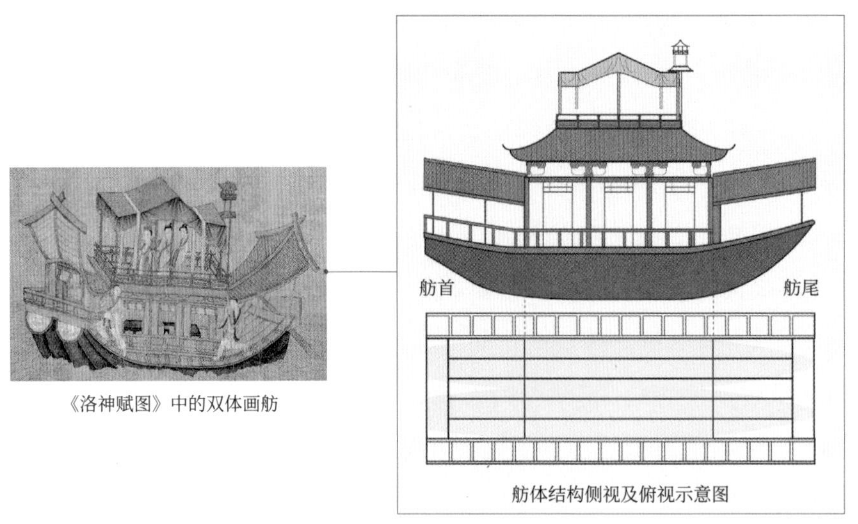

《洛神赋图》中的双体画舫

舫体结构侧视及俯视示意图

图4-4-5 《洛神赋图》中的双体画舫及结构示意图[19]

从晋代郭璞注《尔雅·释水》“比船于水，加板于上”[20]的描述中可以看出，两船的并联方式是通过横向的板材横跨两船之上进行固定的。推测是在平度隋代双体复合舟的基础上加铺横板，并通过榫卯和铁钉钉连的方式进行固定的。从图4-4-5中两船头的密接程度可以确定，两艘船体之间应是紧密相连的。从画舫艉部显露出的甲板可以看出，整个甲板的艏艉部各铺设一张贯穿两艘船体的横板，起到加强连接的作用。中部在横板上方纵向铺设5列甲板，甲板上层建筑设计为艏楼、舱楼与艉楼组合的“三岛式结构”[21]。该画舫甲板上加盖干阑式上层建筑并有复杂装饰以及多模块建筑的组合形式，直至清代，这都是画舫的典型特征。画面中的建筑、家具形式和装饰的复杂程度，以及乘者的姿态，都反映出画舫的游幸用途。这种多模块建筑和组合形式的应用，可以佐证至少在隋唐及以前，并舟式画舫曾流行于社会主流群体的日常娱乐、休闲乘船活动中。

在突破了单体材料的限制后，舟体结构的改变对画舫形制的发展产生了重要影响。然而并舟式画舫在中国古代历史长河中只是昙花一现，并没有普及性和延续性。从唐代开始，主流的画舫设计更多地采用了基于单体木板船的结构，并在其上增添甲板和上层建筑。此外，部分画舫还配备了桅杆结构。

二、由单体木板船衍生的画舫

单体式画舫按照船型分为两类。第一类，船体为平艏、翘艉、平底的纵流型；第二类，船体为艏艉皆翘、平底的纵流型。单体式画舫在下部船体的设计上，

[19] 中华珍宝馆，http://g2.ltfc.net/view/SUHA/60898725c3e4f0508bcae665，访问日期：2022年10月18日。

[20]〔清〕阮元校刻《十三经注疏》清嘉庆刊本，中华书局，2009，第5697页。

[21] 谭玉华：《广东德庆东汉墓出土陶船补说》，《中国国家博物馆馆刊》2015年第4期。

借鉴了木板船的基础结构，可分为纵向结构和横向结构。在纵向结构中，它包含龙骨、船壳板和纵桁。其中内河船的龙骨通常为平板龙骨，即龙骨板，而船壳板包括船底板、舭部板和侧舷板，纵桁部分包括船舷上方的大擸和两侧的护舷材等。而横向结构包含横梁、肋骨和隔舱板，其中不设甲板的横梁称为空梁，铺设甲板的横梁称为面梁。隔舱板在《天工开物》中也称为“梁”[22]。

单体式画舫的上层建筑根据所在位置分为艏楼、舱楼和艉楼，根据造型结构分为板篷式、半圆篷式、住宅式、园林式、宫殿式和混合式六种。六种造型结构中，板篷式为木框架覆顶结构，顶有平顶和拱顶之分；半圆篷式，顾名思义，船篷由具有弹性的材料如竹篾编成半圆形的骨架，直接覆盖在甲板上，或者作为顶棚结构，覆盖在木框架上；住宅式受汉族民间一般性住宅建筑式样影响，形制较为简洁，多为木架构结合板壁加屋顶构成；园林式受明清园林建筑影响，形制较为复杂；宫殿式受官式建筑影响，形制最为复杂；混合式通常为前五种造型的组合。

随着铁质工具的普及，先秦时期的造船技术已经发展得十分成熟，既能制造出小而轻便的“舲船”和“小翼”[23]，又能制造出大而豪华的“馀皇”[24]。河北平山县中山王墓出土的战国游艇[25]，为中山王生前游幸之用，是“馀皇”中的重要代表。尽管随葬的游艇因其材质易腐朽，不能完整地探知全状，但从其船尾出土的铜帽和其中尚残留装饰有彩绘的篷杆残段来看，该游艇应属于甲板上设有篷盖类上层建筑的、装饰精美的画舫。

西安市汉长安城北渭桥遗址出土的古船[26]，可以证实最晚于汉代已经出现相当成熟的木板船。该船整体的纵向结构由船壳板、两侧舷上方纵达首尾的大擸构成，通过钩子同口和直角同口进行分段式搭接；横向结构由空梁和肋骨构成。从该船船板的连并技术可知，最晚于汉代，船板衔接已经由铁箍联并发展成榫卯拼接结合铁钉连并的方式。此时使用榫接法拼合，并用木钉甚至铁钉钉连的造船技术已经趋于成熟。

从汉代墓葬中出土的陶、木船模可以看出，这个时期的木板船为艏艉窄而中间阔的方艏方艉平底船，按艏艉上翘的幅度来看，分为平艏翘艉和艏艉皆翘两种船型。平艏翘艉的船型出土的船模较少，如凤凰山西汉木船，并不是西汉时期的主流船型；艏艉皆翘的船型出土的船模较多，如西汉皇帝岡木船和广州德

[22]〔明〕宋应星：《天工开物》，钟广言注释，中华书局香港分局，1988，第286页。

[23]〔汉〕王逸章句，〔宋〕洪兴祖补注，〔宋〕朱熹集注《楚辞章句补注·楚辞集注》，夏剑钦、吴广平校点，岳麓书社，2013，第126页。

[24]《十三经注疏》整理委员会整理，李学勤主编《十三经注疏·春秋左传正义》，北京大学出版社，1999，第1370页。

[25]王志毅：《战国游艇遗迹》，《中国造船》1981年第2期。

[26]刘瑞等：《西安市汉长安城北渭桥遗址出土的古船》，《考古》2015年第9期。

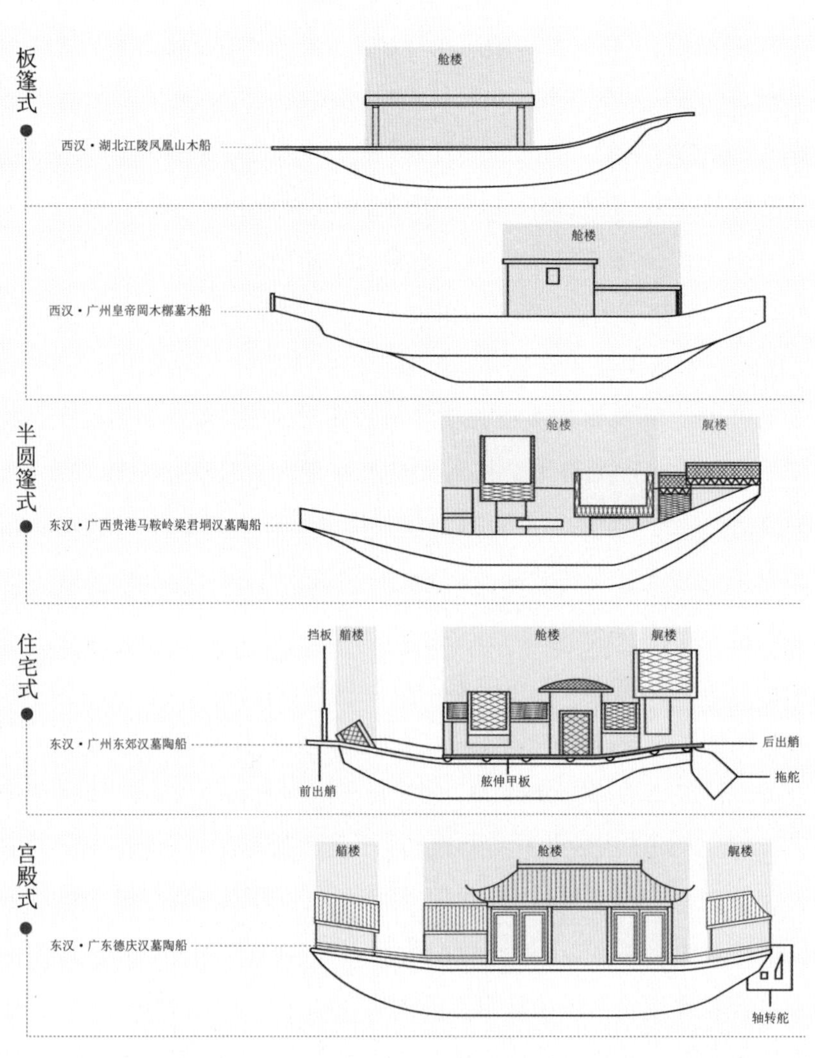

图4-4-6 汉代船模上层建筑造型分类示意图[27][28][29][30][31]

庆陶船，是东汉时期主流的船型。从汉代出土的船模可以看出（图4-4-6），西汉时期上层建筑多为板篷式。东汉时期上层建筑造型呈多样化的发展趋势，出现了半圆篷式、住宅式和宫殿式。上层建筑整体设计呈现出由少到多、由简单到复杂的演变过程。

在唐代，与之前相比，画舫船体结构的最大变革是水密隔舱设计的引入。这种隔舱板设计由横梁向下延展演变而来。舱隔设计，通常是为了将船舱隔成多个独立且密封性好的舱区，目的是减少船身在局部破裂时沉船的风险，即增强其抗沉性。其特征是舱壁嵌隔坚固且不渗水，即使船身局部破裂，水进入船舱，

[27] 长江流域第二期文物考古工作人员训练班：《湖北江陵凤凰山西汉墓发掘简报》，《文物》1974年第6期。

[28] 麦英豪：《广州皇帝岡西汉木椁墓发掘简报》，《考古通讯》1957年第4期。

[29] 富霞、熊昭明、蒙长旺：《广西贵港马鞍岭梁君垌汉至南朝墓发掘报告》，《考古学报》2014年第1期。

[30]《中国国家博物馆馆刊》2021年第4期。

[31] 谭玉华：《广东德庆东汉墓出土陶船补说》，《中国国家博物馆馆刊》2015年第4期。

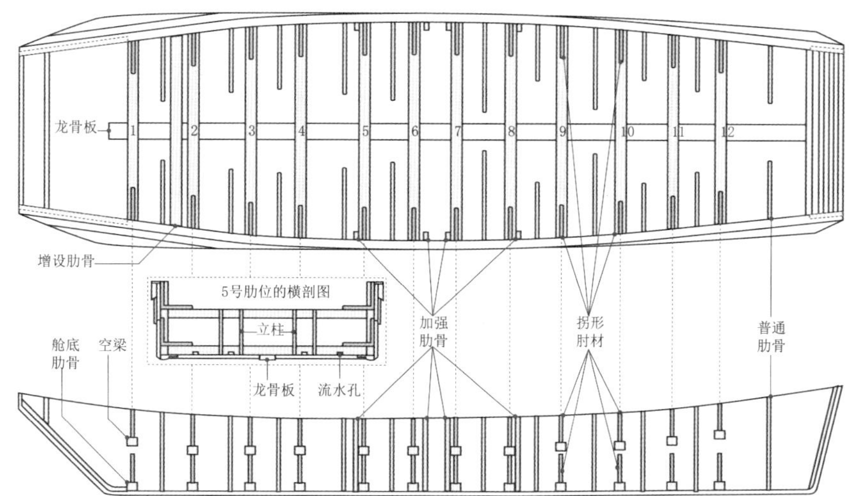

图4-4-7　天津静海区元蒙口木船横向结构示意图

也会被水密舱壁阻挡，无法渗入其余隔舱，便于船员及时修补。如扬州施桥河船[32]，4道隔舱板将全船分为5个大舱，舱壁较为低矮，顶部设有横梁；而江苏如皋河船[33]，8道隔舱板构成的横向板架结构，将船体分成9个船舱，且隔舱板和船壳板衔接处经过水密处理。由此可见，唐代画舫的横向结构上，隔舱板起到加强的作用，这与肋骨和横梁的组合结构相似。隔舱板不仅加强了结构，还增加了区隔空间的功能。因此，当隔舱板能够满足横向加强的要求时，采用水密隔舱设计的内河船就不需要使用肋骨了。

宋代画舫的船体结构设计在唐代画舫的基础上进行了改进，主要体现在横向结构的舱壁与肋骨混合结构上和由上下对称的横梁、肋骨共同构成横向完全闭合的肋骨框架结构上。其中，以宁波义和路古船为代表的船只，其横向结构由舱壁和肋骨组成[34]；而以天津静海区元蒙口木船为代表的船只（图4-4-7）[35]，其船体横向结构以空梁和舱底肋骨为主，每组由上下对应的空梁、舱底肋骨各一根，二者两端分别与船舷用拐形肘材相连接，形成闭合框架。此外，在每两道空梁之间增设一根直角状次肋骨，上部贯穿两侧舷，下部连接舱底板，还使用加强肋骨进一步增加横向强度。此种十分坚固的横向闭合肋骨框架结构是宋代以后内河画舫的主要结构之一。

元代画舫的船壳板数量规范化是在唐宋基础上的延续。从山东菏泽出土的古船来看，其船底板与侧舷外板的列数与明代《南船纪》所载"一百五十料船"的列数完全一致[36]。

[32] 江苏省文物工作队：《扬州施桥发现了古代木船》，《文物》1961年第6期。
[33] 南京博物院：《如皋发现的唐代木船》，《文物》1974年第5期。
[34] 林士民：《宁波造船史》，浙江大学出版社，2012，第111—116页。
[35] 马大东：《天津静海元蒙口宋船的发掘》，《文物》1983年第7期。
[36] 席龙飞：《中国造船通史》，海洋出版社，2013，第245页。

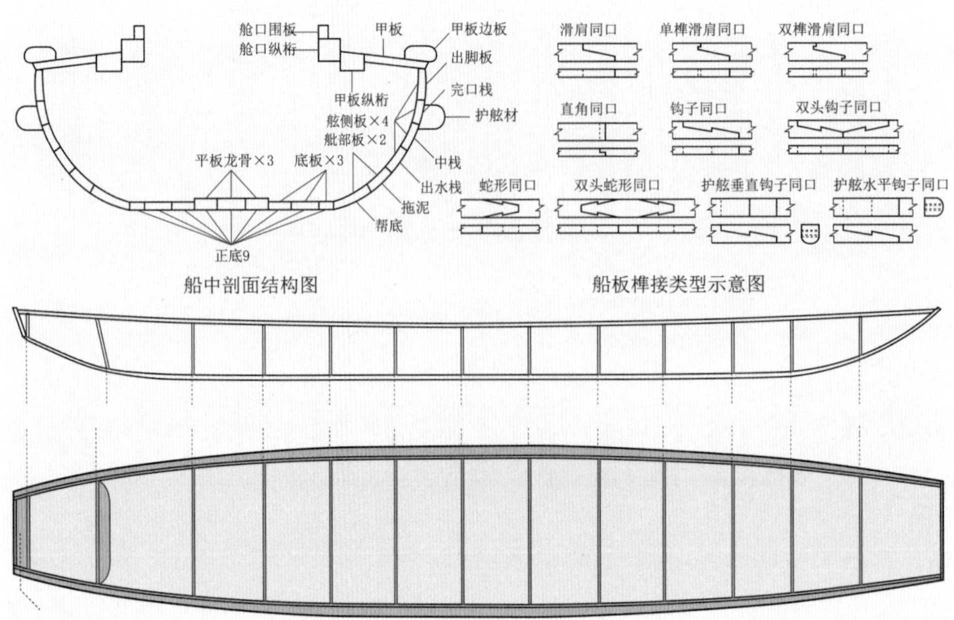

图4-4-8 梁山古船船体结构示意图

明代画舫的基本结构以平板龙骨和船壳板为纵向结构，并采用舱壁作为横向结构。从山东梁山县出土的河船可以看出（图4-4-8）[37]，船体的纵向结构比明代以前的内河船舶更加完善，以3列长板构成龙骨，并在左右两列排列3列长板构成船壳底板，自底板向上左右依次为2列舭部板和4列侧舷板，自上而下第2、3块列板之间榫接护舷材，各列板之间的同口榫接方式多达8种。各类板材的数量与明代《南船纪》中记载的“二百料一颗印巡船”[38]，以及《龙江船厂志》中对“器数”[39]的记载完全对应，证明最晚于明代，造船技术已经规范化，对船体各部分构件名称、用料、数量和尺度都已经进行了统一。

清代画舫在继承了明代船体结构和上层建筑形式的基础上，发生了细微变化，主要体现在壁肋结构的运用上。从洛阳运河出土的一号船体来看（图4-4-9）[40]，纵向结构没有变化，但横向结构采用了壁肋结合的横向结构方式。船体共设12道舱壁，分隔成13个隔舱，肋骨被固定于舱壁底部两侧或一侧。与只有舱壁作为横向结构相比，壁肋结构能够进一步增加横向强度，适合建造更大体积的画舫。

在扬州博物馆中，陈列着一个清代经典画舫的模型，其船型为艄艉上翘的平底纵流型（图4-4-10）。这艘画舫的船体结构采用了由舱壁和肋骨构成壁肋结

[37] 顿贺、席龙飞、何国卫等：《对明代梁山古船的测绘及研究》，《武汉交通科技大学学报》1998年第3期。
[38]〔明〕沈启：《南船纪》卷之一，明嘉靖二十年，第54页。
[39]〔明〕李昭祥：《龙江船厂志》，江苏古籍出版社，1999，第33页。
[40] 史家珍等：《洛阳运河一号、二号古沉船发掘简报》，《洛阳考古》2015年第3期。

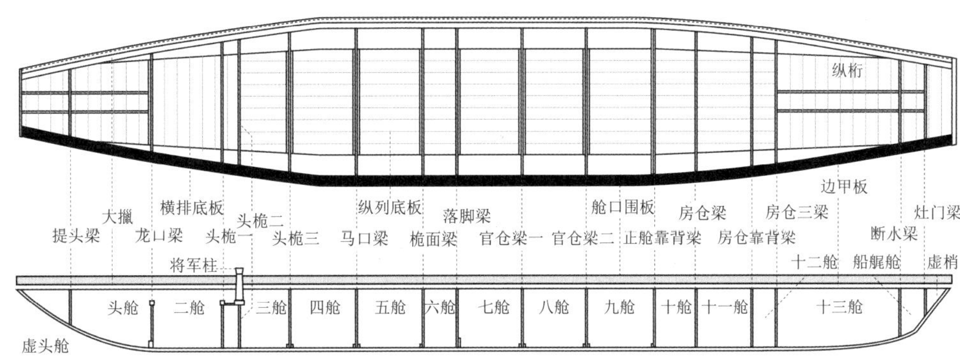

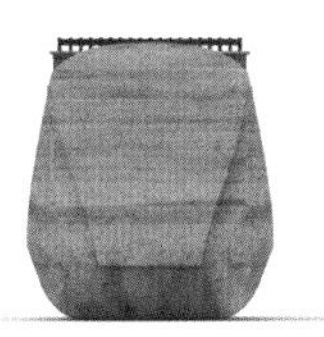

图4-4-9（上）　洛阳运河一号古船船体结构示意图

图4-4-10（下）　清代扬州画舫模型

合的横向结构以及以平板龙骨、船壳列板、纵桁和甲板构成的纵向结构。甲板的上层建筑为舱楼和艉楼的组合，舱楼较矮，艉楼较高，而艉楼的高度几乎与船尾高度平齐。上层建筑为住宅式，顶部设有栏杆，可供船员和游客在上方活动。

三、多样性的模块组合：明清画舫上层建筑的样式设计

上层建筑将船体上部空间进行了功能区分，使内河舫船在体积大型化、空间功能需求多样化上得以满足。这在一定程度上虽然降低了船舶行驶的速度，但是使船舶更加平稳舒适。唐代以后美术作品中所描绘的千姿百态的画舫，正是以此上层建筑为原型的进一步创作。

本遴选了7幅明清时期的美术作品，剔除重复的整体画舫形制后，共提取出完全不同的画舫68种。从中可以看出，明清时期的画舫船型主要分为两大类。第一类为平艏翘艉型，共有画舫6种，较为少见；第二类为艏艉皆翘型，共有62种，是明清时期的主流船型。在明清画舫的上层建筑设计上，与之前存在显著差异。明清画舫的上层建筑布局明显与此前有较大差异，艏部甲板较为开阔空旷，从之前的三岛式转变为仅有舱楼或舱楼与舱、艉楼结合的两式。其中，前者共有27种，后者共有41种。在汉代4种的基础上，明清时期增加了园林式。板篷式在汉代基础上增加了有固定式壁板或活动式壁板的样式，且活动式壁板可以如支窗一般推开；半圆篷式在汉代基础上没有发生变化；住宅式受明清建筑影响，多呈现出格子壁板和格子窗的特征；宫殿式建筑仅出现于明代，受官式建筑影

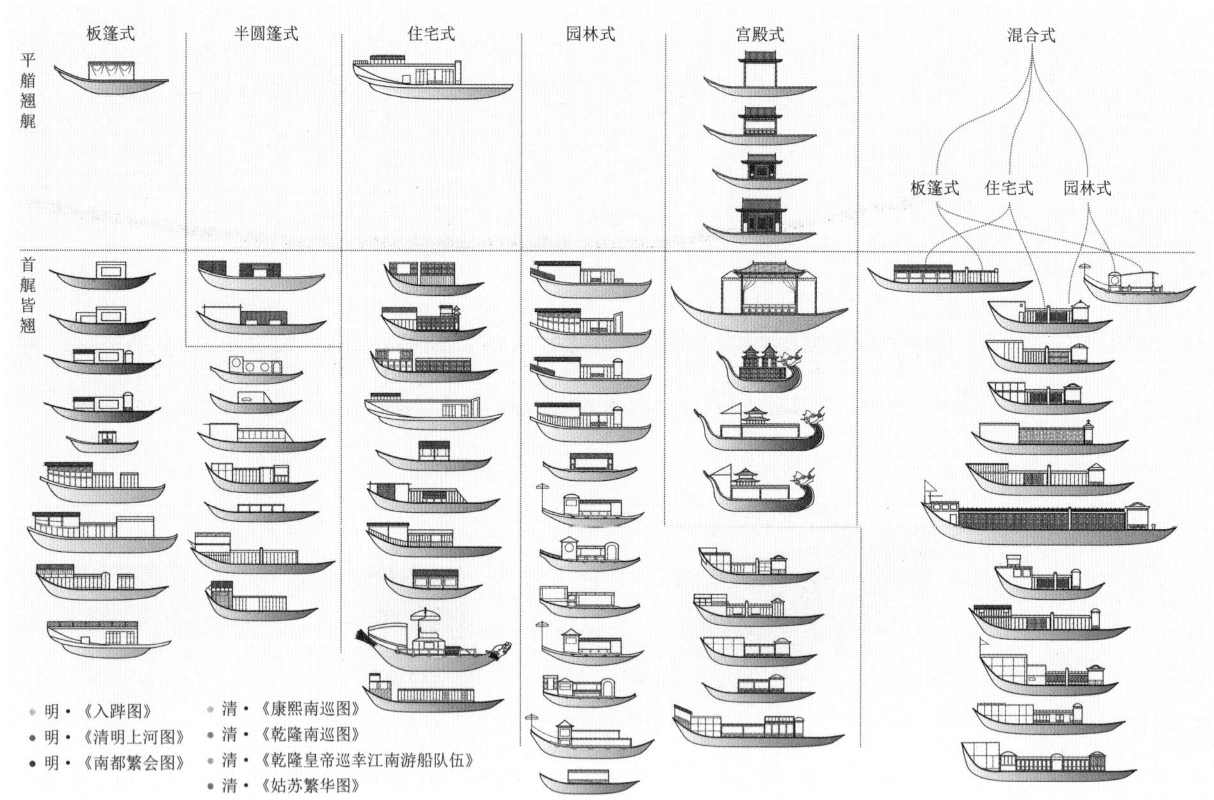

图4-4-11　明清画舫形制分类

响，高大且富丽堂皇；园林式出现于清代，在园林建筑样式影响下呈现出小而精致的亭式特征，或者起到串联作用的带有扶手或凭栏的长廊特征。从上层建筑的格局来看，舱楼为主要建筑，艉楼为次要建筑。因此，明清时期画舫的形制按舱楼分类如图4-4-11所示。

明代画舫在许多古代美术作品中都有出现，从《入跸图》[41]《清明上河图》[42]《南都繁会图》[43]中剔除重复的整体画舫形制后，共提取出不同建筑样式的画舫16种。在这些画舫中，有13种仅有舱楼建筑，舱楼与艉楼组合式只有3种，可见明代画舫的上层建筑多集中于舱楼。结合船型和上层建筑类型，可以进一步分析平艏翘艉型画舫仅有1种板篷式和4种宫殿式；而艏艉皆翘的样式较多，共有4种板篷式、3种住宅式和4种宫殿式，在这些宫殿式中，以龙舟居多。

清代画舫在《康熙南巡图·第七卷·无锡至苏州》[44]《乾隆南巡图·第六卷·驻跸姑苏》[45]《乾隆皇帝巡幸江南游船队伍》[46]《姑苏繁华图》[47]中出现的种类最多。在剔除重复的整体画舫形制后，共提取出52种不同建筑式样的画舫。这些画舫中，有15种仅有舱楼、37种为舱楼与艉楼组合式，其中又有3种艏艉楼一

[41] 中华珍宝馆，http://g2.ltfc.net/view/SUHA/60898724c3e4f0508bcae58e，访问日期：2022年10月18日。
[42] 中华珍宝馆，http://g2.ltfc.net/view/SUHA/608986e1d14344504828dffb，访问日期：2022年10月18日。
[43] 中国国家博物馆：《中国国家博物馆馆藏文物研究丛书·绘画卷（风俗画）》，上海古籍出版社，2007，第56—59页。
[44] 中华珍宝馆，http://g2.ltfc.net/view/SUHA/608a61a6aa7c385c8d9438a7，访问日期：2022年10月18日。
[45] 中华珍宝馆，http://g2.ltfc.net/view/SUHA/608a61adaa7c385c8d9441dd，访问日期：2022年10月18日。
[46] 书格，https://www.shuge.org/list/#45668149，访问日期：2022年10月18日。
[47] 中华珍宝馆，http://g2.ltfc.net/view/SUHA/61bb72ec33115819641cf358，访问日期：2022年10月18日。

体式。从船型来看，平艏翘艉型画舫仅有1种住宅式，其余均为艏艉皆翘式。从建筑样式来看，舱楼类型较多，有11种板篷式，2种半圆篷式、8种住宅式、17种园林式和13种混合式。混合式中除了1种板篷住宅混合式和1种板篷园林混合式，其余11种均为住宅园林混合式。

总的来说，从船型来看，明代画舫中艏艉皆翘的样式略多于平艏翘艉式，而清代画舫中平艏翘艉型几乎不可见；但清代画舫中艏部翘起的幅度要低于明代，仅有轻微的幅度。从上层建筑布局来看，明代画舫以仅具有舱楼的布局居多，而清代则更多地呈现出舱楼与艉楼组合式的布局，且艉楼常高于舱楼。从建筑类型来看，明代画舫的建筑样式趋于两个极端，既有式样简单的板篷式和住宅式，又有极其复杂的宫殿式。相比之下，清代画舫的建筑样式更倾向于吸取园林建筑元素，整体趋向精巧化和简约化。宫殿式的复杂建筑形式几乎消失，更多的是造型更加简约且易于组合的园林式、住宅式和板篷式建筑。

画舫甲板的上层建筑可以看作由不同形制的单元模块组合而成（图4-4-12）。这些单元模块根据画舫本身的等级有选择性地进行简单或复杂的排列组合。单元模块的形制受到不同时期的建筑形式影响，因此具有不同的审美倾向。板篷式的单元模块可以分为篷式和帐式，篷式最为基础，为木框架覆顶；而帐式为木框架覆帐，顶的材质有竹编、布面和板材三种。顶的式样有平顶、拱顶和尖顶等。半圆篷式的单元模块只有两种，一种为封闭式，一种为开门、窗式，材

图4-4-12　画舫上层建筑的单元模块类型

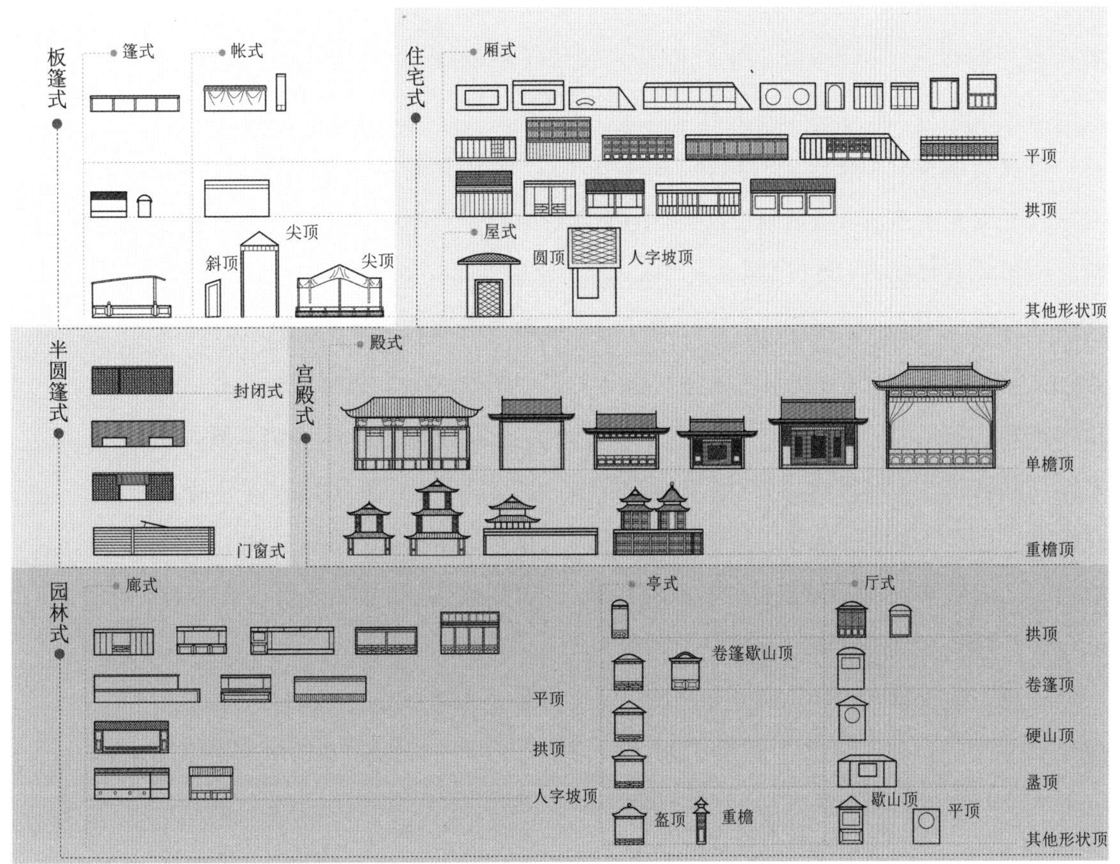

质多为竹编和木板。住宅式的单元模块多为厢式和屋式。厢式多为木框架镶壁板、门窗或漏窗，有平顶和拱顶，窗户多为矩形的回廊窗，扇形的什锦窗较为少见，建筑的门有木板门和布门帘两种；屋式有人字坡顶、圆顶等，多出现于汉代。宫殿式的屋顶结构最为精美，常见的有庑殿顶和歇山顶，还分为单檐和重檐两种。园林式的单元模块分为廊式、亭式和厅式。廊式有平顶、拱顶和人字坡顶，底部有栏杆；亭式和厅式的屋顶样式具有多样性，有拱顶、硬山顶、歇山顶、卷篷顶、盝顶等多种样式。由于画舫上层建筑的模块设计较多出现上述单元模块的混搭组合，因此在式样分类时，主要根据舱楼中体量最大的模块来确定其样式。

明清画舫上层建筑模块组合主要分布于甲板中部的舱楼和艉部的艉楼。仅有舱楼的模块组合较为简单，可以分为单模块、双模块和三模块。单元模块在篷式、帐式、廊式、厢式、殿式的基础上不断衍生出新的组合方式（图4-4-13）。单模块设计包括上述五种样式，其中以殿式建筑的建造最为复杂。例如，《入跸图》中的歇山顶、板壁与三联布门帘组合的宫殿式舱楼，充分体现了明代建筑样式对画舫上层建筑风格的影响。双模块设计中，由篷式衍生出前篷后厅式，由厢式衍生出连厢式，由廊式衍生出前廊后厅式，并融入了亭元素，出现了前亭后廊式。三模块设计形制较为复杂，融入了厅的元素，由前亭后廊式衍生出前亭中廊后厅式，由厢式衍生出前篷中厢后廊式和连厢后厅式，由殿式衍生出双层殿式和前帐中殿后帐式。其中，《清明上河图》中龙舟的双层殿式最为精美，下层采用经典的明代格子门窗，上层的双殿分别使用了重檐歇山式顶和重檐盝式顶，是明代官用龙舟上层建筑的经典样式。

舱楼与艉楼组合式的上层建筑（图4-4-14），较仅有舱楼的建筑模块，其组成形式更为复杂多变。通常来说，多样化的模块组合设计集中应用于舱楼，体量较大的模块有帐式、半圆篷式、廊式、厢式和厅式，由厢式衍生的模块组合最多，且没有出现宫殿式。而艉楼的式样比较单一，以单个模块构成居多，通常只有篷式、厢式和半圆篷式三种，部分艉舱末端有上翘护舷板或始于前廊的护栏。其中较为特殊的是舱楼与艉楼形成一个整体的厢式。单模块设计仅有一个条厢，其上部为席篷拱顶。双模块设计在平顶条厢的前部加装窄帐，部分画舫在平顶上开天窗，上方另架席篷舱盖，帐顶常见平顶和斜拱顶。除前帐后厢式之外，双模块设计的舱楼还包括半圆篷式、厢式和廊式三种，而根据舱与艉楼衔接处的特征，可分为相接或有明显间隔两种。

舱楼与艉楼组合式的三模块设计有三类，分别是由帐式衍生的前帐后厢式，由廊式衍生的前帐后廊式和前亭后廊式，由厢式衍生的双厢式和前亭后厢式。

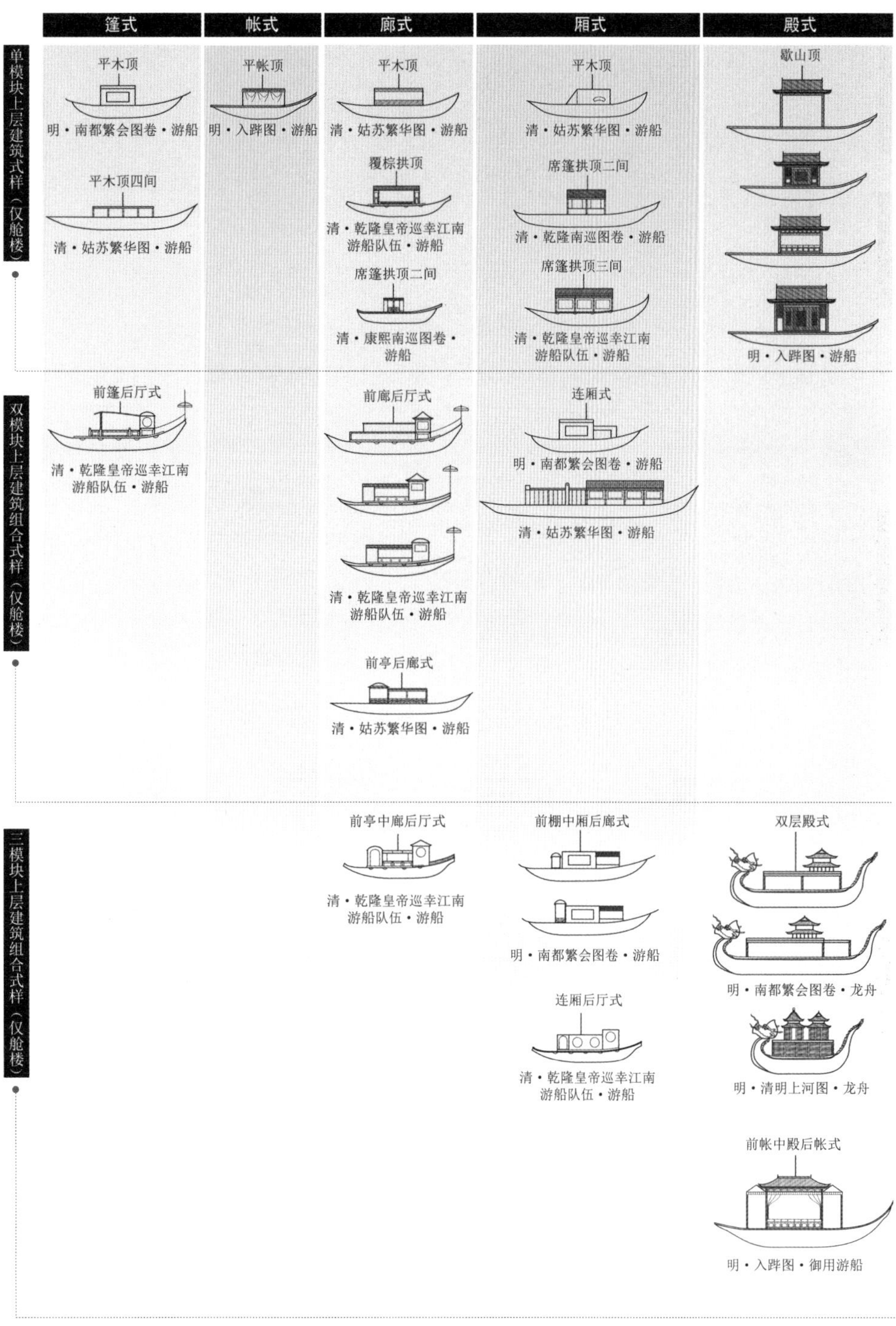

图4-4-13　明清画舫舱楼上层建筑的模块设计

三种类型中以后两者式样居多。单元模块中帐的式样有拱顶和斜顶两种。亭的形制有宽窄之分，亭顶样式有盝顶式、卷篷歇山顶式、硬山顶式、盝顶式和卷棚顶式。廊和厢为平顶，廊在栏杆的外层增加一层光面板壁，起遮挡作用；厢的两侧使用的板壁为双层，内层为格子板壁结合地坪窗，外层为光面板壁。

四模块以上的模块设计同样有三类，分别是由廊式衍生的前亭中廊式，由厢式衍生的连厢式、前厢中亭后厢式和前亭中厢式，由厅式衍生的厅厢间隔式

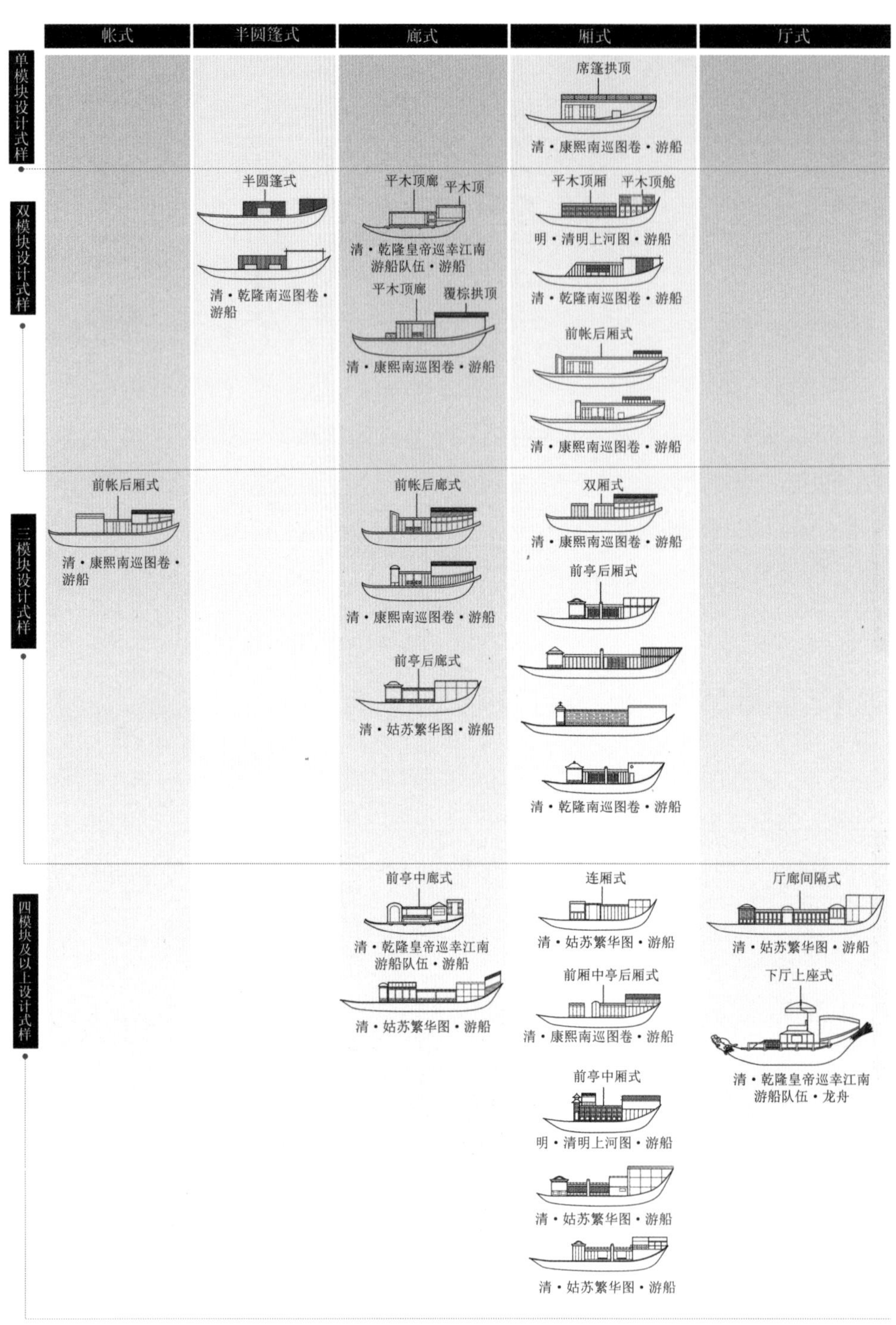

图4-4-14 明清画舫舱楼与艉楼组合式上层建筑的模块设计

和下厅上座式。三类中以第一个模块为亭的设计组合居多，也有在舱楼的建筑顶部或艉舱上增加一层的双层建筑。较为特殊的是《乾隆皇帝巡幸江南游船队伍》中龙舟的舱楼建筑，中部的盝顶式厅的二层为一张御座和华盖的组合，这种上层建筑样式在此前从未有过。

整体来看，画舫的上层建筑构成了丰富多彩且形式多样的空间样式，充分展现了中国古代园林建筑元素中的亭、廊、厢、厅、帐、篷的灵活多变和可繁可简的组合特性。这不仅有效地区隔了乘客和船工的活动空间，还建立了乘客的游览行序。

四、古代画舫的推进、弼正和停泊

古代画舫的行船、停船属具分为三大类：推进设备、弼正设备和停泊设备。推进设备主要有桨、篙、纤、橹、桅和帆，弼正设备主要是各式的舵，停泊设备有碇和锚。

画舫的行船设施在汉代就基本完备，其中推进设备以桨为主，尚未见到桅杆和帆。汉代桨的种类有短桨和长桨两种，前者见于广州西汉古墓出土的木质船模木俑所持的木桨形制[48]，后者以凤凰山西汉墓出土的船模上的5只长桨为代表[49]。长桨发展至宋代基本定型，南宋《天中水戏图》中龙舟搭配的长桨形制巨大，分列于船舷两侧（图4-4-15），每只长桨需4人对坐握持桨柄，合力划动。桨的使用方式为间歇做功，即“入水—做功推进—出水”动作的循环反复，每次出水至再入水之间为做功准备间隙。桨作为内河船舶的推进设备，直至今天，依然是小型木船在内河行驶时最为主要的人力推进设备。

图4-4-15 《天中水戏图》中龙舟的长桨[50]

[48] 麦英豪：《广州皇帝岗西汉木椁墓发掘简报》，《考古通讯》1957年第4期。

[49] 长江流域第二期文物考古工作人员训练班：《湖北江陵凤凰山西汉墓发掘简报》，《文物》1974年第6期。

[50] 中华珍宝馆，https://g2.ltfc.net/view/SUHA/6225da288c4e8d6d17d350ea，访问日期：2022年10月18日。

橹作为一种连续性的船舶推进工具，其工作原理与桨完全不同。船橹通常由橹板、橹柄和二壮组成，以橹支纽和橹人头为支点，将橹纵向固定在船尾甲板上，摇橹时以此为支点，通过较小的功角左右摇动橹柄产生升力推动船舶前进[51]，同时还能够弼正航向。在唐代莫高窟壁画中可见桅帆结构和摇橹同时存在的推进工具组合，宋代《清明上河图》中还出现了6人和8人合力驱动的大型橹（图4-4-16）。棹与橹形制相同，但布置方向和位置不同，前者横向布置于船舷中部两侧，前后摇动棹柄，利用划水产生的反作用力推动船舶前进[52]，辽宁省博物馆藏明代《清明上河图》中就出现了安装在船侧舷上方的棹。

除上述之外，画舫的推进方式还有篙和纤，前者的主体为长条型材，如竹竿和木棍，适用于较浅的河道，其运动原理是利用撑杆的反作用力推动船舶前行。画舫两侧的舷伸甲板方便撑篙的船工前后来回走动。明代《舟行图》和宋明两代《清明上河图》中均出现撑篙前行的船只。纤最早为竹编，因此在《释名》中记载为“筰”[53]。拉纤行船的图像最早见于宋代《清明上河图》，纤索系于桅杆顶端，拉纤时纤夫行走于岸上，有面向前行方向和背对前行方向两种拉纤方式，大型船只在河道两岸分两排多人同时拉纤。系纤的桅杆通常称为牵桅，其形制通常为可眠式“人”字形，即可卧倒式“人”字形桅杆。桅杆整体位于画舫上层建筑顶部的可转动圆木轴上，桅杆的双足与木轴榫接，不用时桅杆通常整体卧倒于上层建筑的顶部。

画舫上的桅杆结构除安装绳索之外，还用于悬挂旗帜和风帆。桅帆结构是桨之外另一种重要的船只推进设备，古代美术作品中画舫上的桅帆结构几乎都是单桅单帆，双桅双帆较为少见，而元代《大明宫图卷》中的龙舟就同时呈现出这两种桅帆结构（图4-4-17）。通过《释名》中对帆的记载“随风张幔曰帆”和“前立柱曰桹（桅）”[54]，可知最晚于东汉时期，桅帆结构就已经普遍作为船舶的推进工具。作为航行技术的重要突破，桅帆结构可以使船在行驶过程中利用风能获得更大的推进力。

常见的帆有软帆和利篷两种，前者由质地较为厚重的布帛制成，如宋代《江帆山市图》和《柳阁风帆图》中的船帆（图4-4-18）；后者为蒲草或竹篾编成的整张帆篷，如《大明宫图卷》中的船帆，其帆面使用横向竹撑条制成的边筋和帆竹加固，不受风时折叠如百叶帘，受风时鼓起如弧状。画舫用帆多为内河船常见

[51] 席龙飞：《中国古代造船史》，武汉大学出版社，2015，第106页。

[52] 同上书，第105页。

[53]〔汉〕刘熙：《释名》，愚若点校，中华书局，2020，第111页。

[54] 同上。

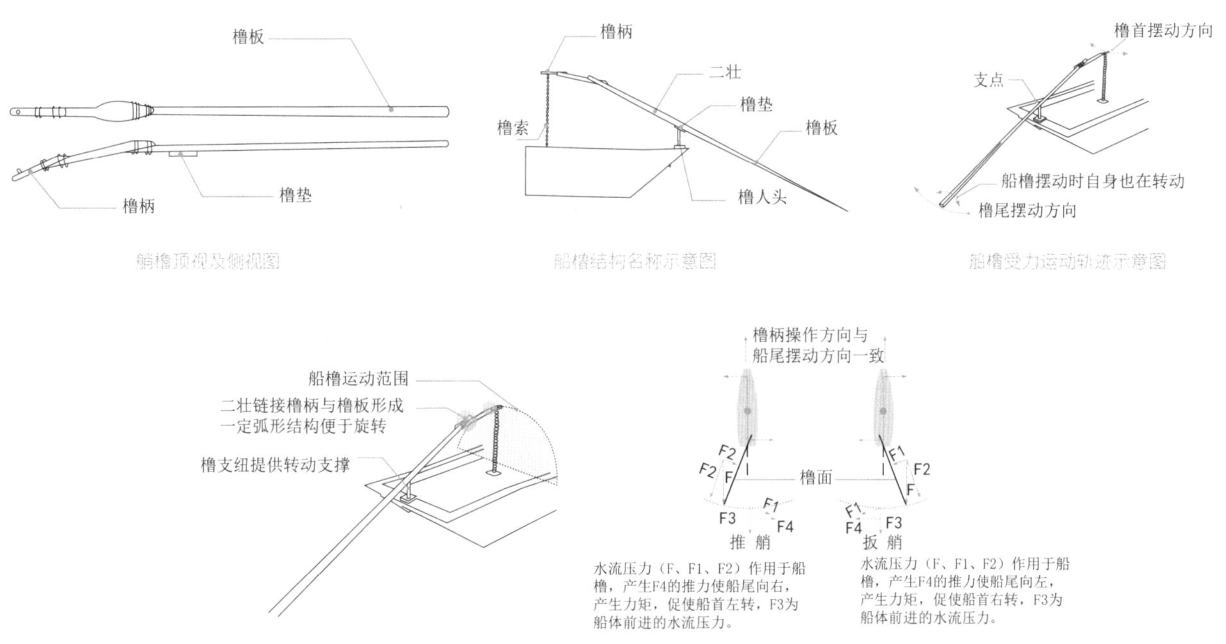

图4-4-16 船橹结构及受力运动示意图

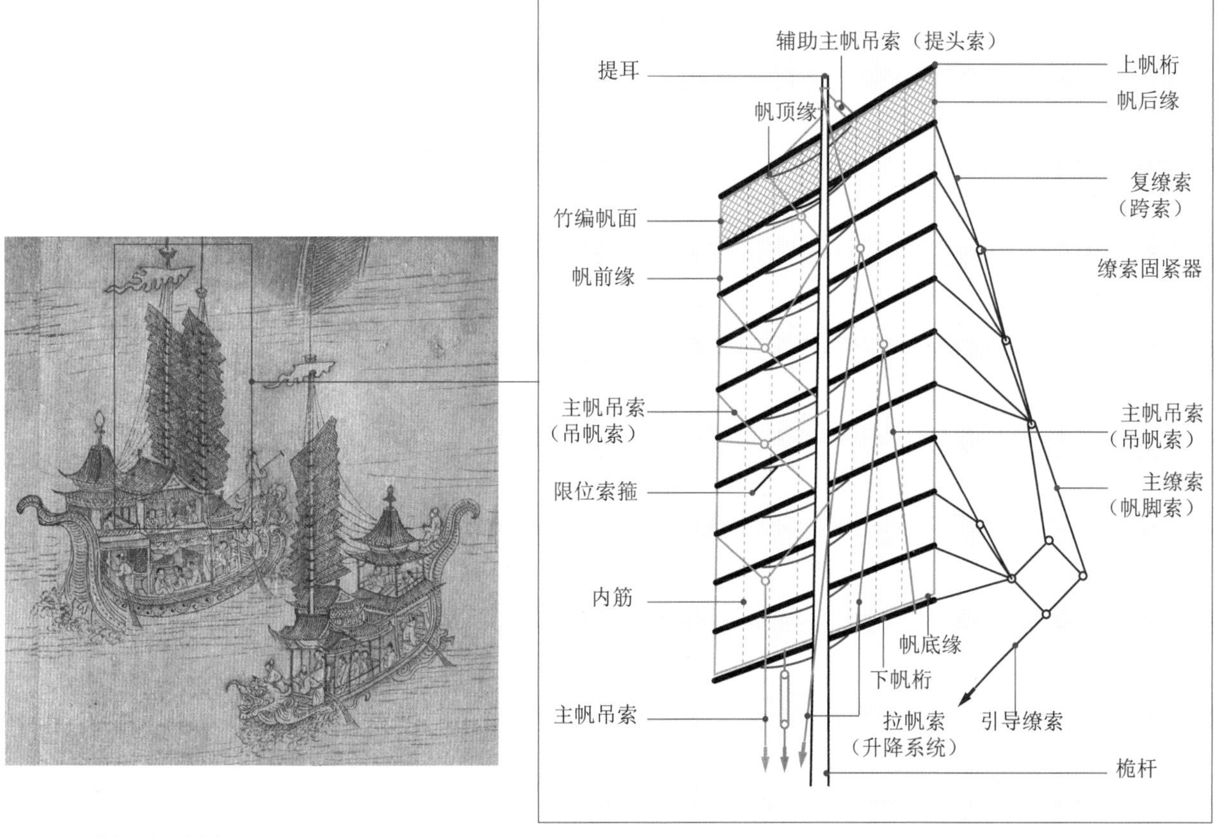

图4-4-17 《大明宫图卷》中的龙舟桅帆结构示意图[55]

[55] 中华珍宝馆，http://g2.ltfc.net/view/SUHA/62f60aa4d94f5e4e578d7762，访问日期：2022年10月18日。

《江帆山市图》（局部）

《柳阁风帆图》（局部）

图4-4-18 《江帆山市图》和《柳阁风帆图》中的船帆[56]

的矩形帆，高悬于桅杆上部或顶部。帆与桅杆的连接以及帆的升降均由各式绳索控制，帆面纵向裹缝多道帆内筋，限位索箍系于帆桁背面，桅杆套于两者之间。上帆桁通过吊索悬挂于桅杆顶部，其背面有一组主帆吊索和一组拉帆索，后者用于控制帆的升降。帆的正面还有一组为缭索，用来控制帆角随风角进行调整[57]，达到驭风前行的目的。

早期内河船舶的弼正设备是以桨代舵的，如凤凰山汉墓木船尾部的长桨，其功能就是代替舵来控制船只航行的方向。舵是在桨的基础上，增大叶面演变而来的。广州东郊汉墓出土的船模尾部使用的是桨形舵（拖舵），与桨相比增大了入水面积，舵杆从船尾斜向入水，舵杆柄端以十字状结构固定于支架上，舵叶围绕船尾和支架形成的固定点做点转动，是桨向轴转舵发展的一种过渡形式。而德庆陶船的艉舵较之更加先进，其舵叶较前者增大，并利用杠杆原理令舵叶围绕舵杆做轴转动将舵面偏转，从而弼正航向，这是轴转舵演变为垂直轴转舵的过渡形态[58]，方向操纵性更强，可以驾驭体型更大的船只。最早明确的垂直轴转舵形象出自唐代郑虔的《山水图》，船尾部的垂直轴转舵为半圆形，由竖直舵杆连接，舵杆通过舵孔与舵柄连接，通过控制舵柄的转动控制舵杆，舵杆带动舵叶左右摆动，以达到控制船舶航向的目的。

随着内河船舶往大型化的方向发展，促使舵的形状和安装方式都发生改变，一方面舵叶面积向舵杆前侧扩展，产生了平衡舵；另一方面升降索和绞车与舵的结合，产生了舵的可升降功能，河道较浅时舵上提，河道较深时舵下降。北宋《清明上河图》（图4-4-19）中极为清晰地呈现出拥有悬吊式叶面的平衡舵，其平衡性体现在转动轴（舵杆）两侧舵叶的相对平衡以及船舵悬吊状态时整体的

[56]中华珍宝馆，https://g2.ltfc.net/view/SUHA/623c384676eeea69835b5db0，访问日期：2022年10月18日。

[57]郑明、胡牧、钟铠等：《中华帆——中国传统舟船帆篷及其起源、发展、特征与操驾技术、艺术内涵》，《闽商文化研究》2011年第2期。

[58]谭玉华：《广东德庆东汉墓出土陶船补说》，《中国国家博物馆馆刊》2015年第4期。

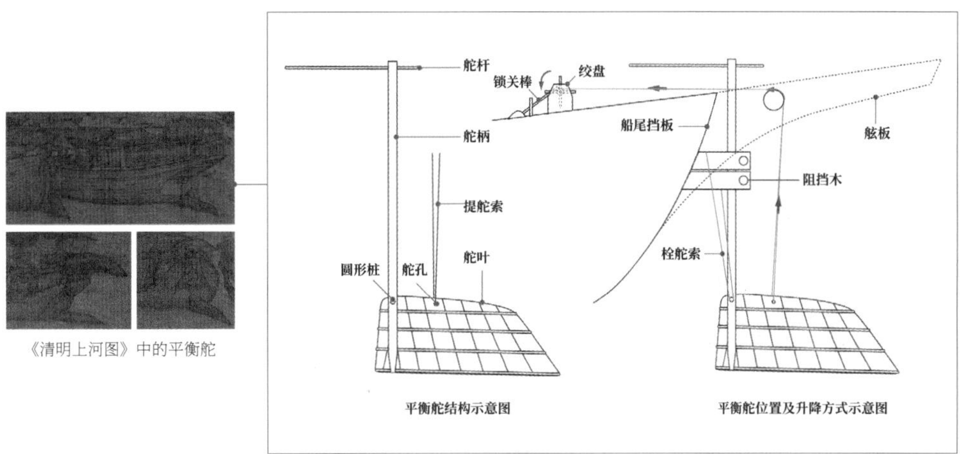

《清明上河图》中的平衡舵

图 4-4-19　北宋《清明上河图》中的平衡舵

平衡。[59] 舵后叶上缘的中后位置设置了吊舵孔位，令吊舵索拉力在垂直与转动轴方向分力的力臂显著增长，船舵达到平衡状态时绳索提供的拉力就随之减小，对舵承座孔的挤压力减小，转舵的摩擦力减小，令转舵更为轻松。明清时期，船舶舵叶上还出现“勒肚孔”装置，即通过一根称为肚勒的绳索与船的前部相连，以达到辅助牵引控制船舵的目的。

最晚至汉代，内河画舫的泊船停泊方式，已经由简单地利用绳子系在岸边的石块、树木或埋下木桩等固定物靠岸停泊，发展成“以栟闾大绁系石为碇”[60]，即利用物体的重量来限制船只的移动，以实现在航行过程中能够随时停泊的功能。广州东郊汉墓陶船模尾部的石碇[61]，正视为“Y”形，侧视为“+”形，上部已经具备锚齿的特征，是由简单石碇发展成多齿锚的过渡形态，符合木石结合碇的形态。宋代的碇石发展出“石两旁夹以二木钩”的木爪石碇（图4-4-20）[62]，即在石碇上增加木爪，以增大系船能力。泉州法石出土的宋代碇石[63]，就是该类型石碇的重要部件。明清时期铁锚普及，《天工开物》中已有《锤锚图》记载铁锚的加工过程，[64] 并且所呈现出的铁锚形制已经由木石结合碇的双爪演变为“四爪”了。洛阳运河出土的铁锚与《锤锚图》中的形制相似[65]，锚为四爪，锚柄为八棱形，柄末端较细，内外各套一较大铁环，大环连铁链，柄首端四出铁条，各自向外弯曲回勾呈锚爪，其中一爪尖固定一圆环。除此之外，画舫行驶时也常用长绳或竹缆系重物沉入水底，以此在航行或风浪中稳

[59] 王军、龚德才、戴慧：《中国古代的平衡舵与不平衡舵》，《大众考古》2018年第11期。

[60]〔宋〕司马光撰，〔元〕胡三省音注《资治通鉴》，中华书局，1956，第2078页。

[61]《中国国家博物馆馆刊》2021年第4期。

[62]〔宋〕徐兢：《宣和奉使高丽图经》，虞云国、孙旭整理，大象出版社，2019，第294页。

[63] 陈鹏、杨钦章：《泉州法石发现宋代碇石》，《考古》1984年第10期。

[64]〔明〕宋应星：《天工开物》，钟广言注释，中华书局香港分局，1988，第275页。

[65] 史家珍等：《洛阳运河一号、二号古沉船发掘简报》，《洛阳考古》2015年第3期。

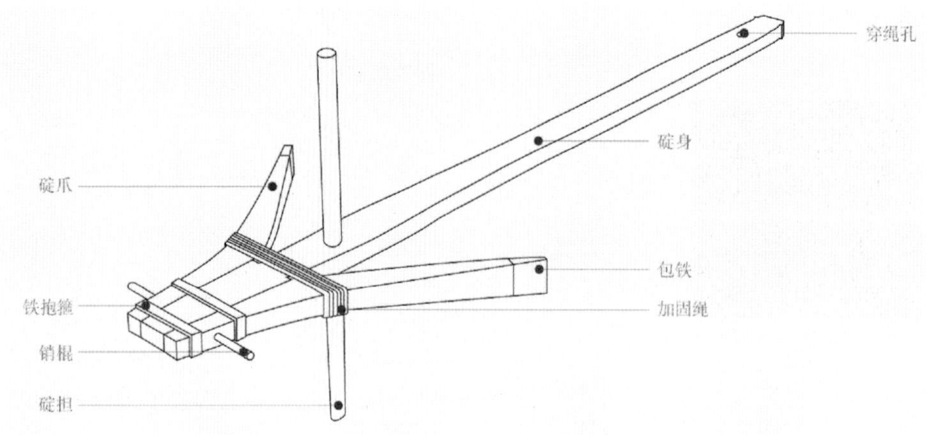

图 4-4-20 木石结合碇形制示意图

定船体，还可测定水位。

整体而言，画舫在航行的过程中，通常需要将推进设备、弼正设备和停泊设备结合使用。风帆、纤、篙和桨等推进属具主要负责产生画舫前进的动力，舵负责操控画舫前行的方向，碇、锚等停泊属具除能固定静止的画舫之外，还能在风浪较大时稳定船体。

结语

画舫作为具备多种水上出行功能的内河游船，既可翩翩以溯大江，又可停棹俯仰于烟波，以供人荡漾在碧水波涛之间的水上"游幸"为主要功能。其整体形制由最初的独木舟向木板船发生演变，并在此过程中分流成并舟式和单体式，最终在单体式画舫的基础上，衍生出千姿百态的上层建筑模块组合，以及纤、桅、帆、舵并用的推进系统。画舫的设计演变不只是技术上的进步，更是一种文化和审美的传承与创新。其核心设计思想是将陆地建筑的风格与水上船舶的功能完美融合，最终创造出既有实用性又具有审美价值的出行工具。

画舫的设计思想主要体现在船体装饰和上层建筑的造型设计上。根据画舫装饰的豪华程度和上层建筑组合模块的复杂程度可分为三种，即帝王游幸使用的装饰考究的龙舟、凤舟和大型宫殿式画舫，官绅阶层使用的陈设精美的画舫、游船，普通百姓使用的简洁雅致的板篷式画舫及由半圆篷式渔船改良成的游船。整体来说，主流画舫的船型分为两种，一种是平艏翘艉、平底的纵流型，另一种则是艏艉皆翘、平底的纵流型。画舫的纵向结构自下而上依次为龙骨、船壳列板、舷伸甲板、纵桁和甲板；横向结构以舱壁结构、舱壁与肋骨混合结构，上下对称的横梁和肋骨共同构成横向完全闭合的肋骨框架结构为主。画舫上层建筑的形式是对陆地建筑样式的移植和再创造，而陆地建筑的风格，尤其是园林建筑元素的演变进一步推动了画舫上层建筑样式的演变。画舫的甲板上层建筑在明清时期，由三岛式转变为仅有舱楼或舱楼、艉楼结合式，建筑样式在此前的板篷式、半圆篷式、住宅式、宫殿式基础上，受明清园林建筑风格影响，增加了园林式，以及亭、廊、厅的模块组合；建筑楼层以一层居多，双层多见于宫殿式，组合模块有厅、廊、厢、亭、帐、篷等多种。大型画舫的推进方式为桅纤组合，拉纤的船工行走于一侧或两侧岸边，小型画舫多以桨、橹或梢为主要推进工具，桅帆组合多用于画舫在江、湖等宽阔水面前行；弼正工具有拖舵、轴转舵和平衡舵，分别应用于不同的船体大小和不同深浅的河道。

画舫是中国古代内河水网中常见的游船，既具有游乐属性，又具有观赏游幸功能。泛舟游乐既可纾解陆地游玩的车马劳顿之苦，又可游目骋怀，体会“两岸风光看未尽，烟霞已在万山中”的惬意。随着商品经济的繁荣和社会风气的开放，画舫应运而生，并在明清时期发展至鼎盛。尤其是园林式上层建筑的出现，将亭、廊、厅等园林建筑元素应用于水上游乐活动空间中，带给游客更加惬意的游玩体验。随着画舫的普及，它也带动了与之相关的经济和文化活动的发展。例如，画舫上的歌舞、音乐和美食，都成为社会主流群体休闲娱乐的重要内容。这不仅丰富了他们的文化生活，也为古代都市带来了更多的活力和魅力。晚清思想家王韬在《淞隐漫录》中评价画舫能够“洵足结山水之胜缘，消旅居之客感”[66]，并且认为从其数量甚至可以视地方之盛衰。可以说，画舫作为与水密切相关的市井风物载体，构成了江河流域社会主流群体独特的生活百态，集成了中国古代社会的整体观照。

[66] 王韬：《淞隐漫录》，人民文学出版社，1999，第589页。

第五节　“赍赐航海”背景下的郑和宝船

郑和宝船是明初郑和下西洋船队中构成中军帐和中军营的重要船只，其形制艏艉高翘，艏尖而艉阔，船舷如垣，与泉州出土的宋代海舶一脉相承，是典型的木帆船结构的巨型福船。《瀛涯胜览》中记载，宝船长四十四丈，宽十八丈[1]，是中国古代史上记载最大的远洋船舶。宝船凝聚了最先进的中国式木帆船建造技术，向世界展示了中国独有的巨型船舶船体搭接技术和水密隔舱技术，以及福船型木帆船优秀的远洋航海能力。中国古代海上交通依赖造船技术、风帆驱动、航向辨别、季风洋流等诸多内外因素。对海上方位辨别和季节性洋流变化的掌握程度，是影响中国古代航海活动范围的重要外部条件，历代航海活动范围的拓展推动了海上丝绸之路的诞生与发展，沟通了中国与亚洲、非洲、欧洲之间的外交和贸易交流。

先秦时期，统治阶层就开始利用船舶进行职贡的海上运输、海上渔猎和游幸活动；至春秋时期，齐国船舶已经能够在海上进行长达数月的远距离长时间行驶，越国战船已经可以沿海航行，航海船队的规模已经达到三百艘；战国时期，船舶已经具备桅帆结构，掌握了驭风技术，并能够远离海岸线，深入海中探索岛屿。汉代的航海天文和地文科技突飞猛进，风帆结构的应用进一步拓宽了船舶在海洋环境中的行驶范围，共同推动了近、远海航行活动范围的拓展。

两宋时期，先进的造船工艺可以采用船舶比例模数制的方法十倍放样建造大型船舶[2]；手工业和工商业的进步，南宋国境线的南移，泉州港成为海外贸易的重要港埠，形成了发达的造船业，并诞生了船底横剖线呈“V”形、鱼鳞搭接式船壳板、装有减摇龙骨，适合乘风破浪的福船，且“每岁造舟通异域”[3]；指南针的应用，进一步促进了导航技术的提高。元代泉州造船技术在此基础上进一步提高，出现了中垂状态时强度更好的曲线型龙骨，采用钩子同口衔接多端龙骨木材，以及便于储存淡水的液舱柜设计，为福船更远距离的航行奠定了

[1]〔明〕马欢原著，万明校注《明钞本〈瀛涯胜览〉校注》，海洋出版社，2005，第5页。

[2]〔元〕脱脱等：《宋史》，中华书局，1985，第11696页。

[3]〔宋〕祝穆撰，〔宋〕祝洙增订《方舆胜览》，施和金点校，中华书局，2003，第214页。

基础；同时，转向针位定点技术的应用，推动民间航海活动开始兴盛。

明代巨型福船制造技术突飞猛进，官方可以批量化、规范化地进行船舶建造，并设置了拥有500米×80米的超大作塘的龙江船厂专门建造宝船；同时航海技术发展至顶峰，人们充分掌握了季风和洋流的规律，并能够在远航中灵活运用多种针路和“牵星过洋”天文定位技术，并绘制出世界上最早最详尽的航海图集《郑和航海图》。明永乐至宣德年间，郑和船队经历了七次大规模的世界性远洋活动，将中国的外交活动从此前已有的东南亚、南亚沿海国家，拓展至西亚、非洲北部和东部国家，并在船队往来最为频繁以及停留时间较长的途中港口设立官厂，发展出相对稳定的以“互市”和“朝贡”双重关系为基础的海上贸易网络。

一、海上丝绸之路发展背景下的郑和船队航海活动

自夏朝起，统治阶层便使用船舶进行海上职贡运输、渔猎和游幸。随着对季风、洋流的驾驭和对导航技术的掌握，远洋航行技术取得重大进步。明代以前，航海活动已经经历了四次大规模的范围拓展。

前两次航海范围的拓展从春秋之前延续到秦代。春秋之前，水文和气象知识开始应用于航海，人们对洋流、潮汐及季风有了初步的理解。例如，《管子》中记载的洋流对船舶的影响[4]和《周礼·春官》中记载的十二时辰风位[5]（图4-5-1）。这个时期的航线涵盖了齐国、越国、吴国三国沿海，分别为从南方海岛至山东的夏朝职贡航线[6]，从烟台至青岛的齐景公游幸航线[7]，从会稽至吴江的越王伐吴航线[8]，从会稽至琅琊的越国迁都航线[9][10]。战国和秦代时期，星象观测和方向辨别技术得到提升，推动了航路从近岸拓展至跨海。例如，《周髀算经》中记载的夜晚通过观测北极星来确定方向[11]，白昼利用太阳的位置来标定东南西北[12]（图4-5-2）。这一时期还开辟了北方海上丝绸之路登州道和东方海上丝绸之路明州道[13][14]，最远可抵达朝鲜和日本。

---

[4]〔明〕刘绩补注《管子补注》，姜涛点校，凤凰出版社，2016，第360页。

[5]〔清〕孙诒让：《周礼正义》，汪少华整理，中华书局，2015，第2557页。

[6]〔汉〕司马迁：《史记》，〔宋〕裴骃集解，〔唐〕司马贞索隐，〔唐〕张守节正义，中华书局，1982，第58页。

[7]〔宋〕胡安国：《春秋传》卷二，王丽梅点校，岳麓书社，2011，第26页。

[8]〔春秋〕左丘明：《国语集解》，徐元诰集解，王树民、沈长云点校，中华书局，2002，第545、546页。

[9]〔汉〕司马迁：《史记》，〔宋〕裴骃集解，〔唐〕司马贞索隐，〔唐〕张守节正义，中华书局，1982，第1752页。

[10]李步嘉校释《越绝书校释》，中华书局，2013，第226、227页。

[11]程贞一、闻人军译注《周髀算经译注》，上海古籍出版社，2012，第104—109页。

[12]同上。

[13]李来玉：《新安沉船与海上丝绸之路》，《中国文物报》2017年6月30日第4版。

[14]何国卫、杨雪峰：《就秦代航海造船技术析徐福东渡之举》，《海交史研究》2018年第2期。

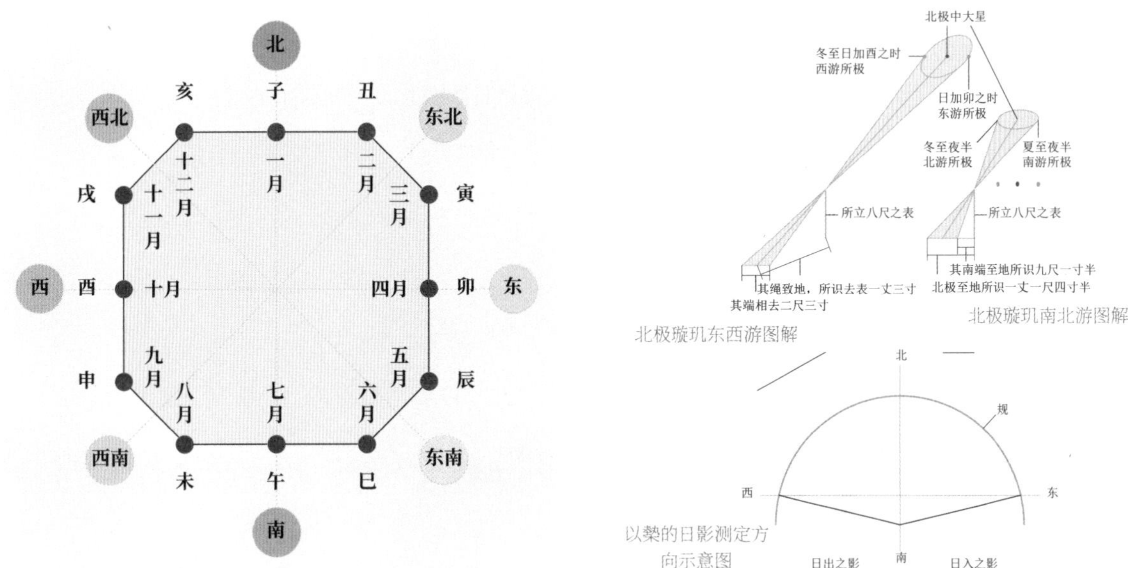

图 4-5-1（左）　十二时辰风位示意图

图 4-5-2（右）《周髀算经》中的两种方位辨认法

汉代出现第三次航海活动范围拓展。季风航海术、风帆动力和地文航海术进一步应用于远航活动中，如东汉学者应劭提出的"五月有落梅风（东南向季风）"[15] 和《异物志》中记载的根据海上和陆地上的物标来定船位、引航路。[16] 同时，航期估算开始以"月"和"日"为单位，并借助占星导航术[17] 和对星宿的认知[18] 等航海天文科技，以及掌握的张帆驭风技术，成功开辟了从两广至印度洋的南方海上丝绸之路。

宋元时期见证了第四次航海活动范围的拓展。帆船动力的进步和导航技术的变革，使得远航航期达到60日。这包括熟练利用洋流及季风风向产生的"便风"[19] 和"顺风"[20]，指南针从指南鱼[21] 向水罗盘[22] 的进化，以及使用"丁未针"进行转向针位定点[23]（图 4-5-3）。航海活动范围进一步扩大至地中海的土耳其、非洲的埃及、摩洛哥至索马里，以及南欧的意大利一带。宋代形成了 8 条航线，涵盖三佛齐[24]、注辇国（印度）、阇婆国（爪哇）、层檀国（也门）和南毗国（科泽科德）[25]、真腊（柬埔寨）、故临国（印度）、大食（阿拉伯）和昆仑层期国（马

[15]〔宋〕陈元靓：《岁时广记》，许逸民点校，中华书局，2020，第63页。

[16]〔清〕林传甲：《林传甲日记》，况正兵、解旬灵整理，中华书局，2014，第85页。

[17]〔汉〕班固：《汉书》，〔唐〕颜师古注，中华书局编辑部点校，中华书局，1962，第1764页。

[18]〔汉〕刘安编，何宁撰《淮南子集释》卷十一，中华书局，1998，第776页。

[19]〔宋〕赵汝适：《诸蕃志》，钟翀整理，大象出版社，2019，第66页。

[20]同上书，第89页。

[21]〔元〕汪大渊原著，苏继庼校释《岛夷志略校释》，中华书局，1981，第222页。

[22]〔明〕巩珍：《西洋番国志》，向达校注，中华书局，1961，第5页。

[23]〔元〕周达观/〔元〕耶律楚材/〔元〕周致中原著，夏鼐/向达/陆峻岭校注《真腊风土记校注·西游录·异域志》，中华书局，2000，第15页。

[24]〔宋〕周去非著，杨武泉校注《岭外代答校注》，中华书局，1999，第86页。

[25]〔元〕脱脱等：《宋史》，中华书局，1985，第14088—14122页。

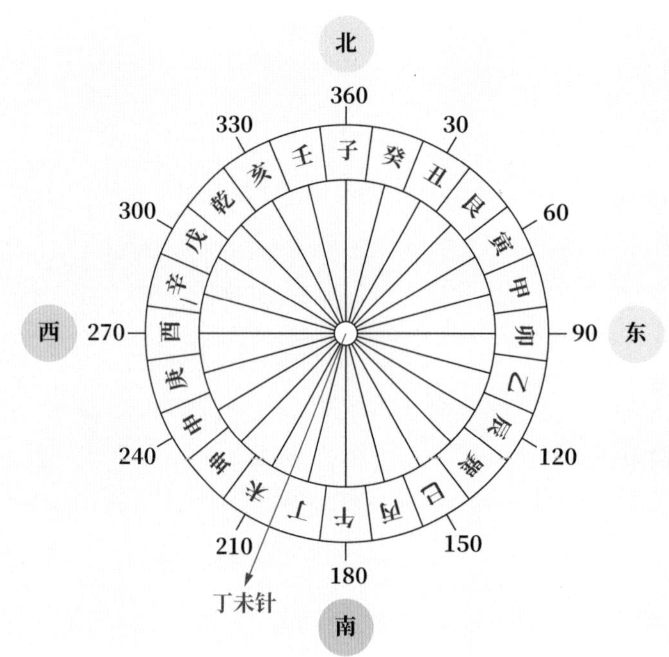

图4-5-3 罗盘方位对照示意图（丁未针）

达加斯加）等国家和地区[26]。

明代是中国航海活动发展的顶峰，明初郑和下西洋的船队，是同时期规模最大的远洋船队。《明史》记载，郑和于1405至1433年7次奉使[27]西洋，途径56国。在航海过程中充分利用了季风洋流，冬季出航，秋季返程，与古代对季风规律的认知相符[28][29]。从《前闻纪》中记载的郑和船队第七次航行的大䑸航海路线来看，郑和船队在航行过程中需要等候季风转向，顺风而行。

整体而言，“赍赐航海”是郑和船队七下西洋的时代动因，航海交流的对象跨越东南亚、南亚、西亚和北非沿海地区的不同民族。伴随着大型海洋船舶制造技术和航海技术的进步，将中国古代人文传统从陆地延伸至海洋，并从中国东南沿海和近海延伸至印度洋，开通了从中国联系亚非大陆的航海通道——海上丝绸之路，发展出中国与印度洋世界古国之间双轨并行的朝贡与贸易关系，建立了开放性的航海科学知识体系[30]。然而，由于明代后期的海禁政策中禁止建造“双桅”以上的大型海船[31]，制约了远洋木帆船的发展，且郑和下西洋的档案资料的销毁，致使郑和时期的造船技术随着宝船建造工匠的技术断承而逐渐失传，中国古代造船技术逐渐转向衰落。

[26]〔宋〕周去非著，杨武泉校注《岭外代答校注》，中华书局，1999，第81、90、99、113页。第166—179页。

[27]〔清〕张廷玉等：《明史》，中华书局，1974，第7768页。

[28]〔唐〕义净：《南海寄归内法传校注》，王邦维校注，中华书局，1995，第18页。

[29]〔宋〕朱彧：《萍洲可谈》，李伟国点校，中华书局，2007，第133页。

[30]〔加〕陈忠平：《走向多元文化的全球史：郑和下西洋（1405—1433）及中国与印度洋世界的关系》，生活·读书·新知三联书店，2017，第11页。

[31]〔清〕张廷玉等：《明史》，中华书局，1974，第7768页。

二、阵容完备且适航远洋的郑和船队

明代沿海地区造船业空前发达，造船工业分布的范围很广，凡在海上交通口岸，或是对外贸易基地，或是海防驻军卫所，都有官府经办的船厂。其中宝船厂建造于永乐三年（1405）[32]，位于“南京城西北之新河（江东门外）”[33]，隶属于南京兵部船政分司（车架清吏司）[34]，专门用于生产“备使西洋诸国”[35]的郑和船队宝船。

郑和船队属于多种类型的大小海船混编的特大型船队。永乐三年郑和船队有宝船63艘[36]，海船280艘[37]；永乐七年有宝船48艘[38]；宣德五年有大小舡61支[39]。具体的航行编队，以明代演义《三保太监西洋记》中记载的队列形状（图4-5-4）来看，船队船只共分为宝船、补给船和护卫船三种类型，其中补给船包含马船、粮船，护卫船包含战船、坐船。中军帐为大型宝船组成的船队核心，位列队形中央，周围环绕宝船若干，组成中军营。坐船分为前后左右四营环绕中军营，前后左右再环绕马船队列。最外围是前后左右哨和左右翼，哨船队列由战船组成，前哨队列呈“︿”形，后哨分为两列，呈“/\”形，左右哨如鸟翼向两侧展开。左右翼各为两列粮船，分别从前哨末排列到左右哨前方，再从左右哨后方排列到后哨前端。前后哨队列形成雁首和雁尾，如遇到后侧敌袭时，可以按指令前后队形互换，使整编船队调转180°。

《国榷》《瀛涯胜览》《三宝太监西洋记》等明代著作中共记录了5种船只尺寸[40]，根据明代宝船长度，统计出的营造尺的尺度为“1尺=32厘米”[41]，古代一丈等于10尺，因此船舶长宽尺度换算成公制如表4-5-1所示。明代海船的长度和宽度通常成正比，同时这与桅杆数量密切相关。越巨大的船型，其桅杆的数量越多。除此之外，还有小型辅助船，《前闻纪》中记载船名为“大八橹、二八橹之类”[42]，统称为八橹船。此类船只较为灵活轻便，用于船只间的交通联络或人员的往来接送，顺风时扬帆前行，无风或逆风时摇橹推进。

---

[32] 范金民：《明代南京宝船厂遗址考》，《江苏社会科学》2018年第1期。
[33] 向达整理《郑和航海图》，中华书局，2000，第43页。
[34] 刘义杰：《明代南京造船厂探微》，《海交史研究》2010年第1期。
[35]〔明〕李昭祥：《龙江船厂志》，王亮功校点，江苏古籍出版社，1999，第1页。
[36]〔明〕谈迁：《国榷》卷十三，张宗祥校点，中华书局，1958，第953页。
[37]〔明〕郑若曾：《筹海图编》，李致忠点校，中华书局，2007，第401页。
[38]〔明〕费信：《星槎胜览校注》，冯承钧校注，中华书局，1954，第1页。
[39]〔明〕巩珍：《西洋番国志》，向达校注，中华书局，1961，第10页。
[40] 席龙飞：《中国造船史》，湖北教育出版社，1999，第260、261页。
[41] 邱光明编著《中国历代度量衡考》，科学出版社，1992，第104页。
[42]〔明〕巩珍：《西洋番国志》，向达校注，中华书局，1961，第57页。

表 4-5-1 明代文献中记载的船只尺度[43]

船型	桅数	长	宽	公制（米）
宝船	9	四十四丈四尺	一十八丈	142.08×57.6
马船	8	三十丈	一十五丈	96×48
粮船	7	二十八丈	一十二丈	89.6×38.4
坐船	6	二十四丈	九丈四尺	76.8×30.08
战船	5	一十八丈	六丈八尺	57.6×21.76

宝船船队合为"巨䑸"[44]，航行途中经过分䑸点时，由个位数的宝船领船队分道行驶[45]。分䑸船队队形简略，参考戚继光所书"安摆船式"（图 4-5-5），整体以坐船围绕宝船为中军，马船、粮船和战船组成前、后、左、右四军围护中军。根据《瀛涯胜览》《星槎胜览》等文献记载，郑和船队在下南洋的过程中经历多次分䑸[46]。第七次下南洋大小䑸船队的分䑸点约有5处[47]，分别为占城、苏门答腊、锡兰山、忽鲁谟斯和阿丹，大小䑸船队的合䑸处约有3处，分别为木骨都束、锡兰山和满剌加。

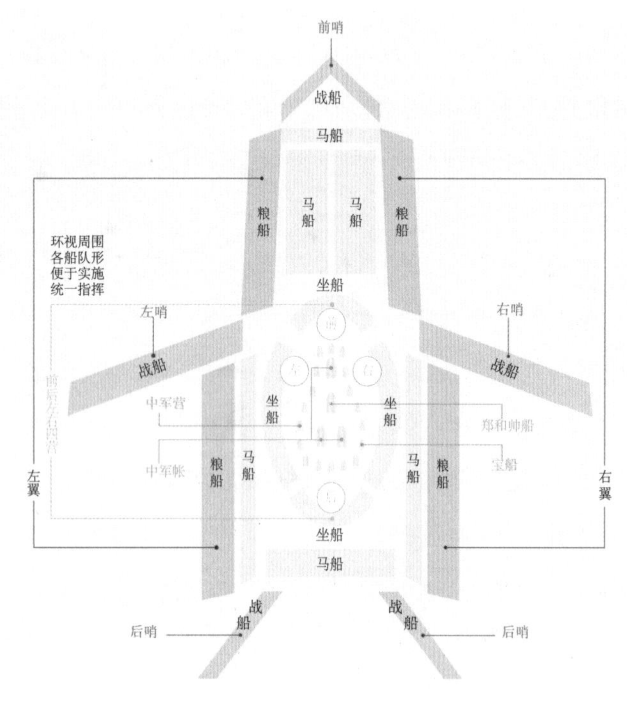

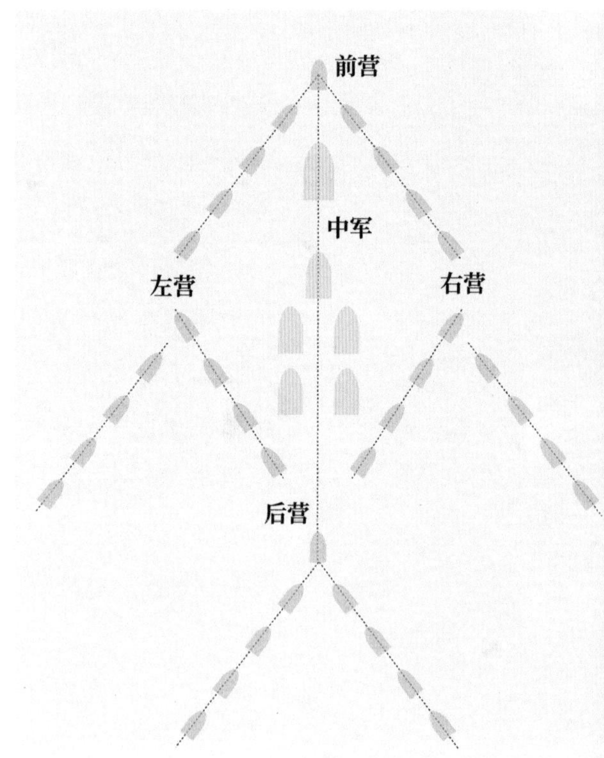

图 4-5-4（左）《三宝太监西洋记》中的郑和船队编队示意图

图 4-5-5（右） 郑和船队分䑸编队示意图[48]

[43]〔明〕罗懋登：《三宝太监西洋记》，华夏出版社，2013，第126页。

[44]〔明〕黄省曾著，谢方校注《西洋朝贡典录校注·东西洋考》，中华书局，2000，第7页。

[45]胡丹辑考《明代宦官史料长编》中册，凤凰出版社，2014，第125页。

[46]冯承钧校注《瀛涯胜览校注》，中华书局，1955，第1页。

[47]同上书，第14页。

[48]〔明〕戚继光：《纪效新书》卷18，曹文明、吕颖慧校释，中华书局，2001，第332页。

三、底尖上阔、艏艉高耸的宝船结构设计

文献记载的宝船有大小之分，较大的宝船尺度有二，一是长四十四丈，宽十八丈，二是长四十四丈四尺，宽十八丈，差别主要在长度。较小的宝船尺度较为统一，长三十七丈，宽十五丈。按照公制换算，大宝船的长度为140.8至142.08米，宽度为57.6米；小宝船的长度为118.4米，宽度为48米。由于郑和宝船的形制和尺度在文献中仅记载有长和宽，因此自20世纪80年代以来，该领域研究学者众说纷纭。整体而言，该领域普遍认同的观点有如下三点：第一是宝船的船型，众多学者均承认宝船属于木帆船结构的巨型海舶，同时以庄为玑和席龙飞为代表的学者认为，宝船属于福船，与泉州出土的宋代海舶一脉相承；第二是长四十四丈、宽十八丈的巨型船舶是否存在，众多学者认为明代官方文献中对宝船的记载应是真实的尺度，足以证明当时确有如此巨舶；第三是将宝船的长宽从丈尺换算成公制的比例尺度，多数学者以明代尺度为换算比例，席龙飞则以《中国历代尺度考》中的明尺尺寸（1尺=31.7厘米）[49]为标准，参考宋代泉州古船，运用弯曲力矩公式，计算宝船长为140.74米，宽为57米，是中国古代史上可考证的最大的远洋船舶。

（一）宝船是长宽比较小的大型福船

明代海船按用途可分为使船、战船、渔船和商船[50]，按形制可分为广船、福船、浙船和沙船。根据现存明代相关图像来看宝船的形制（图4-5-6），艏艉高翘，艏尖而艉阔，船舷如垣，吃水深，符合福船的特征。根据桅杆数量，宝船可分为两类，一类有6根桅杆，结合南京静海寺残碑记载“永乐三年，将领官军乘驾二千料海船并八橹船”[51]推断，将领官军乘驭的隶属于中军营的2000料小号宝船，如《太上说天妃救苦灵应经》卷首版画中描绘的郑和下西洋船队，按该卷刊刻年代来看，明永乐十八年正值郑和第四次下西洋结束后的休整阶段。郑和船队在版画的中后部，共绘出5艘船，每艘船上有桅杆6根，其中靠近船首的3根张帆应是主桅，靠近船尾的3根收帆应是尾桅。另一类自艏至艉只有3根张帆桅杆，更接近大福船式，如《武备志》卷末的4幅郑和下西洋牵星图中的船只。郑和宝船应属于较大体型的福船。

福船即福建船，又称为白艚，出现于宋元时期。福船主要建造和航行于浙江、福建沿海，也向远洋航行，船体特征为船身高大、尖底、小方头、宽艉、多水

[49] 杨宽：《中国历代尺度考》，商务印书馆，1955，第88、105页。

[50] 范中义、顿贺：《明代海船图说》，山东科学技术出版社，2020，第4页。

[51] 席龙飞：《南京静海寺残碑与郑和宝船》，《国家航海》2013年第2期。

《太上说天妃救苦灵应经》卷首版画

《武备志·卷二百四》中4幅牵星图中的宝船

图4-5-6 现存明代古籍插图中的宝船图像[52]

密隔舱、艏艉起翘，拥有纵向通体的底龙骨和多层板船体，船体主要材质为松杉木。横剖面的“V”形设计能够令船体吃水加深，一方面增强船舶的适航性，另一方面使得船侧舭部曲度更加平缓。同时，舭龙骨的安装能够帮助船舶抵抗风浪，改善船舶的耐波性，令船舶更适合远洋航行。至明代，福船成为官方御用船只，船底形制延续宋代的“V”形横剖面，在保持平衡性的基础上，能够增加载货量。同时，福船完全依靠风帆动力系统，更适合于利用洋流进行远洋。

船舶长宽尺度比是影响船舶航海性能和船体强度的重要参数，郑和宝船的尺度是中国古代船舶史上可考证的最大的远洋船舶，符合中国古代船舶逐渐向大型化发展的趋势。文献记载宝船为大小两个船型，长度均超过了100米，长宽比值为2.466，与泉州宋船2.52的长宽比、宁波宋船2.71的长宽比、新安元船2.8的长宽比相近[53]。由此可见，大型的木船因为材料和功能的特殊性，采用较小的长宽比是合理的。

[52] 王伯敏主编《中国美术全集·绘画编·版画》，上海人民美术出版社，1988，第32—33页；〔明〕茅元仪辑《武备志》卷二百四，明天启元年刊本。

[53] 席龙飞：《中国造船史》，湖北教育出版社，1999，第263页。

（二）巍峨的上层建筑与复杂的船体结构

拥有复杂船体结构和上层建筑的大型海船，可以说是漂泊于海上的移动建筑物。北宋《宣和奉使高丽图经》中记载的大型海舶"以全木巨枋搀叠而成，上平如衡，下侧如刃"[54]，其中，体积最大的神舟，是客舟的三倍，相当于《梦粱录》中记载的可以承载五六百人的五千料海船；而体积次之的客舟相当于可载两三百人的一两千料海船[55]。据《大明都知监太监洪公（保）寿藏铭》中记载，宝船中体积最大的"大福"等号，均为与神舟相同的五千料巨舶。

长期以来，多位学者和研究机构曾根据相关历史文献和图像资料，针对宝船展开了船模复原和实体宝船复建工作。整体来说，复原船模和实体宝船均为福船型，尖底，狭平艏，宽平艉，两头翘，置9桅12帆，主甲板下有4层，甲板有上层建筑，艉楼设4层，艏楼设2层，船艏两侧舷有巨型龙目，艏部设双铁锚，艉部下伸巨型单舵，甲板中部安置小型交通船。

结合现今出土的泉州宋代海船推测，宝船的船体结构以宽而平的主甲板为界，分为上下两部分（图4-5-7）。甲板以上为上层建筑，包含艏楼/舯楼和艉楼；甲板以下为船壳包裹的水密隔舱。通常来说，宝船的上层建筑的功能分区相当完备，其中艉楼有三层，甲板上一层主要为针房和舵工操作间，二层为官厅，三层为神堂，供奉妈祖神像。作为帅船的宝船还在第三层甲板之上设露台，正中增加指挥楼，如《筹海图编》中所述的"三重楼"[56]。舯楼通常只有一层，用来停放小型接驳船和武器、绞盘等桅帆起降设备；艏楼为升高二层甲板，内部可分隔数层，主要为住舱和生活舱。宝船的建筑装饰十分精美讲究，如《三宝太监西洋记》中记载的四艘位于中军帐的宝船都是雕梁画栋，象鼻挑檐，挑檐上都安了铜丝罗网，不许禽鸟秽污[57]。甲板上层建筑分隔出的房舱和客厅，能够为乘者提供优越的长期海上生活条件。

由于宝船属于大型海船，因此船体纵向结构需要进行加强设计。从公制为138米的船体长度和相同形制福船首尾出梢36%船长的一般规律[58]来看，龙骨剖面尺寸为1.0米×0.7米，长度为78.72米至88.32米，属于超长龙骨，无法由独木制成，因此需要多段木材进行搭接。福船龙骨通常为三段式，搭接方式按福船的制造工艺，应为钩子同口榫卯方式。但从华光礁一号宋代海船的龙骨结

[54]〔宋〕徐兢：《宣和奉使高丽图经》，虞云国、孙旭整理，大象出版社，2019，第293页。

[55]〔宋〕吴自牧：《梦粱录》，符均、张社国校注，三秦出版社，2004，第184页。

[56]〔明〕郑若曾：《筹海图编》，李致忠点校，中华书局，2007，第862页。

[57]〔明〕罗懋登：《三宝太监西洋记》，华夏出版社，2013，第142页；董元胜、龚昌奇：《大型郑和宝船复原研究》，《船海工程》2005年第3期。

[58]董元胜、龚昌奇：《大型郑和宝船复原研究》，《船海工程》2005年第3期。

构来看[59]，总长度为25.22米的船体龙骨为5段式结构，除艏艉龙骨之外，主龙骨由3段构成，因此推测宝船的超长龙骨在5段以上（图4-5-8），且艏艉可能使用直角同口榫卯方式。除此之外，船壳板的两侧各设有一道舭龙骨（减摇龙骨）和多道大擸（舷侧纵桁），用来增强船体的纵向强度。舭龙骨和大擸均纵达艏艉，由数段木条搭接而成。用于搭接的榫卯结构有两种，分别是钩子同口和直

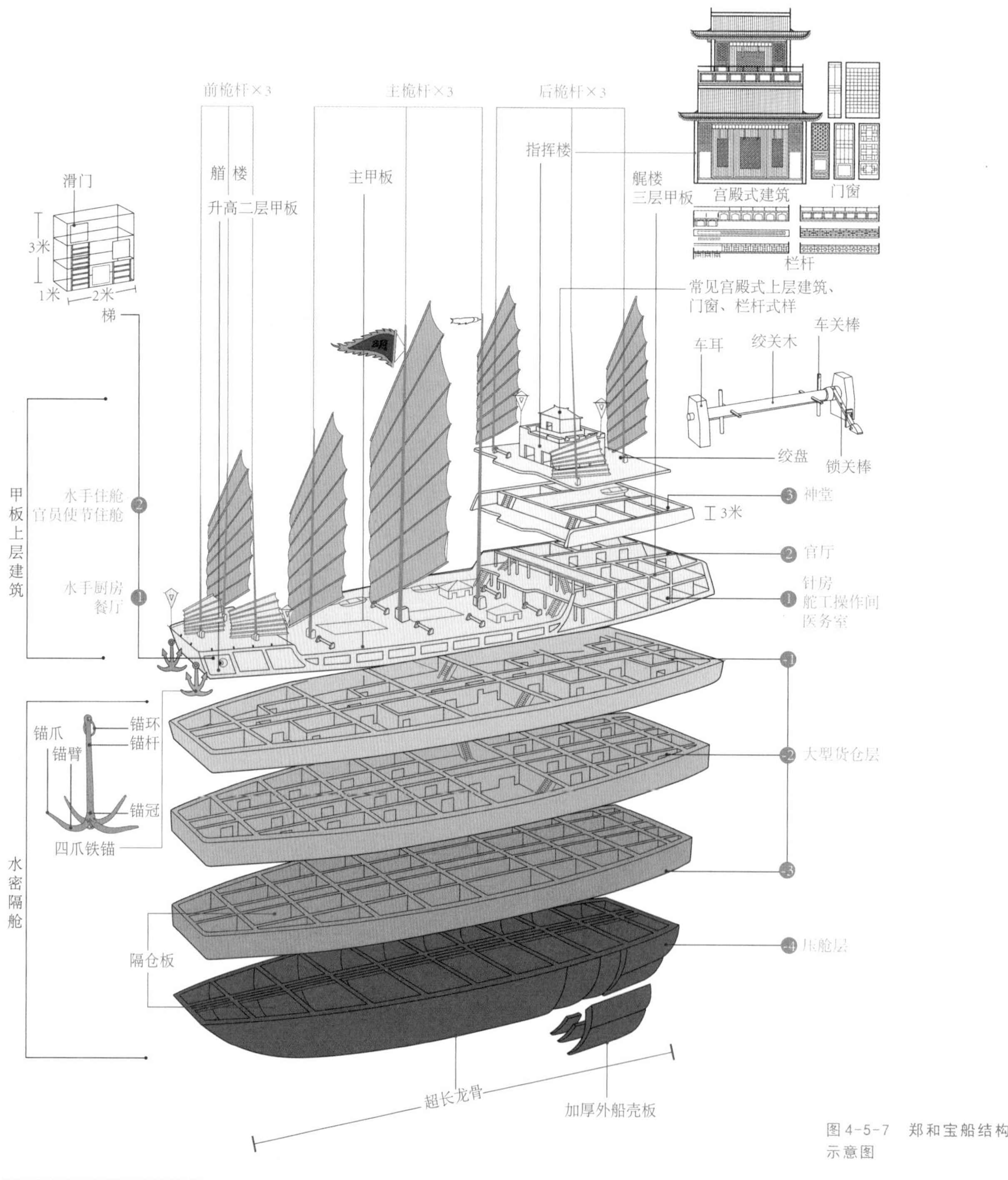

图4-5-7 郑和宝船结构示意图

[59] 龚昌奇、张治国：《华光礁一号宋代古船技术复原初探》，《国家航海》2018年第1期。

角同口，并用铁钉与艏封板相连，如西安市汉长安城北渭桥遗址出土的古船船舷[60]。不同之处在于，舭龙骨位于宝船的舭部，即船舷下方向船底的弯曲部分，与船壳板之间垫有腹板，通常不会露出水面，是一种本土创造的依靠船舶横摇时的流体动力作用产生稳定力矩的被动式减摇装置[61]；而大擸位于船舷处，直接安装于船壳板外侧，上方安装超出主甲板平面的舷侧板，并通过舷墙肘板与主甲板固定，主要起到肋骨的加强作用。

船壳板的结构和固连设计也是增强纵向强度的重要因素，宝船采用多重船板结构结合搭接、平接两种方式进行接长，板间间隙通过线材填充（图4-5-9），如"华光礁一号"宋代海船船体5层板、舷侧外板在靠近大擸的部位6层板的船壳板结构[62]。船壳板分为舷侧外板和船底板两部分，前者主要固定于舱壁肋骨，后者主要固定于龙骨两侧与肋骨下部，且第三层板整体构成宝船的型线。从宋

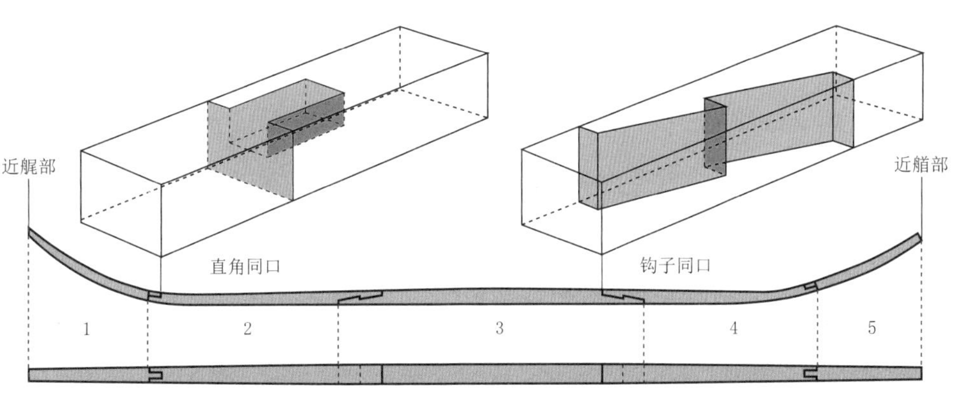

图4-5-8 龙骨榫卯方式示意图

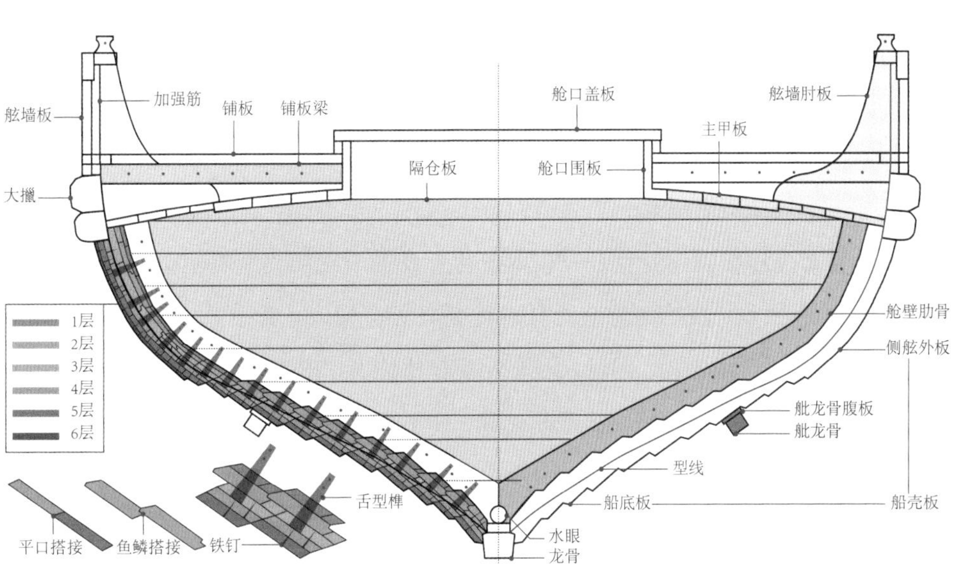

图4-5-9 宝船中部舱位横截面示意图

[60] 刘瑞等：《西安市汉长安城北渭桥遗址出土的古船》，《考古》2015年第9期。

[61] 何国卫：《木帆船舭龙骨是中国首创》，《中国船检》2019年第1期。

[62] 龚昌奇、张治国：《华光礁一号宋代古船技术复原初探》，《国家航海》2018年第1期。

代海船船壳板采用的搭接方式来看，多为平口搭接和鱼鳞搭接[63]两种，其中，鱼鳞搭接的两列板衔接处较厚，如同增加了纵向筋材，能够提高船壳板架结构强度。船壳板与舱壁肋骨之间的主要固定构件为舌型长榫，且仅穿透内侧的3至4层板，舌型长榫外侧覆盖两层板，板与板之间的主要固定构件为铁钉，起到防止渗水的作用。多重船板结构能够有效地提升船体的纵向强度，满足船舶大型化对船壳厚度增加的需求。在船体结构中，船壳板通常是内层最厚，外层逐渐变薄，这种设计使得最外层的薄板可以更容易地进行弯曲。同时，在船板拼接的缝隙处加入桐油艌料，可以有效地防止船外水渗透并保护船壳。

由于纵向强度不足，因此还需在横向结构上进一步加强。宝船的横向结构是基于舱壁结构的水密隔舱。此设计最早出现于汉代，如广东化州石宁村出土的2号独木舟舟体内的8对活动舱隔槽。它形成于晋代，如《宋书·武帝纪》中记载卢循创造的“八槽舰”[64]。这种设计在唐代得到了进一步发展，如江苏如皋和扬州施桥的唐代内河船的水密隔舱[65]。水密隔舱的发明源于竹子横隔膜构造的原理，其功能除了区隔货物和生活空间，主要是为了增加船体的抗沉性，即降低因船身局部破裂导致沉船的可能性，如马可·波罗在其游记中描述的水密隔舱：“其用在防海险，如船身触礁或触饿鲸而海水透入之事，其事常见，盖夜行破浪之时，附近之鲸，见水起白沫，以为有食可取，奋起触船，常将船身某处破裂也。至是水由破处浸入，流入船舱，水手发现船身破处，立将浸水舱中之货物徙于邻舱，盖诸舱之壁嵌隔甚坚，水不能透，然后修理破处，复将徙出货物运回舱中。”[66]

水密隔舱主要是通过艌缝材料使舱壁嵌隔坚固，并阻挡海水渗入。其出现需要满足两个前提条件。

一是初始横向结构横梁的出现。水密隔舱由起横向支撑作用的横梁向龙骨方向延展而成，较横梁更能起到加强横向结构强度的作用。舱壁通常由多道隔舱板组成，舱壁和船壳连接处的龙骨上方多附加肋骨以进一步加强横向结构。从泉州湾出土的宋代海船来看，福船的舱壁肋骨靠近龙骨处会留有水眼[67]，这一设计可以令压舱水在舱底部自由流动。同时，由于宝船舱体较大，每个隔船舱可使用多块纵隔板切分出若干互不干扰的蜂窝式隔舱结构，便于合理规划宝船船舱的使用空间。

---

[63] 何国卫：《泉州南宋海船船壳的多重板鱼鳞式搭接技术》，《海交史研究》2016年第1期。

[64] 龚昌奇、席龙飞、吴琼：《晋代“八槽舰”复原研究》，《武汉理工大学学报》（交通科学与工程版）2003年第5期。

[65] 南京博物院：《如皋发现的唐代木船》，《文物》1974年第5期；江苏省文物工作队：《扬州施桥发现了古代木船》，《文物》1961年第6期。

[66] ［意］马可·波罗：《马可·波罗行纪》，［法］沙海昂注，冯承钧译，商务印书馆，2012，第348页。

[67] 福建省泉州海外交通史博物馆编《泉州湾宋代海船发掘与研究》，海洋出版社，1987，第21页。

水密技术的发明是水密隔舱出现的第二个前提条件。这种技术混合使用铁钉锔连与榫接方式，再结合多样性的舱缝材料填充板缝间隙。宝船的舱壁与船壳之间通过填塞舱缝材料保持水密，并使用铁钉锔连，加强水密性和整体强度。舱缝材料通常具有一定的软度和韧性，能够随着船体运动或水的作用力导致的板缝变化而变形。明代浙江象山海船的舱料是以麻丝、桐油、石灰制成的混合物，船板之间用铁钉钉连的钉眼处均用油灰舱料封盖[68]。《南船纪》中记载的舱缝材料除了预备大黄船使用"桐油、白麻和石灰"组合，其余战坐船均用"桐油、黄麻和石灰"[69]组合，而海船用"桐鱼油、石灰和舱麻"组合，三者的配比大多为1 ∶ 1 ∶ 2。

宝船最重要的推进工具是桅帆，位于甲板上层，3根为一组。前桅杆组位于艏楼甲板，靠近艏部为单桅，靠近舯部为双桅。主桅杆组位于主甲板，纵向排列。后桅杆组位于艉楼的三层甲板之上，靠近艉部为单桅，靠近舯部为双桅。桅杆上的帆通过绞盘升降，其中主桅杆组每根桅杆悬挂两张四角布帆，其余悬挂一张，共计9桅12帆。有专家推测四十四丈宝船的主桅高达60至70米[70]，其余桅杆也超出独木的长度范围。桅杆的制作需要运用铁箍紧固多根木材的组合桅工艺，如《天工开物》中记载的"桅用端直杉木，长不足则接，其表铁箍逐寸包围"[71]。3根主桅扣插入甲板以下并于龙骨底座榫接，4根副桅安装在主甲板一层，艏艉桅则安装于艏艉甲板三层。甲板舯部竖立3架大型人力绞车，控制升降主桅帆。桅杆上的帆属于典型的斜桁四角形硬式半平衡纵帆中适合远洋的扇形帆[72]。这种帆的主帆面积最大，起主要的驭风作用；艏帆能够增加受风面积，同时提高航速、稳性和转向操作性；艉帆面积最小，主要用于配合主帆、艏帆增加受风面积，同时配合操舵，控制航向。

宝船的船舵应属于明代海船常用的菜刀型升降平衡舵。这种舵安装在船尾的中央，并采用"勒肚"结构，将一条大绳一头系住舵，另一头沿船底拉到船首，以控制住舵板。船首配两具四爪铁锚，每个重达数千斤，还另配两具较小的传统木石碇作为备用，这些备用设备被布置在艏楼主甲板上（图4-5-10）。

整体而言，郑和宝船的船型设计仿水鸟体型，尖底、尖头、马蹄形艉，船身扁宽，两头高翘，水平俯视近似椭圆形[73]，这种设计使其易于破浪，抗风力强，

[68] 宁波市文物考古研究所，象山县文管会：《浙江象山县明代海船的清理》，《考古》1998年第3期。
[69]〔明〕沈启：《南船纪》，南京出版社，2019，第12—89页。
[70] 顿贺：《郑和下西洋船舶结构与制造工艺探讨》，《上海造船》2005年第2期。
[71]〔明〕宋应星：《天工开物》，钟广言注释，中华书局香港分局，1988，第241、242页。
[72] 郑明，桂志仁：《中华帆中国传统舟船帆篷的起源与发展》，《中国文化遗产》2013年第4期。
[73] 陈延杭：《再谈郑和宝船的船型和尺寸》，《海交史研究》2003年第2期。

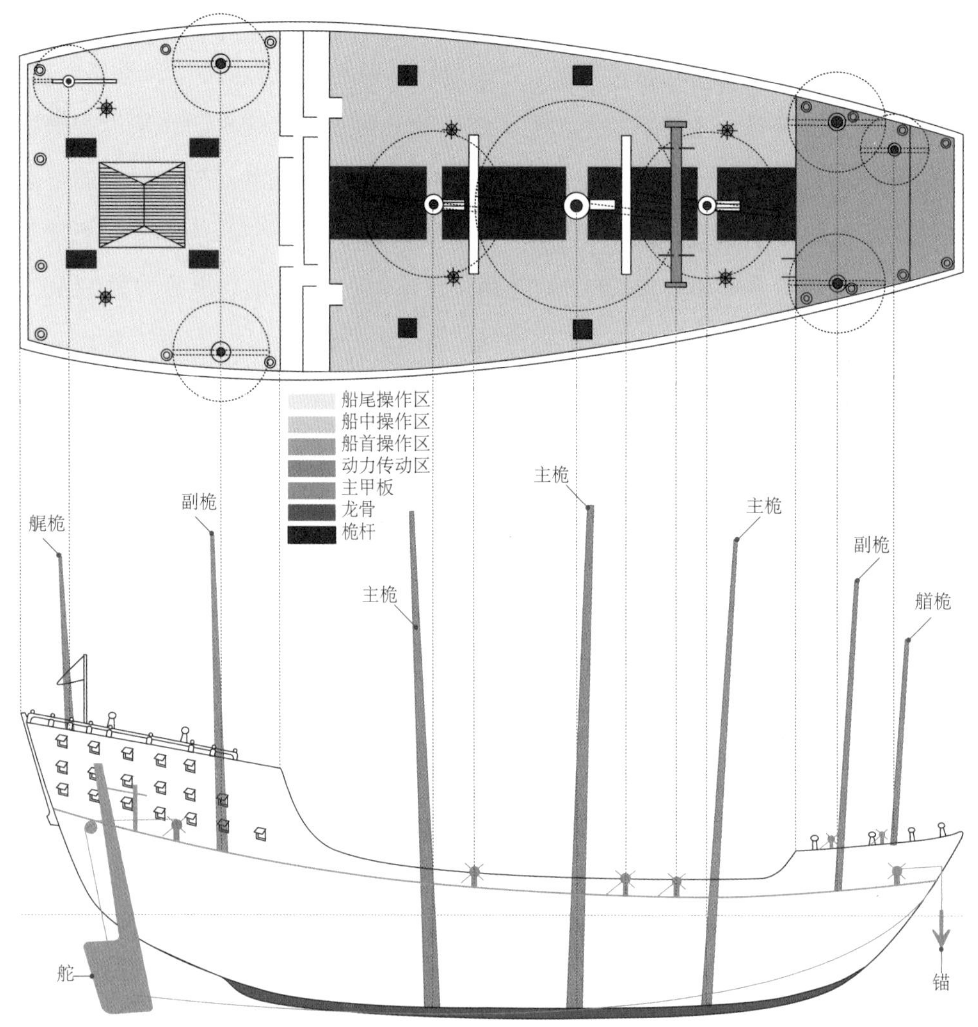

图4-5-10 宝船动力操作区域示意图

稳定性高，是中国古代仿生学应用的典型范例。主甲板以上的上层建筑，通过艏、舯、艉三部分的划分，合理地进行功能分区。主甲板以下的船体具有"V"形横剖面，符合远洋巨舶吃水深且具有良好的稳定性和抗倾覆性的特征。纵向结构由龙骨、大㰖和多重船壳板构成，其中多重船板能够良好地适应曲面变化较为复杂的福船型线，榫外覆船壳板的设计能够提高船体的水密程度。横向结构主要是由面梁、隔舱板、肋骨和舱缝材料组成的水密隔舱结构，蜂窝式的隔舱可以更有效地划分船舱的储存和生活空间。此外，宝船的推进设备以桅帆为主，9桅12帆的设计能够更好地发挥调戗驶风技术；弼正设备为升降平衡舵，升降式设计可以随时调整舵叶入水深度，勒肚结构的应用可以更好地在大风浪来袭时控制舵杆的摇摆幅度；停泊设备为两只巨型四爪铁锚，铁锚不但能够稳定船体，挂在船首还能抵挡冲击，以及抵挡碰撞敌船和礁石产生的作用力。

结语

航海活动范围的拓展最初是为了满足沿海地区水上交通和水上战争的需要。汉代张帆驭风技术的成熟推动了海上丝绸之路的形成，宋元时期，指南针和转向针位定点技术的应用推动了远洋航海技术革新，最终演进为大规模的世界性远洋活动，并于明初发展至顶峰。海上丝绸之路的贸易繁盛，一方面，令船队成为思想文化传播的先行者，开辟中国南部沿海地区与中亚和欧洲的精神文明交流路线，促使佛教、伊斯兰教和基督教与本土的妈祖信仰发生碰撞，最终发展出基于宗教的交流形式；另一方面，促使与海外开放市场联系紧密的工商业文明的迅猛成长，推动了中国古代经济格局和丝、茶、陶瓷等出口商品生产中心向东南沿海地区转移，并随着以奢侈品为主的朝贡贸易向奢侈品与日用品并举的大宗商品贸易输出的转变，形成了国内强大的手工业商品生产力和生产规模。

郑和船队是同一时期世界范围内规模空前的远洋船队，庞大而齐备，在明永乐至宣德年间共开展了7次大规模航海活动。其范围涵盖了东亚、东南亚、南亚、西亚、印度洋，最远到达非洲，途经56个国家和地区。在"朝贡贸易"背景下，通过与被访国家朝贡贸易、馈赠和平等互惠的大宗货物贸易，展开一系列政治、经济和文化交流活动。支撑郑和船队进行如此大规模航海活动的，是代表当时世界顶尖造船水平的明代造船技术和航海技术，以及以"共享太平之福"[74]为基调的对外交流和统治阶级在强化中央集权制度的同时构建"华夷秩序"的政治因素。

郑和船队的随行官员描述船队中最为庞大的宝船，其规模远超哥伦布旗舰圣·玛丽亚号。宝船作为福船型木帆船建造技术的结晶，呈现了仿生设计、精良的船体结构、桅帆驱动和综合导航系统等诸多先进特点。船体采用了模仿水鸟体型的设计，是古代仿生学应用的典型范例。船体的短胖、尖头、马蹄形艉、"V"形尖底、艏艉高翘等设计都是为了提高船只的航行性能和稳定性。这些特点使宝船具有吃水深和良好稳定性，不仅适合广阔的海域，也便于在狭窄和多礁石的航道中航行。宝船的船体搭接技术和水密隔舱技术集成了唐宋以来优秀的造船技术传统。其中船壳采用多重船壳板构成，能够更好地适应曲面变化较为复杂的福船型线；龙骨和肋骨采用了榫接铁钉为主的木构技术，不仅提高了船体的结构强度，也增加了船体的稳定性。同时，船舱使用的水密隔舱结构，能够将船舱划分为多个小的区域，每个区域都有自己的功能和作用。这种设计能够提

[74]〔明〕陈建：《皇明通纪》，钱茂伟点校，中华书局，2008，第399页。

高船只的稳定性和抗倾覆性，同时方便船员的生活和工作。

多桅多帆作为宝船的主要驱动装置，能够更好地发挥调戗驶风技术，利于破浪，适航性强。在海洋环境中，风向和风力常常变化，多桅多帆可以更好地利用不同方向的风，使船只保持稳定，提高航行的安全性和效率。同时，船只的航速会受到风力和海流的影响，多桅多帆的设计可以更好地利用风力和海流，提高船只的航速。此外，宝船还配备了升降平衡舵和勒肚结构等先进的舵设备，这些设备能够更好地控制舵叶入水深度并在大风浪来袭时控制舵杆的摇摆幅度，提高了宝船海上航行的稳定性和安全性。郑和宝船的设计还充分考虑了航向辨别、季风洋流等因素，配备了综合导航系统，包括罗盘、计程仪和牵星板等设备，使得船队能够在海上进行精确的航行和定位，从而保证了航行的安全和顺利。这种导航系统的设计和应用，体现了中国古代航海技术的先进水平。

作为中国古代海洋文明发展的顶峰，郑和宝船向西洋诸国彰显了明代“中国式帆船”[75]文化的影响力。在郑和“财富取之海”[76]的思想引导下，郑和船队遵循和平的理念，通过规模庞大的船队，向世界充分展现了明代发达的海洋船舶制造技术，提供了开放性的技术和知识转移。其中，《郑和航海图》作为7次远航的经验积累，展示出以路标定位、天文定位和测探定位为代表的海洋探索中天文、水文科技的综合应用。除此之外，郑和船队通过传播中国古代农业文明的生产、生活实践积累以及宣扬伦理道德和礼仪习俗，促进了与沿海国家、民族之间的文化互鉴和文明提升。同时，以“赏赐”、互市等方式开展的对外贸易，推动了作为重要输出“赐物”和商品的丝绸、瓷器等手工制品相关行业在国内的进一步发展。其中，香料的大规模输入还令国内的香料市场发生变革，香料的属性由奢侈品向日用品转变。而“互市”的管理和运行者“市舶司”与“牙行”的进一步结合，令海上丝绸之路成为明代中国对外进行政治、经济、文化交流的综合性网络。

[75]〔葡萄牙〕巴洛斯、〔西班牙〕艾斯加兰蒂等：《十六世纪葡萄牙文学中的中国中华帝国概述》，何高济译，中华书局，2013，第55页。

[76] 郑一钧：《论郑和下西洋》，海洋出版社，1985，第442页。

第五章
戏具中的休闲

休闲是一种以服务自身为目的的心理体验与自由活动，是人格平等与生命意义的自我印证，其兼具缓解压力、娱乐身心的个人价值以及传承知识、培养情趣、发展人格的社会价值。娱乐作为具体化与物化后的休闲活动，是在闲暇时间消除疲劳并使身心获得愉悦体验的活动，具有选择的自愿性和参与的灵活性。

休闲娱乐活动普遍存在于日常生活之中，主要通过游戏的方式并在规则约束下使人们获得轻松愉悦的心理体验，这是人们内心向往的理想的生活方式，反映了人类在满足基本的生存与安全需要后，不断追寻乐趣、喜悦和幸福等高层次精神需求的过程。中国人的休闲娱乐根植于本土文化与传统，具有原生性及自身的独特之处。在漫长的历史演进过程中，随着生产效率的提升与生活方式的改变，闲娱器具的表现形式与文化内涵也在不断发生演变与更迭。譬如，源于射礼文化的投壶如何从贵族礼仪活动演变为大众娱乐游戏？蹴鞠是如何实现从力量对抗的竞赛转变为花式动作的表演的？风筝中隐含了怎样的科学原理、艺术审美及人生哲理？围棋是如何实现从微艺末技到知识与身份象征的转变的？发端于官僚阶层的叶子戏如何成为民间百姓流行的纸牌？

礼娱兼备的投壶、娱乐表演的蹴鞠与随风起舞的风筝是传统体育游戏的重要组成部分。这些游戏以身体运动为基本特征，综合考验参与者的动作准确性、身体协调性、团队配合性以及对娱乐用具的空间运动轨迹的判断能力，具有增强身体素质与培养健全人格的功用，从中透露出古代体育活动中蕴含的礼仪教化、重德轻技、身心融合的社会意义与思想观念。

投壶是我国古代一项兼具礼仪性与娱乐性的投掷游戏，其发展过程与礼制文化、宗教信仰、政治制度广泛相连，成为记录历史信息的重要物质载体。第一节为“射礼的演变和延续”，讲述脱胎于射礼的投壶游戏最早出现于春秋时期的宫廷宴会，礼仪制度的秩序性和规则性贯穿整个游戏过程。后世渐松的礼仪制度为投壶的娱乐化创造了时代契机。主流参与人群从王公贵胄下移为平民百姓，反映了投壶游戏自上而下的传播特征。投壶器具经历了从简单粗疏到繁复精巧的发展过程，狭窄的壶口、新设的壶耳与渐增的壶高增加了游戏的难度与趣味性；细长化和轻巧化的矢提升了飞行轨迹的稳定性。投壶规则从繁缛的仪节程序与严苛的计分方法转变为轻松自由的花样投法。投壶的性质从最初的礼仪用具逐渐演化为大众娱乐戏具，这一过程透露出传统礼制从建立、承续、衰变到消亡的过程，是中华文化变迁的历史物证。投壶游戏不仅在中国流行，还流传到朝鲜、日本等国家，其中日本对中国投壶加以改造，衍生出投扇游戏，某种程度上丰富了投壶游戏的表演形式，有助于弘扬古朴雅致的中华闲娱文化精神。

蹴鞠是我国古代延续时间长、流行范围广、参与人数多的经典体育游戏，其球状的外形被赋予了天然的运动属性和游戏功能，成为融娱乐表演、体育竞技和礼仪文化为一体的球类运动。第二节为“兼具娱乐性与表演性的蹴鞠”。起源于石球的蹴鞠运动经历了从军事训练项目到休闲娱乐活动的转变过程。早期的实心蹴鞠多运用于身体对抗的多球门比赛，后期的空心蹴鞠常用于展示射门准确度与动作花样性的单球门比赛或无球门表演，体现了工艺技术的进步对蹴鞠运动形式转变的影响。儒家思想的价值体系对于古代蹴鞠运动的组织形式、传承机制、竞赛规则等方面产生了广泛的影响，有助于游戏参与者健全人格的养成与集体观念的塑造，这在一定程度上助推了蹴鞠运动性质从“对抗性”向“表演性”转型。

风筝是一种融合视觉美和听觉美的动态飞行玩具，它凭借着趣味性的功能、丰富的造型、夺目的色彩成为古代极为流行的玩具之一。第三节为“‘扎、糊、绘、放’论风筝”。风筝最初产生于对军事信息通信的实用需求，后逐渐演化为人们对美好生活的精神诉求。风筝腾空飞行的现象表明古人已经对飞行技术有了初步掌握，这也是空气动力学的早期运用，体现了先民对天空等未知领域的科学探索精神。象征性的造型样式、多样化的装饰纹样与鲜明的色彩对比，全方位地提升了风筝的艺术表现水准。放飞风筝的关键在于保持平衡，同样我们的人生也需要在工作与娱乐、理想与现实之间建立平衡，在张弛有度的生活节奏中更好地应对生活的压力和挑战。

黑白之道的围棋与方寸之间的纸牌是古代经典的棋牌类智力游戏，游戏需要参与者不断思考如何利用现有规则在智力博弈中取胜，这一过程能够起到增强计算能力、记忆能力、创意能力、判断能力以及注意力的作用，有益于智力水平的提升与健康人格的培养。棋牌游戏的主流参与人群经历了从小众化走向大众化的发展过程，社会阶层实现了自上而下的转变，成为链接古代游艺与现代娱乐的无声语言。

围棋作为复杂的智力博弈游戏之一，与中华文明相伴而生，距今已有四五千年历史，因其文雅的艺术性被纳入“文人四艺”之中，成为承载“技、道、戏、艺”的文化表征和无声的“手谈”活动。第四节为“黑与白的对弈”。围棋的发展经历了从简单到复杂，从粗浅到成熟的发展过程。棋道数量的递增，反映了游戏难度的增加与弈者智力水平的提升。人们对待围棋的态度经历了从贬抑到褒扬的嬗变。中国围棋凭借着独特的魅力，随着时代的进步而持续迭新，其影响力散播到日本、朝鲜等汉文化辐射区及欧美国家，尤其日本将围棋从古典模式推向现代模式，丰富了中国围棋的弈具制式与游戏规则，共同构建多元化的世界围棋文化。

纸牌是融娱乐、艺术与文化为一体的智力游戏，相传发明于汉代军中或唐代宫廷，纸牌繁简皆宜的玩法吸引了不同社会阶层的人广泛参与，成为一项雅俗共赏的大众化游戏。中国纸牌于元代传入欧洲，在一定程度上影响了西方纸牌游戏。第五节为“源于叶子戏的中国纸牌”。在造纸技术与雕版工艺的助推下，纸牌迅速流行并产生了多种变体形式，凸显其快速变异性与适应性。纸牌表面图形从单一的“点数”发展成多样的“花色”，表明纸牌从单一的娱乐功能演变成综合性的文化形象载体。其凭借智力对抗的外在形式，培养了受众的决策思维和策略意识，拓宽了人际交流和社交生活的时空场域。然而，纸牌游戏也存在着被用于赌博的风险，可能导致财产损失甚至犯罪，因此有必要淘汰纸牌中的赌博元素，以保护社会的公共利益和集体福祉。

休闲娱乐为人类提供了高层次的精神自由和愉悦体验，促进了人性的舒展、意识的认可和对生命的礼赞。中国人的闲娱文化根植于东方社会的农耕文明，推崇自我心境与天地自然的交流融合。这一文化与造物活动、人文艺术、审美意趣、哲学思维等多方面紧密相连，共同形成了层次清晰、品类丰富且极具本土特色的闲娱文化典范。

本章通过对器物设计因素的系统梳理与比较分析，探寻闲娱器物之于智力博弈、体能对抗、文化审美的内在关联，形成了对闲娱器具与日常生活之间协同关系的整体性观照。不同历史阶段所呈现出的娱乐器具面貌，是社会文化、审美风俗、群体心理、物质水平的综合性产物。通过玩耍、玩赏、玩味、玩乐等游戏方式的研究，探讨闲娱器具的设计规律、特点及动因，这在一定程度上反映了传统闲娱造物文明的演进路线与设计智慧。借由闲娱器具造物特征与使用行为的研究，探讨闲娱思想对人格健全发展与社会使命感培养所发挥的作用，剖析闲娱模式中伦理道德的制约性与人文精神的象征性，以及闲娱游戏个人性与社会性的矛盾冲突。闲娱思想起源于孔子提出的“礼、乐、射、御、书、数”六艺学说，是当时主流文化认可的闲娱原初形式。庄子倡导的“逍遥游”思想，体现了崇尚自由与松弛的造物理念，开创了注重个性情感价值的思想先河。一方面，传统闲娱思想自身倡导的愉悦性和调和性，使得闲娱造物行为的展开与德行意识的升华相得益彰；另一方面，闲娱器具通过其使用过程投射出“物我交融”“玩物适情”“心意自得”等多重闲娱思想。相对于西方思想家热衷于探索形而上的人性本质，中国古代先哲往往更关注现实生活的生存环境与闲适超逸的理想心境。总之，闲娱代表的不只是一种怡然的生活态度，更是一种“大知”者的精神境界。

在现代社会，对于传统闲娱器具的传承与利用，不仅能够丰富人们的日常生活，而且有益于身心的放松，更重要的是为人们健康生活方式的养成提供了重要的物质基础与科学理念。在娱乐虚拟化和自我化的当代，传承和保护传统闲娱文化显得尤为重要。通过挖掘其造物思维和精神底蕴，既能丰富人们对传统社会生活的认知与理解，也有益于今人重新审视闲娱生活的意义，实现内心的宁静和平衡，促进身心的健康与和谐。同时，传统闲娱文化也有助于人际交流和社会凝聚力的提升，为当代社会创造更为和谐共融的生活环境。

第一节 射礼的演变和延续

投壶又称射壶，是我国古代一项兼具礼仪性和娱乐性的投掷类游戏，广泛流行于春秋战国至清代的社会各阶层。投壶游戏的道具主要有壶和矢两部分。壶多为圆口、双耳、长颈、鼓腹和平底。壶口直径大小决定了投掷的难易程度。魏晋时出现的壶耳多为中空的短筒形，常位于壶口或壶颈两侧，其出现不仅增加了投掷的难度，也丰富了投壶的娱乐性。壶颈较为修长，有利于矢顺利滑入壶底。壶腹多为圆鼓形与扁圆形，起到了稳定的作用。矢是投壶游戏的投掷物，外形与箭矢相似，多为竹木材质。早期的矢为简易的直杆形，唐代以后增加了矢头和尾翼的变化。

投壶作为一种娱乐性礼器最早出现于春秋时期的宫廷宴会之中，其游戏过程要恪守礼法的秩序性和规则性。汉代投壶游戏开始出现娱乐化的倾向，追求技巧的投法已在游戏过程中有所运用。唐宋时期投壶的游戏规则愈加丰富且趋于完备。明清时期投壶游戏形成了自上而下发展的态势，成为平民百姓日常的休闲活动，游戏形式更加灵活且富有变化。

本节从投壶器具的演变、投壶游戏方法的变革、投壶文化的发展三个方面展开。首先，将投壶的发展历程分为春秋战国时期、汉魏六朝时期、唐宋时期、明清时期四个阶段，分别探讨投壶器具之壶与矢的形制演变过程，以及辅助用具如算、中、马、鼓、鼙、磬的造型特征。其次，从投壶游戏的投掷方法、投掷规则、计分原则等方面考察游戏本身的变化，并挖掘促使其发展与变化的内在动因。最后，将投壶游戏置于不同历史语境中，还原古代投壶游戏的总体风貌。

一、从简易朴素到繁复精巧的投壶及辅助器具

中国古代投壶器具是投壶游戏的重要物质载体，其形制变化反映了其自上而下、由简及繁的演变规律。本节主要针对壶、矢以及辅助器具（计分用具和乐器）展开形制方面的研究。

（一）从无耳壶向双耳壶与多耳壶的转变

以下研究基于从考古文献与博物馆中收集的22件古代投壶样本，其中，春秋战国时期投壶2件、汉魏六朝时期5件、唐宋时期4件、明清时期11件。通过对这些投壶进行数据分析及可视化呈现，旨在探究投壶高度、壶口、壶耳、壶颈、壶腹、壶底的数据特征与形制变化（图5-1-1、图5-1-2）。

春秋战国时期投壶出土数量较少，仅2件。这2件壶的平均高度为42.4厘米，壶口平均直径为17.4厘米，壶颈平均长度为32.4厘米，壶腹平均直径为21.2厘米，壶底平均直径为19.4厘米。壶形分为长颈鼓腹形和直筒形两种。长颈鼓腹形投壶以山东省莒南县大店莒国殉人墓出土的春秋时期无耳折腹平底弦

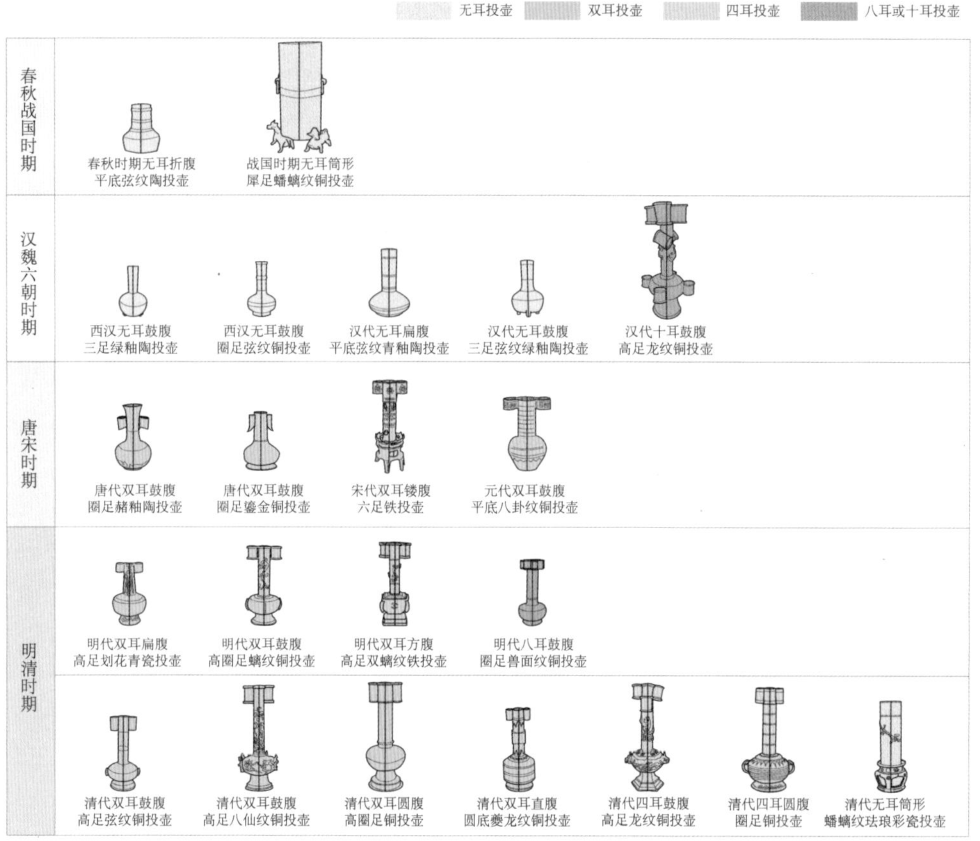

图5-1-1　中国古代投壶各历史时期分布图及壶耳数量示意图

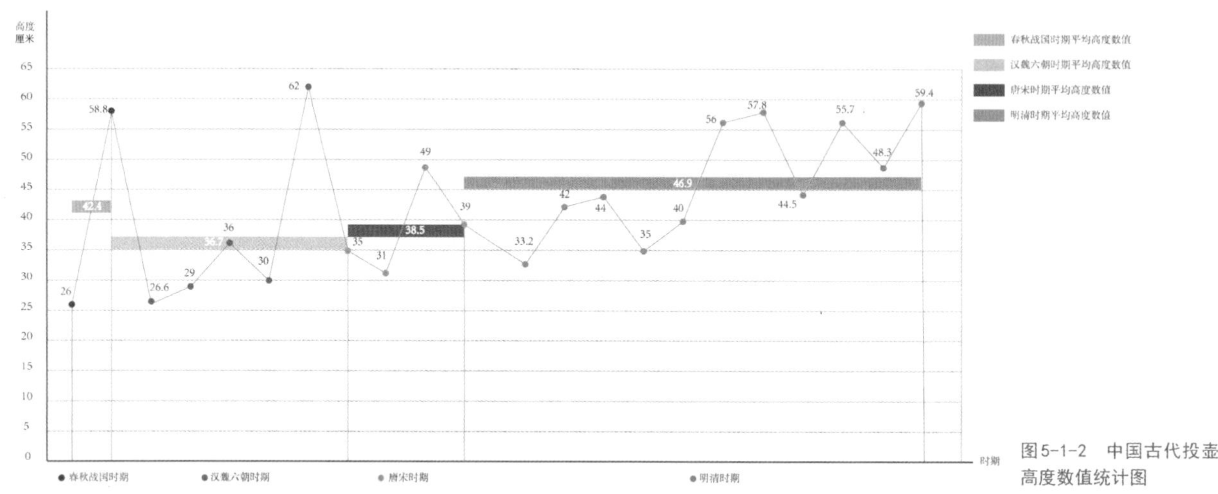

图5-1-2　中国古代投壶高度数值统计图

纹陶投壶为典型代表[1]（图5-1-3a），壶高26厘米、口径9厘米、颈长14厘米、腹长12厘米、底径17厘米。形制为直口、长颈、鼓腹、平底。该壶是目前发现最早的投壶实物，其尺寸与《礼记》中“颈修七寸，腹修五寸，口径二寸半”[2]的文字记载非常接近。直筒形投壶口径更加宽大，腹部幽深，底部常以仿生动物形作为底足。例如，河北省平山县出土的战国时期无耳筒形犀足蟠螭纹铜投壶[3]（图5-1-3b），壶高58.8厘米、口径24.5厘米、腹径22.6厘米、底径21.7厘米。形制为直口、筒腹，壶两侧有纽和环，壶底为三只独角犀形足。这种直筒形的投壶较为罕见，其形制风格并未得到完整继承，仅在清代器物复古风格影响下出现过一例无耳筒形蟠螭纹珐琅彩瓷投壶。

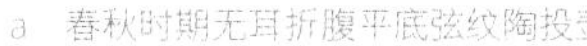
a 春秋时期无耳折腹平底弦纹陶投壶

b 战国时期无耳筒形犀足蟠螭纹铜投壶

图5-1-3 春秋战国时期出土的投壶实物[4][5]

汉魏六朝时期，投壶实物数量逐步增加。壶的平均高度为36.7厘米，壶口平均直径为6.4厘米，壶颈平均长度为19.8厘米，壶腹平均直径为18.4厘米，壶底平均直径为11.3厘米。壶高有所下降，壶口直径开始收窄，壶颈长度降低，壶腹直径缩小，壶底直径收窄。总体来看，壶形趋于统一，个体尺度差值缩小，初步形成了以直口、长颈、圆腹为特征的投壶造型样式，投壶底足呈多元化造型（图5-1-4）。例如，河南省济源市泗涧沟8号墓出土的西汉无耳鼓腹三足绿釉陶投壶[6]，高26.6厘米；安徽省怀远县博物馆藏的汉代无耳扁腹平底弦纹青釉陶投壶，高36厘米；汉代无耳鼓腹三足弦纹绿釉陶投壶，高30厘米。这3件投壶造型相似且壶高趋近，可见此时投壶出现了样式统一的发展态势。

值得一提的是，汉代出现了多壶耳的投壶样式。山东省济南市博物馆藏的十耳鼓腹高足龙纹铜投壶，高62厘米，直口、长颈、圆腹、高足。10个壶耳分别位于壶口（4个）、壶颈（2个）和壶腹（4个）。从文献来看，最早的壶耳出现在魏

[1] 吴文祺、张其海：《莒南大店春秋时期莒国殉人墓》，《考古学报》1978年第3期。
[2]〔清〕阮元校刻《十三经注疏》清嘉庆刊本，中华书局，2009，第3616页。
[3] 石志廉：《中山王墓出土的铜投壶》，《文博》1986年第3期。
[4] 吴文祺、张其海：《莒南大店春秋时期莒国殉人墓》，《考古学报》1978年第3期。
[5] 石志廉：《中山王墓出土的铜投壶》，《文博》1986年第3期。
[6] 河南省博物馆：《济源泗涧沟三座汉墓的发掘》，《文物》1973年第2期。

晋南北朝，晋代虞潭《投壶变》和南北朝时期《颜氏家训·杂艺篇》中所言的“带剑”投法就有壶耳的参与。从实物来看，壶耳样式从唐代开始普遍流行，且多为双耳。这件汉代的十耳投壶无论是出现时期还是壶耳数量都异于历史，应该是投壶设计史上的特异现象。

唐宋时期，投壶个体形制差异进一步缩小。壶的平均高度为38.5厘米，壶口平均直径为8.4厘米，壶颈平均长度为21.8厘米，壶腹平均直径为18.9厘米，壶底平均直径为13.6厘米。壶高略有上升，壶口直径变宽，壶颈长度变高，壶腹直径基本不变，壶底直径有所增加（图5-1-5）。这些变化确立了投壶长颈、双耳、鼓腹、圈足的基本造型样式，此时投壶颈部的双耳造型较为流行。陕西省礼泉县唐越王李贞墓出土的唐代双耳鼓腹圈足赭釉陶投壶就是这一时期较为典

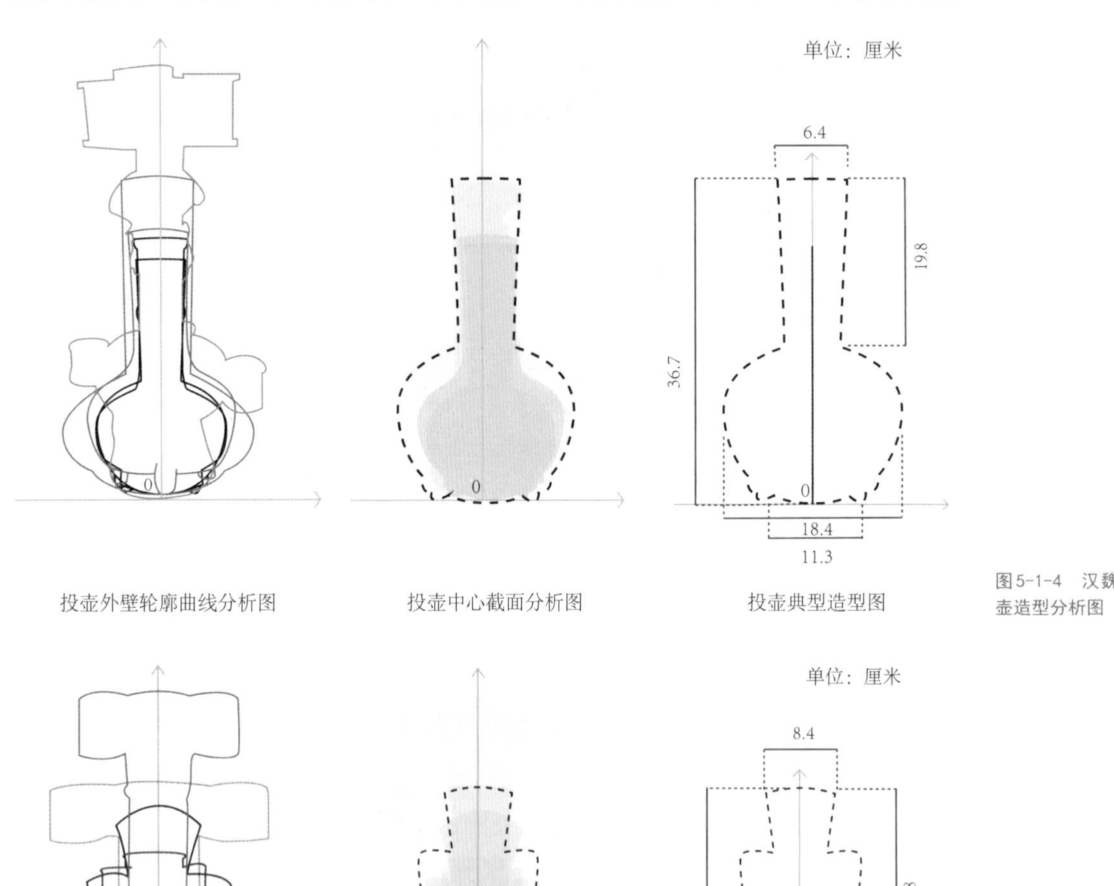

图5-1-4　汉魏六朝时期投壶造型分析图

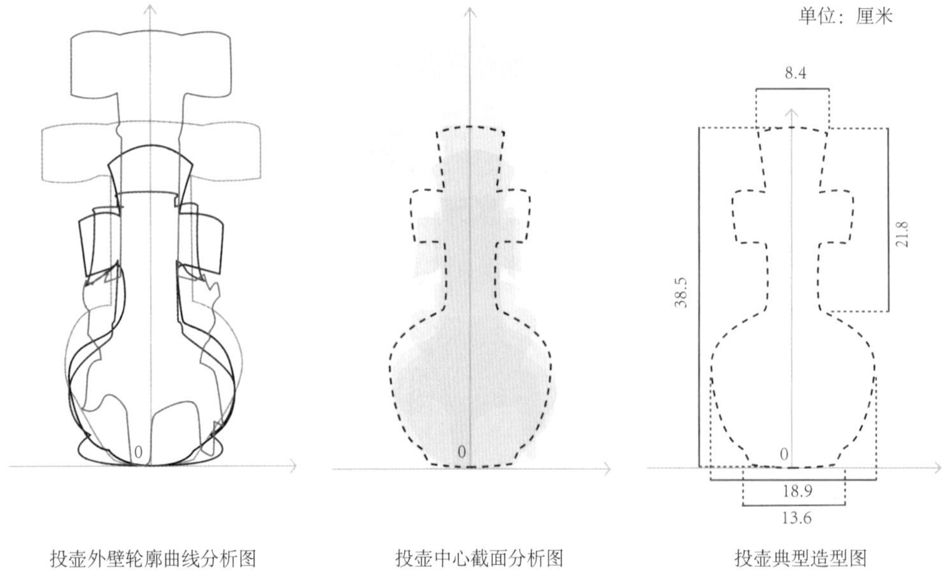

单位：厘米
8.4
21.8
38.5
18.9
13.6
0
投壶外壁轮廓曲线分析图
投壶中心截面分析图
投壶典型造型图

图5-1-5　唐宋时期投壶造型分析图

型的双耳投壶[7]，壶高35厘米，侈口、圆鼓腹、圈足，壶身线条圆润饱满。两个壶耳位于壶颈中段位置。此时还出现了下沿外撇的壶耳，如日本正仓院收藏的唐代双耳鼓腹圈足鎏金铜投壶，壶高31厘米，直口、双耳、圆鼓腹、圈足，壶耳上沿平整，下沿呈大角度的斜切形。

宋代投壶形制与唐代总体相同，高度更高。壶耳位置上移，多与壶口平齐。例如，1951年扬州出土的宋代双耳镂腹六足铁投壶，其高度达到了49厘米，壶耳与壶口的位置平行，壶口与壶耳的直径相近。

宋代还出现了专门用于观赏的小型投壶。例如故宫博物院藏的宋代双耳鼓腹平底青釉投壶，高度仅有11.5厘米；再如观复博物馆藏的双耳圆腹圈足青釉投壶，高度只有17厘米。此类小型投壶的出现是由于宋代陶瓷工艺的不断发展，加之仿古、摹古之风盛行，样式精美的投壶逐渐脱离了原有的游戏功能，发展成为一种文人书斋的陈设瓷摆件。

明清时期，投壶样本数量最多。壶的平均高度为46.9厘米，壶口平均直径为7.6厘米，壶颈平均长度为28.7厘米，壶腹平均直径为19.1厘米，壶底平均直径为15厘米。壶的高度进一步提升，成为历史上投壶高度最高的时期，壶颈长度略有缩短，壶腹部直径有所增加，壶底直径持续增大（图5-1-6）。总体而言，壶的外形变得更加修长挺拔，壶口收窄、壶颈拉长、壶腹变宽，壶底从低矮的圈足变成较高的圈足。比较有代表性的是河南博物院藏的明代双耳鼓腹高圈足螭纹铜投壶，高42厘米，直口、双耳、长颈、圆鼓腹、高足；南京博物院藏的清代双耳鼓腹高足弦纹铜投壶，高40厘米，直口、双耳、长颈、鼓腹、高足；陕

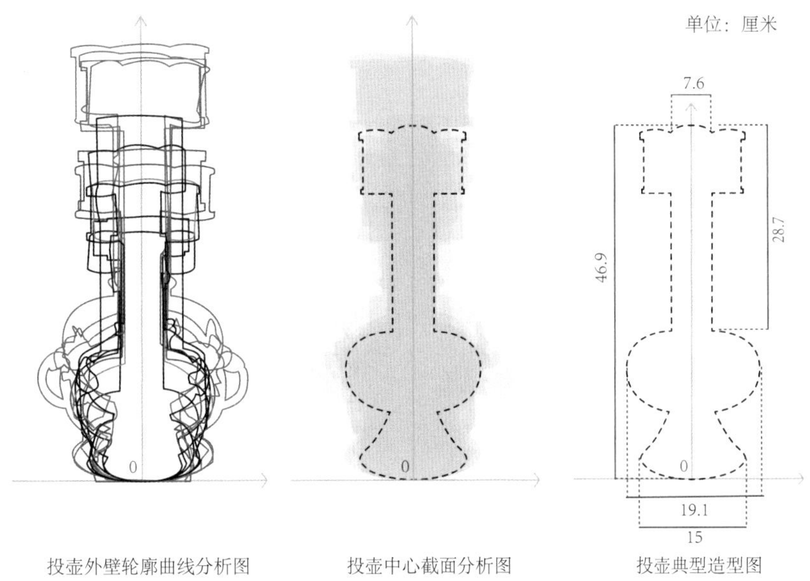

图5-1-6　明清时期投壶造型分析图

[7] 富昭文：《唐越王李贞墓发掘简报》，《文物》1977年第10期。

西历史博物馆藏的清代双耳鼓腹高足八仙纹铜投壶，高56厘米，直口、双耳、长颈、鼓腹、高足。故宫博物院藏的清代双耳圆腹高圈足铜投壶，高57.8厘米，直口、双耳、长颈、鼓腹、高足。以上4件投壶样式呈现出趋同性，而且壶高较为接近，表明此时投壶的造型总体上已经趋于一致。

这一时期，投壶外形多为圆形，方形的投壶较少，仅明代出现了一件。河南博物院收藏的一件明代双耳方腹高足双螭纹铁投壶，高44厘米，其双耳、壶口、壶颈、壶腹、壶底均为四方形。

壶耳方面，此时壶耳数量以双耳为主，同时出现了四耳与八耳投壶。壶耳位置上移，与壶口平齐。四耳投壶有两例，分别是陕西丹凤县博物馆收藏的清代四耳鼓腹高足龙纹铜投壶，以及故宫博物院收藏的清代四耳圆腹圈足铜投壶。两件投壶的4个壶耳均排列在壶口周围。八耳投壶实物见于法国巴黎吉美国立亚洲艺术博物馆收藏的明代八耳鼓腹圈足兽面纹铜投壶。此投壶高35厘米，直口、八耳、圆鼓腹、高圈足，8个壶耳围绕着壶口均匀排列。八耳投壶还见于清代喻兰《仕女清娱图册·投壶图》中（图5-1-7），画面中央的八耳投壶置于矮凳之上，壶颈和壶腹分别有4个壶耳，属于一种分体式的壶耳设计。

总体而言，中国古代投壶造型经历了从单一到多元再到统合的发展过程，其设计风格完成了从简易古朴、形制趋同到造型多元的转换。投壶的高度从低矮变

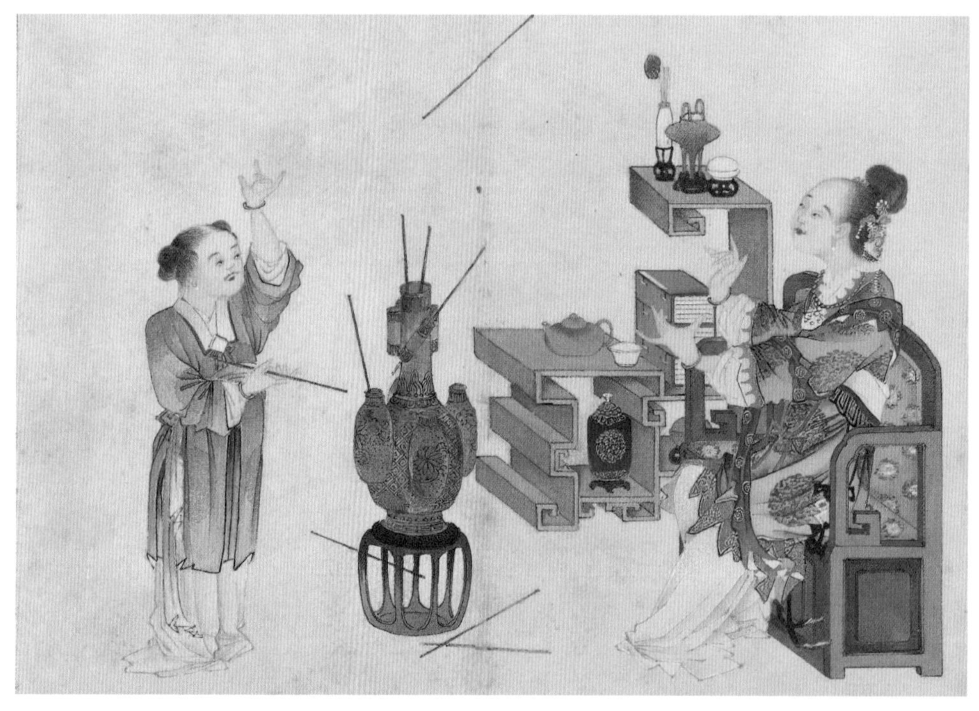

图5-1-7 《仕女清娱图册·投壶图》 喻兰 清代[8]

[8] 故宫博物院数字文物库网站，https://digicol.dpm.org.cn/cultural/detail?id=6f915f2b868d426b8415651edfe3e8b0&source=1&page=1，访问日期：2023年7月21日。

得高大。壶耳从无到有，再从双耳发展到四耳与八耳。壶颈从粗短变得修长。壶腹直径由宽至窄并趋于稳定，继而略有外扩。壶底从平底逐渐发展成高足。

（二）从前尖后粗的短矢到镞头尾翼的长矢

矢作为投壶游戏的投掷物，其形制设计直接关系到投掷体验与比赛成绩。春秋时期的矢分为3种尺寸规格，分别适用于不同大小的游戏场地。《礼记疏》载："室中狭，矢长五扶；堂上稍广，矢长七扶；庭中大广，矢长九扶。"[9]矢以"扶"为长度单位，一扶为四寸[10]，即矢的长度有二尺、二尺八寸、三尺六寸3种。矢呈前尖后粗的箭形，前端称为"末"，后端称为"本"。其外壳有树皮包裹，《礼记》载："矢以柘若棘，毋去其皮。"[11]粗糙坚实的树皮增加了矢的耐用性。

汉代的矢变得更加细长，两端粗细大致相同。河南南阳沙岗店出土了一件描绘汉代投壶游戏场景的画像石[12]，画中人物持握的矢形轻巧细长。细长矢形的出现与制矢材料的变革有关，《西京杂记》载："武帝时，郭舍人善投壶，以竹为矢，不用棘也。"[13]汉代将笨重的棘木矢改为轻巧的竹矢，是为了适应当时流行的反弹式投矢法，细长轻巧的矢弹性更强。

唐代开始，矢的外形上出现了圆头与尾翼的设计。圆形的矢头更易反弹，尾翼的设置则有利于飞行的稳定。例如，日本正仓院收藏的唐代竹矢，矢头为圆球形，矢尾为翼形。五代时期的矢同样有尾翼，如周文矩《重屏会棋图》中描绘的矢的尾翼为白色羽毛。

明清时期，矢的形制呈多样化的发展面貌，无镞矢和有镞矢均有应用。无镞矢方面，故宫博物院藏的清代双耳直腹圆底夔龙纹铜投壶与清代四耳圆腹圈足铜投壶的壶口均插有多支无镞矢。绘画也常见无镞矢，如清代任伯年《投壶图》、喻兰《仕女清娱图册·投壶图》等作品中均绘有无镞矢。有镞矢方面，明代《明宣宗行乐图》描绘了帝王进行投壶游戏的场景（图5-1-8），所用之矢前端为白色圆球造型，尾端呈红色圆锥造型。清代包栋《四条屏仕女图》描绘了两位仕女投矢的画面，其手中所执之矢前端有微小的箭头，尾端为红色尾翼。

综上，古代投壶之矢的形制经历了从前尖后粗的短矢到镞头尾翼的长矢的转变。春秋时期的矢为粗细不均的短木矢，汉代出现了外形细长匀称的竹矢，唐代的矢已经有了镞头和尾翼的设计，明清时期矢的形制呈多样化并存的局面。

---

[9]〔清〕阮元校刻《十三经注疏》清嘉庆刊本，中华书局，2009，第3613页。
[10]曹建墩：《三礼名物分类考释》，商务印书馆，2021，第501页。
[11]〔清〕阮元校刻《十三经注疏》清嘉庆刊本，中华书局，2009，第4478页。
[12]中国画像石全集编辑委员会编，王建中主编《中国画像石全集·河南汉画像石》，河南美术出版社，2000，第86、87页。
[13]〔晋〕葛洪：《西京杂记》卷第五，周天游校注，三秦出版社，2006，第247页。

图 5-1-8 《明宣宗行乐图》（局部） 佚名 明代[14]

（三）品类完备的投壶游戏辅助用具

投壶器具除了壶与矢，还有辅助投壶游戏的计分用具和乐器（图 5-1-9）。这些投壶辅助用具主要应用于春秋时期，后世不再流行。计分用具主要有“算”“中”“马”3 种。“算”是木质筹码，长度为一尺二寸，用于指代投中次数。“中”是用于摆放算的木制动物造型器具。不同的动物种类对应不同的使用者身份，《仪礼·乡射礼》载：“大夫兕中，士鹿中。”[15] 大夫用牛形的中，士用鹿形的中。“马”是用于代表投壶比赛胜利的木质马形器具，郑玄曰：“谓之马者，若云技艺如此，任为将帅乘马也。”[16] 意思是投壶技艺精湛之人犹如将帅骑马，故以马为形。乐器是春秋时期投壶游戏必不可少的用具，用于投壶比赛时发出投矢声音信号或宴饮时演奏助兴。常见的乐器有“鼓”“鼙”“磬”3 种。“鼓”是两端蒙皮，内部中空的打击乐器。“鼙”原本是军队中使用的小鼓，此处用于投壶游戏。“磬”是悬挂于架上的石质打击乐器，形如曲尺，用木槌击奏。

综上所述，中国古代投壶器具设计总体上经历了从简易朴素到繁复精巧的发展过程。其发展过程具体呈现出两点特征：第一，投壶器具设计与游戏方法之间存在相辅相成、互为驱动的关系。器物设计对游戏方法的影响方面，壶口的收窄及壶耳的增设，既增加投掷过程的难度，又拓展了游戏方法的多样化。游戏方法对器物设计的影响方面，以骁投为代表的反弹式投法的出现，推动了

[14] 故宫博物院，https://www.dpm.org.cn/collection/paint/228988.html，访问日期：2023 年 7 月 21 日。

[15]〔清〕孙诒让：《周礼正义》卷五十一，汪少华整理，中华书局，2015，第 2524 页。

[16]〔清〕阮元校刻《十三经注疏》清嘉庆刊本，中华书局，2009，第 3614 页。

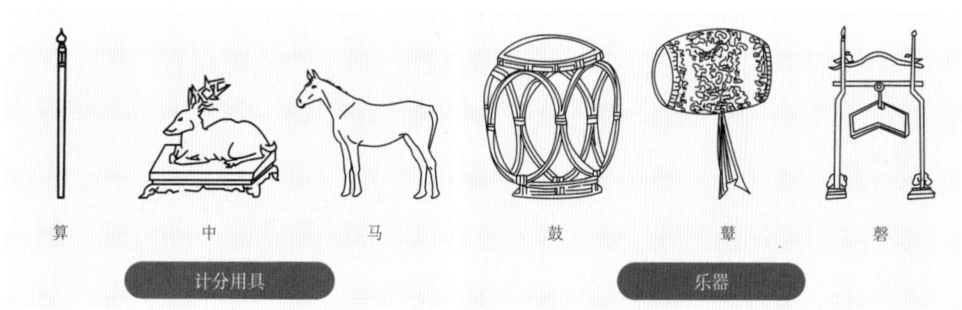

图5-1-9 投壶辅助器具造型示意图

矢的材料和长度的革新。第二，投壶器材的种类在不断减少，而样式设计则愈加精美。春秋时期的投壶游戏由于有着烦琐的行序步骤，因此游戏过程需要完备的投壶辅助器具的配合，后世随着投壶游戏娱乐化进程的推进，投壶器具种类简化为壶与矢两种，不过壶与矢的样式设计以及材料选择较以往更为考究精致。

二、从遵礼、重技、复礼到创新的投壶游戏

中国古代投壶游戏的性质演变大致历经了四个阶段，第一个阶段是春秋时期的礼制投壶游戏，此时投壶游戏统摄于礼制约束之下，表现为严格的游戏步骤与完备的比赛规则。第二个阶段是汉魏六朝时期的花式投壶游戏，投壶游戏逐渐摆脱礼制约束，开始探索方法的技巧性和花样性。第三个阶段是唐宋时期的复礼投壶游戏，此时投壶游戏的娱乐化已成主流，不过宋代出现了短暂的投壶复礼风波。第四个阶段是明清时期的自由投壶游戏，该时期投壶游戏已经自由化和娱乐化，成为全民广泛参与的娱乐活动。

（一）游戏行序完备与比赛规则明晰的礼制投壶

春秋时期的投壶游戏所涉及的因素较多，对参与人员、游戏场地及比赛规则都有严格要求。第一，在参与人员方面，按其身份来源可分为宾方和主方两类。宾方主要人员有宾客、司射、庭长、冠士立者。此处的宾客是指参与投壶游戏的投矢者；司射是投壶游戏的主持人，负责掌控整场投壶游戏的进度；庭长又称为司正，通常是较为年长、德高望重之人，负责督查酒宴中仪容不合规范者；冠士立者是指加冠后的成年人。主方主要人员有主人、使者、乐人。主人是参与投壶比赛的另一方，也是投壶比赛的发起者；使者是指听从主人招呼指令的人，负责宴会斟酒、铺设座席等工作；乐人是投壶比赛进行时演奏音乐的人。此外，无论宾方还是主方，若有尚未加冠的年轻人则称为弟子。第二，在比赛场地方面，按照空间大小划分，有室内、堂上和庭中3种。孔颖达认为投壶游戏场地选择与光

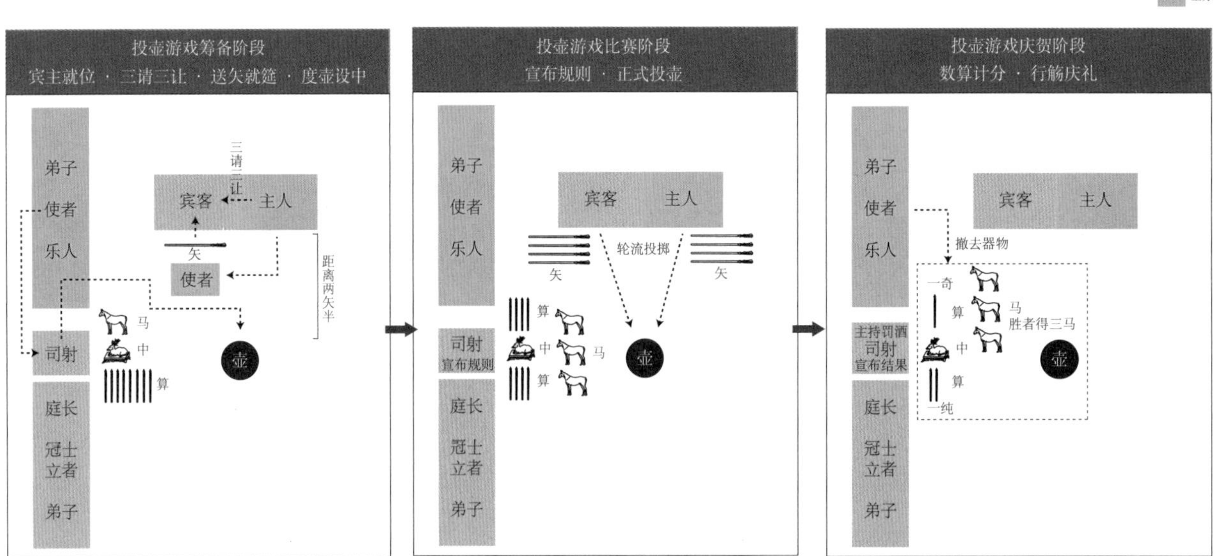

图5-1-10　春秋时期投壶游戏行序图

线有关，中午选择室内，傍晚选择堂上，夜晚则选择庭中[17]。本节主要以堂上进行的投壶游戏为主要分析对象。第三，在比赛规则方面，比赛采取三局两胜制，每局参赛双方轮流投4支矢，投中则计分，三局投罢投中矢多者为胜。

一场完整的投壶游戏流程共分为三个阶段，分别是筹备阶段、比赛阶段和庆贺阶段（图5-1-10）。筹备阶段包括宾客就位、三请三让、送矢就筵、度壶设中4个行序节点。比赛阶段包括宣布规则、正式投壶2个行序节点。庆祝阶段包括数算计分、行觞庆礼2个行序节点。本节以《礼记》记载的投壶游戏过程为基本史料，分析春秋时期礼制投壶游戏的特点。

第一，筹备阶段。这个阶段共分为4个行序节点。①宾客就位。宾客和主人并排坐在北面，面朝南面。宾方人员位于西南方位，主方人员位于西北方位。司射位于西面中央位置，面前摆放了马、中、算等用具（图5-1-11）。②三请三让。主人捧着矢，司射捧着中，使者捧着壶。主人先后三次邀请宾客参加投壶游戏，宾客在三次推辞之后才接受邀请。主人第一次邀请宾客参加投壶游戏，谦称道："某有枉矢、哨壶，请以乐宾。"[18]这是主人对自己提供的投壶用品质量的谦逊之词，意为用杆歪不直的矢和口斜不正的壶来邀请宾客参与游戏。宾客回答说："子有旨酒、嘉肴，某既赐矣，又重以乐，敢辞。"[19]这句话同样是宾客的谦辞，意为主人您已经热情地用美酒佳肴款待我，又邀请我参加娱乐活动，我还是辞谢吧。如此重复两次后，宾客说："某固辞不得命，敢不敬从。"[20]意思是宾客多

[17]〔清〕孙希旦：《礼记集解》卷五十六，沈啸寰、王星贤点校，中华书局，1989，第1387页。

[18]〔清〕阮元校刻《十三经注疏》清嘉庆刊本，中华书局，2009，第3613页。

[19]同上。

[20]同上。

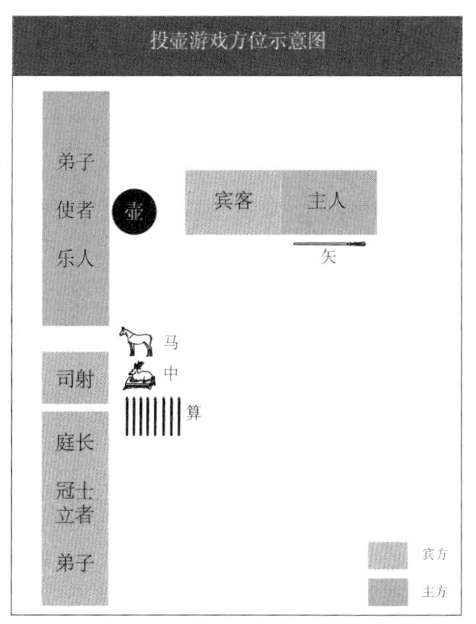

图5-1-11 春秋时期投壶游戏方位示意图

次推辞而得不到应允，那只能恭敬地接受邀请。③送矢就筵。宾客在接受主人的邀请之后，再拜行礼。主人则盘桓退后，口中说“辟”意为不敢当。然后主人在东阶上行拜送礼，将矢授予宾客。宾客也盘桓退后，口中同样说“辟”。接下来，主人接过使者给的矢，走到两根楹柱之间，向宾客示意此处是投壶的位置。主人退回到自己的主位，向宾客作揖，请宾客落座。④度壶设中。司射从使者手中接过壶，捧着壶进入比赛场地，度量并设置壶的位置，将壶放在距离宾客与主人席前二矢半的地方，然后返回原位跪坐，将盛放算的中放置好，面朝东面，手执8支算站起来。

第二，比赛阶段。首先由司射宣布比赛规则，比赛规则主要有5条：①只有矢的头部投进壶内才算投中。②投矢由主、宾轮流进行，如果一人连投，即便投进也不计分。③每人4支矢投完为一局，每局结束胜方要罚负方饮酒。④单局结束后，司射会取一马放在胜方地面上，称为“立马”。⑤投壶比赛以先立三马的一方为胜方，如果一方有一马，一方有二马，则二马的一方可以将对方的一马归入己方，凑成三马，最后负方要斟酒为胜方庆贺[21]。

司射宣布完规则之后，向宾客和主人报告矢已经准备完毕，可以正式开始比赛。宾主双方逐一拾起放于身前的4支矢轮流投掷。如果投中一矢，司射就从中里取出一支算放在地面，表示得分，称为“释算”。

第三，庆贺阶段。这个阶段分为数算计分与行觞庆礼2个行序节点。首先是数算计分，一局比赛结束以后，司射开始计算得分。计算单位是两支算为一纯，一支算为一奇。计算出结果后，司射就拿着获胜一方多出来的纯说：“某贤于某若干纯。”[22]意为一方得分超过另一方若干纯。如果得分有奇数，就报告“奇”。如果双方投中的数目均等，就说“左右均”。

单局胜负已定后，进入行觞庆礼行序节点。司射让胜方弟子为负方斟罚酒。斟好酒后，负方捧着酒杯跪下来说：“赐灌。”意为承蒙赐饮。胜方也跪下说：“敬养。”意为恭敬奉养[23]。罚酒结束后，使者拿着酒壶劝饮劝食。饮食过后，宾客

[21] 文多斌、范春源：《周代投壶研究》，《体育学报》2001年第30期。
[22] [清] 阮元校刻《十三经注疏》清嘉庆刊本，中华书局，2009，第3615页。
[23] 同上书，第3616页。

回到自己的席位，准备开始下一局。

三局比赛结束，决出最终胜负后，要为胜方举行庆礼。司射说："三马既备，请庆多马。"[24]意为获胜方的三马已经齐备，请为多马的胜方庆贺。胜者饮酒后，使者再次劝饮劝食。最后，司射命人撤掉壶、马等器物，至此投壶游戏结束。

（二）技巧型投法的流行与比赛制度改进下的花式投壶游戏

汉魏六朝时期，人们开始重视投壶游戏的娱乐性和投掷方法的技巧性，积极探索投壶游戏新方法，其中以汉代"骁投"最具代表性。骁投是一种将矢投入壶中然后反弹出来，接之再投的连续型投矢法。《西京杂记》载："郭舍人则激矢令还，一矢百余反，谓之为骁。言如博之竖棋于辈中，为骁杰也。"[25]郭舍人是汉代骁投高手，其单次接投数量多达百余次。魏晋南北朝时期，骁投发展成为主流投法，颜之推《颜氏家训》载："投壶之礼，近世愈精……今则唯欲其骁，益多益喜，乃有倚竿、带剑、狼壶、豹尾、龙首之名。其尤妙者，有莲花骁。"[26]骁投的方法更加精妙丰富，并衍生出名目繁多的投法。骁投的出现改变了以往单调的一次性投法，往复多次的接投过程增加了投壶游戏的趣味性。除骁投以外，还出现了许多创意性的投法，如闭着眼睛投矢的"闭目而投"，以及在壶前摆放屏风的"隔障而投"等。邯郸淳《投壶赋》中还记载了交叉投法、左右开弓投法以及在壶口摆放树枝等障碍物的投法。

随着投掷方法的革新，投壶的比赛规则与计分方法也有所变化。在游戏规则方面，单局投矢数量从4支增加到6支。河南南阳沙岗店出土了一件描绘汉代投壶场景的画像石[27]（图5-1-12），画面中央的两位投者一手捧4支矢，另一手握1支矢准备投掷，投壶口部还插有2支矢，共计12支矢，由此可以推知单局投矢数量为6支。在计分方法方面，出现了"耳算"计分法。壶耳的出现使得计"算"方法也有所调整，增加了得分更高的耳算，因为耳的口径小于壶口，投中需要更费心思，所以奖赏更多。此外，投掷难度越大的投法，得分越高，如晋代虞潭《投壶变》载："带剑十二，倚十八，狼壶二十，剑骄七十。"[28]这三种投法投中的概率较低，因此可以获得更高的得分奖赏。

---

[24]〔清〕阮元校刻《十三经注疏》清嘉庆刊本，中华书局，2009，第3616页。
[25]〔晋〕葛洪：《西京杂记》卷第五，周天游校注，三秦出版社，2006，第247页。
[26]〔北齐〕颜之推撰，张霭堂译注《颜氏家训译注》第十九，齐鲁书社，2009，第255页。
[27]中国画像石全集编辑委员会编，王建中主编《中国画像石全集·河南汉画像石》，河南美术出版社，2000，第86、87页。
[28]王叔岷：《慕庐论学集》，中华书局，2007，第471页。

图 5-1-12　汉画像石《投壶图》[29]

（三）政治主张影响下的复礼投壶游戏

唐宋时期，投壶游戏总体延续娱乐化的发展趋势，不过司马光依据封建礼教思想对投壶游戏进行改造，兴起了投壶复礼运动。他所作的《投壶新格》一书，对投壶游戏的投法与计分规则进行礼制化改造，继承并深化了《礼记》中倡导的以壶观德的理念，是其投壶复礼思想的集中体现。

司马光根据矢投入壶的不同部位进行计分，分为计分、不予计分以及视情况计分 3 种。首先，对于计分的招式，司马光将其分为“矢本入者”“矢本贯耳者”“骁箭”三类。第一类，“矢本入者”是指将“本（矢头）”先投入壶口的投法，包括“有初”“连中”“全壶”“有终”“散箭”5 种招式。司马光重视“本末”秩序，投壶游戏中以矢头一端先投入壶的投者象征着能够把握“本末”秩序[30]。第二类，“矢本贯耳者”是指矢头入壶耳的投法，包括“贯耳”“有初贯耳”“连中贯耳”3 种招式。司马光认为投入窄小的贯耳是投者专注用心的结果，故可计分。第三类，“骁箭”是指矢多次弹出并继续接投的投法。司马光认为：“投而不中，箭激反跃捷而得之，复投而中者也。为其已失，而复得之不远，复善补过者也，故赏之。若复投而贯耳者，其算别计。复投而不中者，废之。”[31] 意思是箭矢从壶里反弹出来，应该不算分，但由于投者抓住了箭矢并再次投中，属于将功补过的性质，故恢复计分。

其次，对于不予计分的招式，司马光规定了“败壶”“倒中”“倒耳”3 种。“败壶”是指投了 12 支矢都没有命中的情况。司马光认为投壶是治心之道，屡投不中反映了人心疏怠，缺乏应有的德行修养。“倒中”“倒耳”是指以矢末一端投入壶口或壶耳的情况，这两种招式比“败壶”性质更为恶劣。司马光认为“明顺逆”是一项重要德行，出现以上两种本末倒置的投法意味着伦理关系的颠覆，故不予计分。不仅如此，即便先前有矢入壶，其得分也一律作废。

[29] 南阳汉画馆，http://www.nyhhg.com/gongkaicangpin/689.html，访问日期：2023 年 6 月 15 日。

[30] 何儒育：《论司马光投壶新格之义理内涵》，《书目季刊》2012 年第 3 期。

[31] 曾枣庄主编《宋代序跋全编》，齐鲁书社，2015，第 252 页。

最后，对于视情况计分的招式，共有8种，包括横耳、横壶、倚竿、龙首、龙尾、狼壶、带剑、耳倚竿。横耳和横壶分别是指矢横置于壶耳与壶口，这两种招式是偶然为之，只保留基本得分，不额外加分。其余6种招式因文献版本差异，招式记录也不尽相同，不过先前投入的矢一旦自行坠地或被后矢击落，其先前得分也要作废。

从上述投壶游戏规则的改革可以看出，司马光认为投壶游戏不只是一种娱乐方式，更是仁义和中庸的物质载体与修身观德的教化手段。他按照礼的标准来规范投壶游戏方法与计分规则，从某种程度上限制了投壶游戏的发展，故其建立的投壶规则只在宋代施行，并没有影响到后世投壶游戏娱乐化与世俗化的主流发展趋势。

（四）招式多样化的自由投壶游戏

明清时期出现了种类繁多的投壶游戏方法，其招式丰富程度远超历代。明代汪禔《投壶仪节》记述了明代主流的投壶仪礼和法度，提高了投壶游戏的健身性和娱乐性，并在司马光《投壶新格》的基础上新创了10种投壶招式，如及第登科、双凤朝阳、三教同流、戴冠拖入等，其部分招式名称反映出士人对科举入仕的强烈愿望。

《投壶仪节》中的招式按照投掷方法的差异，可以分为反弹式、互动式、顺投式、散投式、横投式5种类型。反弹式是指矢通过地面反弹入壶口，或矢入壶口后反弹出来的投法，包括及第登科和骁箭。互动式是指两人或三人通过互动的方式来投矢的投法，包括双桂联芳、全壶、背用兵机、三教同流。顺投式是指按照投矢顺序得分的投法，包括连中贯耳、有初贯耳、散箭。散投式是指单矢自由投掷的投法，包括戴冠拖入、有初、贯耳、横耳。横投式是指将投壶固定在柱子、杆子或地面上，横向投矢入壶口的投法，包括双凤朝阳、辕门射戟、蛇入燕巢。

由此可见，明代的投壶游戏较以往主要有三点不同。第一，出现了许多辅助投壶游戏的器具，如矮几、高柱、木杆、铁圈等。第二，投者的位置分布出现了二人对坐、二人背坐、三人“品”字形坐等多样化的站位形态。第三，在胜负的判定上取消了“算”的计分方式，改为达到固定招式标准即得分。

除了《投壶仪节》，还有明代郭元鸿《壶史》记载了93种招式，其中新创了横放倒置投壶、远投高捧投壶等投法。明代王汇征《壶谱》记载了132种投壶招式，新创了12矢齐发的投法。清代李汝珍《镜花缘》记述了“苏秦背剑”“鹞子翻身”“朝天一炷香”“张果老倒骑驴”等招式。明清绘画中也有描绘不同的投法姿势，如清代任熊《姚大梅诗意图册·投壶图》中的两人，分别背向投矢和躬身投

图5-1-13 《姚大梅诗意图册·投壶图》 任熊 清代[32]

矢（图5-1-13）。

综上所述，古代投壶游戏总的发展方向是从礼制工具逐步向游戏用具转变的过程。具体而言，投掷人数从两人发展为多人。投壶场地从三种固定的场地发展为多种灵活的场地。投掷方法从简单的抬手投掷发展为高难度的花式投掷。单局投矢数量从4支发展为6支乃至更多。计分规则从单一的投中壶口得分进阶为多样化的招式技巧得分。概言之，投壶游戏从重视过程的完整性逐步发展为追求游戏的娱乐性。

三、自上而下的投壶文化发展与传播

投壶作为一种古老的投掷游戏，在历史发展过程中，与人群、社会、文化等方面产生了广泛的互动。本节对投壶游戏的发展脉络及其社会关系展开历时性分析，尝试还原投壶游戏的整体面貌与历史演变。

（一）脱胎于射礼的宫廷宴饮投掷游戏

投壶最早是从春秋时期的射礼演化而来的，应用人群范围仅限于天子与诸侯。射礼是按照一定的规程所举行的弓矢竞技仪式，具有强健体魄与观人德行的效用。射礼分为大射、宾射、乡射、燕射4种，其中燕射是指天子与群臣宴饮娱乐或贵族之间举行宴会时所行的射礼，《周礼正义》记载："先行燕礼而射，即

[32] 庞志英编著《姚大梅诗意图册》，上海人民美术出版社，2010，第238页。

所谓燕射也。”[33]燕射的规则是四人为一组，每人射一箭，按组来评定射箭成绩。《诗经·大雅》中记载：“敦弓既坚，四鍭既钧，舍矢既均，序宾以贤。”[34]可见射箭活动对宾客的体能素质与技巧水平有较高要求。然而有些宾客因为身体欠佳而无法张弓射箭，需要采用一种更为简易的方式来替代燕射，于是投壶应运而生。正如宋代学者应镛所言：“壶，饮器也，其始必于燕饮之间，谋以乐宾，或病于不能射也，举席间之器以寓射节焉。”[35]由此可见，投壶的诞生是时代演进的产物，一方面保留了射礼仪式中“礼”的精神内核，另一方面也照顾了参与者实际的身体状况。

战国时期，投壶风靡于士大夫阶层。《史记·滑稽列传》记载：“若乃州闾之会，男女杂坐，行酒稽留，六博投壶，相引为曹，握手无罚，目眙不禁。”[36]此时投壶仍应用于筵席场景，气氛轻松活跃，男女之间自由混座，以饮酒、六博、投壶取乐。可见战国时期投壶的流行范围开始从帝王阶层扩散，同时投壶的性质出现了从礼仪向娱乐的发展转向。

（二）军中投壶的流行与宗教功能的拓展

汉魏六朝时期，投壶突破礼仪的束缚，更加注重娱乐性，并广泛流行于军队之中。众多军事将领喜爱投壶游戏，认为在战争期间开展投壶有着稳定军心和提振士气的作用。汉代儒将祭遵在军旅生涯中就保持了投壶的习惯，《后汉书》“遵为将军，取士皆用儒术。对酒设乐，必雅歌投壶”[37]，是说将领王澄面对敌军的进攻，在情况不利之时仍能镇定投壶。《晋书》载：“（杜弢）南破零桂，东掠武昌，败王机于巴陵。澄亦无忧惧之意，但与机日夜纵酒，投壶博戏，数十局俱起。”[38]将领在危急时刻仍能投壶，展现了优秀的心理素质。袁绍在作战时也投壶娱乐。《献帝春秋》载：“袁绍闻魏郡兵反，与黑山贼等数万人共覆邺城……绍观督引满投壶言笑容旨自若。”[39]其行为证明了主将对战局高超的把握能力。

魏晋南北朝时期投壶活动还被纳入道教文化范畴，王褒《弹棋诗》：“投壶生电影，六博值仙人。”[40]葛洪《神仙传》：“玉女投壶，天为之笑。”[41]这是投壶在宗教领

[33]〔清〕孙诒让：《周礼正义》，汪少华整理，中华书局，2015，第3403页。
[34]王秀梅译注《诗经·下·雅颂》，中华书局，2015，第632页。
[35]〔清〕孙希旦：《礼记集解》卷五十六，沈啸寰、王星贤点校，中华书局，1989，第1384页。
[36]〔汉〕司马迁：《史记》，〔宋〕裴骃集解，〔唐〕司马贞索隐，〔唐〕张守节正义，中华书局编辑部点校，中华书局，1982，第3199页。
[37]〔宋〕范晔：《后汉书》卷二十，〔唐〕李贤等注，中华书局，1965，第742页。
[38]〔唐〕房玄龄等：《晋书》，中华书局，1974，第1240页。
[39]〔宋〕李昉等：《太平御览》，中华书局，1960，第3344页。
[40]丁福保编《全汉三国晋南北朝诗·全北周诗卷一》，中华书局，1959，第1563页。
[41]〔清〕永瑢等：《四库全书总目》卷一百六十三，中华书局，1965，第1398页。

域运用的拓展，其与道教仙境文化相结合，成为求仙问道之人的修炼之术。

（三）投壶的平民化与海外传播

唐宋时期，投壶游戏继续朝着游戏化和娱乐化的方向发展，参与投壶的人群范围扩散到民间百姓阶层。一方面，作为雅戏的投壶依然在唐代文人阶层兴盛。韩愈《郑公神道碑文》曰："与宾客朋游饮酒，必极醉，投壶博弈，穷日夜，若乐而不厌者。"[42]可见常伴风雅音乐的投壶游戏仍然是唐代文人宴饮时重要的娱乐项目。另一方面，投壶参与人群逐步下移至普通民众。宋代城市出现了许多面向普通百姓的娱乐场所，如《梦粱录·湖船》记载杭州的湖船中有投壶、打弹百艺等船，这些有投壶表演的游船，将投壶带入普通民众的生活之中。《武林旧事·西湖游幸》记载了西湖之上有表演"吹弹、舞拍、杂剧、杂扮、撮弄、胜花、泥丸、鼓板、投壶"等各式项目的艺人[43]，可见投壶已经发展成为百姓日常娱乐活动。

唐代，投壶开始传向国外。《旧唐书·高丽传》记载，高丽国人"好围棋投壶之戏，人能蹴鞠"[44]，可见投壶在海外受欢迎的程度。唐代中日两国进行了大规模的文化交流，投壶就于此时传入日本，日本正仓院目前还保留了唐代投壶实物。不仅如此，日本还对中国投壶游戏加以改造，使招式变化更为丰富，还在投壶基础上演化出一种名为"投扇兴"的贵族游戏。

（四）雅与俗并行发展的投壶游戏

明清时期，投壶演变成为一种纯粹的娱乐消遣活动，参与人群更加广泛，形成了文人雅戏和市井游戏两条演进路线。文人雅戏方面，《明史·儒林》载："门人李承箕，字世卿，嘉鱼人。成化二十二年举乡试。往师献章，献章日与登涉山水，投壶赋诗，纵论古今事，独无一语及道。"[45]描述了文人李承箕与陈献章投壶赋诗，谈古论今的情景。《列朝诗集》载："鹤字鸣野……其所自娱戏，琐至吴歈越曲，绿章释梵，巫史祝咒，棹歌菱唱，伐木挽石，薤词傩逐，侏儒伶倡，万舞偶剧，投壶博戏。"[46]是说嘉靖朝举人陈鹤的特长就是投壶。此外明代朱权《贯经》依据古礼，对投壶游戏进行了改造和发挥，将戒躁审慎的人生态度融入投壶游戏之中。

市井游戏方面，平民阶层热衷于投壶取乐。明代《金瓶梅》就有西门庆与妇人投壶取乐的描写："金莲把月琴倚了，和西门庆投壶……西门庆与妇人对

---

[42]〔唐〕韩愈撰，〔宋〕魏仲举集注《五百家注韩昌黎集》卷二十六，郝润华、王东峰整理，中华书局，2019，第1177页。

[43]〔宋〕周密：《武林旧事》卷第三，杨瑞点校，浙江古籍出版社，2015，第51页。

[44]〔后晋〕刘昫等：《旧唐书》，中华书局，1975，第5320页。

[45]〔清〕张廷玉等：《明史》卷二百八十三，中华书局，1974，第7262页。

[46]〔清〕钱谦益撰集《列朝诗集》丁集第十，许逸民、林淑敏点校，中华书局，2007，第4947页。

面坐着，投壶耍子。”[47]清代《镜花缘》也有众人投壶的记载：“只见林婉如、邹婉春、米兰芬、闵兰荪、吕瑞蓂、柳瑞春、魏紫樱、卞紫云八个人在那里投壶。林婉如道：‘俺们才投几个式子，都觉费事，莫若还把前日在公主那边投的几个旧套子再投一回，岂不省事。’”[48]由此可见，投壶在明清时期已经成为百姓阶层普遍流行的娱乐活动。此外，女性群体参与投壶游戏成为一种社会风尚。清代包栋《四条屏仕女图》表现了十位女性从不同角度投壶的场面，《古代仕女行乐图》描绘了两位女性投壶的场景，进一步证明了投壶游戏的广泛性。

结语

作为源自古代射礼的投壶游戏，是宫廷宴饮活动中的重要礼仪之一，其在民间盛行不衰，是流行时间长、流播区域广、参与群体广泛的投掷游戏。无论是从时空维度还是参与者的技艺维度来看，投壶游戏都呈现出较强的延续性和包容性。游戏规则和娱乐方式的革新促进了投壶器具形制的不断丰富，壶体从无耳壶发展为多耳壶，壶高持续增加、壶口变得狭窄、壶颈更为修长，矢也从前尖后粗的短矢演化为有镞头和尾翼的长矢。投壶形制的变化不仅提高了投掷难度，也促进了投掷招式的创新，使得游戏更具挑战性和趣味性，体现了娱乐器具与游戏规则之间相辅相成、互为驱动的关系，也昭示着古代游戏由易及难和由简至繁的总体发展态势。脱胎于宫廷宴饮礼仪活动的投壶游戏，也浸染了传统的礼乐制度与文化。古朴庄重的礼仪制度、井然有序的比赛流程、各司其职的辅礼人员和一应俱全的配套器物，无不透露出统摄于礼之下的投壶游戏具有维护等级制度与规范社会秩序的教化职能，而在投壶过程中演奏的雅乐则在听觉上营造了伦理教育氛围。此外，投壶还是道教文化的重要组成部分，不仅是玄学清谈人士备受推崇的娱乐活动，还被视为学道求仙的重要途径和内容。产生于春秋时期的投壶游戏延续千年，其主要参与群体从王公贵胄转变为平民百姓，体现了投壶游戏“自上而下”的世俗化发展历程。投壶游戏还流传到朝鲜、日本等地，其中日本对中国投壶加以改造，以扇代矢，发展出投扇游戏，在某种程度上也丰富了投壶游戏的表演形式。兼具庄重礼仪性与雅趣性的投壶游戏，为我们回溯古代礼仪制度和娱乐思想提供了宝贵的物质文化视角。

[47]〔清〕李渔：《李渔全集·第12卷·新刻绣像批评金瓶梅》上，浙江古籍出版社，1991，第346页。

[48]〔清〕李汝珍：《镜花缘》第七十四回，中华书局，2013，第361页。

第二节 兼具娱乐性与表演性的蹴鞠

蹴鞠是指以脚踢、蹋、蹴皮质球，又称为蹋鞠、蹴球、蹴圆、筑球、踢圆，这项兼具娱乐性与表演性的活动在中国古代广为流传，并在鞠球的形制特征、鞠赛的规则形式等方面反映出中国古代生活、娱乐方式与思想、文化观念的演变。

蹴鞠总体呈现出从刚健转变为文雅、从力量趋向于竞技、从竞技拓展至表演的发展面貌。鞠球的制作工艺由简易的毛发填塞进阶为精工细作的里缝与充气，形制完成从实心填充到空心充气的演变，轻便的球体促进了蹴鞠活动形式的创新。蹴鞠的竞赛形式由多球门鞠赛的初创、单球门鞠赛的兴起发展到无球门鞠赛的流行，使得鞠赛从直接的身体对抗、间接的准度比拼演化为自由的动作表演，由上至下地丰富了中国古代的娱乐生活。

本节主要围绕古代蹴鞠的历史演变、鞠球的设计形态以及鞠赛的竞技规则三个方面展开研究。第一部分将梳理中国古代蹴鞠的发展历程，总结蹴鞠在社会需求、文化思想共同作用下的演化特征。第二部分将着眼于填充与缝制技术对鞠球制作的影响，分析鞠球设计形态的发展。第三部分将具体分析中国传统蹴鞠的竞技形式，归纳三种不同类型蹴鞠竞赛的设施、人员、规则的变化，揭示古代蹴鞠活动中的合作思维与规则意识。

一、由游戏到集体训练及娱乐的蹴鞠

（一）源起游戏的蹴鞠运动

中国传统球类活动的历史可以追溯到原始社会时期。在这个时期，已有石球出现。随着技术的进步和需求的变化，石球逐渐演变为石质、陶制和皮质的球形游戏用具，并奠定了早期蹴鞠活动的雏形。从出土实物来看，新石器时代部分制作精致的石球、陶球以及绘有戏球场景的岩画，在一定程度上表明当时人们已经开始使用手工制作的球作为游戏用具，并用足踢、踏来娱乐玩耍。陕西西安半坡新石器原始村落152号墓出土的三枚大小适中、光滑

图5-2-1　四川珙县僰人悬棺崖岩画中的球类活动形象

规则的石球[1]明显异于普通生产石器，结合墓主的孩童身份、石球制作的精细程度以及石球置于足边的位置信息推测，该时期这些石球是作为足踢的游戏用具来娱乐使用的。重庆巫山大溪遗址出土的镂空彩陶球[2]表面镂挖陶孔刻画横纹、内部贮有弹丸砂粒，通过陶球镂空刻纹的多重装饰与摇晃出声的球体特征可以见得球类游戏用具在材质、造型、结构上的发展。四川珙县僰人悬棺崖岩画中绘有与球类相关的娱乐活动[3]（图5-2-1），其中有前置圆球、足作弓步的踢球形象，在一定程度上反映出该时期已出现踢球活动。结合西汉刘向《别录》、西汉帛书《经法·十大经·正乱》[4]、南宋《轩辕黄帝传》中所载的"黄帝作蹴鞠"的说法，推测原始社会时期已出现以踢、踏为主的球类活动。原始石球、陶球在功能上出现了娱乐分野，在造型上表现出从单一的物质追求到精神文化追求的转向。这些变化为后期蹴鞠活动的发展奠定了基础。

战国时期，制革技术的完善与娱乐需求的升级推进了这一以踢、踏为主的球类活动的发展。《说文解字》中载："鞠，蹋鞠也。从革，匊声。"[5]"鞠"为形声字，左边"革"为意符。结合《周礼·考工记》中有关攻皮之工的记载可知，鞠为一种皮革所制的球，应用于蹴鞠运动。《战国策·齐策》与《史记·苏秦列传》中载："临淄甚富而实，其民无不吹竽、鼓瑟、击筑、弹琴、斗鸡、走犬、六博、蹋鞠者。"[6][7]文中所称的"蹋鞠"即为蹴鞠。上述记载是目前发现较早记载蹴鞠的具体可信的文字资料，反映出战国时期蹴鞠就已作为一项主要的娱乐活动在民间开展。

（二）军事训练与乐舞表演并行的蹴鞠运动

两汉时期，蹴鞠的比赛规则更为规范，竞技属性得到强化，其活动范围也由

[1] 石兴邦：《新石器时代村落遗址的发现——西安半坡》，《考古通讯》1955年第3期。

[2] 汤斌、刘红艳：《四川博物院藏巫山大溪遗址出土彩陶球制作工艺研究》，《四川文物》2015年第6期。

[3] 陈兆复：《中国岩画发现史》，上海人民出版社，2009，第271、272页。

[4] 湖南长沙马王堆3号西汉墓出土的帛书《经法·十大经·正乱》中载："黄帝身遇之（蚩）尤，因而擒之。充其胃以为鞠，使人执之，多中者赏。"

[5]〔汉〕许慎：《说文解字》，〔宋〕徐铉等校，上海古籍出版社，2021，第68页。

[6] 缪文远、罗永莲、缪伟译注《战国策》，中华书局，2006，第260页。

[7]〔汉〕司马迁：《史记》，〔宋〕裴骃集解，〔唐〕司马贞索隐，〔唐〕张守节正义，中华书局，1982，第2257页。

平民式的消闲娱乐扩展至常规性的军事训练与观赏性的乐舞表演。《鞠城铭》中载："圆鞠方墙，仿象阴阳。法月衡对，二六相当。建长立平，其例有常。不以亲疏，不有阿私。端心平意，莫怨其非。鞠政由然，况乎执机。"蹴鞠是使用圆形的鞠球在四周围着墙的方形场地上开展的活动，象征着天圆地方，暗含着阴阳相对；效法一年12个月份来设置规模，明确活动中分为两方且每方有6人开展对阵；设立长者（裁判员）以维护竞赛的公平，并制定有统一不变的常用规则；要求裁判长者不能亲疏有别、怀揣私心；要求活动者端正心态、心平气和，不要抱怨裁判的裁决。仅蹴鞠就这样讲究规矩、秩序井然，更何况掌握着国家权力的人们呢。可见当时的蹴鞠在器物形制、活动场地、参赛制度、裁判要求等方面已有明确具体的规定，开始了蹴鞠从民间娱乐活动到竞技竞赛的演进。

该时期规范化的蹴鞠既可以用于军事训练以提升士兵体力与耐力，又可以用于宫廷宴会表演取乐。在军事训练方面，由于西汉以后军制演变，为了锻炼士兵的体质和意志，蹴鞠作为一种体育锻炼手段被引入军队并受到重视。《别录》中载："蹋鞠，兵势也。所以练武士， 知有才也。皆因嬉戏而讲练之。"蹴鞠暗含出兵打仗的战术原则，通过蹴鞠运动能锻炼士兵，提升他们的技能，因此蹴鞠是军事训练的重要手段。西汉时期已将蹴鞠应用于军事练兵当中，蹴鞠的运动规则与战术原则呈现"术"的相关性，反映出当时所开展的蹴鞠运动在军事方面的功能。《七略》中载："蹋鞠，其法律多微意，皆因嬉戏以讲练士，至今军士羽林无事，使得蹋鞠。"[8] 进一步说明演武场上开展蹴鞠用于考察士兵军事求胜能力。在乐舞表演方面，稳定宽松的社会环境使得汉代的休闲风气日渐兴盛，形成了具有表演性质的蹴鞠舞。《东方朔传》中载："董君贵宠，天下莫不闻。郡国狗马蹴鞠剑客辐凑董氏。常从游戏北宫，驰逐平乐，观鸡鞠之会，角狗马之足，上大欢乐之。"[9] 董偃为了满足汉武帝的休闲需要，从民间召集了擅长蹴鞠的伎人举办蹴鞠比赛以供观赏。由此可见，此时已出现以蹴鞠运动谋生的表演群体以及特定的赏乐群体。河南登封启母阙上雕刻的《蹴鞠图》刻画了一名高髻长袖女子跃起踢球，两人在一旁伴奏的画面（图5-2-2a），鞠者优美的动作似有舞蹈的韵律感。这也是目前所见女性较早参与蹴鞠活动的图像。河南南阳出土的乐舞百戏画像石描绘了乐舞蹴鞠的场景（图5-2-2b），画像右起第一人脚踏双鞠而舞，第二人双手按樽呈倒立状，第三人双臂挥动作舞蹈姿势。左边三人均为奏乐者。可见，乐舞表演中的蹴鞠在形式上注重表演者动作姿态的展现。该时期蹴鞠

[8]〔清〕严可均辑《全上古三代秦汉三国六朝文·全汉文》，中华书局，1958，第705页。

[9]〔汉〕班固：《汉书》卷六十五《东方朔传》第三十五，〔唐〕颜师古注，中华书局编辑部点校，中华书局，1962，第2855页。

图5-2-2 汉代出土的石阙与画像石上的蹴鞠图像[10][11]

出现专业化发展，在军事训练方面蹴鞠成为综合技能训练的重要方式，在乐舞表演方面蹴鞠使得当时的休闲娱乐方式更加丰富。

（三）生活化和娱乐化的蹴鞠运动及对外传播

隋唐时期，蹴鞠基本失去了军事训练用途，转而出现生活化和趣味性的特征，进一步发展成为一项民间娱乐运动。唐代寒食节期间流行蹴鞠的花式踢法"白打"，即无球门的多人散踢鞠赛。杜甫《清明二首》诗云："十年蹴鞠将雏远，万里秋千习俗同。"[12] 寒食节期间多地都有玩蹴鞠的习俗。王建《宫词》云："寒食内人长白打，库中先散与金钱。"[13] 寒食节的宫廷同样流行蹴鞠，国库还会提供金钱来奖赏白打游戏的优胜者。此外，唐代蹴鞠艺人出现了女性群体，以将蹴鞠踢高为能事。徐松《唐两京城坊考》载："有三鬟女子穿木屐于道侧槐树下，值军中少年蹴踘，接而送之，直高数丈，超独异焉。"[14] 女子穿着木屐能将球踢高数丈，从中可见唐代蹴鞠表演性技艺的提升以及表演群体规模的拓展。

隋唐之际，蹴鞠陆续东传到朝鲜、日本等国并向西传影响西亚诸国。据相关史籍记载，唐时朝鲜的娱乐活动中出现了蹴鞠，《旧唐书》载："高丽……国人衣褐戴弁，妇人首加巾帼，好围棋投壶之戏，人能蹴鞠，食用笾豆。"[15] 由此推测蹴鞠于唐代传入朝鲜。与此同时，蹴鞠也传入了日本。8世纪的史书《日本书纪》中载："皇极天皇三年，正月，在法兴寺的樟树下，中大兄皇子（后来的天智天皇）

[10] 吕品：《中岳汉三阙》，《河南文博通讯》1979年第2期。

[11] 闪修山、陈继海、王儒林编《南阳汉代画像石刻》，上海人民美术出版社，1981，图5。

[12] 黄仁生、罗建伦校点《唐宋人寓湘诗文集》卷二，岳麓书社，2013，第87页。

[13]〔清〕彭定求等编《全唐诗》，中华书局，1960，第8981页。

[14]〔清〕徐松撰，〔清〕张穆校补《唐两京城坊考》，方严点校，中华书局，1985，第108页。

[15]〔后晋〕刘昫等：《旧唐书》，中华书局，1975，第5320页。

打毬时，皮鞋和球一同飞出。”[16] 此处打毬就是蹴鞠，可见该时期的日本已经有了蹴鞠。蹴鞠的对外传播，为中国传统娱乐方式与娱乐文化的传播与演变带来了重要意义。

（四）由上至下流行的蹴鞠运动

宋元是蹴鞠运动最为流行的时期，其技术水平、娱乐价值、普及程度均达到历史高峰。蹴鞠首先受到皇家贵族的喜爱和推崇，继而带动了民间的流行，共同促进了蹴鞠的发展进入全盛期。宋代皇帝和大臣热衷蹴鞠活动，元代钱选《宋太祖蹴鞠图》描绘了宋太祖赵匡胤和宋太宗赵光义蹴鞠的场景，赵普、党进、楚昭辅、石守信等大臣在一旁观看（图 5-2-3）。《宋史・乐志》中载："每春秋圣节三大宴……第十二，蹴鞠……第十九，用角抵。"[17] 宋代将蹴鞠纳入朝廷筵席的官方表演项目。北方地区的辽国受到宋朝影响，也将蹴鞠列入宴会节目，《辽史・乐志》中载："皇帝生辰乐次……酒六行，筝独弹，筑球。"[18] 其中筑球意为脚踢蹴鞠，观赏蹴鞠表演与饮酒、赏乐共同作为辽国皇帝生辰宴会中的主要活动。由此可见，宋代的上层阶级无论是对开展蹴鞠活动还是观赏蹴鞠表演都具有较高的兴致。

图5-2-3 《宋太祖蹴鞠图》（局部） 钱选　元代[19]

[16] 武恩莲：《蹴鞠东传及在日本之演变》，《体育文史》1993 年第 4 期。
[17]〔元〕脱脱等：《宋史》，中华书局，1985，第 3348 页。
[18]〔元〕脱脱等：《辽史》，中华书局，1974，第 891 页。
[19] 中华珍宝网，https://g2.ltfc.net/view/SUHA/6249e4dbcc361211f259efc6，访问日期：2023年6月14日。

与此同时，在民间出现了专门的蹴鞠艺人、社团组织、专业书籍和商业机构。据《武林旧事》《梦粱录》记载，宋代瓦舍中最受欢迎的表演项目就有蹴鞠，并出现了专业的蹴鞠表演艺人，如浑身眼、李宗正、张哥等人。艺人技艺高超，《水浒传》描写高俅踢球的特点为“这气球一似鳔胶粘在身上的”[20]。沈榜《宛署杂记》记载了郭承义“自弄一球，能使球沿身前后上下，终日飞动不坠”[21]，展现出宋代蹴鞠艺人娴熟的动作姿态与高超的控球能力。蹴鞠艺人组织在一起形成专门的社团，称为齐云社或圆社，《蹴鞠谱》载：“夫蹴鞠者，儒言蹴鞠，圆社曰齐云。”[22]齐云社作为开展蹴鞠活动的重要组织承担着多项职责：其一是发展组织成员并保障社团纪律；其二是组织蹴鞠竞赛，评定艺人鞠艺等级；其三是宣传推广蹴鞠运动。宋代的蹴鞠社团对蹴鞠的成员规模、比赛规则等方面进行了明确规范，在一定程度上推动了宋代民间蹴鞠的发展与蹴鞠技巧的丰富。蹴鞠运动的普及兴盛使得宋代出版了大量关于蹴鞠的专业书籍，如陈元靓《事林广记・戊集》、汪云程《蹴鞠图谱》和无名氏《蹴鞠谱》等，所涉内容包括蹴鞠的形制工艺、比赛技巧、社团组织等。随之而来的是制鞠手工业的进步，出现了专门制作蹴鞠的作坊以及售卖的商品蹴鞠。《蹴鞠图谱》记载的商品蹴鞠品牌有24种，《蹴鞠谱》记载的则多达41种，为蹴鞠的传播延续留下了重要的文献资料。

宋元时期，蹴鞠活动的女性群体规模进一步扩大。元代邓玉宾《仕女圆社气球双关》载：“似这般女校尉从来较少，随圆社常将蹴鞠抱抛，占场儿陪伴了些英豪。”[23]校尉为齐云社艺人中的最高等级，由此可见元代女性蹴鞠艺人的技艺高超。关汉卿《女校尉》载：“谢馆秦楼，散闷消愁，惟蹴鞠最风流，演习得踢打温柔，施逞得解数滑熟。”[24]女性群体开展的蹴鞠活动具有脚法轻柔与招数熟练的特点，体现出蹴鞠较强的表演性与观赏性。中国国家博物馆收藏的宋代蹴鞠纹铜镜（图5-2-4），表面纹饰就刻画了四位青年男女共同蹴鞠游戏的场景。

图5-2-4 中国国家博物馆收藏的宋代蹴鞠纹铜镜[25]

（五）趋于衰落的明清时期蹴鞠运动

明代开始，蹴鞠的活动形式并无明显创新，在锻炼身体、比赛竞技等方面的效用大为降低，社会价值逐步下降。明太祖时期取消了宫廷蹴鞠表演并禁止了军营蹴鞠训练，蹴鞠运动不再被统治者所重视，成为一项单纯的观赏性娱乐活

[20]〔明〕施耐庵、〔明〕罗贯中：《水浒传》，中华书局，2009，第12页。

[21]徐永昌编《文物与体育》，东方出版社，2000，第24页。

[22]刘秉果：《体育史料》第12期《中国古代足球史料专集》，华夏出版社，1987，第1页。

[23]隋树森编《全元散曲》，中华书局，1964，第308页。

[24]〔元〕关汉卿：《关汉卿集》，马欣来辑校，三晋出版社，2015，第323页。

[25]中国国家博物馆，https://www.chnmuseum.cn/zp/zpml/csp/202008/t20200826_247464.shtml，访问日期：2023年6月14日。

图5-2-5 《明宣宗行乐图》（局部） 佚名 明代[26]

动。《明宣宗行乐图》所描绘明宣宗朱瞻基在御园观赏蹴鞠活动的场景（图5-2-5）以及《金瓶梅》中有关西门庆观看李桂姐踢球的记载，共同反映出蹴鞠以技巧性的表演为活动形式，主要作为一项观赏性的娱乐项目用于取悦上层阶级。同时因受到上层管制与社会风尚的影响，民间蹴鞠也逐渐开始走下坡路。因这一娱乐化发展趋势，蹴鞠原生的对抗性与竞技性不断被弱化，从而限制了这项活动的发展。

清代初年，蹴鞠趋于消亡，只在特定时间和区域开展。例如，北京白云观在每年正月十九日当天，会举行包括蹴鞠、走马、击球等一系列娱乐活动。此外，满族人将冰戏与蹴鞠融合，创造出冰上蹴鞠，但这种汇总项目只适合在大型皇家冰戏中表演，因受自然条件的约束，难以大范围推广。蹴鞠活动的局限、其他娱乐活动的冲击以及近代足球的传入，使得传统蹴鞠活动逐渐失去主流关注与推崇以致衰落。

二、由实心填充到空心充气的鞠球

鞠球设计是中国蹴鞠文化的物质载体，本节将对鞠球的形制、材料、工艺等

[26] 故宫博物院，https://www.dpm.org.cn/collection/paint/228988.html，访问时间：2023年6月14日。

方面展开研究，探寻其设计特征与演变规律。

实心鞠球最早出现于汉代，鞠体外壳为皮质，内部填充毛发。汉代班固《汉书·艺文志》载："鞠，以皮为之，实以物。"[27] 表明汉代鞠球是外部裹皮，内部填满物品的实心球。汉代扬雄《法言》载："捖革为鞠。"[28] 说明汉代已经有了制作蹴鞠的皮革加工工艺。关于实心鞠球，尚秉和《历代社会风俗事物考》一书评价道："中实以毛，则轻而易起。外挽以革，则坚实不坏，一球可用数年，且轻重适宜，不惟无走气之嫌，亦无太轻之弊，故抵力足而起落灵敏。"[29] 意思是实心蹴鞠具有重量适中、弹性灵敏且坚固耐用的特点。

西汉时期，出现了一种名为毛丸的实心鞠球，鞠体用毛发纠缠制成，外部用绳线捆扎定型。1979年，甘肃敦煌马圈湾烽燧遗址出土了一件西汉毛丸鞠球，直径约10厘米，内填毛发丝绵，外用细麻绳和白绢搓成的绳捆扎成扁圆形（图5-2-6）。东汉应劭《风俗通》曰："毛丸谓之鞠。"[30] 表明毛丸就是一种鞠球。晋代郭璞《三苍解诂》云："鞠，毛丸，可蹋戏。"[31] 说的是毛丸可用于踢打。相对于外裹皮革的鞠球而言，毛丸鞠球制作相对简单，但由于表面缺乏皮革保护，其耐用性会差一些。

空心鞠球最早出现在唐代，在宋代广泛流行，至明清时期仍在沿用。其中充气工具"揎"（图5-2-7）为鞠球内部由实物填充转向空心充气起到至关重要的作用。《蹴鞠图谱》载："打揎，添气也。事虽易而实难。不可太坚，坚则健色

图5-2-6 甘肃马圈湾烽燧遗址出土的西汉毛丸鞠球[32]

[27]〔汉〕班固：《汉书》，〔唐〕颜师古注，中华书局编辑部点校，中华书局，1962，第2489页。

[28]〔汉〕班固撰，〔清〕王先谦补注《汉书补注·艺文志第十》，商务印书馆，1959，第3196页。

[29]尚秉和：《历代社会风俗事物考》，中国书店，2001，第352页。

[30]王叔岷：《史记斠证》，中华书局，2007，第2910页。

[31]中国科学院图书馆整理《续修四库全书总目提要》，中华书局，1993，第1178页。

[32]作者拍摄于甘肃省博物馆。

图5-2-7　临淄足球博物馆藏唐宋时期的揎[33]

浮急，蹴之损力，不可太宽，宽则健色虚泛，蹴之不起，须用九分着气，乃为适中。”[34]揎是一种皮质鼓风器，也称皮橐。揎的前端是一根充气针，中部为储气皮囊，后端为两个可供打气开合的手柄。给蹴鞠打气只需打九成满，过满则太硬，踢之费力；过少则缺乏弹力。揎的应用在优化鞠球结构、提升鞠球制作效率与可玩性、降低鞠球重量与成本等方面具有重要意义，在一定程度上影响了鞠球结构的发展。

唐代空心鞠球由用两片皮合成的球壳转变为用八片尖皮缝成圆形的球壳，形成更圆更饱满的球。唐代仲无颇《气毬赋》中载：“尽心规矩，初因方以致圆。假手弥缝，终使满而不溢。”[35]这里记述了鞠球的制作要领，即将皮革裁成固定尺寸的方片，然后手工缝制成圆球形。《全唐诗话・卷五・皮日休》中载：“八片尖皮砌作毬，火中燖了水中揉。一包闲气如常在，惹踢招拳卒未休。”首先，唐代的气球是用八片皮革缝制成的，比汉代的两片皮子缝制工艺自然复杂许多；其次，制造球的过程虽然不具体，但皮子的制作工艺颇为讲究，大约要经过火烤、水泡，内胞是要打气的，已经类似于现代足球的制作方法。从“惹踢招拳”来看，皮球不但要踢，还可以拳打，就是用手去打击。关于空心蹴鞠的特点，《气毬赋》载：“气之为毬，合而成质，俾腾跃而攸利，在吹嘘而取实。”[36]表明空气蹴鞠重量轻盈且富有弹性，有利于空中腾跃。唐代王维《寒食城东即事》“蹴鞠屡过飞鸟上”[37]，是说蹴鞠踢到空中的高度可高过飞鸟，可见其轻巧程度。充气球弹性好而且轻便，有利于腾跃，它的出现使古老的蹴鞠活动发生了根本性的变化，蹴鞠开始向高空发展，并出现了多种趣味性的娱乐踢法[38]。

宋代空心蹴鞠的制作工艺更为成熟，鞠皮数量有所增加，缝制更加科学，鞠体重量也有所规定。首先，宋代鞠壳的皮瓣数量从唐代的8瓣增加到12瓣，《蹴鞠谱》指出，宋代蹴鞠皮瓣的数量和形制为“香皮十二，方形地而圆象天”[39]，

[33] 作者拍摄于临淄足球博物馆。

[34] 刘秉果编著《体育史料》第12期《中国古代足球史料专集》，华夏出版社，1987，第58页。

[35]〔清〕董诰等编《全唐文》卷七百四十，中华书局，1983，第7655页。

[36] 同上。

[37] 张进、侯雅文、董就雄编《王维资料汇编》，中华书局，2014，第84页。

[38] 崔乐泉：《考古发现与唐宋时期的体育活动》，《考古》2008年第7期。

[39] 刘秉果：《体育史料》第12期《中国古代足球史料专集》，华夏出版社，1987，第23页。

即制作一个蹴鞠需要12瓣方形鞠皮。其次，出现了鞠皮里缝工艺，《蹴鞠谱》载："熟硝黄革，实料轻裁，密缝裁成，侵萉不露线角。"[40] 鞠皮选材硝过的软皮，采用里缝法缝合鞠皮，即更加圆润光洁。最后，《蹴鞠谱》规定蹴鞠的重量是"正重十四两"，古代的衡器16两为1斤，14两约合现在的430克，其重量与现代足球比赛用球基本接近[41]。

综上所述，鞠球从填充毛发的实心球演变为充气的空心球。鞠球的片数逐渐增加（图5-2-8），使得球体越来越接近圆形，并且随着制鞠片数的增加，鞠的弹性得到提升，从而丰富了蹴鞠运动的形式。制鞠工艺的提高促进了蹴鞠形制的改变以及蹴鞠活动的丰富和普及。

图5-2-8 4片、6片、8片、12片形制的鞠球[42]

三、由多球门、单球门到无球门的鞠赛

根据蹴鞠比赛的球门数量，可将其划分为多球门鞠赛、单球门鞠赛和无球门鞠赛三种类型。多球门鞠赛主要在汉代流行，南北朝时消亡[43]，主要流行于宫廷与官宦之家。比赛注重身体对抗，具有提升球员体质、增强军事能力及战术配合能力的作用，同时具有一定观赏性。单球门鞠赛始于唐代，是从汉代多球门鞠赛演变而来，主要流行于唐宋时期，明代仍有少量沿用。单球门鞠赛主要在上层社会流行，参赛人员多为专业球员，比赛注重传射的精准度。无球门鞠赛是指不用球门的多人散踢，俗称白打。该形式起源于汉代民俗"寒食蹴鞠"[44]，唐宋时期广为流行，明清时期仍是主流的蹴鞠运动形式。无球门鞠赛在宫廷与民间都十分流行，参赛人员身份自由，比赛动作花样繁多。本节将围绕比赛设备、参赛人员、比赛规则三个方面展开分析。

（一）追求公正竞赛与身体对抗的多球门鞠赛

多球门鞠赛是指两队在有多个球门的场地上进行比赛（图5-2-9），《鞠城

[40] 刘秉果：《体育史料》第12期《中国古代足球史料专集》，华夏出版社，1987，第38页。
[41] 崔乐泉：《中国古代蹴鞠》，《管子学刊》2004年第3期。
[42] 作者拍摄于淄博足球博物馆。
[43] 刘秉果、赵明奇、刘怀祥：《蹴鞠：世界最古老的足球》，中华书局，2004，第44页。
[44] 同上书，第12页。

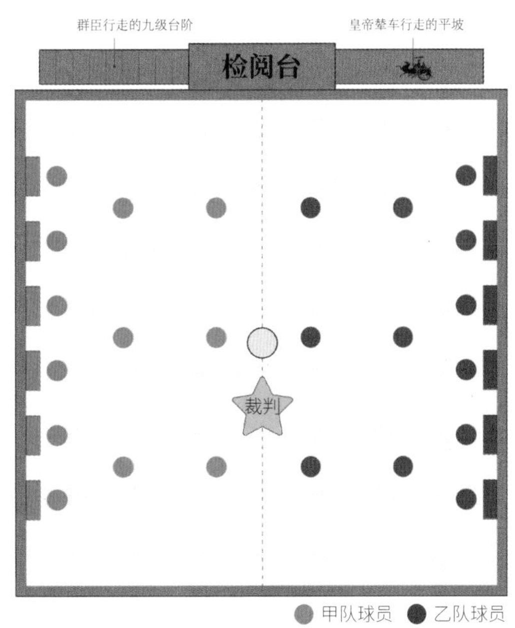

图5-2-9　汉代多球门鞠赛示意图

铭》中“法月衡对，二六相当”在一定程度上反映出汉代鞠赛的多球门特征。

赛场设在有检阅台的方形高墙之内，检阅台两侧有专用的观赛通道。“圆鞠方墙”说明鞠场设在方形高墙之内。鞠场被称为鞠城，空间较大，且设有专门的检阅台来观看比赛。西汉刘歆《七略》载：“王者宫中必左城而右平，城犹国也，言有国当治之也，蹴鞠亦有治国之象，左城而右平。”[45]说明鞠城内有一个“左城右平”的检阅台。关于检阅台的具体样式，李善在《文选·西京赋》中描述道：“城，限也，谓阶齿也。天子殿高九尺，阶九齿，各有九级，其侧阶各中分左右，左有齿，右则滂沱平之，今辇车得上。”[46]意思是检阅台高度为九尺，分为左右两侧，左侧是供群臣行走的九级台阶，右侧是供皇帝辇车行走的平坡。

参赛人数为两队各12名球员上场，每队有6个球门，每个球门前站1位守门员。“法月衡对，二六相当”这句话有两位唐人对其注释。其一是唐代李善《文选》的注文：“二六盖鞠室之数，而室有一人也。”[47]鞠室就是球门，也就是说场上两队各有6个球门，球门前站有1人。其二是唐代吕延济注文道：“二六对陈，十二人也。”[48]这段文字表明汉代蹴鞠比赛每队上场人数为12人。

比赛设有专门的裁判来保障竞赛的公平，球员要服从裁判的指令。“建长立平，其列有常”，意为比赛要设立裁判，裁判执法需遵循条例规定。“不以亲疏，不有阿私。端心平意，莫怨其非”，意思是裁判要秉公执法，不能因为亲疏关系而有任何偏袒。同时球员要心平气和，服从裁判的判罚。

---

[45]〔清〕严可均辑《全上古三代秦汉三国六朝文·全汉文》卷四十一《刘歆·七略》，中华书局，1958，第704页。

[46]高步瀛：《文选李注义疏·西京赋》，曹道衡、沈玉成点校，中华书局，1985，第282页。

[47]龚克昌等评注《全三国赋评注》，齐鲁书社，2013，第514页。

[48]同上书，第356页。

多球门鞠赛有着激烈的身体对抗，常见的比赛技巧是摔推与快跑。何晏《景福殿赋》记载汉代蹴鞠比赛风格是“僻脱承便，盖象戎兵”[49]，“僻脱”意为摔推与摆脱。这原本属于汉代摔跤的方法，运用到鞠赛之中，可见其对抗之激烈。对付摔推的方法是快跑，《许昌宫赋》载：“二六对而讲功，体便捷其若飞。”[50]说明快速奔跑是赛场上一项重要技能。

（二）注重射门精准度与团队配合的单球门鞠赛

单球门鞠赛是指两队在设有一个高球门的场地上进行的比赛。单球门鞠赛最早出现于唐代，宋代马端临《文献通考》载：“蹴球盖始于唐，植两修竹，高数丈，络网于上为门以度球。球工分左右朋以角胜负否，岂非蹴鞠之变欤？”[51]这段文字大致描述了唐代单球门鞠赛的基本特征，即用两根竹子结网立于地面作为球门，两队分别位于球门两侧，以进球多的一方为胜。

单球门鞠赛的场地大小比较灵活，只需要一块空地并在鞠场中央立一个高球架即可。《隋唐演义·齐国远漫兴立球场》描写了宇文惠及在长安改造球场的故事，文中写道：“把父亲的射圃讨了，改做个球场……射圃上有一二十处抛场。”[52]一块习射场地可以改造成一二十块鞠场，可见鞠场面积并不大。

单球门鞠赛采用高球门架，其上方设有一个用于射门的小球洞。球门架的高度不同时期有所不同，唐代球门架的高度在宋代马端临《文献通考》中模糊地记为“数丈”。宋代球门架的尺寸基本定型，宋代孟元老《东京梦华录》载：“殿前旋立球门，约高三丈许，杂彩结络，留门一尺许。”[53]指明球门架的高度是

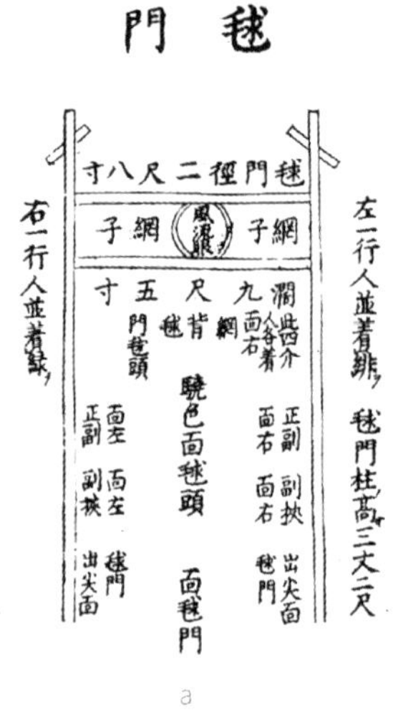

a

b

图5-2-10　古籍中的球门架图像[54]

[49] 龚克昌等评注《全三国赋评注》，齐鲁书社，2013，第356页。

[50] 同上书，第510页。

[51]〔元〕马端临：《文献通考》，中华书局，2011，第4421页。

[52]〔清〕褚人获编著《隋唐演义》，中华书局，2009，第113页。

[53]〔宋〕孟元老：《东京梦华录》，大象出版社，2019，第69页。

[54] 刘秉果：《体育史料》第12期《中国古代足球史料专集》，华夏出版社，1987，第28、65页。

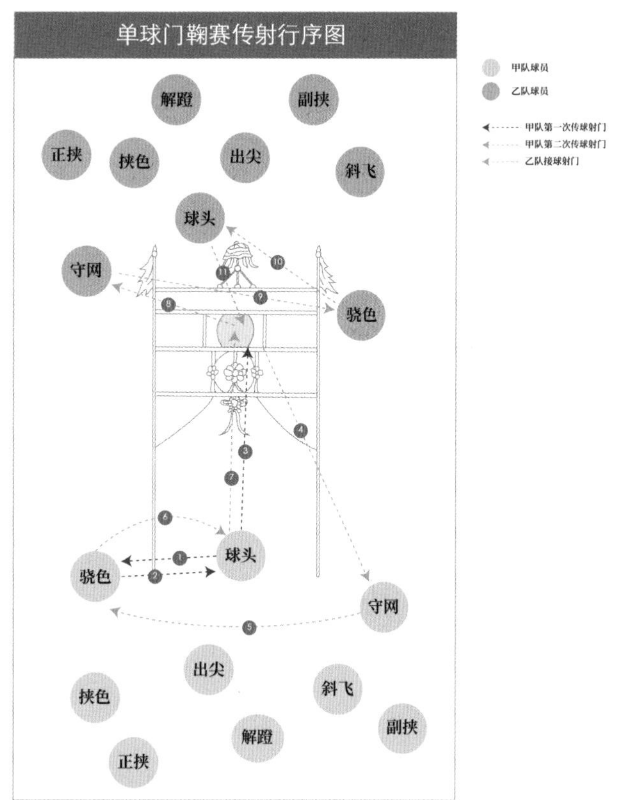

图5-2-11　单球门鞠赛传射顺序图

三丈多，球洞直径一尺。南宋陈元靓《事林广记》标注了球门架的具体尺寸（图5-2-10a），球门柱高度为三丈二尺，宽度为九尺五寸，球洞直径二尺八寸。明代球门架的尺寸与宋代基本相同，但装饰更为华丽。明代《蹴鞠谱》中的球门架宽度记为九尺五寸（图5-2-10b），球洞直径二尺。球门柱的顶部中央位置立有伞罩，两侧设有日月旗，门柱有各种饰物。门柱下方绑有增加牢固度的短柱，加之复杂的装饰用品，应该是一种用于宴会表演的可拆卸的球门架。

参赛球员人数可以是9人、12人或16人。《蹴鞠图谱·球门人数》记载："都部署校正、社司、知宾、正挟、副挟、解蹬、毬（球头）、挟色、主会、守网、节级、骁色、会干、都催、左军、右军、出尖、斜飞。"[55]记载的角色虽多，但大部分都是圆社主事人员，实际参赛人数只有9人。《武林旧事·祇应人》记载："筑球军，陆宝等二十四人。"[56]两队总人数24人，每队12人。《宋史·礼志》云："使人到阙筵宴，凡用乐人三百人……筑球军三十二人，起立球门行人三十二人。"[57]比赛总人数是32人，每队16人。

赛前两队要先确定比赛局数，比赛设有两局制或五局制，《东京梦华录》记

[55] 刘秉果：《体育史料》第12期《中国古代足球史料专集》，华夏出版社，1987，第54页。
[56]〔宋〕周密：《武林旧事》，大象出版社，2019，第22页。
[57]〔元〕脱脱等：《宋史》，中华书局，1985，第2812页。

载："或赛二筹、或赛五筹，先拈卷子分前后。"[58] 用抓阄的方式决定开球方。比赛开始后，传球与射门必须遵守一定的顺序。以《蹴鞠图谱》的记载为例（图5-2-11）："初起，球头用脚踢起与骁色，骁色挟住至球头右手，顿在球头膝上，用膝筑起，一筑过；不过，撞在网上颠下来，守网人踢住与骁色，骁色复挟住，仍前去顿在球头膝上筑过。"[59] 这段话的意思是先由球头传球给骁色，骁色再回传给球头，球头射门，若未中则由守网传给骁色，再传给球头射门。如果球射中球门并掉入对方场地，那么由对方球员按照相同顺序传球射门。

比赛计分规则较为简单，以蹴鞠射入球洞为得分，以将蹴鞠射飞或落地未接住为失分。由于计分简易，因此不设专门的裁判，一般由社司、知宾、主会等圆社执事人员来兼任裁判[60]。

比赛结束后会举行庆祝仪式，宫廷的庆祝仪式不仅要奖励胜方，而且要惩罚败方。《东京梦华录》载："胜者赐以银碗锦彩，拜舞谢恩，以赐锦共披而拜也。不胜者球头吃鞭，仍加抹抢。下酒：假鼋鱼，蜜浮酥捺花。"[61] 意思是胜方的奖品有贵重的银碗和彩锦，球员共同披着赏赐的彩锦向着主办方跪拜与舞蹈，表示感谢。而败方则由球头独自承担责任，因为球头负责射门得分，很大程度上决定了球队的最终胜负。败方球头要被抽鞭子、脸抹白粉和罚吃无荤腥的菜肴。民间的庆祝仪式只需奖励胜方，无须惩罚败方。《蹴鞠图谱》载："以花红、利物、酒果、鼓乐赏贺焉。"[62]

（三）兼具娱乐表演性与动作竞技性的无球门鞠赛

无球门鞠赛是指不用球门的散踢法，踢法灵活多样，兼具表演性与竞技性，是我国古代开展最为普遍的鞠赛形式。比赛对场地质量要求较低，只需一块平坦的地面即可。《蹴鞠谱》载："蹴鞠须当拣地场，花前亭馆傍垂杨。平坦更无砖砂石，有心踢搭敢施张。"[63] 比赛场地选在风景秀丽的无砂石地面，可以放心地施展动作。

无球门鞠赛的比赛规则依据参赛人数的不同有所差异，本节根据《蹴鞠谱》《蹴鞠图谱》《事林广记》等古籍中的文字和图像，对一人场户至九人场户的比赛进行分析（十人场户的踢法相关古籍未说明）（图5-2-12）。

一人场户是指单人在场上表演控球能力的独踢。《蹴鞠图谱》记载："直身

---

[58]〔宋〕孟元老：《东京梦华录笺注》，中华书局，2007，第870页。
[59] 刘秉果：《体育史料》第12期《中国古代足球史料专集》，华夏出版社，1987，第54页。
[60] 刘秉果、赵明奇、刘怀祥：《蹴鞠：世界最古老的足球》，中华书局，2004，第33页。
[61]〔宋〕孟元老：《东京梦华录笺注》，中华书局，2007，第834页。
[62] 刘秉果：《体育史料》第12期《中国古代足球史料专集》，华夏出版社，1987，第54页。
[63] 同上书，第8页。

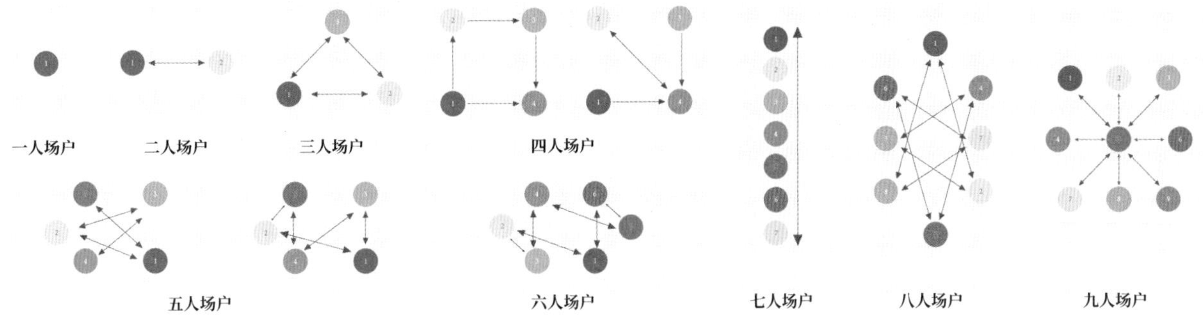

图5-2-12　无球门鞠赛人员与踢法示意图

正立，不许拗背，或打三截解数，或打成套解数，或打活解数，一身俱是蹴鞠，旋转纵横，无施不可。虽擅场校尉，千百中一人耳。"[64]解数是由几个不同花样动作组成的套路，有上、中、下三截之分。上截解数是指由肩、胸、背、头、面部顶球组成的套路动作。中截解数是指由膝、腰、腹部顶球组成的套路动作。下截解数是指由小腿、脚面、脚踝、脚尖、脚跟踢球组成的套路动作。三截套路动作可以随机应变组合使用，称为活解数。

二人场户是两人对踢，常见于两位实力相当的球员之间对踢娱乐。《蹴鞠图谱》对二人场户的所有踢法总结为"每人两踢名打二。曳开大踢名白打。一人单使脚名挑踢。一人使杂踢名厮弄"[65]。"打二"踢法要求每个人都要踢上两脚才能传出，两脚踢法可组合各种花样，如上身停球，脚下传出，反之亦可。《蹴鞠谱》对此写道"许诸杂踢，不许可用善上毒踢"[66]，传出去的球不可用力过猛。"打二"还有一种捻踢法，《蹴鞠谱》载："二人相对近立，各用两踢，内要一捻，如无捻不成场户，余者杂踢无妨，名二捻。"[67]捻就是停球，即接停对方的来球，第二脚才用自己的踢法将球踢出。"曳开大踢"是指只能用脚触球的踢法，它有一种比赛型踢法，《蹴鞠谱》载："如脚头须要每一边一百，左右合二百踢，不许高低，要一声响，不许杂脚头。"[68]两脚分别各踢一百下的标准高度，这对动作一致性要求很高。"挑踢"是指一人用脚挑起蹴鞠，另一人可用身体任何部位来接球的踢法。"杂踢"是没有任何身体部位限制的踢法，能够充分展示个人技术特点。

三人场户的玩法常出现在圆社校尉陪子弟踢球的场景当中。《蹴鞠图谱》载："校尉一人，茶头一人，子弟一人。立站须用均停，校尉过论与子弟，子弟用右膁与茶头，须转一遭方使杂踢，所谓抛下须当右者是也。又有顺行转动小名官

---

[64] 刘秉果：《体育史料》第12期《中国古代足球史料专集》，华夏出版社，1987，第56页。

[65] 同上书，第56页。

[66] 同上书，第18页。

[67] 同上书，第17页。

[68] 同上书，第18页。

场，三人定位名三不顾，一人当头名出尖，自古及今罔能或易。”[69] 三人场户又称“小官场”，三人位置呈三角形相互传球。关于传球的顺序，古籍中有不同观点，《事林广记》认为是逆时针传球，《蹴鞠谱》兼有顺时针传球和自由传球两种观点。

四人场户称为“火下”，踢法较为复杂，主要有三种类型。第一种踢法在《蹴鞠谱》中载：“相对为火字，两踢对面，相面对相要认踢，一踢在左右，以与在到泛在左边，挐两踢与他大家，他相对要补他咱大家。”[70] 四名球员称为“咱”“他”“左”“孤”，站位呈正方形，先由“咱”和“孤”对面先踢两次，然后一踢到“左”，传与“他”两踢，再一踢给“咱”。第二种踢法是四人四角保持相同距离，选定头家后，按照顺时针方向顺转踢球，这种踢法是要跟着头家踢花样，头家踢什么花样，其余人也要踢同样的花样。第三种是用两只蹴鞠“流星赶月”的踢法。《蹴鞠谱》：“四人用大小健色二只，不拘立作，以官场论打，一来一往，周而复始，各依资次赁行，不可立住。此乃是流星赶月。”[71] 两球要在球员之间依次往复，不能停顿，队员需要有高超的传球和控球技术。

五人场户又名“小出尖”，有两种传球顺序。第一种在《蹴鞠谱》中记载：“此场茶头过泛，子弟转动，子弟如小踢，一同校尉为官场。”[72] 即由茶头在前轮流踢给其他四人。第二种踢法称为“皮破”，《事林广记》记载：“皮破只许五人，第一人打与第四人，第四人打与第二人，第二人打与第五人，第五人打与第三人，轮流隔一位，须是按节次。打论着人，自请赏罚便。”[73] 整个传踢线路呈五角星形。

六人场户名为“大出尖”，《蹴鞠谱》载：“四人近立，二人约去三间近，不可转动，皆立使大论，如官场相似。可带解数，名为大出尖也。”[74] 6个人的站位像两个相背的三角形，这种站位丰富了套路踢法的种类。

七人场户名为“落花流水”。《事林广记》载：“七人轮流，第一人打与下手，下手打与第三人，第三人转身打与第四人，第四人打与第五人，第五人打与第六人，第六人打与第七人，第七人大打轮众人头上与第一人，下住依前法数转，方且周而复始。”[75] 这种踢法规定上一人依次将球传给下一人，也有双行向后传踢之法。

[69] 刘秉果：《体育史料》第12期《中国古代足球史料专集》，华夏出版社，1987，第56页。
[70] 同上书，第25页。
[71] 同上书，第19页。
[72] 同上书，第19页。
[73]〔宋〕陈元靓：《事林广记》，中华书局，1999，第370页。
[74] 刘秉果：《体育史料》第12期《中国古代足球史料专集》，华夏出版社，1987，第19页。
[75]〔宋〕陈元靓：《事林广记》，中华书局，1999，第370页。

八人场户名为“八仙过海”。《蹴鞠谱》记载：“八人场户，来往隔二位，为皮破同。或小场，或官场，依资次顺序，不可乱。名为八仙过海。”[76]此法实际上是轮踢，允许球员在踢法上各展所长。

九人场户名为“踢花心”。《事林广记》记载：“踢花心，对踢相似花心，多只许两踢，转身相与四围人，只一踢打花心，只许十人止。”[77]所有人围成一圈，中间站的一人为主踢，依次踢给四周的人，中间的人可以踢两脚，四周的人只能踢一脚。

除了上述9种表演型踢法，还有一种竞争性较强的比赛型踢法。赛场的规格由双方协商决定，面积以“间”为计算单位，一间等于四小步的长度，《事林广记》记载有3间、4间、8间、9间直至13间的规格大小。鞠场外围环绕丝网，司马光《次韵和复古春日五绝句》诗中写道“东城丝网蹴红球”[78]。上场比赛的选手共两位，如果是针对球员考核定级的，那么由负责人指定对手。如果是一般性的比赛，就可以自由选择对手。比赛的局数由双方商量决定，《蹴鞠谱》中记载通常有3局、5局和10局三种局数类型。比赛采用失分制，如果踢的球不符合标准或违反比赛规则，就要丢分。《蹴鞠谱》共记载了18条失分的情况，如“失围出论，输一小筹，过头不到，输一大筹”“退步下搭，输一小筹，踢脱输一大筹”[79]等。大筹和小筹是指分数的多寡，失去大筹通常是指接不到球或踢飞，失去小筹多为不按规定动作踢。比赛设有专门的裁判，通常是圆社负责人担任。据《蹴鞠谱·白打输赢筹论》记载，比赛公开亮分，以钱为筹，小钱代表小筹，大钱代表大筹。根据输赢，将对应的钱放入银盆中，公开展示给观众观看，表明无球门鞠赛的组织开展模式已经非常成熟。

综上所述，中国古代蹴鞠的比赛规则在不断发生变化，不同时期呈现出不同的特征。具体表现在：第一，鞠赛的性质从追求强烈的身体对抗、精准的传射技术发展为注重多样的动作姿态；第二，比赛场地的要求从严格规定到宽松自由，如汉代需要专门的鞠城，唐代使用临时改造的场地即可，宋代只要一块大小适宜的空地即可；第三，比赛人数的限制愈加宽松，从汉代的两队每队12人，唐宋时期的两队每队9人至16人，再到明代的1人至10人的灵活配对；第四，计分规则从射进球门得分，发展为不按规定动作或丢球失分。鞠赛作为一项集体性活动在制度上呈现出由规范到自由的转向，反映出鞠赛形式的多元化发展。

[76] 刘秉果：《体育史料》第12期《中国古代足球史料专集》，华夏出版社，1987，第206页。
[77]〔宋〕陈元靓：《事林广记》，中华书局，1999，第370页。
[78] 李之亮笺注《司马温公集编年笺注》，巴蜀书社，2009，第430页。
[79] 刘秉果：《体育史料》第12期《中国古代足球史料专集》，华夏出版社，1987，第49页。

结语

蹴鞠是历史延传久远、运动形式多样、参与人群广泛的体育娱乐活动之一，因其球状的空间几何特性与富有弹性的物理性能，被赋予了天然的运动属性和游戏性能，成为可蹴之、掷之、击之、踏之的经典球类运动，同时也是融娱乐表演、竞技、礼仪为一体的民俗文化。蹴鞠的材料与制作工艺的发展促进了鞠体外形向圆润化和重量向轻巧化的转变。材质从简易的毛发和绳线演变成多样化的皮革和内胆，工艺从简单的缠绕捆绑之法进化为复杂的皮革鞣制工艺和隐藏线角的里缝法，蹴壳的皮瓣数量由4片发展到12片，这些改变反映了材料的改进和工艺技术水平的提升对娱乐器具的影响与作用。不同时期蹴鞠的游戏方式也存在较大的差异，汉代主要使用追求力量和速度的多球门比赛，唐代开始流行强调精准和技艺的单球门比赛，至宋明时期演变为注重表演和观赏的无球门比赛，蹴鞠游戏性质呈现出从对抗性、技巧性到娱乐性的转变过程。专业的蹴鞠团体组织的建立与儒家思想影响使得蹴鞠的发展更为规范化和礼仪化。圆社是宋代最为著名的蹴鞠团体，提倡“以仁为本”的君子之道与“以礼节制”的行为准则，构建了尊师重道、忠君敬业、谦让有礼的伦理秩序。蹴鞠在隋唐时期向东传至朝鲜、日本，向西传至西亚诸国，这些国家与地区对中国蹴鞠的游戏规则、比赛形式等方面进行了不同程度的改良与创新，在某种程度上丰富了蹴鞠竞赛活动的形式。特别是日本对比赛场地、环境及服装等方面做出新的规定，并将其民族文化融入蹴鞠中。蹴鞠从早期受限于礼制和规则的专业比赛，逐渐演化成为放松身心和宣泄情感的大众娱乐活动，体现了从恪守伦理秩序走向释放自由意识的中国娱乐精神。

第三节 “扎、糊、绘、放”论风筝

风筝，古称纸鸦、纸鸱、纸鸢等，是一种源于中国的巧趣玩具。它具有丰富的造型样式、轻盈的纸张质地，以及传统的“扎、糊、绘、放”制作技艺，这些保障了其在空气动力的作用下实现高空翱翔。风筝的发明可能受到了风帆、弋射、鸢旗等物品的启发。风筝与风帆同属风力动能，从时间上判断风帆可能启发了风筝的发明[1]。也有学者认为是先秦时期的弋射狩猎方式启发了风筝发明[2]。还有学者认为风筝形象多为鸟形且与风有关，古代鸢旗可能与风筝发明有关[3]。

关于风筝的起源，由于缺乏确凿的考古实物出土，学界对此并无定论。主流观点有墨子、韩信、羊车儿、李邺4种，曹雪芹认为“惟墨子作木鸢[4]，其发明的初衷是空中运载，以弥补舟船与车马的运力限制。宋代高承《事物纪原·卷八纸鸢》记载风筝是“韩信所作”[5]。羊车儿创制风筝用于传递情报，《南史·贼臣传·侯景传》载：“有羊车儿献计，作纸鸦系以长绳，藏敕于中。”[6]民国金铁庵也持相同观点。还有一种观点认为五代李邺创造了真正意义的风筝，陈沂《询刍录》中载：“五代李邺于宫中作纸鸢，引线乘风戏，后于鸢首，以竹为笛，使风入竹，如筝鸣，故名风筝。”这是目前以“风筝”指称纸鸢的最早文字资料[7]。中国古代风筝的发展经历了多次功能与设计上的变革。唐代以前有许多风筝应用的文字记载，如韩信放风筝测量未央宫的距离；韩信利用绑有竹笛的风筝发出凄凉的声音，来动摇楚军军心；梁武帝用风筝传递求援情报，以及死囚乘风筝滑翔逃脱的事例。但是以上内容多为传说故事，可信度并不高，结合史料综合判断，真正意义上并有据可考的风筝应当出现于纸张大规模普及之后的唐代。

本节从风筝的历史演变梳理、燕形风筝设计分析及装饰纹样三方面展开。首先将风筝发展历史分为唐代、宋代与明清时期三个阶段，分别对其造型、功能、材料和工艺等方面进行纵向考察。其次以中国历史上典型的燕形风筝为研

[1] 徐艺乙：《风筝史话》，北京工艺美术出版社，1992，第6页。
[2] 刘敦愿：《试论中国风筝之始见与始作问题》，《民俗研究》1990年第1期。
[3] 郭伯南：《中国风筝及其风俗探源》，《民俗研究》1990年第1期。
[4] 阎丽川：《文物史话》，山西人民出版社，1985，第94页。
[5]〔宋〕高承撰，〔明〕李果订《事物纪原》，金圆、许沛藻点校，中华书局，1989，第434页。
[6]〔唐〕李延寿：《南史》卷八十，中华书局编辑部点校，中华书局，1975，第2004页。
[7] 于培杰：《风筝起源之我见》，《民俗研究》1997年第4期。

究对象，对其包含的六类燕形风筝从结构、装饰、形态特征、纹样寓意、功能特点等方面进行比较分析，并选择其中应用范围最广的雏燕风筝为例，分析如何巧妙地运用“三停三泻”的结构设计保障风筝顺利地飞行。最后通过对燕形风筝装饰纹样及组合形式的分析来窥探中国古代风筝设计的总体样貌与风格特征。

一、风筝的历史演变

（一）从军事到娱乐的唐代风筝

唐代初期，风筝主要用于军事活动。在《新唐书·田悦传》中载：“伾急，以纸为风鸢，高百余丈，过悦营上，悦使善射者射之，不能及。”[8] 唐代将领张伾被叛军田悦围困，情急之下用纸张做风筝来传递求援情报，当风筝飞越敌军营地时，技艺高超的弓箭手也无法射到风筝。这段记载表明，轻便的纸张在唐代已经用作蒙面材料来制作风筝，大幅提高了风筝的飞行高度并延长了飞行距离，同时增加了风筝的可操控性。

唐代中期是风筝功能的关键转折期，由最初的军事功能转变为娱乐功能。路德延《小儿诗》记录了唐代常见的儿童娱乐项目，其中提及风筝时就写道：“折竹装泥燕，添丝放纸鸢。”[9] 可见此时风筝已经转换为一种儿童玩具。唐采《纸鸢赋》曰：“代有游童，乐事末工。饰素纸以成鸟，象飞鸢之戾空。”[10] 放飞风筝成为孩童游乐之事。风筝在这个时期的迅速普及，与当时材料的进步密不可分。造纸术经过汉代的发明与改进，在唐代迎来了技术上的成熟与批量化的生产，质优价廉的纸张广泛应用于日常生活之中，风筝的蒙面材料已经基本被轻型的纸张所统一，促进了风筝形制的小型化和工艺的简化。从风筝品种来看，仿生风筝与带响风筝是这个时期的两大设计特色。风筝形态的仿生化是唐代流行的一种造型风格，在制作风筝的过程中刻意模仿飞鸟的动物形态与细节特征。唐代元稹《有鸟二十章》载：“有鸟有鸟群纸鸢，因风假势童子牵。去地渐高人眼乱，世人为尔羽毛全。”[11] 鸟形风筝升空后远观，与真鸟几乎难以区辨。唐代杨誉《纸鸢赋》载：“相彼鸢矣……彼都人士，瞻伫城隅，初指冲天之鹤，远言拂日之乌。”[12] 风筝飞上天空后，驻足仰观之人错以为是白鹤或乌鸦，可见风筝仿真程度之高。唐代带响风筝是一种设计上的创新，其发声装置是一根两端绷着细线

[8]〔宋〕欧阳修、〔宋〕宋祁：《新唐书》卷二百一十，中华书局编辑部点校，中华书局，1975，第5928页。

[9] 程毅中主编，王秀梅等编录《宋人诗话外编·宾退录》，中华书局，2017，第1484页。

[10]〔清〕董诰等编《全唐文》卷九百五十三，中华书局，1983，第9898页。

[11]〔唐〕元稹：《元稹集》卷第二十五，冀勤点校，中华书局，2010，第338页。

[12]〔清〕董诰等编《全唐文》卷一百五十四，中华书局，1983，第1571页。

的弯曲弓弦，安装在风筝背部，当风贯穿筝体时，细线以高频振动发出古筝般的声响。这种带响的设计延续到五代时期并进一步升级，前文中李邺放飞的就是一种系竹哨的风筝，这种机巧的发声装置设计极大地提升了风筝娱乐的趣味性。

（二）瓦片风筝与鸟形风筝风行的宋代风筝

在宋代繁荣的城市文化和民间手工业的带动下，风筝成为皇家与坊间普遍接纳的娱乐活动，这一时期瓦片风筝和鸟形风筝成为主流风筝类型。皇家方面，帝王亲自参与到制放风筝当中，宋徽宗赵佶经常“罢朝余暇，放纸鸢为戏”[13]，并主持编撰了中国最早的风筝著作《宣和风筝谱》，其详细记录了宋代风筝谱式及制作方法。宋代风雅的文人群体也积极参与到风筝活动中，提高了风筝的装饰性、工艺水平与审美格局。民间方面，瓦片风筝成为儿童群体流行的风筝种类，其构造简易，只需四根细竹篾，上横用线拉作弓形，系两三线即可放飞。苏汉臣《百子嬉春图》中高台上孩童放飞的就是当时流行的瓦片风筝（图5-3-1a）。河北省磁县文物保管所收藏的一件红绿彩儿童风筝纹梅瓶和一件磁州窑瓷瓶，分别描绘了孩童放飞瓦片风筝的图像（图5-3-1b、5-3-1c）。另外，鸟形风筝在宋代也很流行，张择端绘制的《金明池争标图》表现了金明池及其周边人物活动的景象，画中至少有3处鸟形风筝的图像（图5-3-1d）。现藏于美国纽约大都会艺术博物馆与克利夫兰艺术博物馆的两幅李嵩《货郎图》中，就绘有4件鸟形风筝[14]。可以看出，至宋代风筝已经发展成为一种全民参与的娱乐活动，其中瓦片风筝和鸟形风筝是最受欢迎的两种风筝类型。

a　宋代苏汉臣《百子嬉春图》（局部）[15]

b　红绿彩儿童放风筝纹梅瓶[16]

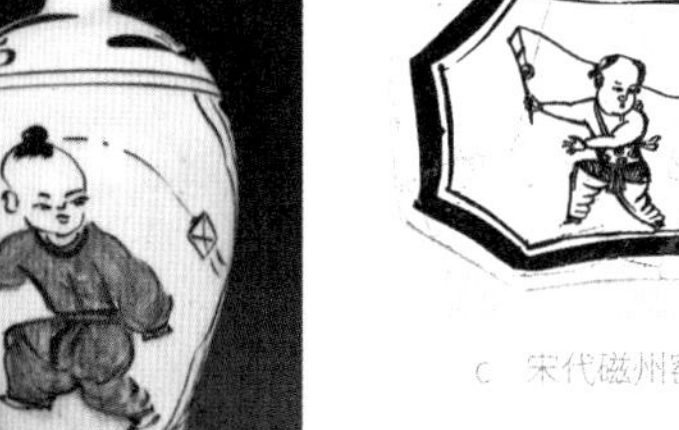

c　宋代磁州窑瓷枕[17]

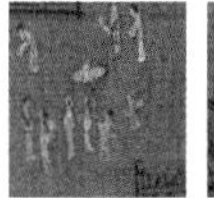

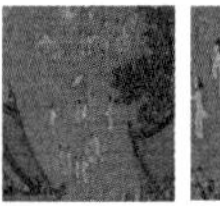

d　北宋张择端《金明池争标图》（局部）[18]

图5-3-1　宋代绘画与器物图案中的风筝形象

[13]〔宋〕王明清：《挥麈后录》卷之一，燕永成整理，大象出版社，2019，第81页。

[14] 王连海：《李嵩<货郎图>中的民间玩具》，《南京艺术学院学报》（美术与设计版）2007年第2期。

[15] 故宫博物院，https://www.dpm.org.cn/collection/paint/231547.html，获取日期：2023年6月14日。

[16] 河北磁县文保所，http://www.zzxww.com/pc/content/202104/16/content_44305.html，获取日期：2023年6月14日。

[17] 河北磁县文保所，http://www.zzxww.com/pc/content/202104/16/content_44306.html，获取日期：2023年6月14日。

[18] 天津博物馆，https://tjbwg.com/cn/collectionInfo.aspx?Id=2387，获取日期：2023年6月14日。

宋代风筝在娱乐功能的基础上衍化出竞技功能。周密《武林旧事》载："桥上少年郎，竞纵纸鸢，以相勾引，相牵翦截，以线绝者为负。"[19]此时出现了一种竞割风筝线的玩法。南宋《西湖老人繁胜录》记载当时有专门售卖经过特殊加工的风筝线，质地十分坚韧。值得注意的是，宋代风筝发展出现了高度职业化和专门化的特征。周密《武林旧事·西湖游幸》载："至于吹弹、舞拍、杂剧……水爆、风筝，不可指数，总谓之'赶趁人'。"[20]说明当时已经有了靠风筝表演维生的职业卖艺人。此外，书中还记载了"周三""偏头"这两位风筝艺人，可以看出宋代有着广泛的风筝受众，并由此催生出风筝制放的高度分工化。

宋代开始，风筝陆续从中原地区向边远地区和海外传播。宋时西藏、大理及北方少数民族地区开始制作和放飞风筝，刘祁《归潜志》就曾记载了金国士兵放风筝求援的史料。元代风筝同样盛行，关汉卿的杂剧《绯衣梦》中就以"一个风筝儿放着耍子"作为故事引端，反映风筝形象已经深入人心。18世纪下半叶，西方利用风筝做了大量空气动力学与飞行原理方面的科学实验，助力了人类航空技术的进步[21]。

（三）多元化、科学化与精致化的明清风筝

明清时期是风筝发展的鼎盛阶段，大量文献资料和图像遗存反映了当时风筝活动的盛况。文献资料方面，出现了大量风筝题材的戏曲戏剧作品，例如，李渔《风筝误》就将风筝作为贯穿戏剧首尾的中心意象来讲述爱情故事；曹雪芹《红楼梦》用不同类型的风筝隐喻小说人物的命运。还有一部曹雪芹的佚著《南鹞北鸢考工志》，将北京地区流行的43种风筝样式绘制成图谱并编写工艺歌诀记述其制法。明清文人群体积极参与到风筝的扎制、把玩、赠赏活动中，推动了风筝活动走向高雅化。图像遗存方面，风筝作为艺术形象常常出现在绘画作品与装饰纹样当中，例如，徐渭创作了30余幅风筝画并配以专门的题诗（图5-3-2a）；溥心畬画过一系列风筝题材的作品（图5-3-2b）；杨柳青和杨家埠年画中出现了大量风筝题材的作品；明青花瓷碗中也常见到童子放飞风筝的装饰图案。

明清风筝在设计上呈现出造型多元化、工艺科学化、装饰精致化的特征。造型方面，发展出装饰意味浓厚的写实造型风筝，其中动物形风筝强调自然形似，人物形风筝讲究动态传神，同时还流行吉祥图案风筝。以故宫博物院收藏的两件清代风筝为例：一件为龙形风筝，立体造型的塑造与细节纹理的刻画使得这件风筝有着强烈的真实感（图5-3-3a）；另一件鲇鱼风筝，象征"年年有余"，

[19]〔宋〕周密：《武林旧事》卷第三，杨瑞点校，浙江古籍出版社，2015，第53页。

[20]同上书，第51页。

[21]卢嘉锡总主编，潘吉星著《中国科学技术史·造纸与印刷卷》，科学出版社，1998，第118页。

图5-3-2　明清时期绘画作品中的风筝形象

a　《风筝图》　徐渭[22]　明代　　b　《放风筝》　溥心畬[23]　清代

筝面绘有“海屋添筹”主题图案，局部饰有云纹和几何纹，有吉祥祝寿之意（图5-3-3b）。工艺方面，由于明清风筝多元化的形制，对制作工艺提出了更高的要求，既要考虑到风筝升空后的平衡性，也要考虑风筝飞行的动态轨迹。扎制过程既要综合考量风筝的形制、尺寸、重量、重心、角度、俯仰等因素，也要遵循空气动力学基本原理，才能制作出兼具实用与美观的风筝。装饰方面，明清风筝的绘制方法和装饰技法更加丰富，形成了工笔重彩、写意表达和木版印制三大主流装饰手法。工笔重彩手法强调浓色平涂与精细勾勒，注重色块之间的对比关系，有着良好的陈设效果；写意表达手法重视图像的神韵感、线条的灵动感以及绘者的主观情感；木版印制主要是年画作坊批量制作风筝蒙面所用方法。装饰技法的多样性集中体现在纸扎技法上，贴纸、纸塑、剪纸、描金银、加纸花等

[22] 美术家书法家艺术网，http://china-artist.com.cn/detail.php?id=502，获取日期：2023年6月14日。
[23] 故宫博物院，https://www.dpm.org.cn/lemmas/245511.html，获取日期：2023年6月14日。

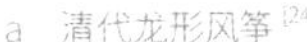

a 清代龙形风筝[24]

b 清代鲇鱼风筝[25]

图5-3-3 清代风筝遗存实物

技法纷纷运用到风筝装饰中。值得一提的是，声响风筝的设计有所创新，出现了一种用芦苇或竹子制作的薄簧片“鹞鞭”，有着“风急鹞鞭处处鸣”的效果，是对风筝声音设计上的一种创新。

综上所述，尽管中国风筝发端较早，但真正普及应该是从唐代开始的。唐代是风筝从军事功能转为娱乐功能的重要转折期，纸张的广泛应用推动了风筝形制小型化、材料轻型化和工艺简易化，该时期仿生风筝与声响风筝的出现极大地提高了风筝的观赏性和娱乐性。辽宋金元时期，风筝活动成为全民参与的娱乐活动，衍化出竞技功能，其制作和放飞都呈现出职业化和专业化的发展特征。与此同时，风筝开始传向边远地区和海外，扩大了风筝的社会影响力与国际声誉。明清时期风筝发展进入鼎盛期，写实风筝与吉祥风筝成为当时两大主流风筝款型，造型的多样化推动了制作工艺的进步，形成了工笔重彩、写意表达和木版印制三大主流风筝装饰手法。

二、《南鹞北鸢考工志》中燕形风筝分类与结构

北京原属古代燕国，春归的燕子被认为是吉祥之鸟，当地人常以此为原型创作风筝。当地原始燕形风筝有着标志性的长尾设计，虽然能稳定筝体，但造型显得呆板。曹雪芹《南鹞北鸢考工志》一书对燕形风筝重新设计，确定了硬膀与

[24] 故宫博物院，https://www.dpm.org.cn/collection/utensil/232159.html，获取日期：2023年6月14日。
[25] 故宫博物院，https://www.dpm.org.cn/collection/utensil/232139.html，获取日期：2023年6月14日。

软翅结合的改造方案，形成多点泻风结构，因其翅膀为双竹条扎制，被称为“扎膀燕”，又简称“扎燕”或“沙燕”，书中将制作工艺归纳为“扎、糊、绘、放”4个方面。风筝蒙面设计采用谐音取意、拟人、由象生意、由象会意等方法；构思角度有吉祥话语、季节时令和人物性格等。遵循“繁而不烦”的设计准则，在程式化中寻找意象变化，创造出视觉效果“艳而不厌”的单色倒图画法[26]。

（一）燕形风筝的分类

书中用拟人化的手法来给燕子命名，用年龄、形体、气质、神情、性格等因素来区分扎燕风筝的种类，共分为肥燕、瘦燕、比翼燕、新燕（半瘦燕）、小燕、雏燕6种类型。肥燕代表稳重成熟的壮年男子，瘦燕代表婀娜多姿的女性，比翼燕代表伉俪情深的夫妻，新燕代表意气风发的少年，小燕代表天真烂漫的儿童，雏燕代表牙牙学语的幼儿（表5-3-1）。

表5-3-1　燕形风筝分类比较

扎燕类型	肥燕	瘦燕	比翼燕	新燕	小燕	雏燕
图示						
骨架比例	7∶1	10∶1	8∶1	9∶1	6∶1	5∶1
代表形象	成年男子	成年女子	夫妻	青少年	儿童	幼儿
表现题材	福寿功名	多寿多子	夫妻恩爱	朝气蓬勃	福禄寿	孝敬天真
装饰元素	5只红色蝙蝠围成一圈组成桃花图案，四周由绿蝙蝠组成柳叶图案，呈桃红柳绿效果	9只红色蝙蝠饰于筝面。左右翅膀各由3只围成一簇，胸部1只，两个尾部各分布1只	4朵牡丹饰于翅膀，左膀为红、绿牡丹各1朵，右膀为红、橙牡丹各1朵。6只彩色蝴蝶分布于膀尖和尾部。两爪共抓连理枝	4朵菊花和绿叶饰于筝面，单侧为1朵黄菊和1朵红菊以及若干花苞组成，周围散布蝴蝶，尾部两侧各分布2只蝴蝶	23只蝙蝠饰于筝面，两膀各有9只蝙蝠，其中4只红色蝙蝠成团，5只绿色蝙蝠分布在上膀尖。腰栓平铺3只红色蝙蝠，尾部两侧各分布1只绿蝙蝠	2朵红色荷花在两膀各饰1朵，膀尖各饰有1件绿色蝴蝶纹和云纹
装饰特征	雄伟健壮	轻巧瘦削	情意互通	稚气淳朴	眉清目秀	变化多样
膀部形态	膀角高耸	舒展飘扬	翩翩舞动	骨朵外凸	蝙蝠为饰	短胖稀羽
胸部形态	开阔厚实	红蝠互映	并蒂连枝	空白坦荡	短胖留白	洁白坦率
爪子形态	雄厚劲实	纤细妩媚	共握一枝	聚拢握拳	微微紧握	弯曲拳状

[26]《汉声》杂志编辑部编著，费保龄绘图《曹雪芹扎燕风筝图谱考工志》，北京大学出版社，2006，第13页。

（续表）

扎燕类型	肥燕	瘦燕	比翼燕	新燕	小燕	雏燕
纹样寓意	“五福”组合，寓意“福贵双全，福寿无疆”	“三多九如”纹样，“三多”寓意多福、多寿、多男子，“九如”指9只蝙蝠，寓意福寿无量	“蛱蝶寻芳”纹样，寓意夫妻恩爱、形影不离	菊花纹样组合，寓意孤傲高洁，意气风发	“福寿”纹寓意幸福长寿	“出水芙蓉”纹样，指代刚盛开的荷花，寓意清新不俗
功能特点	适应风力变化能力强	抗暴风能力强	抗风负重能力强	抗狂飙暴风能力强	可负声响装置	易放飞、适应性强

（二）燕形风筝的结构

雏燕风筝是燕形风筝中最常见的一种，其结构设计具有一定的代表性。雏燕风筝为“三停三泻”结构，“三停”包括头顶到翅膀上缘的“上停”，翅膀上缘到下缘的“中停”，翅膀下缘到尾端的“下停”；“三泻”包括翅膀两侧的“左右泻风口”和尾部中央位置的“下泻风口”。这种多点泻风和受风的结构设计不仅视觉美观，而且能保证风筝在各种风力条件下稳定飞行。雏燕风筝以头身为轴，左右对称。雏燕风筝由头部、胸部、翅膀、腹部、腰部、尾部六部分组成。头部为拱形，胸部、腹部和翅膀连为一个整体，通过上下两根竹条连接成一个圆角矩形，在两侧膀梢的位置绷一根长线，形成内凹的膀兜以泻风。风筝尾部是两根“八”字形竹条，糊纸后便成“人”字形（图5-3-4、图5-3-5）。

燕形风筝的各部位长度有着固定比例，本节以雏燕风筝的骨架来阐释其尺度关系。风筝一般以尾档长度为1个基本单位；头高是1.5个单位；头宽与身宽为2个单位；上下膀高度为3个单位；上下膀宽度为10个单位；单边膀宽为4个单位；尾竹总长6.2个单位，减去腰长后的尾竹长度为3.5个单位。这种较为程式化的风筝骨架比例，有利于区分不同种类燕形风筝的形制，同时使得制作更加标准（图5-3-6）。

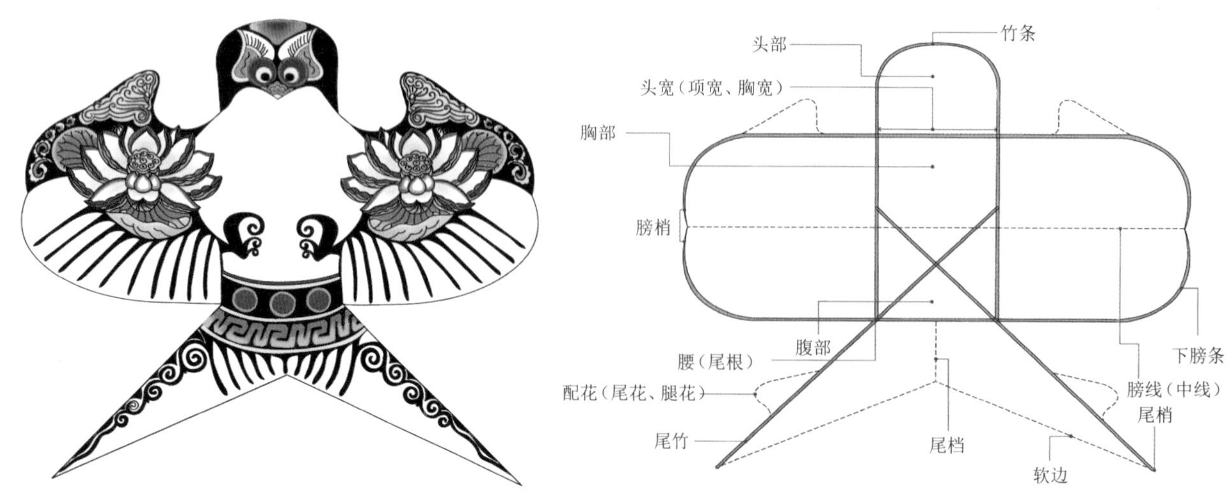

图5-3-4（左） 雏燕风筝平面示意图

图5-3-5（右） 雏燕风筝结构名称示意图

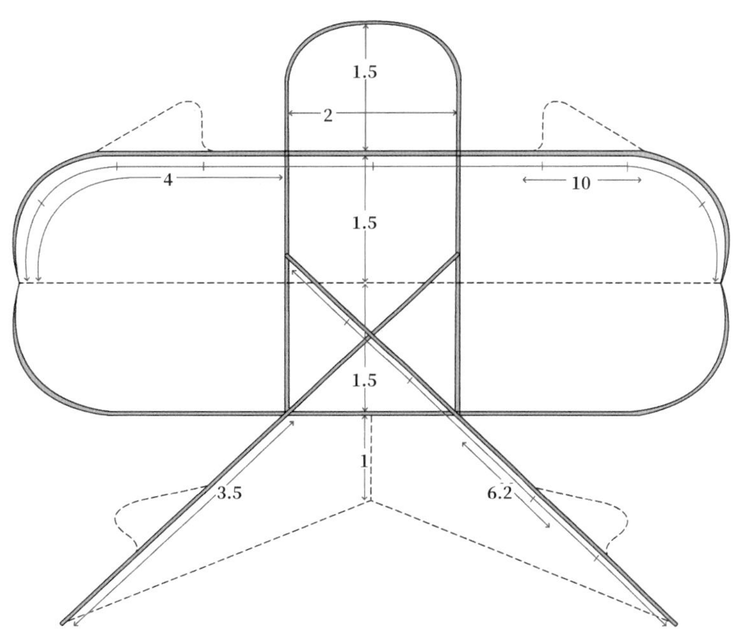

图 5-3-6 雏燕风筝尺寸比例示意图

三、材料、工具和制作工艺——以雏燕风筝为例

(一) 材料和工具

制作雏燕风筝所需材料包括竹篾条、麻线、宣纸或绵纸、白胶、颜料等。其中竹篾条用来制作框架，麻线用于绑扎固定框架。所需工具包括剪刀、钳子（包括大钳、小钳、尖嘴钳）、锉刀、平刃刀、劈刀、锯子、镊子、砂纸、铅笔、毛笔、尺子、酒精灯等（图 5-3-7）。

(二) 制作工艺

在《南鹞北鸢考工志》中将燕形风筝制作工艺总结为"扎、糊、绘、放"四个方面："扎"讲究结构稳固与受风均匀，"糊"讲求蒙面平整与粘糊准确，"绘"强调远眺艳丽与近看细腻，"放"重视飞行稳定与抗风性能。本节以雏燕风筝为例，具体阐述其制作过程（图 5-3-8）。

第一，扎架。首先按照雏燕风筝的图样标准在准备好的竹条上用铅笔标记裁切位置，然后用钳子或锯子裁开竹条。如果竹条的宽度或厚度不符合标准，就需要用劈刀来开竹以及用平刃刀来削竹，直到修削到适合的尺寸，修削时只能处理竹黄的一面，竹青一面予以保留（图 5-3-8a）。为了增加特定位置的竹条弹力，需要把两根膀条的顶端刮薄，同时要把尾竹末端刮薄以利泻风。接下来用蜡烛或酒精灯的小火来烘烤风筝头竹使其弯曲定型，烘烤竹黄一面直至表面渗出油脂和水分，这种现象称为"出汗"，油脂风干后会密封竹条孔洞使其定型，因此用来固定形状的头竹要保留油脂，而用来增强弹性的尾竹则要擦去油脂（图 5-3-8b）。然后用劈刀给头竹两端开口以便嵌接膀条，立柱两端和尾竹上端也需开口，最后摆放骨架位置（图 5-3-8c）。

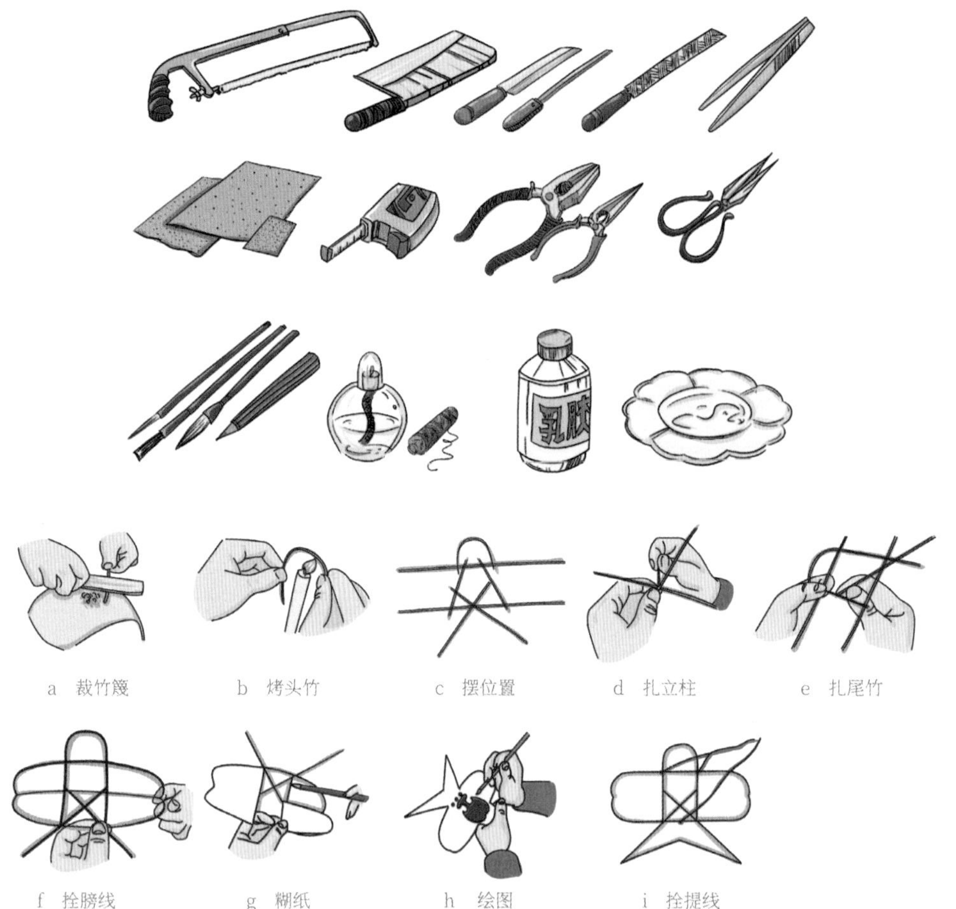

图5-3-7 制作雏燕风筝所用工具

a 裁竹篾 b 烤头竹 c 摆位置 d 扎立柱 e 扎尾竹

f 拴膀线 g 糊纸 h 绘图 i 拴提线

图5-3-8 雏燕风筝工艺步骤示意图

扎架材料加工完毕后，正式进入扎制骨架的程序。首先绑扎立柱，两根立柱的上下开口嵌入上下膀条固定后用麻绳绑结，后用胶水涂抹固定。然后用相同的方法把头竹和尾竹固定到膀条上。接下来绑扎膀条，上膀条末端以100°至110°的夹角压住下膀条末端[27]，然后绑扎固定（图5-3-8d、图5-3-8e）。再拉一根麻线拴住一端膀嘴，拉紧麻线使膀嘴弯曲形成弧形的膀兜，另一端绑扎在剩余的绑嘴上以固定上下膀形。这根麻线称为“膀线”或“中线”，线长则膀兜浅，线短则膀兜深，雏燕制作歌诀强调“不可太深”，至此完成风筝骨架的扎制（图5-3-8f）。

第二，糊纸。糊纸的总体顺序是两翼、尾部、头部和身体。如果蒙面的图案较为精细，就要先画好后再糊到骨架上，简单一些的图案则可以糊上去以后再绘制。先将风筝骨架放到纸张上，沿着骨架边缘剪裁并留一些白边做包糊之用，裁剪时要注意膀兜两端位置的纸张要开口以便套线。先糊两翼，将膀纸置于风筝背面，弯曲膀纸使其越过膀条和立柱，此时膀条和绑线应该在膀纸的正反两

[27]《汉声》杂志编辑部编著，费保龄绘图《曹雪芹扎燕风筝图谱考工志》，北京大学出版社，2006，第38页。

面。然后用毛笔在竹条上抹上白胶并粘好膀纸，膀纸粘贴时要将纸面绷直，注意不要让纸包过竹条，正如歌诀所说“边纸糊时莫过竹”，否则会使膀纸起皱，如果两膀凹陷不一致，风筝一旦吃风就会自动旋转。尾竹糊尾纸只需要单边糊实，最后检查纸面的平整度并剪去多余纸面（图5-3-8g）。

第三，绘图。这件雏燕风筝名为“出水芙蓉”，歌诀对其拟人定位是胖娃娃，特点是体形偏胖，头部宽大。羽翅稀疏，十根为佳，表现出尚未成熟之感。脸颊“艳若荷花”，胸部留大片空白，展现“心头洁白天真，胸中坦率无瑕”的感觉。双爪要画成无装饰的拳形，暗合“情意拳拳”和“无牵挂”。具体绘制时，先用铅笔在糊好的白纸上勾勒雏燕的线稿，然后用细毛笔画出黑色线描稿，最后统一填色，填色顺序遵循先深色后浅色，先整体后局部的原则，先统一填涂黑色，再填绿色和红色，最后画出明亮的黄色（图5-3-8h）。

第四，拴提线。风筝提线的质量是决定风筝能否正常飞行的重要因素。提线由上二线和下一线组成，上二线以活结的形式绑在头竹与上膀竹两个交叉点上，下一线同样用活结绑在下膀线的中间位置。在三根线的交会处打上死结并在末端留一个环套，用来连接风筝线。三线集合点的位置为中心偏上，横拉平放时集合点要在膀线外侧，这样飞行才能稳定（图5-3-8i）。

第五，放飞。将拴好提线的风筝绑上一小段风筝线，另一端系在细竹竿顶端，即可试飞。轻轻挥动竹竿，观察风筝飞行的平稳程度，估计其飞行能力。放飞过程中遇到的常见问题包括头重向下掉、摆动过大以及左右歪斜，其原因一般都与下一线过长或上二线两边长度不同有关。风筝飞行与空气动力学有关，当风筝飞升过程中，由于放飞者的牵引，风筝的迎风面与风向形成一定气流角度，产生向上的升力。风筝的迎风面产生高压区，斜着朝向地面，风筝的背风面产生低压区，斜着朝向天空，在高压推力作用下，风筝做上升运动（图5-3-9）。

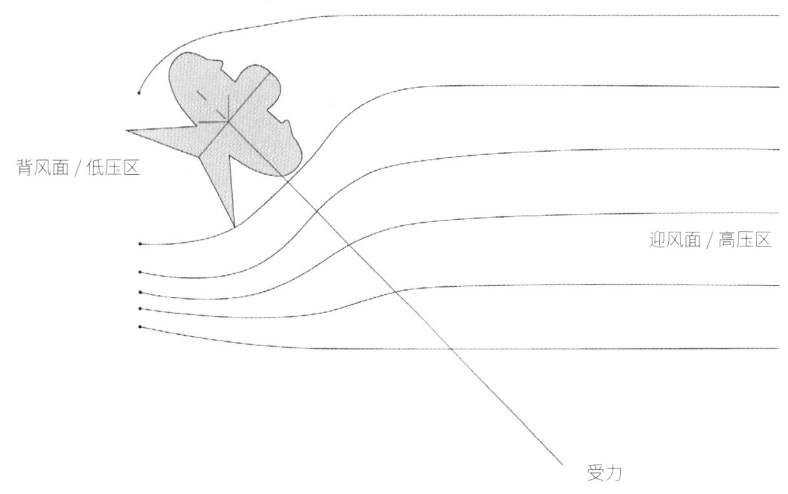

图5-3-9 风筝飞行原理示意图

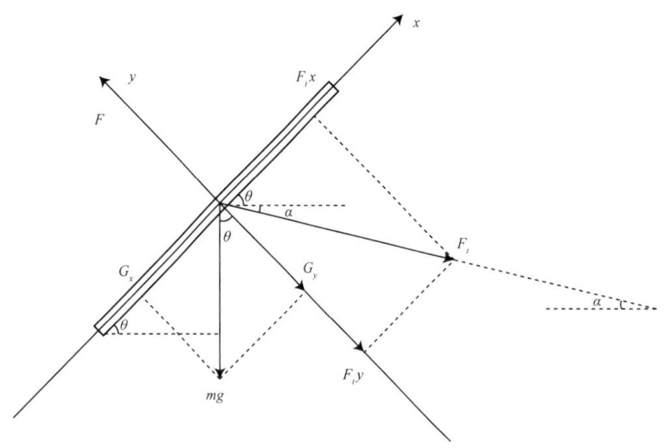

图5-3-10　风筝飞行的受力分析图

风筝在空中保持平衡蕴含着力学基本原理。风筝在空中稳定飞行时，是一种平衡态。设风筝的质量为m，理想情况下应受到三个力作用，即重力mg、风筝的拉力Ft、垂直于风筝面的弹力（风力）F，且这三个力的合力为零。受力如图5-3-10所示。建立如图5-3-10所示的直角坐标系。风筝面与水平方向夹角为θ，风筝线与水平方向夹角为α，则有

$F=mg\cos\theta+Ft\sin(\theta+\alpha)$

$mg\sin\theta=Ft\sin(\theta+\alpha)$

四、燕形风筝装饰纹样分析

（一）纹样表现题材

燕形风筝的表现题材可分为植物和动物两类。植物类纹样是坚贞、高洁、长寿、富贵的化身，常见植物有牡丹、芙蓉、莲花、桃花、海棠、菊花、石榴、万年青等，如新燕风筝和比翼燕风筝的胸部多为菊花和牡丹花纹样。植物类纹样反映了人们对幸福的颂祝与追求，同时体现了民俗吉祥图案强烈明快的设计风格。

动物类纹样主题来源多样，常见的有狮、鹤、蝙蝠、鱼、鹿、蟾、蝶等。狮为百兽之王，有驱邪除恶的寓意，象征威严和强盛；鹤为长寿之鸟，与鹿组合形成“鹿鹤同春”来传达长寿之意。动物类纹样中的“吉之物”和“春之物”两类主题较为经典。“吉之物”的代表是蝙蝠，“蝙蝠”谐音“福”，寓意幸福之意。《尚书·洪范》云：“五福，一曰寿，二曰富，三曰康宁，四曰攸好德，五曰考终命。”[28]五福观念反映了人们对美好生活的向往，在燕形风筝中具有深刻的文化象征意味。“春之物”的代表是蝴蝶，它被赞誉为美好事物的化身。燕子本来有春归的时令属性，与同处春季的蝴蝶组合，体现了生机盎然的轻松氛围。

[28]〔宋〕张九成：《尚书详说》卷十五，杨新勋整理，浙江古籍出版社，2013，第477页。

（二）纹样组合形式

燕形风筝的纹样表现形式分为垂直倒挂式、对称环抱式、中心汇聚式、回旋相随式4种。垂直倒挂式的代表是蝙蝠纹样，具体表现为蝙蝠头部朝下倒挂，有的嘴部绘有钱币、盘长、寿桃、牡丹花等纹样，寓意“钱多”富贵，“桃大”长寿等。对称环抱式是利用图形的大小、形状、排列的对称，达到平衡的审美效果。中心汇聚式是以骨骼为单位，环绕一个或多个中心点向外散开或向内集中，具有强烈的聚焦感和运动感。回旋相随式纹样，其旋转形态具有结构上的韵律感和活泼感，有循环往复、生生不息之意（表5-3-2）。

（三）燕形风筝各部位纹样分析

从外形轮廓大致可以看出各种燕子的特点，肥燕健壮、瘦燕纤细、比翼燕成双对、新燕精神、小燕敦实、雏燕稚嫩（表5-3-3）。具体而言，肥燕头形圆润，脑门宽于颈，眉眼上提，眉梢外展，瞳孔在眼球下方，笑口为倒置蝙蝠图案。瘦燕头形修长，头顶开流风口，两眉随弯分向左右，眉梢先弯后扬，瞳孔内收，嘴角内收。比翼燕为左雄右雌，雄燕眉眼上扬，倒蝠嘴角；雌燕眉梢弯曲下垂似新月形，嘴口内嵌似樱桃。新燕头形偏长，眉毛弯线较多，眉心可画花作区隔，嘴为秋菊形；小燕头形与肥燕相似，宽度更宽，眉毛宜短，瞳仁偏大。

同一类型的燕形风筝内部，因传达情感不同，头部纹饰也会有所差别。例

表5-3-2 燕形风筝纹样题材与组合形式

植物题材	动物题材	组合方式
a 新燕胸部菊花纹样	c 瘦燕胸部“鹿鹤”纹样	e 垂直倒挂式纹样 f 对称环抱式纹样
b 比翼燕胸部牡丹纹样	d 瘦燕胸部蝙蝠纹样	g 中心汇聚式纹样 h 回旋相随式纹样

表 5-3-3　燕形风筝头部纹饰

类型	肥燕	瘦燕	比翼燕	新燕	小燕	雏燕
头部						
眼部						
嘴部						

如，雏燕风筝的头部纹饰分为5种样式，分别是展眉笑脸式、展眉嬉口式、耸眉嬉口式、开口仰视式、闭口仰视式。展眉笑脸式头部略尖，与颈部曲线自然过渡，眉毛弧线外展，嘴部内收。展眉嬉口式头部匀称，颈部较窄，眉毛自然外展，嘴为嬉口。耸眉嬉口式头部与颈部宽度接近，眉形高挑，嘴呈嬉口。开口仰视式顶圆而小，眉毛上扬，眉梢挑起，双目仰视，张口有衔物感。闭口仰视式外形与开口仰视式相近，嘴部闭合（表5-3-4）。

表 5-3-4　雏燕风筝头部纹饰

类型	展眉笑脸式	展眉嬉口式	耸眉嬉口式	开口仰视式	闭口仰视式
头部					
眼部					
嘴部					

腰栓即尾羽、腰节。歌诀中“笔法意匠体势全”就是用图案化手法，来表现其体貌形态。画到腰下和尾翎相接处的覆毛之羽，要一层层盖在腰尾之间。画时先定位数，一般二尺风筝画一道腰栓，四尺风筝画两道腰栓，五尺风筝画两道半腰栓，六尺风筝画三道腰栓。表5-3-5为曹氏燕形风筝中肥燕、瘦燕、比翼燕三种风筝腰栓纹样的解析。

燕形风筝腰栓纹样以传达吉祥寓意为主，以下为主要纹样（表5-3-6）及其寓意解读。

第一，“三元寿”纹，寓意“连中三元”，歌诀称“翡翠珊瑚镶宝带”，指寿字

表 5-3-5　肥燕、瘦燕、比翼燕风筝腰栓纹样

分类	肥燕	瘦燕	比翼燕
腰栓道数	4 至 7 道	4 至 5 道	3 道
图示			
腰栓纹样	肥燕 7 道腰栓： 1. “五元寿”锦 2. “蕃草延年”图案 3. “万载不断”锦 4. 柿子谐音“事事如意”锦 5. 五组盘长锦 6. “海水江崖”纹 7. “福禄连绵绕仙桃”锦	瘦燕 5 道腰栓： 1. “三元寿”锦 2. “万载不断”锦 3. “事事如意”锦 4. “盘长回纹”锦 5. “福禄连绵”锦	比翼燕 3 道腰栓： 1. “三元寿”锦 2. “万载不断”锦 3. “福禄连绵绕仙桃”锦

要涂翠绿色，圆上着珊瑚红色，镶于黑色腰间，如所系宝带。

第二，“五元寿”纹。“五”为阳数，被认为是中心吉数，寓意四平八稳，合中庸之道，有长寿之意。根据扎燕的大小比例，腰栓的宽窄略有区别。五元寿多见于肥燕。常见的“五元寿”腰栓特征为：五个圆球形状，内涂冷色。五个圆球形状，内填暖色，圆球之间描长寿字，寓意“连元长寿”，寿字着绿色，寓意“福禄寿”；五个圆内画五种不同的纹饰，左一是古钱四余纹，左二是双鱼纹，中间是团寿字，右一是梅瓣五旋绽蕊纹，右二是三环套月纹。五个圆内画上盘寿纹。

第三，蝙蝠纹。蝙蝠象征幸福，“五福”包括长寿延年、富贵殷实、身体康宁、积德行善、自然命终。常与桃子组合指代福寿双全，寓意长生不老。

除了以上主体纹饰，还有许多用于边饰的纹样。第一，“海水江崖”纹，下端斜向排列弯曲线条，名谓水脚，水脚上有许多波涛翻滚的水浪，水中立一山石，并有祥云点缀，寓意福山寿海。第二，“盘长回纹”纹，由横竖短线折绕组成的方形回环状图案，形同汉字的“回”字，故称为回纹，是被北方民间称为“富贵不断头”的吉祥纹样。第三，“万载不断”纹，卍字在梵文中称“室利靺蹉”，意为“吉祥之所集”，被认为是释迦牟尼胸部所现的“瑞相”。第四，“事事如意”纹，柿谐音“事”，表喜庆之意。第五，“蝴蝶与花”纹，是曹氏燕形风筝常见的“春之物”元素，体现了燕子春归的时令属性。

从雏燕到肥燕是一个成长的过程，其尾部明显呈现出这种变化，例如，肥燕大开大合，瘦燕纤细精致，比翼燕相互支撑。扎燕尾部纹样效仿真实燕子的尾部羽毛造型和层次感，纹样多为蝙蝠纹、蝴蝶纹或葫芦锦纹（表 5-3-7）。

表 5-3-6　燕形风筝腰栓纹样

序号	纹样名称	图示
1	“三元寿”纹	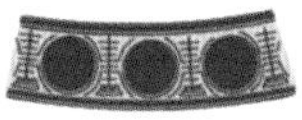
2	各式“五元寿”纹	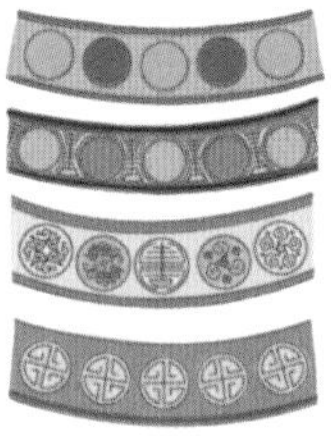
3	各式蝙蝠纹	
4	“海水江崖”纹	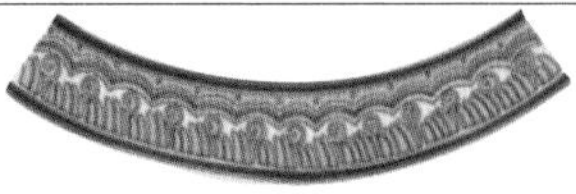
5	“盘长回纹”纹	
6	“万载不断”纹	
7	“事事如意”纹	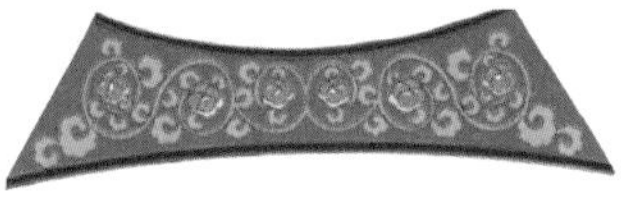
8	各式“蝴蝶与花”纹	

表 5-3-7　燕形风筝尾翼纹样

雏燕	肥燕	瘦燕	比翼燕
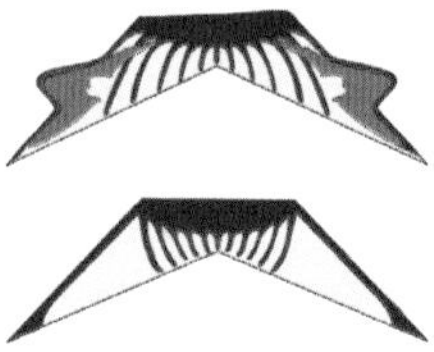	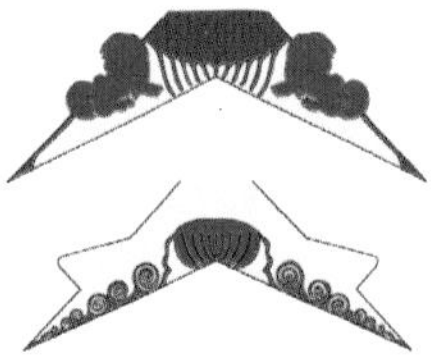		
小燕	新燕		
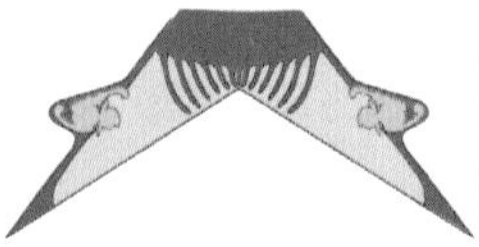	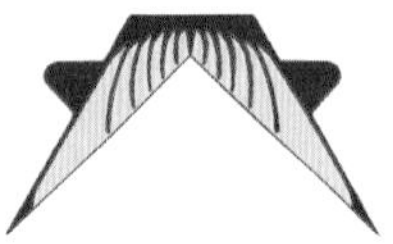		

结语

风筝作为一种融合视觉美和听觉美的动态环境艺术，其美感的实现有赖于科学与艺术的协力配合。风筝的创制是人类对空气动力学原理的早期探索。风筝凭借空气的升力和线的牵引力实现了空中翱翔，“受风”和“泻风”的结构设计助益了飞行的灵活性，基于横杆平衡原理的对称力矩设计保障了飞行的稳定性，其设计巧思体现了古代“格物致知”的理念，在某种程度上对当今滑翔机、绳系卫星的发明具有一定的启发价值。燕形风筝由圆缓的头部、舒展的两翼和刚健的尾翼组成，这种缓急相生的造型，极富视觉张力，体现了“由象生象、由象生意、由象会意”的设计理念。风筝造型的象征性和拟人性特征，反映了人们造物活动中的移情意识。我国先民对鸟类飞行现象进行了细致的观察，也反映了人类对天空的自由畅想以及对未知世界的大胆探索。风筝装饰纹样的多样性、色彩运用的鲜明性及图底关系的有序性，皆遵循“艳而不厌，繁而不烦”的艺术准则，用色淡雅却能获得夺目之美。作为娱乐器具的风筝最初产生于对军事信息通信的实用需求，逐渐演化为人们对美好生活的精神诉求。“风筝不断线”是风筝放飞过程中的重要原则，引发人们对生活与人生的思考，只有懂得根在何方的人才能自由翱翔在蔚蓝的天空中。

第四节　黑与白的对弈

围棋是一种两人对下的棋类游戏，古代称为“弈”。许慎《说文解字》：“弈，围棋也，从廾，亦声。”[1]廾的古文为“𠬞”，《左传·疏》释：“从廾，言竦两手而执之。”[2]意为两人举手握棋对弈的形象。围棋最早的文字记载是《左传·襄公二十五年》：“弈者举棋不定，不胜其耦，而况置君而弗定乎？”[3]意为下棋之人如果举棋不定就无法击败对手，更何况安置国君之事。“围棋”二字连用始见于先秦典籍《世本·作篇》：“尧造围棋，丹朱善之。”[4]丹朱是尧之子，这是最早涉及围棋起源的记载。东晋张华《博物志》：“尧造围棋，以教子丹朱。或曰舜以子商均愚，故以作围棋以教子。”[5]进一步丰富了尧造围棋的细节。此外围棋的创制还有乌曹说和纵横家说两种，《世本·作篇》载“乌曹作博”[6]，此处“博”实为“弈”，认为夏桀臣子乌曹发明了围棋。唐代皮日休《原弈》载：“弈之始作，必起自战国，有害诈争伪之道，当纵横者流之作矣。”[7]他认为尧这样的圣人不会发明含有伪诈成分的围棋，发明者应当是战国纵横家。

围棋器具主要由棋盘和棋子两部分组成。棋盘为正方形，材料有石质、木质、陶瓷等。盘面绘有纵横平行的等距棋道，古代棋盘有13、15、17、19道之别，明清时期固定为19道，共361个交叉点。受古代座子制度的影响以及辨别方位的需要，棋盘上通常标记5至9个交叉点，分别是中心位置的“天元”及其周围的“星位”。棋子主要为扁圆形，分黑白二色，有玉石、蚌壳、象牙、陶瓷等材质。围棋的对弈规则是双方交替行棋，终局以为地的多寡来判定胜负。

春秋时期围棋已经较为流行。《论语·阳货》载：“饱食终日，无所用心，难矣哉！不有博弈者乎？”[8]意思是一个人整天吃饱了饭，什么事也不做，这样难成君子，不如玩围棋游戏。这段话从侧面反映了围棋已经成为当时较为流行的游戏。

---

[1]〔汉〕许慎：《说文解字》，陶生魁点校，中华书局，2020，第89页。

[2]〔清〕阮元校刻《十三经注疏》清嘉庆刊本，中华书局，2009，第4313页。

[3]郭丹、程小青、李彬源译注《左传》，中华书局，2012，第1367页。

[4]〔汉〕宋衷注，〔清〕秦嘉谟等辑《世本八种》，中华书局，2008，第22页。

[5]赵逵夫主编《历代赋评注》汉代卷，巴蜀书社，2010，第747页。

[6]〔汉〕宋衷注，〔清〕秦嘉谟等辑《世本八种》，中华书局，2008，第7页。

[7]转引自叶德辉撰，湖南图书馆编《郋园读书志》，岳麓书社，2011，第346页。

[8]陈晓芬、徐儒宗译注《论语、大学、中庸》，中华书局，2011，第216页。

两汉时期围棋在宫廷较为流行。《西京杂记》记载："戚夫人侍高帝……八月四日，出雕房北户，竹下围棋。"[9] 戚夫人常陪伴汉高帝刘邦下围棋，汉代宫廷逐渐形成了八月四日下围棋的风俗。汉代常将围棋游戏应用到兵法演练。东汉桓谭《新论》载："世有围棋之戏，或言是兵法之类也。"[10] 时人认为围棋游戏应当归属于兵法。东汉马融《围棋赋》载："三尺之局兮，为战斗场。陈聚士卒兮，两敌相当。"[11]

魏晋时期是棋盘道数的重要转折时期，围棋从魏邯郸淳《艺经》记载的17道发展到敦煌《棋经》记载的19道。随着玄学的兴起，文人以清谈为尚，围棋被誉为"手谈"。该时期围棋九品制的建立彰显了对弈的规范性和等级性，日本围棋的"九段制"即源于中国九品制。

唐代宫廷中出现了"棋待诏"和"棋博士"的棋官制度。官方从各地选拔专门供奉内廷的围棋"国手"，用于侍奉帝王与教习宫人，该制度的出现提高了棋手的社会地位，推动了围棋游戏的发展。随着中外交流的加深，围棋先后传入日本、百济、高丽、新罗等地，扩大了围棋在世界范围内的影响力。

宋元时期围棋在文人士大夫阶层广为流行，其社会地位也随之上升，兼具社交处友、颐养性情、寄托心志等多重功能。北宋时期，在宋太祖的提倡下，文人士大夫注重棋艺、棋理、棋趣的探讨，出现了徐铉、宋白、潘慎修等推动围棋发展的重要人物。南宋时期，围棋活动中心南移至临安。帝王公卿把围棋当作宴游享乐的游戏用具，而文人士大夫则将围棋视为忘忧遣闷的活动。元代围棋在统治阶层十分流行，蒙古贵族模仿汉族政权惯例，在宫中设专职棋官，满足帝王弈棋和观棋的娱乐需求。围棋理论方面，该时期出现了《棋经十三篇》《忘忧清乐集》等经典围棋理论著作。元代还出现了被历代棋手奉为典范的《玄玄棋经》，这也标志着元代围棋在局部攻杀上达到了较高的水平。

明代围棋活动在民间变得活跃。围棋界形成了永嘉派、新安派和京师派三大以地域为特征的流派，促进了北京、江苏、浙江、安徽一带围棋活动的繁荣，同时也促进了棋谱出版业的兴盛。民间棋艺家编撰出版了《适情录》《石室仙机》《三才图会棋谱》《仙机武库》《弈史》等20余种明版本的围棋谱，是现存可以窥见古代围棋技艺与理论水平的重要著述。此外，围棋广泛深入社会生活，散曲、杂剧、小说等文艺作品中涉及较多的围棋内容，立体地反映了围棋游戏与明代社会之间的关系。

清代围棋游戏的竞技性和趣味性得到了进一步增强，吸引了更多的人参与其中，各地围棋流派纷起。清初民间棋坛局面繁荣，各路高手涌现，激烈的竞争

[9]〔晋〕葛洪：《西京杂记》卷第三，周天游校注，三秦出版社，2006，第146页。
[10]〔汉〕桓谭：《新辑本桓谭新论》卷十四《述策篇》，中华书局，2009，第58页。
[11]〔清〕严可均辑《全上古三代秦汉三国六朝文》，中华书局，1958，第566页。

格局推动了棋艺水平的迅速提升。清代中晚期，民间经常举行各类高水平围棋赛事，在增进围棋活动交流的同时，也增强了围棋的对抗性和竞争性。此外，清代棋谱的数量和质量都比以往有明显提升，棋谱形式从综合性著作发展成为分门别类的专著，棋谱内容比以往更加重视实战性和实用性。

本节围绕古代围棋的棋盘、棋子以及游戏制度三个方面展开研究。首先，以棋盘上的棋道数量变化为线索，分析棋道数量从13道、15道、17道到19道的演变过程。其次，分析古代围棋子的材料工艺的时代特征、围棋子的直径与形制变化。最后，分析古代围棋的胜负制度和品级制度的历史演变。

一、从13道到19道的方正棋盘

围棋盘的标准样式为正方形，班固《弈旨》载："局必方正，象地则也。道必正直，神明德也。"[12]围棋用来象征天地和神明，棋盘和棋道必须方正。从出土实物来看，古代棋盘主流样式历经了从13道、15道、17道到19道的演变过程。

早在新石器时代已经萌生了围棋盘的基本样式，北方地区出土的彩陶表面常有棋盘纹样。甘肃永昌鸳鸯池墓地出土的新石器时代彩陶罐的表面常绘有类似棋道的纹样[13]，如图5-4-1a、图5-4-1b、图5-4-1c所示，多件双耳彩陶罐的肩腹部都绘有红色与黑色的菱形方格纹样，样式与围棋盘相似。再如，甘肃兰州土谷台半山—马厂文化墓地出土的一件鸭形壶[14]（图5-4-1d），腹部饰蛙纹，间饰纵横10至13道的围棋盘纹样。

从相关文献记载不难发现，早在西汉前就已流行13道围棋游戏，但目前尚未发现完整的出土实物。西汉阳陵帝陵陵园南门遗址出土的一件残损棋盘[15]是我国

a　甘肃永昌鸳鸯池墓地出土的Ⅰ式双耳彩陶罐 M119：1

b　甘肃永昌鸳鸯池墓地出土的Ⅰ式双耳彩陶罐 M188：1

c　甘肃永昌鸳鸯池墓地出土的Ⅱ式双耳彩陶罐 M137：1

d　甘肃兰州土谷台半山—马厂文化墓地出土的Ⅱ式鸭形壶 M31：1

图5-4-1　甘肃地区出土的新石器时代彩陶[16][17]

[12]〔唐〕张文成撰，李时人、詹绪左校注《游仙窟校注》，中华书局，2010，第293页。
[13]蒲朝绂、员安志：《甘肃永昌鸳鸯池新石器时代墓地》，《考古学报》1982年第2期。
[14]魏怀珩：《兰州土谷台半山—马厂文化墓地》，《考古学报》1983年第2期。
[15]陕西省考古研究院：《汉阳陵帝陵陵园南门遗址发掘简报》，《考古与文物》2011年第5期。
[16]蒲朝绂、员安志：《甘肃永昌鸳鸯池新石器时代墓地》，《考古学报》1982年第2期。
[17]魏怀珩：《兰州土谷台半山—马厂文化墓地》，《考古学报》1983年第2期。

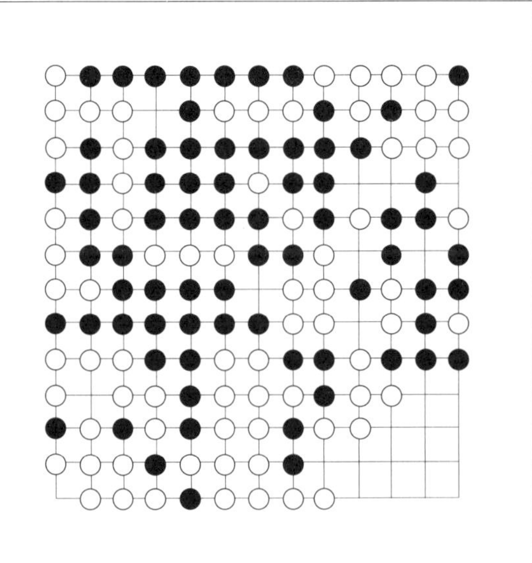

图 5-4-2（左） 陕西阳陵帝陵出土的西汉围棋盘残件[18]

图 5-4-3（右） 内蒙古敖汉旗出土的辽代围棋桌示意图[19]

目前已知最早的棋盘实物（图 5-4-2），残长 28.5 厘米，残宽 19.7 厘米，厚 3.6 厘米。棋盘两面阴线刻棋道，两面都残存 13×9 棋道。依据相关文献，棋盘的纵横棋道数应该相同，推算这件棋盘的完整形态应该是 13×13 棋道。

13 道棋盘完整实物出土时间相对较晚。1922 年在内蒙古敖汉旗丰收公社白塔子大队辽墓出土的一件围棋桌[20]（图 5-4-3），边长 40 厘米，高 10 厘米，在桌心长宽 30 厘米处画有纵横 13 棋道，布有 155 枚围棋子，其中黑子 79 枚，白子 76 枚。这件辽代出土的 13 道棋盘与中原地区同期流行的 15 道、17 道棋盘形式不同，应该是北方民族沿用了中原地区汉代流行的 13 棋道。究其原因，一方面应该是受地理、交通等因素的影响，15 道、17 道围棋游戏尚未传入北方地区；另一方面也有可能是同时期多种棋道并存现象较为普遍。

汉唐时期主要流行 15 道与 17 道围棋游戏，目前发现最早的 15 道棋盘实物是陕西咸阳 6 号西汉墓出土的一件棋盘[21]（图 5-4-4），长 66.4 厘米，宽 58.4 厘米，厚 3.2 厘米，高 4.8 厘米。盘面用黑线画出 15×15 棋道，共 225 格。1971 年湖南湘阴唐代古墓出土的随葬品中有一件棋盘[22]，正方形，边长 8 厘米，纵横 15 道，表面呈弧形。唐代以后 15 道棋盘基本已经消失。

17 道棋盘最早出现在东汉，至唐代已经成为主流围棋制式，广泛流传于中原地区、江南地区和西藏等边远地区。最早的 17 道棋盘实物于河北望都 1 号

[18] 汉景帝阳陵博物院，http://hylae.com/index.php?ac=article&at=read&did=1819，访问日期：2023 年 7 月 14 日。

[19] 邵国田：《敖汉旗白塔子辽墓》，《考古》1978 年第 2 期。

[20] 同上。

[21] 咸阳秦都考古工作队：《秦都咸阳汉墓清理简报》，《考古与文物》1986 年第 6 期。

[22] 湖南省博物馆：《湖南湘阴唐墓清理简报》，《文物》1972 年第 11 期。

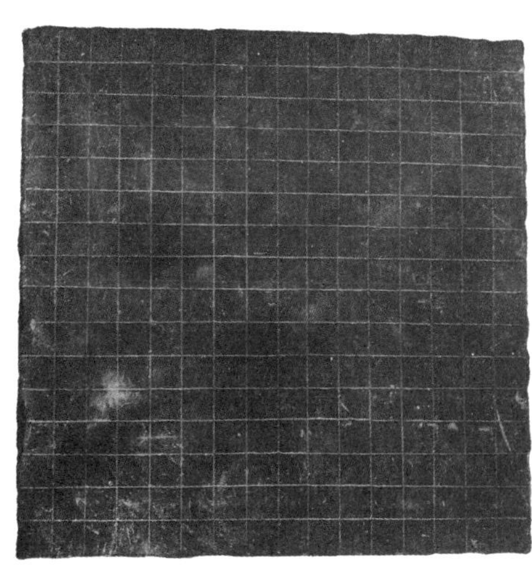

图5-4-4（左） 陕西咸阳6号西汉墓出土的棋盘示意图[23]

图5-4-5（右） 河北望都1号东汉墓出土的围棋盘[24]

东汉墓出土[25]（图5-4-5），棋盘为正方形，长69厘米，高14厘米，上刻纵横17道线。三国魏邯郸淳《艺经》载："棋局纵横，各十七道，合二百八十九道，白黑棋子各一百五十枚。"[26]进一步证实了该时期棋子数量和棋盘道数之间的关系。山东邹城西晋刘宝墓出土的一件棋盒[27]，高9厘米，直径12.4厘米，圆筒形，平底内凹，内部储有棋子310枚，黑子145枚，白子165枚（图5-4-6）。17道围棋最少用子量是289枚，19道围棋用子量最少是361枚，据此推测西晋时期的通用棋盘制式应该是17道。南朝乐府民歌《清商曲辞·读曲歌八十九首》载："坐倚无精魂，使我生百虑。方局十七道，期会是何处。"[28]该歌是南朝宋时流行于江南地区的民间歌谣，说明当时民间也使用17道棋盘。

图5-4-6 山东邹城西晋出土的棋盒和棋子[29]

[23]咸阳秦都考古工作队：《秦都咸阳汉墓清理简报》，《考古与文物》1986年第6期。

[24]北京历史博物馆、河北省文物管理委员会编《望都汉墓壁画》，中国古典艺术出版社，1955，第11页。

[25]同上。

[26]〔清〕焦循：《孟子正义》卷二十三，沈文倬点校，中华书局，1987，第780页。

[27]山东邹城市文物局：《山东邹城西晋刘宝墓》，《文物》2005年第1期。

[28]丁福保编《全汉三国晋南北朝诗·全宋诗卷五》，中华书局，1959，第742页。

[29]山东邹城市文物局：《山东邹城西晋刘宝墓》，《文物》2005年第1期。

唐代，17道棋盘出土实物与相关绘画作品的数量较多。重庆万州区唐墓出土一件正方形棋盘[30]，棋盘边长11厘米，高3厘米，盘面阴刻纵横17棋道。西藏墨竹工卡县甲玛乡村北侧遗址出土一件"密芒"棋盘[31]，该棋盘凿刻于长1.44米、宽0.56米、厚0.18米的菱形花岗岩表面中央。棋盘长宽均为0.44米，正方形。盘面纵横17棋道，说明唐代西藏地区与中原地区的围棋制式相同。新疆吐鲁番阿斯塔那唐187号墓出土了一幅屏风绢画《弈棋仕女图》（图5-4-7），画面描绘了一位贵妇下围棋的场景，所绘纵横为16×17道，其中纵道为16道应该是误绘，依据相关文献实际应是17×17棋道。五代周文矩绘制的《重屏会棋图》描绘了南唐中主李璟与其弟会棋的场景，画中为17棋道。

随着围棋游戏的传播，19道围棋应运而生并逐渐发展成为后世主流制式。19棋道虽早在三国时期就已经出现，隋唐时期的棋盘也有出土，但至宋才真正开始流行与普及。从文献和图像资料来看，19道围棋最早应该出现在三国时期，北宋李逸民《忘忧清乐集》收录了三国时孙策和吕范下棋时的棋谱《孙策诏吕范弈棋局面》[32]，全谱共43手，双方使用的是19棋道。此外《晋武帝诏王武子弈棋局》也是19棋道[33]，反映出当时19棋道已在宫廷开始流行。不过19道棋盘的出土实物出现较晚，目前发现最早的19道围棋实物是1959年河南安阳隋代张盛墓出土的棋盘[34]（图5-4-8），长10.2厘米，高4厘米。正方形棋盘的五岳位置各有一孔形星位标志。1973年新疆吐鲁番阿斯塔那张雄夫妇合葬墓出土一件唐代围棋盘[35]，边长18厘米，高7厘米，盘面绘有纵横19棋道。

图5-4-7（左）《弈棋仕女图》（局部） 佚名 唐代[36]

图5-4-8（右） 河南安阳隋代张盛基出土的围棋盘[37]

[30] 四川省博物馆：《四川万县唐墓》，《考古学报》1980年第4期。

[31] 更堆：《"密芒"围棋棋盘的发现》，《中国西藏》（中文版）2001年第4期。

[32]〔宋〕李逸民编撰《忘忧清乐集》，孟秋校勘，蜀蓉棋艺出版社，1987，第13页。

[33] 同上书，第14页。

[34] 考古研究所安阳发掘队：《安阳隋张盛墓发掘记》，《考古》1959年第10期。

[35] 新疆维吾尔自治区博物馆编《新疆出土文物》，文物出版社，1975，第131页。

[36] 新疆维吾尔自治区博物馆，http://39.106.27.137:8088/jeecmsv9/hhysl/195.jhtml，访问日期：2023年6月17日。

[37] 河南博物院，http://www.chnmus.net/sitesources/hnsbwy/page_pc/bwzl/yyhxzzjd/cpsx/article370246a7a9184061a484901f700ea817.html，访问日期：2023年7月17日。

辽宋金元时期，19道围棋无论是在宫廷还是在民间都已经成为十分普及的游戏，尽管该时期棋盘实物出土不多，但从绘画作品中可以发现当时棋盘的一些特征。故宫博物院藏的北宋张先《十咏图》描绘了吴兴山水人物景象，画面楼阁中马太守与二老对坐弈棋，棋盘为纵横19棋道。台北故宫博物院藏的宋代《十八学士图之棋》中数人坐在榻上对弈，棋盘也是19棋道。台北故宫博物院藏的元代《夏墅棋声图》中对弈的两人所用棋盘单向绘制17棋道，推测该棋盘应该是17×17棋道。可以看出，辽宋金元时期棋道数量以19道居多，而17棋道也是当时较为常见的棋盘。

宋代已经出现了围棋游戏的专用棋桌。台北故宫博物院藏的宋代佚名《洛阳耆英会图轴》描绘了北宋政坛长者聚会的场景。画中两位长者坐在棋桌两端对弈，身旁两人观棋。画中白色棋盘略微嵌入深色矮桌内，应该是专为围棋游戏设计的专用棋桌（图5-4-9）。古代围棋游戏的专用棋桌较为少见，绝大部分都是薄型棋盘或四周带壶口设计的棋盘，这些棋盘通常放在桌、榻等家具之上，使用场景较为灵活。专用棋桌的出现从某种程度上说明围棋游戏在宋代已经十分普及。

图5-4-9 《洛阳耆英会图轴》（局部） 佚名　宋代[38]

[38] 中华珍宝馆，https://g2.ltfc.net/view/SUHA/608a6c13e11ca96100860847，访问日期：2023年7月17日。

明清时期，19道棋盘成为围棋的标准制式，并出现了围棋游戏的专用折叠棋桌。故宫博物院收藏的明代黑漆棋桌（图5-4-10），长84厘米，宽73厘米，高84厘米。棋桌通体髹黑色，桌牙为罗锅枨式，桌面中心为绘有纵横19棋道的围棋盘。棋桌设计了活榫，合拢为四足木桌，打开后为八足棋桌。

19道棋盘在绘画中也有反映，故宫博物院藏的清代喻兰《仕女清娱图册·自弈》描绘了一名仕女独自下围棋的场景（图5-4-11），画中女子目光凝视棋盘，一手托腮，一手执黑色棋子，似在思索行棋方法。浅色的19道棋盘置于桌面中央位置，棋盘中央散落着多枚黑色与白色的围棋子，棋盘一侧摆放了两个圆形棋盒，分别装有黑子和白子。

从所搜集的资料中发现少量形制不规范的棋盘，多为随葬明器，并不具备

图5-4-10 故宫博物院收藏的明代黑漆棋桌[39]

图5-4-11 《仕女清娱图册·自弈》 喻兰 清代[40]

[39] 故宫博物院，https://www.dpm.org.cn/collection/gear/228901.html，访问日期：2023年7月17日。
[40] 故宫博物院，https://www.dpm.org.cn/collection/paint/228745.html，访问日期：2023年7月17日。

实用功能，这些棋盘制作较为粗糙，不够精致，刻绘也较为随意。1976年湖南长沙咸嘉湖唐墓出土的一件棋盘[41]，长5.5厘米，高2.1厘米，正方形，表面刻有纵横14棋道。但从实用性棋盘的棋道数量规格来看，并不存在这种14道的偶数棋道。南宋吉州永和窑也出土一件类似的围棋桌[42]，长8.3厘米，宽6.2厘米，高5.8厘米，纵横13至16棋道，盘面刻有4个星位点和1个“天元”并附有2枚棋子，棋盘下方有一截仿树桩形状的支撑底座。这2件棋盘与棋桌的棋道数量并不符合围棋的基本规格，尺寸又极小，应该是不具备实用性的随葬品。

总体来看，中国古代围棋经历了从13道、15道、17道到19道棋盘的发展，这一过程也是游戏由简及难演进的过程，其特征为：第一，尽管我们尚不能准确判定围棋的起源，但新石器时代陶器上纵横交错的围棋纹样，在某种程度上可以表明这些纹样应当与围棋游戏相关。第二，同时期北方少数民族使用棋道数要低于中原地区，反映了围棋发展由中原向北方传播的特征。第三，同时期存在多种棋道数并存的现象，反映了围棋游戏多样性的应用场景。

二、从多样性到上鼓下平的圆形棋子

围棋子是围棋游戏的重要组成部分，本节从围棋子的材料工艺、形制尺度两个方面展开分析。

（一）围棋子从磨制的自然材料向烧制的合成材料转变

古代围棋子的材料来源多样，不同时期、地域与人群所使用的棋子材料呈现出某种相似性和差异性。制作围棋子的材料大致可分为两类：第一类是自然材料，其中普通的自然材料包括石子、蚌片、木头等，珍稀的自然材料主要包括象牙、玛瑙、玉等；第二类是烧造材料，包括陶土、瓷土、琉璃、玻璃等。

汉晋时期，围棋子的材料以石子为主，以玉和琉璃为辅，这些材料多为天然的磨制材料。目前发现最早的石质围棋子出土于安徽亳州元宝坑1号东汉墓[43]，为绿松石材质，共122枚，分为翠绿和墨绿两色。绿松石是古代珍贵的装饰材料，用其制作围棋子相对较少。而更为常见的围棋子材料是普通石子，这是基于实用性与经济性等因素考量的结果。例如，安徽亳州古运兵道东汉遗址出土了围棋子27枚[44]，均为石质材料，其中部分棋子两面装饰网纹，这是较早有装饰纹样的围棋子。山东邹城西晋刘宝墓出土的黑子145枚和白子165枚均为天

[41] 湖南省博物馆：《湖南长沙咸嘉湖唐墓发掘简报》，《考古》1982年第6期。

[42] 王宁：《吉州永和窑烧制的南宋围棋具》，《收藏家》2008年第6期。

[43] 李灿：《亳县曹操宗族墓葬》，《文物》1978年第8期。

[44] 张维中：《亳县出土的古代围棋子》，《安徽史志通讯》1984年第2期。

然石质[45]。山东临沂洗砚池晋墓出土的27枚石质棋子[46]，采用磨制工艺制成，表面呈光滑的鹅卵石状。除了普通石子，玉、琉璃等珍稀材料也用来制作围棋子，不过数量相对较少。江苏丹阳胡桥大墓出土了南朝时期的玉质和琉璃质围棋子[47]，白子为玉质，黑子为透明的黑紫色琉璃材质。根据史籍记载与实地调查发现，该墓主人应该是的南齐景帝萧道生[48]，可见这种珍稀材料制成的围棋子主要供统治阶级享用。

唐代围棋子的材料种类变得更加丰富，陶土、蚌片、象牙、木头等材料开始用于制作围棋子。随着制陶技术的提升，可塑性较强的陶土开始用于制作围棋子。山西蒲州故城唐代遗址出土3枚陶质围棋子[49]，围棋子经过素烧，表面有轮状刮痕。这是目前发现最早的陶质围棋子之一。蚌片有着自然的白色质地，只需简单打磨即可制成白色围棋子。河南偃师杏园唐墓出土蚌质围棋子30枚[50]，用蚌片打磨而成，表面保存了蚌片的自然光泽。象牙因其细润优雅的质地，在唐代被用于制作高档围棋子。日本奈良正仓院收藏了多件唐代象牙围棋子（图5-4-12），棋子采用拨镂牙雕工艺制成，即先用胭脂将象牙棋子染色，再在棋子表面刻画花纹，并在花纹中填以颜色。这种围棋子是目前发现较早运用复杂加工技术，并饰有精美纹样的围棋子实例。此外，唐代出现了用名贵木料制作围棋子并染香的现象。明代周嘉胄《香乘》引《棋谈》："开成中，贵家以紫檀心、瑞龙脑为棋子。"[51]开成是唐文宗年号，表明唐代贵族已经使用昂贵的紫檀心木料来制作围棋子，并用香料瑞龙脑来增加围棋子的嗅觉体验。

图5-4-12　日本奈良正仓院藏的唐代围棋子[53]

辽宋金元时期，陶瓷成为制作围棋子的主流材料。安徽合肥马绍庭夫妻合葬墓出土了北宋时期陶瓷围棋子280余枚[52]，棋子表面无光泽，胎质疏松。其中黑色围棋子应该是用颜料涂染的，表

[45] 山东邹城市文物局：《山东邹城西晋刘宝墓》，《文物》2005年第1期。

[46] 冯沂：《山东临沂洗砚池晋墓》，《文物》2005年第7期。

[47] 南京博物院：《江苏丹阳胡桥南朝大墓及砖刻壁画》，《文物》1974年第2期。

[48] 同上。

[49] 王晓毅、张天琦、王洋等：《蒲州故城遗址TG148202发掘简报》，《中国国家博物馆馆刊》2014年第10期。

[50] 中国社会科学院考古研究所编著《偃师杏园唐墓》，科学出版社，2001，第232页。

[51] 刘幼生编校《香学汇典》，三晋出版社，2014，第432页。

[52] 彭国维：《合肥北宋马绍庭夫妻合葬墓》，《文物》1991年第3期。

[53] 日本正仓院，https://shosoin.kunaicho.go.jp/en-US/treasures/?id=0000010069&index=2，访问日期：2023年7月17日。

面有颜料脱落的痕迹。成都指挥街遗址出土了唐宋时期陶瓷围棋子8件[54]，胎质为白胎、灰白胎等，釉料为白釉、乳白釉、乳黄釉等。从出土实物可以看出，该时期围棋子尽管陶瓷材料运用较多，但其工艺水平呈现出较大的差异性。

这一时期的北方地区流行表面模印花纹的陶质围棋子。河北观台磁州窑窑址出土陶质围棋子37枚[55]。其中25枚白子中有14枚双面印花，12枚黑子中有4枚印花。辽宁锦西（今葫芦岛市）西孤山辽萧孝忠墓出土陶质围棋子76枚[56]，两面模印花纹。辽宁北镇市辽代耶律弘礼墓出土陶质围棋子97枚[57]，正反面均模印四瓣莲花纹，边缘有一周凸弦纹。宁夏灵武窑遗址出土西夏时期陶质围棋子6枚[58]，表面印花。这些围棋子的纹样大多为样式相同的阳纹，应该采用相同的模具批量制成。

宋代景德镇就采用了模印工艺来制作围棋子。当地湖田窑出土了大量宋代围棋用品，包括围棋子、围棋模范、围棋罐等[59]。其中围棋模范呈中间凹下的圆柱体，底部花纹样式多为一周弦纹内刻栀子花纹、梅花纹、钱纹（图5-4-13）。模范内的纹样可以与一同出土的部分围棋子花纹相对应，进一步证实当时已经利用模具来批量制作围棋子，该工艺具有产品规范、省工省力的优点。

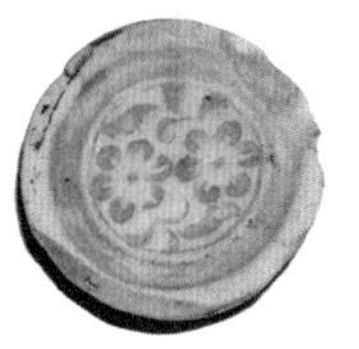
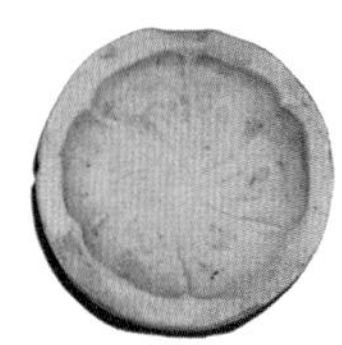

图5-4-13 江西景德镇湖田窑出土的宋代围棋模范[60]

明清时期围棋子材料以玻璃和瓷质为主，玉、琉璃也有少量应用。明代末年，随着玻璃生产技术传入中国，玻璃制品迅速流行。玻璃用来制作围棋子具有色泽通透、质地光洁、成本适中等优点，逐渐成为后世围棋子的主流材质，如山东邹城鲁荒王墓出土的181枚明代玻璃围棋子[61]。故宫博物院、四川博物院、泰州博物馆等都藏有明清时期的玻璃围棋子。围棋子制作也开始走向了专业化与品牌化发展之路。云南永昌（今云南保山）生产的围棋子被称为“永子”，是明清时期文人雅士与达官显贵推崇之物，亦当作贡品进献宫廷。明代《徐霞客游

[54] 罗二虎、徐鹏章：《成都指挥街唐宋遗址发掘报告》，《南方民族考古》1990年第1期。
[55] 北京大学考古学系、河北省文物研究所、邯郸地区文物保管所：《观台磁州窑址》，文物出版社，1997，第182页。
[56] 雁羽：《锦西西孤山辽萧孝忠墓清理简报》，《考古》1960年第2期。
[57] 司伟伟等：《辽宁北镇市辽代耶律弘礼墓发掘简报》，《考古》2018年第4期。
[58] 中国社会科学院考古研究所编著《宁夏灵武窑考古发掘报告》，中国大百科全书出版社，1995，第75页。
[59] 何江、张文江：《古体博大 精彩纷呈——江西出土古代陶瓷体育文物赏析》，《南方文物》2012年第4期。
[60] 同上。
[61] 山东博物馆、山东省文物考古研究所编《鲁荒王墓》下，文物出版社，2014，第132页。

记》中评价道："棋子出云南，以永昌者为上。"[62]云南永昌制作围棋子的历史可以追溯到唐代，唐代傅梦求《围棋赋》曰："子出滇南之炉。"[63]一方面说明唐代滇南地区已经是围棋子的重要产地；另一方面"炉"也暗示着棋子制作从使用自然材料磨制到烧制合成的工艺变革。

永子的制作工艺在《永昌府志》有所记载："永昌之棋甲于天下。其制法以玛瑙石合紫瑛石研为粉，加以铅硝，投以药料，合而煅之，用长铁蘸其汁滴以成棋。"[64]先用玛瑙石和紫瑛石混合磨成粉，再加上红丹粉、硼砂等配合一起熔炼成液，滴落后冷却成子。制成的围棋子具有众多优点：其一，能够保持恒温，夏凉冬温；其二，色泽润柔，无炫目刺眼之感；其三，质地结实沉重，便于手执与稳定置棋。

总体而言，古代围棋子的材料工艺演变呈现出几个特点：第一，围棋子的材料从初级的石子、蚌壳等自然材料向高级的陶瓷、玻璃等合成材料不断转变。第二，围棋子的材料加工技术从手工磨制、模印向烧制合成转变。第三，围棋子的材料与棋手身份相匹配。玉、象牙、琉璃等珍稀材料的围棋子主要供豪门贵胄享用，而用石子、陶土等廉价的自然材料制成的围棋子更适合普通民众使用。

（二）围棋子直径的递增与形制的趋同

按照围棋子形制的总体特征，将48件棋子分为汉晋（7件，14.58%）、唐代（10件，20.83%）、辽宋金元（25件，52.09%）、明清（6件，12.50%）四个时期。棋子按平面形制可分为圆形（45件，93.75%）和方形（3件，6.25%）两类。按侧面形制可分为两面鼓（18件，37.50%）、上鼓下平（15件，31.25%）、两面平（15件，31.25%）三类（图5-4-14）。

汉晋时期棋子形制多元，尺寸呈混乱、无序的发展面貌。从外形来看，这个时期圆形和方形棋子并存，有4件圆形棋子和3件方形棋子。直径最大的圆形棋子是安徽亳州出土的东汉棋子[65]，直径2.5厘米。直径最小的是山东临沂洗砚池东晋墓出土的围棋子[66]，为1.5厘米。该时期棋子的平均直径为1.68厘米，个体差异较大，大小不一。最早的一件方形棋子出土于1977年安徽亳县元宝坑1号东汉墓[67]，方形棋子较早的记载是汉代扬雄《扬子法言》："断木为棋。"[68]将木材断开为方形，即可用作棋子。从侧形来看，汉晋时期棋子有4件两面鼓形

[62]〔明〕徐弘祖撰，朱惠荣校注《徐霞客游记校注》，中华书局，2017，第1263页。

[63]〔清〕董诰等编《全唐文》卷九百五十八，中华书局，1983，第9942页。

[64]〔明〕徐弘祖撰，朱惠荣校注《徐霞客游记校注》，中华书局，2017，第1273页。

[65]李灿：《亳县曹操宗族墓葬》，《文物》1978年第8期。

[66]冯沂：《山东临沂洗砚池晋墓》，《文物》2005年第7期。

[67]李灿：《亳县曹操宗族墓葬》，《文物》1978年第8期。

[68]〔汉〕扬雄撰，汪荣宝注疏《法言义疏》，陈仲夫点校，中华书局，1987，第63页。

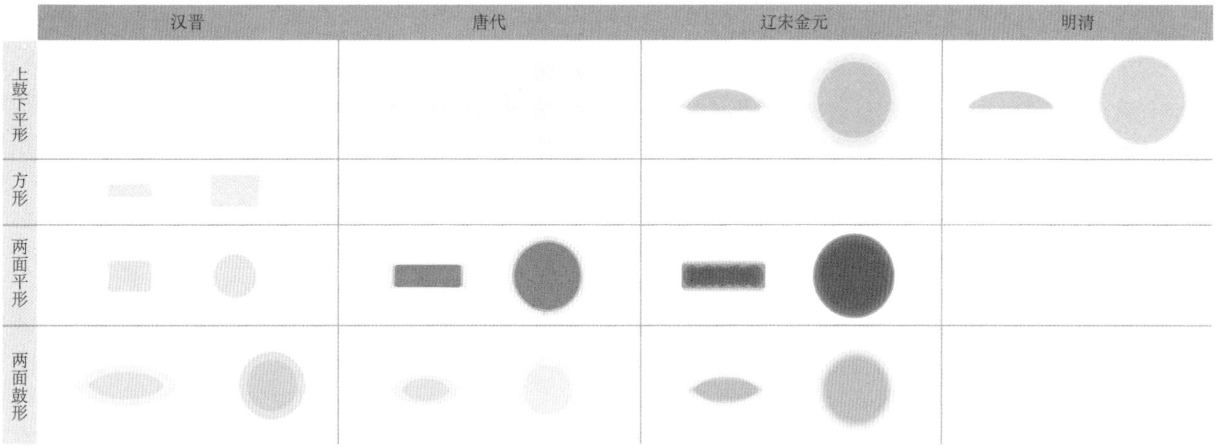

	汉晋	唐代	辽宋金元	明清
上鼓下平形				
方形				
两面平形				
两面鼓形				

图5-4-14 不同时期出土围棋子造型与尺寸演变图

和3件两面平形。从上述分析可知，汉晋时期棋子形制差异显著，没有形成固定的形制范式。

唐代棋子数量开始增多，出土棋子均为圆形，方形棋子已经基本消失。直径最大的棋子是唐大明宫含元殿遗址出土的一枚直径2厘米的棋子[69]。直径最小的棋子是河南偃师杏园唐墓出土的直径1.1厘米的棋子[70]。棋子平均直径是1.55厘米，较前期有小幅缩小。整体而言，个体棋子的外形差异逐渐缩小，差值呈细微波动。从侧形来看，两面鼓形的棋子占据主流，其次是两面平形。值得注意的是，唐代出现了第一件上鼓下平形的棋子，为唐大明宫含元殿遗址出土[71]。以该棋子为原型，在辽宋金元时期衍生出大量上鼓下平形棋子，它的出现对后世棋子形制的演进有着重要的开创意义。

辽宋金元时期，出土棋子数量最多，样式最为丰富，各种形制并立共存。直径最大和最小的棋子都出土于宁夏灵武窑遗址[72]，分别是2.6厘米和1.1厘米。棋子平均直径是1.7厘米，较之前持续增加，棋子直径的差值进一步缩小。该时期棋子有两面鼓形8件、上鼓下平形8件、两面平形9件，三种形制呈并存的格局。

明清时期，棋子形制和尺寸基本固定，上鼓下平形棋子成为主流样式。直径最大和最小的棋子都是泰州博物馆藏的清代棋子，分别是2.5厘米和1.3厘米。棋子平均直径为2.12厘米，与现代棋子标准直径2.25至2.35厘米接近。可以看出，明清时期棋子样式和尺寸基本固定，个体差异进一步减小，形制趋于统一。

总体来看，中国古代棋子形制的发展面貌呈现出从多元走向统一、从无序

[69] 安家瑶、李春林：《唐大明宫含元殿遗址1995—1996年发掘报告》，《考古学报》1997年第3期。

[70] 中国社会科学院考古研究所编著《偃师杏园唐墓》，科学出版社，2001，第227、232页。

[71] 安家瑶、李春林：《唐大明宫含元殿遗址1995—1996年发掘报告》，《考古学报》1997年第3期。

[72] 中国社会科学院考古研究所编著《宁夏灵武窑发掘报告》，中国大百科全书出版社，1995，第75页。

走向有序的发展趋势。汉晋时期棋子的形制和尺寸相差悬殊，唐代棋子外形变化逐渐稳定，再到辽宋金元时期的多样式并存，至明清时期棋子形制已经趋同，与现代棋子基本相同。

三、围棋胜负制度与品级制度的演变

围棋制度是判断围棋比赛胜负的规则以及评定棋手棋艺水平的方法，主要包括胜负制度和品级制度两个方面。

围棋比赛的胜负以所占地域多寡为判断标准，地多者为胜，少者为负。其计算方法主要包括填空法和数子法两类。第一，填空法始创于汉唐之际，流行于唐宋时期。该法以“目”“路”为计算胜负的单位，具有简洁、合理、自成体系等优点，目前日本、韩国等国至今仍使用这种计算方法。第二，数子法是对汉唐时期填空法的改良，其过渡期在元、明之际，明代以后数子法全面普及并沿用至今。数子法以“子”为计算胜负的单位，即以双方拥有子数的多少来决定胜负。

围棋的品级制度是对棋手棋艺水平分等判级的方法与规则，主要有三品制和九品制两种。三品制形成于东汉时期，将棋手棋力水平评定为上、中、下三个品级。九品制出现在三国时期，流行于两晋南北朝，该制度将棋手棋艺水平进一步细分为九个品级。南朝之后由于权威品棋活动的缺失，围棋品级制度逐渐衰落。

（一）从汉唐时期填空法到明代以后数子法的胜负计算法

与现代围棋不同，古代围棋开局白子先下，终局则是以双方在棋盘上的子数或地域数量多寡来决定胜负。魏晋时期，计算围棋胜负方法最重要的文献是敦煌《棋经》，书中记载了两种计算方法：第一种是“棋有停道及两溢者，子多为胜”[73]。这句话是计算围棋胜负最古老的文字记载[74]，停道是指两家路数相等；两溢是指一局中如果双方目数相同，则子多的一方为胜。另一种是“取局子停，受饶先下者输”[75]。意思是如果对局一方有受子或受先入局，终局在计算目数相同的情况下，受饶先下的一方判定为输。

唐宋时期，填空法成为计算围棋胜负的主要方法。填空法“以空为地”，具体方法在宋本《忘忧清乐集》中的“金花碗图”记载：“阎景实白先，顾师言黑胜一路。各一百二十二着。黑杀白六子，黑有四十路；白杀黑六子，白有

---

[73] 成恩元：《敦煌碁经笺证》，蜀蓉棋艺出版社，1990，第195页。

[74] 陈祖源：《围棋规则演变史》，上海文化出版社，2007，第83页。

[75] 成恩元：《敦煌碁经笺证》，蜀蓉棋艺出版社，1990，第195页。

三十九路。”[76] 意思是在终局之后，双方各自将对方的死棋填入对方所围的空点中，然后比较双方在盘面的空点数量，计算胜负之数。唐宋填空法有其独特之处，棋谱中“各一百二十二着”与明清以后包括日本在内的棋谱着手记录均不相同。值得注意的是，“谱中黑244亦即最后一着棋分明无路（目），但还是要走，以凑成‘各若干着’偶数终局。宋本《忘忧清乐集》中收录唐宋完整棋谱四局，均以偶数终局，与本局相仿，可见不是某种巧合，否则就不必注明‘各若干着’了，不同于摒‘无目官子’完全不收的日本填空法”[77]。

明代以后，围棋比赛胜负的主流计算方法从填空法改为数子法。数子法以双方获得的子数多少来决定胜负，即便被围的空位也要折算成子，故又称为“子空皆地”，与填空法的“以空为地”计算法之间存在继承和改良的关系。

数子法计算围棋比赛胜负的过程共分为三步：第一步是终局时取走棋盘上的死棋。第二步是在“路”的空位上填入己方棋子；在“不算路”的空位上，按双方各半折合成子，因为在每块活棋赖以生存的两个空位各属一方，若每多一块活棋就要多还对方一子，这称为“还棋头”。第三步，任选一方计算全部子数，与180子半作比较以定胜负。

相对于唐宋填空法，明代之后的数子法更加简单易行，而且不容易出现和棋，因为理论上数子法要求双方子数均等（180子半）才能和棋，而除了双方互围两眼，形成彼此不能杀死对方的“双活”情况，“半子”的情况在棋盘上是不存在的。另外，由于数子法决定胜负的是“子”，而不是填空法的“路”，前者无论对方开局让几子，终局时必须还几子给对方；而后者无论让对方几子，都不等于对方获得地域，因此终局也无须还地域。

（二）从东汉时期三品制到三国时期九品制的品级制度

古代围棋的等级评定单位是“品”，主要用于考察弈者的棋艺水平和精神境界。东汉时期出现了最早的围棋品级制度“上、中、下三等”。桓谭《新论》认为：“上者，远棋疏张，置以会围，因而伐之，成多得道之胜；中者，则务相绝遮要，以争便求利，故胜负狐疑，须计数而定；下者，则守边隅，趋作罜目，以自生于小地。”[78] 棋艺上乘的棋手，善于从容布子抢占要点，围取地盘，最后以围地多而取胜。中等棋艺的棋手则会处处纠缠，争夺局部利益。下乘水平的棋手只会占据边角，以求做眼活棋。三品制是围棋九品制的雏形阶段。

三国时期弈坛人士借鉴当时的选官制度“九品中正制”创立了“围棋九品

[76] 转引自何云波：《中国围棋文化史》，武汉大学出版社，2015，第200页。

[77] 转引自赵之云：《中国围棋胜负计算法及其演变》，《围棋天地》1993年第8期。

[78]〔汉〕陆贾原著，王利器撰《新语校注》，中华书局，2012，第178页。

制”。魏国邯郸淳的《艺经·棋品》中记载：“夫围棋之品有九，一曰入神，二曰坐照，三曰具体，四曰通幽，五曰用智，六曰小巧，七曰斗力，八曰若愚，九曰守拙。”其中一品为最高品，九品为最低品。

明人许谷《石室仙机》中对“九品”做出过如下解释：一品入神，为上上，是指“变化不测而能先知精义，入神不战而屈人之棋，无与之敌者”。二品坐照，为上中，是指“入神饶半先，则不勉而中，不思而得”，有“至虚善应”的本领。三品具体，为上下，是指“入神饶一先，临局之际造形则悟，具入神之体而微者也”。四品通幽，为中上，是指“受高者两先，临局之际，见形阻能善应变，或战或否，意在通幽”。五品用智，为中中，是指“受饶三子，未能通幽，战则用智，以致其功”。六品小巧，为中下，是指“受饶四子，不务远图，好施小巧”。七品斗力，为下上，是指“受饶五子，动则必战，与敌相抗，不用其智，而专斗力”[79]。至于第八品和第九品，相关古籍文献并未对其做出详细界定。

关于品级的评定过程，首先棋手要参加资格赛，被淘汰的选手列为不“登格”，即不入品。通过资格赛的棋手，需要再和其他棋手比赛来确定品级，授予称号，如果想晋升品级就需要不断参加比赛，通过战绩来提升品级。南朝时期还设立了最早的围棋专业机构“围棋州邑”，创立者在《南齐书》中记载为“（宋）明帝好围棋，置围棋州邑”[80]。该机构执掌棋手的评品、选举、推荐，以及棋谱的收集和整理等，其建立为围棋的品级制度的顺利推行提供了组织保障和人员支持。

结语

围棋作为“技、道、戏、艺”的物质载体，是冲突性与和谐性共存的文化产物，集中反映了中国人的文化性格。一方面，围棋具有竞技体育的特征，本质上是充满激烈厮杀和冲突的人类生存竞争，它既是一种证明个人才能的方式，也是人类攻击性的宣泄出口。另一方面，围棋还代表了一种话语之道，是一种“无声”的沟通与交流方式，展现了智力竞争的平等性与宽容性，从某种程度上体现了现代精神。显然，围棋的价值不只竞技和话语，还包括游戏和艺术。游戏给人带来自由的精神和愉悦的体验，尽管围棋在功利层面并非“有益”的游戏，但它激发了人们精神层面的创造力，唤醒了个体生命意识的觉醒。就艺术价值而言，

[79] 转引自王国平总主编《围棋文献集成》6，浙江古籍出版社，2016，第16页。

[80]〔梁〕萧子显：《南齐书》卷三十四，中华书局，1972，第616页。

棋盘和棋子“一方一圆”“一白一黑”的形式美感，体现了富于中国韵味的抽象审美精神。

围棋虽为小道，但可与经天纬地的大道相连，其蕴含的思想与佛教、道教和儒家密不可分。围棋是佛门中人参禅悟道的一种工具，尤其是禅宗强调“不立文字”和“会心妙悟”的思想，与围棋别称“坐隐”和“手谈”之间的文化内涵相通，形成了独具特色的“棋禅一味”理念。围棋中蕴含了阴阳思想、平衡理念以及和谐境界，“以退为进、以弃为取”的行棋理念则符合道教有无相生的虚实观。魏晋时期，文人视围棋为隐士之棋，通过物象传达红尘中人的归隐愿望。儒家思想体系之于围棋的胜负之道存有两种不同的态度。一方面视围棋为琐事玩物，对其持贬低态度；另一方面赋予围棋“制胜保德”的价值观，并借棋论世。

诞生于中国的围棋，在发展过程中逐步形成了以中国为中心，逐渐辐射到周边国家和地区的局面。日本将围棋从古典模式进化到现代模式以及西藏的藏棋的出现和传播，这些都是对围棋在传播过程中的一种改造。不仅扩大了围棋流行的区域，也促进了围棋向多元化的方向发展。

第五节　源于叶子戏的中国纸牌

纸牌是一种矩形薄片状的纸质博戏用具，形制类似唐代官员随行记录的“叶子”，因规则与骰子格相似，故称为“叶子格”“叶格戏”“叶子牌”。纸牌易于制作、携带方便、变化多端、简便易学，具有雅俗共赏、老幼皆宜等特征。现存最早的纸牌实物是新疆吐鲁番出土的明代初期纸牌。

中国是纸牌的发源地，最早有史料记载的是唐代贺州官员李郃于太和五年（831）从民间博戏中发明出来的。在唐代的《杜阳杂编》、北宋的《渑水燕谈录》与《归田录》等著录中均有相关的记载。五代时期的《系蒙小叶子格》《偏金叶子格》《小叶子例》等是最早关于纸牌的专著。宋代三卷本的《叶子格》也是有影响力的专著。随着纸牌游戏的流行与普及，“叶子彩”“红鹤”“鹤格”等新样式的纸牌产生，纸牌品类不断丰富，既增强了娱乐性，也催化了相关产业的发展。元初颁布的赌博禁令，曾使纸牌游戏发展处于停滞的状态，纸牌在民间也受到了较为严格的控制，但仍随蒙古西征传入了西方。明清时期纸牌游戏得到了进一步的发展，康乾时期颁布的赌博禁令与《水浒传》被列为禁书，使得纸牌游戏日渐式微。

本节主要从纸牌游戏的发展脉络中探求其从民间赌博游戏转变为日常娱乐活动过程中的变化，并以明清时期主要流行的水浒牌为例，重点从牌数构成、尺寸、边饰和图像设计等方面进行深入分析，剖析纸牌游戏在审美和情感价值等方面所体现出的思想观念的变化。

一、纸牌游戏的流变及其相关因素

（一）纸牌游戏发明与流行

纸牌是唐代贺州刺史李郃从民间赌博游戏“骰子格”改进而来的。唐开成二年（837），李郃从地方官升至中央官，使得纸牌游戏进入都城，得以在士人及宫廷中传播[1]。《杜阳杂编》载：“韦氏诸家，好为叶子戏。”[2]可知纸牌

[1] 张介立：《李郃与唐代叶子戏》，《湖南科技学院学报》2012年第8期。

[2]〔唐〕皮日休等：《松陵集校注》，王锡九校注，中华书局，2018，第663页。

游戏进入上层社会后很快便流行开来。“咸通以来，天下尚之”[3]是《太平广记》中关于纸牌游戏流行状况的描述。可见纸牌游戏的传播与流行的速度之快与影响之大。

唐代造纸与雕版印刷技术的成熟不仅降低了纸牌的成本，还实现了批量化与规模化的生产，这是纸牌得以广泛流播不可或缺的技术因素。唐代造纸技术精进，造纸区域辽阔，以长江中下游为中心，几近遍及全国[4]。纸张得到广泛的使用，一般图书、史籍等大都使用纸张进行书写。《猗觉寮杂记》载：“雕印文字，唐以前无之，唐末益州始有墨版。”[5]从现存最早的雕版印刷品——咸通九年（868）《金刚般若波罗蜜经》卷首扉画（图5-5-1）来看，唐代雕版印刷技术已较为成熟。

五代时期纸牌不仅较为流行，还出现了相关研究性的专著。《南部新书》载：“梁祖初革唐命，宴于内殿，悉会戚属。又命叶子戏。”[6]《系蒙小叶子格》《偏金叶子格》《小叶子例》均由南唐李煜妻子周氏所撰[7]。

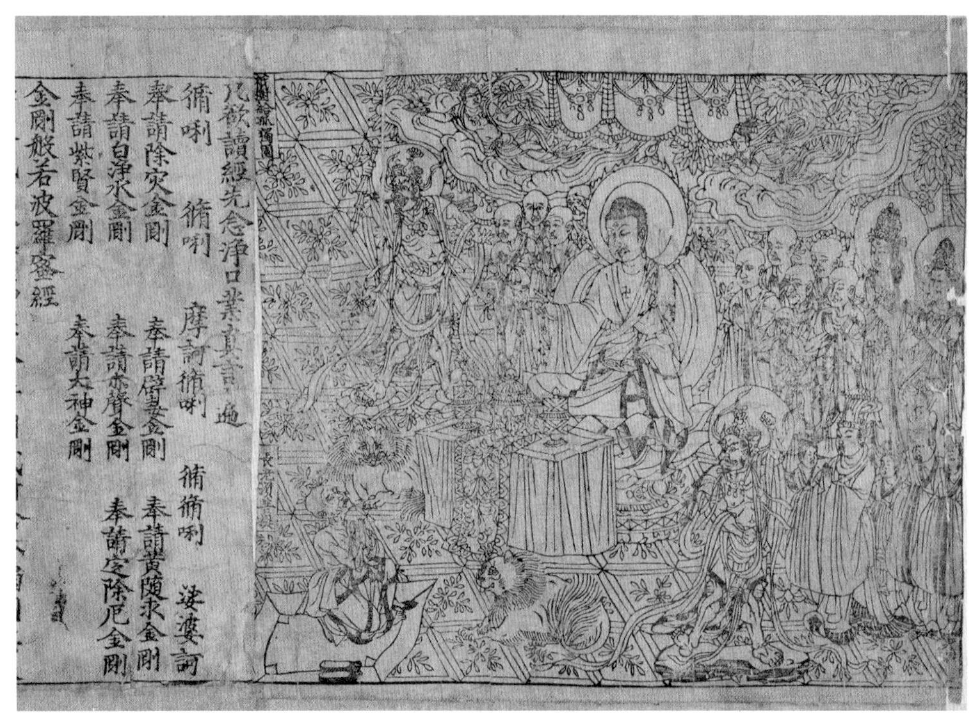

图5-5-1　唐代　《金刚般若波罗蜜经》卷首扉画[8]

[3]〔宋〕李昉：《太平广记》上，中国文史出版社，2003，第264页。
[4]赵权利：《纸史述略》，《美术研究》2005年第2期。
[5]〔宋〕朱翌：《猗觉寮杂记》，上海进步书局，第104页。
[6]〔宋〕钱易：《南部新书》，黄寿成点校，中华书局，2002，第175页。
[7]〔元〕脱脱等：《宋史》，吉林人民出版社，1995，第3354页。
[8]大英图书馆，https://zh.wikipedia.org/wiki/%E9%87%91%E5%89%9B%E7%B6%93#/media/File:Jingangjing.jpg，访问日期：2023年2月10日。

（二）快速迭代的纸牌游戏及其西传

尽管宋元时期纸牌实物与游戏规则遗存史料不多，但仍可以发现其游戏品类繁多，游戏规则变化多端。北宋初年“叶子彩”“红鹤”“鹤格”等新的纸牌陆续产生，极大地增强了纸牌的娱乐性，进一步促进了纸牌的普及与流行。《归田录》中说：“大年又取叶子彩，名红鹤、皂鹤者，别演为鹤格。”[9]《青箱杂记》记载：“至门下，连值杨公与同辈打叶子，门吏不敢通。”[10]有客人拜访杨大年，他正在玩纸牌游戏，守门人竟不敢通报。《辽史》记载：“十九年春正月己卯朔。……甲午，与群臣为叶格戏。”[11]可见辽穆宗也时常在宫廷内与群臣玩纸牌游戏。

南宋时纸牌已经成为民间重要的娱乐产业。据《西湖老人繁胜录》记载，在都城临安不仅出现了专门售卖“扇牌儿”和“字牌儿”（纸牌）的店铺，而且街上有人进行“斗叶”的娱乐活动，更有江湖艺人将猴子专门训练成“斗叶猢狲”进行表演[12]。

图5-5-2　现存最早的纸牌实物[14]

尽管元世祖颁布严格赌博禁令，对纸牌游戏发展带来了一定程度的影响，但是蒙古人喜好娱乐的性格，使他们在西征的过程中将纸牌游戏传到了欧洲。《元史》载：至元十二年（1275）二月，“禁民间赌博，犯者流之北地”[13]。此外，波斯著名史学家拉施特《史集》中记述了远征欧洲的蒙古军队爱好娱乐的特点。由于纸牌独具便携性和娱乐性，它随军队传入欧洲是有一定依据的。

（三）水浒牌的创制与盛行

明代各种纸牌层出不穷，其中最有代表性的至今仍在民间流传的水浒牌在此时诞生，并成为市面上流传最广、影响最大的纸牌。新疆吐鲁番出土的明代初期纸牌是现存最早的实物（图5-5-2），纸牌长9.5厘米，宽3.5厘米，上端印有“管㮝”，下端印有“贺造”字样，中间绘有一武将形象，

[9]〔宋〕欧阳修：《归田录》，林青校注，三秦出版社，2003，第142、143页。

[10]〔宋〕吴处厚：《青箱杂记》，李裕民点校，中华书局，1985，第87页。

[11]〔元〕脱脱等：《二十四史·辽史》，延边人民出版社，1996，第16页。

[12]〔宋〕孟元老：《西湖老人繁胜录》，中国商业出版社，1982，第19页。

[13]〔明〕宋濂等：《元史》卷一至卷六三，余大均标点，吉林人民出版社，1995，第90—93页。

[14]德国民族学博物馆，https://zh.wikipedia.org/zh-hans/%E8%91%89%E5%AD%90%E6%88%B2#/media/File:Ming_Dynasty_playing_card,_c._1400.jpg，访问日期：2023年2月10日。

这应当是水浒牌的前身样式。

水浒牌的起源存在两种说法。据《曹州府志》记载，水浒牌起源于元代末年宋江的故乡山东郓城水堡村，大约在宋江遇害100年后。而另一种说法则认为水浒牌起源于明中叶的江苏昆山。《菽园杂记》中记载，当时昆山流行一种38张水浒形象的叶子牌[15]。《荆园小语》又云："始于南中。"[16]尽管相关的起源问题尚未可知，但可以确定的是，元末至明中叶应该是水浒牌开始流传的时间。从水浒故事广泛传播的时间来分析，水浒牌起源于明中叶的说法似乎更为合理。

二、水浒牌从"38张"到"60张"的演变历程

明中叶流行的水浒牌，可以根据政治环境、社会传统等环境因素，以及价值追求、精神需要等思想因素的变化，分为"38张""40张""60张"三个阶段。

（一）确立规范的"38张"阶段

明成化至万历年间为第一阶段，此阶段主要流行38张纸牌。其间水浒牌完成了数量、尺寸、图像、标识信息、材料和基本规则的规范，并开始流行。最初的水浒牌未见存世实物，据最早有关水浒牌记载的《菽园杂记》可知38张水浒牌的构成分为4门，其中十字门（十万贯）11张、万字门（万贯）9张、索子门（索子）9张、文钱门（文钱）9张。各阶段水浒牌的构成如图5-5-3所示。

水浒牌正面由边饰、牌称和图像三部分组成。其中十字门、万字门的牌面上绘有水浒人物，索子门、文钱门中各叶上则没有人物。纸牌背面则一般不作处理（图5-5-4）。

"38张"阶段水浒牌产生了两点变化值得注意。

一是出现了套色印刷的红色标记特殊牌，使纸牌的规则富有变化（图5-5-5）。

"38张"阶段（一色单张，共38张）			
十字门（十万贯门）（共11张）	万字门（万贯门/万门）（共9张）	索子门（索门/条门）（共9张）	文钱门（钱门/丙门）（共9张）
万万（万万贯/红万）	九万（九万贯）	九索（九百）	九钱（九文钱）
千万（千万贯）	八万（八万贯）	八索（八百）	八钱（八文钱）
百万（百万贯/百子）	七万（七万贯）	七索（七百）	七钱（七文钱）
九十（九十万贯）	六万（六万贯）	六索（六百）	六钱（六文钱）
八十（八十万贯）	五万（五万贯）	五索（五百）	五钱（五文钱）
七十（七十万贯）	四万（四万贯）	四索（四百）	四钱（四文钱）
六十（六十万贯）	三万（三万贯）	三索（三百）	三钱（三文钱）
五十（五十万贯）	二万（二万贯）	二索（二百）	二钱（二文钱）
四十（四十万贯）	一万（一万贯）	一索（一百）	一钱（一文钱）
三十（三十万贯）			
二十（二十万贯）			

"40张"阶段（一色单张，共40张）			
十字门（十万贯门）（共11张）	万字门（万贯门/万门）（共9张）	索子门（索门/条门）（共9张）	文钱门（钱门/丙门）（共11张）
万万（万万贯/红万）	九万（九万贯）	九索（九百）	九钱（九文钱）
千万（千万贯）	八万（八万贯）	八索（八百）	八钱（八文钱）
百万（百万贯/百子）	七万（七万贯）	七索（七百）	七钱（七文钱）
九十（九十万贯）	六万（六万贯）	六索（六百）	六钱（六文钱）
八十（八十万贯）	五万（五万贯）	五索（五百）	五钱（五文钱）
七十（七十万贯）	四万（四万贯）	四索（四百）	四钱（四文钱）
六十（六十万贯）	三万（三万贯）	三索（三百）	三钱（三文钱）
五十（五十万贯）	二万（二万贯）	二索（二百）	二钱（二文钱）
四十（四十万贯）	一万（一万贯）	一索（一百）	一钱（一文钱）
三十（三十万贯）			半文钱（半枝花）
二十（二十万贯）			空没文（全无）

"60张"阶段（一色两张，共60张）		
万字门（万贯门/万门）（共9张）	索子门（索门/条门）（共9张）	文钱门（钱门/丙门）（共9张）
九万（九万贯）	九索（九百）	九钱（九文钱）
八万（八万贯）	八索（八百）	八钱（八文钱）
七万（七万贯）	七索（七百）	七钱（七文钱）
六万（六万贯）	六索（六百）	六钱（六文钱）
五万（五万贯）	五索（五百）	五钱（五文钱）
四万（四万贯）	四索（四百）	四钱（四文钱）
三万（三万贯）	三索（三百）	三钱（三文钱）
二万（二万贯）	二索（二百）	二钱（二文钱）
一万（一万贯）	一索（一百）	一钱（一文钱）
红花（半枝花）	白花（全无）	老千（千万）

图5-5-3　水浒牌不同阶段的牌数构成

[15]〔明〕陆容：《菽园杂记》，中华书局，1985，第173、174页。

[16]〔清〕申涵光：《荆园小语》，中华书局，1985，第18页。

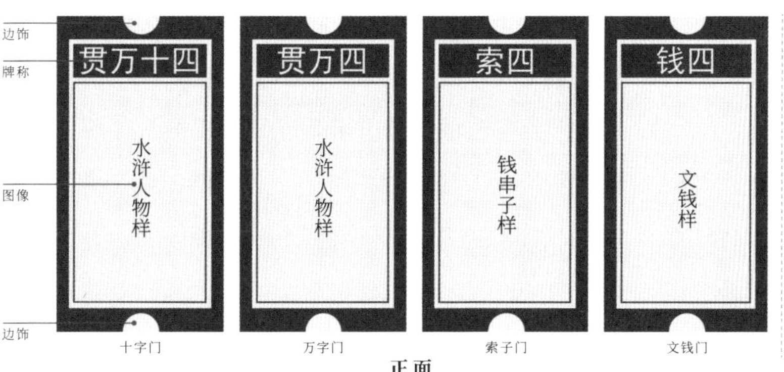

图5-5-4　水浒牌的基本样式

图5-5-5　带有红色标记的水浒牌[18]

明末《续叶子谱》说："万万、千万、空文、九万、八万、九索、八索、九文、八文俱算红。"[17]红色标记的作用据清代《吊谱大全》云："牌四十张，万、千、百、二十子；九、八、一万；索；空、枝、九钱等十三张，俱加朱彩。因能成色故也。"可知带有红色标记的牌是特殊牌。红色标记牌数量的变化也反映出人们对水浒牌规则的不断探索改变。

二是在水浒牌的最上端和最下端出现了能让使用者快速识别纸牌内容的边饰，如图5-5-6所示。《叶子谱》说："其刻画者，拈一为截角，二为斜眼，三为豹牙，四为内缺，五为双白，六为双箸，七为斜齿，八为外缺，九为弦月。"[19]边饰的出现使纸牌可以从两个视角来识别，即正着看和倒着看都能快速辨别牌的数值，这反映出纸牌"以人为本"的设计思想。边饰的规范性也体现了水浒牌的规范性，这为它从诸多纸牌中脱颖而出并持续发展奠定了基础。此后纸牌在技术层面变化较小，其变化主要体现在人物形象、图案、尺寸等设计层面上。

水浒牌受到市井阶层及士大夫阶层的喜爱。《菽园杂记》说："斗叶子之戏，吾昆城上至士夫，下至僮竖皆能之。"[20]水浒牌在昆山已经成为社会各阶层都十

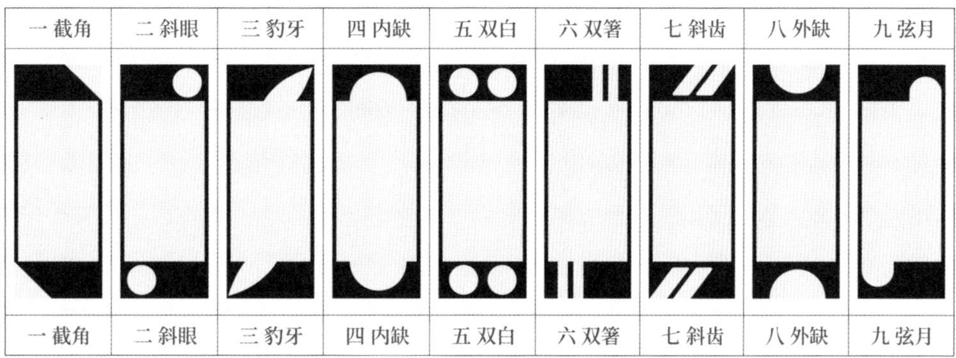

图5-5-6　水浒牌边饰图案类型

[17]〔明〕潘之恒：《续叶子谱》，明刊本，第5页。
[18]大英博物馆，https://www.britishmuseum.org/collection/object/A_1896-0501-907-a-al，访问日期：2023年2月10日。
[19]〔明〕潘之恒：《叶子谱》，明刊本，第4页。
[20]〔明〕陆容：《菽园杂记》，中华书局，1985，第173页。

分喜爱的游戏。这种广泛流传的现象与人们对梁山泊的英雄崇拜及其包含的侠义精神分不开。以昆山水浒牌中的"万子"为例，早期牌面绘制的是南宋《宣和遗事》中的梁山好汉形象[21]。这些人物形象与牌面数值并非固定不变，不同时期人们的思想转变会对好汉形象的价值判断产生一定变化，如二十万贯的人物形象由《宣和遗事》中的"一丈青"张横变为《水浒传》中的"一丈青"扈三娘[22]。

（二）广泛传播的"40张"阶段

明万历至清康熙年间为第二阶段，此时期主要流行40张纸牌。"40张"的水浒牌也被称为马吊牌，又名马掉脚，其原意是"马四足，失一则不可行"，指出马吊牌需四人参与娱乐[23]。"40张"是在原"38张"的基础上新增了1张空没文牌与1张半文钱牌，其他并无变化（图5-5-3）。

在"40张"阶段，水浒牌凭借其独特整合力，在各阶层中的影响力不断扩大。《日知录》载："今之朝士，若江南、山东，几于无人不为此。"[24]《荆园小语》亦载："赌真市井事，而士大夫往往好之。"[25]水浒牌在地域上先从江苏中部开始传播，向北扩散至北京。江苏太仓陈瑚在《顽潭诗话》中说："始于吾郡，施及海内，遂成风俗。"[26]可知水浒牌首先从江苏开始向外传播。申涵光《荆园小语》也云："至近日马吊牌，始于南中，渐延都下。"[27]进一步印证了水浒牌从江苏中部开始逐渐向北扩散至北京。黎遂球在《运掌经》中说："吾粤人之鬬（同斗）。"[28]可见水浒牌向南扩散至岭南一带。综上，在"40张"阶段，水浒牌进行广泛传播，在所涉地域及阶层等方面都达到前所未有的高度。

（三）逐渐式微的"60张"阶段

清康熙年间至今为第三阶段，此阶段主要流行60张纸牌。其间水浒牌在规则、尺寸和图像等方面不断吐故纳新。康熙年间40张水浒牌逐渐被60张水浒牌所取代，随着发展出现了120张、150张的规则。《清稗类钞》载："至康熙时，已皆不传。"[29]说明40张水浒牌在康熙年间基本不再流传。亦载："其牌为六十叶，康熙时始盛。"[30]可知60张水浒牌在康熙年间开始兴盛。《牧猪闲话》中记载水浒牌标准一套为60张，亦佐证了该说法[31]。后又发展出120张，甚至150

[21]〔明〕陆容：《菽园杂记》，中华书局，1985，第173、174页。
[22]〔明〕潘之恒：《叶子谱》，明刊本，第3页。
[23]同上书，第5页。
[24]〔清〕顾炎武：《日知录》，郑若萍注译，崇文书局，2017，第200页。
[25]〔清〕申涵光：《荆园小语》，中华书局，1985，第18页。
[26]〔清〕陈瑚辑《顽潭诗话》，江苏广陵古籍刻印社，1985，第43页。
[27]〔清〕申涵光：《荆园小语》，中华书局，1985，第18页。
[28]沈从文主编《明别集丛刊》第5辑第76册，黄山书社，第628页。
[29]徐珂：《清稗类钞》第三十五册《方外·赌博》，商务印书馆，1902，第130页。
[30]同上书，第125页。
[31]〔清〕金学诗：《牧猪闲话》，吴江沈氏世楷堂刻，清道光二十九年，第14页。

张的样式[32]。成书于乾隆六十年(1795)的《扬州画舫录》也证实了以上的发展脉络[33]。综上，将去掉10张十字门的40张水浒牌一再翻倍至60张、120张甚至150张水浒牌，其中万字、丙子(文钱)、条子(索子)三种门类的牌从一色单张到一色两张、一色四张甚至一色五张，极大地丰富了水浒牌的规则，表现了人们对于水浒牌规则的不断探索和追求，进一步体现了人们丰富的精神需求。

康熙三十年(1691)清廷颁布的赌博禁令使水浒牌的发展受到限制。清廷议准“京城内现所有之纸牌、骰子，限一月内销毁。其直隶各省，俟文到之日，亦限一月内销毁”[34]。由于雕版印刷是制造水浒牌的主要手段，首当其冲的便是水浒牌的牌版，因此康熙三十年以后，民间流传的牌版已经很少。随后乾隆十八年清廷将《水浒传》列为禁书则进一步限制了水浒牌的发展。乾隆十八年(1753)，颁布上谕：“近有不肖之徒，并不翻译正传，反将《水浒传》《西厢记》等小说翻译，使人阅看，诱以为恶。……将现有者查出烧毁，再交提督从严查禁，将原版尽行烧毁。如有私自留存者，一经查出，朕惟该管大臣是问。”[35]综上，康乾时期赌博和《水浒传》禁令的实行，严重限制了水浒牌的发展。由于市场的需求，民间虽存在私自偷造水浒牌的行为，但水浒牌整体发展日渐式微。

从纸牌整体的发展来看，随着纸牌品牌化的转向，已从单纯的赌博游戏，向多元的形式与更高的审美价值等方面发展。简单的规则已经不能满足人们日常娱乐的需求，而纸牌与图像的结合则增加了纸牌的审美性及寓意性，使纸牌在兼顾娱乐性的同时打上了时代的印记。

三、方寸之间：水浒牌的设计分析

(一)牌数构成中的信仰表征

水浒牌在“38张”“40张”“60张”阶段的牌数构成如图5-5-3所示。综合来看，“38张”及“40张”阶段水浒牌除了十字门，其余三门牌面数字的构成主体都是由一至九。到“60张”阶段，这种特征进一步放大。除去三种特殊牌，三个门类的牌数构成都是从一至九，可见“九”似乎被特别强调了。“九”在中国古代被认为是阳数的极数，并且与“天”和“道”产生了紧密的联系，具备权威性和神

[32]〔清〕金学诗：《牧猪闲话》，吴江沈氏世楷堂刻，清道光二十九年，第16、17页。

[33]〔清〕李斗：《扬州画舫录》，周春东注，山东友谊出版社，2001，第303、304页。

[34]《续修四库全书》编纂委员会编《续修四库全书》第810册，《钦定大清会典事例》卷827，上海古籍出版社，1996，第128页。

[35]王晓传辑录《元明清三代禁毁小说戏曲史料》，作家出版社，1958，第40页。

秘性，给人们以无限的想象空间，这种想象同时赋予了水浒牌相同的性质，从而满足了人们的精神需要。可以看出水浒牌的牌数构成通过与中国传统信仰相结合的方式为人们提供了精神价值。

（二）由扁短至瘦长的尺寸变化

在“38张”阶段，早期文献中未见有关水浒牌具体尺寸的描述，但根据其中绘制最早的昆山水浒牌图像可知，长宽比为1.904[36]。至“40张”阶段，据明代《桐阶副墨》载：“大可一寸，高倍出之”[37]，清代《牧猪闲话》云：“长二寸许，横广不及半”[38]，可知马吊牌的尺寸约6.8厘米×3.3厘米，长宽比为2.061。与“38张”关于马吊牌的记载长宽比相当，可知水浒牌前两个阶段的尺寸约为6.8厘米×3.3厘米，长宽比约为2。到“60张”阶段，据《清稗类钞》记载：“康熙时，其牌（指‘40张’阶段）之横纵幅，较纸牌（指‘60张’阶段）为稍广。”[39] 如图5-5-7所示，康熙时期是“40张”衰落“60张”兴起的时期，可知两个阶段交替之始，主流纸牌尺寸有个整体缩小的变化，再根据后世的“60张”阶段实物可知，康熙时期以后主流纸牌尺寸呈现宽度基本不变而长度越来越长的趋势。（图5-5-7）

水浒牌尺寸的变化与水浒牌规则的变化密切相关。随着水浒牌的发展，每人起始牌数量从8到10再到20张，“40张”阶段的规则是丢牌“以大击小”，因此椿家（庄家）起始牌虽为16张（8张起始牌加8张椿家牌），但会逐渐打出，故这种多牌在手的局面不长，游戏舒适性较高。到“60张”阶段，水浒牌的规则变

图5-5-7　水浒牌尺寸变化趋势图

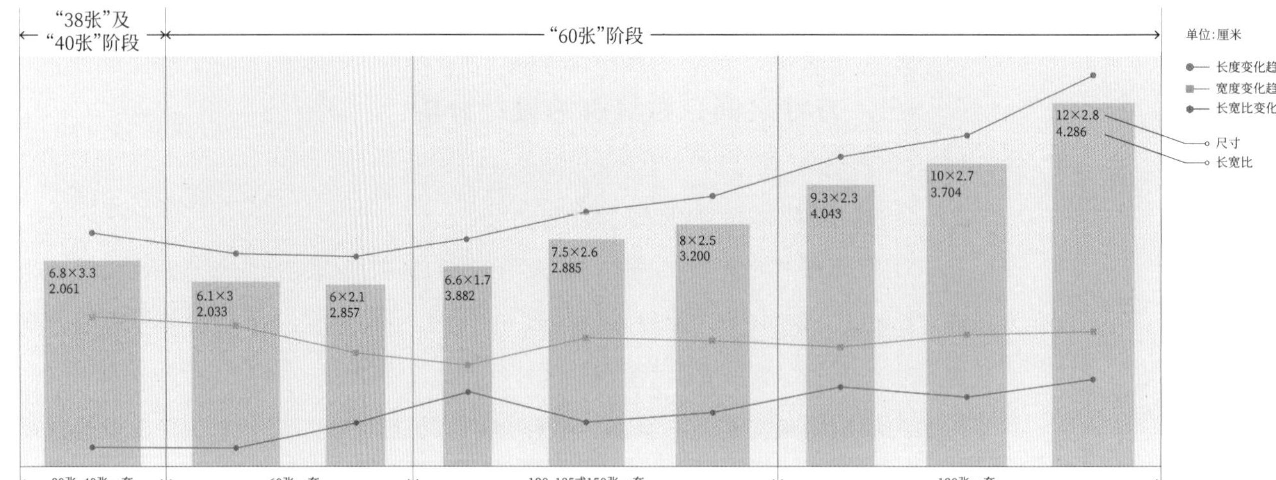

[36]〔明〕潘之恒：《叶子谱》，明刊本，第4页。

[37] 沈从文主编《明别集丛刊》第5辑第76册，黄山书社，第626页。

[38]〔清〕金学诗：《牧猪闲话》，吴江沈氏世楷堂刻，清道光二十九年，第14页。

[39] 徐珂：《清稗类钞》第三十五册《方外·赌博》，商务印书馆，1902，第129页。

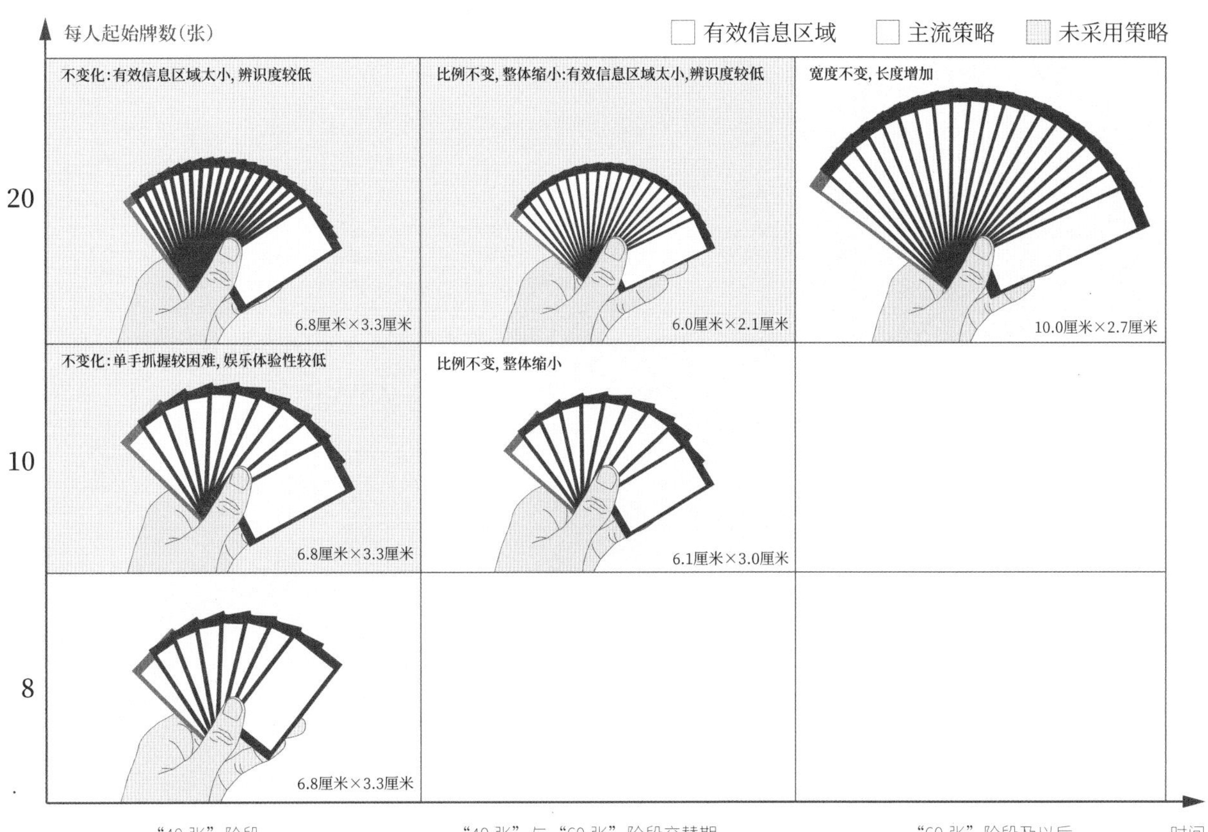

图5-5-8 不同阶段水浒牌尺寸变化策略

成了"抹一打一",起始数量的牌需长时间手持,为保证游戏舒适性,需对牌的尺寸做出调整。此后水浒牌尺寸主要发生了两次变化(图5-5-8)。其一是"比例不变,整体缩小",指"40张"和"60张"阶段交替之始的策略。此时每人10张起始牌,只需将"40张"纸牌尺寸整体缩小一番,游戏舒适性和体验性未明显下降。其二是"宽度不变,长度增加",指"60张"阶段往后的策略。策略发生变化的原因是此时每人20张起始牌,若按照之前的缩小策略则牌面信息辨识度和牌的分量感大幅降低,游戏体验性将大打折扣。若不改变尺寸,每张牌的有效信息面积只有原来的一半。因此要增加纸牌有效信息面积,需增加牌面展开扇形的面积,但由于手掌的限制,横向展开的面积有限,因此较好的办法是单方面增加水浒牌的长度。各地因规则等原因尺寸不尽相同,如山东郓城水浒牌7厘米×2.8厘米、故宫博物院藏水浒人物牌9.3厘米×2.3厘米、内蒙古毛鱼子牌7.5厘米×2.6厘米、东北水浒人物牌12厘米×2.8厘米等。后为保证牌面图像整体均衡感,需改进牌面图像布局,最显著的特征就是加长了对比例要求较低的边饰,如图5-5-9所示。边饰与牌面长度比值从11.75%到38.33%,增长了3.26倍。综上,水浒牌的尺寸变化,其实是因规则变化使牌更符合人体工程学的过程,这是人本精神的重要体现。

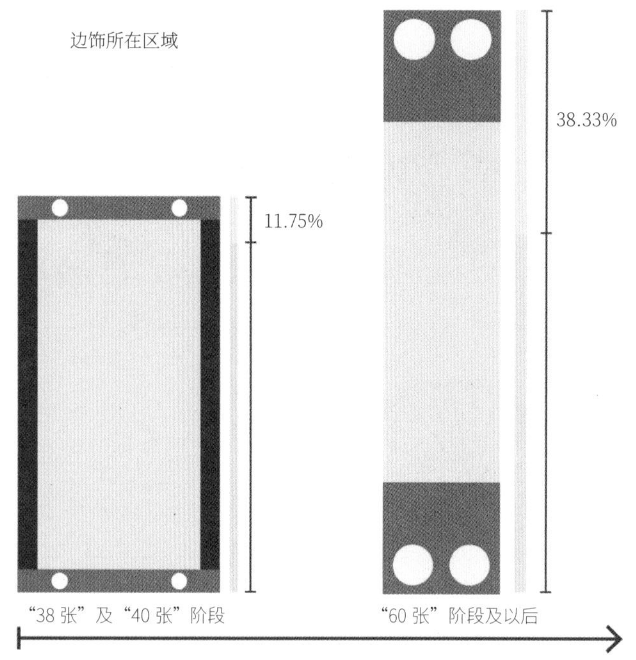

图5-5-9　水浒牌边饰占比示意图

（三）从“情”到“用”的牌面图像发展

水浒牌在“38张”和“40张”阶段的牌面图像与“钱”密切相关。水浒牌最初四大门类中，万字门和十字门上均绘制有梁山泊好汉的人物图像，据说是根据当时朝廷颁布的梁山泊好汉悬赏榜文样式绘制的，而文钱门和索子门上则是根据铜钱和元明纸币的样式（图5-5-10）进行图像绘制的。具体来看，牌面图像的构成方式又结合了中国传统的宇宙观和审美观。《叶子谱》说："尊九索（自下矗四贯叠二贯而锐其一），八索（叠二而四之），七索（叠二者三而斜其一），六索（如六水双绕），五索（如艮卦形），四索（如双珠环），三索（如"品"字形），二索（如折足），一索（如股钗）。尊空没文（原貌波斯进宝形，标曰空一文。其形全体而矬足黑靴。或题为矮脚虎，以空为尊反之也），半文钱（花实各半，或曰一枝花，或曰鬣客），一钱（如太极，自一至九以所貌大小不以次），二钱（如腰鼓），三钱（如乾卦形），四钱（如连环），五钱（如五岳真形），六钱（如坤卦形），七钱（如北斗形），八钱（如块玉），九钱（如三叠峰）。"[40]

至“60张”阶段，水浒牌的牌面图像开始产生较为明显的变化。第一，水浒牌是朝廷钦定的违禁物，水浒牌的发展将不再受到文人群体的引导；第二，水浒牌在民间仍具有较大的市场，水浒牌制造者将继续制造纸牌；第三，“传承”的牌版已基本销毁，水浒牌原本的牌面规范变得模糊；第四，水浒牌活动从明面转为暗地，水浒牌牌面图像逐渐具有一定的在地性。

[40]〔明〕潘之恒：《叶子谱》，明刊本，第3页。

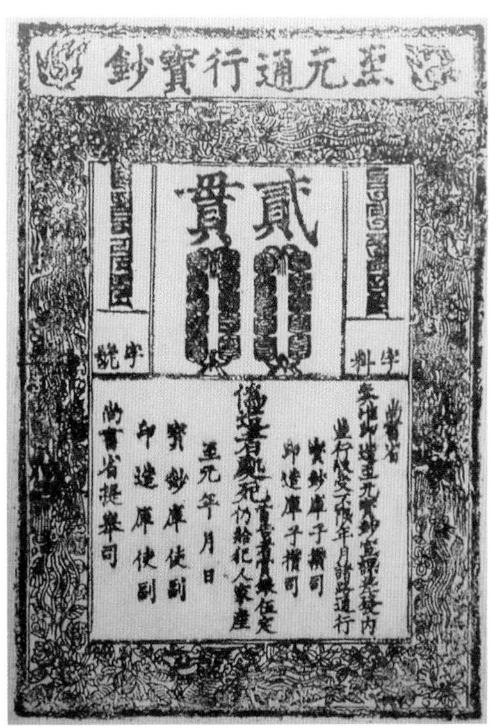

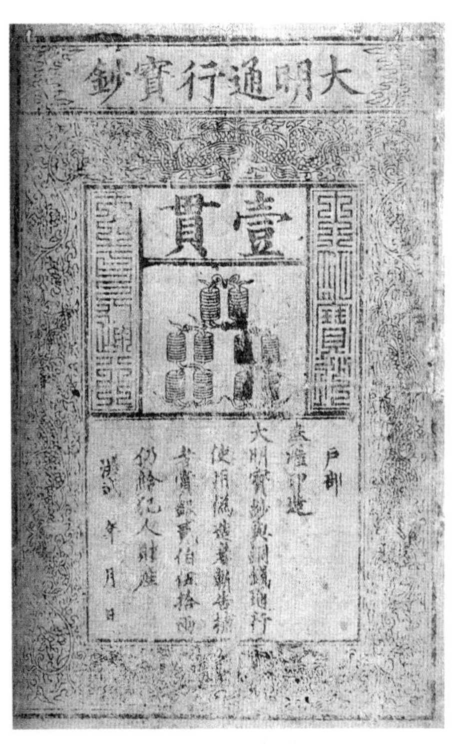

图5-5-10　元明纸币样式

索子门中一索（条）由于图像的简单性，发展历程有较强的变异性，因此具有代表性。一索图像主要有两种变化方向，分别是鱼型和禽型（图5-5-11），其中，鱼型以东北、内蒙古一带为主；禽型以河北、天津、山西和陕西一带为主。可见一串钱的牌面图像基本消失，牌面图像逐渐抽象进而变化为日常的带有寓意的形象。值得注意的是，有些禽型纸牌将禽的眼睛有意强调，并在后续的同门类的图像中将“眼睛”这一特征当作计数的图像依据（图5-5-12）。

文钱门中变化最显著的是一钱（丙），主要有两种变化方向（图5-5-13）。第一是以文钱图像为主；第二是以植物图像为主。在两种变化下，原本的文钱和植物的图像都变得模糊抽象，牌面图像的象征意义逐渐超过实际意义。

万字门以水浒人物形象作为牌面图像，其主要变化是逐渐符号化、抽象化和随意化（图5-5-14）。以特征较突出的“八万”为例，“40张”阶段“八万贯”为“急先锋索超”，“八十万贯”为“美髯公朱仝”。由于两者“赏金”都和数字八有关，且图像都怀抱孩童以及纸牌规范性的模糊，到“60张”阶段，“八万”图像已经基本变为“朱仝”。“八万”图像主要有三种变化趋势：一是根据原本图像特征，二是完全摒弃原本图像特征，三是模仿酒牌“水浒叶子”。变化以第一种为主，又因为《水浒传》被禁，可见“朱仝”形象逐渐抽象。整体来看，由于外部环境的影响，最初水浒牌中的水浒人物形象所带来的精神价值逐渐淡化，水浒牌专注于使用价值，“八万”最关键的信息是“八万”这两个字，因此牌面图像的制作变得随意。整个

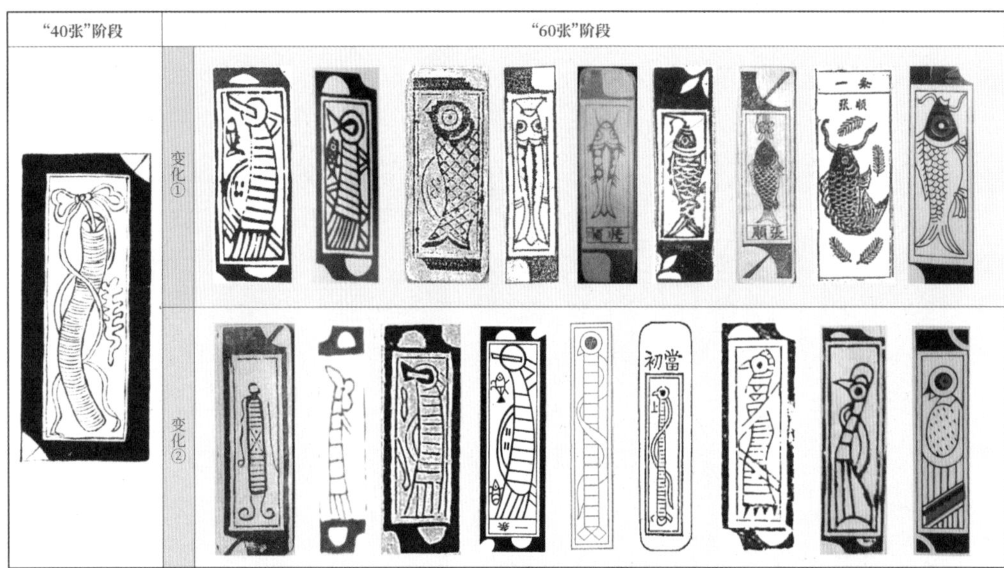

图 5-5-11 "一索"牌面图像的两种变化方向

图 5-5-12 用"眼睛"计数的索子门

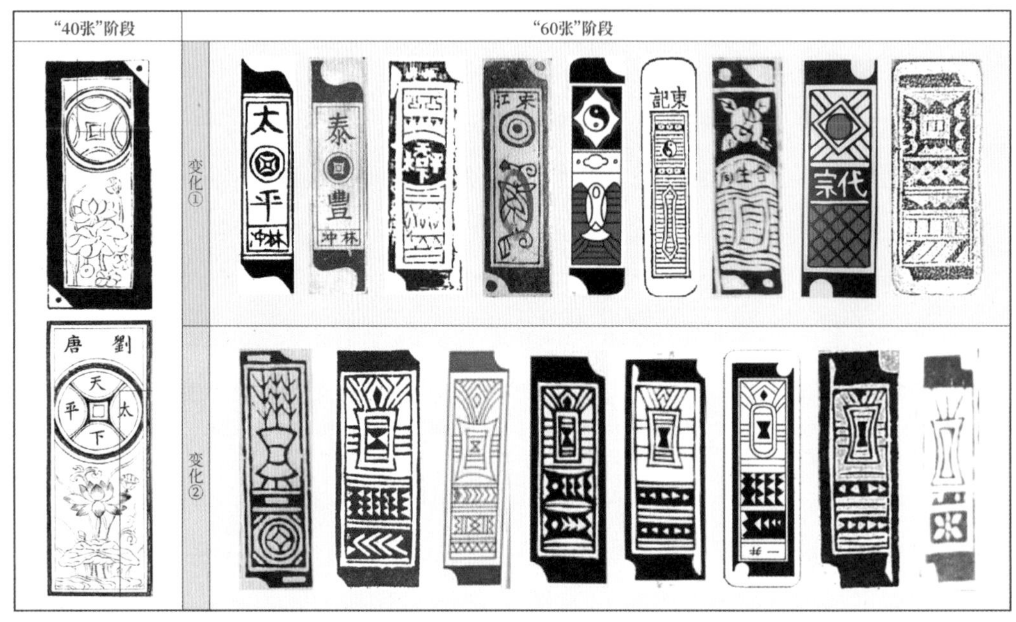

图 5-5-13 "一钱"牌面图像的两种变化方向

图5-5-14 "八万"牌面图像的三种变化方向

图5-5-15 万字门的牌面图像

万字门的牌面图像发展变化，基本与"八万"的发展相似（图5-5-15）。

综上，水浒牌的牌面图像在"60张"阶段发生较大变化，最明显的趋势是牌面图像特征从具象精致转变为抽象简单，标志着水浒牌从"情"（审美、情感价值）到"用"（使用、实用价值）的转变。水浒牌开始专注于使用价值，牌面图像虽然具有一定的在地性，但这种在地性并没有表现为强相关。更合理的解释应是由于赌博和《水浒传》禁令，市面上原来的水浒牌及相关制造商基本消失，而市场需求并未消失，因此新的水浒牌制造商自然会铤而走险，此时较好的方式是专注于水浒牌的使用价值需求。这种选择是制造者与使用者双向利益考量的结果，因此牌面图像变得模糊抽象。随着水浒牌继续发展，水浒牌在部分地方又逐渐恢复对其他价值的需求，牌面图像又再次表现出从"用"到"情"的转变趋势。牌面图像从已经模糊抽象的"钱型"出发，再次发展出一些具有特殊寓意的形态，如象征富足的"鱼"、象征祥瑞的"飞禽"和象征阴阳调和的"太极"等。

（四）由"单一"到"多元"的视觉识别

水浒牌的边饰和红色标记作为水浒牌的标识信息，形式简单且较为固定，

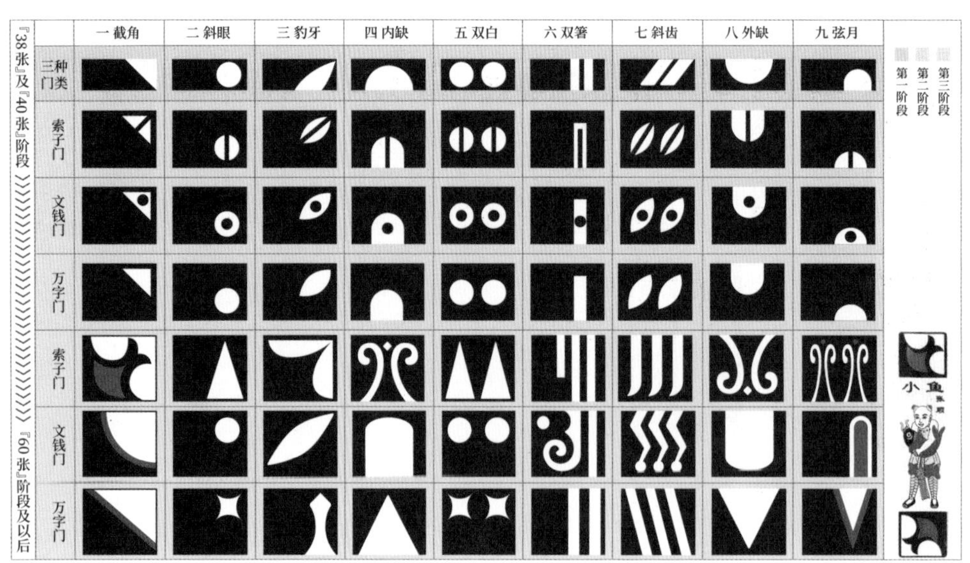

图5-5-16　水浒牌边饰图案各阶段图示

其发展受外界因素影响较小因此相对独立，表现出自“单一”到“多元”的变化趋势。其中边饰完成从“单调且形式固定”到“复杂且富有变化”的转变，红色标记则从仅具有使用价值的单一形状发展为使用、审美和情感价值并存的装饰。

最初的牌面是无边饰的，据文献记载，明末时水浒牌出现边饰并且相关的基本规范也确立下来[41]，此时不同门类的边饰相同，边饰标识性较弱（图5-5-16）。往后，不同门类的边饰出现了特定的标识，如索子门的条状、文钱门的圆形，提高了边饰的标识性，但边饰图形较为单调。随着水浒牌进一步发展，不同门类的边饰开始出现专属的特征，边饰图形变得丰富且多元。值得注意的是，索

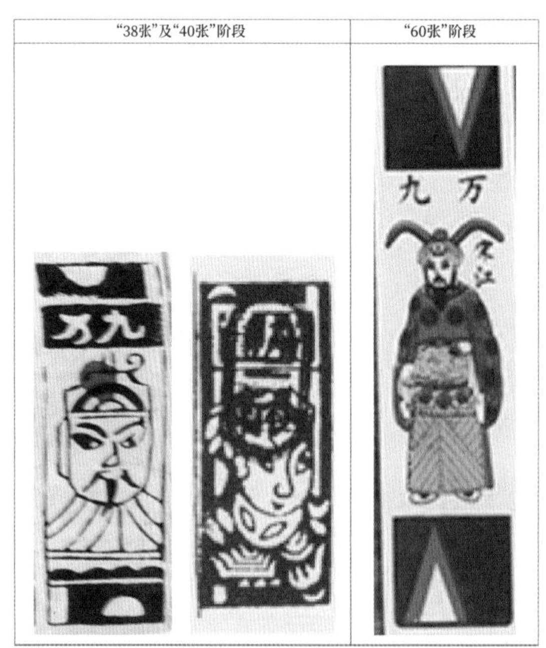

图5-5-17　水浒牌牌面红色标记发展演变图

[41]〔明〕潘之恒：《叶子谱》，明刊本，第4页。

子门一索（条）的边饰是鱼尾巴形，而一索牌面图像是一童子抱着鱼，可见边饰开始与牌面图像相融合，边饰的标识性进一步加强。

最早有关水浒牌红色标记记载的是明末《续叶子谱》，其中对红色标记的具体样式并未说明。结合清代《吊谱大全》中记载牌面上加的是“朱彩”可知，最初红色标记只是一个单一形状（图5-5-17），以此说明牌的特殊性，仅具备使用价值。根据后世水浒牌实物进一步判断，往后红色标记开始呈传统吉祥纹样状（如双钱纹等），红色标记开始拥有了审美及情感价值。最后红色标记开始与边饰及牌面图像相融合，红色标记的牌装饰性、标识性进一步加强。

（五）宫廷与民间相互影响下的水浒牌

“40张”阶段是水浒牌发展最为繁盛的时期，无论在宫廷还是在民间，水浒牌传播范围都十分广泛，同时得到了士大夫阶层的广泛接受。与水浒牌相关的专著大量出现，同时出现了大量材料奢华、制作精美的水浒牌，如清代故宫藏象牙制水浒牌（图5-5-18）。

水浒牌受到各阶层的广泛关注和喜好，无论在制作还是审美价值方面都得到了进一步的发展。《马吊脚例》中说：“牌式必须官样。如太仓卫前、昆山司马桥、苏州桃花坞，并称牌薮。以夹青纯棉纸者为上。若细画者，谓之小娘牌。狭小者，为之轿夫牌（如苏州府葑门牌类）。矮阔麄恶者，谓之孤老院牌（如苏州唐家牌类）。墨写模糊难辨者，谓之鬼牌（江西多用之）。俱勿用。”[42] 这段话对水浒牌材质和图像质量的要求近乎苛刻。《南北谱》亦云：“牌用靛花棉料，二十白发者宜常换，恐其有渍。”[43] 这段话同样对水浒牌材质的选用提出要求，并指出当“二十万贯”牌面图像经反复使用掉色变脏便要换掉。《集雅牌规》中更有一章关于“美器”的记载以“真桃花坞昆叶”作为例子[44]，可见人们对于水浒牌制作与审美方面的追求。源自宫廷的需求，对民间也产生了很大的影响，宫廷水浒牌对民间水浒牌的发展提供了参照，这种参照不是一成不变的，也会根据不同诉求做出相应的变化。

从宫廷和民间水浒牌牌面对比图可知（图5-5-19），宫廷水浒牌使用象牙材质作为载体，图像质量清晰精美，纹样精致繁多。宫廷水浒牌纹样多为“天下太平”“多子多福”“吉祥如意”等，凸显了统治阶级的管理诉求。例如，宫廷水浒牌上红色标记用“百子葫芦”“石榴”“梅花”等图像象征着多子多福、吉庆和五福吉祥。“半文钱”钱币上的文字寓意平安幸福，下方牡丹和菊花的组合寓意

[42] 马松源编《冯梦龙全书》第12卷，中国戏剧出版社，2000，第316页。
[43]〔明〕冯梦龙：《南北谱》，中国国家图书馆藏。
[44] 庞学铨主编《中国休闲典籍丛刊》第188册《集雅牌规·混同天牌谱》，北京燕山出版社，2021，第6页。

图5-5-18　故宫藏清代象牙制水浒牌[45]

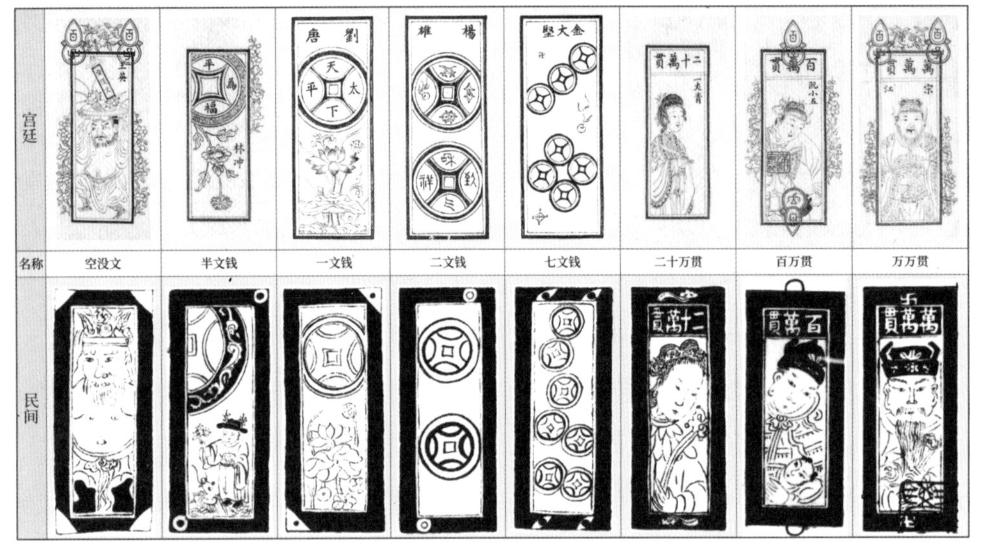

图5-5-19　宫廷和民间水浒牌牌面对比图

富贵和荣誉。“一文钱”钱币上文字期望天下太平。“二文钱”上方的钱币印着“八宝”，有“犀角”“火珠”“方胜”等，寓意祥光普照、优胜吉祥和生命不息，下方钱币上的文字，寓意吉祥如意。“七文钱”上印有“卍”“火珠”等纹样，寓意万德吉祥、富贵不断。

民间水浒牌图像主要仿制宫廷水浒牌，虽然图像较为相似，但是在材料和制作技术上存在较大的差异，材料较为常见，印制简单粗糙。民间水浒牌纹样多为“科举及第”“兴旺发达”“事事如意”等，诉说着民间百姓的愿望追求。如民间水浒牌“半文钱”上，半文钱币上有象征着高升和如意的云气纹，钱币下方穿官服戴桂花拿“折桂”踩麒麟的人物形象，寓意科举及第、富贵和麒麟送子。

[45] 大谷，通順：《故宮博物院所蔵の完全なる馬吊牌》上，《北海学園大学学園論集》2014年3月第159号。

“一文钱”钱币下方盛开的莲花、莲叶和莲蓬寓意多子以及家业殷实、兴旺发达。“二十万贯”的“如意”边饰寓意事事如意。“万万贯”的“卍”边饰寓意吉祥万福。

结语

从唐代叶子戏演变而来的纸牌游戏，因其具有简单易学和变化丰富等特征，被誉为“智者的游戏”。叶子戏早期以天文历法为基准，将牌分为“以象四时”四种花色，象征春夏秋冬四季。后期牌面由“十、万、索、钱”四门组成，点数用一万至九万字样与几何图形标识，牌面古朴稚拙的人物图案，是当时民俗文化的真实写照。

纸牌的工艺精进、形制变化、图像更迭与古代科学技术、政治制度等方面密切相关。造纸技术水平的提升，为纸牌的批量化生产提供了不可或缺的物质基础。雕版印刷技术的成熟，为印制花样繁多的牌面图像提供了技术支撑。纸牌从最初的“点数”画面发展到现在丰富的“花色”背景，表明纸牌从单一的娱乐功能演变成为一种多功能的文化形象载体。水浒牌作为古代最具代表性的牌类游戏之一，其牌数历经了从38张、40张到60张的发展历程，数量的变化也使得纸牌外形从扁短形演变成瘦长形，这是适人性的体现，提升了执牌舒适性。水浒牌的牌面图像从精致具象逐渐演变为简明抽象，体现了纸牌从情感价值到使用价值的转变。从更深层次来看，水浒牌早期因表现英雄主义题材而风靡，后来清政府认为水浒人物有“诲盗”作用，因此对其进行禁毁，导致水浒牌上的人物形象趋于模糊化和符号化，可见纸牌图像的变化反映了统治阶层在社会治理政策和态度上的转变。

纸牌自唐代出现以来，历经千年流变延续至今，目前全国各地仍保留着各具特色的牌类游戏。此外，中国纸牌在元代随着蒙古西征传入欧洲，在一定程度上影响了西方纸牌游戏。纸牌作为一种具有偶然性和随机性的博戏，其与概率论的形成有着千丝万缕的联系，而这种不确定性正是纸牌游戏的独特魅力，也正因如此，纸牌成为流传时间长、传播地域广、覆盖人群多的古代经典游戏。

第六章 民生流变中的杂用器物

第一节 源于古代食器的豆形灯具

第二节 开如轮合如束的伞具

第三节 行走的提盒

第四节 闺中脂泽装具

第五节 日常货物交换中的标准计量

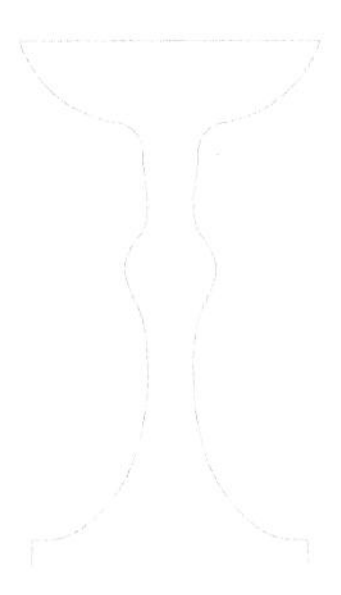

设计产生最初的目的就是不断满足人们日常生活的需求，提高人们的生活品质，然而人们往往对彰显度高的设计事物抱有极大的热情，而对民生设计却不够重视。

以手工制作为主，由血亲家族成员或师徒雇佣关系组成的小规模作坊生产的民生商品，因其具备“日用”属性，表现在能维持个体生存和再生产的日常消费活动、交往活动等方面，具有便捷性、实用性、简单性、自由性等特性，往往显得较为普通，这与不进入流通领域的官作设计形成了鲜明的对比。日常杂用的商品满足着人类生存绝大多数的基本需求，是社会的主流形态，对人们的生产生活影响较大，是推动社会进步、民风改良的原始动力，也是形成中国民众消费时尚、模式的重要物证。尽管官作设计具有垄断性、独有性、稀缺性、非自由性等特性，但往往是通过对民生设计的材料、工艺、装饰等要素的提升来确定其中心地位的，并代表中国传统的典范意义。同样，官作设计也会深刻影响民生设计的审美风尚，两者之间相互影响、相互作用，共同构建了中国传统设计整体。

人类的熟食与照明始于火的发现，豆形灯具何以能成为众多古代照明器具中的经典？起源于春秋时期经历烈日与风雨考验并延续至今的伞具，其开合的结构是如何形成的？早期社会人们使用的可移动的、便携式的储物器具是什么？古代女子梳妆用的妆奁与女子面容审美风尚存在怎样的关系？日常货物在交换过程中是如何计量的？

日用杂具以突出的功能属性串联起人们日常生活的方方面面，是日常生活的一个缩影，反映了千百年来中国人的生活状态。本章重点探讨各时期对人们生产生活影响较大的日用造物，探析传统社会生活方式的变迁，归纳与总结其背后蕴含的社会功能、文化价值与审美意趣。

火的发现与使用极大地改变了人们的生存条件。火光源的照明，方便了人类夜间活动，扩展了人类的生存空间。中国古代灯具形制丰富，可分为豆形、器皿形、人物形、动物形、多枝形等类型。材质种类繁多，可分为青铜、陶、瓷、木、石、金银等。第一节为“源于古代食器的豆形灯具”。豆形灯是古代先民生产与生活时最为常见的照明用具，历经千年的磨炼与蜕变，形成了集丰富艺术造型、精湛技艺、多重文化内涵于一体的物质载体。豆形灯具的留存数量最多、流传时间最长、流行范围最广。豆形灯因由食器豆演变而得名，在漫长的演变过程中，形成了有别于食器豆的形态，其造型简洁、制作方便、使用便利等特点，较好地满足了社会各阶层民众日常照明的需求。东汉时期蜡烛的发明，丰富了照明的燃料，形成了灯油与蜡烛并存的局面，豆形油灯和豆形烛台并行发展是古代豆形灯具的主要特色。直到20世纪五六十年代，在我国一些偏远的乡村依然能寻得豆形灯的踪迹。

伞具是集实用功能与符号功能于一体的用具，一方面它是特殊天气时人们避雨遮阳的必备用具；另一方面它以可见可触的物质形态外化了使用者的社会地位。第二节为“开如轮合如束的伞具”。封建社会王室贵族出行的马车上最先出现了大型的伞式车盖，主要起到彰显身份的仪礼作用，有一定的遮雨、遮阳的功能，但因其不具备收合的结构只能固定在车上或由仆人手持跟随其后，因此伞盖的使用和移动十分不方便。伞具中开合结构的发明突破了关键性的技术瓶颈，使得小型油纸伞的问世成为可能。这种收放自如的油纸伞具备易于携带、随时应对气候变化等特点。油纸伞主要采用常见的油纸和竹木制成，这些普通又价格低廉的材料在工匠手上完成了巧妙的转变，打造成了造价低廉、结实耐用、质量轻便的常用伞具。尽管新材料、新技术促进了伞具向更加便捷化的方向发展，但其开如轮、合如束的开合原理一直沿用至今，仍是人们日常生活中不可或缺的生活用具。

在中国古代各种运输场景中，提盒作为一种可移动的储物器具而存在，扮演着古人行李箱的重要角色。第三节“行走的提盒”即着眼于典型提盒的设计面貌及发展过程，通过考察提盒不断优化的设计属性，理解其中逐渐成熟的设计理念。在结构上，古代设计师对提盒内部有限的空间进行了各种方式的横向、纵向分隔处理，使不同材质、大小、种类的物品能够有序地放入提盒之中，既提升了提盒的收容效率，也优化了内部物品的秩序，进而改善了人们的旅途体验。例如在文人的游山活动中，容纳各种物品的提盒可以让他们在欣赏自然美景的同时，实现阅读、写作、绘画、饮食、游戏、奏乐等各式各样的生活场景。除了实用功能的提升，提盒在与各种材质和工艺的结合过程中，还衍生出多样化的设计面貌，以契合不同人群的审美偏好。这一过程也使得提盒这种极具实用性的生活器具，附着了更多审美层面的内涵，成为一种具有观赏价值的生活器具。

自古以来，梳妆打扮一直是女子生活中十分重要的内容之一，她们使用各种胭脂水粉和珠宝首饰探索着美化面容、愉悦身心的方法。这种生活方式形成了历朝历代的梳妆文化，具体表现为梳妆用品、妆容样式和化妆方法等内容。在中国古代，有一种专门用于收纳梳妆用品的器具——妆奁，它是考察中国古代女子梳妆文化发展脉络的重要物证之一。第四节“闺中脂泽装具”以妆奁为研究对象，主要探讨妆奁在各个时期所展现的设计风貌及其背后的生活方式和身体审美观念的变迁。总的来看，在妆奁“青铜—漆器—硬木”的材质演变过程中，结构设计与收纳效率逐渐得到改进，具体发展出“两周时期神秘狞厉的青铜奁、汉代典雅优美的漆奁、唐代异域之风的漆奁、宋元时期清丽雅致的漆奁、明清时期别有洞天的硬木奁”等阶段性的妆奁设计风貌，这些设计风格大致与各个时期主流的女子面容审美风尚相契合。

量器是社会生产与生活中计量货物容积的基准器具。随着生产资料的日益增多与交换规模的不断扩大，量器逐渐成为社会长治久安、维系国家统一的重要因素，计量标准蕴含着公平、公正的根本价值理念，是中华文明连续发展的文化基因之一。第五节为“日常货物交换中的标准计量”。我国量器起源于新石器时代的谷物计量，秦汉时期形成较为标准规范、进制合理的量器组合，逐步建立了龠、合、升、斗、斛的量制体系，对历代社会的度量衡制度、生产力发展以及经济交换都产生了极为深远的影响。中国古代量器的连续性发展集中反映了古人劳动生产实践中对数和量的深刻认识，其中蕴含深厚的科学技术思想，成为指导日常生产与生活的重要基准。尽管传统量器在现代社会中已被电子化、智能化的量器所取代，但量器中所体现的数理知识体系在维系中华民族的统一过程中发挥着无可取代的作用。

日常杂用器物是与广大民众生产生活息息相关的民生造物，在传统社会中，这些突破人类局限性和提升人类生活品质的用物极大地满足了人的特定需求，并且在设计的发展过程中，这些杂用器物的实用功能得到了不断精进、不断深化。在民间社会的流转中，普通百姓手上不断生发出了技术与艺术相结合的新形式，也体现了民间造物的无限创造力。设计的力量通过这些在生活中细微但又不可或缺的器物，以更加具象可辨的形态凸显出来。本章通过对杂用器物进行细致深入的理解与分析，结合社会变迁、技术更新、文化风尚等影响因素，明晰设计在日常生产生活中发挥的重要作用，尤其重在发现和勾勒出我国古代杂用器物设计中呈现的发展路径，这也有助于丰富对传统社会生活方式的认知与理解。

让人民生活幸福是“国之大者”，这是习近平总书记立足于中华民族伟大复兴战略全局和世界百年未有之大变局的背景下，高屋建瓴地提出的全新治国理念。在重视民生设计的今天，如何做好中国语境下的民生设计，是当今设计师的职责使命。我们要重视挖掘古代日常杂用器物中所包含的简明的功能设计、简朴的材质设计、简洁的工艺设计与简约的形态设计等造物思想，凝练设计实践的经验，构筑中国传统设计的新概念、新范畴与新表述，从而凸显中国在全球设计体系中的独创性。

第一节 源于古代食器的豆形灯具

关于古代灯具设计的起源众说纷纭，但源于古代的食器“豆”应该是一个相对统一的说法。灯的繁体字是“燈”，右边是一个“登”字，“登”中又有“豆”，从字形上看灯与豆有一定的关联。豆原本是一种浅盘、内底平坦、有高柄的食器。汉代许慎在《说文解字·豆部》中记：“豆，古食肉器也。从口，象形。”当其平坦的浅盘出现凸起的乳钉用以固定灯芯时，便成为照明的用具。《尔雅·释器》中记：“木豆谓之豆，竹豆谓之笾，瓦豆谓之登。”后出现铜灯，被称为“镫”。《楚辞·招魂》中记：“兰膏明烛，华镫错些。”《说文解字》中记：“镫，锭也。从金，登声。”北宋文学家徐铉注：“锭中置烛，故谓之镫。”参考已出土的灯具实物，如河北鹿泉高庄西汉常山王刘舜墓中出土的铜灯上铭文为“烛豆”[1]；河北满城西汉靖王刘胜墓中出土的7件铜豆形灯上铭文均为“铜锭”二字[2]。豆形灯最早名为“登”，后汉代铭文中有“镫”“定”“锭”“钉”“烛豆”“烛定”“烛盘”等名称，都是对豆形灯不同的称呼。综上所述，结合字形结构、文献记载和金石铭文三方面判断，豆形灯源自古代食器豆，且有可能是古代灯具的起源。

根据出土的墓葬文物、书籍收录以及博物馆收藏，本节收集整理了576件古代豆形灯具。综观豆形灯具的地域分布情况，主要分布在我国24个省市内。出土豆形灯数量最多的地区是河南省，共计66件；位列第二的是陕西省，共计44件；位列第三的是山西省，共计31件。由此可知，豆形灯具呈现出以中原地区为中心向四周呈辐射状的分布格局。

一、华灯初现

据考古发掘，豆形灯最早出现在战国时期，共计26件。在造型上，形制简洁，由灯座、灯柱和灯盏三部分组成。灯座以喇叭形为主，灯柱常见为中间束腰的细长圆柱形立柱。战国时期的灯盏口径宽大，在灯盏中心立一凸起的矮烛钎，用来固定束植灯芯——一种经过动物油脂浸泡过的芦苇等植物秆再捆绑成束的

[1] 袁永明：《河北省鹿泉市高庄1号汉墓出土部分铜器铭文的再认识》，《中原文物》2008年第1期。

[2] 中国社会科学院考古研究所、河北省文物管理处编《满城汉墓发掘报告》，文物出版社，1980，第74页。

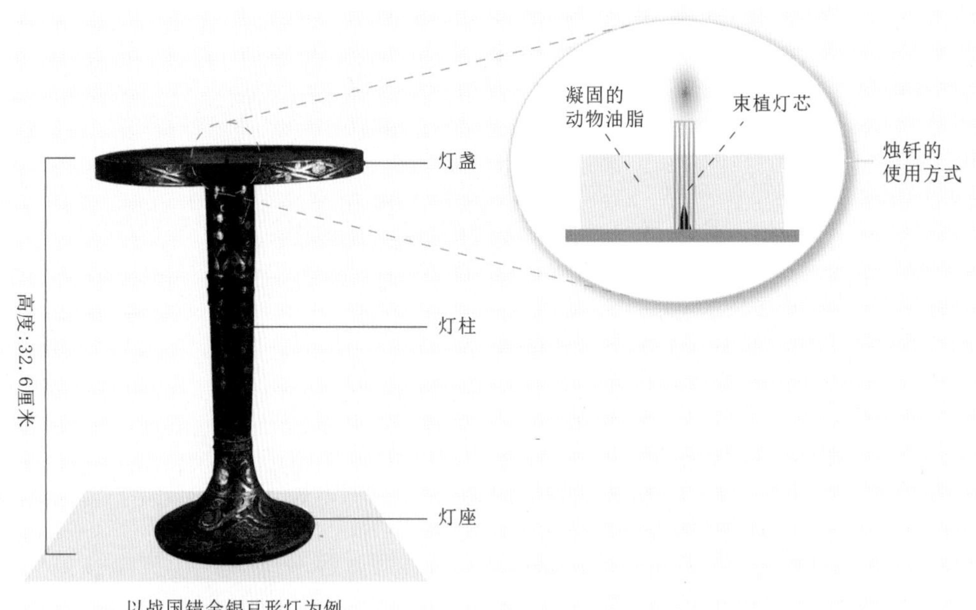

图 6-1-1　战国豆形灯结构示意图

硬质灯芯。由于这一时期的燃料多为动物油脂，燃烧后的烛烬比较多，因此灯盏制作得宽大。秦汉时期豆形灯是在这种造型的基础上发展的，虽然燃料的交替变化导致上部灯盏形态从浅盘到深盘演变，但是灯座和灯柱的造型都源自战国豆形灯的基本形态（图 6-1-1）。

在材料上，豆形灯分为青铜、陶、玉、漆 4 种类型，其中青铜豆形灯数量最多，有 13 件。商、周时期是我国青铜器的鼎盛时期，春秋以后青铜铸造业进一步发展，开始生产生活用具，从出土的青铜豆形灯可说明这一点。伴随于青铜铸造技术，青铜器表面的错金银工艺也被运用到豆形灯上，其镶嵌材料金属色泽与青铜材质的光泽形成视觉反差，凸显了灯具的华贵感。陶制灯具主要为泥质灰陶、夹砂灰陶。灰陶的陶料细腻，厚薄均匀，造型端正，质地坚硬，说明焙烧时温度高，火力均匀。玉制豆形灯目前仅有一件，为现存于故宫博物院的青玉豆形灯[3]，采用整块和田玉雕刻而成，通过精湛的玉雕工艺，各个部分衔接处理自然。漆制灯具是在木胎上髹黑漆，再配以红漆点缀。湖北枣阳出土的漆豆形灯[4]是典型的具有楚国风格的漆器作品。

在装饰上，以云纹为主，配以菱格纹、弦纹等纹样。云纹的形态主要有两种：一是自由变化的云气纹，线条与块面相结合，曲线处理流畅，呈现出云纹的动态灵动；二是规则排列的勾云纹，每个纹饰单元大小相等，排列整齐，展现了规则感和秩序美。纹案在骨式结构上，采用二方连续、四方连续的排列形式，体

[3] 王强主编《中国设计全集 · 卷 16 · 用具类编 · 灯具篇》，商务印书馆，2012，第 4 页。

[4] 湖北省文物考古研究所、襄阳市文物考古研究所、枣阳市文物考古队：《湖北枣阳九连墩 M2 发掘简报》，《江汉考古》2018 年第 6 期。

现了战国时期图案设计的熟练，围绕有限的器具表面合理布局纹饰，使其承载了独具民族特色的文化信息。设色上不拘泥于单色，而是积极探索更多彩色的装饰，多样的色彩搭配更加衬出纹饰的考究与精美。这些纹样以抽象的形式表达了对自然界物象的高度概括，具有极高的美学价值。

关于灯具的起源目前尚不能确定，但就器物的发展规律来讲，不可能一出现就很完备，总有一个发展、演变的过程。相较于其他造物的设计规律，这是一个异常现象。战国豆形灯从造型、材料、工艺、装饰等方面可以看出已是较为成熟的灯具类型，兼具实用性与审美性，而非原始阶段的早期灯具的形态，从而为后期豆形灯的造型奠定了基础。

二、四型十二式基本确立了汉代以后豆形灯具的造型

汉代是豆形灯发展历史的高峰期，受到“事死如事生”观念的影响，这一时期的灯具出土量极大。根据对汉代考古出土灯具的统计，其中豆形灯共有351件，远超其他各朝代的豆形灯数量，可见其是汉代最为常见的灯具类型。以出土的有明确纪年且形态完整的汉代豆形灯为研究样本，结合考古类型学的方法，根据灯座、灯柱及灯盏结构的造型变化，分类归纳出豆形灯形制的基本特征，主要划分为以下四型。

A型：喇叭形灯座，可分为四式（图6-1-2）。

Ⅰ式：灯盏为直壁浅盘，盏中有烛钎。灯柱为细高的空心柱，形制较细。灯柱或灯座处有弦纹等装饰纹样。例如陕西投资服务策划公司汉墓陶灯[5]、江西南昌新建区西汉海昏侯墓铜灯[6]、河南禹州新峰墓地东汉墓陶灯[7]、河北保定满城区陵山中山靖王刘胜墓铜灯[8]、陕西西安东郊西汉窦氏墓铜灯[9]、江苏徐州东甸子西汉墓铜灯[10]等。同时，部分豆形灯具的灯盏处增加了用于手持的辅助部件——鋬，如山东沂水龙泉站西汉墓铜灯[11]、山东日照海曲西汉墓铜灯[12]、山东青岛平度界山汉墓铜灯[13]等。

---

[5]陕西省考古研究所：《陕西投资策划服务公司汉墓清理简报》，《考古与文物》2006年第4期。

[6]江西省文物考古研究所、南昌市博物馆、南昌市新建区博物馆：《南昌市西汉海昏侯墓》，《考古》2016年第7期。

[7]河南省文物管理局南水北调文物保护工作领导小组、河南省文物考古研究所、许昌市文物工作队、许昌春秋楼文物管理处：《河南禹州新峰墓地东汉墓（M127）发掘简报》，《文物》2012年第9期。

[8]郭灿江：《光明使者：灯具》，上海文艺出版社，2001，第67页。

[9]西安市文物保护考古所：《西安东郊西汉窦氏墓（M3）发掘报告》，《文物》2004年第6期。

[10]徐州博物馆：《徐州东甸子西汉墓》，《文物》1999年第12期。

[11]山东省文物考古研究所、沂水县博物馆：《山东沂水县龙泉站西汉墓》，《考古》1999年第8期。

[12]冀介良、许娜、王站琴等：《山东日照海曲西汉墓（M106）发掘简报》，《文物》2010年第1期。

[13]林玉海、荆展远、王艳：《山东青岛市平度界山汉墓的发掘》，《考古》2005年第6期。

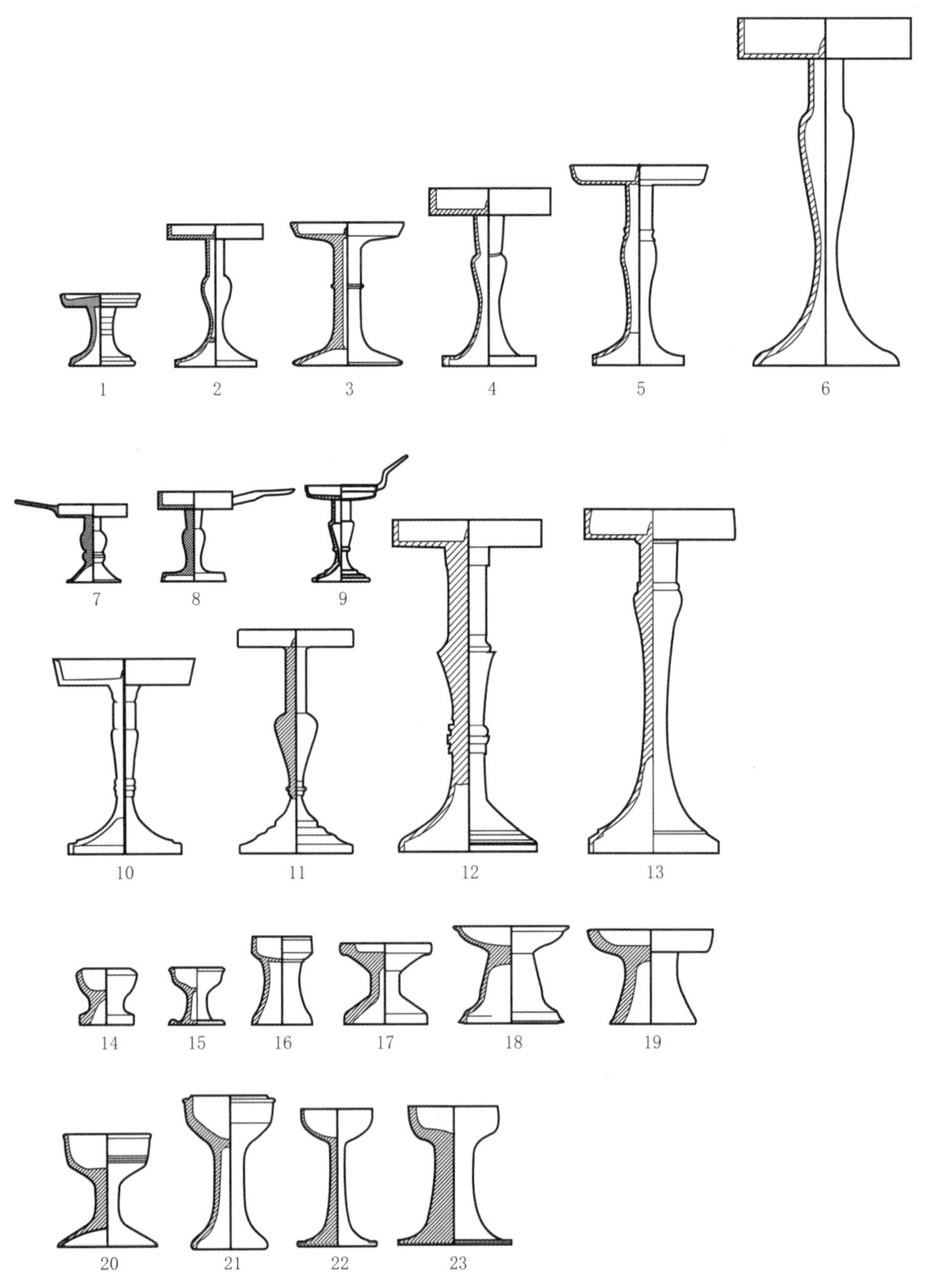

图 6-1-2　A 型汉代豆形灯具

A 型 I 式：

1. 陕西投资服务策划公司汉墓陶灯；2. 江西南昌新建区西汉海昏侯墓铜灯；3. 河南禹州新峰墓地东汉墓陶灯；
4. 河北保定满城区陵山中山靖王刘胜墓铜灯；5.陕西西安东郊西汉窦氏墓铜灯；6. 江苏徐州东甸子西汉墓铜灯；
7. 山东沂水龙泉站西汉墓铜灯；8. 山东日照海曲西汉墓铜灯；9. 山东青岛平度界山汉墓铜灯

A 型 II 式：

10. 山西朔州赵十八庄汉墓陶灯；11. 重庆忠县将军村墓群汉墓铜灯；12. 湖南长沙汤家岭西汉墓铜灯；
13.陕西西安未央区汉城公社窦寨村西汉窖藏铜灯

A 型 III 式：

14.河南三门峡南交口汉墓陶灯；15. 陕西靖边老坟梁汉墓陶灯；16. 安徽天长三角圩 27 号西汉墓陶灯；
17. 山东济宁东汉墓陶灯；18. 辽宁辽阳苗圃墓地汉代土坑墓陶灯；19. 贵州赫章可乐河遗址陶灯

A 型 IV 式：

20. 广东肇庆康乐中路汉墓陶灯；21. 河南淅川李沟汉墓陶灯；22. 江西南昌蛟桥东汉墓陶灯；
23. 广西平乐银山岭汉墓陶灯

Ⅱ式：灯盏为浅盘，盏中有烛钎。灯柱为细高的实心柱，形制较细。例如山西朔州赵十八庄汉墓陶灯[14]、重庆忠县将军村墓群汉墓铜灯[15]、湖南长沙汤家岭西汉墓铜灯[16]、陕西西安未央区汉城公社窦寨村西汉窖藏铜灯[17]等。

Ⅲ式：灯盏为浅腹，盏中无烛钎。灯柱为矮粗的空心柱，形制较粗。灯柱与灯座连接处截面较大。例如河南三门峡南交口汉墓陶灯[18]、陕西靖边老坟梁汉墓陶灯[19]、安徽天长三角圩27号西汉墓陶灯[20]、山东济宁东汉墓陶灯[21]、辽宁辽阳苗圃墓地汉代土坑墓陶灯[22]、贵州赫章可乐河遗址陶灯[23]等。

Ⅳ式：灯盏为深腹，盏中无烛钎。灯柱为粗矮的空心或实心柱。例如广东肇庆康乐中路汉墓陶灯[24]、河南淅川李沟汉墓陶灯[25]、江西南昌蛟桥东汉墓陶灯[26]、广西平乐银山岭汉墓陶灯[27]等。

B型：覆盆形灯座，可分为四式（图6-1-3）。

Ⅰ式：灯盏为浅盘，灯柱为较粗的空心柱，灯具通体多处装饰有弦纹。例如辽宁辽阳苗圃墓地西汉墓陶灯[28]、贵州赫章可乐河遗址陶灯等。同时，部分灯具的灯盏边缘处增加了鋬的结构，如安徽涡阳稽山汉代崖墓铜灯[29]、河南淅川李沟汉墓铜灯等。

Ⅱ式：灯盏为深腹，灯柱为较细的实心柱。例如广西贵港北郊西汉墓陶灯[30]、广西昭平东汉墓陶灯[31]、河南洛阳孟津区天皇岭东汉墓陶烛台[32]、广西平乐银山岭汉墓陶灯等。

Ⅲ式：灯柱上有承盘，分为两层与三层两种。顶盏为浅盘，盏中无烛钎，中盏为浅盘，连接灯柱。灯座为覆盆形高圈足。部分灯盏与灯座有弦纹。例如四川中江塔梁子崖墓陶灯[33]、

[14] 山西省平朔考古队：《山西省朔县赵十八庄一号汉墓》，《考古》1988年第5期。
[15] 李大地、邹后曦：《重庆市忠县将军村墓群汉墓的清理》，《考古》2011年第1期。
[16] 湖南省博物馆：《长沙汤家岭西汉墓清理报告》，《考古》1966年第4期。
[17] 中国社会科学院考古研究所汉长安城工作队：《汉长安城发现西汉窖藏铜器》，《考古》1985年第5期。
[18] 河南省文物考古研究所：《河南三门峡南交口汉墓（M17）发掘简报》，《文物》2009年第3期。
[19] 榆林市文物保护研究所、靖边县文物管理办公室：《陕西靖边老坟梁汉墓发掘简报》，《文物》2011年第10期。
[20] 天长市文物管理所、天长市博物馆：《安徽天长三角圩27号西汉墓发掘简报》，《文物》2010年第12期。
[21] 济宁市博物馆：《山东济宁发现一座东汉墓》，《考古》1994年第2期。
[22] 辽宁省文物考古研究所：《辽宁辽阳市苗圃墓地汉代土坑墓》，《考古》2015年第4期。
[23] 贵州省博物馆考古组、贵州省赫章县文化馆：《赫章可乐发掘报告》，《考古学报》1986年第2期。
[24] 广东省文物考古研究所：《广东肇庆市康乐中路七号汉墓发掘简报》，《考古》2009年第11期。
[25] 湖北文理学院襄阳及三国历史文化研究所、河南省文物局南水北调中线管理办公室、岳阳市文物考古研究所：《河南淅川李沟汉墓发掘报告》，《考古学报》2015年第3期。
[26] 江西省文物考古研究所：《江西南昌蛟桥东汉墓发掘简报》，《文物》2011年第4期。
[27] 广西壮族自治区文物工作队：《平乐银山岭汉墓》，《考古学报》1978年第4期。
[28] 辽宁省文物考古研究所：《辽宁辽阳苗圃墓地西汉砖室墓发掘简报》，《文物》2014年第11期。
[29] 刘海超、杨玉彬：《安徽涡阳稽山汉代崖墓》，《文物》2003年第9期。
[30] 广西壮族自治区文物工作队：《广西贵县北郊汉墓》，《考古》1985年第3期。
[31] 广西壮族自治区博物馆、昭平县文物管理所：《广西昭平东汉墓》，《考古学报》1989年第2期。
[32] 洛阳市第二文物工作队：《洛阳孟津朱仓东汉帝陵陵园遗址》，《文物》2011年第9期。
[33] 四川省文物考古研究所、德阳市文物考古研究所、中江县文物保护管理所：《四川中江塔梁子崖墓发掘简报》，《文物》2004年第9期。

图 6-1-3 B型汉代豆形灯具

B型Ⅰ式:
1、2.辽宁辽阳苗圃墓地西汉墓陶灯；3.贵州赫章可乐河遗址陶灯；4.安徽涡阳稽山汉代崖墓铜灯；
5.河南淅川李沟汉墓铜灯
B型Ⅱ式:
6.广西贵港北郊西汉墓陶灯；7.广西昭平东汉墓陶灯；8.河南洛阳孟津区天皇岭东汉墓陶烛台；
9.广西平乐银山岭汉墓陶灯
B型Ⅲ式:
10.四川中江塔梁子崖墓陶灯；11.云南大理下关城北东汉纪年墓陶灯；12.四川成都青白江区跃进汉墓陶灯；
13.四川三台东汉墓陶灯；14.四川成都西汉墓陶灯
B型Ⅳ式:
15.山西广灵北关汉墓陶灯；16.河北燕下都墓葬陶灯；17.北京顺义临河东汉墓陶灯

云南大理下关城北东汉纪年墓陶灯[34]、四川成都青白江区跃进村汉墓陶灯[35]、四川三台东汉墓陶灯[36]、四川成都西汉墓陶灯[37]等。

Ⅳ式：灯盏与灯柱多处有浮雕装饰，灯盏为两层盘，顶盏为浅盘，盏中无烛钎，中盏为深盘，盘中央呈喇叭状托起顶盏。例如山西广灵北关汉墓陶灯[38]、

[34] 大理州文物管理所：《云南大理市下关城北东汉纪年墓》，《考古》1997年第4期。

[35] 成都市文物考古工作队、青白江区文物管理所：《成都市青白江区跃进村汉墓发掘简报》，《文物》1999年第8期。

[36] 四川省文物考古研究院、绵阳市文物管理局、三台县文物管理所：《四川三台郪江崖墓群柏林坡1号墓发掘简报》，《文物》2005年第9期。

[37] 陈云洪、颜劲松：《四川地区西汉土坑墓分期研究》，《考古学报》2012年第3期。

[38] 大同市考古研究所：《山西广灵北关汉墓发掘简报》，《文物》2001年第7期。

图 6-1-4　C 型汉代豆形灯具

C 型 I 式：
1. 重庆万州钟嘴汉墓陶灯；2. 贵州赫章可乐河遗址陶灯；3. 湖南茶陵濂溪汉墓陶灯；4. 湖南衡阳荆田东汉墓陶灯
C 型 II 式：
5. 江苏南京中华门外长干里东汉龙桃杖墓陶灯；6. 重庆云阳李家坝汉墓陶灯；7. 湖南怀化西汉墓陶灯；
8. 湖南常德南坪东汉墓陶灯；9. 湖南益阳两汉墓陶灯；10. 山东微山马陵山汉墓铜灯

河北燕下都墓葬陶灯[39]、北京顺义临河东汉墓陶灯[40]等。

C 型：承盘形灯座，可分为二式（图 6-1-4）。

I 式：灯盏为半球形深腹，灯柱为较粗的空心或实心柱，灯座为浅盘，如重庆万州钟嘴汉墓陶灯[41]、贵州赫章可乐河遗址陶灯、湖南茶陵濂溪汉墓陶灯[42]、湖南衡阳荆田东汉墓陶灯[43]等。

II 式：灯盏为浅盘，灯柱为较细的空心柱，灯座为深盘，少数豆形灯的灯柱处有装饰，如江苏南京中华门外长干里东汉龙桃杖墓陶灯[44]、重庆云阳李家坝汉墓陶灯、湖南怀化西汉墓陶灯[45]、湖南常德南坪东汉墓陶灯[46]、湖南益阳两

[39] 河北省文化局文物工作队：《1964—1965 年燕下都墓葬发掘报告》，《考古》1965 年第 11 期。
[40] 北京市文物管理处：《北京顺义临河村东汉墓发掘简报》，《考古》1977 年第 11 期。
[41] 山东省博物馆、重庆市博物馆、重庆市文化局：《重庆万州区钟嘴东汉墓发掘简报》，《华夏考古》2004 年第 3 期。
[42] 湖南省文物考古研究所、茶陵县文化局：《湖南茶陵县濂溪汉墓的发掘》，《考古》1996 年第 6 期。
[43] 衡阳市文物工作队：《湖南衡阳荆田村发现东汉墓》，《考古》1991 年第 10 期。
[44] 南京市博物馆：《南京市东汉建安二十四年龙桃杖墓》，《考古》2009 年第 1 期。
[45] 怀化地区文物工作队：《湖南怀化西汉墓》，《文物》1988 年第 10 期。
[46] 常德博物馆：《湖南常德市南坪汉代土墩墓群的发掘》，《考古》2014 年第 1 期。

图 6-1-5　D 型汉代豆形灯具

D 型Ⅰ式：
1. 重庆巫山麦沱古墓群蟾蜍形灯座陶灯
D 型Ⅱ式：
2. 河北保定满城区陵山中山靖王刘胜墓当户铜俑座灯；3. 广州两汉墓托灯陶俑

汉墓陶灯[47]等。部分灯具的灯盏边缘处有錾的结构，灯盏上方有半球形灯罩等辅助结构，如山东微山马陵山汉墓铜灯等。

D 型：人俑或动物形灯座，可分为二式（图 6-1-5）。

Ⅰ式：灯盏为浅盘，灯柱为较细的空心柱。灯座连接灯柱，整体为动物形，如重庆巫山麦沱古墓群蟾蜍形灯座陶灯[48]等。

Ⅱ式：灯盏为浅盘，灯座与灯柱整体为单手托举灯盏的俑形，如河北保定满城区陵山中山靖王刘胜墓当户铜灯[49]、广州两汉墓托灯陶俑[50]等。

根据上述对汉代豆形灯具的类型分析，抽取以上三种类型灯具样本，遵循时间顺序依次排列，进而总结其造型特征。由于 D 型豆形灯外壁轮廓曲线呈现出不规则的形状，因此不将其作为分析对象。其中抽取 A 型豆形灯 9 件、B 型豆形灯 9 件、C 型豆形灯 10 件，将灯具样本的外壁轮廓线提取出来，以灯的垂直中心线为 Y 轴，底径水平线为 X 轴，建立直角坐标系。将提取出的外轮廓曲线以中心线与底径的水平线为基准，依次叠加排列在直角坐标系中。从外壁轮廓曲线图中可以发现，随着时间的演进，曲线弧度具有逐渐变小的趋势，并集中在一个固定区间内。在此基础上，将样本灯具的中心截面提取出来叠加在一起，描绘出重叠次数最多的部分，得到典型灯具造型。运用此方法得出 A 型、B 型和 C 型典型灯具造型（图 6-1-6）。

综上，汉代豆形灯具根据灯座造型变化共分为 A 型喇叭形灯座、B 型腹盆形灯座、C 型承盘形灯座及 D 型人俑或动物形灯座四型十二式。除人俑或动物形

[47] 湖南省博物馆、益阳县文化馆：《湖南益阳战国两汉墓》，《考古学报》1981 年第 4 期。

[48] 重庆市文化局、湖南省文物考古研究所、巫山县文物管理所：《重庆巫山麦沱古墓群第二次发掘报告》，《考古学报》2005 年第 2 期。

[49] 中国社会科学院考古研究所、河北省文物管理处编《满城汉墓发掘报告》上，文物出版社，1980，第 156 页。

[50] 黎金：《广州的两汉墓葬》，《文物》1961 年第 2 期。

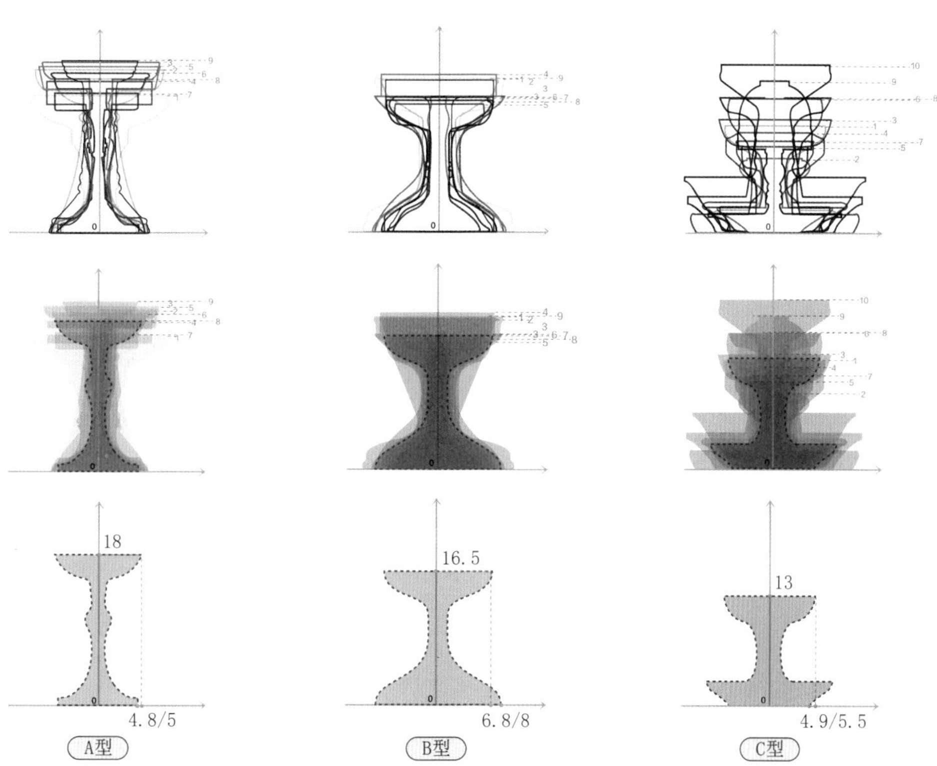

图 6-1-6　A 型、B 型 和 C 型汉代豆形灯具外壁轮廓分析图

灯座之外，其他类型的造型都保留了豆形灯的鲜明特征，并呈现出不断改良的造型演变过程。归纳分析汉代以后各时期豆形灯的形态特征，发现与汉代存在明显继承关系。具体演变情况如下：A 型喇叭形灯座，整体呈现灯柱逐渐变粗的趋势，在唐代加入承盘的设计，灯座底径逐渐变大，灯盏口径逐渐变小；B 型覆盆形灯座，三国两晋南北朝时期此种灯座多为石灯，形制高大，唐代加入承盘的设计，明代覆盆形灯座高度增加，也被称为“古钟形”；C 型承盘形灯座，魏晋南北朝时期越窑出产的瓷质豆形灯与汉代造型基本一致，随着蜡烛的普及，隋唐以后的豆形烛台常采用此种灯座。综上所述，汉代是豆形灯具发展的重要阶段，以其丰富的造型形态奠定了豆形灯的基本形制，之后灯具造型均是在以上三种座式基础上发展而来的，既存在传承关系，又呈现出随时代衍变而不断优化的发展之路。

三、豆形烛台的始兴

从东汉晚期我国就已经开始出现制作蜜烛的技术。《西京杂记》中记有“闽越王献高帝石蜜五斛，蜜烛二百枚，白鹇黑鹇各一双”，其中“蜜烛”应是黄蜡制成的蜡烛。西晋张华的《博物志》载：“诸远方山郡幽僻处出蜜蜡，人往往以桶聚蜂，每年一取。”此时制作蜜烛的原料已具备规模。“蜡烛”一词最早出现在南朝刘义庆的《世说新语》中"石季伦用蜡烛作炊"。北魏时重要的农书《齐民要术》中载"蒲熟时，多收蒲苔，削肥松，大如指，以为心。烂布缠之。融羊牛脂，灌于蒲苔中，宛转于板上，挼令圆平。更灌，更展，粗细足，便止。融蜡灌之。足得供事。其省功十倍也"[51]，详细讲述动物油脂和蜡合成制作蜡烛的过程。《魏书》中有多处"蜡""蜡百斤""蜡若干"等记录，是朝廷诏赐给过世的贵族官僚的赙物，表明这一时期已经采用蜡作为烛台的主要燃料。唐诗中留下了许多有关蜡烛的诗句，如李商隐的"春蚕到死丝方尽，蜡炬成灰泪始干"，李白的"听歌舞银烛，把酒轻罗裳"，孟浩然的"续明催画烛，守岁接长筵"。在《开元天宝遗事》中也有关于"烛奴"的记载，即王公贵族宴饮时站在席侧举烛的仆人。唐玄宗时的申王李成义设宴时，"以龙檀木雕成烛发童子，衣以绿衣袍，系之束带，使执画烛列立于宴席之侧"[52]。韦陟家宴时"使每婢执一烛，四面行立"[53]。从以上文献中可见，蜡烛在上层社会已较为普及，蜡烛的主要原料为蜂蜡，也被称为黄蜡。宋元以后蜡烛的主要原料为白蜡虫的分泌物，被称为白蜡。白蜡虫是寄生在女贞树上的雄性白蜡幼虫，是我国特有的昆虫。最早记载白蜡的文献见于宋末元初周密所著的《癸辛杂识》，书中记："江浙之地，旧无白蜡，十余年间，有道人自淮间，带白蜡虫子来求售。"说明在这一时期白蜡虫的养殖在江南地区流行开来。"每以芒种前，以黄草布作小囊，贮虫子十余枚，遍挂之树间。至五月，则每一子中出虫数百，细若蠛蠓，遗白粪于枝梗间，此即白蜡"，讲述了养殖白蜡的时节与方法。"至八月中，始剥而取之，用沸汤煎之，即成蜡矣"[54]，讲述了提取白蜡的方法。明代有关白蜡的养殖、蜡烛的制作与使用的文献明显增多。李时珍《本草纲目》中载："唐宋以前，浇烛，入药所用白蜡，皆蜜蜡也，此虫白蜡，则自元以来，人始知之，今则为日用物矣。四川、湖广、滇南、闽岭、吴越东南诸郡皆有之。"[55]《农政全书》里面明确指出："虫白蜡纯用作烛，胜他烛十倍。"说明白蜡蜡烛质量优，以白蜡虫为原料制作的蜡烛已经普及开来。

豆形烛台是在豆形油灯的造型基础上发展而来的，最早可追溯到东汉晚期，结构上均取消了灯盏，保留承盘形灯座和灯柱，灯柱上加了可以固定蜡烛的结构部件。灯柱上有一直槽，灯柱上部有圆环形的箍，下部有圆托以托住蜡烛底部，蜡烛便可固定在灯柱左侧。例如广州东汉晚期汉墓出土的一件烛台[56]，从

[51] 缪启愉、缪桂龙：《齐民要术译注》，上海古籍出版社，2006，第230页。
[52]〔五代〕王仁裕、〔唐〕姚汝能：《开元天宝遗事·安禄山事迹》，曾贻芬点校，中华书局，2006，第23页。
[53]〔唐〕冯贽：《云仙杂记》，中华书局，1985，第34页。
[54]〔宋〕周密：《癸辛杂识》，王根林校点，上海古籍出版社，2012，第122页。
[55]〔明〕李时珍：《本草纲目（校点本）》第四册，人民卫生出版社，1981，第2234页。
[56] 中国社会科学院考古研究所、广州市文物管理委员会、广州市博物馆编《广州汉墓》上，文物出版社，1981，第412页。

其造型结构上说明此时已经制作出了蜡烛，但未见实物，仅在汉墓中偶有黄蜡饼出现[57]。

到魏晋南北朝时期，豆形烛台数量明显增多，目前收集到的已达24件。整体造型继承东汉的形制，主要还是以承盘形灯座、灯柱上固定蜡烛的造型为主。在细节上，出现烛台在灯柱上左右各有一对圆环圆箍，可以固定两根蜡烛，增加了烛台的亮度。例如，北魏的升降烛台[58]，使用时将蜡烛从圆环插入，由圆托盘托住，可以随着蜡烛高度来调节固定的位置。总体来看，东汉至魏晋南北朝时期烛台固定蜡烛的方式是圆箍圆托形。另外，出现用舒展的莲花瓣形托替换原本简单的圆形托，起到托住蜡烛的作用，通过对构件的形态塑造，在实现功能的同时构成了优雅的装饰效果，丰富了烛台整体的视觉形象。目前在福建福州东晋墓[59]和南安南朝墓群[60]出土了10件此种造型的烛台，应为区域内流行的样式。

隋唐时期的豆形烛台在造型上与之前明显不同，主要表现为开始保留灯盏结构。具体来看，这一时期的烛台是在灯盏的中间立一粗圆管以固定蜡烛，其口径基本都在4.5厘米以上。唐代邢窑出产的莲花瓣座白瓷烛台的圆管口径有6.5厘米[61]。现藏故宫博物院的三彩烛台的口径更是达到了6.8厘米。另外，烛台首次出现了大小不一的双灯盏的结构，在各种材质的烛台中均有此种造型，即在外撇敞口的喇叭形圈足灯座上紧接一大灯盏，灯柱顶端有一小灯盏，两个灯盏形态相同，均为浅盘，如河南巩义出土的唐三彩烛台[62]、陕西西安阎识微夫妇墓出土的铜豆形烛台[63]等。

宋元时期的烛台出现了灯盏中间立一尖烛钎，是在固定蜡烛方式上的重要变化，主要反映在灯盏中心立烛钎，以细圆管插烛，不再使用粗圆管，如四川德阳出土的宋代铜烛台[64]。至元代，烛钎结构更加普及，双灯盏结构更加成熟，下部灯盏位置升高到烛台的中上部成为承盘，上部灯盏直径明显小于承盘，上小下大形成鲜明的对比，如安徽歙县出土的一对元代铅烛台[65]。造成宋元烛台结构变化的原因是制作蜡烛的主要原料从黄蜡变为白蜡，黄蜡质地松软，白蜡质地硬实，燃烧不易下淋，因此仅需用烛钎就能较好地固定。原材料

[57] 李泽奉、刘如仲主编，孔晨、李燕编著《古灯饰鉴赏与收藏》，吉林科学技术出版社，1996，第85页。
[58] 河北省博物馆、文物管理处：《河北曲阳发现北魏墓》，《考古》1972年第5期。
[59] 曾凡：《福州洪塘金鸡山古墓葬》，《考古》1992年第10期。
[60] 福建博物院、泉州市博物馆、南安市博物馆：《福建南安市皇冠山六朝墓群的发掘》，《考古》2014年第5期。
[61] 中国陶瓷全集编辑委员会编，李辉柄本卷主编《中国陶瓷全集·第5卷·隋唐》，上海人民美术出版社，2000，第162页。
[62] 郑州市文物考古研究所编著《巩义芝田晋唐墓葬》，科学出版社，2003，第205页。
[63] 西安市文物保护考古研究院：《西安马家沟唐太州司马阎识微夫妇墓发掘简报》，《文物》2014年第10期。
[64] 四川省文物管理委员会、德阳县文物管理所：《四川德阳县发现宋代窖藏》，《文物》1984年第7期。
[65] 李辉柄：《歙县元代窖藏瓷器的几点观感》，《文物》1988年第5期。

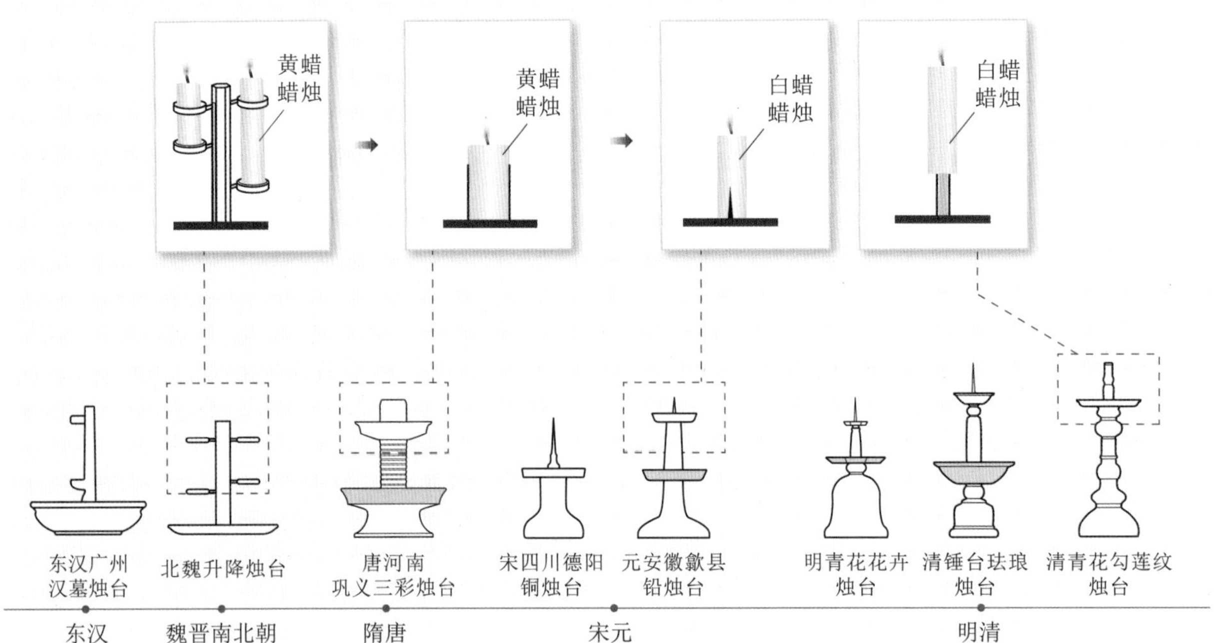

图 6-1-7　豆形烛台造型和结构简要演变图

的改进优化了蜡烛的性能，蜡烛的形态发生了变化，也因此开启了烛台结构的改变。

明清烛台在宋元时期的造型基础上发展，以高烛钎为主，可以用来固定更高型的蜡烛。蜡烛烛芯通常由空心的芦苇秆制成，烛钎可以直接插入其中。有的蜡烛的烛芯伸出蜡烛底部，因此烛台为细圆管形结构，用来承接蜡烛底部的烛芯，如清乾隆青花勾莲纹烛台[66]等。而且，明清时期灯盏与承盘形态更加丰富，除了有圆盘，还出现了六角形、葵形等多边形形态。随着中国和伊斯兰地区文化交流的不断深入，明代青花烛台造型出现了伊斯兰地区的风格。明永乐、宣德年间的八角烛台与现存的波斯地区的烛台造型十分相近。[67]这些烛台均不设有烛钎，可知伊斯兰地区使用的蜡烛形态偏于粗矮的造型，与我国的蜡烛存在较大的差异。

从以上清晰的发展脉络可以看出历代对烛台的改良发展：豆形烛台从东汉晚期开始出现；魏晋南北朝继承了东汉的特征，取消了灯盏结构，插烛方式主要利用灯柱固定；隋唐出现了改进，保留灯盏结构，插烛方式由灯盏中心的粗圆管固定，并且出现了双灯盏结构；宋元时期烛钎烛台流行；明清烛台继承宋元形制，灯盏与承盘的形态更加丰富。（图 6-1-7）

[66] 郭灿江：《光明使者：灯具》，上海文艺出版社，2001，第177页。

[67] 苏沛权：《青花瓷与中外文化交流》，博士学位论文，暨南大学，2005年，第115页。

四、逐渐成为主流的瓷质豆形灯

最早的青瓷豆形灯出现在东汉时期，魏晋南北朝仍以青瓷灯为主，到唐代开始出现白瓷灯，宋代出现了青白瓷、白瓷灯，明清出现了青花、五彩、粉彩等彩瓷灯。在数量上，东汉仅发现1件瓷灯，魏晋南北朝时期已增至54件，唐宋为60件，明清为62件。瓷质豆形灯釉色上的多样变化和数量上的由少变多，反映了唐宋开始我国在制瓷技术上的探索突破和瓷质豆形灯的蓬勃发展。

东汉时期，青瓷灯的胎质较粗糙，釉色黄中泛白，出土时已经基本脱落。[68]魏晋南北朝时期，青瓷灯的数量增多，约占这一时期灯具总量的30%，大部分为越窑生产。这一时期是越窑发展的黄金期，烧造技术在发展中不断改良，可以较好地掌握窑内的还原焰气氛与温度，强还原焰有利于获得明亮的釉色。并且，装烧工具用制作器物的原料制成，烧制的时候将其密封起来，在化学成分相同的匣钵下烧制，它的膨胀系数或收缩率都与器物焙烧的气氛相一致。[69]因此，这一时期的青瓷灯胎质变厚，胎体细腻，釉色有光泽，呈现青黄色，如现存中国国家博物馆的记有"甘露元年五月造"铭文的熊形柱青瓷灯[70]等。

唐代是我国制瓷技术的变革期，主要表现为白瓷的涌现。白瓷是建立在对青瓷的提纯技术之上的，是将青瓷中的铁元素及其他杂质去掉而衍生出来的。基于此，唐代瓷质豆形灯出现了白瓷灯这一新品种，主要以北方邢窑、巩义窑和定窑出产的灯具为主。三个白瓷窑烧造工艺存在相互借鉴交流，共同推动了唐代白瓷灯的繁荣发展。据窑址考古发现，邢窑和巩义窑早在北朝时期就已创烧白瓷，定窑较晚，在唐中晚期烧制白瓷，三者工艺存在关联。[71]唐代白瓷整体上胎质坚硬，釉色洁白，晶莹透亮，如邢窑白瓷莲瓣座灯等。唐代已经具备生产规模，可以烧造出成熟的白瓷灯具。至此，唐代形成了南方以青瓷为主、北方以白瓷为主的"南青北白"陶瓷业生产格局。

经过隋唐的发展，宋代迎来了我国陶瓷史上的一个繁荣时期，形成了汝、官、哥、钧、定五大名窑，此外还有耀州窑、磁州窑、龙泉窑等各地民窑。宋代各地瓷窑林立，质精物美，瓷灯具已经成为人们生活的必需品。灯具作为日常用具，在宋代很多瓷窑遗址和墓葬中均有发现。这一时期豆形灯主要以白釉、青釉、青白釉等单一色釉为主。耀州窑、汝窑、磁州窑以生产白瓷灯和青瓷灯为主，

[68] 南京市博物馆：《南京市东汉建安二十四年龙桃杖墓》，《考古》2009年第1期。

[69] 林士民、林浩：《中国越窑瓷》，宁波出版社，2012，第45页。

[70] 同上书，第49页。

[71] 崔剑锋、秦大树、李鑫等：《定窑、邢窑和巩义窑部分白瓷的成分分析及比较研究》，《文物保护与考古科学》2012年第4期。

图 6-1-8 瓷豆形烛台釉色演变图

如陕西耀州窑青釉刻竖条纹豆形灯[72]等。景德镇窑着力于探索白瓷技术，烧制出了青白瓷，釉色介于青白二色之间，俗称“影青”。例如南宋绍兴三十年的青白釉连座灯，其胎质细腻，釉色呈淡青色，代表了当时景德镇窑青白瓷的烧造水平。除单色釉之外，磁州窑还开创了独具特色的白底黑花瓷，是一种以赤铁矿为主的釉下彩瓷，很受市场欢迎[73]，如磁州窑白釉黑花灯[74]。

元代烧制成功了青花瓷，属于白底蓝纹的釉下彩瓷，得益于青花瓷技术的发展，我国的瓷器发生了重大变革，从此开启了彩瓷争艳的新格局。明代青花瓷灯数量明显增多，尤其是明永乐和宣德年间的青花瓷灯，青色釉汁均匀，装饰造型已十分成熟。明代还创制了釉下青花和釉上彩结合的斗彩。清康熙时期，发展成了完全的釉上彩，被称为五彩。釉上彩的色釉属于低温铅釉。康熙五彩在釉色上富丽鲜艳，常用的彩料有红、黄、绿、蓝、黑、金等，利用这几种主要颜色可以调配出各种不同浓淡、色调的彩色[75]。清雍正年间，在彩料中加入乳浊玻璃釉彩调控各种色彩，形成柔和粉化感的彩料，与五彩给人的硬朗感相对比，因此被称为粉彩或软彩。[76]在乾隆、嘉庆以后，粉彩几乎一统清代彩瓷的天下，如清乾隆黄底粉彩八吉祥纹烛台[77]、清粉彩高柄油灯[78]等（图 6-1-8）。

[72] 中国陶瓷全集编辑委员会编，李辉柄本卷主编《中国陶瓷全集·第7卷·宋（上）》，上海人民美术出版社，2000，第75页。
[73] 冯小琦主编《磁州窑瓷器研究》，故宫出版社，2013，第339页。
[74] 中国陶瓷全集编辑委员会编，冯永谦本卷主编《中国陶瓷全集·第9卷·辽·西夏·金》，上海人民美术出版社，2000，第202页。
[75] 中国硅酸盐学会主编《中国陶瓷史》，文物出版社，2006，第423页。
[76] 卢嘉锡总主编，李家治分卷主编《中国科学技术史·陶瓷卷》，科学出版社，1998，第482页。
[77] 郭灿江：《光明使者：灯具》，上海文艺出版社，2001，第185页。
[78] 张锡光、耿佃成编著《锡光藏灯》，齐鲁书社，2005，第78页。

科学技术的进步促进新材料的产生，不断更迭的技术创新推动了瓷质豆形灯具的发展。对已收集的灯具统计可知，战国、两汉豆形灯材料以陶质和青铜为主，三国开始以陶质为主，青铜灯具数量减少，到了唐宋时期瓷逐渐取代了陶和青铜，成为制作豆形灯的主要材料，此后便一直为制作灯具的主流材料。从早期以越窑生产为主到南北方多个窑口均有专门生产的灯具，技术上相互借鉴又各有特色，出产了独具时代特色的灯具产品，使得瓷质豆形灯从单一走向多元，普及程度越来越广，精致程度越来越高。

五、多姿多彩的瓷质豆形灯

瓷质豆形灯的装饰是在灯具表面进行彩绘，富丽多姿的纹样装饰，促使豆形灯装饰艺术达到了高峰。明代的装饰纹样开始走向定型化，以植物纹样为主，出现了大量的缠枝花卉纹。清代瓷质豆形灯装饰明显呈现两极分化，宫廷和民间的装饰风格不同，纹样以其特有的权力、地位的符号性表达了其强烈的阶级属性。

（一）缠枝花卉纹

缠枝花卉纹是由花朵和枝茎组成的，枝茎以花朵为中心向外缠绕成曲线，形成富有动感、优美雅致的纹样。因其结构连绵不断，固有根脉相连、生生不息的美好寓意。汉代已有缠枝纹，经过后世发展演变，到明清以后十分盛行，常用在青花瓷、五彩、粉彩等彩瓷的装饰上（图6-1-9）。明代，缠枝莲纹、缠枝菊纹、缠枝牡丹纹、缠枝石榴纹等作为主要纹样被运用在青花烛台上。在灯座上，花卉通过缠枝相连，纹样骨式为上下排列，构成竖向的“S”形曲线。在灯柱上，纹样骨式向左右展开，以二方连续的形式排列，构成横向的“S”形曲线，如现藏故宫博物院的明永乐青花花卉纹八方烛台[79]等。

图 6-1-9　明清缠枝花卉纹样示意图

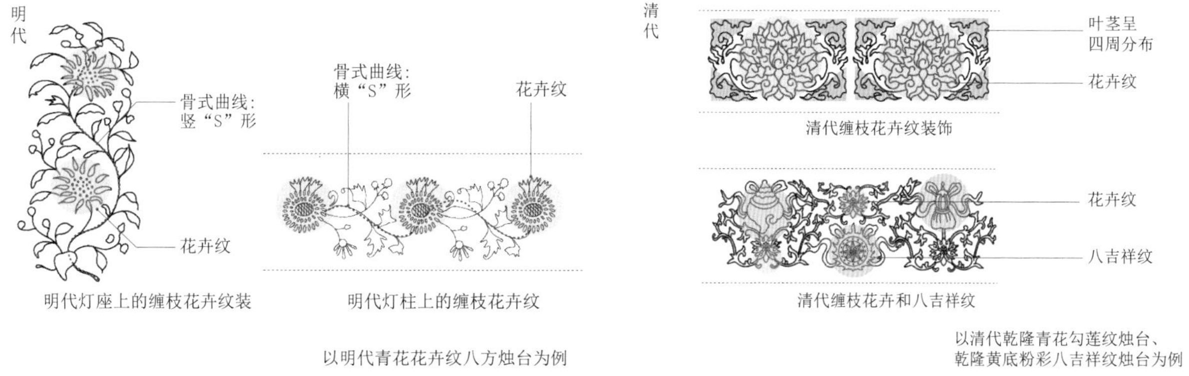

[79] 郭灿江：《光明使者：灯具》，上海文艺出版社，2001，第187页。

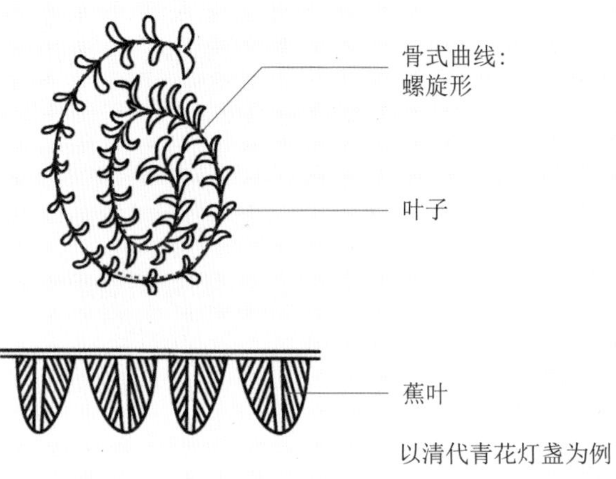

图 6-1-10　清民窑瓷质豆形灯纹样示意图

清代，缠枝花卉纹更加强调花朵的中心位置，花朵所占面积大，叶茎围绕花朵四周排列，不见明显的枝条运动曲线。纹饰分布在灯座和灯柱上，均以二方连续的形式排列，如乾隆青花勾莲纹烛台、雍正斗彩花卉纹烛台[80]、道光青花缠枝纹烛台[81]等。此外，清代皇家烛台上有采用缠枝八吉祥纹装饰，是将缠枝花卉纹与佛教的八吉祥纹相融合的纹样。这种结合有追求八瑞吉祥、福寿安康之意，是对缠枝花卉纹的内化改造和创新发展。这类烛台为"五供"之一，是放在佛前供台上的烛台，采用此类纹饰与其用途相匹配，如清乾隆黄底粉彩八吉祥纹烛台。

（二）卷叶纹与蕉叶纹

清代民窑生产的瓷质豆形灯常出现卷叶纹与蕉叶纹相结合的装饰纹样，纹样主要集中在灯柱和碗形灯座内部。在灯柱上，中上部为卷叶纹，中下部为一周蕉叶纹。灯座内部饰满卷叶纹，与灯柱上的纹样遥相呼应。卷叶纹与缠枝纹的造型原理类似，是采用植物枝茎的卷曲变化而构成的装饰纹样。与之不同的是，卷叶纹不与花卉结合，仅为枝蔓与枝叶，并且在纹样骨式上，常采用具有动感的螺旋状，因此在视觉上，卷叶纹更简洁凝练，更具抽象性。民间瓷灯装饰纹样没有皇家用瓷的严谨精致，更加率意自然，不追求纹饰布满灯具，而是保留更多的留白空间，如清青花灯盏[82]等（图 6-1-10）。

（三）其他常见的辅助纹样

辅助纹样常以二方连续的形式，呈一周或上下两周线性排列，起到衬托主要纹样的作用，使得整体装饰形象更加饱满丰富，常见的有回纹、如意纹、水波纹等。回纹是我国传统的几何纹样，起源于新石器时代晚期，由于其纹样单位自中

[80] 薛翔编《中国古瓷器》，湖北美术出版社，2003，第285页。
[81] 王强主编《中国设计全集·卷16·用具类编·灯具篇》，商务印书馆，2012，第196页。
[82] 张锡光、耿佃成编著《锡光藏灯》，齐鲁书社，2005，第76页。

心向外环绕连续，与篆体“雷”字相似，因此旧时称“云雷纹”。回纹的基本特征是以连续的回旋形线条构成的几何形，纹样连绵不断，以简单纹样元素形成了复杂而丰富的图案，有很强的装饰性。如意是一种我国传统的吉祥器物，也被用在装饰纹样上，有称心如意之意。如意纹与云纹组合成如意云头纹，视觉上更加饱满连贯。水波纹形似水流动的状态，由自然生动的曲线构成，有灵动性不显呆板。水纹早在新石器时代中晚期被广泛采用，描绘的是湖水波纹。明代以后又出现了海水波纹，其展现出海洋的波涛澎湃。

观察豆形灯的装饰发展路径，可以发现早期装饰常出现羊、熊、狮子等动物装饰。从宋代开始，植物纹样开始增多，到明清两代植物纹样成为主流。从动物装饰变迁到植物装饰，是文化史上重要的进步象征。[83] 明代开始，缠枝花卉纹作为主要纹样被广泛运用到瓷质豆形灯的装饰上。在清代宫廷灯具中缠枝花卉纹被进一步发扬，与佛教的八吉祥纹样组合，获得了更加复杂的视觉形象。花纹描绘精细，做工一丝不苟，体现了皇家用器的尊贵与繁缛。民间则以简单的卷叶纹替代缠枝纹，不追求纹饰布满灯具，而是保留更多的留白空间。纹样描绘得洒脱随意，没有皇家用瓷的严谨精致，但更具生活情趣。

结语

豆形灯具作为火光源时代的典型照明用具，是我国最早定型也是流传最久的灯具类型，几乎贯穿了我国历史发展的各个阶段。源自“一物多用”的传统，豆形灯具在保留了食器“豆”简约直观的造型基础上，在实际运用中为解决灯油存放量、灯具的平衡稳定性等问题，灯盏、灯柱、灯座等部位进行了相应的调整，呈现出深腹形灯盏、粗重的灯柱、降低了重心的灯座（喇叭形灯座、覆盆形灯座、承盘形灯座）等新特征。尽管我国历史上的坐姿方式发生了根本性变革，但豆形灯具作为室内点光源的属性从未改变。从几案到桌案，豆形灯具以适人的高度行使了作为“台灯”“书灯”的功能属性，可以满足人们基本的照明需求。在时代发展的潮流中，新兴燃料蜡烛的兴起，由豆形油灯衍生出了利于盛放蜡烛的豆形烛台。由于制瓷技术的飞跃，灯具表面的装饰开始围绕彩色釉和彩画工艺展开，使得灯具趋向色彩多元化和纹样精细化。总体来看，从不断扩大的使用人群可以看到简洁实用的设计所具备的强大包容性，即通过简洁的造型和实用的功能满足社会各个阶层的实际需求，由此促成了豆形灯具的强大生命力。此外，形制简单的产品有益于大规模地批量化生产，从而形成了价格低廉的优势，有利

[83]〔德〕格罗塞：《艺术的起源》，蔡慕晖译，商务印书馆，1987，第91页。

于扩大产品的传播与使用范围，这与现代工业设计的生产理念不谋而合。

面对当下中式产品中经常存在华而不实的设计现象，豆形灯具中所传达出来的实用之美、简洁之美、质朴之美值得现代设计师体悟和思考。虽然电光源时代已使豆形灯卸下了照明的重任，但是在漫长历史长河中所积淀的产品语义信息不应消散，这些独属于中国人日常生活空间的文化记忆应该被重新重视起来，这也有助于形成中国设计的独有风格。

第二节　开如轮合如束的伞具

在我国有着悠久的用伞历史，日常生活中伞具是常见的遮雨、遮阳的工具。早期的伞称为“盖”，伞面用丝帛制成，是十分昂贵的材料，因此只有王室贵族才能享用，常出现在其出行的仪仗队伍之中，是作为社会等级标志的舆服体系中的重要器物，象征着权力与地位。而在民间，早期平民百姓主要使用斗笠或蓑衣来避雨。《诗经·小雅》中就有记载：“尔牧来思，何蓑何笠。”直到油纸伞具的发明实现了伞从使用昂贵的丝帛材料到廉价油纸的转变，伞具才得以普及到民间。

在汉字中，最初没有伞字，直到北魏才出现。《魏书·卷二十一》中出现用“傘”字来指代伞具，从文字“傘”中可见伞柄、伞面、伞斗等结构。“傘”字的出现表明伞的构件要素均已形成。到五代十国时期，画作中出现了民间使用油纸伞的图像资料，说明油纸伞开始走进了寻常百姓家。从制伞的必备原材料看，东汉造纸术的发明为油纸伞的发明奠定了物质基础，而我国南方丰富的竹林资源则为制作伞骨提供了充足的物质保障，这使得油纸伞成为我国独具特色的传统伞具，并得以外传到其他国家。本节通过深入细致的文献考证和文物调研，梳理中国传统伞具从盖到伞的发展线索，分析伞具从统治阶级走进寻常百姓家的价值转变，以及伞具背后所蕴含象征权威和遮蔽风雨的多重文化特征，共同构建出伞具的发展历程和演进路径。

一、西周到汉代帝王将相的伞式车盖

车是古代重要的出行、作战和运输的工具，是一个国家机械水平的集中展现。从现有的考古资料来看，商代晚期独辕车的制造已经十分成熟。伞盖为车上可以遮蔽风雨的上顶，形态如伞状，因此也被称为“伞盖”或“车盖”。全国各地出土了自西周以来的多处车马陪葬，车伞及其配件也在其中。王力先生在《中国古代文化常识》中指出：“中国最古老的伞出现在3000年前的西周初年，是装在马车上使用的。”[1]在北京郊区的琉璃河西周燕国墓地中出土了2件

[1] 王力主编《中国古代文化常识（插图修订第4版）》，世界图书出版公司北京公司，2009，第187页。

伞盖[2]，证实了伞盖始于西周的说法。

东周以后，在我国最早系统论述手工业生产技术的专著《考工记》中，有专门介绍车的设计、结构和制作的章节，其中“轮人为盖”一节中，有对伞盖的各结构名称的记载：“达常围三寸。桯围倍之，六寸。信其桯围以为部广，部广六寸。部长二尺。桯长倍之，四尺者二。十分寸之一谓之枚。部尊一枚，弓凿广四枚，凿上二枚，凿下四枚。”[3]其中，“达常”为伞盖的上柄，“桯”为伞盖的下柄。两个部件之间用铜管箍加固，也被称为“轉輗”。“部”又称为“盖斗”，是在伞柄的上端，在其上凿出楔形榫眼用于装伞弓。“弓凿”是指嵌入盖弓的榫眼。盖弓与伞面之间的连接件为“盖弓帽”。结合收集西周到汉代的53处车马坑遗迹来看，文中所述的结构部件均有大量出土，其中连接上下车柄的铜管箍装饰华丽，有些采用错金银工艺，通体绘制了花纹。盖面材料未见有实物，可能多为织物或动物皮覆盖。最早的青铜器盖弓帽出土于商末的山东青州市苏埠屯村墓群。湖北出土了多件楚国的漆木伞盖，其中江陵望江一号墓出土的漆木车各个部件都较为完整。汉代的各诸侯王墓中也常有车马陪葬坑。丰富的实物遗存说明伞盖已于春秋战国时期日趋完善。秦汉时期车伞随车马器进一步发展，造型上已经与后世的油纸伞非常接近，但没有伞斗，伞不能收合，伞面是直接插在伞柄上端的。此外，在《考工记》的“辀人为辀”一节中对盖弓的数量做了规定：“轸之方也，以象地也；盖之圜也，以象天也。轮辐三十，以象日月也；盖弓二十有八，以象星也。”[4]伞盖的形态为圆是取象天地的天圆地方之说。盖弓也是取象星宿，数量为28根。从已出土的实物可以看出，有遵照此形制的伞盖，如河北满城汉墓中的3号车[5]。但也存在一定数量为14根、16根、20根和22根盖弓的伞盖。例如，长沙西汉墓出土的盖弓为14根[6]，湖北随州周家寨墓地的盖弓为16根[7]，湖北江陵天星观1号楚墓的盖弓为20根[8]，陕西西安秦始皇陵出土的盖弓为22根[9]等。可见，盖弓的数量没有完全与《考工记》中的数量要求相对应，在制作的过程中根据具体情况做出了调整，但盖弓总数均遵循偶数原则。总体来说，《考工记》中对伞盖各部件的名称和其中的意向功能的论述，奠定了后世伞盖设计的基础。

[2]中国社会科学院考古研究所、北京市文物工作队琉璃河考古队：《1981—1983年琉璃河西周燕国墓地发掘简报》，《考古》1984年第5期。

[3]闻人军译注《考工记译注（修订本）》，上海古籍出版社，2021，第146页。

[4]同上书，第189页。

[5]中国社会科学院考古研究所、河北省文物管理处编《满城汉墓发掘报告》，文物出版社，1980，第319页。

[6]孙机：《汉代物质文化资料图说（增订本）》，上海古籍出版社，2011，第128页。

[7]湖北省文物考古研究所、随州市曾都区考古队：《湖北随州市周家寨墓地M8发掘简报》，《考古》2017年第8期。

[8]湖北省荆州地区博物馆：《江陵天星观1号楚墓》，《考古学报》1982年第1期。

[9]陕西省秦俑考古队：《秦始皇陵一号铜车马清理简报》，《文物》1991年第1期。

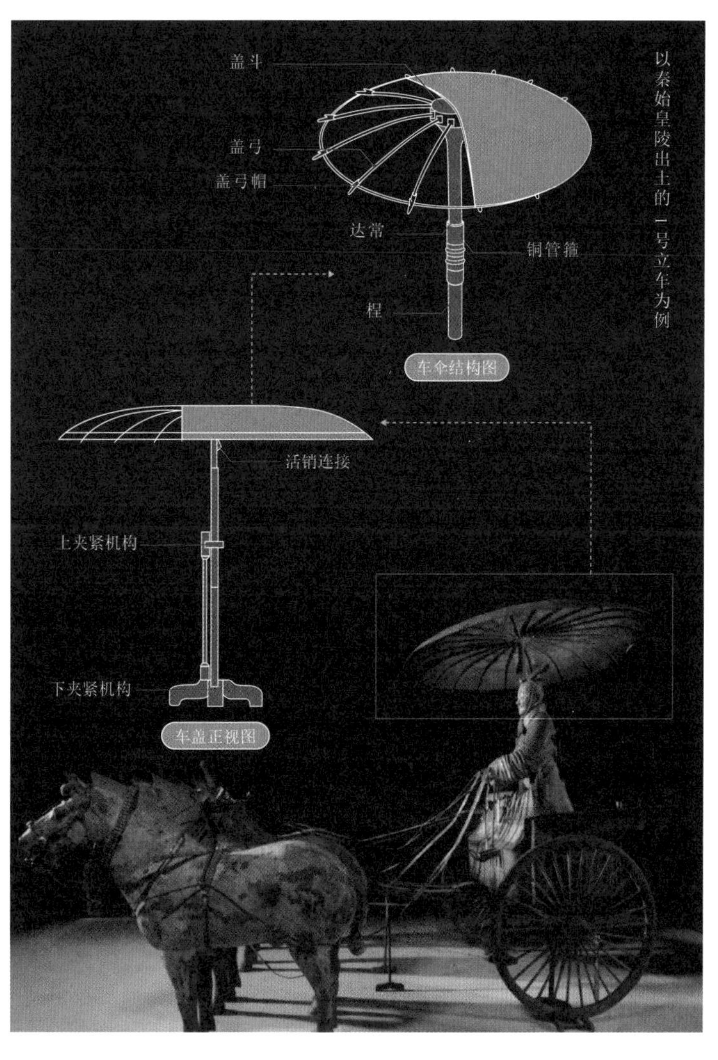

图 6-2-1　秦始皇陵出土的1号立车

各地出土的多为伞盖的零部件，加之伞面材料多为丝制，不易保存，这些都增加了车伞复原的难度。但是，由于秦始皇陵出土的两件车马及伞盖均是铜制，因此被完整地保存了下来，以此可作为研究伞盖的结构和使用原理的范例。两件车马是目前我国出土礼制最高、形象最完整的古代车马，1号为立车，2号为安车。以1号车为例，分析其立伞的结构以及与车之间的连接关系（图6-2-1）。从底部到顶部，依次由伞座、伞柄和伞盖等部分组成。伞座分为下部底座和上部座杆。底座呈十字拱形的铸件，用以放置伞柄以及与伞柄交接的平板。与伞柄基部的装配关系是通过曲柄销连接，此为下部夹紧机构。座杆在左侧与底座铸接，与伞柄之间的装配关系是采用一对相互垂直的楔形配合机构实现相互之间的夹紧和松开，此为上部夹紧机构。中间部分的伞柄与伞柄基部通过销相连，当伞柄基部的端头插入伞柄下部的方孔时，使得伞柄、伞柄基部、座杆三个杆件形成了位置固定的刚体。顶部伞盖呈圆形，与伞柄活销连接。伞盖顶面中心区域平缓，弧形逐渐增大过渡至外沿部分，伞盖壁厚由内至外逐渐减薄。伞盖通过上置的22根盖弓，呈放射状排列，一端嵌入盖斗内，另一端弯成弧形伸出伞盖，与盖弓帽形成锥度过盈配合，再通过销钉连接，使两者结合更可靠。在相邻的两弓之间，有圆柱形的短条榑相连，以连接和固定伞弓位置。为了防止伞盖脱落和位移，盖弓帽设置了倒钩，将伞盖边缘钩住，使得伞盖与伞弓更好地连成一体。伞盖外沿相应的小孔与之配合，使整个伞盖与伞弓连接为一体。车伞的各部分安装连接牢固，而且可以随时拆装，设计科学合理，机械巧妙，铸造水平高超。[10]秦始皇陵的铜车马在设计和制造上颇有成就，其设计、制造、装配工艺在当时所处的时代均属十分先进。对出土车伞的立面图观察可见，车伞的伞弓更为平直，伞面更趋平。这一形制上的特征减少了车伞在移动中受自身车速和风速带来的影响。根据流体力学中的伯努利原理，气流对伞具使用环境有一定影响，在一个流动的气流中，流速大的地方压力小，流速小的地方压力大。伞盖上侧凸出，在相等的时间内，空气经过的伞面上侧气流绕伞面而过，导致路程长、流速大、压强小，气流通过下侧路程短，产生的流速小、压强大，伞面受向上的压强更大，车在强气流中容易发生事故。因而推断，尽量缩短上下两侧的气流流动距离，可减少上下压强差，使得行车更为稳健。

秦始皇陵1号立车的造型与咸阳3号宫殿遗址壁画中的车马几乎一致，图中描绘的正是秦始皇出行巡视全国的浩荡场面。车上的伞盖是可拆卸的，不用时分开摆放，用时方便安装，当遇上大风天气或车辆加速时需要卸下车伞。战车也是不见伞盖，据《汉书・外戚传》载："少时为羽林期门郎，从武帝上甘泉，天大风，车不得行，解盖授桀。"春秋末期左丘明所著《左传》中记载："兵车无盖。"从西汉中期起，中国传统马车开始了从独辀车向双辕车过渡，车的结构发生了重要变革，直接导致了车上伞盖的逐渐消失。到了魏晋之后，双辕车已经普及，篷式的车厢彻底取代了伞盖。此后，伞盖从车上转移到了地面，成为行进仪仗队中的手持"华盖"或"曲盖"。

二、仪仗中的华盖和曲盖

手持仪伞是一种专为帝王等权贵阶级出行时所使用的伞具。它的伞柄很长，有的达2米以上，有的伞柄被做成弯曲的形状，以保证侍从与主人可以保持一定的距离。东汉中晚期的墓葬壁画中仪伞多为固定式的，偶见有手持仪伞。魏晋以后，有关手持仪伞的记载和描绘开始增多。在宋代的《事物纪原》卷八《舟

[10] 卢嘉锡总主编，陆敬严、华觉明分卷主编《中国科学技术史・机械卷》，科学出版社，2000，第283页。

图6-2-2　云冈石窟壁画[11]

车帷幄部》中解释了北魏手持伞流行的原因："晋代诸臣皆乘车，有盖无伞。元魏自代北有中国，然北俗故便于骑，则伞盖施于骑耳。"[12]元魏指的是北方鲜卑族建立的北魏，由于是游牧民族，擅长骑马，不习惯乘车，因此便将伞盖取下让侍从拿在身后。这样的使用场景在云冈石窟中有所描绘，普贤乘象和太子骑马的图像中有刻画侍从步行持伞跟随其后的场景（图6-2-2）。

在魏晋的史书中，仪伞又称为"华盖"或"曲盖"。"华盖，黄帝所作。与蚩尤战于涿鹿之野，常有五色云气，金枝玉叶，止于帝上，有花葩之象，故因而作华盖也。"[13]"华盖"是指王室仪仗中常使用的器物，是彰显其地位的象征物。在外出巡游和大典宴请等场景中，有侍从手持紧随其后。唐以前的华盖图像资料是由一根伞柄和伞形的盖顶组成的，盖顶周围下垂一圈彩绸，与流苏装饰相间，华贵的装饰显示出主人的身份等级。在东晋顾恺之所绘的《洛神赋图》中可以看到曹植的身后跟着侍从撑一直柄单层华盖，盖的周围还挂以四个蝴蝶结流苏装饰。南朝梁简文帝的华盖更加富丽，有"十千璎珞，悬空下坠"。魏晋时期，"曲盖"多是王室给官员的赏赐品。《三国志》卷三〇中记："帝遣骁骑将军秦朗征之，归泥叛比能，将其部众降，拜归义王，赐幢麾、曲盖、鼓吹，居并州如故。"卷三五中记"诏赐亮金铁钺一具，曲盖一，前后羽葆鼓吹各一部，虎贲六十人"等。《晋书》中曲盖的记载也与赏赐官员相关，通过这些文献材料可知魏晋时期曲盖的使用对象应为各级官吏。[14]

南朝以后，出现了伞扇结合的形式。到盛唐时期，伞与雉尾扇相结合的形式已经被固定下来，唐代阎立本的《步辇图》最能说明这一点。此外，唐代开始出现圆柱形华盖，在阎立本的《孝经》图卷中，仪伞为圆柱形的黄色单层顶盖，这种形制在西安懿德太子墓的壁画中也曾出现。唐以后，华盖完成了从伞形华盖到圆柱形华盖的蜕变，在描绘皇室出行的仪仗场景中均使用圆柱形华盖，造型

[11] 刘未：《魏晋南北朝图像资料中的伞扇仪仗》，《东南文化》2005年第3期。
[12]〔宋〕高承：《事物纪原》，〔明〕李果订，金圆、许沛藻点校，中华书局，1989，第290页。
[13] 上海商务印书馆辑《古今注》，上海商务印书馆，1936，第15页。
[14] 刘未：《魏晋南北朝图像资料中的伞扇仪仗》，《东南文化》2005年第3期。

《孝经》（局部）

阎立本 唐[15]

《洛神赋图》（局部） 顾恺之 东晋[16]

《步辇图》（局部） 阎立本 唐[17]

《迎銮图》（局部） 佚名 宋[18]

《入跸图》（局部） 佚名 明[19]

《万国来朝图》（局部） 佚名 清[20]

图 6-2-3 东晋至清代画作中出现的华盖

上从单层发展到多层，装饰越发华贵。南宋的《迎銮图》中描绘了浩浩荡荡的车马人群和皇室仪仗，皇室使用的是三层幔帐的华盖。明代的《入跸图》是描绘万历皇帝出京谒陵的宫廷画卷，仪仗队中的侍从们手持5个双层幔帐华盖。清代的《万国来朝图》《康熙南巡图》《光绪帝大婚图》等宫廷画作中均有多件华盖，其威风凛凛，尽显皇家气派（图6-2-3）。

直以来，为适应社会等级礼仪的发展需要，对制伞的材料、色彩等规范有严格的要求，形成了一套系统的舆服体系。《后汉书·舆服志》中规定，按照等级配备不同的盖，“皇太子、皇子皆安车，朱班轮，青盖，金华蚤”，“公、列侯安车，朱班轮，倚鹿较，伏熊轼，皂缯盖，黑轓，右騑”，“中二千石以上右騑，三百石以上皂布盖，千石以上皂缯覆盖，二百石以下白布盖，皆有四维杠衣。贾人不

[15] 辽宁省博物馆，https://www.lnmuseum.com.cn/files/singleMuseumFile/collect/video/2023-03-23/d1f886058e03419d92085a74ebde2947.mp4，访问日期：2022年6月21日。

[16] 故宫博物院，https://www.dpm.org.cn/collection/paint/234597，访问日期：2022年6月21日。

[17] 中华珍宝馆，http://g2.ltfc.net/view/SUHA/6381a5340e144862a788d4e7，访问日期：2022年6月21日。

[18] 中华珍宝馆，http://g2.ltfc.net/view/SUHA/6114046d98f0bd51b6542870，访问日期：2022年6月21日。

[19] 中华珍宝馆，http://g2.ltfc.net/view/SUHA/60898724c3e4f0508bcae58e，访问日期：2022年6月21日。

[20] 中华珍宝馆，http://g2.ltfc.net/view/SUHA/608a61adaa7c385c8d944256，访问日期：2022年6月21日。

得乘马车。除吏赤画杠，其余皆青云”[21]。唐魏徵主编《隋书·礼仪五》记载："王、庶姓王、仪同三司已上、亲公主，雉尾扇、紫伞。皇宗及三品已上官，青伞朱里。其青伞碧里，达于士人，不禁。"[22]由此可见，皇室用的青伞内里为红色，百姓用的青伞内里为碧色。元代脱脱等著《宋史》对伞的制度进行了详细记载："徽宗政和三年，以燕、越二王出入，百官不避，乃赐三接青罗伞一，紫罗大掌扇二，涂金花鞍辔，茶燎等物皆用涂金，遂为故事。八年，诏民庶享神，不得造红黄伞、扇及彩绘，以为祀神之物。宣和初，又诏诸路奉天神，许用红黄伞、扇，余祠庙并禁。其画壁、塑像仪仗用龙饰者易之。"[23]可见，红黄伞为皇室所用，禁止民间私造和私用。青伞虽然原则上允许百官至庶民阶层使用，但在使用的范围方面也时松时紧，有时限制到只有高级官员才能用青绢伞。而伞的饰物也有严格的规定，像铜螭首这样的象征性饰物自然只有皇帝的仪仗才可以使用。明朝对伞的规定越发细化，每个等级使用几把伞，使用什么类型的伞，伞的规格、形状、装饰如何，在《大明会典》、清代张廷玉所著《明史·仪卫志》等典籍中都有严格规定。可以看出，历代皇室对用伞的规范有严格规定和等级区别。

三、油纸伞的始兴

（一）伞的出现

"簦"是中国古代伞具的雏形。汉代许慎《说文解字》中记载："笠，簦无柄也。"汉代史游《急就篇》中注："大而有把，手执以行谓之簦；小而无把，首戴以行谓之笠。"这揭示了笠与簦的必然联系和两者的差异。簦由笠演变而来，簦较笠多出一根柄。直到北魏时期，"傘"字正式出现，"路旁有大松树十数根。时高祖进伞，遂行而赋诗"[24]。顾野王所著《大广益会•玉篇》中记载："伞，音散，盖也。"清代陈元龙《格致镜原》卷三十一引《玉屑》中讲："前代士夫皆乘车而有盖，至元魏（北魏）之时，魏人以竹碎分，并油纸造成伞，便于步行、骑马，伞自此始。"清朝人认为北魏已制作出了纸伞，但未见图像资料可以证实。

隋唐的画作中描绘的伞多是手持仪伞，但是伞的重要部件伞斗已经出现，说明此时的伞已经可以正常收合，如山东嘉祥英山隋代墓室M1壁画[25]等。五代末至北宋初成书的《清异录》中记载了一段后周时期制伞的趣事，文中说："江

[21]〔南朝宋〕范晔、〔晋〕司马彪：《后汉书》下，陈焕良、李传书标点，岳麓书社，2007，第1283页。

[22]〔唐〕魏徵等：《隋书》卷1—卷31，吴宗国、刘念华等标点，吉林人民出版社，1995，第121页。

[23]〔元〕脱脱等：《简体字本二十六史·宋史》卷109—卷169，刘浦江等标点，吉林人民出版社，1995，第2197页。

[24]李砚祖主编《中国工艺美术研究》，北京工艺美术出版社，2007，第130页。

[25]山东省博物馆：《山东嘉祥英山一号隋墓清理简报——隋代墓室壁画的首次发现》，《文物》1981年第4期。

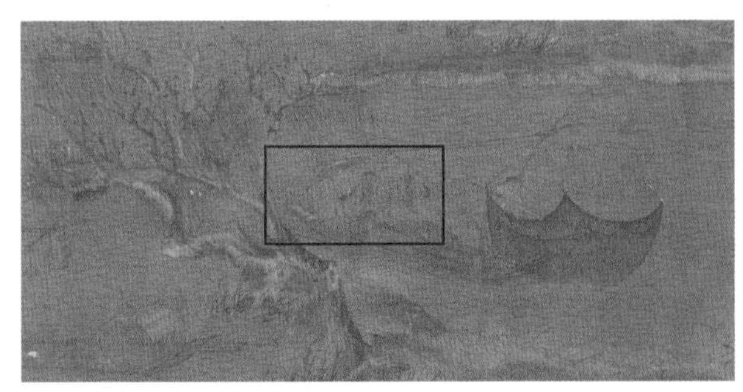

图 6-2-4 《江行初雪图》（局部） 赵幹 南唐[26]

南周则，少贱，以造雨伞为业。其后戚连椒闱，后主戏问之。言：‘臣急于米盐，日造二伞货之，唯霪雨连月，则道大亨。后生理微温，至于遭遇盛明，遂舍旧业。’后主曰：‘非我用卿而富贵，乃高密侯提携而起家也！’”[27]文中提及的周则，能够每天造出两把雨伞。而“高密侯”，便是时人对伞的戏称。售出的伞用来换取生活所需的米、盐等物品，这说明当时人们对伞的需求量还是很大的，制伞作坊已经出现。在南唐画家赵幹的《江行初雪图》（图6-2-4）中，船上坐着的渔夫撑着伞等待收网，从伞的倾斜角度上可见伞的内部有伞骨、伞斗等部件，表明手持油纸伞已经被普通百姓所使用。

（二）油纸伞的流行

宋代，在诗歌和画作中出现的油纸伞比比皆是，说明民间用油纸伞已经极为普遍。北宋孔平仲《宋诗钞·平仲清江集钞》中记载：“强登曹亭要望远，纸伞掣手不可操。”“狂风乱掣纸伞飞，瘦马屡拜油裳裂。”其中“油裳”便指油纸伞。随着城市集镇的发展和市民阶层的壮大，记录百姓日常生活场景的绘画自宋代起逐渐增加，画面中伞具的出现也随之增多，南宋李唐的《风雨归舟图》、佚名的《雪渔图》等记录了风雨中泛舟的景象，同时记录了雨雪中撑着伞蜷缩在伞具下的人物；南宋夏圭的《风雨归舟图》、佚名的《耿先生炼雪图》等记录了在风雨中顶风撑伞的路人。尤其是北宋张择端的《清明上河图》中描绘了大大小小的伞具达50余把，可见伞在宋人生活中的普及程度。除了手持雨伞，画中还绘有在街景上收合的伞具，大型伞立于店铺或道路两旁。从人、屋、物的参照中，估计伞柄长度在3米左右，伞面直径达2米，伞骨有28根和32根两种。[28]通过画面可知，伞的种类繁多，百姓日常采用的多呈直柄圆形伞面手执伞，商业中采用大伞面的遮阳伞。这些伞具的构件已具备伞面、伞弓、伞斗、伞柄和伞巢等，伞轻便，易于开启和闭合，与今天的油纸伞已并无二异。明清时期，制伞行业延续

[26] 中华珍宝馆，http://g2.ltfc.net/COMPARE/649296cf6f2df008d5d65ac5，访问日期：2022年6月21日。
[27]〔宋〕陶谷：《清异录》，中华书局，1991，第224页。
[28] 中国艺术人类学学会编《艺术人类学的理论与田野》上，上海音乐学院出版社，2008，第51页。

了唐宋的繁荣，已经完善的制作技艺及丰富的种类在各地广泛普及。明朝宋应星在《天工开物》中记录："凡糊雨伞与油扇，皆用小皮纸。"明代画家戴进的《风雨归舟图》、清代樊圻的《江干风雨图》、清代金廷标的《钟馗探梅图》等都是描写雨雪天气下百姓生活实景的画作，表明伞具在民间的广泛使用。由于江南气候潮湿阴冷多雨，因此江南地区的制伞业十分发达。

（三）油纸伞的结构和使用原理

伞的形态自商末时已有，但是无法合拢。伞斗的出现是伞结构演变的重要一步，伞便可以收放自如。油纸伞的结构主要由伞骨（伞弓）、伞斗、伞巢、伞面、伞键、伞柄等部分组成（图6-2-5）。伞骨是伞具的重要部件，其长短决定了伞面的大小。当伞面收起时，伞骨完全将伞面包裹于内，以便保护伞面。伞斗是伞的传动构件，与下伞巢相连。伞头和上伞巢为一个整体，其中伞骨与伞斗是伞的结构中较为复杂的部分，两个部件配合得当才能完成开伞和收伞的操作。伞面的大小取决于伞骨，数量多且大的伞骨所对应的伞面也大。当伞具撑开时，伞面呈弧线形。伞键也被称为伞跳，起到固定伞架的作用。伞键也是用竹子制成的，一端深入伞柄的内部，利用产生的斜角吃力形成机括；另一端顶住下伞巢。最后，一根直的竹伞柄将所有部件串联起来，是伞的支柱，所有的部件都围绕这个支柱展开和合拢。

元代诗人萨都剌的诗中清晰地描述了伞的使用原理："开如轮，合如束，剪纸调膏护秋竹。日中荷叶影亭亭，雨里芭蕉声簌簌。晴天却阴雨却晴，二天之说诚分明。但操大柄常在手，覆尽东西南北行。"[29] 油纸伞在使用时，向上推动下伞巢，力通过伞斗传至伞骨，使得伞面撑起，随即伞键自动弹出，将伞面固定。那么，运用机械原理分析伞的运动机构，即伞是将几根杆状的物体用一定的方式连接起来，使它们在设定的范围内按设定的动作运动。如图6-2-6所示，因为曲柄回转中心O在滑块滑动中心线上，所以可以认定其为对心曲柄滑块机构。伞柄OA是固定件，滑块G沿伞柄做上下移动（整个行程为GG'），G是主动件；连杆（伞斗）与滑块G铰接，连杆做平面运动，曲柄（伞弓）绕O点（固定点，在伞柄上端）做回旋运动，曲柄与连杆间也是铰接。在此机构中，滑块作为主动件将运动传给连杆，连杆又带动曲柄做回旋运动，曲柄（伞弓）是从动件，也是输出体。因此，由图6-2-6可知，当运动点G移动至G'位置时，OC、OD呈打开状态（如图中蓝色虚线所示）；当运动点G移动至G''位置时，OC、OD呈收拢状态（如图中红色虚线所示）。

[29] 刘试骏、张迎胜、丁生俊选注《萨都剌诗选》，宁夏人民出版社，1982，第245页。

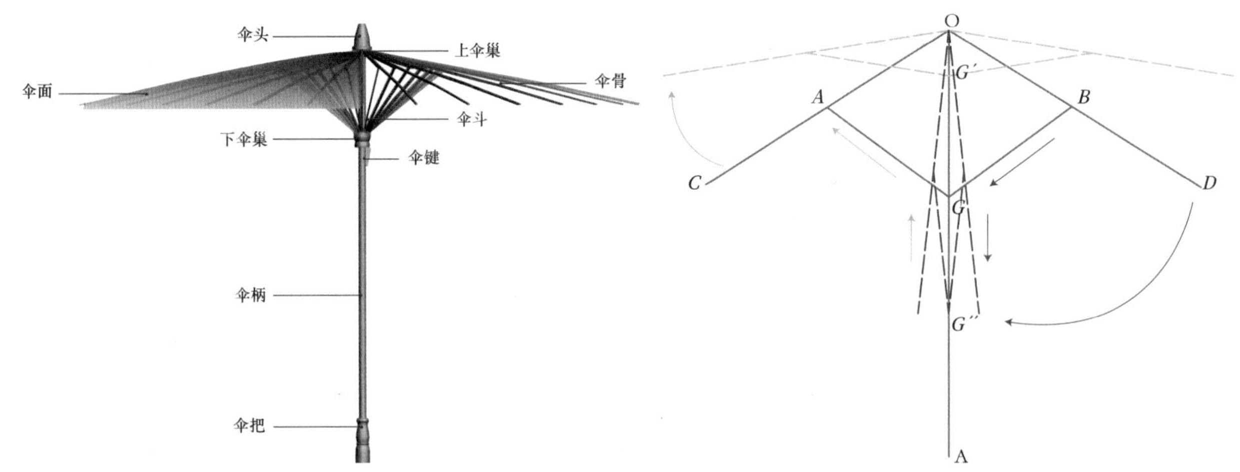

图 6-2-5（左）　油纸伞结构示意图

图 6-2-6（右）　伞的机械原理示意图

四、油纸伞制作工艺分析

现今非物质文化遗产名单中的伞具，多由明清时期伞店和伞社发展而来。《余杭县志》记载："清乾隆三十四年（1769），余杭有董文远九房开设纸伞店，生产余杭纸伞，名著一时。"当时在余杭镇的横街上开设了十余家伞作坊，其中董九房纸伞有九道九线，牢固耐用，所以最受欢迎、最有名气，并一直延续到民国时期。除浙江余杭之外，在潮湿多雨、盛产竹子的地理因素的影响下，我国南方地区散布多处油纸伞产地。其他具有代表性的有安徽三河古镇、四川泸州、湖南长沙、湖北汉口、福建福州、江西婺源甲路纸伞等。各地纸伞的原材料多为就地取材，均是采用竹子、纸和桐油等材料。材料的特性虽然各有地方特色，但制伞的基本工艺具有相似性。综合考量不同地区伞具的工艺流程，得出传统的油纸伞制作可分为6个主要的工艺阶段。

第一阶段：挑选和处理竹材。好的竹材是决定伞的品质的基础保障，因此竹子的选择标准十分严苛。得益于我国南方的竹子产地面积大，因此制伞方便就地取材。虽然各地选择的竹材品种不同，但都是选择冬竹，生长期为3至5年，这样的竹子直径在5厘米左右，不至于过老或过嫩，可选取其中色泽均匀、没有斑痕的2至4节作为伞骨原材料。在冬季伐竹后，砍下的竹子要浸在水中，可以防虫、防霉，也可以有效去除竹子里的糖分。泡好后用刮刀去掉竹子的青皮，一刀到底，不可分段刮。经过浸泡和刮青后，露出竹材最原本的颜色。至此，对于竹材的前期准备工序便已完成。

第二阶段：削竹制骨（图6-2-7a、图6-2-7b）。伞骨是伞具最关键的部位，是确保伞牢固度的核心。伞骨一般由一根竹子劈成，一把伞制作完成后，收伞要能合成一根竹子原有的形态，要使每根伞骨的大小粗细基本一致，因此技术难

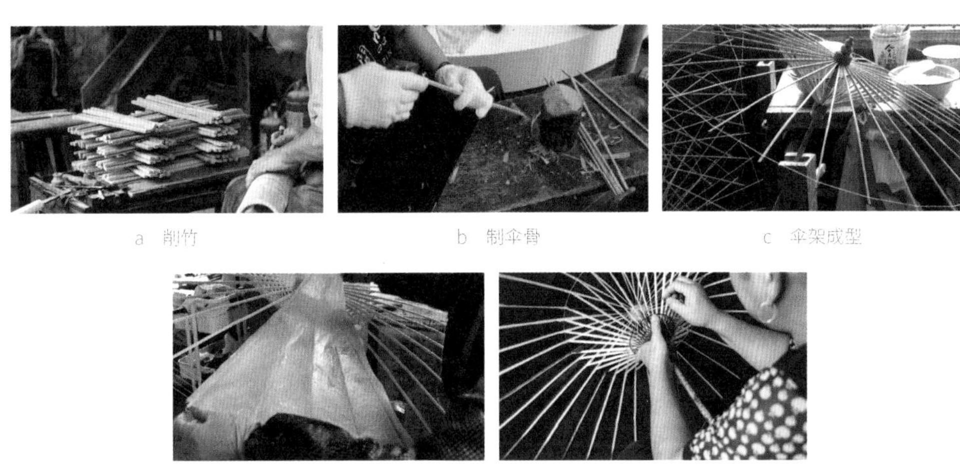

a 削竹 b 制伞骨 c 伞架成型 d 糊伞面 e 穿花线

图6-2-7 油纸伞制作工艺图

度很高，一般由有经验的男性师傅完成。各地依据伞面大小的不同，伞骨数量在22至40根之间，但伞骨宽一般在0.4厘米左右，每根竹骨都要削成同样的厚度，并打磨光滑。制作好伞骨后要对其进行劈骨和开槽，为接下来钻孔穿伞斗做准备。伞斗也是由竹子制成的，与伞骨的数量相一致，长度比伞骨短，厚度以一端能顺利插入槽内，另一端插入伞巢中为限，因此在削制伞斗时要参照伞骨的情况，厚薄要适中。

第三阶段：伞架成型（图6-2-7c）。取两截小松木，在中间各钻孔来制作上伞巢和下伞巢。在伞巢上开槽，边沿需再锯出一个埋线槽。用棉线穿好伞骨依次嵌入至伞巢内，安装后将棉线绑紧固定好。接着将伞斗按照同样的方法装入下伞巢内。最后将这些依次装到伞柄中，安装好后伞骨与伞斗之间穿线固定。制作成型的伞骨架还要放入锅中煮一小时，高温杀菌后可以防止虫蛀。

第四阶段：裁纸裱糊伞面（图6-2-7d）。伞面制作时采用湿纸裱糊的方法。贴伞面的纸的规格一般为等腰三角形，其中顶角的度数为40°。油纸伞的尺寸大小不同，用来制作伞面的层次和大小也不同，纸张数量是一个灵活多变的变量，根据油纸伞的大小规格来确定。将裁好的皮纸一大一小分组叠放，每组三张，先将自制的糨糊用刷子均匀地涂抹在皮纸表面，刷糨糊是三层纸同时一起刷，再将浸透糨糊的皮纸裱糊在伞骨上。皮纸裱位移至骨架上之后，用手将其拉直，完全贴合在伞架上。刷糨糊用的刷子一定要保证平整干净，裱糊的纸也要如此。阴干后的伞面可以根据需要进行颜色或图案绘制。伞面的颜色都是师傅自己用颜料配制的，调配比例一般保密，不对外透露。

第五阶段：上油。油伞的关键在于熬制防水层油料。天然的生桐油是用桐子树的果实加工而来的，必须经过熬制才能刷在伞面上，否则油无法晒干成膜。熬制过的桐油经过加入焦土及其他特殊材料，明亮、易干、防水。“竹竿溓溓桐油香，遮雨遮风遮夕阳”，刷过桐油的伞既可以遮阳又可以防雨。柿漆也可用作防水层材料，是从柿子中提取的天然防水剂、染色剂，可以使伞面胶结，更有韧性，结实耐用，同时减少防水油料的吸收，从而减轻伞体的重量。与桐油一样，涂刷柿漆的伞面可以有效防紫外线，避免紫外线对皮肤的伤害，用作遮阳伞。柿漆还具有收敛的作用，在手工制作的过程中，可以收平粘贴伞面时留下的褶皱，使伞面更加紧实精致。柿漆中有机酸的挥发性，使伞面快速干燥，可以节约制伞的时间。上过桐油或柿漆的油纸伞需要在阳光下彻底晾晒干。需要注意的是，江南的梅雨季节容易发霉不宜晾晒，而夏季温度又高，水分蒸发快，容易导致褪色，也不适宜晾晒，所以最好是在秋冬季节的时候晾晒，温度最适宜。

第六阶段：安装其他装饰配件（图6-2-7e）。伞斗内部穿上彩色的装饰线。线主要是棉纺线，颜色种类繁多，除了能增加伞的美感，还能起到进一步加固的作用。最后在伞上加装伞头，可以起到保护伞骨的作用，也能防止雨水从顶端渗漏。在伞柄的下部安上伞把，方便使用时的抓握。至此，一把油纸伞便制作完成了。

以上是概括油纸伞制作的主要阶段，若细分下来，每件油纸伞都基本需要经历70多个具体步骤。民间制伞业有谚语说：“工序七十二道半，搬进搬出不肖算。”当中包含的每道工序，都是手工匠人靠着双手削出来、磨出去和涂上去的，都要靠他们一点一滴去完成，这样才能经得起多次聚合散开。1936年《浙江商务》杂志第1卷第5期中载：“伞之制作，全用手工。手艺颇为复杂。伞之优劣，系乎原料之配合，与夫手艺之巧拙。其制造步骤，则大致相同。计分制柄、拣骨、糊伞、上油等数步骤。柄有铜柄、骨柄、竹柄及木柄之分，制伞者将各项原料购备后，即开始制造。”可见，一把伞的背后依仗的是厚重的匠人精神。

结语

中国伞具的发展经历了从礼仪伞盖到生活伞具的演变历程，呈现了从政治功能向实用功能的转向。早期王室出行使用的是圆形伞盖，其造型来源与我国遵循“天圆地方，资始资生”观象制器的古老传统存在关联。油纸伞在原有伞盖的外形基础上实现了关键的收合功能，并且采用常见的油纸和竹木为主要材料，因此油纸伞一经问世便迅速在民间普及开来，这极大地方便了人们的雨天出行，成为此后千余年我国最常见的伞具类型。在油纸伞的制作过程中，工匠注重根据时节选择竹材，利用气候因素合理安排工序，可以看到中国工匠造物时注重参悟自然、顺应天时的设计智慧。从功能完备、做工考究、经久耐用的油纸伞中可以看到，中国民间造物在“人需”与“匠心”的不断磨合中达到了完美平衡。

时至今日，在浙江、江西等地依然能看到一些留存下来的手工油纸伞工坊，在继承发扬了伞具内部开合结构的工艺基础上，更加注重伞面的图形设计以及伞内五彩斑斓的满穿工艺，将伞打造成了一件件形式与内涵丰富的工艺品。手工油纸伞所具备的象征中国传统文化的审美功能依然能够触动许多中国人心底的文化认同感，受到许多消费者的推崇和喜爱，以此推动了我国传统油纸伞的持续性发展。

第三节　行走的提盒

随着中国古代社会流动性的增强和物质文明的丰富，人的出行与物的运输逐渐成为生活中较为常见的内容，不同的出行场景和运输内容衍生出形态各异的运输用储物器具。清李渔在《闲情偶寄》中将这类器具描述为“随身贮物之器，大者名曰箱笼，小者称为箧笥”[1]。此外，古籍中还有“箪、筥、都篮、行厨、游山具、行具、游山器、游嵩具、山厨、行箧、提炉、提盒、备具匣、大方扛箱”等同类称谓。其中，“提盒”一词最早见于明代高濂的《遵生八笺》中[2]，也是现有研究对这种运输用储物器具较统一的称呼，故本节以“提盒”指代这类器具，不只是指高濂文中所述器具，更是指广义上各种运输用的储物器具，其时间范畴不仅限于明代及其之后，也涵盖了提盒从汉代到清代整个器具的发展过程。

提盒是一种带提梁、多有隔层的运输用储物器具，早期多以竹、藤编制而成，明代及以后转变为木质为主。提盒主要用于古人外出时收纳需要携带的物品，如衣物、盥洗用品、食物、饮食器具、文房用品、书籍、休闲器玩、烹饪器具和其他生活杂件等。纵观古代提盒的设计演变，从汉代与一般家用储物器具混用的运输用箱盒，到唐代出现专门为出行时储存物品而设计的提盒，其逐渐形成提梁、隔层等适合运输和收纳的结构特征，成为一种具有独立功能和造型特征的器具。随着宋代游山文化的盛行、市民文化的兴起，以及木作、编作和漆作等造物技艺的发展，提盒逐渐成为人们在户外活动时重要的随身物品，并在明清时期发展出更系统的结构、更多样的造型和更精致的做工。在提盒的发展过程中，受到民众生活方式、造物技术水平和社会主流审美等多重因素的影响，提盒的设计面貌、收纳内容和器物内涵也发生了相应的变化，即由质朴的形制发展出复杂的内部隔层，从仅收纳生活起居物品扩展到容纳各种文玩雅器，从以实用性为主的运输箱盒升华为文人审美的表达载体之一。提盒的这种演变趋势也从物的角度呈现出交流日渐活跃的中国古代民间社会，生动地还原出古代文人出游、商贩送货和门户间婚嫁拜访的一幅幅生活图景。本节以提盒为研究对象，首先围绕结构、材质与类型等要素归纳出提盒的总体设计特征，再依据相关

[1] 杜书瀛译注《闲情偶寄》，中华书局，2014，第478页。

[2]〔明〕高濂：《遵生八笺》，甘肃文化出版社，2004，第228页。

史料归纳出提盒的历时性特征，并洞察影响提盒设计演变的技术、文化和经济等因素，尝试从提盒的演变脉络理解古人出行生活方式的变迁。

一、提盒的结构、材质与类型

（一）提盒的各部件及其功能

提盒的收纳与运输功能决定了典型提盒是由盒身、盒盖、提梁、底座、枢纽和锁闩等结构组成（图6-3-1）。其中，盒身是提盒的储物空间，其塑造了提盒的整体造型特征。提盒盒身主要有方形、圆形等样式，方形盒身又分为盝顶式、正方式、矮方式和高方式等；圆形盒身又分为圆柱式、球式和圆台式等样式（图6-3-2）。从所收集的图像与实物资料来看，方形提盒多于圆形提盒，推测是由于方形提盒的收纳效率优于圆形提盒，且方形提盒的制作难度也相对较小。盒身内部的隔层是提升储物效率的重要结构，隔层或横向地分隔盒身内部，或纵向地划分各隔层的内部空间，让使用者可以根据这些隔间灵活地安排和放置物品。不同类型的物品适合放置于不同类型的隔层中，正如北宋沈括在《梦溪笔谈》中所言，无隔层提盒主要用来放置衣物、枕被这类纺织品，而有隔层的提盒多用来放置需要归类的琐碎物件和不耐碰撞的器具[3]。

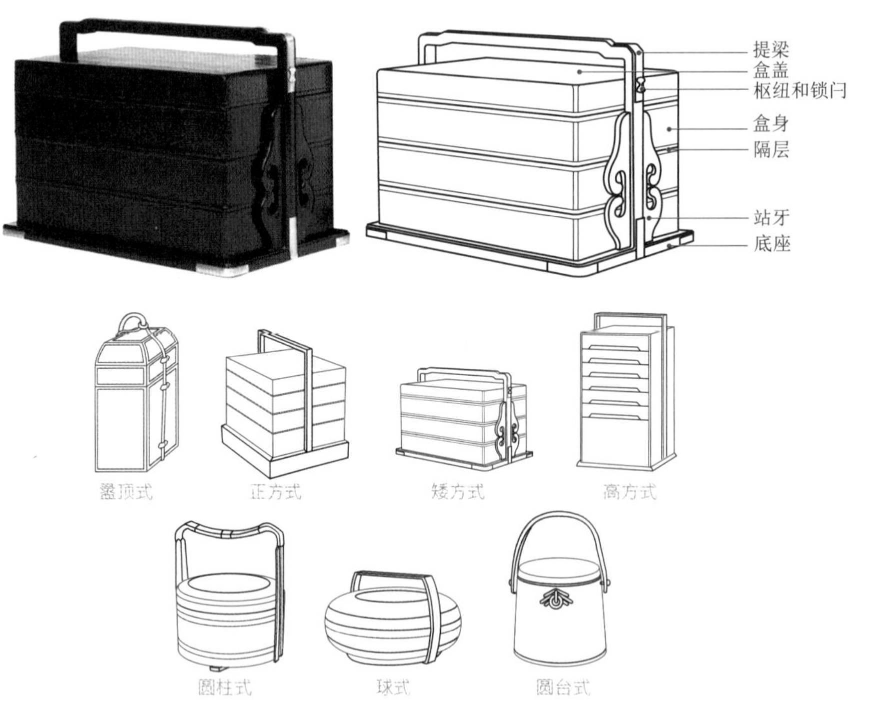

图6-3-1　提盒结构示意图（以王世襄藏明代提盒为例）[4]

图6-3-2　提盒盒身样式

[3]〔宋〕沈括：《梦溪笔谈》，岳麓书社，1998，第311—312页。

[4]王世襄编著，袁荃猷绘《明代家具萃珍》，上海人民出版社，2005，第70页。

图 6-3-3 提盒盒盖样式

《清明上河图》(局部) 张择端 北宋[5]

《万国来朝图》(局部) 画院画家 清[6]

图 6-3-4 在盒盖上铺干草或布料的做法

盒盖是开合盒身的结构，起到保护盒内物品的作用。提盒盒盖主要有上下开合和前后开合两种样式，前者数量远多于后者。上下开合式盒盖从盒身顶部打开，前后开合式盒盖从盒身正面打开（图 6-3-3）。古时还有在盒盖上铺干草或布料的做法，应是在雨季运输时作防潮用，如北宋张择端《清明上河图》中绘有一处提盒，其顶部铺设有干草堆，再如清代画院画《万国来朝图》中所绘一提盒，其顶部盖有一块龙纹布料（图 6-3-4）。

提梁是手提或挑具的施力点，是提盒实现运输功能的关键结构，主要有捆扎式、可拆卸式和不可拆卸式等样式（图 6-3-5）。捆扎式提梁多以粗麻绳缠绕盒体作为提手，捆扎方式有交叉法和环状法。交叉法是指将绳索缠绕于盒身四周并在盒顶交叉作为提手，环状法是指将绳索穿过盒身两侧纽襻，在盒顶处绕

[5] 中华珍宝馆，http://g2.ltfc.net/view/SUHA/635e398d6df8b453e5c46d41，访问日期：2023 年 6 月 20 日。
[6] 中华珍宝馆，http://g2.ltfc.net/view/SUHA/608a61adaa7c385c8d944256，访问日期：2023 年 6 月 20 日。

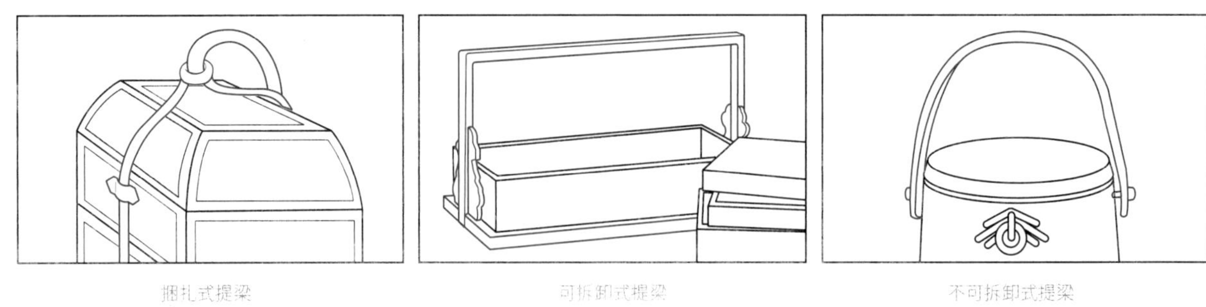

图 6-3-5　提盒提梁样式

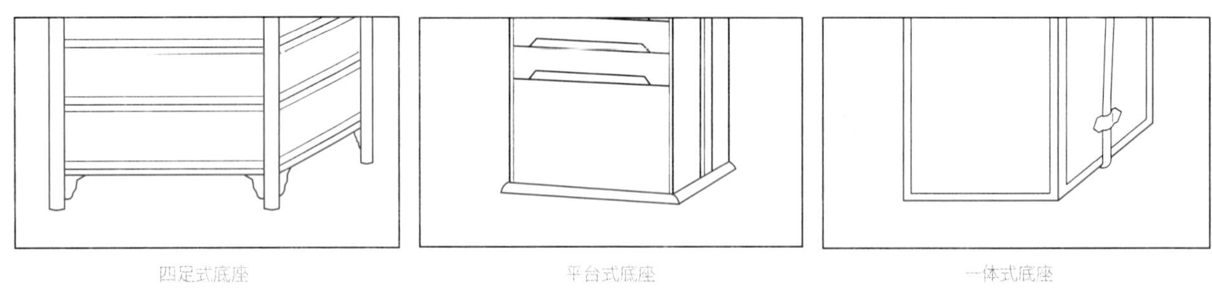

图 6-3-6　提盒底座样式

成环状作为提手。可拆卸式提梁是指可与盒身分离的提梁，多为木质，常与底座相连构成盒身的提拎与承重结构。可拆卸式提梁两侧常附有呈三角、葫芦等造型的站牙结构，通过增加提梁与盒身、盒底的接触面积可以增强提盒运输时的稳定性。不可拆卸式提梁是指固定在盒体上不能与盒身分离的提梁，多为竹质，或固定于盒顶，或固定于盒体两侧。

底座是盒体的承重结构，一般有四足式、平台式和一体式等样式（图6-3-6）。竹制提盒相对不耐潮湿，四足式底座可帮助其防潮，故竹制提盒多四足底。木质提盒一般比竹质提盒更重，平台式盒底可分担提梁的承重，故木制提盒多为平台式底座。也有部分提盒盒底与盒身一体，无显著结构区分。

枢、纽和锁闩皆为提盒的小部件（图6-3-7）。枢是连接盒盖与盒身的转轴构件。提盒的盒盖多可拆卸，故带有枢的提盒较少见，枢更多见于不用经常移动的家用箱盒中。纽是用于穿插灵活部件的结构，或位于盒体四周固定住绳索，以防止运输时因绳索移动导致的受力不均，或位于提梁中间用于放置挑具，保证挑具在挑起提盒时不易晃动。锁闩是封闭盒身的机关，不同于长期处于关闭状态的家用箱盒，用于运输的提盒需经常开合，故带锁闩的提盒并不多见，主要出现于部分明清时期的小型木质提盒中，是一种造型隐蔽、开合便捷、无须钥匙的简易锁闩。

（二）主要由竹、木和革制成的提盒

清李渔在《闲情偶寄》中记载“……制之之料，不出革、木、竹三种；为之

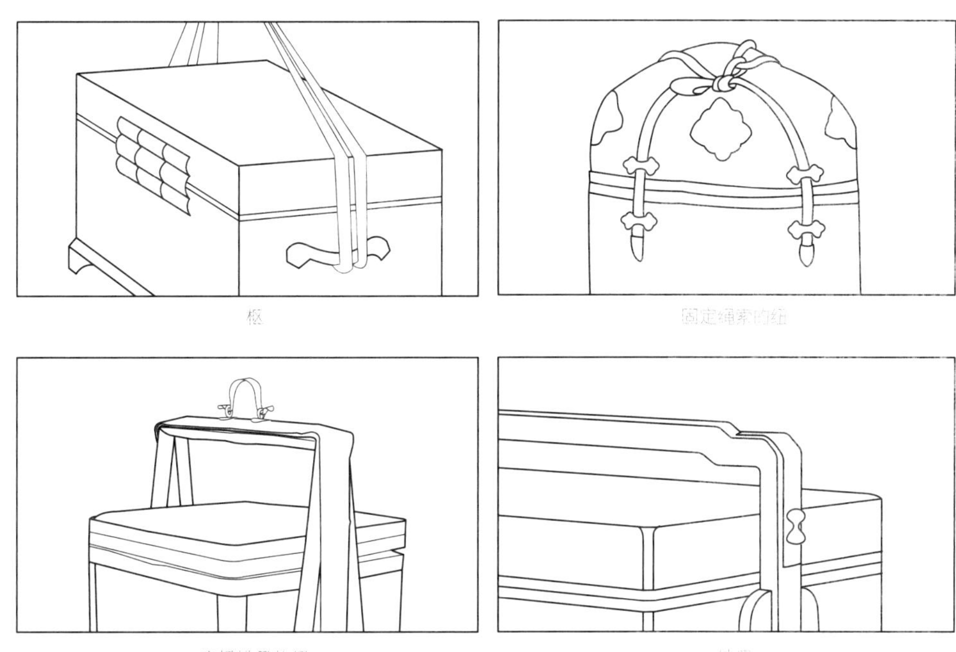

图 6-3-7　提盒的枢、纽、锁闩

关键者，又不出铜、铁二项，前人所制亦云备矣”[7]，点明了提盒的主体结构大多由皮革、竹和木等材料制成，枢、纽、锁闩多为铜、铁材质。从所搜集的实物和图像资料也可以印证此观点。竹制提盒以竹篾或藤条编织而成，多小巧轻便。唐代陆羽在《茶经》中记述了以竹篾编制提盒的方法，“都篮，以悉设诸器而名之。以竹篾，内作三角方眼，外以双篾阔者经之，以单篾纤者缚之，递压双经，作方眼，使玲珑”[8]。木制提盒较耐用且造型更多样，《遵生八笺》的“备具匣”一节记载“余制以轻木为之，外加皮包厚漆如拜匣”[9]，表明木制提盒多选用轻巧的木料，也有在其外部髹漆以延长其使用时间的做法。皮革制提盒较少，尚未见可考的图像和实物资料，仅见宋代陈直在《寿亲养老新书》中的一则记载，“携照袋，贮笔砚、韵略、刀子、笺纸，并小药器之类，名园佳墅，随意所适。照袋以乌皮为之，四方有盖并襻，五代士人多用之”[10]，其中的“照袋”在功能、形制上应为皮革材质的运输用储物器具。

（三）提拎、肩挑和肩扛的提盒

《礼记》中记载“凡以弓、剑、苞、苴、箪、笥问人者，操以受命，如使之容”[11]，《梦溪笔谈》中也提到“今为三人，具诸应用物，共为两肩，二人荷之，

[7] 杜书瀛译注《闲情偶寄》，中华书局，2014，第478—484页。

[8]〔唐〕陆羽、〔清〕陆廷灿：《茶经·续茶经》，志文注译，三秦出版社，2005，第20—21页。

[9]〔明〕高濂：《遵生八笺》，甘肃文化出版社，2004，第228页。

[10]〔宋〕陈直著，〔元〕邹铉增补《寿亲养老新书》，叶子、张志斌、张心悦校点，张志斌主编，福建科学技术出版社，2013，第133页。

[11] 杨天宇注说《礼记》，河南大学出版社，2010，第89页。

操几杖持盖杂使三人便足矣”[12]，表明在多数使用场景中，提盒主要由奴仆杂役搬运。提盒的体量差异衍生出不同的搬运方式，主要有提拎型、肩挑型和肩扛型等。体量较小的提拎型提盒仅由一人即可搬运，以单手提拎或双手托举的方式运输。例如清代陈枚的《月曼清游图》（图6-3-8a）中描绘一女子用双手托起一方形提盒；再有《茶经》中所记载的“筥”，通高约40厘米、直径约23厘米[13]，两者应属于小型提拎型提盒。肩挑型提盒需借助挑具由一人肩挑起两个提盒，其体量与提拎型提盒类似或稍大。例如清代丁观鹏《太平春市图》（图6-3-8b）中描绘有一人肩挑起两个圆形提盒的场景；再如《遵生八笺》中所载“提盒”，通高约60厘米、宽约40厘米、深约33厘米[14]，应皆属于中等大小的肩挑型提盒。肩扛型提盒尺寸较大，需由两人借助挑具合力扛起，故也被称为“扛箱”。例如清代画院画《十二月月令图》（图6-3-8c）中，描绘有两人共同扛起一圆形提盒的搬运场景，从画中比例来看，这例提盒的高度到达搬运者腰身附近，体量明显大于提拎型提盒和肩挑型提盒。明代午荣汇编《鲁班经》中所载的“大方扛箱”，通高约93厘米[15]，应该也是这种需由两人合力肩扛的提盒。提拎型和肩挑型提盒质量较轻，便捷性和灵活性高，更适合短途运输，体量较大的肩扛型提盒可以放置更多的物品，更适合较长途的搬迁。

图6-3-8 不同搬运方式的提盒

a 《月曼清游图》（局部） 陈枚 清[16]

b 《太平春市图》（局部） 丁观鹏 清[17]

c 《十二月月令图》（局部） 画院画家 清[18]

[12]〔宋〕沈括：《梦溪笔谈》，岳麓书社，1998，第311—312页。

[13]〔唐〕陆羽、〔清〕陆廷灿：《茶经·续茶经》，志文注译，三秦出版社，2005，第16—17页。

[14]〔明〕高濂：《遵生八笺》，甘肃文化出版社，2004，第228页。

[15]〔明〕午荣汇编《鲁班经》，易金木译注，华文出版社，2007，第226—227页。

[16]中华珍宝馆，http://g2.ltfc.net/view/SUHA/608a61a6aa7c385c8d943925，访问日期：2023年6月20日。

[17]中华珍宝馆，http://g2.ltfc.net/view/SUHA/60d5bc0b1376494a7ff87cfe，访问日期：2023年6月20日。

[18]中华珍宝馆，http://g2.ltfc.net/view/SUHA/631fea42f4efe40c2ab0785e，访问日期：2023年6月20日。

二、汉代兼作运输用的储物箱盒

从储物器具的功能属性来看，其出现应是社会发展到一定程度的体现。首先，在从采集社会到农耕社会的转型过程中，相对于采集社会随遇而安的、开放式的和以氏族为单位的居住方式，农耕社会形成了较为固定的、私密的和以家庭为单位的居住环境。伴随着居住场所由变动到稳定的转变，农耕社会的家庭需要一系列可以将家庭所有物储藏和保护起来的器具，便于将各种物资分类地、长时间地贮存于居室中，以应对不同时节整个家庭的生计。其次，生活所需品的复杂性衍生出居室空间的收纳需求，人们需要储物器具对繁杂的物品进行系统性的规整与分类，以便于更便捷地拿取和使用它们，而储物器具所具备的分类功能也从另一个侧面体现出物品的多样化和丰富程度。再次，储物器具储存的内容有一部分属于家庭的剩余物资，这意味着在自给自足的小农家庭中，已经出现富余的生产力，即除了满足基本生活的物品，还能够生产出额外的、暂时不使用或无法消耗的物资。人们用储物器具将这些剩余物资储存起来，既可以用于交换其他物资，也可以用来应对其他时节的生计。随着农耕社会的不断发展，地域间的人员流动、物品交换和经济活动愈加频繁，运输过程中的储物器具应运而生。

根据现有的文献和考古发掘来看，汉代已经出现运输用储物器具，但从其形制上看，尚未衍生出方便搬运的特定结构，故此时的运输用储物器具应还在与家用储物器具混用，未从一般储物类器具中细分出来。汉代文献中储物器具的称谓颇多，针对不同用途、材质和形制，有笥、箧、篚、匵、笈、篚、笄、箪、筥、厨、匮等不同名称。

“笥，饭及衣之器也。”[19]笥是一种带盖的扁方形箱子，主要用于储存衣物与食物，多以竹篾编制而成。例如长沙马王堆汉墓遗址出土的48个笥，保存较为完好，再现出汉代储物器具的基本风貌。这些笥的盒身多呈扁方体造型，一般长48至50厘米、宽28至30厘米、高15至16厘米，内部未做隔层，顶部为可拆卸的上下开合式盒盖。整体以细竹篾由“人”字形编法编制而成，外部捆绑有朱红色或蓝色的苘麻绳索，绳索上缚有表明储物内容的木制铭牌和主人姓名的封泥匣。笥内按物品类别放置有衣物和丝织品、食品、中草药和明器模型等。箧与笥类似，但箧主要盛放衣物、书籍和财物等较贵重的物品，所以制作和用材更加考究。例如广州大元岗东汉墓出土的一例明器陶箧，椭圆形盒身，上下开合式可拆卸的盒盖，有四足，其顶面、侧面和底面皆做装饰花纹。“篚，竹高箧也。”[20]篚同“盝”，是一种竹制的较高的箧。盝顶是一种方台体造型的盒顶，在盒身顶

[19]〔汉〕许慎：《说文解字》，天津古籍出版社，1991，第96页。

[20]同上。

部形成斜面，更加方便捆绑绳索。“匴，竹器名，今之冠箱也。”[21] 匴是主要用于放置帽冠的箱盒。例如长沙马王堆汉墓遗址出土的一件盛放武冠的彩绘漆匴，方体盒身，盒盖为上下开合的盝顶样式。“笈，谓学士所以负书箱，如冠箱而卑者也。”[22] 笈比匴扁，是供学士使用的书箱。例如长沙马王堆汉墓遗址出土的一盛有竹简帛书的漆笈，漆木材质，方形单层盒身，上下开合式盝顶盒盖，外缚四根方便搬运的麻绳。“篚，以竹为之，长三尺，广一尺，深六寸，足高三寸。”[23] 篚的主体部分形似上述带盝顶的箱盒，但底部比它们多了四足，如广州东汉墓出土的明器带足陶篋，底部有四个方形足。“笲，竹器而衣者。”[24] 由此可见，笲的特点是外部覆盖有一层纺织物。甘肃武威磨咀子东汉墓出土的一苇胎织锦针凿篋，竹胎内壁外缚有一层织物，整体呈方形单层盒身，盒盖为上下开合的盝顶样式，或为《仪礼》中所提到的“笲”。“圆曰箪，方曰笥。”箪应是与笥功能类似但形制为圆形的储物器具。例如甘肃武威磨咀子东汉墓出土的木箪，盒身呈圆筒状。厨和匮多带足，或为立面开门，或为顶面开门，其形制不适合搬运，多为静置于家中的储物器具。例如三门峡刘家渠汉墓出土的大匮，方形单层柜身，上下开合式不可分离盒盖，有四足。（图 6-3-9）

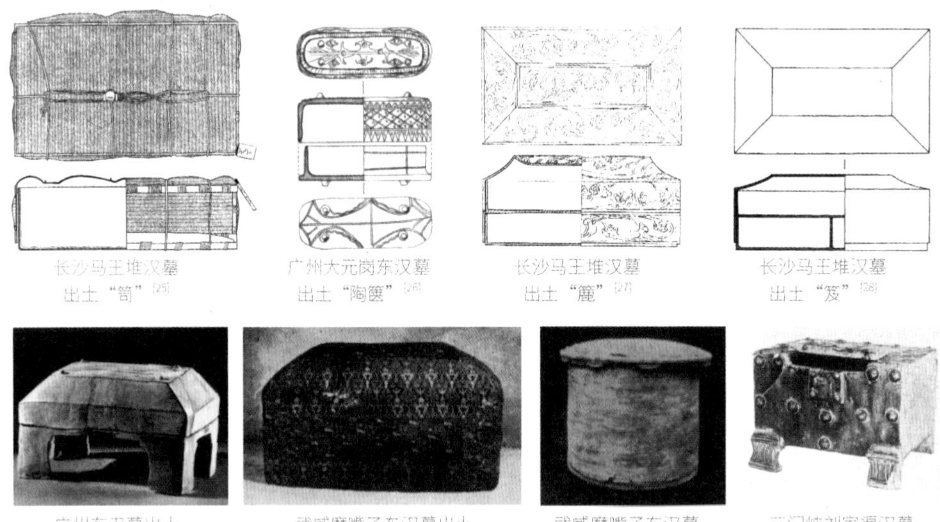
长沙马王堆汉墓出土“笥”[25]
广州大元岗东汉墓出土“陶篋”[26]
长沙马王堆汉墓出土“篚”[27]
长沙马王堆汉墓出土“笈”[28]
广州东汉墓出土“带足陶篋”[29]
武威磨嘴子东汉墓出土苇胎织锦针凿篋[30]
武威磨嘴子东汉墓出土“木箪”[31]
三门峡刘家渠汉墓出土“大匮”[32]

图 6-3-9 汉代的各种储物器具

[21]〔汉〕郑玄注《国学典藏 · 仪礼》，〔清〕张尔岐句读，郎文行校点，方向东审订，上海古籍出版社，2016，第6—8页。
[22]〔汉〕许慎撰，〔清〕段玉裁注《说文解字注》，许惟贤整理，凤凰出版社，2015，第468页。
[23]〔宋〕聂崇义纂辑《新定三礼图》，丁鼎点校、解说，清华大学出版社，2006，第384页。
[24]〔汉〕郑玄注《国学典藏 · 仪礼》，〔清〕张尔岐句读，郎文行校点，方向东审订，上海古籍出版社，2016，第33页。
[25]湖南省博物馆、中国科学院考古研究所编《长沙马王堆一号汉墓》上集，文物出版社，1973，第111—112页。
[26]中国社会科学院考古研究所、广州市文物管理委员会、广州市博物馆编《广州汉墓》上，文物出版社，1981，第414页。
[27]湖南省博物馆、湖南省文物考古研究所编著《长沙马王堆二、三号汉墓 · 第1卷 · 田野考古发掘报告》，文物出版社，2004，第158页。
[28]同上书，第156页。
[29]中国社会科学院考古研究所、广州市文物管理委员会、广州市博物馆编《广州汉墓》下，文物出版社，1981，第134页。
[30]甘肃省博物馆：《甘肃武威磨咀子汉墓发掘》，《考古》1960年第9期。
[31]同上。
[32]黄河水库考古工作队：《河南陕县刘家渠汉墓》，《考古学报》1965年第1期。

从上述众多汉代储物器具相关文献记载与考古发掘可见，此时虽未见有专门针对运输功能而设计的储物器具，但从秦汉时期部分储物器具的麻绳、盝顶和底足结构等特征，可以推测出部分家用储物器具也兼作运输用。此时的储物类器具已经基本形成了盒身、盒顶和盒底等结构，以及方形、圆形和盝顶等形制特征，同时基本确定了以竹、木为主的材质，及其相应的竹编、木作和漆作等制作技艺，这些都对后世的运输用储物器具的材质、制作技艺和形制特征产生了一定影响。

三、隋唐五代专作运输用的提盒

到了隋唐五代时期，在各种储物箱盒中出现了一种专门用于运输场景的箱盒。首先，从结构上看，此时的储物器具衍生出固定于盒身的麻绳提手，是明确具有运输属性的结构。例如五代周文矩绘《文苑图》中，描绘了一例圆形藤编提盒，其正面的两根麻绳提手以四个纽固定在盒身上，显然与前代临时捆绑的绳索不同。从该提盒与画中人物的尺度关系来看，或为单手提拎的提盒。根据这幅画描绘的文人探讨诗文的情景，推测这个提盒内放置的是书籍、文房四宝等文人用品。又如同为周文矩绘《重屏会棋图》中右侧有一方形黑漆木质提盒，与前代的盝顶箱盒颇为相似，不同的是麻绳被纽襻固定在盒身两侧并在盒顶部绕作提手。以上提盒的提拎部位均固定于盒身上，不再是捆绑于盒身之上的临时性结构，属于专门为运输功能所设计的结构。（图6-3-10）

图6-3-10　五代时期绘画中的提盒

《文苑图》（局部）　周文矩　五代[33]

《重屏会棋图》（局部）　周文矩　五代[34]

[33] 中华珍宝馆，http://g2.ltfc.net/view/SUHA/620000edf9e99c7de8becfe2，访问日期：2023年6月20日。
[34] 中华珍宝馆，http://g2.ltfc.net/view/SUHA/633bd3f328038c3f85c1e250，访问日期：2023年6月20日。

《茗园赌市图》（局部）　刘松年　南宋[35]

《斗茶图》（局部）　唐寅　明[36]

《卖浆图》（局部）　姚文瀚　清[37]

图 6-3-11　历代绘画中放置茶具的提盒

对于不同的运输距离和使用场景，此时的运输用储物器具也显现出相应的针对性。首先，此时出现了为外出饮茶而设计的提盒。例如唐代陆羽所著《茶经》中“茶之器”一篇，介绍了唐代人外出饮茶时用来携带茶具的储物器具“筥、都篮”。文中对其材质、尺寸和形制等都做了较为详尽的记载：“筥，以竹织之，高一尺二寸，径阔七寸。或用藤，作木楦如形织之。六出圆眼。其底盖若筣箧，口铄之。……都篮，以悉设诸器而名之。以竹篾内作三方眼，外以双篾阔者经之，以单篾纤者缚之，递压双经，作方眼，使玲珑。高一尺五寸，底阔一尺，高二寸，长二尺四寸，阔二尺。”[38] 这种为外出饮茶而设计的提盒，虽然暂未见唐代的图像或实物资料，但以“斗茶”或“卖茶”为题材的绘画作品却在后世各代皆有留存，如南宋刘松年绘《茗园赌市图》、明代唐寅绘《斗茶图》、清代姚文瀚绘《卖浆图》等，其中皆描绘了古人以提盒携带茶具外出饮茶的场景，再现出《茶经》中的筥、都篮形象（图6-3-11）。

其次，此时也出现了为长途跋涉时搬运物品而设计的提盒。例如白居易的诗《宿杜曲花下》中有一句“篮舆为卧舍，漆盝是行厨”[39]，其中的“行厨”一词明确了该储物器具的运输属性，“漆”表明了该行厨为漆器，“盝”则点明了该行厨盒盖为方台体状的盝顶造型。西安东郊唐代苏思勖墓中甬道东壁和西壁分别绘制了一组两人抬箱图，画中有两男子抬着一黑色方形盝顶四足的箱子，两木梁支于箱底作为抬具，两人一前一后抬起箱盒，匆匆向主人墓室方向行进（图6-3-12）。这两组壁画中描绘的箱盒形象具有盝顶盒盖的特征，或许正是白居易诗中提及的“行

[35] 中华珍宝馆，http://g2.ltfc.net/view/SUHA/621b5499706c7b316d27727e，访问日期：2023年6月20日。

[36] 中华珍宝馆，http://g2.ltfc.net/view/SUHA/608a6c13e11ca961008607fe，访问日期：2023年6月20日。

[37] 中华珍宝馆，http://g2.ltfc.net/view/SUHA/60d5bb916155e14a09d166c6，访问日期：2023年6月20日。

[38]〔唐〕陆羽、〔清〕陆廷灿：《茶经·续茶经》，志文注译，三秦出版社，2005，第16—17、20—21页。

[39]〔唐〕白居易：《中国古代名家诗文集·白居易集·卷一》，黑龙江人民出版社，2005，第269页。

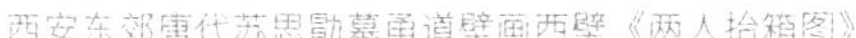

西安东郊唐代苏思勖墓甬道壁画西壁《两人抬箱图》

西安东郊唐代苏思勖墓甬道壁画东壁《两人抬箱图》[40]

图 6-3-12 唐代壁画中的“行厨”

厨”。这种带有盝顶和四足的形制，也是唐代箱盒的典型特征。[41] 与《茶经》中体量较小、由单人单手提拎的筥、都篮不同，行厨的体积较大并需要两人合力运输，这显示出不同体量的提盒适用于不同的运输场景，筥和都篮适合外出斗茶的短距离运输，而行厨则适合中途或远途的出游或搬迁。

总体来看，相较于前代的通用性箱盒，能够明显看出这一阶段提盒造型对前代的继承，两者形制差异仍然较小，但它们已经明确从一般储物器具中细分出来，成为一种独立的箱盒类型，即专门用来运输物品的储物器具——提盒，并初步显露出提梁、站牙、底座和隔层等提盒的典型结构。此外，隋唐至五代时期的提盒还显示出更具针对性的设计，即由于运输距离、使用场景和装载内容的不同，衍生出提盒造型设计和体量大小的差异及两人抬，一人提、挑等搬运方式的不同。

四、宋代提盒铺张风雅的微缩世界

到了宋代，在游山文化的兴盛下，提盒也具有了更为丰富的器物内涵。陈直在其著作《寿亲养老新书》中记载了一种盛行于宋代的休闲养生文化“游山”：“老人心闲无事，每喜出游。康节诗所谓‘待天春暖秋凉日，是我东游西泛时’也。《怀山录》述游山之具，适用之宜。倪尚书思《经锄堂杂志》，记雪川城内外游赏去处，凡四十二所。谓每月一游，则日日可度。每岁一游，则可阅三十年。日日游太频，劳费可厌。岁一游太疏。今酌其宜，每月往一处游。一月之中，又择良辰美景，具山肴野蔬，或邀一两宾，无宾携子弟同行。庶疏数得中，亦康节所谓

[40] 冀东山主编，申秦雁分卷主编《神韵与辉煌——陕西历史博物馆国宝鉴赏·唐墓壁画卷》，三秦出版社，2006，第208—209页。

[41] 熊隽：《唐代家具及其文化价值研究》，博士学位论文，华中师范大学，2015，第96页。

‘遍洛阳城皆可游’也。”[42]这段文字的记述表明，当时的人们热衷于以游山活动强身健体，他们择风景怡人的地点、选气候舒适的时节与亲朋好友一同到野外游玩，频次多为每月一次，出游时会携“游山之具”。其中，提盒即为重要的“游山之具”之一。随着宋代游山活动在民间的普及，提盒也得到一定程度的发展，并与文人生活方式和精神世界的关联越发紧密，提盒的收纳内容由以生活用品为主，扩展为文人休闲娱乐的文房雅玩。扬之水先生认为，随着两宋时期“士人”的形象与概念逐渐清晰，属于士人政治生活外的独立生活空间愈发具体，提盒作为他们的行李箱，其中所容纳的内容实际是士人铺张风雅的微缩世界，抚琴、调香、弈棋、烹茶、饮酒、吟诗作画等士人特有的生活方式及其相应用具，浓缩并放置于一提盒之中。[43]在宋代文献著述中，有多处关于这种“古人的行李箱”的记载，也能够佐证上述观点。

宋代沈括《梦溪笔谈》的“游山具”一节，对提盒的形制、材料、功能、放置内容和使用方法等进行了较为详细的描述：“游山客不可多，多则应接人事劳顿，有妨静赏，兼仆众所至扰人……兼与者未预客有所携则照裁损，无浪重复，惟轻简为便。器皿皆木漆，轻而远道，惟酒杯或可用银钱一、二千，使人腰之，操几杖者可兼也。行具二肩：甲肩：左衣箧一：衣，被，枕，盥漱具，手巾，足巾，药，汤，梳。右食匮一：竹为之。二鬲。并底盖为四，食盘子三，每盘果子楪十，矮酒榼一，可容数升，以备沽酒，鉋一，杯三，漆筒合子贮脯修干果嘉蔬各数品，饼饵少许，以备饮食不时应猝。惟三食盘相重，为一鬲，其余分任之。暑月果修合皆不须携。乙肩：竹鬲二，下为匮，上为虚鬲。左鬲上层书箱一，纸，笔，墨，砚，剪刀，韵略，杂书册。匮中食碗碟各六，匕箸各四，生果数物，削果刀子。右鬲上层琴一，竹匣贮之，折叠棋局一，匮中棋子，茶二、三品，腊茶即碾熟者，盏托各三。（原注：盂瓢七等。）附带杂物：小斧子，斫刀，斸药锄子，蜡烛二，柱杖，泥靴，雨衣，伞笠，食铫，虎子，急须子，油筒。”[44]从这段文字可见，提盒由两仆人各挑一对，一人挑“衣箧”和“食匮”，另一人挑两“竹鬲”，四个提盒皆竹制。其中，衣箧应为单层，用来放置衣物、被枕和盥洗用具等。食匮为双层，装载有食物、酒水和餐具。两竹鬲为双层，用于储存文房用品、书籍、棋具、乐器、食物和杂物等。这些种类繁多的物品被有序地收纳于提盒中，再现出一幅生动有趣的宋人郊游的景象。在宋人游山的过程中，他们不仅仅是欣赏大自然的美好风光，更是通过露宿于自然，在野外品尝美食、阅读书籍、吟诗作对、奏乐吟唱、

[42]〔宋〕陈直著，〔元〕邹铉增补《寿亲养老新书》，叶子、张志斌、张心悦校点，福建科学技术出版社，2013，第91页。
[43]扬之水：《宋代花瓶》，人民美术出版社，2014，第136页。
[44]〔宋〕沈括：《梦溪笔谈》，岳麓书社，1998，第311—312页。

游玩戏耍等，在自然中修复身心、陶冶性情。

文彦博在其诗文《某伏蒙昭文相公富以某方忝瀍洛之寄因有嵩少之行，惠赐游山器一副，质轻而制雅，外华而中坚，匪惟便于赍持，实为林下之珍玩也，辄成拙诗一章报谢》中写道："上公遗我游嵩具，匼盌杯盂色色全。拂拭便须延隐逸，洁清那敢污腥膻。行赍每度云严侧，器使当居蜡屐前。林叟溪翁皆窃玩，山厨因此识嘉笾。器悉以竹编而髹其中，轻坚精巧绝伦。"[45]从文中对于提盒质量轻巧、造型雅致、外观华丽、结构稳固、便于携带的表述以及文彦博言语中对该提盒的珍爱，能够发现当时的人们判断提盒好坏的诸多标准，进而反映出实用性不再是人们对于提盒的唯一诉求，他们也将自身的生活与审美趣味融入其中。

较为遗憾的是，暂未发现留存至今的宋代提盒实物，仅可从宋元时期的绘画对其面貌窥见一二。对比分析这些图像，可以发现与前一阶段相比，宋元时期的提盒特征趋于稳定，其多为轻巧的竹、藤材质，也有少量漆木提盒，盒身出现了隔层结构，提梁多附有三角式站牙。宋代时期的木制储物箱盒已出现抽屉结构，但少见于提盒中，猜测也是与此时提盒多为竹制有关。

此外，这些图像显示出宋代提盒多样化的使用场景及功能。一是人们在外出游玩、集会或赴考时用提盒来携带随行物品。例如刘松年绘《西园雅集图》描绘了宋代文人在西园举行雅集的场景，图中绘有两人扛起一大型方提盒，为竹制骨架藤编箱身，应是在运输这场集会所需物品。又如南宋李嵩绘《骷髅幻戏图》，描绘内容虽然都带有玄幻色彩，但其中提盒特征基本符合《梦溪笔谈》中记载的游山具，还原出当时人们出行时所携带提盒的面貌及部分储物内容。二是门户之间在拜访或嫁娶时以提盒来运载礼物。例如元代赵雍绘《先贤图卷》中，有一处描绘古人登门拜访的场景，一人手持拜帖在前，其后两仆人面前有一个七层方提盒，其中放置的物品应为拜礼。从图中人与物的比例关系来看，此提盒体量较大，盒身呈朱红色，底座为褐色，底座与盒身分离，两者应为漆木材质，这种体量和材质需由两人合作肩扛搬运。从这件提盒的造型、材质和体量来看，这种装载礼物的提盒做工大多较为精致，以凸显出访客的诚意和他们对家主的尊敬。三是城市中的杂货铺、食肆等商家以提盒来运输商品货物。例如描绘北宋都城汴京繁华街景的《清明上河图》，其中多处绘有挑着提盒运送货物的人。这些提盒形制较为类似，皆为一人肩挑两个的竹制方形提盒，两侧有明确的三角式站牙结构，底部有四足。这些主要用于送货的提盒体量较为轻便，造型简洁质朴，与前两种提盒相比，做工和选材都不必太讲究，更注重其实用性（图6-3-13）。

[45]〔宋〕文彦博著，侯小宝校注《文潞公诗校注》，三晋出版社，2014，第192—194页。

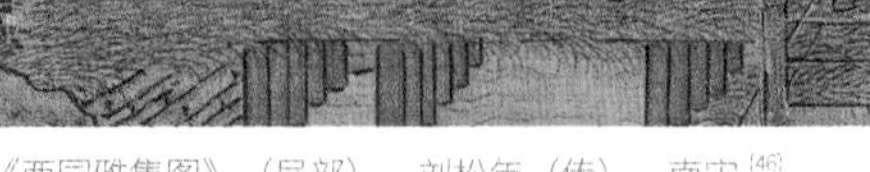

《西园雅集图》（局部） 刘松年（传） 南宋[46]

《骷髅幻戏图》 李嵩 南宋[47]

《先贤图卷》（局部） 赵雍（传） 元[48]

《清明上河图》（局部） 张择端 北宋[49]

图 6-3-13 宋元绘画中不同使用场景的提盒

概言之，提盒的典型形制在宋元时期已经基本确定，后代提盒多为在此基础上的结构、材质或装饰上的改良或演变。同时，受此时游山文化兴盛和市民经济活跃的影响，这一阶段的提盒发展出各种有效利用空间的收纳巧思，使得文房雅玩扩充到提盒的收纳空间中，也衍生出适应多种使用场景的造型和体量，为我们还原出一幅幅生动的古人出游、搬迁和拜访时的运输场景。

五、明清系统性的提盒设计

明清时期提盒在宋元时期形成的典型形制基础上，开始追求“一体式”的造

[46] 中华珍宝馆，http://g2.ltfc.net/view/SUHA/6253c2d57f30be5518a8bcca，访问日期：2023年6月20日。
[47] 中华珍宝馆，http://g2.ltfc.net/view/SUHA/6089880433ad8750e9a6c219，访问日期：2023年6月20日。
[48] 中华珍宝馆，http://g2.ltfc.net/view/SUHA/608a619faa7c385c8d942fd0，访问日期：2023年6月20日。
[49] 中华珍宝馆，http://g2.ltfc.net/view/SUHA/635e398d6df8b453e5c46d41，访问日期：2023年6月20日。

型美感。李渔在《闲情偶寄》的“箱笼箧笥”一文中对这种审美进行了详细阐述：“予游东粤，见市廛所列之器，半属花梨、紫檀，制法之佳，可谓穷工极巧，止怪其镶铜裹锡，清浊不伦。无论四面包镶，锋棱埋没，即于加锁置键之地，务设铜枢，虽云制法不同，究竟多此一物。譬如一箱也，磨砻极光，照之如镜，镜中可使着屑乎？一笥也，攻治极精，抚之如玉，玉上可使生瑕乎？有人赠我一器，名‘七星箱’，以中分七格，每格一屉，有如星列故也。外系插盖，从上而下者。喜其不钉铜枢，尚未生瑕着屑，因筹所以关闭之。遂付工人，命于心中置一暗闩，以铜为之，藏于骨中而不觉，自后而前，抵于箱盖。盖上凿一小孔，勿透于外，止受暗闩少许，使抽之不动而已。乃以寸金小锁，锁于箱后。置之案上，有如浑金粹玉，全体昭然，不为一物所掩。觅关键而不得，似于无锁；窥中藏而不能，始求用钥。此其一也。”[50]这段文字中记述了李渔在东粤市集所见之箱盒。他认为这些箱盒虽然都选用上乘的材料，做工也十分精致，但其中大多添加了金属枢纽。在李渔看来，金属与木材的质感并不契合，箱盒上外露的金属构件就如同“镜中屑、玉中瑕”，破坏了箱盒的整体观感。他认为好的箱盒设计应该将枢纽结构巧妙地隐藏起来，形成如“浑金粹玉”般浑然一体的造型风格。例如，王世襄收藏的一例明代提盒，盒身呈方形，全身以同一色泽的黄梨木制作，各个结构连接处处理得严丝合缝，器身造型简洁干净、规整平齐，应该正是李渔所推崇的“抚之如玉”的提盒。与之类似的提盒还有王世襄收藏的另外两例明末清初提盒，以及美国纽约大都会艺术博物馆收藏的一例清代提盒等。（图6-3-14）

明清时期提盒讲究外观的整体性，但其内部结构却趋于复杂。高濂在《遵生八笺》的“游具”一节中记载三例提盒：其一名为“提盒”：“余所制也，高总一尺八寸，长一尺二寸，入深一尺，式如小厨，为外体也。下留空，方四寸二分，以板

图6-3-14　明清时期的提盒

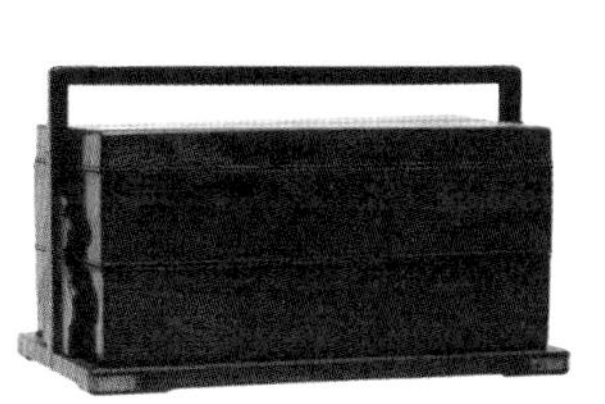
王世襄藏明代提盒[51]

王世襄藏明末清初时期提盒[52]

王世襄藏明末清初时期提盒[53]

大都会艺术博物馆藏清代提盒[54]

[50] 杜书瀛译注《闲情偶寄》，中华书局，2014，第479页。
[51] 王世襄：《明式家具研究》，生活·读书·新知三联书店，2008，第160页。
[52] 王世襄编著，袁荃猷绘《明式家具萃珍》，上海人民出版社，2004，第70页。
[53] 同上书，第201页。
[54] 大都会艺术博物馆，https://www.metmuseum.org/art/the-collection，访问日期：2023年6月20日。

匣住，作一小仓，内装酒杯六，酒壶一，箸子六，劝杯二。上空作六格，如方盒底，每格高一寸九分。以四格，每格装碟六枚，置果肴供酒觞。又二格，每格装四大碟，置鲑菜供馔箸。外总一门，装卸即可关锁，远宜提，甚轻便，足以供六宾之需。”

其二名为“提炉”：“式如提盒，亦余制也。高一尺八寸，阔一尺，长一尺二寸，作三撞。下层一格，如方匣，内用铜造水火炉，身如匣方，坐嵌匣内。中分二孔，左孔炷火，置茶壶以供茶。右孔注汤，置一桶子小镬有盖，顿汤中煮酒。长日午余，此镬可煮粥供客。傍凿一小孔，出灰进风。其壶镬迴出炉格上太露不雅，外作如下格方匣一格，但不用底以罩之，便壶镬不外见也。一虚一实共二格，上加一格，置底盖以装炭，总三格成一架，上可箭关，与提扁作一副也。”

其三名为“备具匣”：“余制以轻木为之，外加皮包厚漆如拜匣，高七寸，阔八寸，长一尺四寸。中作一替，上浅下深，置小梳匣一，茶盏四，骰盆一，香炉一，香盒一，茶盒一，匙箸瓶一。上替内小砚一，墨一，笔二，小水注一，水洗一，图书小匣一，骨牌匣一，骰子枚马盒一，香炭饼盒一，途利文具匣一，内藏裁刀、锥子、挖耳、挑牙、消息肉叉、修指甲刀锉、发刡等件，酒牌一，诗韵牌一，诗筒一，内藏红叶各笺以录诗，下藏梳具匣者，以便山宿。外用关锁以启闭，携之山游，似亦甚备。”[55] 结合这段文字的描述以及高濂提供的提炉和提盒图例（图6-3-15），可见此时提盒的内部结构较前代更加复杂，表现为在过去横向分层的基础上，在某些隔层中增加了细致的纵向分隔，也出现了可抽拉的抽屉结构，以及能够放置明火、炉具的孔洞结构等。

提盒材质的变化为这种内部结构的复杂化提供了可能性。明清时期的提盒以木制居多，一些小型提盒甚至会选用黄花梨、紫檀等贵重木材，相较于宋元时期以竹、藤材质为主的提盒，木材的灵活性更高，能够实现更复杂的内部结构。这

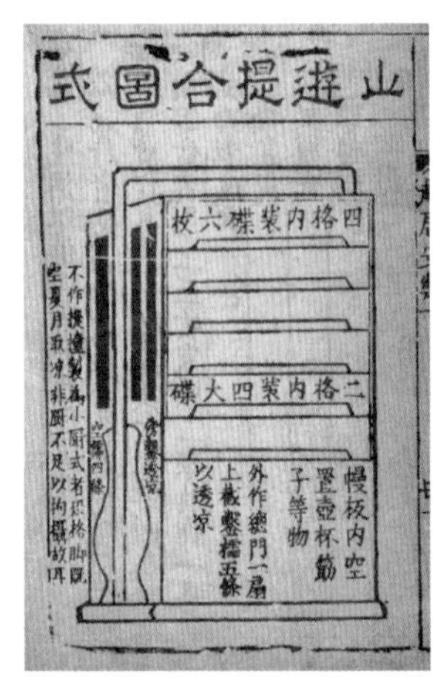

图 6-3-15 《遵生八笺》中提盒图样

[55] [明] 高濂：《遵生八笺》，甘肃文化出版社，2004，第228—229页。

种提盒内部结构的复杂化，既可以更有效地利用盒内空间，将更多的物品放置其中，也可以改善盒内物品的秩序，让使用者更加便捷地拿取物品。例如，《扬州画舫录》中记载的一对提盒中收纳了十分丰富的物品，“江增，字兆年，号臞生。性好山水，于黄山下构卧云庵自居。制茶担以济胜，行列甚都，名曰‘游山具’。刳柳木令扁，以绳系两头担之，谓之‘扁担’。蒙以填漆，上书庵名。担分两头，每一头分上、中、下三层。前一头上层贮铜茶酒器各一，茶器围以铜；中置筒，实炭；下开风门，小颈环口修腹，俗称茶罐；酒器如其制，而上覆以铜，四旁开窦，实以酒插，名曰‘酒罐’，俗呼为‘四眼井’。旁置火箸二，小夹板二，中夹卧云庵五色笺，小落手袖珍《诗韵》一，砚一，墨一，笔二。中层贮锡胎填漆黑光面盆，上刺庵名。浓金填掩雕漆茶盘一，手巾二，五色聚头扇七。下层为椟，贮铜酒插四，瓷酒壶一，铜火函一，铜洋罐一，宜兴砂壶一，烟合一，布袋一，捆炭作橐，置之袋中，此前一头也。后一头上层贮秘色瓷盘八，中层磁饮食台盘三十，斑竹箸一十有六，铜手炉一，填漆黑光茶匙八，果叉八，锡茶器一。取火刀石各一，截竹为筒，以闭火。下层贮铜暖锅煮骨董羹，傍列小盘四，此后一头也。外具干瓠盛酒为瓢赍，截紫竹为萧，以布捆老斑竹烟袋，并挂蒲团大小无数于扁担上。”[56]

明清时期的提盒在装饰技艺与选材上也有诸多探索，与当时高度发展的漆作、镶嵌、象牙雕和烧造等其他技艺相结合，丰富了提盒的装饰面貌（图6-3-16）。例如故宫博物院收藏的一例使用了雕漆技艺的方形提盒，整个木胎盒身外部髹红漆并雕刻有人物、山水、故事图和花草纹，底座与提梁部位则髹外黑内红漆，并雕刻出黑红色交织的花草纹，整个提盒十分典雅优美。又如美国纽约大都

图6-3-16　明清时期的提盒

剔红提盒　明[57]

瓷提盒　清[58]

镶嵌提盒　清[59]

黑漆描金提盒　清[60]

象牙雕提盒　清[61]

[56]〔清〕李斗：《扬州画舫录》，许建中注评，凤凰出版社，2013，第299页。

[57] 故宫博物院，https://www.dpm.org.cn/shuziwenwu/251742.html，访问日期：2023年6月20日。

[58] 大都会艺术博物馆，https://www.metmuseum.org/art/the-collection，访问日期：2023年6月20日。

[59] 同上。

[60] 台北故宫博物院，https://www.npm.gov.tw，访问日期：2023年6月20日。

[61] 同上。

会艺术博物馆收藏的一例陶瓷方形提盒，其陶瓷盒身上皆有彩绘的山水图景，盒盖上则为彩绘的花草图案。该博物馆还收藏了一例使用镶嵌技艺的方形提盒，在紫檀木器身上镶嵌有封神故事图和花草图案。再如台北故宫博物院收藏的一例黑漆描金的提盒，通身髹黑漆并以金粉描绘梅花图案。该博物院还收藏了一例象牙雕圆形提盒，通身镶嵌着雕刻精致的象牙薄片。总体来看，明清时期的提盒在前代的基础上，讲究外观的整体性和内部结构的利用效率，显现出更具系统性的设计思维。同时，造工精美、用料讲究、装饰手法与形式多样的明清提盒呈现出更加精巧雅致的设计面貌。

结语

提盒是与基本民生活动之一的“出行”紧密相关的器具，相比于长久静置于居室中的家具，提盒具有显著的动态属性，但它的储物属性也决定了其内在的静态特征。历代各种尺度、材质与造型的提盒，再现出一幅幅由人、物和环境共同构建的动态生活情景，即古人游山玩水、移居搬迁、拜访友人和运送货物等多种出行场景。纵观提盒的发展脉络：首先是从一般箱盒中细分出来，成为一种专门服务于运输场景的储物器具，体现了中国古代民生器具向专门化方向发展的设计趋势，即针对人们不断变化的生活需求而产生的更具针对性的器具类型；其次，在提盒的演变过程中，逐渐发展出更便于运输的外部提梁结构、更具收纳效率的内部隔层结构，这不仅显示出提盒不断优化的结构设计，还是模块化设计理念在古代生活器具上的一种体现；再次，在硬木材质的磨合中，提盒逐渐发展出“一体式”的外观风格，形成了传统提盒的典型范式；最后，在与编作、陶瓷、牙雕和漆艺等传统技艺的探索与融合过程中，也衍生出更为多样化、精致化的设计面貌。着眼于提盒内部具体的收纳内容，狭小的提盒内部空间容纳了出行者的衣着、饮食和文娱休闲等诸多物品，这些物品是宋代以来在文人间盛行的游山文化的物质表现，也为我们洞察古人的生活习性与趣味提供了一种崭新视角。在当下，作运输用的储物器具已经发展出更适合长途旅行的、更为便捷的“行李箱”，提盒似乎已经鲜少参与现代人的生活，仅以家中装饰性摆件、礼盒包装样式的形态少量存在，但古人在提盒的设计探索中所积累的材质加工经验、结构设计方式、储物空间规划方法、造型设计风格等，却一直滋养着本土设计的延续与创新。

第四节 闺中脂泽装具

“箱、盒、奁、柜”等都是指代家用储物器具的词汇，其中，“奁”一般专指收纳首饰和梳妆用品的箱盒类器具。但过往文献中也有“茶奁”“食奁”的称谓，避免概念的混淆，本节统一以“妆奁”来指代研究对象，以明确其收纳梳妆用品的特性。妆奁的储物功能决定它是一种“可开合的封闭空间”的结构，区别于其他储物器具。妆奁主要收纳铜镜、梳篦、小刀、胭脂、唇脂、眉黛、首饰等小物件且需要经常使用，故妆奁的结构还呈现出小巧便携的总体特征。妆奁的材质选择与具体形制受到各个时期主流造物技术和风格的影响，经历了青铜、漆器和木质的材质演变，以方形、圆形为主要形制类型。作为一种主要为女性使用的器具，妆奁的表面装饰体现出各个时期差异化的女性审美，着眼于妆奁的具体收纳内容，也可以窥见古人梳妆方式的变化，进而从物质文化中洞察到古人身体审美观念的变迁。

早在新石器时代，中国大地上的原始居民就开始了对于身体之美的探索与发掘，具体通过早期服装、玉石饰品中显示的装饰属性得以体现。妆奁则是中国身体美化文化发展到一定程度的体现，当“打扮自己”已经成为一种日常生活的基本内容，那么将细碎繁多的梳妆用品进行归类收纳以提高生活效率和优化生活空间的妆奁就应运而生了。在妆奁的发展过程中，其使用人群具有贵族化、女性化的倾向，妆奁所包含的身体美化方式和审美观念更多的是针对贵族女性而言的。首先，身体美化属于一种精神层面的需求，在古代大众的生存问题普遍未得以解决的情况下，“化妆”更多的是流行于贵族阶层或富有人群中的一种生活方式，如今可考的妆奁也大多出土于贵族墓葬中。其次，虽然在我国古代，女子、男子都有梳妆打扮的需求，但两者不同的社会角色衍生出截然不同的身体审美，妆奁中装载的胭脂、粉黛等所反映的面部美化方式，表示其更多的是服务于女性人群。“妆奁”一词在古代社会晚期的清代，成为女子随嫁物品的统称，妆奁的数量更是女子娘家社会地位的体现。此外，清代王初桐所编著的《奁史》，是一部关于古代妇女生活方式的百科全书，这本书以“奁”字指代女性，进一步证明“奁”在本土文化语境中与女性的相关性。

本节以妆奁为研究对象，主要依据出土或传世的实物为研究素材，结合文献与图像中的有关记载，考察中国历史长河中妆奁设计面貌的传承与变异，讨论塑造其阶段性特征的技术、社会与文化因素，分析其所反映的女子梳妆生活方式与身体美化观念的变迁。

一、周代神秘狞厉的青铜妆奁

从《说文解字》的记载来看，“奁，镜奁也。从竹，敛声。”[1]最早的奁应是竹制品，但由于竹制品无法长时间留存，因此难以追溯这种竹制奁的产生时间。考古发掘最早的奁是周代的青铜奁，推测作为收纳梳妆用品的奁最迟在两周时期出现于人们的生活之中。青铜冶铸技艺是我国商周时期的关键技术，商周时期也因此被历史学家称为青铜时代，具有发达的青铜工业、奇异的青铜艺术和多元的青铜文化。青铜器主要用于制作生活器具与礼器，既用于服务贵族的日常生活所需，也是维持社会秩序的一种重要器物符号。李泽厚提出青铜时代的器物一反原始时期活泼愉快的面貌，整体呈现出一种神秘狞厉的美。他认为这种器物风格的变异与由母系社会向父系社会的转变有关。在战争冲突不断的父系社会中，象征权力与身份的青铜器需要显示出其所属者超出常人的野性与力量，因此面目狰狞、神秘恐怖的视觉语言便变成了此时青铜器的主流。[2]依托两周时期高度发展的青铜冶铸技术，这时期出现了青铜材质的妆奁，并与其他青铜器呈现出类似的造物风貌。此时的青铜妆奁主要有方形、球形和圆形三种形制。

（一）周代方形铜奁

周代的方形铜奁以出土于山东枣庄山亭村小邾国遗址（西周晚期至春秋时期的诸侯国）3号墓的一例“铜方奁”较为典型，其器身内部有两件玉珏饰品和一件玉耳勺，应为收纳梳妆用品和首饰的器具。该青铜器整体呈方体造型，顶部的奁盖做双开门扇造型，两门扇中间皆有虎形纽，一只作跪坐姿，一只作俯卧姿。奁身每个侧面中间皆有一只呈俯卧姿虎形把手，底部两侧皆有一坐姿裸人，器身其余部分布满几何状夔纹。与上述器型类似的青铜器还有山东莒县春秋时期遗址出土的“方奁”、甘肃礼县圆顶山春秋早期秦国遗址1号墓出土的“A型铜盒”、山西曲沃县北赵村西周晚期遗址63号墓出土的“鼎形方奁”。这些青铜器除了在盖纽、奁足、表面等部位上存在造型题材和装饰形式的差异，器物的基本结构和造型风格比较类似，应皆属于收纳首饰和梳妆用品的同类器物。另外，还

[1]〔汉〕许慎：《说文解字》，〔宋〕徐铉等校，上海古籍出版社，2007，第219页。
[2] 李泽厚：《美学三书》，天津社会科学院出版社，2003，第29—35页。

有一些内部装有饰品的青铜器，保留了前者的方盒造型，但装饰手法相对简洁，或为身份稍低者使用的妆奁，如河南浚县新村西周时期遗址5号墓出土的“铜方奁”、甘肃礼县圆顶山春秋早期秦国遗址1号墓出土的“B型铜盒”等（图6-4-1）。

山东枣庄山亭村小邾国遗址出土铜方奁[3]

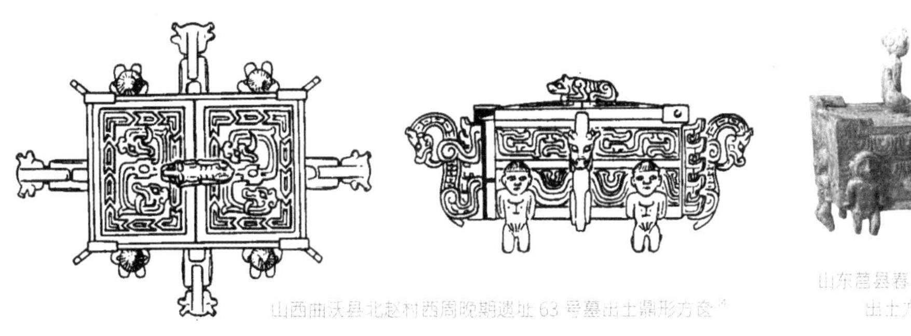

山西曲沃县北赵村西周晚期遗址63号墓出土鼎形方奁[4]

山东莒县春秋时期遗址出土方奁[5]

河南浚县新村西周时期遗址5号墓出土铜方奁[6]

甘肃礼县圆顶山春秋早期秦国遗址1号墓出土A型铜盒[7]

甘肃礼县圆顶山春秋早期秦国遗址1号墓出土B型铜盒[8]

图6-4-1　周代的方形铜奁

[3]枣庄市山亭区政协编《小邾国文化》，中国文史出版社，2006，第157页，图版25。
[4]山西省考古研究所、北京大学考古学系：《天马——曲村遗址北赵晋侯墓地第四次发掘》，《文物》1994年第8期。
[5]山东省博物馆编《山东省博物馆藏品选》，山东友谊画社，1991，第177页，图版52。
[6]郭宝钧著，中国科学院考古研究所编《考古学专刊·乙种第十三号·浚县辛村》，科学出版社，1964，第18、36页。
[7]甘肃省文物考古研究所、礼县博物馆：《礼县圆顶山春秋秦墓》，《文物》2002年第2期。
[8]同上。

河南三门峡市虢国遗址2012号墓出土的“梁姬罐”[9]

“梁姬罐”内铭文

山东沂水李家庄春秋时期遗址出土的两件“铜穿带器”[10]

陕西韩城市梁带村西周晚期至春秋早期遗址26号墓出土的“圈足匜”[11]

图6-4-2 周代的球形铜奁

（二）周代球形铜奁

周代的球形铜奁以河南三门峡市虢国（西周诸侯国）遗址2012号墓（虢国夫人梁姬墓）出土的一件“梁姬罐”最为典型。这件青铜器盖内刻有两行铭文，学者陈耘考证其含义为“梁姬装脂粉的盒类器物”，如此看来，这种青铜器型或许也属于妆奁。这件妆奁是由奁盖与奁身拼合成的球体造型，奁盖与奁身结合处有两对方形兽首穿孔结构，奁盖上有扁状的束发侧面人首纽，底部为台形圈足，盖面装饰有双龙双兽纹，腹部有人龙缠体纹，圈足饰无珠重环纹。与该器型类似的青铜器还有山东沂水李家庄春秋时期遗址出土的两件“铜穿带器”、陕西韩城市梁带村西周晚期至春秋早期遗址26号墓出土的“圈足匜”等（图6-4-2）。这些球形铜奁主要在盖纽、罐耳、表面刻纹等部位存在装饰差异，大体结构和形制与“梁姬罐”基本类似，推测是与“梁姬罐”类似的收纳脂粉的妆奁。

[9] 河南省文物考古研究所、三门峡市文物工作队编著《三门峡虢国墓·第一卷》，文物出版社，1999，第251、254页，彩版27。

[10] 山东省文物管理处、山东省博物馆编《山东文物选集（普查部分）》，文物出版社，1959，第46页。

[11] 陕西省考古研究院、震旦艺术博物馆编《芮国金玉选粹：陕西韩城春秋宝藏》，三秦出版社，2007，第244—245页。

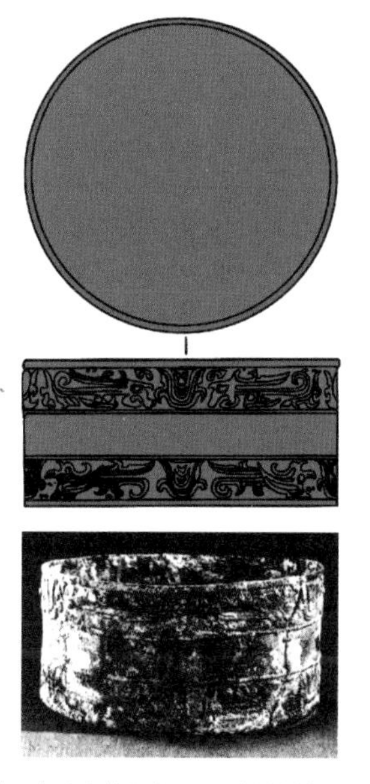

陕西宝鸡市竹园沟西周时期遗址1号墓出土的“铜盒”[12]

河南辉县琉璃阁战国时期遗址1号墓出土的“刻纹奁”[13]

图6-4-3 周代圆形铜奁

（三）周代圆形铜奁

周代的圆形铜奁以陕西宝鸡市竹园沟西周时期遗址1号墓出土的“铜盒”较为典型。该铜盒内装有铜梳、发笄、小刀、铜凿等梳妆物品，应属于妆奁。这件青铜器整体呈圆筒状，盖与底皆已经腐朽，或者为木质，器身上围绕两条夔龙纹样。与该器型类似的青铜器还有河南辉县琉璃阁战国时期遗址1号墓出土的“刻纹奁”（图6-4-3）。圆筒形铜奁的形态应是为了匹配铜镜的圆形，虽然这类妆奁在两周时期数量相对较少，但这种圆筒造型却逐渐成为后世漆木妆奁的主流造型。

周代的方形铜奁、球形铜奁和圆形铜奁大多出土于具有身份的女性墓地，进一步明确了妆奁使用者的性别属性。虽然两周时期的妆奁已经具备收纳妆具的功能，但与后世妆奁相比较，其尚未统一于一种器型，分散存在于各种形制的青铜器中。方形铜奁、球形铜奁和圆形铜奁分别用于收纳首饰、脂粉、梳妆用品，从这些收纳内容已经可以初步窥见两周时期女性的身体美化方式与身体审美观念。首先，方形铜奁中的玉石首饰反映了周代女性通过穿戴玉石首饰来美化身体的做法。早在新石器时代就已出现以玉石首饰美化身体的做法，如戴在耳垂上的玉玦、佩戴于胸前的成串玉贝和玉佩、装饰腕部的环形器等。究其起源：一方面是由于玉石首饰温润的质感和细腻的做工受到人们的喜爱；另一方面是由于玉石首饰作为一种较高社会地位的器物象征，在等级越发显现的父系社会中受到人们的追逐。石作技艺是原始时期最为重要的生产技术之一，而加工精致

[12] 卢连成、胡智生：《宝鸡㢲国墓地》，文物出版社，1988，第192—193页，图版100。

[13] 郭宝钧：《山彪镇与琉璃阁》，科学出版社，1959，第62—64页。

的玉石首饰是石作技艺的高水平代表，故而可以认为当时的玉石首饰能够体现佩戴者对技术资源与劳动力的占有。原始时期玉石首饰本身的材质美、精致感及其与贵族身份的关联，逐渐演化为流行于周代贵族女性之间的身体美化方式。其次，对于球形铜奁中的脂粉，结合《楚辞》中“粉白黛黑，施芳泽只”的记载，可以推测最晚在东周时期，女性已经开始以白色粉状化妆品修饰面部，以黑色化妆品修饰眉形的化妆行为，显示出一种“以白为美”“强调眉眼”的面容审美倾向。最后，对于圆形铜奁中收纳的梳具与镜子，结合《诗经》中的一句“自伯之东，首如飞蓬”（描写妻子在丈夫不在的日子里无心打理头发的郁闷心情），说明对于仪容的管理、对头发的打理已经成为周代女性身体美化的重要内容。

二、汉代典雅优美的组合式漆奁

我国漆工艺距今已经有7000余年历史，新石器时代墓地中就已出现漆绘陶器和朱漆木碗，战国时期的楚地文化出现了漆工艺的第一次繁荣，发展到汉代，漆器的数量、种类、精致程度、地域分布范围都达到了前所未有的水平。相较于青铜器，漆器的原材料是更易获取与加工的天然植物，且具有防腐、耐热、色彩鲜艳、轻便、可塑性强等诸多优势。随着汉代漆器加工技术的成熟与更高效生产方式的实施，漆器逐渐取代了青铜器在日常生活中的地位，成为贵族日用器具之主流。漆奁是汉代漆器的典型器型之一，汉代虽然仍然存在少量铜奁，但漆奁已成为绝对主角。漆奁融合了多种高水平的漆器造物技术，如“薄木胎”“夹纻胎”“竹编胎”“扣件”等胎骨工艺，以及“彩绘”“锥画”“金银镶嵌”等装饰工艺。漆器的这种工艺与材质特性，使汉代妆奁呈现出“油润生辉”的材质之美、“崇黑尚红”的浓重之彩和“典雅优美”的刻纹之美。尤其不同于青铜器表面严肃、可怖的神兽人面纹样，漆器的装饰图案多为对现实生活与自然花木的描绘，给人以曲线的、流畅的、柔美的、亲切的等视觉感受，呈现出与上一阶段截然不同的美感。相较于其他漆器，漆奁更多以优美的花卉图案以及婚嫁场景作为装饰题材，更加契合女性物品的特质，显示出与物品主人身份相匹配的造物理念。总体来看，汉代漆奁主要有圆形和方形两种形制。

（一）汉代圆形漆奁

汉代圆形漆奁在延续上一阶段圆形铜奁造型特征的基础上，发展出更为复杂的双层、多子内部结构。按圆形漆奁的内部复杂程度，由简洁到复杂可以依次分为单层独立、单层多子、双层独立、双层多子4种样式。以结构最复杂的双层多子圆形漆奁为例，湖南长沙马王堆遗址1号墓（汉代丞相夫人辛追墓）出土的

1件“双层九子漆奁”较具代表性。这件漆奁器身整体呈扁状圆筒形，外部的奁盖和器身为夹纻胎，器表施深褐色漆并以金箔做两圈云气纹样，内部分为上、下两层，层板皆为施加红漆的木胎，上层放置手套3双，丝绵絮巾、组带、绢地“长寿绣”静衣各1件，下层有9个凹槽，槽内放置有形制各异的9个小奁，分别为椭圆奁2件、圆奁4件、马蹄形奁1件和长方形奁2件，其中放置有粉状、块形的白色化妆品，油状化妆品，假发，胭脂，丝绵粉扑，梳具，篦，针衣等内容。

实际上，早在周代与秦汉之交的战国时期，圆形漆奁就已经零星出现在楚国及其周边地区，只是此时的妆奁尚未发展出复杂的内部结构。例如，湖北荆门包山楚墓出土的一件“子母口奁”，由奁盖与奁身两部分组成，内施红漆外施黑漆，器身上彩绘有婚礼迎亲场景，奁内盛装有铜镜、搽粉饰、骨笄、蛤蜊壳等，属于较早的圆形漆奁。汉代在继承楚文化发达的漆器技艺的同时，延续了部分器物的设计面貌，并随着更加统一的中央集权国家传播到更广阔的地域范围，由此可以推测后来汉代多样化的圆形漆奁应是源自楚文化的这一器型。类似的圆形漆奁还有山东临沂银雀山西汉遗址4号墓出土的“双层七子漆奁”、江苏连云港双龙村西汉遗址1号墓出土的“双层七子漆奁”等。此外，还有一种较为特殊的椭圆形漆奁，器身外部呈长条的椭圆形状，如湖北云梦睡虎地汉代遗址31号墓出土的“椭圆奁”、广东广州龙生冈东汉遗址43号墓出土的“椭圆形漆套盒”等。（图6-4-4）

（二）汉代方形漆奁

汉代的方形漆奁与圆形漆奁一样，也有复杂化的内部结构，故而也具有单层独立、单层多子、双层独立、双层多子等形式，但方形的造型特征使其具有优于前者的空间利用效率（图6-4-5）。同样以较复杂的双层多子的方形漆奁为例，江苏邗江双山汉代遗址2号墓出土的一例“九子奁”，器身整体为方体造型，通身为木胎，器身周围有三道鎏金的铜箍，外部施黑漆，内部施红漆，盖面有铜皮平脱的内框和柿蒂纹样，框内四角有4个铜泡，柿蒂四叶和中心镶嵌有5粒水晶泡。奁内分上、下两层，其中上层放置有1面用丝织物包裹的铁镜、1件小方盒、1件黛板，下层放置有9个小奁，其内部放置有梳篦、铜刷、毛笔、脂粉等。类似的方形漆奁还有湖南长沙陡壁山西汉遗址曹（嬫）墓出土的“十一子奁盒”、江西南昌西汉海昏侯刘贺墓出土的“方漆奁”、山东日照十里堡村西汉遗址106号墓出土的“漆方盒”等。

从已经搜集到的考古发掘漆奁实物来看，圆形漆奁数量较多，方形漆奁较少。相较于两周时期用于收纳不同梳妆用品的各种青铜妆奁，汉代这种由多件小漆盒拼装而成的组合式妆奁，将各种梳妆用品整合于一件器物中，通过改造器物结构优化了收纳效率，而“夹纻胎”技术的广泛运用为这种组合式漆奁的流行提供了技术支持。汉代丰富的妆奁实物及其收纳内容也为我们展示出相较于两周时期更

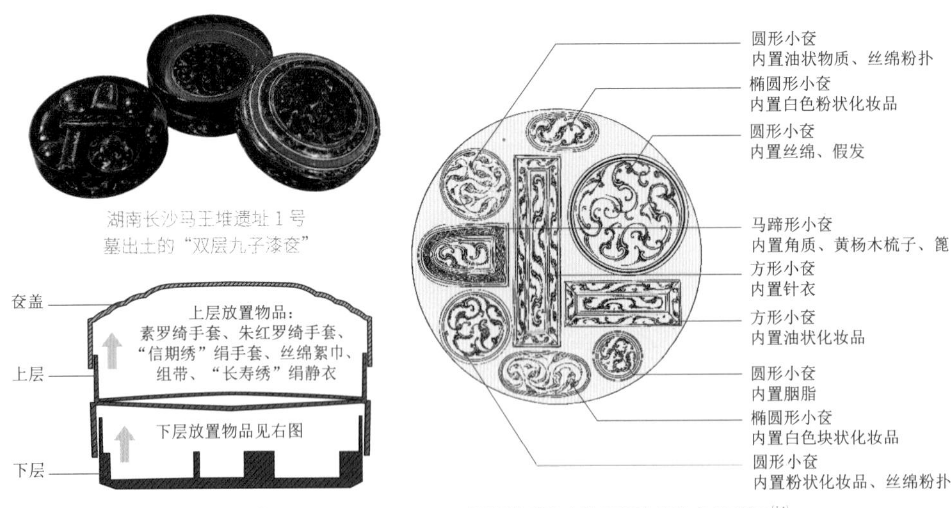

湖南长沙马王堆遗址1号墓出土的"双层九子漆奁"

"双层九子漆奁"剖面图

"双层九子漆奁"下层放置物品示意图[14]

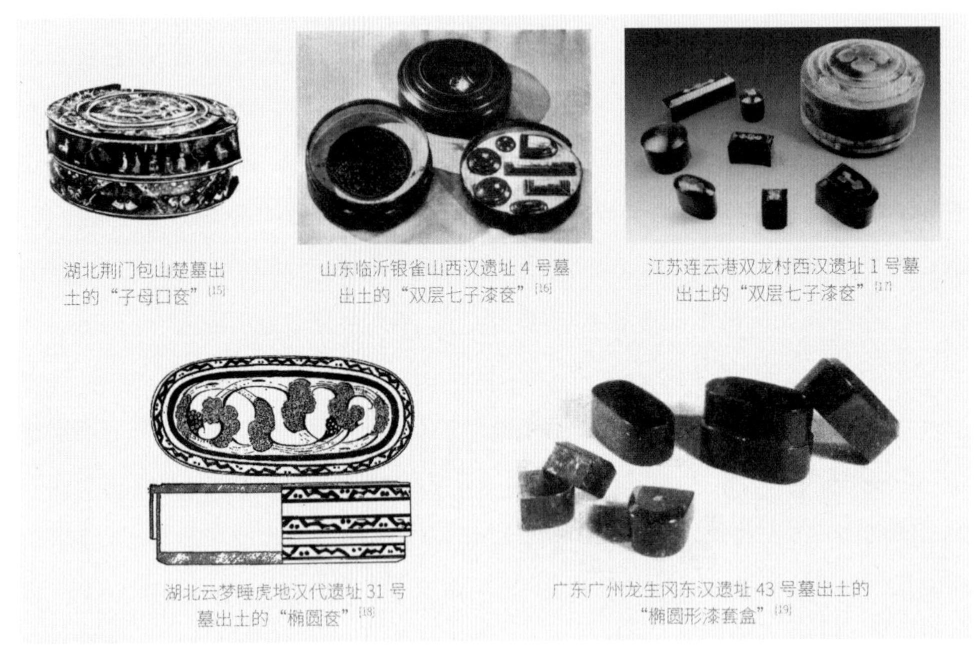

湖北荆门包山楚墓出土的"子母口奁"[15]

山东临沂银雀山西汉遗址4号墓出土的"双层七子漆奁"[16]

江苏连云港双龙村西汉遗址1号墓出土的"双层七子漆奁"[17]

湖北云梦睡虎地汉代遗址31号墓出土的"椭圆奁"[18]

广东广州龙生冈东汉遗址43号墓出土的"椭圆形漆套盒"[19]

图 6-4-4　战国时期至汉代的圆形漆奁

加清晰的女子身体美化内容。汉代女性的面部美化方式，除了延续前一时期以白粉修饰面部、以黑黛画眉的化妆内容，还出现以红色胭脂晕染面部、以朱砂涂抹唇部、以假发增加发量等方式。这些对面部与头发的修饰方法，实际上是以白粉还原皮肤的初生状态，以黑黛强调眉眼神采，以胭脂、唇脂加强面部与唇部血色，以发量显示生命力。正如班昭在《女诫》中对"妇容"的描写："妇容不必颜色美

[14] 湖南省博物馆、中国科学院考古研究所编《长沙马王堆一号汉墓》，文物出版社，1973，第88—91页，图版168。

[15] 湖北省荆沙铁路考古队编《包山楚墓》，文物出版社，1991，第144—145页。

[16] 山东省博物馆、临沂文物组：《临沂银雀山四座西汉墓葬》，《考古》1975年第6期。

[17] 连云港市博物馆：《江苏连云港海州西汉墓发掘简报》，《文物》2012年第3期。

[18] 云梦县文物工作组：《湖北云梦睡虎地秦汉墓发掘简报》，《考古》1981年第1期。

[19] 广州市文物管理委员会：《广州市龙生冈43号东汉木椁墓》，《考古学报》1957年第1期。

江苏邗江双山汉代遗址2号墓出土的"九子奁"示意图[20]

湖南长沙陡壁山西汉遗址曹𡟰墓出土的"十一子奁盒"示意图[21]

江西南昌西汉海昏侯刘贺墓出土的"方漆奁"[22]

山东日照十里堡村西汉遗址106号墓出土的"漆方盒"[23]

图6-4-5 汉代方形漆奁

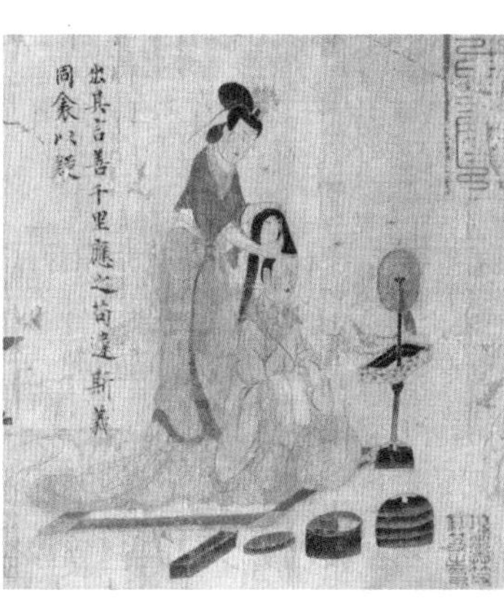

图6-4-6 《女史箴图》(局部) 顾恺之 东晋[24]

丽也……盥浣尘秽，服饰鲜洁，沐浴以时，身不垢辱，是谓妇容"[25]，反映出当时人们对健康与年轻之美的追求。相较于前一阶段，汉代除了粉质化妆品，还出现块形、油脂状等不同质地的化妆品，表明了汉人对化妆品加工的探索。北魏贾思勰《齐民要术》中记载了各种化妆品的制作方法，也说明此时化妆品的制作技术已经达到了较高水准。东晋顾恺之的《女史箴图》(图6-4-6)中描绘了女子梳妆的情景，其身旁有一件打开的圆形妆奁，内部盛装有若干小奁盒，与上述汉代漆

[20] 南京博物院：《江苏邗江甘泉二号汉墓》，《文物》1981年第11期。
[21] 长沙市文化局文物组：《长沙咸家湖西汉曹𡟰墓》，《文物》1979年第3期。
[22] 江西省文物考古研究院、北京师范大学：《江西南昌西汉海昏侯刘贺墓出土漆木器》，《文物》2018年第11期。
[23] 山东省文物考古研究所：《山东日照海曲西汉墓(M106)发掘简报》，《文物》2010年第1期。
[24] 中华珍宝馆，https://g2.ltfc.net/view/SUHA/608a61a8aa7c385c8d943aeb，访问日期：2023年6月14日。
[25] [汉] 班昭等：《蒙养书集成(二)》，梁汝成、章维标注，三秦出版社，1990，第42—43页。

奁较为相似，也为我们再现出当时女子崇尚原生之美的妆容面貌。

三、唐代妆奁对异域之美的接受

隋朝结束了南北朝时期的长期分裂状态再次统一全国，唐代在这种统一格局下实施开明的政策，通过京杭大运河、陆上与海上丝绸之路等持续推进南方与北方、中原与周边、本土与外来文化的融合交流，不仅继承了数百年的中原文化传统，还对新的文化因素进行整合创新、兼收并蓄，这种包容的文化氛围给社会各个方面都带来蓬勃的生机与旺盛的活力。这种文化融合同样发生于造物活动之中，使得唐代的器物整体呈现出多种风格并存的设计面貌，对妆奁的装饰技艺与视觉风格产生了深远影响。

（一）唐代的方形、圆形与花瓣形奁

隋唐时期妆奁延续了前一阶段以漆器材质为主、方形或圆形的外形特征以及多层多子的内部结构，不同的是，方形漆奁成为唐代妆奁的主流，而圆形漆奁则相对较少。目前可考的唐代方形漆奁木胎多已腐朽，仅能从残存结构及其表面的金银箔来复原其大致造型。以河南偃师杏园村唐代李景由墓出土的“方漆盒”为例，经过修复加固后可看出其形制与结构：整体呈方体造型，由奁身与奁盖两部分组成，两者相接处有子母口，奁身上布满繁缛精致的缠枝花卉图案。奁内分为两层：上层加一木屉，屉内放置有木梳和金钗；下层收纳有小圆漆盒3件、鎏金银盒2件、抛光银盒2件、鎏金菱花镜1枚、小银碗1件。这件漆奁所使用的金银平脱技艺，是以极薄的金银箔片剪刻出图案，再嵌贴于漆器表面，在漆器表面多次髹漆，待漆料阴干后通过反复压磨露出金银图案，使金银箔片图案与漆面完全平齐。金银平脱技艺是唐代漆器施加装饰的常见手法，多以花草、动物等自然纹样为题材，做复杂、繁缛和饱满的装饰图案，是对前一阶段金银镶嵌技艺的精进，体现出更为精致、细腻的器物面貌。同类型的唐代方形漆奁还有陕西西安南郊唐代李倕墓出土的一件“圆角方形多子漆奁”、郑州二里岗唐代遗址出土的一件“银平脱木漆盒”等。唐代的圆形漆奁数量较前代明显减少，如现藏于美国堪萨斯城纳尔逊艺术博物馆的一件唐代“金银平脱漆圆盒”。但唐代在圆形漆奁的基础上，创造出一种新的花瓣形妆奁，如吉林龙头山遗址渤海国王室墓地出土的一件“银平脱梅花瓣形漆奁”，其整体呈八瓣梅花外形，奁盖与奁身以子母口相接合，其口沿、盖沿和底沿皆包有一条黄铜圈，奁身深褐色漆地上也有以银平脱技艺施加的图案，包括龙、凤、人物、花鸟、植物等简练逼真的形象，且图案上均有刻画十分精美的毛雕细纹，奁盖上放有鱼形金饰件和银柄粉扑，奁

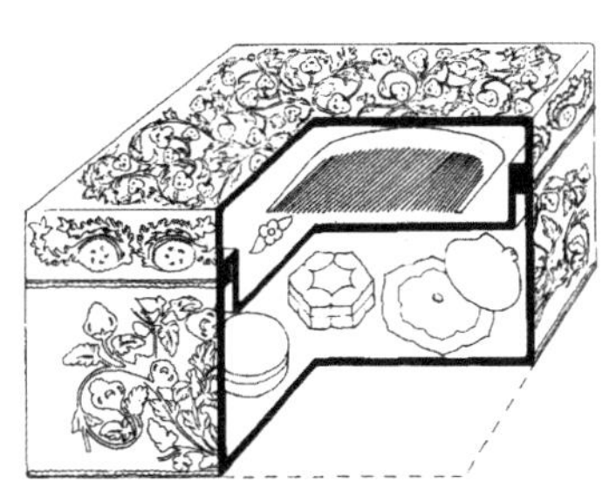
河南偃师杏园村唐代李景由墓出土的“方漆盒”复原图[26]

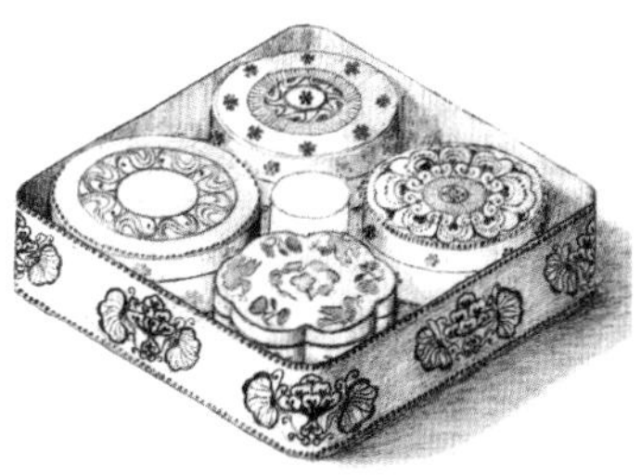
陕西西安南郊唐代李倕墓出土的“圆角方形多子漆奁”复原图[27]

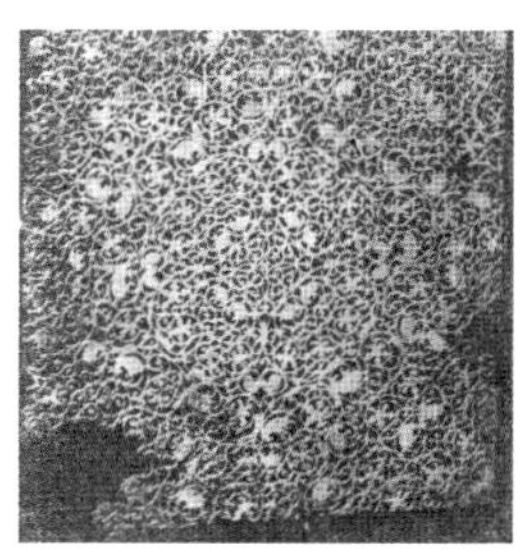
郑州二里岗唐代遗址出土的“银平脱木漆盒”盖面银箔[28]

美国堪萨斯城纳尔逊艺术博物馆藏唐代“金银平脱漆圆盒”[29]

吉林龙头山遗址渤海国王室墓地出土的“银平脱梅花瓣形漆奁”[30]

图 6-4-7 唐代的方形、圆形和花瓣形妆奁

内放置有铜镜、蛤蜊油和纸袋胭脂粉等物品。这种花瓣造型的妆奁虽然在唐代出现得较少，但其对宋代妆奁产生了深远影响。（图6-4-7）

（二）唐代多样化的奁中小盒

不同于前一阶段与外部漆奁材质统一的内部小盒，唐代妆奁之中出现了其他材质的形制多样的奁内小盒，如青瓷盒、银盒、铜盒、贝壳、滑石盒等。一方面得益于此时金银器加工技艺的兴盛，使更加耐用、精致的金银小盒受到贵族的欢迎，如河南偃师杏园村唐代李景由墓出土的一系列形态多样、做工精致的小银盒，陕西西安南郊缪家寨唐韦万夫妇墓出土的“银粉盒”，以及河南宝丰小店村唐墓出土的“鎏金银粉盒”等（图6-4-8）；另一方面得益于此时制瓷技术的革新与制瓷业的崛起，使制作成本相对较低的瓷盒受到普通民众的青睐，出现了大量瓷质的胭脂盒、妆粉盒等，成为唐代妆奁中常见的内盛物，如江苏南京江宁区汤山晚唐五代墓出土的“瓷粉盒”、西安南郊缪家寨唐韦万夫妇墓出土的“三彩盒”、江苏扬州东方砖瓦厂唐墓出土的“青釉瓷小盒”等。漆器小盒在这一阶段也有所保留，但远不及汉代数量之多。唐代也有少量以滑石材料制作的小盒，如河南偃师杏园村唐代李景由墓出土的一件滑石“鸳鸯盒”。此外，此时还

[26] 中国社会科学院考古研究所编著《偃师杏园唐墓》，科学出版社，2001，第149—152页。

[27] 中国陕西省考古研究院、德国美因茨罗马-日耳曼中央博物馆编著《唐李倕墓：考古发掘、保护修复研究报告》，科学出版社，2018，第296—303页。

[28] 郑州市博物馆：《郑州二里岗唐墓出土平脱漆器的银饰片》，《中原文物》1982年第4期。

[29] 傅举有：《中国漆器金银装饰工艺之二：金银平脱漆器》，《紫禁城》2007年第4期。

[30] 李澜、程丽臻：《吉林省渤海国王室墓地出土银平脱梅花瓣形漆奁修复》，《江汉考古》2009年第3期。

陕西西安南郊缪家寨唐韦万夫妇墓出土的“银粉盒”[31]

河南偃师杏园村唐代李景由墓出土的“银盒”[32]

河南偃师杏园村唐代李景由墓出土的“银盒”

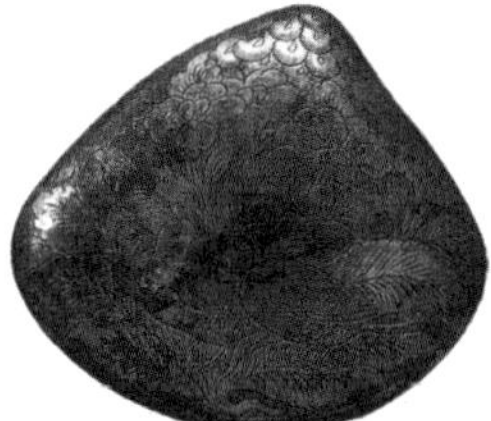
河南偃师杏园村唐代李景由墓出土的“银盒”

河南偃师杏园村唐代李景由墓出土的“银盒”

河南宝丰小店唐墓出土的“鎏金银粉盒”[33]

图 6-4-8 唐代的奁中小银盒

江苏南京江宁区汤山晚唐五代墓出土的“瓷粉盒”[34]

陕西西安南郊缪家寨唐韦万夫妇墓出土的“三彩盒”[35]

江苏扬州东方砖瓦厂唐墓出土的“青釉瓷小盒”[36]

河南偃师杏园村唐代李景由墓出土的滑石“鸳鸯盒”[37]

河南郑州市区唐墓出土的蚌壳盒[38]

图 6-4-9 唐代的奁中小瓷盒、滑石盒、蚌壳盒

有一种是直接使用天然蚌壳作为奁中小盒，如出土于河南郑州市区唐墓中的一例方形漆奁，其内部放置有铜镜、瓷粉盒、蚌壳、铜笄、铜夹子及白色桃形脂粉块，表明蚌壳也属于盛放化妆品的小盒。（图 6-4-9）

---

[31] 西安市文物保护考古研究院、郑州大学历史学院：《西安南郊缪家寨唐韦万夫妇墓发掘简报》，《文物》2022 年第 10 期。
[32] 中国社会科学院考古研究所编著《偃师杏园唐墓》，科学出版社，2001，图版 4—7。
[33] 郑州大学历史学院、河南省文物局南水北调文物保护办公室、平顶山市文物局：《河南宝丰小店唐墓发掘简报》，《文物》2020 年第 2 期。
[34] 江宁区文化遗产保护中心：《南京市江宁区汤山晚唐五代墓发掘报告》，《东南文化》2020 年第 6 期。
[35] 西安市文物保护考古研究院、郑州大学历史学院：《西安南郊缪家寨唐韦万夫妇墓发掘简报》，《文物》2022 年第 10 期。
[36] 张南、周长源：《扬州市东风砖瓦厂唐墓出土的文物》，《考古》1982 年第 3 期。
[37] 中国社会科学院考古研究所编著《偃师杏园唐墓》，科学出版社，2001，图版 39。
[38] 郑州市文物考古研究所：《郑州市区两座唐墓发掘简报》，《华夏考古》2000 年第 4 期。

相较于汉代的漆奁，唐代的妆奁虽然未在形制上做过多创新，但在装饰技艺与内容上的探索，使得妆奁呈现出与前一阶段截然不同的华丽精致面貌，显示出融合异域文化的审美风尚。妆奁这种器物风格的演变实际上也与当时女性更加张扬的身体美化观念形成呼应。唐代开明包容的整体社会氛围，使女性也得到一定程度的解放，发展出较前代更为自由多样的化妆方式与浓艳明媚的妆面审美。首先，“以白为美”的肤色审美在唐代体现得更加显著。唐代流行以“三白法”提亮额头、鼻尖、下巴，追求额头开明、鼻若悬胆的效果。其次，受到胡族女子在面部施加大面积彩色的影响，唐代女子强调了胭脂在两颊妆面中的重要性。再次，唐代流行“点唇”之法，即用胭脂或口脂涂在嘴唇中间，描绘出嘴唇的圆润娇小之美，如宇文氏《妆台记》中记载唐末点唇，有胭脂晕品，石榴娇、大红春、小红春、嫩吴香、半边娇、万金红、圣檀心、露珠儿、内家圆、天宫巧、恪儿殷、淡红心、猩猩晕、小朱龙、格双唐、眉花奴[39]，即在形容女性各式各样的唇妆。最后，唐代女子画眉的方式则较为多样，或为细长微弯的“柳叶眉”，如北宋赵佶摹唐代张萱《捣练图》中所描绘女子的眉形，或为短阔上扬的“阔眉”，如唐代周昉的《簪花仕女图》描绘女子的眉毛。此外，唐代女子还流行一种在眉间描绘图案的化妆手法“花钿”，白居易《长恨歌》中“花钿委地无人收，翠翘金雀玉搔头”即提到了这一妆法，或用染料在眉间直接描绘图案，或用金箔、云母、螺细片剪成特定形状后贴于面部，如《捣练图》中描绘的几位女子眉间就有各种造型的花钿（图6-4-10）。唐代元稹的诗歌《恨妆成》对当时妇女的化妆流程进行了描写：“晓日穿隙明，开帷理妆点。傅粉贵重重，施朱怜冉冉。柔鬟背额垂，丛鬓随钗敛。凝翠晕蛾眉，轻红拂花脸。满头行小梳，当面施圆靥。最恨落花时，妆成独披掩。”这首诗生动地还原了唐代女性化妆的情景。

图 6-4-10　唐代绘画中的女子妆面

《簪花仕女图》（局部）　周昉　唐[40]

《捣练图》（局部）　赵佶（临摹）　北宋[41]

[39] 虫天子：《香艳丛书》第二册，上海书店出版社，2014，第84页。

[40] 中华珍宝馆，http://g2.ltfc.net/view/SUHA/624517535d3a27508599b6dc，访问日期：2023年6月16日。

[41] 中华珍宝馆，http://g2.ltfc.net/view/SUHA/624525e069ecfe519d156f65，访问日期：2023年6月16日。

四、宋元时期清丽雅致的妆奁

随着宋代城市文化、商品经济的兴盛和市民阶层的崛起，相对富裕的生活催生了更加活跃的身体美化文化，梳妆成为更加平民化的一种生活方式。与此同时，宋代漆工艺也迎来相应的普及与发展，致使过去仅为贵族使用的漆器走向更为广泛的平民群体，妆奁也突破了为贵族官宦所独享的限制，逐渐成为一种更加大众化、普及化的生活器具。宋元时期的妆奁材质仍以漆器为主，也有少量为金属材质。因此漆器胎骨与装饰技术的发展呈现出相应的阶段性特征。首先，宋代漆器出现了一种“圈叠法”的胎骨技艺，为妆奁的结构升级提供条件。“圈叠法”是用木片裁成条，再以热水加温后将木条热塑成圈形，待其烘干定型后一圈圈累叠成器型，再将其打磨后髹漆成型。“圈叠法”的出现克服了棬木胎易散不稳定的弊端，使得这一时期出土的妆奁大多保持着原有的形态，也为宋代妆奁向多层套盒发展、从矮扁器型演变为长直筒形提供了技术基础。其次，宋代漆器中广泛运用了“雕漆”“戗金”等装饰技艺，也为妆奁带来了崭新的面貌。雕漆是指在漆器胎体上髹数十层甚至上百层漆以达到一定厚度，再在漆面上雕刻各种花纹。《髹饰录》记载雕漆技艺在唐代就已出现，但从目前所见实物来看，雕漆技艺在宋代才普及开来，宋代主要的雕漆技艺“剔犀、剔黑、剔红”在妆奁上皆有运用。戗金是指在漆面上先刻绘出线槽，再在线槽中贴入金箔，形成金线图案。这种技法使得妆奁上装饰图案由唐代“金银平脱”的扁平化风格转变为“戗金”技法带来的线描风格，为以线条造型的传统绘画与妆奁装饰图案的结合创造了可能。宋元时期的妆奁发展出花瓣形多层套奁、方形箱式奁等样式。

（一）宋代的花瓣形多层套奁

宋代的花瓣形多层套奁对唐代的花瓣形奁进行升级，结合先前圆形奁的多层结构，并对器身进行增高处理，使普遍扁矮的妆奁转变为挺拔的形态。以江苏常州武进区村前蒋塘南宋遗址5号墓出土的一件“朱漆戗金莲瓣式人物花卉纹奁”为例，其内里为木胎，通体髹朱色漆，每层接口处皆镶有一条银圈。整体为十二棱花瓣形的筒状器，器身高度大于宽度，由奁盖、盘、中、底四部分组成。奁盖向上凸起，奁底向内收。奁身以戗金手法施加线条造型的图案，盖面上为仕女消夏图，器壁饰牡丹、莲花、梅花、芙蓉等六组折枝花。上层放置菱形铜镜，中层放置木梳、竹篦、竹剔签、圆筒形小粉盒，底层放置小锡罐、小瓷盒。宋元时期与此类似的花瓣形多层套奁，还有江苏苏州南郊元代张士诚母曹氏墓出土的一件“银奁”、上海青浦区元代任氏墓出土的一件“黑漆莲瓣形奁” 等。此外，还有一种直筒样式的花瓣多层套奁，器壁垂直，奁盖与奁底未做倒角处理，形态

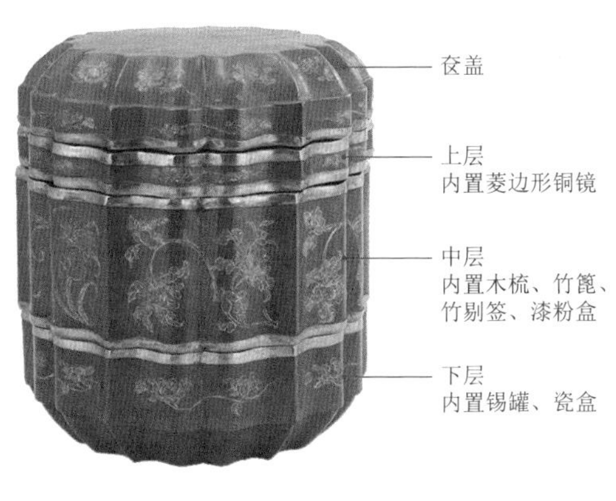

江苏常州武进区村前蒋塘南宋遗址5号墓出土的“朱漆戗金莲瓣式人物花卉纹奁”[42]

江苏苏州南郊元代张士诚母曹氏墓出土的“银奁”[43]

上海青浦区元代任氏墓出土的“黑漆莲瓣形奁”[44]

福建福州南宋黄昇墓出土的“漆奁”[45]

福州市博物馆藏南宋“剔犀三层八角盒”[46]

图6-4-11　宋元时期的花瓣形多层套奁

较前者更加简洁整体，如福建福州南宋黄昇墓出土的一件“漆奁”、福州市博物馆藏南宋“剔犀三层八角盒”等。（图6-4-11）

（二）宋代的方形箱式奁

方形奁也在宋元时期发展为更加复杂的方形箱式奁。以江苏常州武进区村前蒋塘南宋遗址3号墓出土的一件“漆木镜箱”为例，其内里为木胎，通体髹黄色漆，整体为方体造型。上部有两层套盘，盘内有支撑镜面的支架；下部有两抽屉，抽屉上有柿蒂造型的铜环。奁盖上有云钩纹图案的线条痕迹，但漆层已经全部脱落。奁内上层放置有方形铜镜，下层抽屉收纳有木梳、竹篦、竹柄毛刷、竹剔等。镜架是用于承托铜镜的器物，其至少在五代时期就已出现于人们的梳妆台上，如五代王处直墓西耳室西壁壁画描绘了一幅梳妆台的景象，其左侧有一“镜架”；北宋王诜绘《绣栊晓镜图》中描绘了一晨妆已毕的女子正对着镜子端详自己，承托镜子的也是一椅子造型的“镜架”，以及江苏苏州张士诚母曹氏墓

[42] 常州市博物馆，http://www.czmuseum.com/topNewsList?tname=gcjp，访问日期：2023年6月16日。
[43] 苏州博物馆，https://www.szmuseum.com/Collection/List/ctww?page=2，访问日期：2023年6月16日。
[44] 上海博物馆，https://www.shanghaimuseum.net/mu/frontend/pg/article/id/CI00000144，访问日期：2023年6月16日。
[45] 福建省博物馆编《福州南宋黄昇墓》，文物出版社，1982，第77页，图版90。
[46] 福州市博物馆，https://www.fzsbwg.com/fuzhou/website/default.html?name=detail&code=collection-sub1&id=966，访问日期：2023年6月16日。

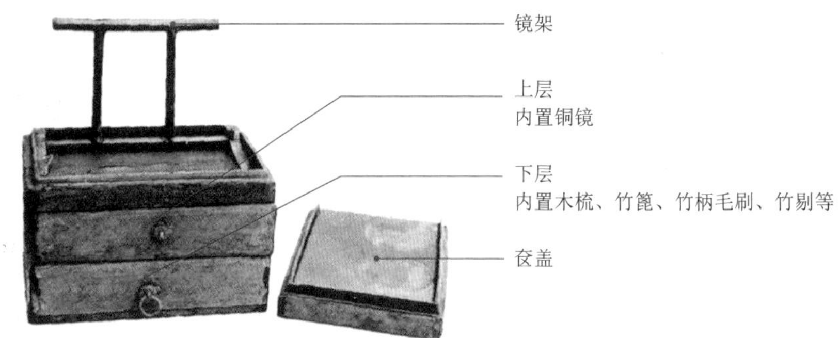

江苏常州武进区村前蒋塘南宋遗址3号墓出土的“漆木镜箱”[47]

五代王处直墓西耳室西壁壁画（局部）[48]

《绣栊晓镜图》（局部）王诜　北宋[49]

江苏苏州张士诚母曹氏墓出土的“银架”[50]

图6-4-12　宋元时期的方形箱式奁与镜架

出土的一件交椅造型的“银架”（图6-4-12）。方形箱式奁虽然不是宋代妆奁的主流，但其创造性地使妆奁与镜架相结合，将与化妆相关的照镜子和收纳梳妆用品整合在一件器物的功能中，发展出更实用的妆奁，并对明清时期的妆奁形制产生了深远影响。

两宋时期“程朱理学”的主流思想提倡“存天理、灭人欲”，这种对理性的追崇也渗入社会的审美意识中，使绘画、陶瓷、服饰等各种视觉文化都趋于保守、拘谨，更崇尚一种素雅之美。这种审美偏好表现为宋代妆奁清丽雅致的设计面貌，也体现于宋代女子的妆面审美中。宋代妆容一反唐代浓艳鲜丽的浓妆，盛行浅淡、素雅的薄妆，如北宋陶谷所著《清异录》中记载的“宫嫔缕金于面，皆以淡妆”。北宋苏汉臣的《妆靓仕女图》中描绘了一正在梳妆打扮的女子，画中有一圆筒形多层套奁，女子淡雅清丽的面部形象通过桌面上的镜子表现出来。南宋陈清波的《瑶台步月图》、元代钱选的《贵妃上马图》等绘画作品中也可以发现宋元时期女子恬静淡雅的妆面形象（图6-4-13）。

[47] 陈晶、陈丽华：《江苏武进村前南宋墓清理纪要》，《考古》1986年第3期。

[48] 河北省文物研究所、保定市文物管理处编《五代王处直墓》，文物出版社，1998，彩版23。

[49] 中华珍宝馆，http://g2.ltfc.net/view/SUHA/622821467498313406786865，访问日期：2023年6月16日。

[50] 苏州博物馆，https://www.szmuseum.com/Collection/List/ctww?page=2，访问日期：2023年6月16日。

《妆靓仕女图》（局部）
苏汉臣　北宋[51]

《瑶台步月图》（局部）
陈清波　南宋[52]

《贵妃上马图》（局部）
钱选　元[53]

图 6-4-13　宋元时期绘画中的女子妆面

五、别有洞天的明清时期妆奁

随着明统一万历年间海禁的解除，生长于南洋地区的硬木，即花梨木、紫檀木、酸枝、鸡翅木、乌木等热带木材被引入中国，这类硬木具有抛光面光洁、加工性能好、耐久性强、色泽纹理美等优点，被广泛运用到家具制造业中。以“苏作”为代表的工匠群体很好地在家具制造中开发了硬木材质的特性，他们擅长木材选料、器具的造型与比例设计、各结构连接处的榫卯设置、器物的边角处理以及精美细腻的雕刻技艺等，创造出简洁流畅、浑然天成的“明式家具”。明清时期的妆奁也深受其影响，出现了众多硬木材质的明式家具风格的妆奁。硬木材质家具出现以后，漆器家具虽然有所减少，但漆器技艺仍在明清时期持续发展，故而此时仍然有部分漆器妆奁。总体看来，明清时期的妆奁主要有折叠式和家具式等类型。

（一）明清时期的折叠式妆奁

宋代方形箱式奁已经出现镜架与妆奁的结合，但彼时妆奁的形制还较为简洁，明清时期在延续前代方形箱式奁基本结构的基础上，发展出更加精致的折叠式妆奁（图6-4-14）。例如，现藏上海博物馆的一件明代“黄花梨折叠式镜台”，黄花梨木材质，整体呈方体造型。顶面支起后与奁身呈约60°斜面，用作支撑铜镜的背面，顶面下方安装有一荷叶式镜托以稳固镜身。奁身下部有一对门扇，打开后内里有两层抽屉，上层有两个小抽屉，下层有一个大抽屉，底部有钩状四足。这件妆奁风格较为质朴，未添加不同材质颜色的装饰内容，仅在顶面中间做四簇云纹组成的菱形镂雕及其四周的螭纹浮雕。在宋代结构的基础上，

[51] 中华珍宝馆，http://g2.ltfc.net/view/SUHA/6089867eaec69d5015f5f642，访问日期：2023年6月16日。
[52] 中华珍宝馆，http://g2.ltfc.net/view/SUHA/608a61b2aa7c385c8d94489e，访问日期：2023年6月16日。
[53] 中华珍宝馆，http://g2.ltfc.net/view/SUHA/608a61afaa7c385c8d9444a4，访问日期：2023年6月16日。

明清时期还发展出更利于搬运的皮箱式妆奁，其外部造型似“大方扛箱”，内部展开后则为典型的折叠式妆奁。例如，现藏故宫博物院的一件清代中期“黑漆描金嵌染牙妆奁”，内里为木胎，通体髹黑漆，整体呈方体造型。分上下两部分：上部有可开合的翻盖，半开状态可用于支撑铜镜；下部为一对左右开合的小门，打开小门后，可以看到位于内里两侧的两对小抽屉、中间的一对镂空小门和底部的一个大抽屉，可谓别有洞天。该妆奁运用染牙、戗金和雕刻多种装饰手法，十分富丽华贵，周身有以染牙技艺装饰的吉祥图案，顶面有蝙蝠、菊花、蟠桃、如意纹和莲花纹，正面两扇门镶嵌对称的梅花、菊花、水仙、山茶和蝴蝶图案，侧面饰梅花、蝴蝶等纹样，内部抽屉表面也做类似的装饰。打开上部翻盖后，可以看到铜镜下方有以镂雕和浮雕手法雕刻的复杂纹样；打开下部两扇门后，能看到门扇内部有以戗金手法刻绘的山水楼阁绘画。这件妆奁的细节部件也十分精致，锁闩、枢纽皆为镀金银材质，其表面皆有錾刻的细致纹理，奁身的上下部连接处有云纹造型的锁闩，两侧有方便搬运的把手，各个抽屉连接处皆有合页，抽屉上有蝙蝠、鱼等造型的纽扣。

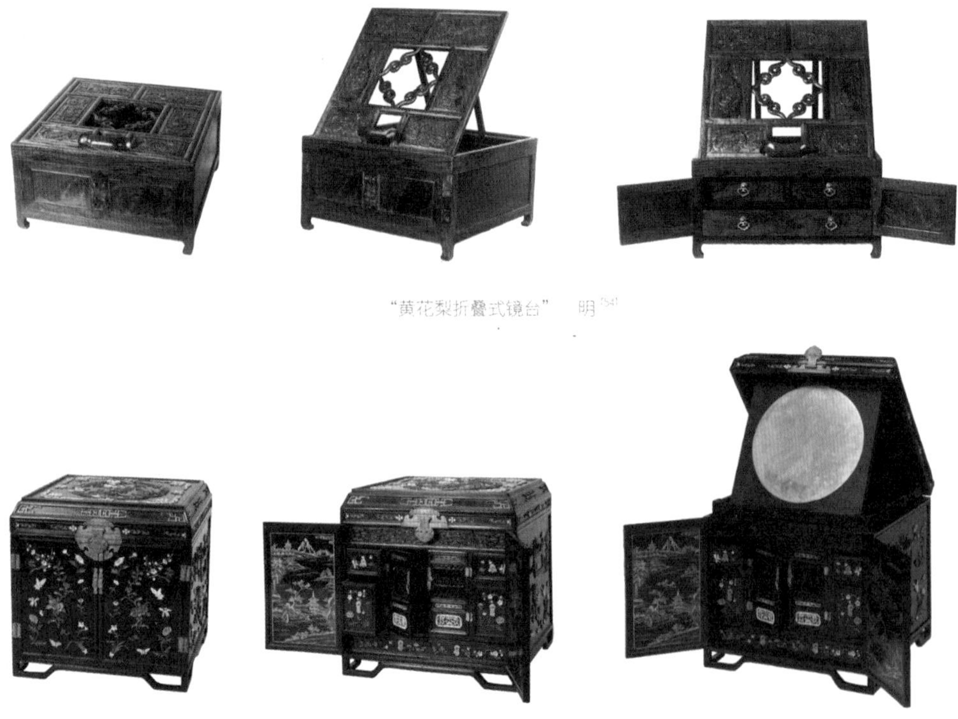

“黄花梨折叠式镜台” 明[54]

“黑漆描金嵌染牙妆奁” 清[55]

图 6-4-14 明清时期折叠式妆奁

[54] 上海博物馆，https://www.shanghaimuseum.net/mu/frontend/pg/article/id/CI00000307，访问日期：2023年6月18日。

[55] 故宫博物院，https://www.dpm.org.cn/collection/lacquerware/230193，访问日期：2023年6月18日。

（二）明清时期的家具式妆奁

明清时期的妆奁既吸收了宋代妆奁的镜架结构，也汲取了宋代镜架融合其他家具形制的做法，创造出带有屏风、宝座样式镜架的家具式妆奁。例如，故宫博物院收藏的一件明代“黄花梨木雕凤纹五屏风式镜台”，黄花梨木材质，分为上、下两部分，其下部与前两种妆奁下部结构类似。较有特色的是上部的镜架造型，其镜架取法五屏风造型，屏风垂直地嵌入妆奁顶面作为镜面的支撑面，其中位于中间的屏风最高，余下两组屏风高度向两侧递减，各个屏风尖端处延伸出龙头、凤头造型的搭脑。屏风镜架被望柱栏杆造型的四个矮面围合起来，正面中间做三分之一大小开口。整个屏风镜架以精致细腻的镂雕手法做丰富饱满的装饰图案，中间屏风的中间为“龙凤共舞”的圆形图案，其上下分别有两组缠莲纹，其余两对屏风做对称4组龙纹与缠莲纹。围栏上则是以浮雕手法雕刻的龙纹与缠莲纹，与屏风上的镂雕图案形成虚与实的视觉对比。相较于上部繁多的装饰内容，该妆奁下部则处理得十分简洁，仅在底部施加壶门式牙板，形成鲜明的繁简对比。与其类似的妆奁还有上海博物馆藏清代“黄花梨木宝座式镜台”，以及放置于紫禁城储秀宫西梢间内梳妆台上的一件“五屏风式镜台”，为我们还原出古人使用妆奁的真实场景（图6-4-15）。

明清时期社会文化对妇女的压制与束缚，较之宋代有过之而无不及，尤其在“心学”思潮的影响下，一反儒家“温柔敦厚”的审美标准，发展出一种倾向于男性审美偏好的装扮风格，故而明清女子的梳妆风格在延续宋代简约清淡之风

“黄花梨木雕凤纹五屏风式镜台”　明[56]

“黄花梨木宝座式镜台”　清[57]

紫禁城储秀宫西梢间内“五屏风式镜台”　清[58]

图6-4-15　明清时期家具式妆奁

[56]故宫博物院，https://www.dpm.org.cn/collection/gear/234426，访问日期：2023年6月18日。

[57]上海博物馆，https://www.shanghaimuseum.net/mu/frontend/pg/article/id/CI00004692，访问日期：2023年6月18日。

[58]孟晖：《能横却月，巧挂回风——闺阁中的镜台与镜匣（上）》，《紫禁城》2006年第1期。

《人面桃花图》（局部） 张纪 明[59]

《王蜀宫妓图》（局部） 唐寅 明[60]

《月曼清游图》（局部） 陈枚 清[61]

图 6-4-16 明清时期绘画中的女子妆面

的基础上，对于肤白、细眉、小嘴、小足、纤瘦的追求发展到了一种极端。例如，明代张纪《人面桃花图》、明代唐寅《王蜀宫妓图》、清代陈枚《月曼清游图》中的女子形象似乎比宋画中的女子多了一些娇媚之态（图6-4-16）。

结语

妆奁作为中国古代女子的百宝箱，其中不仅装载着各种塑造美好面容的小玩意儿，还包含了姑娘们对美好生活的期许。着眼于中国古代妆奁形制与结构设计的演变，可以看到其中显示出逐渐优化的收纳效率与实用性。首先，妆奁从分散于各种器型之中到整合于一种器型；其次，妆奁由简单的独立、单层结构发展为复杂的多子、多层、折叠式结构；最后，妆奁由单一的收纳功能发展到镜架功能。着眼于妆奁的材质演变，相继出现了青铜奁、漆奁、瓷奁、硬木奁等，每次新材料的使用都为妆奁带来崭新的设计面貌。着眼于妆奁整体视觉风格的演变，可以发现其与历代女性的审美观念存在互动，从汉代的原生典雅之美，到隋唐五代的华贵艳丽之美，再到宋元时期的简约清淡之美，以及明清时期的娇媚之美，妆奁和妆容共同为我们再现出古代女性梳妆生活的趣味文化景观。在当下，对于美好面容的追求仍然是女子的生活乐趣，并且越来越突破性别的界限，开始成为男子的一种生活方式。但也可以看到，美妆产品在中国商品市场上极具生命力的同时，我们的妆容风格与产品包装设计却缺少本土文化的基因，尤其欠缺对于梳妆用品储物器具这一产品线的开发，对此中国古代风格各异、形态多样的妆奁或许能够为我们提供一些灵感。

[59] 中华珍宝馆，http://g2.ltfc.net/view/SUHA/608a61acaa7c385c8d9440b5，访问日期：2023年6月18日。
[60] 中华珍宝馆，http://g2.ltfc.net/view/SUHA/61437a6bee2b0c438ccdd545，访问日期：2023年6月18日。
[61] 中华珍宝馆，http://g2.ltfc.net/view/SUHA/608a61a6aa7c385c8d943925，访问日期：2023年6月18日。

第五节　日常货物交换中的标准计量

古代量器是指计量物品数量的专用容器，也指量制体系中公制单位的容量。中国古代以农立国，用于农作物数量计量的器具产生时间最早，类型也十分丰富。基于不同类型量器所形成的量制，也是古代度量衡制度中的一个重要组成部分。量器是公平交易的必要基础，因此量器的设计制作、数量参校及标准执行成为社会经济贸易中极为重要的基石。

量器的发展经历了由人的肢体计量到人造器物计量的演变过程。人造器物也经历了从早期的一物多用到战国时期专用器物的普遍使用、由单件使用到成组使用的发展过程。我国早期的量器应该是利用人身体的某个部位来完成度量活动。目前发现我国最早的量器是甘肃天水秦安县大地湾901号房址出土的一组四件新石器时代原始陶量，已经具备专用与组合使用的特点，也有学者认为它们是祭祀场合中使用的器物，并未成为日常生活中普遍使用的量器。至战国时期，已经形成诸多形制的量器与各自独立的量制体系。秦并六国后统一了度量衡，将商鞅制定的量器作为标准量器，首次建立了较为完整统一的“升斗斛”三量制。新莽时期结合乐律理论与自然物校准方法，形成以“黄钟律”与“累黍法”互校，以“龠、合、升、斗、斛”为五量制，对后世量器与量制均产生了极为深远的影响。南北朝时期：南方社会的量器与量制主要承继汉制，量值波动较小；北方社会历经较大规模的战乱，部分上层官员盘剥百姓，导致量器粗简，量值波动较大。隋唐时期，五量制已经不能满足当时社会的需求，大小两种量制并行使用，同时新增了最大的容量单位“石”。至北宋末期，才将“石”纳入量制体系中来，并将以往小量制的“十斗一斛”调整为大量制的“五斗一斛”。明清时期基本以此为定制，总体未有较为明显的变化，仅仅对部分量器与量制进行审定和局部调整。整体而言，我国的量制体现出从单一到多元的发展态势，量值由小到大的发展变化，量器的设计也呈现出多样化、专业化、精准化和组合式的发展特征。

本节第一部分基于早期文字、出土实物与文献记载，从造字与造物两个方面阐述先秦时期从手形量器到人造量器的转变，由此产生不同形制的量器、容量单位及进制换算方法，中国古代量制体系初步成形；第二部分围绕秦汉时期标准量器的设计与量制的统一，分析黄钟律、累黍法如何完成量器的互校，进而形成影响深远的五量制；第三部分探究南北朝至明清时期量器逐步扩容、量值增大及大小量制并行等问题与历史成因；第四部分从量器的材质、形制与结构出发，归纳总结其基本的设计特征。本节通过对中国古代量器的历时性考察，剖析其发展演变、功能价值以及设计特征等影响因素。

一、从手形量器到人造量器的转变

人类最早进行基准测量的量器应是某种具有一定容量的自然物，人手围合形成的容量空间通常作为早期的量器，可结合早期文字造型与文献记载来看，如"溢""掬""捧""把""秉"。《小尔雅·广量》中记载："一手之盛谓之溢，两手谓之掬。掬，一升也。今俗谓两手所奉为一掬，则数合也。"[1]《诗经·唐风·椒聊》中也有相似记载："椒聊之实，蕃衍盈升。……椒聊之实，蕃衍盈匊。"[2] 此处的 "溢""匊（掬）""升"是每个人都可以用单、双手心围合形成容积空间，且具有一定的倍比关系，因而自然成为一种简便通用的量器。其中"溢"与"升"字与手部并无关系，应是早期形成的容积单位，可见先民已经具备一定的计量意识。除此之外，"捧""把""秉"等带有手形的汉字，也有着相近的计量含义。《穆天子传》中对应记载"捧馈而哭"，是指两手持食物。《说文解字》中记载"把，握也"，《左传·昭公二十七年》中记载"或取一秉秆焉"，上述汉字均是通过手部来计量农作物的多寡，手是量器，也是与计量相关的单位量词（图6-5-1）。这些计量物多为颗粒状的粮食，也充分显示出我国早期计量活动与农产品的交换有一定的关联。

最初的专用量器何时发明，史籍未有明确记载。随着农业生产技术的提升，农产品产量的提高，剩余农产品的数量变多，关于计量的需求增强。氏族社会时

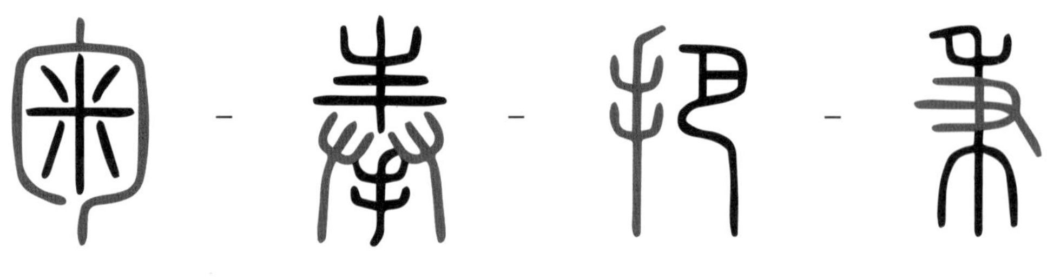

图6-5-1 "捧、掬、把、秉"等文字反映出的手形量器

[1]〔清〕胡承珙：《小尔雅义证》，石云孙校点，黄山书社，2011，第149页。

[2] 陈戍国校注《诗经校注》，岳麓书社，2004，第141页。

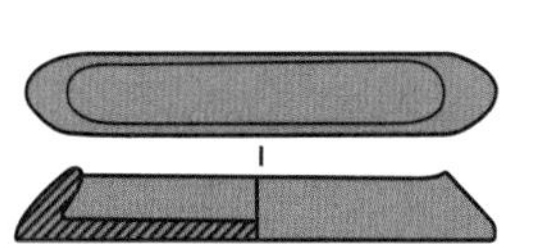

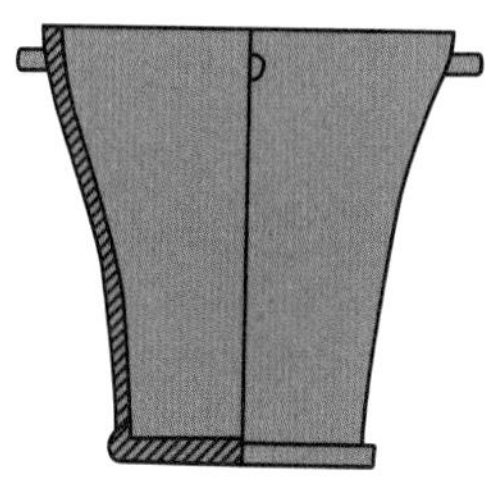

图 6-5-2　甘肃天水出土的四件新石器时代组合式原始陶量

期，部落的管理者进行农产品的再分配，专门用来计量数量的器具成为必要时，量器应区别于一般日用容器，从而确立了其特有的地位。这对量器的设计与制作提出了更高的要求，于是有着固定容积大小的量器开始出现。目前我国考古发现最早的量器是甘肃天水秦安县大地湾901号房址出土的四件新石器时代原始陶量（图6-5-2），包括泥质条形盘、铲形抄、箕形抄和四把深腹罐各一件，部分带有把手，外表饰有简单的弦纹[3]。四件量器的形制和尺度有较大差异，有学者认为用于祭祀，但其容积有着较为明确的倍比关系，具体换算关系为10条形盘等于1铲形抄、2铲形抄等于1箕形抄、5箕形抄等于1深腹罐。这些原始陶量的出现不仅表明该组器物的功能有着一器多用的过渡性特征，也从另一个侧面反映出量器已经从手形量器逐步向人造量器过渡，并且形成具有大小进制关系的组合式量器。

相关传说中有较多关于度量衡制度的记载，并将其视为治理国家、维护社会秩序的重要手段。例如《大戴礼记·五帝德》中记载黄帝“治五气，设五量，抚万民”，治理五行之气，设置五类计量标准，安抚天下万民。《世本·帝系》载少昊“同度量，调律吕”，统一度量，调校乐律。《左传·昭公十七年》中有“五雉为五工正，利器用、正度量，夷民者也”[4]，少昊时掌工务的五种工官，改善器物的使用，校正度量衡，使民众得以公平交易。可见，这些氏族首领和圣贤帝王在具体的治理实践过程中，逐渐加深了有关度量衡单位基准、量制换算、制造标准量器等方面的认识。

目前考古未见夏、商、西周时期的专用量器或带有容量铭文的器具。从记载西周时期贵族礼制的《仪礼·聘礼》中可知，当时计量米粟为“十斗曰斛，十六斗曰籔，十籔曰秉”[5]。斗、斛、籔与秉均为具有计量功能的量器，四者有一定的进制换算关系，其中秉的量器可能继承自新石器时代的一种手形量器，这反映出当时的量器尚处于发展过渡阶段。根据现已出土的量器实物可知，至战国

[3] 甘肃省文物工作队：《甘肃秦安大地湾901号房址发掘简报》，《文物》1986年第2期；赵建龙：《大地湾古量器及分配制度初探》，《考古与文物》1992年第6期。

[4] 郭丹、程小青、李彬源译注《左传》下册，中华书局，2012，第1846页。

[5]《十三经注疏》整理委员会整理《仪礼注疏（十三经注疏）》，北京大学出版社，2000，第548页。

时期各诸侯国已普遍有官方颁发的统一标准的量器，各国又因政治、经济制度不同以及地域差异，形成了多种单位的量器与进制标准，也从一个侧面反映出当时社会可供交换的物品种类的不断增加和交换范围的持续扩大。如图6-5-3所示，通过梳理先秦时期的出土实物、刻铭以及文献记载，可以发现此时各国的量器名称、容量单位语汇丰富，来源多元，量器的种类与形制纷繁多样。相较于早期的手形量器，此时用于计量的器物主要为各种人造量器，具体包括籔、升、斗、斛、豆、区、釜、钟等。部分量器名称与日用器或礼器的名称相同，应该是延续了一器多用的方式。此外，战国时期成书的《考工记》中有关于“栗氏量”的记载：“栗氏为量，改煎金、锡则不耗，不耗然后权之，权之然后准之，准之然后量之，量之以为鬴。深尺，内方尺而圜其外，其实一鬴。其臀一寸，其实一豆。其耳三寸，其实一升。重一钧。其声中黄钟之宫。槩而不税。”[6]该器将鬴、豆、升三种不同容积的量器集于一体，并对金属材质、形制尺寸、容积计量及检测校验有着较高的技术要求。这不仅代表着当时数学、物理与冶金等方面的最高科学成就，而且为新莽时期五量合一的新嘉量奠定了良好的发展基础。上述出土及文献记载的量器，其进制换算的细节虽然尚未完全得知，但在秦统一六国后最终实现了全国范围内统一、稳定的量制标准。

图6-5-3 先秦及秦代量器名称与容量单位演变图

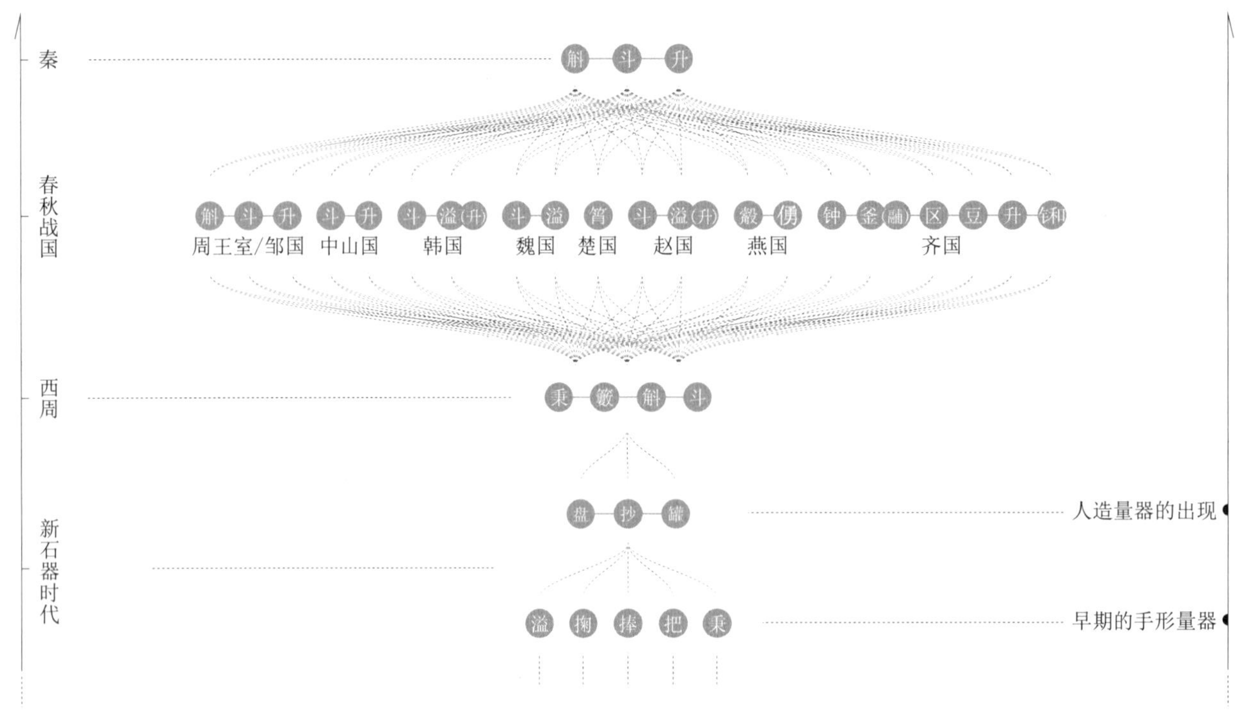

[6] 闻人军译注《考工记译注》，上海古籍出版社，2008，第55页。

二、量器的统一、校正与完备

（一）标准量器与量制统一

战国晚期著名的政治家、改革家商鞅辅佐秦孝公实行变法时，便通过改制户籍、税收以及度量衡等一系列政治经济制度，为秦国统一打下了坚实的基础。《史记·商君列传》中记载："集小（都）乡邑聚为县，置令、丞，凡三十一县。为田开阡陌封疆，而赋税平。平斗桶权衡丈尺。……居五年，秦人富强。"[7]商鞅制定了统一的度量衡制度，明确提出"平斗桶权衡丈尺"的改革主张，在确立单位制、确定度量衡技术标准以及设计制造官方标准器等方面进行了全面的革新，其中量器以商鞅方升为典型代表。晚清时期，秦国商鞅方升出土于陕西省蒲城县平路庙乡寺坡冶炼遗址，现藏于上海博物馆。其器形为长方形带柄量器，内凹，直壁，通长18.7厘米、宽12.5厘米、高2.32厘米，重0.7千克（图6-5-4）。由所刻铭文可知，此器制作于战国时期秦孝公十八年（前344），由时任秦国大良造的商鞅监制，规定量值标准为1升，折合今制200毫升，实测容积为202.15毫升[8]。方升初置于"重泉"（今陕西蒲城县），后转发至"临"地（今山西临县）[9]。

秦始皇统一六国并建立了我国历史上第一个中央集权的封建王朝，为保障政令推行、赋税征收以及经济往来，通过法律政策制定并施行统一度量衡的国家计量标准。国家标准量器之一沿用商鞅方升，并在底部加刻秦始皇二十六年（前221）统一度量衡的诏书："乃诏丞相状、绾，法度量则不一歉疑者，皆明一之"（图6-5-5），以保障全国范围内的量制统一。据现有的考古发现，全国范围内已陆续出土20余件刻有秦始皇诏书的标准量器，经实测单位量值折合今制均在200毫升左右。综合方升的器物设计、铭文铸刻、出土地域分布以及实测量值等因素，秦

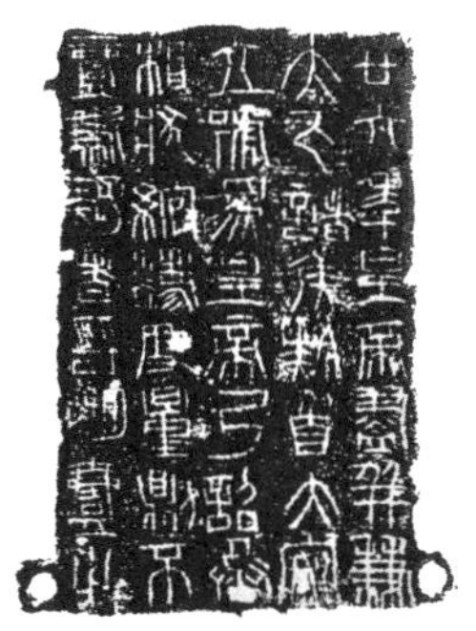

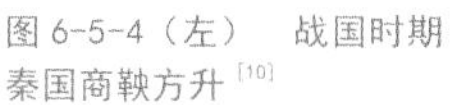
图6-5-4（左）　战国时期秦国商鞅方升[10]

图6-5-5（右）　战国时期秦国铜诏版

[7]〔汉〕司马迁：《史记》，岳麓书社，1988，第524页。

[8]马承源：《商鞅方升和战国量制》，《文物》1972年第6期。

[9]丘光明：《再谈商鞅方升》，《中国计量》2012年第8期。

[10]上海博物馆，https://www.shanghaimuseum.net/mu/frontend/pg/article/id/CI00000346，访问日期：2023年5月14日。

图 6-5-6（左） 秦两诏铜椭量[11]

图 6-5-7（右） 秦始皇诏陶量[12]

国曾将代表统一量制标准的方升推行至全国，以维护并巩固新生政权的稳定。秦国商鞅方升的出现，与文献中的相关记载互为印证，是研究秦代官方标准量器设计、度量衡制度以及重大历史阶段政治经济制度改革的重要物证。从同期出土刻有诏文的椭圆形带柄青铜量器与圆形陶制量器来看（图6-5-6、图6-5-7），说明即便是在统一的度量衡标准颁布以后，仍并行多种形制的标准量器。

（二）黄钟律、累黍法与五量制的互校及定型

汉承秦制，西汉时期的量器实物广泛分布在全国各地，表明量制已经成为国家政治经济制度中的一项基本国策。汉代依旧沿用商鞅制定的量制及标准器，凡是由官方颁发的标准量器，其单位量值基本保持统一，每升约定值皆为200毫升。尽管有大量量器实物存世，但缺乏系统的文字记载。西汉末年王莽篡汉，为寻求统治的合法性，命刘歆等学者依据《周礼》古制对度量衡制度进行改革，结合黄钟律、累黍法相互校正，进一步丰富和完善了度量衡体系，并一直为后世所遵循。

1. 量制的原初基准黄钟律

我国在周代便已形成颇为完善的礼乐制度，来维护社会秩序中的人伦和谐，其中乐律也对量制产生了重要的影响。《吕氏春秋·古乐》中记载："昔黄帝令伶伦作为律。……取竹于嶰溪之谷，以生空窍厚钧者，断两节间，其长三寸九分而吹之，以为黄钟之宫，吹曰'舍少'。次制十二筒， 以之阮隃之下，听凤皇之鸣，以别十二律。其雄鸣为六，雌鸣亦六，以比黄钟之宫，适合。黄钟之宫皆可以生之，故曰黄钟之宫，律吕之本。"[13] 此处假托黄帝，命乐官伶伦取厚薄均匀的竹子制作音律管，又以音频稳定、声音优美的一种鸟鸣声为基准，两音相合便将其定为"黄钟之律"，即古代十二律中六种阳律的第一律，也称为黄钟管或黄钟律管。《尚书·尧典》载"同律度量衡"，唐代孔颖达注疏："律者，候气之管，

[11] 国家计量总局、中国历史博物馆、故宫博物院主编《中国古代度量衡图集》，文物出版社，1984，第65页。

[12] 同上书，第74页。

[13]〔汉〕高诱注《吕氏春秋》，〔清〕毕沅校，徐小蛮标点，上海古籍出版社，2014，第102—103页。

而度、量、衡三者，法制皆出于律。”这种计量与乐律的对应关系，一方面正是礼乐制度的具体体现，另一方面显示出先民对自然界各类事物的实际观察和抽象总结能力。

此律管不仅是其他十一乐律的调校基准，还是整个度量衡的原初基准。竹制的黄钟律管在发音之外，还有尺度、容量和重量三个物理量。随着律管所产生的不同音高，其长度、容量和重量也会产生相应变化，四者存在明显的动态正相关关系。但在古代的技术条件和实际操作中，同样的声音很难被准确、恒定且可重复地测定和记录，更难以对其他变量进行相互校准，因此人们逐渐开始寻求其他方法进行合理的验证。

2. 可重复验证的累黍法

累黍法是指将1200粒体积大小适中且相等的黍子，依次装入黄钟律管，其装填数量与容积正好相等。《汉书·律历志上》中记载："量者……本起于黄钟之龠，用度数审其容，以子谷秬黍中者千有二百实其龠，以井水准其概。"[14]从中可知量制的起源出自黄钟律管，此处的"龠"既是该管的别名，也是最基本的量制单位。"用度数审其容"表明容积的测定先是以长度为基准。该书中也记载："度者，……本起于黄钟之长。以子谷秬黍中者，一黍之广，度之九十分，黄钟之长。……权者……本起于黄钟之重。一龠容千二百黍，重十二铢，两之为两。"可见，度、量、衡三种计量器具的测定均是通过秬黍来完成的，因此黄钟律管实则是最为基本的标准器。东汉时期蔡邕《月令章句》中记载："黄钟之管长九寸，孔径三分，围九分。"结合汉代平均长度与容积公式的计算，黄钟律管的长度折合今制为20.79厘米，直径为0.782厘米，容积为10毫升[15]。这种累黍计算容积的方法建立在物理量的自然基准之上，通过遴选体积相当的谷物黍子，可以较为准确、恒定且可重复地进行计量、换算和互校。如此设计，有效地将乐律与度、量、衡结合起来，在当时的社会生产和科学测量条件下具有一定的先进性。

3. "龠、合、升、斗、斛"五量制的创立

汉代在秦"升、斗、斛"三量制的基础上，以黄钟乐律为理论基础、律管为实物根据，并有累黍法参校验证，进一步发展成容积细分、进位合理的"龠、合、升、斗、斛"五量制。《汉书·律历志上》中有着较为详尽的记载："量者，龠、合、升、斗、斛也，所以量多少也。……合龠为合，十合为升，十升为斗，十斗为斛，而五量嘉矣。其法用铜，方尺而圜其外，旁有庣焉。其上为斛，其下为斗。左耳为升，右耳为合龠。其状似爵，以縻爵禄。上三下二，参天两地，圜而函方，左一

[14]〔汉〕班固：《汉书》，中华书局，2007，第113—114页。

[15]孙机：《汉代黄钟律管和量制的关系》，《考古》1991年第5期。

右二，阴阳之象也。其圜象规，其重二钧，备气物之数，合万有一千五百二十。声中黄钟，始于黄钟而反覆焉，君制器之象也。龠者，黄钟律之实也，跃微动气而生物也。合者，合龠之量也。升者，登合之量也。斗者，聚升之量也。斛者，角斗平多少之量也。夫量者，跃于龠，合于合，登于升，聚于斗，角于斛也。职在太仓，大司农掌之。”[16]从中可知，量器名称与容量单位的名物传统也体现在新莽时期的“龠、合、升、斗、斛”中，五者由小到大依次采用十进制的方式进行换算，其中龠的体积与容积最小，斛为最大。从出土实物和传世品及其自带刻铭来看，该时期的量器与文献记载高度相符。这些量器种类较多，形态各异，不仅包含“龠”“斗”“斛”等常规量器，同时包括“撮”“量”等特殊量器（图6-5-8至图6-5-11），集中体现了该时期量器与量制发展繁盛的情形。量器上的刻铭一般分为“计量”与“监制”两类（表6-5-1）。其中量器的名称、尺度、容积换算等计量内容一般錾刻于外壁、柄面等较为显眼之处，而监督制作的日期及人员多位于较为隐蔽的器底，表明官方颁制与贯彻标准量器的决心。

这些量器中又以台北故宫博物院所藏的铜嘉量最为典型（图6-5-12）。该器以斛为主体，圈足为斗，左耳为升，右耳上合下龠，将五种不同的量器整合为一体。外壁正面有81字总铭，背面分别錾刻五量的直径、深度和容积。铜嘉量是在战国时期三量合一的“栗氏量”基础上进行的创新设计，根据《考工记》中关

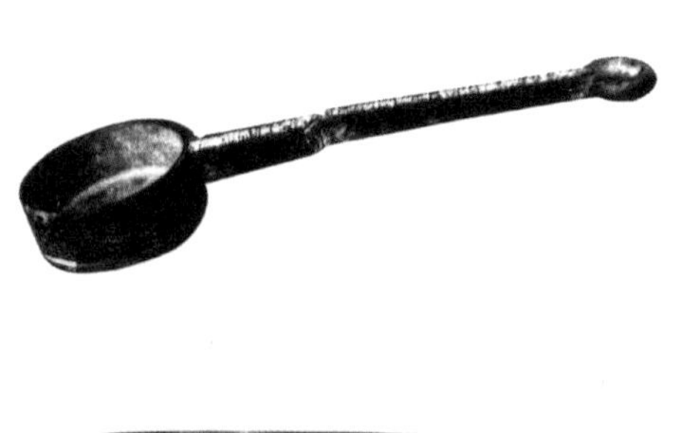

图6-5-8（左） 新莽时期铜龠[17]

图6-5-9（右） 新莽时期铜方斗[18]

图6-5-10（左） 新莽时期灏仓铜平斛[19]

图6-5-11（右） 新莽时期铜撮[20]

[16]〔汉〕班固：《汉书》，中华书局，2007，第113页。

[17] 国家计量总局、中国历史博物馆、故宫博物院主编《中国古代度量衡图集》，文物出版社，1984，第86页。

[18] 同上书，第84—85页。

[19] 同上书，第88—89页。

[20] 同上书，第87页。

表 6-5-1 新莽时期标准量器龠、斗、斛上的铭文

量器种类	计量铭文	监制铭文
龠	律量龠，方寸而圜其外，庣旁九毫，冥百六十二分，深五分，积八百一十分，容如黄钟	“始建国元年正月癸酉朔日制”
斗	律量斗，方六寸，深四寸五分，积百六十二寸，容十升	“始建国元年正月癸酉朔日制”，底边分别刻“嘉禾”“嘉麦”“嘉豆”“嘉黍”
斛	灏仓铜十斗斛，重五十八斤	“始建天凤元年三月戊前□□调工齐长造，灏仓平斛”

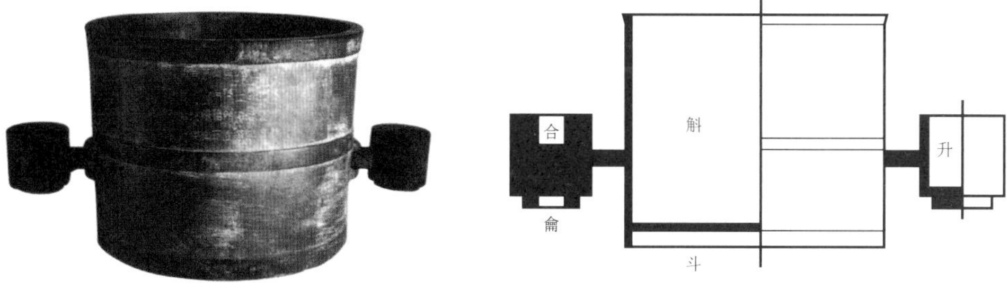

图 6-5-12 新莽时期铜嘉量

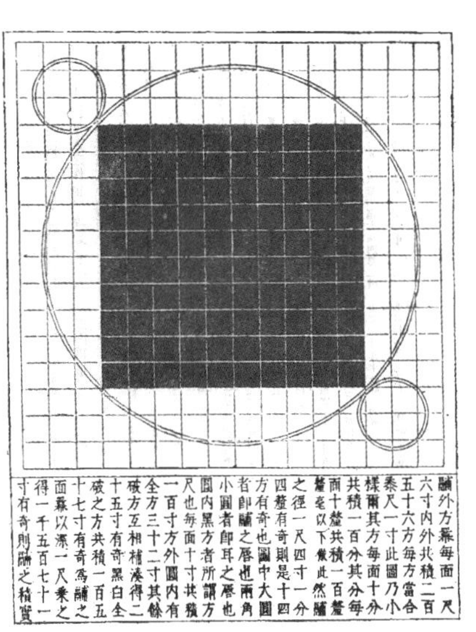

图 6-5-13 明代历算学家朱载堉对新莽铜嘉量的审定

于栗氏量“内方尺而圜”的记载可知，铜嘉量与栗氏量都需要先制作边长一尺的正方形，后在其外部接圆形（图 6-5-13）[21]。可见，战国至汉代的工匠通过对圆形量器圆周长、面积的演算与制作过程，发现了数学及物理学中普遍存在的圆周率，为制作规范量器、精确换算容积提供了科学严谨的数理依据。根据铜嘉量的铭文，可以推算出当时所用圆周率为 3.1547，与今天的圆周率十分接近，这使其成为当时领先世界的重要科学成就之一。刘歆等人根据一汉尺（今制 23.1

[21]〔明〕朱载堉：《律学新说》，冯文慈点注，人民音乐出版社，1986，第 225 页。

厘米）与一斛容积（2000毫升）的实际情况，求得圆的直径与周长，并对应延长直径长度“庣旁九厘五毫”，以使圆周与体积相合。铜嘉量制作精准，刻铭详尽，量值及容积计算方法明确，集中反映了该时期度量衡制度的完备。这一量制具有较强的科学性与可操作性，此后量制基本定型，并最终影响后世近2000年。

汉代标准量器定期由官方统一检校成为一项普及性制度。战国时期《吕氏春秋》“仲春纪”与“仲秋纪”中分别记载：“仲春之月，……日夜分，则同度量，钧衡石，角斗桶，正权概。……仲秋之月，……日夜分，则一度量，平权衡，正钧石，齐斗甬。”[22]这表明至迟在战国时期已创立量器的检校制度。汉代由“掌诸钱谷金帛诸货币”的大司农负责在春秋两季对官方颁发的量器进行统一检校，并将检查与校验结果刻镶于量器外壁。例如，河南睢州出土的东汉时期光和二年（179）大司农铜斛（图6-5-14），其口沿与底部皆刻有相似铭文：“大司农以戊寅诏书，秋分之日，同度量、均衡石、桷斗桶、正权概，特更为诸州作铜斗斛、称尺，依黄钟律历、九章算术，以均长短、轻重、大小，用其七政，令海内都同，光和二年闰月廿三日，大司农曹祾、丞淳于宫、右仓曹掾朱音、史韩鸿造。”

三、量器的扩容与革新

（一）量值增大与大小量制并行

三国两晋南北朝时期的量制整体呈现出从前期相对平稳到后期陡然升高的发展态势，特别是在北朝时期一升的平均量值由原先的200毫升激增至600毫升，为中国量制发展史上首次大幅上涨。北朝时期量值的抬升集中反映出当时中国北方正在经历相对频繁的政权更迭和社会战乱。通过文献记载可知，当时

图6-5-14 东汉光和大司农铜斛[23]

[22]〔汉〕高诱注《吕氏春秋》，〔清〕毕沅校，上海古籍出版社，2014，第25、102—103页。

[23]国家计量总局、中国历史博物馆、故宫博物院主编《中国古代度量衡图集》，文物出版社，1984，第93页。

量值激增为新莽时期的2至3倍，并出现了“南人适北，视升为斗”的量制乱象。量值增加，而量器容积以及社会民众的使用习惯未变，便于统治阶层剥削百姓，同时形成了历史上的“大制”与“小制”（汉制）。究其原因，是鲜卑贵族与汉族官吏、地主勾结，任意增大尺、斗、秤，恣意掠夺而不受法律的约束[24]。隋朝继承北周政权一统中国后，量制重回正轨。开皇十九年（599），冀州刺史赵煚考校制作“铜斗铁尺，置之于肆”，隋文帝杨坚“令颁之天下，以为常法”。隋炀帝时欲恢复古制，未等施行国家便陷于分崩离析，所以民间仍旧维持大、小二制的并行状态。唐代首次在《唐六典》中，以法律条文的形式将并行多年的大、小二制确定下来，并明确规定了其比例换算关系为3∶1。以升为例，此时大制的一升折合今制为600毫升，小制则为200毫升，与秦汉时期相同。除“调钟律、测晷景、合汤药及冠冕之制”之外，其他均使用大制，可见大制对于日常货物交换更为高效便捷。

这一时期的量器实物少有出土，因而对其实际的形制与容积的研究尚待更多考古资料的发现。从历史文献和具有计量信息的题记来看，唐代量器及容量单位亦有扩容与增大的发展倾向，如《唐六典》卷十九“司农寺”条记：“凡受租皆于输场对仓官、租纲吏人执筹数函，其函大五斛，次三斛，小一斛。”中唐时期成书的《夏侯阳算经》（传本）载录：“仓库令、诸量函，所在官造，大者五斛，中者三斛，小者一斛，以铁为缘，勘平印书，然后给用。”从中可知大容量器“函”不仅比五量制中最大的量器“斛”有着更多的容积，而且根据容积多少还分为大、中、小三个不同的器型。在《通典·食货·轻重》中记载唐天宝八年（749）国家库存粮9600余万石，……诸色仓总计1265.7万石[25]。河南洛阳含嘉仓窖19砖铭记录：“□州六千七百十八石六斗六升八合正。”[26]以上资料一方面表明唐代粮食增产，以往斗、斛等较大容量单位已不适用大量的谷物计量；另一方面容量单位“石”已在唐代的官修典籍与国家粮仓中得到较为广泛的使用。由于社会生产力得到不断发展，因此量器容积、量值大小以及容量单位也随之产生新的变化，以适应新的形势。

（二）容量单位“石”“斛”的调整与量器的持续审定

宋元时期农业生产发展良好，粮食产量较前期大为增加，无论是国家储粮还是家庭收成都处于较为富足的状态，因此唐代社会日常货物交换中普遍使用的容量及权重单位“石”逐步纳入量制体系中。这一时期尚未发现量器实物，仅能从其他具有计量信息的器物及文献中推论当时的量制。北宋末期的量制改革正式将“石”确立为当时施行的最大容量单位，并明确规定1石为2斛，1斛为5

[24] 丘光明：《中国古代度量衡》，商务印书馆，1996，第127页。

[25] 河南省博物馆、洛阳市博物馆：《洛阳隋唐含嘉仓的发掘》，《文物》1972年第3期。

[26] 同上。

斗，也称为“二斛为一石制”与“五斗斛制”。同时，相较于宋代以前“十斗为一斛”，此时革新为“五斗为一斛”，其容量比较适中，在使用和折算时均较为方便，故而五斗斛取代其他斛量，使得量制更为精细化。相关学者考证，五斗斛创行于北宋末南宋初，到孝宗、光宗时期逐步推广，宁宗以后至南宋灭亡，是“五斗斛制”与“二斛为一石制”广泛使用的阶段，直至元代才被确定为全国通行的制度[27]，至此我国古代的量制单位体系始得完备。《元史·食货志》中的一段记载“世祖取江南，命输米者止用宋斗斛，以宋一石当今元七斗”，从侧面反映了元代的量制及量器多承袭宋制。

明清时期对量制的管理殊为重视，特别是入关建立清朝的满族统治者，为强化对全国的统治，自清世祖顺治以来曾多次审定、颁发度量衡制度。其中较为重要的有康熙五十二年（1713）、乾隆七年（1742）先后颁布御制《律吕正义》与《律吕正义后编》，一再定制量表。康熙皇帝甚至亲自累黍定黄钟之制，并制定度量衡表，以寸法定容。根据清工部营造尺长32厘米来推算，得清一升的标准容积为1035.4688毫升[28]。现保存有清代康熙时期的户部铁方升1件（图6-5-15），是由专管赋税的户部颁发制作的标准量器，实际容积为1043毫升，这与《清会典》所记一升的标准容积基本一致。乾隆皇帝也曾将清宫旧藏的新莽铜嘉量进行仿制（图6-5-16），以寻求统治的正统性。清代官方颁发的量器也保留较少，现存几件多为地方复制的各级标准器，以及民间所用量器，容积虽有出入，但基本符合清制。例如河南省内乡县衙大堂发现清代道光十六年（1836）标准石斗（图6-5-17），整体呈长方形，厚壁，中心内凹，正面一侧有长约5厘米的孔槽，方便被测粮食的流出。正面刻铭文“行内斗升不足者，除禀官究责外，罚钱一千文。行头胡德校准行斗，永以为式”。可见，晚至清代，粮食、量器与征税验收，依然是我国封建社会长期延续发展的一项基本国策。

图6-5-15（左） 清康熙户部铁方升[29]

图6-5-16（中） 清乾隆仿新莽铜嘉量[30]

图6-5-17（右） 清道光十六年标准石斗[31]

[27] 郭正忠：《三至十四世纪中国的权衡度量》，中国社会科学出版社，2008，第330页。

[28] 卢嘉锡总主编，丘光明等：《中国科学技术史·度量衡卷》，科学出版社，2001，第427页。

[29] 国家计量总局主编《中国古代度量衡图集》，文物出版社，1984，第102页。

[30] 同上书，第272—275页。

[31] 陈见东主编《中国设计全集·第13卷·工具类编·计量篇》，商务印书馆，2012，第132页。

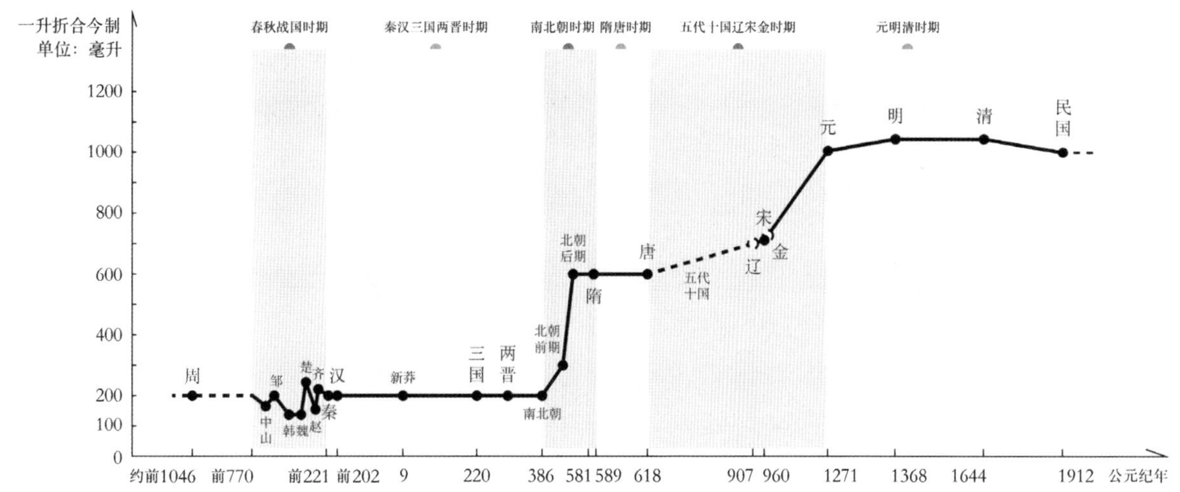

图 6-5-18　中国历代容量单位值发展趋势图[32][33]

总体来看，中国古代量器与量制并行发展，二者呈现出明显的正相关关系，并随着我国农业生产与税收政策的发展而产生相应的变化。自秦统一中国以来，凡是长期处于和平统一、稳定发展的历史时期，一般都会由官方制定、颁布一整套严格的度量衡管理制度。如图6-5-18所示，中国古代以升为容量单位的量值稳定期，分别是秦汉至三国两晋及南北朝至唐、元明清三个阶段，这也正与我国古代国家相对统一、政治经济稳定的历史时期相对应。战国末期周王室式微，诸侯并起，形成多种量制体系，其量值呈现出上下波动的状态。北朝是中国历史上单位量值首次急剧攀升时期，量值增长近300%，其原因是魏晋以后，“以绢布为调，官吏惧其短耗，又欲多取于民，故代有增益”[34]。自北方入主中原的鲜卑等少数民族对度量衡更没有严明的制度，管理混乱，与汉吏联手剥削百姓，致使量值蹿升，官方量制失准失信。这种量器与量值不断增大的趋势在隋唐时期逐步稳定，因粮食增产与量器的使用习惯，形成大、小量制并行的发展局面。五代十国，社会再次进入分裂割据时期，度量衡制度较为混乱，量器规格与类型呈现多样化发展趋势，量值也随着上层官员的盘剥而不断增大。[35]这些特点在辽宋金元时期也得到较多继承，结合该时期少量的量器遗存可知，中国历史上的单位量值迎来了第二次大幅上涨。明清时期，我国的社会政治经济步入相对稳定的状态，量制也逐步回归于稳定。总体来看，历史中的量器尺度与体积呈逐渐增大的态势，清代著名学者阮元认为：“自古利权皆自上操之，官吏之征银帛粟米也，未有不求赢者，数千年递赢之至于如此，此亦不得不然之势也。”[36]因此，从量器及量制的角度，

[32] 丘光明、邱隆、杨平：《中国科学技术史·度量衡卷》，科学出版社，2001，第447页。
[33] 赵晓军：《中国古代度量衡制度研究》，博士学位论文，中国科学技术大学，2007，第168页。
[34]〔清〕王国维：《观堂集林》第4册，中华书局，1959，第938页。
[35] 郭正忠：《三至十四世纪中国的权衡度量》，中国社会科学出版社，2008，第284页。
[36]〔清〕阮元：《积古斋钟鼎彝器款识》，浙江人民美术出版社，2019，第13—14页。

图 6-5-19 中国古代量器的材质分类图

不仅可以管窥我国古代“国家标准”造物活动的发展程度和演进趋势，而且能较好地反映出国家制度建设和施政方针的实际成效。

四、中国古代量器的设计特征

（一）主流的青铜量器

伴随着中国古代社会生产力的不断发展，社会财富日益增加，官方用于征收赋税的专用标准计量器具从饮食、储藏等器具中分离出来，成为执行落实度量衡制度的重要物质载体。量器的材质一般为石、陶、青铜、铁与木等（图 6-5-19），历代常以青铜铸造官方标准量器，取其材料易得、便于成型、坚固少损、以示永固等优势。但量器实物存世稀少，多因朝代更迭、颁布新制，并将前朝量器重新熔铸。民间量器则一般多为木质，结构交接处以铁片加固，且因时代久远，也较难保存。

（二）圆方为主的量器形制

纵观中国古代量器的形制，多以圆形与矩形为主（图 6-5-20），总体呈现出由小、浅、轻转变为大、深、重的形态特征，以适应不断增大的单位容积量值，

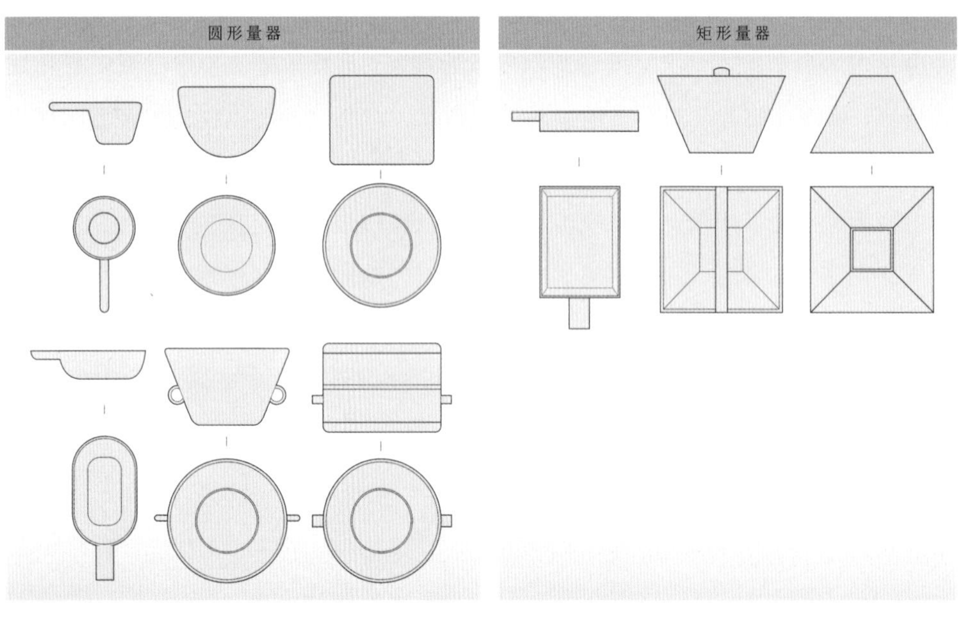

图 6-5-20 中国古代量器形制分类图

借用式手柄
组合式手柄
一体式手柄
战国普及
明代改造
战国时期铜钫
战国时期齐国铜量
秦两诏铜椭量
新莽天凤铜斛
东汉元初铜斛
东汉光和铜斛
清代木斗
清代木斛

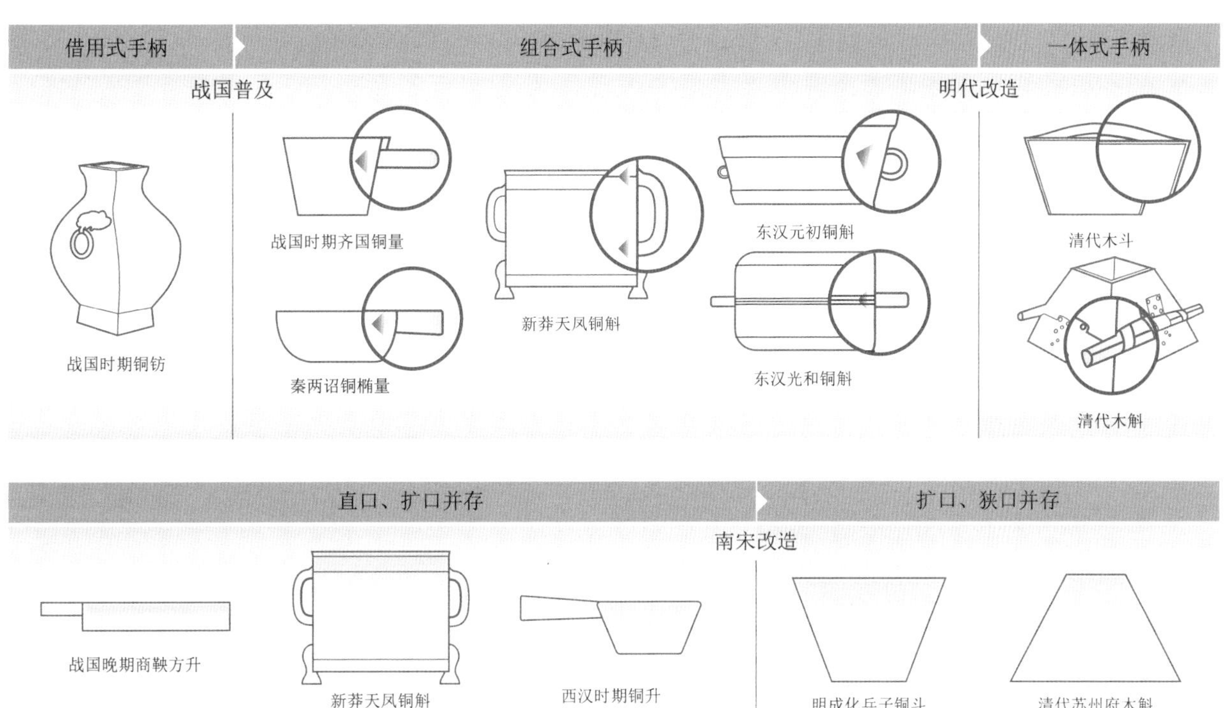

直口、扩口并存
扩口、狭口并存
南宋改造
战国晚期商鞅方升
新莽天凤铜斛
西汉时期铜升
明成化兵子铜斗
清代苏州府木斛
新莽时期新嘉量
东汉光和铜斛
东汉元初铜斛
清代木斗
清代木斛

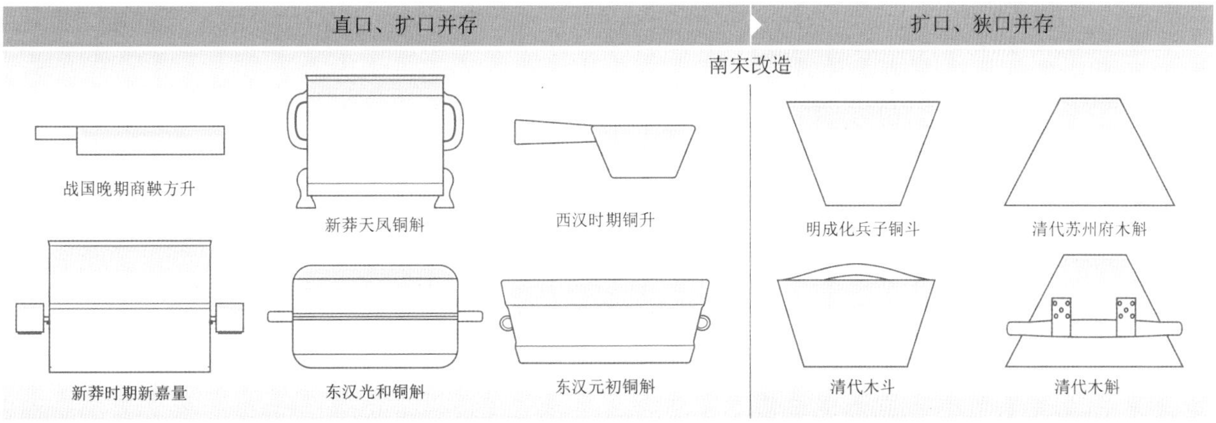

图 6-5-21（上） 中国古代量器手柄形制演变图

图 6-5-22（下） 中国古代量器口部形制演变图

容纳更多的空间体积。以秦商鞅方升折合今制容积的200毫升为基准，在后世朝代所出土的等比例量器中，其容积与量制处在日益增大的动态发展中。与此相应，装倒物体的口部与抬放操持的手柄也处于不断的设计调整之中。如图6-5-21所示，手柄也伴随着量器的发展，经历了由借用、组合到一体式的演变过程。战国时期以前，量器借用饮食、储藏等器具的耳部作为提手，之后逐渐注重量器手柄的设计与改造，如在外部添加勾握的环形把手或长形把柄，方便持握、托举以计量，这在两汉时期出土量器中是较为普遍的手柄样式。随着量器设计制作的日渐专业化，其手柄也通过口沿拼装提梁或器身穿斗手柄等方式，使手柄与器身的设计更显一体化。根据目前出土的量器来看，明清时期这两种手柄的设计获得较为普遍的运用。

量器的口部特征，经历了由直口、扩口并存到扩口、狭口并存的形制演变（图6-5-22）。先秦时期的量器尚有一器多用的影响，且单位量值较小，器物设计与制作多随形就势，其口部形制是直口与扩口并存的状态。秦汉时期标准量器得到统一，“龠、合、升、斗、斛”五量器日渐完备，稳定增产的农业生产促使量器在直口的基础上向着角度更大的扩口形态发展，以便更好地装取农产品。

至南宋时期，丞相贾似道对容积较大、扩口形的斛进行了设计革新，为有效防止谷物的大量洒落，将扩口小底的倒梯形革新为狭口阔底的截顶方锥形，明清时期的斛也多以此为主要形制。这样的设计不仅便于制作量器，保证计量的平准，而且在粮谷倒入、倒出时的盈亏不会相差太大，也有利于防止官府盘剥百姓。其他如升、斗等容积较小的量器则依旧保持扩口小底的形制，以便高效地完成农产品的计量。

结语

量器是度量衡制度中关于容量（积）的专用计量器具，从延传至今与出土的历代量器实物来看，量器的发展逐步由手形量器过渡到人造量器，从饮食、储藏与计量器具的一器多用到专用及组合式量器，整体呈现出专业化、多元化的发展特征。量制相应由“升、斗、斛”三量制发展为“龠、合、升、斗、斛”五量制，扩容并吸纳新的量制单位构建形成合理化的量制体系。量器、量值与量制相统一，决定了三者并行发展的正相关关系。中国古代量器、量值与量制整体呈现出由小到大的演变特征，储物空间的扩容设计、单位容积量值的精准测量和量制体系的合理化发展，客观、真实地反映出我国古代社会生产力的持续提升。

量器的发展、演变与农业生产、社会经济和政治制度的变化密切相关。中国历代文献记载与出土及传世实物表明，量器及量制贯通于整个中国历史。历朝历代对量器及量制极为重视，标准计量器具设计的规范与数理知识体系的完善，对规范经济交换、征收实物赋税、彰显社会公平和保障国家权力等方面均具有重大意义。量器设计从混用到专用、量值标准对应从间歇波动到正常稳定，计量规范从混乱无序到国家标准以及政策的令行禁止，都是最大限度地保障一个国家获得稳定发展的必要前提。

第七章
空间场域下的文娱器具

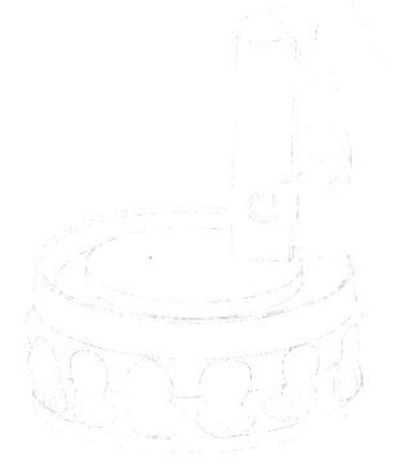

文字产生后，伴随书写活动的日渐频繁与书写流程的规范化，基本书写工具在形制上的改变使其可操控性大为提升。伴随着文人士大夫阶层的兴起，除文房四宝之外，还衍生出多种辅助用具，组成了蔚为大观的文娱器具系统。文人雅士依托书斋空间，不断提升用品的精致化程度，最终审美性超出实用性，使文娱器具成为文人群体独特生活方式的物化表现。

综观国内外关于中国传统文娱方式与设计的研究成果，一方面依托古代文献遗存、考古、馆藏文物及私人收藏等进行证史研究；另一方面展现文人书斋陈设和文化生活的具体事象，总结凝练背后蕴含的因地制宜、拟人肖物的器具设计理念和重情言志、求真尚雅的生活旨趣。着意探究文娱器具与产地自然环境、人文环境间的内在联系，分析其制作的工艺文化和使用的文人文化，进行士、工、商诸阶层的造物设计互动研究，探求传统社会中文人在书斋场域内的生活方式和时代风尚：文人在创制文娱器具时怎样实现功能与审美的统一？书写材料与方式的转变如何促进毛笔形制变革？墨品质的进阶对书写、绘画有什么影响和作用？砚台怎样从以实用为目的的承墨器具转变成文人赏玩的雅器？刻于方寸的印章如何从表征信、别尊卑变为文人之艺？古琴形制的演变如何体现时代的审美特征？

笔、墨、砚、印是中国古代书斋中的基本文房用具。历代文人群体在书斋生活中不断挖掘这些必备之物的使用价值，在提升书写、绘画效果的同时，使个人的审美情趣和艺术主张借助这些载体得到彰显，极大地丰富了文房雅器的文化内涵。

使用软毛书写工具的痕迹早在新石器时代的陶器纹饰上便有清晰的呈现，毛笔不仅居于文房四宝之首，而且被古人称为天地之伟器，伴随着人们传递信息方式的改良和审美意识的提升，毛笔的形态、性能向多样化发展。第一节为“中国传统的书画工具”，在富于弹性的毛制笔类出现后，为了增强笔头的蓄墨量，笔头和笔杆的组合方式从捆缚式变为插纳式，此后制笔工艺更是呈现出择料的精细化和工序的步骤化，形成笔料、结头、择笔和装套四大工序。制笔者对笔杆和笔毫材质的精选，不仅拓宽了材质选择范围，还体现出“就地取材”的造物观念。同时，为提升使用者的悬腕书写体验、适应坐具的增高趋势，制笔业趋向笔毫的软熟化与散毫化，为书法绘画艺术风格的全面发展提供了物质依托。在文人与工匠的不断双向推动下，毛笔最终呈现出选毫贵精、制管重饰的特点。对于中国人而言，毛笔是在漫长的朝代更迭中实现文明可视化的重要工具，中国书画除作为信息载体之外，更具有强烈的艺术审美属性，最终促进了汉文化圈文化艺术的发展与成熟。

墨品最早为先秦时期从自然界提炼的碳素单质矿物，其作为书写载体，改善了文字的传播和储存条件，是印刷术发明与应用的物质前提，更推动了中国书画艺术风格趋于多样。第二节为“落纸如漆的书画色彩”，墨历经了从自然中直接获取到人工干预的发展过程，而墨模的发明及使用，使得中国墨从不规则的“丸”过渡到了规整的“锭”。伴随着历代文人用墨需求的攀升，墨模由多模一锭变为一模一锭，使墨品形制千变万化，推动集锦墨的流行。同时，墨谱大行其道，墨工与文人的通力合作使墨锭成为文人在文化生活中标榜身份和彰显雅趣的重要物品。从世界范围观之，西方墨多因液态而被存放于墨瓶中，无法具备除书写工具之外的艺术属性，而中国墨锭因其所具备的固体形态拥有了巨大的创作和展示空间。除可被研磨为墨液使用之外，更多的墨锭被赋予了审美与收藏价值，提高了书写工具的历史地位。

砚台从新石器时代石制研磨器演变而来，是用于研墨的重要文房用具，通过墨石相交、泚笔润毫，使毛笔与墨锭实现了书画上的连接。第三节为“形美色正的承墨器具”，砚台在历代沿革中逐渐舍弃砚盖与突出的砚足，砚体的储墨量与稳定性不断得到提升。随着文人群体对制砚和赏砚热情的提升，崇理尚雅的文人意趣外化为端方四直的造型特征，成为砚台的主流形制。与“文房四宝”中的笔、墨、纸相较，砚台的独特之处主要表现为两个方面：其一，与其他消耗品相比，砚台因其材质较为坚固具有了传世的可能，文人愿意将审美追求呈现其上，最终使砚台成为文人雅士的赏玩之物；其二，从全球视角观之，砚台是中国独有的承墨器具，对石材、纹路的精心挑选体现出中国人雅致、诗意的生活情趣。

印章压印功能在新石器时代陶拍上即有呈现，它通过尺寸、印材与印纽实现表征信、别尊卑的功用，在不断的演化过程中始终遵循着刻印方式的灵活化和个人身份的彰显度。第四节为“刻于方寸的取信之物”，印章早期配合封泥，用来加密文书、公函等，在纸张普遍流行后，由戳印于泥变为钤盖于纸，形制和印色均发生转变。同时，书画鉴藏印的出现标志着印章正式参与到文人的雅居生活中。与其他文房用具相同，文人雅士在全面参与印章的制作后，通过篆写印文、制作斋馆印与闲章，使诗书画印结合为一个牢不可分的文化共存体，成为传统中国书画约定俗成的表现形式。中国印章是世界印章文化中独特而耀眼的分支，除具备基本的信息识别功能之外，还在较大限度内留存与呈现了中国汉字之美，文人从刀法、字法与章法着手，使印章制作从工匠之艺转变为文人之艺，在世界印章之林中具有无可替代的地位。

除书斋中的基本文房用具之外，文人为净心入道，同时丰富书斋生活，增进彼此间的交流，亦将包孕文化气息的琴纳入书斋空间之中。古琴作为“四艺”之首备受文人推崇，它不只是一种乐器，更是极具艺术欣赏价值的工艺品。第五节为“斫制审音的拨弦乐器”。古琴的形态体现了与人的密切关系，其造型曲线被赋予了人性化特征，对古琴部分结构的称谓采用了类似“首”“颈”“腰”等拟人化名称。此外，也有部分结构的称谓以自然界的山川、池沼等拟物化命名。古琴的起源尚未明确，但其作为乐器具有的悠久历史是毋庸置疑的。早期的古琴主要是结构上的演变，琴弦数和琴体结构直到唐代才形成了较为统一的制式，唐以后的古琴发展主要集中在样式上，琴身多变且具有韵律感的线条变化逐渐强化了古琴的审美和收藏价值。古琴不仅能够流淌出天籁之音，还可以使演奏者在乐音中体会“天人合一”的人生意境。

文娱器具的发展之路是一条工匠与使用者，尤其是文人逐渐合流之路。文娱器具的生命力除来源于实用价值之外，更得益于其成为文人追求精致、古雅生活的外在物化形式。在其发展过程中，逐渐吸收绘画、书法、雕刻等艺术元素，转化为具有个人身份识别性的收藏鉴赏用品，进而影响着中国文人审美观念的建构和个人艺术创作的完善。在文房用具方面，毛笔可控性的增强，实现了书艺上的精工与写意书风，扩展了书画的风格范畴；文人对书写要求的不断提升使墨品从以松取烟、色黑无光的松烟墨转向桐油聚烟、一点如漆的油烟墨；在不同时期审美风尚推动下，砚台在实现发墨好、掭笔顺、储墨佳、造型巧的同时成为文人身份的彰显物；在纸品发展和艺术品评的双向推动下，印章从早期的往来凭信过渡为书画艺术的重要组成。在清玩雅器方面，无论是琴体结构还是琴弦数目皆紧密贴合文人精神世界，形成标准制式后融入文人的日常生活。

在当今信息化时代，虽然书斋空间内文娱器具的实用功能被大幅削弱，但因其附着较多的文化元素而被使用者和收藏者看重。拓展至全球视域，没有哪个国家的文房器具如笔、墨、砚、印这般彼此间具有较强的黏合度和整体性。言之不足则歌之的传统使得乐器也成为中国文人生活中的重要组成部分。它们在中国独特的文化空间内使用时相互依存，使各自的功用在最大限度内得以发挥，为中国文化的传承做出了巨大贡献，并借由陆路和海路播撒向遥远的地区，使世界文明史得以保留更加丰富的中国文化印记。

第一节　中国传统的书画工具

书具之最，莫过于笔，毛笔历代皆位居文房四宝之首。毛笔的主要结构为笔头和笔管两大构件，其中笔头中笔毫的优劣和笔头与笔管的连接方式直接决定着书写的舒适与否。从考古实物探究，先秦时期，陶器彩绘昭示着富于弹性的毛制笔类的出现，秦代以降直至汉代，毛笔通过蒙恬等人的改型，从捆缚式变为插纳式，具有蓄墨量大、书写流畅等特点。魏晋至唐，制笔工艺呈现出择料的精细化和工序的步骤化，形成笔料、结头、择笔和装套四大工序。制笔者对笔杆和笔毫材质的精选，不仅拓宽了材质选择范围，还体现出“就地取材”的造物观念，同时软质笔毫是古人悬腕书写方式的必然选择。宋代高桌的出现使得制笔业趋向笔毫的软熟化与散毫化，为书法艺术风格的全面发展提供了物质依托。由元至清，湖州成为全国制笔中心，在文人与工匠的双向推动下，最终呈现出选毫贵精、制管重饰的特点。

一、以毫蘸墨、以杆承握的书写工具

毛笔的发轫与传统文明的起源并辔而行。《物原》载：“虞舜造笔，以漆书于方简。”[1] 晋代成公绥《弃故笔赋》亦云：“有仓颉之奇生，列四目而并明……乃发虑于书契，采秋毫之颖芒，加胶漆之绸缪，结三束而五重。建犀角之玄管，属象齿于纤锋。”[2] 将造字的仓颉尊奉为造笔的始祖，并大致描述其采笔毫、选笔杆等制笔流程。可见，毛笔源自人们强烈的书写意愿，与文字图画具有紧密的关联性。

（一）用笔意识在彩陶纹样中的表达

使用书写工具可追溯至新石器时代，虽然无具体实物可考，但从各类彩陶纹样中可窥见先民已具有较强的出锋、运笔等用笔意识。具体而言，先民在彩陶器表绘制纹样时，将点、线、面等元素以不同方式进行组合，形成抽象几何纹样和具象图形。在仰韶文化中，以1957年河南省陕县庙底沟出土的彩陶盆为例，

[1]〔明〕罗颀：《物原》，中华书局，1985，第24页。

[2] 转引自彭励志：《<先唐赋缉补>拾遗四则》，《古籍整理研究学刊》2007年第4期。

图 7-1-1 新石器时代陶器纹饰线条用笔示意图

通高22.6厘米，口径38.2厘米，敞口鼓腹，下腹内收成平底。涂饰上红底黑彩，外壁下半部素面，上半部饰黑彩的涡纹、圆点纹与弧线三角纹等图案，构成组合变化十分复杂的纹饰带。在马家窑文化中，以1956年甘肃永靖三坪出土的涡纹四系彩陶罐为例，通高50厘米，口径18.4厘米，敛口鼓腹，红底黑彩，两个环状耳以对称的形式分布于两侧，器身上部均匀分布大小旋涡纹，下部分别绘有水波纹和弦纹。

陶器图案除具有强烈的明暗对比之外，图案细节处处可见使用软毛书写工具的痕迹，如线条多为柔美的曲线，在排列组合中呈现出律动感，行进时墨色饱满滋润、粗细自如，收笔处带有尖利的挑锋（图7-1-1）。从此种笔痕中可推知笔头含墨量极丰，而笔锋的吐墨量又能任持笔者在器表自由运行，因此用一般竹木削成的笔刀无法表现，唯有内含柔软而有弹性毫毛的工具方可做到，即为毛笔的雏形。

（二）从包绕式到插纳式的毛笔形制转变

先秦时期，随着书写经验的提升，人们选取较易获取的动物毫毛如兔毛等作为笔头，自然界中分布范围较广的植物如竹子等作为笔杆，并采用多种组装方式将笔毫与笔杆相连，使书写工具的形制得到规范。具体而言，主要分为包绕式和插纳式。

首先，包绕式毛笔即是将笔毫围在笔杆一端，用丝线或麻绳缠绕，连接部分涂漆以固定。代表性实物为1957年出土于河南省信阳长台关1号楚墓的战国早期毛笔，也是我国迄今为止发现最早的一支毛笔。其笔杆长23.4厘米，笔杆径为

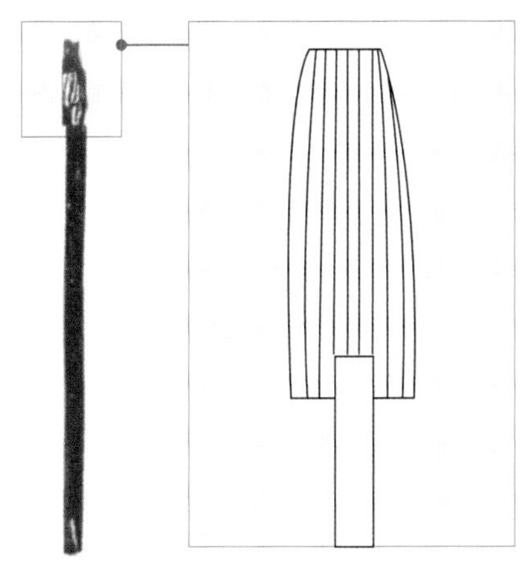

河南省信阳长台关1号楚墓的战国早期毛笔

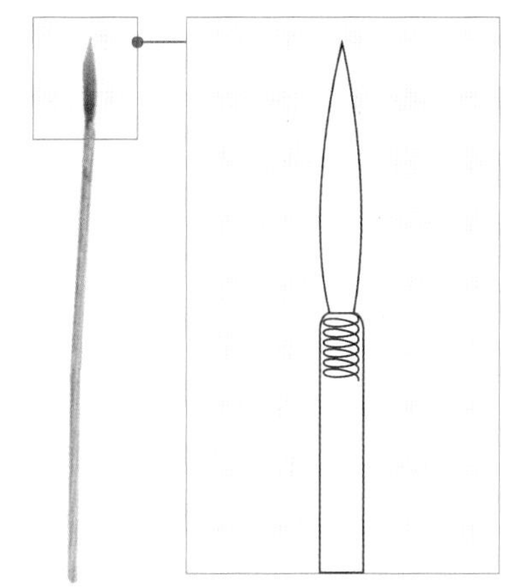

湖北省荆门包山2号楚墓的战国晚期毛笔

图7-1-2　战国毛笔形制转换示意图

0.9厘米，笔头长2.5厘米。笔毫系用绳捆缚在杆上。插纳式毛笔出现于包绕式毛笔之后，把笔杆一端挖出空腔，将笔毫纳入其中。代表性实物为1986年出土于湖北省荆门市包山2号楚墓的战国晚期毛笔。其笔杆长18.8厘米，笔头长3.5厘米，笔杆末端削尖，笔毫有尖锋，用丝线捆扎后插入笔杆下端的空腔内（图7-1-2）。

将包绕式毛笔和插纳式毛笔进行对比后可知，此时期在制作毛笔时，将书写过程中笔头的稳定置于首位，故战国后期笔杆出现空腔，使笔头与笔杆连接的稳固性大为提升。此种从包绕式到插纳式结合方式的变化也基本固定了毛笔制作的外在形制，秦汉遂在此基础上继续在细节处加以发展。秦代毛笔多为竹质笔杆，一端较粗，可将笔毛插入镂空的毛腔内，另一端则削尖处理。出于保护笔头和便于存放的考量，附带用较细竹管所制的笔套。汉代毛笔的形制与前代相似，在制作方式上更为细致，即在将笔毛插入空腔后，出于笔头粘接牢固的目的，用丝线层层缠绕后进行髹漆处理。并且笔杆有竹质、木质等多种，笔套髹漆并有朱绘纹饰，在整体细节处较先秦皆有较大提升，为此后有芯硬毫笔的出现奠定了坚实的工艺基础。

二、依托于悬肘书写方式的有芯硬毫笔

魏晋南北朝至唐代，毛笔成为重要的消费品，其使用范围从官府扩展至民间，从文人阶层的著书立传、书画娱乐到平民大众的日常书信丧俗等皆有所需。在供求关系的推动下，笔头与笔杆的制作原料不断增加，制笔水平的提升带动制笔业持续发展，依托于悬肘书写方式的有芯硬毫笔成为主流，其中以鸡距笔最具代表性。

（一）毛颖短促、裹芯缠纸的鸡距笔

鸡距笔因其笔头形状似鸡后爪突出的距而得名，鸡距为鸡相搏时依凭的主要利器，宋人周去非云："鸡始斗，奋击用距。少倦则盘旋相啄，一啄得所，嘴牢不舍，副之以距，能多如是者，必胜。"[3]"不名鸡距，无以表入木之功。"[4]此名称即表达鸡距笔主要形制特点为管外笔锋粗短而硬劲。

以日本正仓院所藏17支保存较为完好的唐笔为例（图7-1-3），外观总体特征为"毛颖短促，有残存者有不存者，其形余意即白香山所称之'鸡距笔'，盖其锋亦恰短如鸡距也。毫内近根处裹以麻纸，尤见古制……"[5]。据此描述可知，鸡距笔制作时先以麻纸裹笔柱，再加披毛，然后深纳管中。笔头整体呈短锋型，笔尖硬挺而锐利，笔根粗壮而短促。为容纳笔柱，笔管直径较粗。对17支唐笔笔头的尺寸进行数据分析后可知，平均直径为2.8厘米，平均锋长为1.7厘米，可见鸡距笔笔头宽扁，出锋短，出现此种形制特征源于鸡距笔使用缠纸法固定笔头，此法也为唐代主要制笔法（图7-1-4）。

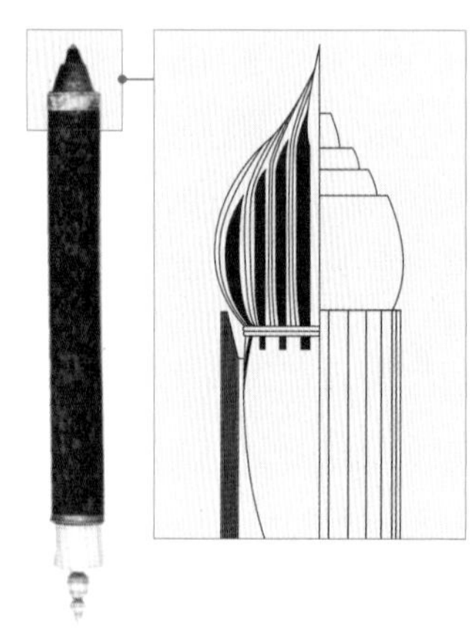

图7-1-3 唐代缠纸笔笔头结构分析图

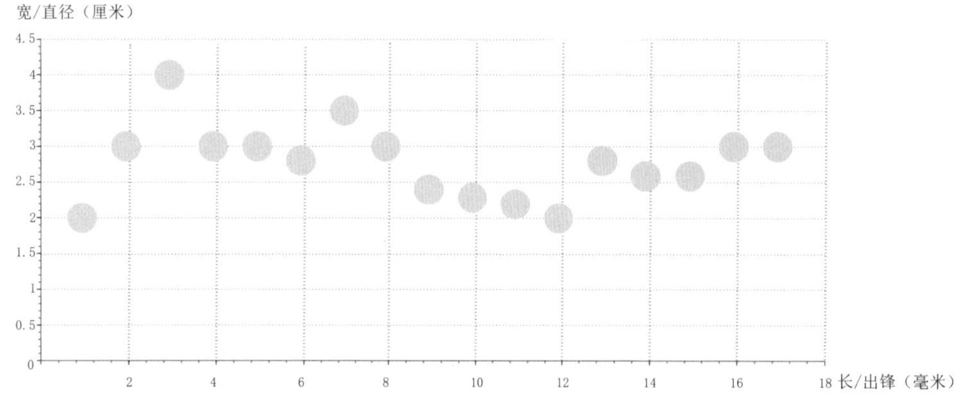

图7-1-4 正仓院藏唐缠纸笔笔头尺寸数据分析图

[3]〔宋〕周去非著，杨武泉校注《岭外代答校注》，中华书局，1999，第379页。

[4]〔唐〕白居易：《白居易集（全四册）》，顾学颉校点，中华书局，1979，第873页。

[5]傅芸子：《正仓院考古记白川集》，上海书画出版社，2014，第78页。

缠纸法是指用纸或绢层层包裹笔柱，目的在于固根塑形和更换笔头。在固根塑形方面，王羲之在《笔经》中云："以麻纸裹柱根令治，用以麻纸者，欲其体实，得水不胀。"[6] 由于原料限制及工具单一，为了合理塑造出笔头的圆锥形体，人们借助外在手段来弥补笔根的厚度，即在裹缚麻纸后，使纸的体积几倍于笔柱，再用毫毛薄薄披盖在柱上，完全覆盖笔柱后纳入笔杆。与以前的制笔法相比，增加麻纸后，毛笔的蓄墨量有所增加，延长书写时间，提高书写效率，同时麻纸或丝帛较强的吸附功能可吸收笔端多余水分，既控制了墨液的快速下行，又防止毛笔因臃胀而失去弹性，利于书写。在更换笔头方面，隋唐雕版印刷术尚不发达，书籍主要依靠抄写传播，巨大的抄书量使笔锋极易磨损，毛笔的更换频率随之提高。宋以前毛笔尚未大规模生产，为节约成本，人们选择换笔头不换笔管的"退笔法"，要求笔头易拔易插，因此不能用漆等黏性物固定笔根，最终代之以麻纸或丝绢裹住笔根深深插入笔管以便固定笔头。

同时，人们多选择兔毛作为鸡距笔笔毫的材料。兔毫亦称紫毫，王羲之在《笔经》中早已有云："凡作笔须用秋兔，秋兔者，仲秋取毫也。所以然者，孟秋去夏近，则其毫焦而嫩，季秋去冬近，则其毫脆而秃，惟八月寒暑调和，毫乃中用。其夹脊上有两行毛，此毫尤佳，胁际扶疏，乃其次耳。"[7] 白居易在《紫毫笔》中对宣城制笔匠人挑选兔毫的情景进行了概述："紫毫笔，尖如锥兮利如刀。江南石上有老兔，吃竹饮泉生紫毫。宣城之人采为笔，千万毛中拣一毫。毫虽轻，功甚重。管勒工名充岁贡，君兮臣兮勿轻用。"[8] 兔善于奔跳，其毫硬挺有弹性，是制作鸡距笔的最佳选择。人们将兔毫作为笔柱后，为了更好地起支撑作用，且增强书写的顺畅度，选择狼毫作披包围在笔柱外。

基于以上形制特色，鸡距笔在书写功能上具有扎入纸面、入木三分的特点。诗僧齐己更是将毛笔以金玉作比，可见唐人对鸡距笔喜爱至深。

（二）笔锋可控性规约下的精工书风

魏晋至唐代早期尚无高桌椅，人们普遍席地而坐，坐着抄书时手肘处于悬空状态，为应对巨大的工作量，迫切要求笔头硬劲而有弹力以便省力，因此，缠纸笔中的麻纸通常把笔柱的大部分裹住，仅留较少的笔尖部分以便书写。此种缠裹法可使笔头硬劲，有效控制笔锋使用范围，如此方可写出精工有力的楷书。《新唐书》有载："凡选有文、武。文选吏部主之，武选兵部主之，皆为三铨，尚书、侍郎分主之……凡择人之法有四：一曰身，体貌丰伟；二曰言，言辞辩正；三

[6]〔宋〕苏易简著，石祥编著《文房四谱》，中华书局，2011，第57页。

[7] 同上。

[8] 谢思炜：《白居易诗集校注》，中华书局，2006，第424页。

图 7-1-5 《真草千字文》（局部） 智永 唐

曰书，楷法遒美；四曰判，文理优长。”[9] 可见，唐代以楷书作为仕进选拔的重要标准之一，故而写出遒美的书法文字成为学子必须掌握的基本技能。而楷法要求笔画平直，井然有序，恰与缠纸笔的特性相契合，从对书法墨迹的分析中，可推知所用笔头短而硬的特点。以智永《真草千字文》为例（图 7-1-5），通篇采用楷书和草书两种书体写就，结字稳健、匀称，对笔力和线条的掌握十分精妙。同时，在一些笔画的顿笔和出锋处多有贼毫或破锋开叉的情况出现，如楷体的“周”“发”，草体的“让”“虞”等字。《书史》有云：“于斫笔处贼毫直出其中。”[10] 此种情况产生的原因是，彼时所用硬毫短锋笔因内部缠纸且笔锋较短，故而吸墨量不足，连续书写后笔头含墨较少，笔毛在纸张上擦出笔体内墨液，形成开叉枯涩的效果。因此，柳公权曾评价鸡距笔：“出锋太短，伤于劲硬。”[11] 指出其对书写造成的局限：笔头短而尖锐，蓄墨量较小，使用范围有局限性，尤其书写行草书时不能肆意挥洒，同时，笔芯缠纸导致大幅度的提按、顿挫无法得以较好发挥。针对此种情况，后世发展出无芯软毫笔，使书写更为便捷流畅。

三、执笔形式转换催生下的无芯软毫笔

唐末以降，高桌、高椅等高型家具取代低矮家具成为主流，人们由此形成垂

[9]〔宋〕欧阳修、宋祁：《新唐书》卷四五·志第三五，中华书局，1975，第1171页。
[10]〔宋〕桑世昌集，白云霁点校《兰亭考》，〔宋〕俞松集，古玉清点校《兰亭续考》，浙江人民美术出版社，2013，第89页。
[11]〔明〕高濂：《遵生八笺》，王大淳点校，浙江古籍出版社，2017，第615页。

《天王送子图》（局部）
吴道子　唐

《十八学士图》（局部）
阎立本　唐

《玄烨便服写字像》（局部）
宫廷画家　清

图 7-1-6　历代执笔法演变示意图

足而坐、伏案而书的习惯。在桌面书写时多悬肘悬腕，通过手腕发力，故而手腕成为书写活动的中心，书写姿势从垂肘斜执笔逐渐转变为悬肘竖执笔，控制笔杆的手指逐渐增多。例如唐代吴道子的《天王送子图》中，文官大拇指与食指执笔，中指、无名指与小指均不贴于笔杆之上，为典型的单钩式执笔法；唐代《十八学士图》中书写者大拇指、食指与中指同时执笔，中指与食指并排放置，无名指与小指弯曲不捏笔杆，为典型的双钩式执笔法；元明时期单钩式执笔法与双钩式执笔法并行；及至清朝，在《玄烨便服写字像》中，大拇指、食指和中指同时执笔，无名指与小指从后向前推挡笔管，五指执笔法渐趋流行（图 7-1-6）。随着握笔杆的手指数量增加，手部对毛笔的掌控力提升，人们不再满足于单一硬挺的笔头，毛笔形制随之发生变化，主要表现为长短皆备、毫料散扎的散卓笔。

（一）长短皆备、毫料散扎的散卓笔

无芯软毫笔，又称为无芯散卓笔。宋朝叶梦得在《避暑录话》中云："歙本不出笔，盖出于宣州。"[12] 又云："熙宁后世始用无心散卓笔，其风一变。"[13]"卓"字有高、长之意，其革新主要体现在形制和笔毫两个层面。从形制而言，散卓笔省去加柱芯工序，将所选毫料散扎成较长的笔头并深埋于笔腔以大量蓄墨。同时，由于省去了笔柱，笔头大小更为随意，种类增多，黄庭坚对此有载："有吴无至者，豪士，晏叔原之酒客。……作无心散卓，小大皆可人意。"[14] 正适应了

[12]〔宋〕叶梦得：《石林燕语 避暑录话》，田松青、徐时仪校点，上海古籍出版社，2012，第 107 页。
[13] 同上。
[14]〔宋〕黄庭坚：《山谷题跋》，浙江人民美术出版社，2016，第 16 页。

图 7-1-7　无芯软毫笔结构及呈现绘画效果示意图

宋代以后纸张以及书法尺幅不断增大的趋势，为书写者提供更多选择。从笔毫而言，往往采用单一种类的毫毛制作较软的长锋笔，以优质羊毫为主兼用其他材料，在书写时可使笔锋完全铺展，使运笔更加灵活。

（二）笔锋灵活性作用下的多样书风

无芯软毫笔的出现，适应了唐末尤其是宋代多种书画风格的兴起。反映在书法上，两宋时期除楷书之外，行书与草书作品大为增加，这就要求书家在运笔时尤其是转折处能够灵活运用笔锋达到行如灵蛇的效果，而无芯软毫笔因去除了笔柱，不再依靠缠裹麻纸蓄墨，而是将墨液直接蘸于笔毫在纸上挥洒，毫毛铺展的程度可依据作品的要求随时调整，保证了书写风格的多样性。反映在绘画上，一方面注重干湿浓淡的水墨画兴起，无芯软毫笔笔锋增长，笔头栽入笔腔部分随之增加，故而蓄墨量较大，恰与水墨画需要挥洒渲染的特性相契合；另一方面工笔画的创作更加精进，对毛笔的种类提出了多样化的要求，除较大的长毫笔之外，还出现了专门用于勾勒细节的小笔。以风俗画《清明上河图》（图7-1-7）为例，在这幅5米多长的画卷中，共绘有550多个各色人物，五六十匹牲畜，20多乘车轿，20多艘大小船只，以及街市中不同的场景。全图用细线勾描，笔法挺劲，用笔轻重分明，毛笔对屋瓦房舍，以及人物衣纹、须发等的描绘达到了精细入微的程度，保证了全画较高的完成度。

概而论之，两宋时期无论从制笔工艺还是毛笔的种类上皆有长足的发展。无芯软毫笔与有芯硬毫笔相比，由于缠裹性笔柱的消失，笔毫在自由度上得到了极大的提升，进而带动书画领域风格的多样化。

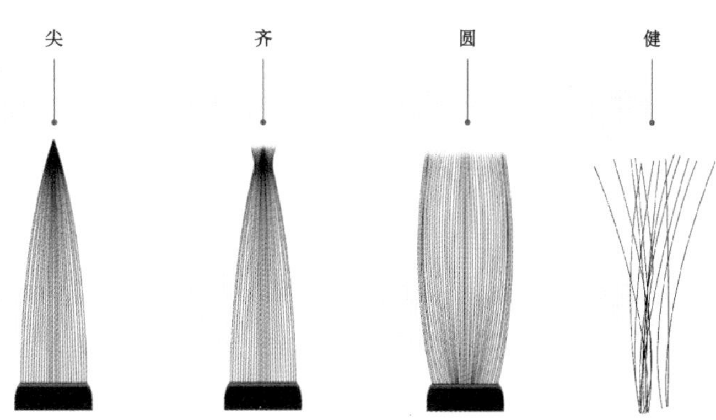

图7-1-8　“尖、齐、圆、健”规约下笔头示意图

四、文人参与下的规范化制笔与鉴笔

元代以降，文人对毛笔品质的要求不断提升，在材料遴选和制作工艺上呈现出规范化趋势，“尖、齐、圆、健”的湖笔成为主流，为书画艺术发展提供了工具基础。至清代中期，碑派书法的崛起带动篆书与隶书的复兴，篆、隶两种书体因笔画较长，需要行笔时力量保持稳定且墨色均匀，故书家对书写工具提出了更为严格的要求，毛笔需具备软毫长锋、蓄墨足、吐墨快、笔锋出水缓慢等性能，因此长锋羊毫笔在乾嘉以后盛行不衰。同时，在“求精尚雅”文人观推动下，毛笔在外形工艺上表现出重雕琢、任自然的特点。

（一）“尖、齐、圆、健”四德论对制笔的规约

“尖、齐、圆、健”在元代首次系统提出，是针对以湖笔为代表的笔头的外形和笔毛的韧性做出的规约，唯有同时符合此四点方可认定为合乎规范的书写工具。至明代，屠隆在《考槃余事》中对四德论进行了阐发：“制笔之法，以尖、齐、圆、健为四德。毫坚则尖；毫多则色紫而齐，用麻贴衬得法，则毫束而圆；用以纯毫，附以香狸角水得法，则用久而健。柳帖云：‘副齐则波切有凭，管小则运动有力，毛细则点画无失，锋长则洪阔自由。’笔之玄枢，当尽于是。”[15]文震亨在《长物志》中亦有相似的表述：“笔之四德，盖毫坚则尖，毫多则齐，用麻贴衬得法，则毫束而圆，用纯毫附以香狸、角水得法，则用久而健，此制笔之诀也。”[16]具体而言，尖是指聚拢笔锋后尖如锥状，齐是指笔锋撮平后齐如刀切，圆是指笔头圆浑饱满不空虚，健是指笔锋挺立富有弹性，备此四德方为上佳毛笔（图7-1-8）。

同时，此时期针对笔毛材料的不同位置与不同性能，在书写时亦有相应规约。

---

[15]〔明〕文震亨、屠隆：《长物志·考槃余事》，陈剑点校，浙江人民美术出版社，2011，第253、254页。

[16]同上书，第118页。

在位置方面，笔头使用有一分笔、二分笔、三分笔之说。靠笔尖三分之一为一分笔，以一分笔书写，点画瘦劲如锥画沙；距离笔端三分之二到笔尖为二分笔，以二分笔书写圆润适中，劲健有力；笔腰至笔端为三分笔，以三分笔书写厚重、丰腴，有雍容之美。在性能方面，此时期主要毫毛为兔毫、狼毫和羊毫。羊毫毫毛较长，可写半尺以上的大字。极品羊毫顶端有一截玉白色透明尖挺的锋颖，也称为“黑子”，唯有采用“黑子”的毛料，经过加工后方能做成具备“尖、齐、圆、健”四德的良笔。清代碑学兴盛，故羊毫配生宣成为时下标志。狼毫笔采用黄鼠狼尾尖之毫，性质坚韧，仅次于兔毫而优于羊毫，以东北所产鼠尾为最，别称为北狼毫或关东辽尾。狼毫笔力劲挺，呈嫩黄色略带红色，有光泽，细看每根毫毛挺实直立，宜书宜画。兔毫笔取野兔项背之毫制成。兔毫坚韧，谓之健毫笔，宜于书写劲直方正之字，但因毫毛不长，无法书写大篇幅作品。在书法创作中，篆隶书宜使用羊毫，因篆隶点画婉转纡徐，柔中带刚，羊毫易于表现；行草书宜使用硬毫，如紫毫、狼毫等，因行草流畅飞动，略无滞碍，硬毫易于挥运；楷书则可根据体势，既可使用硬毫，也可使用软毫或兼毫，因其点画运笔速度适中，转侧方圆兼备、提顿分明。可见，从制作到书写，自元至清已形成极其完备的规范系统。

（二）“求精尚雅”文人观对鉴笔的影响

《考槃余事》中言之曰：“苏东坡以黄连煎汤，调轻粉蘸笔头。候干收之，则不蛀。黄山谷以川椒黄檗煎汤，磨松烟染笔，藏之尤佳。”[17] 此语体现出彼时文人十分看重毛笔的保养与收藏。随着文人对毛笔的重视程度逐渐加深，毛笔在从单纯的实用书写工具到精美鉴藏品的过程中，笔管上也呈现出诸多精巧工艺，采用金、银、象牙、珐琅等多种材质（图7-1-9）。清代更在管壁配以吉祥图案为主的雕刻和镶嵌，故而文人在品鉴毛笔时，除书写性之外，还将笔管的美观与否作为重要的评判标准。

在笔管的选材上，竹管和木管为最常用材料。在竹管方面，就地域而言，制笔的竹子以浙江、四川等地最为有名。浙江余杭的文武竹是制作笔管的上佳材料，“心实性坚，又名雪竹。文山出者可作笔管”[18]。余杭的苦竹是制作笔管最为常用的竹材，具有竹节疏朗、竹竿劲直、久用不裂的优点，“故制以为文房之用，亦土贡也”[19]。可见，优质笔管材料可成为贡品直入京师。同时，在用木作为笔管时多选用名贵木材作为收藏之物，名贵的木料如紫油梨，据载欧阳询笔管用紫油梨制作而成。乌木被称为东方神木，具有较高的收藏价值，亦使用在笔

[17]〔明〕文震亨、屠隆：《长物志·考槃余事》，陈剑点校，浙江人民美术出版社，2011，第256页。

[18]〔清〕曾筠：《笔法》，载自《浙江通志·卷一百零一》，清文渊阁四库全书本。

[19]〔清〕龚嘉儁修、李榕纂《杭州府志》卷八十一，民国十一年铅印本影印。

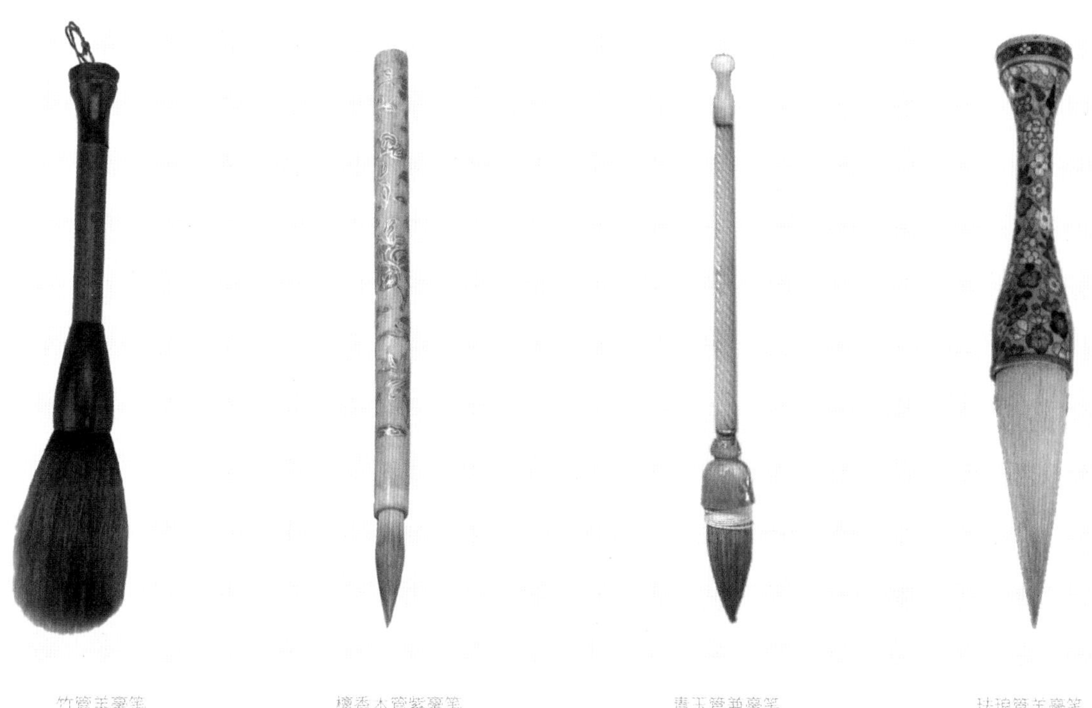
竹管羊毫笔　檀香木管紫毫笔　青玉管兼毫笔　珐琅管羊毫笔

图 7-1-9 代表性笔管材料示意图

管上。《书诀》载有："作题署大字用墨池，乌木管，长二尺，其次一尺八寸，其次一尺六寸。"[20]紫檀、花梨亦有记载，屠隆云："紫檀管、花梨管，然皆不若白竹之簿标者，为管最便持用。"[21]具体就实物而言，如胡开文支店制竹管羊毫提笔，笔管为竹制，笔顶、笔斗为木制，笔管上刻"宵汉常悬""老胡开文支店精选""三号宿纯羊毫京提"二十字，简洁素雅、别无他饰。另有鸡翅木管刻御制诗蔷薇花紫毫笔，笔管为鸡翅木，木质肌理致密，紫褐色的自然纹理深浅相间。笔管刻清乾隆帝御题蔷薇花诗句："上品从来称淡黄，开花易盛久难当。休言有刺不堪把，卫足应同讥鲍庄。"除竹、木之外，还有玉管或琉璃管，如白玉光素斗笔，笔管为白玉质，虽通体光素无纹，未雕刻任何纹饰，但玉质上佳，雅洁光滑。而珐琅管羊毫提笔，采用铜胎掐丝珐琅工艺，繁缛华美。

可见，文人在遴选制作笔管的材料时，一方面追求自然之趣，将自然界最易获取的竹、木作为首要选择，除在其上刻制必要的制笔信息、诗词雅句之外，不另作装饰，保留竹、木本身的自然纹理和色泽；另一方面为增加收藏性，文人亦选用琉璃、象牙等名贵材料加以雕琢，凸显身份特征。

[20]〔明〕丰坊：《书诀》，民国四明丛书本。

[21]〔明〕文震亨、屠隆：《长物志·考槃余事》，陈剑点校，浙江人民美术出版社，2011，第254页。

结语

毛笔的每次重大变革，都直接影响了中国古代书写方式和书画艺术的发展。通览毛笔的形制转变历程，可见书写工具形制逐步规范的过程也是适人的过程，需同时考量书写方式的舒适度和书画艺术的审美价值。

在书写舒适度方面，制笔技术首先将书写过程中笔头的稳定置于首位，发展出插纳式固定法。从早期的将笔毫围在笔杆一端，用丝线或麻绳缠绕，发展为将笔毛插入空腔后再以丝线缠绕扎紧并髹漆，大大提升了笔头与笔杆的一体化。

而在从低矮家具向高足家具演变的过程中，为适应书写姿势从垂肘斜执笔转变为悬肘竖执笔的变化，毛笔形制从主要以兔毛为毫、毛颖短促、裹芯缠纸的有芯硬毫笔转变为无芯软毫笔。自此，这种去除笔柱，毫料散扎成较长的笔头并深埋于笔腔以大量蓄墨的毛笔成为中国人最为流行的书写工具。

在书画审美价值方面，不同的毛笔形制催生出不同的书画风格，经历了晋唐精工书风向有宋以来多种书风并行、百花齐放的转变，文人在此过程中不断深入参与工匠的制笔流程，将个人使用体验和审美意识纳入其中，制笔与鉴笔趋于规范化，笔头讲求尖、齐、圆、健，毫料依据不同的书写风格选择软毫、硬毫或兼毫，笔管以竹材、木材为佳，间以玉、象牙、珐琅等材料。对毛笔各部分的严格把控与要求体现出中国文人注重整体、道法自然的精神追求，使毛笔最终摆脱了单纯的实用书写工具，转变为兼具实用与审美双重属性的文化传播载体并流衍至今。与之相反，西方古代以羽毛笔为主的笔具始终将书写效率放于首位，硬质笔头也极大地限制了书写效果和想象力的拓展，故而羽毛笔仅作为工具，其价值并未上升至精神层面。中国毛笔作为世界书写工具的重要分支极大地丰富了信息传播的思想内涵，为世界文明的传播与发展做出了卓越的贡献。

第二节　落纸如漆的书画色彩

墨是中国传统书写和绘画用品，也是印刷术发明与应用的物质前提，其作为书画载体，改善了文字的传播和储存条件，推动了中国书画艺术风格趋于多样。我国传统墨品种类分为松烟墨与油烟墨两大分支，制墨工艺主要包括烧烟取煤、和胶入药、捣捶成剂、模制成型四道工序。墨品的质量好坏主要取决于烟料、和胶、捣捶等，其形制图案则取决于墨模的丰富与发展。

从考古实物来看，秦代之前使用天然石墨，汉代出现人工制墨，将软剂墨坯随意捏制而成，多为丸形或瓜子形，且体积较小。唐宋时期是制墨业发展的重要转折点，此时墨块用墨模压制成型，再用刻有文字或花纹的墨印趁软剂未干时印就。墨模的发明及使用，使得中国墨从不规则的"丸"过渡到了规整的"锭"，形态和质量得以稳定，大小、规格得到划分。明清时期，伴随着文人用墨需求的逐步攀升，制墨业呈井喷式发展，一方面墨模由多模一锭变为一模一锭，将墨模六面嵌套在总模框内，使墨品形制千变万化，推动集锦墨的流行；另一方面墨谱大行其道，墨工与文人的通力合作使墨锭成为文人在文化生活中标榜身份和彰显雅趣的重要物品。

在人工制墨的工艺发展过程中，墨锭从早期的大众化书写耗材逐渐吸收书画等艺术元素，转化为具有个人身份识别性的收藏鉴赏文房用品，影响着中国文人文化观念的建构和个人艺术创作的完善。

一、"墨龟占卜"与"图腾绘制"催生下的天然墨

中国传统墨分为天然墨和人工墨，此种分类方式是按时间次序和获取方式而定的。天然墨又可分为两类：一类是石墨，将无须多次加工提炼的碳素单质矿物研磨为细小颗粒后进行书写；另一类是黑色氧化物或燃烧后炊具（如鼎、鬲等）腹下自然生成的墨烟，即炭黑。先秦至汉，天然墨以石墨为主流，东汉许慎《说文解字》有云："墨者，书墨也，从黑土。墨者，烟煤所成土之类也。"《释名》续之曰："墨，晦也，言物晦黑也。"[1]可见，石墨最早即为书写之用，其色黝黑

[1]〔汉〕刘熙撰，〔清〕毕沅疏证《释名疏证》，广文书局，1979，第40页。

且来源于土壤。先秦时代，先民的生存性需求促使占卜活动大行其道，人们从自然界直接获取所需矿石等研磨后用以涂饰龟甲和器具表面以测吉凶、辟邪纳吉。可见，制墨技术的起源与巫术有着较为紧密的关联。

一方面，原始先民“扬火以作龟，致其墨”[2]。人们出于对生存环境的敬畏与对自然的崇拜，往往采用涂墨法进行占卜，即以墨涂于龟甲之上，后用火灼烧，根据所形成裂纹作为卜辞，确定吉凶。《说文解字》亦云：“卜，灼剥龟也，象灸龟之形，一曰象龟兆之纵横也。”[3]先民将龟甲作为连通人神的媒介，通过占卜仪式与上苍心意相通。

另一方面，先民通过墨色将图腾绘制于盛放粮食的陶器器壁之上，祈祷丰产。陕西省西安半坡遗址出土的彩陶，“绘彩所用的颜料，黑色多为矿物质，红色则为赤铁矿”[4]。其中人面鱼纹彩陶盆，红色圆底盆上绘制有黑彩鱼纹，昭示半坡人将鱼作为族群图腾，以求人丁昌盛、族群绵延。山东省济南市章丘区龙山镇龙山文化遗址中发现色泽漆黑光亮、薄如蛋壳的黑陶，因其产生于彩陶之后，说明黑色的天然颜料是经先民遴选后保留的最佳墨材。

记录信息、询卦问卜等与生存直接相关的需求促使人们直接从自然界获取墨材涂饰外物，但同时存在产量较少、质量难以把控等问题，因此人工墨应运而生，人们通过精细遴选材料、严控制备流程等，使墨的品质获得较大提升。

二、形质并重、松油更替的人工墨

秦代以降，人们在不断实践中将制墨原料主要限定为不完全燃烧松木后取得的烟炱和燃烧以桐油为主的油料后获得的油烟。同时，为使墨材取用更为方便，将胶作为黏结剂以保证制墨成型。前期的墨丸通过捏塑而成，用研石研磨后获取墨液；后期的墨锭制备有序，用墨模压制后以手持握，通过与砚堂的反复摩擦获得书写用墨，最终使制墨工艺趋于完善。

（一）以石磨液、捏塑成型的墨丸

秦汉时期，人们不满足于少量挖掘的天然石墨，转而将目光投向人造墨的生产。湖北云梦睡虎地墓葬中所出秦代墨块呈圆柱形，圆径为2.1厘米，残高1.2厘米，墨色纯黑，同墨伴出的包括以菱形鹅卵石加工制成的石砚并附有研石，均有墨迹和使用痕迹。[5]湖北江陵凤凰山一六八号汉墓出土的西汉墨，均为

[2] 尹润生：《墨林史话》，紫禁城出版社，1993，第4页。

[3]〔汉〕许慎撰，〔清〕段玉裁注《说文解字注》，上海古籍出版社，2004，第127页。

[4] 中国科学院考古研究所、陕西省西安半坡博物馆编《西安半坡——原始氏族公社聚落遗址》，文物出版社，1963，第156页。

[5] 湖北孝感地区第二期亦工亦农文物考古训练班：《湖北云梦睡虎地十一座秦墓发掘简报》，《文物》1976年第9期。

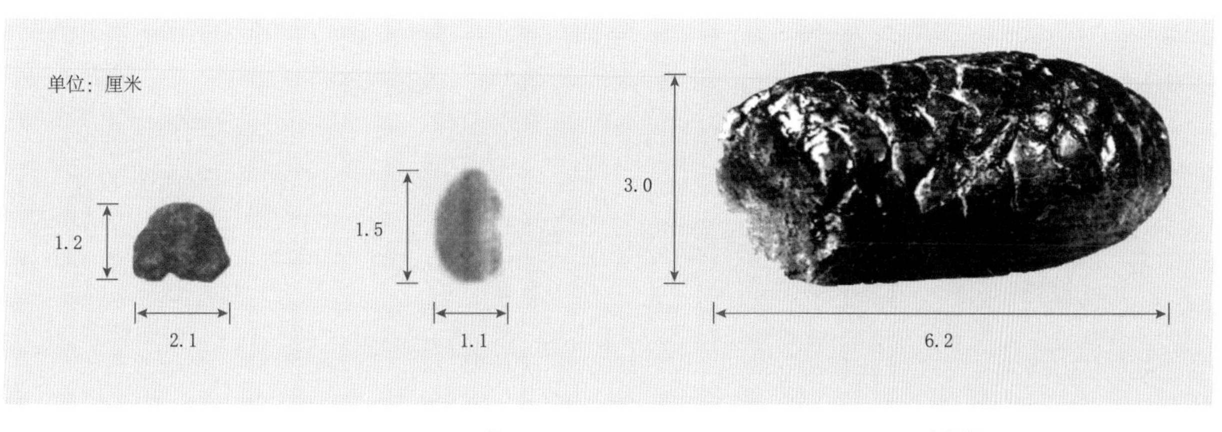

图 7-2-1　秦汉代表性墨丸尺寸示意图[6]

细小瓜子状或片状墨，其中较完整的瓜子形墨直径1.1厘米、高1.5厘米。[7]宁夏固原汉墓中出土的东汉墨直径3厘米、高6.2厘米，为松塔形，尺寸与前代相比有了较大的跃升（图7-2-1）。[8]

统而论之，在造型方面，可知秦代至西汉的墨块形制较为简单，多为丸状，应为制墨者随手捏制，且直径或高度一般为1至2.5厘米。东汉以降，墨的尺寸增大且形制渐趋规整，在捏制时开始关注墨身的首尾均衡性和造型的完整性。《汉宫仪》有载："尚书郎起草，月赐隃麋大墨一枚，隃麋小墨一枚。"使用"枚"字可见此时制墨已有形制规约，而非直接开采取用。在材料方面，虽然无明确记载说明墨块所含成分，但从后世相关史料中可窥知一斑，东汉末曹魏初曹植有诗云："墨出青松烟。"[9]可知不晚于汉代，人们已经尝试燃烧松木以获取墨料。同时，随着墨块造型的规整和尺寸的不断增加，需以胶作为黏结剂保证制墨成型。松烟和注胶的出现为后世制墨工艺的有序化发展奠定了基础。

（二）以手持墨、制备有序的墨锭

自魏晋始直至宋代，随着文化事业的发展，下至平民黎庶上至达官显贵，对墨的需求量不断增加，尤其唐宋两朝，在皇家的倡导下，文人大量抄写书籍和经卷，这便需要专人寻找便于提取的墨材和进行规模化生产以保证供求平衡，"凡古人用墨多自制造，故匠氏不显，唐之匠氏惟闻祖敏"[10]，墨工在唐朝的出现使墨锭的批量化生产成为可能。松烟墨和油烟墨在此时期的相继投产标志着制墨业的成熟与完备。

[6] 方晓阳、王伟、吴丹彤：《制砚·制墨》，大象出版社，2015，第8、450页。
[7] 纪南城凤凰山一六八号汉墓发掘整理组：《湖北江陵凤凰山一六八号汉墓发掘简报》，《文物》1975年第9期。
[8] 方晓阳、王伟、吴丹彤：《制砚·制墨》，大象出版社，2015，第450页。
[9]〔唐〕徐坚等：《初学记》，中华书局，2005，第520页。
[10]〔宋〕晁贯之：《墨经》，中华书局，1985，第23页。

图 7-2-2　松烟墨烧烟取煤环节流程[11]

1. 以松取烟、色黑无光的松烟墨

松烟墨是指以松木不完全燃烧后所得烟炱为主料制成的墨锭。选用松木的主要原因有二：一方面此树种在中原广为种植，取材较为便捷；另一方面松木中含有大量松脂，燃烧后可得较多烟炱，便于量产。晁贯之在《墨经》中云："古用松烟石墨二种，石墨自晋魏以后无闻，松烟之制尚矣。"[12] 自魏晋始，松烟墨逐渐取代石墨，成为制墨的主流。

松烟墨的制备之法考其过程，大致可分为烧烟取煤、掺胶入药、和制成型三个主要环节。

首先，在烧烟取煤环节，可细分为采集松木、筑造窑室、入窑烧制、提取松烟四步流程（图 7-2-2）。在采集松木阶段，人们将松树的树龄长短与所处地势的相背作为判断松质优劣的标准：生长年代较久、所含松脂较多的松材烧出的烟炱量大且黝黑，为制墨上等原料；而处于山坡背阴处的新生松材或北方松材因接受日照时间相对较短，含有松脂较少，所出之烟多呈青白色，且烟量较少，不宜作为烧烟原料。故《墨经》有云："自昔东山之松，色泽肥腻，性质沉重，品惟上上，然今不复有。今其所有者，才十余岁之松，不可比西山之大松。盖西山之松与易水之松相近，乃古松之地，与黄山、黟山、罗山之松，品惟上上。"[13] 采集松木后即入窑烧制。松木在燃烧时所形成的烟炱在飘散过程中附着于窑壁，便于墨工收取。传统制备松烟的代表性窑形共三种，分别为平面窑、立窑与卧窑（图 7-2-3）。平面窑与立窑无专门的取烟之处，烟道即收烟室，而卧窑有烟道、烟室之分，规模相较前两个窑也有极大提升。

其一为平面窑。长方形窑体内筑有灶膛，顶部覆盖九尺长木板后用泥加以密封，一旁留有烟道。宋人李孝美在《墨谱法式》中对筑窑取烟进行了记载："造窑，用板各长九尺，阔尺余。每两板对倚相次，全用泥封合。窑梢一角为突。窑

[11]〔明〕沈继孙：《墨法集要》，〔宋〕李孝美：《墨谱法式》，浙江人民美术出版社，2013，第141—144页。

[12]〔宋〕晁贯之：《钦定四库全书·子部·墨谱法式卷·墨经》，第2页。

[13]同上书，第1、2页。

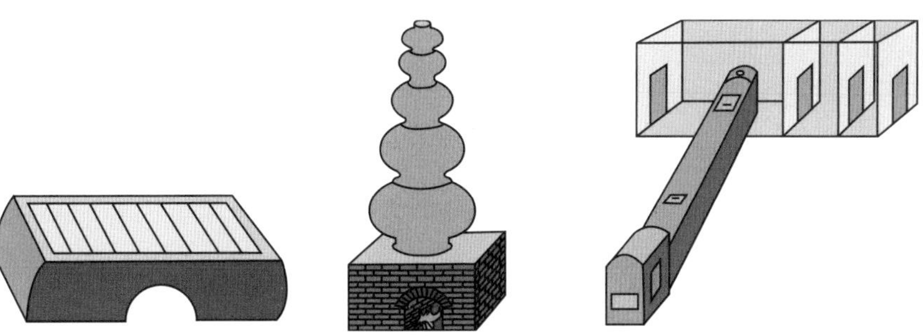

图 7-2-3 制备松烟代表性窑形示意图[14]

心地面上亦有出气眼。其窑至十二步陡低，一边留取煤小门，一边用石板对倚为巷，至六步为大巷，又渐小一步为拍巷，又五步，节次低小为小巷，又半步为燕口。大堂下安台，台下凿两小池。”[15] 平面窑开火后连续烧制10天，在窑内尚未完全冷却时，从开在烟道侧的小门进入获取烟炱，此为现存文献中记载的最早的松烟烧取之法。

其二为立窑。窑体纵向发展，高一丈，灶膛上由大到小依次覆盖5个收烟瓮，各瓮互为关联，底部开小孔使其两两相通，相接处用泥密封。宋人晁贯之在《墨经》中详述道："古用立窑。高丈余，其灶宽腹、小口，不出突。于灶面覆之五斗瓮。又益以五瓮，大小为差，穴底、相乘，亦视大小为差。每层泥涂，惟密。约瓮中煤厚，住火，以鸡羽扫取之。或为五品，或为二品。二品不取最先一器。”[16] 将松木放入立窑窑膛内点燃后，可由人在灶膛边扇风控制气流，使其细细发火，均匀燃烧。

其三为卧窑。窑体以砖石筑成，依托山势而建，共分灶膛、烟道、烟室三部分，烟道连接灶膛和若干节烟室。《墨经》在立窑后另载："今用卧窑。叠石累矿，取冈岭高下、形势向背，而或长百尺，深五尺，脊高三尺，口大一尺，小项八尺，大项四十尺，胡口二尺，身五十尺。胡口亦曰咽口，口身之末曰头。每以松三枝或五枝徐爨之……以项煤为二器，以头煤为一器。”[17] 松木在灶膛内不完全燃烧后产生的烟气通过烟道，附着于烟室内壁，停火待窑温自然冷却后即可到窑内扫取烟炱。

相较而言，卧窑的烟道增长且尽头划分专门烟室，规模增加。此举使得松烟在烟道运行的路程增加，距离火源较远，附着于烟室内壁的烟炱颗粒更加细小，便于墨工收集优质烟料。后世对此法也予以了肯定，明末宋应星《天工开物》云：

[14]〔明〕沈继孙：《墨法集要》，〔宋〕李孝美：《墨谱法式》，浙江人民美术出版社，2013，第143页。

[15]〔宋〕李孝美：《影印文渊阁四库全书·墨谱法式》，商务印书馆，1986，第843册，第631页。

[16]〔宋〕晁贯之：《四库全书·子部九·谱录类一》，上海古籍出版社，1987，第2页。

[17]同上书，第3、4页。

“凡烧松烟，放火通烟，自头彻尾。靠尾一、二节者为清烟，取入佳墨为料。”[18] 可见，墨工在发现距火源越远松烟越细的规律后不断改进窑炉，促进了制墨材料质量的大幅度提升。

其次，为掺胶入药环节。制墨原料分为主料和辅料。主料主要为松烟和胶，辅料则根据使用者对墨的不同需求酌情添加。对于主料而言，松木燃烧后所得松烟为分散状炭粒，若凝结成型则需黏性物质连接。自魏晋始，以胶作为黏结剂，使得制墨工艺再次取得重大突破。“凡墨，胶为大。有上等煤而胶不如法，墨亦不佳。如得胶法，虽次煤能成善墨。”[19] 在制墨中，古人制胶多选动物胶，以牛皮胶、鹿胶和鱼胶为主，通过煎煮加热，分离出皮革中的杂质，将有用的胶原部分溶解，即所谓溶胶。经过洗净、浸水、去毛、蒸煮、搅拌、切片、晾干后所制成的胶，清而薄者为上，质地较纯，黏性较强，浊而黑者为下，质地不纯，胶力欠佳。

除主料之外，添加辅料称为“加药”。自魏晋始，各朝代皆有辅料方剂被提出。不同辅料对墨质产生的影响各有不同，概而论之，主要分为增色与增香两大类。增色者如梣皮，为木樨科落叶乔木植物白蜡树之皮，“取皮渍之水则碧色，和墨书之于纸，青莹而不脱也”[20]。添加梣皮可使墨色偏向青碧色，且书写时与纸面较好融合。增香者如麝香，可驱散胶和煤烟的异味。宋代更有甚者以黄金为辅料，“王晋卿造墨，用黄金丹砂，墨成，价与金等”[21]。添加何种辅料与使用者的需求息息相关，使墨逐渐摆脱了单一化的书写耗材身份，向观赏性与收藏性转化。

掺胶入药后，便进入和制成型环节，将准备好的各种主料、辅料进行最后加工以成墨锭。在不同文献中，和制成型的步骤有详略之分，其中以《墨谱法式》最为概括，将之分为和制、入灰、出灰、磨试四步，即杵捣压模、入灰晾墨、出灰打磨与研磨试色（图7-2-4）。在杵捣压模阶段，墨工把烟炱与原料相混合

图 7-2-4　松烟墨和制成型环节流程示意图[22]

[18]〔明〕宋应星著，潘吉星译注《天工开物译注》，上海古籍出版社，2008，第241页。
[19]〔宋〕晁贯之：《墨经》，中华书局，1985，第6页。
[20]〔明〕刘文泰等：《本草品汇精要》校注研究本，曹晖校注，华夏出版社，2004，第342页。
[21]〔宋〕苏轼：《苏轼文集》，孔凡礼校注，中华书局，1986，第1230页。
[22]〔明〕沈继孙：《墨法集要》，〔宋〕李孝美：《墨谱法式》，浙江人民美术出版社，2013，第145—148页。

在臼中捣杵，再以手揉搓后将呈丸状的墨剂置于墨模中压塑成型；入灰晾墨阶段，将墨锭从墨模中取出，放入铺着稻秆灰的木方盘里以灰覆盖，尺寸较大墨锭还需用纸覆盖后方可盖灰，不同时节盖灰层数不同，待到墨锭软硬适中时即可；出灰打磨环节，将墨锭从盘中取出后擦去表面浮灰，用硬刷蘸蜡刷光；研磨试色环节，即将墨锭在砚台上徐徐研之以观察墨色，以紫黑为上，青白为下。

传统松烟墨法在宋代到达顶峰，但由于松木生长周期较长，适合烧烟做墨的松木日渐稀少，面临供不应求的境地。墨工开始寻找新的原料替代松木烧烟，由此产生了桐油聚烟、一点如漆的油烟墨。

2. 桐油聚烟、一点如漆的油烟墨

油烟墨是指将不完全燃烧油料后所得烟炱作为主料制成的墨锭。选用油料的主要原因为：一方面，自宋代以来，单独依靠松木提供墨材并不足以支撑庞大的墨业市场；另一方面，这也是制墨技术飞速提升后的必然结果。成书于元代初年的《墨史》载："松烟之法久绝。"[23]自南宋末年始，油烟墨逐渐取代松烟墨，成为传统制墨的主流并延续至今。

油烟墨的制备之法与松烟墨相比，掺胶入药与和制成型两个环节大体相似，较大区别集中在原料制备，分为择选油料、覆盆燃灯两大流程。在择选油料阶段，宋人在众多的选择中，如"松膏、桦皮灯……乌桕油、纻子油、菜子油、梧桐油"[24]等，遴选出较为廉价、出烟浓黑的桐油。在覆盆燃灯阶段，较为常用的方式为"桐油二十斤，大粗碗十余只，以麻合灯心，旋入油八分上以瓦盆盖之。看烟煤厚薄，于无风净屋内以鸡羽扫取"[25]。此种通过燃烧灯芯获取油烟之法在《墨法集要》中通过详尽流程图进行了展示，先后为准备油盏、制备烟椀、搓缠灯草和入盆烧烟四个步骤（图 7-2-5）。

图 7-2-5　油烟墨覆盆燃灯环节流程[26]

准备油盏　制备烟椀　搓缠灯草　入盆烧烟

[23]〔宋〕高似孙、〔元〕陆友：《砚笺·墨史》，时代文艺出版社，2008，第82页。

[24]〔宋〕王质：《绍陶录》，程敏政辑，中华书局，1991，第16页。

[25]〔明〕沈继孙：《墨法集要》，〔宋〕李孝美：《墨谱法式》，浙江人民美术出版社，2013，第134页。

[26]同上书，第12、14、16、18页。

总体而言，松烟墨是我国传统制墨史上出现较早，且最先形成完备工艺体系的墨品，开启了我国制墨工艺发展的源头；而油烟墨则是在松烟墨工艺发展基本完备的基础上拓展原料而成的。宋代以降，因长期烧烟制墨，松材匮乏，直接影响到墨业的传承，以可再生的桐子榨油而得的油烟作为制墨主要原料，最大限度地保证了传统制墨工艺的生命得以延续。

三、描金填色、富丽雍容的文人墨

明清时期，文人赏鉴文房用品之风大盛，对墨外观和装饰性的考量超过了对墨液本身书写质量的追求。墨工在制墨过程中有意识地与文人雅士合作，融入雕刻、书法、绘画等元素，后期进一步加入髹漆、描金等工艺，并出现了成套的包装精美的“集锦墨”，使其兼具文房用品与收藏品两种身份。对极致华美外观的追求，促使墨品的艺术化趋势不断增强，最终突破书写工具的范畴，演变为书斋文化的象征。

（一）从“多模一锭”向“一模一锭”的墨模改良

墨模是制墨的关键性工具，直接决定着墨锭的造型与装饰。具体而言，墨工将捶敲好的墨坯按墨模的形状大小搓成条块压入模内，施以适当压力，使墨模上的文字、图案等清晰地塑印在墨锭上，在实现量产化的同时兼具审美性。

墨模形制的改良与人工墨的延续性发展密切相关。汉代以降，在墨的尺寸增大且形制渐趋规整的基础上出现了较为粗率的模印方式，如东汉的松塔形墨，墨身的松塔形层叠花纹清晰细腻，似由小型印版连续压印而成。但此时期墨丸整体外形是将软剂墨坯随意捏制而成，无须压入墨模。

唐宋时期，手持墨的普及使文人愈加注重墨锭外形的规整与端方，墨模由此得到普及。此时期墨模底版多由棠梨木制成，木质坚实细腻，模身方正坚实。墨工将墨剂压制成型后，用水将表面擦拭干净，以纸覆盖，再用小型墨印压制文字或图案。《墨经》中对此进行了详尽的描述：“凡底版贵乎直，宁大不小。平版上俯下平，宁重不轻。凡底版银为上，面印牙为上。寻常底版用棠，手版用杞，盖底版、面印皆以松为良，与煤为宜，凡印大墨以水拭之，以纸按之，然后用印。”[27] 例如北宋墨品“文府”墨，呈扁长方形，圆弧边，长8.3厘米、宽2.7厘米、厚约0.9厘米，重18.2克。虽然墨上端残缺五分之二，中部裂为两截，但颜色仍乌黑亮泽并伴有蓝彩。此墨外形方正由墨模压制而成，正面残留楷书“文

[27]〔宋〕晁贯之：《墨经》，中华书局，1985，第14页。

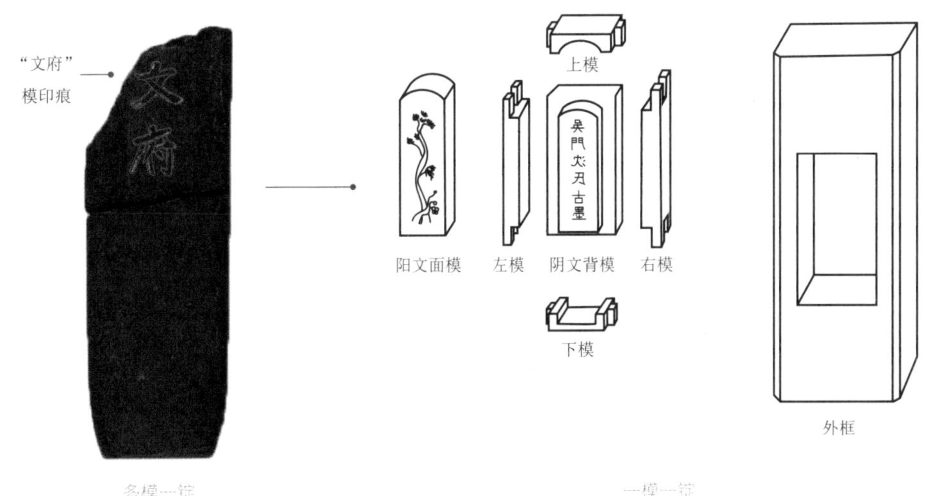

图 7-2-6　墨模改良示意图[28]

府"二字，明显为小型文字墨印压就。可见，此时期制作一块墨锭需准备大小不一的多块模具，依次压制而成。

及至明清，为节省工序提升制墨效率，同时满足文人对装饰性更强的墨品的需求，墨模由多模一锭变为一模一锭，即把多块墨印合成六面嵌套在总模框内，一次压印而成。具体而言，墨模一般采用石楠木、棠梨木制成，材质坚实。一般为长方形，共七块大小板块，分为阳文面模、阴文背模、上模、下模、左模、右模和外框（图 7-2-6）。阳文面模和阴文背模分刻主要图案，周圈四块模版刻有墨庄名、制造纪年、用料和型号，雕刻技法包括浅浮雕、浮雕、阴线刻等。各模之间由"十"字形榫相连。此外，许多特殊造型墨的墨模则在七块板的组成上做出相应的变化。在明代沈继孙《墨法集要》中将其称为"墨脱"，另曰："七木湊成，四木为墙，夹两片印板在内，板刻墨之上下印文，上墙露笋用，下墙暗笋嵌住墙，末用木箍之，出墨则去箍。"[29]具体使用方法为称取一定重量的墨剂，揉制成与墨模边框形状相近的墨坯，后将墨坯装入墨模中，此过程被称为下模。随后用长木杠杆装置压模，待墨成型之后拆模取出晾干即可。此种制作工艺自创立后延续至今。

简言之，墨模作为压制墨形的重要工具，历经流衍发展至明清方为大成，墨品的质量好坏主要取决于烟料、和胶、捣捶等，代表其审美价值的形制图案则取决于模制成型工序。七块墨模中边框决定了墨锭的形状和侧面铭文，上下模则成就了墨锭两面的图案纹理。最终墨模的完善推动了文人墨的发展，具体表现为集锦墨的流行。

[28] 中国徽州文化博物馆，http://www.hzwhbwg.com/#/collspdetail?spId=4，访问日期：2023 年 5 月 28 日。
[29]〔明〕沈继孙：《墨法集要》，〔宋〕李孝美：《墨谱法式》，浙江人民美术出版社，2013，第 557 页。

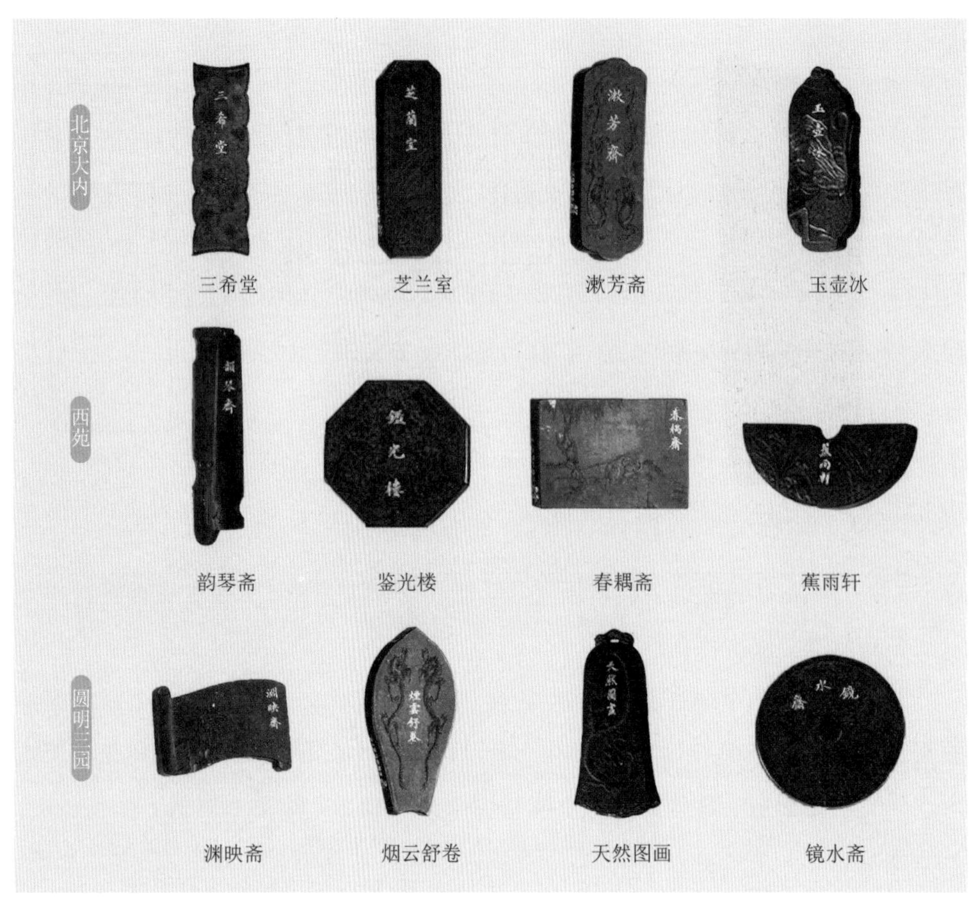

图 7-2-7 胡开文“御园”集锦墨代表性墨锭分类图[30]

（二）雕工精良、形制多样的集锦墨

清代玩赏品鉴之风日盛，集锦墨便是由制墨家按一定意图设计和制作的造型不同、图案各异的成套墨，或为古琴、钟鼎，或为书卷、竹节，或为水光山色、亭台楼阁，少则几锭，多则上百锭，极具收藏价值。是否拥有代表性集锦墨也成为时人对墨工制作技艺高下的评判标准，因此清代制墨名家胡开文在集锦墨制作上着力下功，博采众长，制有“御园”“四库文渊”“十二生肖”“八宝奇珍”“手卷”“富贵图”等，其中尤以“御园”集锦墨最负盛名。

此套集锦墨共计64锭，长5.9至13.3厘米、宽2.9至5.5厘米、厚1至1.4厘米，所刻景物均为清代宫苑名胜，尤以北京大内（紫禁城）、西苑（中南海、北海）和圆明三园（圆明园、长春园、万春园）等几座清代皇家园林的景致为代表，采用虚实相间的手法将各处景点精细刻绘于墨模之上，压印而成（图7-2-7）。一墨一景，依景构图，形态各异，正面书写景观名称，背面绘制名胜全景，侧面书阳文“嘉庆年制”。

具体而言，在造型上，集锦墨以各处御园景物中的楼、阁、堂、轩、馆、院、亭、

[30] 安徽博物院，https://www.ahm.cn/Collection/Details/qtq?nid=224，访问日期：2023年5月28日。

斋等建筑为主题蓝本，呈现钟、鼎、圭、璋、爵、壶等器物造型，整体外观包括圆形、方形、八角形、牛舌形、书卷形、钟形、壶形等诸多形状，刻工精细，线条清晰。在风格上，此套“御园”集锦墨一景一图，墨面图画镌刻细腻典雅，书法俊朗流畅，景物布局独具匠心。每锭墨正面书写景点名称，背绘景观，涉及亭台楼阁、洞壑假山、龙凤麟牛、游人花鸟、修竹掩映等景致。例如紫禁城养心殿之“三希堂”墨，布局巧妙，动静交错：静者，一山间书屋，隐藏于古树丛中；动者，一条螭龙从天而降，俯瞰众生。又如长春园之“渊映斋”墨，造型为书卷式，墨面所绘树丛之中台阁隐现，麓道回转，岸边垂柳依依，波光粼粼的湖面上，一行飞雁掩映于湖光浩渺之中。画面虚实相应，疏密得宜，同时文字采用填金手法，在墨色映衬下醒目突出。由此可见，清代墨品在设计上别出心裁、形态各异，在制作上选料精良、雕刻精细，完成了墨从实用品向工艺品的最终转化，成为置于书斋的收藏珍品。

结语

历经朝代流衍，制墨业的发展之路即为一条墨工与使用者，尤其是文人逐渐合流之路。在制作工艺方面，从选材而言，早期出于对产量较少、质量难以把控等问题的考量，天然墨逐渐向人工墨过渡。随后人们尝试燃烧松木以获取墨料，当松材渐趋枯竭，油烟墨逐渐取代松烟墨，成为传统制墨的主流并延续至今。从形制而言，墨锭呈现出从成型化向批量化，最后趋于个性化的发展历程。为保证墨锭成型，人们以胶作为黏结剂，注胶技术使得墨块造型具有了趋向规整和尺寸不断增加的可能。而墨模的出现使墨锭得以大批量投入生产。随着文人赏鉴文房用品之风大盛，对墨的外观和装饰性的考量逐渐超过了对墨液本身书写质量的追求，一方面，文人对墨模加以改良，从“多模一锭”向“一模一锭”转化；另一方面，雕工精良、形制多样的集锦墨应运而生，满足着文人的多种书斋需求。

可见，文人作为墨的主要使用者，无论是在制墨方法、墨表装饰，还是墨的功能转变上，皆影响与制约着制墨业的发展，历时弥远而复杂。当文人作为墨锭最大的使用群体时，当需求无法被完全满足时，文人便要求墨工按其提供的配方、图案、题铭等制墨，甚至亲自动手尝试，从而与墨锭产生更加直接而主动的关联，其思想与审美追求也必然反映在墨锭上。通观墨锭表面的图案与纹样类型，无论是花鸟鱼虫还是亭台馆榭，皆依势被巧妙模印于墨块各面，构成以小见大的审美世界。

与西方存放于瓶中的液态墨汁不同，中国的墨锭因其固态的存放方式和加诸其上的文化元素而具备了更多除消耗品之外的艺术价值，作为思想文化的承载体在当代依然具有鲜活的生命力。

第三节 形美色正的承墨器具

砚台是用于承墨的重要文房用具，通过墨石相交、泚笔润毫，使毛笔与墨锭在书写中实现了连接，主要结构由砚额、砚池、砚堂、砚边、砚侧、砚背组成，其中砚堂与砚池作为中心研磨区，其石质好坏与结构决定着一方砚的品质和使用价值的高低。在众多砚材中，石材最为丰富，以石质滋润细腻、石色自然多变者为佳。在砚工与文人的双向推动下催生出端砚、歙砚、洮砚、澄泥砚等著名砚品，使砚台的评判标准趋于审美性和个性化。

从考古实物来看，先秦至汉，因丸形墨的存在使得砚台成为加配研石的研磨器具；同时，在席地而坐的仪规下，三足石砚增加砚盖与砚足便于存墨与取用。魏晋至唐，墨条取代研石，出现辟雍与箕形两大砚式，体现出贮墨性与稳定性。有宋以来，抄手砚大行其道，砚面设计更加规范，分为堂池连接式和堂池分离式，崇理尚雅的文人意趣外化为端方四直的造型特征。明清时期，文人对砚雕品位的追求催生出随形砚与肖形砚。

砚台的发展从追求实用功能渐至追求审美情趣，前期通过对砚材与造型的不断尝试，达到发墨好、掭笔顺、贮墨佳、造型简约古拙的目的，而后期文人不断介入工匠的制作流程，从花纹、雕刻、铭文题款等方面加以把控，对四大名砚的推崇最终使砚台成为文人雅士的赏玩之物。

一、以墨和濡、讲求实用的研磨器具

先秦始，人们基于涂绘、书写的朴素目的创制砚台，其作为颜料的承托物在新石器时代借助石磨棒舂捣墨块，秦汉时期依凭研石磨制墨丸或墨片。同时，在席地而坐的仪规下，三足石砚增加砚盖与砚足便于存墨和取用，且砚身内设凹窝存放研石，可见此时期砚台尚不具备独立属性。

“砚，研也，研墨使和濡也。”[1]砚台从初创起即作为承墨工具，使墨由固体通过物理摩擦转换为润泽的可蘸取颜料。我国砚史源远流长，《事物纪原·墨砚》

[1] 王国珍：《〈释名〉语源疏证》，上海辞书出版社，2009，第231页。

有云："后汉李尤《墨砚铭》曰：'书契既造，墨砚乃陈。则是兹二物者，与文字同兴于黄帝之代也。'"[2] 古砚与文字同兴于黄帝。《文房四谱·卷三》从侧面做过极为简略的描述："昔黄帝得玉一纽，治为墨海焉，其上篆文曰：帝鸿氏之砚。"[3] 同样印证了这一造物起源。

我国最早的砚，从新石器时代石制研磨器演变而来。先民为碾磨谷物，创造了碾盘、碾棒和碾石，后作为工具应用于研磨颜料中。从陕西临潼姜寨二期遗址出土的物品可以看出，砚台尚不具备独立属性，与石磨棒、颜料、陶质水杯共同组成完整彩绘套具（图7-3-1）。其中石砚整体偏向于舂捣形石臼，器表中部略偏处有规整的圆形臼窝。臼窝内放置石磨棒说明先民并非直接将颜料拿于石砚上研磨，而是投入料块后用磨棒将其碾碎，并通过陶制水杯注入适量水加以调和。石砚上添加盖板体现出彼时先民在湿法研磨颜料的过程中已经注意到防止颜料水分的散失，为后世挑选石质细腻、吸水率小的砚材奠定了基础。

有汉以来，砚台从舂捣型发展为磨制型，由三足砚底、平滑砚身、上凸砚盖组成。由于人们习惯于席地而坐，并不依附案几，而是一手持握书简或纸张，一手执笔悬腕书写，坐立地点不定，砚台多席地置于矮几旁，为保持砚身的稳固平衡和易于移动，于砚底增加三足，足部在保证三点均衡受力的同时，各足之间形成的空间便于使用者以手托起，来回移动。砚身臼窝消失，变为平滑的砚盘，使用者以手抓握研石，压住颜料或墨片在砚面上来回研磨。同时，因为砚内需放置小块研石，所以石砚上的平面盖板演变为凸起的砚盖。

从汉代墓室壁画和出土实物中可以看出，此时期的三足石砚多为圆形，装饰集中于盖部，外形较为质朴（图7-3-2）。例如东汉双龙纽盖三足石砚，砚盖上方圆雕两条盘绕双龙，下身盘旋，吻部连接，四足匍匐，整体造型朴素粗犷。砚身研磨区光洁平滑，中部放置研石，下方平均分布三足，足上用阴线刻熊面纹。

图7-3-1 新石器时代彩绘工具组合[4]

[2]〔宋〕高承：《事物纪原》，〔明〕李果订，金圆、许沛藻点校，中华书局，1989，第425页。
[3]〔宋〕苏易简：《文房四谱》，中华书局，1985，第35页。
[4] 蔡鸿茹、胡中泰主编《中国名砚鉴赏》，山东教育出版社，1992，第1页。

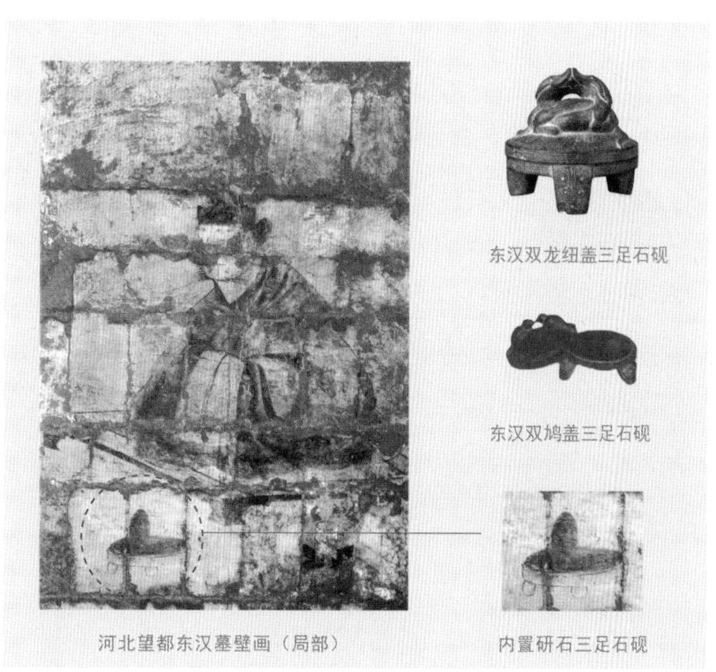

图 7-3-2　汉代三足石砚在壁画及实物中的呈现[5]

同时代的双鸠盖三足石砚，同样于盖部以雕镂的方式呈现双鸠，吻部相对，形象生动。砚身中央设放置研石处，砚底三兽足呈鼎立分布。

汉代磨制型砚作为承前启后的砚式，其贡献主要表现为两个方面：其一，砚体变上下舂捣型受力结构为平面研磨受力面，是砚台结构的飞跃式发展；其二，三足石砚虽然造型古朴简洁，但砚盖与砚足均出现雕琢痕迹，且基本表现为浑圆的造型，可见此时砚台已不仅满足实用要求，匠人在制作时还将审美追求包容其中，为后世文人砚的产生奠定了基础。

二、持墨方式转换催生下的砚制革新

魏晋至唐，由于人工制墨的出现，墨锭可握于手上直接研磨，因此利用磨棒舂捣和利用研石研墨皆退出历史舞台（图 7-3-3）。此种持墨方式的转换导致砚台形制进一步发生革新，砚身出现功能的区隔，分化出可供磨墨的墨堂和能够蓄墨贮水的墨池两部分，出现辟雍与箕形两大砚式，体现出贮墨性与稳定性。

（一）砚池环绕、砚堂高隆的辟雍砚

辟雍砚始现于魏晋南北朝时期，流行于唐朝初年，由无砚池的汉代三足砚顺承而来，因此在外观上仍体现为圆形。砚身部分中心凸起形成砚堂，面部平坦，有利于手持墨锭于其上来回研磨；圈形砚池似沟渠环绕砚堂，研出的墨汁

[5] 北京历史博物馆、河北省文物管理委员会编《望都汉墓壁画》，中国古典艺术出版社，1955，第16页。

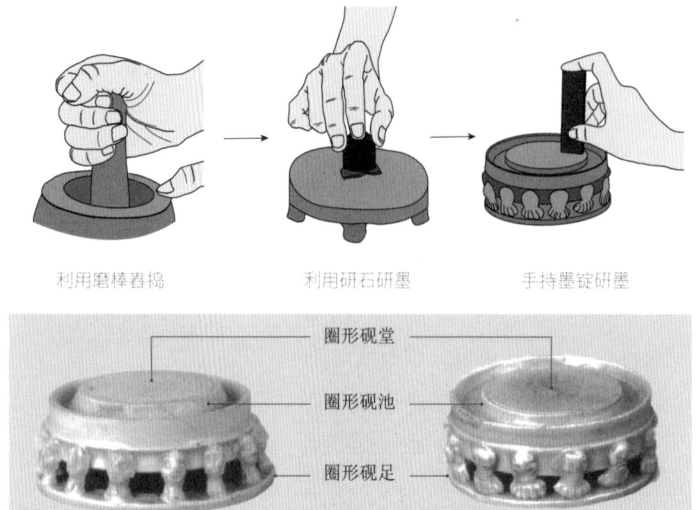

图 7-3-3　不同持墨方式对应下的砚形转变示意图

圈形砚堂
圈形砚池
圈形砚足

图 7-3-4　唐代白釉瓷辟雍砚砚体结构图[6]

可汇入砚池，砚身第一次具有了研制与蓄墨的功能区分性。辟雍砚的砚足逐渐增多，至30余足。各足底部由垫圈相连，形成圈形，砚底略大于砚身，保证了砚台整体的稳定性。

以陕西历史博物馆所藏唐代白釉瓷辟雍砚为例（图7-3-4），整体施白釉，胎质洁白细腻，釉色光洁明润，釉厚处微微泛青。圈形砚堂与圈形砚池体现出辟雍砚的鲜明特点。砚底圈足之上，环砚一周设15个张口的人面兽足，承托砚身。人面眼窝深凹，鼻梁高挺，造型生动。同时期于西安市东郊唐墓出土的另一方辟雍砚除砚身一以贯之做出砚堂与砚池的区隔之外，最大的变化集中于足部：环砚一周设13个人面兽足承托砚面，除面部修饰出粗略的五官之外，于面部下方增加裙状放射状线条，强化了整体的装饰性特点。

辟雍砚的出现标志着砚台实用性与文化性的提升。在实用性方面，因砚心凸起而形成的砚堂与砚池，使研磨区与蓄墨区在功能上得以区分，更有利于书写与绘画，自此中国古砚历经千年一直保留此结构至今；在文化性方面，《白虎通义》有云："天子立辟雍何？所以行礼乐宣德化也。辟者，璧也，象璧圆，又以法天，于雍水侧，象教化流行也。"[7]"辟"通"璧"，意为环形玉器，"雍"即为四周环水围绕。"辟雍"最早为周天子讲学之地，是僻静庄重的治学之所，也是尊崇地位的体现。古人将建筑之形转换于砚体，可见在实用性外，将砚台逐渐视为身份的彰显物。

唐朝以降，文化事业的发展对研墨工具提出了更高的要求，人们追求在研磨出墨后，研磨区与蓄墨区进行更流畅的衔接，从而获得最佳的使用体验，故而箕形砚随之获得世人推崇。

---

[6] 荆海燕、何颖：《砚墨色光——馆藏唐代陶瓷砚台选介》，《文物天地》2016年第6期。

[7]〔汉〕班固：《白虎通义》，中国书店，2018，第125页。

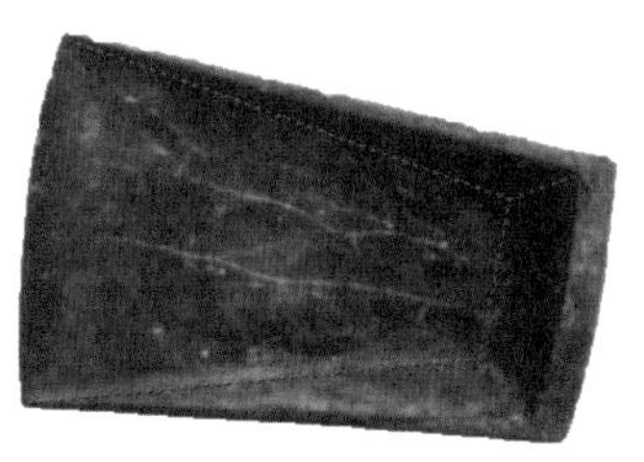

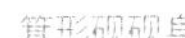

图 7-3-5　唐代黑陶箕形砚砚体结构图[8]

（二）砚池深凹、砚堂倾斜的箕形砚

箕形砚在唐代与辟雍砚相比被更为广泛地使用，这得益于依据实际用笔习惯所改良出的更加科学与实用的砚体。如图7-3-5所示，箕形砚砚首微弧，两侧平直，砚身后宽前窄，形如簸箕。因为砚堂自后向前倾斜，所以砚首处凹陷自然形成砚池，如鸟之尾羽开张，《砚史》有“所谓凤凰池也”[9]之说。砚堂与砚池在砚身上连为一体，形成完整斜面。从使用原理而言，箕形砚研墨、贮墨皆较为便利，砚堂所研之墨因斜度可自然流入尾部贮之，形成墨池。同时，砚堂便于掭笔之用，即毛笔蘸取墨汁后可在砚体斜面上顺势刮掉多余墨汁，从而将毛笔移动至纸面进行书写。箕形砚底部首端着地，近砚尾处有两个长方梯形足支撑，与砚端构成三足鼎立之势。从整体看来，簸箕状砚身与三点支撑式砚底使箕形砚外观轮廓简洁流畅，呈现朴拙大方之美。

箕形砚的出现满足了社会的客观需要，文化教育的普遍化使得各阶层大众对基本文房用具的需求量大增。箕形砚多为陶制，廉价的用料和简洁的外形便于大规模生产，成为普通百姓接受文化熏染和日常书写时的必备之物。

整体而言，魏晋至唐的辟雍砚与箕形砚的出现满足了上至达官贵胄下至普通民众的用砚需求。砚堂与砚池的出现使得砚台的功能区分更为合理，使用体验获得了较大的提升。辟雍砚用垫圈连接多足成为一个整体，以及箕形砚底部首端着地取代一足作为支撑点共同说明砚足的逐渐弱化趋势，为后世抄手砚的出现奠定基础。

三、崇文之风推动下端庄典雅的文人砚

有宋以来，文人砚大行其道，这得益于宋代文人在文化消费市场上所占的主导作用。一方面，文人阶层的扩大为砚台带来了稳定的使用群体。宋代崇文尚教，在国家重文抑武政策的影响下，培养文士的官学与私学皆迅速发展，大批学子诵经读史，有人“隐居教授，学者不远千里而至，登科者五十六人”[10]。大量

[8]〔宋〕米芾、高似孙等：《砚史·砚谱》，中国书店，2014，第30页。

[9]同上书，第34页。

[10]〔清〕毕沅：《续资治通鉴》，岳麓书社，2008，第256页。

学子通过科举而成为儒士，此种向学之风的兴起使文人阶层迅速壮大。另一方面，宋代商人阶层的发展也为砚台的生产制作提供了顺畅的供货渠道。《东京梦华录》有云，彼时店铺“屋宇雄壮，门面广阔，望之森然。每一交易，动即千万，骇人闻见”[11]。在财富的不断累积中，宋代商人具有敏锐的市场洞察力，他们能够察文人之所需，与其密切交流，为这一群体提供符合其审美需求的砚台。此时崇理尚雅的文人意趣外化为端方四直的造型特征：砚面设计更加规范，分为堂池连接式和堂池分离式，其中砚的底部自后向前被部分掏空，手可插入将砚端起的抄手砚尤为风行。砚台正式成为文人书斋中表征身份与彰显品位的不可或缺之物。

（一）端方四直、内敛精雅的制砚观

宋时的砚身主要分为砚额、砚池、砚堂、砚边与底边，长方形对称结构成为主流。此种对端方四直砚台的推崇与书斋空间中家具的变革有着直接的关联。唐末宋初，由于高型家具的流行与垂足而坐的风习，使文人写字作画逐渐养成伏案的习惯，书斋中的陈设物也相对固定化，不再需要来回挪移，因此较为统一规整的结构被时人所推崇，可与书斋氛围更好地融为一体。

通过对宋代50方长方形砚进行结构数据分析（图7-3-6），可知砚身长度集中于15至25厘米，宽度集中于10至16厘米，且长度均值为19.5厘米，宽度均值为13厘米，大小适中，便于以手取握及作为常用之物摆放于书斋几案之上。

宋代工匠对长方形砚台的砚面进行了更为细致、多样的功能分型，从整体而言，分为堂池连接式和堂池分离式（图7-3-7）。堂池连接式砚台可视作箕形砚的延续，砚堂从与底边临近处向砚额方向倾斜，与下凹的砚池连为一体，此种砚台研出的墨汁易于随时流向砚池而储存起来。后世根据砚堂的倾斜走向，又分化为呈直线向前倾斜的直淌式和呈弧线向前倾斜的斜淌式。堂池分离式砚台则表现为砚堂和砚池各自独立，水可存放于砚池，墨贮存于砚堂，通过调配墨与

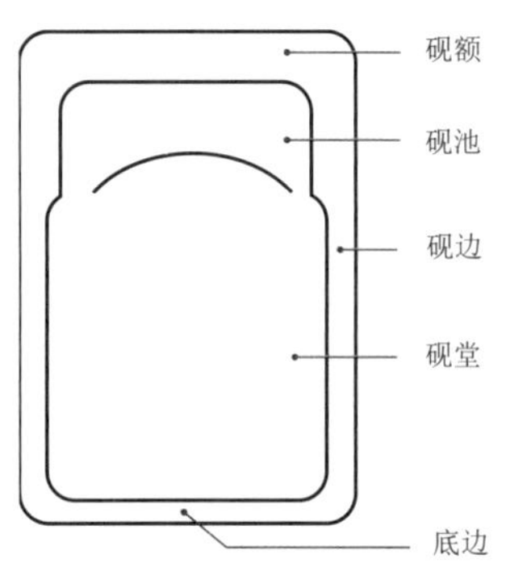

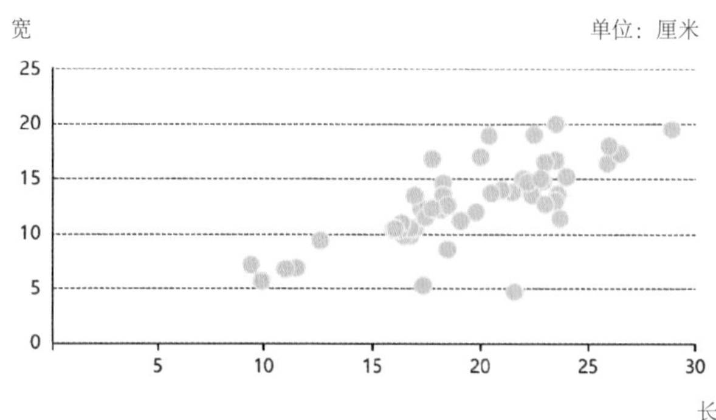

图7-3-6　宋代长方形砚体结构数据分析图

[11] 王莹译注《东京梦华录译注》，上海三联书店，2014，第69页。

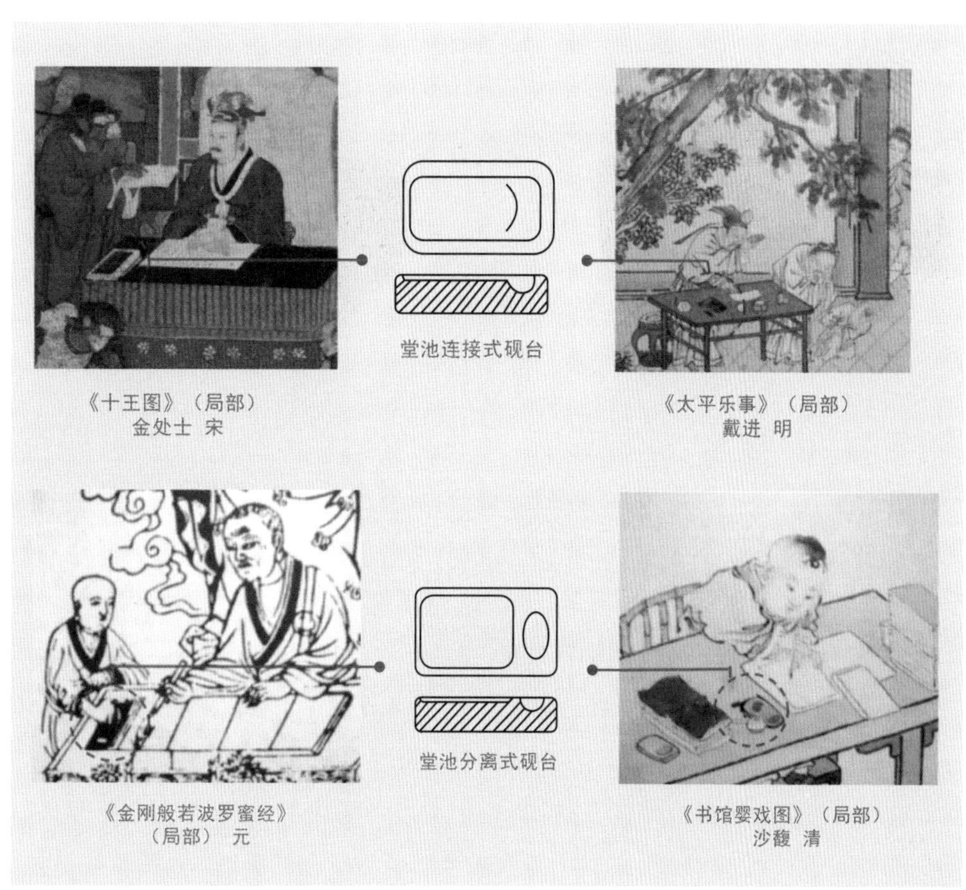

图 7-3-7 长方形砚台砚堂与砚池分型图

水的比例使画面笔迹呈现出更加细腻的效果。此两种砚台满足了文人无论是日常书写抑或是艺术创作的需求，成为文人案头最常见的书写用砚。

（二）适用为美、取法自然的抄手石砚

对于宋代士人阶层而言，适用为美、取法自然是其选择砚台的一定之规。米芾在《砚史》中描述为："士人尤重端样，以平直斗样为贵，得美石无瑕必先作此样。"[12] 而此时产生的抄手砚恰恰符合此两项要求，在适用的准则下，抄手砚增加可抄手处，将砚足转化为墙足，在自然的规约下，保留石眼，供人玩赏。

其一，抄手砚变砚足为墙足。宋代抄手砚随时风而创制，整体结构呈平直对称的长方体。为方便取用，将砚台底部从后端向前掏空，两侧留边，形成缺口供手掏入将砚台进行移动，改变的后果为侧壁与砚足自然形成了有机的整体，与砚额正下方的底端共同对砚体产生支撑作用。除实用性之外，掏空的底部还使砚台从外观而言更为轻盈美观。除砚足之外，抄手砚砚堂开阔，便于研墨，砚池深凹，便于贮墨，将实用性最大限度地发挥出来。

其二，抄手砚取法自然，以眼为贵。宋代文人群体戒奢靡、尚自然，追求"不

[12]［宋］米芾、高似孙等：《砚史·砚谱》，中国书店，2014，第34页。

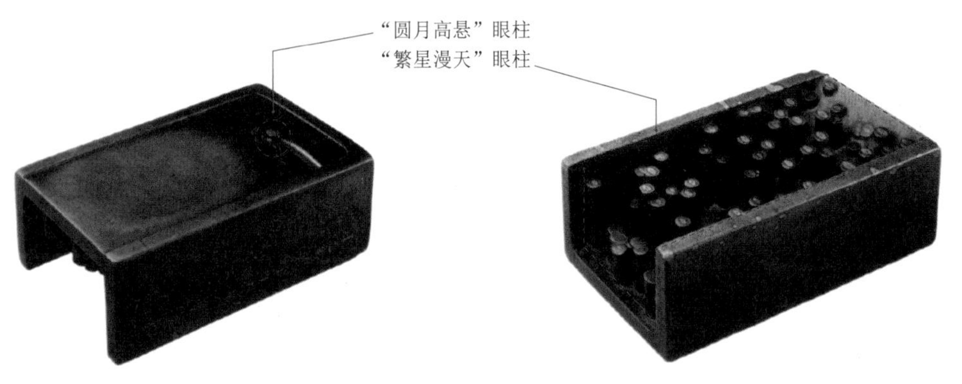

图 7-3-8　苏轼“从星”抄手砚石眼正背面分布图

下堂筵，坐穷泉壑，猿声鸟啼，依约在耳；山光水色，滉漾夺目”[13]的生活状态，故在砚台的装饰上，也最大限度地希冀保留材料本身的纹理特点，石眼由此备受文人群体的推崇。石眼是自然形成于砚石中的一种含铁质的结合体，外观如鸟兽眼睛，圆正或尖长。抄手砚多在砚面、砚底保留石眼，因为砚底被掏空，所以石眼多以长短不同的眼柱的形式呈现。

以苏轼所藏“从星”抄手砚为例，该砚长15.9厘米、宽9厘米、侧壁高5.6厘米，石色为棕褐色，有蕉白晕及微黄斑纹。砚面为堂池连接式，砚堂下斜至墨池，墨池中央下方保留一带眼石柱，以象征明月，周围衬以流云纹样。砚背长短不一的细长石柱达60余柱，每柱上皆有带晕圈呈碧黄色的石眼，高矮参差不齐，错落分布于砚底被掏空处，如繁星漫天（图7-3-8）。砚石侧壁镌文字曰：“月之从星时，则风雨汪洋。翰墨将此，是似黑云浮空，漫不见天。风起云移，星月凛然。”除此之外，别无他饰。可见，宋人在选择石材时，尽最大可能保留材料本身的纹理特征，并将此纹理与自然景象相类比，并从中找出诗意。

四、藏砚风气带动下求精尚巧的观赏砚

（一）石精料美的四大名砚

砚的演化此前经魏晋至唐宋，已形成以山东青州的红丝砚、广东肇庆的端砚、安徽歙砚、甘肃洮砚为主流的局面。及至明清，制砚愈加趋于普及和规范，形成材质众多、形制各异的庞大体系。对石质的极致追求使得其工艺价值日趋凸显，成为集雕塑、书法、绘画、篆刻于一体的精美的艺术品，上至达官贵胄，下至文人雅士对砚品所属产地的推崇使得这一时期再掀名砚品评的高潮。因青州红丝砚石材枯竭，继之以山西绛州的澄泥砚，与端砚、歙砚与洮砚组成“四大名砚”新体系，备受明清文人推崇。具体而言，文人对砚台优劣的评判主要从石

[13] 俞剑华注译《中国画论选读》，江苏美术出版社，2007，第207页。

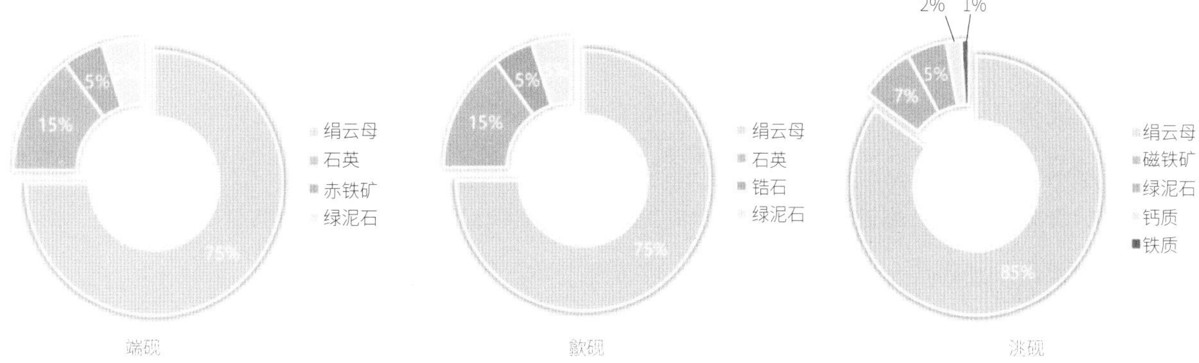

图7-3-9 端砚、歙砚、洮砚矿物质成分含量分析图

材和肌理两方面考量，即石材是否具有润泽承墨性，肌理是否符合奇纹雅色观。

1. 润泽承墨性规约下的石材选择

明清文人雅士在遴选砚台时将是否便于承墨书写放于首位。《砚史》早已有云："器以用为功，玉不为鼎，陶不为柱。文锦之美，方暑则不先于表出之绤。楮叶虽工，而无补于宋人之用，夫如是，则石理发墨为上，色次之，形制工拙，又其次，文藻缘饰，虽天然，失砚之用。"[14]可见，在满足实用性的基础上方可对其审美性进行考量。历代砚工通过实践对比，总结出一方优良砚台的择选标准与砚台的承墨特性，即能否发墨持久且不损伤笔毫。因此，质坚且润成为选择石材的一定之规。

一方面，质坚性来源于石材的矿物质成分。通过对端砚、歙砚、洮砚的矿物含量进行观察测算，可发现三种石砚的主要矿物皆为绢云母，占比为75%至85%，余者成分为石英、绿泥石、铁质等（图7-3-9）。绢云母具有极强的化学稳定性、耐磨性和润滑性，可使石质致密细腻且不损毫，而石英硬度较大，如含量高极易损坏笔端，故所占百分比相对较小。各种矿物成分相伴共生，保证了砚台的质地坚实。

另一方面，润泽性来源于石材得天独厚的开采地点。《格古要论》所述"端溪石出肇庆府。端溪下岩旧坑卵石，色黑如漆，细润如玉"[15]，同时载有"歙溪石出歙县龙尾溪。旧坑亦卵石，色淡青黑，无纹，细润如玉"[16]以及"洮河绿石，绿如蓝，润如玉，发墨不减端溪下岩"[17]的语句。端砚的石料主要采自距肇庆（古端州）20千米的西江羚羊峡出口的端溪一带，歙砚的石材主要采自安徽歙县（古歙州）龙尾溪一带，而洮砚则产自甘肃省甘南藏族自治州卓尼县境内洮河流域，可见精良砚材在溪水、河流中历经千万年冲刷形成了具有自然包

[14]〔宋〕米芾等：《砚史（及其他四种）》，中华书局，1985，第1页。

[15]〔明〕曹昭著，杨春俏编著《格古要论》，中华书局，2012，第156页。

[16]同上书，第161页。

[17]同上书，第167页。

浆的温润石质。石质若过于坚硬不润，则不易发墨，且研磨出墨后其中水分易被吸收，导致墨的浓度过高，以笔蘸墨于纸上书写时会滞笔难运，影响书画呈现效果。因此择选石料时应以质坚且润为第一标准，温润而无刚硬之态，可使发墨久而不乏。

此外，四大名砚中的澄泥砚虽为陶制，但工艺理念仍以“类石”为佳。《文房四谱》中对其制作过程进行了细致的表述：“以墐泥令入于水中，挼之，贮于瓮器内。然后别以一瓮贮清水，以夹布囊盛其泥而摆之，俟其至细，去清水，令其干，入黄丹团和溲如面。作二模如造茶者，以物击之，令至坚。以竹刀刻作砚之状，大小随意，微荫干。然后以利刀子刻削如法，曝过，间空垛于地，厚以稻糠并黄牛粪搅之，而烧一伏时。然后入墨蜡贮米醋而蒸之五七度，含津益墨，亦足亚于石者。”[18] 制作澄泥砚的泥土在经过精细的淘洗后加入黄丹，即铅的化合物，在高温焙烧中起到助熔剂的作用，从而提高澄泥砚的致密度和硬度，达到质坚的效果，同时采用入蜡工艺降低砚的吸水率以达到承墨的功效，最终类石矣。

总体而言，质坚润泽是砚材应具备的条件，承墨护毫是成砚后书写时应达到的效果。在满足涩不留笔、滑不拒墨的实用性后，文人雅士对砚台的肌理提出了更高的感官需求。

2. 奇纹雅色观衡量下的肌理选择

由于明清赏砚、藏砚之风甚盛，砚工们为迎合风雅文士的需求，往往选择拥有丰富的纹理、色彩乃至天然虫蛀的砚石进行设计、雕刻，因此可纳入名砚范畴的石材必然满足奇纹雅色的装饰要求。

以端砚为例，其石材除质地坚实润泽、发墨益毫之外，尤以石品花纹名目繁多著称，其中天青、青花、石眼、蕉叶白、鱼脑冻、冰冻纹颇为世人所推崇（图7-3-10）。深蓝一片微带苍灰者为天青，有如暗夜晴空，其中略夹杂细碎石纹，呈现通透立体的效果；青紫色砚面呈尘状或斑点状杂质者为青花，是褐铁矿和赤铁矿产生聚集或均匀分布所致，细微难辨时沉水方可观之；表面呈青灰、黄绿色，形如鸟兽之目者为石眼，是铁质聚集所形成的晕圈，为端砚的一大标志性

天青

青花

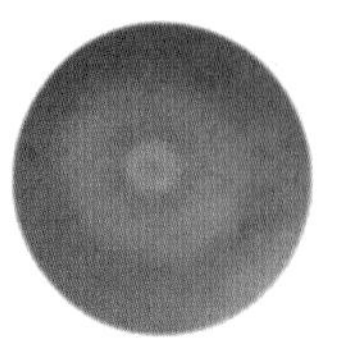
石眼

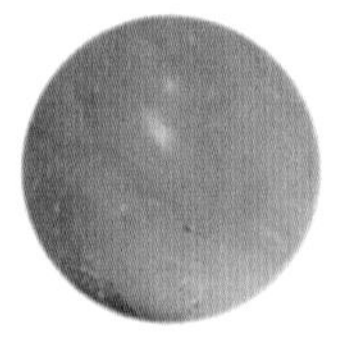
蕉叶白

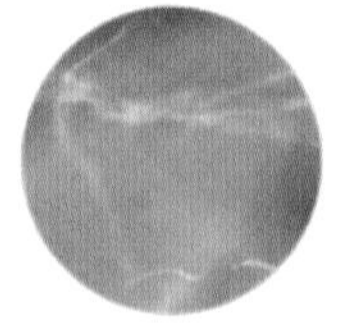
鱼脑冻

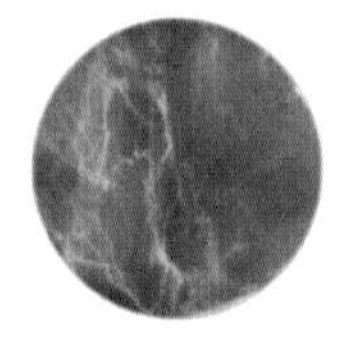
冰冻纹

图7-3-10　端砚代表性石品花纹示意图

[18]〔宋〕苏易简：《文房四谱》，中华书局，1985，第39页。

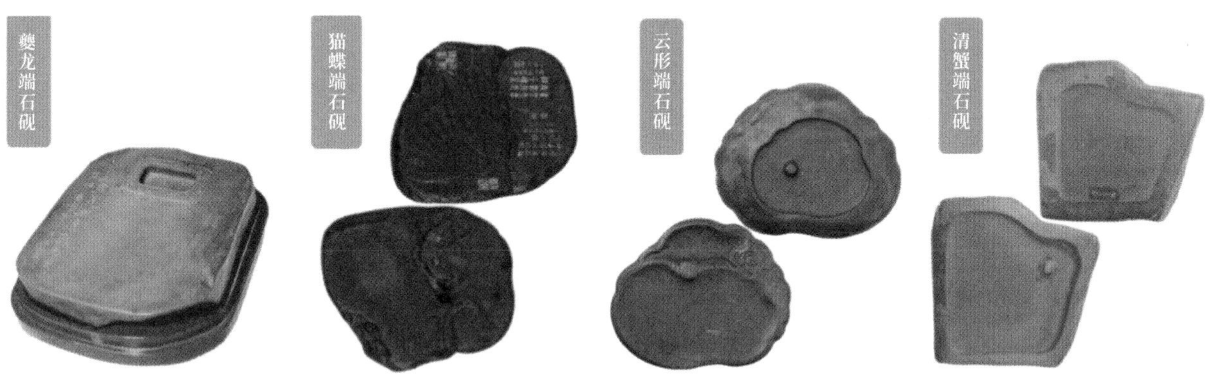

图 7-3-11　明清代表性随形砚

特征，时人常以端砚有无石眼作为判别其品质优劣的重要标准；白中略带青黄，形如蕉叶者为蕉叶白，纹理走势舒展飘逸；砚上显现脂肪光泽，纹路好似浮云轻纱，呈半透明状者为鱼脑冻，表现为似有若无的含蓄美；白色有晕，状如冰块裂纹者为冰冻纹，是绢云母矿物填充石材裂隙所致，砚石纹路整体观之似冰面雾气般游移不定，充满动态感。

概言之，砚上石品纹理丰富易见说明其石质细润，同时石纹色彩与外界景观具有较强的关联性，含蓄幽冷的色泽亦体现出文人亲近自然、追求天成的审美意趣。

（二）雕饰尚巧的随形砚与肖形砚

除砚材本身所具备的天然审美属性之外，砚工在文人的引导下对砚体形态进行修饰雕琢。一方面尽力保留石材本身的自然面貌，催生出大量随形砚；另一方面将文人在日常生活的所观所用之物融入创作中，雕琢出符合所处文化场域的肖形砚。

1. 取法天然的随形砚

随形砚是指在保留石材自然轮廓的基础上略加雕琢而成的砚体（图 7-3-11）。以四方代表性砚台为例，如夔龙端石砚一角石材缺失，外轮廓在砚额和底边处呈波浪状与不规则形态，砚面上方开一横卧长方池，砚池边际刻夔龙盘绕纹，右下方刻篆书印“莘田真赏”与“十砚轩图书”，左右侧及背部皆刻有铭文。猫蝶端石砚外形轮廓无端方之态，而是随形弯曲游走，砚面浮雕一猫扑蝴蝶图案，保留黄绿色石眼替代猫眼及蝴蝶翅膀花斑。猫蝶之下为砚堂，砚边左侧阴刻篆书“寿友”二字。砚背阴刻篆书印“韦”“斋”及“士奇”小印。云形端石砚砚体轮廓因石材本身的云朵状弧线随形而作，与之相呼应，开云形砚池与砚堂，云形砚台的正面有一眼柱，周围环绕云纹，背面微微内凹成池，周边环刻文字，其下署名“辛卯夏五月得于羚羊峡，莘田宝用”并刻“任”字印。清蟹青石砚砚面随形，呈不规则六边形，边框处有斑斑剥蚀，显露出蟹青色，在方出歧角处深挖成砚池，池

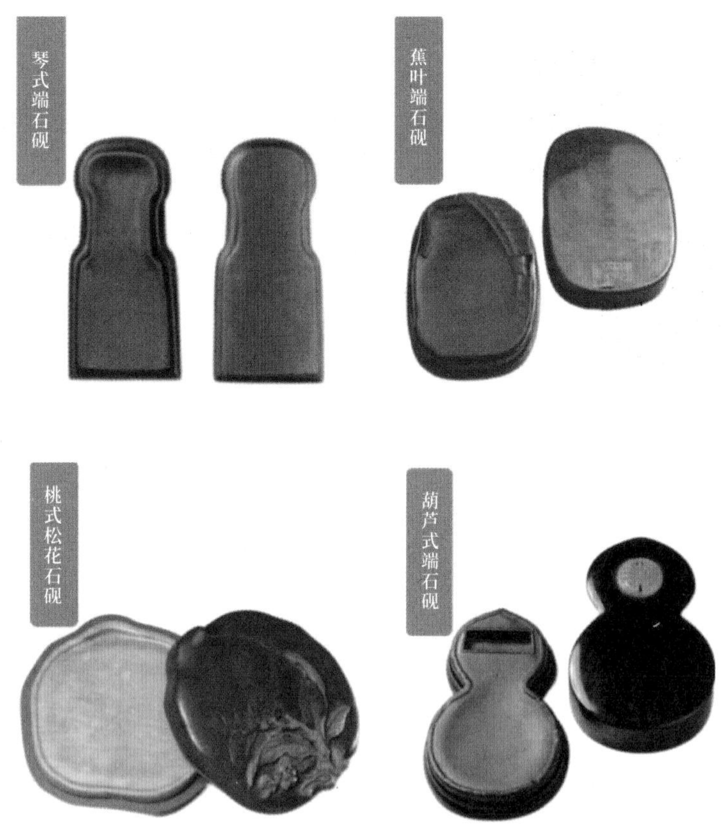

图 7-3-12　明清代表性肖形砚

底倾斜呈坡状，圆雕一青蛙似由水洼爬出。

可见，随形砚一方面最显著的特点为保留砚石原始形态，缺损无序皆为妙处，除形状之外，石品花纹如石眼、石柱等也纳入考量范畴，尽可能多地将自然元素呈现于砚体；另一方面为中和砚台因石材本色而呈现出的拙朴，在文人的介入下，往往在砚身环刻文字和小印，起到雅致和彰显个人身份的作用。

2. 雅居空间衍生的肖形砚

肖形砚是指在结构和造型上肖似生活诸物的砚台。明清时期，砚作为书斋中重要的文房用具和收藏佳品，在选择其形态参照时多为与文人的雅集活动或日常生活相关之物。如图 7-3-12 所示，琴式端石砚肖似古琴，砚面内凹，砚池与砚堂相通，砚底刻“河东君研”，署“钱谦益题”，另配雕漆红木盒，盒面嵌竹刻“还砚图”，其下署名“程庭鹭”；蕉叶端石砚肖似庭院芭蕉叶片，砚背雕刻的蕉叶脉纹向内翻卷至砚面左边，砚盒髹朱漆，盒面填金隶书“仿古蕉叶式”；葫芦式端石砚随形作葫芦式，砚面受墨处平滑，上端深凹长方形砚池，砚背中部以下开凹槽做覆手，底一侧留有石皮，另附葫芦形薄胎漆盒，盒面嵌青玉团“寿”字；桃式松花石砚肖似仙桃，砚面雕细小砚池与圆形砚堂，砚背刻“康熙年制”四字款，砚盒表面以浮雕刻桃枝果实与砚体呼应。

因为明清时期砚台多实用与鉴藏并重，所以一方面肖形砚题款繁复清晰，以达流传有序的目的；另一方面因雕镂工艺繁复，文人为便于收藏鉴赏，多配之以雕饰精美的砚盒，提升了砚台的装饰性和传世性。

统而言之，明清时期，文人对砚台的实用性与审美性皆提出了较高要求。在实用性层面，在选择砚材时将质坚润泽、承墨护毫放于首位，同时注重砚面是否拥有天然多变的伴生纹理，故而端砚、歙砚、洮砚与澄泥砚因砚材的出色脱颖而出；在审美性层面，既追求保留石材自然轮廓的随形状态，又注重取法文人日常生活元素融入砚体雕琢中，以此彰显独有的身份特征。

结语

砚的形制在朝代更迭中逐渐从具有附属性的实用物转向具有装饰性的收藏品。在砚台的流衍中，一方面，其形制的转变始终与对书写便捷性的追求紧密相连。在从舂捣器具转变为研磨工具的过程中，在砚身部分由于手持墨锭的出现，砚面渐趋平坦，为便于文人蘸墨书写，砚工有意做出功能区隔，分化出可供磨墨的砚堂和能够蓄墨贮水的砚池。砚底部分的演变中，早期人们习惯于席地而坐、悬腕书写，出于对坐立地点不定、文房工具需便于移动的考量，砚工始创三足砚，后因高足坐具的普及和书斋空间的固化，砚台被规约于几案之上，足部逐渐转化为砚墙直至消失。另一方面，砚台的发展与文人群体不同时期的审美取向密不可分。在文人审美观推动下，依托砚表局部进行随形附饰，呈现质朴粗犷之美；在世俗化审美倾向下，士人象征性赋形的辟雍砚和普世性的箕形砚应运而生；崇理尚雅的士人意趣外化为端方四直的造型特征；文人对砚雕品位的追求催生出随形砚与肖形砚，呈现出重奇尚巧的审美风潮。可见，质坚润泽是砚材应具备的条件，承墨护毫是成砚后书写时应达到的效果。在满足涩不留笔、滑不拒墨的实用性后，文人雅士对砚台的审美性提出了更高的感官需求，使砚台兼具功能之适和精神之适。

从世界范围而言，砚作为我国独有的研墨和调色器具，为书写活动的顺利展开和个人审美意趣的外化流传起到了不可或缺的助推作用。直至今日，砚依然是人们在进行书画创作时的案头之物，集文房用品和工艺美术品属性于一身，作为媒介物记载传播着跨越千年的民族文化信息。

第四节 刻于方寸的取信之物

方寸之地，气象万千。印章是用于征信的传统文房器具，通过压印出特定文字或图形标记，使官署职能和个人身份得以强化。印章主要由印面、印台、印纽三部分构成，分为官印与私印两大系统，其中印材的选择与印纽的雕刻直接决定了官印的使用规格和等级秩序。随着文人的深度参与，私印的印面篆刻逐渐成为彰显文人个人意趣的重要渠道。

从考古实物来看，商代以降，印章在尺寸、印材与印纽上皆有明确规约。魏晋南北朝，六面印的出现标志着刻印方式的灵活性和个人身份的彰显性。隋唐时期，印章因纸张的普遍使用由戳印于泥变为钤盖于纸，使形制和印色均发生转变，同时，书画鉴藏印的出现标志着印章正式参与到文人的雅居生活中。宋代始，文人雅士开始参与篆写印文，制作斋馆印与闲章，自此诗书画印相结合，成为传统中国书画约定俗成的表现形式。明清时期，文人从刀法、字法与章法着手，使印章制作全面从工匠之艺转为文人之艺。

在朝代流衍中，印章在追求实用公信外逐渐强化其审美价值，文人通过直接介入印章的选材、篆刻等流程，在丰富文房用具审美内蕴的同时，对我国书画艺术和篆刻艺术的发展起到了直接的推动作用。

一、明辨身份、强化职能的先秦至汉印章

关于印章的文字描述最早可追溯至黄帝时期，汉代谶纬思想学说的辑录《春秋运斗枢》曰："黄帝时，黄龙负图，中有玺者，文曰'天王符玺'。"[1] 其后《春秋合诚图》亦有更为细致的相似性绘述："尧坐舟中，与太尉舜临观，凤凰负图授尧。图以赤玉为匣，长三尺八寸，厚三寸，黄玉检，白玉绳，封两端，其章曰'天赤帝符玺'。"[2] 虽然无相关实物佐证且多神话附会，但足可窥见玺印上所承载的权力神授之意。印章自诞生始，便作为明辨身份、强化职能的实用物而存在。

---

[1] 转引自牛济普：《古玺初探》，《河南文博通讯》1979年第4期。
[2]〔宋〕李昉等：《太平御览·职官部》卷五，河北教育出版社，1994，第56页。

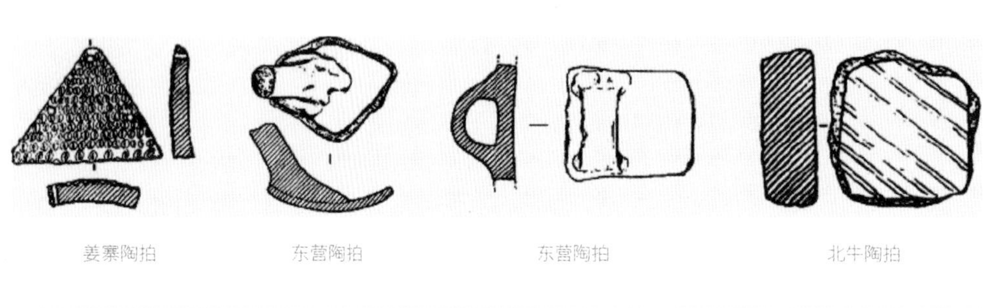

图 7-4-1　新石器时代代表性陶拍示意图

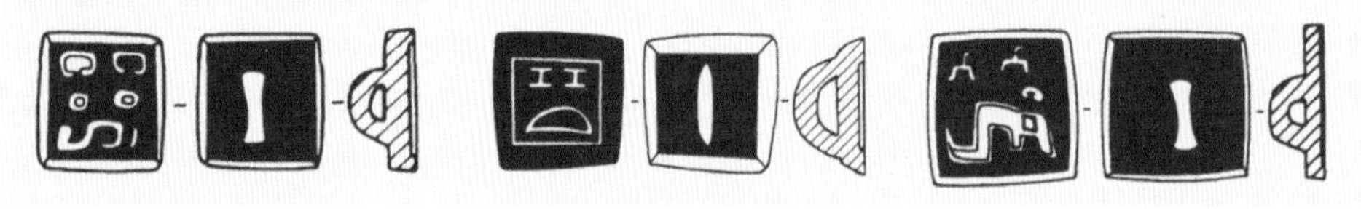

图 7-4-2　商代殷墟图像玺形制示意图

（一）压印观念的萌芽与古玺的凭信性

上溯至新石器时代，印章的压印功能在陶拍上即得以呈现。陶拍形制一般分为拍面和握柄。拍面刻绘凸起纹样，先民手握拍柄，待陶器尚未干结时将纹样拍压于器表。以此时期代表性陶拍为例（图 7-4-1），姜寨遗址出土的陶拍底边长 12.5 厘米，宽 8.8 厘米，高 1 至 1.5 厘米。通体泥质红陶，器身略外弧，呈等腰三角形，顶角较薄，底边较厚，背面光平，正面饰指甲纹。东营遗址出土的陶拍残长 13 厘米，泥质灰陶，形似铲状，一端有一柱状把手；同一地点所出另一陶拍高 12 厘米，夹砂红陶，一侧为弧形，另一侧已残，正面平整，背部有一带状耳。北牛遗址出土的陶拍为方形，各边长均为 4.8 厘米，高 19 厘米，夹砂红陶，一面素面，一面饰凸弦纹。统而观之，可见陶拍已出现手握处和压印处的功能区分，既能复制固定的符号，又可作为验示持有者身份的特殊凭证，且部分器身的手柄出现穿孔，足可视为印章的雏形。

商代以降，古玺印由陶质演变为铜质，统称为玺，《周礼·地官司徒·司市掌节》有“凡通货贿，以玺节出入之”[3]，用于商贸往来以及在封建文书上进行戳印。河南安阳商代殷墟墓中出土的三枚青铜图像玺即为此时期印章的代表（图 7-4-2）。其中饕餮纹印，印面 15 毫米 ×16 毫米，通高 8.2 毫米；“亞”字印，印面 23 毫米 ×23 毫米，通高 13.4 毫米；夔龙纹印，印面 23 毫米 ×23 毫米，通高 9.1 毫米。此三方印章整体外形轮廓均为正方形，纽部有穿孔，印面图案纹样多见于青铜器，与青铜器铭文功能相似。

除图像玺之外，此时期的文字玺也为主流，安阳殷墟所出三枚铜质玺印即为商代武丁到祖庚朝诸侯的权力信物（图 7-4-3）。其中，亚禽氏印的印文“禽”

[3] 徐正英、常佩雨译注《周礼》上，中华书局，2014，第 309 页。

亚禽氏印

奇文印

瞿甲印

图 7-4-3　安阳殷墟文字玺印面示意图

字与“擒”相通，为人名，商王族宗室，曾任武丁时的征伐大将，左右“示”字通“氏”，与作边框的“亚”字合称“亚禽氏”；奇文印的印面由界隔分为“田”字形，左上为“子”字，左下为“亘”字，在卜辞中系氏族人名，是武丁时期方国首领，右两字不清，史称“奇文玺”；瞿甲印的印面上部两“目”下端残缺，中有一竖，即“瞿”字，下部“十”即“甲”字，故合称为“瞿甲”。

通过对先秦时期的图像玺与文字玺进行形制分析和释文可知其共同点为：其一，在造型上，此时期玺印印面、印台与印纽三部分已经完备，且印纽多为便于穿孔的鼻纽，造型简洁，凸显功能性；其二，在图案上，印面主流为方形，有边框，文字排布注重对称，富于装饰性，虽然较为粗犷，但已呈现出朴素的审美观。此时期印面多篆刻氏族标志或氏族首领私名，如禽氏、瞿甲等，体现出强烈的归属性和凭信性，为秦汉时期集权式印章的出现奠定基础。

（二）秦汉印章的整饬性

秦汉时期，随着皇权的集中，为凸显君主地位的唯一性，在名称上对印章进行了明确的区分，将帝王所用称为“玺”，文武百官所用称为“印”。《独断•卷上》载有：“卫宏曰：‘秦以前，民皆以金玉为印，龙虎纽，唯其所好，然则秦以来天子独以印称玺，又独以玉，群臣莫敢用也。’”[4] 由此，秦汉印章作为权力和地位的象征，对印材、印纽、使用方式等方面进行了严格的规约，在各方面均体现出了整饬性的特点。

1. 等级规约下的印章形制特征

有秦一代，秦始皇对印章造型进行了整饬性的规约。以秦王朝管理公田的官吏之印为例，如“南宫尚浴印”印面 22 毫米 ×23 毫米，通高 17 毫米，铜铸方形并铜瓦纽；“右公田印”印面 21 毫米 ×22 毫米，通高 16 毫米，铜铸方形并铜鼻纽。此时期的印章一般为铜铸就，多鼻纽，方形印面均在一寸（23 毫米）左右，印台与印纽自然连接，并无过多装饰，呈现出简洁端方的风格特征。

及至汉代，官印始称印章为“章”，同时印章材质发生变化，玉料和金料被大量使用，印纽也从之前简率的鼻纽、瓦纽变为以龟纽为主流。古人对龟的崇

[4]〔汉〕应劭：《风俗通义》，〔西汉〕蔡邕：《独断》，〔三国〕刘邵：《人物志》，刘昞注，上海古籍出版社，1990，第 3 页。

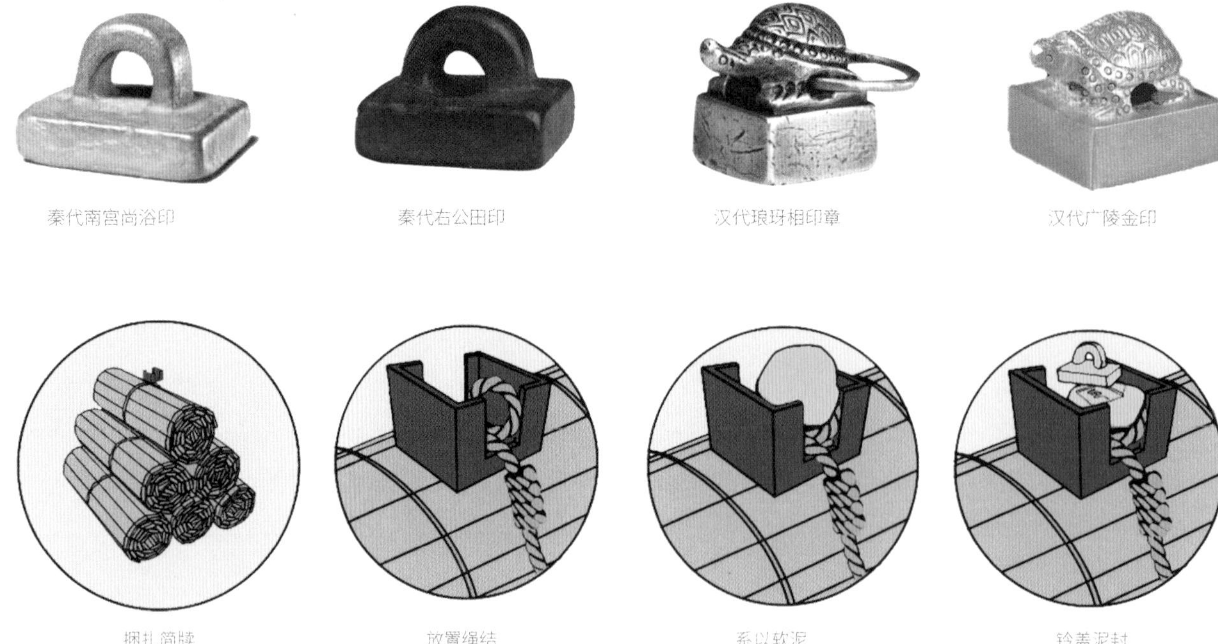

图 7-4-4（上）　秦汉代表性印章示意图

图 7-4-5（下）　钤盖泥封方式流程

拜由来已久，出现在各类礼器与相关文献中，《礼记》有载："诸侯以龟为宝，以圭为瑞。"[5] 龟作为百介之长被视为祥瑞所崇奉，亦是阶级权力的象征。汉代龟纽印章大行其道，《汉官仪》曰："列侯乃至丞相、太尉与三公、前后左右将军，黄金印，龟纽。"例如"琅琊相印章"印面 22 毫米 ×26 毫米，通高 35 毫米，银铸方形并龟纽，纽部带金属环，方便系于使用者的腰间；"广陵金印"印面 23 毫米 ×23 毫米，通高 21 毫米，金铸方形并龟纽，整体由纯金铸成，精巧玲珑，光灿如新（图 7-4-4）。

可见，由秦至汉，印章在材质的选择上经历了由铜向金银的转化，印纽由简率的鼻纽逐渐向装饰纽过渡，在保证可穿孔携带的实用性的同时，愈加专注于等级性和华美性的体现。

2. 依托于钤盖泥封方式的小型化印章

秦汉时期，书写用纸尚未普及，往来信函大多写于竹、木简上，积聚成文，世称"简牍"。为防私拆，人们常于往来简牍、物件等的结扎处系以软泥，并置于木槽中，再加盖印章（图 7-4-5）。软泥干后坚硬不易损坏，"封泥"由此形成并得以传世。《后汉书・少府》有云："守宫令一人，六百石。本注曰：主御纸笔墨，及尚书财用诸物及封泥。"[6] 因此，封泥上的印记成为秦汉印风的忠实记录者，此独特形式也规约着印章的小型化发展。

[5] 胡平生、张萌译注《礼记》上，中华书局，2017，第 445 页。
[6]〔南朝宋〕范晔：《后汉书》，中华书局，2007，第 1026 页。

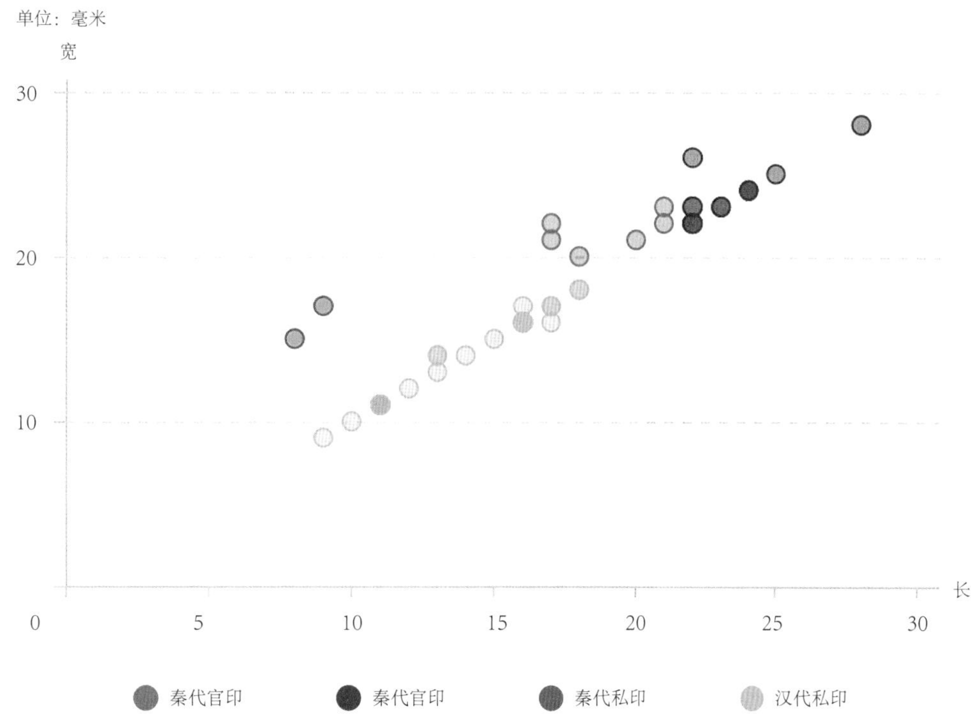

图 7-4-6　秦汉代表性印章数据分析图

具体而言，小型化印章受到佩带方式和封泥凹槽尺寸两方面的规约。此时印章纽部带有穿孔，各任官员将印章用绶带随身佩带于身上，以彰显自身官位等级。顾大韶在《炳烛斋随笔》中描述："凡古人书牍，俱用竹简，或用木札，既书，而加印于其上，以为识。"[7] 为使呈现在封泥上的文字凸出，故印面文字刻凿为下凹的白文，且因封泥柔软，印章在使用时无须过多力量，手部需完全将之覆盖并进行钤印即可，故小型化趋势较为鲜明。

对秦汉代表性印章进行数据分析（图 7-4-6）后可明显看出，印章的整饬性和小型化较为鲜明，印面大部分为正方形，且总体长宽尺寸不超出 3 厘米。此时，私印与官印相比形制更加小巧，多为彰显阶级地位的随身佩带之物，并未成为主流。随着印章使用方式的变化，至隋唐时期，私印逐渐取代官印，具有了更为灵活的使用性和更具书斋意味的审美性。

二、纸业发展与艺术品评推动下的书画印

隋唐以降，随着简牍的由盛而衰，纸张得到广泛应用，成为新的书写载体和印章的钤盖载体，由此带动了印章形制、印文等一系列变化。因时人在纸帛上直接用印章钤盖，导致印章的尺寸随之发生变化，印面从隋唐前的 2 至 3 厘

[7] 转引自韩天衡编订《历代印学论文选》，西泠印社出版社，1999，第 315 页。

米增加到5至6厘米。印面的变化带动印章整体体积与重量的增加，印章从隋唐前可直接挂于使用者身上随身携带转变为放在专用的印章匣中。出于在纸面上醒目的需要，印面也多篆刻为线条外凸的朱文印。同时，艺术品评风潮的全面勃兴带动了文人群体的发展，随着书画作品的逐渐增多和精品佳作收藏性的需要，涌现出各类鉴藏印和斋馆印，极大地丰富了印章的种类，提升了印章在书斋中的价值。

（一）依托于书画品评的鉴藏印

鉴藏印是收藏或鉴定者钤盖在藏品上的印章，以明示作品的所有者和真伪性。唐张彦远云："前代御府，自晋、宋，至周、隋，收聚图画，皆未行印记，但备列当时鉴识艺人押署。"[8]此种鉴定书画墨迹之后所做的押署至唐代被钤盖印章所取代，也是印章由实用性向艺术化转变的重要契机。有唐始，收藏字画之风渐盛，各阶层文人墨客往往在收藏的字画上加盖印章，以示己有。随着文人对书画作品审美性的要求日益提升，遂开始参与进印章的设计和制作。文人的介入加速了实用印章与篆刻艺术的分化进程。

鉴藏之风，肇始于唐太宗李世民，尤以"贞观"印最具代表，韦述《书法记》曰："太宗贞观中搜访王右军等真迹，出御府金帛重为购赏，由是人间古本纷然毕进。"[9]经过鉴定的书迹，钤盖"贞观"朱文联珠印以作为识别，上行下效，此一行为引发了后世在书画上钤印的风潮。此后唐玄宗使用"开元"朱文长方印用于书画的鉴藏，虽然皆为年号而未标明用于鉴藏，但已实际具备了品鉴收藏的属性。

及至宋代，鉴藏印持有者阶层逐渐扩大。唐代鉴藏印所有者多为皇帝或达官贵族，宋代除皇帝内府的鉴藏用印之外，使用范畴迅速扩展至文人群体，如欧阳修"六一居士"印，以及苏轼"眉阳苏轼"印、"东坡居士"印等（图7-4-7）。此外，一些文人更是置备整套多枚鉴藏印，如米芾的"米黻之印""米芾之印""楚国米芾""米姓之印""祝融之后"共五枚套印，专用于书画收藏。可见，鉴藏印

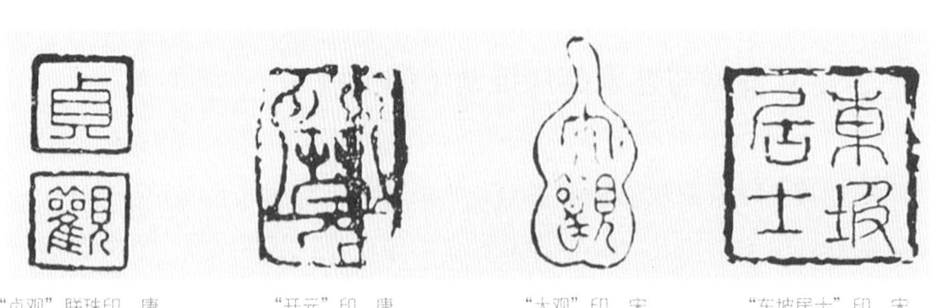

"贞观"联珠印　唐　"开元"印　唐　"大观"印　宋　"东坡居士"印　宋

图7-4-7　唐宋代表性鉴藏印示意图

[8] 倪志云：《历代鉴藏款印与古书画的污损》，《东方考古》2012年第2期。

[9] 转引自〔宋〕李昉等：《太平御览》，中华书局，2000，第3320页。

"端居室"印　唐

"云壑主人"印　宋

图 7-4-8　唐宋代表性斋馆印示意图

在文人群体中的风靡。

（二）书画活动所用的斋馆印

除鉴藏印之外，斋馆印亦为唐宋产生的独特印制，即将书斋馆舍之名刻成印章，明《印章集说》论述道："堂、馆、斋、阁杂印，古制原无，始于唐宋。"[10]此举将印面的文字内容扩展至文人的书画活动场域。例如唐代李泌所用的白文方形"端居室"斋馆印，为此类印章之鼻祖，其后吴琚创"云壑主人"印，两方印章均为白文，红色印面的增加使其整体与朱文印相比呈现出端庄大气之感（图 7-4-8）。

印章在唐宋时期由持以为信发展为书画鉴藏之用，它的出现标志着文人开始自觉把印章与书画艺术相关联，在中国印学发展史上分化出除官印之外的一条自成体系的支脉，客观上对明清文人闲章的发展起到重要的推进作用。

三、文人化倾向下的明清流派印

明清两代，文人参与篆刻已成为印章艺术创作的主流。文人在创作中将个人审美和艺术主张融入其间，表达在印材遴选、刀法使用、印面布局等方面，形成各自独有的风格，后加以流传遂形成流派，产生出具有一定影响力的创作团体，各团体又在相互磨合中互相吸收借鉴，形成制印者共同遵循的规约，推动着文人印章的发展。

（一）文人"崇雅尚奇"观影响下的印材遴选

印章的材质随着使用印章的受众而改变。早期印章多为皇家官署使用，需要具备严格的规范化与等级性，故多为铜印，一次铸造而成，印面相似、形制规整。明清时期，印章为文人阶层所喜爱，文人雅士追求个性化、差异化表达，故而印章制作从金属材料转为石质材料，印材的软化趋势便于文人刻制个性化印面，凸显个人审美观与价值取向。

[10]〔明〕甘旸：《集古印正·印章集说》，万历二十四年刻钤印本。

“潘祖荫”青田石章

“八仙上寿图”寿山田黄石章

“最爱看书过亦忘”昌化鸡血石章

图7-4-9 明清代表性印材示意图

具体而言，优质印石出自浙江青田、福建寿山、浙江昌化等地（图7-4-9）。其中青田石为浙江温州北侧所产，明代郎瑛所著《七修类稿》载：“图书，古人皆以铜铸，至元末会稽王冕以花乳石刻之，今天下尽崇处州灯明石。”[11]此处“处州灯明石”即为青田石，于元末被纳入印材，质地松脆细洁，石内颗粒排列均匀、密实，接触有细腻、柔软之感，并以青色居多。青田石中的佳品为“灯光冻”，石色微黄，石质细腻呈半透明状。《长物志》云：“以青田石莹洁如玉，照之灿若灯辉者为雅。”[12]《考槃余事》更有“价重于金”之誉，位居各印章之首。

寿山石产自福建，清代开始大规模开采。色彩丰富，石色品种众多，如“桃花冻”“白芙蓉”“高山冻”等，其中佳品为田黄石，质地细腻，以黄色为主色，微透明，肌理隐现网状萝卜纹。昌化石产自浙江省昌化县（今浙江省杭州市临安区昌化镇），因为石质中多杂砂和石英小颗粒，所以表现为白、黑、红、黄、灰等色掺杂，其中尤以显露红斑的鸡血石为上品。鸡血石其品之高下，在“地”在“血”，“地”之石质有脂肪感，呈半透明状，“血”之色彩以鲜红为贵，聚而不散，色彩渗透于石层之中。

文人获得石材后便可对印石进行雕琢，讲求“因势造型”与“随石取巧”。“因势造型”是从宏观上依石料自然形状进行造型和布局，造型需遵从题材内容，并根据主题立意，巧妙利用石料形状进行布局，取石之“势”造想象之“型”。对于外形不甚规整的石料，需充分利用原材料展开迁移联想，发掘其所蕴藏的独特造型因素，如“八仙上寿图”田黄石章巧妙利用石材顶部的斜面依势雕刻海浪和衣袂飘飘的八仙形象，整体观之，神仙在石体的映衬下具有向斜上方飞升的动态感。“随石取巧”则是从微观上巧妙利用石材本身的绺裂和巧色。瑕本玉石之忌，然自然之石难求无瑕，故化瑕为瑜在雕刻中便极其重要。例如印章石绺的种类有断裂

[11]〔明〕郎瑛：《七修类稿》，上海书店出版社，2001，第259页。
[12]〔明〕文震亨：《长物志》，陈剑点校，浙江人民美术出版社，2016，第78页。

纹、破碎纹、龟背纹、炸心纹等，故在选料和雕刻中需注重纹绺的处理，或顺绺锯石或躲绺，或将绺裂处隐于整体雕刻之中，可使人们从感官上忽略石材本身的细微缺陷并使作品更加形象生动。巧色亦然，以昌化鸡血石为例，通常在一块石体上，有红、黑、黄、青等数种颜色，相互交错成自然斑纹，需利用巧色，依照石料的天然色泽，雕刻出造型和色泽相适应的作品。例如“最爱看书过亦忘”昌化鸡血石章，石面分布有较为鲜明的红、黑二色斑纹，文人在进行处理时，将红色斑纹设计在印章顶部，黑色斑纹在侧面呈瀑布状倾泻而下，绕于印身，如此处理即将红色巧色置于最鲜明处，使人观之不忘。

时人道印石“马之似鹿者，贵也，真鹿则不贵矣。印石之似玉者佳也，真玉则不佳矣”。文人钟爱玉料，但在选择印材时却弃玉而选石，主要原因有三：其一，玉石色彩较为单调，而优质印石在拥有似玉的细腻温润质地的同时，色彩瑰丽万千，悦目性较强；其二，玉石不易雕刻，而印石却温润细腻、软硬适中，易于受刀，加之富有细微的脆性，在运刀过程中手感极佳，表现出浓厚的金石质感，文人雅士可在印顶、印身和印面等处精细雕琢，凸显个性；其三，玉石多为装饰，而印石则兼具实用性和装饰性。总体而言，明清文人崇雅尚奇，印石因其温润的质感和千变万化的色泽得到推崇，成为书斋几案上不可或缺的文房雅具。

（二）文人“以刀代笔”观规约下的篆刻刀法

文人运刀犹如运笔，印章篆刻刀法是在明清文人参与印章刻制后，在石制印材的普及过程中逐渐形成的。明代朱简在《印经》中即有关于刀法重要性的论述：“刀法也者，所以传笔法也。刀法浑融，无迹可寻，神品也；有笔无刀，妙品也；有刀无笔，能品也；刀笔之外而有别趣，逸品也。”[13]印章的价值除印材之外，主要体现于印面的篆刻中，故而印章的艺术性特征在于用刀刻制之法。明清关于刀法名目的述说烦冗复杂，有“用刀十三法”“十二刀法”等，从刀法的运行状态上划分，篆刻刀法可主要概括为“冲刀”与“切刀”两大主要刀法。林霔在《印商·印说十则》中言：“刻印刀法只有冲刀、切刀，冲刀为上，切刀次之。中有单刀、复刀，千古不易。至谷园印谱所载各种刀法，俱是欺人之语。”[14]足见文人对此两种刀法的重视。

具体而言，冲和切是刀锋在运行过程中的两种基本动作要则（图7-4-10）。在冲刀法中，刀杆与印面约30°，以刀角触石面，刀锋向外，推刀向前，同时以无名指紧抵石章边缘，以控制运动速度，做到用刀的稳和准；而在切刀法中，刀杆与印面约60°，刀锋向下，先将刀角以正锋锲入，而后用力将刀挺起，使刀刃

[13] 转引自韩天衡编订《历代印学论文选》，西泠印社出版社，1999，第138页。

[14]〔清〕林霔：《印商》，中国书店，1994，第21页。

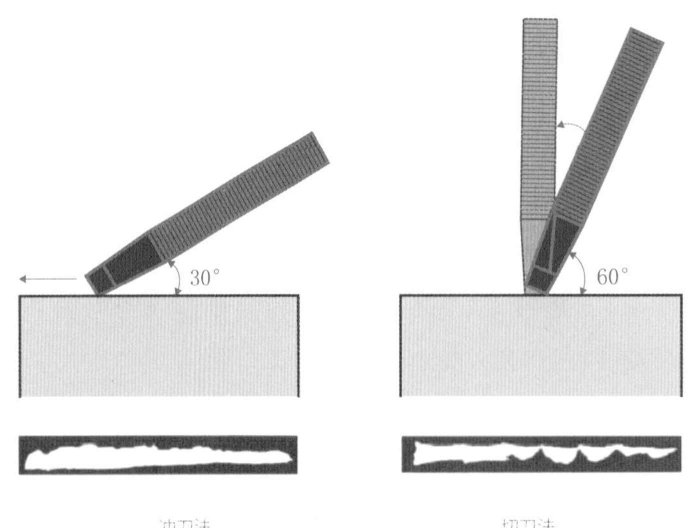

图 7-4-10　代表性篆刻刀法示意图

全部入石，在不断起落中切出笔画。

冲刀如毛笔的行笔，而切刀法的按切，犹如毛笔的提按，可以更好地表达书法的笔意。文人因所喜刀法相同聚而成派，如清代乾隆年间书家丁敬开创浙派，将切刀作为单一创作手段用于篆刻，并且蔚然成风。“浙派”使用切刀法加强了印面线条的韵味，增强了印迹的金石之气。而文人程邃则以冲刀代笔，开创歙派。流派印在清代大行其道，印章的刻制也因不同流派的介入彻底成为艺术性的交流手段。

（三）文人“阴阳交融”观推动下的印面布局

印面布局，即经营位置，处理字与字，印文与边栏、界格，刻印之处与留白之间的呼应对照关系的方法，亦被称为“章法”。印论中最早关于章法的论述源于吾丘衍《学古编·三十五举》：“白文印，皆用汉篆，平方正直。字不可圆，纵有斜笔，亦当取巧写过。……朱文印，不可逼边，须当以字中空白得中处为相去，庶免印出与边相倚无意思耳。……凡印文中有一二字忽有自然空缺，不可映带者，听其自空，古印多如此。”[15]对白文印和朱文印中字形、组合排布、映带关系等进行了规约，强调印面的和谐、规整与排布的灵活。以学习多派篆刻手法，融会贯通后始成大家的清代赵之谦为例，其在处理印面布局时，体现出穿插避让、欹正结合、松紧合宜和对角呼应的特点（图 7-4-11）。

在笔画设计上，一方面体现出穿插避让感；另一方面注重欹正结合。以朱文印“赐兰堂”为例，三字紧密排布，下一字的首笔与上一字的末笔穿插在一起，如“兰”字上部笔画插入“赐”字偏旁中，“堂”字起笔几乎与“兰”字中部竖画

[15] 转引自韩天衡编订《历代印学论文选》，西泠印社出版社，1999，第 14—16 页。

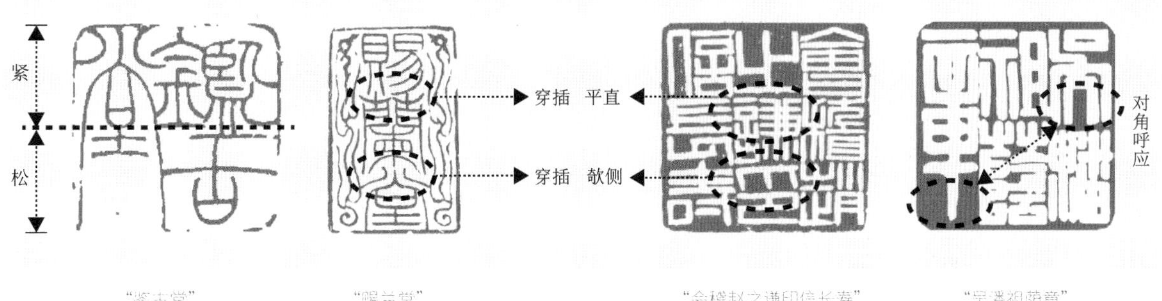

图 7-4-11　赵之谦印章印面布局示意图

相连。印文间笔画的穿插避让在严谨中见自然之致，于不经意中见巧思，使印面成为集中凝练的整体。在另一白文印"会稽赵之谦印信长寿"中，在几乎整体皆为水平与垂直的笔画中，根据章法的需要，选择部分笔画做微妙的倾斜处理，如"印"字半部分线条皆略向右倾斜，与余者中正线条形成鲜明的对比和反差，将欹侧包孕在平直中，起到印文之间互相呼应支撑、活跃印面的作用。

在空间排布上，一方面表达出松紧合宜感；另一方面强调对角呼应。以朱文印"鉴古堂"为例，三字占地因笔画繁简多寡及笔势而定，其中有意将"鉴"字压缩，"古"字与"堂"字拉伸，尤其在处理"堂"字时，拉伸后与右侧两字等长，整体上紧下疏，大块的空白使笔意舒展，各得其宜。在另一白文印"吴潘祖荫章"中，右上角"吴"字下端留有小块空白，与左下角"章"字大片留白处形成对角呼应，且"祖"字"示"旁的三竖笔间距不一，又稍微欹侧，在规整间体现出率意与变化。由此可见，文人在设计印面时将松与紧、欹与正、上与下、印迹与空白等作为不可分割的整体进行考量，增强了各元素间的关联，于和谐中达到阴阳交融的境界。

明清时期，印章的发展建立在文人篆刻艺术勃兴的基础上。文人篆刻是以唐宋时期书画鉴藏印的产生为开端，经文人篆刻家拟稿、刻字的系统过程而形成的一种具备文人品格的书斋艺术，注重艺术性与哲学思辨，区别于只注重实用性与技术性的工匠篆刻。文人雅士既没有把印章作为刻板的实用之物，也没有单纯将之作为赏玩之物，而是把是否善于刻制印章、品鉴印面作为判断士人自身修养的重要考量方面。文人篆刻至此已成为一个独立的、具备专业性的艺术范畴。

赵之谦在《苦兼室论印》中曰："印以内为规矩，印以外为巧。规矩之用熟，则巧出焉。"[16] 清代文人在崇尚古雅的同时追求个性化表达，通过遴选印材、选择适合的刀法、进行灵活的印面布局等将个人意趣融入印面设计中，使印章的

[16] 转引自陈寰：《印外求印》，《中国书法》2015年第9期。

制作全流程皆为文人所把控，成为纯粹的书斋雅具。

结语

统而论之，印章的形制变化、印材更新与印面呈现皆与各时代的使用场域环境直接相关。在形制变化方面，印章早期作为在器表按压图案的工具，依附容器而存在，由简单印柄和印面构成；随后，人们常在往来简牍、物件等的结扎处系以软泥，并置于木槽中，再加盖印章，同时人们习惯受到将印章随身佩带于腰间的方式和封泥凹槽尺寸两方面的规约，印章出现鼻纽并呈现出小型化趋势；而纸张的普及使人们在纸帛上直接钤盖印章，导致印面尺寸增加，从可随身携带转变为放在专用的印匣中。在印材更新方面，从彰显等级身份的铜料和金银料变为纹饰多易于刻制的石料，体现出印章的使用群体从权贵阶层转变为文人雅士。在印面呈现方面，早期印章作为官署的凭信，故印面多铸刻官名、职务、地名等信息，此后随着印章的艺术化趋势加强，姓名别号、斋馆、诗文雅句等皆可入印，且印面布局打破了整饬性规约，更为灵活多样。

印章作为刻于方寸的取信用品，经历了从官署系统中的等级征信之物向文人群体中的文房雅玩之物的身份重心的转向，其审美属性在这一过程中不断加强。文人在崇雅尚奇观影响下进行印材遴选，以出自浙江青田、福建寿山、浙江昌化等地的优质印石最受推崇；在以刀代笔观规约下精进篆刻刀法，分为冲刀与切刀两大主要刀法；在阴阳交融观推动下进行印面布局，灵活处理字与字，印文与边栏、界格，刻印之处与留白之间的呼应对照关系，使印面整体呈现出整饬与变化之美。正因为文人印的繁荣发展，使之与书画艺术成为密不可分的整体，历经千年在当代仍存续着生命活力。

第五节　斫制审音的拨弦乐器

中国古代文人在交流过程中常喜以艺会友，其中备受推崇的为“四艺”，即琴、棋、书、画。这里所说的“琴”就是指的古琴，而古琴也常被看作“四艺”之首，足见古代文人对古琴的重视。古琴，又称为瑶琴、玉琴、七弦琴，是中国传统拨弦乐器。其器型的基本特点为头宽尾窄、面圆底平，形态上被赋予了人性化特征，即头部突出，项、腰内陷，琴弦七根，琴弦之间的间距由琴头至琴尾逐步收窄，音调逐升。古琴不仅具备乐器的功能，还具有文化收藏属性，琴底常刻有琴名与铭文，是持有者抒情表意的重要载体。

古琴出现的时间从文献记载上看至少可追溯到原始社会末期。古琴的起源多与原始社会各氏族领袖有关，最早的古琴由谁所作，在古籍中亦存在争议，流传有伏羲说、神农说、黄帝说、唐尧说和虞舜说等多个版本。汉代蔡邕所撰《琴操·序首》中提到“昔伏羲氏之作琴”[1]，清朝朱彬撰的《礼记·卷六·月令正义》中也提到“琴，禁也，神农所作”[2]，语境不一，版本多样。古琴从先秦时期就受到文人阶层的欢迎，历代文人不只将其作为乐器使用，更是视其为修身养性的工具，因此古琴从功能上不仅是供人消遣娱乐的乐器，还是古代文人寄托精神的载体。古琴的制造通常称为“斫琴”，即对古琴进行精工细作的一种工艺技术。斫琴与弹琴密不可分，特别是古琴弹奏造诣极高之人，对于斫琴也情有独钟，著名的琴师往往也都是斫琴的行家，这种音乐与工艺的结合也是古琴文化的独特体现。古人寄情于古琴不只体现在弹奏古琴时，更是在斫琴过程中就融入了个人的精神寄托，这使得古琴除了具有一般传统造物所具有的功能属性和装饰属性，其文化属性的比重十分突出，这也是古琴在文人阶层广泛流行的重要原因。

本节以古琴的形制与结构演变、样式发展与古琴视觉比例所带来的体量感差异作为研究的切入点，从造物的角度分析古琴作为“四艺”之首在千年的流传中所经历的形态结构与视觉感官层面的流变，从而解析古琴的历史沿革与造物语义。

---

[1] 吉聊抗辑《琴操（两种）》，人民音乐出版社，1990，第1页。

[2]〔清〕朱彬：《礼记训纂》上，饶钦农点校，中华书局，1996，第246页。

一、古琴的形制与结构

（一）不受官琴样式限制的多样化古琴

古琴在数千年的发展流变中产生了多种形制变化，主要可从琴弦数量和琴体造型两个维度进行划分。从现存古琴实物来看，除七弦琴之外，其他异数弦古琴并非主流，故本文仅对琴弦数量上的流变进行研究，并不以琴弦数量上的差异作为分类的依据。从琴体造型上可以直观地分辨出古琴形制的异同，是目前对古琴进行分类的主流方式，也是本文对古琴进行分类的基本参照。

琴体的造型样式众多，受唐宋时期民间野斫风气的影响，大量古琴不受官琴样式上的规范限制，因此古琴琴体的种类从总体上看更为多样。明代蒋克谦辑的《古琴大全》中结合唐宋时期的观点，认为古琴造型样式多达18种，比较具有代表性的有伏羲式、灵机式、神农式、凤势式、仲尼式、连珠式、落霞式、蕉叶式等，种类繁多，造型各具特色。[3]古琴不同样式之间最显著的差异来自琴项和琴腰处的线条变化，除了落霞式和蕉叶式古琴由于造型因素，琴项和琴腰的位置已经难以分辨，其余琴体的分类均遵循此分类原则。本文选择了8类现存实物较为丰富的古琴样式作为研究对象（图7-5-1）。

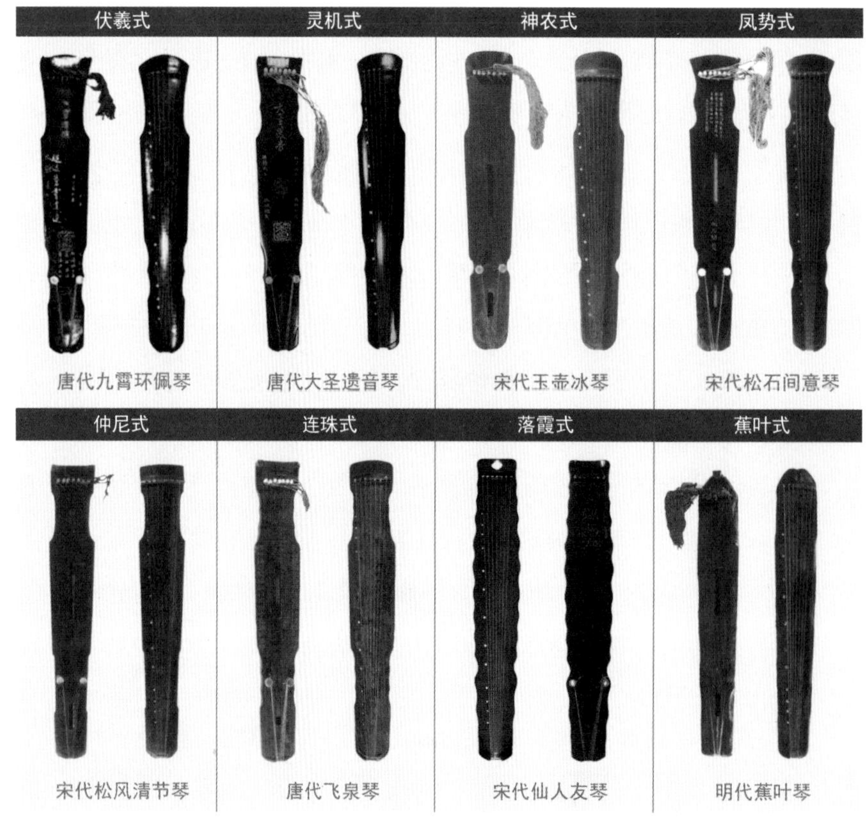

图7-5-1　古琴的形制分类

[3] 中国艺术研究院音乐研究所、北京古琴研究会编《中国古琴珍萃》，紫禁城出版社，1998，第13页。

古琴虽然被称为七弦琴，但是其琴弦数量并非一开始就是七弦，并且在七弦琴成为主流之后，仍有不少斫琴师根据个人的弹奏习惯进行不同弦数的尝试。据史料记载，古琴最初的琴弦数应为五根，《礼记·乐记》中记载“昔者舜作五弦之琴，以歌《南风》”[4]。目前的七弦制式传说为周代文王、武王各加一根弦而成，《礼记·卷六·月令正义》中就对七弦琴做了简要描述：“洞越，练朱五弦，周加二弦，象形。”[5]汉代蔡邕《琴操》中也描述称：“文王、武王加二弦，以合君臣之恩。”[6]但是随着大琴、中琴、小琴概念的加入，古琴的琴弦数量存在了争论，《尔雅·释乐》云：“大琴谓之离。”[7]大、中、小琴的琴弦数目在众多古籍中都有记载，如元代《文献通考·卷一百三十七·乐十》所言：“古者大琴二十弦，次者十五弦，其弦虽多少不同，要之本于五声一也。”[8]最初所制的五弦琴，在这一标准中视作小琴，而所谓的大琴和中琴的琴弦数量均不合五七之数，由于现存古琴实物并无法归纳大、中、小琴的形制特征，因此本文在此不做过多讨论。古琴的琴弦数还有其他不同的记录，如汉代刘歆撰《西京杂记》中记载：“有琴长六尺，安十三弦，二十六徽。”[9]唐宋年间，由于各朝文人皆爱琴，不仅自己弹奏，而且往往亲自参与斫琴，出现了不少个性化的尝试。例如宋朝尝试一、三、七、九弦琴，独创十二弦琴，又名两仪琴等；元朝托克托在《宋史·琴律》中记载：“至宋始制二弦之琴，以象天地，谓之两仪琴，每弦各六柱。又为十二弦……太宗因大乐雅琴加为九弦……大晟乐府尝罢一、三、七、九。”[10]虽然对于古琴琴弦数目的记录众多，但目前尚无十弦以上古琴实物留存，尽管各时期民间流行的样式较为丰富也十分杂乱，故异数弦古琴仅能视为古琴弦制史上产生的分支，因而本文主要将正统制式七弦琴作为量化研究对象。

（二）半箱式与全箱式的古琴结构

古琴的琴体结构分为半箱式和全箱式两种，出土的唐代之前的古琴以半箱式结构居多，就仅存的几件实物与目前常见的全箱式古琴结构相比有较为明显的差异。半箱式古琴的琴面与底板非一体式结构，呈分离状态，演奏时需将琴面搁置在底板之上，同时琴面结构分为半箱式琴体和实木长尾两部分，尾端上翘，末端有凹槽卡住琴弦，即龙龈，琴身结构整体性较差。半箱式琴体较为宽厚，实木长尾单薄纤细，二者之间在形态上缺乏过渡。出土的唐代以后的古琴基本形

[4]〔清〕朱彬：《礼记训纂》下，饶钦农点校，中华书局，1996，第573—574页。

[5]同上书，第246页。

[6]吉聊抗辑《琴操（两种）》，人民音乐出版社，1990，第1页。

[7]《尔雅：附音序、笔画索引》，中华书局，2016，第45页。

[8]〔元〕马端临：《文献通考》上册，中华书局，2006，第1213页。

[9]〔汉〕刘歆等：《西京杂记（外五种）》，上海古籍出版社，2012，第26页。

[10]〔元〕托克托：《宋史》第三册，文渊阁四库全书影印本，第282册，台湾商务印书馆，1983—1987，第3985页。

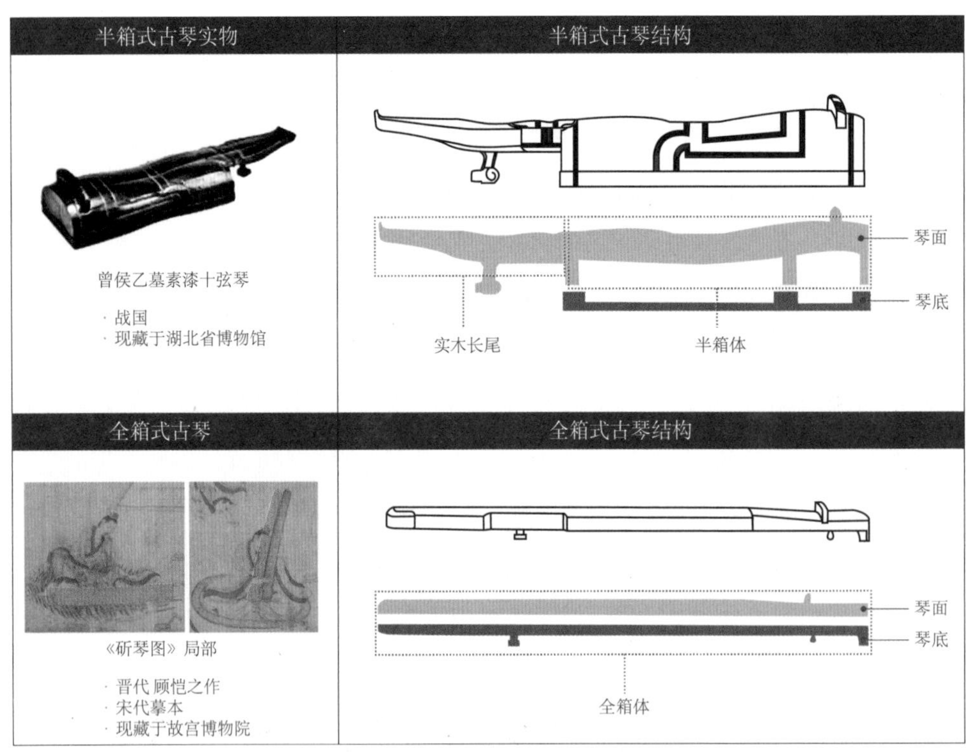

图 7-5-2 半箱式与全箱式古琴结构分析图[11][12]

态为全箱式琴体、七弦、双足、十三徽，此种结构在晋朝得以确立，尽管目前尚未见有该时期出土的实物，然而我们对东晋顾恺之所绘《斫琴图》中的两张古琴分析，发现其结构均具有全箱式古琴的特点，由此可见，至少在东晋时期全箱式古琴就已出现。从图 7-5-2 中可以看出，全箱式古琴的琴体连贯且修长，具备较好的整体性，琴面与琴底不再是分体式的状态。

唐以后，古琴的结构以七弦全箱式古琴为主流，现存实物数量最多的样式为仲尼式，又称为夫子式，故本文以仲尼式古琴为例做结构梳理，主要分为两个部分：琴面布局和部件名称。琴面是古琴在使用过程中与人互动最多的部分，也是古琴最直观展示出来的部分（图 7-5-3）。古琴的琴面大概呈五段式布局，即琴额、琴项、琴身、琴腰和琴尾，此种布局结构与人从头到脚的形态甚为相似，是古琴被赋予人性化特征的重要外在表现。除了五段式的布局，琴肩还是琴面形态的重要部分。琴肩位于琴项和琴身之间，在大部分古琴样式中是琴体最宽的位置所在。古琴在琴面的部件主要有琴徽、琴弦、岳山、龙龈。琴徽和琴弦是古琴弹奏的重要功能性部件，其中琴徽嵌于琴面之上，由琴额至琴尾依次为一徽至十三徽。琴弦仅弹奏部分位于琴面之上，弦的两端均固定于琴底，距离琴徽最近的为一弦，此弦最粗，一弦至七弦逐渐变细。岳山位于琴额处将琴弦抬高，

[11] 湖北省博物馆编《曾侯乙墓》，文物出版社，1989，第 167 页。
[12] 王子初：《中国音乐考古学》，福建教育出版社，2003，第 403 页。

龙龈位于琴尾，其作用为聚拢琴弦并收至琴底固定。此外，琴面并非实心结构，琴面的反面有众多部件以形成发声空间，由琴额至琴尾依次为声池、天柱、琴身纳音、地柱、琴尾纳音、韵沼。琴底部件主要有支撑古琴的雁足，通常为一对，琴弦绕过龙龈后固定于雁足之上，底面留足池以固定雁足。琴轸是琴弦另一端的固定之处，并且是琴弦调音的部件。护轸起到保护琴轸和支撑琴体的作用。琴底板上有龙池、凤沼两个孔洞，通常龙池较大，凤沼较小，多为长方形或长圆形，是古琴发声的重要结构。以上是七弦全箱式古琴的基本结构与称谓(图7-5-4)，由于古琴的野斫之风在民间盛行，因此亦有其他结构的古琴存在，并不在本文讨论范围之内。

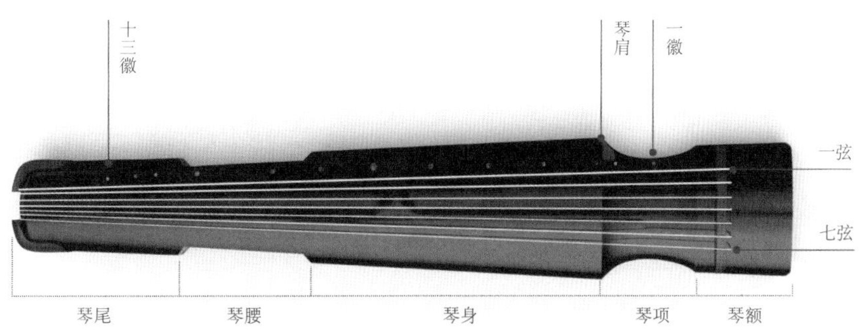

图7-5-3 仲尼式古琴琴面布局图

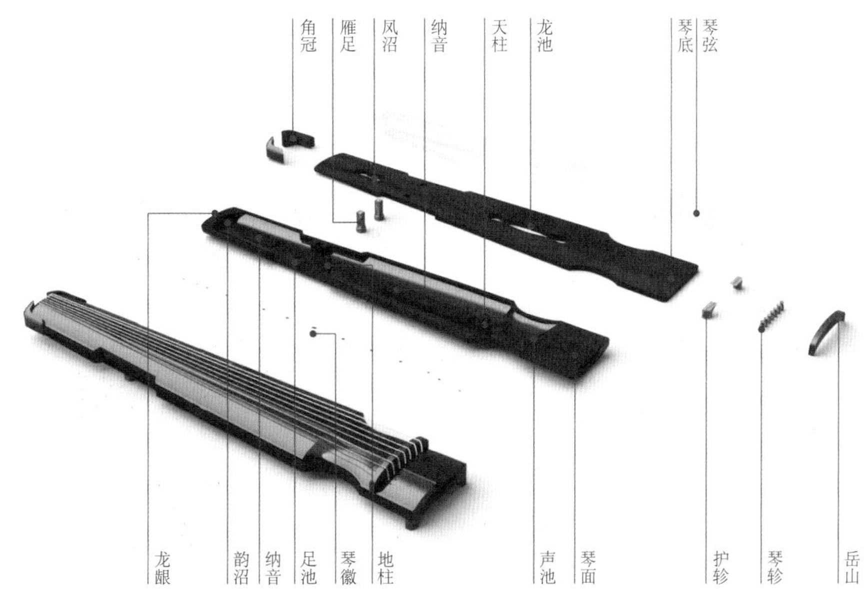

图7-5-4 仲尼式古琴结构部件分析图

二、基于琴弦与琴体的古琴形制流变

基于现存古琴实物和可考史料，以古琴的琴弦数量、琴体结构为依据，中国古琴的形制变化可分为三个阶段：第一阶段为唐代以前；第二阶段为唐宋时期；第三阶段为元代至清代。唐代以前是古琴形制的探索阶段，此时的琴弦数量和琴体结构均未形成标准制式。唐宋时期是古琴形制的成熟时期，东晋后的古琴结构已经基本定型，唐宋时期古琴的标准制式达到了成熟期，直至现代古琴的制作也基本延续这一时期的形制。元代至清代的古琴结构已无明显变化，主要是古琴样式上的拓展，在延续唐宋时期古琴结构的基础上，古琴的造型得到了丰富。古琴的形制以探索、定型、拓展为发展节奏，逐渐将声音的艺术延展至造物的艺术，完成了从功能性乐器到文化性艺术品的转变。

唐代以前的古琴实物很有限，较为著名的有曾侯乙墓素漆十弦琴、曾侯乙墓五弦琴、郭店墓七弦琴和马王堆黑漆七弦琴。除了以上古琴实物，古籍中的文字描述也是推测这一阶段古琴形制的重要依据。琴弦和琴体是古琴形制上最显著的特征，琴弦数量决定了古琴的弹奏方式，琴体结构决定了古琴的发声效果和视觉效果。唐代以前是琴弦和琴体变化最为多样的时期，因考古实物数量的限制，目前并不能完全以古琴实物为依据建立完整的流变体系。上文提到从古籍文献中琴弦数量可确定始于五弦，在周代确立为七弦。从实物角度来说，目前最早的古琴实物为郭家庙M86出土的琴（图7-5-5），长约92厘米，宽约35厘米，通体略似高髻人形，箱体由整木斫成，髹黑漆，属于半箱式古琴，为古琴早期常见结构，琴弦数未知，距今约2700年。[13]但是此琴经考古断代已是战国时期的产物，故周代确立七弦琴之说尚无实物佐证。值得一提的是，目前最早的可确定琴弦数量的古琴实物是曾侯乙墓素漆十弦琴，既非五弦也非七弦，并且此琴一度是历史最为悠久的古琴实物，随着郭家庙M86中的古琴出土才改变了这一局面。

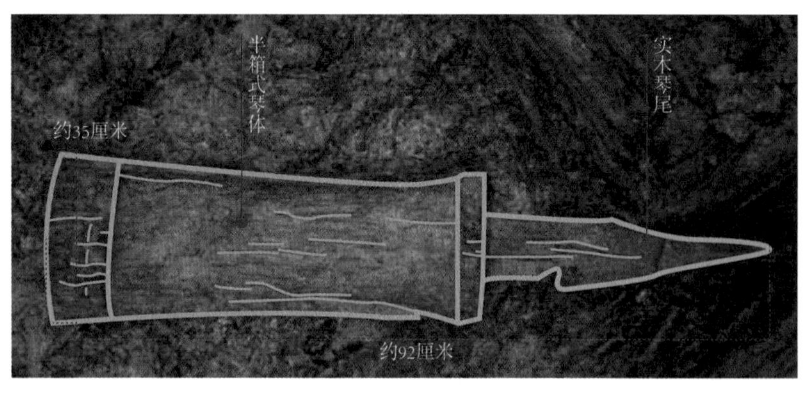

图7-5-5　郭家庙M86出土的古琴

[13] 方勤：《郭家庙曾国墓地发掘与音乐考古》，《音乐研究》2016年第5期。

图 7-5-6　半箱式古琴向全箱式古琴的演变图 [14] [15] [16] [17] [18] [19] [20] [21]

唐代以前琴体的流变相对比较清晰，即从半箱式向全箱式的转变。半箱式琴体的结构特点主要有两个方面：一是琴面与琴底不黏合，仅是将琴面放置在琴底之上；二是琴尾微微上翘，且下方没有琴底结构承托。全箱式琴体具有更好的整体性，琴面与琴底黏合固定不能分开。唐代以前的古琴实物还是以半箱式为主，但是全箱式古琴的结构在唐代以前也似有出现，只是实物较少，多体现在绘画作品或抚琴俑的形象当中。两汉时期的抚琴陶俑中的古琴形象，琴体的线条流畅已经具备全箱式琴体的特征，但是汉代马王堆的七弦琴实物仍是半箱式结构，因此并无实物证据可以表明汉代已出现全箱式结构的古琴。东晋的《斫琴图》中的古琴形态修长且流畅，不似半箱式古琴有明显的琴尾和琴身的分段，故大概率为全箱式琴体。北齐的《北齐校书图》中的古琴形象均是全箱式琴体，虽然无实物证明，但是其琴体特征与唐代实物已经高度吻合，说明很可能在唐代以前古琴从半箱式琴体向全箱式琴体的转变已经基本完成（图 7-5-6）。

总体来说，古琴在唐代以前琴弦数目和琴体形制并不统一。虽然在众多古籍中均提及古琴在周代已确立七弦的制式，但是在目前考古实物的表现上七弦琴的数量并不具有明显的统治性。早期琴体虽然均为半箱式，但是尺寸比例也

[14] 方勤：《郭家庙曾国墓地发掘与音乐考古》，《音乐研究》2016年第5期。
[15] 湖北省博物馆编《曾侯乙墓》，文物出版社，1989，第167页。
[16] 刘东升编著《中国古乐器》，湖北美术出版社，2003，第97页。
[17] 修海林、王子初：《看得见的音乐：乐器》，上海文艺出版社，2001，第114页。
[18]《中国音乐文物大系》总编辑部编《中国音乐文物大系·四川卷》，大象出版社，1996，第213页。
[19] 湖南省博物馆、中国科学院考古研究所：《长沙马王堆二、三号汉墓发掘简报》，《文物》1974年第7期。
[20] 中国文物学会专家委员会编《中国文物大辞典》上册，中央编译出版社，2008，第404页。
[21] 中国艺术研究院音乐研究所、北京古琴研究会编《中国古琴珍萃》，紫禁城出版社，1998，第19、33页。

相差较为明显。直到两汉至晋代的文物中，七弦与全箱式琴体的特征才逐渐得到稳固，可惜这一时期的全箱式古琴实物过于稀少，因此七弦全箱式古琴的确立为东晋时期较为合理。

三、古琴结构的定型与样式的多元化发展

唐代至宋代的古琴已经发展得相当成熟，从琴的结构上看，后世的古琴在结构上并无任何明显改变，七弦全箱式古琴成为主流。古琴在结构上的定型并没有限制其发展，相反在古琴的样式上出现了新的突破，如蕉叶式是元代或元代以后才出现的古琴样式。[22] 上文提到，明代的古琴样式已经多达18种，而古琴的样式之说在半箱式古琴时代并未过多提及，且由于唐宋以前实物过于稀少，因此以目前的古琴实物来看七弦全箱式古琴定型之后方才形成古琴的样式体系。唐宋时期的样式种类并不丰富，受到学界认可的样式可能更少，南宋赵希鹄的《洞天清禄》中载："古琴惟夫子、列子二样。……惟此二样乃合古制。"[23]（图7-5-7）作为古琴最常见的传统样式，夫子式即仲尼式，其造型肩宽尾窄，通体简洁流畅，琴项与琴腰具有明显的收窄痕迹，无过多装饰。列子式与仲尼式类似，只是在边角过渡上以直线条为主，故整体造型更显硬朗。目前仲尼式古琴最早的实物可追溯到唐代，但是上文提及的《北齐校书图》中的古琴，平首阔肩，中部微狭，琴尾收窄，与仲尼式款式特征较为吻合，故仲尼式很可能早于唐代就已出现。

本文选取了现存实物较多的6种古琴样式，即伏羲式、神农式、仲尼式、连

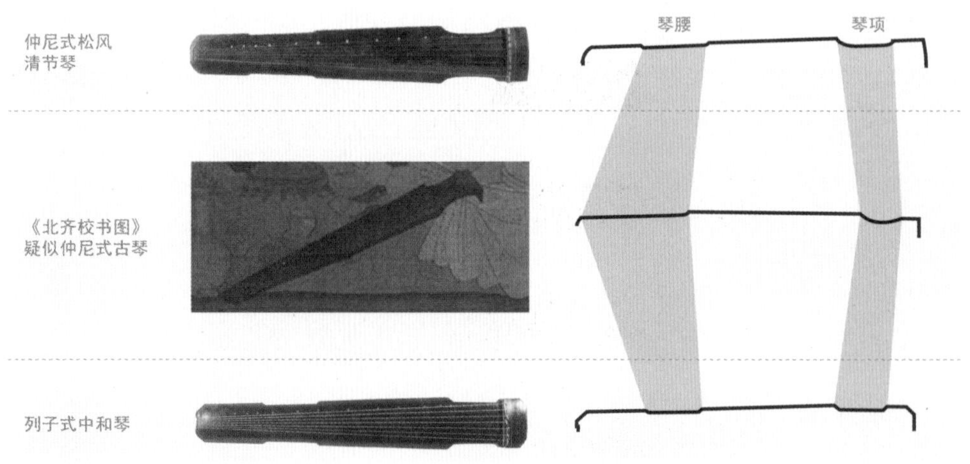

图7-5-7 仲尼式与列子式古琴样式区别图[24]

[22] 中国艺术研究院音乐研究所、北京古琴研究会编《中国古琴珍萃》，紫禁城出版社，1998，第13页。

[23]〔宋〕赵希鹄等：《洞天清禄：外二种》，尹意点校，浙江人民美术出版社，2016，第5页。

[24] 中国艺术研究院音乐研究所、北京古琴研究会编《中国古琴珍萃》，紫禁城出版社，1998，第102、197页。

珠式、落霞式、蕉叶式，通过对比其形态上的差别梳理古琴在样式上的发展脉络。古琴样式最显著的差异主要集中在琴项和琴腰处，通过琴项和琴腰处的凹凸变化，从而改变古琴的整体形态。仲尼式古琴的形态相较其他样式最为简洁，故作为基础样式进行推演最为合适。本文将以仲尼式、神农式、伏羲式、连珠式、落霞式、蕉叶式为顺序逐一对比其样式变化（图7-5-8）。以古琴的轮廓线进行对比，可见仲尼式古琴琴头较方，琴头与琴项处有明显的过渡痕迹，琴项与琴腰的腰线较为平直，琴头、琴项、琴身、琴腰、琴尾五段式布局界限分明。神农式古琴在仲尼式的基础上在琴腰和琴项处变化明显，首先琴项与琴头的界限消失，形成了一条连贯的弧线，并且琴头较仲尼式古琴更为圆润，琴腰由平直的浅凹陷转变为凹陷的圆弧，琴腰长度缩短明显，由此带来的影响就是神农式的琴尾变长，几乎占据琴身的三分之一。伏羲式古琴的琴项与神农式古琴类似，琴项与琴头呈连贯弧线，但是伏羲式古琴的琴头弧度更为饱满，此外伏羲式古琴的琴腰为两个连续的弧线，因此较神农式古琴的琴腰更长。连珠式古琴的琴腰与伏羲式古琴类似，在伏羲式古琴两连弧线的基础上变为三连弧线，琴项处同样为三连弧线形态，此时古琴样式上的装饰意味开始变强，并且琴头与琴项之间的界限重新变得明显，琴头也类似仲尼式古琴的方形形态。落霞式古琴的样式变

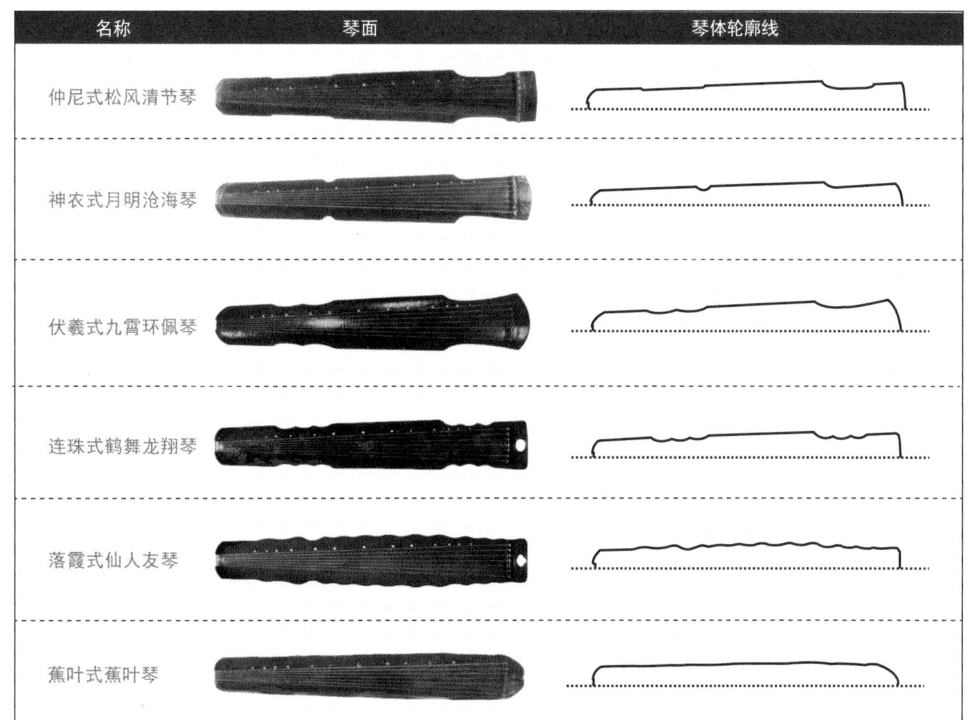

图7-5-8 古琴样式对比图[25][26]

[25] 中国艺术研究院音乐研究所、北京古琴研究会编《中国古琴珍萃》，紫禁城出版社，1998，第19、43、102、222页。
[26] 台北市立国乐团、鸿禧美术馆编辑《古琴记事图录》，2001，第210、230页。

化巨大，几乎抛弃了古琴经典的分段式布局，从琴头至琴尾均为连续弧线造型，仅在琴腰处的弧线凹陷较大，琴头较为平直，整体形态具有较强的装饰意味。蕉叶式古琴彻底抛弃了分段式的概念，琴头圆润，琴身线条流畅，已经看不出琴项与琴腰的痕迹，类似一片修长的芭蕉叶，造型手法上具有较强的拟物痕迹。

古琴的样式在以轮廓线条区分差异化的同时，可归纳为三个不同类别。以图7-5-8中的6种古琴样式为例：第一类为分段式布局，少装饰，仲尼式、神农式和伏羲式古琴属于分段式琴身布局，琴身线条主要用于区分琴体的不同分段，少有装饰意味；第二类为分段式布局，装饰增多，连珠式古琴同样属于分段式琴身布局，但是其琴项和琴腰处的弧线具有较为明显的装饰性效果；第三类为整体性布局，装饰为主，落霞式、蕉叶式古琴的琴身已经几乎看不到分段痕迹，故本文称之为整体性布局，装饰性线条也扩展到整个琴身之上。以上三种类别的样式在古琴的发展中同样存在了趋势性变化，本文统计了6种不同样式共计50张古琴，将其按照样式和年代进行分类（图7-5-9）。唐代至宋代的古琴以分段式布局为主，这也是合乎古制的做法，并且对装饰的欲望相对比较克制，琴身样式的线条错落是为了塑造琴身的分段而存在的，即使是具有装饰属性的连珠式古琴，其装饰部分也被限制在琴项和琴腰之内，并不影响古琴的琴体分段。元代至清代的古琴，虽然分段式布局的古琴样式在这一阶段仍在继续运用，但是整体性布局且具有较

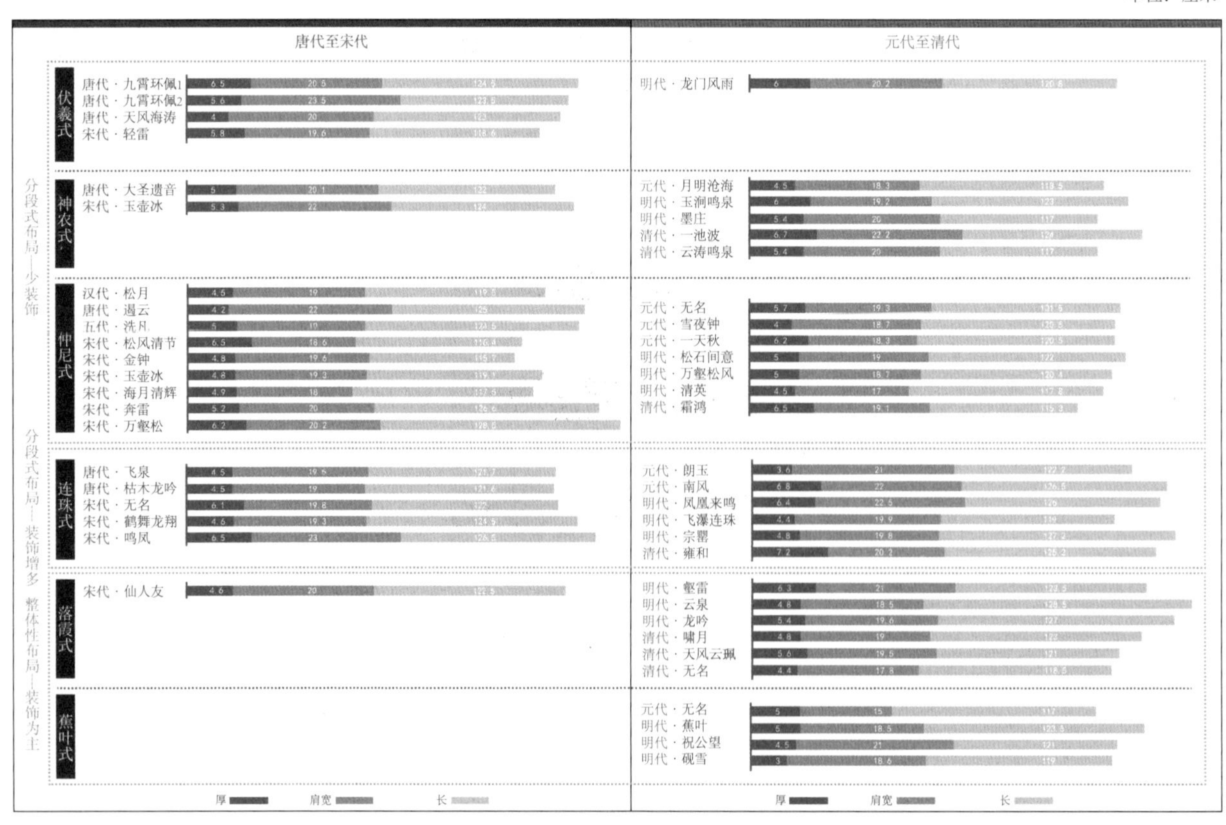

图7-5-9 古琴样式演变图

单位：厘米

强装饰意味的落霞式古琴和蕉叶式古琴基本都出现在这一时期。整体性布局的琴身使得装饰线条不再被限制在琴项和琴腰当中，同时琴额、琴项、琴身、琴腰、琴尾这五部分之间的界限也不再明显。综上说明，古琴样式的发展在唐代至宋代以遵循古制的古琴样式为主，即使有创新也并未跳出分段式琴体的约束，仅在线条弧度、长度等细枝末节处进行微调。元代至清代的古琴样式发展采用了双轨并行的方式，一方面继续制作遵循古制的古琴样式，另一方面另辟蹊径，大胆突破了分段式布局的桎梏，释放了装饰的欲望，向强调装饰美感的方向发展。

四、古琴的视觉比例的分析

古琴自唐代确立全箱式结构后一直延续此种形制，但是在尺寸方面却各有差异。古琴的主要尺寸有琴长、隐间长、头宽、肩宽、尾宽、琴厚几个基本尺寸（图7-5-10）。其中琴长、肩宽、琴厚分别为古琴外观三个维度上的最大尺寸，对古琴外观的视觉效果有较为明显的影响。本文统计了自唐代至清代具有较完整尺寸数据的50张古琴，包含伏羲式、神农式、仲尼式、连珠式、落霞式、蕉叶式6种古琴样式，以此为基础梳理古琴外观视觉效果演变的过程和不同时代的特征。

为了获取多角度的尺寸数据分析结果，本文对上述50张古琴采用了两种不同的分类方式：第一种是先将古琴按样式分类，再依照年代排序（图7-5-11）；第二种是将所有古琴仅按年代排序，不区分样式（图7-5-12）。第一种分类方式体现不同古琴样式间的尺寸差异，第二种分类方式体现年代上的差异（数据均遵循四舍五入后精确到小数点后两位）。通过图7-5-11可以发现，不同样式的古琴在琴长、肩宽和琴厚三个数据上呈现波浪式排布，并未发现明显的规律性

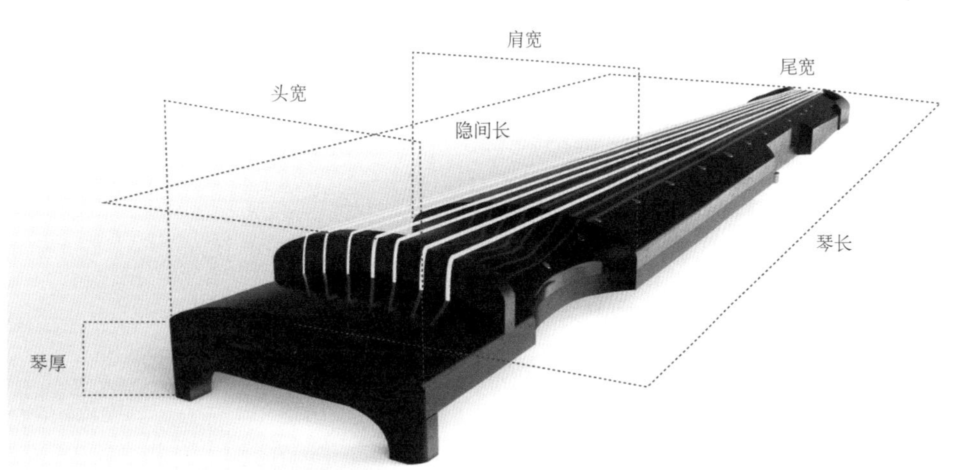

图7-5-10 古琴的基本尺寸

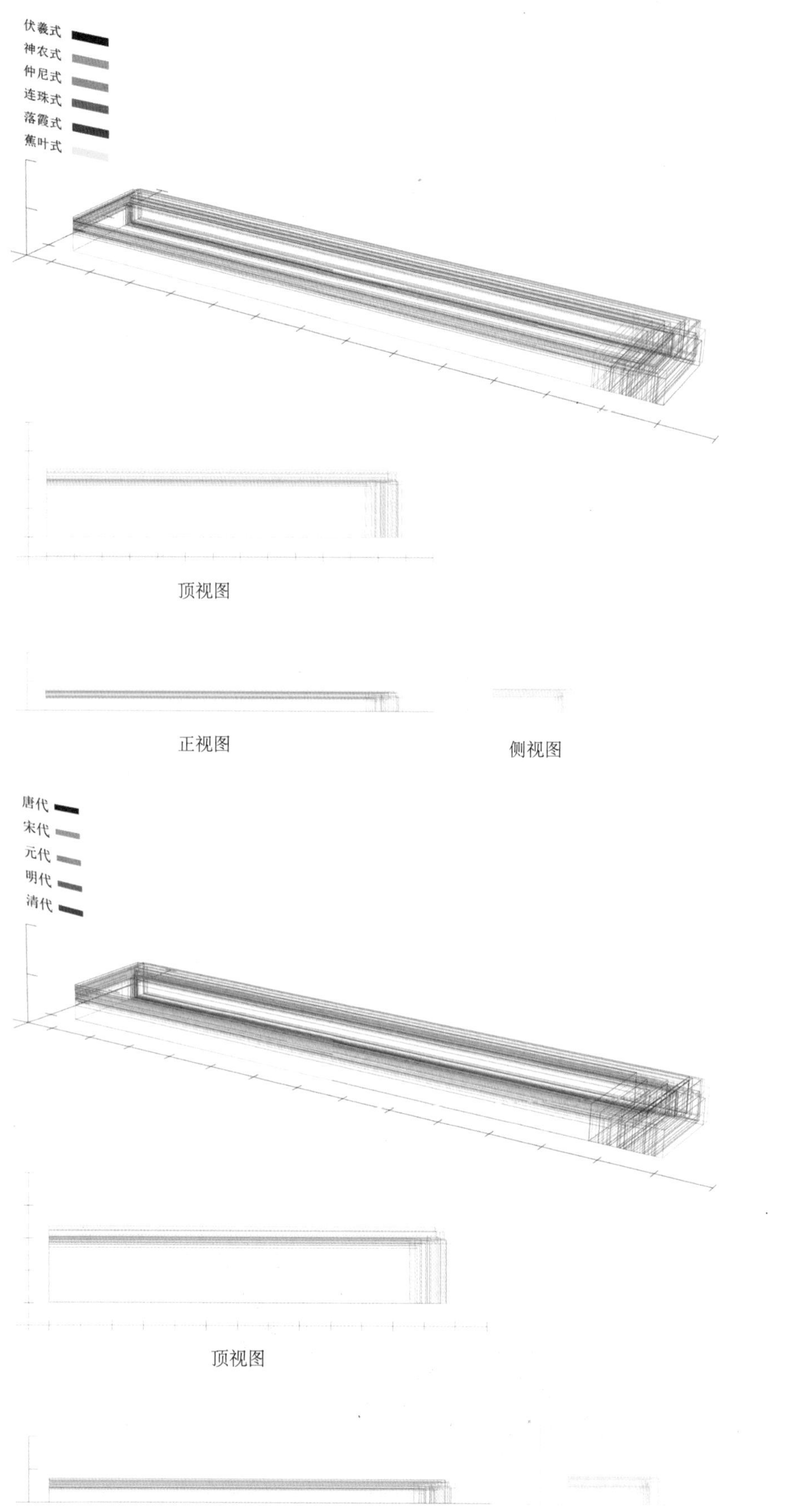

图 7-5-11　6 种古琴样式的尺寸与三视图

图 7-5-12　5 个时期古琴的尺寸与三视图

变化，似乎古代斫琴师在斫琴过程中对于古琴的尺寸和受尺寸影响的视觉比例并无倾向上的变化。

如图7-5-12所示，根据朝代排序的古琴尺寸同样不具有较为清晰的尺寸演变规律。这是否就意味着无论是不同样式的古琴之间抑或是不同朝代的古琴之间，其尺寸均是基于斫琴师的习惯来确定的，并无趋势化的体现呢？从图7-5-11和图7-5-12中的数据所体现出的混乱状态来看确实如此，但是影响古琴视觉效果的并非简单的数据。

影响古琴视觉效果的并不只是以长、宽、高标注的简单尺寸，而是琴体的视觉比例，即琴的厚度与宽度的比值——厚宽比表示琴体截面的圆厚感，数值越大，琴体显得越厚重，用琴的宽度与长度的比值——宽长比表示琴体的修长感，数值越小，琴体显得越纤细。所谓视觉比例，并不是以古琴的实际厚度或长度为依据，而是看起来显得厚或显得长，是古琴在人的视觉感官上的体现，因此仅观察单张古琴时较为有效，在多张古琴对比时自然以实际尺寸为准。以唐代至宋代、元代至清代作为比较的两个阶段，通过图7-5-12 中的数据可见，唐代至宋代，伏羲式古琴的宽厚比为0.27，神农式古琴的宽厚比为0.25，仲尼式古琴的宽厚比为0.26，连珠式古琴的宽厚比为0.26，落霞式古琴的宽厚比为0.23，蕉叶式古琴无，宽厚比的均值为0.25。元代至清代，古琴的宽厚比依次为：伏羲式古琴的宽厚比为0.30，神农式古琴的宽厚比为0.28，仲尼式古琴的宽厚比为0.28，连珠式古琴的宽厚比为0.25，落霞式古琴的宽厚比为0.27，蕉叶式古琴的宽厚比为0.24。由于唐代至宋代尚无蕉叶式古琴，为方便比较，去掉蕉叶式古琴之后的均值为0.28。因此，总体来看，古琴的视觉比例变化呈现由薄至厚的趋势，除了连珠式古琴唐宋时期的宽厚比大于元代至清代，其余样式的古琴厚宽比均为元代至清代更高，这说明元代至清代的古琴在琴体侧面的视觉效果上比唐代至宋代显得更为厚实饱满。古琴的宽长比的变化仅在唐代至宋代间出现了下降的趋势，唐代宽长比为0.17，宋代降至0.16，此后元代至清代的宽长比延续宋代比例基本均在0.16左右。因此，唐代的琴面看上去更为宽大，而宋代以后则更为修长，这也符合唐代饱满宽大、宋代瘦弱纤细的审美喜好（图7-5-13）。

结语

古琴的发展脉络深受中国古代文人的精神喜好和审美喜好的影响。古琴作为怡情养性的乐器并非日常生活必备之物，因此古琴最为显著的价值并非其功能属性而是其文化属性。古琴在形制上追求“上观法于天下，取法于地近”。在

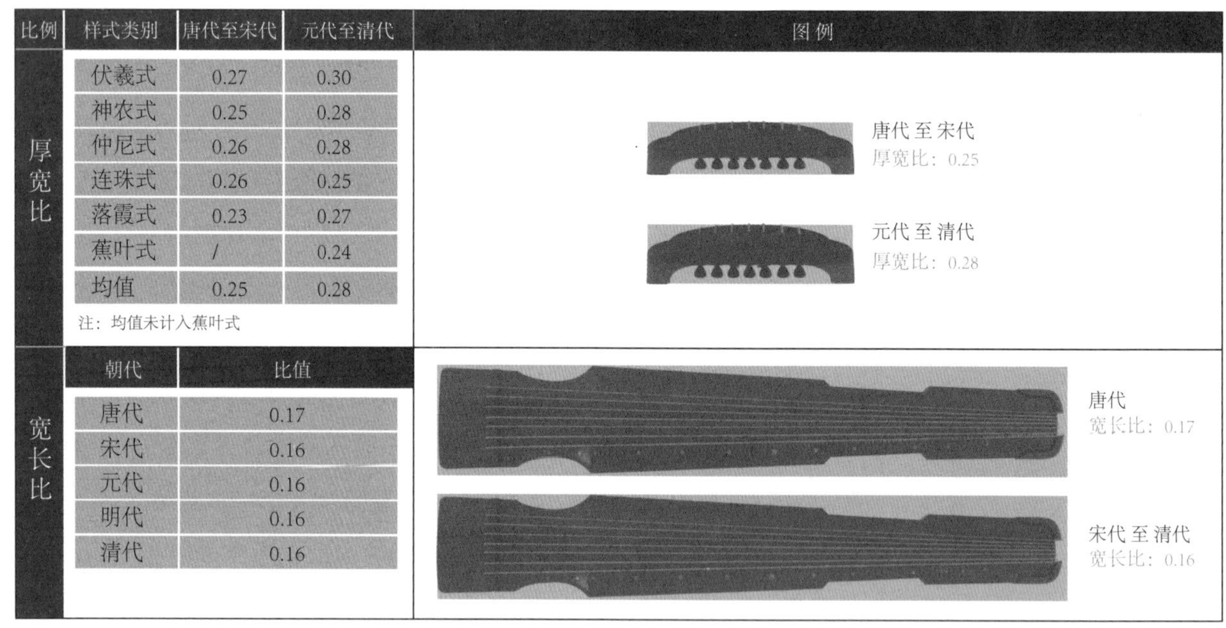

比例	样式类别	唐代至宋代	元代至清代
厚宽比	伏羲式	0.27	0.30
	神农式	0.25	0.28
	仲尼式	0.26	0.28
	连珠式	0.26	0.25
	落霞式	0.23	0.27
	蕉叶式	/	0.24
	均值	0.25	0.28

注：均值未计入蕉叶式

比例	朝代	比值
宽长比	唐代	0.17
	宋代	0.16
	元代	0.16
	明代	0.16
	清代	0.16

图 7-5-13　古琴的视觉比例演变

选材上琴面和琴底也选用不同木材，以表阴阳。古代文人抒怀表意之时，古琴是重要的情感载体，文人的情怀伴随着抚琴时急时缓、时扬时抑，人的情感在琴声的交织下得以宣泄，视琴为友、与琴为伴成为古代文人的重要生活方式。

古琴的形制发展过程主要集中在两个方面：其一是琴体结构由半箱式转变为全箱式，半箱式古琴以乐器的基本功能为设计主旨，而全箱式古琴将琴面和琴底合二为一，修长的琴身和浑然一体的流畅线条所带来的便携性为文人寄情山水之间提供了便利，这一功能性的优化与文人吟诗诵词的环境不谋而合；其二是琴弦数量逐步统一，古琴除了作为个人怡情的乐器，还是古代文人交友聚会时的重要工具，因此琴弦数量的统一便于演奏时的学习与交流。在琴体结构和琴弦数量逐渐统一之后，古琴的样式成为斫琴师发挥才情的主要领域。古琴的样式发展赋予了古琴形态上的变化，使得古琴除了具有乐器的功能，还具备了审美与收藏的价值。仲尼式、神农式等古琴样式流传千年仍为经典。在延续古制的基础上，新的样式层出不穷，特别是对于分段式布局的突破为古琴的样式发展卸下了枷锁，在造型上具有了更广阔的创作空间，装饰的欲望得到了进一步的释放。

从古琴的设计思想来看，古琴的本体可以看作是功能性和审美性的统一，其中演奏的功能是基础，因此古琴的结构和琴弦数量优先得到统一是十分自然的。在此基础上，古琴的后续发展几乎都是在审美性上进行拓展的，琴体的样式、表面的大漆、琴面的装饰、琴底的篆文无一不是在强化古琴的审美属性，但是古琴也基本停止了在功能方向上的探索。古琴的发声音量较小，并且琴声细腻多变化，这些特点注定了古琴更适合个人修身养性，或是小范围内的品鉴，对演奏环境、演奏者乃至听众的心境有着极高的要求，这自然也影响了古琴在现代音乐厅这种大场景下的演奏效果，因此古琴作为弘扬中国传统文化的重要艺术瑰宝其文化价值是显著的，只是对于其传承与推广的方式仍需进一步探索。

第八章
宗法社会下的人文礼俗

礼俗即礼仪与习俗，其中礼仪规定了古人在特定事件下的行序规范，而习俗则是人们在生产与生活过程中多年积累下的俗信活动。在中国古代社会中礼俗不仅使得民间生活具备了秩序，而且还是统治阶级维护社会稳定的重要手段。就个人而言，人的一生从出生、成年、嫁娶直至死亡的诸多人生重要节点都需要遵循相应的礼俗要求。对于大到国家小到宗族的社会群体而言，礼俗同样影响着人们在特定时间节点和阶段的行为。简言之，在古代除了日常生活，具有代表性的事件均需要以礼俗为依据行事。换言之，礼俗就是古人生活方式的指导手册和行为准则。

中华传统礼俗文化的形成是在特定的社会文化环境、人民生活方式与思想认知等复杂因素共同作用下的结果，也是普遍存在于社会生产与生活等多方面的行为规范、文化习俗的综合反映。然而，在漫长的历史长河中，随着社会的不断进步，中华礼俗的内容、形式与含义也一定程度地产生了新的演化。诸如从孺子走向成年的冠礼仪式对于个体生命的发展具有怎样的教化意义？传统婚礼的仪式内容与行序尺度体现了怎样的礼俗精神及文化内涵？婚礼仪式在不同时代具有怎样的内在演化逻辑？传统葬礼仪式如何构建生者与逝者的精神连接？年画如何在特定的年俗空间中发挥祈愿和家庭纽带作用？南北舞狮在丰富了民众生活的同时，如何具备避灾与纳福的功能？

责以成人的男子冠礼、六礼銮合的古代婚礼与逝者的葬礼是我国传统社会关于人生礼仪的重要方面，也是贯穿于古代社会成员终其一生的礼仪活动，其中既有对于生命个体成年之始的宣告，也有关于一对新人美好生活的愿景，还有关乎生死离别的郑重悼念，三种人生礼仪共同折射出我国传统礼仪文化中所蕴含的以礼树人、以礼治家及以礼治丧的行为准则与精神追求。

冠礼是标志生命个体告别童稚、走向成熟的人生纪念仪式。古代社会，冠礼被视为引领社会成员树立成年意识、规范行为举止、健全思想道德、肩负责任义务的重要人生课题，礼教意义深远。第一节为“责以成人”。我国传统冠礼发端于原始社会的成丁礼，并于周代形成较为完整、规范的士冠礼仪式，建立了以“预礼筹划—正礼三加—礼毕致意”为核心的冠礼行序，并对我国历代不同社会阶层的冠礼文化发展产生了深刻影响。然而，无论何时，冠礼的发展与演化始终传递着先民对于自然天道、社会法度、人伦教化的恪守与追求，阐发出我国礼仪文化的深厚内涵与精神价值。立足当下，古代传统冠礼仪式虽然已许久沉寂于人们的视野之中，但是中华传统礼俗文化中“礼始于冠”的礼学精神与“立德树人”的人伦教化思想亘古不变，历久弥新。传承并弘扬古代冠礼文化，对于现代社会青年群体较早树立责任意识与担当精神具有重要意义。

婚礼是见证男女双方达成婚姻契约、践行婚姻习俗的重要人生仪式，也是个人与家庭及社会间关系建构的基础路径。婚礼对于人伦道德的树立、家风家规的养成、社会性别的塑造具有重要意义。第二节为“六礼鸾合”。我国古代传统婚礼发端于周代的士昏礼，正式形成了以“六礼”为核心的婚礼行序内容，为后世人们婚事礼仪活动的开展产生了重要影响。六礼具有严苛、规范、系统的仪式行序，对于天地的崇敬、先祖的景仰与后人的教导极为重视，蕴含着极为深厚的人伦观念意识，传递出中华传统文化中深远的礼俗教化思想。随着全球化的发展与不同文明间的交流互动，中国传统婚礼仪式也随着人们新思想、新观念的产生而不断转变，开始出现西式婚礼。教堂婚礼与中西合璧的婚礼形式，在一定程度上扩充着中国传统婚礼习俗的内涵与外延，形成了与多元文明时代交相呼应的婚礼习俗。但是，在现代婚礼发展中，对于传统礼俗文化传承的缺失与对人伦教化培育的轻视也逐渐显露，基于此，当下我们更应该坚守自身民族的礼俗文化本源，找寻符合人民福祉和对美好生活向往的婚俗文化发展路径，倡导建立良好的婚姻契约精神，践行婚姻之义务，共担家庭之责，更好地树立家国情怀。

人类丧葬礼仪的历史十分悠久，早在旧石器时代的考古遗迹中就已发现丧葬仪式的痕迹。随着时代的变迁及地域文化、宗教信仰等因素的差异，人类社会产生了诸如土葬、火葬、天葬等不同的丧葬模式。第三节为“逝者的告别仪式”。在中国古代社会文化中，丧葬礼仪受到极高的重视，具有严苛的丧葬礼仪规范与行序逻辑。葬礼不仅被视为是生者对逝者一生的最后铭记，也是对社会道德、人伦秩序的强调。我国传统葬礼受儒家思想的深刻影响而不断发展演化，在各个时期产生了行序各异、内涵丰富的丧葬礼仪形式。随着社会结构的发展，丧葬行序经历了祖先崇拜、等级化、法制化三个主要阶段，丧葬行序在实际执行当中不尽相同，但通常可分为丧、葬、祭三大阶段。三个阶段在进行时间上互有重叠，且每个阶段中又可分为数个行序节点，流程十分复杂。中国传统丧葬行序是制度与观念双维驱动下的产物，一方面制度规定了人们举行丧葬仪式的基本规范，另一方面丧葬行序中的诸多行为也来源于人们对于逝者世界的想象。

吉祥寓意的年画与活灵活现的舞狮表演都是极具中国文化意味的传统民俗活动，是人们对于美好生活的向往、国家兴旺的期盼的共同精神纽带，其文化价值与社会影响极为深远。

中国年画源于汉代先民守家护宅的朴素愿望，是广大民众在年节时分特定的场域空间中趋吉纳福、禳灾避讳的重要载体。春节是一年中阖家团圆的重要节日，繁多而隆重的各项年俗仪式是年画赖以存在的文化土壤。第四节为"绘画中的年俗"。年画作为装饰性较强的绘画样式，从早期相向而立、御凶祈福的门神发展延伸至庭院、厅堂、灶房等依托空间而绘印的各类神祇图像，其多样化的题材、跳跃性的色彩、同中求异的构图等使其能够适应不同的张贴环境。年画与年俗事项相伴相生，体现出历代民众祈雨求丰等的自然观，依托于宗教的神灵信仰，希冀丰衣足食、人丁兴旺的世俗愿望等。人们在一年中不同的节俗场合，通过张贴年画获得心灵的慰藉。及至当代，年画依然在重要的节令中扮演重要的角色，发挥维系家庭、群体间关系的纽带作用，而历代年画上所蕴含的大量文化符号信息，也是研究中华传统文化演进历程的重要佐证，使年画具有挖掘不尽的艺术和社会价值。

舞狮是集民俗、宗教、舞蹈、杂技、武术和工艺美术于一身的表演活动，其源自异域的狮文化和戏狮表演，随着与本土拟兽舞蹈和礼俗文化的融合，舞狮经历了本土化、独立化和世俗化的发展历程。第五节为"从宫廷百戏转向民间祈福的舞狮"。舞狮是"舞"与"武"的结合，它在不断丰富人民群众文化生活的同时，被赋予了祈福纳吉、驱邪避灾的民俗文化内涵。中国南北舞狮都是以拟兽表演为特色、以烘托节日氛围为特征的民俗娱乐活动。北方舞狮呈现出重形、写实的造型特征，文武皆备、稳重沉稳的表演风格，以及引狮郎搭配双狮的组合式表演形式。而南方舞狮凸显了重意、写意的造型特征，轻文重武、灵巧活泼的表演风格，以及单狮为主的表演形式。南北舞狮流派的分野，体现了南北方民众性格、地域文化、风俗习惯的差异。随着华人迁徙海外，舞狮所承载的中华民族文化精神也逐渐被东南亚、东北亚等多地民众所认知并认同。

礼俗是中华民族特有的文化基因，也是中华文明发展长存的活力与根基。中华传统礼俗文化的形成是基于国家政治、社会结构、文化观念、价值追求等方面的融合与作用，由此生成了具备系统化、常态化、具体化及生活化等特点的礼俗仪式规定、行序逻辑与思想内涵，并在此基础上世代相传，不断改造，长久地积淀了深厚的中华传统礼俗文化思想。

自周代始，中华礼俗文化一经创立，即为经典，为后世礼俗的发展提供了良好的参照与典范。中华礼俗文化包罗万象，既关乎个体生命之纪念，又牵涉社会文化之动脉，为国家繁荣、社会进步、人丁兴旺等各项事业的发展提供了重要的文化保障与精神支柱。礼俗活动既是社会文化特质的外在表征，也是民族精神、人民思想内涵的深刻阐发。于个体生命而言，从出生至离世，每个充满仪式感的重要礼仪活动都为其人生之旅增添了浓墨重彩的一笔，既有对过往的回眸，也有对未来的向往，更关乎对其一生的铭记。这一系列具有纪念碑意义的人生重要礼仪也恰恰反映了中华传统礼俗思想中敬天地、尊先祖、重人事的观念表达。于民族文化与社会发展而言，中华传统礼俗活动是社会集体记忆、时代精神印记、文化生态格局的直观显现，引导着社会文化发展的各个方面，彰显着瞬息万变的文化生命力，诠释着全社会成员对于殷实富足生活、美好和顺人生的期盼与愿景，表达着畏自然、顺天时、求人和的思想内涵。总体来说，中华传统礼俗文化具有理化自然、平定社会、教化人伦与祈愿美好的思想特质，是中华民族文化传承不息的精神纽带。

面对当下，文化自信、文化自觉与文化自强是加快推进文化强国建设、实现中华民族伟大复兴的重要导向与坚实任务。历经数千年的中华传统礼俗文化是华夏民族宝贵的精神财富，也是区别于世界上其他文明体的独特方面。“不忘来路，方能驶向远方。”礼俗文化是中国社会进步与民族文化生生不息的重要动力。回溯文化经典，凝铸传统根脉，感悟古为今用，不断在传承中弘扬中华传统礼俗文化，在弘扬中不断探索适应当下社会礼俗文化的认同策略，踏寻中华礼俗文化的内外传播路径，这将是我们每个中华儿女的责任，也是应尽的义务。

第一节　责以成人

冠礼也称成年礼，属于古代“五礼”中的嘉礼，是指中国古代男子跨入成年人行列的加冠礼仪[1]。据《礼记·冠义》中记载：“凡人之所以为人者，礼义也。礼义之始，在于正容体、齐颜色、顺辞令。容体正，颜色齐，辞令顺，而后礼义备。以正君臣，亲父子，和长幼。君臣正，父子亲，长幼和，而后礼义立。故冠而后服备，服备而后容体正，颜色齐，辞令顺。故曰：‘冠者，礼之始也。’是故古者圣王重冠。”[2]举行冠礼的目的在于见证行礼者由家庭中尚未成年的“孺子”转变为正式跨入社会的成年人，可以婚娶并参与各项社会活动，要求行礼者即将承担家庭、社会的义务与责任，履践孝、悌、忠、顺的德行，行冠礼实质亦是社会身份转换的象征之礼。冠礼作为人生礼仪之首，对于个体成员具有完善其道德素养与激励成长的深远影响。

关于冠礼的起源，目前学界普遍认为其由原始氏族社会盛行的成丁礼演变而来，并逐步于周代确立了完整的士冠礼仪程。战国至秦代，礼崩乐坏，加之战乱频繁、儒学式微，冠礼一度废止。汉代以降，皇家极为重视冠礼，使冠礼得以恢复与重视，并专门撰写冠礼祝词，以示皇家礼仪之威严。南北朝至隋唐，冠礼一度废而不行。及至宋代，程朱理学的兴起使得冠礼再次在全社会复兴，其冠礼内涵、仪式行序与文化意义等内容都较前代冠礼有一定程度的增减或更替，形成了极具儒家义理文化特色的宋代冠礼。历经元代冠礼文化的一度衰微，明代洪武元年（1368）诏定冠礼，在皇家、品官及庶人等各阶层再一次推行，并专门制定相关仪文，使冠礼在全社会备受推崇。有清以来，随着统治阶级对传统冠礼的沉重打击，并将其剔除于嘉礼类目之中，传统冠礼极度衰落，仅在民间各地留存冠礼仪式，并以诸多变异方式传承沿袭。至民国时期，民间冠礼采用冠、婚二礼相结合的方式举行，将冠礼视为婚礼前的预礼。

基于学界已有研究，本节着眼于我国古代男子冠礼行序设计的演变脉络，通过整理先秦时期周代士冠礼仪式的流程环节，对其中所涉及的时空环境、仪式流程、冠饰特点及伦理意蕴等内容展开分析。在此基础之上，结合秦汉以降不

[1] 戴庞海：《先秦冠礼研究》，博士学位论文，郑州大学，2005，中文摘要。

[2]〔清〕孙希旦：《礼记集解》，沈啸寰、王星贤点校，中华书局，1989，第1411页。

同历史阶段的文化主张与礼制传统，对比其与周代士冠礼在礼制传统、仪式行序及文化意义等方面的损益与增减，以期洞察冠礼仪式在我国不同历史时期的主要特点与演变脉络，进而归纳冠礼仪式的多重功能与伦理意义。

一、“三加”礼成：先秦士冠礼的历史源流与仪式行序

我国传统冠礼的发展是基于先秦时期《仪礼·士冠礼》所载礼仪行序之上的不断演化，因此周代士阶层冠礼行序也成为后世冠礼文化发展的根基。周代士冠礼具有相对完整的仪式章程，在传统等级社会中具有重要的政治与伦理意义。依据“三礼”[3]的记载，周代士冠礼有完整的仪式仪程，首先要选择吉日良辰，定于宗庙举行；其次对于冠者所站方位有严格的规定，并遵从相应仪礼规制完成一系列“加冠”仪式，通常为三次加冠，由主宾依次为冠者授戴“缁布冠”“皮弁”“爵弁”三种类型的冠饰，且配以相应冠服，所以冠礼又被称为“三加之礼”。据《仪礼·士冠礼》记载，周代士冠礼仪式行序可分为三大流程，即预礼、正礼和礼毕，每一流程中又包含多个仪节，共同形成完整的士冠礼仪式行序（表8-1-1）。

预礼为冠礼前的准备，集中于冠礼前数日，包含五个仪节：“筮日、戒宾、筮宾、宿宾、为期”。其中，“筮日”即在加冠前数日，由专职的筮者在宗庙之前，

表8-1-1 周代士冠礼仪式行序表

仪程	第一程			第二程	第三程
仪礼	预礼			正礼	礼毕
时间	数日前	三日前	一日前	冠礼当日（前期）	冠礼当日（后期）
仪节	•筮日	•戒宾 •筮宾	•宿宾 •为期	•冠日陈设服器 •主人与宾客就位 •迎宾与绾髻 •初加 •再加 •三加 •宾醴冠者 •冠者拜母 •宾字冠者	•冠者见兄弟、赞者及姑姊 •冠者见君与卿大夫、乡先生等 •醴宾、酬宾、送宾

[3]“三礼”，指成书于先秦的《仪礼》《周礼》与成书于汉代的《礼记》，冠礼是“三礼”研究的重要内容之一。

通过占筮选定行冠礼吉日的一种仪式。在仪式中，首先由主人请占筮者在庙门前占筮，主人需头戴玄冠，身穿朝服，系白色蔽膝，面朝西，并在宗庙门外东边就位，而诸位有司则身穿朝服与主人相对，面朝东，站立于西面。紧接着，占筮者利用占筮器进行推演并记录，根据卦象占问吉凶，郑玄注解："冠必筮日于庙门者，重以成人之礼，成子孙也。"[4] 由此可见，西周时期极为重视冠礼的第一道仪节，对于求卦日期不仅需禀告主人后再进行占问，而且如遇择选日不吉，则会在下一旬再行占卜，如此往复，直至选到吉日为止。"戒宾"亦为"诫宾"，是指在确定冠礼举行之日后，由主人亲自前往并邀请众宾者届时赴礼，然而被邀宾客一般先要推辞一次，以示谦让，当主人再次邀请后，宾客便应允。"筮宾"是指在举行冠礼正礼前三天通过占筮的方式由主人在众宾中挑选一位在冠礼仪式上为行冠礼者加冠的正宾或主宾，其仪式与筮日相类似。"宿宾"是指主人需在行冠礼前一日邀约并宴请正宾，体现对他的尊重。之后再为正宾选择一位助手，即赞者协助正宾完成冠礼。"为期"是指在冠礼前一天的傍晚，主人站于东边庙门外，面朝西，有司们与其相对，由主人的助手摈者传达次日行冠礼的具体时间以及约定冠礼前的相关准备工作。

正礼即冠礼正礼，集中于冠礼当日，包含九个仪节："冠日陈设服器、主人与宾客就位、迎宾与缩髻、初加、再加、三加、宾醴冠者、冠者拜母、宾字冠者。"其中，"初加、再加、三加"皆属于加冠，是冠礼的核心环节。"冠日陈设服器"是指在仪式开始前，需精心准备冠礼所需物品并一一陈列。物品大致分为三类：一是冠者所要佩戴的发冠与身着的冠服，共三套，按加冠次序由南到北依次放在东房西边，衣领朝向东方，与冠相关的饰品统一置于三套服装南边的箧中；二是有关束发用具，主要有梳子、笄、组等置于箧的南边小竹箱中；三是冠礼期间用于祭祀的相关祭品，放于冠服的西北方位。此外，供宾家盥洗时盛水用的"洗"需放在正对东边屋翼，与堂之间的距离等同于堂深。三位有司各持一只盛有爵弁、皮弁、缁布冠的冠箱，以东方为首，在堂前阶下的东西两角面朝南等候，当正宾登堂后则转而面朝东方。"主人与宾客就位"是指当物品陈设完毕后，主人身着玄端服，站在庙门之外迎接各位宾客（图8-1-1）。此时冠者头束发髻，身着童子彩衣，面朝南站在东房内。《礼记·郊特牲》中特别注明只有嫡子才能享受在宗庙的阼阶上行冠礼的权利，即"嫡子冠于阼"[5]，因嫡庶有别，庶子则只能在房门外举行加冠礼。"迎宾与缩髻"即正宾和赞者身穿玄端服来到举行冠礼的庙门外，由摈者通报，主人行拜礼迎接并引导他们进入大门，在拐弯处以及庙门前，主人与正宾互行揖礼，直至正式进入庙堂，仍需互行三次揖礼。至此，正

[4]〔汉〕郑玄注，〔唐〕贾公彦疏《仪礼注疏》上，王辉整理，上海古籍出版社，2008，第4页。

[5]〔清〕孙希旦：《礼记集解》，沈啸寰、王星贤点校，中华书局，1989，第703页。

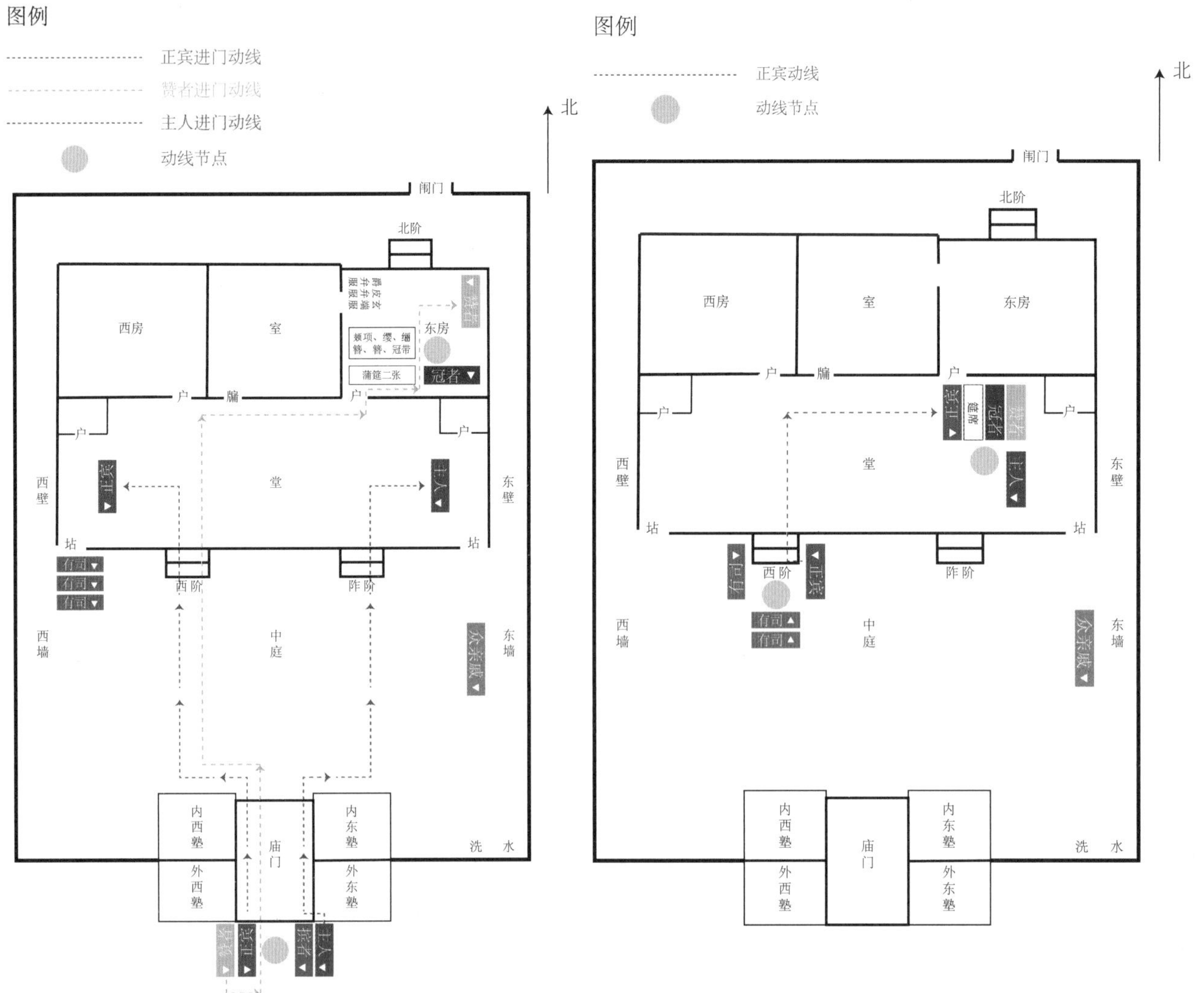

图 8-1-1（左） 士冠礼“迎宾位”示意图

图 8-1-2（右） 士冠礼“加冠位”示意图

宾随主人登阶上堂。主人面朝西站立于东序南端与正宾相对。赞者盥洗双手后由西阶上堂入房，面朝西边站立。

接下来，进入冠礼的加冠仪程（图 8-1-2）。赞者（赞冠人）在东序（东厢房）边稍靠北的地方布设筵席，面朝西方。将冠者从房内出至堂上，面朝南方。赞者把束头巾、簪子、梳子等物放置在席的南端。正宾对冠者拱手一揖。主人及所有参与者皆就位后，初加仪式便正式开始。正宾在筵席坐定，为冠者整理发巾，后起身由西阶下一级台阶，有司（持冠人）升一级台阶，面东将缁布冠交于正宾。正宾从有司手中接过缁布冠后，右手握冠后项，左手握冠前部，走到冠者席前致辞道：“弃尔幼志，顺尔成德。”这是指劝诫加冠者丢弃孩童时期的稚嫩言行，要以成年人的礼仪道德约束自己。祝词完毕之后，郑重地为冠者加頍项，系好冠缨。加冠完毕后，正宾对冠者作揖行礼。冠者起身并揖请进入房内，穿上与缁布冠相配的玄端服、赤黑色蔽膝，从房中出来后面朝南站立，便于让宾客观瞻新冠服，至此冠礼之初加仪式结束。继而是再加冠，即正宾第二次为加冠者戴上皮弁

初加“缁布冠”

再加“皮弁冠”

三加“爵弁冠”

图 8-1-3　周代士冠礼“三加”示意图

冠，加冠者由正宾再次揖请即席而坐，赞者取下缁布冠，重新为其梳理头发，束好发髻并插入发簪。正宾盥洗后从有司处接过皮弁，向冠者致祝词：“敬尔威仪，淑慎尔德。”告知其成年人待人接物要端庄文雅，内在善良谦和，凡事以礼为先，谨言慎行。紧接着为冠者正式戴上皮弁，赞者为他系带。礼毕后，加冠者回东房换上配套的皮弁服，整理好着装后出东房面朝南站立，向众人展示。至此冠礼之再加仪式结束。三加，即第三次加爵弁仪式。爵弁是三种冠中最尊贵的一种，因此加爵弁冠为加冠仪式中最为重要的环节。正宾需降阶三级，从有司手中接过爵弁再进入正室，致祝词：“以成厥德。”即告知加冠者已为成年之辈，要严于律己，尊礼崇德。祝词后便为加冠者戴上爵弁，冠者回东房换上与爵弁相配的整套服饰，返回堂内进行展示。三次加冠完毕后，摈者与赞者会将换下的冠、梳子、筵席等物品整理撤回东房内。（图 8-1-3）

“宾醴冠者”是指三加之后，正宾向冠者进献甜酒的仪式[6]，即正宾携酒杯来到冠者席前，冠者行拜礼后接过酒杯，正宾回礼答拜并致辞。随后，冠者坐在席中，手执杯中的甜酒祭拜先人，祭礼三次后，起身品尝甜酒后离开席位，将酒杯放于地上，向正宾行拜礼致谢，然后起身再持酒杯进行拜谢，众宾客回礼答拜。“冠者拜母”是指礼成后需拜见母亲的仪式。宗庙中的冠者在结束正礼后，需要下席取脯，即肉干，并面朝北边拜见母亲，将脯献出以表示对母亲养育之恩的感谢，母亲行拜收礼后接受则礼毕（图 8-1-4）。“宾字冠者”即正宾需为冠者取表字的仪式。冠礼中的命字是在冠者命名的基础上进行取字，主要供家人以外的人使用。命字前，正宾与主人分别下堂，正宾面朝东站在西阶前，冠者则面朝南站在西阶东边，正宾取字并致辞表明上述礼仪已然完成。取字后，主人将正宾送出庙门，馈赠醴礼作为答谢，正宾接受后，进入庙门外更衣休息（图 8-1-5）。至此，冠礼的正礼仪式完毕。

[6]〔清〕刘沅：《十三经恒解》（笺解本）卷之九《仪礼恒解》，谭继和、祁和晖笺解，巴蜀书社，2016，第 15 页。

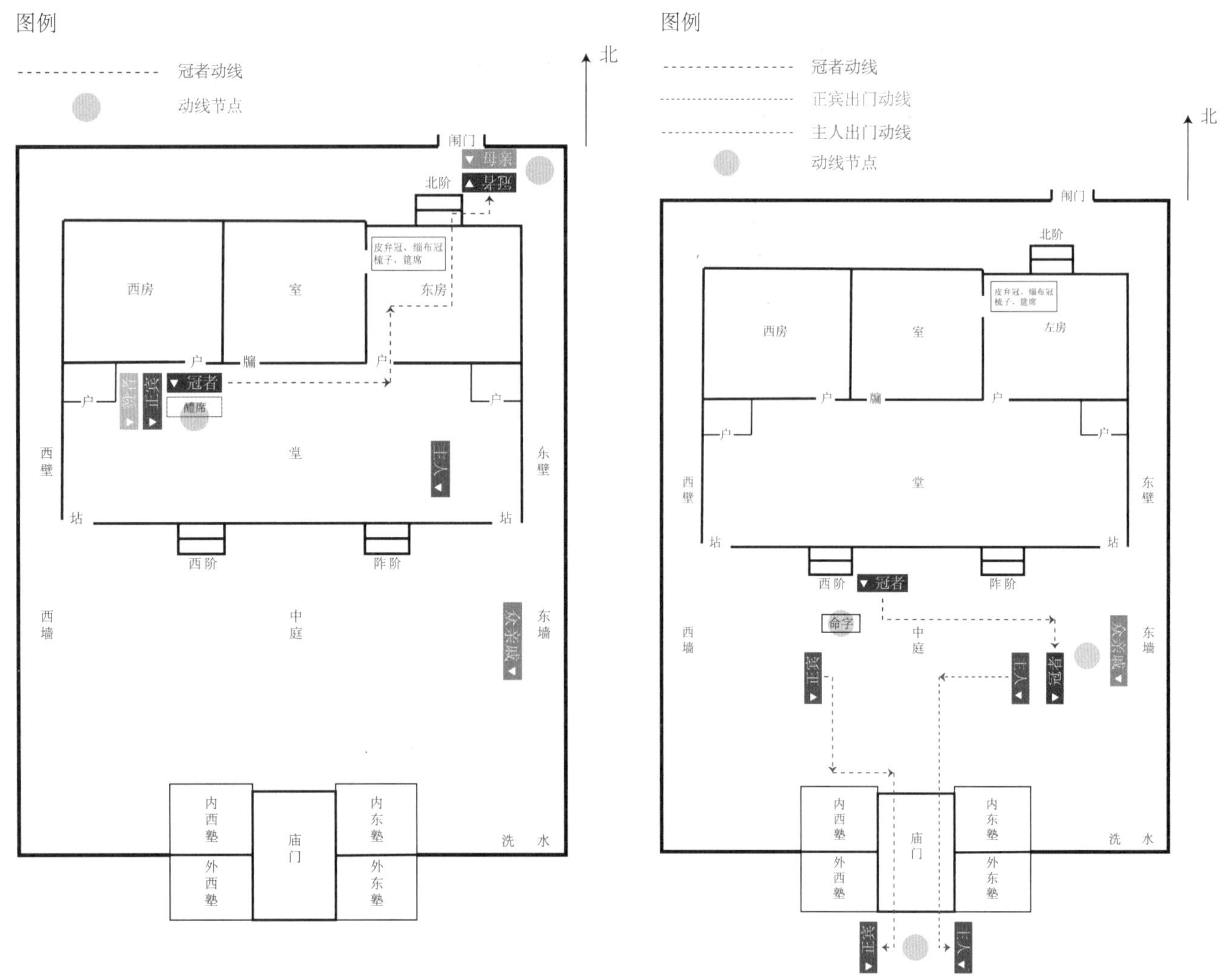

图8-1-4（左） 士冠礼“醴冠位”示意图

图8-1-5（右） 士冠礼“命字位”示意图

冠礼后诸仪，集中于当日冠礼结束之后，包含三个环节。首先，“冠者见兄弟、赞者及姑姊”是指冠者在获“字”后，需前去拜见家人与赞者的仪式。冠者依次拜见兄弟、赞者及姑姊等人，以受他人祝贺之意，冠者回礼。其次，“冠者见君与卿大夫、乡先生等”是指冠者需头戴玄冠，穿着玄端服，携礼拜见国君，为表君贵民轻，冠者需将礼物置于地面，不能亲授。拜君结束后，冠者携礼拜见卿大夫和乡先生等，表示自己已经成人。最后是“醴宾、酬宾、送宾”，加冠仪式完毕，主人需向正宾表示感谢，称为“醴宾”。主人向正宾赠送五匹帛和两张鹿皮，称为“酬宾”。主人在大门口相送，行拜见礼，称为“送宾”。并派人将牲肉送至正宾家。至此，冠礼仪式正式结束。

“三加而冠”是历代冠礼仪程中最重要的环节，通过三次戴冠、三次易服等烦琐复杂的仪式过程，以此强化冠者的成人认知。因此，周代冠礼制定了统一规范的服制，如前文所述。先秦冠礼冠饰主要分为冠与弁两类，包含缁布冠、皮弁与爵弁及其相配套的服饰。首先，缁布冠是我国古代最早出现的头冠，《礼记·郊

图 8-1-6 士冠礼缁布冠示意图

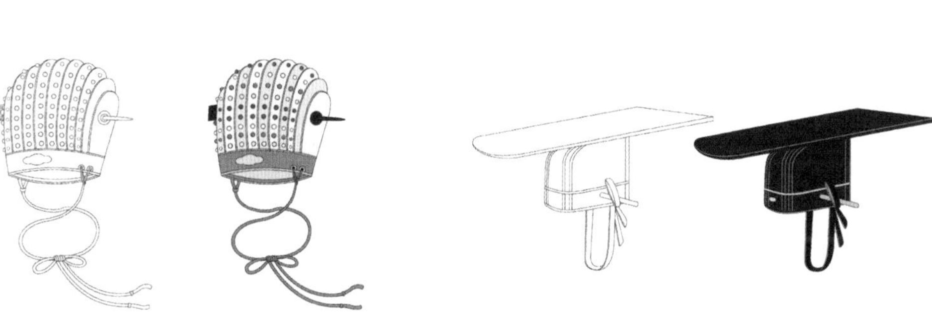

图 8-1-7（左） 士冠礼皮弁示意图

图 8-1-8（右） 士冠礼爵弁示意图

特牲》载："太古冠布，齐则缁之。"[7] 始加缁布冠标志着冠者具有参与政治的权利。缁布冠多以黑色的麻布料所制，由冠体、頍项、青组缨、纚四个部分共同组成（图 8-1-6）。早期的缁布冠并不在日常生活中穿戴，仅在重大的标志性活动中穿着，借以期许冠者拥有高尚的德行修养。初加缁布冠后换相对应的玄端服，玄端服尊古尚朴，整套冠服主要由玄冠、缁衣、玄裳组合而成，又称为"袀玄"。《仪礼·士冠礼》又载："玄端、玄裳、黄裳、杂裳可也。"[8] 即玄端为上衣，需与玄裳、黄裳、杂裳等相配，裳的不同颜色象征着尊卑、等级和地位的不同。

弁是我国古代早期贵族头戴的冠帽，在三加之礼中依其材质的不同分为皮弁和爵弁。皮弁标志着加冠者具有"治军权"的责任与义务，爵弁标志着冠者具有"行使祭祀"的特权，更象征冠者以后能够敬事神明。弁的形状像人两手相合鼓掌之势，皮弁主要由鹿皮拼接所制，由会、笄、璂、邸、纮等部分组合而成，形制上由六块三角形的鹿皮缝制于冠圈上，缝制形式类似"瓜皮帽"，皮块相连接处缀以五彩玉石（图 8-1-7）。爵弁主要由熟牛皮所制，是红中带黑的弁，又称为"雀弁"，由冠板和冠体组成（图 8-1-8）。就用途功能而言，爵弁是助祭之服，而皮弁是田猎之服，因此皮弁相较于爵弁更为尊贵。同时，有与之相配的皮弁衣和爵弁衣，二者在颜色上亦有差异：皮弁服用白缯制作，腰两侧有褶的裳，配黑色的大带，赤黄色的蔽膝；爵弁服则用葛布或丝帛制作，配黑色的大带，赤黄色的蔽膝。总体而言，皮、爵弁服主要由黄色、黑色和浅红色三种色彩组成，并依据冠者的身份等级的不同而略有调整。周代制定以上三类冠服制后，后世不断从

[7]〔清〕孙希旦：《礼记集解》，沈啸寰、王星贤点校，中华书局，1989，第 702 页。
[8] 转引自〔清〕戴震撰，杨应芹、诸伟奇主编《戴震全书（修订本）》第 6 册，黄山书社，2010，第 259 页。

简至繁，制定一系列由统一规范趋于时代特色的冠礼服制。

二、礼谐于饰：汉代不同社会阶层的冠礼仪式与冠饰类型的丰富

汉代上至皇家，下到士人都极重冠礼[9]。汉代改“冠礼”为“元服礼”，冠礼整体仪程仍沿袭周代仪式，并开始将天子、诸侯与士庶阶层的冠礼进行区分。汉代天子冠礼通常选为正月甲子或丙子吉日举行，其冠礼仪程较先秦变化集中体现在加冠次数与冠饰类型，其中皇帝冠礼为四加（加冠四次），且递次冠饰异于周制，依次为：初加缁布冠、再加爵弁、三加武弁、四加通天冠。西汉时期，汉惠帝行冠礼之时宣布大赦天下以示庆祝；汉昭帝行冠礼与臣子有所区别，还专门撰写天子冠礼专用的祝词，即为张华《博物志》载：“陛下摛显先帝之光曜，以承皇天之嘉禄；钦奉仲春之吉辰，普尊大道之郊域；秉率百福之休灵，始加昭明之元服；推远冲孺之幼志，蕴积文武之就德，肃勤高祖之清庙，六合之内，靡不蒙德永永，与天无极！”[10]由该冠词可知，西汉孝昭帝冠礼仪程首选吉日良辰，并于高庙行礼，冠词内容以告别童稚，肩负成人之责为根本祝愿，但其语言气魄与孝昭天子身份相对应，与先秦《仪礼・士冠礼》始加之意蕴迥然相异。此外，西汉天子之冠礼与先秦的另一个区别在于“娶而后冠”，这一点大违古制。《汉书・惠帝纪》：“四年冬十月壬寅，立皇后张氏。春正月，举民孝弟、力田者复其身。三月甲子，皇帝冠，赦天下。”[11]汉初承秦历法，以十月为岁首，是惠帝之娶在冠前[12]。

至东汉时期，士庶阶层的子弟需行冠礼后方能参政议政，且在冠礼仪程上有所演化。首先是汉代不同阶层行冠礼时的加冠次数有所差异，王公以下则只一加进贤冠。至曹魏时，皇帝也只一加，太子再加，皇子、亲王等乃行三加。北魏孝文帝为太子恂加冠为再加，后来，观念又有变化，认为太子应该四加。其次是开始用“皇帝临轩”之制，太子加冠时，天子在堂前的廊槛上主持，与以前主人“立阼阶上”有异，这大致在东晋时始见，以前为皇帝派使者代行。这时又增加了拜父环节，以前只有拜母之礼。最后是增加了礼后大赦和赏赐臣民的环节，皇帝冠礼毕，群臣奉觞上寿[13]。

从冠饰的变化来看，汉代冠饰形制繁缛，并且作为“昭名分、辨等级”的标

---

[9] 苏鑫、王佳宁：《汉代储君制度研究》，黑龙江人民出版社，2017，第116页。
[10] 陈戍国：《中国礼制史・秦汉卷》，湖南教育出版社，2002，第261页。
[11]〔汉〕班固：《汉书》上册，陈焕良、曾宪礼标点，岳麓书社，1993，第32页。
[12] 陈戍国：《秦汉礼制研究》，湖南教育出版社，1993，第238页。
[13] 马晓琼：《礼俗风尚：文明的光辉》，中国科学技术大学出版社，2020，第35页。

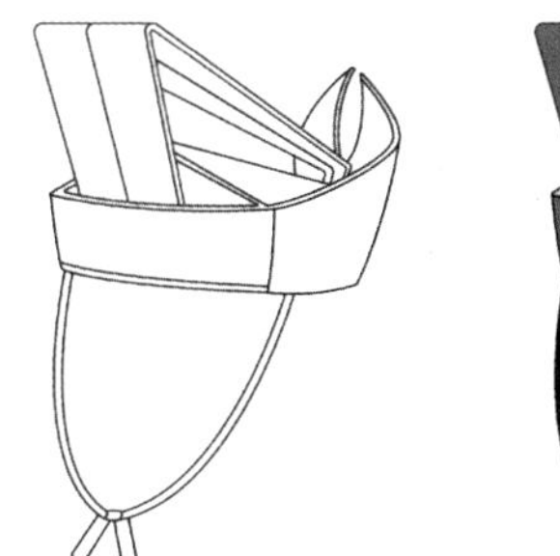
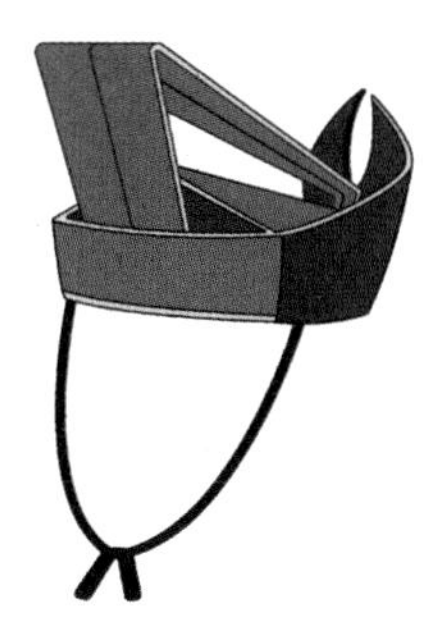

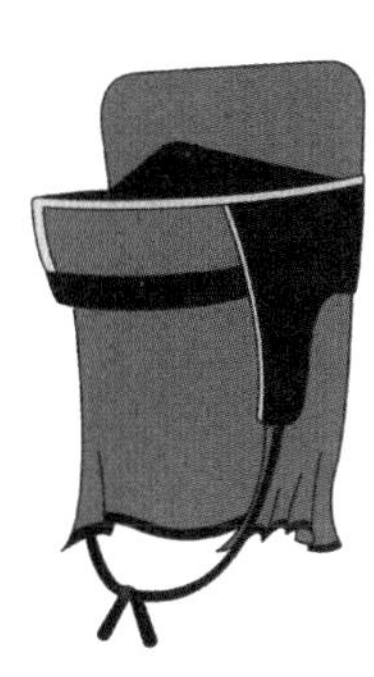

图 8-1-9（左） 汉代进贤冠示意图

图 8-1-10（右） 汉代武弁示意图

志，淡化装饰而强调区分等级地位的作用。自秦汉以后，随着冠的名目和形制更加复杂，缁布冠的形制也产生诸多变化，冠梁逐渐加宽，冠圈连成覆杯形制。

汉代士人及以上阶层的冠礼之“初加”由周代的缁布冠改为进贤冠，《通典》中记述为“后汉改之，制进贤冠，为儒者之服。前高七寸，后高三寸，长八寸。公侯三梁，中二千石以下至博士两梁”[14]。进贤冠是由缁布冠演化而来的一种朝冠，是古代使用广泛、影响深远的一种典型冠式（图 8-1-9）。《后汉书·舆服志》中载有“进贤冠，古缁布冠也，文儒者之服也”。进贤冠多以铁丝、细纱为材料所制，由冠顶、冠额与冠耳等组成，冠上缀梁，并以梁的多少划分等级。魏晋南北朝时期，据《通典》中记述为“晋因之。天子元服，始加则冠五梁进贤冠”[15]。这说明依据加冠者阶层的不同而始加不同梁数的进贤冠，以汉代为典范且分级而制，在后世冠礼中得以承继。

汉代冠礼再加爵弁，其形制与周代大致相同，而三加武弁则与周代皮弁在形制上有一定差异。武弁是汉代武官所戴的礼冠，用细纱所制，主要由笼冠、缨、巾帻、护耳等构成，最早由战国时期赵惠文冠演变而来，后与巾帻合体称为武弁大冠（图 8-1-10）。其平面上呈长方形，前额部分突出，两端有垂下的护耳并附有缨，可以系在颌下，巾帻与冠合成一体也可以起到防护头部的作用。

汉代天子冠礼中四加的通天冠是历代皇帝在常朝或重大朝会等场合所戴之冠，级别仅次于冕冠，用铁、纱、绢帛所制，主要由冠、帻、组缨和玉簪导等组成（图 8-1-11）。整体造型如高山状，主体是竖立的长方形冠板，前壁比帽梁顶端高出一截，顶部稍向后倾斜，冠前为山形装饰。通天冠最早起源于秦代，后由汉代确立基本形制并大量使用。东汉张衡在《东京赋》中的描述：“冠通天，佩玉玺，纡皇组，要干将。”[16] 自汉以后，由于社会动荡，传统儒学式微，冠礼逐渐简化、衰微。南北朝时期，唯有南朝皇家有举行冠礼的文字记载，即后齐

[14] 李湘主编《国学经典》，远方出版社，2006，第 320 页。

[15] 同上。

[16]［清］严可均辑，许振生审订《全后汉文》下册，商务印书馆，1999，第 545 页。

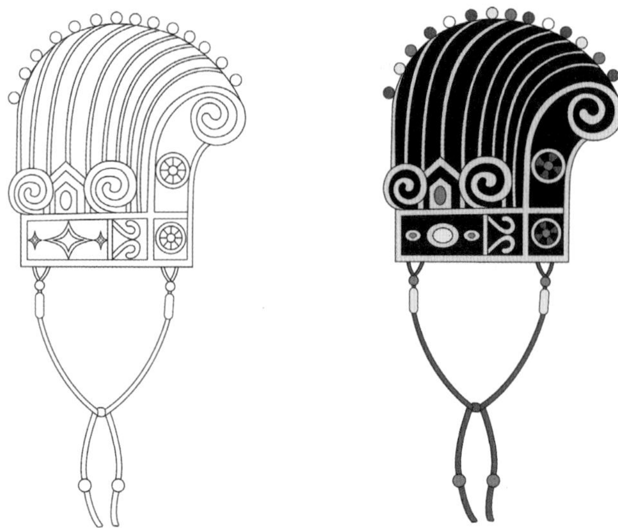

图 8-1-11 汉代通天冠示意图

皇帝加冠时，用玉、帛告祭圜丘、方泽，用币告祭宗庙[17]。而从南北朝到隋代，冠礼一度废而不行[18]。

三、“守”与“变”：宋代男子冠礼的复兴与仪式程序的增减

由唐入宋，冠礼得到一定的恢复。唐初诏定的《大唐开元礼》对冠礼在内的诸礼进行了兴修。中唐时期开始了儒学复古运动，提倡冠礼仿效周代士冠礼仪式。及至宋代，士大夫阶层主张在全社会推行冠、婚、丧、祭等礼仪，以此弘扬儒家文化传统[19]，致使冠礼在两宋时期的不同阶层迎来较大复兴。《明集礼》载：“品官冠礼悉仿士礼而增益，至于冠制，则一品至五品，三加一律用冕。六品而下，三加用爵弁。”[20]由此可知，唐宋时期曾在品官中实行过冠礼，并严格按照品级加冠。司马温公曰：“冠礼之废久矣，近世以来，人情尤为轻薄。生子犹饮乳，已加巾帽，有官者或为之制公服而弄之，过十岁，犹总角者盖鲜矣，彼责以四者之行，岂能知之？故往往自幼至长，愚骙如一，由不知成人之道也。”[21]司马光感叹废除冠礼，使得人情轻薄，自幼至长不知成人之道，从而造成严重的社会问题[22]。为顺应时变，司马光将《仪礼・士冠礼》加以简化，使之易于众人通晓，并在其修订的《书仪》中制定了冠礼的仪程，载有“男子年十二至二十皆

[17] 戴庞海：《先秦冠礼研究》，中州古籍出版社，2006，第 206 页。

[18] 马晓琼：《礼俗风尚：文明的光辉》，中国科学技术大学出版社，2020，第 36 页。

[19] 李穆文主编《中华文明史》，西北大学出版社，2006，第 111 页。

[20] 同上书，第 110 页。

[21] 顾明远总主编《中国教育大系・历代教育制度考（一）》，湖北教育出版社，2015，第 882 页。

[22] 李穆文主编《中华文明史》，西北大学出版社，2006，第 111 页。

可冠，必父母无期巳上丧，始可行之”[23]。司马光将行冠礼的年纪提前至12岁，也就是说自12至20岁，在没有为其父母逝去守孝的年份便可行加冠礼。此外，司马光依据当时的风俗人情，将三加之冠变换为初加巾、再加帽、三加幞头。其后朱熹在《朱子家礼》中除了沿用《书仪》中的主要仪节，还提出对加冠者的年龄和学识方面的要求，即男子年15至20岁行冠礼，并要求“能通《孝经》《论语》，粗知礼义之方，然后冠之，斯其美矣”[24]。相较周代士冠礼，《朱子家礼》中所载冠礼仪程较为简化，即取消筮日、筮宾等仪节，具体表现为择选正月某一日行冠礼，由主人亲选其贤友作为正宾，为冠者加冠。此外，基于宋代宗法制度的发展与礼数的相对宽松，冠礼后诸环节亦有变化，如添加冠者拜于祠堂、上告祖先等仪程，并将最初“见母”“见国君、乡大夫”等仪节演变为“见尊长”“遂出见乡先生及父之执友”[25]。

宋代冠礼身服亦有诸多变化，具体而言，初加巾配四褛衫、鞋、腰带，再加帽配旋襕衫、鞋、腰带，三加幞头配公服、靴、腰带。其中初加的巾是我国古代汉族平民的一种首服，最早出现于汉代，多以黑色或青色的布料、丝带制成。宋代巾式众多，《书仪》中的巾推测为流行于文人之间的高桶巾[26]，由两片式巾帕组成，形制上呈四方形的高帽，内里为桶状，外檐比内桶短，帽檐四角十分锐利，一度在士大夫阶层中流行。四褛衫是唐代典型的胡服汉化服装，此类款式身服最早于隋代产生，形制上是一种窄袖，胯部两侧及前后开口的多裾式服装，后世开衩的重叠程度不断加大。再加的帽是指圆桶形的盖头织物。相较汉代，宋代帽子种类与样式更为复杂多样。旋襕衫是一种施有横襕的袍子[27]，最早产生于西夏，主要由圆领大袖、横襕裳、襞积等组成。形制整体为套头束腰式样，衣长及脚踝，通身紧窄，颜色为绯红色，是宋代时服之一。[28]三加的幞头配公服则与前述宋代皇子、皇太子冠礼服制并无较大改变。

宋代为皇家子弟也建立了一套相应的冠礼制度。《宋史·礼志十八》与《宋志》中分别详细记载了宋代皇太子与皇子的冠礼仪程。[29]按照文献记载，宋代皇太子冠礼加设香案、奏乐、撞钟、拜谒太庙等环节，这是周代士冠礼仪程中所未曾有过的。而作为皇子，其冠礼则未设置上述环节，仪程也相对皇太子更加简化，从而反映出皇太子与皇子在行礼规范上的等级之别。在冠礼

[23]〔宋〕司马光：《司马氏书仪》，商务印书馆，1936，第19页。
[24]〔宋〕朱熹编，（明）陈选校注《御定小学集注》，西北大学出版社，2020，第136页。
[25]陈戍国：《中国礼制史·元明清卷》，湖南教育出版社，2002，第439页。
[26]潘莹：《宋代成人礼服饰研究》，硕士学位论文，武汉纺织大学，2021，第12页。
[27]高春明、周天：《西夏服饰考》，《艺术设计研究》2014年第1期。
[28]叶娇、徐凯：《“旋襕”考》，《敦煌研究》2019年第4期。
[29]陈戍国：《中国礼制史·宋辽金夏卷》，湖南教育出版社，2001，第272—275页。

服制方面，皇家冠服风格式样相较于先秦至秦汉时期有所变革，更具时代特色，其服饰、配饰及冠饰风格更显丰富。《政和五礼新仪》对冠礼的服制有严格的限定[30]，据记载，皇子冠礼三加分别为初加折上巾配公服、革带与白袜黑履，再加七梁冠配绯罗大袖裙、绯罗蔽膝、大带与白绫袜马皮履，三加九旒冕、青衣朱裳、朱色蔽膝、革带、大带与朱袜朱履。皇太子冠礼三加中的初加与皇子一致，再加则为远游冠、朱明服红裳、红色蔽膝、革带与白袜黑履，三加衮冕、青衣朱裳、朱色蔽膝、革带、大带与白袜黑履。

总体而言，宋代儒家理学思想的弘扬，以及强调建立自然社会合一的伦理道德秩序，使得先秦士族冠礼受到推崇，故而宋代冠礼亦得到了一定程度的复兴，并在社会各阶层中得以广泛推行。宋代冠礼服制整体呈现庶民化倾向，具有“变古适今”的时代特色。后至元代，冠礼再告衰微。

四、尊卑有度：明代传统冠礼的再次回归与仪式行序的演化

明代，在官方的主导下，冠礼文化得到了大力推行与良好发展，从上层阶级至民间庶民都极为推崇，成为当时礼仪习俗中的主流文化。明洪武元年（1368）诏定冠礼，从皇帝、皇太子、皇子、品官，下及庶人，都制定了冠礼的仪文。

明代皇家极为重视冠礼。《明会要》卷十四引《会典》谓“太子皇孙年十二或十五始冠”，而《明史诸王列传五》明思宗第三子定王朱慈炯传记述崇祯谕礼臣曰：“《会典》开载，年十二或十五始行冠礼。”知《会典》确有此语，而未必专指太子皇孙之冠龄而言。[31]从以上文献记载可知，明代皇家太子皇孙行冠礼的年龄通常在12至15岁之间。在仪式行序方面，明代天子、皇太子冠礼与亲王冠礼相比存在较大差异。《明太祖实录》记载了明代天子冠礼的仪式主要包括筮日、奏告、制冠服、加数、就庙、陈设、执事、宾赞、用乐、礼醮、祝辞、见太后、谒庙和会群臣等十多项仪式环节，与周代士冠礼仪式行序相比加入“用乐”仪节，由此反映出明代皇室冠礼十分重视用乐，具有“无乐不行礼”的礼仪传统。此外，《大明集礼》中对洪武元年的皇太子冠礼仪式有所记载，即“参用周文王、成王冠礼之年，近则十二，远则十五。天子自为主，设御座于殿庭，设冠席于殿之东壁，择三公太常为宾赞，三加冠，祝醴、祝辞、醮辞、字辞，悉仿周制”[32]。由此可见，皇太子冠礼之仪程与规范主要以仿周制为主。另据《大

[30] 许树安、郑春苗、王秀芳：《中国文化知识（续编）》，北京语言学院出版社，1990，第175页。

[31] 陈戍国：《中国礼制史·元明清卷》，湖南教育出版社，2002，第434页。

[32]〔明〕徐一夔、梁寅等纂修《大明集礼》卷二三下《皇太子加元服》，转引自赵中男等著《明代宫廷典制史》上，紫禁城出版社，2010，第316页。

明集礼》记载，亲王冠礼的仪式行序主要由前期太常司太史监择日，并选礼部太常司官有德望者奏闻为宾赞，三次加冠分别为：一加折上巾，再加七梁冠，三加九旒冕。亲王加冠仪式更为注重祝辞、醴辞、字辞与会宾等仪式。

明代庶人冠礼基本承袭宋代礼仪行序。据《明志》记载，庶人冠礼在男子15至20岁之间[33]。相较于皇室冠礼的隆重与烦琐，明代品官、庶人冠礼则相对简化，仪式过程中几乎不用乐，地点设在家中正堂或祠堂，其中冠礼行序与《仪礼·士冠礼》所载相类似。庶人冠礼"三加"仪式与宋代《书仪·冠仪》中所记载的冠礼仪程几乎无差。

明代冠礼服制在继承前代的基础上更加趋于华贵、繁复的风格。皇家冠礼服制多效仿前代风格并几经更改，补充有网巾、空顶帻等新冠制，即天子"先服空顶帻绛纱袍以出，次加衮冕服"[34]。并加有皇太孙冠礼服制，即一加网巾；二加翼善冠，着绛纱袍；三加九旒冕，着衮服。其中"空顶帻"最早用于童子，其后用于成年男子，形制上是由帛围勒于额，露发髻于外。"绛纱袍"是品官服制中的朝服，始于周代，纱罗所制，由赤罗衣、青领缘白纱中单、青缘赤罗裳、赤罗蔽膝、赤白二色绢大带、革带、佩绶、白袜黑履组成，形制上呈深红色直领纱袍。明代"衮冕服"相较前代服制更为完备，即由冕冠、素纱中单、玄衣、蔽膝、纁裳、绶、革带、佩与大带构成一套完整礼服。

《明史•礼制八》："（品官冠礼）明洪武元年定制，始加缁布冠、再加进贤冠、三加爵弁。"[35]其中，缁布冠、爵弁及其配服都延续周代服制，进贤冠及其配服与汉代服制一致。庶人冠礼为一加巾，服深衣大带；二加帽，服襕衫腰带；三加幞头，服公服[36]。由此可见，明代庶人冠礼除初加服饰由之前的"四褛衫"改为"大带"深衣，其余基本与前代庶人冠礼服制相一致。

总体而言，明代冠礼仪式和服制风格均呈现出明显的等级差异与尊卑观念，形成当时礼仪习俗的整体风貌。及至清代，清军入关实行剃发易服政策，使得传统冠礼仪式受到极大破坏，朝廷在国家礼典中将"冠礼"取消，《清通典》《大清通礼》等正史中已无冠礼的记载，至此中国古代传统冠礼走向衰落。有关清代民间冠礼的记载仅见述于部分地方县志中，其中礼仪行序增设有"设筵"与"馈糕"等仪节，并将冠礼纳入为婚礼前的一道程序，在嫁娶前一日举行，仪式当天会给亲戚邻居馈赠"上头糕"等食物作为完成冠礼的重要标志，但其整体仪式行序简化，不再突出"三加冠"，并简化"命字"仪节。

---

[33] 陈戍国：《中国礼制史·元明清卷》，湖南教育出版社，2002，第434页。

[34] 赵中男等：《明代宫廷典制史》上，紫禁城出版社，2010，第327页。

[35]〔清〕张廷玉等：《简体字本二十六史·明史》卷五三—卷七八，王天有等标点，吉林人民出版社，2006，第894页。

[36] 同上书，第896页。

结语

冠礼作为我国早期汉族特有的成人礼仪，是我国传统礼仪之起点，也是每个生命个体融入汉族礼制活动的伊始。传统意义上，冠礼源自上古时期的成丁礼，冠礼是为标志生命个体在言谈举止、思想道德及责任担当等方面由简单稚拙进阶为成熟规范所设置的仪式化典礼。冠礼既是个人生命历程中的重要转折，也是从“被保护”到“独立”的角色转变，更是肩负伦理道德、责任义务之使命的发端。在一定时期，无论君王抑或庶人，冠礼在其人生中的重要性与影响力不可小觑，一定程度上影响着生命个体在思想道德规范、家庭伦理秩序、社会职责约束等方面的自我觉醒，助推着个人与家庭成员、社会群体之间的共同进步。

完整的礼仪规范与行序流程词是促成我国传统冠礼仪式合理性、规范性及系统性的有力保证。冠礼正是通过仪式的安排与繁缛的仪节，并在特定的时域范围、空间场域、仪式环节与专门语词等规范指导下有序进行。传统冠礼仪式在预礼、正礼及礼毕后的诸多仪式环节都不同程度地表达了崇敬天道、祖先信仰、道德教化的思想内涵，体现出天道、社会、家庭及人伦之间紧密、和谐的共生关系。于个人而言，传统冠礼的行序流程不仅是从孩童至成年之身份转换、过渡的仪式纪念，也是赋予其新思想、新使命、新方向的关键一课。

时至今日，传统冠礼虽已淡出人们的视野，但有关现代成人礼、成年仪式的活动仍在流行，这些礼仪形式的内在价值、精神阐发与传统冠礼是一脉相承的。当代社会对于成年礼文化活动的推广与弘扬，将有利于青年一代较好地树立成年意识与责任担当的精神，有益于服务全社会形成“以礼育人”“以德树人”“以责立人”的教育模式与人格养成机制，更有助于人们感知中华民族的文化魅力，增强民族文化自信，提升民族凝聚力。

第二节　六礼鎏合

中国古代婚礼又称为“昏礼”，隶属于嘉礼之一，是继冠笄之礼后人生的第二个里程碑。婚礼仪式的形成标志着独立个体的身份转换，由个人走向新的家庭关系。中国古代婚礼是关于两个家族的姻亲关系，不仅承载祭祀和延续宗族血脉的义务，而且在儒家思想的作用下被赋予强烈的伦理责任与社会属性，具有社会教化、规范行为的重要作用。因此，婚礼仪式是由婚姻的缔结与礼制思想驱动产生和发展的，其实质更是为保证家庭的和谐与宗族的发展而不断迭代更新。

我国婚礼起源于上古时期，《资治通鉴外纪》中载：“上古男女无别，太昊始制嫁娶，以俪皮为礼。”[1]随着母系社会转入父权制时代，婚姻观念也从男女天然偶居转向为家族绵延子嗣的手段[2]，对偶婚逐渐转变为一夫一妻制。随着先秦时代儒家礼教思想在社会意识形态中的地位日益加强，儒家强调人的活动应合于“德”，将伦理道德纳为人的基本准则。周代《仪礼·士昏礼》作为我国婚礼最早的文字记载，形成了关于“六礼”的最早著述，为后世婚仪制式的承袭提供依据。同时士昏礼强调了婚礼的两层意义：一方面是人伦意义，即婚礼仪式与阴阳调和观念的产生息息相关；另一方面是婚礼仪式具有稳定家国、天下的意义。儒家把由男女而起的阳道与阴德、外治与内职的和顺，看作是盛德至治的标志。[3]秦汉时期在“六礼”基础上增添贺婚礼制，婚礼仪式由先秦的“不贺”向“贺婚”转变，形成了婚礼仪式氛围浓厚的重要变革。及至唐代，多民族融合的时代潮流不断推进传统“六礼”仪式的演进，形成了诸多具有少数民族特色的婚礼仪节，并得以延续。宋代的程朱理学对于传统礼制文化的发展产生了深刻的变革，将“六礼”并为“三礼”，且婚礼行序朝世俗化转变。元代，少数民族的统治对传统婚礼行序产生了重要影响，蒙古族与汉族婚礼二者相互促进，形成多元一体的婚礼行序。明代，官方大力恢复周礼并对各级婚礼礼制有严格的等级划分，形成了汉民族传统婚礼的再次复兴。清代，婚礼仪式

[1] 转引自李建成：《伏羲文化概论》，甘肃文化出版社，2004，第175页。

[2] 常金仓：《周代礼俗研究》，黑龙江人民出版社，2005，第73页。

[3] 彭林编著《中国古代礼仪文明》，中华书局，2004，第115页。

在沿袭明代礼俗的同时，融入了满族文化习俗，发展为满汉交融的婚礼仪式风格。民国时期，新思想的传播彻底打破传统“六礼”的束缚，婚礼仪式融古纳今，生发出适应新时代婚恋观与自由思想意识的现代新式婚礼。

本节基于历史文献与前人学者对古代婚礼仪式的研究，通过对历代婚礼主要的仪程与仪节展开梳理，进而对不同时期婚礼行序设计的演变进行探究，从而探求婚姻礼仪、婚姻制度与观念体系之间的互动关系。

一、始于“六礼”：周代士昏礼的初创与仪式行序的确立

有关中国古代婚礼的仪式行序与规范，以周代《仪礼·士昏礼》中的记述最为完整。《仪礼·士昏礼》中对周代士阶层的昏（婚）礼进行规范，述录了以“六礼”为核心，且完备、系统的婚姻礼节。汉代《礼记·昏仪》则是在周代基础上进一步论述了婚礼的人文内涵，自唐宋《开元礼》至宋代《政和五礼新仪》、明代《大明集礼》乃至清代《大清会典》都是以《仪礼》作为蓝本。

本文以中国古代婚礼行序设计的演变问题为出发点，在周代“六礼”基础上将周代士昏礼之各流程节点更加细化，旨在以此追溯中国古代传统婚礼仪式的发端，并总结其行序特点，为中国古代传统婚礼行序设计的演变及婚俗文化变迁等研究提供有利的条件支撑。因此，本书根据《仪礼·士昏礼》记载，周代士人婚礼经历婚前礼、正婚礼与婚后礼三大流程，大致分为12个常规仪节（表8-2-1）：“纳采、问名、纳吉、纳征、请期、亲迎、妇至礼成、妇见舅姑、赞醴妇、妇馈舅姑、舅姑飨妇、舅姑飨送者。”其中，前5个仪节是婚礼前的主要仪节，均在女方家祢庙举行。“亲迎、妇至礼成”为正婚礼仪节，即婚礼当天黄昏时刻男方至女方家接亲再返回男方家所展开的一系列婚礼行序。“妇见舅姑、赞醴妇、妇馈舅姑、舅姑飨妇、舅姑飨送者”是婚礼次日清晨新娘拜见公婆的礼仪环节。

周代士昏礼的第一程即婚礼仪式前必要的一系列仪节准备，主要包含“纳采、问名、纳吉、纳征、请期”等5个仪节，均在女方家祢庙举行。其中，“纳采”是一段婚姻的发起，也就是指所谓议婚或提亲阶段。古代议婚或提亲必须通过使者（媒人）作为男女双方家庭的中间人来进行，即所谓依凭“父母之命、媒妁之言”进行婚姻的结合，当男方家已将某女方家作为议婚对象，就委托使者携雁作为信物前去女方家商议婚事，若女方收下信物，则表明同意议婚，即议婚目的达成。值得一提的是，士昏礼中除纳征之外，前六礼中其他的5个仪节都需要媒人向女方主人馈赠活雁，古人认为大雁南来北往与自然界阴阳调和相

表 8-2-1 周代士昏礼仪式行序表

仪程	婚前礼				正婚礼		婚后礼			
日期	婚礼前数日				婚礼当日		婚礼次日			
时刻	清晨				黄昏		清晨			
地点	女方祢庙				女方家	男方家	男方家			
仪节	•纳采 •问名	•纳吉	•纳征	•请期	•亲迎	•妇至礼成	•妇见舅姑	•赞醴妇	•妇馈舅姑	•舅姑飨妇 •舅姑飨送者
人物	•使者（雁） •主人 •家臣 •摈者 •赞者	•使者（雁） •主人	•使者（帛、鹿皮） •主人 •摈者 •赞者	•使者（雁） •主人	•新郎（雁） •新娘 •主人（女方） •女师 •媵（陪嫁） •娣（新娘陪嫁） •迎亲众人	•新郎 •新娘 •公婆 •娣（新娘陪嫁） •女师 •媵（陪嫁） •御（夫家女役） •赞者 •举鼎者 •执匕者 •执俎者 •送亲众人	•新郎 •公婆 •新娘 •赞者 •御（夫家女役） •媵（陪嫁） •送亲众人			

关，因此婚姻以雁为礼，既象征男女阴阳和顺，也意味着男女双方对婚姻的忠贞不渝。根据《仪礼·士昏礼》记载，纳采环节有相对规范的礼仪行序，其具体流程（图 8-2-1）是女方家主人在祢庙堂上的户西处设筵席，将案几放置在右方。使者身着玄端服到场，摈者前来问事并告请主人。主人身着与使者相同的礼服前往大门外迎接，向使者行两次拜礼后，使者无须回拜。随后，使者与主人拱手相揖进入大门，行至庙门处再次相揖致意，如此三番行礼之后一同登堂。主人面朝西边站立，使者面朝东边站立于梁栋下方向主人致辞。紧接着，主人再向北面行两次拜礼，使者在堂上两柱之间面朝南方完成授雁后下堂走出庙门。主人随即下堂，将雁交予年长的家臣，至此纳采礼毕。完成纳采的使者此时并不离开，而是请求再次进入女方祢庙，开始进行婚礼前的第二仪节“问名”，即询问女子母亲的姓氏，以了解对方的血缘关系，避免出现同姓婚配的情况。具体流程是摈者出门问询使者，并告知主人。摈者奏请并以礼酬劳使者，使者推辞一番后欣然接受。主人撤去案几并重新布设筵席，以东为上首。主人

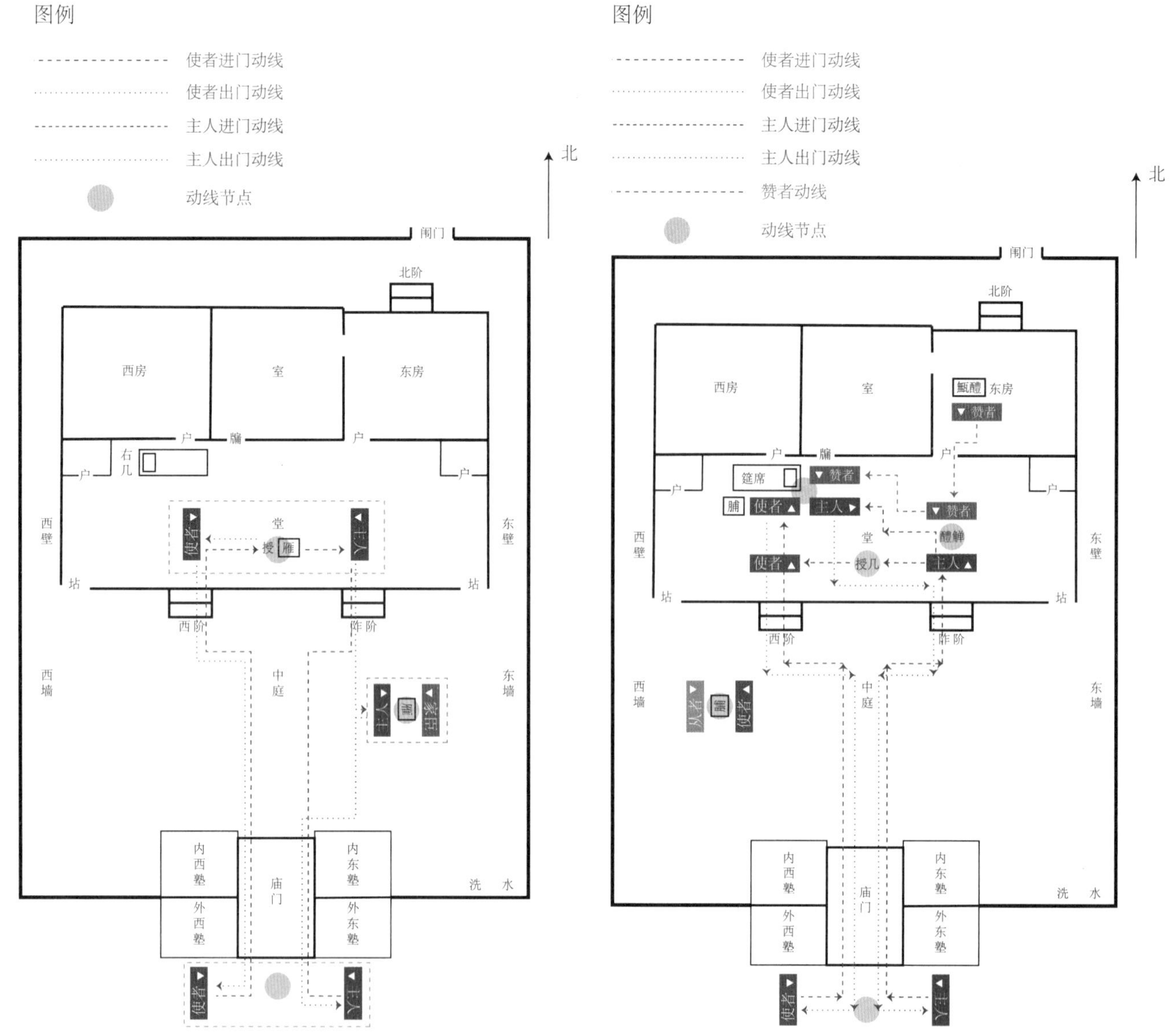

图8-2-1（左）　周代士昏礼纳采位

图8-2-2（右）　周代士昏礼问名位

前往庙门外迎接使者，其仪节与纳采相同。待主人、使者分别登堂后，主人面朝北方行拜两次，使者在西阶上方朝北答拜。主人给使者授送案几，而使者将案几置于座位左边后答拜。紧接着，赞者斟满甜酒，并在酒杯上放置小匙，从房中带到堂前。主人接过酒杯后将匙柄转向朝前，行至筵席前面朝西北方交予使者。此时赞者把做好的肉酱置于筵席前面，使者即席坐下后左手执觯开始祭脯醢，又用小匙祭醴三次，继而面朝西边坐下品酒，并将小匙插置觯中，然后起身放觯到地上。与主人相互行拜礼后，使者再次入席将觯置于笾豆东边，并面朝北坐下，取脯后正式下堂，将脯肉交付侍从，最后由主人拜送使者到大门外，至此“问名”的仪节进行完毕（图8-2-2）。

“纳吉”是指男方在得知女方姓氏后所进行的占卜。整个仪程主要内容是，占卜的吉凶后由媒人或使者前往女方家告知男方占卜结果，并且需携大雁作为礼物，女方家则寒暄拜别，具体流程与纳采相同。“纳征”也称为“纳成”，相当于后世所谓的订婚，即男方家向女方致送聘礼。整个仪程主要内容是男方派遣媒人派送聘礼，聘礼选用经过加工且可以直接用来制作衣物的黑、红两色帛五匹与鹿皮两张，其具体仪节行序与纳采基本相同。“请期”是指男方通过占卜选定了婚期，由媒人再次携雁前往女方家商量以确定迎娶的吉日。至此，婚前礼的各个仪节完成，即将进入正婚礼流程。

“亲迎”是传统六礼中的最后一个仪节，也是整个婚礼仪程中最隆重且最具仪式化的一道程序，即新郎正式迎娶新娘。该仪节标志着男女双方正式结为夫妻，从此两个家庭缔结了一种新型的社会关系。亲迎仪式具体分为新郎出发迎亲与迎娶新娘返回两个阶段。古时“亲迎”选择在黄昏时分进行，以此说明结婚与黄昏有一定的联系。另据文献记载，汉代班固在《白虎通义·嫁娶》中载有“昏时行礼，故谓之婚也”[4]。也有学者认为古代黄昏是吉时，所以会在黄昏行娶妻之礼。

通常在亲迎之前，男方家会预设“同牢之馔”。首先，在寝门外东边面向北放置三只鼎，鼎中盛放有以下四类熟食：除去蹄甲的小猪一只，肺脊、肺各一对，鱼14条，除去尾骨部分的干兔一对。其次，鼎上设置抬杠和鼎盖，洗设置在阼阶的东南面。房中需设置的食物有醯酱两豆、肉酱四豆，全部用巾遮盖。将黍稷置于四个带盖的食器中并用火炖煮肉汁。酒樽设在室中北墙下，玄酒放于酒樽的西面，并用粗葛布盖住，酒樽上放置勺柄朝南的酒勺。最后，在堂上房门的东侧置一樽酒，并装四只酒爵和合卺（盛交杯酒的酒器）。

《仪礼·士昏礼》中载有亲迎之说，“主人爵弁，纁裳，缁袘。从者毕玄端，乘墨车。从车二乘。执烛前马。妇车亦如之，有裧”[5]。由此可见，出发迎亲时，新郎身着深色爵弁服乘坐黑色车前往女方家，并有两辆随从的车子，所有随从都身穿深色礼服，手执灯烛在车前照明。新娘车辆同为黑色，并张有车帷。文献记载：“至于门外。主人筵于户西，西上，右几。女次，纯衣，纁衻，立于房中，南面。姆纚笄，宵衣，在其右。女从者毕袗玄，缅、笄，被纇黼，在其后。主人玄端迎于门外，西面再拜，宾东面答拜。主人揖，入，宾执雁从。至于庙门，揖入，三揖至于阶，三让。主人升，西面。宾升，北面，奠雁，再拜稽首，降，出。妇从，降自西阶。主人不降送。”[6]当亲迎车队抵达女方家大门外后，其亲迎流程如图8-2-3所示，即主人在堂上房门西侧布置筵席，设几案于右手边。新娘梳理好头

[4] 转引自〔唐〕魏徵等撰，刘余莉主编《群书治要译注》第4册，中国书店，2012，第1257页。

[5]〔汉〕郑玄注，〔唐〕贾公彦疏《仪礼注疏》上，王辉整理，上海古籍出版社，2008，第102、104页。

[6] 同上书，第105，111—114页。

图 8-2-3（左） 周代士昏礼亲迎位

图 8-2-4（右） 周代士昏礼妇至礼成位

发，穿上饰有浅绛色衣缘的玄色深衣，朝南站立于房中等待新郎相迎，女师头戴簪子和头巾束发，身穿丝质礼服站在新娘的右边，从嫁的娣侄跟随新娘之后。主人身穿玄端服前往大门外迎接，主人与新郎相互答拜致意后，主人揖请新郎入门。新郎手执活雁进入大门，与主人三次相揖后，来到堂下阶前。随后主人与新郎分别上堂，主人面朝西站立，新郎立于堂上面朝北，并将雁放于地，进行两次叩拜礼。紧接着，新郎、新娘便先后下堂出门。至此，士昏礼中前六礼基本完成。待新娘乘婚车抵达夫家时，新郎揖请新娘进门并从西阶上堂，正式进入婚礼的“妇至礼成”环节（图 8-2-4）。该仪式的安排预示着夫妇二人即将从素昧平生到结发之亲的过渡，也标志着共同生活的开始，其仪式内容主要是围绕夫妻“共牢合卺”与“解缨结发”等婚礼行序展开，从而体现夫妇亲爱的美好寓意。

“共牢合卺”是指新郎和新娘成亲后同食的第一顿餐食。从嫁的娣侄在寝室

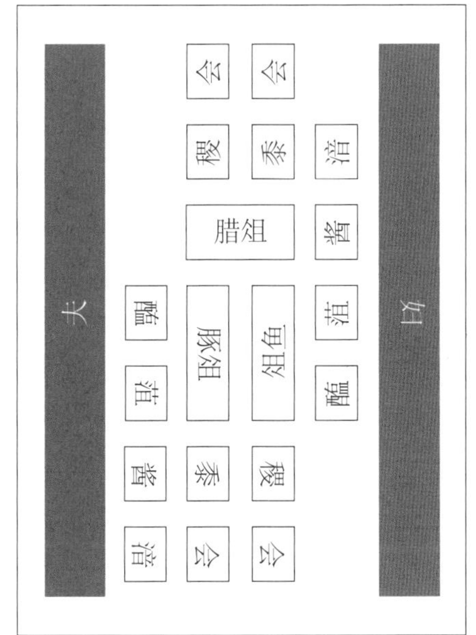

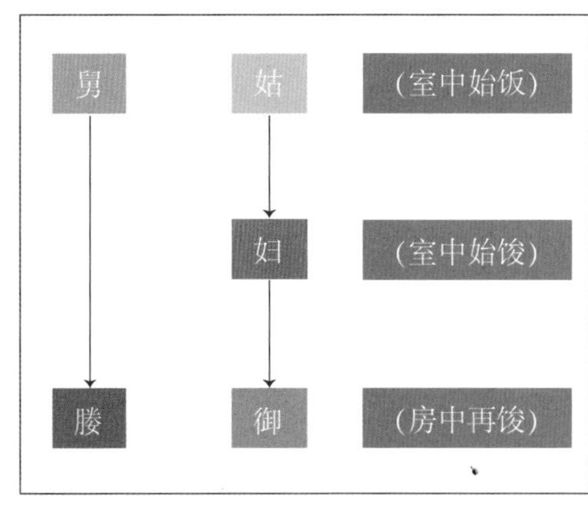

图 8-2-5（左） 周代士昏礼同牢席摆位示意图[7]

图 8-2-6（右） 周代士昏礼妇馈舅姑行序示意图[8]

的西南角设置筵席，随后由男女方两家的侍者交替为新婿、新妇浇水盥洗。当赞礼者为二位新人安排好餐食后，新郎对新妇作揖并邀请她入席，共进餐食，其座席与饭菜位置如图8-2-5所示。“解缨”是指新夫亲手解下新妇头上许婚之缨。“结发”是指各剪取新夫新妇一束头发，以红缨梳结在一起，意指夫妻双方血脉相融，白头偕老，永结同心。至此，正婚礼的最后一个仪节“解缨结发”就此完毕。

婚礼的第三程为婚后礼，涉及成亲后家庭管理权交接等重要事宜，其中包含“妇见舅姑、赞醴妇、妇馈舅姑”等主要仪节。“妇见舅姑”是指婚后的第二天清晨，新妇沐浴完毕后用簪子和头巾束发，身着玄纁色丝服等候执礼者带领她拜见公婆。“赞醴妇”是指赞者代表公婆设筵席酬谢新妇的仪节，表示接纳新娘为家庭的正式成员。“妇馈舅姑”即新娘以酒、食进献公婆，向公婆行馈食之礼[9]。据《仪礼·士昏礼》记载与已有学者研究[10]，“妇馈舅姑”全程共含三个仪节（图8-2-6）：首先为新娘入室进献佳肴供公婆用餐；其次为新娘在室内食用婆婆余食；最后为媵御在房中食用新娘余食[11]。关于“妇馈舅姑”仪节中所涉及的餐食摆位、席位分布等内容如图8-2-7所示。“舅姑飨妇”与“舅姑飨送者”是指公婆设食款待新娘以及女家的有司等人，并赠予礼物。至此，婚后礼完毕，公婆从西阶下堂，新娘从阼阶下堂，这次易位标志家中事务管理重任的交接，表明新娘从此要代替婆婆承担起家庭主妇的责任。此外，《仪礼·士昏礼》中还记载若夫妻成婚

[7] 张逸舟：《〈仪礼·士昏礼〉夫妇同牢对席图考》，《中国典籍与文化》2020年第3期。
[8] 张逸舟：《〈仪礼·士昏礼〉妇馈舅姑考辨》，《华侨大学学报（哲学社会科学版）》2022年第3期。
[9] 同上。
[10] 张逸舟：《〈仪礼·士昏礼〉夫妇同牢对席图考》，《中国典籍与文化》2020年第3期。
[11] 张逸舟：《〈仪礼·士昏礼〉妇馈舅姑考辨》，《华侨大学学报（哲学社会科学版）》2022年第3期。

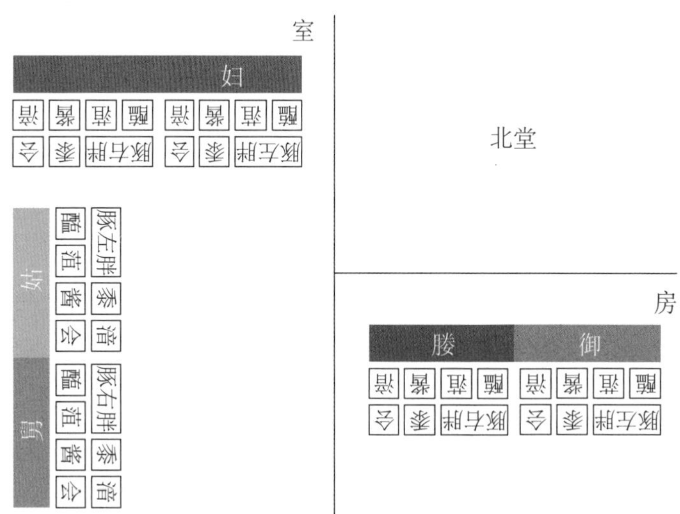

图 8-2-7 周代士昏礼妇馈舅姑馔、席位示意图[12]

时公婆已离世，则只能在宗庙祭祀时，使用“奠菜”的礼仪祭拜公婆，因此这一仪节被称为“妇入三月庙见”，即文献中所载“若舅姑既没，则妇入三月乃奠菜”[13]。

二、由“不贺”到“贺婚”：秦汉时期婚礼习俗的革新

秦汉时期是婚礼“不贺”向“贺婚”制度的重要变革阶段，对于后世婚俗文化的发展产生了深远影响。“婚礼不贺”是先秦婚俗文化中的核心思想，《礼记・郊特牲》载：“婚礼不用乐，幽阴之义也。乐，阳气也。婚礼不贺，人之序也。”[14]主张婚礼仪式肃穆清静，不追求婚礼热闹的气氛与盛大场景。秦汉婚礼虽沿袭了周代士昏礼（六礼）的诸多仪节，但在婚礼气氛营造、仪式类型上极为重视，因此《汉书・宣帝纪》中汉宣帝诏曰：“夫婚姻之礼，人伦之大者也；酒食之会，所以行礼乐也。今郡国二千石或擅为苛禁，禁民嫁娶不得具酒食相贺召。由是废乡党之礼，令民亡所乐，非所以导民也。《诗》不云乎？‘民之失德，干餱以愆。’勿行苛政。”[15]随着贺婚主张以政令的形式出现，以往“不贺婚礼”的做法被视为“苛政”，以“贺婚”为核心思想的礼俗文化不断传播蔓延，“贺婚”主张以大事铺张，盛设宴席为婚礼庆贺，即抛弃过去婚礼庄严肃穆的气氛，而以热闹喜庆的氛围作为婚礼的主要基调，以此强调婚礼作为人生一大幸事的重要性，因而秦汉时期的“贺婚”制度是中国古代婚制的一大改革。

随着西汉婚礼仪式的改革，庄重古朴的婚礼被热闹非凡的婚礼所取代，婚

[12] 张逸舟：《〈仪礼・士昏礼〉妇馈舅姑考辨》，《华侨大学学报（哲学社会科学版）》2022 年第 3 期。
[13]〔汉〕郑玄注，〔唐〕贾公彦疏《仪礼注疏》上，王辉整理，上海古籍出版社，2008，第 137 页。
[14]〔汉〕郑玄注《周礼》，陈戍国点校，〔春秋〕孔子修撰，〔汉〕郑玄注《仪礼·礼记》，陈戍国点校，岳麓书社，2006，第 329 页。
[15]〔东汉〕班固：《汉书》，赵一生点校，浙江古籍出版社，2002，第 65 页。

礼的仪式行序也有了一定程度的变换与丰富。东汉时期蔡邕的《协和婚赋》载："良辰既至，婚礼以举。二族崇饰，威仪有序。嘉宾僚党，祈祈云聚，车服照路，骖骓如舞。"描绘了大量汉代贺婚的热闹场景，出现了巾纱遮面、撒帐、闹洞房等一系列为了增加亲迎礼热闹氛围的贺婚习俗，强调宴会设酒食，行礼乐。此外，秦汉时期聘礼种类和数量较周代明显增多，《通典》中记载有"案吕玄纁，羊，雁，清酒，白酒……鹿，乌，九子妇，阳燧"[16]共30种，至唐代减至9种[17]。总体来看，秦汉时期的"贺婚"习俗不断强化了婚礼作为人生重要礼仪的重要性，也体现出对于人生嫁娶时盛大壮丽、奢靡之风的向往与推崇。

伴随着贺婚习俗的出现，秦汉婚服一改先秦时期素色质朴的风格，开始呈现出富贵华丽的特点，实现了由"上衣下裳制"向"深衣制"的等级化风格转变。周代婚服为上衣下裳制，以玄、纁二色为主色，玄色为黑中带红，纁色为黄中带红，均象征天地之色。服制采用交领大袖的上衣下裳制度。秦汉时期的婚服基本采用深衣制，色彩也较先秦时期更为丰富。深衣是一种上衣下裳相连为一体的款式，采用不同色彩的布料作为边缘，款式多有变化。其后，汉代新郎着衮冕，即上衣为黑色，下裳为浅红色，戴大佩，着红色鞋。新娘着深衣制的袍服，以大袖款式居多，并以纱罗遮面出嫁。此时婚服开始出现等级化特征，《后汉书·舆服志》中记载："公主、贵人、妃以上，嫁娶得服锦绮罗縠缯，采十二色，重缘袍。"[18]由此可知，皇室及贵族阶层可穿着12种色彩，锦、绮、罗用料的袍服，婚服开始朝着高贵绮丽的方向发展。

三、南来北往：多民族融合下唐代婚礼行序的多样化转变

唐代婚俗文化在继承传统六礼的基础上，融合吸收了多民族文化，增添了许多丰富多彩的婚礼仪式，整体上生发出多元一体、开放包容的时代婚俗风貌。具体而言，唐代婚礼基本上沿袭了周代六礼中的多数仪节，其中首先是"通婚书"，相当于"六礼"中的纳采与问名；其次是"答婚书"，等同于"六礼"中的纳吉；再次是女方家受函仪，类似于纳征；最后是男方迎亲，女方铺房，同牢共卺、夜祭先灵等。[19]唐代婚礼中对于亲迎礼更为重视，主要表现为融合少数民族风俗于仪节之中，致使唐代亲迎场面更加丰富，更新并增加了诸多前代未有的仪节。《封氏闻见记·卷五·花烛》载："近代婚家，有障车、下婿、

[16]〔唐〕杜佑：《通典（全一册）》，浙江古籍出版社，1988，第336页。

[17]易叡主编《中国各朝代婚礼文化》，吉林大学出版社，2017，第107页。

[18]〔南朝宋〕范晔、〔晋〕司马彪：《后汉书》下，陈焕良、李传书标点，岳麓书社，2007，第1295页。

[19]马兆锋编著《盛世长歌：走向巅峰的隋唐五代》，北京工业大学出版社，2014，第510页。

图 8-2-8 中唐时期敦煌莫高窟 186 窟北坡壁画青庐图（局部）[20]

却扇及观花烛之事，及有卜地安帐，拜堂之礼，上自皇室，下至士庶，莫不皆然。”[21] 由此可见，唐代亲迎之事较为烦琐，其中“障车”是指婚嫁时乡邻亲友拦截迎娶新娘的喜车，必须男方馈赠财物和酒食才给放行，这一民俗本意是惜别新妇，其后转变为索取酒食、钱帛和戏乐之意。“下婿”即所谓“拦门”之俗，是指女方亲属对前来亲迎的新婿所做的戏弄与刁难，以示亲迎之不易。“却扇”是指新郎在迎娶新娘时，需作却扇诗赞美新娘，从而使新娘放下扇子，以露真容。待新娘被迎娶至男方家中，即来到拜堂的青庐前，也称“青庐拜堂”，“青庐”是指游牧民族的穹庐，即帐篷（图 8-2-8），该习俗为北方少数民族所特有，汉魏至北朝时期广泛推行。《酉阳杂俎》载：“北朝婚礼，青布幔为屋，在门内外，谓之青庐，于此交拜。”[22] 唐代承袭该礼俗，在住宅西南角设帐为堂，供夫妇二人行交拜礼，即所谓“拜堂成亲”。拜堂之后，夫妇二人入洞房，依次有撒帐、观花烛、合卺、去花却扇等仪式。“撒帐”是指往新娘身上投掷枣、栗等果实，祝愿其早生贵子。“观花烛”是指夫妻二人在新房中点燃蜡烛。“合卺”与周代仪礼相仿，即共饮合食，表示夫妇结合礼成。“去花却扇”是指新妇卸去妆容，以扇掩面，新郎再次吟诗催促新娘去除掩面之扇，是为“却扇”。

四、“六礼”到“三礼”：宋代婚礼行序的减并与重财求愿的婚俗

宋代婚姻礼仪在继承中原地区传统婚礼习俗的基础上，更加注重对人伦思想、道德约束与封建礼教的强化。相较唐代，宋代对传统“六礼”的继承有了新的

[20] 敦煌研究院主编，谭蝉雪本卷主编《敦煌石窟全集 · 25 · 民俗画卷》，上海人民出版社，2001，第 110 页。

[21]〔唐〕封演：《封氏闻见记》，商务印书馆，1936，第 59 页。

[22]〔唐〕段成式：《酉阳杂俎》，金桑选译，浙江古籍出版社，1987，第 164 页。

变化。宋代官宦婚礼仍依“六礼”进行，但民间嫌其过繁，后仅行其中“四礼”[23]。据史料记载，宋代婚礼行序去除“六礼”中的“问名”和“请期”，分别将其并于“纳采”与“纳征”中。《宋史》载：“士庶人婚礼。并问名于纳采，并请期于纳成。其无雁奠者，三舍生听用羊，庶人听以雉及鸡鹜代。其辞称‘吾子’。”[24]南宋时期朱熹《家礼》进一步将婚礼行序简化为“三礼”，即“纳采、纳吉、亲迎”，与现代社会婚姻中“求婚、订婚、成婚”的礼仪行序基本一致。至此，先秦“六礼”发展至南宋，仅剩“三礼”。

宋代除了有《书仪》《家礼》等礼学著作描述士庶婚礼，还有大量典籍如《东京梦华录》《太平广记》《梦粱录》《事林广记》等对宋代民间婚仪礼俗加以记载。以《东京梦华录》为代表，详述了前代婚俗所未有的“起帖子、许口酒、过大礼、起檐子、拦门、脚不踏地、跨鞍、坐虚帐、花胜簇面、利市缴门红、婿妇交拜与牵巾”共12项民俗，增加许多戏谑、热闹的民间风俗环节。与此同时，宋代商品经济的发展推动了婚俗文化中的重财倾向，尤其是《司马氏书仪》中载有“将嫁女，先问聘财之多少”[25]，缔结良缘之前尤其重视下聘的传统。具体而言，“起帖子”是指问名前先要以草帖通告用以问卜，后再定帖，如同“六礼”中的问名。“许口酒”是指议定期间，男方家给女方家的许婚信物，其后女方家回礼放在原来的酒瓶内送回。“过大礼”是指男女两家互送新婚夫妇的服饰用具。“起檐子”是指亲迎阶段新妇上轿时，女方家要给迎亲人彩缎、吉利钱、物或食品，才可以起轿上路。“拦门”是指当新妇抵达男方家门前时，贺客及家人拦在门外乞觅钱、物、花红等。“脚不踏地”是指新人下轿时，要求脚不能踩地而是要走在毡席上以辟邪。“跨鞍”是指新妇进门前要先跨马鞍之后才能登堂入室。“坐虚帐”是指新妇入洞房前，室内悬挂帐子，新妇先到室中帐内稍作休息。“花胜簇面”是指在亲迎宴饮之时，新婿戴称为花胜的花形首饰作为遮蔽物，坐在屋内中堂。“利市缴门红”是指成婚当日，在新房的门额上挂上一块下边缘撕碎的花布，等新婿进入新房后，众人纷纷争抢碎布边缘而去，寓意抢到的人大吉大利。“婿妇交拜”是指婚礼当日，夫妇需要互相交拜行礼，即《司马氏书仪》中所载：“古无婿妇交拜之仪，今世俗始相见交拜。”[26]另据南宋吴自牧《梦粱录·嫁娶》载：“（两新人）并立堂前，遂请男家双全女亲，以秤或机杼挑盖头，方露花容，参拜堂次诸家神及家庙。”由此可知，当时婚礼中新人行交拜礼的程序更为复杂，需用秤或机杼挑开新妇的盖头，以露真容，至此方可礼成。关于古时“盖头”的由来，宋周煇《清波

[23] 王革非编著《古代婚姻与女性婚服》，中国经济出版社，2016，第103页。

[24]〔元〕脱脱等：《简体字本二十六史·宋史》卷一〇九—卷一六九，刘浦江等标点，吉林人民出版社，1995，第1741、1742页。

[25]〔宋〕司马光：《司马氏书仪》，商务印书馆，1936，第33页。

[26] 同上书，第36页。

图 8-2-9 南宋墓葬出土的头覆幅巾女俑[27]

杂志》记称："妇女步通衢，以方幅帽之制也。"该文献指出此时盖头与隋唐时期的幂䍦、帷帽相似，应为帷帽之遗制。例如1975年江西鄱阳磨刀石南宋墓出土的一件女俑，其头上覆有一层狭长的幅巾（图8-2-9）。"牵巾"是指成礼后同去家庙参拜祖先时，授予同心结的彩绸给新人，双方各执一端，相挽同行，象征两人从此紧紧结合。

宋代婚俗重视对财力、物力、人力的巨大投入，在社会各阶层中形成了不同程度"重财求愿"的奢华之风。宋代皇帝婚礼笙歌奏唱、彩礼丰厚、亲迎场面声势宏大，在"六礼"基础上增加百官迎接、鸣钟鼓、赐服赐物等环节，尤为体现宋代皇室婚礼烦琐、重财的风尚。

相较汉唐婚服的华丽隆重，宋代婚服更趋于简约大气，形成了"绿男红女"的婚服色彩，服装制式也更为素雅含蓄。宋代男子婚服以绿为主色，头戴幞头，身穿大袖长袍的绿色官服，腰系革带，脚着乌皮革靴。《宋史·嘉礼》中载有亲迎时"三舍生及品官子孙假九品服，余并皂衫衣、折上巾"[28]，即太学生可以于婚礼时身着平时所不能穿的九品官服，搭配黑色短袖单衣和包裹头部的纱罗软巾。宋代早期女子婚服色彩承继唐制以青绿为主，自南宋以后，红色应用增多。《朱子家礼·昏礼》中记载亲迎阶段有"母送至西阶上，为之整冠敛帔"[29]，即增加凤冠霞帔，《梦粱录卷二十·嫁娶》载"更言士宦，亦送销金大袖，黄罗销金裙，段红长裙，或红素罗大袖段亦得"[30]，佐证了宋代新妇着红色大袖衫、缎红色长裙，配有凤冠、霞帔出嫁。宋代正式

[27] 周汛、高春明：《中国历代妇女妆饰》，学林出版社，1988，第109页。

[28]〔元〕脱脱等：《简体字本二十六史·宋史》卷一〇九—卷一六九，刘浦江等标点，吉林人民出版社，1995，第1742页。

[29] 朱杰人、严佐之、刘永翔主编《朱子全书》第7册，上海古籍出版社、安徽教育出版社，2002，第898页。

[30] 转引自易叡主编《中国各朝代婚礼文化》，吉林大学出版社，2017，第177页。

图 8-2-10　《历代帝后像》朱皇后（宋钦宗后）坐像[31]

将凤冠纳入冠服制度并广泛应用于婚服之中，因此红色、霞帔和凤冠成为宋代女子婚服的重要元素[32]。霞帔是指女子披肩的礼服，整体呈长带状，绣有纹饰与图案，穿着时绕于颈上。凤冠是指古代后妃以及贵族妇人所戴的冠饰，饰有各式珠宝。从《历代帝后像》宋代朱皇后画像（图8-2-10）中可探，该凤冠整体呈翠蓝色，镶嵌珠翠和鲜花，并饰有仙人像和游龙纹，象征端庄正统的皇家形象。

五、新制与旧规：元明时期中国传统婚礼行序的多元面貌

元代是中国历史上多民族交融、文化交流频繁的辉煌时代。元代疆域辽阔，不同区域内文化制度与思想习俗差异较大，因此这一时期婚俗发展呈现出多元多面的时代风格。以蒙古族为例，其婚姻形式与婚礼行序对汉族传统婚俗产生了显著影响；相反，汉族婚礼仪式也不断推进着蒙古族婚俗的嬗变。

元代汉族婚礼基本遵循古制，即“六礼”。在此基础上，元代婚礼仪式行序又对前代仪节有一定的合并与增补，形成了“七礼”的变化，即“议婚、纳采、纳币、亲迎、妇见舅姑、庙见、婿见妇之父母”。“议婚”是当时出现的新仪节，在“纳采”之前。所谓“议婚”，《新元史》载：“一曰议婚，身及主婚者无期以上丧服，及可成婚。先使媒氏通言，女氏许之，然后纳采。”[33] 由此可知，元代议婚要求当事人

[31] 台北故宫博物院藏。
[32] 王革非编著《古代婚姻与女性婚服》，中国经济出版社，2016，第112页。
[33] 何劭忞：《简体字本二十六史·新元史》卷五八—卷一一四，余大钧标点，吉林人民出版社，1998，第1855页。

无孝在身。[34]议婚时男子要口头或书面由媒人向女子求婚，女方应许后才算议婚成功，这一仪节也是婚姻长久稳定的前提要义。在议婚之后即为“纳采”仪节，元代“纳采”意为“订婚”，是指将婚事确定，这一点不同于以往的“提亲”之意。纳采过程中就要下婚书，这也是结婚前的必要条件，为婚姻提供合法性。当女方收到婚书后，若同意应允，则要按照同样形式回复男方，即“回婚书”。“纳币”即指下聘礼，与历代“纳征”仪节相同，但具体财物更为丰厚，诸如钱财、牲畜、美酒等。此外，元代汉族的婚后诸仪与前代相差无几，只是根据具体情况做出微小变化。从整体来看，元代跨疆域、跨文化的时代特点造就了其婚俗礼仪的丰富面貌，也在一定程度上体现出了多民族交融下中国传统礼制精神的延续与其强盛的生命力。

明代以来，婚礼行序大致沿袭宋代，据文献记载，明代官方对婚礼仪式行序提出新规，即统治阶级沿袭前朝“六礼”，而民间士庶婚礼仪程则相对简化。明代官方极力恢复“六礼”并对各级婚礼礼制有严格的等级划分，婚礼习俗的差异体现出不同阶层礼制等级分明的社会风向。据文献记载，明代“六礼”调整为“纳采、问名、纳吉、纳征、告期、发册奉迎”。其中“纳采”“问名”实为提亲，明代提亲依旧重视“媒妁之言”的角色与地位。据《文公家礼》记载：“议婚，必先使媒氏往来通言。”[35]相当于“六礼”中“纳采”“纳币”的环节。此外，明代对婚约规定提出新的要求，相较唐代更加完善。例如《大明律》中，将“婚书”和“聘财私约”视为订婚的法律程序，在确定下婚书和纳征礼之后，男女间的婚姻才算正式确立。[36]因此，当时婚书具有一定的法律效力，一旦确立婚书，就要遵照礼程嫁娶。从明代婚姻的礼俗文化的发展来看，明代前期，无论各个阶层的婚姻嫁娶都由父母包办，门第观念极盛，且在明律中也明确规定了良贱通婚的处罚条例。直至明代后期，随着“重本抑末”观念的动摇，传统礼法受到一定的冲击，人们对于门当户对的婚姻观念逐渐淡化，渐趋相对自由的婚姻选择。

明代上层阶级婚礼级别与行序虽承袭周代“六礼”制度，但亦做出符合当时时代环境的相应调整。具体而言，上层阶级认为“六礼”完备，婚姻关系才得以正式建立。依据《明史・礼志九》可分为天子纳后仪、皇太子纳妃仪、亲王婚礼、公主婚礼、品官婚礼、庶人婚礼共六类。明代皇帝纳后仍不脱离“六礼”礼制，与唐代相似的是亲迎阶段由正副使代皇帝亲迎。皇太子和亲王婚礼礼程相类似，仍以“六礼”为主，强调亲迎阶段由新郎本人接迎。公主婚礼中驸马家所行礼节与皇族婚礼礼制相仿，不同之处在于亲迎阶段的“合卺”礼前，驸马见公主须行四拜礼，以示公主之尊。[37]品

[34] 王革非编著《古代婚姻与女性婚服》，中国经济出版社，2016，第126页。

[35] 同上书，第142页。

[36] 同上。

[37] 易叡主编《中国各朝代婚礼文化》，吉林大学出版社，2017，第181页。

官婚礼在“六礼”仪式的基础上更加注重婚后礼，规定第二日新郎与其父和新娘及其母需在宗庙上香祭酒后，新娘拜见公婆并进行盥馈礼，由新娘为公婆进馔。此外，据《大明会典》记载，明代皇帝与品官婚礼在亲迎阶段将“共牢而食，合卺而酳”与“振祭”之礼相合，而不设单独的共牢三餐。“振祭”是指将祭品插入酱或盐中，取出来时要振摇一下，将过多的盐粒之类洒落，然后再行祭祀礼，待祭祀完毕后再品尝。

相对于庶民而言，《明史》中对庶人婚礼仪程的记载相对简单，其礼仪行序与品官婚礼相似。《大明令》：“凡民间嫁娶并依朱文公家礼行。”由此可知，明代庶民婚礼主要依据《朱子家礼》之仪程而定，只有“纳采、纳征、请期与亲迎”四礼[38]。其各个流程与前代相比，仪式本质都以“提亲—定亲—迎亲—成亲—婚后礼”为主要次序，但在各个环节又加入了与当时社会制度、区域文化及物质基础相适应的风俗习惯，形成了内涵统一、形式表现各异的婚礼仪式行序。

在婚服风格方面，明代主张承袭汉人穿衣制式，摒弃前朝少数民族诸多服饰品位，向传统汉文化回归，因此其服制主要承袭唐宋时期襦裙风尚。根据《明史》所载新妇身着“大袖衫，用真红色。霞帔、褙子，俱用深青色”[39]与《醒世姻缘传》所载“大红纻丝麒麟通袖袍”[40]等文献可知，明代女子婚服大致为头戴凤冠，脸遮大红盖头，外着花红袍，内配以直领对襟的深青色长衫和霞帔，下着红裙，配花鞋，这一服制自明代一直延续至民国初期。与此同时，明代婚服也延续汉唐等级化特征，主要以婚服中的图案差异区分行婚人的身份、地位[41]。

六、固本求新：满汉交融背景下的清代“六礼”

清代以来，统治阶级对礼俗规制实行相对宽松的政策，许多前代的婚礼仪式都在民间得以保留。清代婚礼仪式在沿袭明代礼俗的同时，融入了满族文化习俗，形成了别具一格的清代婚礼仪程，无论是在婚礼的具体仪节还是婚礼服装都体现出兼容并蓄、丰富多元的特点。清代婚俗中仍旧主张同姓不婚、亲属不婚的伦理规范，违反者将被严厉惩罚，体现出当时鲜明的宗法原则。婚姻契约是清代婚姻中的基础，也是婚姻成立的重要保证，婚姻契约强调夫妇二人对婚约所要承担的义务与承诺。

清代宫廷婚礼场面宏大，气势恢宏，达到历代皇家婚礼规模之高峰。《清史

[38] 陈戍国：《中国礼制史·元明清卷》，湖南教育出版社，2002，第452页。

[39]〔清〕张廷玉等：《简体字本二十六史·明史》卷五三—卷七八，王天有等标点，吉林人民出版社，2006，第1051页。

[40]〔清〕西周生：《醒世姻缘传》，岳麓书社，2004，第603页。

[41] 王革非编著《古代婚姻与女性婚服》，中国经济出版社，2016，第158页。

图 8-2-11 《大婚典礼全图册》中的礼仪场景[42]

稿·卷八十九·志六十四》载："凡品官论婚，先使媒妁通书，乃诹吉纳采。"[43] 此外，《清史稿》中详细记载了皇帝、皇子、公主以及品官、士庶各个阶层的婚礼礼仪规范，其中皇帝婚礼除了大体流程同"六礼"，规定使者与亲迎人员皆为使臣。清代文献中记载有皇子婚礼流程，除了传统的"六礼"，首先需由皇帝亲自批定指婚，并且婚礼当日皇子宫中张灯结彩，皇子需要拜谒帝后及生母再行亲迎之礼，并且在婚礼后夫妇二人需再次拜谒，在成婚后第九日一同回娘家。《大婚典礼全图册》中描绘了清代光绪帝大婚礼仪场景（图8-2-11），光绪皇帝娶亲的整个过程分为婚前礼、成婚礼和婚后礼三个阶段。《大婚典礼全图册》描绘的场景包括"纳采礼、大征礼、册立礼、奉迎礼、合卺礼、庆贺礼和赐宴"。

清代士庶阶层婚礼仪节继承汉族婚礼的礼制，即奉行周代士昏礼"六礼"之制，同时规定士阶层婚娶按九品官礼制行礼，对婚礼中饰物、器物的数量及类型也有明确规定。清代婚礼将"笄礼"纳入婚礼亲迎环节，即婚礼当天在女方家，主婚者告庙之后便要行"笄礼"。《平阳府志》记载："婚礼，各处不同，大约六礼之中，仅存其四：问名、纳采、请期、亲迎而已。（亦有不亲迎者。）"[44] 由此可知，清代士庶婚礼仪程简化为"问名、纳采、请期与亲迎"四礼，也有不行"亲迎"礼的情况。

此外，清代汉族婚俗在继承传统"六礼"的基础上融入了满族文化特色。据《满洲婚礼仪节》所载，当时将"六礼"中的"纳采、纳征、请期"改称为"下定、下茶与通书"，并出现作为辅佐新妇的喜娘、陪伴新人的傧相等婚礼参与者。其中"下定"与宋代含义不同，宋代是指"纳征"礼，而清代则释为"六礼"中的"纳

[42] 故宫博物院藏。

[43] 赵尔巽等：《简体字本二十六史·清史稿》卷七五一卷九八，许凯等标点，吉林人民出版社，1995，第1804页。

[44] 徐振贵主编《孔尚任全集辑校注评》第4册，齐鲁书社，2004，第2489页。

采”，即清代“下定”意为提亲阶段。“下茶”即为古之“纳征”。《满洲婚礼仪节》：“纳币（今之下茶）：至日，男家量家居贫富，官职尊卑，备币帛、钗钏耳环、猪羊鹅酒等物，俱用双数，令仆妇人等，数对开写币帛钗钏红纸礼单，纳于女家，陈于厅。币帛、钗钏耳环、猪羊等物，数目原无定额，惟用双数，宜遵国家定例，量力为之，应思‘礼与其奢宁俭’之义可也。”[45] 由此可见，清代婚俗对男方聘礼的品类及数目有一定要求。《红楼梦》《乡言解颐》中亦记载了清代婚礼行序中增加了“泥金帖子、抱瓶跨鞍、合卺用杯、合卺诵词、坐床、新郎射箭、回门、回九”等诸多融合满族习俗的婚俗。“泥金帖子”是指男女家双方订约后，女方家用金屑和胶水制成的泥金颜料所写的庚帖作为回信。“抱瓶跨鞍”是指新娘下轿，轿前置一马鞍，新妇怀抱瓷瓶，踏入盘筛，俯身跨过鞍背，取“克保平安”之意[46]。“合卺用杯”与“合卺诵词”是指清代满人在行合卺礼时，需要诵读合卺词。“坐床”是指新人互拜后，新妇走进院中帐篷内，新婿则在外站着守卫，一般依据天气，新妇坐帐时间不定，这是典型的满族婚俗。“新郎射箭”是指新妇到达新婿家后，新婿要向轿门射箭，三箭后新妇才可下轿，这一婚俗也来源于满族习俗。“回门、回九”是指婚礼结束后夫妇二人一起回娘家，回门指婚后第三天，回九则指婚后第九日。

清代婚服风格亦有明显的变革，其中传统汉族男子婚服风格整体转向满族袍服制式。清代女子婚服是以长袍和龙凤褂为主的满族服饰风格，龙凤褂款式为上衣对襟立领，修身收腰，袖子略短，下裙为直筒的样式，整体富丽堂皇。新娘头戴凤冠，盖头遮脸，着龙凤褂，配霞帔，披云肩。云肩又称为披肩，是汉族置于肩部的装饰织物，是清代婚嫁中不可或缺的衣饰。总体而言，清代女子婚服中既承袭了宋明婚服中的凤冠霞帔，又添有龙凤褂等满族特有服饰，兼容满汉服饰风采，其风格样式对民国婚服制式产生了深远影响。

七、辞旧迎新：中西文化碰撞下的民国婚俗

民国时期，随着西方文化的涌入与封建帝制的崩塌，延续了数千年之久的传统礼制受到巨大冲击，民国婚俗文化也冲破了传统六礼的规制，并受到西式婚俗文化的浸润，婚礼仪式趋向流程简约化、意涵丰富的特点，呈现出中西合璧、文化交融的婚礼模式，整体上实现了由古代传统婚礼到现代新式婚礼的划时代转型。与晚清时期相比，民国时期新思潮的传入对婚礼习俗的影响较为显

[45] 李金龙主编《北京民俗文化考》下，北京邮电大学出版社，2017，第 454 页。
[46] 潘倩菲主编《实用中国风俗辞典》，上海辞书出版社，2013，第 131 页。

著，主要体现在当时人们对婚姻观念的转变，开始以一种较为开放、包容的态度强调婚姻自由的重要性。对此，中华民国政府在《民法》中规定："婚约，应当由男女当事人自行订定。"可见，当时对传统父母之命的婚姻模式已有所颠覆。虽然民国时期现代新式婚礼逐渐流行，但在一些地区仍旧存在沿用旧礼的习俗风尚，形成了传统"六礼"与现代新式婚礼并存且分庭抗礼的新风貌，如旧式婚俗在广大农村和中小城镇仍普遍，新式婚俗只在大中城市逐渐兴起并流行[47]。

民国婚礼仪式中保留了前代诸如"铺房、合卺及坐虚帐"等习俗，只是名称有所不同，亦新增有"发八字、传红、发轿、开脸和会亲"等婚俗，并将"请期、亲迎"仪式改称为"送日子"和"求亲"。具体而言，民国婚礼习俗中"发八字"是指男方家委托媒人到女方家"纳采"后，女方家用粗纸书写年庚八字（俗称"草帖子"）发至男方家，交换庚帖，若不合则将其退还。"传红"是指订婚测算八字相合后，女方家用泥金颜料书写全红柬发男方家，男方家则用各类财物进行回礼。"发轿"是指亲迎时，男方派花轿往女方家迎接新妇，民国时礼仪从简，多用马车。"开脸"是指婚礼后次日黎明时，伴娘用莲子羹给新人分食后，为新妇梳妆净脸，又指新妇出嫁前要改变发型，修面妆饰。"会亲"是指婚后三天或在第六天，男方家设酒筵宴请女方家亲属，以联络姻亲之间的感情。民国时期还增设礼堂、大旅社为婚礼举行场所，整体婚礼仪程及风格更倾向于西方婚礼的模式。

现代新式婚礼则省略"六礼"仪式，由男女征得双方家长同意后，互相交换信物并在报中合登《订婚启事》，备订婚礼喜糖馈赠亲友则为告知确立婚约。婚礼当天由司仪、男女来宾、双方主婚人及亲属、证婚人、介绍人等在乐曲声中入席，随后傧相引新人入席，并由证婚人宣读证书后，证婚人、介绍人、新人依次用印，新人交换戒指、相互行礼，等众嘉宾致辞或赠花后，鞠躬感谢众人并致辞，最后新人拜谒完主婚人和亲属后招待宾客[48]。这种仿照西方婚礼行序的民国婚礼打破了传统"六礼"的严格规制，为现今新式婚礼行序的确立与推行塑造了典范。

结语

婚礼是人类进入文明社会之后男女之间新型社会关系缔结的重要形式，也是标志男女双方婚姻关系合法性、正统性、仪式感的生命仪式之记录，具有深厚的人文主义内涵与礼俗精神价值。婚礼的意义在于建立一种新的社会关系，进

[47] 王革非编著《古代婚姻与女性婚服》，中国经济出版社，2016，第186页。
[48] 易叡主编《中国各朝代婚礼文化》，吉林大学出版社，2017，第228页。

一步完善社会角色的责任与担当，达到子嗣的绵延不绝、职责的承上启下与家国的和谐统一。

我国传统婚礼的基本行序发端于周代时期的“六礼”制度，具有系统化、完整化的礼仪流程特点，形成了仪式行序清晰、礼法尺度严苛、人文精神丰厚的婚嫁礼俗规范，塑造了中国古老的婚俗文化形态，为后世婚礼仪式的发展与差异化表现形成了丰富的文化积淀。传统婚礼中的行序逻辑重视民族文化、礼俗精神及天道信仰的汇聚与表达，“六礼”中特定的仪式时空、礼仪行序、仪节内容及人际互动不同程度地反映了该时期政治制度、社会文化与世人心理，深刻地传达了礼制社会对于自然天道、人伦秩序、福祉祈愿、道德观念及人伦教化的高度重视。因此，传统“六礼”既是古代人生礼仪文化中核心价值观念的写照，也是中国传统婚姻礼法确立的重要基石。

现如今，随着全球化进程的不断加快与人们物质生活的富足，当代中国婚礼形式的发展在继承传统婚嫁礼俗的基础上，不断融入新主题、新范式与新观念，中国传统的汉族婚礼文化逐渐淡化，演变为一种重意义、轻形式、聚文化的现代婚礼仪式，更加重视婚礼活动作为见证新婚夫妇爱情永恒、忠贞不渝、彼此守护、幸福美满的价值与意义，而在一定程度上忽视了传统婚嫁礼制文化对于人们思想道德约束、人伦秩序警示与职责义务建构等方面的教化。因此，当下对于传统“六礼”精神的继承与弘扬有助于我们恢复本民族优秀的礼制文化传统，追寻中华民族礼俗文化之根脉，营造适应当下社会心理又不失传统的婚嫁风尚。

第三节　逝者的告别仪式

死亡是目前已知的任何生命形态都无法回避的归宿，人类在同类死亡后的丧葬行为往往被看作是区别于一般动物的重要表现。人类的丧葬活动基于目前的考古发现可以追溯到旧石器时代，在这一时期世界各地都可以找到人类祖先埋葬同类的痕迹，如欧洲的尼安德特人遗址中就已经存在有意识地埋葬同类和丧葬礼仪的痕迹。[1]在中国，如北京周口店遗址中同样存在原始人类墓地的遗址，其中埋葬最深的和最浅的骨骸之间垂直距离达8.5米，如此巨大的深度差异表明这很可能是一处长期使用的墓地，丧葬行为在当时极有可能已经形成一定的行序规范。[2]

"丧葬"一词并非自古有之，"丧"有四种含义：一是表示失去，如"帝乃殂落，百姓如丧考妣"[3]；二是表示死亡，如"公仪仲子之丧，檀弓免焉"[4]；三是表示尸体，如"夫人氏之丧至自齐"[5]；四是表示丧葬时的礼仪，如"处丧以哀，无问其礼矣"[6]。由此可见，仅一"丧"字已包含"丧葬"一词之义。约秦汉之后，"丧""葬"二字才合称为处理尸体与相关礼仪的活动。对古代墓葬的考古发掘是研究丧葬活动的重要实例来源，但是考古发现对于丧葬活动的研究是被时间过滤后的结果，并且墓葬在整个丧葬活动中仅仅是埋葬逝者的一个节点，也就是所谓的地下世界，完整的丧葬过程是由地上世界和地下世界共同构成的，在地上世界进行的丧葬仪式过程才真正起到教化作用，仅仅基于墓葬对丧葬活动的研究存在片面化的问题，因此对丧葬行序进行研究才是对古代丧葬活动较为完整的呈现。早在春秋战国时期的《仪礼》中已对丧葬活动的流程有了详细且烦琐的规定，如对丧葬行序中"复"的描述："升自前东荣、中屋北面招以衣，曰：'皋，某复！'三，降衣于前。"[7]其中不仅规定了行为发生的地点，甚至说什么、说几次都有明确规定。

---

[1] 徐吉军：《中国丧葬史》，江西高校出版社，1998，第4页。

[2] 吴新智：《周口店山顶洞人化石的研究》，《古脊椎动物与古人类》1961年第3期。

[3] 王世舜、王翠叶译注《尚书》，中华书局，2012，第22页。

[4]〔清〕孙希旦：《礼记集解》，沈啸寰、王星贤点校，中华书局，2007，第163页。

[5] 杨伯峻编著《春秋左传注》，中华书局，2009，第277页。

[6] 孙通海译注《庄子》，中华书局，2007，第360页。

[7]〔汉〕郑玄注，〔唐〕贾公彦疏《仪礼注疏》，王辉整理，上海古籍出版社，2008，第1046页。

目前对于丧葬活动的研究主要有功能论、阐释人类学、实践论等几个不同的视角。林耀华在其著作《金翼》《义序的宗族研究》中将丧葬活动赋予了调节失衡状态的功能。在家庭或社会中一个人的离世势必打破原有的平衡状态，而丧葬活动则承担了重新建立平衡状态的功能。阐释人类学则从心理功能对丧葬活动进行阐释，强调丧葬活动所具有的信仰和无意识层面的文化意义。实践论从宏观层面研究民间文化和上层文化之间的实践性关联，从微观层面阐述财产继承和家庭秩序整合在丧葬仪式中的意义。本节通过对丧葬活动中的人物、行为、场域等要素的分析，构建丧葬行序的结构并挖掘其行为的内在逻辑和变化趋势。

从设计学视角来看，丧葬活动作为由一个个行序节点构成的活动，对于每个节点当中的时间、空间、人物的研究是描绘丧葬行序图景的重要切入点，此为丧葬活动的解构；同时对于丧葬活动中同类元素展开纵向的比较研究，归纳丧葬行序的变化趋势，此为丧葬活动的重组。这种先分解再重组的研究方式能够较好地解读丧葬行序仪式。

一、丧葬活动的行为和顺序

本节讨论的丧葬行序的对象主要是士族阶层及民间的丧葬行序。民间的丧葬行序虽然也受到礼俗规定的制约，但是在实际操作上往往由于现实条件的限制无法全然遵从礼俗规定。目前的研究主要将丧葬行序划分为三大阶段，即殡葬礼仪、埋葬礼仪和祭祀服丧礼仪[8]，或者丧、葬、祭[9]。本节在此基础上将其归纳为殡葬、埋葬和祭祀，并对三个阶段的起始节点做了具体的划分：殡葬阶段起于初终，终于发引；埋葬阶段始于埋葬的准备阶段，止于下葬；祭祀阶段始于祭帷堂，止于禫。殡葬是整个丧葬活动中围绕逝者本身的准备阶段，埋葬为死者入土及与入土相关的准备阶段，祭祀是活人对逝者及祖先的怀念阶段，且祭祀阶段贯穿在整个丧葬行序当中，与殡葬和埋葬无明显界限（图8-3-1）。从时间维度上讲，祭祀的持续时间通常是最久的，祭祀阶段的起点为初终后的第一次祭祀，故开始时间晚于死亡时间，按照礼俗规定小祥、大祥和禫三次较大的祭祀活动，分别在死者死后的第一年、第二年和第三年进行，也就是说，按照礼俗规定祭祀活动的持续时间长达三年。其次是埋葬阶段，埋葬阶段的时间跨度是动态的，其实际的执行时间较短，从发引到下葬往往仅需一天，但是考虑到墓地的选择和随葬品的准备，其开始时间可能早于死亡时间，有时甚至死亡前数年就已开始准备。殡葬的时间相对固定，从初终到发引之间通常数天即可完成。

[8] 徐吉军：《中国丧葬史》，江西高校出版社，1998，第2页。

[9] 齐东方：《中国古代丧葬中的晋制》，《考古学报》2015年第3期。

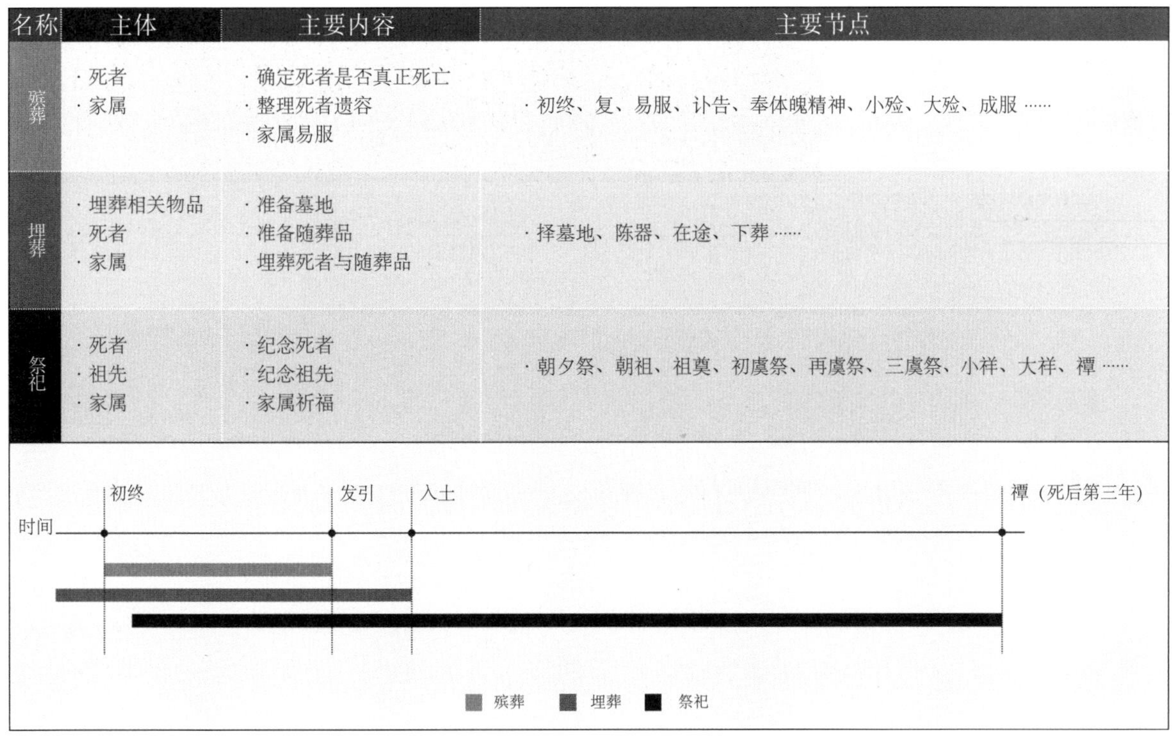

名称	主体	主要内容	主要节点
殡葬	·死者 ·家属	·确定死者是否真正死亡 ·整理死者遗容 ·家属易服	·初终、复、易服、讣告、奉体魄精神、小殓、大殓、成服……
埋葬	·埋葬相关物品 ·死者 ·家属	·准备墓地 ·准备随葬品 ·埋葬死者与随葬品	·择墓地、陈器、在途、下葬……
祭祀	·死者 ·祖先 ·家属	·纪念死者 ·纪念祖先 ·家属祈福	·朝夕祭、朝祖、祖奠、初虞祭、再虞祭、三虞祭、小祥、大祥、禫……

图 8-3-1　丧葬行序阶段划分

从空间维度上讲，殡葬和祭祀阶段最主要的场所是家，即多在所谓的私人空间进行，埋葬阶段的场所通常为墓地，即公共空间，皇室大族的墓地由于会设专人把守且不可随意进入，因此亦可归为私人空间，但不在本节讨论范围之内。综上所述，丧葬行序的阶段并非简单的线性延续，而是具有多路径和多层次的特点。

（一）丧葬活动的行序节点归纳

丧葬活动是一个持续时间较长、涉及人员和物品较多的复杂过程，而行序则包含了这一过程当中所有的行为和顺序，因此将丧葬行序以节点的形式进行解构和归纳是较为合理的，对每个节点的人物、行为、物品等要素进行归纳，而后进一步以点连线就可以描绘出丧葬活动多路径、多层次的活动过程。本节以《仪礼》中记载的丧葬行序为标准建立节点，具体可以分为初终、复、易服、讣告、奉体魄精神、小殓、吊丧、大殓、成服、朝夕祭、启殡、朝祖、陈器、亲宾奠、祖奠、发引、在途、下葬、反哭、初虞祭、再虞祭、三虞祭、卒哭祭、祔祭、小祥、大祥、禫等数十个节点。如图 8-3-2 所示，丧葬行序的部分节点有明确的时间规定，通过这些时间节点可以控制整个丧葬行序的进行节奏。"D1"即死后第一天，主要的工作内容为确定死者的死亡（复）、发布死者死讯（讣告）、整理死者遗容（奉体魄）并进行第一次祭祀活动（祭帷堂），其后的"D2、D3"等是将死者包裹待葬的过程。"D（*X*）"所指的发引是一个相对动态的行序节点，发引是死者出殡的日子，这一日期受占卜或特殊情况（如长子在外地，需等其赶回家主持葬礼）

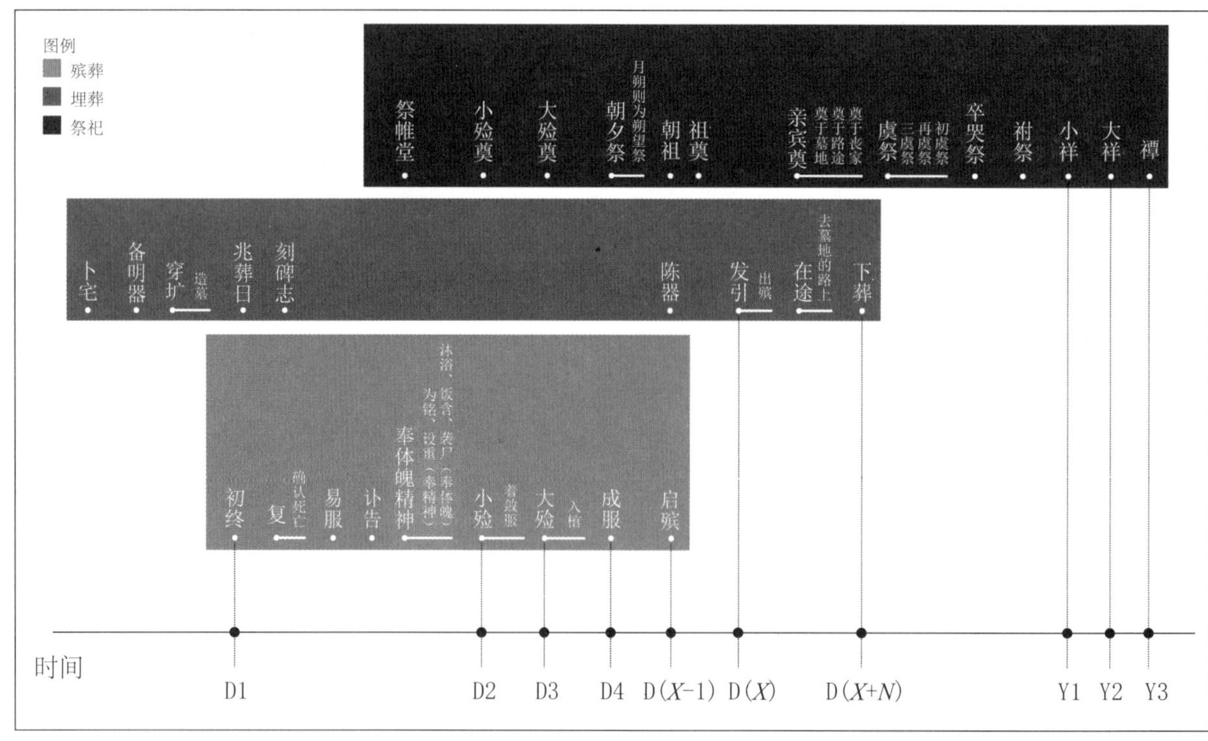

图 8-3-2 丧葬行序节点图

的影响并无明确规定，但是这一日期是前后其他节点时间的重要参照，如启殡通常在发引前一天进行，即“D（X-1）”，下葬受发引地和墓地之间距离的制约，墓地较近则为“D（X）”当天，较远则为“D（X+N）”，其中N为在途天数。下葬之后的服丧期亦有明确的时间规定，小祥为死后第一年的祭祀活动（Y1），大祥为死后第二年的祭祀活动（Y2），禫为死后第三年的祭祀活动（Y3），同时禫标志着整个丧葬行序的结束。从丧葬活动三大阶段中所涉及的节点不难看出，殡葬阶段主要是围绕逝者遗体的活动，埋葬阶段主要是围绕逝者下葬的活动，祭祀阶段则是围绕生者与逝者进行沟通的活动。

（二）基于诸要素下的丧葬行序的结构构建

本节以丧葬行序流程为经，以丧葬行序流程中所涉及的时间、地点、人物、事件、器物五大要素为纬，编织丧葬活动的结构体系（图 8-3-3）。丧葬活动的行序节点繁多且涉及要素庞杂，因此以丧葬活动首日的行序为例进行展示。在丧葬活动的首日存在五个行序节点，每个行序节点的要素之间通过行为流、物质流和位置流进行串联，此种方式可以清晰地梳理诸多要素之间的关系，呈现出纵横交错却又关系分明的丧葬活动结构体系。丧葬活动首日行序分析图所示，首日所有行序的活动空间以逝者的家为主，涉及的主要人物为逝者本身和亲属仆役，其中亲属仆役是所有行为的实际执行角色。首日行序的主要事件大致分为两部分，第一部分是逝者刚刚死亡时由家属仆役确认逝者死亡，并且在前两

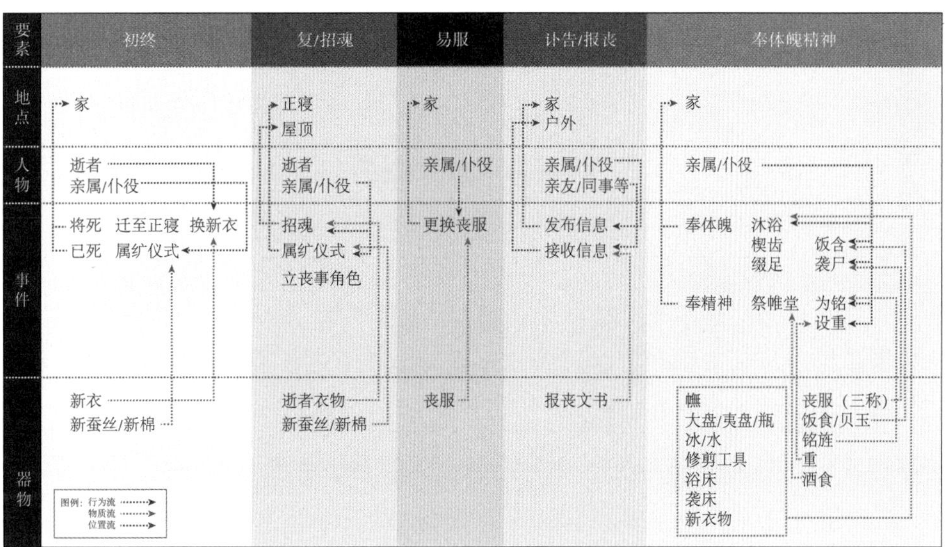

图 8-3-3　丧葬活动首日的行序分析图

个行序节点中各自进行一次，说明古人已经意识到假死状况时有发生，因此对逝者死亡的确认需做谨慎判断。《礼记·丧大记》中记载“唯哭先复，复而后行死事”[10]。反复确认的行为也从侧面体现了亲属对逝者能够死而复生的些许期盼。第二部分是丧葬活动的初期准备工作，工作分为对内和对外两条线：对内丧家人员需要易服，按照礼法规定，此次易服之后需要持续到三年丧期结束方可换回日常衣服，逝者需要由亲属仆役为其多次易服并整理遗容；对外需将逝者已经离世的消息发布出去，以便逝者的亲友或其他社会关系做好准备参与后续丧葬活动。从首日涉及的器物可以发现，衣物是使用最多的物品，几乎每个行序节点都有衣物的使用行为，甚至单一节点使用的衣物就多达数件，在奉体魄精神阶段逝者所需的丧服就有三套新衣，后续的小殓阶段更是需要多达十几套衣服对逝者进行包裹。[11] 在不考虑其他物资消耗的前提下，在丧葬活动中仅就衣物的消耗非一般百姓可以承担。依照图 8-3-3 中的方式对丧葬活动的完整行序进行梳理就可以呈现出较为全面的丧葬行序结构，结合考古墓葬的相关实物资料，共同构建出地面部分与地下部分相结合的丧葬行序图景。

二、从“孝”到“孝”“礼”“法”结合：中国传统丧葬行序的确立

在中国传统丧葬活动中，“孝”“礼”“法”三者的结合是指导丧葬行序的重

[10]〔清〕孙希旦：《礼记集解》，沈啸寰、王星贤点校，中华书局，2007，第1135页。

[11] 徐吉军：《中国丧葬史》，江西高校出版社，1998，第123页。

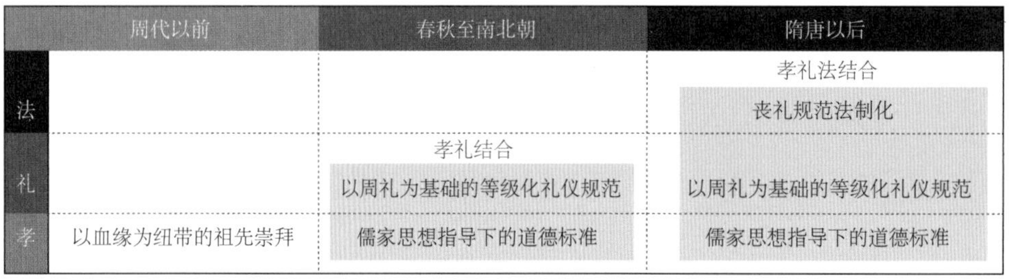

	周代以前	春秋至南北朝	隋唐以后
法			孝礼法结合 丧礼规范法制化
礼		孝礼结合 以周礼为基础的等级化礼仪规范	以周礼为基础的等级化礼仪规范
孝	以血缘为纽带的祖先崇拜	儒家思想指导下的道德标准	儒家思想指导下的道德标准

图 8-3-4　孝礼法结合过程图

要思想依据。“孝”是丧葬行序的出发点和主观动力，“礼”规定了丧葬活动中以等级为基础的行为准则和社会层面的评价，“法”则是以国家力量确保丧礼行序的实施。在三种思想的共同作用下，中国传统的丧葬行序在历经一次次朝代变迁甚至政治体制的变迁后仍然保持着相对稳定的行序结构。然而，在丧葬活动中“孝”“礼”“法”三者的结合并非一开始就存在，而是呈现比较清晰的阶段性特征（图 8-3-4）。

丧葬活动的指导思想变化大致分为三个阶段：阶段一，西周以前，此时丧葬活动的指导思想是基于同族血脉朴素的以孝思想为主的祖先崇拜；阶段二，春秋至南北朝，“孝”“礼”结合形成，这里的“孝”是儒家思想下所定义的“孝”；阶段三，隋唐以后，“孝”“礼”“法”结合完成并一直持续到清代。隋唐以后的丧葬行序随朝代演替仍存在增改的情况，但是随着“孝”“礼”“法”三者的结合，至少在官方层面以等级为核心的丧葬制度再未被动摇过，直到民国时期才从根本上摆脱了等级对丧葬制度的桎梏。

原始社会的丧葬活动更多的是基于同类和同族的朴素情感，周代的礼制赋予了丧葬活动等级化的意义。到了春秋战国时期，中国的传统丧葬行序已经完全确立，此时的丧葬行序在复周礼的基础上融合了儒家思想的“孝”文化。《论语·为政》中记载孟懿子问什么是孝，子曰：“生，事之以礼；死，葬之以礼，祭之以礼。”[12] 从此以后孝就成为社会上对一个人道德评价的重要标准，而丧葬又是体现孝的最为重要的载体。在“孝”“礼”结合的丧葬体系中，“礼”决定了逝者应该享受的丧葬规格，是对逝者社会等级的评价，“孝”则是孝子对待丧葬的态度，是对孝子社会道德的评价。春秋战国时期国家众多，因此不同国家之间的礼是存在区别的，随着秦国一扫六合，许多丧葬活动中的礼得到了统一[13]，这也印证了《史记·礼书》所载的“悉内六国礼仪，择采其善”[14]。统一之后的丧葬礼仪对于“孝”“礼”结合的发展起到了进一步推动作用。

[12]《论语》，中华书局，2006，第8页。

[13]韩国河：《秦汉魏晋丧葬制度研究》，陕西人民出版社，1999，第27页。

[14]〔汉〕司马迁：《史记》，〔宋〕裴骃集解，〔唐〕司马贞索隐，〔唐〕张守节正义，中华书局，1999，第1024页。

隋唐以后，随着“法”的加入，以等级制为核心的丧葬制度正式完成。唐律主张“德礼为政教之本，刑罚为政教之用”[15]。因此许多儒家礼教内容被吸纳入唐律当中，如丧葬的居丧制度就被完整地纳入了唐代律法当中。[16]此时，以“孝”“礼”“法”三者结合的中国传统丧葬行序才正式确立，而丧葬活动中“法”的加入也使得丧葬行序由松散的道德约束升级成为严苛的法律约束。只是朝廷对丧葬行序的管制效果经过了层层权力的分散，导致民间丧葬行序已经较为薄弱，因此民间丧礼根据丧家实际情况对丧葬行序进行调整还是较为普遍的，唐代的丧葬法律关注较多的还是“在京五品官已上及勋戚家”[17]。

三、丧葬活动由私人空间向公共空间的转移

一场符合礼法的丧葬活动具有数量众多、步骤复杂的行序节点，不可能仅在一地就完成整场丧葬活动，因此丧葬活动过程中是存在空间变化的，其中最重要的两类空间就是私人空间和公共空间。所谓的私人空间，是指以逝者家族内部活动为主的空间；公共空间是指家族外部人员可以目睹丧葬活动的空间。简单来说，逝者的家就是私人空间，而祖庙、送葬路上以及墓地这类无法隔绝外人的场所都是公共空间。

自春秋战国建立起完善的丧葬行序之后，逝者的家一直都是举行各种丧葬活动最主要的场所，本节对丧葬活动的空间讨论存在一个前提，就是以逝者为中心。从梳理丧葬行序节点的过程中不难看出，很多节点实际上并非在逝者家中进行的，如卜宅、备明器、穿圹等。然而，这些节点存在一个共同的特点，就是逝者本身并非处在这些节点的空间范围之内，因此本节所讨论的私人空间与公共空间的范畴是以逝者所处空间为基础的。春秋战国时期，逝者的空间移动路径如图8-3-5所示。在逝者的整个移动路径当中仅有去祖庙进行朝祖、在途和去墓地下葬三个节点的活动是在公共空间进行的，其中去祖庙进行朝祖仪式往往以魂帛代替逝者，并不抬棺而去，因此在发引前的丧葬行序中逝者本身的移动都是在私人空间内完成的，此时的丧葬活动对于家族内部的影响大于社会影响，而丧葬活动也主要是家族内部的一场与逝者的告别仪式。

丧葬活动中私人空间的主导地位在唐宋时期受到了冲击，随着佛教和道教

[15] 钱大群：《唐律疏义新注》，南京师范大学出版社，2007，第3页。
[16] 徐吉军：《中国丧葬史》，江西高校出版社，1998，第351页。
[17] 吴丽娱：《终极之典：中古丧葬制度研究》，中华书局，2012，第478页。

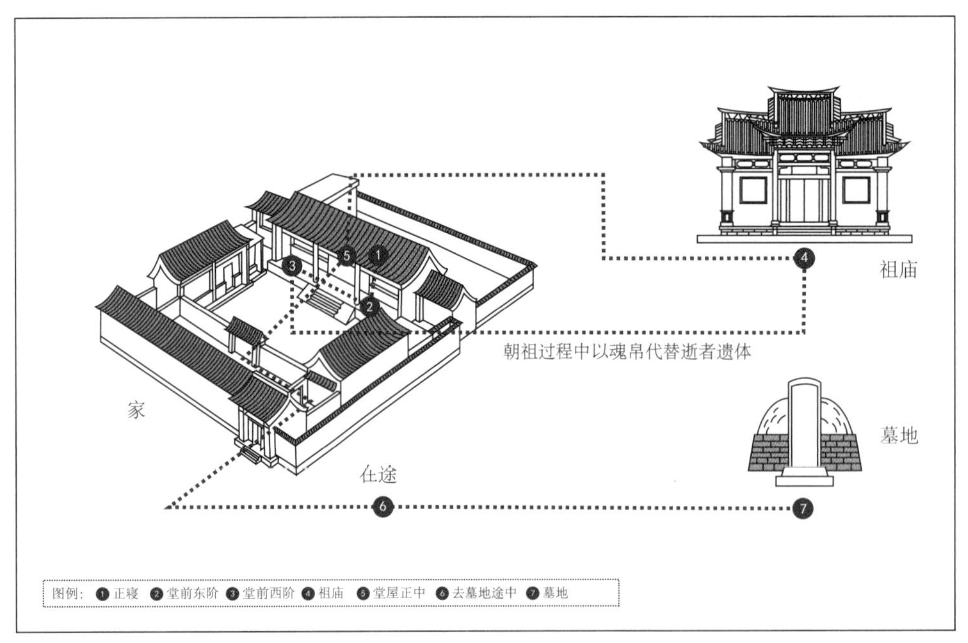

图 8-3-5　春秋战国时期逝者的空间移动路径图

在社会层面的影响力逐渐扩大，丧葬行序中开始逐渐加入释、道两教的礼仪，诸多节点开始由私人空间转移到了寺庙或道观这样的公共空间（图 8-3-6）。佛教、道教原本就有自己的丧葬礼仪，只是最早多用于自家弟子，例如人死后做佛事原本仅限于释门弟子使用。[18] 虽然唐代的《通典》中所描述的丧葬行序与春秋时并无明显区别，但是民间丧葬活动并非完全遵从官方要求，也往往不受某一特定宗教的限制，在所谓的“三教合一”之后，民间丧葬活动中既请和尚又请道士的情况屡见不鲜[19]，可见民间对于宗教丧礼的接受程度之高且并不介意门第之别。造成丧葬活动由私人空间向公共空间转移的原因主要有以下三个方面。

第一个方面是释、道两家的死亡观所带来的丧葬行序的增补。例如，佛教的“七七”之说，将人死之后以七天为一个阶段，分为“头七”“二七”直到“七七”（“七七”也称为“断七”），需要佛家“做功德”助逝者顺利度过。[20] 因此，民间的丧葬行序在官方规定的基础上扩展出了释家的摆道场、写经造像、建塔庙等新的行序，而逝者的遗体也需要放置在这些公共空间中。

除了释、道两家在丧葬行序节点上的增补，第二个方面是逝者停棺于寺庙或道观的情况也多有发生，这就使得逝者在公共空间的停留时间进一步拉长，有时在寺庙或道观的停棺时间长达数年之久。造成这一现象主要有内外两方面原因：内部原因是丧葬活动本身的重要性导致其耗资巨大，丧家无力筹办又不想草草了事，故停棺于佛道场所待葬；外部原因是唐宋时期风水学说盛行，为

[18] 周苏平：《中国古代丧葬习俗》，陕西人民出版社，1994，第 22 页。
[19] 郭于华：《死的困扰与生的执著：中国民间丧葬仪礼与传统生死观》，中国人民大学出版社，1992，第 178 页。
[20] 朱瑞熙：《宋代的丧葬习俗》，《学术月刊》1997 年第 2 期。

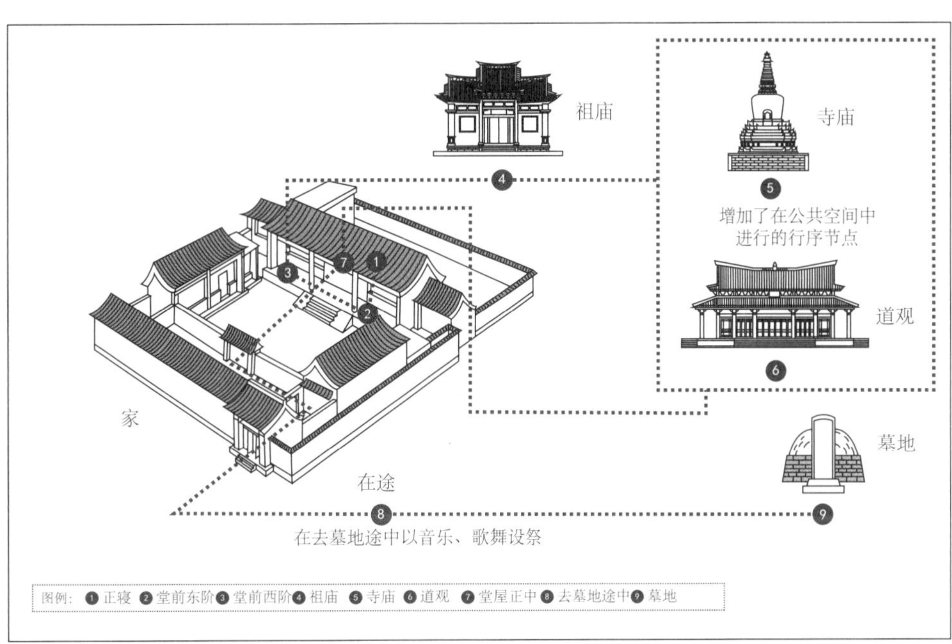

图 8-3-6　唐宋时期逝者的空间移动路径图

了寻觅一处风水俱佳之地作为逝者的安息之处，不仅耗时颇多还需要机缘造化方可选出适宜下葬的地点，所以在墓地尚未确定时只得停棺于家中，这就给丧家的生活造成了诸多不便，因此停棺于寺庙和道观就成了更为合适的选择，不仅不影响丧家的正常生活，而且在丧家看来逝者可以受到释、道气息影响，积德予后世。

第三个方面就是公共空间无论是对丧家孝子孝道行为的传播或是对于家族实力的炫耀，都具有十分明显的优势，如以音乐歌舞设祭就是唐代的新变化。《唐会要》中记载民间丧礼在途过程中，设祭时"仍以音乐荣其送终"[21]，以音乐、歌舞等行为进行丧葬祭祀在民间的盛行，虽然在途阶段原本就是在公共空间进行的，但是在音乐、歌舞的加持下其社会的影响力显然是得到了强化。

如果唐宋时期丧葬活动向公共空间转移仅是受宗教影响的趋势性变化，那么明清时期的丧葬活动就进一步强化了此种趋势（图 8-3-7）。佛教与道教的影响进一步在民间丧葬活动中得到强化，与此同时，随着中国与西方越来越频繁地接触，西方的丧葬仪式也逐步在中国进行传播，并且试图在中国传统丧葬观念中寻找共同点，以便融入中国社会当中。例如西方天主教徒就十分认同孔子"事死如事生，事亡如事存"的观点，认为这与天主教的教义是同样的意思，将其解释为不应该忘记逝者。[22] 西方宗教丧礼的举行离不开教堂，而在教堂举行的公开丧礼仪式显然属于公共场所的范畴。清末民初传统的丧葬行序特别是发

[21]〔宋〕王溥：《唐会要》上册，中华书局，1955，第697页。

[22]〔比利时〕钟鸣旦：《礼仪的交织——明末清初中欧文化交流中丧葬礼》，张佳译，上海古籍出版社，2009，第106页。

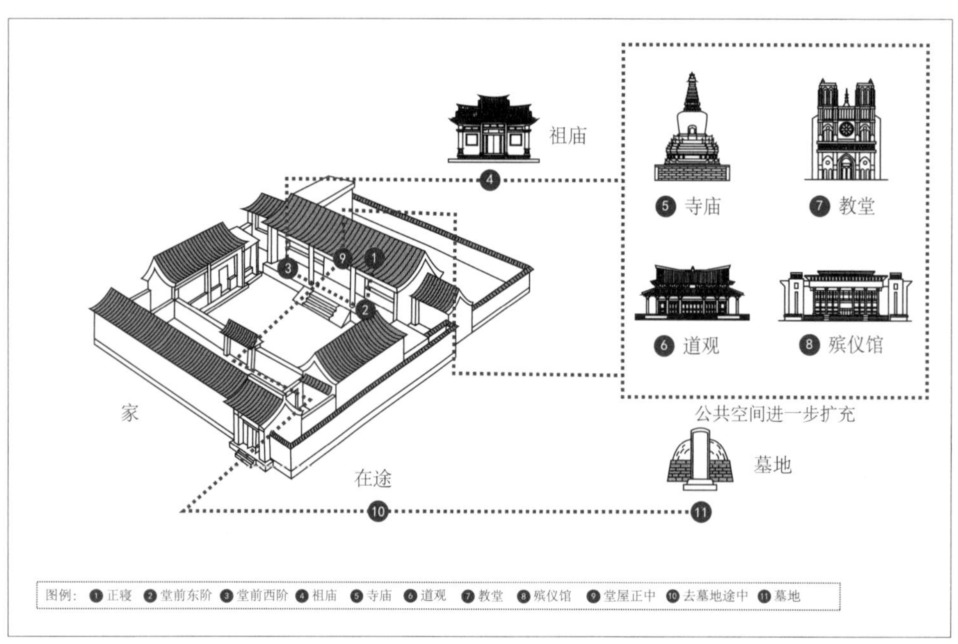

图 8-3-7 明清时期逝者的空间移动路径图

生在私人空间中的行序大量削减，专业承接丧葬事务的殡仪馆则成为最重要的举行丧葬行序的场所。此时的丧葬行序已不再受礼法的制约，形成了以地域、信仰、民族为主导的丧葬习俗。

总体来说，中国古代的丧葬行序有由私人空间向更加多元的公共空间发展的趋势。春秋战国时期，在孝礼思想的指导下，丧葬行序主要以私人空间为主，起到家族内部生者对逝者的缅怀与悼念作用。随着佛教和道教的祭奠仪式在世俗丧葬礼仪中的盛行，民间部分丧葬行序向寺庙或道观这样的公共场所转移。对于丧家而言，在公共空间举行丧葬仪式，可以更加隆重、虔诚地展现出生者对于逝者的哀思。直到明清时期，丧葬礼法一直都未产生过多的变化，但是民间对于礼法的遵守程度却在逐渐弱化，究其原因主要是传统礼法所规定的丧葬礼仪过于繁杂，并且私人空间中的行序受空间限定，参与人群少，影响力也较小。随着丧葬活动多元化的发展，民间在安排丧葬行序时由私人空间向更多公共空间转化，因此丧葬行序中公共空间占据了主导地位。

四、由以逝者为中心向以生者为中心偏移的丧葬活动

丧葬活动的中心转移受不同时期死亡观变化的影响。如图 8-3-8 所示，原始社会的丧葬活动受祖先崇拜的死亡观影响，孝子对逝者付出物质、时间、情感的代价，而逝者作为祖先需要对子孙后代进行保佑。孝子付出的物质、时间、情感可称为真实价值，而逝者回馈的所谓保佑可称为虚拟价值，逝者不仅是真实价值

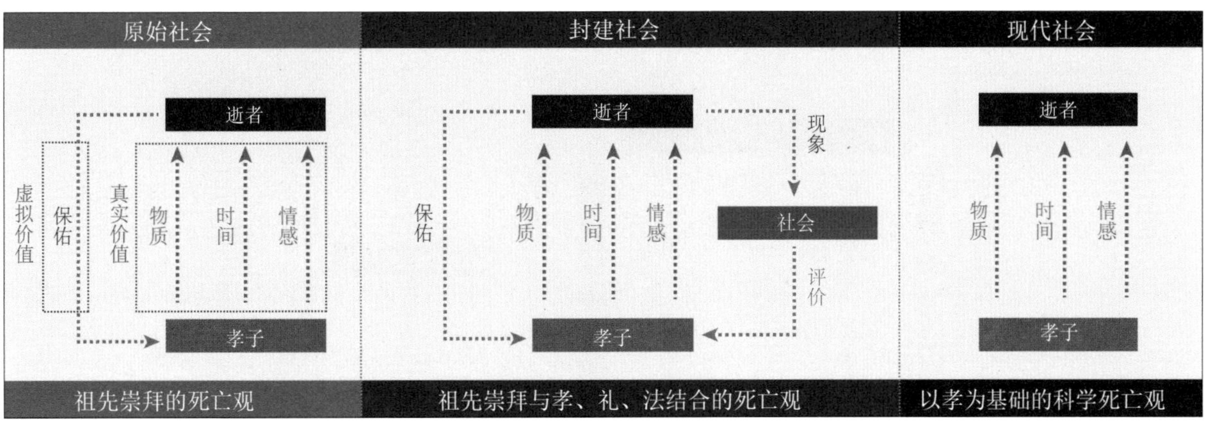

图 8-3-8　丧葬活动中死亡观演变图

的接受方也是虚拟价值的输出方，因此逝者中心地位显而易见。封建社会的丧葬活动在祖先崇拜与孝、礼、法结合的死亡观的影响下建立了一套针对孝子的社会评价体系，此时的丧葬活动不再只是生者与逝者之间的联系，而是生者、逝者、社会三方面的联系体系，在这一体系中逝者的绝对中心地位已经发生了动摇。现代社会丧葬活动在以孝为基础的科学死亡观的影响下，丧葬活动成为孝子与逝者间的单向沟通。特别是中华人民共和国成立之后，摒弃了受封建迷信影响颇深的旧丧葬习俗，类似沐浴、饭含、小殓、大殓这类传统丧葬行序中必不可少的环节被追悼会、哀思会等简洁的活动所替代，孝子通过物质、时间、情感的付出去寄托对逝者的哀思，这一时期的丧葬活动实际上已经是以生者为中心了。

封建社会的丧葬活动是结构最为完整的，可以较好地展现丧葬活动的价值中心偏移。如图 8-3-9 所示，丧葬活动的价值中心可以构成两个循环：一是以祖先崇拜驱动的以逝者为中心的循环，孝子提供物质、时间、情感给逝者，逝者提供保佑反馈给孝子，循环完成；二是以孝、礼、法驱动的以生者为中心的循环，孝子为逝者提供物质、时间、情感的现象会带来社会对孝子的评价，循环完成。在这两个循环中，实质上输出资源的都是孝子，但是以逝者为中心的循环带来的回报是不可见的，祖先的保佑仅仅是心理安慰罢了。相反，以生者为中心的循环却能带来实际的社会评价，处理得好可以给孝子带来声望、权力甚至财富，处理不好也可能让孝子身败名裂。站在实用性角度考虑丧葬活动的价值，如何趋利避害显而易见。孝子所付出的物质、时间、情感可以用一条可视线分为可见部分和不可见部分，这里指的可见是针对社会而言的，只有被社会所见才可能带来所期望的社会评价。同时，可见部分依然可以作用于逝者，不可见部分的投入仅能作用于逝者，其带来的所谓保佑以当下的视角看来就显得虚无缥缈了。

从图 8-3-9 中的双价值循环结构可以看出，只有以生者为中心的循环能够带来真实价值，通过丧葬行序中可见部分的增加和不可见部分的减少就可以清

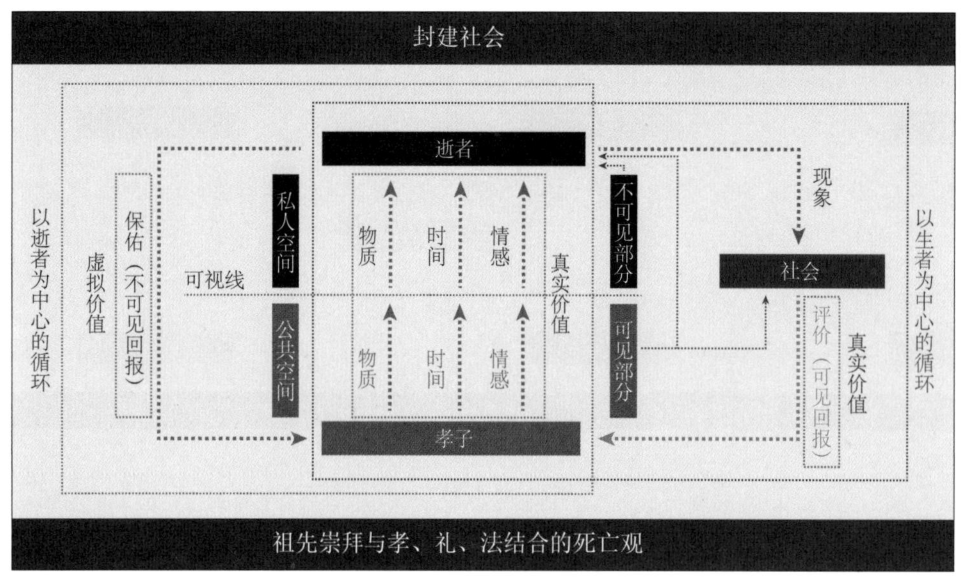

图 8-3-9 丧葬活动的价值中心双循环图

晰地体现出这种中心的偏移。例如在物质层面对于纸钱的使用，最初在丧葬活动中使用的是真钱，真钱的使用显然属于不可见部分，因为一旦可见必然大大增加了盗墓的风险，而纸钱得到广泛使用的时候不仅可见，而且漫天飞扬的视觉效果对于社会评价产生了正面影响，同时节约了物质支出。在途过程是丧葬行序中可见度最高的节点，在途过程需要进行路祭，即经过一段路程就要设酒食祭祀，在唐代更是在此期间加入了歌舞声乐，丰富了丧葬的仪式，增强了祭奠的情感表达。从前面对于丧葬行序的梳理中可以看到大量的祭祀节点，其中对于三年丧期的规定更是占据了整个丧葬活动大部分的时间，这段时间中丧家的大部分行为都是不可见的，这也造成了能够真正按照礼法规定完整守丧三年的少之又少。在古代的生产力条件下，民间的普通家庭完整守丧三年会难以生存，士族大家也往往在不可见的时候违反相关规定，如饮酒享乐等。三年的时间对于现代人的整个人生来说已经相当漫长，对于平均寿命更短的古人而言更是可能会威胁生计，因此不可见部分的很多祭祀活动在实际操作中逐渐进行了简化甚至省略，而具有更强可见性的释门、道门的丧礼却逐渐流行了起来。对于可见性的追求是以生人为中心的，因为其带来的利益是服务于生人的，丧葬活动的价值中心向生人世界偏移与上文提到的丧葬活动向公共空间转移形成了很好的对应关系。

结语

早期社会，传统丧葬行序变化较多，尚未形成统一固定的行序；隋唐以后，孝、礼、法结合，传统丧葬行序形成了相对稳定的行序体系；近代社会，传统丧葬行序不断简化。早期的丧葬行序是基于人类族群长期生活在一起而产生的情感依赖，在有族群成员逝去后而进行的自发的悼念行为，因此其悼念方式各不相同。后来，随着中国孝文化的发展，以及君臣、父子的社会结构的构件，丧葬行序开始具有规范性的要求，最终国家以立法的形式对中国传统丧葬行序进行了明确的规定，特别是对承担社会管理责任的上层群体要求更为详细严格。自孝、礼、法结合之后，中国的传统丧葬行序基本保持稳定。到了清末民初时期，受西方丧葬观念的影响，传统丧葬行序遭遇了剧烈冲击，以孝、礼、法作为指导的传统丧葬行序结构被彻底破坏，现代丧葬行序更多依据的是个人意愿，如宗教、地域、民族等成为最重要的影响因素。

丧葬行序通过一系列仪式、随葬品等表达了生者对逝者的哀思，是后辈对祖先养育教导之恩的最后表现，体现了生者与逝者即使生死相隔仍然保持联系的血脉延续。丧葬行序中的仪式具有提升家族内部凝聚力、彰显家族社会地位的作用，是逝者子孙对于逝者生前身份、地位、财产合法继承的表现，避免因个体的死亡而造成社会体系的混乱与崩解。

影响中国传统丧葬行序的核心思想是灵魂不灭观。从丧葬仪式中的随葬品可以看出，人们构想了一个逝者的世界，通过各种仪式帮助逝者在另一个世界继续生活，并且祈求逝者对其子孙后代的庇佑。即使佛教、道教等宗教活动开始出现在丧葬行序之中，也依然延续着灵魂不灭的观念，只是对逝者世界的描述融入了宗教解释。随着宗教的介入，中国传统丧葬行序由私人空间开始转向更为多元的公共空间，人们在思想上不只重视逝者在家族内部的价值，更为关注逝者在社会中的价值。

总体来说，中国传统丧葬行序在孝、礼、法介入之后就一直以等级制度为基础，这使得单纯对逝者的缅怀转变为统治的工具，特别是如丧期等规定尤为凸显教化的目的。但是，随着封建制度的终结和近现代科学死亡观的产生且被广泛接受，传统丧葬行序被简化与改良，但中国传统丧葬行序中所承载的孝道文化仍深深根植在我们当代的丧葬民俗之中。

第四节 绘画中的年俗

年画是广大民众在节庆时趋吉纳福、禳灾避讳的重要载体。此类绘画作品以纸张为媒介，多通过木版套印，由民间创制并组织经营，张贴或悬挂于门窗、墙面、灶间、粮囤、畜圈等处，借以反映民众日常生活和精神世界。

从其流衍而言，先秦时期，聚族而居的屋宇使年画具有了赖以依凭的场域空间。及至汉代，守护门宅的画像广泛出现于民众的日常生活中。魏晋至唐，随着年俗活动的兴起，民间门神"神荼""郁垒"的形象渐趋程式性，呈现出相向而立、构图饱满的特点。宋代至明代，市井繁华，年画在题材、构图、色彩、印刷等方面更趋多样，富于生活气息。有清以来，印刷业与年画业的关联性日益紧密，使得刊印量呈井喷式增长，销往农村的年画呈现出造型简略化和张贴场域区隔化，销往城市的年画表现出造型西风东渐化和制售形式灵活化的特点。

年画是我国特有的传统民间美术形式，其制作技艺和展示形式的发展变迁与中国人日常生活中的民间崇拜和信仰密不可分。在辟邪和祈福两种普遍心理的作用下，人们通过创作、张贴年画，表达对天地、祖先与诸神的虔诚，使这一绘画形式具有了庄重且神秘的色彩。

一、依托于聚族而居空间的年画滥觞

（一）围合封闭空间中的祝祷观念

年画脱胎于"年"这一重要传统节俗。《尚书》云："月正元日，舜格于文祖。"[1]《尔雅》亦载："夏曰岁，商曰祀，周曰年。"[2] 自先秦始，每年农事完毕，为感怀祖先神灵的保佑和自然诸神的赐予，同时祈求新一年的风调雨顺，均要举行"岁终大祭""索鬼神而祭祀"等，希冀新岁"土反其宅，水归其壑。昆虫毋作，草木归其泽"[3]。而祝祷活动所依托的场域即为依据血缘关系构建的家庭聚居空间。远古先民早期依托自然环境搭建迁徙式居所，"上古穴居而野

[1] 慕平译注《尚书》，中华书局，2009，第23页。
[2]〔晋〕郭璞注《尔雅》，浙江古籍出版社，2011，第2页。
[3] 胡平生、张萌译注《礼记》，中华书局，2017，第492页。

处”[4]，“昔者先王，未有宫室，冬则居营窟，夏则居橧巢”[5]等描述可为佐证。随着生活方式的改变，居所逐渐演化为固定院落，《孟子》有云：“五亩之宅，树之以桑，五十者可以衣帛矣。鸡豚狗彘之畜，无失其时，七十者可以食肉矣。”[6]围合状的房屋作为先民的日常安居之所，在朴素自然观的支配下，必然需要神祇作为家宅的守护者，而诸神的出现往往通过先民的祝祷活动来完成，分别为口头祝祷和借物祝祷。

口头祝祷是最早出现的活动方式。《说文解字》云：“祝，祭主赞词者，从示，从儿口。”[7]主祭词之人告祭神灵的活动即谓之“祝”，主要祝祷内容为福寿康健、庄稼丰产、子嗣绵延。例如谢承《后汉书》所载赵昱母尝病，昱“祈祷泣血，乡党称其孝”[8]，《三国志·魏书·陈矫传》所载“曲周民父病，以牛祷，县结正弃市”[9]等。

随着时间的推移，人们逐渐不满足于随意性较强的口头行为，希望使祝祷活动的地点加以固化，时间加以延长，借物祝祷随即产生。而此行为必须依凭物体完成，门户作为家宅的唯一进出通道，是居所中极为重要的组成部分，人们认为必有神人司门，门画由此应运而生。

（二）相向而立、御凶祈福的门画

门户主管出入，是私人空间与外部世界的分界线。洞开闭合之间，门户承担着沟通、隔绝内外的双重功能。《释名·释宫室》云：“门，扪也，在外为人所扪摸也，障，卫也。户，护也，所以谨护闭塞也。”[10]“扪摸障卫”“谨护闭塞”都侧重于门户隔绝外部侵扰、守护内部安宁的作用。受万物有灵观念影响，古人认为外部世界的威胁不只存在有形侵害，还存在无形超自然的神秘力量，随时有可能越过门户，侵犯内宅。这些神秘力量或是不洁之物，或是令人戒惧的自然物候变化和作祟的鬼邪。

为免受门户外有形或无形的伤害，古人除了倚仗门户之固，还把门户作为祭祀对象，《礼记·月令》有云：“孟春之月……仲春之月……季春之月……其祀户。”[11]“孟秋之月……仲秋之月……季秋之月……其祀门。”[12]而对《礼记》

---

[4] 刘君祖：《详解易经系辞传》，上海三联书店，2015，第125页。

[5]〔汉〕郑玄注，〔唐〕孔颖达正义，吕友仁整理《礼记正义》中，上海古籍出版社，2008，第888页。

[6] 杨伯峻译注《孟子译注（典藏版）》，中华书局，2016，第18页。

[7]〔汉〕许慎撰，〔清〕段玉裁注《说文解字注》，上海古籍出版社，2004，第6页。

[8] 转引自〔晋〕陈寿：《三国志》，〔宋〕裴松之注，中华书局，2011，第207页。

[9] 同上书，第535页。

[10]〔汉〕刘熙撰，〔清〕毕沅疏证，王先谦补《释名疏证补》卷五《宫室》，祝敏彻、孙玉文点校，中华书局，2008，第190、191页。

[11]〔汉〕郑玄注，〔唐〕孔颖达正义，吕友仁整理《礼记正义》中，上海古籍出版社，2008，第1352、1361、1363页。

[12] 同上书，第1372、1373、1379页。

南阳市东汉墓“神荼”“郁垒”门神画像石拓片

唐河西“汉双阙、厅堂”门神画像石拓片

图 8-4-1　汉代典型门神画像石拓片[13]

进行注释的郑玄首次提出“礼门神”概念，在春秋两季加以祭祀：“春，阳气出，祀之于户内，阳也。”[14]“秋，阴气出，祀之于外门，阴也。”[15]可见，汉代对门神已有一套完备的理解，进而通过在门上添加神祇形象来驱灾祈福。

以汉代典型门神画像石拓片为例，南阳市东汉墓“神荼”“郁垒”门神画像石立于左右墓门，武士皆束发，赤裸上身，面圆眼大，胸部窄小，大腿壮硕，双腿赤足弯曲，以曲线造型为主。不同之处在于左侧武士左手亮掌，右手持刀，而右侧武士右手亮掌，左手执钺。另一“汉双阙、厅堂”墓门画像石中所刻画像略同，上部为一对双层门阙和一座厅堂，厅堂内男女墓主人凭几而坐，其旁有奴仆侍奉；画面下部刻铺首衔环，兽面纹双目圆睁，双耳上举，尽显威仪（图 8-4-1）。

总体而言，先秦至汉代，画像石中的门神在造型上分为具象和抽象两种。具象者突出面部特征和身体姿态，抽象者突出肃穆端严之感，共同对门户起到仪卫作用。在构图上依托门扇特征，注重相向而立、左右呼应，为后世以纸张为载体的年画的诞生奠定了坚实基础。

二、世俗生活催生的印绘年画

（一）以桃木为载体的节俗意识的强化

魏晋至唐，人们对节令更替的重视程度与日俱增，民间百姓除依托门楣之外，还选择以桃木为载体，于其上书写字符或绘画以压胜。《太平御览》引《典术》云：“桃者，五木之精也，故压伏邪气者也。”[16]而《风俗通义》引《黄帝书》曰：

[13] 南阳汉画馆，http://nyhhg.com/guancangjingpin.html，访问日期：2022年8月4日。

[14]〔汉〕郑玄注，〔唐〕孔颖达正义，吕友仁整理《礼记正义》中，上海古籍出版社，2008，第524页。

[15] 同上书。

[16]〔宋〕李昉等：《太平御览》，中华书局，2000，第418页。

“上古之时，有荼与郁垒昆弟二人，性能执鬼。度朔山上章桃树下，简阅百鬼，无道理，妄为人祸害，荼与郁垒缚以苇索，执以食虎。”[17] 可见神荼和郁垒在民间神话中是桃都山桃树下专捕不祥之鬼的神灵，故此时期民众将之绘于桃木板上用以躲避邪祟之物。除绘画之外，人们还在其上书写文字，《遵生八笺》载：“正月元旦，迎祀灶神，钉桃符，上书一‘聻’字，挂钟馗以辟一年之祟。”[18] 便是记述在桃木制成的板上书写“聻”字的年俗传统。

宋代以降，桃符的迎春纳吉性质更为明显，如王安石所题《元日》一诗：“爆竹声中一岁除，春风送暖入屠苏。千门万户曈曈日，总把新桃换旧符。”可见，桃符自魏晋至唐的压胜逐渐转向宋代的迎春纳吉，这种功能上的转换进一步强化了民众与节令的关联。此时，雕版印刷术的兴起恰为绘印年画的诞生提供了技术上的支撑。

（二）世俗场域中的绘印年画

绘印年画脱胎于繁华的世俗生活，在描绘内容和制作方式上皆有长足的发展。有宋以来，物阜民丰，年节风俗活动丰富多彩。具体而言，北宋开封新正时“士庶自早互相庆贺……小民虽贫者，亦须新洁衣服，把酒相酬尔”[19]。南宋临安元旦时“士夫皆交相贺，细民男女亦皆鲜衣，往来拜节”[20]。除夕时更是“士庶家不论大小家，俱洒扫门闾，去尘秽，净庭户，换门神，挂钟馗，钉桃符，贴春牌，祭祀祖宗。遇夜则备迎神香花供物，以祈新岁之安”[21]。例如南宋李嵩所绘《岁朝图》（图8-4-2）即为描绘南宋临安士庶之家的贺年情状。全画分为门外迎客、院中揖见、室内茶戏三个场景。图中细节处，在临街大门外张贴身披铠甲、手擎金瓜的武门神，而厅堂隔扇两侧则贴有温文尔雅、双手捧笏的文门神。可知宋代年画的内容较前朝进行了更为细致的划分，门神已出现文武两种形式，武者贴于街门以佑家宅平安，文者贴于房门以祈求福泽。除门神之外，婴戏图亦大行其道，人们将多子宜男的心愿诉诸画中，如《秋庭婴戏图》《傀儡婴戏图》（图8-4-3）等。宋代婴戏图在民众间的接受度极广，如《图画见闻志·画继》描述道：“刘宗道，京师人。作《照盆孩儿》，以水指影，影亦相指，形影自分。每作一扇，必画数百本，然后出货，即日流布。”[22] 画稿每日复制数百份，足以说明其受欢迎程度。年画为迎合世俗的审美情趣，从此类佳作中吸取养分，关注和洞察市民

[17]〔汉〕应劭：《风俗通义》，〔西汉〕蔡邕：《独断》，〔三国〕刘邵：《人物志》，刘昞注，上海古籍出版社，1990，第58页。
[18]〔明〕高濂：《遵生八笺》，王大淳点校，浙江古籍出版社，2017，第101页。
[19] 王莹译注《东京梦华录译注》，上海三联书店，2014，第146页。
[20]〔宋〕吴自牧：《梦粱录》，张社国、符均校注，三秦出版社，2004，第11页。
[21] 同上书，第88页。
[22]〔宋〕郭若虚、邓椿：《图画见闻志·画继》，王群栗点校，浙江人民美术出版社，2013，第288页。

图 8-4-2　南宋李嵩《岁朝图》中的年画呈现[23]

图 8-4-3　宋代婴戏图作品[24]

《秋庭婴戏图》　苏汉臣　北宋

《傀儡婴戏图》　刘松年　南宋

[23] 澎湃新闻，https://www.thepaper.cn/newsDetail_forward_10948645，访问日期：2022 年 8 月 4 日。

[24]https://www.thepaper.cn/newsDetail_forward_18371972，，访问日期：2022 年 8 月 4 日。

生活的各个方面，使得内容的深度与广度不断拓展。

在制作年画方式上，除了手工制绘，还有木版印刷。此时宋代进入雕版印刷黄金时代，书籍刻印与版印神像为木版年画的发展奠定了坚实基础。以寺院中佛像的摹印为例，熙宁六年（1073）正月，日本僧人成寻在开封太平兴国寺“从当院仓借出五百罗汉模印，七人各一两本摺取”[25]，后又“借出院仓《达摩六祖》模摺取”[26]。借助雕版印刷，域外僧人可快速印制大量佛像归国进行传播。宋徽宗于节日期间在开封市场大量发放版印神像：“日供打香印者，则管定铺席，人家牌额，时节即印施佛像等。”[27]销售者通过香印这种模具为香料造型以及印字，同时每逢节日免费印制佛像分发，以此招揽生意，可见雕版印刷的普及和商品化趋势，进而带动年画大量刊印和在年节售卖。孟元老《东京梦华录》载有：“近岁节，市井皆印卖门神、钟馗、桃板、桃符，及财门钝驴、回头鹿马、天行帖子。卖干茄瓠、马牙菜、胶牙饧之类，以备除夜之用。”[28]门神、钟馗等在市井的普及意味着至宋代张贴年画已成为被普遍认同的民俗和乡约，进而带动木版年画的产业化。

三、节俗需求下年画产销的系统发展

及至明清，商品经济的飞速发展促使民间的节俗文化呈现出更加丰富的形态。《岁华忆语》载有明代节庆时民俗展示过程：“昔时商民富实，物力充牣，一会分若干起。有所谓某某老会者，旗幡灯伞，踵事增华。又饰人家俊秀小儿，扮各种戏装，肩之游行，名曰抬阁。迤逦恒至里许，游行数日而毕。”[29]可见节俗活动在规模和形式上皆远胜于前代，在此背景下，用于趋吉纳福的年画产销呈现出系统发展的路径，在制备、成品图案和张贴等环节表现为流程化、程式化和情境化特点。

（一）年画制备的流程化

明清时期，市场对年画巨大的需求量促进了雕版技术和木版年画质量的提升，此时期年画制备流程臻于完善，以木版套色为核心，主要分为绘稿、刻版、印刷三大步骤。

第一步，绘稿阶段。年画制作者根据年画所张贴的具体场域空间选择与节

[25]〔日〕成寻：《新校参天台五台山记》，王丽萍校点，上海古籍出版社，2009，第515页。
[26]同上书，第528页。
[27]王莹译注《东京梦华录译注》，上海三联书店，2014，第100页。
[28]同上书，第292页。
[29]潘宗鼎、夏仁虎：《金陵岁时记·岁华忆语》，南京出版社，2006，第64页。

庆氛围相契合的题材、表现形式和具体内容。随后的勾线环节，制作者除了需要完整勾勒物象形态，更需考虑绘制细节能否复刻在木板上。分色稿在墨线稿完成后进行，以便后续雕刻色版，用于分色印刷。

第二步，刻版阶段。雕刻艺人需选用刨平并打磨光滑的板材。板面均匀涂抹糨糊后根据定位将画稿面朝下贴合，由中央渐次向外用手指轻抚，使画稿准确拓印在板面，即拓样，待纸张充分干燥后方可雕刻（图 8-4-4）。在刻版过程中，从画面分布而言，服饰、背景等先刻，人物面部及手部后刻；从雕刻线条而言，先刻大面积粗线条，后刻小面积细线条。此种规约与观者欣赏年画时的观察顺序相一致。又因年画在喜庆热闹的节庆场合张贴，最易被关注的面部五官和手部情态应保证生动性和极强的表现力。

第三步，印刷阶段。将多张纸堆叠后裁剪成所需大小，利用工具固定在操作台上，再将刻制好的线版和色版依次置于纸张一侧，所隔间距以纸张翻转后可刚好覆盖在木版所在处为准。其中线版一般均匀刷墨色，而色版则由多块组成，根据画面需要选择相应色彩。当印制完线版后每刷印一次色彩皆需进行调版，以保证各个色块能够完美嵌套入墨线轮廓中，最终形成一个整体。以“尉迟恭”套色流程为例，在印刷线稿后，分别套以黄、红、绿、蓝四块色版，整体观之，线为骨、色为肉，合二为一方可呈现神祇威严生动的形象（图 8-4-5）。

（二）年画图案的程式化

明清时期，年画地域特色鲜明，不同文化场域的生活方式与审美观催生出

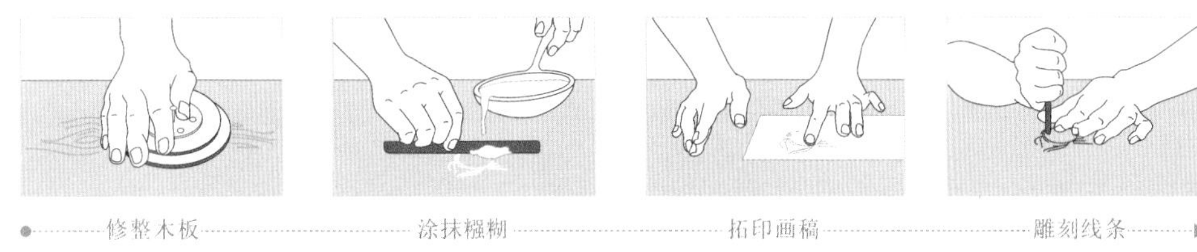

图 8-4-4　木版年画刻版流程图

图 8-4-5　“尉迟恭”木版年画套色流程图

不同的年画产地，尤以天津杨柳青年画、山东潍县杨家埠年画和江苏苏州桃花坞年画为代表，在色彩和造型上皆呈现出相应的程式化特征。

从色彩而言，三地年画表现相异。其中杨柳青年画受到西洋画派与宫廷绘画的影响，追求华美富丽；杨家埠年画深入民间，以红、绿、黄、紫为主色，追求用色的大胆和强烈对比，具有极强的视觉冲击力；桃花坞年画受到南方版画与吴地画派的影响，善用粉红、粉绿等色彩，强调朴素雅致、精丽写实。以三地门神年画为例，杨柳青绿地云纹门神使用饱和度较高的绿色作为底色，大块面铺陈画面，门神形象则主要通过红色线条进行勾勒，背景与主体形象交相辉映；杨家埠秦琼、尉迟敬德年画中则消除了背景色，通过门神自身的色块堆叠进行图像表现，具体而言，蓝、紫交错重叠形成画面的主框架，红、黄、黑、白形成无数小色块穿插在画面中，使观者的视觉中心全部集中于神祇自身；而桃花坞年画中的门神形象与前两者相较，以粉色、粉绿、粉蓝及紫色、黄色为主，色彩饱和度降低，在更加细碎的明快色彩组合中强化了图案的精巧雅致（图8-4-6）。

从造型而言，三地门神具有较为强烈的共通性。整体观之，身材皆魁梧高大、粗壮英武，且多身披甲胄，手执金瓜、大刀等，姿态上均为相向或正面立、坐，营造出威猛之势。线条繁简穿插、疏密有度，且多处重复排列，整体呈现出

杨家埠年画

图8-4-6 南北年画门神色彩提取图

杨柳青年画

桃花坞年画

外形规整、繁而不乱的特点。

分而观之，其一，头身比例夸张，饱满英武的头颅下直接连接身躯而舍弃对脖颈的刻画，民间将这一造型特征概括为“将无脖项”，借以凸显神祇的非凡气度和威严；其二，眼须互相呼应，不同组合可呈现对象不同性格。例如圆眼和片状虬须相配，凤眼和线状长髯相配，不着一字便可使观者得知神祇是凶煞还是慈祥；其三，缩短四肢比例，重点刻画粗壮和敦实感，以便在双手抓握刀、枪、剑、戟或其他神器时可呈现出力量感；其四，通过堆叠繁密的服饰细节展现瑰丽夺目感，表达神圣不可侵犯的威严。

整体而言，年画形象通过色彩和造型呈现出了强烈的装饰感。“装饰作为一种艺术方式，它以秩序化、规律化、程式化、理想化为要求，改变和美化事物，形成合乎人类需要、与人类审美理想相统一、相和谐的美的形态。”[30] 年画套用戏剧中的程式化脸谱，通过疏密、长短、粗细、刚柔、明暗、冷暖等形式把线条和色彩组合成繁复图案，使民间俗信得以通过有秩序的符号呈现在民众面前，饱满充实的形象也是百姓追求圆满的审美观念的表达。

（三）年画张贴的情境化

在传统民居结构中，年画遵循历代沿袭的俗信，何时以何种形式在何处张贴皆有一定之规。以北方而言，传统民居以坐北朝南的堂屋为中心，配以厨房、厢房等，在院墙的包绕下形成长方形空间，故大门、堂屋、厨房等皆为年画在节令时的张贴之处，具有情境化特征。

1. 左右对称的门户年画

受传统门户观念的影响，大门历来是年画装饰的重点。根据建筑的结构，装饰年画以门神为主，配以春联、斗方。门神是流变时间最久，印制和消费数量最大，也是最为民众所看重的年画分支。在节日张贴规范上，人们对其进行了细致的划分，大门贴武将驱魔，主要为秦琼、尉迟敬德、关羽、张飞等；院内门扇则贴文官接福，以戴乌纱帽、穿朝服的天官最为常见；内室门多贴招财童子，多为麒麟送子、进宝童子等。为配合门扇的结构特性，门神皆左右并立，也契合了中国人圆融并举的审美观念。

2. 秩序井然的室内年画

传统民居的堂屋大都坐北朝南，正中为厅堂，遵循中轴对称的特点，正面墙壁前一般放置八仙方桌，与两侧座椅成套出现，其上墙面日常悬挂中堂、条屏等，以四尺整张立轴最为常见，人们相信在此处悬挂年画可保佑家宅顺遂平安，

[30] 李砚祖：《装饰之道》，中国人民大学出版社，1993，第2页。

左右另外配以对联、条屏，题材有山水、人物、花鸟、文字等，无须年年更换。而卧房空间中的年画多呈现凤鸟、莲花、鲤鱼、金鸡间杂福、禄、寿等传统图案。卧房年画的装饰则更多带有个人偏好，寄寓了居住其间的民众对美好生活的期盼之情。

3. 规格多样的厨房灶神年画

民众多将规格大小不一的灶神年画贴于紧邻厨灶锅台的墙上，腊月二十三或二十四祭灶之时，各家各户为灶神供奉果品糖瓜等，通过焚烧灶神年画，达到恭送灶神上天向玉帝陈述民间百姓一年情状的目的，至年三十晚或年初一清晨，在家中长者的带领下举行仪式，张贴新的年画迎接灶神降临。可见围绕厨房灶神年画的一系列礼祭是年画融入日常生活的生动佐证。

结语

年画作为中国独有的民间艺术，一方面，其漫长的发展流变体现出民众一以贯之的辟邪祈福的情感诉求。先民早期在朴素自然观支配下，需要神祇作为家宅的守护者，而门户作为唯一进出通道，相向而立、御凶祈福的门画便依托门户空间而诞生。此后桃符的出现使民众的节俗意识进一步强化，雕版印刷术的兴起恰为绘印年画的诞生提供了技术上的支撑。门神、灶神等的普及意味着张贴年画已成为在特定时间和场合被普遍认同的乡约，进而带动木版年画产业的发展，最终在商品经济和节庆需求的共同催生下，年画在制备和张贴等环节表现出流程化、程式化和情境化特点。另一方面，年画应广大民众的精神需求而生，其题材选择、造型设计、色彩运用、构图排布等方面皆符合大众化审美规范。在题材选择上，无论是由自然现象演化的自然神还是来源于宗教的人格神，选择哪个神祇张贴皆为解决人们生活中所遇的诸多具体问题，体现出强烈的功利性特点；在造型设计上，从各类神祇的形象上不难看出是对现实人物的借鉴和模仿，再运用夸张、概括、简化、装饰、象征等手法进一步加工塑造；在色彩运用上，遵循大胆单纯、明艳活泼的用色观，达成较好的观赏性和视觉冲击力，以便融入节庆氛围；在构图排布上，一般对称展现，稳固中不失灵动，也暗合“好事成双”的传统思维观念。

中国年画之所以历经千年流衍至今，是因为其已成为春节等重大节庆活动中必不可少的组成元素，与人们的日常生活以及精神需求密切相关。时至今日，虽然年画存在的场域空间大幅度缩减，但依然起着维系家庭和社会秩序的作用，具有生生不息的内驱力。

第五节 从宫廷百戏转向民间祈福的舞狮

舞狮又被称为"弄狮""狮子舞""耍狮子"，是中国古代宫廷与民间百戏百技的重要组成部分，集民俗、宗教、舞蹈、杂技、武术和工艺美术于一身，同时具备了观赏功能和祈福功能。中国古代舞狮以狮子、高桩、碌碡、踏球、高桌、绣球、生菜、服饰为表演道具，以鼓、锣、镲为主要演奏乐器，以无唱的舞、乐结合为主要表演方式。表演主体为舞狮人、引狮郎和奏乐人，需要遵守固定的表演模式和演出行序。表演形式为舞狮人蒙上狮皮，通常以双人控制一头狮子居多，一人位于狮头下方，是主要表演者，动作和形体轻巧灵活，另一人位于身体后部，是辅助跟随者，主要起到配合和稳固的作用；引狮郎负责在表演过程中用绣球逗引狮子；奏乐人则以鼓点引导人和狮子的运动节奏，通过动静结合和轻重缓急指挥各种动作的起止。舞狮的表演内涵分为"文狮"与"武狮"。文狮主要以形似表现故事情节，着重刻画狮子的神态举止；武狮主要以武技表现故事情节，着重刻画套路的动作行序。

舞狮的表演形式呈现出南北流派风格的差异性，两派文武俱全。北派狮子扁头方口，近似真狮，狮头与披盖分离。狮子分大小、雌雄，动作设计以拟兽为主，并以家庭成员的身份组成设计，双人舞大狮，单人舞小狮，通常另设引狮郎一名。以平地表演为主，主题套路多为"驯狮"，没有固定的伴奏形式。南派狮子由北派演变而来，圆头弧口，更似神兽，狮头与披盖相连。仅有双人舞雄狮一种，不设其他角色，动作设计以拟人为主，并以角色扮演进行身份设计。以登高表演为主，主题套路多为"采青"，每种动作、神态和场景都有固定伴奏鼓点。

舞狮的发展演变呈现出本土化、独立化和世俗化的发展趋势。异域的狮文化和戏狮表演于汉代传入中国后，与本土的拟兽舞和民间信仰习俗相融合，发展成独具中国传统文化特征的舞狮表演。舞狮从最初仅作为由官方开展的宫廷乐舞表演中，歌颂皇帝功德故事的一个辅助情节，至魏晋以后融入礼俗属性，成为特定节日表演的宫廷百戏之一。至唐代，终于演变为独立的乐舞曲名，开始成为单独的演出项目，随着海上丝绸之路成为具有中国特色的文化输出。宋代以后，舞狮从宫廷走入民间，表演功能进一步转向节庆娱乐，最终于明清时期在地方性历史积淀和审美取向的影响下，形成了文武分化和南北分野，并随着国人向海外的迁徙活动，吸引了世界各国的好奇与关注。

一、舞狮的历史演变

舞狮的起源有两个方面：第一，汉代狮子作为猛兽类异域奇珍和以其形象为纹饰的贡品经由丝绸之路传入中国，源于西亚的猎狮、驯狮文化和人狮搏斗形象成为影响汉代舞狮行为产生的重要文化因素；第二，魏晋南北朝时期，狮舞作为佛事活动中的重要组成部分传入中国，源于佛教神祇文殊菩萨的坐骑形象，成为狮子道具造型的重要审美因素。在此之后，随着舞狮表演的世俗化转向，在社会主流群体间的普及性变广，狮子造型的艺术性提高，舞狮动作的技巧性提升和故事情节的节奏性增强，演变出文狮和武狮的内涵性差异，以及南狮与北狮的地方性差异，演出范围最终实现了从宫廷至市井再至乡间的多维度覆盖。

（一）百戏技艺中的乔装动物与舞狮表演形式诞生

狮子与舞狮表演并不是在中国文明土壤中萌生的产物，而是丝绸之路沿途国家朝贡的西域异兽与献艺的杂技表演，具有观赏性、外交性与政治性。传入本土之后，在宫廷和民间引发了较为广泛的异质文化交融。在原始巫术和神话传说浸润下，狩猎技能的艺术化衍生了模仿动物形态、动态和驯兽表演的百戏百技，成为舞狮表演本土化的重要技术因素。

对于狮子朝贡的记载最初出现于西汉古籍中，狮子形象的纹饰也于东汉时期传入本土。狮子最初被称为“师子”，是汉代西域的重要物产，主要集中于西亚一代，如《汉书》中的“乌弋山离国（今阿富汗一带）”、《后汉书》中的“条支国（今叙利亚一带）”和“安息国（今伊朗高原一带）”。最晚于东汉，西域狮子的艺术化形象开始在本土出现，并融入中国古代吉祥文化之中。来自西域的狮子形象有两种：一种为动姿，多用于呈现英雄与狮子搏斗的主题；另一种为卧姿，多用于呈现力量和神圣的化身，如新疆民丰出土的蜡染棉布残片呈现的人足、狮足和狮尾（图8-5-1a），以及新疆营盘出土的狮纹栽绒毯中卧倒的狮子形象（图8-5-1b）。

伴随人狮搏斗出现的还有西域驯狮表演，与汉代宫廷中专演百戏的“平乐

图 8-5-1　东汉时期西域传入的狮纹织物

a　新疆民丰县北大沙漠1号墓出土的蜡染棉布残片[1]

b　新疆营盘出土的狮纹栽绒毯[2]

观”中流行的技艺有异曲同工之处。[3]尽管宫廷百戏中的驯兽戏和乔装动物戏中尚未出现狮子的形象，但为舞狮表演的诞生提供了土壤和原型，如汉代百戏主题画像石中的表现力技角抵的“象人斗牛”（图 8-5-2a）与“戏虎”（图 8-5-2b）。舞狮的道具设计则来源于百戏中舞举大型鱼兽的情节和动作的彩扎戏，其中彩扎是汉代动物乔装的重要道具，采用竹木绑缚外部饰以缯彩，塑造成各式动物形状，表演时人置其中，下露双腿。披盖也是动物乔装的重要道具，西南民族地区在巫术影响下诞生的拟兽舞的表演，采用的兽皮披盖方式，包裹在舞者身上。彩扎和披盖对舞狮形象的塑造与表演形式的创造均产生了重要影响，如彩扎巨兽的幻术“漫衍鱼龙”[4]（图 8-5-2c）、乔装动物彩扎和铜鼓纹样中的动物乔装舞（图 8-5-2d、图 8-5-2e）。除此之外，高空桩技也为舞狮的场景道具设计提供了原型，是武狮中的高桩动作的来源之一，如多人在平地竖立的高桩上表演杂技的《都卢寻桩图》（图 8-5-2f）。

整体而言，西域朝贡的真狮为舞狮技艺的创作提供了形象的来源，蕴含着西域文明的驯狮表演和人狮搏斗的英雄主义的故事成为舞狮表演诞生的重要诱因；本土宫廷百戏技艺中的力技角抵、动物乔装和高空桩技的发展，为舞狮表演的本土化提供了技术支持；同时，舞狮成为宫廷百戏表演中的组成部分，也为中国本土舞蹈和杂技的发展注入了新鲜血液，提供了传统习俗演绎的新途径。

（二）在宗教信仰多重驱动下发展的舞狮表演

汉代以降，驯狮戏和狮子乔装参与进宫廷乐舞和宴飨杂技的表演环节中，

[1] 天津人民美术出版社编《中国织绣服饰全集 · 1 · 织染卷》，天津人民美术出版社，2004，第83页。

[2] 王乐、赵丰：《丝绸之路汉唐织物上的狮子纹样及其源流》，《艺术设计研究》2022年第5期。

[3] 陈延嘉等点校《全上古三代秦汉三国六朝文 · 第二册 · 后汉》，河北教育出版社，1997，第478、479页。

[4]〔汉〕班固：《汉书》，〔唐〕颜师古注，中华书局，1962，第3928页。

a　河南南阳汉墓画像石“象人斗牛”[5]

b　山东济宁城南画像石“戏虎”[6]

c　山东沂南汉墓画像石“漫衍鱼龙”[7]

d　江苏洪楼画像石中的乔装动物[8]

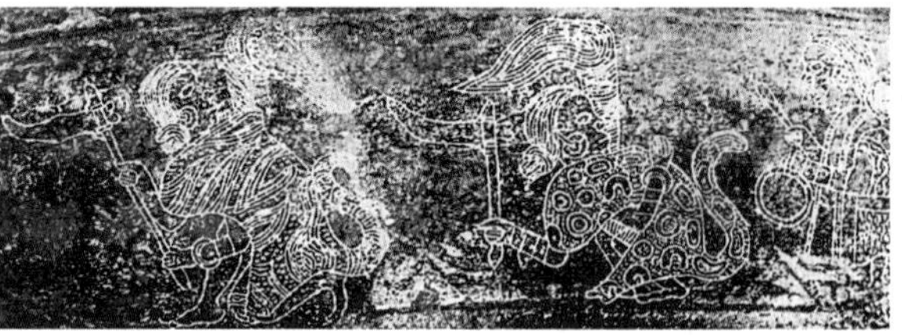

e　云南石寨山西汉墓出土的铜鼓纹样中的动物乔装舞[10]

f　山东微山县画像石《都卢寻橦图》[9]

图 8-5-2　汉代画像石和铜鼓中的动物百戏

在儒家思想的影响下，成为宗庙礼乐的组成部分，开始具有“王权”性质的符号象征，并产生了固定的表演模式和专业的表演者“象人”，如《安世乐》中注“象人，若今戏虾、鱼、狮子者也”[11]。

至南北朝时期，民间信仰中对猛兽形象的畏惧和力量的崇拜融入狮子的形象中，令其成为战争中击退象兵的利器，如《海国图志》中记载：“‘……狮子威服百兽。’乃制其形，与象相御，象果惊奔，众因溃散，遂克林邑。”[12] 此后，舞狮开始成为战争结束后军中将士庆贺胜利举行的活动，表演形式为将士身穿狮衣乔装狮子，狮子的威猛形象自此衍生出传统习俗中“瑞兽”的文化符号，而狮子乔装表演也开始诞生出吉庆功能，不但有魏太武帝将西亚传入的狮子队改名为“北魏瑞狮”[13]，还有北魏和南齐宫廷杂技中以狮子为原型创作的“辟邪”表演[14][15]。

舞狮表演随着佛教文化的传入和普及，发生了外来宗教的审美与文化融合。狮子的形象在猛兽的基础上被赋予了镇邪驱魔的作用，舞狮表演开始与佛教节日产生了紧密联系，进一步加深了宗教属性。佛教经籍中认为“佛为人中师子”[16]，并以“狮子吼”喻佛菩萨说法时震慑一切外道邪说的神威[17]，因而佛教

[5] 凌皆兵、王清建、牛天伟主编《中国南阳汉画像石大全》，大象出版社，2015，第72页。
[6] 胡广跃、高灿灿：《济宁城南张村汉画像石刍议》，《碑林论丛》2021年第0期。
[7] 刘青弋主编，刘恩伯：《中国舞蹈通史——古代文物图录卷》，上海音乐出版社，2010，第74页。
[8] 张道一、徐飚：《徐州汉画像石》，江苏凤凰美术出版社，2019，第84页。
[9] 萧亢达：《汉代乐舞百戏艺术研究》，文物出版社，1991，第231页。
[10] 刘青弋主编，刘恩伯著《中国舞蹈通史——古代文物图录卷》，上海音乐出版社，2010，第49页。
[11] 转引自袁禾主编《“十通”乐舞典章集粹》，文化艺术出版社，2021，第379页。
[12]〔清〕魏源：《海国图志》，岳麓书社，2021，第431页。
[13] 黄益苏：《中国舞狮的源与流》，《体育文史》2000年第1期。
[14]〔北齐〕魏收：《魏书》，中华书局，1974，第2828页。
[15]〔唐〕魏徵等：《隋书》卷一百九，中华书局，1973，第303页。
[16]〔宋〕释道诚：《释氏要览校注》，富世平校注，中华书局，2014，第356页。
[17] 濮一乘编纂，王继宗校注选译《武进天宁寺志》，凤凰出版社，2017，第554页。

中的狮子形象，通常作为文殊菩萨的坐骑，身体威武雄壮，但形容屈尊温顺，有听经护法之貌，如狮吼观世音菩萨唐卡（图8-5-3a）和骑狮文殊菩萨铜像中的狮子形象（图8-5-3b）。佛教的普及带动了佛事活动的发展，狮子作为佛教经典的瑞兽形象参与到文殊菩萨诞辰日的庆祝巡游表演之中，并且形成了具有仪式性的行序编排，即通常释迦牟尼像位于最前，狮子作为“引导”的身份位于其后，如北魏时期的《洛阳伽蓝记》中描述“四月四日，此像常出，辟邪、师子导引其前。吞刀吐火，腾骧一面；彩幢上索，诡谲不常。奇伎异服，冠于都市”[18]。舞狮表演的佛教庆典功能一直延续至明清时期，在西藏地区古格王国的红殿（图8-5-3c）和布达拉宫的《庆典乐舞壁画》（图8-5-3d）中就展现了宫殿竣工时庆祝活动中舞狮表演的场景。

隋唐时期，多民族之间频繁的文化交流促使舞狮进一步本土化，融入了西凉和龟兹乐的风格，不再作为百戏中的众生相之一，而是成为“立部伎”的独立曲目“太平乐”，并在宫廷中专设教坊机构和官员来培训、管理舞狮道具和人员，在帝王祝寿或年节招待外宾进行舞狮表演。唐代舞狮表演在动物乔装的基础上融入了儒家思想中的五方五行色彩观念和五行与五德之间相生相胜的逻辑关系，创造出规模宏大的“五方狮子舞”。狮子道具的头部造型圆润，嘴阔，狮头与

a 狮吼观世音菩萨唐卡[19]

b 宋代铜骑狮文殊菩萨[20]

c 古格王国红殿乐舞庆典壁画[21]

d 布达拉宫的《庆典乐舞壁画》舞狮场景[22]

图8-5-3 佛教艺术中的狮子形象与舞狮场景

[18]〔北魏〕杨衒之著，杨勇校笺《洛阳伽蓝记校笺》，中华书局，2006，第44页。

[19]故宫博物院，https://en.dpm.org.cn/dyx.html?path=/tilegenerator/dest/files/image/8831/2009/1059/img0009.xml，访问日期：2023年6月13日。

[20]故宫博物院，https://www.dpm.org.cn/explode/others/250926.html，访问日期：2023年6月13日。

[21]刘青弋主编，刘恩伯：《中国舞蹈通史——古代文物图录卷》，上海音乐出版社，2010，第398页。

[22]同上书，第402页。

图 8-5-4 唐代舞狮泥俑[23]

披盖一体，披盖上缝缀毛条伪饰狮毛，如唐代墓葬中出土的舞狮泥俑（图8-5-4）。青、赤、黄、白、黑五头狮子的色彩分别与五行相对应，表演人员分为两组：一组人置入狮子道具中，模仿狮子被驯服的温顺动作；另一组人穿着昆仑奴服，手持驯狮道具，表演驯狮戏狮的行为。例如《旧唐书》中记载："《太平乐》，亦谓之五方师子舞。师子……缀毛为之，人居其中，像其俯仰驯狎之容。二人持绳秉拂，为习弄之状。五师子各立其方色，百四十人歌《太平乐》，舞以足，持绳者服饰作昆仑象。"[24]

（三）岁时节日百戏与舞狮世俗化演变

隋唐时期城市经济的发展促使民间百戏兴起，社会主流群体对岁节礼俗的重视也进一步影响到民间，宫廷舞狮表演与民间合流，开始出现于开放性岁时节日庆祝活动的百戏表演中，成为民间信仰中对瑞兽崇拜的载体，并最先出现在新年的舞狮表演"百兽舞"中，如《和许给事善心戏场转韵诗》中描述的"抑扬百兽舞，盘跚五禽戏，狻猊弄斑足"[25]。安史之乱后，一方面宫廷教坊的百戏伎人开始散向民间；另一方面军镇百戏的崛起将舞狮表演传播至西南边境，如《西凉伎》中对安西都护哥舒翰开府设宴时舞狮表演的记载"狮子摇光毛彩竖"[26]。

宋代都市文化的繁荣和市民阶层的兴起，令舞狮表演从宫廷融入民间的世俗化趋势不断加深，舞狮也成为民间传统习俗中的重要文化符号，阶级和宗教性减弱，民俗和娱乐性增强。春节至元宵期间，舞狮成为约定俗成的娱乐表演。

[23] 邹文等主编《世界艺术全鉴 · 民间诸艺经典》，人民美术出版社，2000，第34页。
[24] 许嘉璐主编，黄永年分史主编《二十四史全译 · 旧唐书 · 第二册》，汉语大词典出版社，2004，第897页。
[25] 陈多、叶长海选注《中国历代剧论选注》，上海古籍出版社，2010，第46页。
[26]〔唐〕元稹原著，吴伟斌辑佚、编年、笺注《新编元稹集 · 三》，三秦出版社，2015，第1124页。

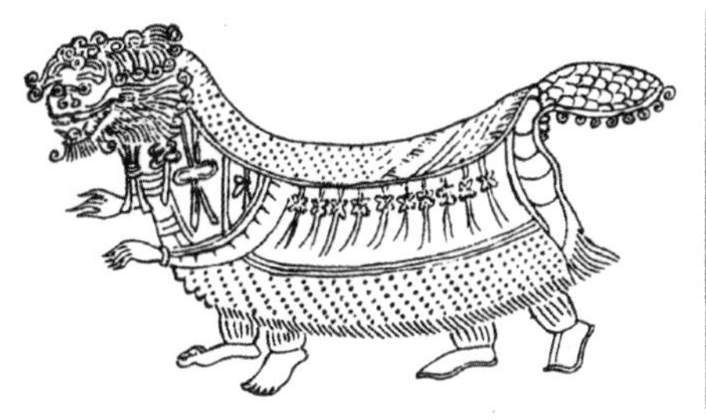

a　北宋《乐书》中的舞狮[27]

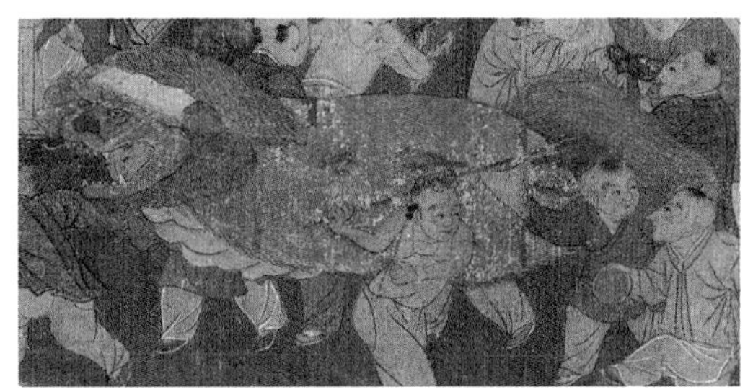

b　南宋《百子戏春图》中的舞狮场景[28]

图 8-5-5　宋代民间舞狮表演

宋代舞狮出现了两种典型的狮子道具造型：第一种狮子狮头较小，直接戴在舞狮人头上，披盖处有袖，可伸出双手舞动，两名舞狮人前后站立，前人赤足，后人穿鞋，推测赤足是为了便于攀爬，或者在两人叠站时更加稳定地立于后人肩膀之上，如《乐书》中的舞狮形象（图 8-5-5a）。第二种狮子延续了唐代狮子的特征，狮头较大，白眉、开口、红鼻，由舞狮人手举，蓝绿色披盖，与现今南方舞狮流派中表现形式之一的揭阳青狮的色彩和造型十分接近，表演内容也延续了唐代的驯狮主题，由引狮郎手持缰绳逗引狮子，如《百子戏春图》中的青狮形象（图 8-5-5b）。

明清时期，民间舞狮的宗教色彩越发减弱，在表演技巧上达到高峰。一方面，表演内容由此前的驯狮主题转向祈福，引狮郎手持的逗引道具由彩色绣球取代了缰绳和拂尘，"耍球"动作的加入，令舞狮表演更具观赏性和娱乐性，并形成了较为固定的由一名引狮郎逗引双狮的表演模式，如明代《南都繁会图》（图 8-5-6a）和清代木版年画中的舞狮场景（图 8-5-6b、图 8-5-6c）。另一方面，"黄狮子"不再仅供帝王欣赏，转而面向普通市民，每逢"过会"都有宫中"掌仪司"准备黑黄双色的狮子在颐和园北门外进行舞狮表演，寓意与民同乐，如《万寿山过会图》（图 8-5-6d）呈现的百戏中的舞狮场景。清代晚期，舞狮的形式越发丰富，部分地区的舞狮表演发生了由"文"向"武"的转变，出现了武术与高空桩技相结合的高台舞狮表演，更加突出跳跃、直立和翻腾动作，并将桌、凳叠高作为场景道具，如晚清风靡上海的《点石斋画报》中刊载的高桌舞狮（图 8-5-6e）和高台跳狮（图 8-5-6f）。

中国传统舞狮的历史演变最为突出的特征是具有异质文化的融合以及宫廷与民间的合流。舞狮经由西域朝贡引入中国，同时融入了"西凉"舞蹈和杂技文化，并在由宫廷向民间的传播过程中不断本土化，最终成为今天普遍存在于海内外华人群体之中的传统舞狮文化符号。在舞狮被赋予了中国式技艺文化内涵

[27] 林友标、章舜娇：《醒狮》，暨南大学出版社，2013，第 17 页。

[28] 中华珍宝馆，http://g2.ltfc.net/view/SUHA/608a619faa7c385c8d943015，访问日期：2023 年 6 月 13 日。

a 《南都繁会图》中的舞狮[29]

b 河北武强木版年画《连年吉庆万民乐业》中的舞狮[30]

c 上海木版年画《四海升平图》中的舞狮[31]

d 《万寿山过会图》中的舞狮[32]

e 高桌舞狮[33]

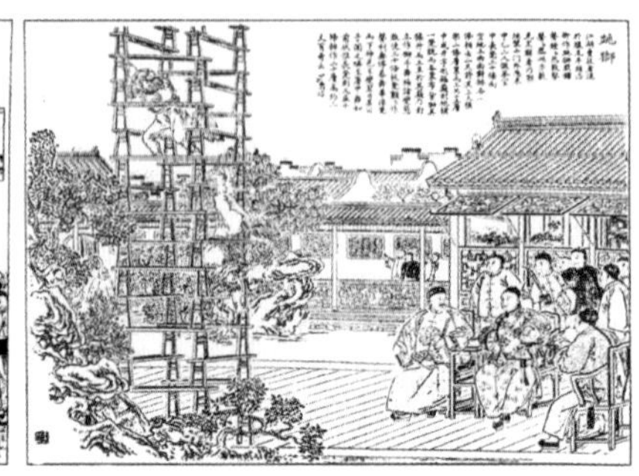

f 高台跳狮[34]

图 8-5-6 明清时期民间舞狮场景

之后，经由文化和贸易交流，重新以中国传统百戏技艺的身份，将其承载的中国传统习俗和文化积淀传播至周边民族与国家。舞狮最初作为宫廷宴飨百戏技艺的表演环节之一，历经多次朝代更迭引发的“罢禁”举措，逐渐散于民间，随着王权和宗教色彩的减弱与世俗、娱乐属性的增强，最终导致宫廷与民间舞狮表演合流，并由于地域环境和民俗文化的差异，形成了南狮与北狮两大流派。

二、南北舞狮文化分野

舞狮表演由西域传入中原，与宫廷百戏技艺中的动物乔装和彩扎戏相融合，发生了本土化转变之后在中原地区广泛传播，形成北方舞狮流派。随着数次政权南迁，舞狮表演又与岭南地区的武术、杂技以及傩礼习俗相结合，形成了狮子造型与北方有较大差异的南方舞狮流派。由于地方性武术、戏剧和杂技的融入，舞狮衍生出文、武两种鲜明的表演风格，其中文狮多为平地表演，分大小、雌雄，

[29] 中国国家博物馆，http:// www.chnmuseum.cn/zp/zpml/csp/202010//P020220830573115465772.jpg，访问日期：2023年6月13日。

[30] 集美民艺馆，http:// minyi.dodoedu.com/folkart/analysis?id=3184，访问日期：2023年6月13日。

[31] 中国木版年画数据库，http://engravings.ancientbooks.cn/subLib/mbnh/resource.jspx?id=e8vabRD1589340571811，访问日期：2023年6月13日。

[32] 孙慧佳编著《图说中国舞蹈》，吉林人民出版社，2009，第143页。

[33] 同上书，第141页。

[34] 同上。

重情感的表达；武狮则有高台和橦桩场景道具，仅有成年狮子，重武技的体现。南北舞狮皆有“文”“武”风格，其中北方舞狮重“形”，文武皆备，文狮表演多为固定场地，武狮表演则有高台、方桌、长凳、翘板、圆球等多种场景道具，南方舞狮重“意”，轻文重武，文狮表演多为游街，武狮表演则多以大型桩阵组合为场景道具。

（一）北方舞狮的跌宕起伏与温情脉脉

北方舞狮流派分布区域较为广泛，北至辽东，南至江浙，简称“北狮”，也称为“圣狮”[35]，继承了南北朝以后中原地区狮子舞的表演套路和风格。早期的北狮表演多为文狮，叙事性较强，以平地表演为主，场地通常有一个固定的范围，如庙门口的广场。最晚于清代出现了武狮表演，增加了场景道具，呈现出高低起伏的动势，与文狮叙事抒情的表演相比，更加刺激惊险。

北狮道具分为狮子道具、服饰道具、逗引道具、场景道具和乐器五类。其中狮子道具是整个舞狮表演的精神所在，分为大狮和小狮两种。大狮的形象近似真狮，狮头面具与披盖分离。狮头面具直径大于半米，正视容长，额间凸起，鼻孔无洞，面颊平滑，方口前凸，开口约43°（图8-5-7），双眼呈水滴形，分为有眼睑和无眼睑两种。其中有眼睑的狮头可进行闭眼操作，如北里舞狮。面具四周毛发分为两部分：上部鬃毛为“威”，下颌须发为“摆”，大多眉处无毛，重量较重，有质朴雄伟的特点。披盖整体较短，以布为坯，上缀纵横交错、长短不一的毛条模仿狮毛，披盖正中有脊椎骨由颈部延续至尾间，并在尾部向上弯翘，下方缀长毛，如同狮子狗的尾部。除常见的毛条狮披之外，还有一种内衬麻布，表面以麻绳编结，周边垂坠流苏的披盖，如浙江龙游县的古钱结狮披[36]。

在装备时，面具笼罩于“狮头”上方，披盖系于面具后侧或披于“狮头”和身上，向后笼罩住“狮尾”，舞狮人的裤腿处装饰有与披盖同色的毛条，布鞋与披

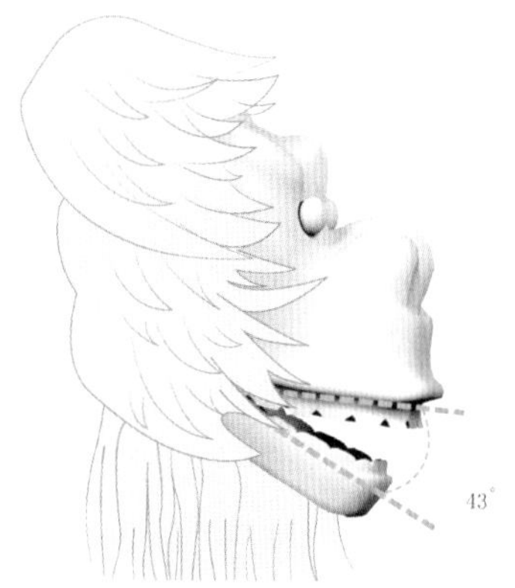

图8-5-7 北狮面具的造型特征

[35] 高谊、姚树贵：《中国舞狮》，南开大学出版社，2007，第1页。

[36] 中国民族民间舞蹈集成编辑部编《中国民族民间舞蹈集成·浙江卷》，中国舞蹈出版社，1990，第419页。

盖同色，鞋面处装饰狮爪纹样，与狮子道具形成一个整体，如北里舞狮的太狮道具。太狮道具分为太狮狮体与舞狮人服装两部分。太狮狮体由太狮狮头与披盖组成，整体呈黄色（图8-5-8a）。北里舞狮的太狮狮头整体为黄色硬质纸模，鬓角饰红色毛发，下颚饰一缕黄色毛须，狮顶饰绿色绢布球，表演狮头的舞狮人需双手紧握狮头两腮柄部托举狮头。太狮披盖整体为矩形布块，外覆黄色毛发装饰，内底前端设两孔洞，便于狮头舞狮人穿戴。内底外沿有数个布条，系扣于两名舞狮人身体与服饰之上，保证表演时披盖的固定。舞狮人服饰主要分为狮衣、狮裤与狮靴三部分。狮头与狮尾两名舞狮人服装的差异主要体现在狮衣部分（图8-5-8b）。在装饰方面，狮头的狮衣饰黄色毛发着红色背心，使狮头舞狮人在托举狮头时，狮衣与披盖、胡须更加合为一体，而狮尾狮衣省去了毛发装饰，直接采用了红黄绿夹色棉布，有利于狮尾舞狮人的活动。在结构方面，狮头狮衣较狮尾狮衣更短，以便狮头舞狮人完成跳跃、俯身等动作。狮头与狮尾下穿黄色饰毛狮裤，脚蹬黄色系带狮靴，狮裤膝盖处加贴红黄绿夹色护膝，在装饰的同时能保护舞狮人。北里舞狮的引狮郎内着红色衣裤，外穿黄色马甲，腰系黑流苏腰带，脚蹬黑色布鞋，手持红黄相间带绢布的绣球（图8-5-8c）。北里舞狮引狮郎的整体服饰与道具主体以红色为主，虽然有别于太狮道具的黄色，但两相组合十分和谐。小狮的形象幼稚可爱，狮头面具小于成年狮，罩于舞狮人面部，披盖为一体式设计，舞狮人裹于披盖之中，双手也套有狮爪。例如北里舞狮中的少狮道具整体与太狮相似，不同之处在于少狮将太狮布块状的披盖替换为连体式狮衣，并手戴黄色狮爪手套（图8-5-8d）。流行于江苏地区的“九狮舞”中的狮子道具较为特殊，狮头与披盖的整体造型虽与其他北狮的狮子道具特征相同，但整体尺寸较小，狮头与披盖连为一个整体，并不用于穿戴，而是用于单人抓举，如无锡《九狮图》和盐城《九狮图》中的狮子道具（图8-5-9a、图8-5-9b）。

狮子道具的色彩具有极强的地方性，通常根据道具的地色，区别身份和雌雄特征。第一，通过不同地色从多个动物面具中区别狮子身份，如槐店狮子舞同台演出时共有狮子、麒麟和独角虎三种角色，其中狮子为红地、麒麟为蓝地、独角虎为黄地[37]；第二，通过不同地色区别雌雄狮，如北京白纸坊太狮的颜色为一蓝一黄，黄色为雌，蓝色为雄，小狮的色彩与大狮相同；第三，当雌雄狮的地色相同，则通过面具头顶的装饰彩球颜色来区别雌雄，如河北保定徐水区狮子多为金黄色地镶红色点缀，头顶绿色彩球为雌，红色彩球为雄（图8-5-9c）；第四，依据唐宋延续至今的“红男绿女”民俗色彩来区分雌雄，如浙江杭州富阳区渚源村的文武双狮以红绿色互补，头顶绿结配全身红毛为雌，头顶红结配全身绿毛为雄（图8-5-9d）。

[37] 何粉霞：《河南沈丘回族文狮子舞的发展演变》，《民族艺林》2013年第3期。

a　太狮道具　b　舞狮人服饰　c　引狮郎服饰与绣球　d　少狮道具

图 8-5-8　北里舞狮的狮子及服饰道具

a　无锡《九狮图》的狮子道具[38]　b　盐城《九狮图》的狮子道具[39]　c　河北保定徐水区舞狮中的雌雄狮头[40]　d　浙江杭州富阳区渚源村的文武双狮

图 8-5-9　各地北狮造型

[38] 中国民族民间舞蹈集成编辑部编《中国民族民间舞蹈集成·江苏卷》，中国舞蹈出版社，1988，第843页。

[39] 同上书，第866页。

[40] 大公网，http://photo.takungpao.com/society/2017-08/1433375.html，访问日期：2023年6月13日。

a 《北京走会图》[41]

b 天津杨柳青年画[42]

c 重庆梁平年画[43]

图 8-5-10 北狮表演中的引狮郎形象

引狮郎的服饰装扮有三种，所搭配的逗引道具也有不同。第一种穿着武功服，腰间系腰带，或赤手空拳，或手持绣球，绣球色彩或与狮子色彩相合，如《北京走会图》中的引狮郎（图 8-5-10a）；第二种身穿武功服，但头戴戏曲头饰，如天津杨柳青年画中的引狮郎（图 8-5-10b）；第三种头戴大头和尚面具，如重庆梁平年画中的引狮郎（图 8-5-10c）。绣球是北狮表演中最重要的逗引道具，有两种形式，一种为直接手持，如北里舞狮的绣球采用了球中球的形式，外部为竹条框扎的中空球形结构，内部为黄色饰红纹的实心球体，空球形结构的顶部、底部与四周均系扣红绿绢布进行装饰（图 8-5-8c）。另一种下方连接长杆，引狮郎手持长杆挥舞绣球，如《南都繁会图》中的绣球（图 8-5-6a）。

北狮中的场景道具大多用于武狮表演，分为两类：一类为现成道具，如直接将农业生产工具作为道具的碌碡，将家具作为道具的高桌、条凳和条几；另一类为舞狮特制道具，如木球、梅花桩和桥板。道具的使用分为两种形式，第一种为独立式道具，便于在演出中途搬运撤挪，如在北里舞狮的高桌表演中，舞狮人两人一组进行表演，一人手握狮子头作为狮头，一人身披狮被作为狮尾，狮尾者需紧抓狮头后腰，俯身跟随狮头在高桌上做各种动作（图 8-5-11a）。双狮踩单球表演时由四名舞狮人两两组合组成两只舞狮，在木球转动的过程中，保证两只舞狮能够平稳地站立于木球上（图 8-5-11b）。第二种为组合式道具，多为家具类道具和特制道具的组合使用，如将条凳以井字形叠高的“天塔”，以及在北里舞狮中高桌与梅花桩的组合——舞狮人将梅花桩叠放于高桌之上，狮头与狮尾两位舞狮人通过默契的配合，在高桌的梅花桩上进行表演，重点表现狮子的勇猛（图 8-5-11c）。在表演高空过桥时，舞狮人将三张高桌等距放置，在中间高桌之上安设翘板，两名舞狮人脚踩木球前进，并通过翘板从第一张高桌行至

[41] 刘青弋主编，刘恩伯：《中国舞蹈通史——古代文物图录卷》，上海音乐出版社，2010 年，第 407 页。

[42] 中华木版年画数据库，http://engravings.ancientbooks.cn/subLib/mbnh/resource.jspx?id=ETeZQCy1579560892173，访问日期：2023 年 6 月 13 日。

[43] 中华木版年画数据库，http:// engravings.ancientbooks.cn/subLib/mbnh/resource.jspx?id=qzrh6GI1579530865541，访问日期：2023 年 6 月 13 日。

图 8-5-11　北里舞狮表演中的场景道具

第三张高桌（图 8-5-11d）。舞狮人通过运用高桌、木球、梅花桩、翘板等道具，提升了舞狮表演的难度，增强了舞狮表演的观赏性。

北狮表演角色众多，分为"雄狮""雌狮""太狮""少狮"和引狮郎，其中，"少狮"和引狮郎为单人表演，其余狮子均为双人舞单狮。表演狮子舞者为男性，表演引狮郎的舞者则以男性居多，女性仅见于山西襄汾县陶寺村天塔狮舞中。舞狮人前后站立，前方称为"狮头"后方称为"狮尾"，"狮尾"双手抓攥"狮头"的侧腰。

北狮表演多为双狮，套路有"驯狮"和"母子狮情"。其中"驯狮"文武俱有，多用于呈现狮子受驯和被逗时的行为动态，角色有"雄狮""雌狮"和引狮郎。文狮动作在坐、卧、蹲、站、走、跑、跳、踏、摇头、甩尾、转身、叼球的基础上，设计出打滚、抓耳、挠痒、舒展、转头甩尾、嬉戏等平地组合动作，以及喜、怒、惊、疑、怕等神态。表演套路有单狮、双狮和四狮，如北里舞狮中的《睡狮》《地场》《四门斗》[44]，最为特殊的是九狮共演，如盐城《九狮图》中的"九狮戏球"[45]。武狮动作则根据不同的场景道具，在直立、翻滚、跳跃、托举、吸腿、挪步、拎、

[44] 中国民族民间舞蹈集成编辑部编《中国民族民间舞蹈集成 · 河北卷》，中国舞蹈出版社，1989，第 702—711 页。
[45] 中国民族民间舞蹈集成编辑部编《中国民族民间舞蹈集成 · 江苏卷》，中国舞蹈出版社，1988，第 874 页。

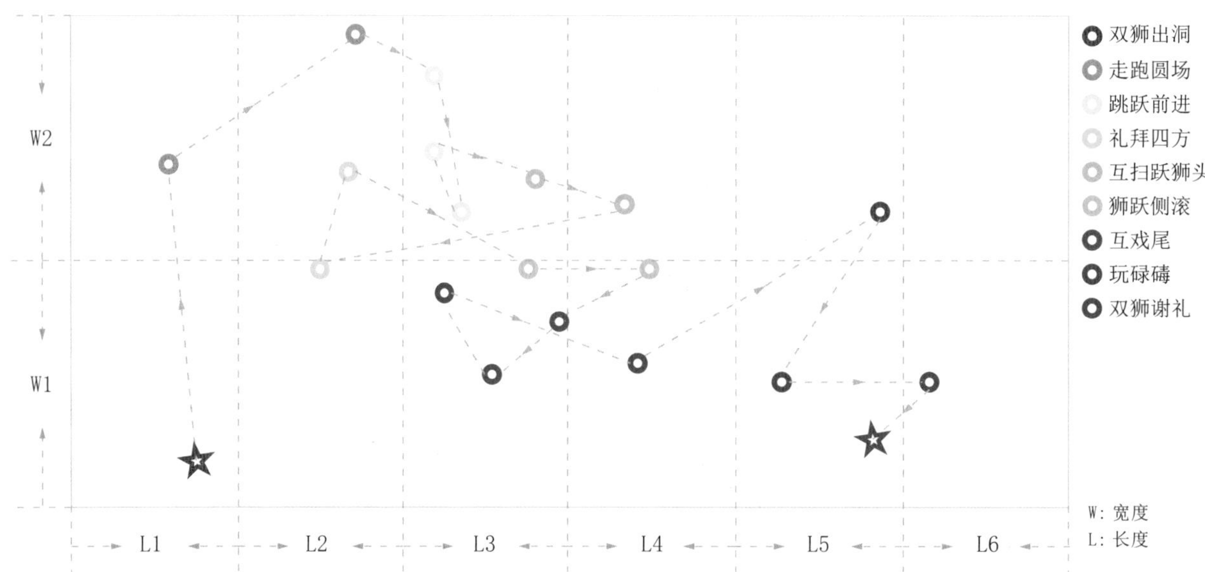

图 8-5-12 邳州舞狮步法轨迹图

抡、旋转等动作的基础上，设计出上板凳、跳梅花桩、踩球、过桥等登高组合动作，表演套路根据道具的不同流程设计相当复杂。例如南京桐乡的高台狮子，有三轮不同的武狮套路：第一轮仅有一张桌子，套路依次为"东张西望""口含桌子""狮子上桌""大招""拎四方"；第二轮增加了条凳，套路增加了"蜻蜓点水"；第三轮三桌叠高并加一条凳，套路增加为"狮钻桌肚""狮子攀桌""凳上理毛""抓凳倒立""飞跃下山"[46]。文武结合的套路则多用于表演"耍双狮"，整个流程依次为"双狮出洞""走跑圆场""跳跃前进""礼拜四方""互扫跃狮头""狮跃侧滚""互戏尾""玩碌碡"，并以"双狮谢礼"结束，如以错步前行、轨迹曲折的邳州舞狮（图 8-5-12）。"母子狮情"是经典的文狮表演，多用于呈现母狮与小狮的情感互动，角色有"太狮""少狮"，演出套路依次为"巡山""搔痒""饮水""舔毛""观景""生小狮子"，如河南周口槐店回族镇文狮舞中的"巡山抖毛""吞卵孕狮""母子嬉戏"[47]。

北狮表演文武俱全，狮子角色分雌雄、大小，道具以大头方口、全身披毛为造型特征，色彩多用来识别雌雄，狮头和披盖大多为分体式，连体式较少，如江苏无锡的"太平狮子"和浙江台州的"黄沙狮子"[48]。场景道具大多出现在武狮表演中，根据不同的道具演绎不同的套路。表演过程中多使用打击型乐器，如用狮鼓、锣和镲进行伴奏，其中狮鼓的鼓点是表演的主旋律，根据套路和动作变化轻重缓急，锣声用来在表演过程中指挥舞者变化动作和套路，镲则主要用来烘

[46] 中国民族民间舞蹈集成编辑部编《中国民族民间舞蹈集成 · 江苏卷》，中国舞蹈出版社，1988，第1366—1367页。
[47] 郭军：《豫东"槐店文狮舞"考察探究》，《装饰》2013年第5期。
[48] 覃宇德、房佳婕：《国家级非物质文化遗产"黄沙狮子"文化形态研究》，《浙江体育科学》2020年第4期。

托热闹的氛围。武狮表演着重表现登高技巧，更加惊险、刺激，故事情节跌宕起伏，而文狮表演着重模仿狮子的神情、形态和动作，整体氛围温情脉脉、轻松喜庆，具有较强的娱乐性，在表现情感交流的同时，既能着重强调狮子威猛和温顺的戏剧性冲突，也能体现狮子家庭成员间的伦理关系和情感共鸣。

（二）南方舞狮的高超武技

南方舞狮流派主要分布于岭南地区，简称“南狮”，也称为“醒狮”[49]，由北狮流传入岭南地区之后形成了南方特有的武、戏融合的表演套路和风格。南狮表演以武狮为主，文狮为辅。武狮的表演场地竖有桩阵，表演过程仅有狮子本身，内容多为固定的“采青”行序；文狮表演则多为游街形式，表演过程一路有乐队成员配合引领，多用于挨家挨户迎春驱疫。

南狮与北狮道具的不同之处在于狮子道具和场景道具的造型，同时，去掉了逗引道具，增加了“采青”道具，其中狮子道具仅有大狮，造型分为两脉。一脉发源于广东地区，是典型的“醒狮”形象——似猫、狮结合的独角神兽，狮头与披盖相连，头顶有角前弯，被称为竹笋角或麒麟角。五官可爱，鼻孔无洞，上方装饰两只绒球，面颊靠近鼻翼两侧有圆形凸起，弧口圆滑，眼睛圆润且可睁闭。根据唇形可分为佛装狮和鹤装狮两种。其中，佛装狮上唇有拱起弧度（图8-5-13a），鹤装狮整体唇形平滑（图8-5-13b）。醒狮毛发多分布于眉眼、上唇和双耳处，短且集中，下颌饰较长的毛发作为胡须。醒狮最有特色的部分在于可闭合的眼睑和可扇动的双耳，如佛装狮的眼睑和狮耳内部均设有牵绳汇集成环，舞狮人用口吊环拉扯来控制闭眼扇耳。醒狮披盖也被称为“狮裙”，以两块黄色矩形布片缝缀而成，每条布片下垂的波浪边缘都镶有毛条，前端有绳，可紧系于狮头的后颈。由于披盖整体较长，操持方式也与其他地区狮尾抓攥狮头侧腰不同，醒狮的狮尾双手抓攥狮身的两侧（图8-5-14）。

另一脉的狮头造型近似广东地区的傩舞面具，直径为40至60厘米[50]，鼻孔有洞，可以从内向外看，头顶无角，装饰红色绸球，面颊两侧有凸起，弧口圆滑，开口角度约31°（图8-5-15a），绿色地黑色纹路。传统面具嘴部有尖长的虎牙，仅有眉部装饰白毛；当代面具牙齿较平，增加了下颌白毛，如揭阳青狮（图8-5-15b）。南狮的舞狮人服饰道具为简单的短袖武功服，裤腿部分也镶有毛条，如佛装狮的舞狮人着黄色短袖长裤武功服，腰系红色腰带，脚蹬红色武功鞋，整体服饰较北狮舞狮人服饰更为轻薄，这可能与广东地区炎热的气候有关（图8-5-16）。

南狮表演的场景道具与主题套路紧密结合，通常是在桩阵场景下表演“采

[49] 高谊、姚树贵：《中国舞狮》，南开大学出版社，2007，第6页。

[50] 郑骋、胡宏东：《广东揭阳青狮文化形态研究》，《广州体育学院学报》2017年第2期。

图 8-5-13 佛装狮与鹤装狮狮头示意图[51]

图 8-5-14 广东醒狮的狮子道具及操持方式示意图

[51] 知乎，http://www.zhihu.com/question/60679339，访问日期：2023 年 6 月 13 日。

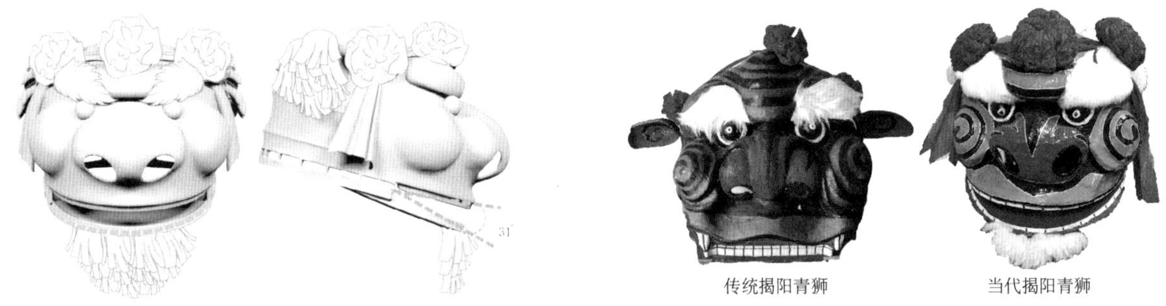

图 8-5-15　揭阳青狮面具　a　当代青狮面具模型　b　传统与当代青狮面具

图 8-5-16　佛装狮舞狮人服饰

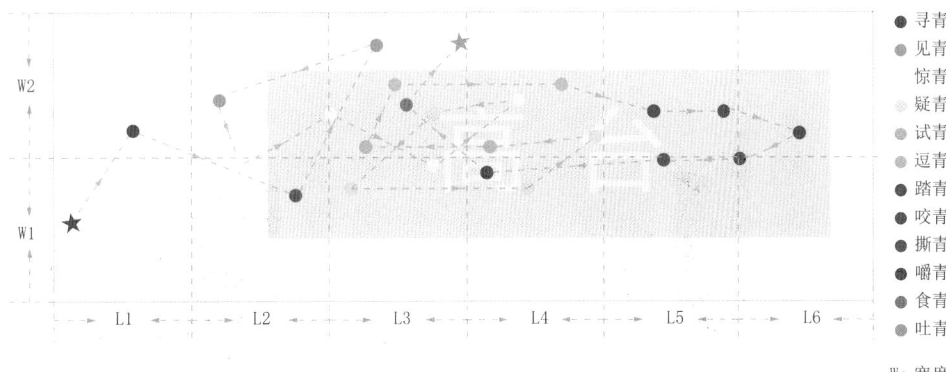

图 8-5-17　揭阳青狮舞狮步法轨迹图

青”套路，且仅有双人舞雄狮一种，不设其他角色。每种动作、神态和场景都有固定伴奏鼓点。“采青”表演常将舞狮动作与武术技巧相结合，围绕逗引道具，即象征庄稼的“生菜”，展开寻青、见青、惊青、疑青、试青、逗青、踏青、咬青、撕青、嚼青、食青及吐青12个步骤，如揭阳青狮的“采青”流程（图8-5-17）。其中的细节动作基于眨眼动耳和嘴张合，衍生出醉态；静态动作基于四平马步、丁八马、吊马和麒麟步等，衍生出站、坐、卧、提步、坐肩、坐头、单桩上腿站位，并基于狮头的位置变化，如狮头上举、执于肩前和执于腹前，衍生出高桩、中桩和低桩动作；动态动作基于小步、追步、插步、击步等基本步法衍生出走、跑、跳、飞跃、滚，基于狮头控制如摇晃、划弧、快速画圆和小幅上下抖动，衍生出顿圈狮、张望、筛狮、震狮等动作。

醒狮由于表演场地设有平均高度为1.5米的梅花桩，与北狮相比更具危险性和观赏性。同时，表演过程中的眨眼、扇耳、狮嘴的开合等细节动作和狮头的不断位置变换，比北狮更加活灵活现，一方面能够呈现出狮子从惊疑到欣喜的情绪变化；另一方面能够表现出咬、嚼、吐等与道具“青”的复杂互动。除了寓意祈求来年风调雨顺的“采青”表演，佛山地区还有一种在秋色欢乐节的夜晚随百戏队伍压轴游街表演的“大头佛引狮”，通常为一名头戴大头佛面具的引狮郎和“一头大狮”共同参与舞狮表演，在庆贺秋收的同时渲染狂欢气氛。

（三）纸竹共塑的南北舞狮面具

狮头是区分南北流派造型和文武风格的重要标志，通常以能够塑形固定的材料制成，整体呈现为硕大立体的造型。狮头面具的制作技艺是舞狮道具制作中最为精巧的部分，极具地方性特征。狮头制作的工艺流程通常有三种：第一种多为泥模纸塑，通常先制模，再纸塑竹扎，最后脱模彩绘装饰，如邳州舞狮和揭阳青狮（图8-5-18）；第二种多为竹模纸塑，通常先扎模再纸塑，无须脱模，如佛山醒狮；第三种为木雕成型后直接彩绘，如浙江地区以传统木雕技术制成的“硬壳狮子”[52]。其中以前两种方式制作的狮头较为轻便，是传统狮头最为常见的加工方式。

纸塑竹扎狮头的制作工艺集多种装饰手法于一体，加工流程依照制模、纸

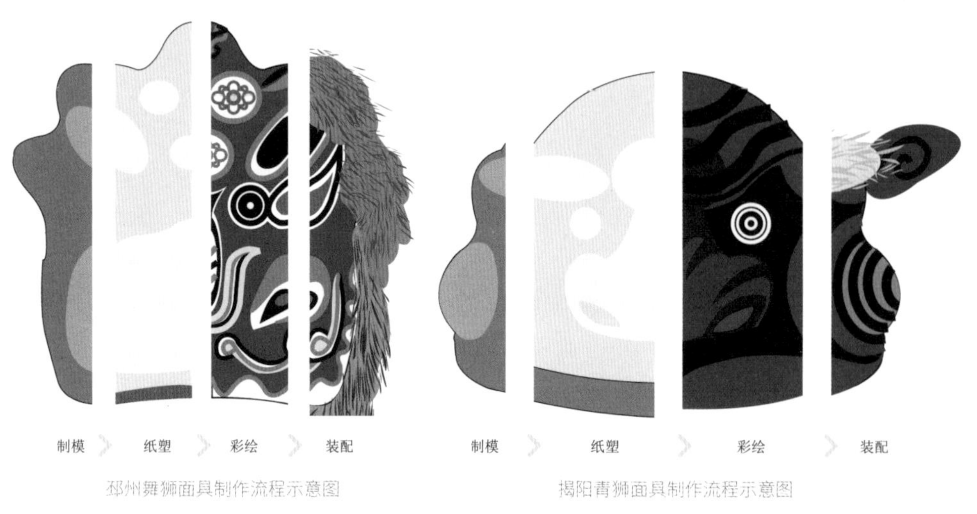

图 8-5-18 邳州舞狮和揭阳青狮面具的制作流程

[52] 中国民族民间舞蹈集成编辑部编《中国民族民间舞蹈集成·浙江卷》，中国舞蹈出版社，1990，第415页。

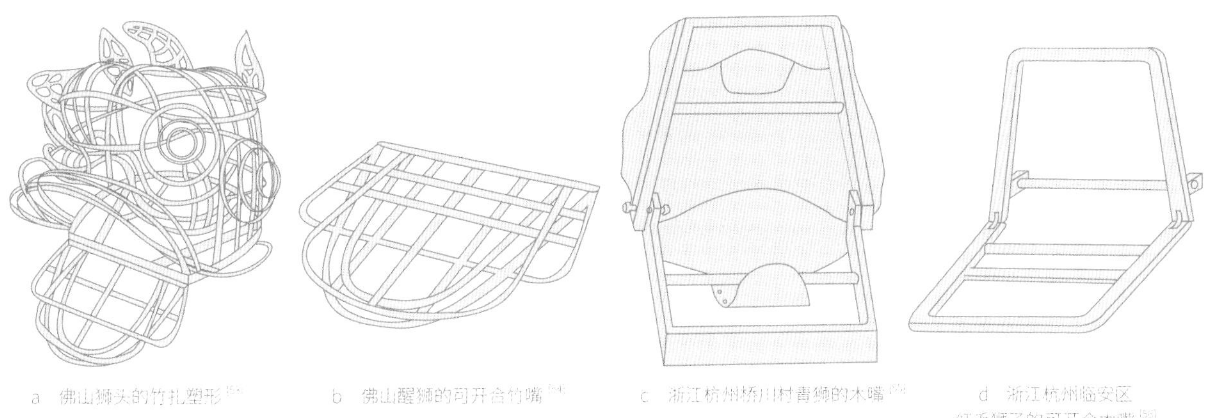

a　佛山狮头的竹扎塑形[53]　b　佛山醒狮的可开合竹嘴[54]　c　浙江杭州桥川村青狮的木嘴[55]　d　浙江杭州临安区红毛狮子的可开合木嘴[56]

图 8-5-19　狮头制模

塑、彩绘和装配的顺序依次展开。

第一步是制模塑形，分为三种形式：第一种是直接泥土塑模，将土筛细，加水和泥后夯实成坯，然后雕塑出泥墩头型，阴干之后还能通过翻模反复利用，如邳州舞狮的泥土塑形[57]。塑模原料大多选择黏土和沙土，如河南的槐店狮子[58]；第二种是先制成框架，再用泥土塑形，如广东揭阳青狮在木框架的基础上覆盖黄泥制模[59]；第三种是竹篾扎模，将青竹开成厚度均匀的竹篾，用火烤制弯曲定型，再通过绑扎的方式塑形，如广东佛山醒狮的狮头（图 8-5-19a）。

第二步是扑纸成型，分为泥模扑纸和竹模扑纸两种形式。泥模扑纸是在泥模的基础上用纸材或白布塑形，分两种方式。第一种是张纸裱褙，需要将浸泡后的衬纸裱糊于模具表层，涂上黏合剂自然风干，风干后在表层逐层贴涂 5 至 7 层浸泡后的裱纸，待晒干后从模具上取下即可。裱褙材料的选择能够体现出地域性差异，如邳州舞狮面具的主体材料是桑皮纸[60]，质地较为轻盈；槐店狮头的主体材料则为楮皮纸和麻布，还需外刷桐油防水[61]，质地更为坚韧。第二种是纸浆裱糊，需要先将纸张捣烂浸泡成稠纸浆后，在模型表面胶糊 3 厘米的厚度，如河南小相的狮头[62]，经过纸塑后需要从内部敲碎，将纸型和模型分离，河南槐店、小相和杞县的狮子皆是如此，邳州狮头还需在脱模后再用竹篾沿外形扎制框架，并沿底圈轧制勒边[63]。竹模扑纸是在竹模的基础上裱褙纸材或白布塑

[53] 中国民族民间舞蹈集成编辑部编《中国民族民间舞蹈集成 · 广东卷》，中国舞蹈出版社，1996，第 124 页。
[54] 同上。
[55] 中国民族民间舞蹈集成编辑部编《中国民族民间舞蹈集成 · 浙江卷》，中国舞蹈出版社，1990，第 429 页。
[56] 同上。
[57] 韩超、张犇：《走向"新生态"——邳州纸塑狮子头研究及保护刍议》，《民族艺术研究》2011 年第 3 期。
[58] 何粉霞：《河南沈丘回族文狮子舞的发展演变》，《民族艺林》2013 年第 3 期。
[59] 郑骋、胡宏东：《广东揭阳青狮文化形态研究》，《广州体育学院学报》2017 年第 2 期。
[60] 韩超、张犇：《走向"新生态"——邳州纸塑狮子头研究及保护刍议》，《民族艺术研究》2011 年第 3 期。
[61] 郭军：《豫东"槐店文狮舞"考察探究》，《装饰》2013 年第 5 期。
[62] 中国民族民间舞蹈集成编辑部编《中国民族民间舞蹈集成 · 河南卷》，中国舞蹈出版社，1993，第 583 页。
[63] 韩荣、程欣：《南北舞狮面具视觉设计比较研究——以佛山、邳州舞狮面具为例》，《文化遗产》2014 年第 2 期。

形，即在竹模框架表面裱糊数层纸材。例如佛山醒狮狮头以沙纸裱褙，狮头尺寸越大，沙纸层数越多，质地较为轻盈[64]；渚源文武双狮则以白布按狮子头部框架的形状分别剪成小块，然后用糨糊把布块裱糊到竹模上[65]，质地更有弹性。

塑形之后需要制作下颌。下颌通常可以上下开合，因此需要单独制作，分为两种方式：一种为竹片扎制，与上颌的后沿处绑扎连接，如佛山醒狮的狮嘴（图8-5-19b）；另一种为木框架结构，上下颌之间用螺栓或绳结固定，如浙江杭州桥川村和临安区的狮子嘴（图8-5-19c、图8-5-19d）。狮嘴完成之后需要固定狮舌，常见的有两种形制：一种为红纸对粘成硬片状，再粘贴在下颌内，如渚源狮舌[66]；另一种为牛皮裁剪后卷曲制成的软舌，如桥川青狮的狮舌[67]。可活动式五官需要另外扎制安装，主要为眼珠、眼皮和耳朵，如佛山醒狮的眼珠为木制圆形，瞳孔处镶嵌玻璃珠，末端绑扎于狮眼眶，方便舞动时转动眼珠，眼皮和狮耳也需单独用竹篾或铁丝扎制成型再蒙上彩色布。[68]

第三步是彩绘饰纹。需要用白色颜料在面具壳体的内外两侧均匀涂抹，自然风干后用砂纸打磨，再用颜料或油漆上色。上色时先涂地色，再描绘面部花纹和五官，如佛山醒狮中的刘备狮用黄色涂地，关公狮用红色涂地，再用黄、白、绿色勾脸，张飞狮则先用黑色涂地，再用白色勾脸。[69]待颜料晾干后刷涂桐油或清漆，以形成保护层保护颜色，增强纸壳的持久性。

第四步是装须、贴眉、装铃、缯彩。北狮面具的须发较多、较长，大多以植物纤维染色后绑扎粘贴，如邳州舞狮的须发使用白茼和红麻，临安红毛狮子则使用梧桐皮和苎麻。[70]此外，北狮面具还常见狮头下颌装铃、顶部缯彩，如北里狮头的下颌处悬挂铜铃[71]，徐水舞狮用红、绿色丝绸扎成彩球，装在头顶，并垂挂于两侧，颈部悬挂一串响铃。南狮面具多以较短的动物毛粘贴装饰眉形、耳廓等五官边缘，如揭阳青狮的白色兔毛狮眉，以及佛山醒狮的白色兔毛和马毛制成的狮眉、眼眶毛、上下唇须和耳廓毛。除此之外，还装饰有绒球、镜片、胶片等。[72]

整体而言，舞狮作为狮子形象的动态展现不仅具有驱邪避灾的祈福功能，还颇具娱乐性，能够烘托节日氛围。明清以后，舞狮表演从道具形态到表演套路都呈现出鲜明的南北特征差异，其中北方舞狮的分布较广，表演形式以引狮郎

[64] 中国民族民间舞蹈集成编辑部编《中国民族民间舞蹈集成 · 广东卷》，中国舞蹈出版社，1996，第123页。
[65] 章琪锋：《渚源文武双狮》，《浙江档案》2014年第1期。
[66] 同上。
[67] 中国民族民间舞蹈集成编辑部编《中国民族民间舞蹈集成 · 浙江卷》，中国舞蹈出版社，1990，第442页。
[68] 中国民族民间舞蹈集成编辑部编《中国民族民间舞蹈集成 · 广东卷》，中国舞蹈出版社，1996，第123—124页。
[69] 同上书，第123页。
[70] 中国民族民间舞蹈集成编辑部编《中国民族民间舞蹈集成 · 浙江卷》，中国舞蹈出版社，1990，第429页。
[71] 中国民族民间舞蹈集成编辑部编《中国民族民间舞蹈集成 · 河北卷》，中国舞蹈出版社，1989，第682页。
[72] 中国民族民间舞蹈集成编辑部编《中国民族民间舞蹈集成 · 广东卷》，中国舞蹈出版社，1996，第123页。

搭配双狮居多，最典型的道具是方口长须、全身披毛的狮子和彩带环绕的绣球，表演风格文武俱全，既有惊险生动的高台“驯狮”，也有温情脉脉的平地“产子”。南方舞狮诞生于广东，也集中发展在广东，表演形式多为单狮，最典型的道具为五官灵活、布条镶毛的狮子、高耸的桩阵和具有符号象征性的生菜，表演风格武技与杂技结合，以呈现狮子出洞、寻青、采青和耍乐过程的醒狮“采青”表演最为经典。

结语

中国传统舞狮是集舞蹈、杂技、武术于一体的民俗表演，是随着宗教活动、节令庆典活动逐步发展而来的，其受到了宗教信仰、儒家思想、民俗文化等多方面因素的影响。原始宗教的祭祀活动赋予舞狮表演驱邪避灾的功能，舞狮在佛事活动中成为宗教信仰的一种表现形式。在儒家思想的影响下，狮子的形象成为“王权”“威严”的象征，其表演的内容也体现了百兽臣服的统治思想。民间舞狮形成的由宗族和师徒缔结的团体以及乡镇地方性的行业组织，也体现了中国传统礼俗中的尊师重道与团结互助思想。舞狮成为岁时庆典时“迎春驱疫”的礼俗行序，衍生出对商家开业的庆贺。舞狮表演不仅具有娱乐属性，也具有渲染节庆狂欢氛围的特征。“赐子”的派生出“迎亲送子”的美好寓意，“采青”的谐音衍生为“生财”的愿望。舞狮与地方性的习俗、生产、生活方式相结合，形成了竞技性与民俗性共存的多姿多彩的舞狮文化。

中外贸易的往来频繁与华人的人口外迁使得本土化舞狮表演呈现出两条对外传播的路径：其一，沿海上丝绸之路的南海航线流传至泰国、印度尼西亚等东南亚地区；其二，沿海上丝绸之路的东海航线传播到朝鲜与日本。时至今日，舞狮不仅深受海内外华人的喜爱，也受到了全球各地的欢迎与关注。舞狮作为中国传统文化的重要代表之一，也成为象征中华民族的精神图式。

后 记

2006年本人跟随王琥教授攻读设计学博士伊始，便参与了他主编的《中国传统器具设计研究》的编撰工作，在每周固定的例会中都会进行关于编撰内容、提纲与体例的学术研讨，逐渐明确了案例编撰的要求，也渐渐明白了传统器具设计研究的思路与方法，慢慢学会了如何运用现代设计学的理论与方法去理解、分析传统造物，最终创造性地实现了传统造物与现代设计之间在概念、内容、方法等方面的新表述、新概括和新总结，此后便与中国传统设计研究结下了不解之缘。

2009年，本人完成博士论文《光耀乾坤——中国古代灯具设计研究》，论文出版后获得了第十二届江苏省哲学社会科学优秀成果奖。2010年与2013年，分别参与了王琥教授主持的“十二五”国家重点出版规划图书项目、国家出版基金项目《中国设计全集·卷16·用具类编·灯具篇》和《中国当代设计全集·第20卷·传媒类编·广告篇》的编写。2015年，参与了国家出版基金项目《中国少数民族设计全集（全55卷）》的编写，担任总主编及《阿昌族卷》《白族卷》《哈尼族卷》《德昂族卷》四卷的主编。其中，《哈尼族卷》获得了第十六届江苏省哲学社会科学优秀成果奖。作为重要研究成员、总主编助理，参与编撰的《中国传统器具设计研究》与《中国当代设计全集》分别获得了第一届、第四届“中国出版政府奖”。

本人持续聚焦于中国传统器具与传统生活方式的传承与创新设计研究，收集了丰富广博的文献与图像资料，汇总了较为系统的田野考察资料，构建了较为独特的传统造物的研究范式，为传统造物设计体系的完善奠定了一定的理论基础。

2019年，本人参与了国家社科艺术学重大项目“中华传统造物艺术体系与设计文献研究”的申报，在短暂的时间里废寝忘食地完成14余万字的申报书写作，虽未能如愿，但通过此次申报书的设计与撰写，进一步拓宽了视野，加深了对传统造物体系更为透彻的理解。在此基础上，同年以“中国传统设计思想与体系研究”为题成功申报国家社科基金艺术学重点项目。项目研究工作持续了五年，本书作为该项目结项成果之一，于2022年获批“十四五”国家重点出版规划图书项目，2023年获批国家出版基金项目。

本书在写作过程中将历史实践与理论逻辑相结合，观照中国传统造物活动的历史发展进程与演变规律，构建科学性、人文性与理论性相统一的学科体系。本书主要运用以下五种研究方法：一是采用文献材料、考古发掘与图像等相结合的多重证据法，从经、史、子、集、诗、儒、易、艺、医等部类中查阅与研究对象相关的经典文献，并筛选与甄别出相关度较高的文献内容，类部能广则广，内容宜多则多，并与对应历史时期的传世与出土实物资料及田野考察成果相互印证，系统地梳理中国各历史时期社会生产与生活方式的源流变迁，将中国传统造物置入古代特定的文化生态中进行“知识考古”，努力还原古代造物活动与设计思想在特定时空中承载的客观作用。二是采用图像学的研究方法，梳理和对比中国各历史时期、地域中与造物活动相关的绘画作品、墓室壁画、画像石、雕塑等图像史料，探究中国传统社会生产、生活相关造物的迭代和流变，分析其间的共性与差异，总结中国古代传统造物在不同时代背景下的产业形态、理念追求和审美意趣。三是采用物质文化研究的方法，通过分析中国传统造物活动在不同历史阶段的物质文化属性、社会功能，深入研究传统造物背后蕴含的功能属性、审美特征和民族情感。四是借鉴人类学的田野调查法，合理选取各省、市、自治区博物馆、文化馆、民俗馆、文物保护单位，以及民风民俗遗存保护较好的区域，进行一手资料的收集和记录，从而更加深入地探究实现传统造物设计当代传承的路径和方法。五是采用定性与定量相结合的研究方法，利用人类学、经济学、材料学、化学、力学等学科理论及方法，对所涉的样本进行量化处理、检验和分析，确保对设计事物与现象描写的精确，从而获得有意义的研究结论。本书以设计学、历史学、文献学、社会学等学科为依托，采取多学科兼容、跨学科整合的方法展开研究，从多学科视角对中国传统造物在长期延续的发展过程中创造的物质文化、精神文化进行观照与思考，全面总结中国传统设计思想。

撰写本书的目的是希望在学术话语体系方面确立中国学术话语范式，为中国传统设计文化研究向纵深方向发展积累经验，使之能够成为设计学学科性质、学科定位、学科分类、学科设置等科学化和合理化的参照之一，更希望能积极推进中国设计在服务国家战略、民生设计等领域中发挥更大的作用，以促进中国设计教育与设计产业的创新性发展，从而推动有中国特色的哲学社会科学体系建设的进程，改变中国设计话语权缺失的现状。

本书的顺利完稿，首先要由衷感谢我的博士研究生导师王琥教授，他对项目的申报、书稿的撰写都给予了高屋建瓴的指导。每每在寒暑假与他一起写生，他都会关心我项目研究的进展，我也详细地向他汇报并征求意见。每当遇到困惑与问题，他也会不厌其烦地为我解惑。他涉及的艺术领域十分广泛，在中国画、漆画、设计史论等方向都取得了令人钦慕的成就，常自喻为“学术农民工”。他广博的知识储备及严谨的治学态度深深地鞭策着我，使我不敢懈怠。回头想来，如果没有王琥教授的关心、鼓励与支持，也许我是难以完成这部书稿的。

我的博士后、博士和硕士研究生共同参与了本次项目的研究工作，其中有博士后鞠斐、罗顺仁、邢乐，博士研究生陈嘉晔、刘翔宇、龙飏寰、江文淼、朱艺炜、何卓嫔、吴雨、史梦杰、汲南、赵娅清等，硕士研究生张小涵、张婉玉、叶心茹、徐鲁粤、官亦冰、黄政祺、王祯、李怡婷、曾丹妮、詹越、陆诗莹、张玉婷、徐怡铭、李健扬等。没有他们在文献、图像与实物等资料检索、辑录、绘图、部分内容撰写以及书稿的排版等方面深度的参与，是无法顺利完成项目研究的。这部书稿是我们师生团队互相协助、共同完成的成果，其中浸透着他们艰辛的努力与付出，也见证了他们的成长，这里我要表示诚挚的谢意！

此外，还要感谢人民美术出版社的教富斌主任，犹记我刚刚获批国家社科基金艺术学重点项目不久，他便热情地向我约稿，这份信任与支持令我十分感动，也在无形中增强了我们完成这部著作的信心与动力。在成书过程中，范榕、李春立、鲍明源、胡晓航等编辑付出了大量的时间与精力，在此一并表达衷心的感谢！

王　强

2023 年 12 月